완벽한 자율학습서

완자는 친절하고 자세한 설명, 효율적인 맞춤형 학습법으로
학생들에게 학습의 자신감을 향상시켜 미소 짓게 합니다.

ω는 완자(WJ)와 미소(ᵕ)가 만든 완자의 새로운 얼굴입니다.

· 완벽한 자율학습서 ·

Structure 구성과 특징

01 단원 시작하기

본 학습에 들어가기에 앞서
중등 과학이나 통합과학에서
배운 내용들을 간단히 복습한다.

02 단원 핵심 내용 파악하기

이 단원에서 꼭 알아야 하는 핵심 포인트를 확인하고,
친절하게 설명된 개념 정리로 개념을 이해한다.

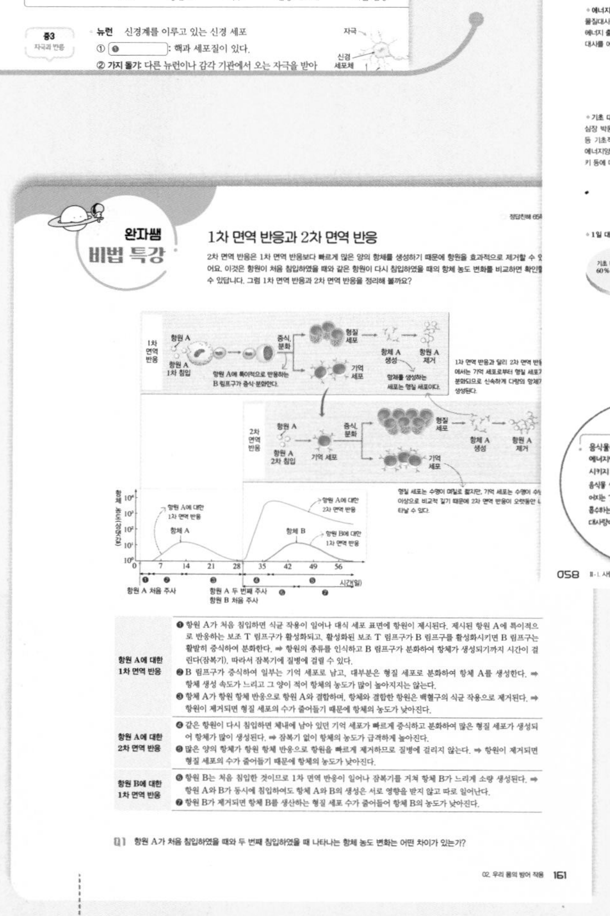

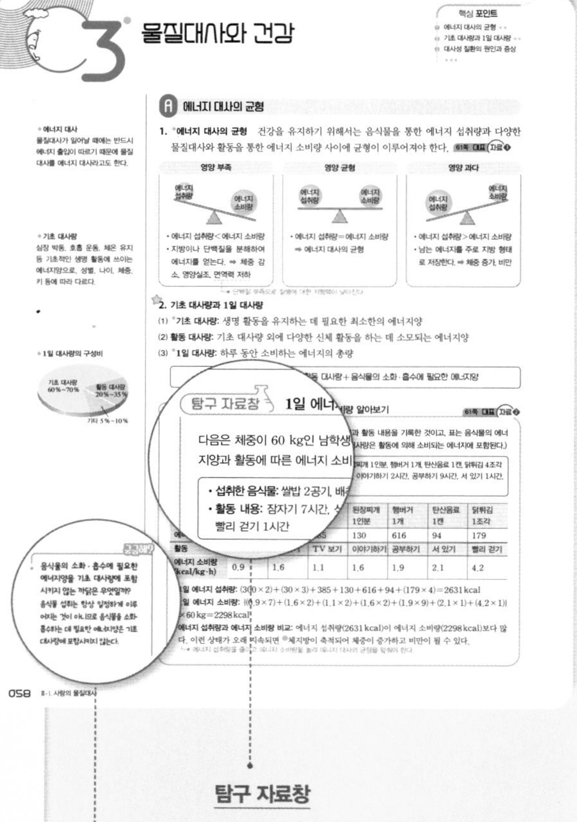

탐구 자료창

교과서에 나오는 중요한 탐구를 명료하게
정리했으니 관련된 문제에 대비할 수 있어.

암기해! 주의해! 궁금해?

암기해야 하는 내용이나 주의해야 하는
내용이 꼼꼼하게 제시되어 있어.

완자쌤 비법 특강

더 자세하게 알고 싶거나 반복 학습이 필요한
경우 활용할 수 있도록 비법 특강을 준비했어.

03 내신 문제 풀기

개념을 확인하고, 대표 자료를 철저하게 분석한다.
내신 기출을 반영한 내신 만점 문제로 기본을 다지고,
실력UP 문제에 도전하여 실력을 키운다.

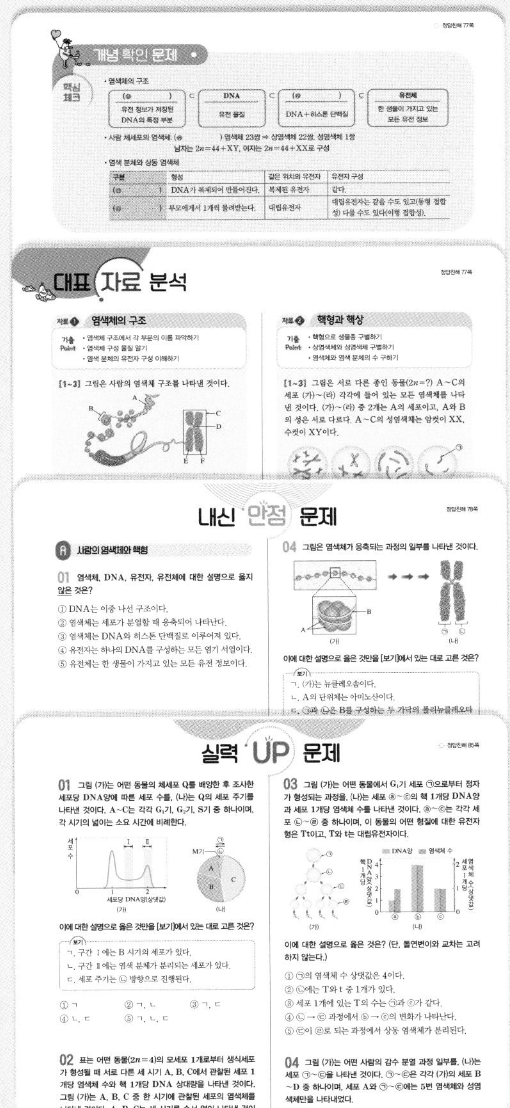

04 반복 학습으로 실력 다지기

중단원 핵심 정리와 중단원 마무리 문제로
단원 내용을 완벽하게 내 것으로 만든 후,
수능 실전 문제에도 도전한다.

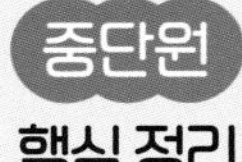

핵심 정리

마무리 문제

수능

실전 문제

시험 전 핵심 자료로 정리하기

시험에 꼭 나오는 핵심 자료만 모아놓아
시험 전에 한 번에 정리할 수 있다.

완자쌤의
비밀노트

QR 코드를 찍으면
완자쌤의 비밀노트로
최종 복습할 수 있어.

Contents 차례

유전

1 유전의 원리

2 사람의 유전

생태계와 상호 작용

1 생태계의 구성과 기능

2 생물 다양성과 보전

완자와 내 교과서 비교하기

대단원	중단원	소단원	완자	비상교육	교학사	금성	동아	미래엔	지학사	천재교육	YBM
Ⅰ 생명 과학의 이해	1 생명 과학의 이해	01 생물의 특성	10~19	20~24	13~19	16~21	13~17	14~21	12~19	11~15	12~16
		02 생명 과학의 특성과 탐구 방법	20~27	11~18	20~25	22~23 26~33	18~20 22~25	22~24 26~29	20~25	16~22	17~25
Ⅱ 사람의 물질대사	1 사람의 물질대사	01 생명 활동과 에너지	38~45	35~38	33~36	46~51	35~39	38~43	34~37	33~37	31~35
		02 에너지를 얻기 위한 기관계의 통합적 작용	46~57	39~43	38~43	52~55	40~45	44~53	38~40 42~45	38~43	36~44
		03 물질대사와 건강	58~63	44~48	46~53	60~63	46~49	54~59	46~49	44~47	47~51
Ⅲ 항상성과 몸의 조절	1 신경계	01 자극의 전달	76~95	59~68	61~69 72~75	76~85	59~67	70~81	60~67 78~81	59~65 75~78	63~73
		02 신경계	96~109	70~78	76~83	86~92	69~76	82~92	68~77	67~74	77~85
	2 호르몬과 항상성	01 항상성 유지	122~138	82~90	86~94	98~105	78~87	94~99	82~91	83~90	87~96
	3 방어 작용	01 질병과 병원체	148~155	92~95	96~99	110~113	93~97	100~105	92~93	95~99	99~105
		02 우리 몸의 방어 작용	156~170	96~103	100~103 105~109	114~121	98~105	106~115	94~100	100~107	105~113

대단원	중단원	소단원	완자	비상교육	교학사	금성	동아	미래엔	지학사	천재교육	YBM
Ⅳ 유전	1 유전의 원리	01 염색체	182~191	115~120	121~126	134~136	117~121	126~131	112~115	119~122	125~130
		02 생식세포의 형성과 유전적 다양성	192~202	122~128	128~132	137~143	122 124~128	131~139	116~125	123~129	132~138
	2 사람의 유전	01 사람의 유전	214~233	130~139	134~141	148~152	135~143	140~144	126~133	135~140	141~149
		02 유전병의 종류와 특징	234~245	142~149	142~149	153~157	144~151	146~152 154~155	134~140	141~146	150~158
Ⅴ 생태계와 상호 작용	1 생태계의 구성과 기능	01 생태계와 개체군	260~273	159~168	157~167	170~179	163~172	166~175	152~161	157~164	171~177
		02 군집	274~289	170~178	168~177	180~188	173~178 180~182	176~179 182~187	162~173	165~171	178~187
		03 에너지 흐름과 물질 순환	290~301	180~186	178~182	189~194	183~189	188~193	176~181	172~175	191~194
	2 생물 다양성과 보전	01 생물 다양성	314~321	188~192	184~187	200~203	195~197	194~197	182~187	181~185	197~199
		02 생물 다양성 보전	322~328	193~199	188~191	204~205 207	198~202	198~201	188~191	186~192	200~204

Ⅰ 생명 과학의 이해

1 생명 과학의 이해

Review

이전에 학습한 내용 중 이 단원과 연계된 내용을 다시 한 번 떠올려 봅시다.

다음 단어가 들어갈 곳을 찾아 빈칸을 완성해 보자.

조직계　　기관계　　동화　　이화　　자연 선택　　변이

중2
동물과 에너지

• **생명체의 유기적 구성 단계**

동물체의 구성 단계	식물체의 구성 단계

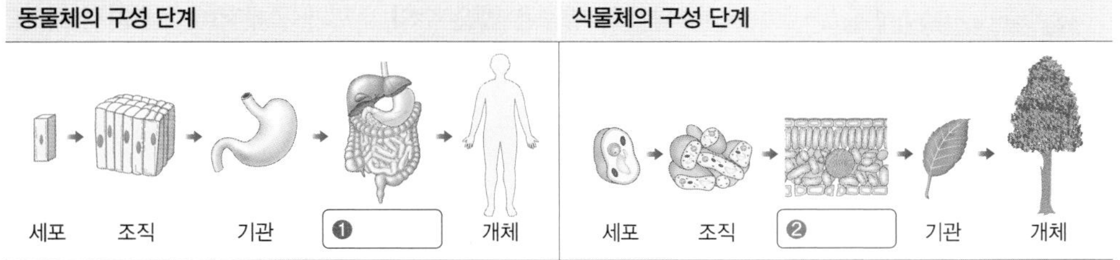

통합과학
생명 시스템

• **물질대사**

① 물질대사는 생명체 내에서 일어나는 모든 화학 반응이다.

② 물질대사가 일어날 때에는 반드시 에너지 출입이 함께 일어난다.

③ **물질대사의 구분**

구분	❸ ______ 작용	❹ ______ 작용
정의	작은 분자로부터 큰 분자를 합성하는 반응	큰 분자를 작은 분자로 분해하는 반응
예	광합성, 단백질 합성	소화, 세포 호흡
물질 변화와 에너지 출입	단백질 / 큰 분자 / 포도당 / 동화 작용 / 효소 / 이화 작용 / 에너지 흡수 / 아미노산 / 작은 분자 / 물 / 이산화 탄소 / 에너지 방출	

통합과학
생물 다양성과 유지

• **생물의 진화**

① **진화:** 생물이 오랜 시간 동안 여러 세대를 거치면서 환경에 적응하여 몸의 구조나 특성이 변화하는 현상이다. ➡ 진화의 결과 현재와 같이 다양한 생물이 나타나게 되었다.

② ❺ ______ : 같은 종의 개체 간에 나타나는 형질의 차이이며, 환경에 대한 적응 능력에 영향을 미친다. 예 앵무의 깃털 색, 달팽이의 껍데기 무늬

③ ❻ ______ : 주어진 환경에 적응하기 유리한 형질을 가진 개체가 더 많이 살아남아 자손을 남기는 것으로, 이 과정이 오랜 시간 동안 반복되어 진화가 일어난다.

답 ❶ 기관계 ❷ 조직계 ❸ 동화 ❹ 이화 ❺ 변이 ❻ 자연 선택

1 생물의 특성

핵심 포인트
1. 생물의 특성의 종류와 예 ★★★
2. 바이러스의 생물적·비생물적 특성 ★★★
3. 바이러스의 구조와 증식 ★★

A 생물의 특성

생명체마다 생김새가 다르고, 나타내는 특성도 모두 다르지요. 하지만 생명체에는 공통적인 현상, 즉 생물의 특성이 나타난답니다. 지금부터 생물의 특성에 대해 자세히 알아볼까요?

1. 세포로 구성 모든 생물은 세포로 구성되어 있으며, 세포는 생물의 구조적·기능적 단위이다.

(1) **단세포 생물:** 하나의 세포로 이루어진 생물이다. 예 아메바, 짚신벌레

(2) **다세포 생물:** 수많은 세포로 이루어진 생물이다. 예 사람, 코끼리

➡ 다세포 생물은 많은 수의 세포가 체계적이고 유기적으로 조직되어 몸을 구성한다.

| 단세포 생물과 다세포 생물 |

단세포 생물

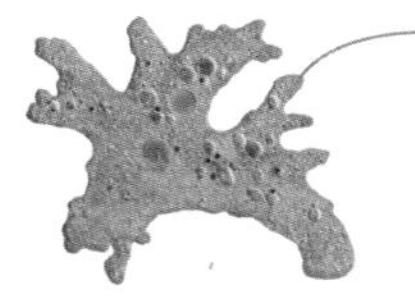
아메바

아메바와 코끼리는 모두 세포로 이루어져 있다.

다세포 생물

코끼리

- 하나의 세포가 하나의 개체가 된다.
- 단세포 생물의 세포 분열은 곧 자손을 번식시키는 생식이다.

- 모양과 기능이 비슷한 세포들이 모여 조직을 이루고, 여러 조직이 모여 특정 기능을 하는 기관을 이루며, 기관이 모여 개체를 이룬다.
- 몸의 구성 단계: 세포 → 조직 → 기관 → 개체

궁금해?

- 세포를 생물의 구조적 · 기능적 단위라고 하는데, 어떤 의미일까?

생물은 세포로 이루어져 있다. 세포는 하나의 시스템이며, 세포에서는 여러 가지 생명 현상이 일어난다. 따라서 세포는 생물의 몸을 구성하는 구조적 단위이면서 생명 활동이 일어나는 기능적 단위이다.
반면에 비생물인 건물에서 벽돌은 건물을 구성하는 구조적 단위이지만 벽돌 하나만으로는 건물의 특성을 나타내지 못하므로 기능적 단위는 아니다.

나는 생물을 이루고, 너는 비생물을 이루지!

● 생물이 생명을 유지하기 위해서는 끊임없이 물질대사가 일어나야 한다.

2. 물질대사 생명체 내에서 일어나는 모든 화학 반응을 물질대사라고 하며, 생물은 물질대사를 통해 몸에 필요한 물질과 에너지를 얻어 생명을 유지한다. 완자쌤 비법 특강 14쪽

(1) 물질대사가 일어날 때에는 반드시 에너지 출입이 함께 일어난다.

(2) 물질대사 과정에는 생체 ❶촉매인 ❷효소가 관여한다.

(3) 물질대사는 동화 작용과 이화 작용으로 구분할 수 있다.

구분	동화 작용	이화 작용
물질의 변화	간단한 물질(저분자 물질)을 복잡한 물질(고분자 물질)로 합성한다.	복잡한 물질(고분자 물질)을 간단한 물질(저분자 물질)로 분해한다.
에너지 출입	에너지 흡수(흡열 반응)	에너지 방출(발열 반응)
예	광합성, 단백질 합성	소화, 세포 호흡

| 동화 작용과 이화 작용 |

- 동화 작용: 간단한 물질 → 복잡한 물질
  예 광합성 → 빛에너지를 흡수하여 이산화 탄소와 물로부터 포도당을 합성하는 반응이다.
- 이화 작용: 복잡한 물질 → 간단한 물질
  예 세포 호흡 → 포도당을 이산화 탄소와 물로 분해하는 반응으로, 에너지가 방출된다.

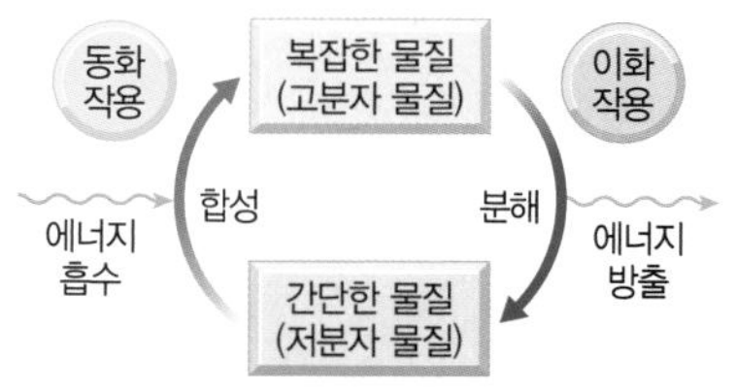

용어

❶ **촉매(觸 닿다, 媒 중매하다)** 화학 반응의 활성화 에너지를 변화시켜 반응 속도를 바꾸는 물질로, 반응 후에도 원래의 상태로 남아 있다.

❷ **효소(酵 삭히다, 素 바탕)** 생명체 내에서 촉매 역할을 하는 물질로, 주성분은 단백질이다.

3. 자극에 대한 반응과 항상성

(1) **자극에 대한 반응:** 생물은 빛, 온도, 소리, 접촉 등 환경 변화를 자극으로 받아들이고, 이에 대해 적절히 반응함으로써 생명을 유지한다.

예 • 식물은 빛이 비치는 쪽을 향해 굽어 자란다.
• 미모사는 잎에 물체가 닿으면 잎을 접는다.
• 박쥐는 빛을 피해 어두운 곳으로 이동한다.
• 고양이는 밝은 곳에서 동공이 작아지고, 어두운 곳에서 동공이 커진다.

빛에 대한 반응 (식물의 어린 싹)

접촉에 대한 반응 (미모사)

(2) **항상성:** 생물은 내부와 외부의 환경 변화에 대처하여 체온, 삼투압, 혈당량 등과 같은 체내 상태를 일정하게 유지하려는 성질(항상성)이 있다. → 동물에서 항상성은 내분비계(호르몬)와 신경계의 작용으로 조절된다.

예 • 더울 때 땀을 흘려 체온을 일정하게 유지한다.
• 물을 많이 마시면 오줌의 양이 늘어난다.

4. 발생과 생장

(1) **발생:** 다세포 생물에서 하나의 수정란이 세포 분열을 하여 세포 수를 늘리고 세포의 구조와 기능이 다양해지면서 조직과 기관을 형성하여 완전한 개체가 되는 과정이다.

예 개구리의 수정란이 올챙이를 거쳐 어린 개구리가 된다.

(2) **◆생장:** 다세포 생물에서 어린 개체가 세포 분열(→ 체세포 분열)을 통해 세포 수를 늘려 몸집이 커지고 무게가 증가하는 과정이다.

예 어린 개구리가 성체 개구리로 된다.

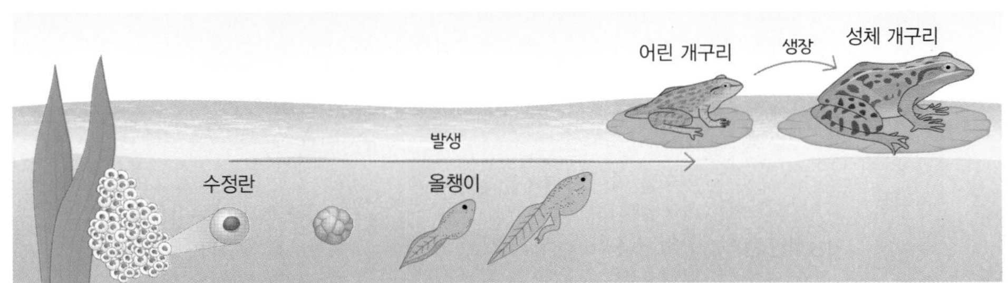

개구리의 발생과 생장

미래엔 교과서에만 나와요.

◆ **생장과 성장의 차이**
• 죽순(생물)의 생장: 죽순은 세포 분열을 하여 세포 수를 늘리고 물질대사를 통해 구성 물질을 스스로 합성하여 크기가 커진다.
• 석순(비생물)의 성장: 석순은 외부로부터 석회질 물질이 첨가되어 구성 물질의 양이 많아져 크기가 커진다.

죽순

석순

5. 생식과 유전

(1) **◆생식:** 생물이 종족을 유지하기 위해 자신과 닮은 자손을 만드는 현상이다.

예 • 짚신벌레는 분열법으로, 히드라는 출아법으로 개체 수를 늘린다.
• 사람, 곰, 치타 등은 생식세포의 수정으로 자손을 만든다.

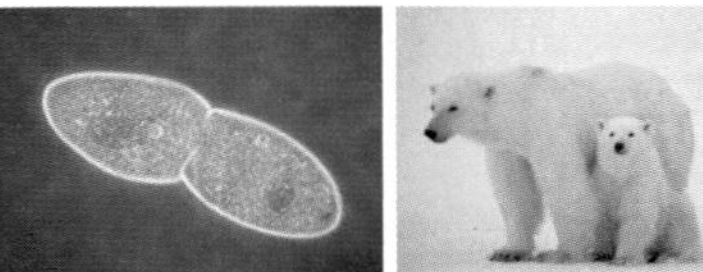
짚신벌레의 분열법 / 어미 곰과 새끼 곰

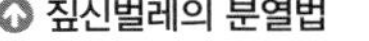
→ 자손은 어버이의 형질을 물려받아 어버이를 닮는다.

(2) **유전:** 어버이의 형질이 자손에게 전해지는 현상이다. → 생식 과정에서 어버이의 유전 물질이 자손에게 전해지기 때문이다.

예 적록 색맹인 어머니로부터 적록 색맹인 아들이 태어난다.

◆ **생식 방법**
• 무성 생식: 암수 생식세포가 결합하지 않고 자손을 만드는 생식 방법 예 분열법, 출아법, 영양 생식 등
• 유성 생식: 암수 생식세포가 결합하여 자손을 만드는 생식 방법 예 정자와 난자가 수정하여 새로운 개체가 된다.

◆ 자연 선택과 진화
생물 집단에서는 환경에 적합한 유전 형질을 가진 개체가 더 많이 살아남아 자손을 남기는 자연 선택이 일어난다. 살아남은 개체는 환경에 적합한 형질을 자손에게 전달하고, 이러한 과정이 누적되면 집단의 유전적 구성이 변화하여 새로운 종이 나타난다.

암기해!
- 생물의 특성
  - 세포로 구성된다.
  - 물질대사가 일어난다.
  - 자극에 대해 반응하고 항상성이 있다.
  - 발생과 생장을 한다.
  - 생식과 유전을 한다.
  - 환경에 적응하고 진화한다.

◆ 생물의 특성의 구분
- 개체 유지 현상: 하나의 생물이 살아 있는 상태를 유지하는 것과 관련된 특성 ➡ 세포로 구성, 물질대사, 자극에 대한 반응과 항상성, 발생과 생장
- 종족 유지 현상: 생물종을 보존하여 생명의 연속성을 유지하는 것과 관련된 특성 ➡ 생식과 유전, 적응과 진화

비상, 동아 교과서에만 나와요.
◆ 핵산의 종류에 따른 바이러스의 분류
- DNA 바이러스: 아데노 바이러스, B형 간염 바이러스 등
- RNA 바이러스: 사람 면역 결핍 바이러스(HIV), 인플루엔자 바이러스 등

6. 적응과 진화

(1) **적응:** 생물이 서식 환경에 적합하도록 몸의 형태와 기능, 생활 습성 등이 변화하는 현상이다.

(2) ◆**진화:** 생물이 오랜 시간에 걸쳐 환경 변화에 적응하면서 집단의 유전적 구성이 변화하여 새로운 종이 나타나는 현상이다. → 진화의 결과 지구에는 다양한 생물종이 나타나게 되었다.

(3) **적응과 진화의 예** 16쪽 대표 자료 ❶

가랑잎벌레는 몸의 형태가 주변의 잎과 비슷하게 변하여 몸을 보호한다.	사막에 서식하는 선인장은 잎이 가시로 변하여 수분 손실을 줄인다.	갈라파고스 군도에는 부리 모양이 다른 여러 종류의 핀치가 있는데, 이것은 한 종류의 핀치가 각 섬의 먹이 환경에 적응하여 진화한 결과이다.

탐구 자료창 생물과 비생물의 차이점

다음은 강아지와 강아지 로봇에 대한 설명이다.

강아지
먹이를 섭취하여 에너지를 얻어 움직인다. 물체의 움직임을 감지하고, 소리를 들으면 짖는다.

강아지 로봇
전지를 충전하면 움직인다. 장애물을 피하고 꼬리를 흔들며, 짖는 것과 비슷한 소리를 낸다.

1. 강아지와 강아지 로봇의 공통점과 차이점

공통점	• 머리, 몸통, 4개의 다리를 가지며, 꼬리가 있다. • 에너지를 얻어 움직일 수 있고, 자극을 감지하여 반응하며 소리를 낼 수 있다.		
차이점	구분	강아지	강아지 로봇
	구조적인 면	세포로 구성된다.	여러 부품으로 구성된다.
	기능적인 면	• 먹이를 먹어 에너지를 얻는다. → 물질대사 • 몸이 커지고 무게가 증가하여 생장한다. • 자신과 닮은 자손을 만든다. → 생식	• 전지를 통해 에너지를 얻는다. • 생장하지 않는다. • 자손을 만들지 못한다.

2. **결론:** 강아지는 생물이고, 강아지 로봇은 비생물이다.

B 바이러스

1. 바이러스 살아 있는 세포에 기생하는 감염성 병원체이다.

(1) 크기가 세균보다 훨씬 작고, 모양이 매우 다양하다. → 일반적으로 생물은 DNA와 RNA를 모두 갖지만 바이러스는 DNA와 RNA 중 한 가지만 갖는다.

(2) **바이러스의 구성:** 단백질 껍질과 유전 물질인 ◆핵산(DNA 또는 RNA)으로 구성된다.

(3) **바이러스의 발견:** 19세기 후반에 담배 모자이크병을 일으키는 병원체를 밝히는 과정에서 처음 발견되었다. → 담배 모자이크 바이러스(TMV)에 의해 유발된다.

| 바이러스의 발견 |

- 담배 모자이크병에 걸린 담뱃잎의 즙을 세균 여과기에 걸러 얻은 여과액을 건강한 담뱃잎에 바르니 담배 모자이크병이 나타났다. ➡ 담배 모자이크병을 일으키는 병원체는 세균보다 크기가 작다.
- 여과액에서 핵산과 단백질로 구성된 병원체의 결정을 얻었다. ➡ 병원체는 핵산과 단백질로 구성되며, ❶숙주 세포 밖에서는 결정 형태로 존재한다.
- 추출한 병원체를 인공 배지에 넣었을 때에는 증식하지 않았지만, 건강한 담뱃잎 세포가 있는 배지에 넣었을 때에는 증식하였다. ➡ 병원체는 살아 있는 세포 내에서만 증식할 수 있다.

2. 바이러스의 특성 바이러스는 생물적 특성과 비생물적 특성을 모두 나타낸다. 16쪽 대표 자료❷

생물적 특성	비생물적 특성
• 유전 물질인 핵산이 있다. • ◆숙주 세포 내에서는 물질대사를 하고 자신의 유전 물질을 복제하여 증식할 수 있다. • 증식 과정에서 돌연변이가 일어나 환경에 적응하고 진화한다.	• 세포의 구조를 갖추지 못하였다. └● 세포막으로 싸여 있지 않으며, 리보솜과 같은 세포 소기관이 없다. • 숙주 세포 밖에서는 단백질 결정체로 존재한다. • 스스로 물질대사를 하지 못한다. └● 리보솜이 없어 스스로 단백질을 합성하지 못한다.

탐구 자료창 ◆박테리오파지의 구조와 증식 과정

다음은 박테리오파지의 모형을 제작하는 과정과 박테리오파지가 증식하는 과정에 대한 자료이다.

모형 제작	❶ 전개도를 잘라 만든 정십이면체에 빨간색 철사를 말아 넣고 셀로판테이프로 붙여 박테리오파지의 머리를 만든다. ❷ 파란색 철사 6개를 모아 윗부분은 기둥처럼 만들고 아랫부분은 각각 구부려 다리 모양으로 만든 후 박테리오파지의 머리와 연결한다.	 ⊙ 박테리오파지의 모형 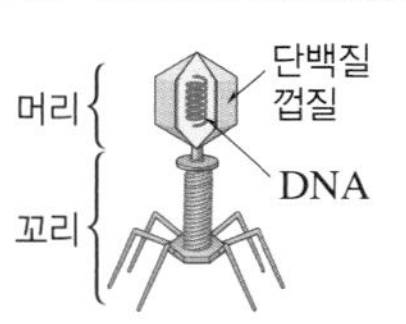 ⊙ 박테리오파지의 구조
증식 과정	박테리오파지는 세균의 표면에 부착하여 자신의 DNA를 세균 안으로 주입한 후, 세균의 효소를 이용하여 자신의 유전 물질을 복제하고 새로운 단백질 껍질을 만들어 증식한다. 증식한 바이러스들은 세균을 손상시키거나 파괴하고 밖으로 나온다.	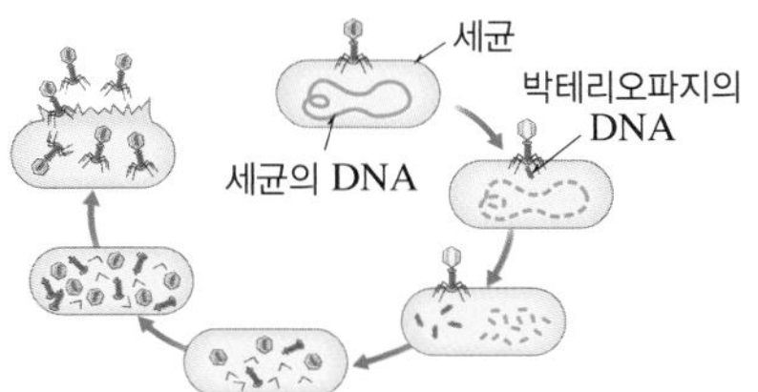

1. 박테리오파지의 모형과 박테리오파지의 구조 비교
   - 정십이면체: 박테리오파지의 머리 ─● 단백질 껍질로 되어 있다.
   - 빨간색 철사: 박테리오파지의 DNA
   - 6개의 파란색 철사로 만든 기둥과 다리: 박테리오파지의 꼬리
2. **박테리오파지의 생물적 특성:** 유전 물질인 핵산이 있고, 숙주 세포 내에서 물질대사와 증식을 할 수 있다. 증식 과정에서 유전 현상이 나타나고 돌연변이가 발생하여 환경에 적응하고 진화한다.
3. **박테리오파지의 비생물적 특성:** 세포로 이루어져 있지 않고, 스스로 물질대사를 할 수 없다.
4. **결론:** 바이러스는 일부 생물적 특성을 나타내지만, 비생물적 특성도 나타낸다.

비상, 동아 교과서에만 나와요.

◆ **숙주의 종류에 따른 바이러스의 분류**
- 동물 바이러스: 간염 바이러스, 천연두 바이러스, 인플루엔자 바이러스 등
- 식물 바이러스: 담배 모자이크 바이러스(TMV), 토마토 반점 시듦 바이러스, 오이 모자이크 바이러스 등
- 세균 바이러스: 박테리오파지인 T2, T4 등

◆ **박테리오파지**
박테리오는 '세균', 파지는 '먹다'라는 뜻이다. 박테리오파지는 세균을 숙주로 하는 바이러스로, 세균을 감염시켜 파괴한다. 박테리오파지에는 대장균을 숙주로 하는 T2, T4 등이 있다.

궁금해?
바이러스는 최초의 생명체일까?
바이러스는 반드시 살아 있는 세포에 기생해야 물질대사를 하고 증식할 수 있다. 따라서 바이러스는 지구에 나타난 최초의 생명체로 볼 수 없다.

용어
❶ **숙주(宿 자다, 主 주인)** 한 개체가 다른 개체에 기생하여 살 때 영양을 공급하는 생물이다.

정답친해 2쪽

화성 생명체 탐사 실험

생명체는 물질대사를 통해 몸에 필요한 물질을 만들고 에너지를 얻습니다. 따라서 물질대사는 생물과 비생물을 구분하는 중요한 특성이 됩니다. 1976년에 화성에 착륙한 무인 탐사선 바이킹호는 화성 토양에 생명체가 존재하는지 알아보는 실험을 수행하였습니다. 어떠한 실험들을 수행하였는지 자세히 정리해 볼까요?

1 화성 토양에 생명체가 존재하는지 알아보기 위해 실시한 세 가지 실험

구분	실험 (가)	실험 (나)	실험 (다)
실험 과정	① 화성 토양이 든 용기에 방사성 기체($^{14}CO_2$)를 넣고 빛을 비춘다. ② 며칠 후 용기 속 방사성 기체를 제거하고 토양을 가열하여 방사성 기체의 발생 여부를 확인한다. ➡ 동화 작용(광합성) 확인 실험 램프 / 방사성 기체가 발생하면 방사능이 검출된다. / $^{14}CO_2$ / 화성 토양 / 가열 장치 / 방사능 계측기	① 화성 토양이 든 용기에 방사성을 띠는 영양소(^{14}C로 표지)를 주입한다. ② 며칠 동안 용기 속 공기에서 방사성 기체인 $^{14}CO_2$가 발생하는지를 조사한다. ➡ 이화 작용(호흡) 확인 실험 ^{14}C로 표지된 영양소 / 화성 토양 / 방사능 계측기	① 화성 토양이 든 용기에 일정한 조성의 혼합 기체를 넣고 영양소를 주입한다. ② 용기 속 기체 조성이 변화하는지를 조사한다. ➡ 이화 작용(호흡) 확인 실험 영양소 / 방사성 원소를 사용하지 않았으므로 방사능 계측기가 아니라 기체 분석기를 사용한다. / 화성 토양 / 기체 분석기
가설	광합성을 하는 생명체가 있다면 ^{14}C를 포함한 유기물이 합성되고, 이것을 가열하면 방사성 기체가 발생할 것이다.	호흡을 하는 생명체가 있다면 방사성을 띠는 영양소가 분해되어 $^{14}CO_2$가 발생할 것이다.	호흡을 하는 생명체가 있다면 기체 교환을 하여 용기 속 기체 조성이 변화할 것이다.
결과	방사성 기체가 검출되지 않았다.	$^{14}CO_2$가 검출되지 않았다.	용기 속 기체의 조성이 변화하지 않았다.

해석 | 실험 (가), (나), (다)는 '생물은 물질대사를 한다.'라는 생물의 특성을 이용하여 화성 토양에 생명체가 존재하는지의 여부를 확인하고자 설계되었다.

결론 | 실험 (가), (나), (다)에서 아무런 변화가 나타나지 않은 것으로 보아 화성 토양에는 물질대사를 하는 생명체가 존재하지 않는다.

Q1 이 실험에서 전제하고 있는 생물의 특성은 무엇인가?

Q2 실험 (가)는 ㉠(　　　) 작용을, 실험 (나)와 (다)는 ㉡(　　　) 작용을 하는 생명체의 존재 여부를 확인하기 위한 것이다.

이 내용은 비상, 금성, 천재 교과서에서 문제로만 다루고 있습니다. 화성 토양에 생명체가 존재하는지를 알아보는 실험에 대한 문제는 시험에 자주 출제되니 꼭 살펴보고 기억해 두세요.

개념 확인 문제

핵심 체크

- 모든 생물은 생물의 구조적·기능적 단위인 (❶)로 구성되어 있다.
- 물질대사는 생명체 내에서 일어나는 모든 화학 반응으로, 간단한 물질을 복잡한 물질로 합성하는 (❷)과 복잡한 물질을 간단한 물질로 분해하는 (❸)으로 구분된다.
- 환경 변화에 대처하여 체내 상태를 일정하게 유지하려는 성질을 (❹)이라고 한다.
- 수정란이 하나의 개체로 되는 과정은 (❺)이고, 어린 개체가 성체로 되는 과정은 (❻)이다.
- 생식은 생물이 자손을 남겨 종족을 유지하는 현상이고, (❼)은 부모의 형질이 자손에게 전해지는 현상이다.
- (❽)는 생물이 오랜 시간에 걸쳐 환경에 적응하는 과정에서 집단의 유전적 구성이 변화하여 새로운 종이 나타나는 현상이다.

1 다음은 다세포 생물의 몸의 구성 단계를 나타낸 것이다. ( ) 안에 알맞은 말을 쓰시오.

㉠( ) → 조직 → ㉡( ) → 개체

2 물질대사에 대한 설명으로 옳은 것은 ○, 옳지 않은 것은 ×로 표시하시오.

(1) 생물은 물질대사가 일어나지 않으면 생명을 유지할 수 없다. ( )
(2) 물질대사가 일어날 때에는 반드시 에너지 출입이 함께 일어난다. ( )
(3) 물질대사에는 효소가 반응물로 사용된다. ( )
(4) 이화 작용은 간단한 물질을 복잡한 물질로 합성하는 반응으로, 에너지를 흡수하여 일어난다. ( )

3 생물의 특성 중 생물이 종을 유지하는 것과 관련된 특성으로 옳은 것만을 [보기]에서 있는 대로 고르시오.

보기
ㄱ. 생식 ㄴ. 생장 ㄷ. 유전
ㄹ. 진화 ㅁ. 항상성 ㅂ. 물질대사
ㅅ. 자극에 대한 반응

4 다음 설명과 가장 관련이 깊은 생물의 특성을 [보기]에서 고르시오.

보기
ㄱ. 물질대사 ㄴ. 항상성
ㄷ. 발생과 생장 ㄹ. 생식과 유전
ㅁ. 적응과 진화 ㅂ. 자극에 대한 반응

(1) 식물의 싹이 빛을 향해 굽어 자란다.
(2) 물을 많이 마시면 오줌양이 증가한다.
(3) 식물은 빛에너지를 이용하여 포도당을 합성한다.
(4) 가랑잎벌레는 몸의 형태가 주변의 잎과 비슷하다.
(5) 적록 색맹인 어머니로부터 적록 색맹인 아들이 태어난다.
(6) 개구리의 수정란은 올챙이, 어린 개구리를 거쳐 성체 개구리가 된다.

5 그림은 박테리오파지의 구조를 나타낸 것이다. A와 B의 이름을 쓰시오.

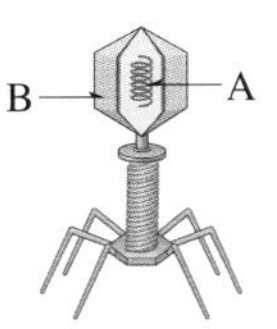

6 바이러스에 대한 설명으로 옳은 것은 ○, 옳지 않은 것은 ×로 표시하시오.

(1) 세균보다 크기가 크다. ( )
(2) 세포의 구조를 갖추고 있다. ( )
(3) 숙주 세포 내에서만 증식할 수 있다. ( )

대표 자료 분석

자료 ❶ 생물의 특성 예

기출 Point
- 생명 현상에 해당하는 생물의 특성 알기
- 생물의 특성에 해당하는 예 알기

[1~3] 다음은 벌새가 갖는 생물의 특성에 대한 자료이다.

(가) 벌새의 날개 구조는 공중에서 정지한 상태로 꿀을 빨아먹기에 적합하다.

(나) 벌새는 자신의 체중보다 많은 양의 꿀을 섭취하여 ㉠ 활동에 필요한 에너지를 얻는다.

(다) 짝짓기 후 암컷이 낳은 알은 ㉡ 발생과 생장 과정을 거쳐 성체가 된다.

1 ㉠에 해당하는 생물의 특성은 무엇인지 쓰시오.

2 (가)에 해당하는 생물의 특성과 가장 관련이 깊은 것은?

① 사람은 더울 때 땀을 많이 흘린다.
② 짚신벌레는 분열법으로 번식한다.
③ 사막에 사는 선인장은 잎이 가시로 변하였다.
④ 지렁이는 빛을 비추면 어두운 곳으로 이동한다.
⑤ 고양이는 밝은 곳에서 동공이 작아지고, 어두운 곳에서 동공이 커진다.

3 빈출 선택지로 완벽 정리!

(1) (가)는 적응과 진화의 예에 해당한다. (○ / ×)
(2) (가)와 (나)는 종족 유지 현상에 해당한다. (○ / ×)
(3) ㉠에서 효소가 관여한다. (○ / ×)
(4) ㉠에서 이화 작용이 일어난다. (○ / ×)
(5) '개구리의 수정란이 올챙이를 거쳐 개구리가 된다.'는 ㉡의 예에 해당한다. (○ / ×)

자료 ❷ 바이러스의 특성

기출 Point
- 바이러스의 특성 알기
- 바이러스와 단세포 생물의 공통점과 차이점 알기

[1~3] 그림 (가)와 (나)는 대장균과 박테리오파지를 순서 없이 나타낸 것이다.

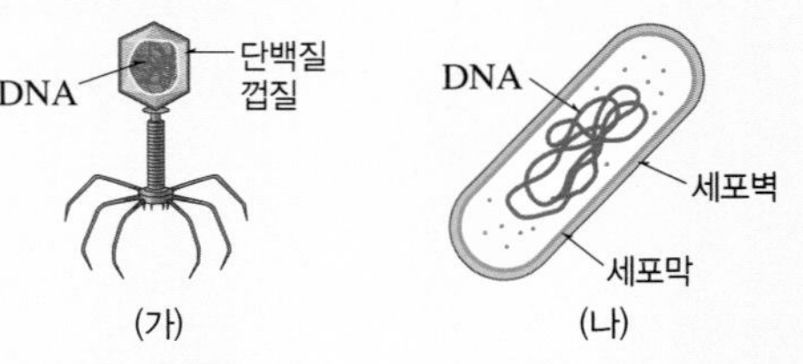

1 (가)와 (나)는 각각 무엇인지 쓰시오.

2 (가)와 (나)의 공통점에 해당하는 것을 [보기]에서 있는 대로 고르시오.

보기
ㄱ. 세포로 되어 있다.
ㄴ. 유전 물질을 가지고 있다.
ㄷ. 스스로 물질대사를 할 수 있다.

3 빈출 선택지로 완벽 정리!

(1) (가)와 (나)는 모두 단백질이 있다. (○ / ×)
(2) (가)는 생명체 밖에서는 결정체로 존재한다. (○ / ×)
(3) '독립적으로 분열하여 증식한다.'는 (가)에만 해당하는 특성이다. (○ / ×)
(4) '증식 과정에서 돌연변이가 일어날 수 있다.'는 (나)에만 해당하는 특성이다. (○ / ×)

내신 만점 문제

정답친해 3쪽

A 생물의 특성

01 생물의 특성에 대한 설명으로 옳지 않은 것은?

① 세포는 생물의 구조적·기능적 단위이다.
② 물질대사는 생명체에서 일어나는 화학 반응이다.
③ 항상성은 체내 상태를 외부 환경과 항상 같도록 조절하는 것이다.
④ 진화는 생물이 오랜 시간에 걸쳐 환경 변화에 적응하며 집단의 유전적 구성이 변하는 것이다.
⑤ 수정란이 세포 분열을 통해 세포 수를 늘리고 조직과 기관을 형성하여 개체가 되는 과정을 발생이라고 한다.

02 다음은 다세포 생물의 구성 단계를 나타낸 것이다.

(㉠) → 조직 → (㉡) → 개체

이에 대한 설명으로 옳은 것만을 [보기]에서 있는 대로 고른 것은?

보기
ㄱ. ㉠은 생물의 구조적 단위이다.
ㄴ. 아메바, 짚신벌레에서도 ㉡의 예를 볼 수 있다.
ㄷ. 개체는 생명 활동이 일어나는 기능적 단위이다.

① ㄱ ② ㄴ ③ ㄷ
④ ㄱ, ㄴ ⑤ ㄴ, ㄷ

중요 **03** 다음은 효모에 대한 설명이다.

효모는 산소가 없을 때 포도당을 에탄올과 이산화 탄소로 분해하여 에너지를 얻는다.

이에 나타난 생물의 특성과 가장 관련이 깊은 것은?

① 짠 음식을 많이 먹으면 물을 많이 마신다.
② 벼는 이산화 탄소와 물로부터 포도당을 합성한다.
③ 식물의 어린 싹이 햇빛이 비치는 쪽으로 굽어 자란다.
④ 수생 식물인 부레옥잠은 통기 조직이 있어 잎이 물 위에 뜬다.
⑤ 갈라파고스 군도의 핀치는 각 섬의 먹이 환경에 따라 부리의 크기와 모양이 다른 종으로 분화하였다.

중요 **04** 다음은 마라톤 대회에 참가 중인 사람에 대한 설명이다.

달리기를 할 때 근육 세포는 반복적인 근육 운동에 필요한 ATP를 얻기 위해 ㉠ 포도당을 세포 호흡에 이용한다. 달리기를 하는 동안 체내에서 열이 발생하여 ㉡ 더워지면 땀을 많이 흘린다.

㉠과 ㉡에 나타난 생물의 특성을 옳게 짝 지은 것은?

	㉠	㉡
①	물질대사	항상성
②	물질대사	적응과 진화
③	적응과 진화	항상성
④	적응과 진화	물질대사
⑤	항상성	물질대사

[05~06] 그림은 화성에 생명체가 존재하는지 확인하기 위해 화성 탐사선에서 실시한 실험의 일부를 나타낸 것이다.

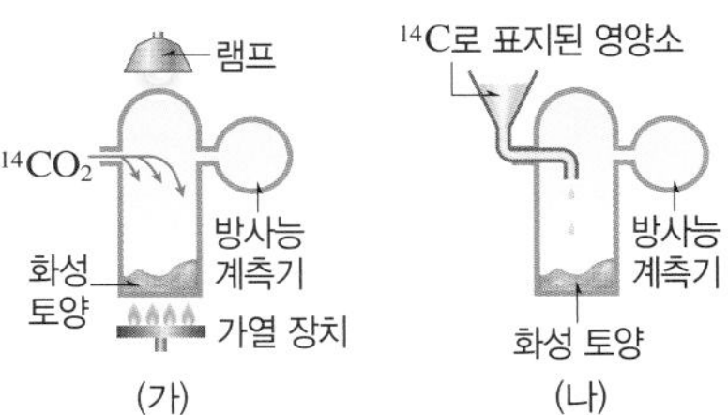

서술형 **05** 이 실험에서 전제하는 생물의 특성은 무엇인지 서술하시오.

중요 **06** 이에 대한 설명으로 옳은 것만을 [보기]에서 있는 대로 고른 것은?

보기
ㄱ. (가)는 화성 토양에 광합성을 하는 생명체가 있는지 확인하는 실험이다.
ㄴ. (나)는 화성 토양에 이화 작용을 하는 생명체가 있는지 확인하는 실험이다.
ㄷ. (나)의 방사능 계측기는 ^{14}C를 포함한 영양소를 검출하기 위한 것이다.

① ㄴ ② ㄱ, ㄴ ③ ㄱ, ㄷ
④ ㄴ, ㄷ ⑤ ㄱ, ㄴ, ㄷ

07 다음은 생물의 특성과 관련된 예이다.

(가) 음식을 먹은 후 혈당량이 높아지면 혈당량을 정상 수준으로 낮추는 작용이 일어난다.
(나) 갈매기는 염분 농도가 높은 물을 콧구멍으로 배출하여 체내 염분 농도를 일정하게 유지한다.

(가), (나)에서 공통적으로 나타난 생물의 특성을 쓰시오.

중요 08 표는 생물의 특성의 예를 나타낸 것이다. (가)와 (나)는 생식과 유전, 자극에 대한 반응을 순서 없이 나타낸 것이다.

특성	예
(가)	미모사는 잎에 물체가 닿으면 잎을 접는다.
(나)	㉠짚신벌레는 분열법으로 번식한다.
적응과 진화	고산지대에 사는 사람은 낮은 지대에 사는 사람보다 적혈구 수가 많다.

이에 대한 설명으로 옳은 것만을 [보기]에서 있는 대로 고른 것은?

보기
ㄱ. (가)는 생식과 유전이다.
ㄴ. ㉠ 과정에서 세포 분열이 일어난다.
ㄷ. '더운 지역에 사는 사막여우는 열 방출에 효과적인 큰 귀를 갖는다.'는 적응과 진화의 예에 해당한다.

① ㄱ ② ㄴ ③ ㄷ ④ ㄱ, ㄷ ⑤ ㄴ, ㄷ

09 표는 강아지와 강아지 로봇의 특징을 나타낸 것이다.

구분	특징
강아지	• 낯선 사람이 다가오면 짖는다. • 먹이를 섭취하여 ㉠ 생활에 필요한 에너지를 얻는다.
강아지 로봇	• 금속과 플라스틱으로 구성된다. • ㉡ 전지에 저장된 에너지로 움직인다. • 사람이 만지면 꼬리를 흔든다.

이에 대한 설명으로 옳은 것만을 [보기]에서 있는 대로 고른 것은?

보기
ㄱ. 강아지는 세포로 구성되어 있다.
ㄴ. ㉠과 ㉡은 물질대사와 관련이 깊다.
ㄷ. 강아지 로봇은 자극에 대해 반응할 수 있다.

① ㄱ ② ㄴ ③ ㄷ ④ ㄱ, ㄷ ⑤ ㄴ, ㄷ

10 다음은 생물의 특성을 분류한 것이다.

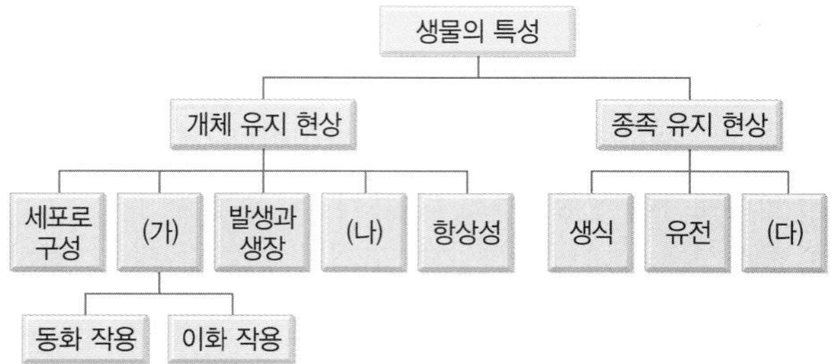

이에 대한 설명으로 옳은 것만을 [보기]에서 있는 대로 고른 것은?

보기
ㄱ. (가)는 생명체 내에서 일어나는 모든 화학 반응이다.
ㄴ. 지렁이가 빛을 피해 어두운 곳으로 이동하는 것은 (나)의 예이다.
ㄷ. 사람이 추울 때 몸을 떠는 것은 (다)의 예이다.

① ㄱ ② ㄴ ③ ㄱ, ㄴ ④ ㄱ, ㄷ ⑤ ㄴ, ㄷ

B 바이러스

11 바이러스에 대한 설명으로 옳은 것만을 [보기]에서 있는 대로 고르시오.

보기
ㄱ. 지구상에 나타난 최초의 생명체이다.
ㄴ. 자체 효소가 없어 스스로 물질대사를 할 수 없다.
ㄷ. 숙주 세포 내에서 자신의 유전 물질을 복제하고 단백질을 합성하여 증식한다.

12 여러 가지 바이러스에 대해 조사한 자료 중 바이러스의 생물적 특성과 관련된 것을 모두 고르면? (2개)

① 조류 독감 바이러스는 세균 여과기를 통과한다.
② 조류 독감 바이러스를 닭에게 주입하였더니 변형된 조류 독감 바이러스가 발견되었다.
③ 담배 모자이크 바이러스는 단백질 결정체로 추출된다.
④ 담배 모자이크 바이러스는 인공 배지에서는 증식하지 못한다.
⑤ 대장균 속으로 들어간 박테리오파지의 DNA로부터 새로운 박테리오파지가 생성된다.

실력 UP 문제

정답친해 5쪽

중요 **13** 그림 (가)와 (나)는 각각 바이러스와 동물 세포 중 하나를 나타낸 것이다.

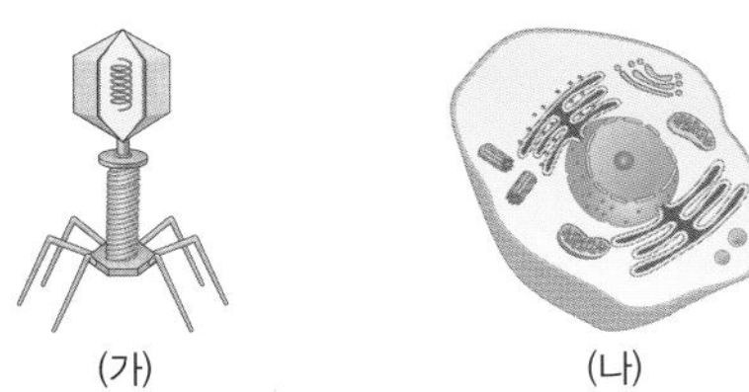

이에 대한 설명으로 옳은 것만을 [보기]에서 있는 대로 고른 것은?

보기
ㄱ. (가)는 세포막을 갖는다.
ㄴ. (가)와 (나)는 모두 핵산을 가지고 있다.
ㄷ. (나)는 효소를 합성하여 독립적으로 물질대사를 한다.

① ㄱ ② ㄴ ③ ㄷ
④ ㄴ, ㄷ ⑤ ㄱ, ㄴ, ㄷ

[14~15] 그림은 대장균이 박테리오파지에 감염되었을 때 일어나는 현상을 나타낸 것이다.

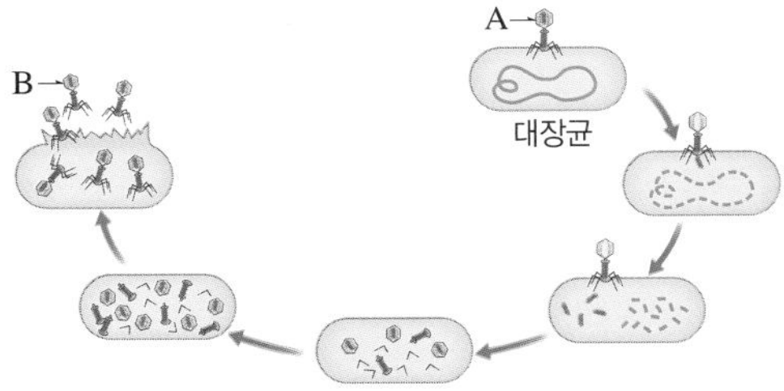

14 이에 대한 설명으로 옳은 것만을 [보기]에서 있는 대로 고른 것은? (단, 돌연변이는 고려하지 않는다.)

보기
ㄱ. A와 B의 유전 정보는 같다.
ㄴ. 대장균은 A가 없어도 독립적으로 생활할 수 있다.
ㄷ. B를 구성하는 단백질은 A의 유전 정보에 따라 합성된 것이다.

① ㄱ ② ㄱ, ㄴ ③ ㄱ, ㄷ
④ ㄴ, ㄷ ⑤ ㄱ, ㄴ, ㄷ

서술형 **15** 박테리오파지가 증식하기 위해서는 대장균이 필요한 까닭을 바이러스의 특성과 관련지어 서술하시오.

01 그림은 생물의 특성 (가)~(다)를 ㉠과 ㉡을 기준으로 분류한 것이며, 표는 (가)~(다)의 예를 나타낸 것이다. (가)~(다)는 각각 발생, 항상성, 적응과 진화 중 하나이다.

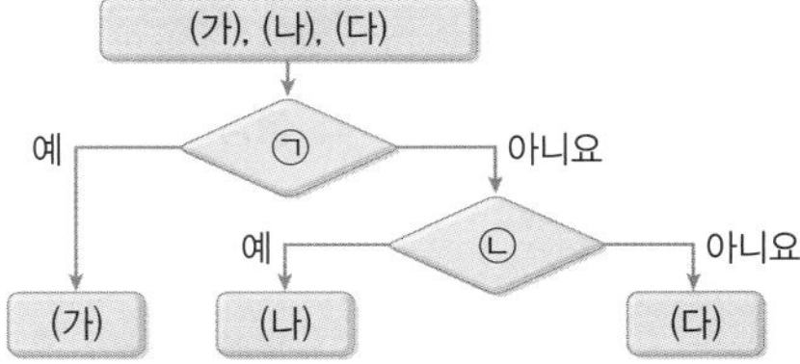

특성	예
(가)	가랑잎벌레는 몸의 형태가 주변의 잎과 비슷하여 포식자의 눈에 띄지 않는다.
(나)	장구벌레는 번데기 시기를 거쳐 모기가 된다.
(다)	?

이에 대한 설명으로 옳은 것만을 [보기]에서 있는 대로 고른 것은?

보기
ㄱ. '바이러스에서 나타나는가?'는 ㉠에 해당한다.
ㄴ. '개체 유지를 위한 특성인가?'는 ㉡에 해당한다.
ㄷ. '밝은 곳에서 고양이의 동공이 작아진다.'는 (다)의 예에 해당한다.

① ㄱ ② ㄴ ③ ㄷ ④ ㄱ, ㄷ ⑤ ㄴ, ㄷ

02 그림은 A~C의 공통점과 차이점을, 표는 특징 ㉠~㉢을 순서 없이 나타낸 것이다. A~C는 각각 짚신벌레, 바이러스, 메뚜기 중 하나이다.

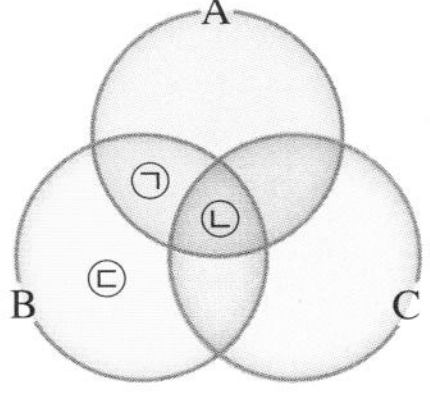

특징(㉠~㉢)
• 유전 물질을 가진다. • 조직과 기관을 가진다. • 스스로 물질대사를 할 수 있다.

이에 대한 설명으로 옳은 것만을 [보기]에서 있는 대로 고른 것은?

보기
ㄱ. A는 짚신벌레이다.
ㄴ. '조직과 기관을 가진다.'는 ㉢에 해당한다.
ㄷ. C는 세포 분열을 통해 증식하는 과정에서 돌연변이가 일어나 진화한다.

① ㄴ ② ㄱ, ㄴ ③ ㄱ, ㄷ
④ ㄴ, ㄷ ⑤ ㄱ, ㄴ, ㄷ

2 생명 과학의 특성과 탐구 방법

핵심 포인트
- ❶ 귀납적 탐구 방법과 연역적 탐구 방법의 차이 ★★
- ❷ 연역적 탐구 과정 ★★★
- ❸ 변인과 변인 통제 ★★★

A 생명 과학의 특성

1. 생명 과학 생물의 특성과 생명 현상을 탐구하여 생명의 본질을 밝히고, 이를 질병 치료나 환경 문제 해결 등 인류의 생존과 복지에 응용하는 종합적인 학문이다.

2. 생명 과학의 연구 대상 생물의 구성 물질부터 생태계에 이르기까지 생명 현상과 관련된 모든 단계가 생명 과학의 연구 대상이다.

생명 과학의 연구 대상

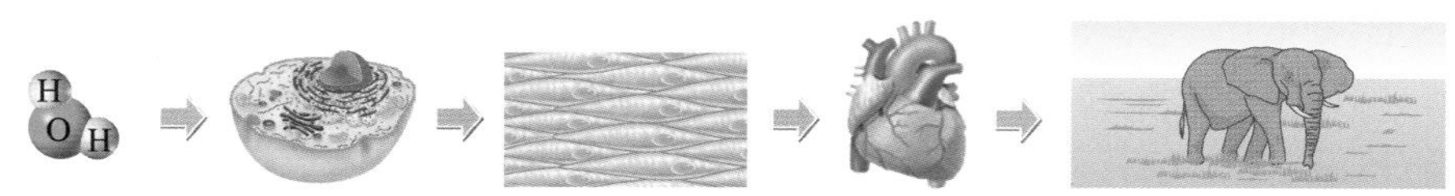

분자 생명체의 구성 물질 → 세포 생명체의 구성 단위 → 조직 형태와 기능이 비슷한 세포들의 모임 → 기관 여러 조직의 모임 → 개체 독립된 구조와 기능을 가지는 하나의 생명체

생태계 군집과 환경이 상호 작용하는 시스템

군집 일정한 지역에 여러 개체군이 모여 상호 작용하며 사는 것

개체군 같은 종의 개체가 무리를 이룬 것

3. 생명 과학의 분야 — 생명 과학은 생명의 본질을 분자와 세포 수준에서 연구하는 영역과 생물의 다양성, 생태, 유전, 진화 등을 연구하는 종합적인 영역으로 구분할 수 있다.

분야	내용
세포학	세포의 구조와 세포에서 일어나는 생명 현상을 연구한다.
생리학	생물의 기능이 나타나는 과정이나 원인을 분석한다.
유전학	생물의 유전 현상과 형질이 발현되는 원리를 밝힌다.
분류학	생물의 분류 체계를 세우고 생물의 계통을 밝힌다.
생태학	생물권에 살고 있는 생물 상호 간의 관계 및 생물과 환경의 관계를 연구한다.
기타	생물의 발생 과정을 연구하는 발생학, 생명 현상을 분자 수준에서 연구하는 분자 생물학 등 다양한 분야가 있다.

4. ◆생명 과학의 통합적 특성 생명 과학은 다른 학문 분야와 연계되어 서로 영향을 주고받으며 발전한다.

(1) **다른 과학 분야와의 통합:** 생명 과학은 화학, 물리학의 원리와 이론을 받아들여 생화학, 분자 생물학, 생물 물리학과 같은 통합적 학문으로 발달하였다.

(2) **다양한 학문 분야와의 통합:** 생명 과학이 컴퓨터 과학, 정보 기술, 통계학, 지리학, 법학과 같은 다른 영역의 학문과 연계되어 생명 공학, ◆생물 정보학, 생물 통계학, 생물 지리학, 법의학 등과 같은 다양한 통합 학문 분야가 발달하고 있다.

◆ **생명 과학과 다른 학문 분야와의 연계성**

컴퓨터 과학, 법의학, 생물 지리학, 생물 정보학, 의학, 심리학, 고생물학, 생명 과학, 생화학, 생물 통계학, 분자 생물학, 생명 공학

◆ **생물 정보학**
생명 과학 연구를 통해 얻은 대량의 자료를 컴퓨터를 이용하여 가공하고 통합하여 유용한 생물학적 정보를 얻는 학문이다.

B 생명 과학의 탐구 방법

파리가 낳은 알로부터 파리가 생기는 것처럼 생물은 생물로부터 생긴다는 당연한 사실도 오랜 시간에 걸쳐 과학적 탐구 과정에 따라 입증된 것입니다. 대표적인 과학적 탐구 방법인 귀납적 탐구 방법과 연역적 탐구 방법에 대해 자세히 알아볼까요?

탐구 과정은 교과서마다 조금씩 다르니 우리 교과서를 꼭 확인하고 암기해요.

1. 귀납적 탐구 방법

1. 귀납적 탐구 방법 구체적인 관찰을 통해 얻어진 자료를 수집하고, 수집한 자료를 종합하고 분석하여 규칙성을 찾아내 일반적인 원리나 법칙을 도출하는 탐구 방법이다.

(1) 귀납적 탐구 과정과 귀납적 탐구 방법의 예

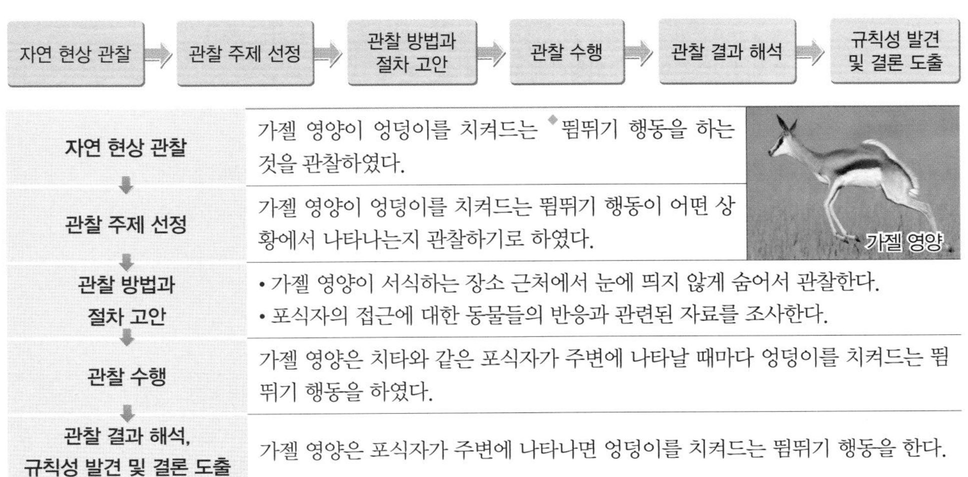

자연 현상 관찰 → 관찰 주제 선정 → 관찰 방법과 절차 고안 → 관찰 수행 → 관찰 결과 해석 → 규칙성 발견 및 결론 도출

자연 현상 관찰	가젤 영양이 엉덩이를 치켜드는 ◆뜀뛰기 행동을 하는 것을 관찰하였다.
관찰 주제 선정	가젤 영양이 엉덩이를 치켜드는 뜀뛰기 행동이 어떤 상황에서 나타나는지 관찰하기로 하였다.
관찰 방법과 절차 고안	• 가젤 영양이 서식하는 장소 근처에서 눈에 띄지 않게 숨어서 관찰한다. • 포식자의 접근에 대한 동물들의 반응과 관련된 자료를 조사한다.
관찰 수행	가젤 영양은 치타와 같은 포식자가 주변에 나타날 때마다 엉덩이를 치켜드는 뜀뛰기 행동을 하였다.
관찰 결과 해석, 규칙성 발견 및 결론 도출	가젤 영양은 포식자가 주변에 나타나면 엉덩이를 치켜드는 뜀뛰기 행동을 한다.

가젤 영양

천재 교과서에만 나와요.

◆ **가젤 영양의 뜀뛰기 행동**
카로 박사는 케냐의 밀림에 사는 가젤 영양이 치타 등의 포식자가 나타나면 엉덩이를 치켜드는 뜀뛰기 행동을 한다는 연구 결과를 발표하였다. 그는 이러한 행동이 다른 동료들에게 위험을 알리고, 어미 가젤이 포식자의 관심을 새끼들로부터 자신에게 돌리기 위한 것일 가능성이 있다고 제안하였다.

(2) 귀납적 탐구 방법을 이용한 과학적 발견

세포설
슐라이덴과 슈반은 여러 과학자들이 오랜 시간 동안 현미경으로 생물 표본을 관찰하여 얻은 결과를 종합하여 '모든 생물은 세포로 이루어져 있다.'라고 결론을 내렸다.

다윈의 진화설
다윈은 갈라파고스 군도를 비롯한 여러 지역을 다니면서 수집한 자료를 토대로 생물의 진화를 설명하는 자연 선택설을 제안하였다.
→ 비상 교과서에서는 다윈이 자신의 가설을 검증하기 위한 탐구에서 귀납적·연역적 탐구 방법을 같이 사용하였다고 설명한다.

DNA 구조 발견
왓슨과 크릭은 DNA의 화학적 성분, 염기의 비율, X선 회절 사진 등 여러 과학자들의 연구 성과를 바탕으로 DNA 이중 나선 구조를 발견하였다.
→ 비상 교과서에서는 왓슨과 크릭의 직관력과 독창적인 생각을 중요한 요소로 설명한다.

암기해!
탐구 과정
- 귀납적 탐구 방법: 자연 현상 관찰 → 관찰 주제 선정 → 관찰 방법과 절차 고안 → 관찰 수행 → 관찰 결과 해석 → 규칙성 발견 및 결론 도출
- 연역적 탐구 방법: 관찰 및 문제 인식 → 가설 설정 → 탐구 설계 및 수행 → 탐구 결과 정리 및 해석 → 결론 도출

2. 연역적 탐구 방법

2. 연역적 탐구 방법 자연 현상을 관찰하면서 생긴 의문점을 해결하기 위해 가설을 세우고 이를 실험을 통해 검증하는 탐구 방법이다.

(1) 연역적 탐구 과정

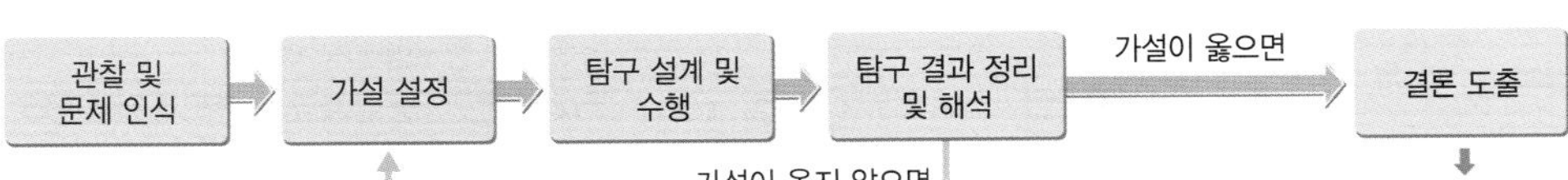

결론 도출 이후 '일반화' 과정을 거쳐 보편적이고 객관적인 일반 원리를 이끌어 내기도 한다.

① 관찰 및 문제 인식: 자연 현상을 관찰하여 '왜 그럴까?'라는 의문을 제기한다.
② 가설 설정: 의문에 대한 잠정적인 답인 가설을 세운다.
- 가설은 예측할 수 있고, 검증할 수 있어야 한다.
- 가설은 옳을 수도 있고, 옳지 않을 수도 있다. → 가설에는 조작 변인과 종속변인이 드러나야 하며, 옳은 가설은 결론과 같다.

주의해!
귀납적 탐구 방법과 연역적 탐구 방법의 차이점
귀납적 탐구 방법은 관찰을 통해 문제에 대한 결론을 얻지만, 연역적 탐구 방법은 문제에 대한 잠정적인 답(가설)을 먼저 설정하고 이를 검증하기 위해 실험한다. 즉, 두 탐구 방법에서 가설 설정 단계의 유무가 가장 큰 차이점이다.

③ 탐구 설계 및 수행: 가설을 검증하기 위해 탐구를 설계하고 수행한다.

• 대조 실험: 실험 결과의 타당성을 높이기 위해 대조군을 설정하여 실험군과 비교한다.

실험군	실험 조건(검증하려는 요인)을 인위적으로 변화시킨 집단
대조군	실험군과 비교하기 위해 실험 조건을 변화시키지 않은 집단

• 변인: 실험에 관계되는 모든 요인으로, 독립변인과 종속변인이 있다.

독립변인	실험 결과에 영향을 줄 수 있는 요인 • 조작 변인: 가설 검증을 위해 실험에서 의도적으로 변화시키는 변인 • 통제 변인: 실험에서 일정하게 유지시키는 변인
종속변인	독립변인에 따라 변화되는 요인으로, 실험 결과에 해당한다.

• ◆변인 통제: 조작 변인을 제외한 다른 모든 독립변인은 일정하게 유지해야 한다.

④ 탐구 결과 정리 및 해석: 실험에서 얻은 결과를 해석하고 가설이 타당한지 검증한다.

└● 가설이 타당하지 않다고 판단되면 가설을 수정하여 새로운 탐구를 설계한다.

⑤ ◆결론 도출: 가설이 타당하다고 검증되면 결론을 도출한다.

◆ **변인 통제의 필요성**
실험할 때 조작 변인 이외의 독립 변인을 일정하게 유지하지 않으면 실험 결과가 어떤 요인에 의해 나타난 것인지 정확하게 파악할 수 없기 때문에 변인 통제가 필요하다.

◆ **추가 실험 수행**
결론을 도출하기 전에 자료를 보강하거나 도출된 결론을 확인하기 위해 추가 실험을 할 수 있다.

(2) 연역적 탐구 방법의 예 24쪽 대표 자료 ❶, ❷

구분	플레밍의 페니실린 발견	파스퇴르의 [1]탄저병 백신 개발
관찰 및 문제 인식	세균을 배양하던 접시에서 푸른곰팡이가 핀 부분의 주변에는 세균이 증식하지 못하는 것을 관찰하고 '왜 그럴까?'라는 의문을 가졌다.	오래 방치한 닭 콜레라균을 접종한 닭이 닭 콜레라를 가볍게 앓고 회복하는 것을 관찰하고, '양의 탄저병도 같은 방식으로 예방할 수 있지 않을까?'라는 의문을 가졌다.
가설 설정	'푸른곰팡이가 세균의 증식을 억제하는 물질을 만들 것이다.'라고 생각하였다.	'탄저병 [2]백신은 양의 탄저병을 예방하는 효과가 있을 것이다.'라고 생각하였다.
탐구 설계 및 수행	모든 조건을 동일하게 하여 세균을 배양한 접시들을 두 집단으로 나누어 한 집단에는 푸른곰팡이를 접종하고, 다른 집단에는 푸른곰팡이를 접종하지 않은 후 배양하였다. • 실험군: 푸른곰팡이를 접종한 집단 • 대조군: 푸른곰팡이를 접종하지 않은 집단 • 조작 변인: 푸른곰팡이 접종 여부 • 종속변인: 세균 증식 여부 • 통제 변인: 푸른곰팡이 접종 여부를 제외한 세균 배양 접시의 조건, 배양 환경 등	건강한 양들을 두 집단으로 나누어 한 집단에는 탄저병 백신을 주사하고, 다른 집단에는 탄저병 백신을 주사하지 않은 후, 두 집단에 모두 탄저균을 주사하였다. • 실험군: 탄저병 백신을 주사한 집단 • 대조군: 탄저병 백신을 주사하지 않은 집단 • 조작 변인: 탄저병 백신 주사 여부 • 종속변인: 탄저병 발병 여부 • 통제 변인: 탄저균 주사, 양의 종류와 건강 상태, 온도 등의 양 사육 조건 등
탐구 결과 정리 및 해석	푸른곰팡이를 접종한 접시에서는 세균이 증식하지 못하였고, 푸른곰팡이를 접종하지 않은 접시에서는 세균이 증식하였다.	탄저병 백신을 주사한 양들은 모두 건강하였고, 백신을 주사하지 않은 양들은 죽거나 죽어가고 있었다.
결론 도출	푸른곰팡이는 세균의 증식을 억제하는 물질을 만든다.	탄저병 백신은 탄저병을 예방하는 효과가 있다. 탄저병을 치료하는 것은 아님에 주의하자!

궁금해?

• **생명 과학의 탐구 방법에는 귀납적 탐구 방법과 연역적 탐구 방법만 있는 것일까?**
생명 과학의 탐구 방법은 크게 귀납적 탐구 방법과 연역적 탐구 방법의 두 가지로 구분하지만, 실제로 과학자들은 두 가지 방법을 혼합하거나 변형하여 사용한다. 그리고 때로는 직관에 따라 연구하는 등 다양한 방법을 사용한다.

용어

❶ **탄저병(炭 숯, 疽 가려운 병, 病 질병)** 토양 매개 세균인 탄저균에 감염되어 발생하는 급성 감염성 질환이다. 탄저균에 노출된 부위에 따라 증상이 다르며, 탄저균은 대부분 피부를 통해 침입한다.

❷ **백신(vaccine)** 인공적으로 면역을 주기 위해 투여하는 물질로, 병원성을 약화시키거나 제거한 병원체 등이 백신으로 사용된다.

정답친해 5쪽

개념 확인 문제

핵심 체크

- (❶) 탐구 방법: 관찰을 통해 수집한 자료를 종합하고 분석하여 결론을 도출하는 탐구 방법
- (❷) 탐구 방법: 자연 현상을 관찰하면서 생긴 의문점을 해결하기 위해 가설을 세우고 이를 실험을 통해 검증하는 탐구 방법
- (❸): 의문에 대한 잠정적인 답
- 탐구 설계 및 수행 단계에서 인위적으로 실험 조건을 변화시킨 집단을 (❹)이라 하고, 실험 조건을 변화시키지 않은 집단을 (❺)이라고 한다.
- 가설 검증을 위해 실험에서 인위적으로 변화시키는 변인은 (❻) 변인이고, 독립변인에 따라 변화하는 변인으로 실험 결과에 해당하는 것은 (❼)변인이다.

1 생명 과학에 대한 설명으로 옳은 것은 ○, 옳지 않은 것은 ×로 표시하시오.

(1) 생물의 특성과 다양한 생명 현상을 연구하는 학문이다. ( )

(2) 다른 학문 분야와 연계되지 않는 독자적인 학문이다. ( )

(3) 생물과 환경의 상호 작용은 생명 과학의 연구 대상이 아니다. ( )

2 생명 과학의 연구 대상으로 옳은 것만을 [보기]에서 있는 대로 고르시오.

보기
ㄱ. 세포를 구성하는 분자
ㄴ. 같은 종의 개체들의 집단인 개체군
ㄷ. 같은 지역에서 여러 개체군이 상호 작용하며 사는 군집
ㄹ. 여러 조직이 모여 고유한 형태와 기능을 나타내는 기관

3 다음은 두 가지 탐구 방법 (가)와 (나)를 나타낸 것이다.

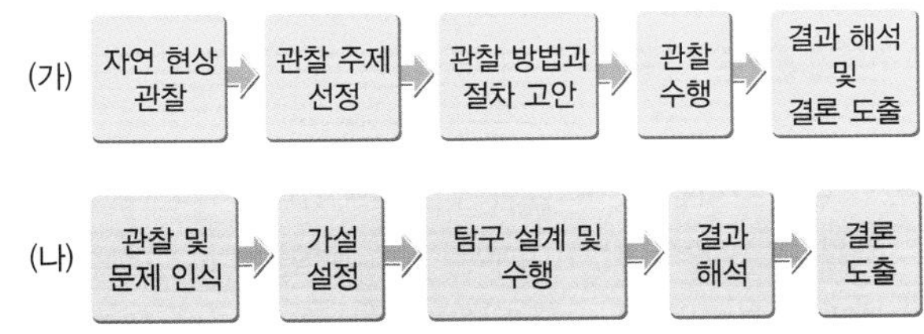

(가), (나)에 해당하는 탐구 방법을 각각 쓰시오.

4 귀납적 탐구 방법의 예를 [보기]에서 있는 대로 고르시오.

보기
ㄱ. 세포설
ㄴ. 플레밍의 페니실린 발견
ㄷ. 파스퇴르의 탄저병 백신 개발

5 연역적 탐구 과정에서 다음에 해당하는 단계를 쓰시오.

- 자연을 관찰하는 과정에서 생긴 의문에 대한 잠정적인 답을 설정하는 단계이다.
- 답은 예측하고 검증할 수 있어야 하며, 옳을 수도 있고 옳지 않을 수도 있다.

6 연역적 탐구 과정에 대한 설명으로 옳은 것은 ○, 옳지 않은 것은 ×로 표시하시오.

(1) 자연 현상을 관찰하고 의문을 제기하는 과정은 탐구 설계 단계에 포함된다. ( )

(2) 가설 검증 단계에서 종속변인은 독립변인에 따라 달라진다. ( )

(3) 가설 검증 단계에서 실험 결과의 타당성을 높이기 위해 대조 실험을 한다. ( )

(4) 가설 검증 단계에서 실험 결과가 어떤 요인에 의해 나타난 것인지 정확하게 판단하기 위해 조작 변인 이외의 독립변인은 일정하게 유지해야 한다. ( )

(5) 탐구 결과를 해석하여 가설이 타당하지 않은 것으로 밝혀지면 문제 인식 단계로 돌아가 의문점을 수정한다. ( )

대표 자료 분석

정답친해 6쪽

자료 1 연역적 탐구 과정

기출 Point
- 탐구 과정의 순서 파악하기
- 조작 변인과 종속변인 찾기
- 실험군과 대조군 구분하기

[1~3] 다음은 페니실린을 발견한 플레밍의 탐구 과정이다.

(가) 푸른곰팡이는 세균의 증식을 억제하는 물질을 만든다.
(나) '푸른곰팡이 주변에서 세균이 증식하지 못하는 까닭은 무엇일까?'라는 의문을 가졌다.
(다) A 집단에서는 세균이 증식하지 않았고, B 집단에서는 세균이 증식하였다.
(라) '푸른곰팡이는 세균의 증식을 억제하는 물질을 만들 것이다.'라고 가정하였다.
(마) 모든 조건을 동일하게 하여 세균을 배양한 접시들을 두 집단으로 나누어 A 집단에는 푸른곰팡이를 접종하였고, B 집단에는 푸른곰팡이를 접종하지 않았다.

1 이 탐구에 이용된 탐구 방법을 쓰시오.

2 탐구 과정을 순서대로 옳게 나열하시오.

3 빈출 선택지로 완벽 정리!

(1) (나)는 가설 설정 단계이다. (○ / ×)
(2) (마)에서 대조 실험이 수행되었다. (○ / ×)
(3) (마)에서 조작 변인은 세균의 증식 여부이다. (○ / ×)
(4) (마)에서 집단 A는 대조군이고, 집단 B는 실험군이다. (○ / ×)
(5) (마)에서 푸른곰팡이 접종 여부를 제외한 모든 조건을 동일하게 한 것은 변인 통제에 해당한다. (○ / ×)
(6) 이 실험을 통해 플레밍은 '푸른곰팡이는 세균의 증식을 억제하는 물질을 만든다.'라는 결론을 내렸다. (○ / ×)

자료 2 탐구의 설계와 수행

기출 Point
- 가설 파악하기
- 조작 변인, 통제 변인, 종속변인 구분하기
- 실험군과 대조군 구분하기

[1~3] 다음은 소화 효소의 녹말 분해 작용을 알아보는 탐구이다.

[가설] ((가))
[탐구 설계 및 수행] 같은 양의 녹말 용액이 들어 있는 시험관 Ⅰ과 Ⅱ에 표와 같이 물질을 첨가하여 반응시킨다.

시험관	첨가한 물질	온도
Ⅰ	증류수	37 ℃
Ⅱ	㉠	㉡

[탐구 결과] 시험관 Ⅱ에서만 녹말이 분해되었다.
[결론] 소화 효소 X는 녹말을 분해한다.

1 이 실험의 가설 (가)를 쓰시오.

2 시험관 Ⅰ과 Ⅱ는 각각 실험군과 대조군 중 어느 것에 해당하는지 쓰시오.

3 빈출 선택지로 완벽 정리!

(1) ㉠은 '소화 효소 X+증류수'이다. (○ / ×)
(2) ㉡은 37 ℃이다. (○ / ×)
(3) 이 탐구 과정은 귀납적 탐구 방법이다. (○ / ×)
(4) 이 탐구에서는 대조 실험이 이루어졌다. (○ / ×)
(5) 소화 효소 X의 첨가 여부는 조작 변인이다. (○ / ×)
(6) 녹말의 분해 여부는 독립변인이다. (○ / ×)
(7) 온도는 통제 변인이다. (○ / ×)

내신 만점 문제

정답친해 6쪽

A 생명 과학의 특성

01 생명 과학에 대한 설명으로 옳은 것만을 [보기]에서 있는 대로 고른 것은?

보기
ㄱ. 생명체의 생명 현상을 연구한다.
ㄴ. 생명체에 대한 연구 성과를 인류의 복지에 응용한다.
ㄷ. 다른 과학 분야와는 연계되지만, 다른 학문 분야와는 연계되지 않는다.
ㄹ. 연구 대상으로 개체, 기관, 조직, 세포, 세포를 구성하는 분자까지만 다룬다.

① ㄱ, ㄴ ② ㄴ, ㄷ ③ ㄷ, ㄹ
④ ㄱ, ㄴ, ㄹ ⑤ ㄴ, ㄷ, ㄹ

02 생명 과학의 분야와 연구 대상에 대한 설명으로 옳지 않은 것은?

① 생리학은 생명체의 기능과 조절 과정을 연구한다.
② 유전학은 생물의 형질이 발현되는 원리를 연구한다.
③ 분류학은 수정란이 개체로 발생하는 과정을 연구한다.
④ 세포학은 세포의 구조와 세포에서의 생명 현상을 연구한다.
⑤ 생태학은 생물 사이의 관계 및 생물과 환경의 상호 작용을 연구한다.

03 생명 과학의 연구 성과가 다른 학문 분야와 연계되는 사례로 옳은 것만을 [보기]에서 있는 대로 고른 것은?

보기
ㄱ. 초음파를 이용하여 사냥하는 박쥐의 행동 연구에는 전파 연구가 연계된다.
ㄴ. 세포 연구에 핵심적인 전자 현미경의 개발에는 광학과 양자역학과 같은 물리학이 활용된다.
ㄷ. 사람 유전체의 염기 서열과 유전자 정보 분석에는 컴퓨터를 이용한 정보 처리 기술이 활용된다.

① ㄱ ② ㄷ ③ ㄱ, ㄴ
④ ㄴ, ㄷ ⑤ ㄱ, ㄴ, ㄷ

04 그림은 생명 과학의 특성에 대한 학생 A~C의 설명이다.

생명 과학은 생명의 본질을 밝히는 것만을 목적으로 하는 순수 과학이야.
생명 과학에서 비생물적 요인은 연구 대상에 해당하지 않아.
생명 과학은 화학, 물리학, 정보학 등과 밀접하게 연계되어 있지.
학생 A
학생 B
학생 C

제시한 설명이 옳은 학생만을 있는 대로 고른 것은?

① A ② C ③ A, B
④ A, C ⑤ B, C

B 생명 과학의 탐구 방법

중요 **05** 다음은 두 가지 탐구 방법 (가)와 (나)의 과정을 나타낸 것이다.

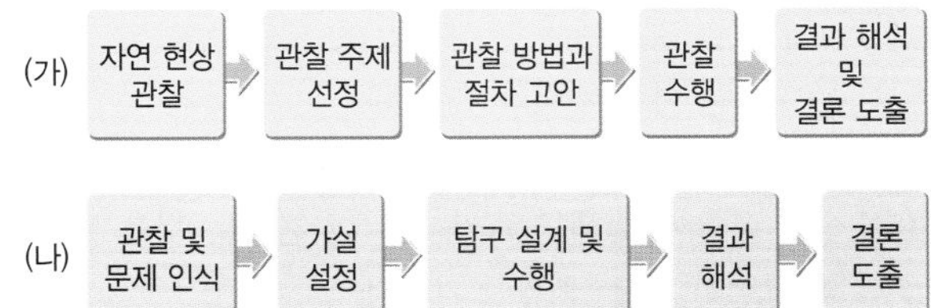

이에 대한 설명으로 옳은 것만을 [보기]에서 있는 대로 고른 것은?

보기
ㄱ. (가)는 연역적 탐구 방법이다.
ㄴ. (나)에는 대조 실험을 하는 과정이 포함된다.
ㄷ. (나)에서 탐구 결과 해석이 가설과 일치하지 않을 경우 문제 인식 단계로 돌아간다.

① ㄱ ② ㄴ ③ ㄱ, ㄴ
④ ㄴ, ㄷ ⑤ ㄱ, ㄴ, ㄷ

06 다음 (가)와 (나)에서 공통적으로 이용된 탐구 방법을 쓰시오.

(가) 슐라이덴과 슈반은 여러 과학자들이 현미경으로 생물 표본을 관찰하여 얻은 결과를 종합하여 '모든 생물은 세포로 이루어져 있다.'라는 결론을 내렸다.
(나) 카로는 가젤 영양의 뜀뛰기 행동을 면밀하게 관찰한 후 '가젤 영양은 포식자가 나타나면 엉덩이를 치켜드는 뜀뛰기 행동을 한다.'라는 결론을 내렸다.

중요 **07** 다음은 세균 A가 우유를 상하게 하는지 알아보기 위해 실시한 탐구의 과정을 순서 없이 나타낸 것이다.

(가) 세균 A는 우유를 상하게 한다.
(나) 세균 A를 넣은 우유는 상하였고, 세균 A를 넣지 않은 우유는 아무런 변화가 없었다.
(다) 세균 A가 우유를 상하게 했을 것이라고 가정하였다.
(라) 상한 우유에서 세균 A가 많이 발견되는 것을 보고 '왜 그럴까?'라는 의문을 가졌다.
(마) 멸균한 우유 두 병을 준비하고, 한 병에만 세균 A를 넣은 후 두 병 모두 적당한 온도를 유지하였다.

탐구 과정을 순서대로 옳게 나열한 것은?

① (가)－(라)－(다)－(나)－(마)
② (가)－(마)－(라)－(나)－(다)
③ (라)－(가)－(마)－(나)－(다)
④ (라)－(다)－(나)－(마)－(가)
⑤ (라)－(다)－(마)－(나)－(가)

중요 **08** 다음은 파스퇴르의 탄저병 백신 개발 과정 중 일부이다.

파스퇴르는 '양에게 탄저병 백신을 주사하면 양이 탄저병에 걸리지 않을 것이다.'라는 가설을 세웠다. 파스퇴르는 가설을 검증하기 위해 건강한 양들을 두 집단 A, B로 나누어 집단 A에만 탄저병 백신을 주사한 후, ㉠집단 A, B에 모두 탄저균을 주사하고 탄저병의 발병 여부를 관찰하였다.

이에 대한 설명으로 옳은 것만을 [보기]에서 있는 대로 고른 것은?

보기
ㄱ. 집단 A는 실험군, 집단 B는 대조군이다.
ㄴ. ㉠은 변인 통제에 해당한다.
ㄷ. 조작 변인은 탄저병의 발병 여부이다.

① ㄱ ② ㄴ ③ ㄱ, ㄴ
④ ㄱ, ㄷ ⑤ ㄴ, ㄷ

09 다음은 어떤 학생이 수행한 탐구 과정의 일부이다.

(가) 콩에는 오줌 속의 요소를 분해하는 물질이 있을 것이라고 생각하였다.
(나) 비커 Ⅰ과 Ⅱ에 표와 같이 물질을 넣은 후 BTB 용액을 첨가하였다.

비커	물질
Ⅰ	오줌 20 mL＋증류수 3 mL
Ⅱ	오줌 20 mL＋증류수 1 mL＋생콩즙 2 mL

(다) 일정 시간 간격으로 비커 Ⅰ과 Ⅱ에 들어 있는 용액의 색깔 변화를 관찰하였다.

이에 대한 설명으로 옳은 것만을 [보기]에서 있는 대로 고른 것은?

보기
ㄱ. 이 탐구 과정은 연역적 탐구 방법이다.
ㄴ. (나)에서 대조 실험을 수행하였다.
ㄷ. 가설이 옳다면 (다)에서 비커 Ⅰ에 들어 있는 용액의 색깔이 변할 것이다.

① ㄴ ② ㄷ ③ ㄱ, ㄴ
④ ㄱ, ㄷ ⑤ ㄴ, ㄷ

실력 UP 문제

정답친해 7쪽

중요 **10** **소화 효소 X가 녹말을 분해하는지 알아보는 탐구이다.**

> [탐구 설계 및 수행] 같은 양의 녹말 용액이 들어 있는 시험관 Ⅰ과 Ⅱ를 준비한 후 표와 같이 처리한다.
>
> | 시험관 | Ⅰ | Ⅱ |
> |---|---|---|
> | 첨가한 물질 | ㉠ | ㉡ |
> | 온도 | ㉢ | 37 °C |
>
> [결과] 시험관 Ⅱ에서만 녹말이 분해되었다.
> [결론] 소화 효소 X는 녹말을 분해한다.

㉠~㉢으로 가장 적절한 것은?

	㉠	㉡	㉢
①	증류수	X+증류수	10 °C
②	증류수	X+증류수	37 °C
③	X+증류수	증류수	10 °C
④	X+증류수	증류수	37 °C
⑤	X+염산	X+증류수	37 °C

11 **다음은 어떤 과학자가 탐구한 과정이다.**

> (가) 푸른곰팡이 주변에서는 세균이 증식하지 못하는 것을 보고 왜 그럴까? 라는 의문을 가졌다.
> (나) (㉠)라고 가설을 설정하였다.
> (다) 모든 조건을 동일하게 하여 세균을 배양한 20개의 배양 접시를 10개씩 집단 A와 B로 나누어 집단 A에만 푸른곰팡이를 접종하였다.
> (라) 집단 B에서만 세균이 증식하였다.
> (마) 실험 결과를 토대로 '푸른곰팡이는 세균의 증식을 억제하는 물질을 만든다.'라는 결론을 내렸다.

(1) (나)의 ㉠에 해당하는 가설을 서술하시오.

(2) (다)에서 집단 A와 B는 각각 실험군과 대조군 중 어느 것에 해당하는지 쓰시오.

(3) 이 탐구의 조작 변인과 종속변인은 각각 무엇인지 쓰시오.

01 **다음은 초식 동물 종 A와 식물 종 P의 상호 작용에 대해 어떤 과학자가 수행한 탐구이다.**

> (가) P가 사는 지역에 A가 유입된 후 P의 가시의 수가 많아진 것을 관찰하고, A가 P를 뜯어 먹으면 P의 가시의 수가 많아질 것이라고 생각했다.
>
> 
>
>
> (나) 같은 지역에 서식하는 P를 집단 ㉠과 ㉡으로 나눈 후, ㉠에만 A의 접근을 차단하여 P를 뜯어 먹지 못하도록 했다.
> (다) 일정 시간이 지난 후, P의 가시의 수는 Ⅰ에서가 Ⅱ에서보다 많았다. Ⅰ과 Ⅱ는 ㉠과 ㉡을 순서 없이 나타낸 것이다.
> (라) A가 P를 뜯어 먹으면 P의 가시의 수가 많아진다는 결론을 내렸다.

이에 대한 설명으로 옳은 것만을 [보기]에서 있는 대로 고르시오.

> **보기**
> ㄱ. Ⅱ는 ㉠이다.
> ㄴ. 조작 변인은 P의 가시의 수이다.
> ㄷ. (나)에서 대조군과 실험군이 설정되었다.

서술형

02 **다음은 옥수수와 곰팡이 ㉠을 이용한 탐구 과정의 일부이다.**

> (가) 생장이 빠른 옥수수의 뿌리에 ㉠이 서식하는 것을 관찰하였다.
> (나) ㉠이 옥수수의 생장을 촉진할 것이라고 가정하였다.
> (다) ㉠이 서식하는 옥수수 10개체를 배양하면서 질량 변화를 측정하였다.
> (라) ㉠이 옥수수의 생장을 촉진한다는 결론을 내렸다.

(1) 이 탐구 과정에서 어떤 문제점이 있는지 서술하시오.

(2) 이 탐구의 타당성을 높이기 위해 필요한 추가 실험을 서술하시오.

1 생물의 특성

1. 생물의 특성

개체 유지 현상	세포로 구성	• 모든 생물은 세포로 구성되어 있다. • 생물의 구조적·기능적 단위는 (❶) 이다.
	(❷)	• 생명체 내에서 일어나는 모든 화학 반응이다. • 반드시 에너지 출입이 따른다. • 효소가 관여한다. • 동화 작용과 이화 작용으로 구분된다. - 동화 작용: 간단한 물질+에너지 ⟶ 복잡한 물질 예 광합성 - 이화 작용: 복잡한 물질 ⟶ 간단한 물질+에너지 예 세포 호흡
	자극에 대한 반응	다양한 환경 변화를 자극으로 받아들이고 이에 대해 적절히 반응한다.
	(❸)	환경 변화에 대처하여 체내 환경을 일정하게 유지하려는 성질이다.
	발생	다세포 생물에서 하나의 수정란이 세포 분열하여 완전한 개체로 되는 과정이다.
	생장	어린 개체가 세포 분열을 통해 세포 수를 늘려 몸집이 커지는 과정이다.
종족 유지 현상	생식	생물이 종족을 유지하기 위해 자신과 닮은 자손을 만드는 현상이다.
	(❹)	어버이의 형질이 자손에게 전해지는 현상이다.
	적응	생물이 서식 환경에 따라 형태, 기능, 습성 등이 변하는 현상이다.
	(❺)	생물이 오랜 시간 동안 환경 변화에 적응하면서 집단의 유전적 구성이 변하여 새로운 종이 나타나는 현상이다.

2. 바이러스의 특성

생물적 특성	• 유전 물질인 (❻)이 있다. • 숙주 세포 내에서 물질대사와 증식이 가능하다. • 증식 과정에서 돌연변이가 일어나 진화한다.
비생물적 특성	• 세포의 구조를 갖추지 못하였다. • 숙주 세포 밖에서는 단백질 결정체로 존재한다. • 스스로 물질대사를 하지 못한다.

2 생명 과학의 특성과 탐구 방법

1. 생명 과학의 특성

생명 과학	생물의 특성과 생명 현상을 탐구하여 생명의 본질을 밝히고, 이를 인류의 생존과 복지에 응용하는 종합적인 학문
생명 과학의 연구 대상	• 생물의 구성 물질에서 생태계에 이르기까지의 모든 단계 • 세포학, 생리학, 유전학, 분류학, 생태학 등이 있다.
생명 과학의 통합적 특성	생명 과학은 다른 학문 분야와 연계되어 서로 영향을 주고 받으며 발전한다.

2. 생명 과학의 탐구 방법

(1) **귀납적 탐구 방법:** 관찰을 통해 수집한 자료를 분석하여 규칙성을 찾고 일반적인 원리나 법칙을 도출하는 방법

(2) **연역적 탐구 방법:** 자연 현상을 관찰하면서 생긴 의문점에 대한 (❼)을 세우고 이를 실험을 통해 검증하는 방법

과정	의미	예
문제 인식	관찰한 자연 현상에 대해 '왜 그럴까?'라는 의문을 갖는다.	푸른곰팡이 주변에는 왜 세균이 증식하지 못하는 것일까?
가설 설정	의문에 대한 잠정적인 답인 가설을 세운다.	푸른곰팡이가 세균의 증식을 억제하는 물질을 만들 것이다.
탐구 설계 및 수행	가설을 검증하기 위해 탐구를 설계하고 수행한다.	세균을 배양한 접시들을 두 집단으로 나누어 한 집단에만 푸른곰팡이를 접종하였다.
	[대조 실험] • (❽): 실험 조건을 인위적으로 변화시킨 집단 예 푸른곰팡이를 접종한 집단 • (❾): 실험 조건을 변화시키지 않은 집단 예 푸른곰팡이를 접종하지 않은 집단 [변인] • 독립변인: 실험 결과에 영향을 줄 수 있는 요인 - (❿): 가설 검증을 위해 의도적으로 변화시킨 요인 예 푸른곰팡이 접종 여부 - 통제 변인: 실험에서 일정하게 유지시키는 변인 예 세균 배양 접시의 조건, 배양 환경 등 • 종속변인: 독립변인에 따라 변화되는 요인, 실험 결과 예 세균 증식 여부	
탐구 결과 정리 및 해석	실험에서 얻은 결과를 분석하여 경향성과 규칙성을 알아낸다. ➡ 가설과 일치하지 않으면 가설을 수정한 후 다시 검증한다.	푸른곰팡이를 접종한 접시에서는 세균이 증식하지 못하였고, 푸른곰팡이를 접종하지 않은 접시에서는 세균이 증식하였다.
결론 도출	가설이 타당하다고 검증되면 결론을 도출한다.	푸른곰팡이는 세균의 증식을 억제하는 물질을 만든다.

중단원 마무리 문제

정답친해 8쪽

하 중 상

01 다음은 식충 식물인 파리지옥에 대한 설명이다.

파리지옥의 잎에는 3쌍의 감각모가 있어서 ㉠ 잎에 곤충이 앉으면 잎이 갑자기 접히며 안쪽에서 분비되는 ㉡ 산과 소화액으로 곤충을 분해한다. ㉢ 습지에 서식하는 파리지옥은 토양에 부족한 질소 화합물을 이와 같은 방법으로 곤충을 통해 얻는다.

㉠~㉢에 나타난 생물의 특성을 옳게 짝 지은 것은?

	㉠	㉡	㉢
①	항상성	물질대사	적응과 진화
②	항상성	자극에 대한 반응	생식과 유전
③	자극에 대한 반응	물질대사	적응과 진화
④	자극에 대한 반응	항상성	생식과 유전
⑤	자극에 대한 반응	물질대사	생식과 유전

하 중 상

02 그림 (가)는 사막에 사는 여우의 생김새를, (나)는 북극에 사는 여우의 생김새를 나타낸 것이다.

(가)

(나)

이와 같은 생물의 특성에 해당하는 예로 옳은 것은?

① 짚신벌레는 분열법으로 증식한다.
② 농구 선수가 공을 잡기 위해 뛰어오른다.
③ 겨울이 되면 눈신토끼의 털색이 흰색으로 변한다.
④ 콩은 저장된 녹말에서 발아에 필요한 에너지를 얻는다.
⑤ 올챙이는 꼬리가 없어지고 다리가 생겨 어린 개구리가 된다.

하 중 상

03 표는 생물의 특성의 예를 나타낸 것이다. (가)와 (나)는 물질대사, 적응과 진화를 순서 없이 나타낸 것이다.

특성	예
(가)	초식 동물은 육식 동물에 비해 질긴 식물을 씹을 수 있는 넓적한 모양의 어금니가 발달하였다.
(나)	ⓐ 식물은 빛에너지를 이용하여 포도당을 합성한다.
발생과 생장	㉠

이에 대한 설명으로 옳은 것만을 [보기]에서 있는 대로 고른 것은?

보기
ㄱ. (가)는 적응과 진화이다.
ㄴ. ⓐ는 동화 작용이다.
ㄷ. '나비 알은 애벌레와 번데기를 거쳐 나비가 된다.'는 ㉠에 해당한다.

① ㄴ ② ㄱ, ㄴ ③ ㄱ, ㄷ
④ ㄴ, ㄷ ⑤ ㄱ, ㄴ, ㄷ

하 중 상

04 그림은 화성에 생명체가 존재하는지 확인하기 위해 화성 탐사선에서 실시한 실험의 일부를 나타낸 것이다.

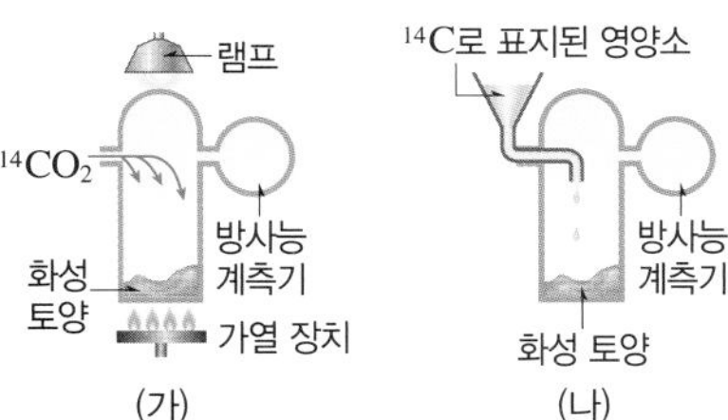

(가) (나)

이 실험에 대한 설명으로 옳은 것만을 [보기]에서 있는 대로 고른 것은?

보기
ㄱ. (가)는 화성 토양에 동화 작용을 하는 생명체가 존재하는지 알아보기 위한 것이다.
ㄴ. (나)는 화성 토양에 이화 작용을 하는 생명체가 있다면 $^{14}CO_2$가 생성될 것이라는 것을 전제한 실험 설계이다.
ㄷ. (가)와 (나)에서 방사능이 검출된다면 화성 토양에 바이러스가 존재한다는 결론을 내릴 수 있다.

① ㄴ ② ㄱ, ㄴ ③ ㄱ, ㄷ
④ ㄴ, ㄷ ⑤ ㄱ, ㄴ, ㄷ

하 중 상

05 다음은 T4 박테리오파지의 특성을 설명한 자료이다.

> T4 박테리오파지는 (㉠) 껍질과 (㉡)으로 이루어져 있다. T4 박테리오파지가 세균 표면에 부착하면 ㉡을 세균 안으로 주입한 후 ⓐ 자신의 유전 물질을 복제하고 새로운 단백질 껍질을 만들어 증식한다. 그리고 이 과정에서 ⓑ 돌연변이가 일어난다.

이에 대한 설명으로 옳은 것만을 [보기]에서 있는 대로 고른 것은?

보기
ㄱ. ㉠은 단백질, ㉡은 핵산이다.
ㄴ. ⓐ 과정에서 바이러스의 효소가 이용된다.
ㄷ. ⓑ는 적응과 진화와 관련이 깊은 생물적 특성이다.

① ㄱ ② ㄱ, ㄴ ③ ㄱ, ㄷ
④ ㄴ, ㄷ ⑤ ㄱ, ㄴ, ㄷ

하 중 상

06 표는 바이러스와 대장균에서 세 가지 특성의 유무를 나타낸 것이다. A와 B는 각각 바이러스와 대장균 중 하나이다.

특성 \ 종류	A	B
핵산을 갖는다.	○	㉠
분열을 통해 증식한다.	○	㉡
(가)	○	×

(○: 있음, ×: 없음)

이에 대한 설명으로 옳은 것만을 [보기]에서 있는 대로 고른 것은?

보기
ㄱ. A는 바이러스이다.
ㄴ. ㉠과 ㉡은 모두 '○'이다.
ㄷ. '스스로 물질대사를 할 수 있다.'는 (가)에 해당한다.

① ㄱ ② ㄷ ③ ㄱ, ㄴ
④ ㄱ, ㄷ ⑤ ㄴ, ㄷ

하 중 상

07 그림은 짚신벌레와 독감 바이러스의 공통점과 차이점을 나타낸 것이다.

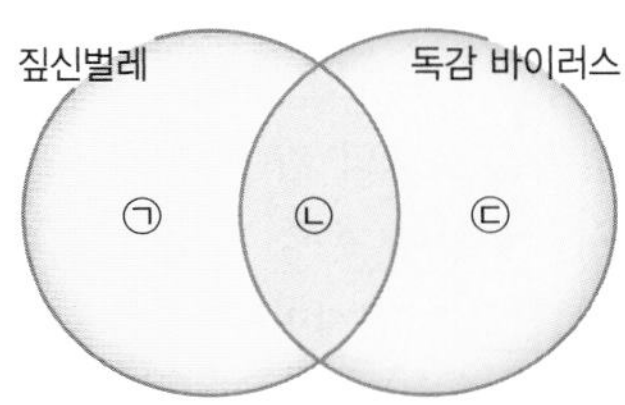

이에 대한 설명으로 옳은 것만을 [보기]에서 있는 대로 고른 것은?

보기
ㄱ. '적응하고 진화한다.'는 ㉠에 해당한다.
ㄴ. '핵산과 단백질을 가지고 있다.'는 ㉡에 해당한다.
ㄷ. '세포벽을 가지고 있다.'는 ㉢에 해당한다.

① ㄴ ② ㄱ, ㄴ ③ ㄱ, ㄷ
④ ㄴ, ㄷ ⑤ ㄱ, ㄴ, ㄷ

하 중 상

08 그림 (가)와 (나)는 각각 귀납적 탐구 방법과 연역적 탐구 방법을 순서 없이 나타낸 것이다.

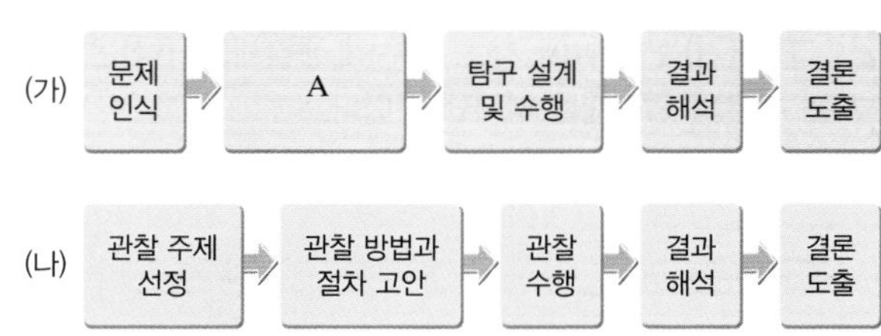

이에 대한 설명으로 옳은 것만을 [보기]에서 있는 대로 고른 것은?

보기
ㄱ. (가)는 연역적 탐구 방법이고, (나)는 귀납적 탐구 방법이다.
ㄴ. A는 인식한 문제에 대한 잠정적인 답을 설정하는 단계이다.
ㄷ. (나)의 관찰 수행 단계에서는 대조 실험을 실시한다.

① ㄱ ② ㄷ ③ ㄱ, ㄴ
④ ㄴ, ㄷ ⑤ ㄱ, ㄴ, ㄷ

하 중 상

09 다음은 생명 과학의 탐구 방법이 이용된 두 가지 사례이다.

> (가) 구달은 오랜 시간 동안 침팬지의 다양한 행동을 관찰하고, 침팬지는 도구를 사용한다는 결론을 내렸다.
> (나) 레디는 2개의 작은 병에 고기 조각을 넣은 후 한 병은 입구를 막지 않고 다른 한 병은 천으로 입구를 막았다. 며칠 후 입구를 막지 않은 병의 고기 조각에만 구더기가 발생한 것을 보고 '고기 조각에 생긴 구더기는 파리로부터 생긴 것이다.'라는 결론을 내렸다.

이에 대한 설명으로 옳은 것만을 [보기]에서 있는 대로 고른 것은?

보기
ㄱ. (가)에서 귀납적 탐구 방법이 사용되었다.
ㄴ. (가)의 탐구 과정에서 대조 실험이 이루어졌다.
ㄷ. (나)에서 조작 변인은 구더기의 발생 여부이다.

① ㄱ ② ㄷ ③ ㄱ, ㄴ
④ ㄱ, ㄷ ⑤ ㄴ, ㄷ

하 중 상

10 다음은 침, 눈물 등에 포함된 라이소자임의 효능을 알아보기 위한 탐구 과정을 순서 없이 나열한 것이다.

> (가) 라이소자임은 세균을 죽게 한다.
> (나) 10개의 멸균 배지에 세균을 배양하고 5개씩 A와 B 두 집단으로 나누어 A에만 라이소자임을 처리한 후 적당한 온도를 유지하였다.
> (다) 실험 결과 ㉠ 한 집단에서만 세균이 사라졌다.
> (라) 라이소자임은 세균을 죽게 할 것이라고 가정하였다.

이에 대한 설명으로 옳은 것만을 [보기]에서 있는 대로 고른 것은?

보기
ㄱ. 탐구 순서는 (라) → (나) → (다) → (가)이다.
ㄴ. (나)에서 A와 B 두 집단에서 온도는 동일하게 유지되어야 한다.
ㄷ. (다)에서 ㉠은 B이다.

① ㄴ ② ㄱ, ㄴ ③ ㄱ, ㄷ
④ ㄴ, ㄷ ⑤ ㄱ, ㄴ, ㄷ

하 중 상

11 다음은 영희가 실시한 탐구 과정 중 일부이다.

[가설] 배즙에는 단백질을 분해하는 성분이 들어 있을 것이다.
[탐구 설계 및 수행] 표와 같이 대조군과 실험군을 설정하고, 일정 시간 후 아미노산 검출 반응을 실시하였다.

구분	넣은 물질	시험관의 온도
시험관 A	배즙과 달걀흰자	27 ℃
시험관 B	증류수와 달걀흰자	(가)

[실험 결과] (   )
[결론] 배즙에는 단백질을 분해하는 성분이 들어 있다.

이에 대한 설명으로 옳은 것만을 [보기]에서 있는 대로 고른 것은?

보기
ㄱ. 실험군은 B이다.
ㄴ. (가)는 27 ℃이다.
ㄷ. 시험관 A와 B에 넣은 물질의 양은 같아야 한다.
ㄹ. 실험 결과 시험관 A에서만 아미노산이 검출된다.

① ㄱ, ㄷ ② ㄱ, ㄹ ③ ㄴ, ㄷ
④ ㄱ, ㄴ, ㄹ ⑤ ㄴ, ㄷ, ㄹ

하 중 상

12 다음은 어떤 과학자가 수행한 탐구 과정이다.

> (가) 각기병을 앓던 닭들이 모이를 백미에서 현미로 바꾼 후 낫는 것을 발견하고 '왜 그럴까?'라고 생각하였다.
> (나) 현미에는 각기병을 낫게 하는 물질이 있을 것이라고 가정하였다.
> (다) 건강한 닭 50마리 중 25마리에게는 현미를 모이로 주고, 나머지 25마리에게는 백미를 모이로 주었다.
> (라) 현미를 모이로 준 닭에서는 각기병 증세가 나타나지 않았고, 백미를 준 닭에서는 각기병 증세가 나타났다.

이 과학자가 결론을 도출하기 전에 추가로 실시하기에 적합한 실험으로 옳은 것만을 [보기]에서 있는 대로 고른 것은?

보기
ㄱ. 백미의 성분을 조사한다.
ㄴ. 각기병 증세가 나타난 닭에게 현미를 모이로 준다.
ㄷ. 사육 온도를 달리하여 같은 실험을 반복한다.

① ㄱ ② ㄴ ③ ㄱ, ㄴ ④ ㄱ, ㄷ ⑤ ㄴ, ㄷ

하 중 상

13 **다음은 페니실린에 대한 자료이다.**

> 페니실린은 세균의 ㉠ 세포벽 합성을 억제하여 세균의 생장을 억제한다. 과거에는 페니실린을 처리하면 세균의 생장이 억제되는 효과가 컸으나 ㉡ 현재는 페니실린에 죽지 않는 세균의 비율이 높다.

(1) ㉠에 나타난 생물의 특성을 쓰고, 이 특성의 또 다른 예를 한 가지만 서술하시오.

(2) ㉡에 나타난 생물의 특성을 쓰고, 이 특성의 또 다른 예를 한 가지만 서술하시오.

하 중 상

14 **그림은 대장균과 박테리오파지를 나타낸 것이다. A와 B는 각각 대장균과 박테리오파지 중 하나이다.**

A와 B 중 박테리오파지는 무엇인지 쓰고, A와 B의 공통점을 한 가지만 서술하시오.

하 중 상

15 **그림은 로봇, 담배 모자이크 바이러스, 아메바를 생물의 특성에 관한 기준에 따라 구분하는 과정을 나타낸 것이다.**

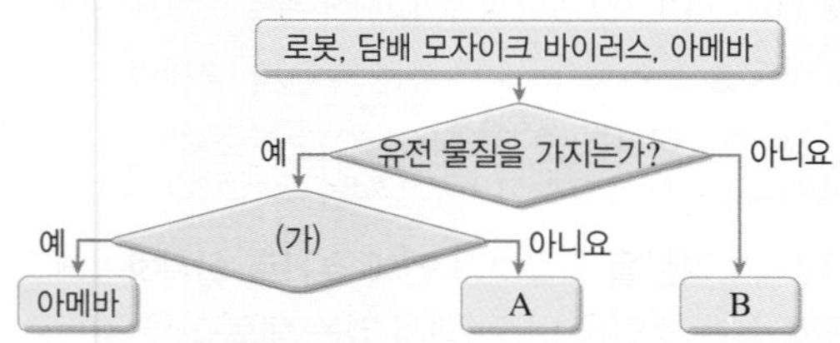

(1) A와 B는 각각 무엇인지 쓰시오.

(2) (가)에 해당하는 기준을 한 가지만 서술하시오.

하 중 상

16 **다음은 어떤 과학자가 수행한 탐구 과정이다.**

> (가) [㉠]이라고 가설을 설정하였다.
> (나) 한 목장에서 사육된 나이와 체중이 같은 양 50마리를 25마리씩 A와 B 두 집단으로 나누고 A 집단에게만 탄저병 백신을 접종하였다.
> (다) 2주 후 A와 B 두 집단의 양 50마리에게 독성이 강한 탄저균을 주사하였다.
> (라) 이틀 후 A 집단의 양 25마리는 모두 살았지만, B 집단의 양 25마리 중 21마리가 죽었다.
> (마) 가설이 옳다는 결론을 내렸다.

(1) 이와 같은 탐구 방법을 무엇이라고 하는지 쓰시오.

(2) (가)의 ㉠에 해당하는 가설을 서술하시오.

(3) 이 실험에서의 조작 변인을 쓰시오.

(4) (나)에서 실험군과 대조군을 각각 기호로 쓰시오.

하 중 상

17 **영희는 3개의 페트리 접시에 물에 적신 솜을 깔고 콩을 10개씩 올려놓은 후 표와 같이 처리하여 콩에서 싹이 트는 정도를 관찰하였다. 1회에 주는 물의 양은 같다.**

페트리 접시	빛	온도	물의 종류	하루에 물 주는 횟수
A	어두움	5 ℃	수돗물	2회
B	어두움	15 ℃	수돗물	2회
C	어두움	25 ℃	수돗물	2회

(1) 이 실험을 통해 영희가 검증하려는 가설은 무엇인지 서술하시오.

(2) 이 실험에서의 통제 변인을 모두 쓰시오.

수능 실전 문제

• 수능 출제 경향

이 단원에서는 특정 생명체가 나타내는 생명 현상이 생물의 특성 중 어느 것에 해당하는지를 구별하는 문제와 바이러스의 특성을 묻는 문제가 자주 출제된다. 또한 생명 과학의 탐구 방법 중 연역적 탐구 방법에서 대조 실험과 변인 통제에 대한 문제도 자주 출제된다.

수능 이렇게 나온다!

다음은 어떤 과학자가 수행한 탐구이다.

(가) 바다 달팽이가 갉아 먹던 갈조류를 다 먹지 않고 이동하여 다른 갈조류를 먹는 것을 관찰하였다. ➡ 관찰 및 문제 인식

(나) ㉠ 바다 달팽이가 갉아 먹은 갈조류에서 바다 달팽이가 기피하는 물질 X의 생성이 촉진될 것이라는 가설을 세웠다. ➡ 가설 설정

❶ 자연 현상을 관찰하면서 생긴 의문점을 해결하기 위해 세운 가설이다.

(다) 갈조류를 두 집단 ⓐ와 ⓑ로 나눠 한 집단만 바다 달팽이가 갉아 먹도록 한 후, ⓐ와 ⓑ 각각에서 X의 양을 측정하였다. ➡ 탐구 설계 및 수행

❷ 인위적으로 변화시킨 실험 조건은 바다 달팽이가 갉아 먹는지의 여부이다.

(라) 단위 질량당 X의 양은 ⓑ에서가 ⓐ에서보다 많았다. ➡ 결과 정리 및 해석

❸ 바다 달팽이가 갉아 먹는 것이 물질 X의 생성에 어떤 영향을 미쳤는지를 확인할 수 있다.

(마) 바다 달팽이가 갉아 먹은 갈조류에서 X의 생성이 촉진된다는 결론을 내렸다. ➡ 결론 도출

이 자료에 대한 설명으로 옳은 것만을 [보기]에서 있는 대로 고른 것은?

보기

ㄱ. ㉠은 (가)에서 관찰한 현상을 설명할 수 있는 잠정적인 결론(잠정적인 답)에 해당한다.

ㄴ. (다)에서 조작 변인은 X의 양이다.

ㄷ. (라)의 ⓑ는 바다 달팽이가 갉아 먹은 갈조류 집단이다.

① ㄱ ② ㄷ ③ ㄱ, ㄷ
④ ㄴ, ㄷ ⑤ ㄱ, ㄴ, ㄷ

출제개념

연역적 탐구 방법

▶ 본문 22쪽

출제의도

연역적 탐구 과정의 탐구 설계에서 대조 실험과 변인 통제를 알고 있는지를 평가하는 문제이다.

전략적 풀이

❶ 가설의 정의를 생각해 본다.

ㄱ. (가)에서 바다 달팽이가 갉아 먹던 갈조류를 다 먹지 않고 이동하는 현상을 관찰하고 (나)에서 왜 그런지에 대한 가설(㉠)을 세웠다. 가설은 의문에 대한 잠정적인 (   ) 또는 답으로, 옳을 수도 있고 옳지 않을 수도 있다.

❷ 조작 변인과 종속변인이 무엇인지 파악한다.

ㄴ. 조작 변인은 가설 검증을 위해 실험에서 인위적으로 변화시키는 변인이다. 이 실험에서 조작 변인은 (다)에서 대조 실험을 위해 구분한 두 집단 ⓐ와 ⓑ에서 다르게 처리한 요인으로, (   )이다. 이때 ⓐ와 ⓑ 두 집단에서 실험 결과로 측정하고 있는 X의 양은 (   )변인이다.

❸ 결론으로부터 실험 결과를 추론한다.

ㄷ. (마)에서 바다 달팽이가 갉아 먹은 갈조류에서 X의 생성이 촉진된다는 결론을 내렸으므로, (라)에서 단위 질량당 X의 양이 많은 (   )가 바다 달팽이가 갉아 먹은 갈조류 집단이다.

답 ③

❶ 결론
❷ 바다 달팽이가 갉아 먹는지의 여부, 종속
❸ ⓑ

01 표는 생물의 특성의 예를 나타낸 것이다. (가)와 (나)는 적응과 진화, 물질대사를 순서 없이 나타낸 것이다.

생물의 특성	예
(가)	강낭콩이 발아할 때 영양소가 분해되면서 열이 발생한다.
(나)	항생제를 자주 사용하는 환경에서 항생제 내성 ⓐ 세균 집단이 출현하였다.
생식과 유전	㉠

이에 대한 설명으로 옳은 것만을 [보기]에서 있는 대로 고른 것은?

보기
ㄱ. (가)는 물질대사이다.
ㄴ. ⓐ는 세포의 구조를 갖추고 있지 않다.
ㄷ. '개구리의 수정란은 올챙이를 거쳐 개구리가 된다.'는 ㉠에 해당한다.

① ㄱ ② ㄴ ③ ㄱ, ㄷ
④ ㄴ, ㄷ ⑤ ㄱ, ㄴ, ㄷ

02 그림은 대장균과 박테리오파지의 공통점과 차이점을 나타낸 것이다.

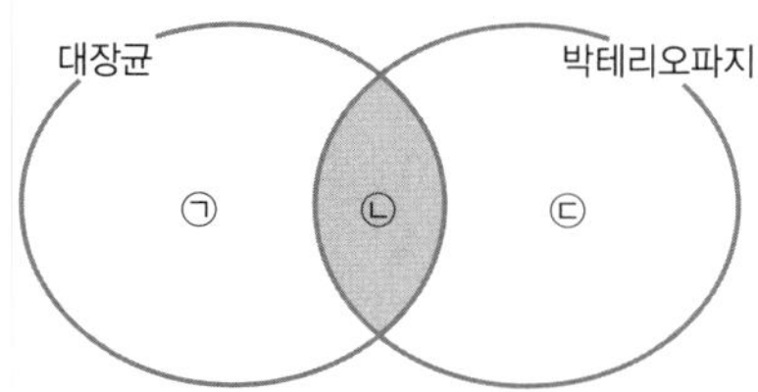

이에 대한 설명으로 옳은 것만을 [보기]에서 있는 대로 고른 것은?

보기
ㄱ. '독립적으로 물질대사를 한다.'는 ㉠에 해당한다.
ㄴ. '세포로 되어 있다.'는 ㉡에 해당한다.
ㄷ. '핵산을 가지고 있다.'는 ㉢에 해당한다.

① ㄱ ② ㄴ ③ ㄷ
④ ㄱ, ㄴ ⑤ ㄴ, ㄷ

03 그림 (가)와 (나)는 각각 식물 세포와 독감 바이러스를 나타낸 것이다. A는 세포 소기관이다.

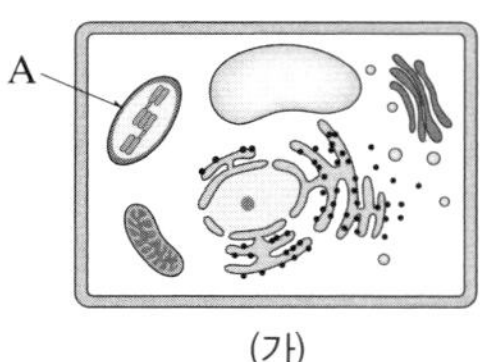

(가)

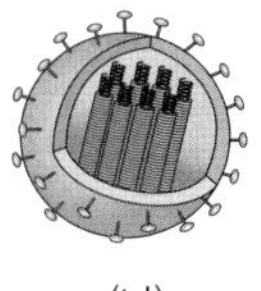
(나)

이에 대한 설명으로 옳은 것만을 [보기]에서 있는 대로 고른 것은?

보기
ㄱ. A에서 빛에너지가 화학 에너지로 전환된다.
ㄴ. (나)는 세포 분열로 증식한다.
ㄷ. '단백질을 가지고 있다.'는 (가)와 (나)의 공통점이다.

① ㄱ ② ㄴ ③ ㄱ, ㄴ ④ ㄱ, ㄷ ⑤ ㄴ, ㄷ

04 다음은 어떤 과학자가 수행한 탐구이다.

(가) 딱총새우가 서식하는 산호의 주변에는 산호의 천적인 불가사리가 적게 관찰되는 것을 보고, 딱총새우가 산호를 불가사리로부터 보호해 줄 것이라고 생각했다.
(나) 같은 지역에 있는 산호들을 집단 A와 B로 나눈 후, A에서는 딱총새우를 그대로 두고, B에서는 딱총새우를 제거하였다.
(다) 일정 시간 동안 불가사리에게 잡아먹힌 산호의 비율은 ㉠에서가 ㉡에서보다 높았다. ㉠과 ㉡은 A와 B를 순서 없이 나타낸 것이다.
(라) 산호에 서식하는 딱총새우가 산호를 불가사리로부터 보호해 준다는 결론을 내렸다.

이 자료에 대한 설명으로 옳은 것만을 [보기]에서 있는 대로 고른 것은?

보기
ㄱ. ㉠은 B이다.
ㄴ. 종속변인은 딱총새우의 제거 여부이다.
ㄷ. (다)에서 불가사리와 산호의 관계는 포식과 피식 관계이다.

① ㄱ ② ㄷ ③ ㄱ, ㄷ
④ ㄴ, ㄷ ⑤ ㄱ, ㄴ, ㄷ

05 다음은 어떤 과학자가 수행한 탐구이다.

(가) 초파리는 짝짓기 상대로 서로 다른 종류의 먹이를 먹고 자란 개체보다 같은 먹이를 먹고 자란 개체를 선호할 것이라고 생각했다.
(나) 초파리를 두 집단 A와 B로 나눈 후 A는 먹이 ⓐ를, B는 먹이 ⓑ를 주고 배양했다. ⓐ와 ⓑ는 서로 다른 종류의 먹이이다.
(다) 여러 세대를 배양한 후, ㉠ 같은 먹이를 먹고 자란 초파리 사이에서의 짝짓기 빈도와 ㉡ 서로 다른 종류의 먹이를 먹고 자란 초파리 사이에서의 짝짓기 빈도를 관찰했다.
(라) (다)의 결과, Ⅰ이 Ⅱ보다 높게 나타났다. Ⅰ과 Ⅱ는 ㉠과 ㉡을 순서 없이 나타낸 것이다.
(마) 초파리는 짝짓기 상대로 서로 다른 종류의 먹이를 먹고 자란 개체보다 같은 먹이를 먹고 자란 개체를 선호한다는 결론을 내렸다.

이 자료에 대한 설명으로 옳은 것만을 [보기]에서 있는 대로 고른 것은?

보기
ㄱ. 연역적 탐구 방법이 이용되었다.
ㄴ. 먹이의 종류는 통제 변인이다.
ㄷ. Ⅰ은 ㉡이다.

① ㄱ ② ㄴ ③ ㄷ ④ ㄱ, ㄴ ⑤ ㄱ, ㄷ

06 다음은 어떤 과학자가 수행한 탐구 과정의 일부를 순서 없이 나타낸 것이다.

(가) A에서는 ㉠이 ㉡보다, B에서는 ㉡이 ㉠보다 포식자로부터 더 많은 공격을 받았다.
(나) 서식 환경과 비슷한 털색을 갖는 생쥐가 포식자의 눈에 잘 띄지 않아 생존에 유리할 것이라고 생각했다.
(다) ㉠ 갈색 생쥐 모형과 ㉡ 흰색 생쥐 모형을 준비해서 지역 A와 B 각각에 두 모형을 설치했다. A와 B는 각각 갈색 모래 지역과 흰색 모래 지역 중 하나이다.
(라) ⓐ 서식 환경과 비슷한 털색을 갖는 생쥐가 생존에 유리하다는 결론을 내렸다.

이 자료에 대한 설명으로 옳은 것만을 [보기]에서 있는 대로 고른 것은?

보기
ㄱ. A는 흰색 모래 지역이다.
ㄴ. 탐구는 (나) → (다) → (가) → (라) 순으로 진행되었다.
ㄷ. ⓐ는 생물의 특성 중 적응과 진화의 예에 해당한다.

① ㄱ ② ㄷ ③ ㄱ, ㄴ
④ ㄴ, ㄷ ⑤ ㄱ, ㄴ, ㄷ

07 다음은 먹이 섭취량이 동물 종 ⓐ의 생존에 미치는 영향을 알아보기 위한 실험이다.

[실험 과정]
(가) 유전적으로 동일하고 같은 시기에 태어난 ⓐ의 수컷 개체 200마리를 준비하여, 100마리씩 집단 A와 B로 나눈다.
(나) A에는 충분한 양의 먹이를 제공하고 B에는 먹이 섭취량을 제한하면서 배양한다. 한 개체당 먹이 섭취량은 A의 개체가 B의 개체보다 많다.
(다) A와 B에서 시간에 따른 ⓐ의 생존 개체 수를 조사한다.

[실험 결과] 그림은 A와 B에서 시간에 따른 ⓐ의 생존 개체 수를 나타낸 것이다.

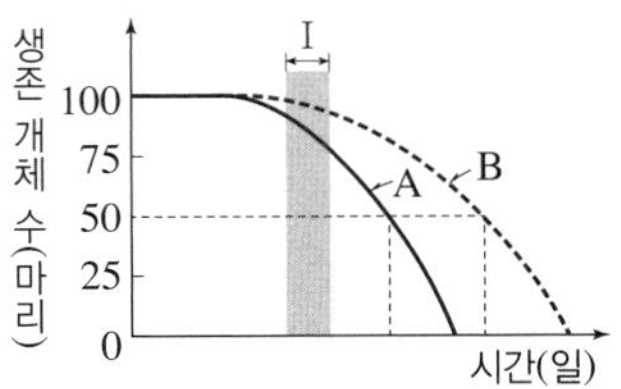

이 자료에 대한 설명으로 옳은 것만을 [보기]에서 있는 대로 고른 것은? (단, 제시된 조건 이외는 고려하지 않는다.)

보기
ㄱ. 조작 변인은 한 개체당 먹이 섭취량이다.
ㄴ. 구간 Ⅰ에서 사망한 ⓐ의 개체 수는 A에서가 B에서보다 많다.
ㄷ. 각 집단에서 ⓐ의 생존 개체 수가 50마리가 되는 데 걸린 시간은 A에서가 B에서보다 길다.

① ㄱ ② ㄴ ③ ㄱ, ㄴ ④ ㄱ, ㄷ ⑤ ㄴ, ㄷ

III 사람의 물질대사

1 사람의 물질대사

Review

이전에 학습한 내용 중 이 단원과 연계된 내용을 다시 한 번 떠올려 봅시다.

다음 단어가 들어갈 곳을 찾아 빈칸을 완성해 보자.

에너지	노폐물	영양소	이화	동화	산소

통합과학
생명 시스템

물질대사

① **물질대사:** 생명체에서 일어나는 모든 화학 반응 ➡ 세포의 생명 활동에 필요한 ❶ [ ] 를 얻고, 몸에 필요한 물질을 합성한다.

② **물질대사의 구분**

- ❷ [ ] 작용: 작은 분자로부터 큰 분자를 합성하는 반응, 에너지를 흡수한다.
- ❸ [ ] 작용: 큰 분자를 작은 분자로 분해하는 반응, 에너지를 방출한다.

중2
동물과 에너지

세포 호흡과 에너지

① **세포 호흡:** 세포에서 영양소가 산소와 반응하여 이산화 탄소와 물로 분해되면서 에너지를 방출하는 과정이다.

② **세포 호흡으로 얻은 에너지의 이용:** 생장, 근육 운동, 체온 유지, 두뇌 활동, 소리내기 등

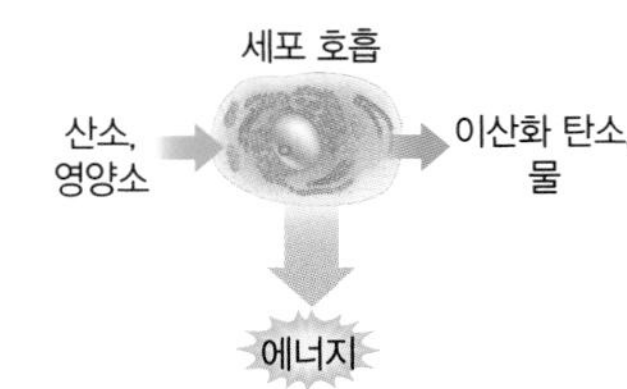

⬆ 세포 호흡

소화계, 호흡계, 순환계, 배설계

① **소화계:** 음식물에 들어 있는 크기가 큰 ❹ [ ] 를 작게 분해하여 흡수한다.

② **호흡계:** 공기 중의 ❺ [ ] 를 몸속으로 흡수하고 이산화 탄소를 몸 밖으로 내보낸다.

③ **순환계:** 흡수된 영양소와 산소를 온몸의 세포로 운반하고, 세포 호흡 과정에서 만들어진 노폐물을 호흡계나 배설계로 운반한다.

④ **배설계:** 혈액을 걸러 오줌을 만들어 요소와 같은 ❻ [ ] 을 몸 밖으로 내보낸다.

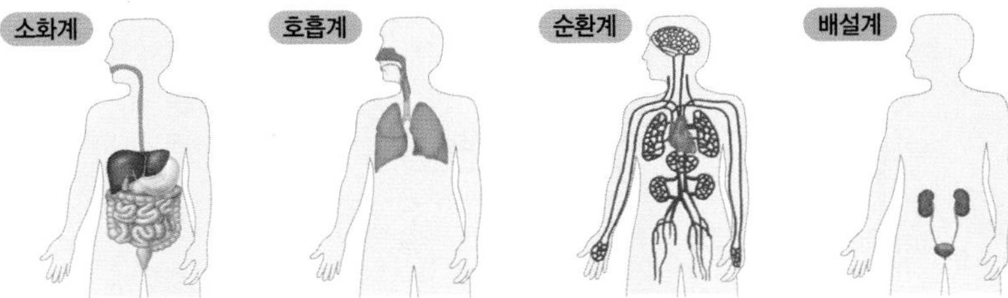

기관계의 통합적 작용

① 우리 몸의 소화계, 호흡계, 순환계, 배설계는 생명 활동에 필요한 ❼ [ ] 를 얻는 과정으로 연결되어 있다.

② 소화계, 호흡계, 배설계는 순환계를 중심으로 유기적으로 연결되어 통합적으로 작용한다.

답 ❶ 에너지 ❷ 동화 ❸ 이화 ❹ 영양소 ❺ 산소 ❻ 노폐물 ❼ 에너지

1 생명 활동과 에너지

핵심 포인트
- ❶ 동화 작용과 이화 작용 ★★★
- ❷ 세포 호흡 ★★★
- ❸ ATP 분해와 합성 ★★★
- ❹ 에너지의 전환과 이용 ★★

A 생명 활동과 물질대사

우리가 공부를 하거나 운동을 할 때뿐만 아니라 말을 하거나 잠을 잘 때에도 에너지가 필요합니다. 이 에너지는 우리가 섭취한 음식물 속의 영양소를 분해하여 얻는데요, 우리 몸에서 일어나는 영양소의 분해는 물질대사 중 하나랍니다. 그럼 물질대사에 대해 자세히 알아볼까요?

1. 물질대사 생명체에서 일어나는 모든 화학 반응이다. 우리 몸은 물질대사를 통해 생명 활동에 필요한 물질을 합성하고 분해하며, 에너지를 얻는다. → 우리 몸에서는 필요한 물질을 합성하고 에너지를 얻기 위해 물질대사가 끊임없이 일어난다.

2. 물질대사의 특징

(1) 반드시 에너지 출입이 함께 일어난다. → 물질대사를 에너지 대사라고도 한다.

(2) 반응이 단계적으로 일어난다. ➡ 에너지가 여러 단계에 걸쳐 조금씩 출입한다.

(3) ◆❶효소(생체 촉매)가 관여한다. ➡ 체온 정도의 낮은 온도에서 반응이 일어난다.

3. 물질대사의 구분

구분	동화 작용	이화 작용
정의	작고 간단한 물질을 크고 복잡한 물질로 합성하는 과정	크고 복잡한 물질을 작고 간단한 물질로 분해하는 과정
물질 변화		
에너지 변화	 에너지가 흡수된다. 흡열 반응 ➡ 에너지 크기 : 반응물 < 생성물	 에너지가 방출된다. 발열 반응 ➡ 에너지 크기 : 반응물 > 생성물
이용	세포의 구성 물질이나 생명 활동에 필요한 물질을 합성한다.	물질을 분해하고, 생명 활동에 필요한 에너지를 얻는다.
예	• 단백질 합성: 아미노산 여러 분자가 결합하여 단백질이 합성된다. • ◆광합성: 이산화 탄소와 물이 포도당으로 합성된다. • 핵산(DNA, RNA) 합성: 뉴클레오타이드 여러 분자가 결합하여 DNA 또는 RNA가 합성된다.	• ◆세포 호흡: 포도당이 산소와 반응하여 이산화 탄소와 물로 분해되면서 에너지가 방출된다. • 녹말 소화: 녹말이 포도당으로 분해된다. • 글리코젠 분해: 간에서 글리코젠이 포도당으로 분해된다. → 포도당 여러 분자가 결합하여 글리코젠이 합성되는 동화 작용도 일어난다.

암기해!

- 물질대사의 구분
  - 이뿐(분) 발 호~불어줄까?
    이(이화) – 뿐(분해) – 발(발열) – 호(호흡)
  - 동화는 반대
    동화 – 합성 – 흡열 – 광합성

◆ **효소와 온도**
화학 반응은 일반적으로 고온·고압에서 일어나는데, 생명체 내에서 일어나는 화학 반응에는 효소가 관여하므로 물질대사는 체온(37 ℃) 정도의 낮은 온도에서 반응이 일어난다.

동아 교과서에만 나와요.

◆ **광합성과 세포 호흡의 관계**
- 광합성: 엽록체에서 빛에너지를 흡수하여 포도당을 합성하는 과정이다.
- 세포 호흡: 미토콘드리아에서 포도당을 분해하여 에너지가 방출되는 과정이다.

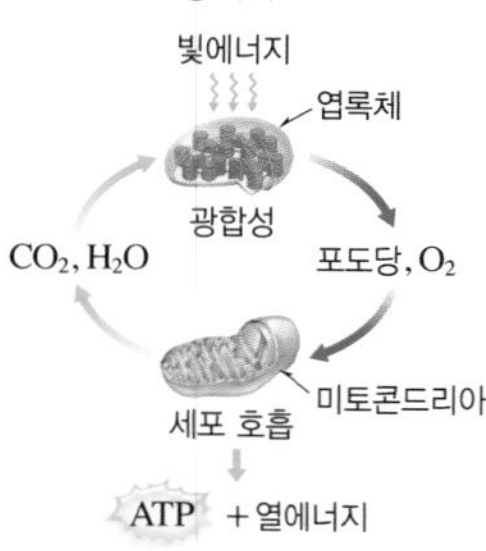

용어

❶ **효소** 생명체에서 물질대사가 빠르게 일어나도록 해주는 생체 촉매이다.

B 에너지의 전환과 이용

생명 활동에 필요한 에너지는 세포 호흡으로 얻습니다. 세포 호흡은 어떤 과정으로 일어나며, 세포 호흡으로 얻은 에너지는 어떻게 사용되는지 알아볼까요?

1. 세포 호흡 세포에서 영양소(탄수화물, 지방, 단백질)를 분해하여 생명 활동에 필요한 에너지를 얻는 과정이다.

(1) **세포 호흡의 장소:** 주로 미토콘드리아에서 일어난다.
(주로 미토콘드리아에서 일어나지만, 일부 과정은 세포질에서 진행된다.)

(2) **세포 호흡과 에너지:** 세포 호흡 과정에서 포도당이 산소와 반응하여 이산화 탄소와 물로 분해되면서 에너지가 방출된다. ➡ 방출된 에너지 일부는(약 34%) ATP에 저장되고 나머지는(약 66%) 열로 방출된다.

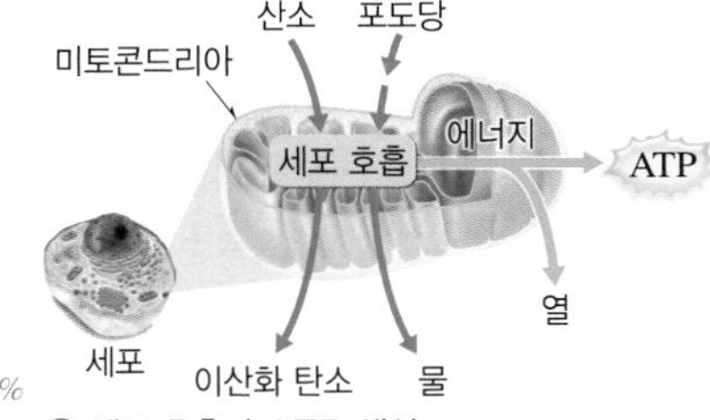

⬆ 세포 호흡과 ATP 생성

포도당+산소(O_2) ⟶ 이산화 탄소(CO_2)+물(H_2O)+에너지(ATP, 열)

2. ATP 생명 활동에 직접 사용되는 에너지 저장 물질이다.

(1) ◆**ATP의 구조:** 아데노신(아데닌+리보스)에 3개의 인산기가 결합된 구조이며, 인산기와 인산기 사이의 결합에 많은 에너지가 저장되어 있다.
(비교적 많은 에너지가 저장되어 있어 고에너지 인산 결합이라고 한다.)

(2) ◆**ATP의 분해와 에너지 방출:** ATP에 저장된 에너지는 ATP가 ADP와 무기 인산(P_i)으로 분해될 때 방출되어 생명 활동에 이용된다.

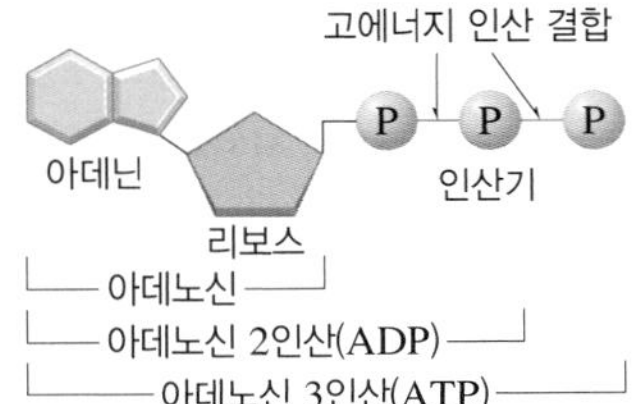

⬆ ATP의 구조

3. 에너지의 전환과 이용 세포 호흡에 의해 포도당의 화학 에너지는 ATP의 화학 에너지로 전환되고, ATP의 화학 에너지가 여러 가지 형태의 에너지로 전환되어 물질 합성, 근육 운동, 체온 유지, 정신 활동, 생장 등 다양한 생명 활동에 이용된다. ➡ 생명 활동에 직접적으로 사용되는 에너지원은 ATP이다.

| 에너지의 전환과 이용 |

42쪽 대표 자료❷

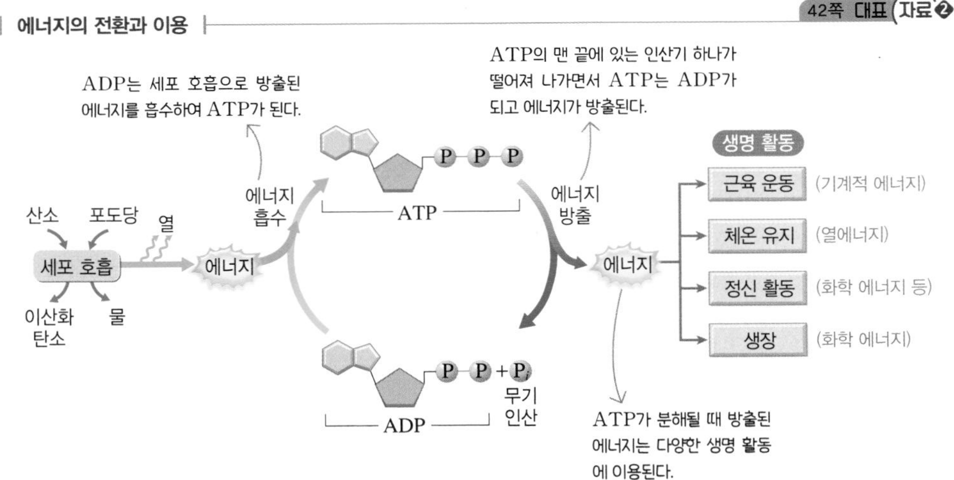

주의해!

ATP에 저장되는 에너지
세포 호흡으로 방출된 에너지가 모두 ATP에 저장되는 것은 아니다.

◆ **ATP와 ADP의 구조**
아데노신에 인산기가 3개 붙으면 ATP(adenosine **tri**phosphate), 2개 붙으면 ADP(adenosine **di**phosphate)이다.(tri-는 3을, di-는 2를 의미한다.)

◆ **ATP의 분해와 합성**
ATP는 끝에 있는 인산기 사이의 고에너지 인산 결합이 끊어지면서 에너지가 방출되고, ADP와 무기 인산(P_i)으로 분해된다. 세포 호흡으로 방출된 에너지는 ADP와 무기 인산(P_i)의 결합에 사용되어 ATP를 합성한다.

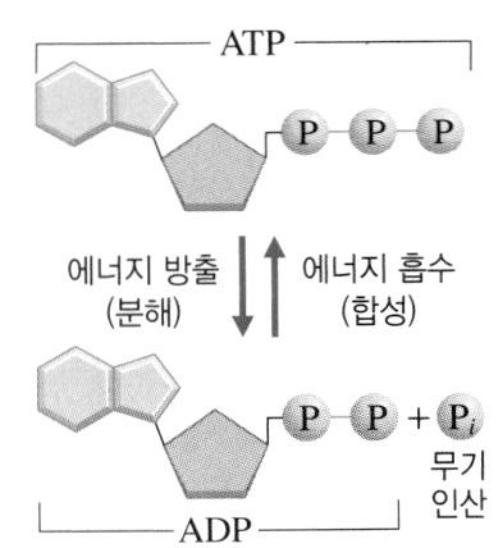

궁금해?

포도당에 저장된 에너지를 ATP로 바꾸어 사용하는 까닭은?
대부분의 생명 활동에는 소량의 에너지가 쓰인다. 따라서 포도당에 저장되어 있는 많은 양의 에너지를 ATP에 소량씩 나누어 저장하면 에너지를 효율적으로 사용할 수 있다.

교과서마다 실험 재료와 이산화 탄소 방출량 측정 방법이 조금씩 다르니 우리 교과서를 확인해요.
- 교학사: 음료수 사용, MBL로 측정
- 금성, YBM: 포도당 용액 사용, 퀴네 발효관으로 측정
- 동아: 설탕 용액 사용, MBL로 측정
- 미래엔: 포도당 용액, 음료수 사용, 퀴네 발효관으로 측정
- 비상: 음료수 사용, 퀴네 발효관으로 측정
- 지학사: 포도당 용액, 갈락토스 용액 사용, BTB 용액으로 측정
- 천재: 포도당 용액, 설탕 용액 사용, 퀴네 발효관 또는 MBL로 측정

탐구 자료창 효모의 이산화 탄소 방출량 비교하기

과정 >

❶ 증류수 100 mL에 건조 효모 10 g을 넣고 유리 막대로 저어 효모액을 만든다.

❷ 발효관 1～5에 각각 다음과 같이 음료수나 증류수를 넣은 뒤 효모액을 넣는다.(이때 맹관부에 공기가 들어가지 않도록 한다.) 이산화 탄소가 녹아 있는 탄산 음료는 사용하지 않는다.

발효관 1	증류수 15 mL＋효모액 15 mL
발효관 2	음료수 A 15 mL＋효모액 15 mL
발효관 3	음료수 B 15 mL＋효모액 15 mL
발효관 4	음료수 C 15 mL＋효모액 15 mL
발효관 5	음료수 D 15 mL＋효모액 15 mL

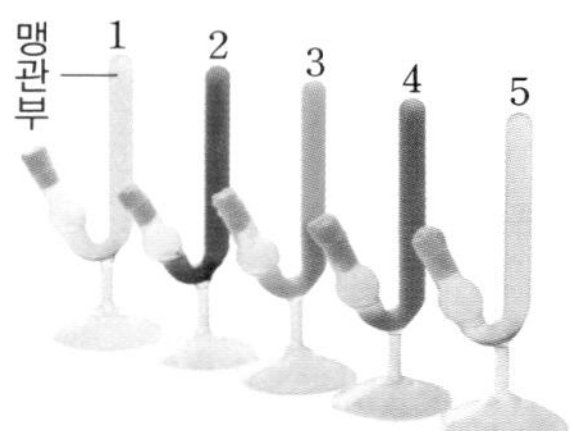

❸ 발효관의 입구를 솜 마개로 막은 후 30 ℃～35 ℃로 맞춘 항온 수조에 넣는다.

❹ 일정 시간 간격으로 각 발효관에서 발생한 기체의 부피를 측정하여 비교한다.

결과 >

발효관	1	2	3	4	5
발생한 기체의 부피	−	＋＋＋＋	＋＋	＋	＋＋＋

(−: 발생 안 함, ＋가 많을수록 기체 발생량이 많음)

해석 >

① 발효관 1은 대조군이다. ➡ 음료수를 넣은 발효관에서 발생하는 기체(이산화 탄소)가 효모에 의해 당이 분해되어 발생한 것인지를 확인하기 위한 대조군이다.

② **발효관 입구를 솜 마개로 막는 까닭:** ◆효모는 산소가 없을 때 발효를 하므로 외부로부터 유입되는 산소를 차단하기 위해서이다.

③ 발효관 1에서는 기체가 발생하지 않았고, 발효관 2～5에서는 기체가 발생하였다. ➡ 효모가 음료수에 포함된 당을 이용하여 세포 호흡과 발효를 한 결과 이산화 탄소가 발생하였다.

④ 기체 발생량은 발효관 2＞발효관 5＞발효관 3＞발효관 4로 나타났다. ➡ 음료수에 당이 많을수록 효모의 세포 호흡과 발효가 많이 일어나 이산화 탄소 발생량이 많아지므로, 음료수의 당 함량은 발효관 2＞발효관 5＞발효관 3＞발효관 4이다.

⑤ **발생한 기체가 이산화 탄소임을 확인하는 방법:** 발효관에서 용액 15 mL을 덜어내고, 5 % 수산화 칼륨(KOH) 수용액을 15 mL 넣으면 맹관부에 모인 기체의 부피가 감소한다. ➡ 수산화 칼륨이 이산화 탄소를 흡수하기 때문으로, 발생한 기체가 이산화 탄소라는 것을 알 수 있다.

균류에 속하는 단세포 생물이며, 빵이나 술을 만들 때 사용한다.

◆ **효모의 세포 호흡과 발효**

효모는 산소가 있을 때에는 산소를 이용해 세포 호흡을 하여 포도당을 물과 이산화 탄소로 분해한다. 산소가 없을 때에는 포도당을 에탄올과 이산화 탄소로 분해하는데, 이를 알코올 발효라고 한다. 발효관 속의 효모는 처음에는 산소를 이용해 세포 호흡을 하다가 산소가 다 소모되면 알코올 발효를 한다.

같은 탐구 다른 실험

과정 >

❶ 증류수에 포도당을 녹여 5 % 포도당 용액과 10 % 포도당 용액을 만든다.

❷ 발효관 A～C에 표와 같이 용액을 넣는다.

발효관 A	5 % 포도당 용액 20 mL＋증류수 15 mL
발효관 B	5 % 포도당 용액 20 mL＋효모액 15 mL
발효관 C	10 % 포도당 용액 20 mL＋효모액 15 mL

❸ 발효관의 입구를 솜 마개로 막은 후 30 ℃～35 ℃로 맞춘 항온 수조에 넣는다.

❹ 각 발효관에서 발생한 기체의 부피를 5분 간격으로 측정하여 비교한다.

결과 > ◆이산화 탄소 방출량은 발효관 C＞발효관 B＞발효관 A로 나타났다.

해석 >

① 발효관 B와 C에서 효모의 세포 호흡과 발효가 일어나 이산화 탄소가 발생하였다.

② 포도당 양이 많을수록 효모의 세포 호흡과 발효가 더 많이 일어나 이산화탄소 방출량이 더 많다.

◆ **시간에 따른 이산화 탄소 방출량 변화**

효모의 세포 호흡으로 방출되는 이산화 탄소의 양은 포도당의 농도가 높을수록 더 많다. 발효관 A(대조군)에는 효모가 없으므로 이산화 탄소가 발생하지 않는다.

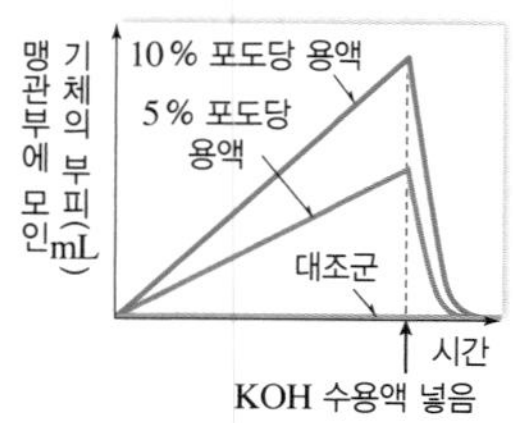

확인 문제

1 발효관 1은 실험 결과의 타당성을 높이기 위해 설치한 (　　　　)이다.

2 발효관에서 발생하는 기체는 효모의 물질대사로 생성된 (　　　　)이다.

3 기체 발생량이 많은 음료수일수록 당 함량이 (　　　　).

확인 문제 답

1. 대조군
2. 이산화 탄소
3. 많다

개념 확인 문제

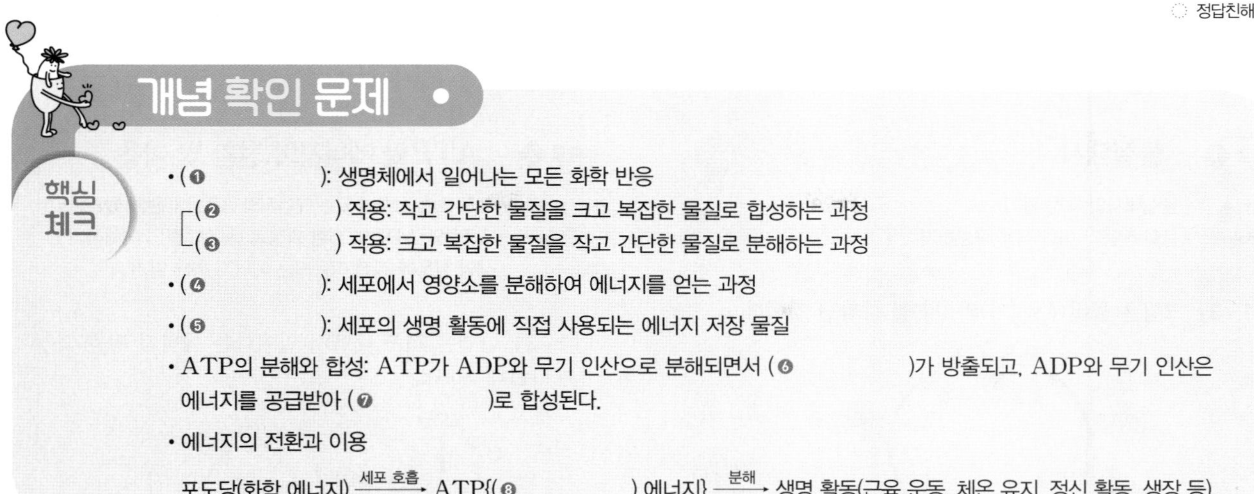
핵심 체크

- (❶): 생명체에서 일어나는 모든 화학 반응
  - (❷) 작용: 작고 간단한 물질을 크고 복잡한 물질로 합성하는 과정
  - (❸) 작용: 크고 복잡한 물질을 작고 간단한 물질로 분해하는 과정
- (❹): 세포에서 영양소를 분해하여 에너지를 얻는 과정
- (❺): 세포의 생명 활동에 직접 사용되는 에너지 저장 물질
- ATP의 분해와 합성: ATP가 ADP와 무기 인산으로 분해되면서 (❻)가 방출되고, ADP와 무기 인산은 에너지를 공급받아 (❼)로 합성된다.
- 에너지의 전환과 이용

포도당(화학 에너지) —세포 호흡→ ATP{(❽) 에너지} —분해→ 생명 활동(근육 운동, 체온 유지, 정신 활동, 생장 등)

1 물질대사에 대한 설명으로 옳은 것은 ○, 옳지 않은 것은 ×로 표시하시오.

(1) 효소가 관여한다. ( )

(2) 반응이 한 번에 빠르게 일어난다. ( )

(3) 생명체에서 물질을 합성하고 분해하는 모든 화학 반응이다. ( )

(4) 동화 작용이 일어날 때는 에너지가 방출되고, 이화 작용이 일어날 때는 에너지가 흡수된다. ( )

2 동화 작용과 이화 작용에 해당하는 것을 각각 [보기]에서 있는 대로 고르시오.

보기

ㄱ. 광합성	ㄴ. 세포 호흡	ㄷ. 발열 반응
ㄹ. 흡열 반응	ㅁ. 녹말 소화	ㅂ. 단백질 합성

(1) 동화 작용

(2) 이화 작용

3 ( ) 안에 알맞은 말을 쓰시오.

세포 호흡은 주로 ㉠( )에서 일어나며, 포도당이 산소와 반응하여 ㉡( )와 물로 분해되면서 에너지가 방출되는 과정이다. 이때 방출된 에너지 일부는 ㉢( )에 저장되고 나머지는 열로 방출된다.

4 그림은 ATP의 합성과 분해를 나타낸 것이다.

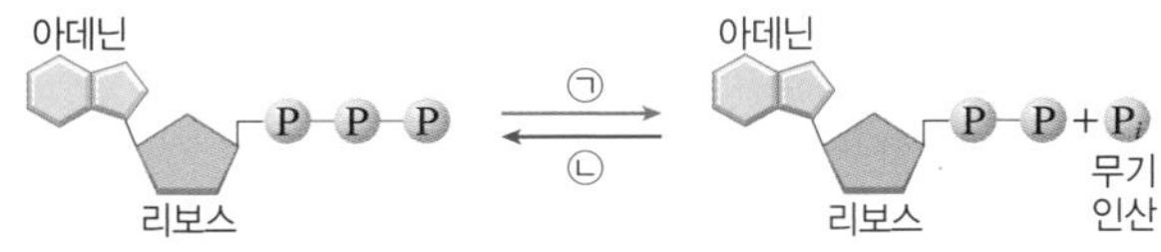

㉠과 ㉡ 중 에너지가 방출되는 반응을 쓰시오.

5 그림은 우리 몸에서 일어나는 에너지 전환과 이용 과정을 나타낸 모식도이다.

(1) ㉠에 해당하는 물질대사를 쓰시오.

(2) ㉡에 해당하는 물질을 쓰시오.

6 에너지의 전환과 이용에 대한 설명으로 옳은 것은 ○, 옳지 않은 것은 ×로 표시하시오.

(1) 생명 활동에 필요한 물질을 합성할 때 ATP가 사용된다. ( )

(2) 세포 호흡으로 방출된 에너지는 우리 몸에서 이용되지 않는다. ( )

(3) ATP에서 인산 결합이 끊어질 때 방출되는 에너지가 생명 활동에 이용된다. ( )

(4) 정신 활동, 체온 유지, 근육 운동에 ATP가 에너지원으로 이용된다. ( )

대표 자료 분석

정답친해 13쪽

자료 ① 물질대사

기출 Point
- 물질대사의 특징 알기
- 동화 작용과 이화 작용 구분하기

[1~3] 그림은 물질대사 (가)와 (나)를 나타낸 것이다.

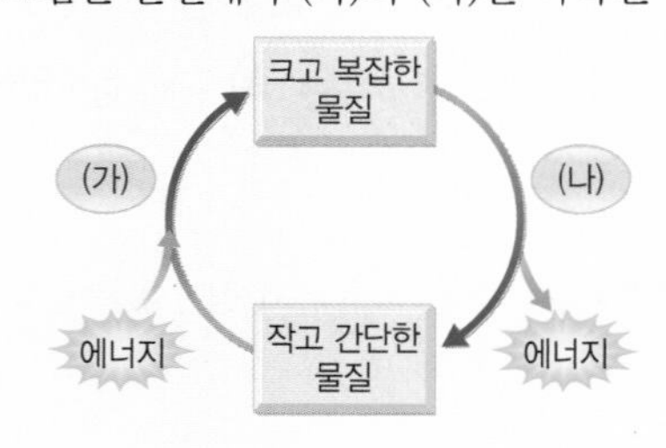

1 (가)와 (나)는 각각 이화 작용과 동화 작용 중 무엇에 해당하는지 쓰시오.

2 그림은 물질대사 과정에서 일어나는 에너지 변화를 나타낸 것이다. 각 에너지 변화는 (가)와 (나) 중 어디에 해당하는지 쓰시오.

(1)
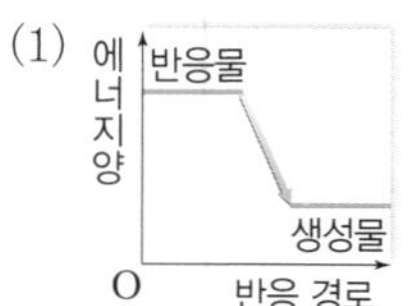

(2)
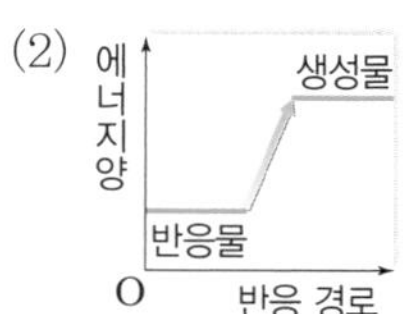

3 빈출 선택지로 완벽 정리!

(1) 물질대사가 일어날 때는 반드시 에너지 출입이 일어난다. (○ / ×)

(2) (가)는 작고 간단한 물질을 크고 복잡한 물질로 합성하는 과정이다. (○ / ×)

(3) (나)에는 효소가 관여하지 않는다. (○ / ×)

(4) (가)는 발열 반응, (나)는 흡열 반응이다. (○ / ×)

(5) 단백질 합성, DNA 합성, 광합성은 (가)에 해당한다. (○ / ×)

(6) 세포 호흡, 녹말 소화는 (나)에 해당한다. (○ / ×)

자료 ② ATP와 에너지의 전환 및 이용

기출 Point
- 세포 호흡 시 방출되는 에너지와 ATP의 관계 알기
- ATP와 ADP의 전환 과정과 에너지 출입 이해하기
- 생명 활동에 직접 이용되는 에너지 형태 알기

[1~3] 그림은 세포 내에서 일어나는 에너지 전환 과정을 나타낸 것이다.

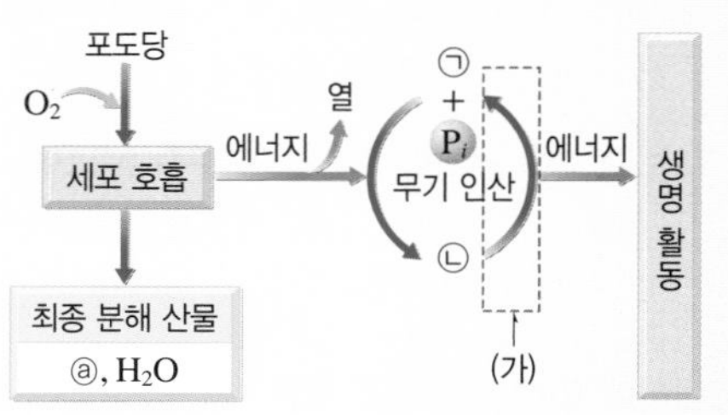

1 ( ) 안에 알맞은 말을 쓰시오.

(1) ⓐ는 ( )이다.

(2) ㉠은 ( )이고, ㉡은 ( )이다.

2 세포 내 에너지 전환 과정에서 ( ) 안에 알맞은 에너지 형태를 쓰시오.

3 빈출 선택지로 완벽 정리!

(1) 포도당이 산소와 반응하여 ⓐ와 H_2O로 분해되면서 에너지가 흡수된다. (○ / ×)

(2) 세포 호흡에서 방출된 에너지는 모두 ㉡에 저장된다. (○ / ×)

(3) (가)는 동화 작용이다. (○ / ×)

(4) (가) 과정에서 에너지가 방출된다. (○ / ×)

(5) ㉡에 저장된 에너지는 생명 활동에 이용된다. (○ / ×)

(6) 근육 수축 과정에는 ATP의 인산 결합이 끊어지면서 방출되는 에너지가 이용된다. (○ / ×)

내신 만점 문제

정답친해 14쪽

A 생명 활동과 물질대사

01 물질대사에 대한 설명으로 옳지 않은 것은?

① 효소가 관여한다.
② 생명체에서 일어나는 화학 반응이다.
③ 반드시 에너지 출입이 함께 일어난다.
④ 세포는 물질대사를 통해 단백질을 합성한다.
⑤ 세포는 동화 작용으로 방출된 에너지를 이용하여 생명 활동을 한다.

중요 **02** 그림은 사람에서 일어나는 물질대사를 나타낸 것이다. (가)와 (나)는 각각 동화 작용과 이화 작용 중 하나이다.

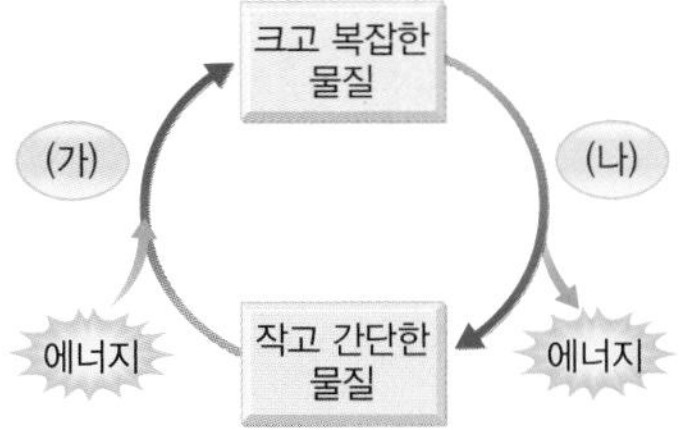

이에 대한 설명으로 옳은 것만을 [보기]에서 있는 대로 고른 것은?

보기
ㄱ. (가)는 이화 작용이다.
ㄴ. (가)는 흡열 반응, (나)는 발열 반응이다.
ㄷ. 세포 호흡은 (나)에 해당한다.

① ㄱ ② ㄷ ③ ㄱ, ㄴ
④ ㄱ, ㄷ ⑤ ㄴ, ㄷ

서술형 **03** 동화 작용과 이화 작용을 다음 요소를 비교하여 서술하시오.

• 물질 변화 • 에너지 출입

[04~05] 그림은 사람에서 일어나는 어떤 물질대사의 반응 경로에 따른 에너지 변화를 나타낸 것이다.

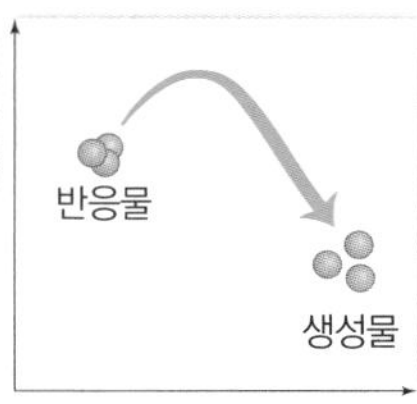

04 이에 대한 설명으로 옳은 것만을 [보기]에서 있는 대로 고른 것은?

보기
ㄱ. 동화 작용이 일어날 때의 에너지 변화이다.
ㄴ. 이 반응이 일어날 때 에너지가 방출된다.
ㄷ. 생성물이 가진 에너지양은 반응물이 가진 에너지양보다 많다.

① ㄱ ② ㄴ ③ ㄱ, ㄴ
④ ㄴ, ㄷ ⑤ ㄱ, ㄴ, ㄷ

05 이와 같은 에너지 변화가 나타나는 물질대사의 예로 옳은 것은?

① 간에서 포도당이 결합하여 글리코젠이 합성된다.
② 엽록체에서 이산화 탄소와 물로부터 포도당이 합성된다.
③ 소화에 의해 녹말이 포도당으로 분해된다.
④ 아미노산이 결합하여 단백질이 만들어진다.
⑤ 뉴클레오타이드가 결합하여 DNA가 만들어진다.

06 그림은 사람에서 일어나는 물질대사 Ⅰ과 Ⅱ를 나타낸 것이다.

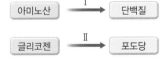

아미노산 —Ⅰ→ 단백질
글리코젠 —Ⅱ→ 포도당

이에 대한 설명으로 옳은 것만을 [보기]에서 있는 대로 고른 것은?

보기
ㄱ. Ⅰ에서 동화 작용이 일어난다.
ㄴ. Ⅰ에 효소가 관여한다.
ㄷ. Ⅱ에서 에너지가 방출된다.

① ㄱ ② ㄴ ③ ㄱ, ㄴ
④ ㄴ, ㄷ ⑤ ㄱ, ㄴ, ㄷ

07 그림은 광합성과 세포 호흡에서의 에너지와 물질의 이동을 나타낸 것이다. (가)와 (나)는 각각 광합성과 세포 호흡 중 하나이다. 이에 대한 설명으로 옳은 것만을 [보기]에서 있는 대로 고른 것은?

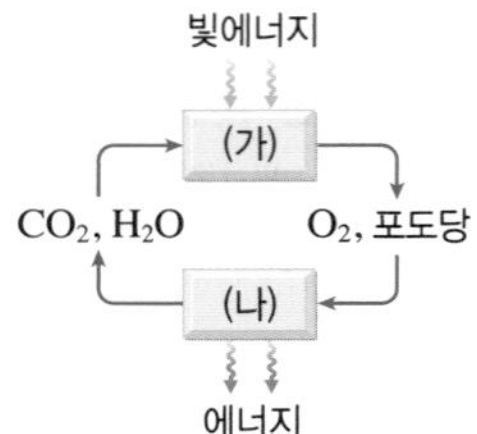

보기
ㄱ. (가)는 광합성이다.
ㄴ. (가)는 식물의 엽록체에서 일어난다.
ㄷ. (나)에서 방출된 에너지는 모두 ATP에 저장된다.

① ㄱ ② ㄴ ③ ㄱ, ㄴ
④ ㄴ, ㄷ ⑤ ㄱ, ㄴ, ㄷ

B 에너지의 전환과 이용

08 그림은 세포 소기관 X에서 일어나는 세포 호흡을 나타낸 것이다. ⓐ와 ⓑ는 각각 산소와 이산화 탄소 중 하나이다. 이에 대한 설명으로 옳지 않은 것은?

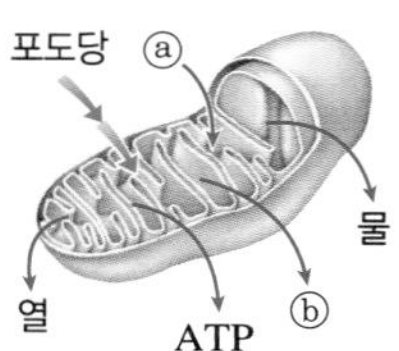

① X는 미토콘드리아이다.
② 이 과정은 발열 반응이다.
③ 이 과정에 효소가 관여한다.
④ ⓐ는 산소이고, ⓑ는 이산화 탄소이다.
⑤ 포도당의 에너지는 모두 ATP에 저장된다.

09 그림은 ATP의 구조를 나타낸 것이다. 이에 대한 설명으로 옳은 것만을 [보기]에서 있는 대로 고른 것은?

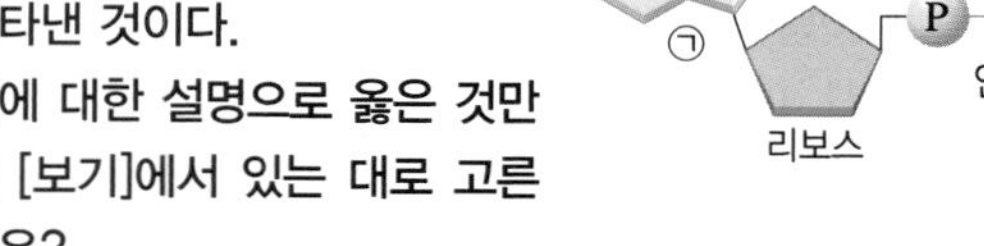

보기
ㄱ. ATP는 세포의 생명 활동에 직접적으로 사용되는 에너지 저장 물질이다.
ㄴ. ㉠은 아데닌이다.
ㄷ. ATP에서 인산 결합이 끊어질 때 에너지가 방출된다.

① ㄱ ② ㄴ ③ ㄱ, ㄴ
④ ㄴ, ㄷ ⑤ ㄱ, ㄴ, ㄷ

중요 **10** 그림은 세포 내에서 일어나는 물질 (가)와 (나)의 변화를 나타낸 것이다.

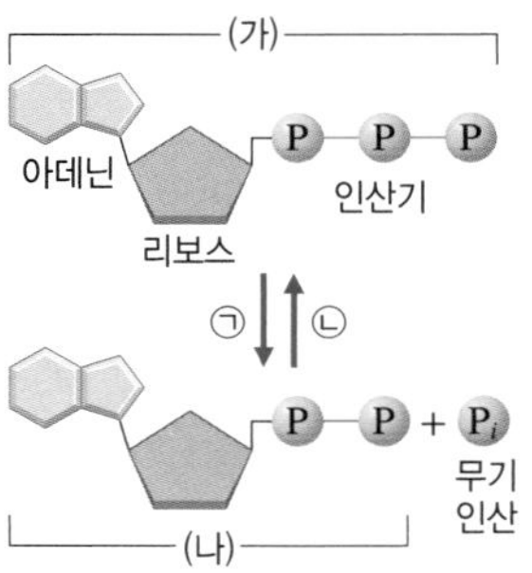

이에 대한 설명으로 옳지 않은 것은?

① (가)는 ATP, (나)는 ADP이다.
② ㉠ 과정에서 에너지가 방출된다.
③ 미토콘드리아에서 ㉡ 과정이 일어난다.
④ ㉠은 동화 작용, ㉡은 이화 작용이다.
⑤ (가)에는 (나)보다 더 많은 에너지가 저장되어 있다.

중요 **11** 그림은 세포 호흡과 에너지 전환 과정을 나타낸 것이다.

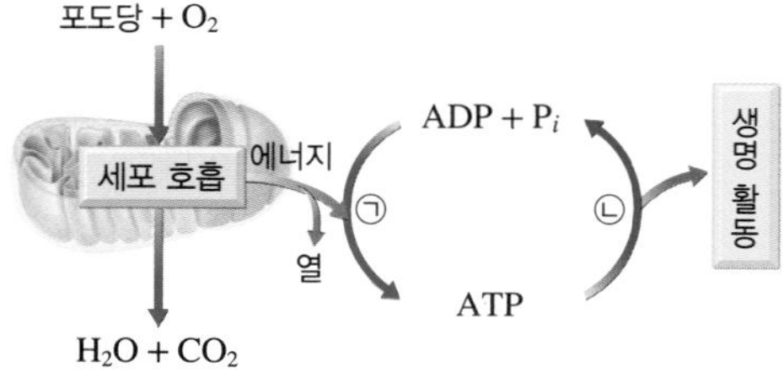

이에 대한 설명으로 옳은 것만을 [보기]에서 있는 대로 고른 것은?

보기
ㄱ. 세포 호흡이 일어날 때에는 ㉠ 과정이 활발하게 일어난다.
ㄴ. 포도당이 분해될 때 방출되는 에너지 중 일부는 체온 유지에 이용된다.
ㄷ. ATP에 저장된 에너지는 다양한 생명 활동에 이용된다.

① ㄷ ② ㄱ, ㄴ ③ ㄱ, ㄷ
④ ㄴ, ㄷ ⑤ ㄱ, ㄴ, ㄷ

실력 UP 문제

정답친해 15쪽

[12~14] 다음은 효모의 발효 실험 과정이다.

(가) 발효관 A~C에 그림과 같이 서로 다른 용액을 넣고, 35 ℃의 항온 수조에 일정 시간 동안 넣어둔다. 맹관부에 ㉠기체가 다 모이면 기체의 부피를 측정한다.

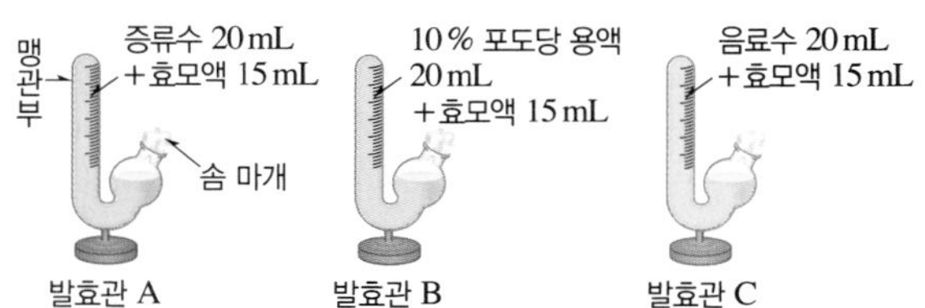

(나) 발효관 A~C에서 용액의 일부를 덜어내고, 5 % 수산화 칼륨(KOH) 수용액을 넣는다.

[(가)의 결과]

발효관	A	B	C
기체의 부피	없음	+++	+

(+가 많을수록 기체 발생량이 많음)

12 (가)에서 기체 ㉠은 무엇인지 쓰시오.

서술형

13 (나)의 결과, B에서 맹관부 속 수면의 높이는 어떻게 변하는지 쓰고, 그렇게 생각한 까닭을 서술하시오.

14 이에 대한 설명으로 옳지 않은 것은?

① ㉠은 효모가 이화 작용을 하여 생성된 것이다.
② A는 실험 결과를 비교하기 위한 대조군이다.
③ 발효관 입구를 솜 마개로 막는 까닭은 외부로부터 이산화 탄소의 유입을 차단하기 위해서이다.
④ 효모의 물질대사는 B에서 가장 활발하게 일어났다.
⑤ 용액의 당 함량은 C의 음료수가 B의 10 % 포도당 용액보다 낮다.

01 그림 (가)는 간에서 일어나는 물질의 변화를, (나)는 어떤 화학 반응의 에너지 변화를 나타낸 것이다.

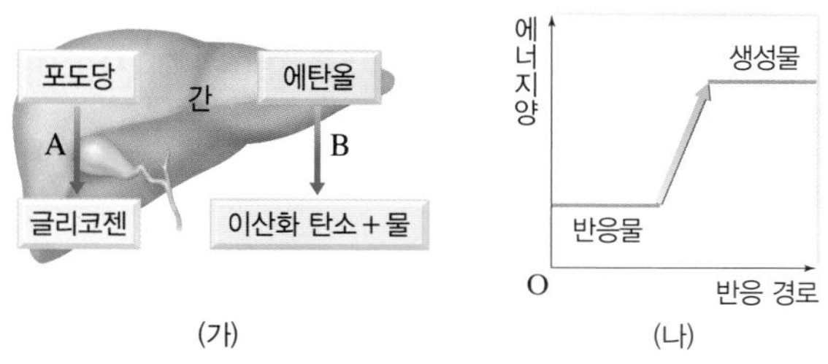

이에 대한 설명으로 옳은 것만을 [보기]에서 있는 대로 고른 것은?

보기
ㄱ. A 과정에서 작고 간단한 물질이 크고 복잡한 물질로 된다.
ㄴ. B 과정에서는 (나)와 같은 에너지 변화가 나타난다.
ㄷ. (가)에서 포도당의 에너지양은 글리코젠의 에너지양보다 적다.

① ㄱ ② ㄴ ③ ㄱ, ㄴ
④ ㄱ, ㄷ ⑤ ㄴ, ㄷ

02 그림은 ADP와 ATP 사이의 전환을 나타낸 것이다. ㉠과 ㉡은 각각 ADP와 ATP 중 하나이다.

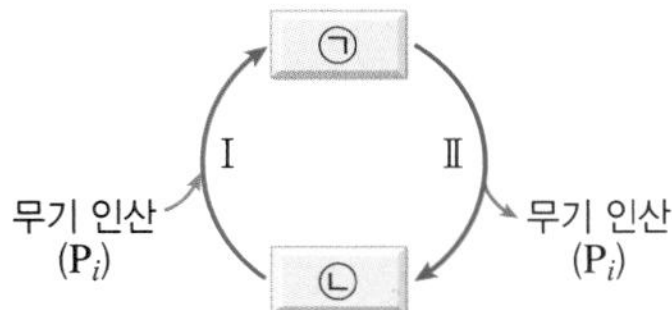

이에 대한 설명으로 옳은 것만을 [보기]에서 있는 대로 고른 것은?

보기
ㄱ. ㉠은 ADP이다.
ㄴ. 미토콘드리아에서 과정 Ⅰ이 일어난다.
ㄷ. 과정 Ⅱ에서 고에너지 인산 결합이 끊어진다.

① ㄱ ② ㄴ ③ ㄱ, ㄴ
④ ㄴ, ㄷ ⑤ ㄱ, ㄴ, ㄷ

에너지를 얻기 위한 기관계의 통합적 작용

핵심 포인트

1. 영양소의 소화와 흡수 ★★
2. 폐에서의 기체 교환 ★★
3. 노폐물의 생성과 배설 ★★★
4. 기관계의 통합적 작용 ★★★

A 영양소와 산소의 흡수 및 이동

세포 호흡이 일어나기 위해서는 영양소와 산소가 필요합니다. 영양소는 소화계를 통해 흡수되고, 산소는 호흡계를 통해 흡수되어 순환계를 통해 온몸의 조직 세포로 전달되죠. 그럼 이 과정을 좀 더 자세히 알아볼까요?

1. 세포 호흡에 필요한 물질 영양소와 산소

└● 몸을 구성하거나 에너지원으로 쓰이는 등 생물의 생명 활동에 필요한 물질

2. 영양소의 흡수 영양소는 소화계를 통해 몸속으로 흡수된다.

소화계의 작용	음식물에 들어 있는 녹말, 단백질, 지방과 같은 영양소는 분자 크기가 커서 세포막을 통과하지 못하므로, 소화계는 이들 영양소를 분자 크기가 작은 영양소로 분해하여 체내로 흡수한다.

(1) **영양소의 소화:** 섭취한 음식물이 소화 기관을 지나는 동안 ◆소화 효소에 의해 ◆녹말은 포도당으로, 단백질은 아미노산으로, 지방은 지방산과 모노글리세리드로 분해된다.

└● 글리세롤에 1개의 지방산 분자가 결합한 물질

(2) ◆**영양소의 흡수:** 분해된 영양소는 소장 내벽에 있는 융털로 흡수된다.

영양소의 소화와 흡수 52쪽 대표 자료❶

음식물 속의 영양소는 입 → 식도 → 위 → 소장을 지나면서 소화되며, 소장에서 융털의 모세 혈관과 암죽관으로 흡수된다.

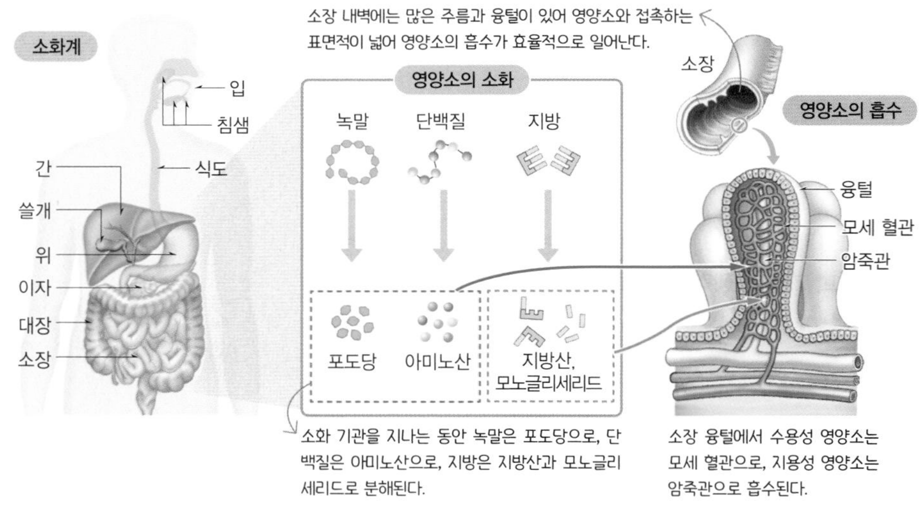

소화 기관을 지나는 동안 녹말은 포도당으로, 단백질은 아미노산으로, 지방은 지방산과 모노글리세리드로 분해된다.

소장 융털에서 수용성 영양소는 모세 혈관으로, 지용성 영양소는 암죽관으로 흡수된다.

3. 산소의 흡수 산소는 호흡계를 통해 몸속으로 흡수된다.

호흡계의 작용	호흡계는 세포 호흡에 필요한 산소를 몸속으로 흡수하고, 세포 호흡 결과 발생한 이산화 탄소를 몸 밖으로 내보낸다.

(1) **호흡 운동:** 숨을 들이마시면 외부의 공기가 코, 기관, 기관지를 거쳐 폐로 들어오고, 폐에서 기체 교환을 거친 후 숨을 내쉬면 폐포 속의 공기가 몸 밖으로 나간다.

└● 산소와 이산화 탄소의 교환

(2) **폐에서의 기체 교환:** 숨을 들이마실 때 폐로 들어온 공기 중의 산소는 폐포에서 모세 혈관으로 ❶확산되어 들어오고, 혈액 속 이산화 탄소는 폐포로 확산되어 몸 밖으로 나간다. 완자쌤 비법 특강 51쪽

◆ **기관계**

동물체에서 연관된 기능을 수행하는 기관을 묶어 기관계라고 한다. 생명 활동에 필요한 에너지를 얻는 과정에 소화계, 호흡계, 순환계, 배설계가 관여한다.

기관계	기관의 예
소화계	입, 식도, 위, 소장, 대장, 간, 쓸개, 이자
호흡계	코, 기관, 기관지, 폐
순환계	심장, 혈관
배설계	콩팥, 오줌관, 방광, 요도

◆ **소화 효소**

- 녹말 분해 효소: 아밀레이스
- 단백질 분해 효소: 펩신, 트립신
- 지방 분해 효소: 라이페이스

◆ **탄수화물의 종류**

- 다당류: 녹말, 글리코젠
- 이당류: 엿당, 설탕
- 단당류: 포도당, 과당, 갈락토스

천재 교과서에만 나와요.

◆ **영양소의 흡수와 이동**

- 수용성 영양소(포도당, 아미노산, 무기염류, 수용성 비타민): 융털의 모세 혈관으로 흡수 → 혈관을 통해 간을 거쳐 심장으로 운반
- 지용성 영양소(지방산, 모노글리세리드, 지용성 비타민): 융털의 암죽관으로 흡수 → 림프관을 통해 이동하다가 혈액과 합쳐져서 심장으로 운반

용어

❶ **확산(擴 넓히다, 散 흩어지다)** 물질이 압력이나 농도가 높은 곳에서 낮은 곳으로 퍼져 나가는 현상이다.

폐에서의 기체 교환

호흡 운동에 의해 공기가 폐로 드나들면서 폐에서 기체 교환이 일어난다.

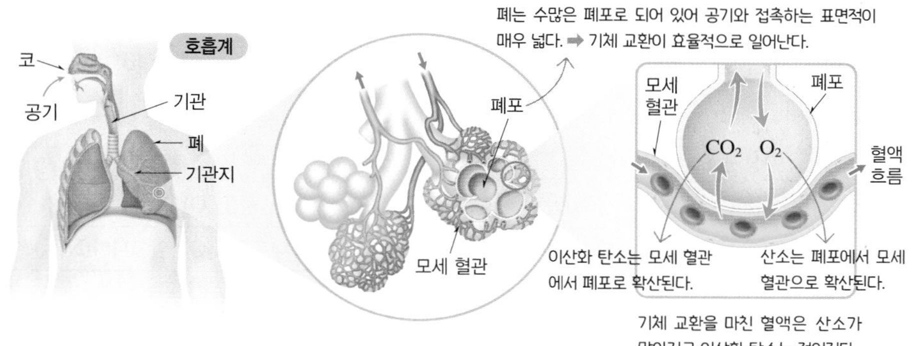

호흡계
코
공기
기관
폐
기관지
폐는 수많은 폐포로 되어 있어 공기와 접촉하는 표면적이 매우 넓다. ➡ 기체 교환이 효율적으로 일어난다.
폐포
모세 혈관
모세 혈관
폐포
CO_2 O_2
혈액 흐름
이산화 탄소는 모세 혈관에서 폐포로 확산된다.
산소는 폐포에서 모세 혈관으로 확산된다.
기체 교환을 마친 혈액은 산소가 많아지고 이산화 탄소는 적어진다.

4. 영양소와 산소의 이동 소화계를 통해 흡수된 영양소와 호흡계를 통해 흡수된 산소는 순환계를 통해 온몸의 조직 세포로 이동한다. 완자쌤 비법 특강 51쪽

펌프 역할을 하는 심장과 온몸의 세포에 혈액을 공급하는 혈관으로 구성되어 있다.

순환계의 작용	순환계는 소장에서 흡수한 영양소와 폐에서 흡수한 산소를 혈액에 실어 온몸의 조직 세포로 운반한다.

(1) **영양소의 이동:** 소장에서 흡수된 영양소는 ◆혈액의 혈장에 포함되어 조직 세포로 이동한다.

(2) **산소의 이동:** 폐에서 흡수된 산소는 주로 적혈구(헤모글로빈)에 의해 조직 세포로 이동한다.

영양소와 산소의 이동

52쪽 대표 자료 2

소장의 융털로 흡수된 영양소와 폐포의 모세 혈관으로 흡수된 산소는 혈액에 실려 심장으로 이동한 후, 심장 박동에 의해 온몸의 조직 세포로 공급되어 세포 호흡에 이용된다. ➡ 영양소와 산소는 모두 혈액에 의해 심장을 거쳐 온몸의 조직 세포로 운반된다.

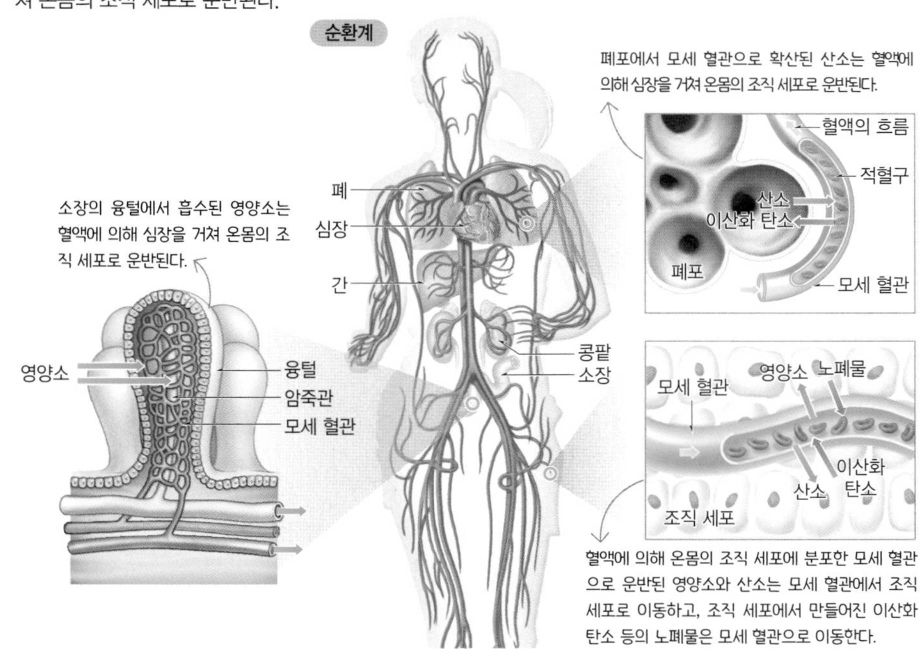

순환계
폐포에서 모세 혈관으로 확산된 산소는 혈액에 의해 심장을 거쳐 온몸의 조직 세포로 운반된다.
혈액의 흐름
적혈구
산소
이산화 탄소
폐포
모세 혈관
소장의 융털에서 흡수된 영양소는 혈액에 의해 심장을 거쳐 온몸의 조직 세포로 운반된다.
폐
심장
간
콩팥
소장
영양소
융털
암죽관
모세 혈관
모세 혈관
영양소
노폐물
이산화 탄소
산소
조직 세포
혈액에 의해 온몸의 조직 세포에 분포한 모세 혈관으로 운반된 영양소와 산소는 모세 혈관에서 조직 세포로 이동하고, 조직 세포에서 만들어진 이산화 탄소 등의 노폐물은 모세 혈관으로 이동한다.

◆ **혈액의 구성**

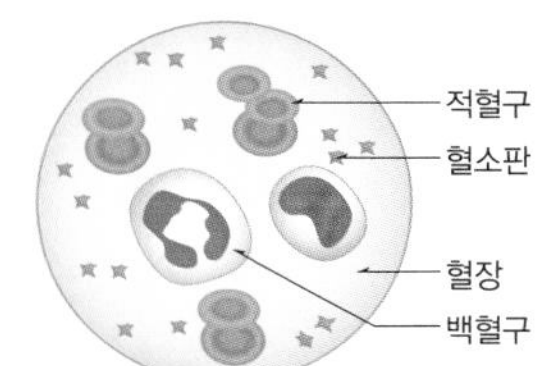

적혈구
혈소판
혈장
백혈구

혈액은 액체 성분인 혈장과 세포 성분인 적혈구, 백혈구, 혈소판으로 이루어져 있다.

◆ **혈액의 물질 운반**

혈액은 혈관을 통해 온몸을 돌면서 물질을 운반하는데, 세포 호흡에 필요한 영양소와 산소뿐만 아니라 세포 호흡 결과 생성된 이산화 탄소 등의 노폐물도 운반한다.

궁금해?

운동을 할 때 영양소와 산소의 이동 속도는 평상시와 어떻게 다를까?

운동을 하면 ATP 소모량이 많아져 조직 세포에서 세포 호흡이 증가하므로 심장 박동 속도가 증가함에 따라 영양소와 산소의 이동 속도가 평상시보다 빨라진다.

◆ 암모니아(NH_3)
단백질과 같이 질소(N)를 포함한 영양소가 분해될 때 생성된다. 물에 잘 녹고 독성이 있어 체내에 축적되면 세포에 손상을 입히고, 염기성을 띠므로 체액의 pH를 높인다. ➡ 암모니아, 요소와 같이 질소(N)를 포함한 노폐물을 질소 노폐물이라 한다.

◆ 배설
혈액 속에는 세포의 물질대사 결과 생성된 노폐물이 포함되어 있는데, 이 노폐물을 걸러 몸 밖으로 내보내는 것을 배설이라고 한다.
└ 대변을 내보내는 것은 배설이 아니고, 소화·흡수되지 않은 찌꺼기를 배출하는 것이다.

주의해!
요소의 합성과 배설
간(소화계)에서 암모니아를 요소로 전환하며, 요소는 혈액에 의해 콩팥(배설계)으로 이동하여 배설된다.

◆ 콩팥의 기능
콩팥은 세포에서 생성된 노폐물을 배설할 뿐만 아니라 체액의 삼투압을 일정하게 유지하는 역할도 한다.
└ 천재 교과서에서는 배설계의 역할로 체액의 삼투압 유지를 포함하여 설명한다.

◆ BTB 용액
수용액의 pH에 따라 색깔이 달라지는 지시약으로, 산성에서는 노란색, 중성에서는 초록색, 염기성에서는 파란색을 나타낸다.

◆ 유레이스(urease)
요소를 암모니아와 이산화 탄소로 분해하는 효소이다. 유레이스가 요소를 분해하면 염기성을 띠는 암모니아가 만들어져 pH가 높아진다.

B 노폐물의 생성과 배설

세포에서 영양소와 산소를 이용해 세포 호흡이 일어나면 여러 가지 노폐물이 생성됩니다. 우리 몸이 건강하게 유지되려면 이 노폐물을 몸 밖으로 내보내야 하는데, 어떻게 몸 밖으로 내보내는지 알아볼까요?

1. 노폐물의 생성 영양소가 세포 호흡으로 분해되면 이산화 탄소, 물, ◆암모니아 같은 노폐물이 생성된다.
└ 노폐물: 세포의 물질대사로 만들어지는 물질 중 생명 활동에 필요하지 않은 것을 말한다.

영양소	구성 원소	생성되는 노폐물
탄수화물, 지방	탄소(C), 수소(H), 산소(O)	이산화 탄소(CO_2), 물(H_2O)
단백질	탄소(C), 수소(H), 산소(O), 질소(N)	이산화 탄소(CO_2), 물(H_2O), 암모니아(NH_3)

2. 노폐물의 ◆배설 노폐물은 혈액에 의해 배설계나 호흡계로 이동하여 몸 밖으로 나간다.
└ 배설계: 콩팥, 호흡계: 폐

배설계의 작용 배설계는 세포 호흡으로 생성된 노폐물을 걸러 오줌의 형태로 몸 밖으로 내보낸다.

이산화 탄소	폐에서 날숨으로 나간다.
물	여러 가지 생명 활동에 이용되거나 콩팥에서 오줌으로, 폐에서 날숨으로 나간다.
암모니아	간에서 요소로 전환된 후 ◆콩팥에서 오줌으로 나간다.

노폐물의 생성과 배설 53쪽 대표 자료❸

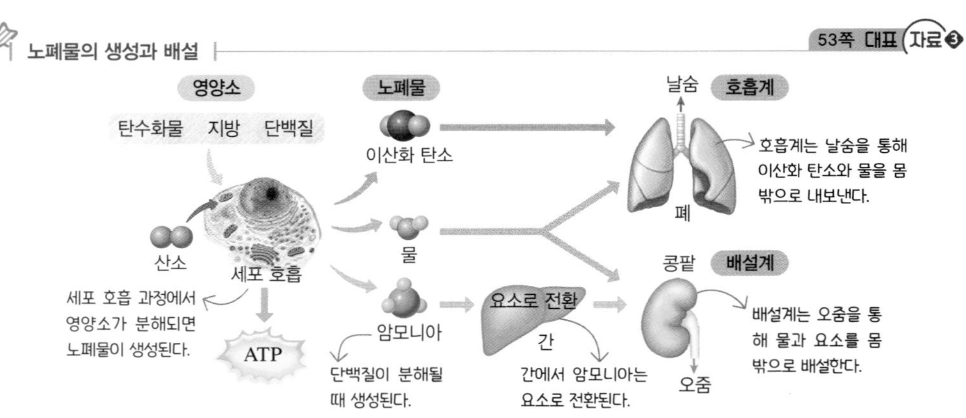

탐구 자료창 콩즙으로 오줌 속의 요소 확인하기

오줌에 ◆BTB 용액을 떨어뜨린 다음, 생콩즙을 조금 넣고 오줌의 색깔 변화를 관찰하였더니 파란색으로 변하였다.

1. 오줌에 BTB 용액을 넣으면 초록색을 띤다. ➡ 오줌은 중성에 가깝다.
2. BTB 용액을 넣은 오줌에 생콩즙을 추가하면 파란색으로 변한다. ➡ 오줌이 염기성으로 변하였다.
3. 생콩즙 속 ◆유레이스에 의해 요소가 분해되면 암모니아가 생성되어 용액이 염기성으로 변한다.
4. 오줌에 생콩즙을 넣으면 염기성으로 변한다. ➡ 오줌에 요소가 들어 있음을 알 수 있다.

같은 탐구 다른 실험

비커 A~E에 표와 같이 용액을 넣고 BTB 용액을 떨어뜨린 다음, BTB 용액을 넣은 직후와 20분 후 용액의 색깔 변화를 관찰하였더니 그 결과는 표와 같았다.

비커	용액		색깔 변화(직후 → 20분 후)
A	2 % 요소 용액 10 mL+증류수 3 mL	→	초록색 → 초록색
B	2 % 요소 용액 10 mL+생콩즙 3 mL	→	노란색 → 파란색
C	오줌 10 mL+증류수 3 mL	→	초록색 → 초록색
D	오줌 10 mL+생콩즙 3 mL	→	노란색 → 파란색
E	증류수 10 mL+생콩즙 3 mL	→	노란색 → 노란색

생콩즙은 산성을 띤다.

1. **비커 E:** 생콩즙이 요소를 분해하는지 확인하기 위한 대조군이다.
2. **비커 A와 B 비교:** 요소 용액에 생콩즙을 넣으면 염기성으로 변한다. ➡ 생콩즙은 요소를 분해하는 것을 알 수 있다.
3. **비커 C와 D 비교:** 오줌에 생콩즙을 넣으면 염기성으로 변한다. ➡ 오줌에 요소가 들어 있음을 알 수 있다.

C 기관계의 통합적 작용

생명 활동에 필요한 에너지를 얻기 위해 소화계, 호흡계, 배설계는 순환계를 중심으로 서로 유기적으로 연결되어 통합적으로 작용한다.

기관계의 통합적 작용

53쪽 대표 자료❹

우리 몸의 여러 기관계는 서로 협력하여 세포 호흡에 필요한 영양소와 산소를 조직 세포에 공급하고, 세포 호흡으로 생성되는 노폐물을 몸 밖으로 내보내는 기능을 수행한다.

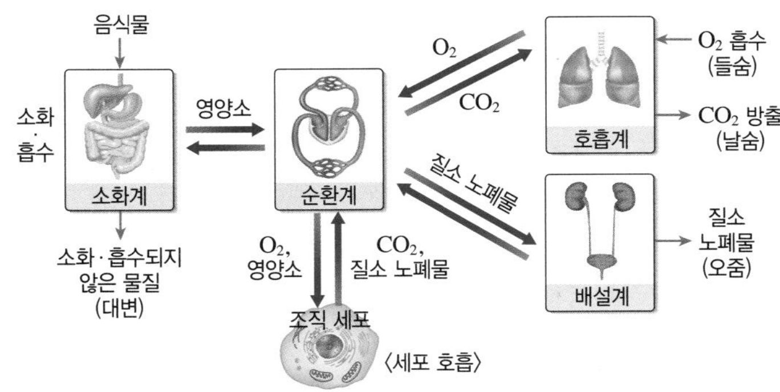

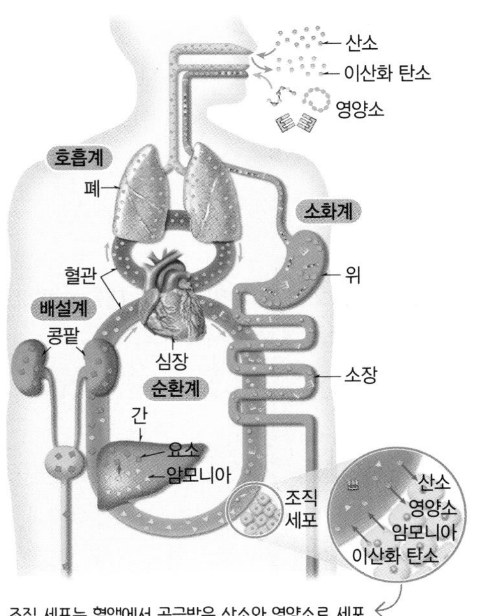

조직 세포는 혈액에서 공급받은 산소와 영양소로 세포 호흡을 하여 생명 활동에 필요한 에너지를 얻는다.

[생명 활동에 필요한 에너지를 얻는 과정에서 각 기관계의 작용]

소화계	음식물에 있는 영양소를 작은 영양소로 분해하여 몸속으로 흡수한다.
호흡계	세포 호흡에 필요한 산소를 몸속으로 흡수하고, 세포 호흡으로 생성된 이산화 탄소를 몸 밖으로 내보낸다.
순환계	소화계에서 흡수한 영양소와 호흡계에서 흡수한 산소를 조직 세포로 운반하고, 조직 세포에서 생성된 이산화 탄소, 요소 등의 노폐물을 호흡계나 배설계로 운반한다.
배설계	요소와 같은 노폐물을 걸러 오줌의 형태로 몸 밖으로 내보낸다.

정답친해 16쪽

개념 확인 문제

핵심 체크

- 세포 호흡에 필요한 물질: (❶)와 산소
- 영양소의 흡수: 음식물 속 영양소는 소화 기관을 지나면서 소화 효소에 의해 분해된 후 소장의 (❷)로 흡수된다.
- 산소의 흡수: 숨을 들이마실 때 폐로 들어온 산소는 (❸)에서 모세 혈관으로 확산되어 몸속으로 흡수된다.
- 영양소와 산소의 이동: 소화계를 통해 흡수된 영양소와 (❹)를 통해 흡수된 산소는 (❺)를 통해 온몸의 조직 세포로 이동하여 세포 호흡에 사용된다.
- 노폐물의 배설: 세포 호흡으로 생성된 노폐물은 혈액에 의해 (❻)나 호흡계로 이동하여 몸 밖으로 나간다.
- 기관계의 통합적 작용: 생명 활동에 필요한 (❼)를 얻는 과정에서 우리 몸의 소화계, 호흡계, 배설계는 (❽)를 중심으로 유기적으로 연결되어 통합적으로 작용한다.

1 세포 호흡에 필요한 물질에 대한 설명으로 옳은 것은 ○, 옳지 않은 것은 ×로 표시하시오.

(1) 세포 호흡에 필요한 영양소는 호흡계를 통해 몸속으로 흡수된다. ( )

(2) 세포 호흡에 필요한 산소는 폐포에서 모세 혈관으로 확산되어 흡수된다. ( )

(3) 세포 호흡에 필요한 산소를 몸속으로 흡수하고 조직 세포로 운반하는 일은 순환계에서 담당한다. ( )

2 각 영양소가 소화 과정을 통해 분해되어 생성되는 물질을 옳게 연결하시오.

(1) 지방 • • ㉠ 포도당

(2) 녹말 • • ㉡ 아미노산

(3) 단백질 • • ㉢ 지방산과 모노글리세리드

3 영양소의 소화와 흡수 및 이동에 대한 설명으로 옳은 것은 ○, 옳지 않은 것은 ×로 표시하시오.

(1) 음식물 속의 영양소는 소화 기관을 지나는 동안 소화되어 소장에서 흡수된다. ( )

(2) 수용성 영양소는 소장 융털의 암죽관으로, 지용성 영양소는 소장 융털의 모세 혈관으로 흡수된다. ( )

(3) 소장에서 흡수된 포도당은 간을 거쳐 심장으로 이동한다. ( )

(4) 소화계에서 흡수된 영양소는 순환계를 통해 온몸의 조직 세포로 이동한다. ( )

4 노폐물의 생성과 배설에 대한 설명으로 옳은 것은 ○, 옳지 않은 것은 ×로 표시하시오.

(1) 세포 호흡으로 탄수화물, 단백질, 지방이 최종 분해되면 공통적으로 이산화 탄소와 물이 생성된다. ( )

(2) 암모니아는 지방이 분해될 때 생성된다. ( )

(3) 간에서는 독성이 강한 암모니아가 독성이 약한 요소로 전환된다. ( )

5 각 노폐물을 배설하는 기관을 [보기]에서 있는 대로 골라 기호를 쓰시오.

> 보기
> ㄱ. 폐 ㄴ. 간 ㄷ. 콩팥

(1) 물 (2) 요소 (3) 이산화 탄소

6 각 설명에 해당하는 기관계를 [보기]에서 골라 기호를 쓰시오.

> 보기
> ㄱ. 순환계 ㄴ. 소화계 ㄷ. 배설계 ㄹ. 호흡계

(1) 세포 호흡에 필요한 포도당을 몸속으로 흡수한다.

(2) 세포 호흡에 필요한 포도당과 산소를 조직 세포로 운반한다.

(3) 세포 호흡 결과 생성된 이산화 탄소를 몸 밖으로 내보낸다.

(4) 혈액에서 요소와 과잉의 물을 걸러 내어 오줌으로 만들어 몸 밖으로 내보낸다.

기체 교환의 원리와 혈액 순환

세포 호흡으로 영양소를 분해하는 데 필요한 산소는 호흡계에서 기체 교환을 통해 흡수합니다. 호흡계를 통해 흡수한 산소와 소화계를 통해 흡수한 영양소는 모두 순환계를 통해 온몸의 조직 세포로 이동하죠. 그럼, 우리 몸에서 기체 교환이 일어나는 원리와 순환계에서 일어나는 혈액 순환에 대해 자세히 알아볼까요?

1 기체 교환의 원리

폐와 조직에서는 기체의 ◆분압 차에 따른 확산으로 산소와 이산화 탄소의 교환이 일어난다. ➡ ◆산소와 이산화 탄소는 각각 분압이 높은 곳에서 낮은 곳으로 이동하며, 이때 에너지(ATP)는 소모되지 않는다.

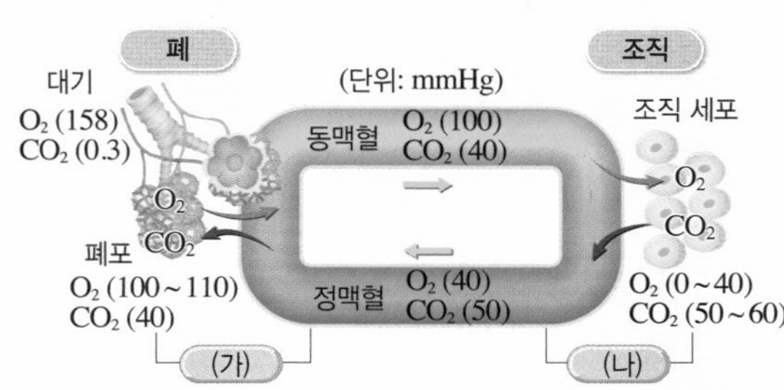

구분	(가) 폐포에서의 기체 교환	(나) 조직 세포에서의 기체 교환
기체 분압의 크기	• O_2 분압: 폐포 > 모세 혈관 • CO_2 분압: 폐포 < 모세 혈관	• O_2 분압: 모세 혈관 > 조직 세포 • CO_2 분압: 모세 혈관 < 조직 세포
기체의 이동 방향	폐포 ⇄ 모세 혈관 (O_2 →, CO_2 ←) 산소는 폐포에서 모세 혈관으로, 이산화 탄소는 모세 혈관에서 폐포로 확산된다.	모세 혈관 ⇄ 조직 세포 (O_2 →, CO_2 ←) 산소는 모세 혈관에서 조직 세포로, 이산화 탄소는 조직 세포에서 모세 혈관으로 확산된다.

Q1 산소는 폐포에서 모세 혈관으로 이동하는데, 이때 산소가 이동하는 원리는 무엇인가?

◆ **분압(分 나누다, 壓 누르다)**
혼합 기체에서 각 기체가 차지하는 압력으로, 기체는 분압이 높은 곳에서 낮은 곳으로 이동한다.

◆ **산소와 이산화 탄소의 이동**
폐로 들어온 산소는 폐포에서 모세 혈관으로 이동한 후 혈액에 의해 운반되어 조직 세포로 이동한다. 조직 세포에서 생성된 이산화 탄소는 조직 세포에서 모세 혈관으로 이동한 후 혈액에 의해 폐로 이동한다.

2 혈액 순환

혈액은 심장 박동에 의해 온몸에 퍼져 있는 혈관을 따라 순환하며, 조직 세포에 산소와 영양소를 공급하고, 조직 세포에서 이산화 탄소 등의 노폐물을 받아온다.

구분	내용
폐순환	심장에서 나온 혈액이 폐를 순환한 후 다시 심장으로 들어오는 경로 ➡ 혈액이 폐에서 산소를 공급받고 이산화 탄소를 내보낸 후 심장으로 돌아온다. —• 정맥혈이 동맥혈로 된다. 우심실 → 폐동맥 → 폐포의 모세 혈관 → 폐정맥 → 좌심방
온몸 순환	심장에서 나온 혈액이 온몸을 순환한 후 다시 심장으로 들어오는 경로 ➡ 혈액이 온몸의 조직 세포에 산소와 영양소를 공급하고 이산화 탄소 등의 노폐물을 받아 심장으로 돌아온다. —• 동맥혈이 정맥혈로 된다. 좌심실 → 대동맥 → 온몸의 모세 혈관 → 대정맥 → 우심방

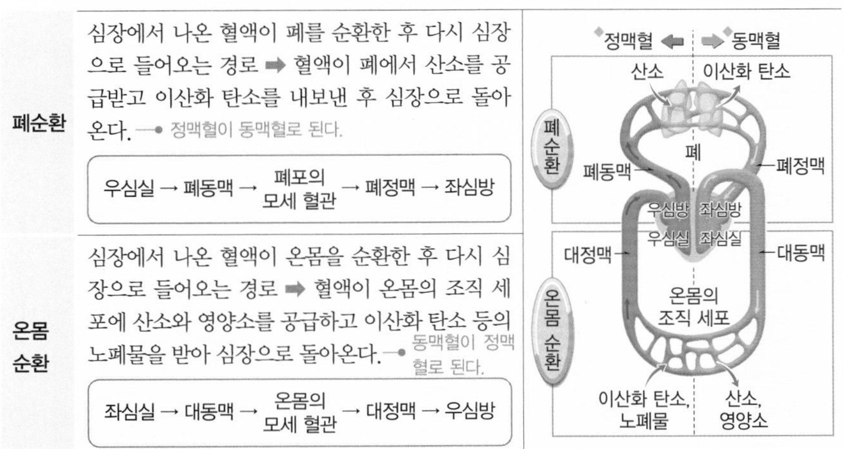

Q2 ㉠(　　　)은 혈액이 폐에서 산소를 받아오는 순환 경로이고, ㉡(　　　)은 혈액이 온몸에 산소와 영양소를 공급하는 순환 경로이다.

◆ **정맥혈**
산소가 적고, 이산화 탄소가 많은 혈액

◆ **동맥혈**
산소가 많고, 이산화 탄소가 적은 혈액

폐동맥에는 정맥혈이 흐르고 폐정맥에는 동맥혈이 흐르는데, 왜 혈관 이름은 반대일까?
혈관 이름은 심장을 중심으로 구분하기 때문이에요. 동맥은 심장에서 나가는 혈액이 흐르는 혈관을, 정맥은 심장으로 들어오는 혈액이 흐르는 혈관을 의미해요.

대표 자료 분석

자료 1 영양소의 소화와 흡수

기출 Point
- 영양소의 소화 과정 알기
- 영양소가 흡수되는 경로 구분하기

[1~3] 그림 (가)는 사람에서 녹말, 단백질, 지방이 각각 ㉠~㉢으로 소화되는 과정을, (나)는 소장의 융털을 나타낸 것이다. ㉠~㉢은 각각 지방산과 모노글리세리드, 포도당, 아미노산 중 하나이다.

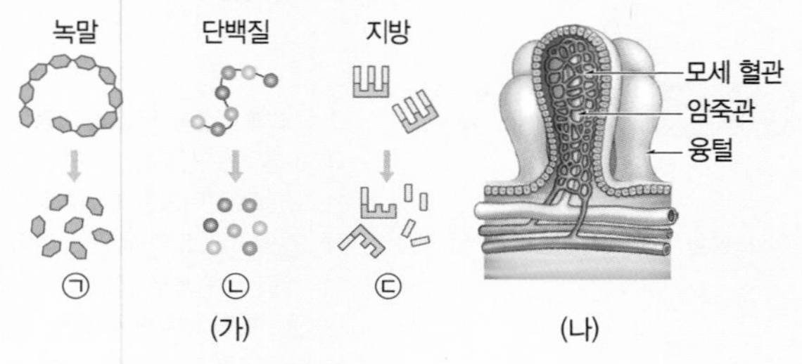

1 물질 ㉠~㉢의 이름을 각각 쓰시오.

2 (　　) 안에 알맞은 말을 쓰시오.

(1) (나)에서 모세 혈관으로 흡수되는 영양소는 포도당과 같은 (　　) 영양소이다.

(2) (나)에서 암죽관으로 흡수되는 영양소는 지방산과 같은 (　　) 영양소이다.

3 빈출 선택지로 완벽 정리!

(1) (가)의 과정은 소화 기관에서 이루어진다. ············ (○ / ×)

(2) (가)의 과정이 일어나지 않으면 분자 크기가 큰 영양소는 세포막을 통과하기 어렵다. ············ (○ / ×)

(3) 녹말이 ㉠으로 분해될 때 아밀레이스가 관여한다. ············ (○ / ×)

(4) 단백질이 ㉡으로 분해될 때 라이페이스가 관여한다. ············ (○ / ×)

(5) ㉡과 ㉢은 융털의 암죽관으로 흡수된다. ············ (○ / ×)

(6) 소화된 영양소는 주로 소장에서 흡수된다. ············ (○ / ×)

(7) 소장의 내부는 (나)와 같은 구조를 통해 표면적을 넓힌다. ············ (○ / ×)

(8) 암죽관을 통해 흡수된 영양소는 심장을 거쳐 온몸으로 이동한다. ············ (○ / ×)

자료 2 혈액 순환과 물질 운반

기출 Point
- 순환계의 구조 알기
- 혈액 순환을 통한 물질 운반 이해하기

[1~3] 그림은 사람의 혈액 순환 경로를 나타낸 것이다. ㉠~㉥은 모두 혈관이다.

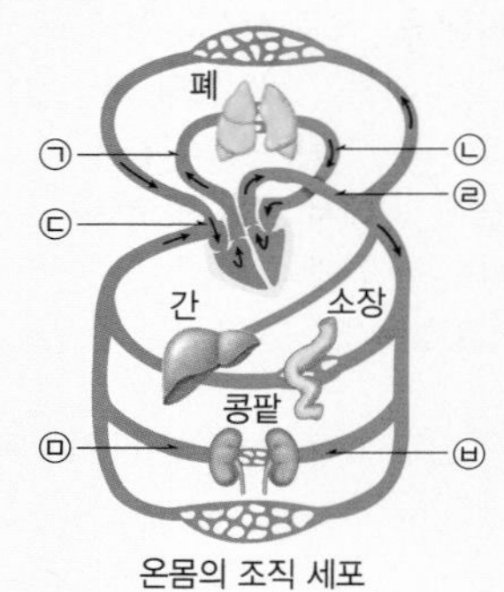

1 혈관 ㉠~㉣의 이름을 각각 쓰시오.

2 ㉠~㉣ 중 산소가 많고 이산화 탄소가 적은 혈액이 흐르는 혈관을 모두 쓰시오.

3 빈출 선택지로 완벽 정리!

(1) 온몸을 순환한 혈액은 심장을 거쳐 폐로 이동한다. ············ (○ / ×)

(2) 혈액은 심장을 중심으로 대정맥 → 폐정맥 → 폐동맥 → 대동맥으로 순환한다. ············ (○ / ×)

(3) 혈액의 단위 부피당 O_2의 양은 ㉣에서가 ㉠에서보다 많다. ············ (○ / ×)

(4) 혈액의 단위 부피당 $\frac{O_2\text{의 양}}{CO_2\text{의 양}}$은 ㉡에서가 ㉢에서보다 크다. ············ (○ / ×)

(5) 소장에서 흡수한 영양소는 심장으로 이동하여 온몸의 조직 세포로 운반된다. ············ (○ / ×)

(6) 혈액의 단위 부피당 요소의 양은 ㉤에서가 ㉥에서보다 많다. ············ (○ / ×)

자료 ③ 노폐물의 생성과 배설

기출 Point
- 영양소의 최종 분해 산물 알기
- 노폐물의 배설 경로 알기

[1~3] 그림은 영양소가 세포 호흡으로 분해된 결과 생성되는 노폐물 A~C의 배설 과정을 나타낸 것이다. ⓐ와 ⓑ는 각각 단백질과 지방 중 하나이고, A~C는 각각 물, 요소, 이산화 탄소 중 하나이다.

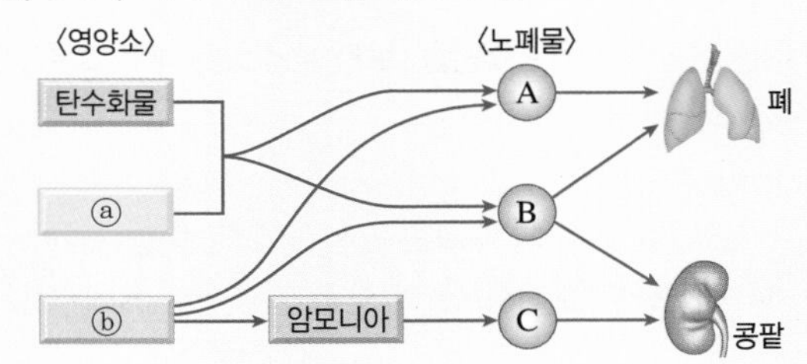

1 물질 A~C의 이름을 각각 쓰시오.

2 (　　) 안에 알맞은 말을 쓰시오.

영양소 ⓑ를 구성하는 원소는 탄소, 수소, 산소 이외에 ㉠(　　　)를 포함하고 있어 세포 호흡을 통해 최종 분해되면 이산화 탄소, 물 이외에 ㉡(　　　)가 생성된다.

3 빈출 선택지로 완벽 정리!

(1) A는 순환계를 통해 폐로 이동한다. ········ (○/×)
(2) B는 여러 가지 생명 활동에 다시 이용될 수 있다. ········ (○/×)
(3) B는 콩팥을 통해서만 몸 밖으로 나간다. ········ (○/×)
(4) 간에서 암모니아는 C로 전환된다. ········ (○/×)
(5) A~C는 모두 질소 노폐물에 해당한다. ········ (○/×)
(6) C는 암모니아보다 독성이 강하다. ········ (○/×)
(7) 세포 호흡으로 지방이 최종 분해되면 A~C가 모두 생성된다. ········ (○/×)

자료 ④ 기관계의 통합적 작용

기출 Point
- 기관계의 통합적 작용 알기
- 소화계, 호흡계, 순환계, 배설계의 기능 구분하기

[1~3] 그림은 사람 몸에 있는 각 기관계의 통합적 작용을 나타낸 것이다. (가)~(다)는 각각 호흡계, 배설계, 소화계 중 하나이다.

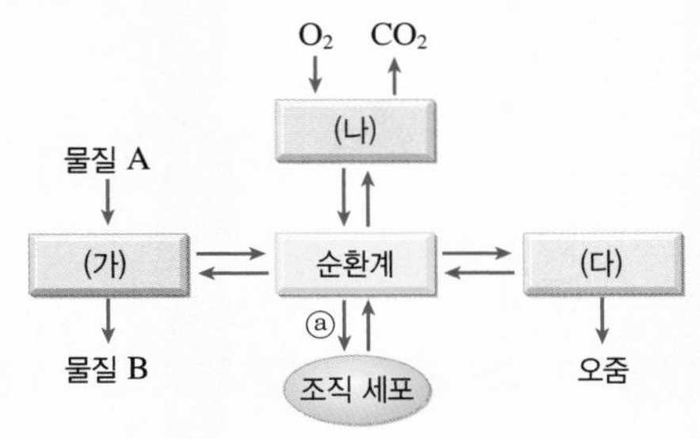

1 기관계 (가)~(다)의 이름을 각각 쓰시오.

2 (　　) 안에 알맞은 말을 쓰시오.

(1) 영양소는 물질 (　　　)에 해당한다.
(2) 폐는 기관계 ㉠(　　　)에, 콩팥은 기관계 ㉡(　　　)에 속한다.
(3) ⓐ에 ㉠(　　　)와 ㉡(　　　)의 이동이 모두 포함된다.

3 빈출 선택지로 완벽 정리!

(1) (가)에서 이화 작용이 일어난다. ········ (○/×)
(2) (나)로 들어온 산소는 확산에 의해 순환계로 이동한다. ········ (○/×)
(3) (가)에는 암모니아를 요소로 전환하는 기관이 있다. ········ (○/×)
(4) 대장은 (다)에 속하는 기관이다. ········ (○/×)
(5) 오줌에는 요소가 포함되어 있다. ········ (○/×)
(6) (가)에서 물질 B가 몸 밖으로 나가는 것을 배설이라고 한다. ········ (○/×)

내신 만점 문제

A 영양소와 산소의 흡수 및 이동

중요 **01** 그림 (가)는 사람에서 녹말, 단백질, 지방이 각각 ㉠~㉢으로 소화되는 과정을, (나)는 소장의 융털을 나타낸 것이다. ㉠~㉢은 각각 아미노산, 지방산과 모노글리세리드, 포도당 중 하나이다.

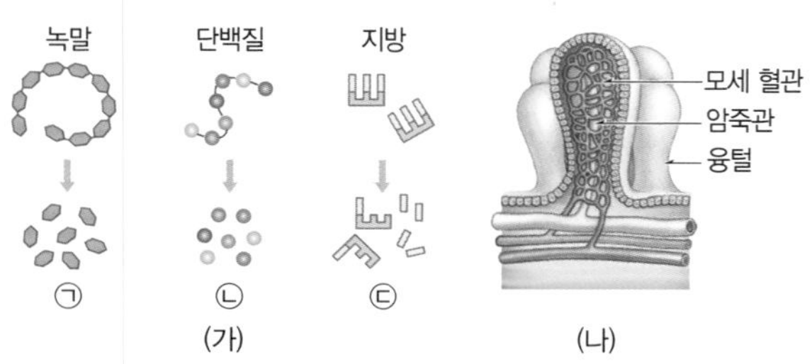

이에 대한 설명으로 옳은 것만을 [보기]에서 있는 대로 고른 것은?

보기
ㄱ. ㉠은 포도당이다.
ㄴ. (가) 과정에 효소가 관여한다.
ㄷ. ㉡과 ㉢은 모두 (나)의 모세 혈관으로 흡수된다.

① ㄱ ② ㄴ ③ ㄱ, ㄴ
④ ㄴ, ㄷ ⑤ ㄱ, ㄴ, ㄷ

02 그림은 사람의 폐포에서 기체가 교환되는 과정을 나타낸 것이다. ㉠과 ㉡은 각각 O_2와 CO_2 중 하나이다.

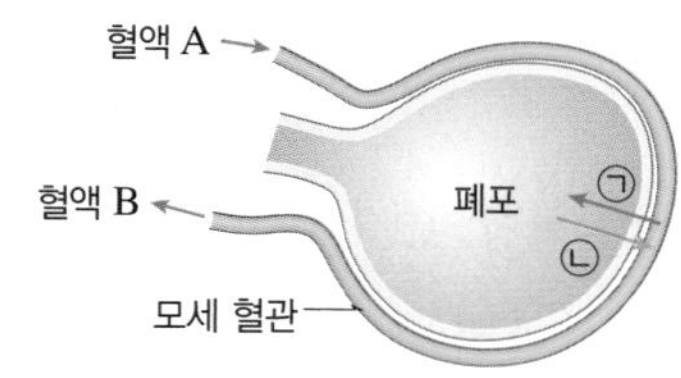

이에 대한 설명으로 옳은 것만을 [보기]에서 있는 대로 고른 것은?

보기
ㄱ. ㉠은 CO_2이다.
ㄴ. ㉡의 분압은 폐포에서가 모세 혈관에서보다 높다.
ㄷ. A는 정맥혈, B는 동맥혈이다.

① ㄱ ② ㄴ ③ ㄱ, ㄴ
④ ㄱ, ㄷ ⑤ ㄱ, ㄴ, ㄷ

03 그림은 사람의 폐포와 조직 세포에서 일어나는 기체 교환 (가)와 (나)를 나타낸 것이다. A와 B는 모두 혈액이다.

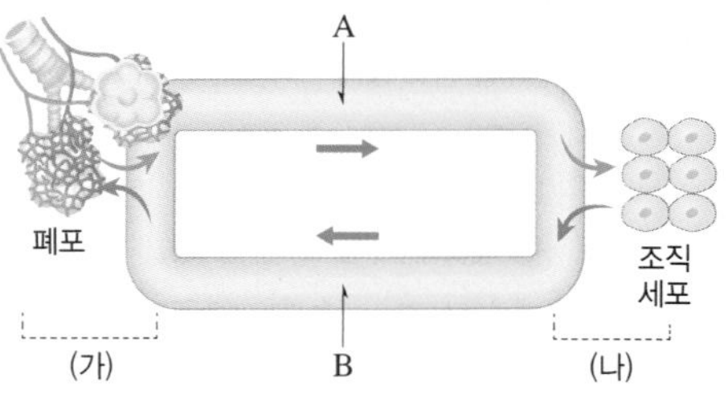

이에 대한 설명으로 옳은 것만을 [보기]에서 있는 대로 고른 것은?

보기
ㄱ. A는 동맥혈이다.
ㄴ. (가)와 (나)에서 기체 교환은 확산에 의해 일어난다.
ㄷ. 혈액의 단위 부피당 O_2의 양은 A에서가 B에서보다 적다.

① ㄱ ② ㄴ ③ ㄱ, ㄴ
④ ㄱ, ㄷ ⑤ ㄱ, ㄴ, ㄷ

중요 **04** 그림은 사람의 혈액 순환 경로를 나타낸 것이다. A와 B는 각각 간과 폐 중 하나이고, ⓐ와 ⓑ는 모두 혈관이다.

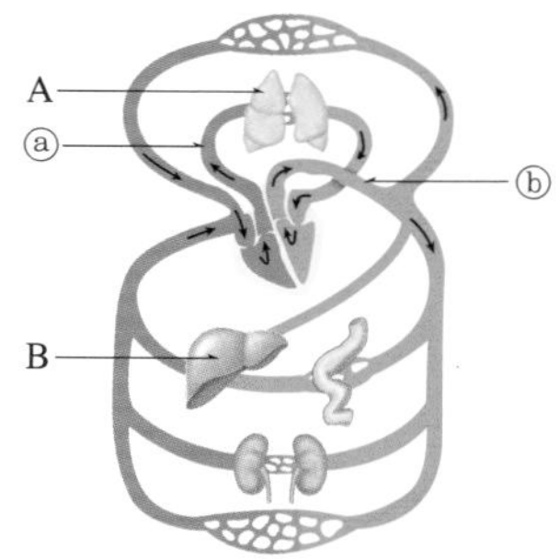

이에 대한 설명으로 옳은 것만을 [보기]에서 있는 대로 고른 것은?

보기
ㄱ. A에서 기체 교환이 일어난다.
ㄴ. B는 소화계에 속한다.
ㄷ. 혈액의 단위 부피당 CO_2의 양은 ⓑ에서가 ⓐ에서보다 많다.

① ㄱ ② ㄴ ③ ㄷ
④ ㄱ, ㄴ ⑤ ㄱ, ㄷ

B 노폐물의 생성과 배설

[05~06] 표는 영양소 (가), (나), 녹말이 세포 호흡에 사용된 결과 생성되는 노폐물을 나타낸 것이다. (가)와 (나)는 단백질과 지방을 순서 없이 나타낸 것이다.

영양소	노폐물
(가)	ⓐ 물, 이산화 탄소
(나)	물, 이산화 탄소, ⓑ 암모니아
녹말	?

05 이에 대한 설명으로 옳은 것만을 [보기]에서 있는 대로 고른 것은?

ㄱ. (가)는 지방이다.
ㄴ. 녹말로부터 생성되는 노폐물의 종류는 ⓐ와 같다.
ㄷ. ⓑ의 구성 원소 중 질소(N)가 있다.

① ㄱ　② ㄷ　③ ㄱ, ㄴ　④ ㄴ, ㄷ　⑤ ㄱ, ㄴ, ㄷ

06 ⓑ는 어떤 과정을 거쳐 몸 밖으로 나가는지 서술하시오.

07 그림은 사람의 소화계와 배설계의 일부를 각각 나타낸 것이다. A~C는 각각 콩팥, 간, 대장 중 하나이다.

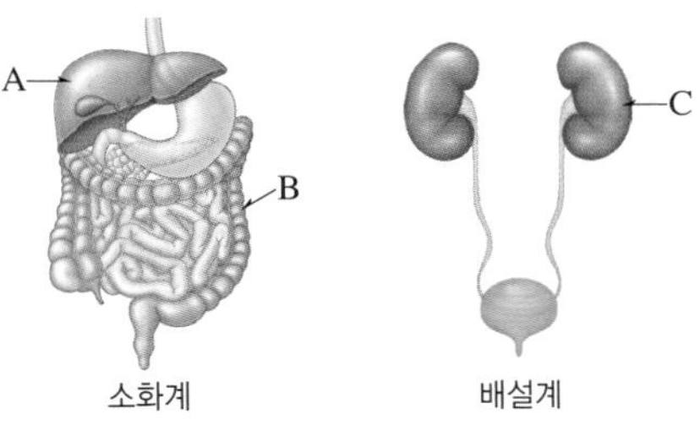

이에 대한 설명으로 옳은 것만을 [보기]에서 있는 대로 고른 것은?

보기

ㄱ. A는 간이다.
ㄴ. 소화된 영양소는 주로 B에서 흡수된다.
ㄷ. 질소 노폐물은 C를 통해 몸 밖으로 배설된다.

① ㄱ　② ㄴ　③ ㄱ, ㄴ　④ ㄱ, ㄷ　⑤ ㄱ, ㄴ, ㄷ

[08~10] 다음은 생콩즙을 이용한 요소 분해 실험이다. BTB 용액은 산성에서 노란색, 중성에서 초록색, 염기성에서 파란색을 나타내는 지시약이다.

[과정 및 결과]
(가) 시험관 Ⅰ~Ⅴ에 표와 같이 용액을 넣는다.
(나) (가)의 Ⅰ~Ⅴ에 각각 BTB 용액을 떨어뜨려 20분 후 색깔 변화를 관찰한다. Ⅰ~Ⅲ에서는 용액의 색깔이 변하지 않았고, Ⅳ와 Ⅴ에서는 용액이 파란색으로 변하였다.

시험관	용액	(나)의 결과
Ⅰ	생콩즙+증류수	노란색
Ⅱ	오줌+증류수	초록색
Ⅲ	2 % 요소 용액+증류수	초록색
Ⅳ	2 % 요소 용액+생콩즙	파란색
Ⅴ	오줌+생콩즙	파란색

08 이에 대한 설명으로 옳은 것만을 [보기]에서 있는 대로 고른 것은?

보기

ㄱ. 생콩즙은 오줌보다 pH가 높다.
ㄴ. 생콩즙에는 요소를 분해하는 효소가 들어 있다.
ㄷ. (나)의 결과, Ⅳ와 Ⅴ에서는 모두 암모니아가 생성되었다.

① ㄱ　② ㄴ　③ ㄷ　④ ㄱ, ㄴ　⑤ ㄴ, ㄷ

서술형

09 시험관 Ⅳ에서 용액의 색깔이 파란색을 나타내는 까닭을 서술하시오.

서술형

10 시험관 Ⅴ의 결과를 시험관 Ⅳ의 결과와 비교하여 알 수 있는 사실을 쓰고, 그렇게 생각한 까닭을 서술하시오.

C 기관계의 통합적 작용

11 표는 사람의 몸을 구성하는 기관계 A~C의 특징을 나타낸 것이다. A~C는 소화계, 순환계, 배설계를 순서 없이 나타낸 것이다.

기관계	특징
A	오줌을 통해 노폐물을 몸 밖으로 내보낸다.
B	?
C	영양소와 산소를 온몸의 조직 세포로 운반한다.

이에 대한 설명으로 옳은 것만을 [보기]에서 있는 대로 고른 것은?

보기

ㄱ. A는 배설계이다.
ㄴ. 소장은 B에 속한다.
ㄷ. 영양소가 분해되어 생성된 암모니아는 C를 통해 간으로 이동한다.

① ㄱ ② ㄴ ③ ㄱ, ㄴ
④ ㄱ, ㄷ ⑤ ㄱ, ㄴ, ㄷ

중요
12 그림은 사람의 기관계 A~C를 나타낸 것이다. A~C는 각각 소화계, 순환계, 호흡계 중 하나이다.

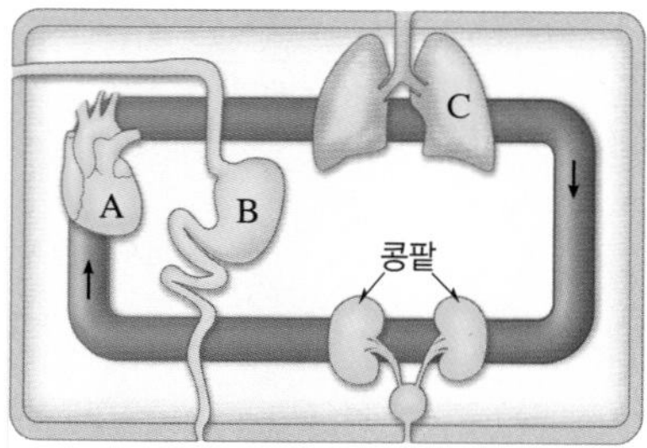

이에 대한 설명으로 옳은 것만을 [보기]에서 있는 대로 고른 것은?

보기

ㄱ. B에서 흡수한 물질은 A를 통해 운반된다.
ㄴ. 세포 호흡에 필요한 물질은 B와 C를 통해 몸속으로 흡수된다.
ㄷ. A의 심장에서 C의 폐로 가는 혈액에는 산소가 많이 포함되어 있다.

① ㄱ ② ㄷ ③ ㄱ, ㄴ
④ ㄴ, ㄷ ⑤ ㄱ, ㄴ, ㄷ

[13~14] 그림은 사람 몸에 있는 각 기관계의 통합적 작용을 나타낸 것이다. (가)와 (나)는 각각 순환계와 호흡계 중 하나이다.

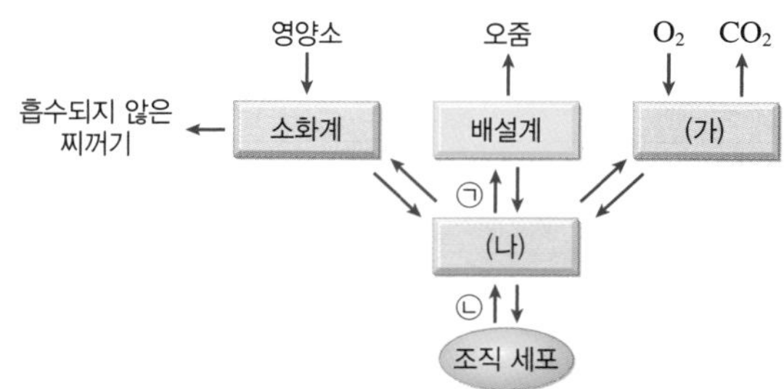

중요
13 이에 대한 설명으로 옳은 것만을 [보기]에서 있는 대로 고른 것은?

보기

ㄱ. 폐는 (가)에 속한다.
ㄴ. 혈관은 (나)에 속한다.
ㄷ. ㉠에는 요소의 이동이 포함된다.
ㄹ. 각 기관계는 배설계를 중심으로 유기적으로 연결되어 통합적으로 작용한다.

① ㄱ, ㄴ ② ㄴ, ㄷ ③ ㄷ, ㄹ
④ ㄱ, ㄴ, ㄷ ⑤ ㄴ, ㄷ, ㄹ

중요
14 ㉡의 이동에 포함되는 물질을 [보기]에서 있는 대로 고르시오.

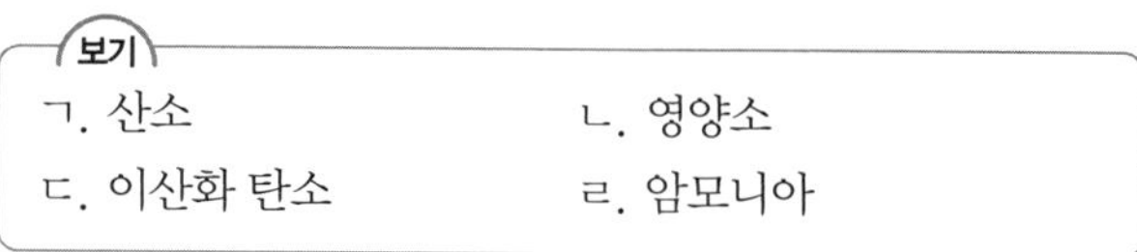
보기

ㄱ. 산소 ㄴ. 영양소
ㄷ. 이산화 탄소 ㄹ. 암모니아

서술형
15 운동을 할 때에는 평상시보다 심장 박동과 호흡 운동이 빨라진다. 그 까닭을 다음 요소를 모두 포함하여 서술하시오.

• 세포 호흡 • ATP 소모량
• 세포 호흡에 필요한 물질과 생성되는 물질

실력 UP 문제

정답친해 19쪽

01 그림은 영양소 A와 B의 소화 과정을 나타낸 것이다. A와 B는 각각 녹말과 단백질 중 하나이다.

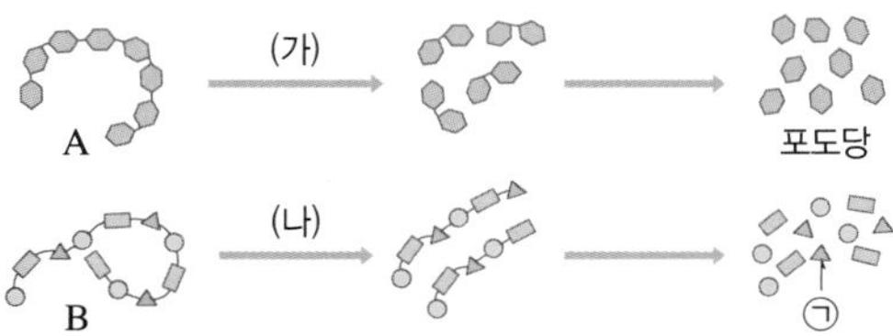

이에 대한 설명으로 옳은 것만을 [보기]에서 있는 대로 고른 것은?

ㄱ. (가) 과정에서 이화 작용이 일어난다.
ㄴ. (나) 과정에 라이페이스가 관여한다.
ㄷ. B는 구성 원소로 질소(N)를 가진다.
ㄹ. ㉠이 세포 호흡에 사용되면 노폐물로 암모니아가 생성된다.

① ㄱ ② ㄱ, ㄴ ③ ㄱ, ㄷ
④ ㄷ, ㄹ ⑤ ㄱ, ㄷ, ㄹ

02 그림은 폐포와 모세 혈관 사이에서 일어나는 기체 교환을 나타낸 것이다. A와 B는 각각 동맥혈과 정맥혈 중 하나이고, (가)와 (나)는 혈관의 위치를 나타낸 것이다.

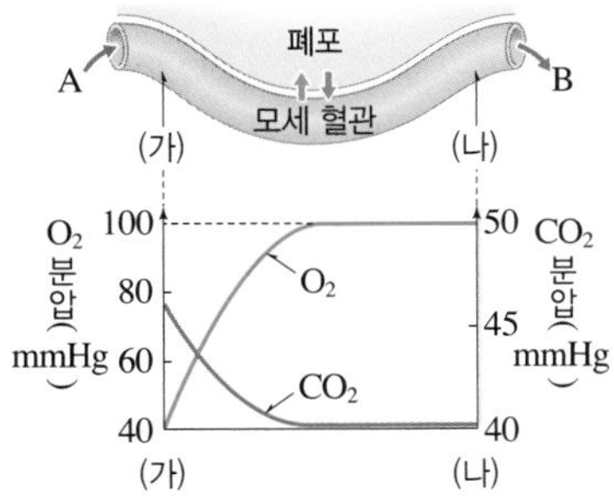

이에 대한 설명으로 옳은 것만을 [보기]에서 있는 대로 고른 것은?

ㄱ. A는 정맥혈이다.
ㄴ. O_2는 주로 적혈구에 의해 운반된다.
ㄷ. (가)에서 (나)로의 기체 분압 변화는 CO_2가 O_2보다 크다.

① ㄱ ② ㄴ ③ ㄱ, ㄴ
④ ㄴ, ㄷ ⑤ ㄱ, ㄴ, ㄷ

03 그림 (가)는 각 영양소가 세포 호흡에 이용되어 생성된 노폐물이 배설되는 과정을, (나)는 사람의 콩팥을 나타낸 것이다. ㉠~㉢은 각각 물, 암모니아, 요소 중 하나이다.

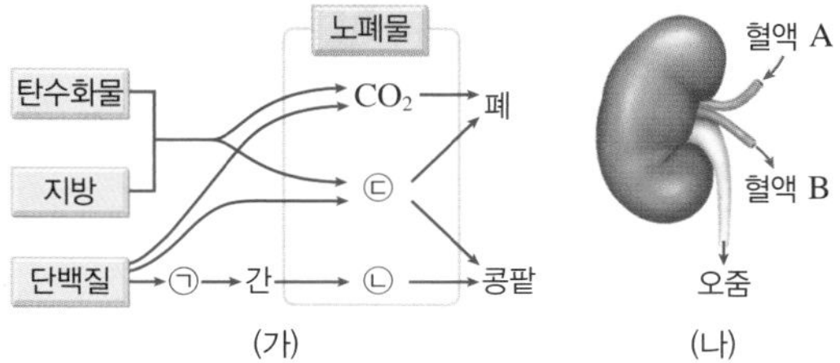

이에 대한 설명으로 옳지 않은 것은?

① ㉠은 질소 노폐물이다.
② ㉡은 암모니아이다.
③ ㉢의 일부는 폐에서 날숨으로 나간다.
④ ㉠~㉢은 모두 혈액에 의해 운반된다.
⑤ 단위 부피당 ㉡의 양은 혈액 A가 혈액 B보다 많다.

04 그림 (가)는 사람에서 세포 호흡을 통해 포도당으로부터 최종 분해 산물과 에너지가 생성되는 과정을, (나)는 사람의 혈액 순환 경로를 나타낸 것이다. ⓐ와 ⓑ는 각각 CO_2와 O_2 중 하나이고, ㉠과 ㉡은 모두 혈관이다.

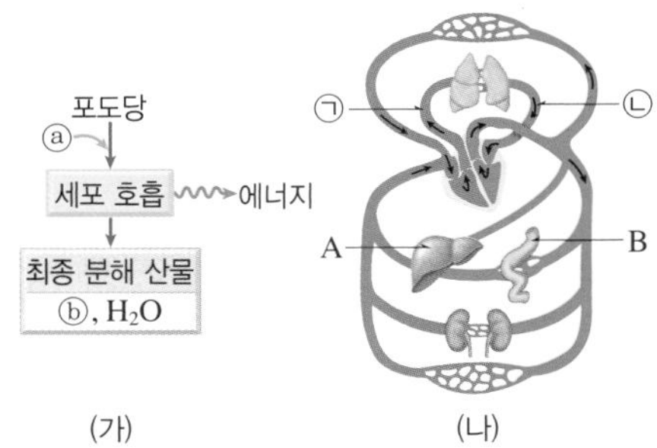

이에 대한 설명으로 옳은 것만을 [보기]에서 있는 대로 고른 것은?

보기

ㄱ. ⓑ는 심장을 거쳐 폐로 운반된다.
ㄴ. B에서 흡수된 아미노산은 A를 거쳐 심장으로 운반된다.
ㄷ. 단위 부피당 ⓐ의 양은 ㉡의 혈액이 ㉠의 혈액보다 많다.

① ㄱ ② ㄱ, ㄴ ③ ㄱ, ㄷ
④ ㄴ, ㄷ ⑤ ㄱ, ㄴ, ㄷ

3 물질대사와 건강

핵심 포인트
1. 에너지 대사의 균형 ★★
2. 기초 대사량과 1일 대사량 ★★
3. 대사성 질환의 원인과 증상 ★★★

A 에너지 대사의 균형

1. ◆에너지 대사의 균형 건강을 유지하기 위해서는 음식물을 통한 에너지 섭취량과 다양한 물질대사와 활동을 통한 에너지 소비량 사이에 균형이 이루어져야 한다. 61쪽 대표 자료❶

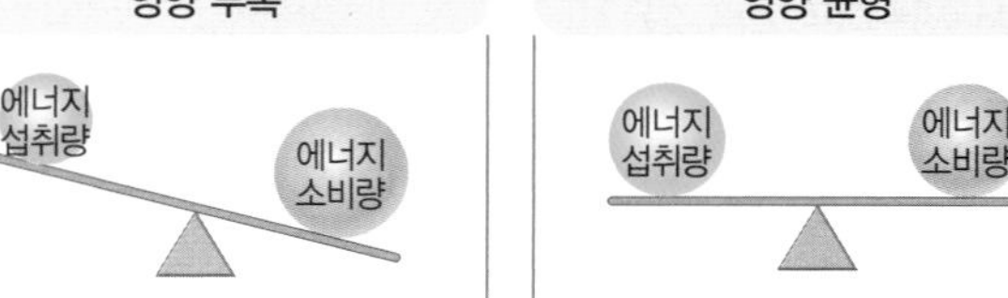

영양 부족
- 에너지 섭취량 < 에너지 소비량
- 지방이나 단백질을 분해하여 에너지를 얻는다. ➡ 체중 감소, 영양실조, 면역력 저하
  - 단백질 부족으로 질병에 대한 저항력이 낮아진다.

영양 균형
- 에너지 섭취량 = 에너지 소비량 ➡ 에너지 대사의 균형

영양 과다
- 에너지 섭취량 > 에너지 소비량
- 남는 에너지를 주로 지방 형태로 저장한다. ➡ 체중 증가, 비만

2. 기초 대사량과 1일 대사량

(1) ◆**기초 대사량:** 생명 활동을 유지하는 데 필요한 최소한의 에너지양

(2) **활동 대사량:** 기초 대사량 외에 다양한 신체 활동을 하는 데 소모되는 에너지양

(3) ◆**1일 대사량:** 하루 동안 소비하는 에너지의 총량

> 1일 대사량 = 기초 대사량 + 활동 대사량 + 음식물의 소화·흡수에 필요한 에너지양

탐구 자료창 1일 에너지 섭취량과 에너지 소비량 알아보기 61쪽 대표 자료❷

다음은 체중이 60 kg인 남학생이 하루 동안 섭취한 음식물과 활동 내용을 기록한 것이고, 표는 음식물의 에너지양과 활동에 따른 에너지 소비량을 나타낸 것이다. (기초 대사량은 활동에 의해 소비되는 에너지에 포함된다.)

- **섭취한 음식물:** 쌀밥 2공기, 배추김치 3접시, 불고기 1인분, 된장찌개 1인분, 햄버거 1개, 탄산음료 1캔, 닭튀김 4조각
- **활동 내용:** 잠자기 7시간, 식사하기 2시간, TV 보기 2시간, 이야기하기 2시간, 공부하기 9시간, 서 있기 1시간, 빨리 걷기 1시간

음식물	쌀밥 1공기	배추김치 1접시	불고기 1인분	된장찌개 1인분	햄버거 1개	탄산음료 1캔	닭튀김 1조각
에너지양(kcal)	300	30	385	130	616	94	179
활동	잠자기	식사하기	TV 보기	이야기하기	공부하기	서 있기	빨리 걷기
에너지 소비량 (kcal/kg·h)	0.9	1.6	1.1	1.6	1.9	2.1	4.2

1. **1일 에너지 섭취량:** $(300\times2)+(30\times3)+385+130+616+94+(179\times4)=2631$ kcal
2. **1일 에너지 소비량:** $\{(0.9\times7)+(1.6\times2)+(1.1\times2)+(1.6\times2)+(1.9\times9)+(2.1\times1)+(4.2\times1)\}\times60\text{ kg}=2298$ kcal
3. **에너지 섭취량과 에너지 소비량 비교:** 에너지 섭취량(2631 kcal)이 에너지 소비량(2298 kcal)보다 많다. 이런 상태가 오래 지속되면 ❶체지방이 축적되어 체중이 증가하고 비만이 될 수 있다.
   - 에너지 섭취량을 줄이고 에너지 소비량을 늘려 에너지 대사의 균형을 맞춰야 한다.

◆ **에너지 대사**
물질대사가 일어날 때에는 반드시 에너지 출입이 따르기 때문에 물질대사를 에너지 대사라고도 한다.

◆ **기초 대사량**
심장 박동, 호흡 운동, 체온 유지 등 기초적인 생명 활동에 쓰이는 에너지양으로, 성별, 나이, 체중, 키 등에 따라 다르다.

궁금해?
음식물의 소화·흡수에 필요한 에너지양을 기초 대사량에 포함시키지 않는 까닭은 무엇일까?
음식물 섭취는 항상 일정하게 이루어지는 것이 아니므로 음식물을 소화·흡수하는 데 필요한 에너지양은 기초 대사량에 포함시키지 않는다.

◆ **1일 대사량의 구성비**

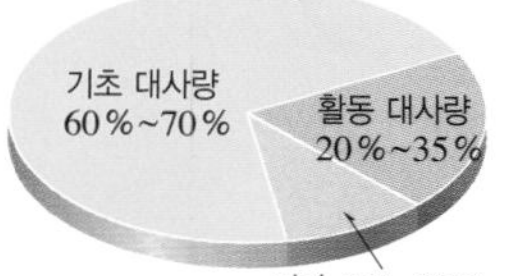

(용어)
❶ **체지방(體 몸, 脂 기름, 肪 기름)** 신체를 구성하는 지방 조직으로, 근육과 피부 사이에 있는 피하 지방과 복강(배 부분) 내 장기에 있는 내장 지방으로 구분한다.

B 대사성 질환

1. 대사성 질환 우리 몸의 물질대사에 이상이 생겨 발생하는 질환이다.

(1) **대사 질환의 원인:** 오랜 기간 과도한 영양 섭취, 운동 부족 등 잘못된 생활 습관으로 발생하며, 유전, 스트레스 등에 의해서도 발생한다.

지방간은 비상, 동아 교과서에만 나오고, 구루병은 천재 교과서에만 나와요.

(2) **대사성 질환의 종류**

질환	특징	원인
고혈압	혈압이 정상 범위보다 높은 만성 질환이다.	스트레스, 식사 습관 등 환경적 요소와 유전적 요소의 상호 작용으로 발생한다.
당뇨병	혈당량이 정상 범위보다 높은 상태가 지속되는 질환이다. 오줌에 당이 섞여 나오며, 소변을 자주 보고, 갈증과 배고픔이 심해지며 체중이 감소한다.	이자에서 충분한 인슐린을 만들어 내지 못하거나(1형 당뇨병), 몸의 세포가 인슐린에 적절하게 반응하지 못하여 발생한다.(2형 당뇨병)
고지혈증	혈액에 콜레스테롤과 중성 지방 등이 과다하게 들어 있는 상태이다. (혈관벽에 지방이 쌓여 동맥 경화를 일으킬 수 있다.)	주로 운동 부족, 비만, 음주 등 잘못된 생활 습관으로 발생한다.
지방간	간에 지방이 비정상적으로 많이 축적된 상태이다.	알코올성 지방간은 음주로, 비알코올성 지방간은 비만과 약물 남용 등으로 발생한다.
구루병	뼈가 약해져서 뼈의 통증이나 변형이 일어난다.	비타민 D의 결핍으로 인한 칼슘 부족으로 발생한다.

(3) 대부분의 대사성 질환은 심혈관계 질환과 뇌혈관계 질환 등의 합병증을 일으킬 수 있다.

2. 대사성 질환의 예방 대사성 질환은 치료에 많은 시간과 노력이 필요하며, 여러 가지 합병증을 일으키므로, 적절한 운동과 식이 요법 등 올바른 생활 습관으로 대사성 질환을 예방하는 것이 중요하다.

식사를 규칙적으로 하고 과식하지 않는다.

열량이 높은 음식이나 음료의 섭취를 줄인다.

자신에게 맞는 운동을 규칙적으로 한다.

걷기, 계단 오르기 등 일상 생활에서 활동량을 늘린다.

심화+ 비만

1. **비만의 원인:** 오랜 기간에 걸쳐 에너지 소비량에 비해 에너지 섭취량이 지나치게 많을 경우 체지방이 과다하게 쌓여 비만이 된다. 유전적인 요인도 있지만 고열량, 고지방 위주의 음식 섭취와 운동 부족이 주요 원인이다.
2. **비만과 대사성 질환:** 내장 지방(특히 복부 지방)이 많이 쌓이면 당뇨병, 고혈압, 고지혈증 등의 대사성 질환이 발생하여 심혈관계 질환이나 뇌혈관계 질환에 걸릴 위험이 높아진다.
3. **비만의 예방:** 균형 잡힌 식단과 규칙적인 식사, 일상생활에서 신체 활동량 늘리기, 규칙적인 운동 등

◆ **고혈압의 진단**
성인의 경우 수축기 혈압(최고 혈압)이 140 mmHg 이상, 이완기 혈압(최저 혈압)이 90 mmHg 이상이면 고혈압으로 진단한다.

◆ **당뇨병의 진단**
8시간 금식 후 혈당(혈액 속에 들어 있는 포도당)을 검사했을 때 혈당 수치가 정상인은 혈액 100 mL당 100 mg 미만이며, 126 mg/dL 이상이면 당뇨병으로 진단한다.

◆ **콜레스테롤**
세포막, 호르몬 등을 구성하는 영양소로 생명을 유지하는 데 꼭 필요하지만, 혈액의 콜레스테롤 농도가 지나치게 높으면 동맥 경화를 일으키고, 고혈압, 심장병, 뇌졸중 등의 원인이 된다.
(동맥 경화: 혈관 안쪽 벽에 지질 성분이 쌓여 동맥벽의 탄력이 떨어지고 혈관의 지름이 좁아지는 질환)

◆ **대사성 질환의 합병증**
- 당뇨병: 심혈관 질환, 시력 상실
- 고지혈증: 동맥 경화, 고혈압, 뇌졸중 등
- 지방간: 간경변, 심혈관 질환 등

(간경변: 간이 굳고 오그라들어 간의 기능이 약해진다.)

궁금해?

마른 비만도 대사성 질환에 걸릴 위험이 있을까?
체중은 정상이지만 체지방이 많은 상태를 마른 비만이라고 한다. 이런 경우 복부는 내장 지방이 쌓여 점차 두꺼워지는 반면 팔과 다리는 가늘어진다. 복부에 쌓인 내장 지방은 각종 대사성 질환을 일으키는 원인이 되므로, 단순히 과체중인 사람보다 마른 비만인 사람이 대사성 질환에 걸릴 위험이 더 높다.

개념 확인 문제

핵심 체크

- 에너지 대사의 균형: 건강을 유지하려면 에너지 (❶)과 에너지 소비량이 균형을 이루어야 한다.
- (❷) 대사량: 생명 활동을 유지하는 데 필요한 최소한의 에너지양
- (❸) 대사량: 기초 대사량 외에 다양한 신체 활동을 하는 데 소모되는 에너지양
- (❹) 대사량: 기초 대사량+활동 대사량+음식물의 소화·흡수에 필요한 에너지양
- (❺) 질환: 우리 몸의 물질대사에 이상이 생겨 발생하는 질환 예 고혈압, 당뇨병, 고지혈증

1 ( ) 안에 알맞은 부등호를 쓰시오.

(1) 에너지 섭취량 ( ) 에너지 소비량 ➡ 체중 감소
(2) 에너지 섭취량 ( ) 에너지 소비량 ➡ 체중 증가

2 에너지 대사량에 대한 설명으로 옳은 것은 ○, 옳지 않은 것은 ×로 표시하시오.

(1) 기초 대사량은 나이와 체중에 상관없이 일정하다. ( )
(2) 1일 대사량은 하루 동안 소비하는 에너지의 총량이다. ( )
(3) 활동 대사량은 심장 박동과 체온 유지에 쓰이는 에너지양이다. ( )
(4) 건강을 유지하기 위해서는 에너지 섭취량과 에너지 소비량이 균형을 이루어야 한다. ( )

3 기초 대사량에 포함되는 생명 활동을 [보기]에서 있는 대로 고르시오.

보기
ㄱ. 심장 박동　　ㄴ. 호흡 운동
ㄷ. 체온 유지　　ㄹ. 식사하기
ㅁ. 잠자기

4 대사성 질환에 대한 설명으로 옳은 것은 ○, 옳지 않은 것은 ×로 표시하시오.

(1) 생활 습관과 관련이 있다. ( )
(2) 치료에 많은 시간과 노력이 필요하지만 합병증을 일으키지는 않는다. ( )
(3) 고혈압, 당뇨병, 고지혈증은 물질대사에 이상이 생겨 발생하는 대사성 질환이다. ( )

5 각 설명에 해당하는 대사성 질환을 [보기]에서 골라 기호를 쓰시오.

보기
ㄱ. 당뇨병　　ㄴ. 고혈압　　ㄷ. 고지혈증

(1) 혈압이 정상 범위보다 높다.
(2) 혈액 속에 콜레스테롤, 중성 지방 등이 과다하게 들어 있다.
(3) 혈당량이 정상 범위보다 높은 상태가 지속되고, 오줌에 당이 섞여 나온다.

6 대사성 질환을 예방하기 위한 생활 습관으로 옳은 것만을 [보기]에서 있는 대로 고르시오.

보기
ㄱ. 규칙적인 운동　　ㄴ. 균형 잡힌 식단
ㄷ. 복부 지방 줄이기　　ㄹ. 고열량의 식사
ㅁ. 일상생활에서 활동량 늘리기

대표 자료 분석

정답친해 21쪽

자료 1 에너지 섭취량과 에너지 소비량의 균형

기출 Point
- 에너지 대사의 균형 파악하기
- 영양 부족과 영양 과다 시 신체 변화 알기

[1~3] 그림은 하루 동안의 에너지 섭취량과 에너지 소비량을 비교한 세 가지 경우를 나타낸 것이다.

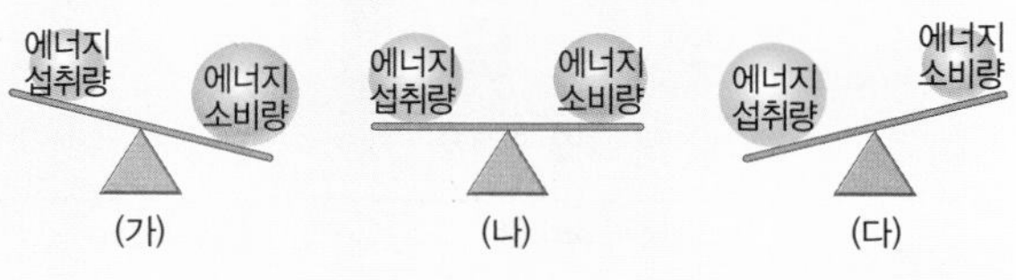

1 (가)와 (다)의 상태가 오랜 기간 지속될 경우 나타날 수 있는 문제를 [보기]에서 각각 있는 대로 고르시오.

보기
ㄱ. 비만이 될 수 있다.
ㄴ. 영양실조가 될 수 있다.
ㄷ. 대사성 질환에 걸리기 쉽다.
ㄹ. 면역력이 떨어진다.

2 (   ) 안에 알맞은 말을 쓰시오.

(1) 1일 대사량에는 (   ), 활동 대사량, 음식물의 소화·흡수에 필요한 에너지양이 모두 포함된다.

(2) 에너지 섭취량이 에너지 소비량보다 많으면 남는 에너지는 주로 (   )의 형태로 전환되어 체내에 저장된다.

3 빈출 선택지로 완벽 정리!

(1) 건강한 생활을 하려면 (가)의 상태를 유지해야 한다. (○ / ×)

(2) (다)의 상태가 오래 지속되면 고혈압이나 당뇨병에 걸릴 수 있다. (○ / ×)

(3) (다)의 상태를 지속하던 사람이 균형 잡힌 식사와 운동을 꾸준히 하면 (나)의 상태로 바뀔 수 있다. (○ / ×)

(4) 일상생활에서 신체 활동을 늘리는 것은 (다)의 상태를 (나)의 상태로 바꾸는 데 도움이 되지 않는다. (○ / ×)

자료 2 에너지 섭취량과 에너지 소비량 계산

기출 Point
- 1일 에너지 섭취량과 에너지 소비량 계산하기
- 에너지 섭취량과 소비량을 비교하여 건강 상태 파악하기

[1~3] 다음은 체중이 60 kg인 준이가 하루 동안 섭취한 음식물과 활동 내용을 기록한 것이고, 표는 음식물의 에너지양과 활동에 따른 에너지 소비량을 나타낸 것이다.

- 섭취한 음식물: 쌀밥 2공기, 배추김치 1접시, 불고기 1인분, 라면 1그릇, 탄산음료 2캔, 햄버거 2개
- 활동 내용: 잠자기 8시간, 식사하기 2시간, TV 보기 2시간, 공부하기 9시간, 서 있기 2시간, 빨리 걷기 1시간

음식물	쌀밥 1공기	배추김치 1접시	불고기 1인분	라면 1그릇	탄산음료 1캔	햄버거 1개
에너지양 (kcal)	300	30	385	478	94	616

활동	잠자기	식사하기	TV 보기	공부하기	서 있기	빨리 걷기
에너지 소비량 (kcal/kg·h)	0.9	1.6	1.1	1.9	2.1	4.2

*기초 대사량은 활동에 의해 소비되는 에너지에 포함됨

1 준이의 1일 에너지 섭취량을 구하시오.

2 준이의 1일 에너지 소비량을 구하시오.

3 빈출 선택지로 완벽 정리!

(1) 준이는 에너지 섭취량이 에너지 소비량보다 적다. (○ / ×)

(2) 준이가 에너지 섭취량과 에너지 소비량을 위와 같은 상태로 지속할 경우 저체중이 될 가능성이 높다. (○ / ×)

(3) 준이가 에너지 대사의 균형을 맞추려면 활동량을 늘리거나 음식물 섭취량을 줄여야 한다. (○ / ×)

내신 만점 문제

정답친해 21쪽

A 에너지 대사의 균형

중요 **01** 그림은 에너지 섭취량과 에너지 소비량을 비교하여 나타낸 것이다.

이에 대한 설명으로 옳은 것만을 [보기]에서 있는 대로 고른 것은?

보기
ㄱ. (가)의 상태가 오래 지속되면 체중이 감소한다.
ㄴ. (나)의 상태가 오래 지속되면 비만이 될 수 있다.
ㄷ. (나)의 상태가 오래 지속되면 고혈압, 당뇨병과 같은 대사성 질환에 걸릴 가능성이 높아진다.

① ㄱ ② ㄱ, ㄴ ③ ㄱ, ㄷ
④ ㄴ, ㄷ ⑤ ㄱ, ㄴ, ㄷ

중요 **02** 에너지 대사량에 대한 설명으로 옳지 않은 것은?

① 기초 대사량은 성별, 나이, 키, 체중 등에 따라 다르다.
② 심장 박동에 쓰이는 에너지는 기초 대사량에 포함된다.
③ 1일 대사량은 생명 활동을 유지하는 데 필요한 최소한의 에너지양이다.
④ 활동 대사량은 운동이나 공부 등 다양한 신체 활동을 하는 데 쓰이는 에너지양이다.
⑤ 사람은 아무 활동을 하지 않고 가만히 있을 때도 에너지를 소비한다.

[03~04] 그림은 체중이 60 kg인 성민이의 하루 평균 에너지 섭취량을 영양소별로 나타낸 것이고, 표는 활동에 따른 에너지 소비량과 성민의 하루 동안 활동 시간을 나타낸 것이다.

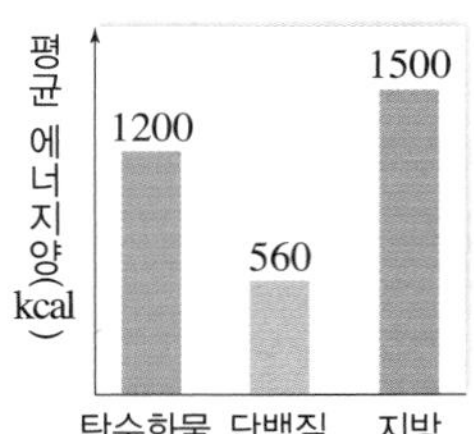

구분	에너지 소비량 (kcal/kg·h)	활동 시간 (h)
수면	0.9	7
보통 활동	2.2	10
심한 활동	9.2	1
휴식	1.0	6

중요 **03** 성민이의 1일 에너지 소비량은 얼마인가? (단, 활동에 따른 에너지 소비량에는 기초 대사량이 포함되어 있다.)

① 43.5 kcal ② 261 kcal
③ 798 kcal ④ 2610 kcal
⑤ 3260 kcal

04 이에 대한 설명으로 옳은 것만을 [보기]에서 있는 대로 고른 것은?

보기
ㄱ. 성민이는 에너지 섭취량이 에너지 소비량보다 많다.
ㄴ. 성민이는 에너지의 대부분을 지방으로 섭취한다.
ㄷ. 성민이의 에너지 섭취량과 에너지 소비량이 위와 같은 상태가 오래 지속되면 영양실조가 될 가능성이 높다.

① ㄱ ② ㄷ ③ ㄱ, ㄴ
④ ㄱ, ㄷ ⑤ ㄱ, ㄴ, ㄷ

실력 UP 문제

정답친해 22쪽

B 대사성 질환

05 표는 사람의 대사성 질환 (가)~(다)의 특징을 나타낸 것이다. (가)~(다)는 당뇨병, 고혈압, 고지혈증을 순서 없이 나타낸 것이다.

질환	특징
(가)	혈당 수치가 정상보다 높고 오줌에서 당이 섞여 나온다.
(나)	혈액에 콜레스테롤과 중성 지방 등이 과다하게 들어 있는 상태이다.
(다)	혈압이 정상 범위보다 높은 만성 질환이다.

이에 대한 설명으로 옳은 것만을 [보기]에서 있는 대로 고른 것은?

보기
ㄱ. (가)는 인슐린 분비 부족이나 작용 이상으로 발생한다.
ㄴ. (나)의 상태가 지속되면 심혈관계 질환의 원인이 된다.
ㄷ. (다)는 유전성 질환으로 생활 습관과는 관련이 없다.

① ㄱ ② ㄴ ③ ㄱ, ㄴ
④ ㄴ, ㄷ ⑤ ㄱ, ㄴ, ㄷ

중요 **06** 다음은 대사성 질환에 대한 학생 A~C의 대화이다.

제시한 의견이 옳은 학생만을 있는 대로 고른 것은?

① A ② A, B ③ A, C
④ B, C ⑤ A, B, C

서술형 **07** 고혈압, 고지혈증, 당뇨병 등과 같은 대사성 질환을 예방하기 위한 올바른 생활 습관을 세 가지 서술하시오.

01 그림은 사람 Ⅰ~Ⅲ의 1일 에너지 소비량과 섭취량을, 표는 Ⅰ~Ⅲ의 에너지 소비량과 섭취량이 그림과 같은 상태가 오래 지속되었을 때 체중 변화를 나타낸 것이다. ㉠과 ㉡은 각각 에너지 소비량과 에너지 섭취량 중 하나이다.

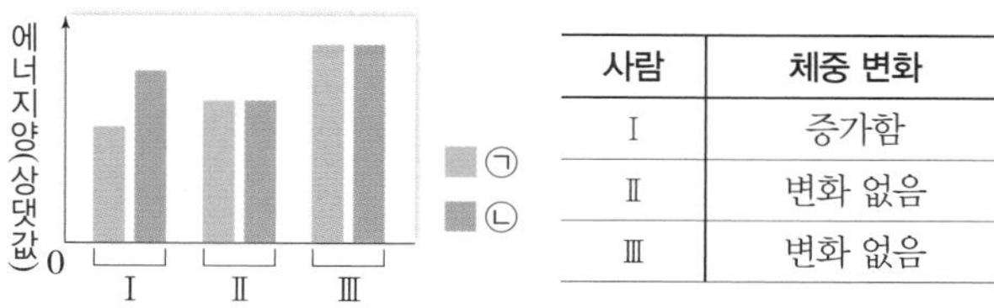

사람	체중 변화
Ⅰ	증가함
Ⅱ	변화 없음
Ⅲ	변화 없음

이에 대한 설명으로 옳은 것만을 [보기]에서 있는 대로 고른 것은?

보기
ㄱ. ㉠은 에너지 섭취량이다.
ㄴ. Ⅰ은 Ⅱ보다 대사성 질환에 걸릴 가능성이 높다.
ㄷ. 에너지 섭취량이 에너지 소비량보다 적은 상태가 지속되면 체중에 변화가 없다.

① ㄴ ② ㄷ ③ ㄱ, ㄴ
④ ㄱ, ㄷ ⑤ ㄴ, ㄷ

02 그림 (가)는 도시와 농촌에 사는 사람의 나이에 따른 1일 에너지 소비량을, (나)는 정상 체중인 사람과 비만인 사람의 나이에 따른 1일 에너지 소비량을 나타낸 것이다.

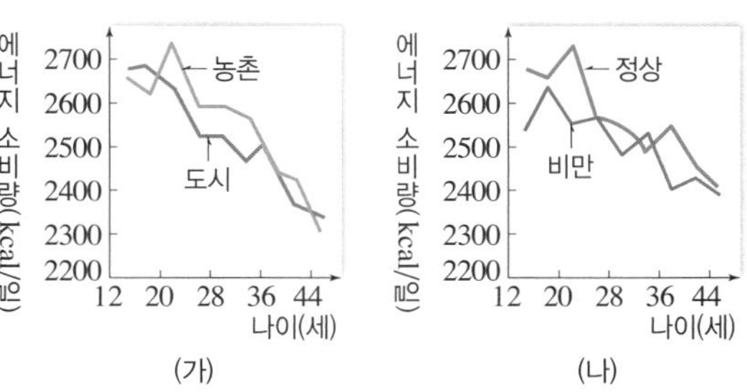

이에 대한 설명으로 옳은 것만을 [보기]에서 있는 대로 고른 것은?

보기
ㄱ. (가)에서 20세~36세의 에너지 소비량은 농촌에 사는 사람이 도시에 사는 사람보다 많다.
ㄴ. (나)에서 20세의 비만인 사람은 정상 체중인 사람보다 하루 동안 소비하는 에너지양이 적다.
ㄷ. 같은 양의 에너지를 섭취할 경우 도시에 사는 사람이 농촌에 사는 사람보다 비만이 될 가능성이 높다.

① ㄱ ② ㄱ, ㄴ ③ ㄱ, ㄷ
④ ㄴ, ㄷ ⑤ ㄱ, ㄴ, ㄷ

중단원
핵심 정리

1 생명 활동과 에너지

1. 물질대사 생명체에서 일어나는 모든 화학 반응

(1) 물질대사의 특징

① 반드시 (❶) 출입이 함께 일어난다.

② 반응이 단계적으로 일어난다.

③ 생체 촉매인 (❷)가 관여한다.

(2) 물질대사의 구분

동화 작용	이화 작용
작고 간단한 물질을 크고 복잡한 물질로 합성하는 과정 예 단백질 합성, 광합성	크고 복잡한 물질을 작고 간단한 물질로 분해하는 과정 예 세포 호흡, 녹말 소화
에너지(❸) 아미노산 → 단백질 작은 분자 → 큰 분자	에너지(❹) 포도당 → 이산화 탄소, 물 큰 분자 → 작은 분자

2. 에너지의 전환과 이용

(1) 세포 호흡: 세포에서 영양소를 분해하여 생명 활동에 필요한 (❺)를 얻는 과정 ➡ 에너지의 일부는 (❻)에 저장되고, 나머지는 열로 방출된다.

> 포도당 + 산소 ⟶ 이산화 탄소 + 물 + 에너지(ATP, 열)

(2) (❼): 생명 활동에 직접 사용되는 에너지 저장 물질

(3) 에너지의 전환과 이용: ATP의 화학 에너지는 여러 가지 형태의 에너지로 전환되어 다양한 생명 활동에 이용된다.

> 포도당 —세포 호흡→ ATP —분해→ 다양한 생명 활동

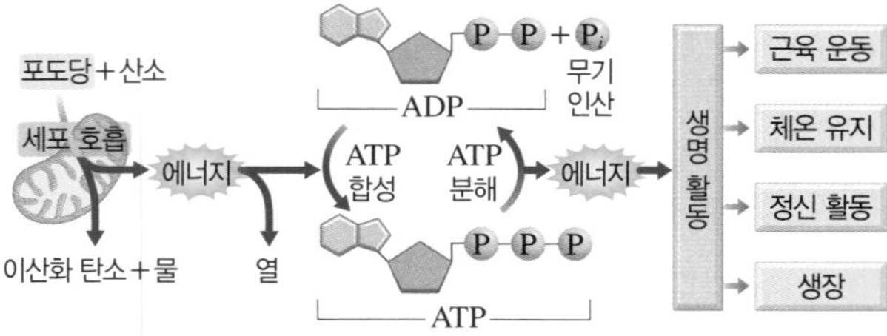

세포 호흡과 에너지의 전환 및 이용

2 에너지를 얻기 위한 기관계의 통합적 작용

1. 영양소와 산소의 흡수 및 이동

(1) 세포 호흡에 필요한 물질: 영양소, (❽)

(2) 영양소의 소화: 음식물 속 영양소는 소화계에서 소화 효소에 의해 분해된다.

음식물 속 영양소	녹말	단백질	지방
소화된 영양소	포도당	아미노산	지방산, 모노글리세리드

(3) 영양소의 흡수: 분해된 영양소는 소장 내벽에 있는 (❾)로 흡수된 후 심장으로 이동한다.

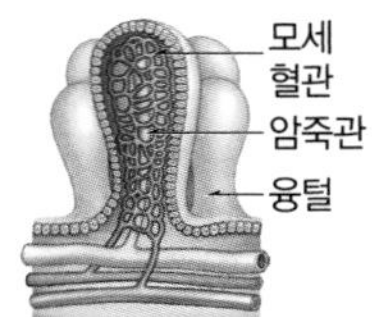

융털의 구조

(4) 산소의 흡수: 외부의 산소는 (❿)를 통해 몸속으로 들어온다.

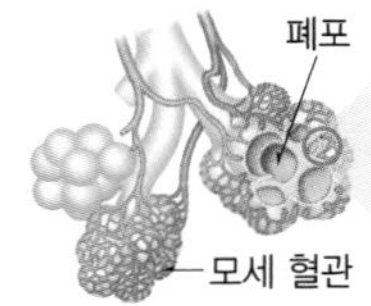

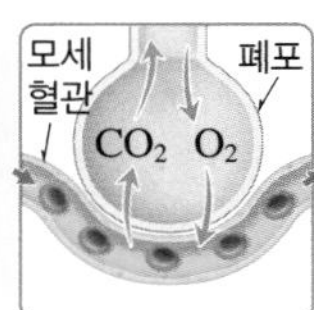

폐포에서의 기체 교환

- 산소: 폐포에서 모세 혈관으로 확산
- 이산화 탄소: 모세 혈관에서 폐포로 확산

(5) 영양소와 산소의 이동: 소화계를 통해 흡수된 영양소와 호흡계를 통해 흡수된 산소는 (⓫)를 통해 온몸의 조직 세포로 이동한다.

- 소장에서 흡수된 영양소는 혈액에 실려 심장을 거쳐 온몸의 조직 세포로 운반된다.
- 폐로 들어온 산소는 폐포에서 모세 혈관으로 (⓬)되어 심장을 거쳐 온몸의 조직 세포로 운반된다.
- 혈액에 의해 운반된 영양소와 산소는 혈액에서 조직 세포로 이동한다.

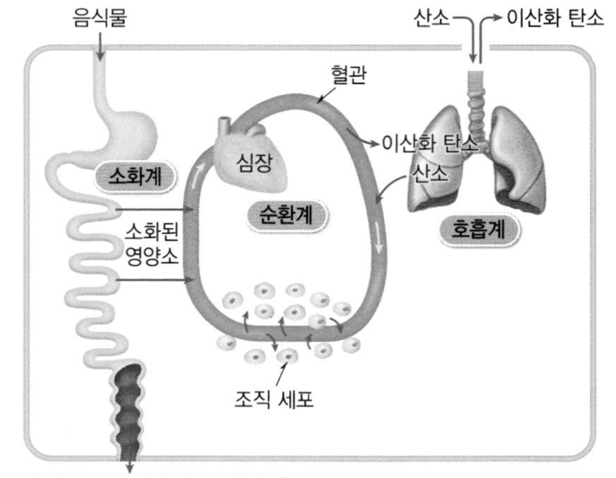

2. 노폐물의 생성과 배설

(1) **노폐물의 생성:** 세포 호흡에서 영양소 분해 시 생성된다.

영양소	구성 원소	생성되는 노폐물
탄수화물, 지방	탄소(C), 수소(H), 산소(O)	이산화 탄소, 물
단백질	탄소(C), 수소(H), 산소(O), 질소(N)	이산화 탄소, 물, (⑬)

(2) **노폐물의 배설:** 노폐물은 순환계를 통해 (⑭)나 호흡계로 이동하여 몸 밖으로 나간다.

이산화 탄소	(⑮)에서 날숨으로 나간다.
(⑯)	여러 가지 생명 활동에 이용되거나 콩팥에서 오줌으로 나가고, 폐에서 날숨으로도 나간다.
암모니아	간에서 독성이 약한 (⑰)로 전환된 후 콩팥에서 오줌의 형태로 배설된다.

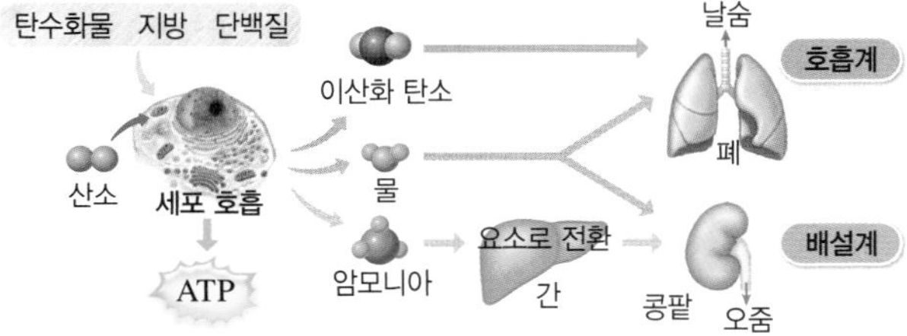

노폐물의 생성과 배설

3. 기관계의 통합적 작용

생명 활동에 필요한 에너지를 얻기 위해 소화계, 호흡계, 배설계가 (⑱)를 중심으로 유기적으로 연결되어 통합적으로 작용한다.

소화계	음식물에 있는 영양소를 소화·흡수한다.
호흡계	세포 호흡에 필요한 산소를 흡수하고, 세포 호흡으로 생성된 이산화 탄소를 몸 밖으로 내보낸다.
순환계	세포 호흡에 필요한 영양소와 산소를 조직 세포에 운반하고, 조직 세포에서 생성된 노폐물을 호흡계나 배설계로 운반한다.
배설계	요소와 같은 노폐물을 걸러 오줌의 형태로 몸 밖으로 내보낸다.

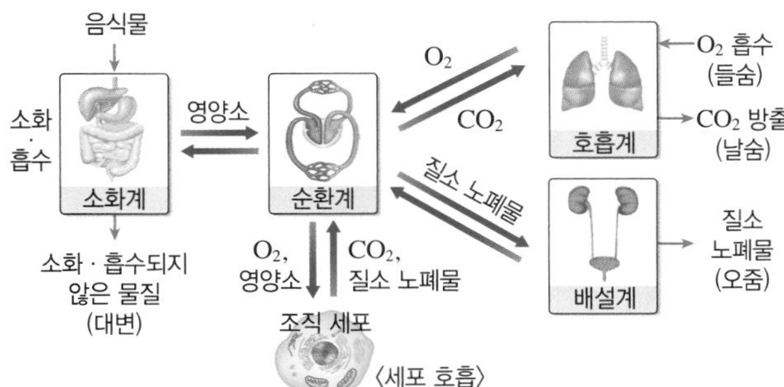

소화계, 호흡계, 순환계, 배설계의 통합적 작용

물질대사와 건강

1. 에너지 대사의 균형

(1) **에너지 대사의 균형:** 건강을 유지하기 위해서는 에너지 섭취량과 에너지 소비량 사이에 균형이 이루어져야 한다.

영양 균형	에너지 섭취량＝에너지 소비량
영양 부족	• 에너지 섭취량＜에너지 소비량 • 지방이나 단백질을 분해하여 에너지를 얻음 ➡ 체중 감소, 영양실조, 면역력 저하 (그림: 에너지 섭취량, 에너지 소비량)
영양 과다	• 에너지 섭취량＞에너지 소비량 • 남는 에너지를 주로 (⑲) 형태로 저장 ➡ 체중 증가, 비만 (그림: 에너지 섭취량, 에너지 소비량)

(2) **1일 대사량:** 하루 동안 소비하는 에너지의 총량

(⑳)	생명 활동을 유지하는 데 필요한 최소한의 에너지양 ➡ 심장 박동, 호흡 운동, 체온 유지 등에 쓰이는 에너지양
(㉑)	기초 대사량 외에 다양한 신체 활동을 하는 데 소모되는 에너지양
1일 대사량	기초 대사량＋활동 대사량＋음식물의 소화·흡수에 필요한 에너지양

2. 대사성 질환 (㉒)에 이상이 생겨 발생하는 질환

(1) **대사성 질환의 원인:** 과도한 영양 섭취, 운동 부족, 비만 등 잘못된 생활 습관으로 발생하며, 유전, 스트레스 등에 의해서도 발생한다.

(2) **대사성 질환의 종류**

고혈압	• 혈압이 정상 범위보다 높은 만성 질환이다.
당뇨병	• 혈당량이 정상 범위보다 높은 상태가 지속되는 질환이며, 오줌에 (㉓)이 섞여 나온다. • 심혈관 질환, 시력 상실 등의 합병증이 나타날 수 있다.
(㉔)	• 혈액에 콜레스테롤이나 중성 지방 등이 과다하게 들어 있는 상태이다. • 동맥 경화, 고혈압, 뇌졸중 등의 합병증이 나타날 수 있다.

(3) **대사성 질환의 예방**

① 식사를 규칙적으로 한다.
② 고열량, 고지방식을 피하고 과식하지 않는다.
③ 적절한 운동을 규칙적으로 한다.
④ 일상생활에서 신체 활동량을 늘린다.

중단원 마무리 문제

하 중 상

01 다음은 우리 몸에서 일어나는 물질대사의 예이다.

(가) 지방을 지방산과 모노글리세리드로 소화하는 과정
(나) 뉴클레오타이드를 결합하여 DNA를 합성하는 과정
(다) 포도당을 이산화 탄소와 물로 분해하는 세포 호흡

이에 대한 설명으로 옳은 것만을 [보기]에서 있는 대로 고른 것은?

보기
ㄱ. (가)에서 이화 작용이 일어난다.
ㄴ. (나)는 에너지를 흡수하는 반응이다.
ㄷ. (가)~(다)에는 모두 효소가 관여한다.

① ㄴ ② ㄱ, ㄴ ③ ㄱ, ㄷ
④ ㄴ, ㄷ ⑤ ㄱ, ㄴ, ㄷ

하 중 상

02 그림은 사람에서 일어나는 물질대사 (가)와 (나)를 나타낸 것이다. ㉠은 아미노산이 세포 호흡으로 분해된 결과 생성된 노폐물 중 하나이다.

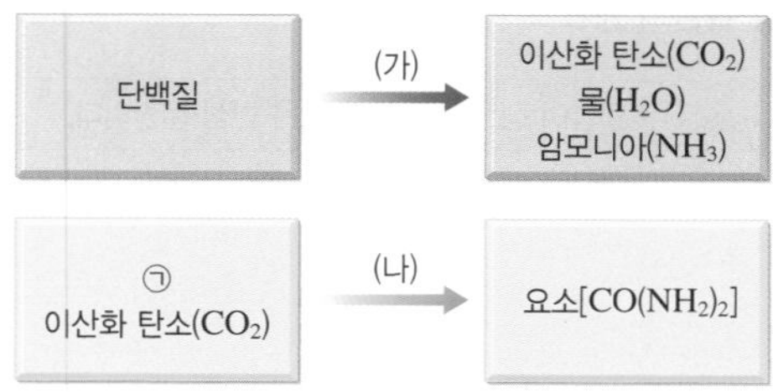

이에 대한 설명으로 옳은 것만을 [보기]에서 있는 대로 고른 것은?

보기
ㄱ. (가)가 일어날 때 에너지가 방출된다.
ㄴ. ㉠은 암모니아(NH_3)이다.
ㄷ. 간에서 (나)가 일어난다.

① ㄱ ② ㄱ, ㄴ ③ ㄱ, ㄷ
④ ㄴ, ㄷ ⑤ ㄱ, ㄴ, ㄷ

하 중 상

03 그림 (가)는 미토콘드리아에서 일어나는 세포 호흡을, (나)는 ATP의 합성과 분해를 나타낸 것이다. ⓐ와 ⓑ는 각각 산소와 이산화 탄소 중 하나이다.

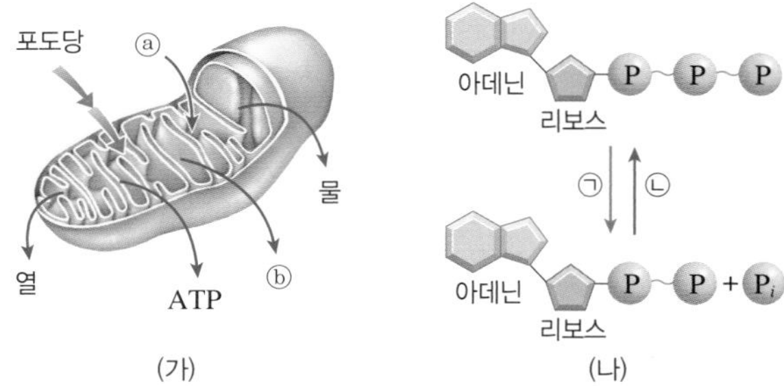

이에 대한 설명으로 옳은 것만을 [보기]에서 있는 대로 고른 것은?

보기
ㄱ. ⓐ는 이산화 탄소, ⓑ는 산소이다.
ㄴ. 근육 운동을 할 때 ㉠ 반응이 활발하게 일어난다.
ㄷ. 미토콘드리아에서 ㉡ 반응이 일어난다.

① ㄱ ② ㄴ ③ ㄷ
④ ㄱ, ㄷ ⑤ ㄴ, ㄷ

하 중 상

04 그림은 세포 내에서 일어나는 에너지 전환 과정을 나타낸 것이다. ㉠과 ㉡은 각각 ATP와 ADP 중 하나이다.

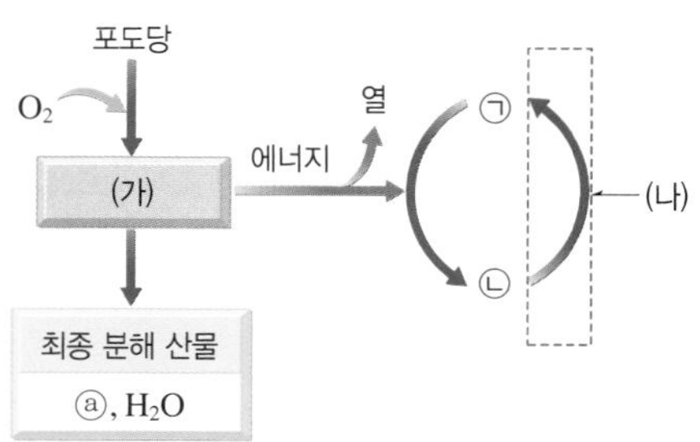

이에 대한 설명으로 옳지 않은 것은?

① ⓐ는 CO_2이다.
② (가)는 세포 호흡이다.
③ (나) 과정에서 인산 결합이 끊어진다.
④ 1분자에 저장된 에너지양은 ㉠이 ㉡보다 많다.
⑤ 포도당이 분해되어 방출된 에너지의 일부는 체온 유지에 이용된다.

정답친해 22쪽

하 중 상

05 그림은 사람의 혈액 순환 경로를 나타낸 것이다. A~D는 각각 간, 심장, 폐, 콩팥 중 하나이고, ㉠과 ㉡은 각각 폐동맥과 대동맥 중 하나이다.

이에 대한 설명으로 옳지 않은 것은?

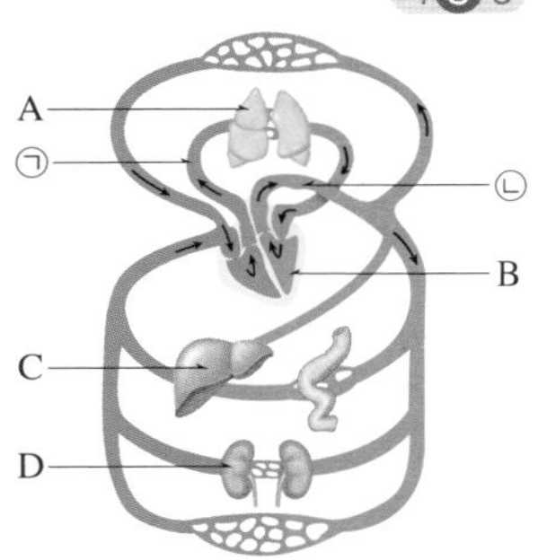

① A는 호흡계에 속한다.
② 소화계에서 흡수된 영양소는 B를 거쳐 온몸의 조직 세포로 운반된다.
③ C에서 암모니아가 요소로 전환된다.
④ 노폐물로 생성된 물의 일부는 D를 통해 몸 밖으로 배설된다.
⑤ 단위 부피당 산소의 양은 ㉠의 혈액이 ㉡의 혈액보다 많다.

하 중 상

06 그림은 사람에서 일어나는 영양소의 물질대사 과정 일부를, 표는 노폐물 ㉠~㉢에서 탄소(C), 산소(O), 질소(N)의 유무를 나타낸 것이다. (가)와 (나)는 각각 단백질과 지방 중 하나이고, ㉠~㉢은 이산화 탄소, 암모니아, 물을 순서 없이 나타낸 것이다.

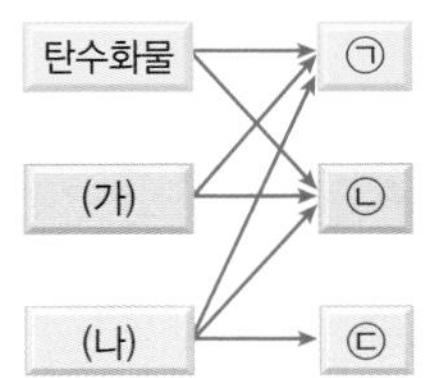

구분	탄소(C)	산소(O)	질소(N)
㉠	×	○	ⓑ
㉡	ⓐ	○	ⓒ
㉢	×	×	○

(○: 있음, ×: 없음)

이에 대한 설명으로 옳은 것만을 [보기]에서 있는 대로 고른 것은?

보기
ㄱ. (가)는 지방이다.
ㄴ. ⓐ~ⓒ는 모두 '×'이다.
ㄷ. ㉡은 순환계를 통해 호흡계로 이동한다.

① ㄱ ② ㄴ ③ ㄱ, ㄴ
④ ㄱ, ㄷ ⑤ ㄴ, ㄷ

하 중 상

07 다음은 생콩즙을 이용한 요소 분해 실험이다. 생콩즙에는 요소를 분해하는 효소 ㉠이 들어 있으며, BTB 용액은 산성에서 노란색, 중성에서 초록색, 염기성에서 파란색을 띤다.

[과정 및 결과]
(가) 비커 Ⅰ~Ⅲ에 표와 같이 용액을 넣는다.

비커	용액
Ⅰ	오줌 20 mL+BTB 10 mL
Ⅱ	오줌 20 mL+BTB 10 mL
Ⅲ	2 % 요소 용액 20 mL+BTB 10 mL

(나) (가)의 Ⅰ에는 증류수 5 mL를, Ⅱ와 Ⅲ에는 각각 생콩즙 5 mL를 넣고 20분 후 ⓐ색깔 변화를 관찰한다.

시험관	Ⅰ	Ⅱ	Ⅲ
(가)의 결과	초록색	초록색	초록색
(나)의 결과	초록색	파란색	파란색

이에 대한 설명으로 옳은 것만을 [보기]에서 있는 대로 고른 것은?

보기
ㄱ. ⓐ는 독립변인에 해당한다.
ㄴ. (나)의 Ⅱ에서 효소 ㉠에 의해 요소가 분해되었다.
ㄷ. (나)의 Ⅲ에서 염기성 물질이 생성되었다.

① ㄱ ② ㄴ ③ ㄱ, ㄴ
④ ㄴ, ㄷ ⑤ ㄱ, ㄴ, ㄷ

하 중 상

08 표는 사람의 몸을 구성하는 세 기관의 특징을 나타낸 것이다. A와 B는 대장과 간을 순서 없이 나타낸 것이다.

기관	특징
A	암모니아가 요소로 전환된다.
B	?
소장	(가)

이에 대한 설명으로 옳은 것만을 [보기]에서 있는 대로 고른 것은?

보기
ㄱ. A와 B는 모두 소화계에 속한다.
ㄴ. 요소는 B를 통해 몸 밖으로 배설된다.
ㄷ. '아미노산이 흡수된다.'는 (가)에 해당한다.

① ㄴ ② ㄱ, ㄴ ③ ㄱ, ㄷ
④ ㄴ, ㄷ ⑤ ㄱ, ㄴ, ㄷ

하 중 상

09 그림은 사람의 몸에서 일어나는 에너지와 물질 이동의 일부를 나타낸 것이다. ㉠은 세포 호흡 결과 생성되는 기체이고, ㉡은 세포 호흡에 사용되는 영양소이다.

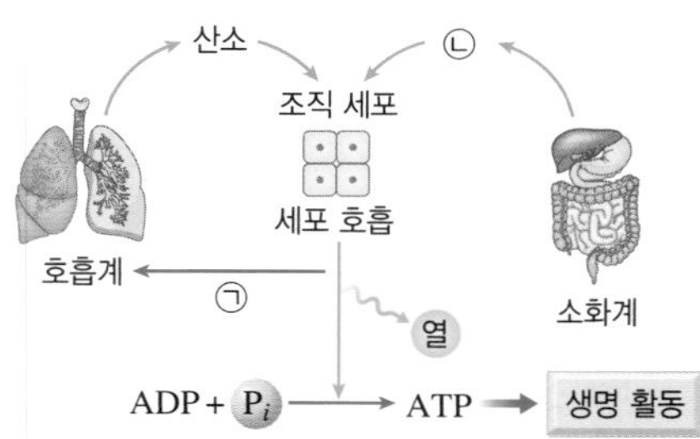

이에 대한 설명으로 옳은 것만을 [보기]에서 있는 대로 고른 것은?

보기
ㄱ. ㉠은 소화계를 통해 호흡계로 운반된다.
ㄴ. 포도당은 ㉡에 해당한다.
ㄷ. 산소가 조직 세포로 이동할 때 ATP가 소모된다.

① ㄴ ② ㄱ, ㄴ ③ ㄱ, ㄷ
④ ㄴ, ㄷ ⑤ ㄱ, ㄴ, ㄷ

하 중 상

10 그림은 세포 호흡에 필요한 물질이 공급되는 과정을 나타낸 것이다. ㉠은 영양소이다.

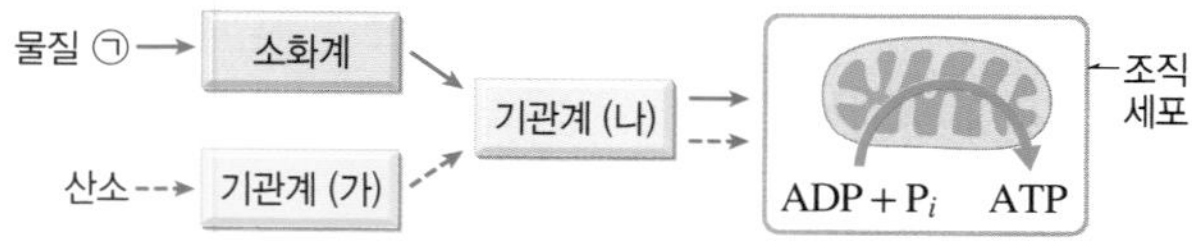

이에 대한 설명으로 옳지 않은 것은?

① 기관지는 (가)에 속한다.
② 심장은 (나)에 속한다.
③ 녹말은 ㉠에 해당한다.
④ ㉠이 소화되어 작은 영양소로 분해되면 소장의 융털로 흡수된다.
⑤ ㉠의 소화 과정에서 에너지가 흡수된다.

하 중 상

11 그림은 인체에 있는 기관계의 통합적 작용을 나타낸 것이다. (가)와 (나)는 각각 소화계와 호흡계 중 하나이다.

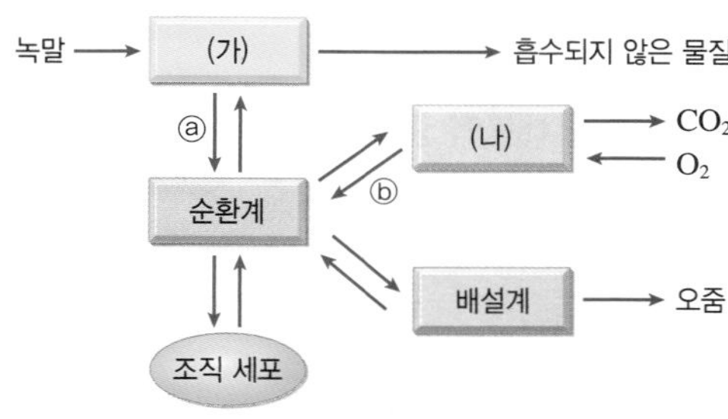

이에 대한 설명으로 옳은 것은?

① 폐동맥은 (나)에 속한다.
② 녹말의 구성 원소에 질소(N)가 포함된다.
③ ⓐ에 포도당의 이동이 포함된다.
④ ⓑ에 이산화 탄소의 이동이 포함된다.
⑤ (가)에서 흡수되지 않은 물질은 배설계를 통해 몸 밖으로 배출된다.

하 중 상

12 그림은 사람의 1일 대사량의 구성비를 나타낸 것이다. ㉠과 ㉡은 각각 기초 대사량과 활동 대사량 중 하나이며, ㉠에는 심장 박동에 필요한 에너지양이 포함된다.

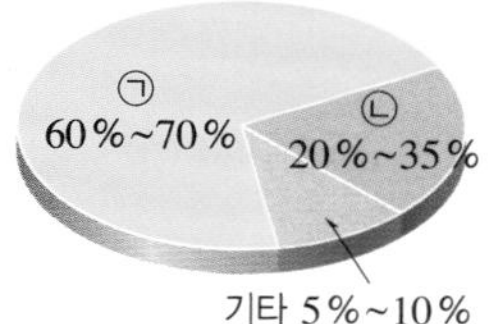

이에 대한 설명으로 옳은 것만을 [보기]에서 있는 대로 고른 것은?

보기
ㄱ. ㉠은 기초 대사량이다.
ㄴ. ㉠은 나이, 성별, 체중 등에 따라 다르다.
ㄷ. 잠을 잘 때 소모되는 에너지는 ㉡에 포함된다.

① ㄱ ② ㄴ ③ ㄱ, ㄴ
④ ㄱ, ㄷ ⑤ ㄱ, ㄴ, ㄷ

하 중 상

13 다음은 인체에 나타날 수 있는 질환이다.

• 당뇨병 • 고혈압 • 고지혈증

이들 질환의 공통적인 특징으로 옳지 않은 것은?

① 청소년에게는 발생하지 않는다.
② 물질대사에 이상이 생겨 발생한다.
③ 여러 가지 합병증을 일으킬 수 있다.
④ 복부 비만인 경우에 걸릴 확률이 높아진다.
⑤ 규칙적인 운동과 균형 잡힌 식단으로 예방할 수 있다.

하 중 상

14 그림은 어떤 대사성 질환의 증상을 나타낸 것이다.

배가 자주 고프고 많이 먹는다.

체중이 줄어든다.

오줌을 자주 눈다.

물을 많이 마신다.

이 질환에 대한 설명으로 옳은 것만을 [보기]에서 있는 대로 고른 것은?

보기
ㄱ. 이자에서 충분한 인슐린을 만들어 내지 못해 발생할 수 있다.
ㄴ. 혈당량이 높은 상태가 지속되고, 오줌에 당이 섞여 나온다.
ㄷ. 유전성 질환으로 생활 습관과는 관련이 없다.

① ㄱ ② ㄱ, ㄴ ③ ㄱ, ㄷ
④ ㄴ, ㄷ ⑤ ㄱ, ㄴ, ㄷ

서술형 문제

하 중 상

15 그림은 여러 기관계 사이에서 일어나는 물질의 이동을 나타낸 것이다.

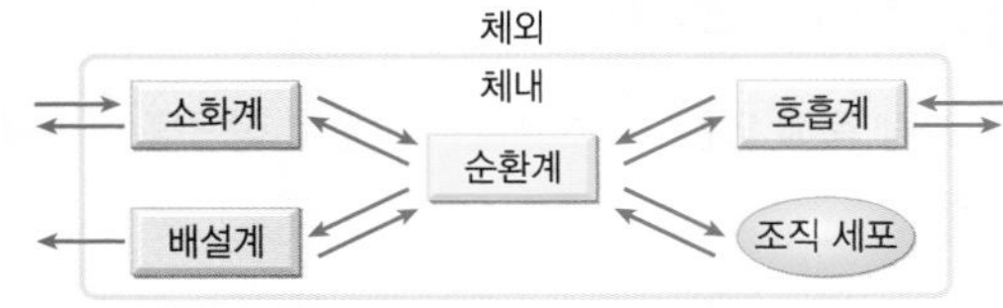

(1) 세포 호흡에 필요한 음식물 속 영양소와 산소가 조직 세포로 운반되기까지의 과정을 기관계 중심으로 서술하시오.

(2) 조직 세포에서 포도당이 세포 호흡에 사용된 결과 생성된 노폐물의 종류와 배설 과정을 기관계 중심으로 서술하시오.

하 중 상

16 표는 고등학생인 영민이와 가영이의 1일 에너지 권장량과 1일 평균 영양소 섭취량을 나타낸 것이다. 탄수화물과 단백질의 에너지양은 4 kcal/g, 지방은 9 kcal/g이며, 영민이와 가영이의 활동량은 고등학생 평균 활동량 수준이다.

구분		영민	가영
1일 에너지 권장량(kcal)		2400	2100
1일 평균 섭취량(g)	탄수화물	600	300
	단백질	70	40
	지방	50	40

(1) 영민이와 가영이의 1일 에너지 섭취량을 계산식을 포함하여 서술하시오.

(2) 영민이와 가영이가 이와 같은 에너지 섭취를 오래 지속할 경우 두 학생의 체중 변화와 건강 상태를 예상하여 서술하시오.

수능 실전 문제

• 수능 출제 경향

이 단원에서는 생명체에서 생명 활동에 필요한 에너지를 얻는 과정을 소화계, 호흡계, 순환계, 배설계의 기능과 관련지어 묻는 문제가 주로 출제된다. 따라서 각 기관계를 구성하는 기관의 종류와 기능을 토대로 여러 기관계의 통합적 작용을 세포 호흡과 연관 지어 이해하고, 세포 호흡에 필요한 물질의 이동 경로와 세포 호흡 결과 생성된 노폐물의 배설 경로를 자세히 이해하는 것도 필요하다.

수능 이렇게 나온다!

그림은 사람 몸에 있는 각 기관계의 통합적 작용을 나타낸 것이다. A와 B는 각각 배설계와 소화계 중 하나이다.

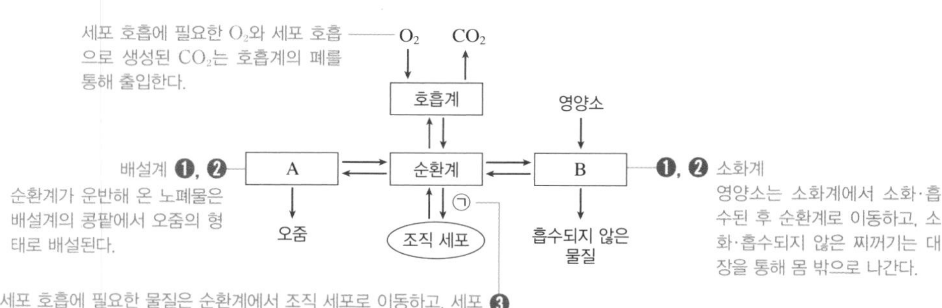

세포 호흡에 필요한 O_2와 세포 호흡으로 생성된 CO_2는 호흡계의 폐를 통해 출입한다.
O_2
CO_2
호흡계
영양소
배설계 ❶, ❷
A
순환계
B
❶, ❷ 소화계
순환계가 운반해 온 노폐물은 배설계의 콩팥에서 오줌의 형태로 배설된다.
오줌
㉠
조직 세포
흡수되지 않은 물질
영양소는 소화계에서 소화·흡수된 후 순환계로 이동하고, 소화·흡수되지 않은 찌꺼기는 대장을 통해 몸 밖으로 나간다.
세포 호흡에 필요한 물질은 순환계에서 조직 세포로 이동하고, 세포 호흡 결과 생성된 노폐물은 조직 세포에서 순환계로 이동한다. ❸

이에 대한 설명으로 옳은 것만을 [보기]에서 있는 대로 고른 것은?

보기
ㄱ. 콩팥은 A에 속한다.
ㄴ. B에는 암모니아를 요소로 전환하는 기관이 있다.
ㄷ. ㉠에는 O_2의 이동이 포함된다.

① ㄱ　② ㄴ　③ ㄱ, ㄷ
④ ㄴ, ㄷ　⑤ ㄱ, ㄴ, ㄷ

출제개념

세포 호흡과 관련된 물질의 이동에 대한 기관계의 통합적 작용

▶ 본문 49쪽

출제의도

세포 호흡에 필요한 영양소와 산소를 조직 세포에 공급하고, 세포 호흡으로 생성되는 노폐물을 몸 밖으로 내보내는 과정을 소화계, 호흡계, 순환계, 배설계의 통합적 작용과 연관 지어 이해하고 있는지 확인하기 위한 문제이다.

전략적 풀이

❶ A와 B가 각각 어떤 기관계인지 파악한다.

A는 오줌을 만들어 배설하므로 (　　　)이고, B는 영양소를 소화·흡수하고 흡수되지 않은 물질을 배출하므로 (　　　)이다.

❷ 각 기관이 어느 기관계에 속하는지 파악한다.

ㄱ. 오줌을 생성하는 (　　　)은 배설계(A)에 속하는 기관이다. 배설계(A)에 속하는 기관에는 콩팥, 오줌관, 방광 등이 있다.

ㄴ. (　　　)에서 암모니아를 요소로 전환하며, (　　　)은 소화계(B)에 속한다. 소화계(B)를 구성하는 기관에는 식도, 위, 소장, 대장, 간, 이자 등이 있다.

❸ 순환계와 조직 세포 사이에서 이동하는 물질을 파악한다.

ㄷ. 순환계에서 조직 세포로 이동하는 물질에는 세포 호흡에 필요한 영양소와 (　　　)가 있으며, 조직 세포에서 순환계로 이동하는 물질에는 (　　　), 물, 질소 노폐물이 있다.

답 ⑤

❶ 배설계, 소화계
❷ 오줌, 간, 간
❸ 산소(O_2), 이산화 탄소(CO_2)

01 그림은 사람에서 일어나는 물질대사 Ⅰ과 Ⅱ를 나타낸 것이다. 이에 대한 설명으로 옳은 것만을 [보기]에서 있는 대로 고른 것은?

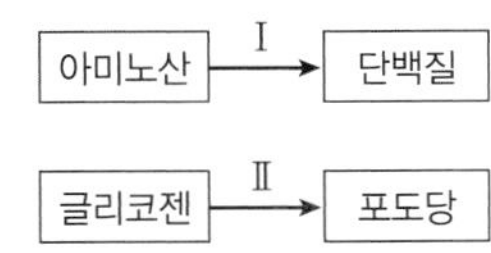

보기
ㄱ. Ⅰ에 효소가 이용된다.
ㄴ. Ⅱ에서 이화 작용이 일어난다.
ㄷ. 간에서 Ⅱ가 일어난다.

① ㄱ ② ㄱ, ㄴ ③ ㄱ, ㄷ
④ ㄴ, ㄷ ⑤ ㄱ, ㄴ, ㄷ

02 그림 (가)는 사람의 물질대사를 통해 아미노산이 암모니아로 되는 과정을, (나)는 미토콘드리아에서 일어나는 세포 호흡을 나타낸 것이다.

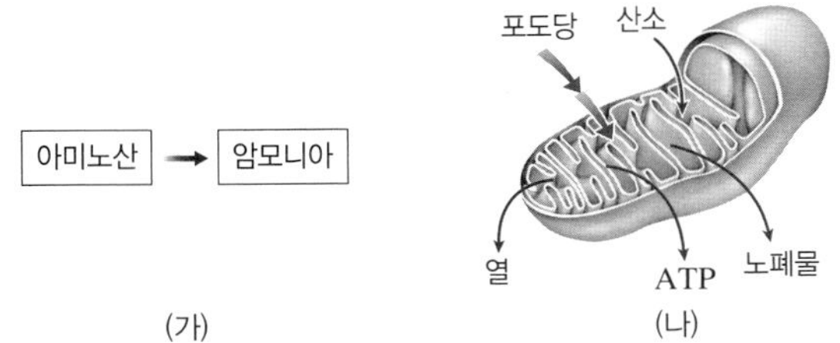

(가) (나)

이에 대한 설명으로 옳은 것만을 [보기]에서 있는 대로 고른 것은?

보기
ㄱ. (가)에서 에너지가 방출된다.
ㄴ. (나)에서 생성된 노폐물에는 CO_2가 있다.
ㄷ. (가)와 (나)에서 모두 이화 작용이 일어난다.

① ㄴ ② ㄱ, ㄴ ③ ㄱ, ㄷ
④ ㄴ, ㄷ ⑤ ㄱ, ㄴ, ㄷ

03 그림은 ATP와 ADP 사이의 전환을 나타낸 것이다.

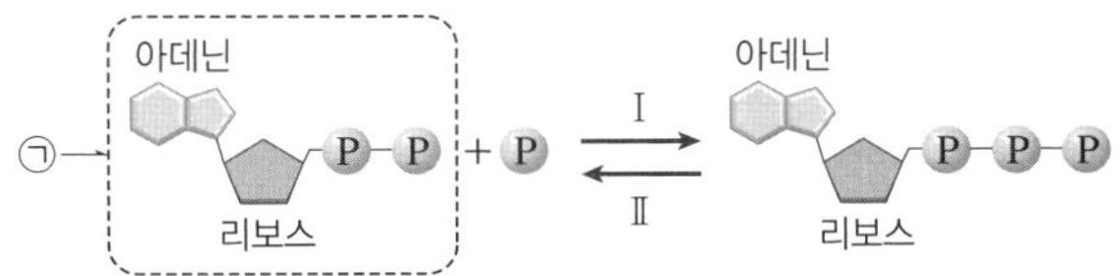

이에 대한 설명으로 옳은 것만을 [보기]에서 있는 대로 고른 것은?

보기
ㄱ. ㉠은 ATP이다.
ㄴ. 미토콘드리아에서 과정 Ⅰ이 일어난다.
ㄷ. 과정 Ⅱ에서 인산 결합이 끊어질 때 에너지가 흡수된다.

① ㄱ ② ㄴ ③ ㄱ, ㄴ
④ ㄴ, ㄷ ⑤ ㄱ, ㄴ, ㄷ

04 그림은 세포 호흡을 통해 포도당으로부터 ATP를 생성하고, 이 ATP를 생명 활동에 이용하는 과정을 나타낸 것이다. ㉠과 ㉡은 각각 CO_2와 O_2 중 하나이다.

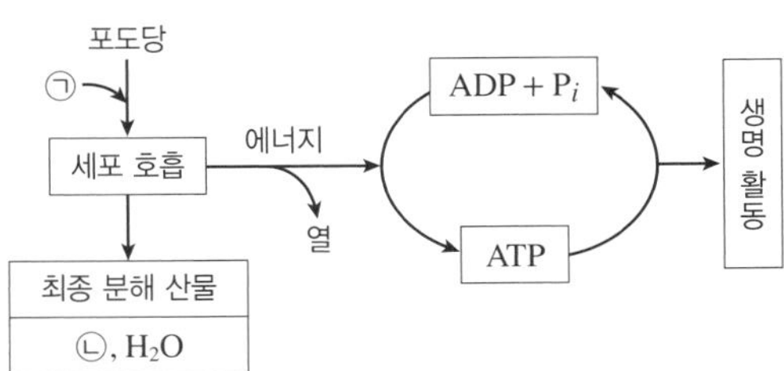

이에 대한 설명으로 옳은 것만을 [보기]에서 있는 대로 고른 것은?

보기
ㄱ. 호흡계를 통해 ㉡이 몸 밖으로 나간다.
ㄴ. 포도당의 에너지 중 일부는 체온 유지에 이용된다.
ㄷ. 근육 수축이 일어날 때 ATP가 분해된다.

① ㄱ ② ㄴ ③ ㄱ, ㄴ
④ ㄴ, ㄷ ⑤ ㄱ, ㄴ, ㄷ

05 다음은 효모를 이용한 물질대사 실험이다.

[과정]

(가) 발효관 Ⅰ~Ⅲ에 표와 같이 용액을 넣고, 맹관부에 공기가 들어가지 않도록 입구를 솜 마개로 막는다.

발효관	용액
Ⅰ	5 % 포도당 용액 15 mL+증류수 20 mL
Ⅱ	5 % 포도당 용액 15 mL+효모 용액 20 mL
Ⅲ	10 % 포도당 용액 15 mL+효모 용액 20 mL

(나) 35 ℃에서 20분 후 각 발효관의 ㉠맹관부에 모인 기체의 부피를 측정한다.

[결과]

발효관	Ⅰ	Ⅱ	Ⅲ
기체 부피(mL)	0	7	15

이에 대한 설명으로 옳은 것만을 [보기]에서 있는 대로 고른 것은?

보기

ㄱ. ㉠은 종속변인에 해당한다.

ㄴ. 효모는 포도당을 분해할 수 있는 효소를 가진다.

ㄷ. (나)의 결과 맹관부 수면의 높이는 Ⅲ > Ⅱ > Ⅰ이다.

① ㄱ ② ㄴ ③ ㄱ, ㄴ
④ ㄱ, ㄷ ⑤ ㄱ, ㄴ, ㄷ

06 그림은 사람에서 일어나는 물질대사 과정의 일부를 나타낸 것이다. ㉠과 ㉡은 각각 물과 암모니아 중 하나이다.

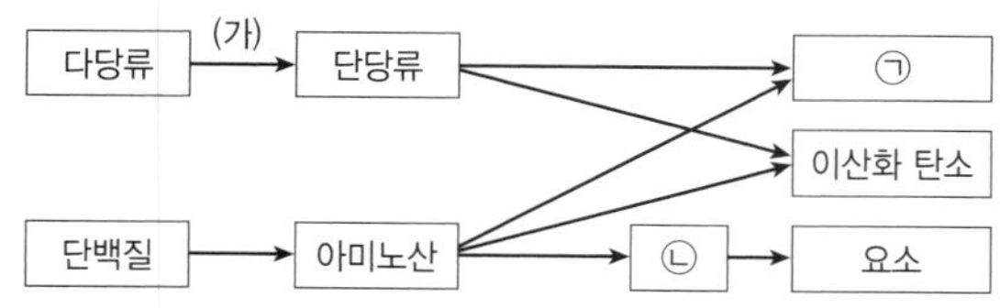

이에 대한 설명으로 옳은 것만을 [보기]에서 있는 대로 고른 것은?

보기

ㄱ. (가)에서 이화 작용이 일어난다.

ㄴ. ㉠은 호흡계와 배설계를 통해 몸 밖으로 나간다.

ㄷ. ㉡은 호흡계로 운반되어 요소로 전환된다.

① ㄴ ② ㄱ, ㄴ ③ ㄱ, ㄷ
④ ㄴ, ㄷ ⑤ ㄱ, ㄴ, ㄷ

07 그림은 음식물 속의 단백질이 세포 호흡에 이용되어 에너지와 노폐물이 생성되는 과정을 나타낸 것이다. ㉠~㉢은 각각 요소, 암모니아, 아미노산 중 하나이다.

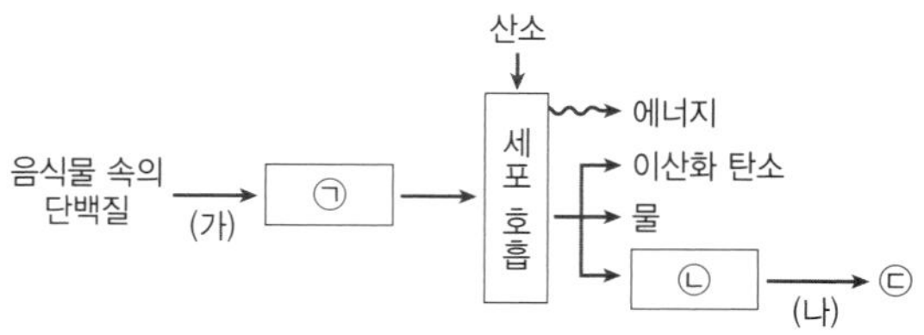

이에 대한 설명으로 옳은 것만을 [보기]에서 있는 대로 고른 것은?

보기

ㄱ. ㉠은 아미노산이다.

ㄴ. ㉢은 배설계를 통해 몸 밖으로 나간다.

ㄷ. (가)와 (나) 과정은 모두 소화계에서 일어난다.

① ㄴ ② ㄷ ③ ㄱ, ㄴ
④ ㄱ, ㄷ ⑤ ㄱ, ㄴ, ㄷ

08 그림 (가)와 (나)는 각각 사람의 소화계와 호흡계를 나타낸 것이다. ㉠~㉢은 각각 간, 폐, 소장 중 하나이다.

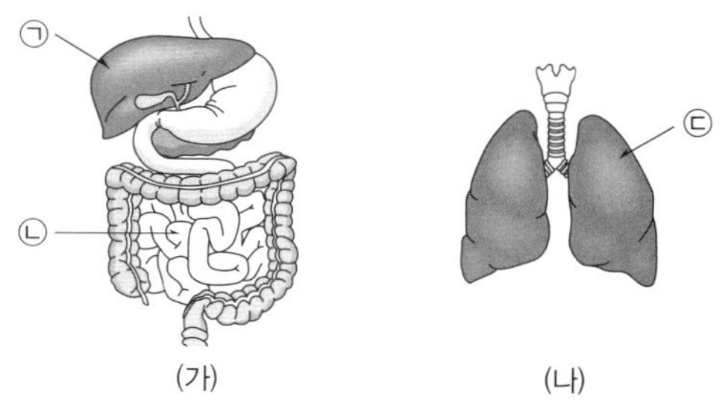

이에 대한 설명으로 옳은 것만을 [보기]에서 있는 대로 고른 것은?

보기

ㄱ. ㉠에서 동화 작용이 일어난다.

ㄴ. ㉡에서 지방산이 흡수된다.

ㄷ. ㉢에서 기체 교환이 일어날 때 ATP가 소모된다.

① ㄴ ② ㄱ, ㄴ ③ ㄱ, ㄷ
④ ㄴ, ㄷ ⑤ ㄱ, ㄴ, ㄷ

09 그림은 사람 몸에 있는 각 기관계의 통합적 작용을 나타낸 것이다. (가)~(다)는 각각 배설계, 소화계, 호흡계 중 하나이다.

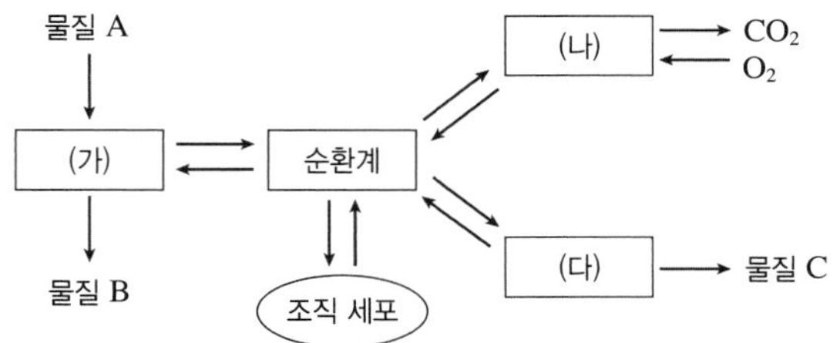

이에 대한 설명으로 옳은 것만을 [보기]에서 있는 대로 고른 것은?

보기
ㄱ. (가)에서 이화 작용이 일어난다.
ㄴ. 대장은 (다)에 속하는 기관이다.
ㄷ. 이산화 탄소는 순환계에서 (나)로 확산된다.

① ㄱ ② ㄱ, ㄴ ③ ㄱ, ㄷ
④ ㄴ, ㄷ ⑤ ㄱ, ㄴ, ㄷ

10 표는 기관계 A~C에 속하는 기관의 특징을 나타낸 것이다. A~C는 각각 소화계, 호흡계, 배설계 중 하나이다.

특징 \ 기관계	A	B	C
대기 중 O_2를 몸속으로 흡수한다.	×	?	×
포도당을 글리코젠으로 합성한다.	○	×	?
세포 호흡으로 생성된 H_2O을 몸 밖으로 내보낸다.	?	㉠	○

(○: 있음, ×: 없음)

이에 대한 설명으로 옳은 것만을 [보기]에서 있는 대로 고른 것은?

보기
ㄱ. ㉠은 '○'이다.
ㄴ. C에서 오줌이 생성된다.
ㄷ. A에서 요소가 암모니아로 전환된다.

① ㄱ ② ㄷ ③ ㄱ, ㄴ
④ ㄱ, ㄷ ⑤ ㄴ, ㄷ

11 표는 사람의 대사성 질환 (가)~(다)의 특징을 나타낸 것이다. (가)~(다)는 고지혈증, 당뇨병, 고혈압을 순서 없이 나타낸 것이다.

질환	특징
(가)	혈압이 정상 범위보다 높다.
(나)	혈액에 콜레스테롤과 중성 지방이 과다하게 들어 있는 상태이다.
(다)	호르몬 ㉠의 분비 부족이나 기능 장애로 혈당량이 조절되지 못하고 오줌에서 당이 검출된다.

이에 대한 설명으로 옳은 것만을 [보기]에서 있는 대로 고른 것은?

보기
ㄱ. ㉠은 이자에서 분비된다.
ㄴ. (나)는 동맥 경화의 원인이 된다.
ㄷ. (가)~(다)는 모두 심혈관계 질환과 같은 합병증을 유발할 수 있다.

① ㄴ ② ㄱ, ㄴ ③ ㄱ, ㄷ
④ ㄴ, ㄷ ⑤ ㄱ, ㄴ, ㄷ

12 표는 성인의 체질량 지수에 따른 분류를, 그림은 이 분류에 따른 고지혈증을 나타내는 사람의 비율을 나타낸 것이다.

체질량 지수*	분류
18.5 미만	저체중
18.5 이상 23.0 미만	정상 체중
23.0 이상 25.0 미만	과체중
25.0 이상	비만

$$*\text{체질량 지수} = \frac{\text{몸무게(kg)}}{\text{키의 제곱(m}^2\text{)}}$$

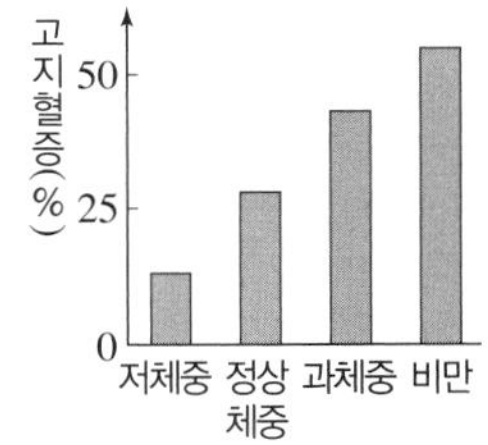

이에 대한 설명으로 옳은 것만을 [보기]에서 있는 대로 고른 것은?

보기
ㄱ. 체질량 지수가 20.0인 성인은 과체중으로 분류된다.
ㄴ. 비만인 사람은 정상 체중인 사람에 비해 고지혈증에 걸릴 가능성이 높다.
ㄷ. 체질량 지수가 정상 체중보다 낮은 사람은 고지혈증이 발생하지 않는다.

① ㄴ ② ㄷ ③ ㄱ, ㄴ
④ ㄱ, ㄷ ⑤ ㄴ, ㄷ

항상성과 몸의 조절

1 신경계

Review

이전에 학습한 내용 중 이 단원과 연계된 내용을 다시 한 번 떠올려 봅시다.

다음 단어가 들어갈 곳을 찾아 빈칸을 완성해 보자.

대뇌	중간뇌	척수	신경 세포체	자율 신경

중3 자극과 반응

- **뉴런** 신경계를 이루고 있는 신경 세포
  ① ❶ ______: 핵과 세포질이 있다.
  ② **가지 돌기:** 다른 뉴런이나 감각 기관에서 오는 자극을 받아들인다.
  ③ **축삭 돌기:** 다른 뉴런이나 반응 기관으로 자극을 전달한다.

자극
자극의 이동 방향
신경 세포체
가지 돌기
축삭 돌기

뉴런의 구조

- **뉴런의 종류** 기능에 따라 감각 뉴런, 연합 뉴런, 운동 뉴런으로 구분한다.

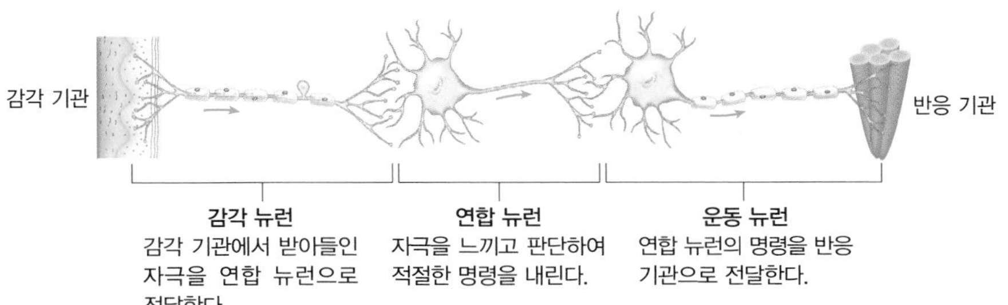

감각 기관
반응 기관
감각 뉴런
감각 기관에서 받아들인 자극을 연합 뉴런으로 전달한다.
연합 뉴런
자극을 느끼고 판단하여 적절한 명령을 내린다.
운동 뉴런
연합 뉴런의 명령을 반응 기관으로 전달한다.

- **중추 신경계** 뇌와 척수로 이루어져 있다.

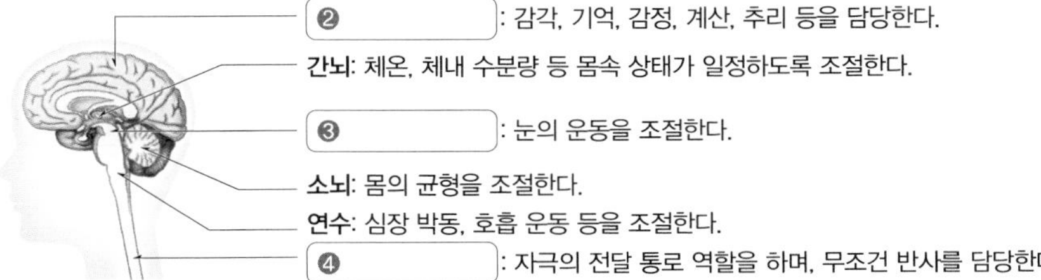

❷ ______: 감각, 기억, 감정, 계산, 추리 등을 담당한다.
간뇌: 체온, 체내 수분량 등 몸속 상태가 일정하도록 조절한다.
❸ ______: 눈의 운동을 조절한다.
소뇌: 몸의 균형을 조절한다.
연수: 심장 박동, 호흡 운동 등을 조절한다.
❹ ______: 자극의 전달 통로 역할을 하며, 무조건 반사를 담당한다.

- **말초 신경계** 감각 신경과 운동 신경으로 이루어져 있으며, 교감 신경과 부교감 신경으로 구분되는 ❺ ______이 있다.

- **자극에 따른 반응의 경로**

구분	의식적인 반응	무조건 반사
정의	❻ ______의 판단 과정을 거쳐 의식적으로 반응하는 현상이다.	❼ ______의 판단 과정을 거치지 않고 무의식적으로 반응하는 현상이다.
반응 경로	자극 → 감각 기관 → 감각 신경 → 대뇌 → 운동 신경 → 반응 기관 → 반응	자극 → 감각 기관 → 감각 신경 → 척수, 중간뇌, 연수 → 운동 신경 → 반응 기관 → 반응

답 ❶ 신경 세포체 ❷ 대뇌 ❸ 중간뇌 ❹ 척수 ❺ 자율 신경 ❻ 대뇌 ❼ 대뇌

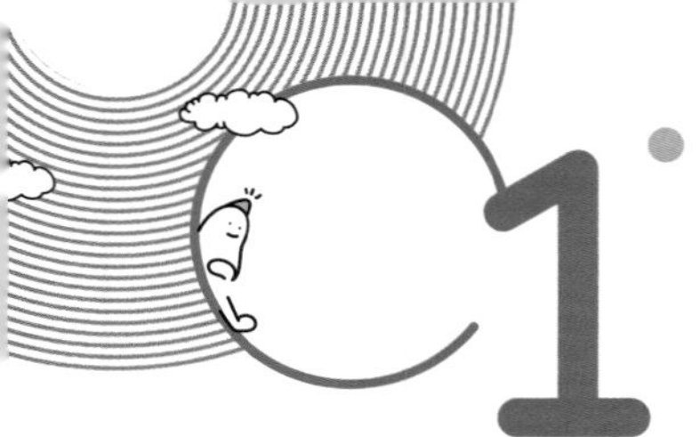

01 자극의 전달

핵심 포인트

1. 뉴런의 구조와 기능 ★★
2. 흥분 전도 원리 ★★★
3. 흥분 전도 시 막전위 변화 ★★★
4. 흥분 전달 과정 ★★
5. 근수축 원리 ★★★

A 뉴런

'요즘 너무 피곤해서 신경이 예민해졌다.', '운동 신경이 발달해서 운동을 잘 한다.'와 같이 우리는 일상생활 속에서 신경이라는 말을 많이 사용합니다. 여기서 말하는 신경을 이루는 세포가 뉴런인데요, 뉴런에 대해서 자세히 알아볼까요?

1. 뉴런(신경 세포) ◆신경계를 구성하는 기본 단위로, 자극을 받아들이고 신호를 전달하는 역할을 한다.

◆**신경계**
감각기와 뇌, 뇌와 반응기 사이에 정보를 전달하고, 자극을 판단하여 명령을 내리는 역할을 하는 기관계이다. 사람의 신경계는 많은 뉴런이 머리와 몸 중앙에 집중되어 뇌와 척수를 이루고, 뇌와 척수에서 온몸으로 신경 다발이 나와 복잡한 신경망을 형성한다.

2. 뉴런의 구조와 기능 뉴런은 크기와 모양이 다양하며, 대부분의 뉴런은 신경 세포체, 가지 돌기, 축삭 돌기로 구성된다.

(1) **신경 세포체:** 핵을 비롯한 여러 세포 소기관이 있으며, 뉴런의 생명 활동에 필요한 다양한 물질과 에너지를 생성한다.
└ 물질대사를 담당한다.

(2) **가지 돌기:** 신경 세포체에서 뻗어 나온 짧은 돌기로, 다른 뉴런이나 세포에서 오는 신호를 받아들인다.

(3) **축삭 돌기:** 신경 세포체에서 뻗어 나온 긴 돌기로, 다른 뉴런이나 세포로 신호를 전달한다.

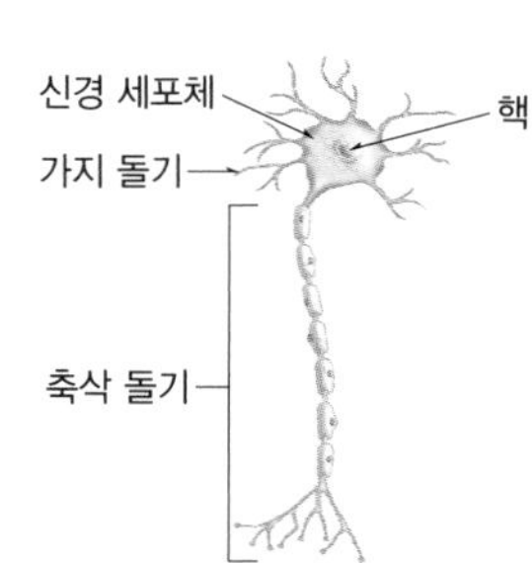
신경 세포체
핵
가지 돌기
축삭 돌기
뉴런의 구조

3. 뉴런의 종류

(1) **말이집의 유무에 따른 구분:** 말이집 신경과 민말이집 신경으로 구분된다.
└ 말이집 뉴런, 민말이집 뉴런이라고도 한다.

말이집 신경	뉴런의 축삭 돌기가 말이집으로 싸여 있다.
민말이집 신경	뉴런의 축삭 돌기가 말이집으로 싸여 있지 않다.

| 말이집 신경과 민말이집 신경 |

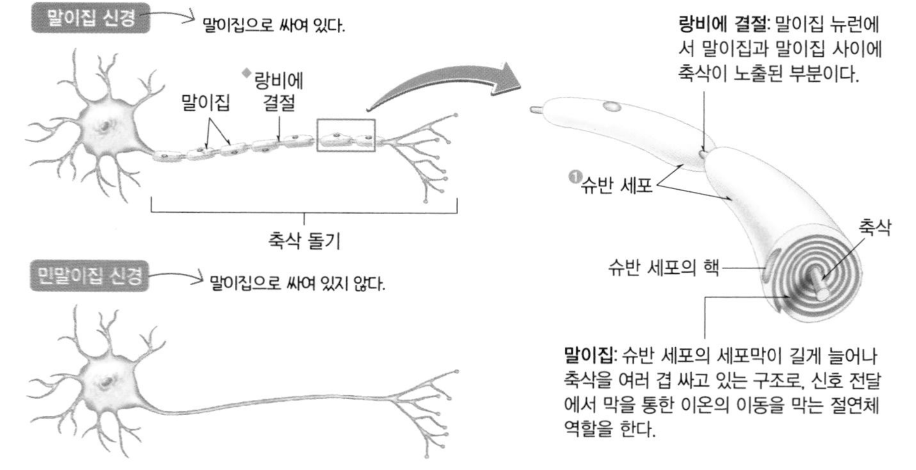
말이집 신경
말이집으로 싸여 있다.
말이집
◆랑비에 결절
축삭 돌기
민말이집 신경
말이집으로 싸여 있지 않다.
랑비에 결절: 말이집 뉴런에서 말이집과 말이집 사이에 축삭이 노출된 부분이다.
❶슈반 세포
축삭
슈반 세포의 핵
말이집: 슈반 세포의 세포막이 길게 늘어나 축삭을 여러 겹 싸고 있는 구조로, 신호 전달에서 막을 통한 이온의 이동을 막는 절연체 역할을 한다.

◆**랑비에(Ranvier, L. A.)**
프랑스의 해부학자로, 1878년 말이집 신경에서 말이집이 없는 부분인 랑비에 결절을 발견하였다.

용어
❶ **슈반 세포(Schwann cell)** 뉴런의 말이집을 구성하는 세포로 축삭에 영양을 공급한다.

(2) **기능에 따른 구분:** ◆구심성 뉴런, 연합 뉴런, 원심성 뉴런으로 구분된다.

구심성 뉴런	감각기에서 받아들인 자극을 연합 뉴런으로 전달하는 뉴런으로, 감각 뉴런이 이에 해당한다.
연합 뉴런	뇌와 척수 같은 중추 신경을 이루며, 구심성 뉴런에서 온 정보를 통합하여 원심성 뉴런으로 적절한 반응 명령을 내리는 뉴런이다.
원심성 뉴런	연합 뉴런에서 내린 반응 명령을 반응기로 전달하는 뉴런으로, 운동 뉴런이 이에 해당한다.

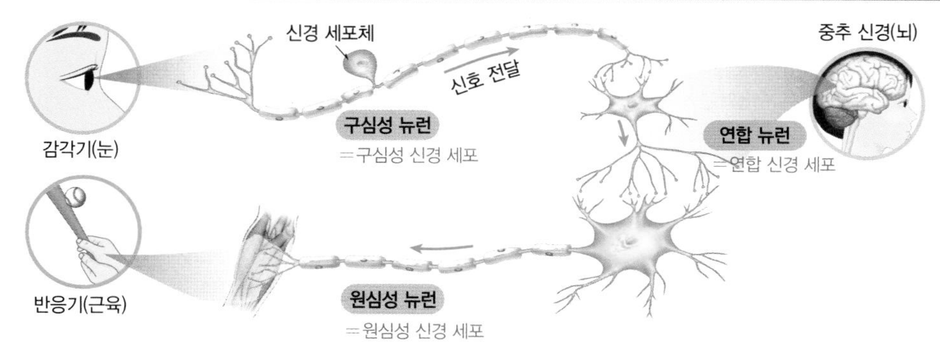

신호 전달 경로: 자극 → 감각기(눈) → 구심성 뉴런 → 연합 뉴런 → 원심성 뉴런 → 반응기(근육)

◆ **구심성 뉴런과 원심성 뉴런의 구조적 특징**
- 구심성 뉴런: 가지 돌기가 발달되어 있고, 신경 세포체가 축삭 돌기의 한쪽 옆에 붙어 있다.
- 원심성 뉴런: 신경 세포체가 크며, 축삭 돌기가 길게 발달하여 그 끝이 반응기에 분포되어 있다.

암기해!

구심성 뉴런과 원심성 뉴런
구심성 뉴런 – 감각 뉴런
원심성 뉴런 – 운동 뉴런

정답친해 29쪽

개념 확인 문제

핵심 체크

- 뉴런의 구조
  - 신경 세포체: 핵과 세포 소기관이 있다.
  - (❶): 다른 뉴런이나 세포에서 오는 신호를 받아들인다.
  - (❷): 다른 뉴런이나 세포로 신호를 전달한다.
- 뉴런의 종류
  - 말이집 유무에 따른 구분: 말이집 신경, 민말이집 신경
  - (❸)에 따른 구분: 구심성 뉴런, 연합 뉴런, 원심성 뉴런

1 그림은 뉴런의 구조를 나타낸 것이다.

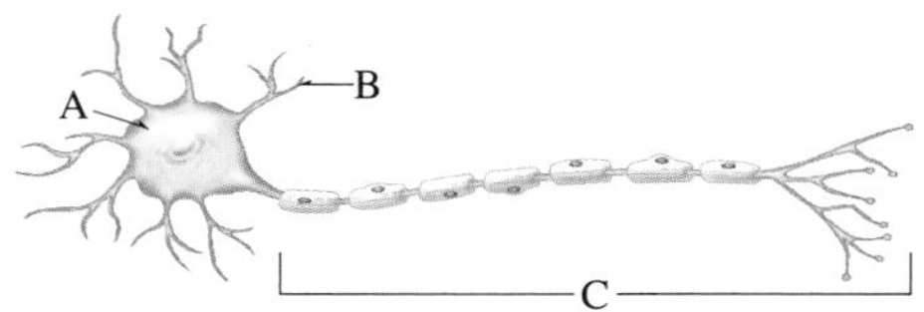

이에 대한 설명으로 옳은 것은 ○, 옳지 않은 것은 ×로 표시하시오.

(1) A는 신경 세포체이다. ( )
(2) B는 다른 뉴런이나 세포로 신호를 전달한다. ( )
(3) B는 가지 돌기, C는 축삭 돌기이다. ( )

2 그림은 기능이 서로 다른 3개의 뉴런 A~C가 연결된 모습을 나타낸 것이다.

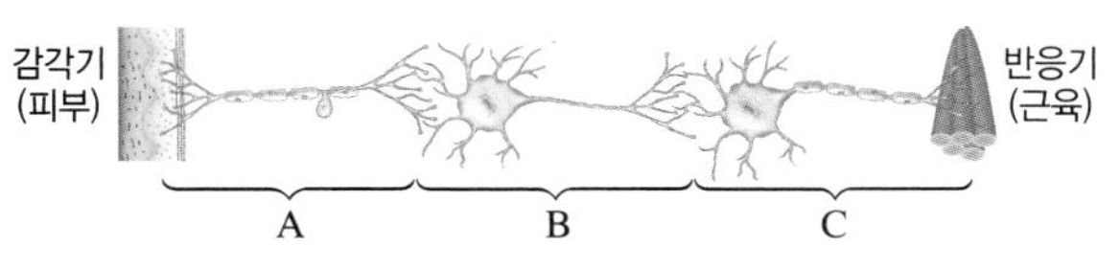

( ) 안에 알맞은 뉴런의 기호와 이름을 쓰시오.

(1) 감각 뉴런은 ( )에 해당한다.
(2) 중추 신경을 이루는 뉴런은 ( )이다.
(3) 중추 신경의 반응 명령을 반응기로 전달하는 역할을 하는 뉴런은 ( )이다.

B 흥분 전도

뉴런이 자극을 받으면 세포막의 전기적 특성이 변하는데, 이러한 변화를 흥분이라고 합니다. 우리가 어떤 자극을 받았을 때 감정이 복받쳐 일어나는 상황도 흥분한다고 하잖아요. 똑같은 의미랍니다. 뉴런에서 흥분이 발생하면 축삭 돌기를 따라 이동하는데, 흥분은 어떻게 발생하고 전도되는지 알아볼까요?

1. 흥분 뉴런이 자극을 받아 세포막의 전기적 특성이 변하는 현상

뉴런에서의 흥분의 발생과 전도는 세포막을 경계로 나타나는 이온의 농도차와 세포막을 통한 이온의 이동이 원인이 되어 전기적인 방식으로 일어납니다. 따라서 뉴런의 세포막을 통한 이온의 이동을 이해하는 것이 가장 중요합니다. 세포막에서 이온의 이동에 관여하는 막단백질인 Na^+-K^+ 펌프, Na^+ 통로, K^+ 통로를 잘 알아두세요.

2. 흥분의 발생 '분극 → 탈분극 → 재분극' 순으로 일어난다. 완자쌤 비법 특강 84쪽

휴지 상태의 이온 분포

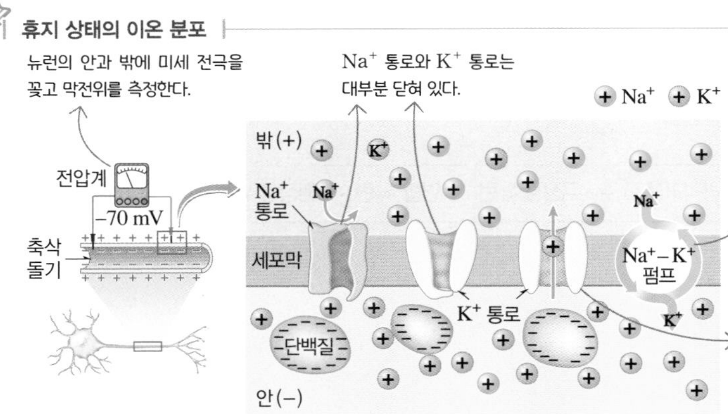
뉴런의 안과 밖에 미세 전극을 꽂고 막전위를 측정한다.
Na⁺ 통로와 K⁺ 통로는 대부분 닫혀 있다.
Na⁺ K⁺
Na⁺−K⁺ 펌프가 세포 안에 있는 Na⁺을 세포 밖으로 운반하고, 세포 밖에 있는 K⁺을 세포 안으로 운반한다. ➡ K⁺ 농도는 세포 안이 세포 밖보다 높고, Na⁺ 농도는 세포 밖이 세포 안보다 높다.
전압계
−70 mV
축삭 돌기
밖(+)
Na⁺ 통로
세포막
K⁺ 통로
Na⁺−K⁺ 펌프
단백질
안(−)
항상 열려 있는 K⁺ 통로가 있어 K⁺의 일부가 세포 밖으로 확산한다. ➡ 세포 밖에 양이온이 많아져 세포막 안쪽은 상대적으로 음(−)전하를 띠고, 세포막 바깥쪽은 상대적으로 양(+)전하를 띤다.

➡ 자극을 받지 않은 뉴런은 세포막 안쪽이 바깥쪽에 비해 상대적으로 음(−)전하를 띠고, 약 −70 mV의 휴지 전위가 측정된다.

(1) **분극:** 자극을 받지 않은 뉴런(휴지 상태의 뉴런)에서 세포막 안쪽은 상대적으로 음(−)전하, 세포막 바깥쪽은 상대적으로 양(+)전하를 띠고 있는 상태이다.

이온의 이동과 분포	• Na^+-K^+ 펌프가 에너지(ATP)를 소모하여 세포 안의 Na^+을 세포 밖으로 내보내고, 세포 밖의 K^+을 세포 안으로 이동시킨다. ➡ K^+은 세포 밖보다 세포 안에 더 많이 분포하고, Na^+은 세포 안보다 세포 밖에 더 많이 분포한다. (Na^+-K^+ 펌프는 세포막을 경계로 세포 안팎의 Na^+과 K^+의 불균등 분포(농도 차이)를 유지하도록 해 준다.) • 농도 차이로 인해 Na^+은 세포 밖에서 세포 안으로, K^+은 세포 안에서 세포 밖으로 확산하려고 한다. ➡ 일부 열려 있는 K^+ 통로를 통해 세포 안의 K^+은 세포 밖으로 일부가 확산하지만, 세포 밖의 Na^+은 열려 있는 Na^+ 통로가 매우 적기 때문에 세포 안으로 거의 확산하지 못한다.
하전 상태	세포막 안쪽은 음(−)전하, 세포막 바깥쪽은 양(+)전하를 띤다.
❶막전위	휴지 전위: 뉴런이 자극을 받지 않은 분극 상태일 때의 막전위로, 약 −70 mV이다.

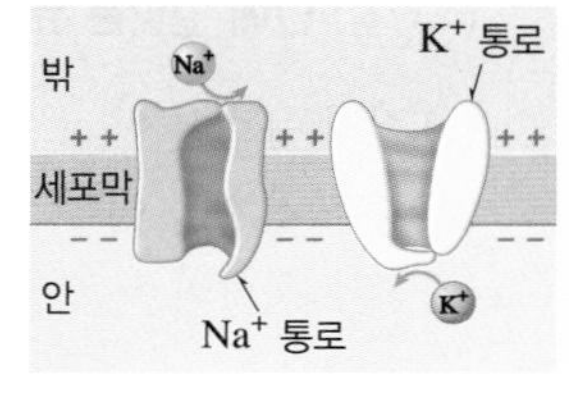
밖
K⁺ 통로
세포막
안
Na⁺ 통로

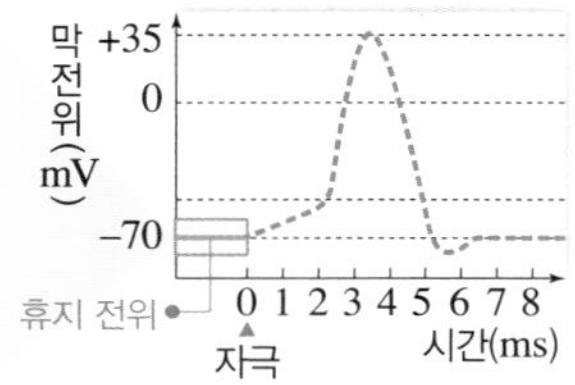
막전위(mV)
+35
0
−70
휴지 전위
0 1 2 3 4 5 6 7 8
자극
시간(ms)

• Na^+-K^+ 펌프에 의해 이온의 농도 차이 유지
• 세포 안: 음(−)전하
• 세포 밖: 양(+)전하

◆ **Na^+-K^+ 펌프**
세포막에 존재하는 단백질로, ATP를 소모하여 Na^+을 세포 밖으로 내보내고, K^+을 세포 안으로 이동시킨다.

◆ **K^+ 통로와 Na^+ 통로**
세포막에 존재하는 이온 통로이다. K^+은 K^+ 통로를 통해, Na^+은 Na^+ 통로를 통해 확산한다. 흥분 발생에 관여하는 Na^+ 통로와 K^+ 통로는 막전위 변화에 따라 열리고 닫힌다.

용어
❶ 막전위(膜 막, 電 전기, 位 자리) 세포막을 경계로 나타나는 세포 안팎의 전위 차이이다.

(2) **탈분극:** 휴지 상태의 뉴런에 자극을 주면 Na^+ 통로가 열려 Na^+이 세포 안으로 들어와 막전위가 상승하는 현상이다.

이온의 이동과 분포	뉴런이 자극을 받으면 일부 Na^+ 통로가 열린다. → Na^+이 Na^+ 통로를 통해 세포 밖에서 안으로 확산하여 들어와 막전위가 상승한다. → 막전위가 ❶역치 전위에 이르면 대부분의 Na^+ 통로가 열려 Na^+이 대량으로 확산하여 막전위가 급격히 상승한다. → 자극을 받은 부위는 막 안팎의 전위가 바뀐다.
하전 상태	세포막 안쪽은 양(+)전하, 세포막 바깥쪽은 음(−)전하를 띤다.
막전위	◆활동 전위 발생: 약 +35 mV까지 막전위가 급격히 상승한다.

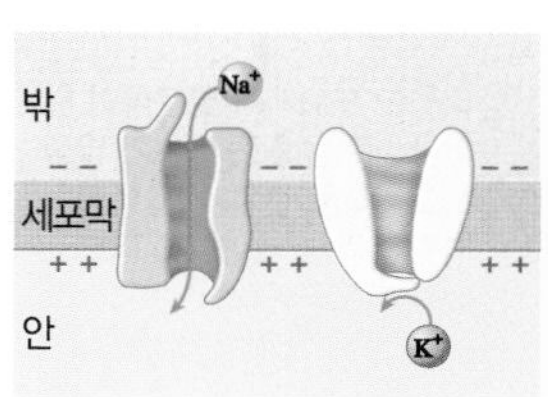

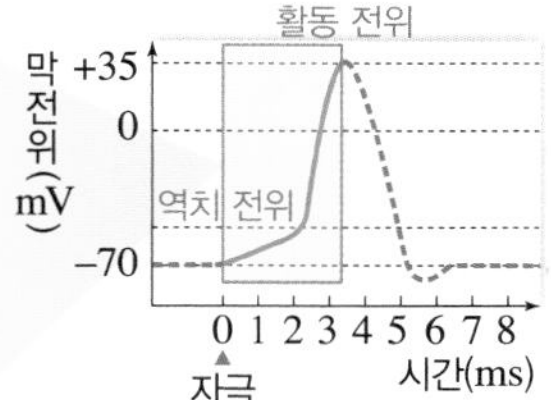

- Na^+이 세포 안으로 확산
- 세포 안: 양(+)전하
- 세포 밖: 음(−)전하

(3) **재분극:** 탈분극이 일어났던 부위에서 대부분의 Na^+ 통로가 닫혀 Na^+이 세포 안으로 들어오지 못하고, K^+ 통로가 열려 K^+이 세포 밖으로 나가면서 막전위가 하강하는 현상이다.

이온의 이동과 분포	• 탈분극으로 인해 막전위가 최고점에 이르면 대부분의 Na^+ 통로는 닫히고 K^+ 통로가 열린다. → K^+이 세포 안에서 밖으로 확산한다. • 재분극이 일어날 때 K^+ 통로가 천천히 닫히므로 막전위가 휴지 전위 아래로 내려가 과분극이 일어난다. • 열린 K^+ 통로가 모두 닫히면 Na^+-K^+ 펌프의 작용으로 분극 상태의 이온 분포로 돌아간다.
하전 상태	세포막 안쪽은 음(−)전하, 세포막 바깥쪽은 양(+)전하로 회복된다.
막전위	휴지 전위로 회복: 막전위가 하강하여 휴지 전위로 돌아간다.

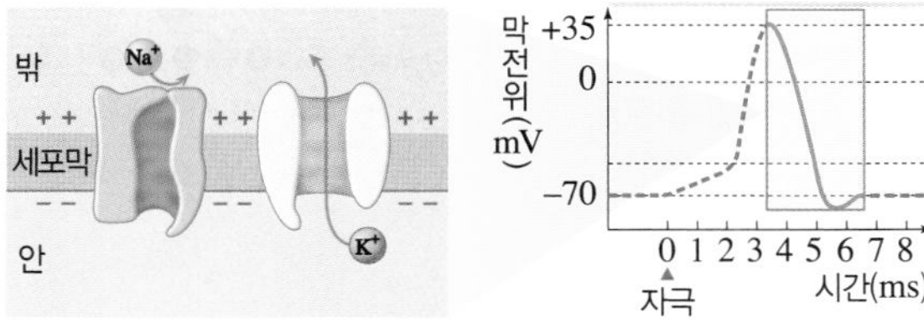

- K^+이 세포 밖으로 확산
- 세포 안: 음(−)전하
- 세포 밖: 양(+)전하

탐구 자료창 막전위와 이온의 막 투과도 변화

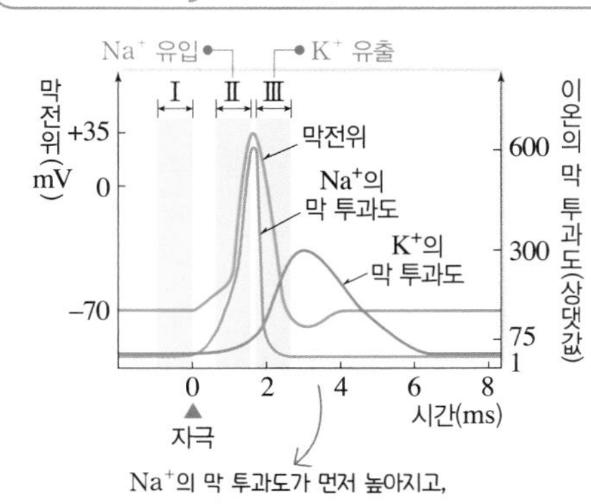

그림은 뉴런의 특정 부위에 역치 이상의 자극을 주었을 때 일어나는 막전위 변화와 Na^+, K^+의 막 투과도 변화를 나타낸 것이다.

1. **구간 Ⅰ(분극):** Na^+과 K^+의 막 투과도가 모두 낮다.
2. **구간 Ⅱ(탈분극):** Na^+ 통로가 열려 Na^+의 막 투과도가 높아진다. ➡ Na^+이 세포 안으로 유입되어 막전위가 상승한다.
3. **구간 Ⅲ(재분극):** Na^+ 통로가 닫혀 Na^+의 막 투과도는 낮아지고, K^+ 통로가 열려 K^+의 막 투과도가 높아진다. ➡ K^+이 세포 밖으로 유출되어 막전위가 하강한다.

주의해!

Na^+의 농도
탈분극이 일어나 Na^+이 세포 안으로 급격하게 이동하면 Na^+ 농도는 세포 안이 세포 밖보다 높아진다고 생각할 수 있다. 그러나 Na^+ 통로를 통한 Na^+의 이동은 농도가 높은 쪽에서 낮은 쪽으로 이동하는 확산에 의해 일어나므로 Na^+ 농도는 세포 안이 세포 밖보다 높아질 수 없다. 따라서 탈분극이 일어날 때에도 Na^+ 농도는 여전히 세포 밖이 세포 안보다 높다.

◆ **탈분극과 활동 전위**
역치 이상의 자극을 받은 뉴런에서 탈분극이 일어나 막전위가 역치 전위에 이르면 막전위가 급격히 상승하였다가 하강하는데, 이러한 막전위의 급격한 변화를 활동 전위라고 한다.
역치 이하의 자극을 받아도 막전위가 상승할 수 있지만, 역치 전위 이상으로 높아지지 못하여 활동 전위가 발생하지 않는다.

역치 이상의 자극을 받은 뉴런에서 막전위가 변하는 것은 Na^+과 K^+의 막 투과도가 변하기 때문이에요.

용어
❶ **역치(閾 문지방, 値 값)** 뉴런이 활동 전위를 일으킬 수 있는 최소한의 자극의 세기이다.

궁금해?

어떻게 이웃한 부위에서도 탈분극이 일어나게 될까?
활동 전위가 발생한 부위에서 세포 안으로 들어온 Na^+은 옆으로 확산하여 확산한 부위의 막전위를 변화시켜 탈분극이 일어나도록 한다.

3. 흥분 전도 한 뉴런 내에서 흥분이 축삭 돌기를 따라 이동하는 현상

(1) **흥분 전도 과정:** 뉴런의 세포막 한 부위에서 활동 전위가 발생하면 이웃한 부위에서 연속적으로 탈분극이 일어나 활동 전위가 축삭 돌기를 따라 연쇄적으로 발생하면서 흥분이 전도된다.

뉴런 내에서 흥분 전도 과정

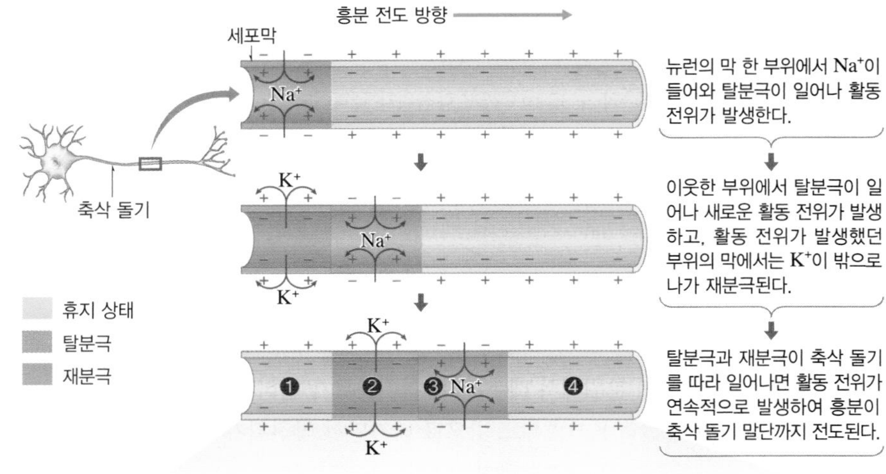

흥분 전도 방향
세포막
축삭 돌기
휴지 상태
탈분극
재분극
뉴런의 막 한 부위에서 Na⁺이 들어와 탈분극이 일어나 활동 전위가 발생한다.
이웃한 부위에서 탈분극이 일어나 새로운 활동 전위가 발생하고, 활동 전위가 발생했던 부위의 막에서는 K⁺이 밖으로 나가 재분극된다.
탈분극과 재분극이 축삭 돌기를 따라 일어나면 활동 전위가 연속적으로 발생하여 흥분이 축삭 돌기 말단까지 전도된다.

흥분이 전도되는 동안 연속적으로 발생하는 활동 전위의 크기는 일정하다.

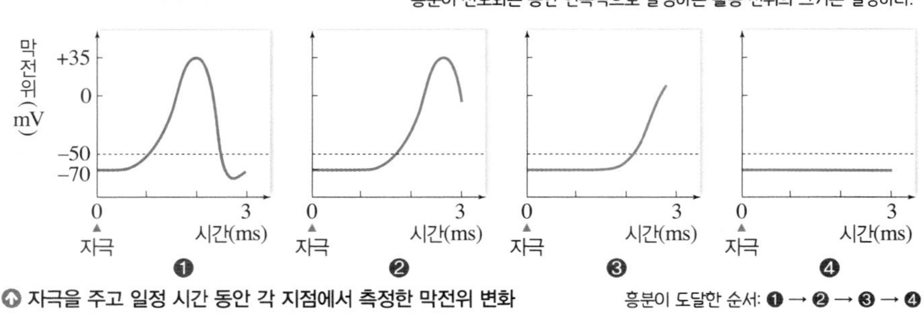

자극을 주고 일정 시간 동안 각 지점에서 측정한 막전위 변화

흥분이 도달한 순서: ❶ → ❷ → ❸ → ❹

흥분 전도가 왼쪽에서 오른쪽으로 진행하므로 ❶ 지점에서는 활동 전위 발생 후 휴지 상태 회복, ❷ 지점은 재분극 상태, ❸ 지점은 탈분극 상태, ❹ 지점은 흥분 도달 전 분극 상태예요.

자극의 세기에 따른 활동 전위의 변화

금성 교과서에만 나와요.

1. 뉴런은 1초에 수백 번의 높은 빈도로 활동 전위가 발생한다.
2. 자극의 세기가 강할수록 활동 전위의 발생 빈도가 증가한다. → 자극의 세기는 흥분 전도 속도에 영향을 주지 않는다.
3. 역치 이상의 자극이 주어질 때 활동 전위의 크기는 자극의 세기와 관계없이 일정하다.

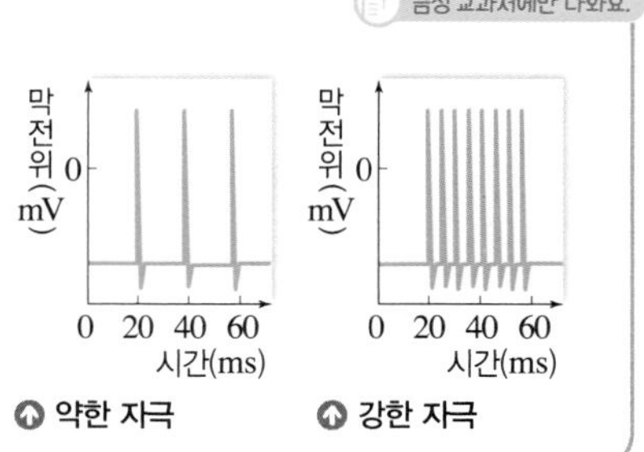

약한 자극 강한 자극

(2) **흥분 전도 속도:** 흥분 전도 속도에 영향을 주는 요인에는 말이집의 유무, 축삭 돌기의 굵기 등이 있다.

① 말이집 신경에서의 흥분 전도: 말이집 신경에서는 Na^+ 통로와 K^+ 통로가 밀집되어 있는 랑비에 결절에서만 활동 전위가 발생한다. ➡ 말이집 신경은 랑비에 결절에서 다음 랑비에 결절로 흥분이 전도되는 *도약전도가 일어나므로 흥분 전도 속도가 빠르다.

* **도약전도**
말이집 신경에서 징검다리를 건너뛰듯이 흥분이 랑비에 결절에서 다음 랑비에 결절로 건너뛰면서 전도되는 것이다.

| 말이집 신경과 민말이집 신경에서의 흥분 전도 속도 비교 |

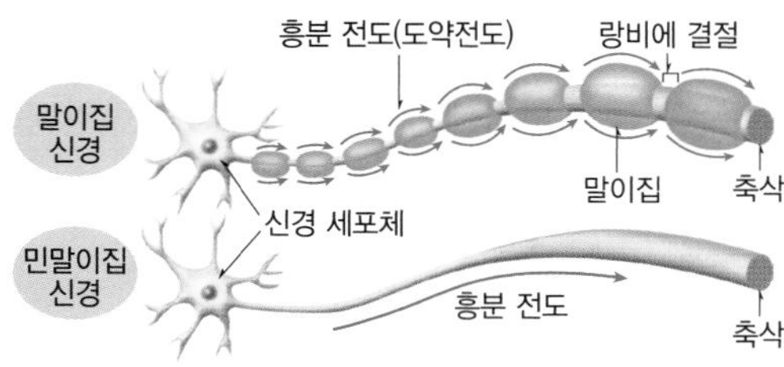

말이집 신경은 도약전도가 일어나 흥분 전도 속도가 민말이집 신경보다 빠르다. ➡ 말이집 신경에서는 랑비에 결절에서만 활동 전위가 발생하지만 민말이집 신경에서는 축삭 돌기를 따라 연속적으로 활동 전위가 발생하기 때문이다.

② 축삭 돌기의 굵기에 따른 흥분 전도: 축삭 돌기의 굵기가 증가할수록 저항이 감소하여 흥분 전도 속도가 빠르다. 미래엔, 동아 교과서에만 나와요.

| 축삭 돌기의 지름에 따른 흥분 전도 속도 비교 |

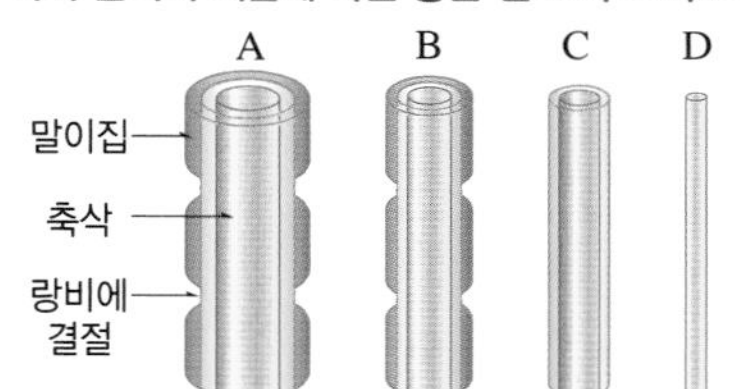

- 말이집 뉴런인 A와 B에서 축삭 돌기의 지름이 큰 A의 흥분 전도 속도가 B보다 빠르다.
- 민말이집 뉴런인 C와 D에서 축삭 돌기의 지름이 큰 C의 흥분 전도 속도가 D보다 빠르다.
- 흥분 전도 속도: A>B>C>D

C 흥분 전달

지금까지는 하나의 뉴런 안에서 축삭 돌기를 따라 흥분이 이동하는 '흥분의 전도'에 대해 배웠어요. 그럼 이제는 축삭 돌기를 따라 이동한 흥분을 다른 뉴런으로 전달해야겠죠? 흥분이 어떻게 다른 뉴런으로 전달되는지 알아보아요.

1. 흥분 전달 흥분이 한 뉴런에서 다른 뉴런으로 전달되는 현상이다. ➡ 흥분 전달은 ◆시냅스 소포에 들어 있는 ◆신경 전달 물질의 확산으로 일어난다.

(1) **흥분 전달 과정**

| 시냅스에서의 흥분 전달 과정 | 89쪽 대표 자료❸

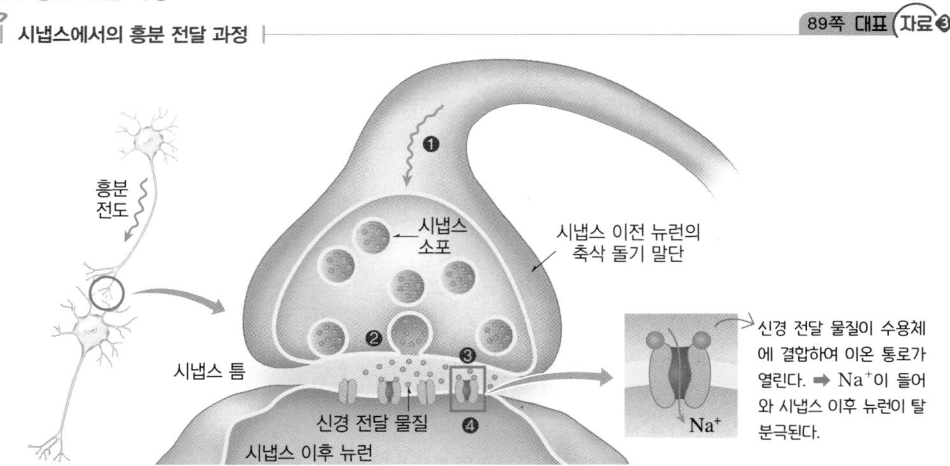

❶ 흥분이 축삭 돌기 말단에 도달한다.
❷ 시냅스 소포가 세포막과 융합하고, 시냅스 소포에서 신경 전달 물질이 시냅스 틈으로 방출된다.
❸ 신경 전달 물질이 시냅스 이후 뉴런의 세포막에 있는 신경 전달 물질 수용체와 결합한다.
❹ 이온 통로가 열려 시냅스 이후 뉴런이 탈분극되고 활동 전위가 발생함으로써 흥분이 전달된다.

◆ **시냅스**
한 뉴런의 축삭 돌기 말단은 다음 뉴런과 약 20 nm의 좁은 간격을 두고 접해 있는데, 이 접속 부위를 시냅스라고 하며, 뉴런과 뉴런 사이의 좁은 틈을 시냅스 틈이라고 한다.

◆ **신경 전달 물질**
뉴런의 축삭 돌기 말단에서 방출되어 인접한 뉴런이나 반응 기관에 신호를 전달하는 화학 물질이다.
예 도파민, 가바(GABA), 세로토닌, 아세틸콜린, 노르에피네프린 등

궁금해?
시냅스 틈으로 분비된 신경 전달 물질의 제거 방법은?
시냅스 틈으로 분비된 신경 전달 물질은 시냅스 이전 뉴런으로 재흡수되거나, 효소에 의해 분해됨으로써 제거된다. 시냅스 틈으로 분비된 신경 전달 물질이 제거되지 않으면 뉴런이 불필요한 자극을 받아 과도한 흥분이 발생할 수 있다.

(2) **흥분 전달의 방향성:** 신경 전달 물질이 들어 있는 시냅스 소포는 시냅스 이전 뉴런의 축삭 돌기 말단에 있고, 신경 전달 물질 수용체는 시냅스 이후 뉴런의 신경 세포체나 가지 돌기에 있다. 따라서 흥분은 시냅스 이전 뉴런의 축삭 돌기 말단에서 시냅스 이후 뉴런의 가지 돌기나 신경 세포체 쪽으로만 전달된다. → 흥분 전달은 한 방향으로만 일어난다.

어떤 뉴런의 축삭 돌기 중간에 자극을 주어 흥분이 발생하면, 이 흥분은 그 뉴런 내에서 양 방향으로 전도되지요.

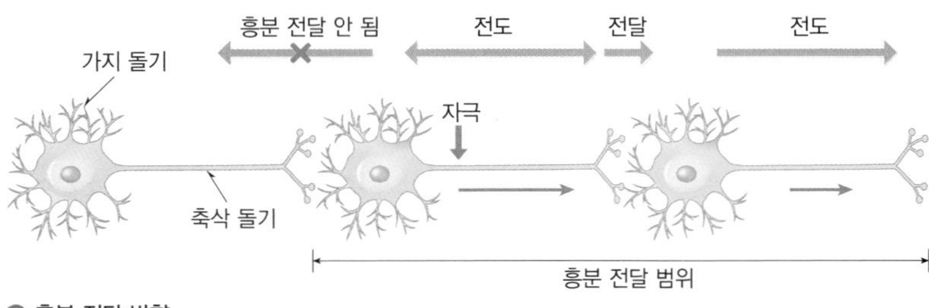

흥분 전달 방향

심화+ 흥분 전달과 자극의 통합

시냅스에서의 흥분 전달은 화학 물질의 확산에 의해 일어나므로 흥분의 전기적 전도보다 속도가 느리지만, 자극의 통합에 중요한 역할을 한다.

1. 각각의 뉴런은 약 1000개~10000개의 뉴런과 시냅스를 형성하고 있고, 시냅스에는 흥분 신호를 전달하는 것과 억제 신호를 전달하는 것이 있다.
2. 여러 개의 뉴런으로부터 흥분 신호와 억제 신호가 전달되면 시냅스 이후 뉴런에서는 이 신호들이 통합되어 활동 전위가 발생하거나 발생하지 않게 된다.

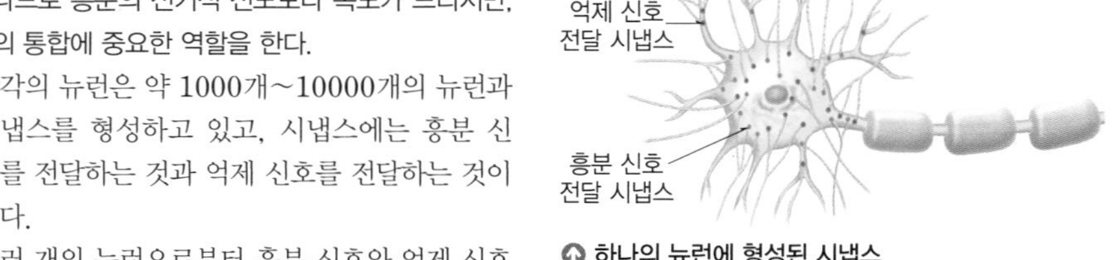

하나의 뉴런에 형성된 시냅스

2. 시냅스에서 흥분 전달에 영향을 미치는 약물 약물 중에는 시냅스에서 일어나는 흥분 전달에 작용하여 인체에 영향을 미치는 것이 있는데, 이러한 약물은 그 영향에 따라 진정제, 각성제, 환각제 등으로 구분할 수 있다.

(1) **약물의 구분**

구분	◆약물이 인체에 미치는 영향	약물의 예
진정제	• 시냅스에서 일어나는 신호 전달을 억제한다. • 긴장과 통증을 완화시키거나 수면을 유도한다.	아편, 수면제, 알코올, 프로포폴
각성제	• 시냅스에서 신경 전달 물질의 재흡수나 분해를 억제한다. • 신경을 흥분시켜 긴장 상태를 유지하게 하고, 호흡 운동과 심장 박동을 빠르게 하며, 각성 효과를 나타낸다.	카페인, 니코틴, 코카인, 엑스터시
환각제	• 시냅스에서 신경 전달 물질의 작용을 방해한다. • 인지 작용과 의식을 변화시켜 실제로 존재하지 않는 환각을 유발한다.	대마초, 부탄가스, LSD

(2) **약물의 오남용:** 약물을 다른 목적으로 사용(오용)하거나 너무 많이 사용(남용)하면 신경계 기능에 심각한 영향을 미쳐 인체의 여러 기능이 손상될 수 있다.

◆ **약물이 우리 몸에 미치는 영향**
- 알코올: 술에 함유되어 있다. 과도한 음주는 판단력 저하, 반응 속도 저하를 일으키며 뇌 손상, 간 손상을 유발할 수 있다.
- 프로포폴: 수면 마취제의 일종으로 심장 박동 저하, 혈압 저하 등이 나타난다.
- 니코틴: 주로 담배에 함유되어 있다. 심장 박동을 증가시키며, 암 발생 확률이 높아진다.
- LSD(Lysergic acid diethylamide): 강력한 환각제로 공포감, 불안감, 두려움 등을 느끼게 하며, 환각을 유발한다.

개념 확인 문제

핵심 체크

- (❶): 뉴런이 자극을 받아 세포막의 전기적 특성이 변하는 현상이다.
- 흥분의 발생: (❷) → (❸) → (❹) 순으로 일어난다.
  - (❷): 휴지 전위가 나타나는 뉴런에서 세포막 안쪽은 음(−)전하, 바깥쪽은 양(+)전하를 띠고 있는 상태이다.
  - (❸): 자극을 받은 뉴런에서 Na^+ 통로가 열려 Na^+이 세포 안으로 확산하여 막전위가 상승하는 현상이다.
  - (❹): Na^+ 통로가 닫히고, K^+ 통로가 열려 K^+이 세포 밖으로 확산하여 막전위가 하강하는 현상이다.
- 흥분 전도 속도: 말이집 신경은 (❺)를 하므로 민말이집 신경보다 흥분 전도 속도가 빠르다.
- 흥분 전도와 흥분 전달: 한 뉴런 내에서 흥분이 이동하는 현상은 (❻)이고, 흥분이 한 뉴런에서 다른 뉴런으로 전달되는 현상은 (❼)이다.
- 흥분 전달 과정: 활동 전위가 (❽) 말단에 도달한다. → 시냅스 소포에서 신경 전달 물질이 시냅스 틈으로 방출된다. → 신경 전달 물질이 시냅스 이후 뉴런을 탈분극시켜 활동 전위가 발생한다.
- 시냅스에서 흥분 전달에 영향을 미치는 약물: 영향에 따라 진정제, 각성제, 환각제 등으로 구분한다.

1 휴지 상태의 뉴런에 대한 설명으로 옳은 것은 ○, 옳지 않은 것은 ×로 표시하시오.

(1) Na^+-K^+ 펌프가 ATP를 소모하여 Na^+을 세포 안으로, K^+을 세포 밖으로 이동시킨다. ( )

(2) K^+은 세포 밖보다 안에, Na^+은 세포 안보다 밖에 더 많이 분포한다. ( )

(3) 세포막 안쪽은 양(+)전하, 바깥쪽은 음(−)전하를 띤다. ( )

2 활동 전위가 발생할 때의 뉴런에 대한 설명 중 ( ) 안에 알맞은 말을 고르거나 쓰시오.

(1) ㉠(Na^+, K^+) 통로가 열려 ㉡(Na^+, K^+)이 세포 안으로 들어와 막전위가 상승하는 ㉢( )이 일어난다.

(2) 탈분극이 일어나면 세포막 안쪽은 ㉠(양(+), 음(−))전하, 바깥쪽은 ㉡(양(+), 음(−))전하를 띠게 된다.

(3) 막전위가 최고점에 이르면 ㉠(Na^+, K^+) 통로는 닫히고, ㉡(Na^+, K^+) 통로가 열려 K^+이 세포 밖으로 확산하여 막전위가 하강하는 ㉢( )이 일어난다.

3 그림 (가)는 역치 이상의 자극을 1회 주고 2 ms가 지났을 때 뉴런 안팎의 하전 상태를, (나)는 자극을 준 후 2 ms 동안 A~D에서 일어난 막전위 변화를 순서 없이 나타낸 것이다.

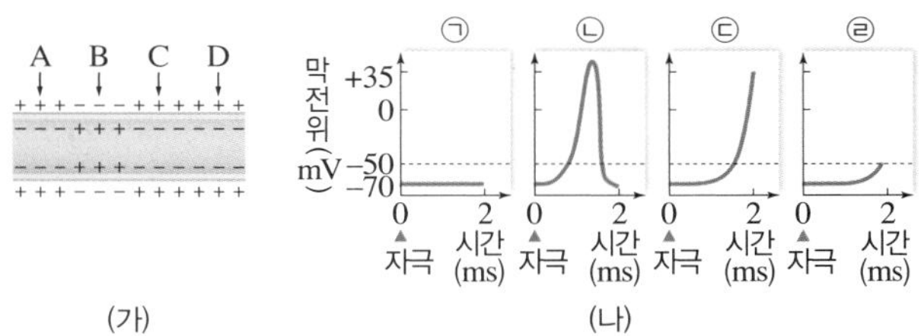

(가) (나)

흥분 전도가 A → D 방향으로 일어난다면 A~D 지점에서 일어난 막전위 변화를 (나)의 ㉠~㉣과 옳게 연결하시오.

4 그림은 시냅스에서 흥분 전달 과정을 나타낸 것이다.

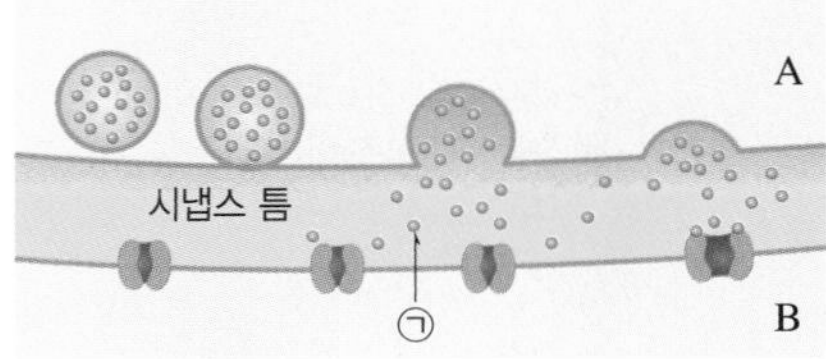

( ) 안에 알맞은 말을 쓰시오.

(1) A와 B 중 시냅스 이전 뉴런은 ( )이다.

(2) 시냅스 소포에 들어 있던 물질 ㉠은 ( )이다.

완자쌤 비법 특강

흥분의 발생 과정

뉴런에서 발생한 흥분이 전도되는 것은 축삭 돌기에서 나타나는 막전위의 급격하고 일시적인 변화인 활동 전위가 축삭 돌기를 따라 연속적으로 발생하기 때문입니다. 그럼 활동 전위의 발생 과정에서 뉴런의 막전위 변화는 어떻게 일어나는지 정리해 볼까요?

1 활동 전위의 발생과 뉴런의 막전위 변화

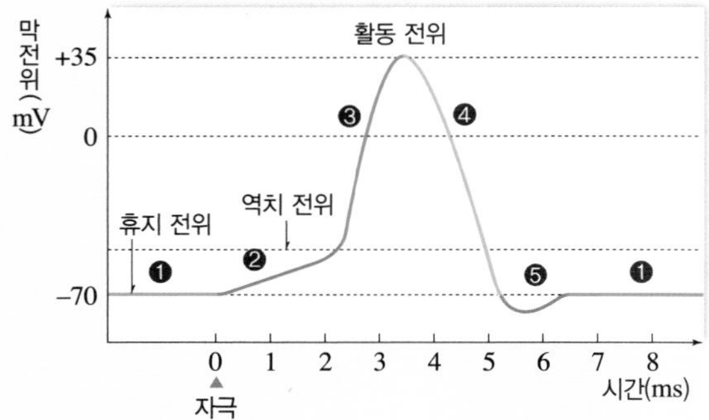

❷ 탈분극 시작

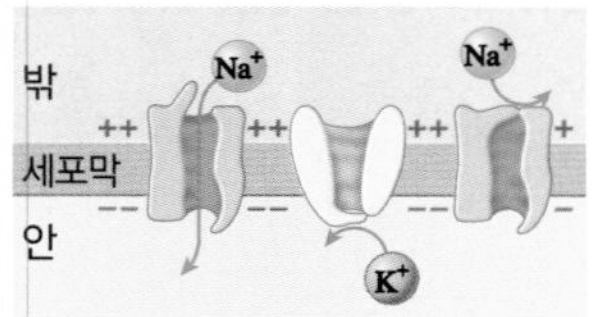

일부 Na^+ 통로가 열려 Na^+이 세포 안으로 확산되어 들어온다. ➡ 막전위가 약간 상승한다.

❸ 활동 전위 발생

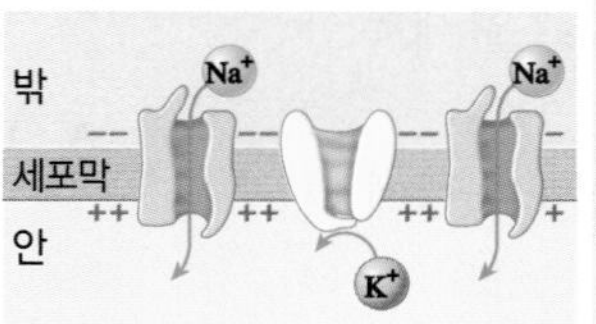

막전위가 역치 전위에 이르면 대부분의 Na^+ 통로가 열려 Na^+이 세포 안으로 빠르게 확산되어 들어온다. ➡ 막전위가 +35 mV까지 급격히 상승한다.

❹ 재분극

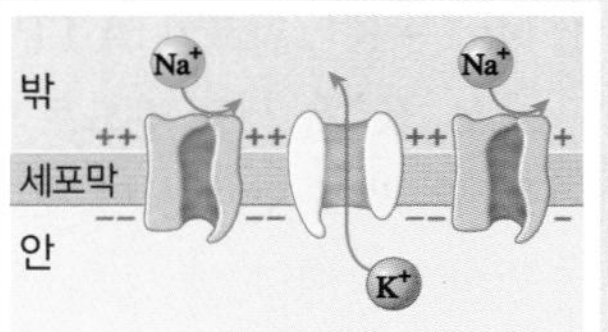

막전위의 상승이 끝나는 시점에 이르면 Na^+ 통로는 닫히고 K^+ 통로가 열려 K^+이 세포 밖으로 확산되어 나간다. ➡ 막전위가 하강한다.

❺ 과분극

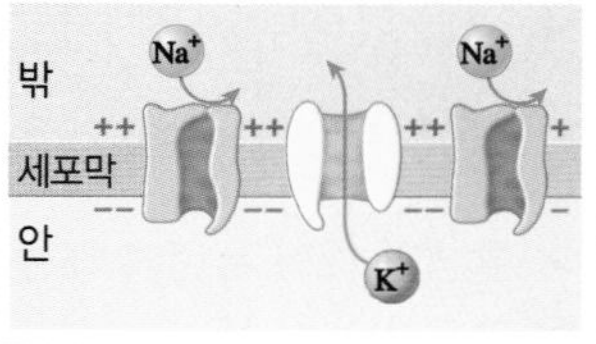

- K^+ 통로가 천천히 닫혀 일부 열린 K^+ 통로로 K^+이 계속 확산되어 나간다. ➡ 막전위가 휴지 전위 아래로 하강한다.
- 열린 K^+ 통로가 닫히고 Na^+-K^+ 펌프의 작용으로 이온 분포가 분극 상태로 돌아간다.

❶ 분극

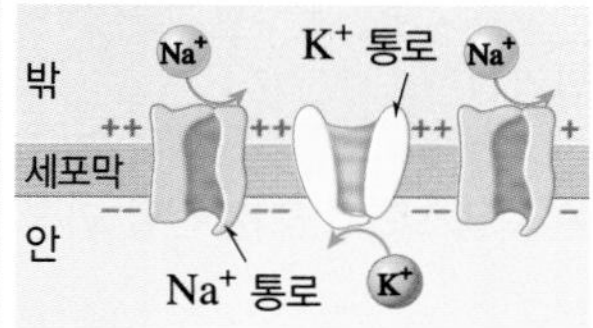

- Na^+-K^+ 펌프에 의한 Na^+과 K^+의 능동 수송이 일어난다.
- Na^+ 통로와 대부분의 K^+ 통로는 닫혀 있다.
- 세포 안에는 K^+, 밖에는 Na^+이 많다.
- 휴지 전위를 유지한다.

Q1 뉴런의 막전위가 상승할 때와 하강할 때 가장 관련 있는 이온은 각각 무엇인가?

D 근수축

달리기경기에서 출발 소리를 들은 선수의 뇌에서는 '달려!'라는 명령을 내리고, 이 명령은 운동 뉴런을 거쳐 팔다리 근육에 도달해 팔다리 근육을 수축·이완시켜 달려나가도록 합니다. 이때 근수축 운동은 어떤 과정으로 일어나는지 알아볼까요? 특히 이 부분에서는 골격근의 구조와 근수축 과정에서 근육 원섬유 마디의 변화가 중요하니 꼭 기억하세요.

1. 골격근 뼈에 붙어 있는 ◆근육으로, 골격의 움직임을 만들어 낸다.

골격근의 수축과 이완 천재 교과서에만 나와요.

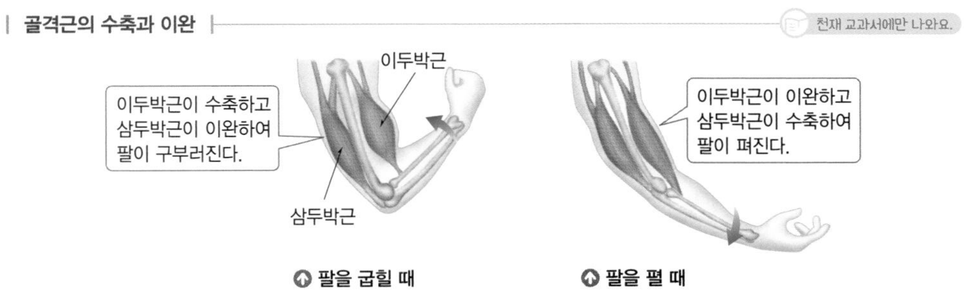

이두박근
이두박근이 수축하고 삼두박근이 이완하여 팔이 구부러진다.
삼두박근
이두박근이 이완하고 삼두박근이 수축하여 팔이 펴진다.

팔을 굽힐 때　팔을 펼 때

● 천재 교과서에서는 근육 섬유를 근육 세포라고 표현한다.

2. 골격근의 구조 골격근은 여러 개의 근육 섬유 다발로 구성되고, 근육 섬유 다발은 여러 개의 근육 섬유로, 각각의 근육 섬유는 많은 근육 원섬유로 이루어진다.

(1) ◆**근육 섬유:** 근육을 구성하는 세포로, 세포 여러 개가 융합하여 형성된 다핵성 세포이다.

(2) **근육 원섬유:** 굵은 마이오신 필라멘트와 가는 액틴 필라멘트로 구성되며, 전자 현미경으로 관찰하면 근육 원섬유 마디가 반복되어 있는 것을 볼 수 있다.

(3) ❶**근육 원섬유 마디(근절):** 근수축의 기본 단위로, 마이오신 필라멘트와 액틴 필라멘트가 일부 겹쳐 배열되어 있다.

골격근의 구조

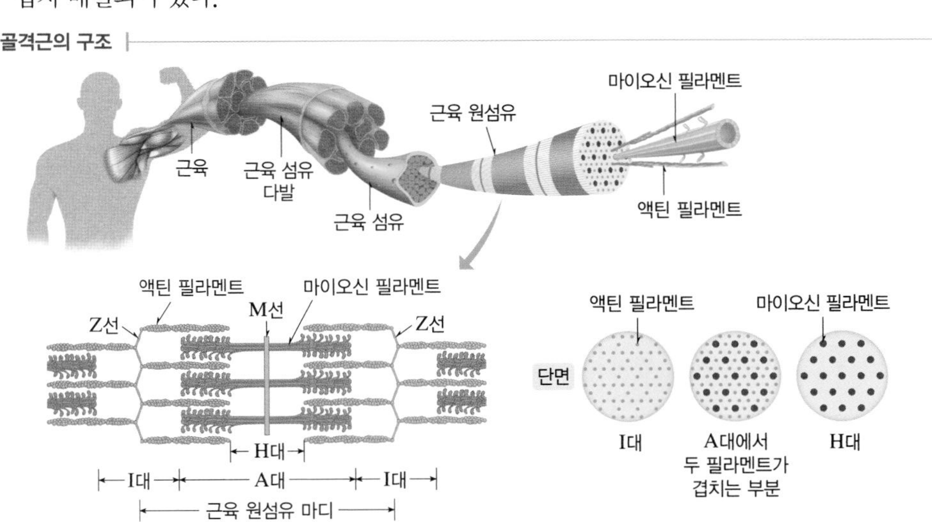

- 골격근 ⊃ 근육 섬유 다발 ⊃ 근육 섬유 ⊃ 근육 원섬유 ⊃ 마이오신 필라멘트, 액틴 필라멘트
- A대(암대): 마이오신 필라멘트가 있는 부분으로, 어둡게 보인다.
- I대(명대): 액틴 필라멘트만 있는 부분으로, 밝게 보인다.
- H대: 근육 원섬유 중심에 있는 마이오신 필라멘트만 있는 부분이다.
- 마이오신 필라멘트가 있는 A대는 어둡게 보이고, 액틴 필라멘트만 있는 I대는 밝게 보이므로 근육 원섬유를 관찰하면 어두운 부분과 밝은 부분이 교대로 반복된다. ➡ A대(암대)와 I대(명대)가 반복되는 가로무늬가 나타난다.

◆ **근육의 종류**
근육에는 골격근처럼 의지에 따라 움직일 수 있는 수의근과 심장근, 내장근처럼 의지에 따라 움직일 수 없는 불수의근이 있다.

◆ **근육 섬유**
근육 섬유는 여러 개의 세포가 융합하여 만들어지므로 여러 개의 핵을 가진다.

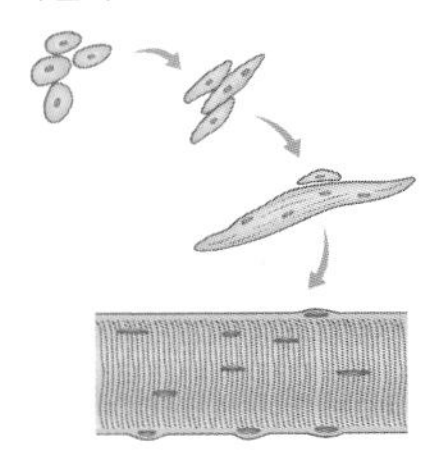

용어
❶ **근육 원섬유 마디** Z선과 Z선 사이의 한 마디로, 마이오신 필라멘트와 액틴 필라멘트가 일부 겹쳐 배열된다.

3. **근수축 과정** 근육 섬유의 세포막과 접해 있는 운동 뉴런의 축삭 돌기 말단에 활동 전위가 도달하면 축삭 돌기 말단에 있는 시냅스 소포에서 아세틸콜린이 방출된다. → 근육 섬유의 세포막이 탈분극되고 활동 전위가 발생한다. → 근육 원섬유 마디가 짧아지면서 근육 원섬유가 수축한다.

4. **근수축 원리(활주설)** 액틴 필라멘트가 마이오신 필라멘트 사이로 미끄러져 들어가 액틴 필라멘트와 마이오신 필라멘트가 겹치는 부분이 증가하여 근육 원섬유 마디가 짧아지면서 근육이 수축한다. ➡ ATP가 분해될 때 방출하는 에너지를 사용하여 마이오신 필라멘트가 액틴 필라멘트를 끌어당김으로써 일어난다.

활주설에 따른 근육 원섬유 마디의 변화 89쪽 대표 자료❹

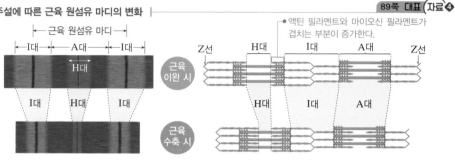

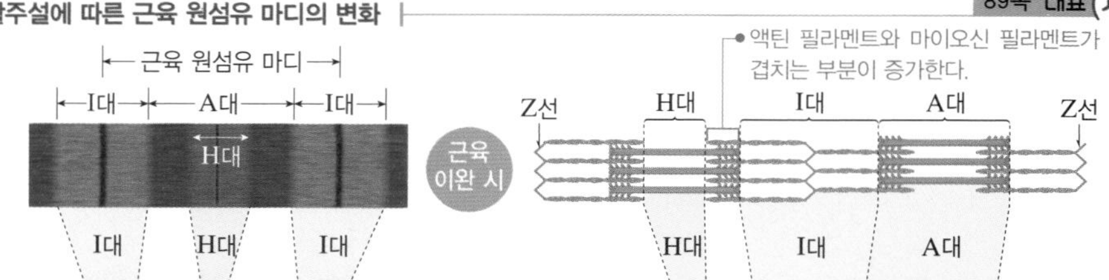

- 근육 원섬유 마디, I대, H대의 길이는 짧아지고, A대의 길이는 변화 없다.
- 액틴 필라멘트, 마이오신 필라멘트의 길이는 변하지 않는다. → 근수축이 일어날 때 액틴 필라멘트와 마이오신 필라멘트 자체가 수축하는 것이 아니다.

궁금해?

단거리 육상 선수와 마라톤 선수의 다리 근육은 비슷하게 발달할까?

단거리 선수의 다리 근육은 짧은 시간 동안 강하게 수축해야 하므로 산소가 충분히 공급되지 않은 상태에서 많은 양의 ATP를 생산해야 하지만, 마라톤 선수의 다리 근육은 오랜 시간 지속해서 수축해야 하므로 산소를 충분히 공급하여 ATP를 생산해야 한다. 따라서 단거리 선수의 다리는 산소를 공급하기 위한 혈관이 잘 발달하지 않은 근육 위주로 구성되어 있지만, 마라톤 선수의 다리는 혈관이 잘 발달한 근육 위주로 구성되어 있다.

탐구 자료창 근수축 모형 만들기

보라색 폼 보드 가운데에는 굵은 빨대를 꽂고, 붉은색 폼 보드 가운데에는 가는 빨대를 꽂은 후 가는 빨대 사이에 굵은 빨대가 들어가도록 끼운다. 보라색 폼 보드는 그대로 둔 채 양쪽의 붉은색 폼 보드 사이의 간격을 좁혔다, 넓혔다 해 본다.

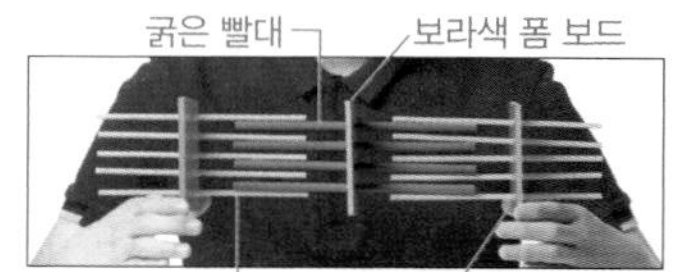

1. 모형과 근육 원섬유 마디 비교

모형	보라색 폼 보드	붉은색 폼 보드	굵은 빨대	가는 빨대
근육 원섬유 마디	M선	Z선	마이오신 필라멘트	액틴 필라멘트

2. **근수축 과정:** 붉은색 폼 보드 사이의 간격을 좁히는 것은 근수축 과정에 비유할 수 있다.
- 굵은 빨대와 가는 빨대의 겹치는 부분이 증가한다. ➡ 마이오신 필라멘트와 액틴 필라멘트의 겹치는 부분이 증가하여 근육 원섬유 마디가 짧아진다.
- 굵은 빨대와 가는 빨대의 길이는 변하지 않는다. ➡ 마이오신 필라멘트와 액틴 필라멘트의 길이는 변하지 않는다.

근수축의 에너지원

1. **근수축의 직접적인 에너지원:** ATP
2. **ATP의 공급:** 근육 세포에는 3초 정도 수축을 지속할 수 있는 ATP만 저장되어 있어 오랫동안 근수축이 일어나려면 소모된 ATP를 다시 재생해야 한다.
3. **ATP의 재생:** ❶크레아틴 인산을 이용하여 단시간에 ATP를 재생할 수 있지만, 크레아틴 인산의 양이 충분하지 않으므로 세포 호흡을 통해 ATP를 재생해야 한다. 산소가 충분히 공급될 때에는 산소 호흡으로, 산소 호흡이 충분하지 않을 때에는 ❷젖산 발효로 ATP를 합성한다.

용어

❶ **크레아틴 인산(creatine phosphate)** 크레아틴에 인산이 결합된 물질로, ATP를 많이 소비하는 근육에서 ATP를 보충해 주는 에너지 저장 물질의 역할을 한다. ADP에 인산기를 제공하여 ATP를 빠르게 재생한다.

❷ **젖산 발효(lactic acid fermentation)** 산소 없이 포도당을 젖산으로 분해하여 ATP를 얻는 과정이다.

개념 확인 문제

핵심 체크

- (❶): 뼈에 붙어 골격의 움직임을 만들어 내는 근육
- 골격근의 구조: 골격근 ⊃ 근육 섬유 다발 ⊃ 근육 섬유 ⊃ (❷) ⊃ 마이오신 필라멘트, 액틴 필라멘트
- 근육 원섬유는 굵은 (❸) 필라멘트와 가는 (❹) 필라멘트로 구성된다.
- 근수축 원리: 액틴 필라멘트가 마이오신 필라멘트 사이로 미끄러져 들어가 근육 원섬유 마디가 짧아지면서 근육이 수축하며, 이때 (❺)가 소모된다.
- 근수축 과정에서 근육 원섬유 마디의 변화: 근육 원섬유 마디, H대, I대의 길이는 짧아지며, A대의 길이는 변화 없다.

1 골격근의 구조에 대한 설명 중 ( ) 안에 공통으로 들어갈 알맞은 말을 쓰시오.

> 골격근은 평행하게 배열된 여러 개의 근육 섬유 다발로 구성되고, 하나의 근육 섬유는 많은 ( )로 이루어지며, ( )는 굵은 마이오신 필라멘트와 가는 액틴 필라멘트로 구성된다.

2 그림 (가)는 골격근의 구조를, (나)는 이 골격근을 구성하는 근육 원섬유의 구조를 나타낸 것이다.

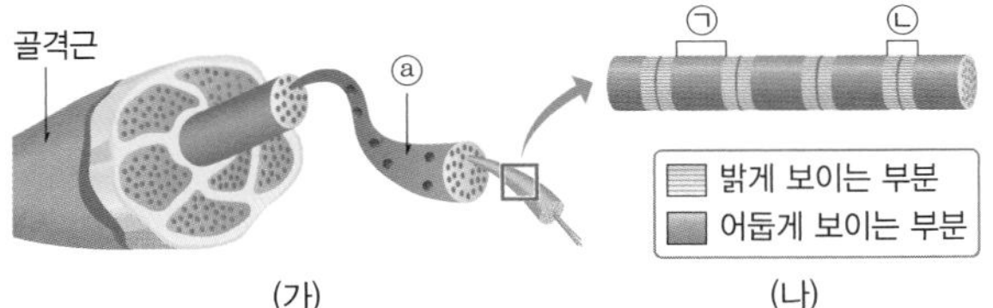

이에 대한 설명으로 옳은 것은 ○, 옳지 않은 것은 ×로 표시하시오.

(1) ⓐ는 근육 섬유이다. ( )

(2) ㉠은 액틴 필라멘트만 있는 부분이고, ㉡은 마이오신 필라멘트만 있는 부분이다. ( )

(3) 근육 원섬유 마디의 길이는 $\frac{\text{㉠의 길이}+\text{㉡의 길이}}{2}$ 이다. ( )

(4) 근육 원섬유를 관찰하면 어두운 부분과 밝은 부분이 반복되어 가로무늬가 나타난다. ( )

3 그림은 근육 원섬유 마디를 나타낸 것이다.

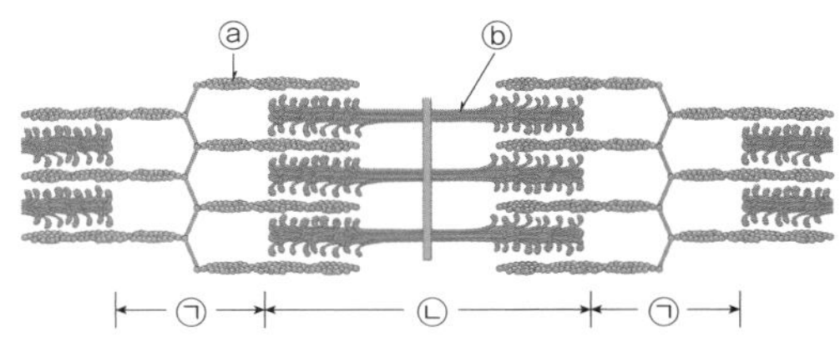

이에 대한 설명으로 옳은 것은 ○, 옳지 않은 것은 ×로 표시하시오.

(1) ⓐ는 마이오신 필라멘트, ⓑ는 액틴 필라멘트이다. ( )

(2) 전자 현미경으로 관찰하였을 때 ㉠은 밝게 보이는 I대, ㉡은 어둡게 보이는 A대이다. ( )

(3) 하나의 근육 섬유에는 하나의 근육 원섬유 마디가 존재한다. ( )

4 근수축에 대한 설명 중 ( ) 안에 알맞은 말을 고르시오.

(1) 운동 뉴런의 축삭 돌기 말단에 있는 시냅스 소포에서 신경 전달 물질인 (에피네프린, 아세틸콜린)이 방출되면 근육 원섬유가 수축한다.

(2) 근육 원섬유가 수축할 때 마이오신 필라멘트와 액틴 필라멘트 각각의 길이는 (짧아진다, 변하지 않는다).

(3) 근수축은 액틴 필라멘트와 마이오신 필라멘트가 겹치는 구간이 ㉠(늘어나, 줄어들어) 근육 원섬유 마디가 ㉡(짧아지는, 늘어나는) 것이다.

(4) 근육 원섬유가 수축할 때 ㉠(액틴, 마이오신) 필라멘트가 ATP를 소모하여 ㉡(액틴, 마이오신) 필라멘트를 끌어당긴다.

대표 자료 분석

자료 ❶ 흥분 전도 시 막전위 변화

기출 Point
- 활동 전위 형성 과정 알기
- 막전위 변화 그래프의 각 구간에서 이온 이동 방향, 세포막 안쪽과 바깥쪽의 하전 상태 알기

[1~3] 그림은 어떤 뉴런에 자극을 주었을 때 막전위 변화를 나타낸 것이다.

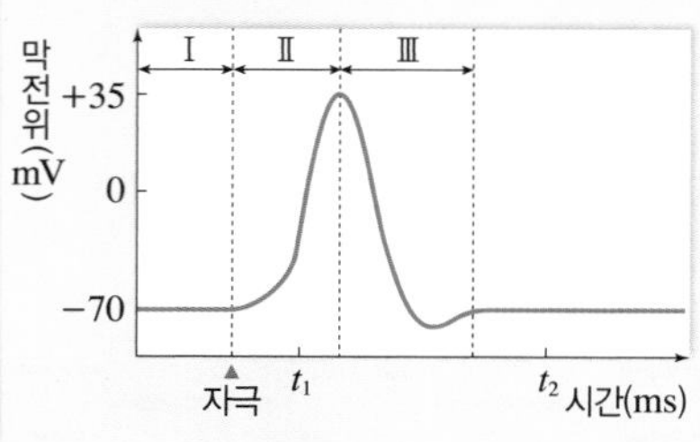

1 분극, 탈분극, 재분극 중 구간 Ⅰ~Ⅲ에 해당하는 상태를 각각 쓰시오.

2 다음 설명에 해당하는 구간을 찾아 기호를 쓰시오.

(1) 휴지 전위가 측정된다. ( )

(2) K^+ 통로가 열려 K^+이 세포 안에서 세포 밖으로 확산한다. ( )

(3) Na^+ 통로가 열려 Na^+이 세포 밖에서 세포 안으로 확산한다. ( )

(4) Na^+-K^+ 펌프에 의해 세포막을 경계로 Na^+과 K^+이 불균등하게 분포하여 분극 상태이다. ( )

3 빈출 선택지로 완벽 정리!

(1) 구간 Ⅰ에서 세포막을 통한 이온의 이동은 일어나지 않는다. (○/×)

(2) 구간 Ⅰ에서 세포막 안쪽은 양(+)전하, 세포막 바깥쪽은 음(−)전하를 띤다. (○/×)

(3) 구간 Ⅰ~Ⅲ에서 Na^+ 농도는 모두 세포 밖이 세포 안보다 높다. (○/×)

(4) 구간 Ⅲ에서 모든 Na^+ 통로는 계속 열려 있다. (○/×)

자료 ❷ 이온의 막 투과도 변화

기출 Point
- 활동 전위 발생 시 이온의 막 투과도 변화 파악하기
- 막 투과도 변화 그래프의 각 시점에서 이온 통로 개폐, 이온 확산 방향, 막전위 변화 알기

[1~3] 그림은 어떤 뉴런에 역치 이상의 자극을 주었을 때, 이 뉴런 세포막의 한 지점에서 이온 ㉠과 ㉡의 막 투과도 변화를 나타낸 것이다. ㉠과 ㉡은 각각 Na^+과 K^+ 중 하나이다.

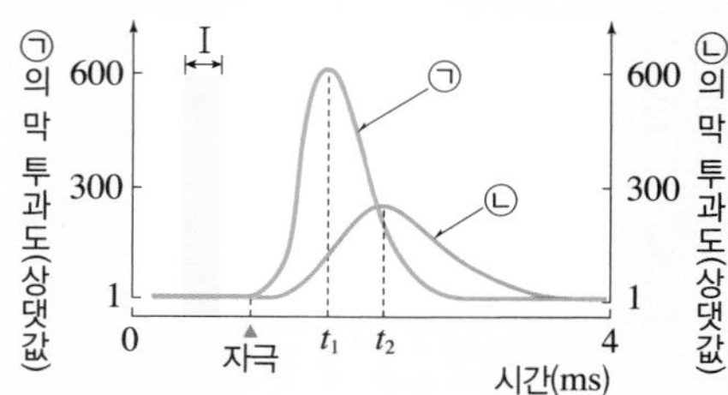

1 ㉠과 ㉡은 각각 무엇인지 쓰시오.

2 다음 설명에 해당하는 시점을 찾아 기호를 쓰시오.

(1) K^+이 K^+ 통로를 통해 세포 밖으로 확산하여 막전위가 하강한다. ( )

(2) Na^+이 Na^+ 통로를 통해 세포 안으로 대량 확산한다. ( )

3 빈출 선택지로 완벽 정리!

(1) 구간 Ⅰ에서 Na^+-K^+ 펌프를 통해 ㉡이 세포 안으로 유입된다. (○ / ×)

(2) Na^+의 막 투과도는 t_2일 때가 t_1일 때보다 크다. (○ / ×)

(3) t_1일 때 이온 통로를 통한 ㉠의 이동에 ATP가 사용된다. (○ / ×)

(4) t_2일 때 이온의 $\frac{\text{세포 안의 농도}}{\text{세포 밖의 농도}}$는 ㉡이 ㉠보다 크다. (○ / ×)

(5) t_2일 때 Na^+의 농도는 세포 안에서가 세포 밖에서보다 높다. (○ / ×)

자료 ❸ 흥분 전도와 흥분 전달

기출 Point
- 흥분 전도와 흥분 전달의 원리 알기
- 흥분 전달 방향 파악하기

[1~3] 그림은 두 뉴런의 연결과 시냅스에서의 흥분 전달 과정을 나타낸 것이다.

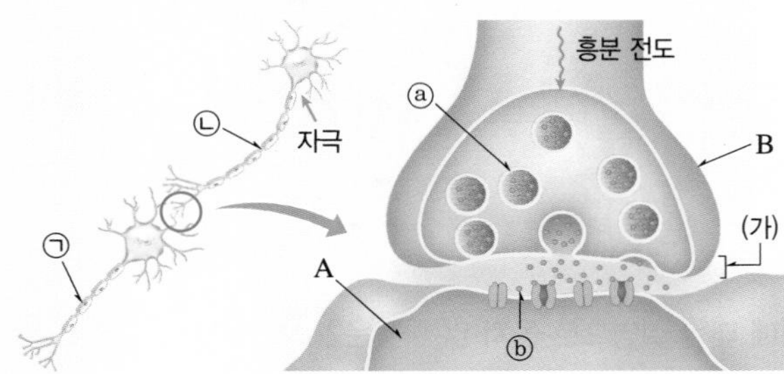

1 ⓐ와 ⓑ의 이름을 각각 쓰시오.

2 흥분의 전달 방향은 (A → B, B → A)이다.

3 빈출 선택지로 완벽 정리!

(1) 그림에서와 같이 역치 이상의 자극을 주면 ㉠과 ㉡에서 모두 활동 전위가 발생한다. (○ / ×)

(2) 그림의 두 뉴런에서는 흥분 전도 시 모두 도약전도가 일어난다. (○ / ×)

(3) A는 시냅스 이후 뉴런, B는 시냅스 이전 뉴런이다. (○ / ×)

(4) 두 뉴런의 접속 부위인 (가)는 시냅스이다. (○ / ×)

(5) 신경 전달 물질은 가지 돌기에서 분비되어 시냅스 틈으로 방출된다. (○ / ×)

(6) ⓐ는 뉴런 A의 세포막과 융합하여 신경 전달 물질을 흡수한다. (○ / ×)

(7) ⓑ는 뉴런 A의 세포막에서 탈분극이 일어나게 한다. (○ / ×)

자료 ❹ 근육 원섬유 마디의 길이 변화

기출 Point
- 근육 원섬유 마디의 구조 알기
- 근수축 시 근육 원섬유 마디를 이루는 각 부분의 길이 변화 알기

[1~4] 그림은 골격근을 구성하는 근육 원섬유 마디 X의 구조를 나타낸 것이다. X는 좌우 대칭이다.

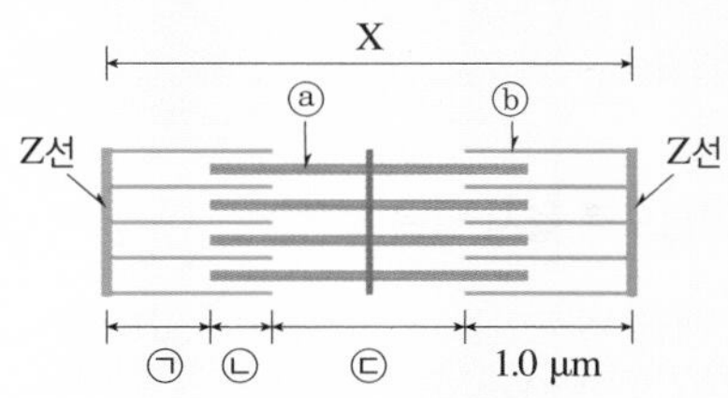

1 근육 원섬유 마디를 구성하는 ⓐ와 ⓑ는 각각 무엇인지 쓰시오.

2 근수축 시 ㉠~㉢의 길이 변화를 각각 쓰시오.

3 A대의 길이는 1.6 μm, X의 길이는 3.2 μm일 때, ㉠~㉢의 길이를 각각 구하시오.

4 빈출 선택지로 완벽 정리!

(1) 근수축이 일어나면 ⓐ와 ⓑ의 길이는 모두 짧아진다. (○ / ×)

(2) 근수축이 일어날 때 ⓑ가 ⓐ 사이로 미끄러져 들어간다. (○ / ×)

(3) 근수축이 일어나면 H대의 길이와 I대의 길이는 모두 짧아진다. (○ / ×)

(4) 근수축 시 ㉠의 길이는 X의 길이가 감소한 양의 절반만큼 증가한다. (○ / ×)

(5) 근수축 시 ㉡의 길이는 X의 길이가 감소한 양의 절반만큼 감소한다. (○ / ×)

(6) 근수축 시 ㉢의 길이는 X의 길이가 감소한 양만큼 감소한다. (○ / ×)

(7) X의 길이가 짧아질 때 ATP에 저장된 에너지가 사용된다. (○ / ×)

내신 만점 문제

뉴런

01 그림은 뉴런의 구조를 나타낸 것이다. ㉠~㉣은 각각 가지 돌기, 말이집, 신경 세포체, 축삭 돌기 말단 중 하나이다.

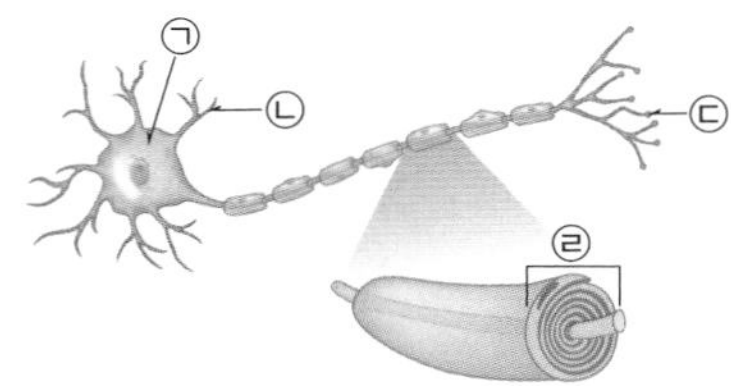

이에 대한 설명으로 옳지 않은 것은?

① ㉠에는 핵을 비롯한 세포 소기관이 있다.
② ㉡은 축삭 돌기 말단이다.
③ ㉢에는 신경 전달 물질이 들어 있는 시냅스 소포가 있다.
④ 슈반 세포는 ㉣을 형성한다.
⑤ ㉣은 절연체 역할을 한다.

[02~03] 그림은 기능이 서로 다른 3개의 뉴런이 연결된 것을 나타낸 것이다.

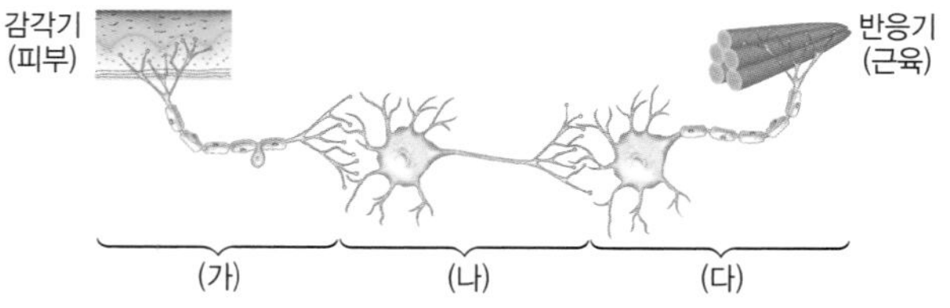

02 뉴런 (가)~(다)의 이름을 쓰시오.

중요 **03** 이에 대한 설명으로 옳은 것은?

① 운동 뉴런은 (가)에 해당한다.
② (가)는 중추 신경의 반응 명령을 반응기로 전달한다.
③ (나)는 연합 뉴런이다.
④ (다)는 뇌와 척수를 구성한다.
⑤ 신호는 (다) → (나) → (가)로 전달된다.

B 흥분 전도

중요 **04** 그림은 어떤 뉴런의 축삭 돌기에서 세포막을 경계로 분극 상태일 때의 이온 분포를 나타낸 것이다. ㉠~㉢은 각각 Na^+-K^+ 펌프, Na^+ 통로, K^+ 통로 중 하나이다.

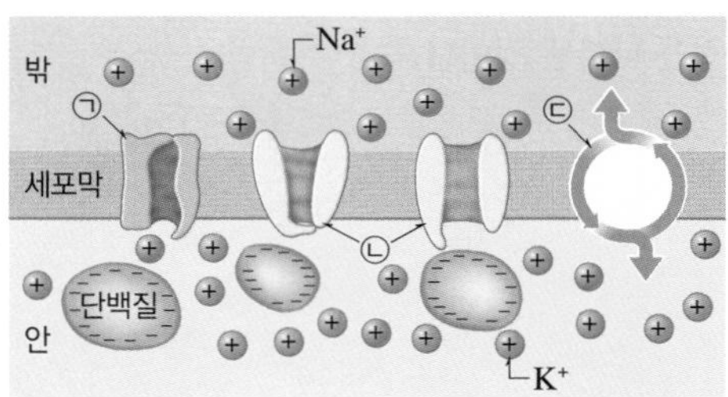

이에 대한 설명으로 옳지 않은 것은?

① 휴지 전위가 나타난다.
② ㉠은 Na^+ 통로이며, 대부분 닫혀 있다.
③ ㉡을 통해 K^+이 일부 확산한다.
④ ㉢은 Na^+-K^+ 펌프이며, Na^+을 세포 안으로, K^+을 세포 밖으로 이동시킨다.
⑤ 세포막 안쪽은 음(−)전하, 세포막 바깥쪽은 양(+)전하를 띤다.

서술형 **05** 표는 어떤 뉴런이 분극 상태일 때 뉴런 안팎의 이온 ㉠과 ㉡의 농도를, 그림은 이 뉴런에 역치 이상의 자극을 주었을 때 막전위 변화를 나타낸 것이다. ㉠과 ㉡은 각각 Na^+과 K^+ 중 하나이다.

구분	㉠	㉡
세포 밖	5	150
세포 안	150	10

(단위: mM)

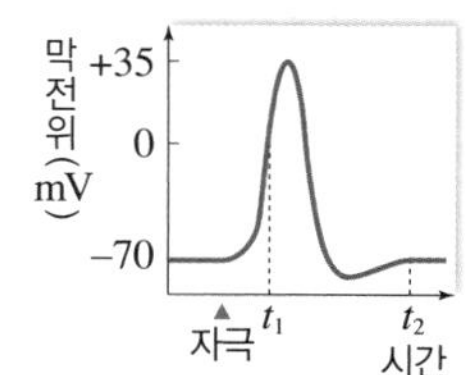

(1) ㉠과 ㉡은 각각 어떤 이온인지 쓰시오.

(2) t_1과 t_2일 때 세포막을 통한 ㉡의 주된 이동 방식을 비교하여 서술하시오.

중요 **06** 그림 (가)는 어떤 뉴런의 한 지점에 역치 이상의 자극 S를 주었을 때의 막전위 변화를, (나)는 이온 통로를 통한 Na^+의 확산을 나타낸 것이다.

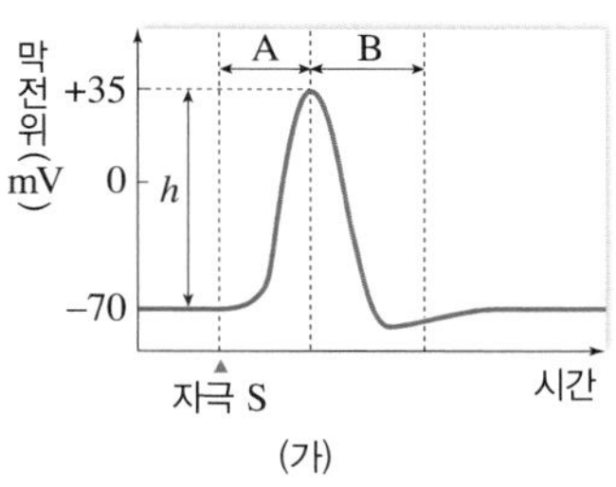

(가)

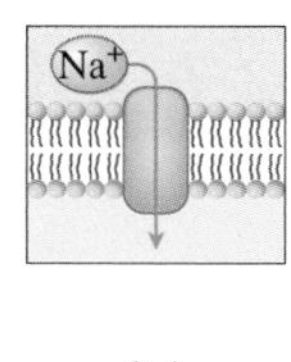

(나)

이에 대한 설명으로 옳은 것만을 [보기]에서 있는 대로 고른 것은? (단, 흥분 전도는 1회 일어났다.)

보기

ㄱ. A에서 K^+의 농도는 세포 안이 세포 밖보다 높다.
ㄴ. B에서 막전위가 하강하는 것은 (나)와 같은 이온의 이동이 일어났기 때문이다.
ㄷ. S보다 세기가 큰 자극을 주어도 h값은 일정하다.

① ㄱ ② ㄴ ③ ㄱ, ㄷ
④ ㄴ, ㄷ ⑤ ㄱ, ㄴ, ㄷ

중요 **07** 그림은 뉴런의 특정 부위에 역치 이상의 자극을 주었을 때, Na^+과 K^+의 막 투과도 변화를 나타낸 것이다.

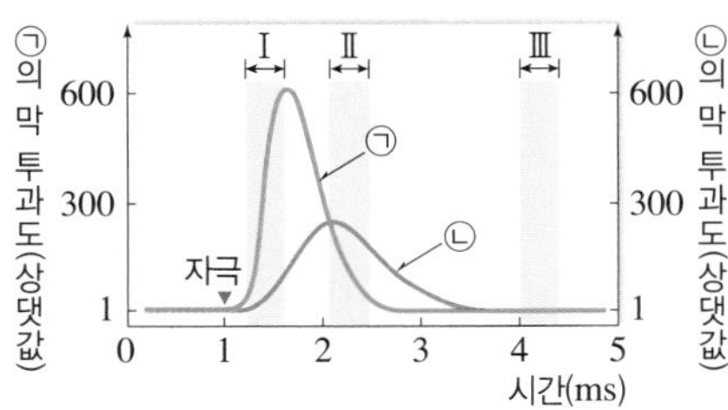

이에 대한 설명으로 옳지 않은 것은?

① ㉠은 Na^+, ㉡은 K^+이다.
② 구간 Ⅰ~Ⅲ 중 막전위가 상승하는 구간은 Ⅰ이다.
③ 구간 Ⅰ에서 ㉠의 농도는 세포 안이 세포 밖보다 높다.
④ 구간 Ⅱ에서 ㉡이 세포 밖으로 확산한다.
⑤ 구간 Ⅲ에서 세포막 안쪽은 음(−)전하, 바깥쪽은 양(+)전하를 띤다.

08 그림은 어떤 뉴런의 지점 ㉠~㉣ 중 한 지점에 역치 이상의 자극을 1회 준 후 경과한 시간이 3 ms일 때까지 일어난 ㉠, ㉡, ㉣의 막전위 변화를 나타낸 것이다.

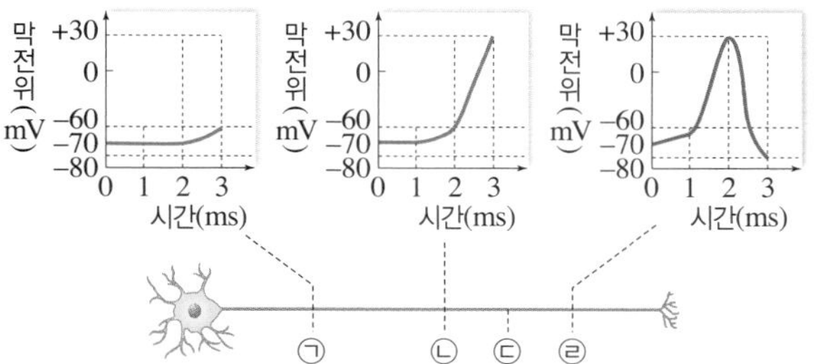

이에 대한 설명으로 옳은 것만을 [보기]에서 있는 대로 고른 것은? (단, 흥분 전도는 1회 일어났다.)

보기

ㄱ. 자극을 준 지점은 ㉣이다.
ㄴ. 3 ms일 때 ㉠에서 Na^+ 통로를 통한 Na^+의 확산이 일어난다.
ㄷ. 3 ms일 때 ㉢에서 탈분극이 일어나고 있다.

① ㄴ ② ㄱ, ㄴ ③ ㄱ, ㄷ ④ ㄴ, ㄷ ⑤ ㄱ, ㄴ, ㄷ

09 그림은 어떤 뉴런의 한 지점에 역치 이상의 자극을 주었을 때 Ⅰ 지점에서 시간 경과에 따른 하전 상태를 나타낸 것이다.

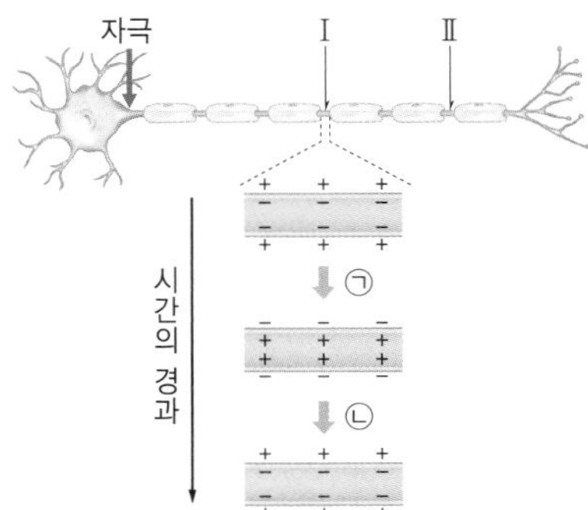

이에 대한 설명으로 옳은 것만을 [보기]에서 있는 대로 고른 것은?(단, 이 뉴런의 축삭 돌기 말단까지 흥분 전도가 일어났다.)

보기

ㄱ. ㉠ 과정에서 K^+ 통로가 열려 K^+이 세포 밖으로 확산하였다.
ㄴ. ㉡ 과정에서 재분극이 일어났다.
ㄷ. Ⅱ 지점에서 활동 전위가 발생하였다.

① ㄴ ② ㄷ ③ ㄱ, ㄴ ④ ㄱ, ㄷ ⑤ ㄴ, ㄷ

중요 서술형

10 그림 (가)는 민말이집 신경 A와 B의 축삭 돌기 일부를, (나)는 지점 P_1~P_3에서 활동 전위가 발생하였을 때 각 지점에서의 막전위 변화를 나타낸 것이다. P_1에 역치 이상의 자극을 동시에 1회 주고 경과된 시간이 5 ms일 때 A의 P_2와 B의 P_3에서 막전위는 모두 +30 mV이다. A와 B에서 흥분 전도는 각각 1회만 일어났다.

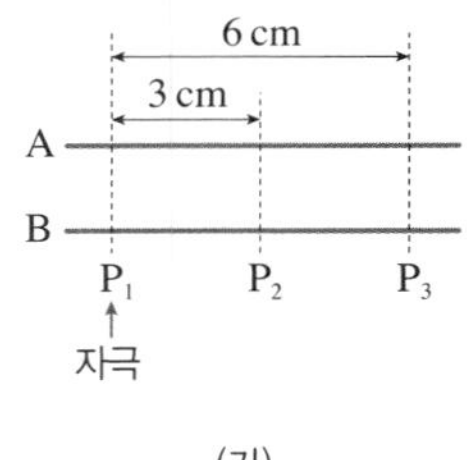

(가)

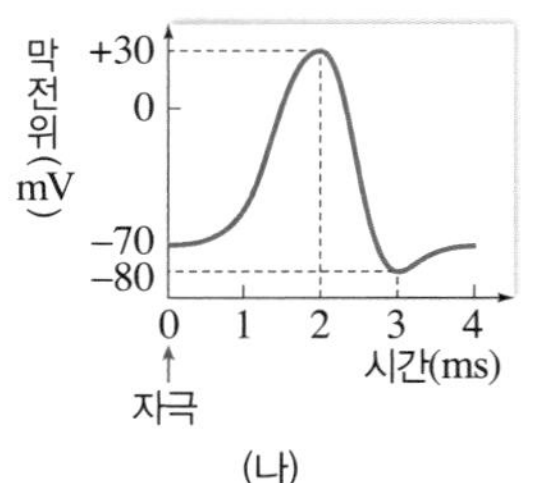

(나)

(1) A와 B의 흥분 전도 속도(cm/ms)를 각각 쓰고, 빠르기를 비교하시오.

(2) 역치 이상의 자극을 1회 주고 경과된 시간이 7 ms일 때 A의 P_3에서 Na^+과 K^+ 중 막 투과도가 더 높은 이온을 쓰고, 그 까닭을 탈분극, 재분극, 분극 중 하나와 연관 지어 서술하시오.

11 그림은 인접한 두 뉴런 A와 B를 나타낸 것이다.

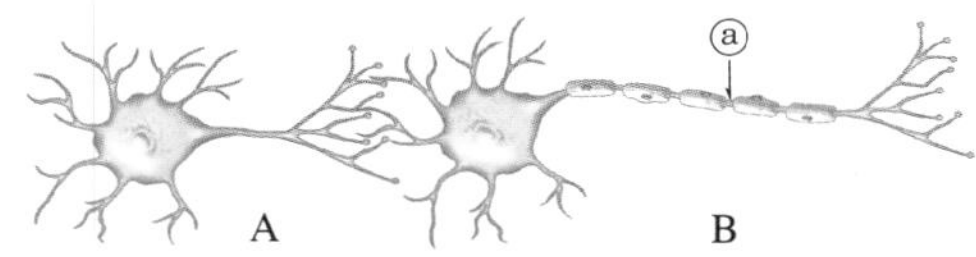

이에 대한 설명으로 옳은 것만을 [보기]에서 있는 대로 고른 것은?

보기
ㄱ. A의 축삭 돌기에는 말이집이 존재한다.
ㄴ. 흥분 전도 속도는 B에서가 A에서보다 빠르다.
ㄷ. A에 역치 이상의 자극을 주면 B의 ⓐ에서 활동 전위가 발생한다.

① ㄱ ② ㄴ ③ ㄱ, ㄷ
④ ㄴ, ㄷ ⑤ ㄱ, ㄴ, ㄷ

C 흥분 전달

중요

12 그림은 시냅스에서 일어나는 흥분 전달 과정을 나타낸 것이다.

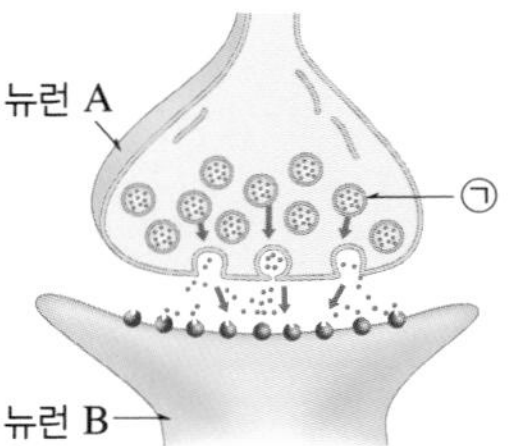

이에 대한 설명으로 옳은 것만을 [보기]에서 있는 대로 고른 것은?

보기
ㄱ. ㉠은 시냅스 소포이다.
ㄴ. 흥분 전달은 뉴런 A에서 뉴런 B로 일어난다.
ㄷ. 신경 전달 물질은 뉴런 B를 탈분극시킨다.

① ㄱ ② ㄷ ③ ㄱ, ㄴ
④ ㄴ, ㄷ ⑤ ㄱ, ㄴ, ㄷ

13 그림과 같이 2개의 뉴런으로 이루어진 신경 (가)와 (나)의 P 지점에 각각 역치 이상의 자극을 주었다.

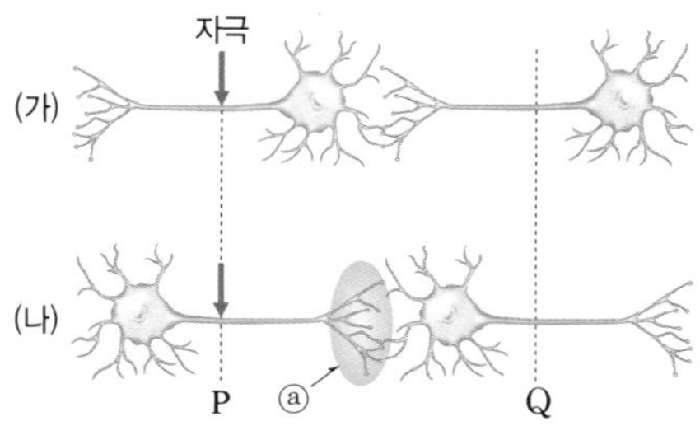

이에 대한 설명으로 옳은 것만을 [보기]에서 있는 대로 고른 것은?

보기
ㄱ. ⓐ에서 신경 전달 물질이 분비된다.
ㄴ. (가)의 Q 지점에서 활동 전위가 발생한다.
ㄷ. (나)의 시냅스 이후 뉴런에서는 도약전도가 일어난다.

① ㄱ ② ㄴ ③ ㄷ
④ ㄱ, ㄴ ⑤ ㄴ, ㄷ

14 시냅스에서 일어나는 신호 전달을 억제하여 긴장과 통증을 완화하거나 수면을 유도하는 약물에 해당하는 것만을 [보기]에서 있는 대로 고른 것은?

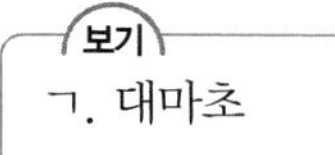

보기

ㄱ. 대마초	ㄴ. 카페인	ㄷ. 알코올
ㄹ. 프로포폴	ㅁ. 수면제	ㅂ. 니코틴

① ㄱ, ㄹ ② ㄱ, ㅂ ③ ㄴ, ㅁ
④ ㄴ, ㄷ, ㅂ ⑤ ㄷ, ㄹ, ㅁ

D 근수축

15 다음은 골격근의 구조에 대한 자료이다.

- 골격근은 여러 개의 근육 섬유 다발로 구성되어 있고, 하나의 ㉠ 근육 섬유는 많은 ㉡ 근육 원섬유로 이루어진다.
- 그림은 근육 원섬유 마디 X의 구조를 나타낸 것이다.

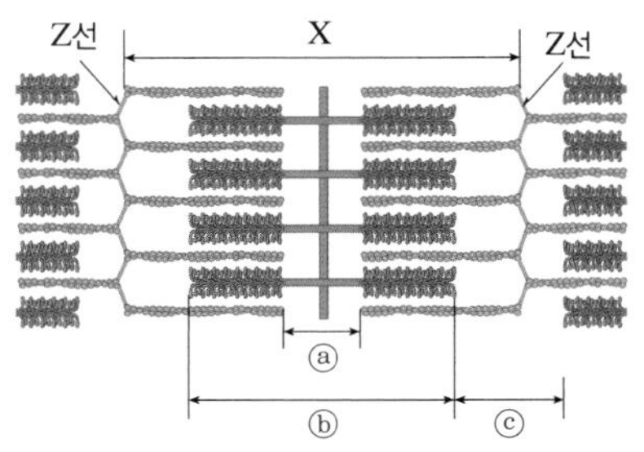

이에 대한 설명으로 옳지 않은 것은?

① ㉠은 여러 개의 핵을 가진 근육 세포이다.
② ㉡에는 마이오신 필라멘트가 있다.
③ ⓐ는 H대이다.
④ 근육이 수축할 때 ⓐ의 길이와 ⓒ의 길이는 모두 감소한다.
⑤ X의 길이가 증가하면 ⓑ의 길이도 증가한다.

중요 **16** 다음은 골격근의 수축 과정에 대한 자료이다.

- 그림은 근육 원섬유 마디 X의 구조를, 표는 시점 t_1과 t_2일 때 ㉠의 길이와 ㉡의 길이를 나타낸 것이다. X는 좌우 대칭이며, t_1일 때 X의 길이는 3.2 μm이다.

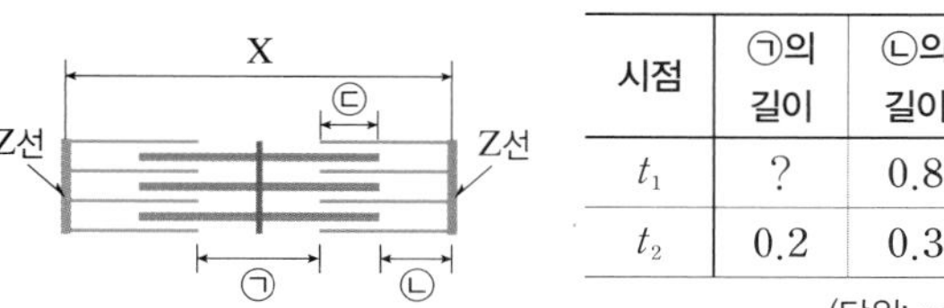

시점	㉠의 길이	㉡의 길이
t_1	?	0.8
t_2	0.2	0.3

(단위: μm)

- 구간 ㉠은 마이오신 필라멘트만 있는 부분이고, ㉡은 액틴 필라멘트만 있는 부분이며, ⓒ은 액틴 필라멘트와 마이오신 필라멘트가 겹치는 부분이다.

이에 대한 설명으로 옳은 것만을 [보기]에서 있는 대로 고른 것은?

보기
ㄱ. t_1일 때 H대의 길이는 0.7 μm이다.
ㄴ. t_2일 때 $\frac{\text{ⓒ의 길이}}{\text{A대의 길이}}$는 $\frac{7}{16}$이다.
ㄷ. t_2일 때 X의 길이는 2.4 μm이다.

① ㄱ ② ㄴ ③ ㄷ ④ ㄱ, ㄴ ⑤ ㄴ, ㄷ

중요 **17** 표는 골격근 수축 과정의 두 시점 t_1과 t_2에서 근육 원섬유 마디 X의 길이를, 그림은 X의 서로 다른 세 지점의 단면에서 관찰되는 액틴 필라멘트와 마이오신 필라멘트의 분포를 나타낸 것이다.

시점	X의 길이(μm)
t_1	3.0
t_2	2.2

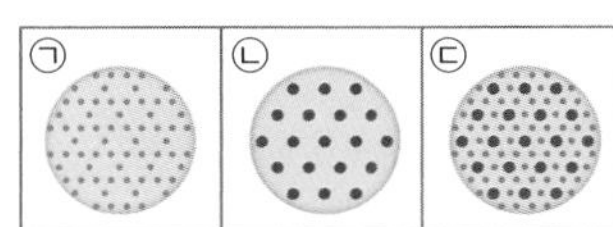

이에 대한 설명으로 옳은 것만을 [보기]에서 있는 대로 고른 것은? (단, X는 좌우 대칭이며, t_2일 때 단면이 ㉢과 같은 부분의 길이는 1.6 μm이고, H대의 길이는 0.2 μm이다.)

보기
ㄱ. ㉠은 I대의 단면에 해당한다.
ㄴ. t_1일 때 I대의 길이는 0.8 μm이다.
ㄷ. t_1에서 t_2로 될 때 ATP에 저장된 에너지가 사용된다.

① ㄱ ② ㄷ ③ ㄱ, ㄴ ④ ㄱ, ㄷ ⑤ ㄴ, ㄷ

실력 UP 문제

01 그림 (가)는 어떤 뉴런의 지점 P에 역치 이상의 자극을 주었을 때 시간에 따른 막전위 변화를, (나)는 P에서 측정한 ㉠과 ㉡의 막 투과도 변화를 나타낸 것이다. ㉠과 ㉡은 각각 Na^+과 K^+ 중 하나이다.

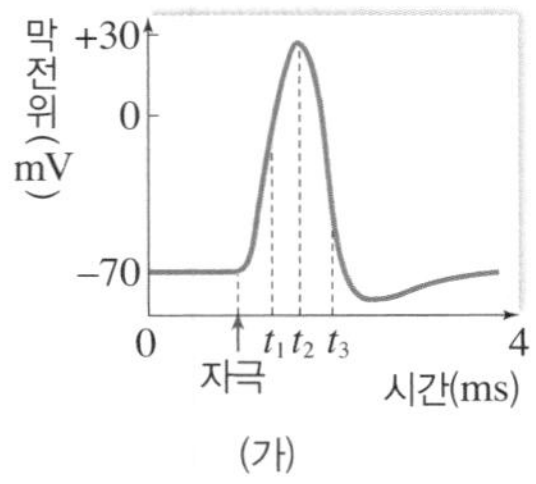

(가)

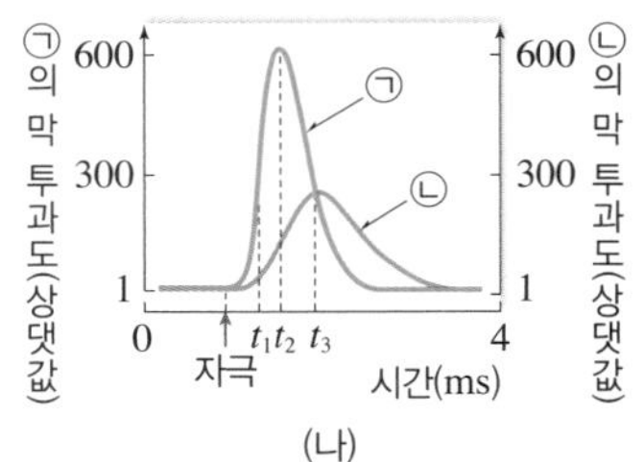

(나)

이에 대한 설명으로 옳은 것은?

① t_1일 때 이온 통로를 통한 ㉠의 이동에 ATP가 사용된다.
② t_2일 때 ㉡의 농도는 세포 밖이 세포 안보다 높다.
③ t_3일 때 P에서 탈분극이 일어나고 있다.
④ $\frac{K^+\text{의 막 투과도}}{Na^+\text{의 막 투과도}}$는 t_3일 때가 t_2일 때보다 크다.
⑤ 이 뉴런 세포막의 이온 통로를 통한 ㉠의 이동을 차단하고 역치 이상의 자극을 주었을 때, 활동 전위가 생성된다.

02 그림 (가)는 어떤 말이집 뉴런을, (나)는 이 뉴런의 지점 P에 역치 이상의 자극을 1회 주었을 때 발생한 흥분이 축삭 돌기 말단 방향 각 지점에 도달하는 데 경과된 시간을 P로부터의 거리에 따라 나타낸 것이다. Ⅰ과 Ⅱ는 이 뉴런의 축삭 돌기에서 말이집으로 싸여 있는 부분과 말이집으로 싸여 있지 않은 부분을 순서 없이 나타낸 것이다.

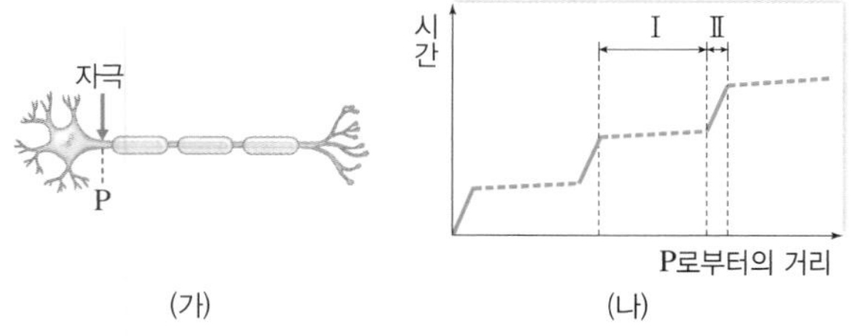

(가) (나)

이에 대한 설명으로 옳은 것만을 [보기]에서 있는 대로 고른 것은?

> **보기**
> ㄱ. (가)에서 도약전도가 일어난다.
> ㄴ. Ⅰ에는 슈반 세포가 존재한다.
> ㄷ. Ⅱ에서 활동 전위가 발생한다.

① ㄱ ② ㄴ ③ ㄱ, ㄷ ④ ㄴ, ㄷ ⑤ ㄱ, ㄴ, ㄷ

03 다음은 민말이집 신경 A~D의 흥분 전도와 전달에 대한 자료이다.

- 그림은 A, C, D의 지점 d_1으로부터 두 지점 d_2, d_3까지의 거리를, 표는 ㉠ A, C, D의 d_1에 역치 이상의 자극을 동시에 1회 주고 경과된 시간이 6 ms일 때 d_2와 d_3에서의 막전위를 나타낸 것이다. 이때 C의 d_3은 재분극 상태이다.

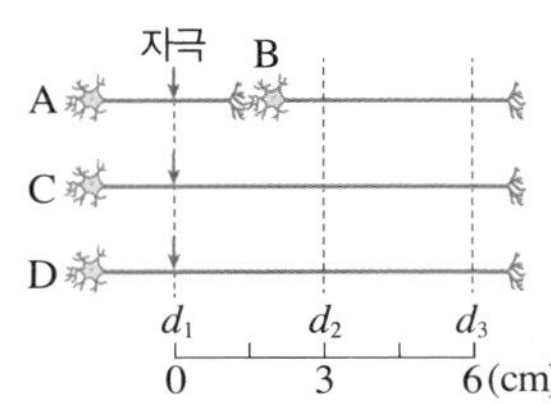

신경	6 ms일 때 측정한 막전위(mV)	
	d_2	d_3
B	−80	?
C	?	+10
D	?	−80

- B와 D의 흥분 전도 속도는 각각 2 cm/ms, 3 cm/ms 중 하나이다.
- A~D 각각에서 활동 전위가 발생하였을 때, 각 지점에서의 막전위 변화는 그림과 같다.

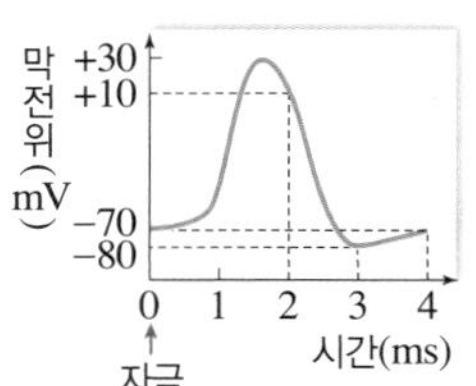

이에 대한 설명으로 옳은 것만을 [보기]에서 있는 대로 고른 것은? (단, A~D에서 흥분의 전도는 각각 1회 일어났고, 휴지 전위는 −70 mV이다.)

> **보기**
> ㄱ. 흥분 전도 속도는 C에서가 B에서의 2배이다.
> ㄴ. ㉠이 4 ms일 때 C의 d_2에서 재분극이 일어나고 있다.
> ㄷ. ㉠이 5 ms일 때 D의 d_3에서 K^+이 세포 밖으로 확산한다.

① ㄱ ② ㄴ ③ ㄱ, ㄷ
④ ㄴ, ㄷ ⑤ ㄱ, ㄴ, ㄷ

04 그림 (가)는 시냅스로 연결된 두 뉴런 A와 B를, (나)는 d_1~d_3 중 한 지점에 역치 이상의 자극을 주었을 때 A와 B 사이에서 흥분이 전달되는 과정을 나타낸 것이다. X와 Y는 각각 A의 가지 돌기와 B의 축삭 돌기 말단 중 하나이며, ⓐ는 Na^+과 신경 전달 물질 중 하나이다.

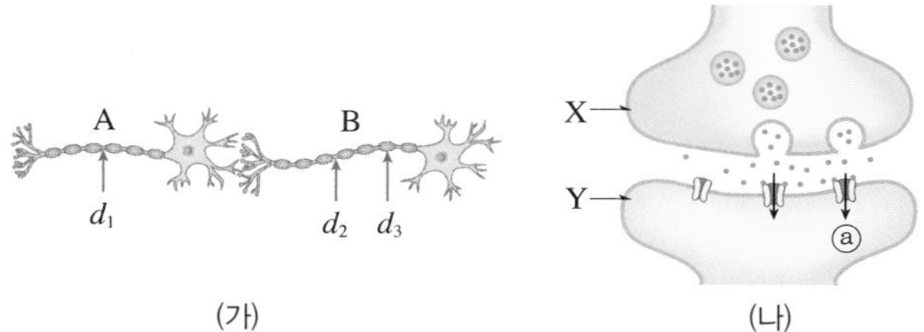

(가) (나)

이에 대한 설명으로 옳은 것만을 [보기]에서 있는 대로 고른 것은?

보기

ㄱ. X는 B의 축삭 돌기 말단이다.
ㄴ. ⓐ는 신경 전달 물질이다.
ㄷ. 역치 이상의 자극을 준 지점은 d_1이다.

① ㄱ ② ㄴ ③ ㄷ
④ ㄱ, ㄴ ⑤ ㄴ, ㄷ

05 그림은 골격근 수축 과정의 두 시점 (가)와 (나)일 때 관찰된 근육 원섬유를, 표는 (가)와 (나)일 때 ㉠의 길이와 ㉡의 길이를 나타낸 것이다. ⓐ와 ⓑ는 각각 A대와 I대 중 하나이고, ㉠과 ㉡은 ⓐ와 ⓑ를 순서 없이 나타낸 것이다.

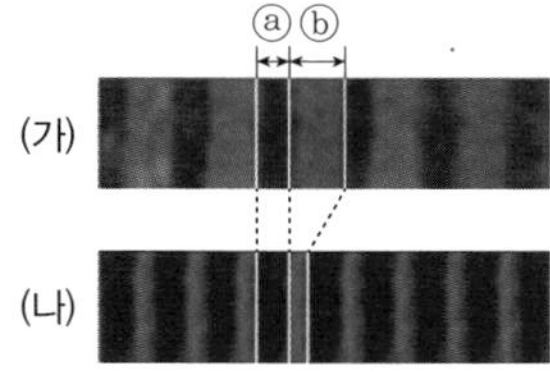

시점	㉠의 길이	㉡의 길이
(가)	1.8 μm	1.6 μm
(나)	0.6 μm	?

이에 대한 설명으로 옳은 것만을 [보기]에서 있는 대로 고른 것은?

ㄱ. (가)일 때 ㉠은 밝게 보인다.
ㄴ. (가)에서 (나)로 될 때 ⓐ에 액틴 필라멘트와 마이오신 필라멘트가 겹치는 부분이 증가한다.
ㄷ. (가)에서 (나)로 될 때 H대의 길이는 짧아진다.

① ㄱ ② ㄴ ③ ㄱ, ㄷ
④ ㄴ, ㄷ ⑤ ㄱ, ㄴ, ㄷ

06 다음은 골격근의 수축과 이완 과정에 대한 자료이다.

- 그림 (가)는 팔을 구부리는 과정의 세 시점 t_1, t_2, t_3일 때 팔의 위치와 이 과정에 관여하는 골격근 P와 Q를, (나)는 P와 Q 중 한 골격근의 근육 원섬유 마디 X의 구조를 나타낸 것이다. X는 좌우 대칭이다.

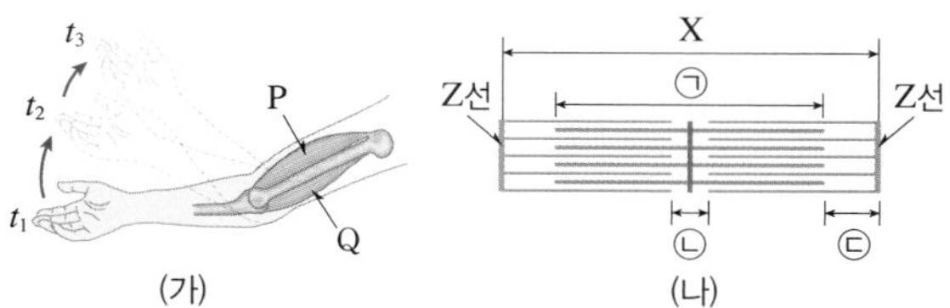

(가) (나)

- 구간 ㉠은 마이오신 필라멘트가 있는 부분이고, ㉡은 마이오신 필라멘트만 있는 부분이며, ㉢은 액틴 필라멘트만 있는 부분이다.
- 표는 t_1~t_3일 때 ㉠의 길이에서 ㉡의 길이를 뺀 값(㉠−㉡), ㉢의 길이, X의 길이를 나타낸 것이다.

시점	㉠−㉡	㉢의 길이	X의 길이
t_1	0.4	0.9	?
t_2	1.0	?	2.8
t_3	?	0.5	?

(단위: μm)

이에 대한 설명으로 옳은 것만을 [보기]에서 있는 대로 고른 것은?

보기

ㄱ. X는 P의 근육 섬유에 존재한다.
ㄴ. X의 길이는 t_3일 때가 t_1일 때보다 0.6 μm 짧다.
ㄷ. t_2일 때 $\frac{\text{H대의 길이}}{\text{㉠의 길이}+\text{㉢의 길이}}=\frac{3}{11}$이다.

① ㄱ ② ㄴ ③ ㄱ, ㄷ
④ ㄴ, ㄷ ⑤ ㄱ, ㄴ, ㄷ

2 신경계

핵심 포인트

1. 뇌의 구조와 기능 ★★★
2. 의식적인 반응과 무조건 반사의 경로 ★★
3. 체성 신경계와 자율 신경계의 구조와 기능 ★★★

A 중추 신경계

뉴런을 포함하여 흥분 전달에 관여하는 모든 세포와 기관을 통틀어 신경계라고 합니다. 신경계는 크게 중추 신경계와 말초 신경계로 나눌 수 있습니다. 중추 신경계를 배우기 전에 먼저 사람의 신경계의 전체적인 구조에 대해 알아봅시다.

1. 신경계 감각기에서 보내는 정보를 받아들이고, 전달된 정보를 분석하여 반응 명령을 내리며, 이 명령을 반응기에 전달하는 기관계이다.

2. 사람의 신경계 ◆뇌와 척수로 구성된 중추 신경계와 온몸에 퍼져 있는 말초 신경계로 구분한다.

사람의 신경계 구성

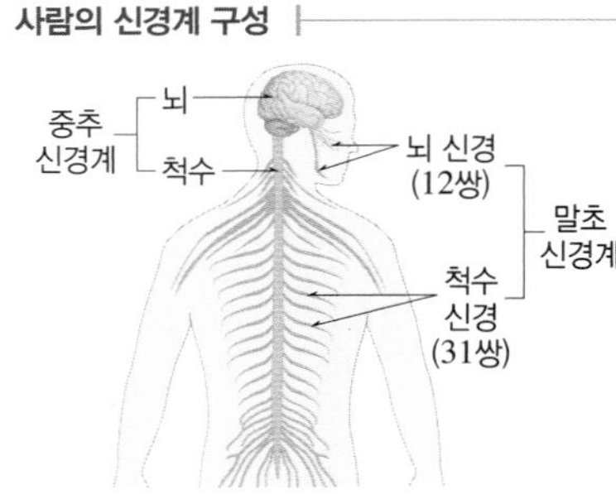

중추 신경계
뇌
척수
뇌 신경 (12쌍)
척수 신경 (31쌍)
말초 신경계

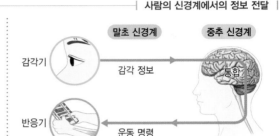

- 중추 신경계: 뇌와 척수로 구성된다.
- 말초 신경계: 뇌에 연결된 뇌 신경 12쌍과 척수에 연결된 척수 신경 31쌍으로 이루어진다. — 뇌 신경은 대부분 머리와 목 부분에 있는 기관에 분포하며, 척수 신경은 머리 아래의 신체 부위에 광범위하게 분포한다.

사람의 신경계에서의 정보 전달

말초 신경계
중추 신경계
감각기
감각 정보
통합
반응기
운동 명령

- 중추 신경계: 감각 신경을 통해 들어온 감각 정보를 통합하여 반응 명령을 내린다.
- 말초 신경계: 감각기에서 받아들인 자극을 중추 신경계에 전달하고, 중추 신경계의 반응 명령을 근육이나 분비샘 등의 반응기에 전달한다.

3. 중추 신경계 ◆뇌와 척수로 구성된다.

(1) **뇌:** 대뇌, 간뇌, ◆뇌줄기(중간뇌, 뇌교, 연수), 소뇌 등으로 구성된다.

뇌의 구조와 기능 103쪽 대표 자료 ❶

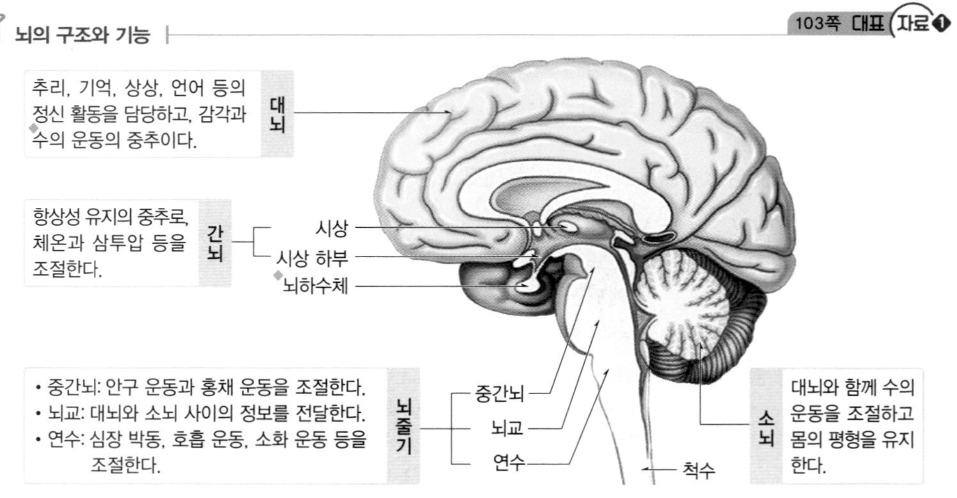

대뇌
추리, 기억, 상상, 언어 등의 정신 활동을 담당하고, 감각과 ◆수의 운동의 중추이다.
간뇌
항상성 유지의 중추로, 체온과 삼투압 등을 조절한다.
시상
시상 하부
◆뇌하수체
뇌줄기
• 중간뇌: 안구 운동과 홍채 운동을 조절한다.
• 뇌교: 대뇌와 소뇌 사이의 정보를 전달한다.
• 연수: 심장 박동, 호흡 운동, 소화 운동 등을 조절한다.
중간뇌
뇌교
연수
척수
소뇌
대뇌와 함께 수의 운동을 조절하고 몸의 평형을 유지한다.

◆ **뇌와 척수**
뇌와 척수는 외부 충격에 손상되기 쉬운 조직으로 이루어져 있어 단단한 뼈로 둘러싸여 보호된다. 뇌는 두개골에 둘러싸여 있고, 척수는 척추에 둘러싸여 있으며, 두개골과 척추 안쪽에는 뇌척수액이 뇌와 척수를 둘러싸며 흐른다.

◆ **사람의 뇌**
사람의 뇌는 약 1000억 개의 뉴런으로 이루어져 있다. 뇌는 무게가 몸무게의 2 % 정도밖에 안 되지만, 전체 산소 소비량의 20 %를 차지하고, 전체 혈액의 20 %가 흐른다.

◆ **뇌줄기(뇌간)**
중간뇌, 뇌교, 연수를 합하여 뇌줄기(뇌간)라고 한다. 뇌줄기는 생명 유지에 중요한 역할을 하므로 뇌줄기를 다치면 생명을 잃을 수 있다.

◆ **수의 운동**
팔다리를 움직이는 골격근의 운동처럼 사람의 의지대로 이루어지는 운동이다.

◆ **뇌하수체**
시상 하부 끝에 있는 기관으로 여러 호르몬을 분비하여 다른 내분비샘의 기능을 조절한다. 뇌하수체의 기능은 시상 하부가 조절한다.

구분	내용
대뇌	• 좌우 2개의 반구로 이루어져 있으며, 표면에는 많은 주름이 있다. • 겉질과 속질로 구분된다. ➡ 바깥쪽을 싸고 있는 겉질은 주로 신경 세포체가 모인 회색질이고, 안쪽의 속질은 축삭 돌기가 모인 백색질이다. • 추리, 기억, 상상, 언어 등 정신 활동을 담당하고, 감각과 수의 운동의 중추이다. ➡ 대부분 겉질에서 일어난다. • 대뇌의 좌반구는 몸의 오른쪽 감각과 운동을 담당하고, 우반구는 몸의 왼쪽 감각과 운동을 담당한다. ➡ 대뇌로 들어오고 나가는 신경의 대부분이 연수에서 좌우 교차되기 때문이다. 겉질(회색질) 속질(백색질) ⊙ 대뇌의 단면
	[대뇌 겉질의 구분] • 위치에 따라 전두엽, 두정엽, 측두엽, 후두엽으로 구분한다. • 기능에 따라 감각령, 연합령, 운동령으로 구분한다. – 감각령: 감각기에서 오는 정보를 받아들여 감지한다. – 연합령: 감각 정보를 통합·분석하여 반응 명령을 내리고, 정신 활동을 담당한다. – 운동령: 연합령의 명령을 받아 수의 운동을 조절한다. 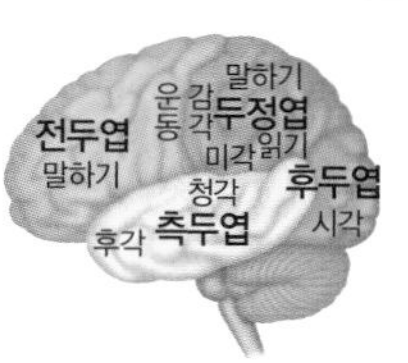 ⊙ 대뇌 겉질의 부위별 기능
소뇌	• 좌우 2개의 반구로 이루어져 있다. • 내이의 ◆평형 감각 기관으로부터 오는 감각 정보를 받아 대뇌와 함께 수의 운동을 조절하고 몸의 평형을 유지한다.
간뇌	• 시상과 시상 하부로 구분한다. – 시상: 척수나 연수로부터 오는 감각 신호를 대뇌 겉질에 전달하는 역할을 한다. – 시상 하부: 자율 신경과 내분비계의 조절 중추로, 체내의 항상성 유지에 중요한 역할을 한다. └● 비상 교과서에서는 간뇌를 시상, 시상 하부, 뇌하수체로 구분한다.
중간뇌	• 감각 정보의 전달 통로이다. • 소뇌와 함께 몸의 평형을 조절하고, 안구 운동과 ◆홍채 운동을 조절한다. ➡ 동공 반사의 중추
뇌줄기 – 뇌교	• 중간뇌와 연수 사이에 볼록하게 돌출된 부위이다. • 대뇌와 소뇌 사이의 정보를 전달하는 통로이며, 연수와 함께 호흡 운동을 조절한다.
연수	• 뇌와 척수를 연결하는 신경이 지나는 곳으로 신경의 좌우 교차가 일어난다. • 심장 박동, 호흡 운동, 소화 운동, 소화액 분비 등의 조절 중추이다. • 기침, 재채기, 하품, 눈물 분비 등과 같은 ❶반사의 중추이다.

탐구 자료창 대뇌 겉질의 부위별 기능

그림은 사람이 여러 가지 활동을 할 때 대뇌 겉질이 활성화되는 부위를 나타낸 것이다. 붉은 색깔로 나타난 부분이 가장 활발하게 반응하는 부분이다.

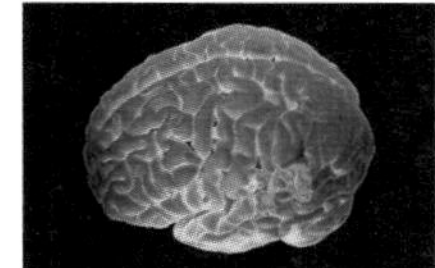

⊙ 단어를 들을 때
└● 청각 중추

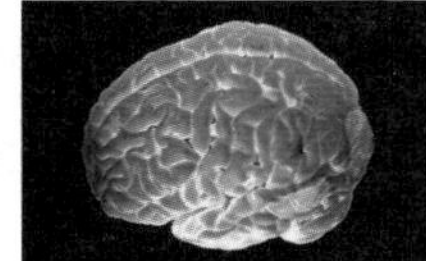

⊙ 단어를 볼 때
└● 시각 중추

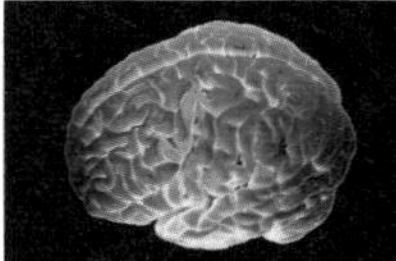

⊙ 단어를 말할 때
└● 언어 중추

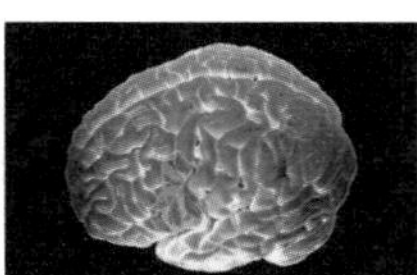

⊙ 단어를 생각할 때
└● 사고 중추

1. 단어를 들을 때에는 청각 중추, 단어를 볼 때에는 시각 중추, 단어를 말할 때에는 언어 중추, 단어를 생각할 때에는 사고 중추가 활발하게 반응한다.
2. **사람의 활동에 따라 대뇌의 반응 부위가 다른 까닭:** 대뇌의 기능이 분업화되어 있어서 부위에 따라 다른 기능을 하기 때문이다.

◆ 평형 감각 기관

• 전정 기관: 귀의 가장 안쪽 부분인 내이에 위치한 기관으로, 중력 자극에 따른 이석의 움직임으로 몸의 위치와 자세를 감지한다. ➡ 위치 감각
• 반고리관: 귀의 가장 안쪽 부분인 내이에 위치한 기관으로, 관성에 의한 림프의 움직임으로 몸의 이동과 회전을 감지한다. ➡ 회전 감각

◆ 홍채 운동 – 동공 반사

중간뇌는 빛의 양에 따라 홍채를 축소 또는 확장시켜 동공의 크기를 조절한다. 밝은 곳에서는 홍채가 확장하여 동공이 축소되고, 어두운 곳에서는 홍채가 축소하여 동공이 확대된다.

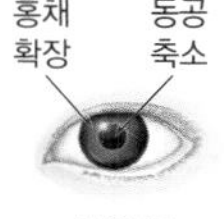

밝은 곳

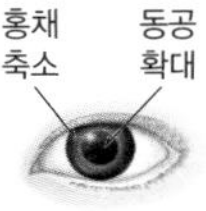

어두운 곳

◆ 뇌사와 식물인간

뇌사란 대뇌 겉질의 기능과 뇌줄기(중간뇌, 뇌교, 연수)의 기능이 상실된 상태를 말하고, 식물인간은 대뇌 겉질의 기능은 상실되었지만 뇌줄기의 기능은 살아 있는 상태를 말한다.

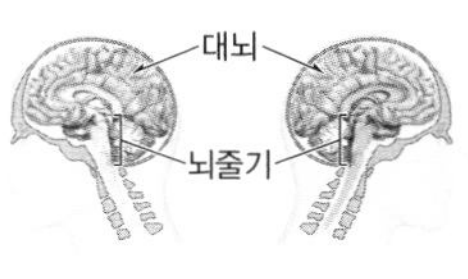

(용어)

❶ **반사(反 돌아오다, 射 쏘다)** 특정 자극에 대해 무의식적으로 일어나는 반응이다.

◆ **척수의 손상**
후근이 손상되면 감각 기능에 이상이 생기고, 전근이 손상되면 운동 기능에 이상이 생긴다.

암기해!
후근과 전근
후근과 전근이 어떤 신경 다발인지 암기할 때에는 '운동 신경 전근'을 줄여서 '운전'으로 외우면 쉽다.
전근만 외우면 후근은 자동적으로 감각 신경 다발임을 알 수 있다.

궁금해?
뇌로 전달되는 신호는 모두 척수를 지날까?
얼굴에 분포한 감각기로 들어온 자극은 척수를 거치지 않고 대뇌로 전달되며, 대뇌의 명령이 얼굴에 분포한 반응기에 전달될 때에도 척수를 거치지 않는다.

◆ **무조건 반사의 중추**
- 척수 반사: 무릎 반사, 회피 반사, 젖분비 반사, 배뇨 반사 등
- 연수 반사: 기침, 재채기, 하품, 눈물 분비, 딸꾹질 등
- 중간뇌 반사: 동공 반사 등

(2) ◆**척수:** 연수에 이어져 척추 속으로 뻗어 있으며, 뇌와 척수 신경 사이에서 정보를 전달하는 역할을 한다.

구조	• 대뇌와 반대로 겉질은 백색질, 속질은 회색질이다. → 운동 뉴런의 신경 세포체는 척수의 속질(회색질)에 있다. • 후근: 척수의 등 쪽에 배열된 감각 신경 다발로, 감각기에서 받아들인 감각 정보를 뇌로 전달한다. • 전근: 척수의 배 쪽에 배열된 운동 신경 다발로, 뇌에서 내린 명령을 반응기로 전달한다. 구심성 신경 / 원심성 신경 대뇌 / 척수 / 척추 / 척수 / 척추 / 겉질(백색질) / 감각기(피부) / 감각 신경 / 후근 / 속질(회색질) / 전근 / 자극의 전달 방향 / 운동 신경 / 반응기(근육)
기능	• 정보 전달 통로 역할: 감각기에서 받아들인 정보를 뇌로 보내고, 뇌에서 내린 명령을 반응기로 전달하는 통로 역할을 한다. • 젖분비, 땀분비, 배변·배뇨 반사, 무릎 반사, 회피 반사 등의 중추이다. → 척수 반사는 대뇌를 거치지 않고 무의식적으로 일어나는 반응이므로 무조건 반사에 속한다.

4. 의식적인 반응과 무조건 반사

(1) **의식적인 반응:** 대뇌의 판단과 명령에 따라 일어나는 반응이다.

예 야구 선수가 날아오는 공을 보고 야구 방망이로 치는 반응

[반응 경로] 자극(공이 날아옴) → 감각기(눈) → 감각 신경(시각 신경) → 중추 신경(대뇌) → 운동 신경(전근) → 반응기(근육) → 반응(야구 방망이로 공을 침)

(2) ◆**무조건 반사:** 의지와 관계없이 일어나는 무의식적인 반응으로, 자극이 대뇌로 전달되기 전에 일어나므로 반응 속도가 빠르다. ➡ 위험으로부터 우리 몸을 보호할 수 있다.

예 회피 반사, 무릎 반사 등 → 비상 교과서에서는 회피 반사를 움츠림 반사라고 한다.

103쪽 대표 자료 ❷

회피 반사

뜨거운 냄비에 손이 닿았을 때 손을 무의식적으로 떼는 반응

[반응 경로] 자극(뜨거운 냄비) → 감각기(피부) → 감각 신경(후근) → 중추 신경(척수) → 운동 신경(전근) → 반응기(근육) → 반응(급히 손을 뗌)

→ 무조건 반사가 일어날 때 자극이 감각 신경을 통해 대뇌로도 전달되어 감각을 느낀다.

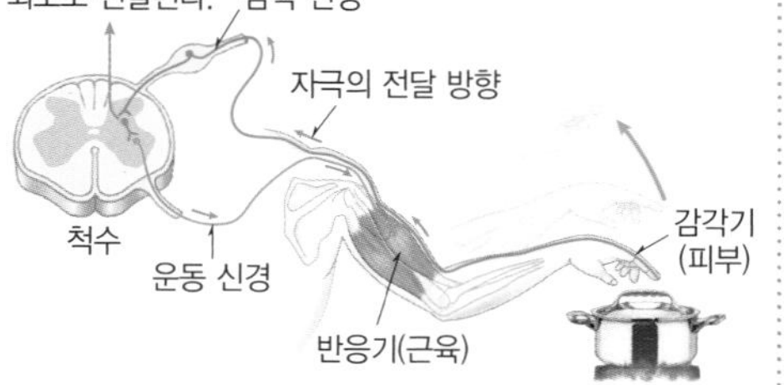

무릎 반사

무릎뼈 아래를 고무망치로 가볍게 치면 다리가 살짝 올라가는 반응

[반응 경로] 자극(고무망치로 가볍게 침) → 감각기(근육에 있는 감각기) → 감각 신경(후근) → 중추 신경(척수) → 운동 신경(전근) → 반응기(근육) → 반응(다리가 살짝 올라감)

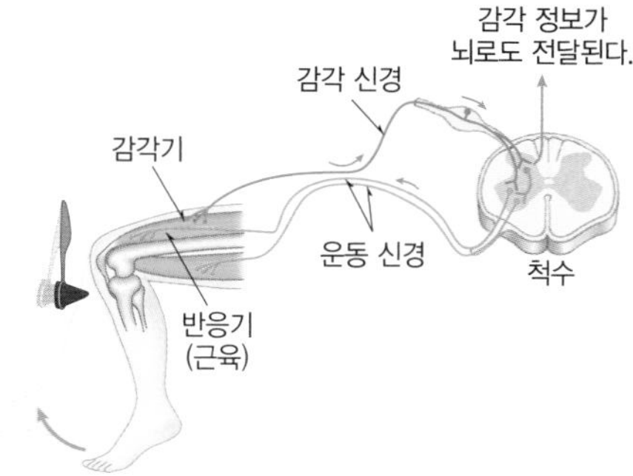

정답친해 36쪽

핵심 체크

- 사람의 신경계: (❶)와 척수로 구성된 (❷)와 온몸에 퍼져 있는 (❸)로 구분한다.
- 뇌: 대뇌, 소뇌, 간뇌, 중간뇌, 뇌교, 연수 등으로 구성된다.
  - 대뇌: 감각, 수의 운동의 중추, 고등 정신 활동을 담당한다.
  - 소뇌: 대뇌와 함께 수의 운동을 조절하고, 몸의 (❹)을 유지한다.
  - (❺): 항상성 유지에 관여한다.
  - (❻): 안구 운동과 홍채 운동을 조절한다.
  - 뇌교: 대뇌와 소뇌 사이의 정보를 전달하는 통로이다.
  - (❼): 심장 박동, 호흡 운동, 소화 운동 등을 조절한다.
- (❽): 뇌와 척수 신경 사이에서 정보를 전달하는 역할을 하며, 척수 반사의 중추이다.

1 그림은 뇌의 구조를 나타낸 것이다.

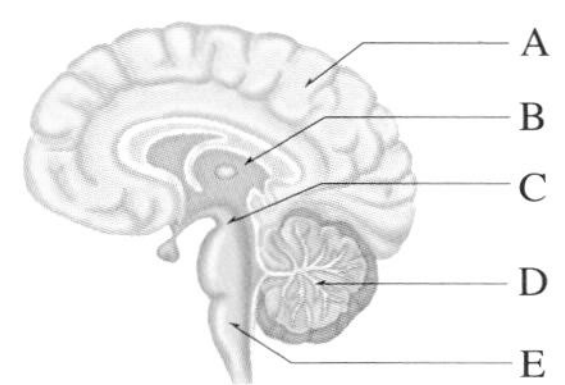

각 설명에 해당하는 구조의 기호와 이름을 쓰시오.

(1) 시상과 시상 하부로 구분한다.
(2) 추리, 기억, 언어 등의 정신 활동을 담당한다.
(3) 수의 운동을 조절하고, 몸의 평형을 유지한다.
(4) 심장 박동, 호흡 운동, 소화 운동 등을 조절한다.
(5) 뇌줄기에 속하며, 안구 운동과 홍채 운동을 조절한다.

2 대뇌에 대한 설명으로 옳은 것은 ○, 옳지 않은 것은 ×로 표시하시오.

(1) 겉질은 백색질, 속질은 회색질이다. ( )
(2) 좌우 반구로 나누어져 있으며, 표면에는 많은 주름이 있다. ( )
(3) 대뇌에서 일어나는 정신 활동의 대부분은 속질에서 일어난다. ( )
(4) 좌반구는 몸의 왼쪽 감각과 운동을 담당하고, 우반구는 몸의 오른쪽 감각과 운동을 담당한다. ( )

3 그림은 척수의 구조와 신경의 연결을 나타낸 것이다.

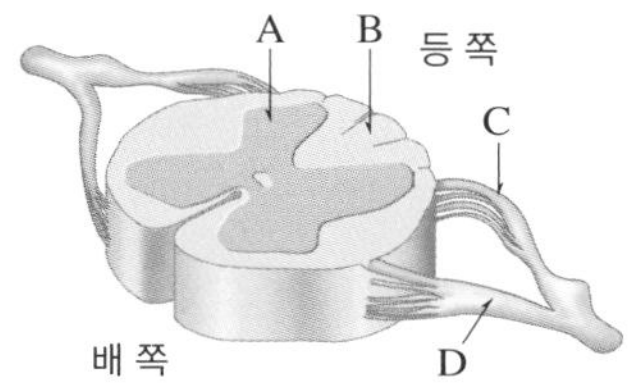

각 설명에 해당하는 구조의 기호와 이름을 쓰시오.

(1) 축삭 돌기가 모여 있어 백색질이다.
(2) 신경 세포체가 모여 있어 회색질이다.
(3) 운동 신경 다발로, 뇌에서 내린 명령을 반응기로 전달한다.
(4) 감각 신경 다발로, 감각기에서 받아들인 감각 정보를 뇌로 전달한다.

4 다음은 손에 뜨거운 물체가 닿았을 때 무의식적으로 손을 떼는 반사 경로이다. ( ) 안에 알맞은 말을 쓰시오.

자극(뜨거운 물체) → 감각기(피부) → 감각 신경 → ( ) → 운동 신경 → 반응기(근육) → 반응(손을 뗌)

5 각 반사의 중추를 쓰시오.

(1) 동공 반사
(2) 젖분비 반사
(3) 재채기 반사

B 말초 신경계

1. 말초 신경계 중추 신경계와 몸의 각 부분을 연결하는 신경계로, ❶구심성 신경(구심성 뉴런)과 ❷원심성 신경(원심성 뉴런)으로 구성된다. ─• 금성 교과서에서는 구심성(원심성) 전달 경로로 설명한다.

| 말초 신경계의 구성 |

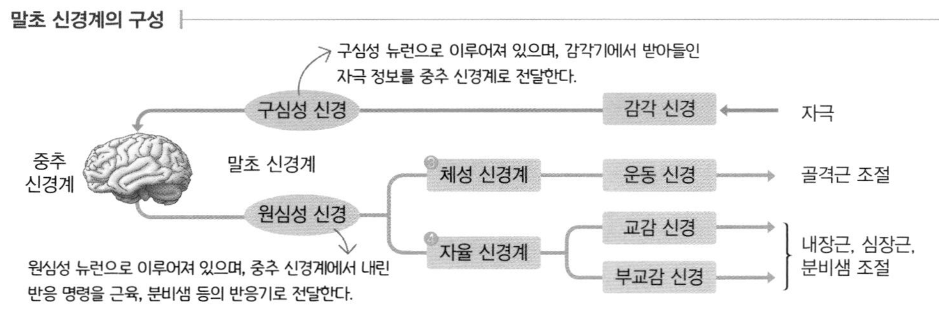

2. 체성 신경계 운동 신경으로 구성되며, 대뇌의 지배를 받아 의식적인 골격근의 반응을 조절한다. ─• 중추에서 나와 반응기에 이르기까지 하나의 뉴런으로 연결되어 있으며, 뇌와 척수의 명령을 골격근에 전달한다.

3. 자율 신경계 대뇌의 직접적인 지배를 받지 않으며, 중간뇌, 연수, 척수에서 뻗어 나온다.

(1) 주로 내장 기관, 혈관, 분비샘에 분포하며, 소화, 순환, 호흡, 호르몬 분비 등 생명 유지에 필수적인 기능을 조절한다.

(2) 중추에서 나와 반응기에 이르기까지 2개의 뉴런으로 연결되며, 신경절에서 시냅스를 이룬다.

(3) 교감 신경과 부교감 신경으로 구성된다.

구분	구조적 특징	신경 전달 물질	
		신경절 분비	신경 말단 분비
교감 신경	• 신경절 이전 뉴런이 신경절 이후 뉴런보다 짧다. • 척수의 가운데 부분에서 뻗어 나온다.	◆아세틸콜린	노르에피네프린
부교감 신경	• 신경절 이전 뉴런이 신경절 이후 뉴런보다 길다. • 중간뇌, 연수, 척수의 끝부분에서 뻗어 나온다.	아세틸콜린	아세틸콜린

104쪽 대표 자료❸

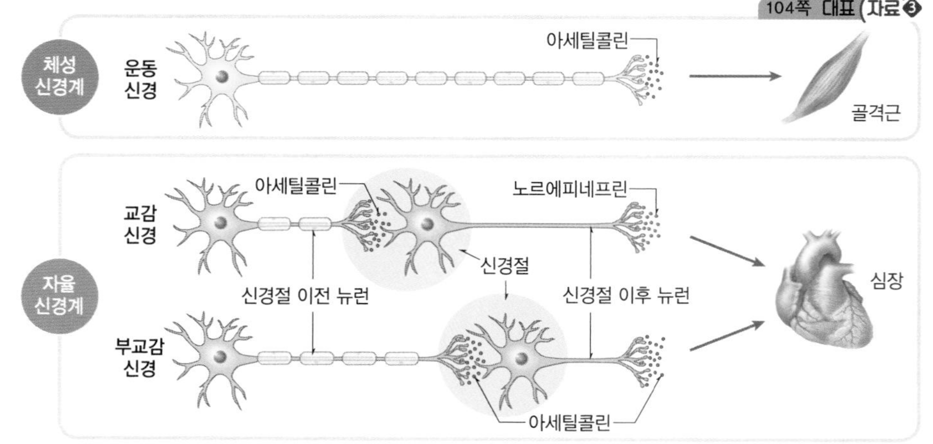

⬆ 체성 신경계와 자율 신경계의 구조

암기해!
• **교감 신경과 부교감 신경의 구분** 교감 신경은 글자 길이처럼 신경절 이전 뉴런이 짧고, 부교감 신경은 글자 길이처럼 신경절 이전 뉴런이 길다.

◆ **아세틸콜린**
아세트산과 콜린이 결합된 신경 전달 물질이다. 운동 신경 말단과 교감 신경과 부교감 신경의 신경절 이전 뉴런의 말단, 부교감 신경의 신경절 이후 뉴런의 말단에서 분비된다.

(용어)
❶ **구심성(求 모이다, 心 중심, 性 성질) 신경** 감각기에서 중추 신경계로 흥분을 전달하는 신경이다.
❷ **원심성(遠 멀다, 心 중심, 性 성질) 신경** 중추 신경계의 명령을 반응기로 전달하는 신경이다.
❸ **체성(體 몸, 性 성질) 신경** 중추와 몸의 각 부분에 있는 골격근 사이를 연결하는 신경이다.
❹ **자율(自 스스로, 律 규칙) 신경** 대뇌의 직접적인 지배를 받지 않으며, 중간뇌, 연수, 척수에서 뻗어 나오는 신경이다.

(4) **교감 신경과 부교감 신경의 작용:** 주로 같은 기관에 분포하며, 서로 반대 효과를 나타내는 ◆길항 작용으로 각 기관의 기능을 조절한다.

① ◆교감 신경: 우리 몸을 위기 상황에 대처하기 알맞은 긴장 상태로 만든다.

② 부교감 신경: 긴장 상태에 있던 몸을 원래의 안정 상태로 회복시켜 준다.

구분	동공	기관지	심장 박동	소화관 운동	쓸개즙 분비	방광
교감 신경	확대	확장(이완)	촉진	억제	억제	확장(이완)
부교감 신경	축소	수축	억제	촉진	촉진	수축

교감 신경과 부교감 신경의 분포와 기능 104쪽 대표 자료④

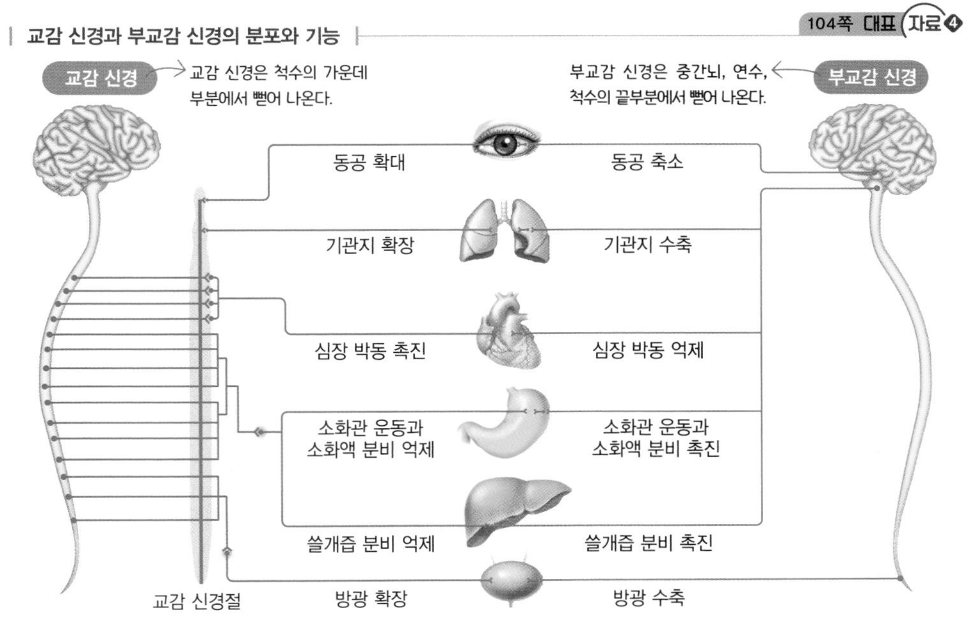

◆ **길항 작용**
같은 기관에 반대로 작용하여 조절하는 방식으로, 한쪽이 작용을 촉진하면 다른 한쪽은 작용을 억제한다.

◆ **교감 신경의 작용**
흥분, 긴장 상황에서는 교감 신경이 작용하여 심장 박동과 호흡이 빨라지고 혈압이 올라간다.

4. 신경계 질환

이 내용을 모두 암기하기보다는 이 질병의 발병 원인을 통해 중추 신경계 질환인지, 말초 신경계 질환인지를 구분할 수 있으면 됩니다.

구분		발병 원인	증상
중추 신경계 질환	알츠하이머병	대뇌의 뉴런이 파괴되어 뇌 조직이 오므라들면서 지적 기능이 쇠퇴된다.	초기에는 기억력이 상실되며, 질환이 진행되면서 감정 변화가 심해지고, 방향 감각 장애, 우울증, 인지 장애 등이 나타난다.
	파킨슨병	뇌에서 도파민을 분비하는 뉴런이 파괴되어 도파민이 부족해져 나타난다.	초기에는 쉽게 피로하고 팔다리가 떨린다. 질환이 진행되면서 온몸이 굳으며 통증이 나타나고 운동 장애가 나타난다.
말초 신경계 질환	근위축성 측삭 경화증 =루게릭병	운동 신경이 선택적으로 파괴되면서 나타난다.	초기에는 손의 사용이 서툴고 다리가 약해지며, 질환이 진행되면서 기침, 호흡 곤란, 근육 약화, 근육 강직 등이 나타난다.
	길랭·바레 증후군	몸의 면역계가 말초 신경계를 잘못 공격하여 말이집을 손상시킴으로써 발생한다.	급격하게 손과 발의 근육이 약해지며, 호흡 근육이 약화되어 호흡 곤란이 나타난다.

개념 확인 문제

핵심 체크

- 말초 신경계: (❶)와 몸의 각 부분을 연결하는 신경계로, 구심성 신경과 원심성 신경으로 구성된다.
- (❷)은 체성 신경계와 자율 신경계로 구분된다.
- 체성 신경계: (❸)으로 구성되며, (❹)의 지배를 받아 의식적인 골격근의 반응을 조절한다.
- 자율 신경계: 교감 신경과 부교감 신경으로 구성된다.
- 교감 신경과 부교감 신경의 구조: 교감 신경은 신경절 이전 뉴런이 신경절 이후 뉴런보다 (❺)고, 부교감 신경은 신경절 이전 뉴런이 신경절 이후 뉴런보다 (❻)다.
- 교감 신경과 부교감 신경의 작용: (❼)으로 각 기관의 기능을 조절한다.
- 신경계 질환
  - 중추 신경계 질환: 알츠하이머병, 파킨슨병 등
  - 말초 신경계 질환: 근위축성 측삭 경화증, 길랭·바레 증후군 등

1 말초 신경계에 대한 설명으로 옳은 것만을 [보기]에서 있는 대로 고르시오.

보기
ㄱ. 구심성 신경과 원심성 신경으로 구성된다.
ㄴ. 구심성 신경은 체성 신경계와 자율 신경계로 구분된다.
ㄷ. 체성 신경계는 교감 신경과 부교감 신경으로 구성된다.
ㄹ. 자율 신경계는 내장근, 심장근, 분비샘 등에 분포하여 생명 유지에 필수적인 기능을 조절한다.

2 체성 신경계와 자율 신경계에 대한 설명으로 옳은 것은 ○, 옳지 않은 것은 ×로 표시하시오.

(1) 체성 신경계는 중추에서 나와 반응기에 이르기까지 2개의 뉴런이 신경절에서 시냅스를 형성한다. ( )
(2) 자율 신경계는 대뇌의 조절을 직접 받는다. ······ ( )
(3) 교감 신경은 신경절 이전 뉴런이 신경절 이후 뉴런보다 짧다. ······ ( )
(4) 교감 신경은 척수의 가운데 부분에서 뻗어 나온다. ······ ( )
(5) 교감 신경과 부교감 신경은 길항 작용으로 각 기관의 기능을 조절한다. ······ ( )

3 그림은 심장에 분포하고 있는 자율 신경을 나타낸 것이다.

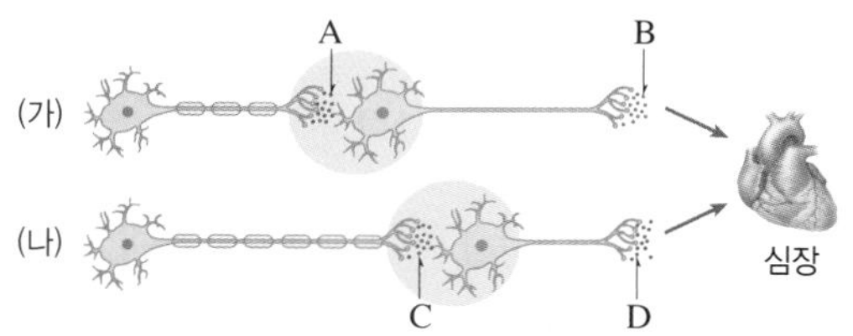

(1) 신경 (가)와 (나)의 이름을 각각 쓰시오.
(2) 뉴런 말단에서 분비되는 물질 A~D의 이름을 각각 쓰시오.

4 표는 교감 신경과 부교감 신경의 작용을 나타낸 것이다. ( ) 안에 알맞은 말을 쓰시오.

구분	기관지	심장 박동	소화관 운동	방광
교감 신경	확장	㉠( )	㉡( )	확장
부교감 신경	수축	㉢( )	㉣( )	수축

5 중추 신경계 이상으로 발생하는 질환만을 [보기]에서 있는 대로 고르시오.

보기
ㄱ. 파킨슨병
ㄴ. 길랭·바레 증후군
ㄷ. 알츠하이머병
ㄹ. 근위축성 측삭 경화증

대표 자료 분석

정답친해 37쪽

자료 ❶ 뇌의 구조와 기능

기출 Point
- 뇌의 구조 구분하기
- 뇌의 기능 알기
- 뇌가 손상되었을 때 나타나는 증상 알기

[1~4] 그림은 사람의 뇌 구조를 나타낸 것이다.

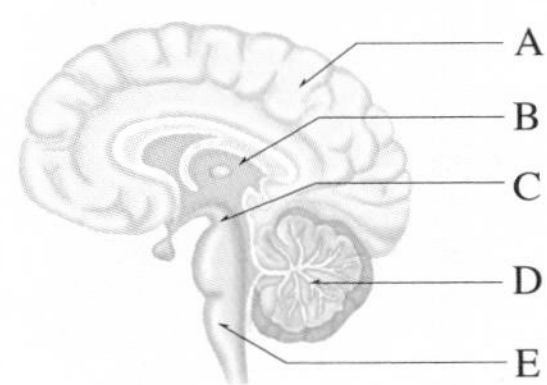

1 A~E에 해당하는 뇌의 구조를 쓰시오.

2 대뇌와 함께 수의 운동을 조절하고, 몸의 평형을 유지하는 뇌의 기호를 쓰시오.

3 동공 반사가 나타나지 않는 경우 뇌의 어느 부분이 손상된 것인지 기호를 쓰시오.

4 빈출 선택지로 완벽 정리!

(1) A는 심장 박동을 조절한다. ········ (○ / ×)
(2) 시험지를 받고 문제를 푸는 것은 A의 조절을 받는 행동이다. ········ (○ / ×)
(3) B는 무릎 반사의 중추이다. ········ (○ / ×)
(4) C는 홍채 운동 조절에 관여한다. ········ (○ / ×)
(5) D는 2개의 반구로 이루어져 있다. ········ (○ / ×)
(6) E에서 신경의 좌우 교차가 일어난다. ········ (○ / ×)
(7) 대뇌 겉질은 부위별로 기능이 분업화되어 있다. (○ / ×)

자료 ❷ 무조건 반사

기출 Point
- 감각 뉴런과 운동 뉴런 구분하기
- 무조건 반사의 반응 중추 알기
- 반응이 일어나는 경로 알기

[1~4] 그림은 자극에 의한 반사가 일어나 근육 ⓐ가 수축할 때의 흥분 전달 경로를 나타낸 것이다.

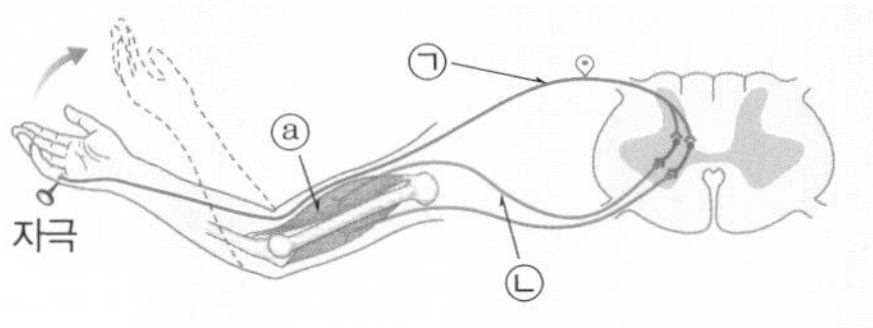

1 이와 같은 반사의 조절 중추를 쓰시오.

2 ㉠과 ㉡은 각각 감각 뉴런과 운동 뉴런 중 무엇에 해당하는지 쓰시오.

3 다음은 이와 같은 반사가 일어날 때의 반응 경로이다. (   ) 안에 ㉠ 또는 ㉡을 차례대로 쓰시오.

> 자극(따가움) → 감각기(피부) → (   ) → 척수 → (   ) → 반응기(근육) → 반응(손을 들어올림)

4 빈출 선택지로 완벽 정리!

(1) ㉠은 구심성 뉴런이다. ········ (○ / ×)
(2) ㉠은 척수의 전근을 이룬다. ········ (○ / ×)
(3) ㉡은 체성 신경에 해당한다. ········ (○ / ×)
(4) ㉡의 신경 세포체는 척수의 겉질에 있다. (○ / ×)
(5) 손을 들어올리는 반응이 일어날 때 근육 ⓐ의 근육 원섬유 마디의 길이가 짧아진다. ········ (○ / ×)
(6) 이 반사의 중추는 뇌줄기를 구성한다. ········ (○ / ×)

자료 ③ 말초 신경계

기출 Point
- 구심성 뉴런과 원심성 뉴런 구분하기
- 체성 신경계와 자율 신경계의 공통점과 차이점 알기
- 교감 신경과 부교감 신경의 길항 작용 알기

[1~3] 그림 (가)는 중추 신경계로부터 자율 신경을 통해 위에 연결된 경로를, (나)는 무릎 반사에 관여하는 말초 신경이 중추 신경계에 연결된 경로를 나타낸 것이다.

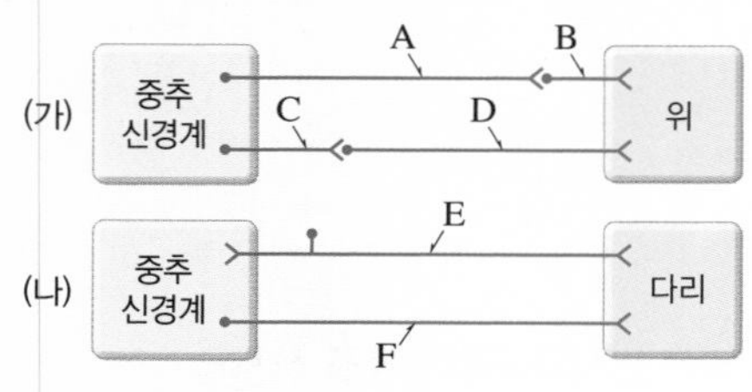

1 A~F 중 구심성 뉴런의 기호를 쓰시오.

2 A~F 중 교감 신경을 구성하는 뉴런의 기호를 모두 쓰시오.

3 빈출 선택지로 완벽 정리!

(1) A~D는 모두 말초 신경계에 속한다. (○ / ×)
(2) A~D와 F는 모두 자율 신경계에 속한다. (○ / ×)
(3) C의 신경 세포체는 연수에 있다. (○ / ×)
(4) A와 D의 말단에서 분비되는 신경 전달 물질은 같다. (○ / ×)
(5) B가 흥분하면 위에서 소화액 분비가 억제된다. (○ / ×)
(6) C와 D는 길항적으로 작용한다. (○ / ×)
(7) F의 말단에서는 아세틸콜린이 분비된다. (○ / ×)
(8) (나)에서 무릎 반사의 중추는 척수이다. (○ / ×)

자료 ④ 자율 신경계

기출 Point
- 교감 신경과 부교감 신경 구분하기
- 자율 신경의 신경 세포체 위치 파악하기
- 교감 신경과 부교감 신경에서 분비되는 신경 전달 물질 구분하기

[1~3] 그림은 중추 신경계와 홍채, 심장, 방광을 각각 연결하는 뉴런 A~H를 나타낸 것이다.

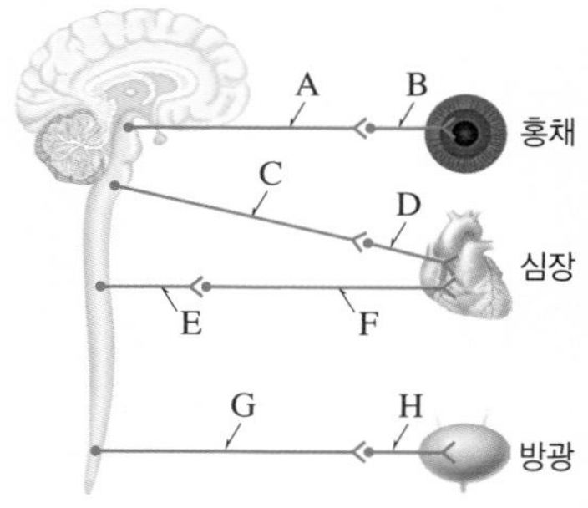

1 A~H 중 말단에서 노르에피네프린을 분비하는 뉴런의 기호를 쓰시오.

2 A와 C의 신경 세포체는 각각 중추 신경계의 어느 부위에 있는지 쓰시오.

3 빈출 선택지로 완벽 정리!

(1) A~H는 모두 구심성 뉴런이다. (○ / ×)
(2) A와 H의 말단에서 분비되는 신경 전달 물질은 다르다. (○ / ×)
(3) 심장에 연결된 C와 D는 부교감 신경을 구성하는 뉴런이다. (○ / ×)
(4) B가 흥분하면 동공이 작아진다. (○ / ×)
(5) F가 흥분하면 심장 세포에서의 활동 전위 발생 빈도가 증가한다. (○ / ×)
(6) G의 신경 세포체는 척수의 백색질에 있다. (○ / ×)
(7) H가 흥분하면 방광이 확장된다. (○ / ×)

내신 만점 문제

정답친해 38쪽

A 중추 신경계

01 사람의 신경계에 대한 설명으로 옳지 않은 것은?

① 중추 신경계와 말초 신경계로 구분한다.
② 중추 신경계는 뇌와 척수로 구성되어 있다.
③ 말초 신경계는 온몸에 퍼져 있다.
④ 중추 신경계는 12쌍의 뇌 신경과 31쌍의 척수 신경으로 이루어진다.
⑤ 말초 신경계는 자극을 중추 신경계에 전달하고, 중추 신경계의 반응 명령을 반응기에 전달한다.

[02~03] 그림은 사람의 뇌 구조를 나타낸 것이다.

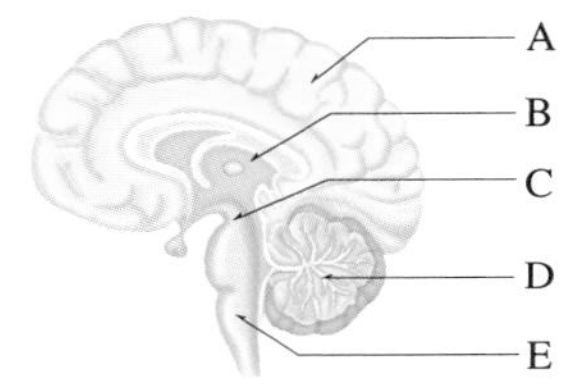

중요 **02** 이에 대한 설명으로 옳은 것은?

① A의 속질에는 주로 신경 세포체가 존재한다.
② B는 뇌줄기에 속한다.
③ C에는 시상 하부가 존재한다.
④ D는 항상성 유지의 중추이다.
⑤ E에서 신경의 좌우 교차가 일어난다.

03 다음은 교통사고로 뇌의 일부분이 손상된 사람에게서 나타난 증상이다.

> (가) 언어 장애가 나타났고, 일부 기억이 상실되었다.
> (나) 눈에 빛을 비추어도 동공의 크기가 변하지 않았다.

(가)와 (나)는 뇌의 어떤 부분이 손상되었을 때 나타나는 증상인지 기호를 옳게 짝 지은 것은?

	(가)	(나)		(가)	(나)
①	A	B	②	A	C
③	B	E	④	D	C
⑤	E	D			

04 그림 (가)~(라)는 뇌 도미노 활동을 할 수 있는 뇌 도미노 카드의 일부를 나타낸 것이다. 뇌 도미노 활동은 뇌 모형이 그려진 그림과 기능이 적힌 카드를 연결하는 활동이다.

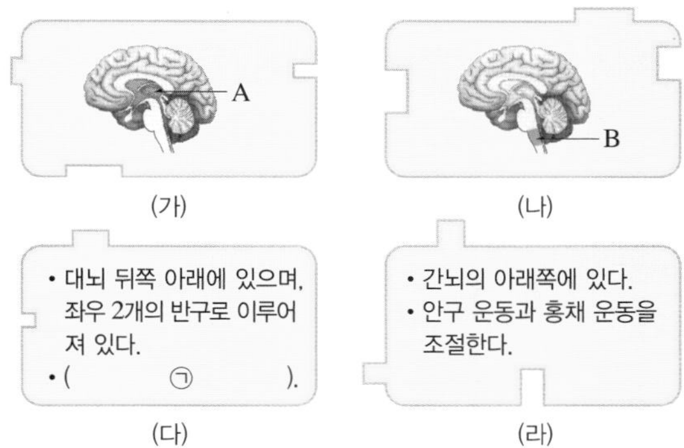

A
B
(가)
(나)
• 대뇌 뒤쪽 아래에 있으며, 좌우 2개의 반구로 이루어져 있다.
• (㉠).
(다)
• 간뇌의 아래쪽에 있다.
• 안구 운동과 홍채 운동을 조절한다.
(라)

이에 대한 설명으로 옳지 않은 것은?

① (가)의 A는 체온과 삼투압을 조절한다.
② (나)의 B는 연수이다.
③ (다)의 ㉠에는 '수의 운동을 조절하고 몸의 평형을 유지한다.'가 들어갈 수 있다.
④ (라)는 '중간뇌'의 뇌 모형 그림 카드와 연결해야 한다.
⑤ A와 B는 모두 생명 유지에 관여하는 뇌줄기에 속한다.

05 표는 중추 신경계를 구성하는 구조 A~C에서 2가지 특징의 유무를 나타낸 것이다. A~C는 각각 연수, 중간뇌, 소뇌 중 하나이다.

특징 \ 구조	A	B	C
뇌줄기를 구성한다.	○	×	?
동공 반사의 중추이다.	㉠	?	×

(○: 있음, ×: 없음)

이에 대한 설명으로 옳은 것만을 [보기]에서 있는 대로 고른 것은?

> 보기
> ㄱ. ㉠은 '○'이다.
> ㄴ. B는 몸의 평형 유지에 관여한다.
> ㄷ. C는 심장 박동을 조절하는 중추이다.

① ㄴ ② ㄷ ③ ㄱ, ㄷ
④ ㄴ, ㄷ ⑤ ㄱ, ㄴ, ㄷ

06 그림 (가)는 다양한 활동을 할 때 대뇌 겉질이 활성화되는 부위를, (나)는 대뇌 겉질을 위치에 따라 구분하여 나타낸 것이다. 그림 (가)에서 붉은 색깔로 나타난 부분이 가장 활발하게 반응하는 부분이다.

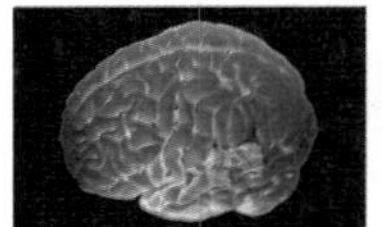
단어를 들을 때

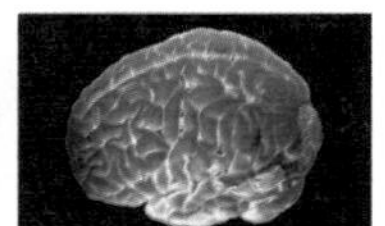
단어를 볼 때

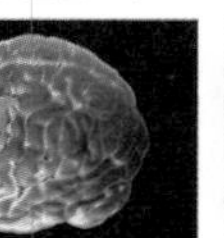
단어를 말할 때

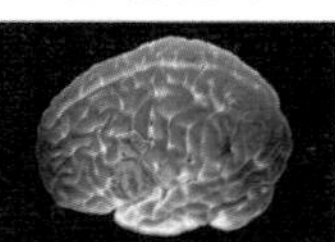
단어를 생각할 때

(가)

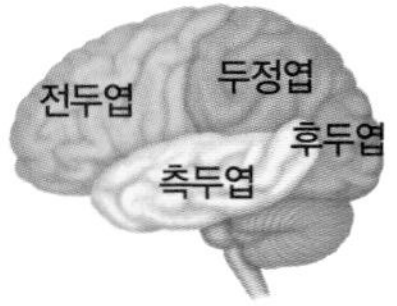

(나)

이 자료를 통해 추론할 수 있는 내용으로 옳은 것만을 [보기]에서 있는 대로 고른 것은?

보기
ㄱ. 전두엽에는 시각을 감지하는 감각령이 있다.
ㄴ. 대뇌 겉질은 부위별로 기능이 분업화되어 있다.
ㄷ. 대뇌 겉질의 정보는 모두 척수로 전달된다.

① ㄱ ② ㄴ ③ ㄷ
④ ㄱ, ㄴ ⑤ ㄴ, ㄷ

07 그림은 척수의 단면과 여기에 연결된 뉴런을 나타낸 것이다.

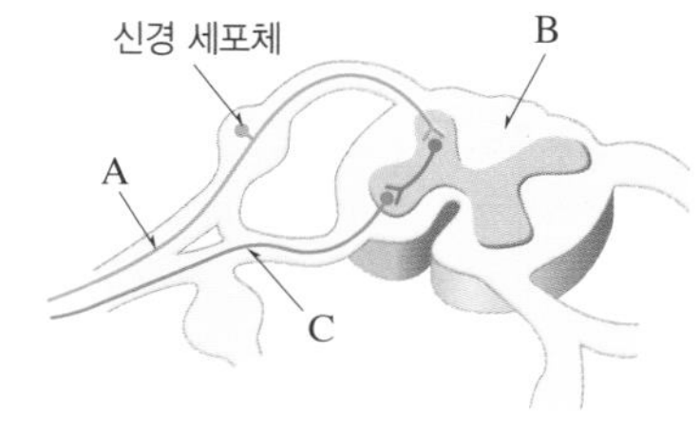

이에 대한 설명으로 옳은 것만을 [보기]에서 있는 대로 고른 것은?

보기
ㄱ. A는 후근을 구성한다.
ㄴ. B는 회색질이다.
ㄷ. C는 운동 뉴런이다.

① ㄱ ② ㄴ ③ ㄷ
④ ㄱ, ㄷ ⑤ ㄴ, ㄷ

[08~09] 그림은 무릎 반사가 일어날 때 감각기와 반응기 사이의 흥분 전달 경로를 나타낸 것이다.

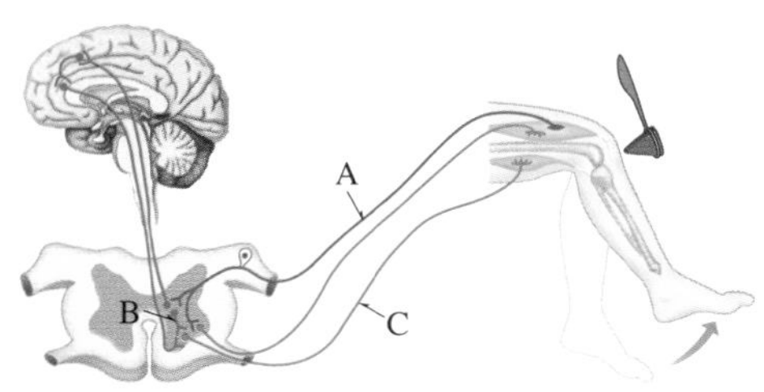

08 이에 대한 설명으로 옳지 않은 것은?

① A는 감각 뉴런이다.
② B는 정보를 통합하여 반응 명령을 내린다.
③ C는 체성 신경에 해당한다.
④ 무릎 반사의 경로는 A → B → C이다.
⑤ 무릎 반사의 중추는 대뇌이다.

서술형
09 척수 반사가 우리 몸에 주는 이로움을 서술하시오.

10 그림은 사람에서 자극에 의한 반응이 일어날 때 흥분 전달 경로를 나타낸 것이다.

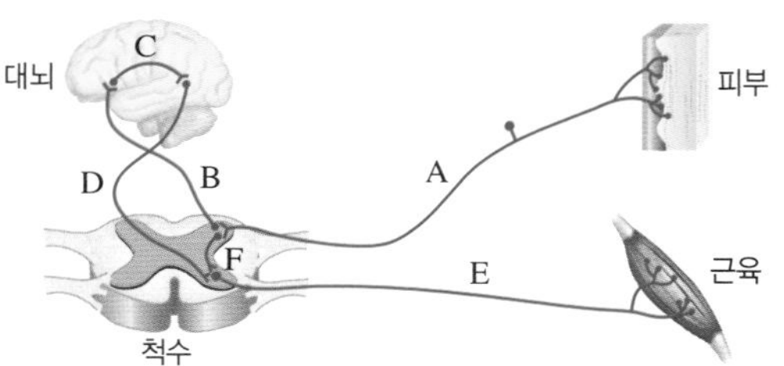

이에 대한 설명으로 옳은 것만을 [보기]에서 있는 대로 고른 것은?

ㄱ. A는 원심성 뉴런이다.
ㄴ. E의 말단에서 아세틸콜린이 분비된다.
ㄷ. 어두운 방에서 손으로 더듬어 스위치를 찾아 불을 켜는 반응의 경로는 A → F → E이다.

① ㄴ ② ㄱ, ㄴ ③ ㄱ, ㄷ
④ ㄴ, ㄷ ⑤ ㄱ, ㄴ, ㄷ

B 말초 신경계

11 그림은 말초 신경계의 구성을 나타낸 것이다.

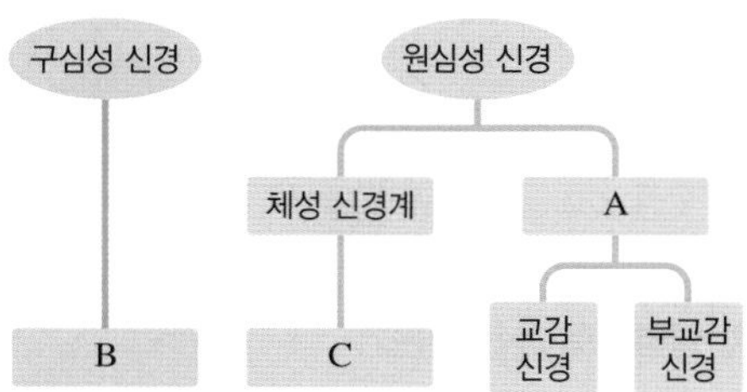

이에 대한 설명으로 옳은 것만을 [보기]에서 있는 대로 고른 것은? (단, A는 신경계이며, B와 C는 신경이다.)

보기
ㄱ. A는 내장 기관, 혈관, 분비샘에 분포한다.
ㄴ. B는 감각기에서 받아들인 자극을 중추 신경계로 전달하는 신경이다.
ㄷ. C는 심장근의 반응을 조절하는 운동 신경이다.

① ㄱ ② ㄷ ③ ㄱ, ㄴ
④ ㄱ, ㄷ ⑤ ㄱ, ㄴ, ㄷ

12 그림은 사람의 중추 신경계에 연결된 신경 A~C를 통한 흥분 전달 경로를 나타낸 것이다.

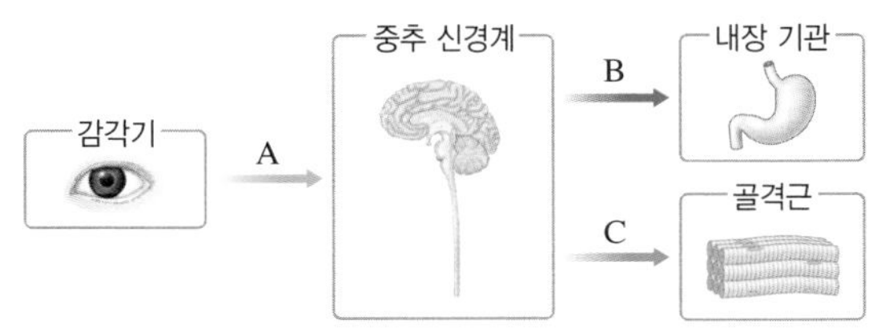

이에 대한 설명으로 옳은 것만을 [보기]에서 있는 대로 고른 것은?

보기
ㄱ. A는 자율 신경계에 속한다.
ㄴ. B는 2개의 뉴런으로 이루어져 있다.
ㄷ. C는 대뇌로부터 받은 명령을 골격근에 전달한다.

① ㄱ ② ㄷ ③ ㄱ, ㄴ
④ ㄴ, ㄷ ⑤ ㄱ, ㄴ, ㄷ

13 자율 신경계에 대한 설명으로 옳지 않은 것은?

① 구심성 뉴런으로만 구성된다.
② 대뇌의 조절을 직접 받지 않는다.
③ 교감 신경과 부교감 신경으로 구성된다.
④ 생명 유지에 필수적인 기능을 조절한다.
⑤ 중추에서 나와 반응기에 이르기까지 2개의 뉴런으로 이루어져 있다.

14 교감 신경과 부교감 신경에 대한 설명으로 옳지 않은 것은?

① 내장 기관에 분포한다.
② 자율 신경계에 속한다.
③ 길항 작용으로 내장 기관의 기능을 조절한다.
④ 교감 신경은 신경절 이전 뉴런이 신경절 이후 뉴런보다 짧다.
⑤ 부교감 신경은 몸을 긴장 상태로 만들어 갑작스런 위기 상황에 대처할 수 있도록 한다.

서술형
15 그림은 영우가 빠르게 낙하하는 놀이기구를 탔을 때의 모습을 나타낸 것이다.

이때 영우의 심장 박동, 소화관 운동은 평상시와 비교하여 어떻게 달라졌을지 쓰고, 이와 같은 현상이 일어나는 까닭을 자율 신경과 연관 지어 서술하시오.

중요 **16** 그림은 중추 신경계로부터 말초 신경을 통해 반응기 (가)와 (나)에 연결된 경로를 나타낸 것이다. (가)와 (나)는 각각 심장과 다리 골격근 중 하나이다.

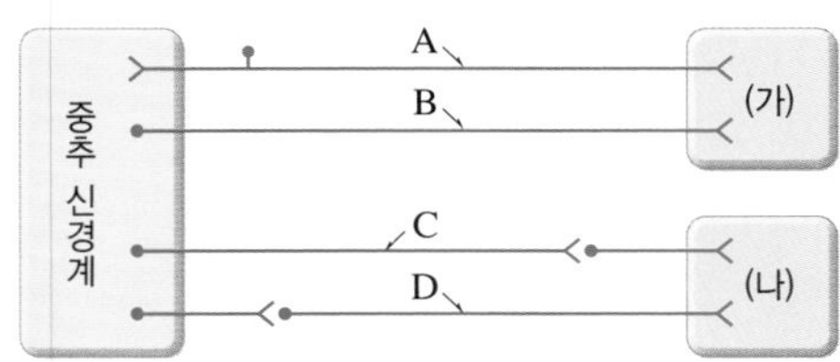

이에 대한 설명으로 옳지 않은 것은?

① (가)는 다리 골격근이다.
② A는 전근을 구성한다.
③ A와 B는 모두 척수 신경에 속한다.
④ C의 신경 세포체는 연수에 있다.
⑤ C와 D의 말단에서 분비되는 신경 전달 물질은 다르다.

17 그림은 중추 신경계와 심장, 팔의 골격근, 방광을 연결하는 신경 (가)~(다)를 나타낸 것이다.

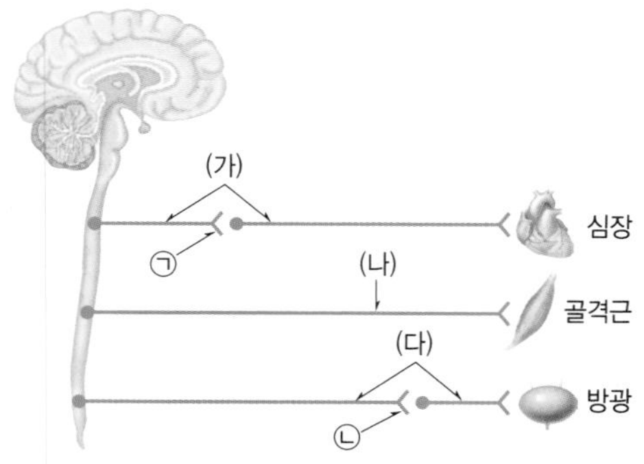

이에 대한 설명으로 옳은 것은?

① (가)는 부교감 신경이다.
② (나)는 감각 뉴런이다.
③ (다)가 흥분하면 방광이 확장된다.
④ ㉠에서 아세틸콜린이 분비된다.
⑤ ㉡에서 노르에피네프린이 분비된다.

중요 **18** 그림은 동공의 크기를 조절하는 데 관여하는 신경 A와 B를 나타낸 것이다. ⓐ와 ⓑ 각각에 하나의 신경절이 있고, ㉠과 ㉣의 말단에서 분비되는 신경 전달 물질은 서로 같다.

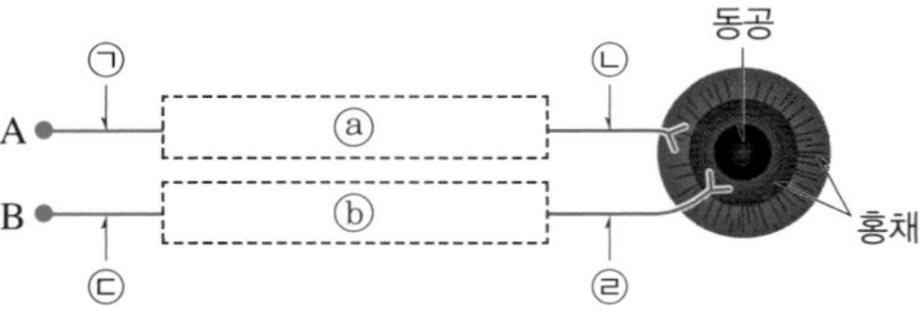

이에 대한 설명으로 옳은 것은?

① A는 부교감 신경이다.
② ㉠의 신경 세포체는 중간뇌에 있다.
③ ㉡이 흥분하면 동공이 축소된다.
④ ㉢의 길이는 ㉣의 길이보다 길다.
⑤ ㉣의 말단에서 분비되는 신경 전달 물질은 노르에피네프린이다.

중요 서술형 **19** 그림은 심장 박동을 조절하는 자율 신경 A와 B를 나타낸 것이다. A와 B의 이름을 각각 쓰고, A와 B가 흥분했을 때 심장 박동의 변화를 각각 서술하시오.

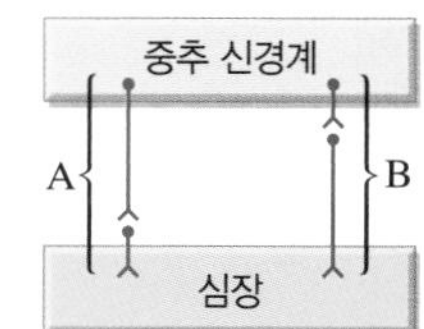

20 표는 말초 신경 A~C에 각각 역치 이상의 자극을 주었을 때 일어나는 반응을 나타낸 것이다.

신경	반응
A	방광이 확장된다.
B	소장에서 소화 작용이 촉진된다.
C	피부에서 받은 자극을 척수로 전달한다.

이에 대한 설명으로 옳은 것만을 [보기]에서 있는 대로 고른 것은?

보기
ㄱ. A의 신경절 이후 뉴런의 말단에서 분비되는 신경 전달 물질은 노르에피네프린이다.
ㄴ. B의 신경절 이전 뉴런의 신경 세포체는 연수에 있다.
ㄷ. A~C는 모두 원심성 신경에 속한다.

① ㄱ ② ㄴ ③ ㄷ ④ ㄱ, ㄴ ⑤ ㄴ, ㄷ

실력 UP 문제

정답친해 41쪽

01 그림은 사람의 신경계를 구분하여 나타낸 것이다. A~C는 구심성 신경, 척수, 체성 신경을 순서 없이 나타낸 것이다.

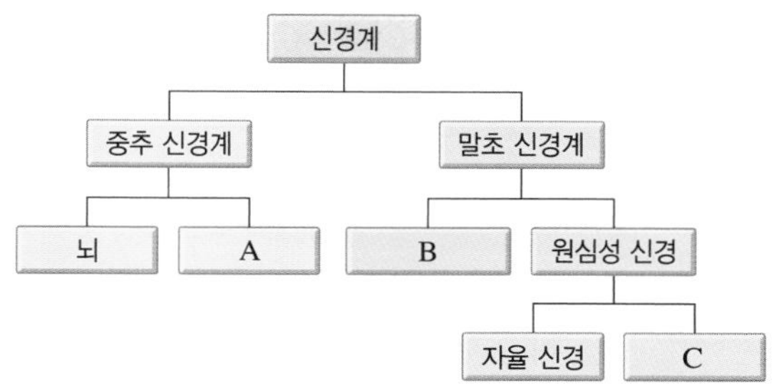

이에 대한 설명으로 옳은 것만을 [보기]에서 있는 대로 고른 것은?

보기
ㄱ. A에 교감 신경이 연결되어 있다.
ㄴ. B에서 발생한 흥분은 중추 신경계로 전달된다.
ㄷ. 골격근에 연결된 C가 손상되면 알츠하이머병이 나타난다.

① ㄱ ② ㄱ, ㄴ ③ ㄱ, ㄷ
④ ㄴ, ㄷ ⑤ ㄱ, ㄴ, ㄷ

02 그림은 감각기에서 받아들인 자극이 중추 신경계를 거쳐 반응기로 전달되는 경로를 나타낸 것이다.

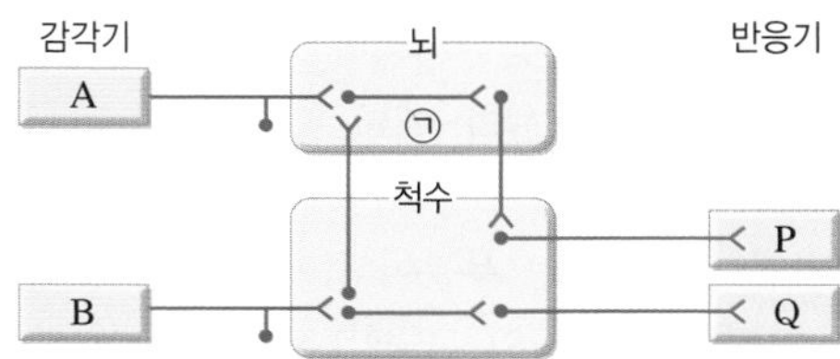

이에 대한 설명으로 옳은 것만을 [보기]에서 있는 대로 고른 것은?

보기
ㄱ. ㉠은 뇌 신경에 속한다.
ㄴ. 경로 A → P에는 체성 신경이 관여한다.
ㄷ. 어두운 곳으로 들어갈 때 동공의 크기가 커지는 반응은 경로 B → Q에 의해 일어난다.

① ㄱ ② ㄴ ③ ㄱ, ㄷ
④ ㄴ, ㄷ ⑤ ㄱ, ㄴ, ㄷ

03 그림은 사람의 신경계를, 표는 자율 신경 A와 B의 작용으로 일어나는 반응을 나타낸 것이다. ㉠~㉢은 척수, 뇌 신경, 척수 신경을 순서 없이 나타낸 것이다.

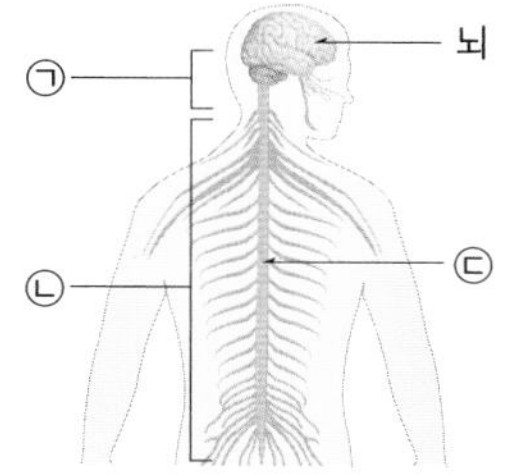

신경	반응
A	심장 박동 억제
B	방광 확장

이에 대한 설명으로 옳은 것은?

① ㉠은 연합 뉴런으로 구성되어 있다.
② A는 신경절 이전 뉴런이 신경절 이후 뉴런보다 짧다.
③ ㉡은 12쌍이다.
④ B의 신경절 이전 뉴런의 신경 세포체는 ㉢에 있다.
⑤ A와 B는 모두 구심성 신경에 해당한다.

04 그림은 중추 신경계에 속한 A~C로부터 자율 신경을 통해 각 기관에 연결된 경로를 나타낸 것이다.

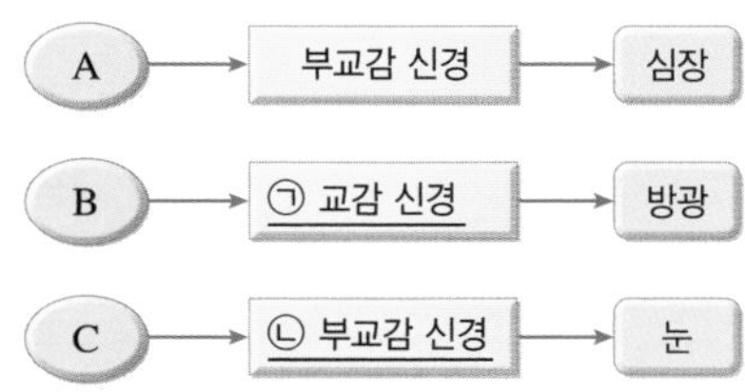

이에 대한 설명으로 옳은 것은?

① A는 체온 조절의 중추이다.
② B의 겉질에는 주로 신경 세포체가 모여 있다.
③ C는 연수이다.
④ ㉠이 흥분하면 방광이 확장된다.
⑤ ㉡의 신경절 이후 뉴런의 말단에서 분비되는 신경 전달 물질은 노르에피네프린이다.

1 자극의 전달

1. 뉴런 신경계를 구성하는 기본 단위이다.

(1) 뉴런의 구조

신경 세포체	핵과 세포 소기관이 있다.
(❶) 돌기	신호를 받아들이는 짧은 돌기이다.
(❷) 돌기	신호를 전달하는 긴 돌기이다.

(2) 뉴런의 종류

① 말이집의 유무에 따른 구분: 말이집 신경, 민말이집 신경

② 기능에 따른 구분: 구심성 뉴런, 연합 뉴런, 원심성 뉴런

2. 흥분 전도

(1) 흥분의 발생: 분극 → 탈분극 → 재분극

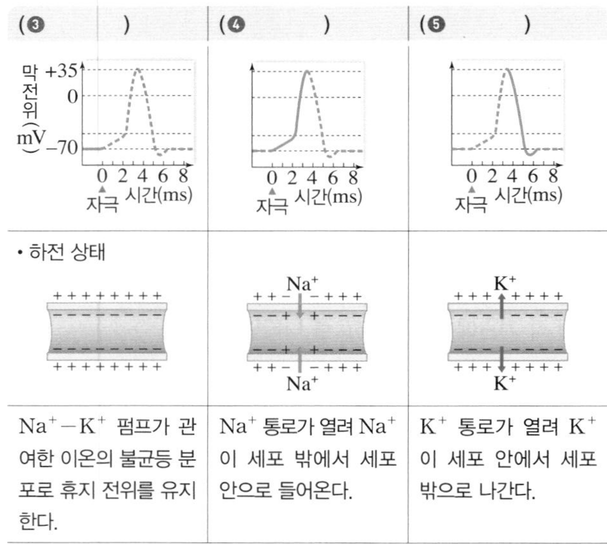

Na^+-K^+ 펌프가 관여한 이온의 불균등 분포로 휴지 전위를 유지한다.	Na^+ 통로가 열려 Na^+이 세포 밖에서 세포 안으로 들어온다.	K^+ 통로가 열려 K^+이 세포 안에서 세포 밖으로 나간다.

(2) 흥분 전도: 한 뉴런 내에서의 흥분 이동 ➡ 뉴런의 세포막 한 부위에서 활동 전위가 발생하면 이웃한 부위에서 연속적으로 탈분극이 일어나 활동 전위가 발생하면서 흥분이 전도된다.

(3) 말이집 신경의 흥분 전도: 말이집 신경에서는 Na^+ 통로와 K^+ 통로가 밀집되어 있는 랑비에 결절에서만 활동 전위가 발생하여 (❻)가 일어난다. ➡ 말이집 신경은 민말이집 신경보다 흥분 전도 속도가 (❼).

3. 흥분 전달

(1) 흥분 전달: 흥분이 한 뉴런에서 다른 뉴런으로 전달되는 현상이다.

(2) 흥분 전달 과정

❶ 흥분이 (❽) 말단에 도달한다.
❷ 시냅스 소포가 세포막과 융합한다.
❸ 시냅스 소포에 들어 있는 (❾)이 시냅스 틈으로 방출된다.
❹ 이 물질이 시냅스 이후 뉴런을 탈분극시켜 활동 전위가 발생함으로써 흥분이 전달된다.

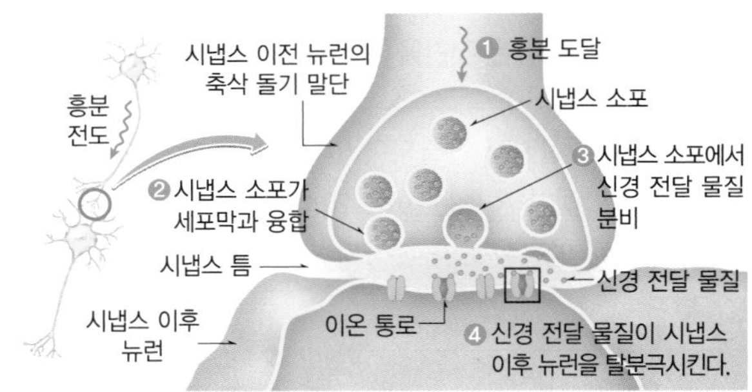

(3) 흥분 전달의 방향성: 흥분은 시냅스 이전 뉴런의 축삭 돌기 말단에서 시냅스 이후 뉴런의 가지 돌기나 신경 세포체 쪽으로만 전달된다.

(4) 시냅스에서 흥분 전달에 영향을 미치는 약물: 영향에 따라 진정제, 각성제, 환각제 등으로 구분할 수 있다.

4. 근수축

(1) 골격근의 구조: 골격근은 여러 개의 근육 섬유 다발로 구성되고, 각각의 근육 섬유는 많은 근육 원섬유로 구성되며, 근육 원섬유는 굵은 (❿) 필라멘트와 가는 (⓫) 필라멘트로 구성된다.

(2) 활주설에 따른 근수축 원리: 액틴 필라멘트가 마이오신 필라멘트 사이로 미끄러져 들어가 액틴 필라멘트와 마이오신 필라멘트가 겹치는 부분이 증가하여 근육 원섬유 마디가 짧아지면서 근육이 수축한다. ➡ 근육 원섬유 마디, (⓬)대, I대의 길이는 짧아지고, (⓭)대의 길이는 변화 없다.

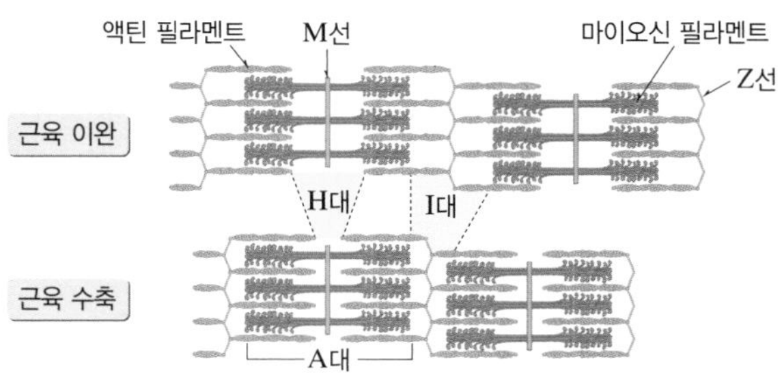

2 신경계

1. 사람의 신경계 뇌와 척수로 구성된 (⓮)와 온몸에 퍼져 있는 (⓯)로 구분한다.

2. 중추 신경계

(1) **뇌의 구조와 기능**

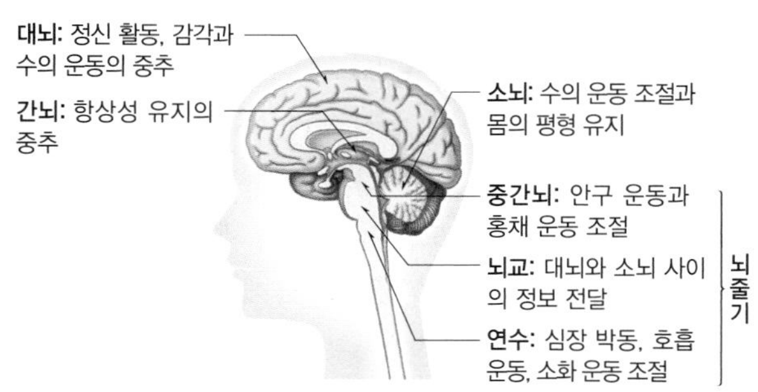

(2) **척수의 구조와 기능**

구조	• 겉질은 백색질, 속질은 회색질이다. • (⓰): 척수의 등 쪽에 배열된 감각 신경 다발로, 감각기에서 받아들인 정보를 뇌로 전달한다. • (⓱): 척수의 배 쪽에 배열된 운동 신경 다발로, 뇌에서 내린 반응 명령을 반응기로 전달한다.
기능	• 뇌와 척수 신경 사이의 정보 전달 통로 • 무릎 반사, 회피 반사, 배변·배뇨, 젖분비, 땀분비 등의 반사 중추이다.

3. 의식적인 반응과 무조건 반사

(1) **의식적인 반응:** 대뇌의 판단과 명령에 따라 일어나는 반응 ➡ 대뇌가 중추

(2) **무조건 반사:** 의지와 관계없이 일어나는 무의식적인 반응으로 회피 반사, 무릎 반사 등이 있다.

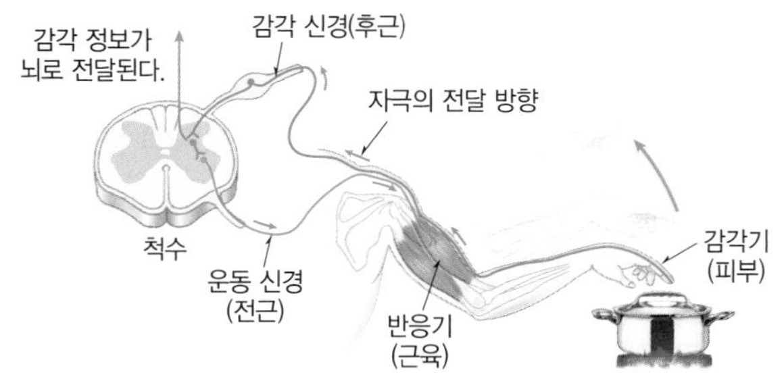

[반응 경로] 자극(뜨거운 냄비) → 감각기(피부) → 감각 신경(후근) → 중추 신경(척수) → 운동 신경(전근) → 반응기(근육) → 반응(급히 손을 뗌)

4. 말초 신경계

(1) **말초 신경계:** 구심성 신경과 원심성 신경으로 구성된다.

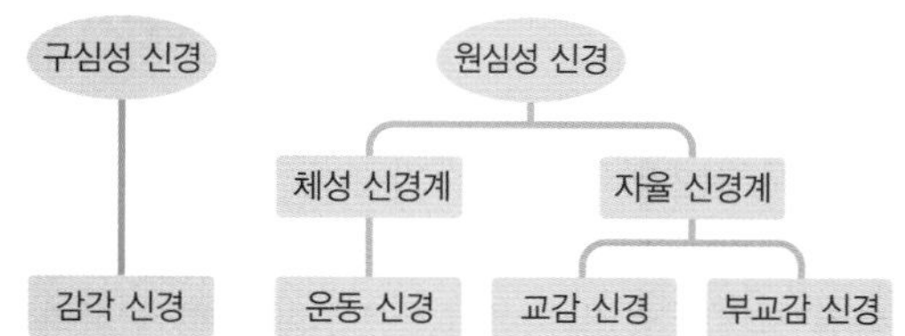

(2) (⓲): 운동 신경으로 구성되며, 대뇌의 지배를 받아 의식적인 골격근의 반응을 조절한다.

(3) (⓳): 대뇌의 직접적인 지배를 받지 않으며, 중간뇌, 연수, 척수에서 뻗어 나온다.

① 원심성 뉴런으로만 구성되며, 주로 내장 기관, 혈관, 분비샘에 분포한다.

② 교감 신경과 부교감 신경의 구조: 교감 신경은 신경절 이전 뉴런이 신경절 이후 뉴런보다 짧고, 부교감 신경은 신경절 이전 뉴런이 신경절 이후 뉴런보다 길다.

③ 교감 신경과 부교감 신경의 작용: 길항 작용으로 각 기관의 기능을 조절한다.

구분	동공	기관지	심장 박동	소화관 운동	방광
교감 신경	확대	확장	촉진	(⓴)	확장
부교감 신경	축소	수축	억제	(㉑)	수축

(4) **체성 신경계와 자율 신경계 비교**

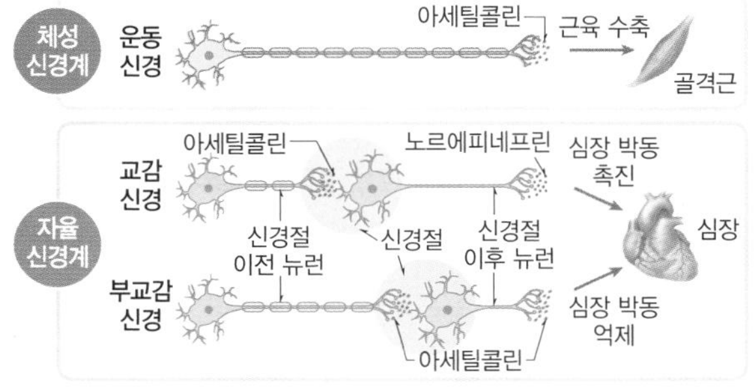

① 체성 신경은 중추 신경계와 반응기가 하나의 뉴런으로 연결되며, 자율 신경은 2개의 뉴런으로 연결된다.

② 체성 신경의 말단에서는 아세틸콜린이, 교감 신경의 말단에서는 노르에피네프린이, 부교감 신경의 말단에서는 아세틸콜린이 분비된다.

(5) **신경계 질환**

① 중추 신경계 질환: 알츠하이머병, 파킨슨병

② 말초 신경계 질환: 근위축성 측삭 경화증, 길랭·바레 증후군

중단원 마무리 문제

하 중 상

01 뉴런의 구조와 기능에 대한 설명으로 옳지 않은 것은?

① 신경계를 구성하는 기본 단위이다.
② 신경 세포체는 핵과 세포 소기관이 있다.
③ 뉴런의 크기와 모양은 기능에 따라 다르다.
④ 말이집 신경의 랑비에 결절은 절연체 역할을 한다.
⑤ 가지 돌기는 다른 뉴런에서 오는 신호를 받아들인다.

하 중 상

02 그림은 어떤 뉴런의 구조를 나타낸 것이다. A~D는 각각 가지 돌기, 신경 세포체, 축삭 돌기, 말이집 중 하나이다.

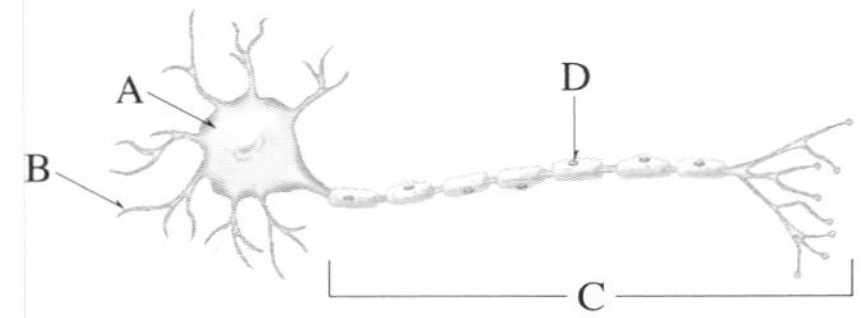

이에 대한 설명으로 옳지 않은 것은?

① A는 신경 세포체이다.
② B는 다른 뉴런으로부터 자극을 받아들인다.
③ C의 말단에는 시냅스 소포가 존재한다.
④ 이 뉴런에서 흥분 전도가 일어날 때 D로 둘러싸인 부분에서 활동 전위가 발생한다.
⑤ 이 뉴런에 역치 이상의 자극을 주면 도약전도가 일어난다.

하 중 상

03 그림은 세 종류의 뉴런 (가)~(다)를 나타낸 것이다.

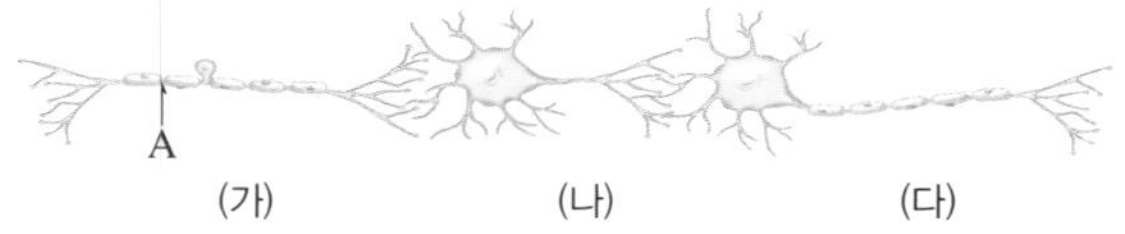

이에 대한 설명으로 옳은 것만을 [보기]에서 있는 대로 고른 것은?

보기
ㄱ. (가)와 (다)는 모두 말초 신경계에 속한다.
ㄴ. (나)는 뇌와 척수 같은 중추 신경을 이룬다.
ㄷ. A 지점에서 활동 전위가 발생하면 (가) → (나) → (다) 순으로 흥분 전달이 일어난다.

① ㄱ ② ㄴ ③ ㄱ, ㄷ
④ ㄴ, ㄷ ⑤ ㄱ, ㄴ, ㄷ

하 중 상

04 그림은 어떤 뉴런에서 활동 전위가 발생하였을 때의 막전위 변화를 나타낸 것이다.

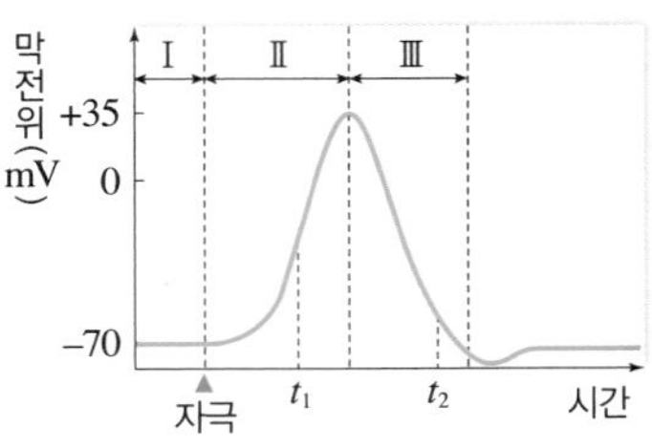

이에 대한 설명으로 옳은 것은?

① 구간 Ⅰ에서 Na^+은 세포 밖보다 안에, K^+은 세포 안보다 밖에 더 많이 분포한다.
② 구간 Ⅱ에서 Na^+ 농도는 세포 안이 세포 밖보다 높다.
③ 구간 Ⅲ에서 K^+은 K^+ 통로를 통해 세포 안으로 확산한다.
④ t_1일 때 이온 통로를 통한 Na^+의 이동에 ATP가 소모되지 않는다.
⑤ t_2일 때 대부분의 Na^+ 통로는 열려 있다.

하 중 상

05 그림 (가)는 민말이집 신경의 축삭 돌기 일부를, (나)는 (가)의 ㉠과 ㉡ 중 한 지점에 역치 이상의 자극을 1회 주었을 때 A와 B에서의 막전위 변화를 나타낸 것이다.

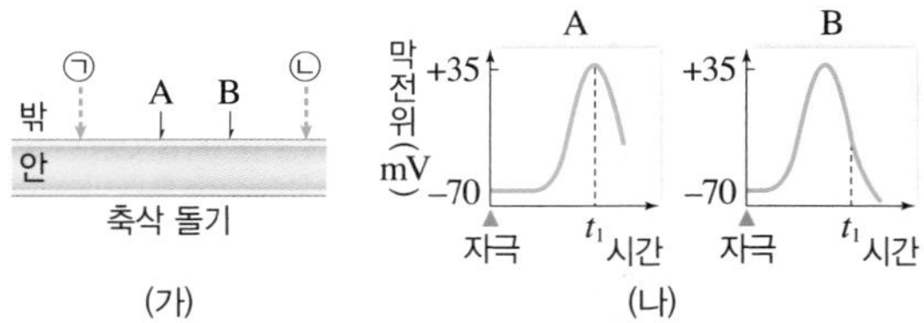

이에 대한 설명으로 옳은 것만을 [보기]에서 있는 대로 고른 것은?

보기
ㄱ. 흥분 전도는 ㉠ → ㉡ 방향으로 진행된다.
ㄴ. t_1일 때 A에서 K^+의 농도는 세포 안이 밖보다 높다.
ㄷ. t_1일 때 B는 과분극 상태이다.

① ㄱ ② ㄴ ③ ㄷ
④ ㄱ, ㄴ ⑤ ㄱ, ㄴ, ㄷ

하 중 상

06 그림 (가)는 시냅스로 연결된 두 뉴런을, (나)는 (가)의 한 지점에 역치 이상의 자극을 주었을 때 시냅스에서 흥분이 전달되는 과정을 나타낸 것이다.

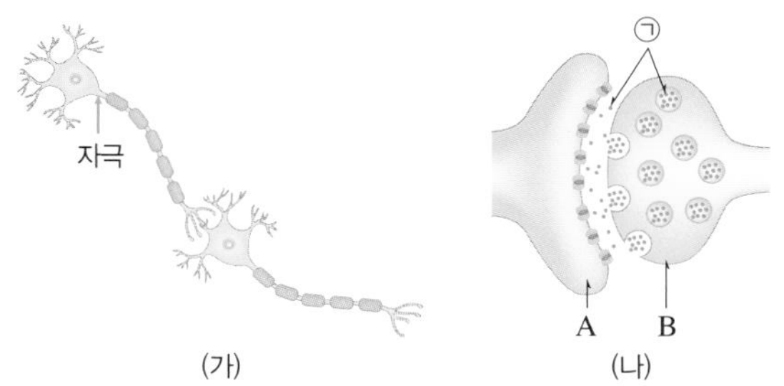

이에 대한 설명으로 옳은 것만을 [보기]에서 있는 대로 고른 것은?

보기

ㄱ. (가)의 시냅스 이전 뉴런은 말이집 신경이다.
ㄴ. ㉠은 A를 탈분극시킨다.
ㄷ. (나)의 B는 시냅스 이전 뉴런의 축삭 돌기 말단 부위이다.
ㄹ. 흥분의 전달 방향은 A → B이다.

① ㄹ ② ㄱ, ㄷ ③ ㄱ, ㄴ, ㄷ
④ ㄱ, ㄴ, ㄹ ⑤ ㄴ, ㄷ, ㄹ

하 중 상

07 그림 (가)는 팔을 구부렸을 때와 폈을 때를, (나)는 근육 ㉠의 근육 원섬유를 나타낸 것이다.

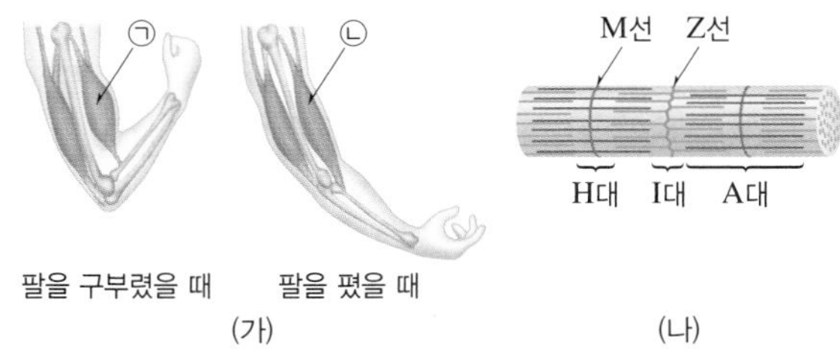

이에 대한 설명으로 옳은 것만을 [보기]에서 있는 대로 고른 것은?

보기

ㄱ. (나)의 A대 길이는 근육 ㉠과 ㉡에서 동일하다.
ㄴ. 팔을 구부리는 동안 (나)의 H대 길이는 길어진다.
ㄷ. 근육 ㉠에는 A대와 I대가 반복되어 가로무늬가 나타난다.

① ㄱ ② ㄴ ③ ㄱ, ㄴ
④ ㄱ, ㄷ ⑤ ㄴ, ㄷ

하 중 상

08 그림은 사람의 골격근 구조를 나타낸 것이다.

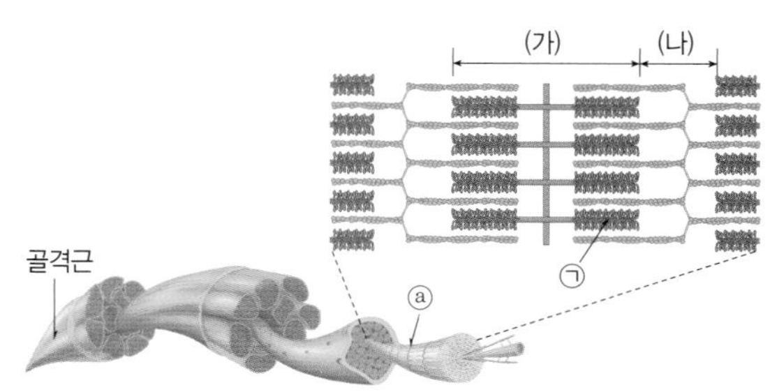

이에 대한 설명으로 옳은 것만을 [보기]에서 있는 대로 고른 것은?

보기

ㄱ. ⓐ는 다핵성 세포인 근육 섬유이다.
ㄴ. 근수축 시 ㉠의 길이는 변하지 않는다.
ㄷ. 골격근이 수축하면 $\frac{\text{(가)의 길이}}{\text{(나)의 길이}}$는 증가한다.

① ㄱ ② ㄷ ③ ㄱ, ㄴ
④ ㄴ, ㄷ ⑤ ㄱ, ㄴ, ㄷ

하 중 상

09 표는 근육 원섬유 마디 X가 수축하는 과정에서 시점 t_1과 t_2일 때 X의 길이와 H대의 길이를, 그림은 X의 한 지점에서 관찰되는 단면 변화를 나타낸 것이다. X는 좌우 대칭이며, ⓐ와 ⓑ는 t_1과 t_2를 순서 없이 나타낸 것이다.

시점	X의 길이	H대의 길이
t_1	?	0.2
t_2	2.8	0.6

(단위: μm)

마이오신 필라멘트 액틴 필라멘트

ⓐ ⓑ

이에 대한 설명으로 옳은 것만을 [보기]에서 있는 대로 고른 것은?

보기

ㄱ. ⓐ는 t_1이다.
ㄴ. t_1일 때 X의 길이는 2.4 μm이다.
ㄷ. 그림은 A대에서 관찰되는 단면이다.

① ㄱ ② ㄴ ③ ㄷ
④ ㄱ, ㄴ ⑤ ㄴ, ㄷ

하 중 상

10 다음은 사람의 신경계에 대한 학생 A~C의 대화 내용이다.

- 학생 A: 중간뇌와 연수는 모두 뇌줄기에 속해.
- 학생 B: 뇌 신경은 좌우 31쌍으로 이루어져 있어.
- 학생 C: 대뇌의 겉질에는 신경 세포체가 존재해.

제시한 내용이 옳은 학생을 모두 고르시오.

하 중 상

11 그림은 사람의 뇌 구조를 나타낸 것이다.

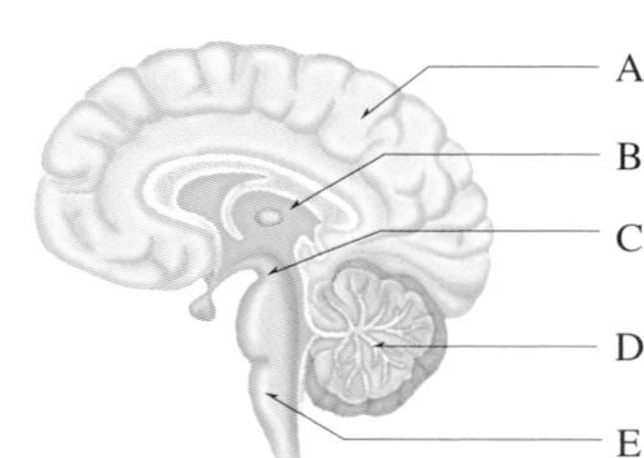

이에 대한 설명으로 옳은 것은?

① A의 기능은 대부분 속질에서 담당한다.
② B는 시상과 시상 하부로 구분된다.
③ C는 항상성 유지에 관여한다.
④ D는 감각령, 연합령, 운동령으로 구분된다.
⑤ E는 무릎 반사의 중추이다.

하 중 상

12 그림은 무릎 반사가 일어날 때 흥분 전달 경로를 나타낸 것이다. A와 B는 각각 감각 뉴런과 운동 뉴런 중 하나이다.

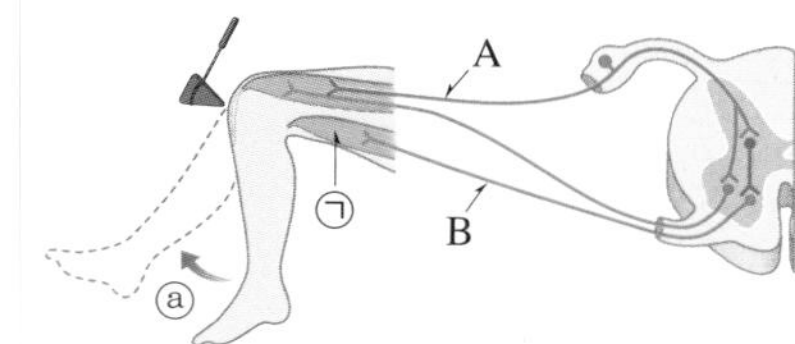

이에 대한 설명으로 옳은 것은?

① A는 운동 뉴런이다.
② B의 신경 세포체는 척수의 회색질에 존재한다.
③ A와 B는 모두 자율 신경계에 속한다.
④ ⓐ가 일어나는 동안 ㉠의 근육 원섬유 마디에서 마이오신 필라멘트의 길이는 증가한다.
⑤ 이 반사의 조절 중추는 뇌줄기를 구성한다.

하 중 상

13 그림은 척수와 소장 사이의 흥분 전달 경로를 나타낸 것이다.

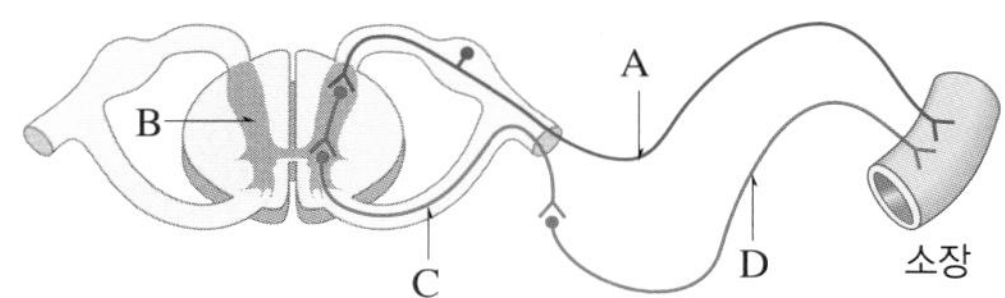

이에 대한 설명으로 옳은 것만을 [보기]에서 있는 대로 고른 것은?

보기
ㄱ. A는 감각 뉴런이다.
ㄴ. B는 척수의 속질로 회색질이다.
ㄷ. C와 D는 의식적인 골격근의 반응을 조절한다.

① ㄱ ② ㄴ ③ ㄷ
④ ㄱ, ㄴ ⑤ ㄴ, ㄷ

하 중 상

14 그림 (가)는 심장에 연결된 말초 신경 A와 B를, (나)는 팔 골격근에 연결된 말초 신경 C와 D를 나타낸 것이다.

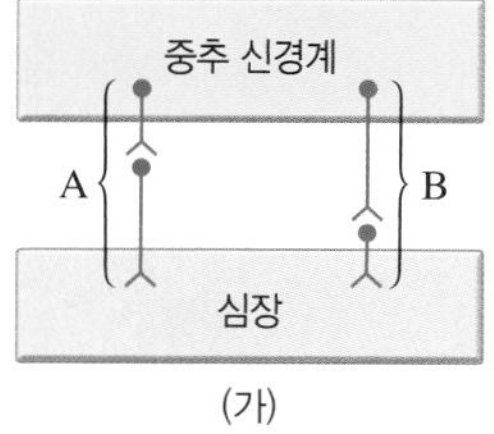

(가)

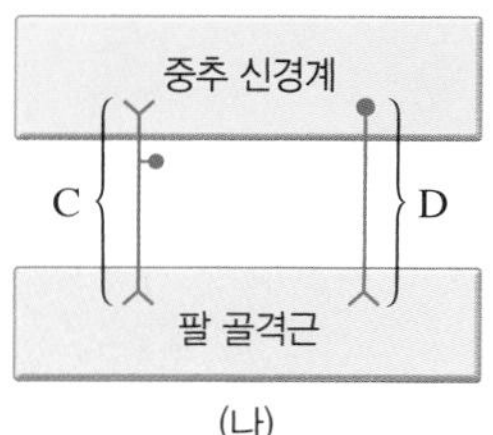

(나)

이에 대한 설명으로 옳은 것만을 [보기]에서 있는 대로 고른 것은?

보기
ㄱ. A의 신경절 이전 뉴런의 신경 세포체는 척수에 있다.
ㄴ. B가 흥분하면 심장 박동이 촉진된다.
ㄷ. C와 D에서 흥분의 이동 방향은 서로 같다.

① ㄱ ② ㄴ ③ ㄷ
④ ㄱ, ㄷ ⑤ ㄴ, ㄷ

하 중 상

15 심장 박동은 자율 신경 A와 B에 의해 조절된다. 그림 (가)는 A를, (나)는 B를 자극했을 때 심장 세포에서 활동 전위가 발생하는 빈도의 변화를 나타낸 것이다.

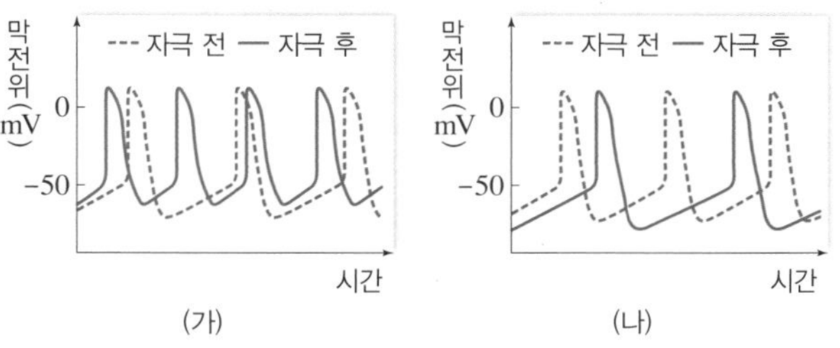

이에 대한 설명으로 옳은 것만을 [보기]에서 있는 대로 고른 것은?

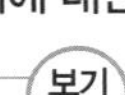

ㄱ. A는 교감 신경이다.
ㄴ. B의 신경절 이후 뉴런의 축삭 돌기 말단에서 분비되는 신경 전달 물질은 아세틸콜린이다.
ㄷ. A와 B는 심장 박동 조절에 길항적으로 작용한다.

① ㄱ ② ㄴ ③ ㄱ, ㄷ
④ ㄴ, ㄷ ⑤ ㄱ, ㄴ, ㄷ

하 중 상

16 표는 신경계 질환 (가)~(다)의 원인과 주요 증상을 나타낸 것이다. (가)~(다)는 각각 근위축성 측삭 경화증, 알츠하이머병, 파킨슨병 중 하나이다.

(가)	(나)	(다)
운동 신경이 파괴되어 사지 근력이 약화되고 호흡 기능이 저하된다.	뇌의 도파민 분비 부족으로 손발 떨림이 나타나고 자세가 불안정해진다.	대뇌의 뉴런이 파괴되어 기억력과 인지 기능이 약화된다.

이에 대한 설명으로 옳은 것만을 [보기]에서 있는 대로 고른 것은?

ㄱ. (가)는 파킨슨병이다.
ㄴ. (나)는 말초 신경계의 이상에 의한 질환이다.
ㄷ. (다)는 중추 신경계의 이상에 의한 질환이다.

① ㄱ ② ㄴ ③ ㄷ
④ ㄱ, ㄷ ⑤ ㄴ, ㄷ

하 중 상

17 그림은 어떤 뉴런의 한 지점에 역치 이상의 자극을 주었을 때 막전위 변화를 나타낸 것이다.

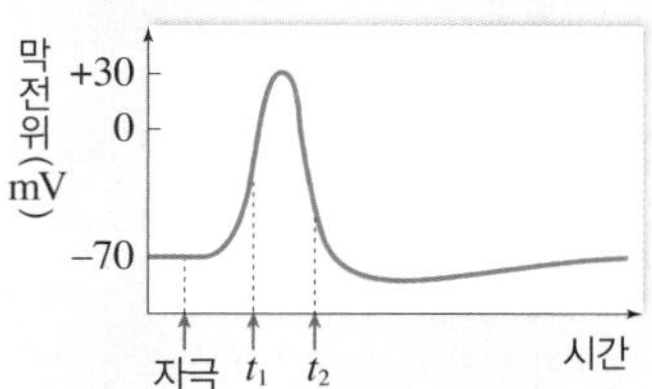

Na^+의 막 투과도와 K^+의 막 투과도는 각각 t_1과 t_2일 때 어떻게 다른지 비교하여 서술하시오.

하 중 상

18 그림은 근육 원섬유 마디 X의 구조를, 표는 근수축 과정의 두 시점 t_1과 t_2일 때 X의 부위별 길이를 나타낸 것이다. X는 좌우 대칭이며, ㉠은 액틴 필라멘트와 마이오신 필라멘트가 겹치는 부분, ㉡과 ㉢은 액틴 필라멘트만 있는 부분이다.

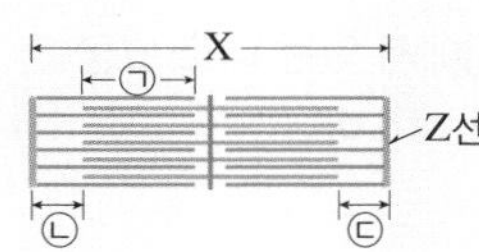

시점	t_1	t_2
X	?	2.2 μm
㉡+㉢	0.2 μm	0.6 μm
H대	0.2 μm	?

t_1일 때 X의 길이와 t_2일 때 H대의 길이를 각각 구하시오.

하 중 상

19 그림은 감각기와 반응기 사이의 흥분 전달 경로를 나타낸 것이다.

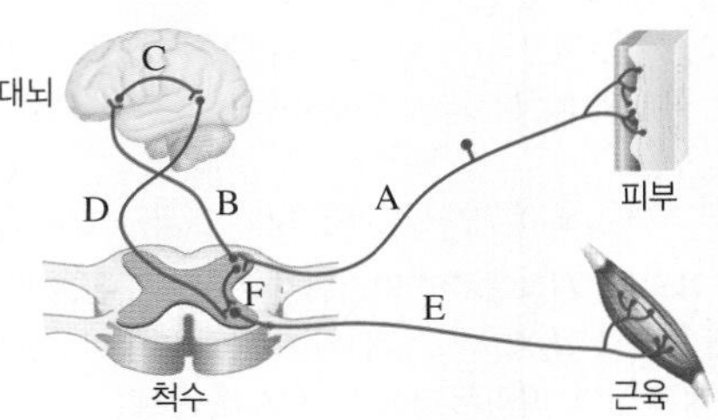

장미 가시에 손을 찔렸을 때 무의식적으로 손을 떼는 반응 경로를 자극, 감각기, 반응기를 모두 포함하여 쓰시오.

수능 실전 문제

• 수능 출제 경향

이 단원에서는 뉴런에서 자극에 따른 막전위 변화, 활동 전위 발생 시 이온의 막 투과도 변화, 근수축의 원리와 근수축이 일어날 때 근육 원섬유 마디의 길이 변화, 중추 신경계와 말초 신경계의 관계, 자율 신경계의 특징 등에 대한 문제가 출제되고 있다. 따라서 뉴런의 막전위 변화 그래프를 이온의 이동과 관련지어 설명할 수 있어야 한다.

수능 이렇게 나온다!

다음은 흥분 전달 속도가 서로 다른 민말이집 신경 A~C의 흥분 전도에 대한 자료이다.

- (가)는 A~C의 지점 d_1~d_4의 위치를 나타낸 것이다.
- (나)는 A~C 각각에서 활동 전위가 발생하였을 때 각 지점에서의 막전위 변화를, (다)는 ⓐA~C의 d_1에 역치 이상의 자극을 동시에 1회 주고 경과된 시간이 4 ms일 때 d_2~d_4에서의 막전위가 속하는 구간을 나타낸 것이다. Ⅰ~Ⅲ은 d_2~d_4를 순서 없이 나타낸 것이고, ⓐ일 때 각 지점에서의 막전위는 구간 ㉠~㉢ 중 하나에 속한다.

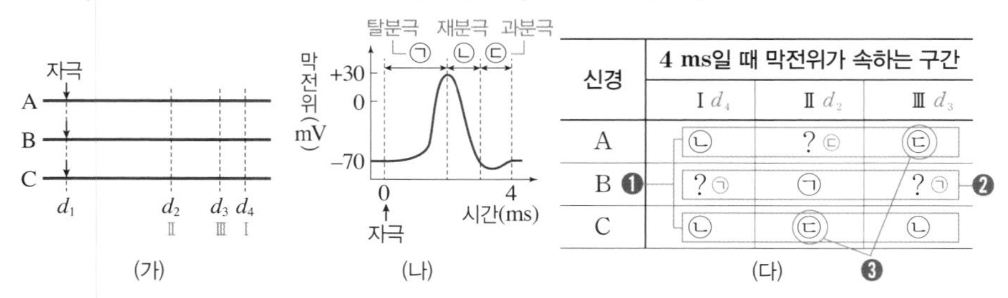

신경	4 ms일 때 막전위가 속하는 구간		
	Ⅰ d_4	Ⅱ d_2	Ⅲ d_3
A	㉡	? ㉢	㉢
B	? ㉠	㉠	? ㉠
C	㉡	㉢	㉡

(가) (나) (다)

이에 대한 설명으로 옳은 것만을 [보기]에서 있는 대로 고른 것은? (단, A~C에서 흥분의 전도는 각각 1회 일어났고, 휴지 전위는 −70 mV이다.)

보기

ㄱ. ⓐ일 때 A의 Ⅱ에서의 막전위는 ㉡에 속한다.

ㄴ. ⓐ일 때 B의 d_3에서 Na^+ 통로를 통한 Na^+의 확산이 일어난다.

ㄷ. 흥분 전도 속도는 B에서가 C에서보다 빠르다.

① ㄱ ② ㄴ ③ ㄷ ④ ㄱ, ㄴ ⑤ ㄱ, ㄷ

출제개념

흥분 전도 과정에서의 막전위 변화와 흥분 전도 속도

▶ 본문 78~80쪽

출제의도

제시된 자료를 분석하여 표의 Ⅰ~Ⅲ이 각각 어느 지점에 해당하는지를 파악하고, 세 뉴런의 흥분 전도 속도를 비교하는 문제이다.

전략적 풀이

❶ 표의 Ⅰ~Ⅲ이 각각 뉴런의 d_2~d_4 중 어느 지점에 해당하는지 파악한다.

ㄱ. 역치 이상의 자극을 준 지점인 d_1과 가까울수록 흥분이 먼저 도달하므로 ㉢(과분극)이 나타난다. ⓐ일 때 C는 Ⅱ에서 ㉢(과분극), Ⅰ과 Ⅲ에서 모두 ㉡(재분극)이므로, Ⅱ가 d_1과 가장 가까운 지점인 d_2이다. ⓐ일 때 A는 Ⅰ에서 ㉡(재분극), Ⅲ에서 ㉢(과분극)이므로, Ⅲ이 Ⅰ보다 d_1과 가까운 지점이다. 따라서 Ⅰ은 (   ), Ⅱ는 (   ), Ⅲ은 (   )이다. ⓐ일 때 A의 Ⅲ(d_3)에서의 막전위는 ㉢(과분극)에 속하므로, d_1과 더 가까운 Ⅱ(d_2)에서의 막전위도 ㉢(과분극)에 속한다.

❷ ⓐ일 때 B의 각 지점에서의 막전위가 속하는 구간을 파악한다.

ㄴ. ⓐ일 때 B의 Ⅱ(d_2)에서의 막전위는 ㉠(탈분극)에 속하므로 d_1과 더 멀리 떨어진 Ⅲ(d_3)에서의 막전위도 ㉠(탈분극)에 속한다. 따라서 ⓐ일 때 B의 d_3에서 (   ) 통로를 통한 (   )의 확산이 일어난다.

❸ A~C의 흥분 전도 속도를 비교한다.

ㄷ. A와 C 중 ⓐ일 때 ㉢(과분극)이 나타나는 지점이 d_1으로부터 더 멀리 떨어진 신경은 A이므로 흥분 전도 속도는 A가 C보다 (   )며, ㉢(과분극)이 나타나지 않는 B가 가장 (   )다. 따라서 흥분 전도 속도는 (   )>(   )>(   )이다.

❸ 빠르, 느리, A, C, B
❷ Na^+, Na^+
❶ d_4, d_2, d_3

답 ②

01 그림 (가)는 어떤 뉴런에 역치 이상의 자극을 주었을 때 이 뉴런의 축삭 돌기 한 지점에서 측정한 막전위 변화를, (나)는 t_2일 때 이 지점에서 K^+ 통로를 통한 K^+의 확산을 나타낸 것이다. ㉠과 ㉡은 각각 세포 안과 세포 밖 중 하나이다.

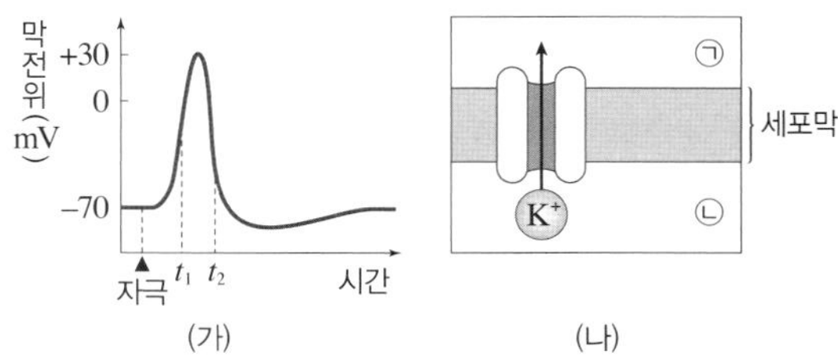

(가) (나)

이에 대한 설명으로 옳은 것만을 [보기]에서 있는 대로 고른 것은?

보기

ㄱ. t_1일 때 Na^+은 Na^+ 통로를 통해 ㉠에서 ㉡으로 확산된다.

ㄴ. t_1일 때 이온의 $\frac{㉠에서의\ 농도}{㉡에서의\ 농도}$는 Na^+이 K^+보다 크다.

ㄷ. K^+의 막 투과도는 t_2일 때가 t_1일 때보다 크다.

① ㄱ ② ㄷ ③ ㄱ, ㄴ
④ ㄴ, ㄷ ⑤ ㄱ, ㄴ, ㄷ

02 그림 (가)는 시냅스로 연결된 2개의 뉴런을, (나)는 (가)의 특정 부위에 역치 이상의 자극을 주었을 때 d_1~d_3 중 한 지점에서의 막전위 변화를 나타낸 것이다.

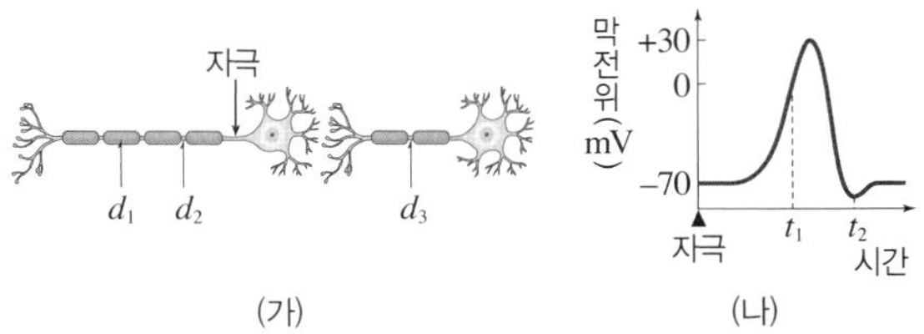

(가) (나)

이에 대한 설명으로 옳은 것만을 [보기]에서 있는 대로 고른 것은?

ㄱ. d_1에는 슈반 세포가 존재한다.

ㄴ. t_1일 때 d_3에서 Na^+ 통로를 통해 Na^+이 세포 안으로 확산된다.

ㄷ. t_2일 때 d_2에서 휴지 전위가 나타난다.

① ㄱ ② ㄴ ③ ㄷ
④ ㄱ, ㄷ ⑤ ㄴ, ㄷ

03 다음은 민말이집 신경 A의 흥분 전도에 대한 자료이다.

• 그림은 A의 지점 d_1으로부터 네 지점 d_2~d_5까지의 거리를, 표는 d_1과 d_5 중 한 지점에 역치 이상의 자극을 1회 주고 경과된 시간이 3 ms, 4 ms, 5 ms일 때 Ⅰ과 Ⅱ에서의 막전위를 나타낸 것이다. Ⅰ과 Ⅱ는 각각 d_2와 d_4 중 하나이다.

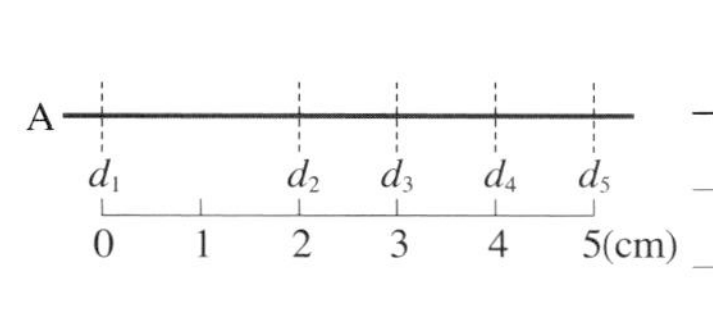

시간	막전위(mV)	
	Ⅰ	Ⅱ
3 ms	?	+30
4 ms	+30	ⓐ
5 ms	ⓑ	−70

• A에서 활동 전위가 발생하였을 때, 각 지점에서의 막전위 변화는 그림과 같다.

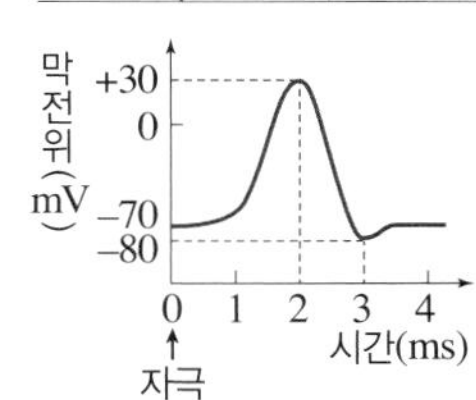

이에 대한 설명으로 옳은 것만을 [보기]에서 있는 대로 고른 것은? (단, A에서 흥분의 전도는 1회 일어났고, 휴지 전위는 −70 mV이다.)

ㄱ. A의 흥분 전도 속도는 1 cm/ms이다.

ㄴ. ⓐ와 ⓑ는 같다.

ㄷ. 4 ms일 때 d_3에서 재분극이 일어나고 있다.

① ㄱ ② ㄴ ③ ㄱ, ㄷ
④ ㄴ, ㄷ ⑤ ㄱ, ㄴ, ㄷ

04 그림 (가)는 시냅스에 의해 3개의 뉴런이 연결된 모습을, (나)의 Ⅰ~Ⅲ은 (가)의 ㉠에 역치 이상의 자극을 1회 준 후 A, B, C 지점에서의 막전위 변화를 순서 없이 나타낸 것이다. A~C의 흥분 전도 속도는 같으며, ㉠으로부터 B와 C까지의 거리는 동일하다.

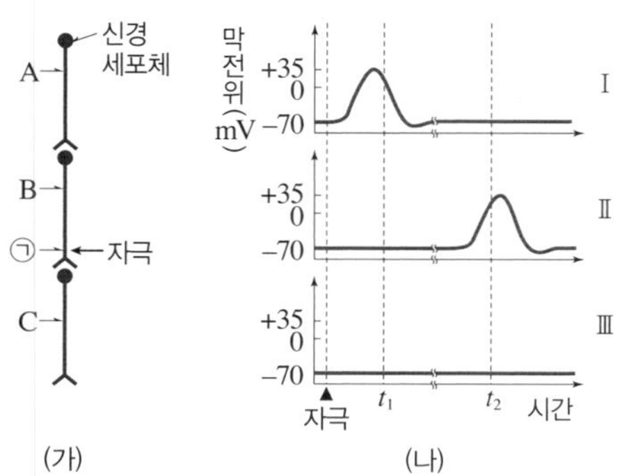

(가) (나)

이에 대한 설명으로 옳은 것만을 [보기]에서 있는 대로 고른 것은?

보기
ㄱ. A에서의 막전위 변화는 Ⅱ이다.
ㄴ. t_1일 때 B에서 휴지 전위가 나타난다.
ㄷ. t_2일 때 C에서 대부분의 Na^+ 통로는 열려 있다.

① ㄱ ② ㄴ ③ ㄷ ④ ㄱ, ㄷ ⑤ ㄴ, ㄷ

05 그림 (가)는 근육 원섬유 마디 X가 이완된 상태를, (나)의 A~C는 X의 서로 다른 세 지점에서 ⓐ 방향으로 자른 단면을 나타낸 것이다.

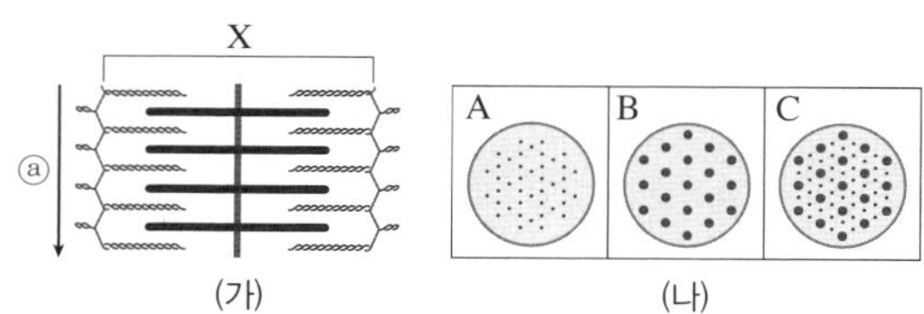

(가) (나)

이에 대한 설명으로 옳은 것만을 [보기]에서 있는 대로 고른 것은?

보기
ㄱ. X가 수축하면 $\frac{\text{A대의 길이}}{\text{H대의 길이}}$는 증가한다.
ㄴ. C와 같은 단면을 갖는 부분은 I대에 존재한다.
ㄷ. X의 길이가 10 μm 증가하면, B와 같은 단면을 갖는 부분의 길이도 10 μm 증가한다.

① ㄱ ② ㄴ ③ ㄱ, ㄷ
④ ㄴ, ㄷ ⑤ ㄱ, ㄴ, ㄷ

06 다음은 골격근의 수축 과정에 대한 자료이다.

- 그림은 근육 원섬유 마디 X의 구조를 나타낸 것이다. X는 좌우 대칭이다.

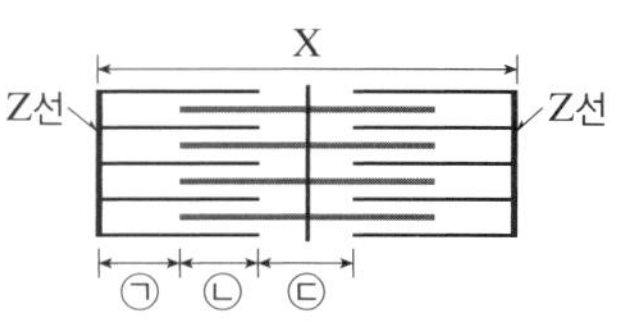

- 구간 ㉠은 액틴 필라멘트만 있는 부분이고, ㉡은 액틴 필라멘트와 마이오신 필라멘트가 겹치는 부분이며, ㉢은 마이오신 필라멘트만 있는 부분이다.
- 골격근 수축 과정의 시점 t_1일 때 ㉠~㉢의 길이는 순서 없이 ⓐ, $5d$, $9d$이고, 시점 t_2일 때 ㉠~㉢의 길이는 순서 없이 ⓐ, $3d$, $5d$이다. A대의 길이는 $15d$보다 작고, d는 0보다 크다.

이에 대한 설명으로 옳은 것만을 [보기]에서 있는 대로 고른 것은?

보기
ㄱ. t_1일 때 X의 길이는 $23d$이다.
ㄴ. ㉡의 길이는 t_1일 때가 t_2일 때보다 $4d$ 짧다.
ㄷ. t_2일 때 $\frac{\text{A대의 길이}+\text{㉡의 길이}}{\text{H대의 길이}}$는 6이다.

① ㄱ ② ㄱ, ㄴ ③ ㄱ, ㄷ ④ ㄴ, ㄷ ⑤ ㄱ, ㄴ, ㄷ

07 표 (가)는 사람의 중추 신경계를 구성하는 구조 A~C에서 특징 ㉠~㉢의 유무를, (나)는 ㉠~㉢을 순서 없이 나타낸 것이다. A~C는 각각 대뇌, 중간뇌, 척수 중 하나이다.

구조 \ 특징	㉠	㉡	㉢
A	×	?	○
B	○	○	×
C	?	○	×

(○: 있음, ×: 없음)

(가)

특징(㉠~㉢)
• 뇌줄기를 구성한다. • 수의 운동의 중추이다. • 부교감 신경이 나온다.

(나)

이에 대한 설명으로 옳은 것만을 [보기]에서 있는 대로 고른 것은?

보기
ㄱ. ㉠은 '뇌줄기를 구성한다.'이다.
ㄴ. A는 청각 기관으로부터 오는 정보를 받아들이는 영역이 있다.
ㄷ. C는 뜨거운 냄비를 만졌을 때 무의식적으로 팔을 들어 올리는 반응의 중추이다.

① ㄴ ② ㄱ, ㄴ ③ ㄱ, ㄷ ④ ㄴ, ㄷ ⑤ ㄱ, ㄴ, ㄷ

08 그림은 자극에 의해 반사가 일어날 때 감각기와 반응기 사이의 흥분 전달 경로를 나타낸 것이다.

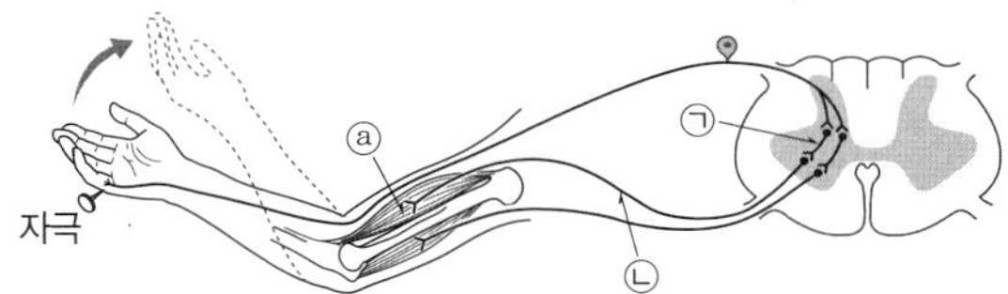

이에 대한 설명으로 옳은 것만을 [보기]에서 있는 대로 고른 것은?(단, 자극이 일어나면 근육 ⓐ는 수축한다.)

보기
ㄱ. ㉠은 척수의 백색질에 존재한다.
ㄴ. ㉡은 체성 신경계에 속한다.
ㄷ. 자극이 주어지면 ⓐ의 근육 원섬유 마디에서 H대와 I대의 길이는 모두 짧아진다.

① ㄱ ② ㄷ ③ ㄱ, ㄴ
④ ㄴ, ㄷ ⑤ ㄱ, ㄴ, ㄷ

09 그림은 해담이가 말초 신경계에 속하는 신경 A~C에 대해 정리한 것으로 일부가 찢어졌다.

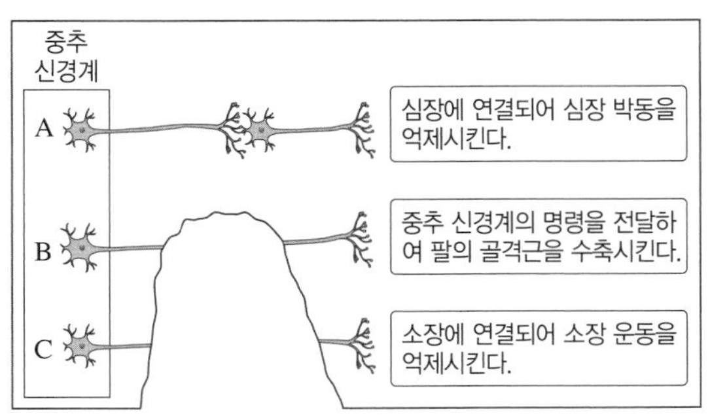

이에 대한 설명으로 옳은 것만을 [보기]에서 있는 대로 고른 것은?

보기
ㄱ. A는 자율 신경계에 속한다.
ㄴ. B는 대뇌의 지배를 받는다.
ㄷ. C는 2개의 뉴런으로 연결되며, 신경절 이후 뉴런의 말단에서는 아세틸콜린이 분비된다.

① ㄱ ② ㄴ ③ ㄷ
④ ㄱ, ㄴ ⑤ ㄱ, ㄴ, ㄷ

10 그림 (가)는 동공의 크기 조절에 관여하는 자율 신경이 중간뇌에 연결된 경로를, (나)는 빛의 세기에 따른 동공의 크기를 나타낸 것이다. ⓐ에 하나의 신경절이 있다.

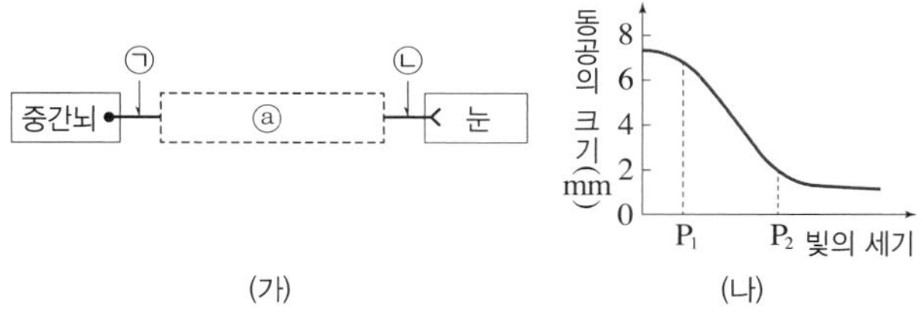

이에 대한 설명으로 옳은 것만을 [보기]에서 있는 대로 고른 것은?

ㄱ. ㉠은 교감 신경을 구성한다.
ㄴ. ㉠과 ㉡의 말단에서 분비되는 신경 전달 물질은 서로 다르다.
ㄷ. ㉡에서의 흥분 발생 빈도는 P_2일 때가 P_1일 때보다 크다.

① ㄱ ② ㄴ ③ ㄷ
④ ㄱ, ㄷ ⑤ ㄴ, ㄷ

11 그림 (가)는 심장 박동을 조절하는 자율 신경 A와 B 중 A를 자극했을 때 심장 세포에서 활동 전위가 발생하는 빈도의 변화를, (나)는 물질 ㉠의 주사량에 따른 심장 세포에서의 활동 전위 발생 빈도를 나타낸 것이다. ㉠은 심장 박동 수를 변화시키는 물질이며, A와 B는 교감 신경과 부교감 신경을 순서 없이 나타낸 것이다.

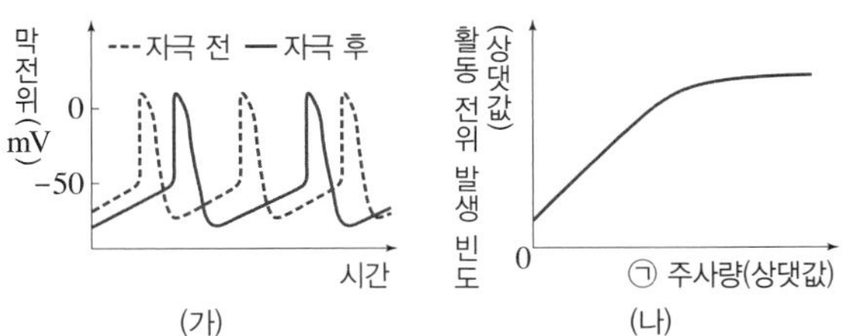

이에 대한 설명으로 옳은 것만을 [보기]에서 있는 대로 고른 것은?

보기
ㄱ. A의 신경절 이전 뉴런의 신경 세포체는 연수에 있다.
ㄴ. B는 말초 신경계에 속한다.
ㄷ. ㉠이 작용하면 심장 박동 수가 증가한다.

① ㄱ ② ㄷ ③ ㄱ, ㄴ
④ ㄴ, ㄷ ⑤ ㄱ, ㄴ, ㄷ

Ⅲ 항상성과 몸의 조절

2 호르몬과 항상성

Review

이전에 학습한 내용 중 이 단원과 연계된 내용을 다시 한번 떠올려 봅시다.

다음 단어가 들어갈 곳을 찾아 빈칸을 완성해 보자.

항상성　시상 하부　티록신　인슐린　낮을　높을　증가　감소

중3
자극과 반응

- **항상성**

① ❶ [　　　　]: 우리 몸속 상태를 일정하게 유지하려는 성질로, 호르몬과 신경에 의해 조절된다.

② **호르몬:** 특정 세포나 기관으로 신호를 전달하여 몸의 기능을 조절하는 물질

③ **우리 몸의 주요 내분비샘과 각 내분비샘에서 분비되는 호르몬**

내분비샘	뇌하수체	갑상샘	이자	부신
호르몬	갑상샘 자극 호르몬, 항이뇨 호르몬	❷ [　　　　]	인슐린, 글루카곤	에피네프린

- **혈당량 조절**

① **혈당량 조절 원리:** ❸ [　　　　]과 글루카곤의 작용으로 혈당량이 일정하게 유지된다.

② **혈당량 조절 과정:** 혈당량이 ❹ [　　　　] 때에는 이자에서 인슐린의 분비가 촉진되며, 혈당량이 ❺ [　　　　] 때에는 이자에서 글루카곤의 분비가 촉진된다.

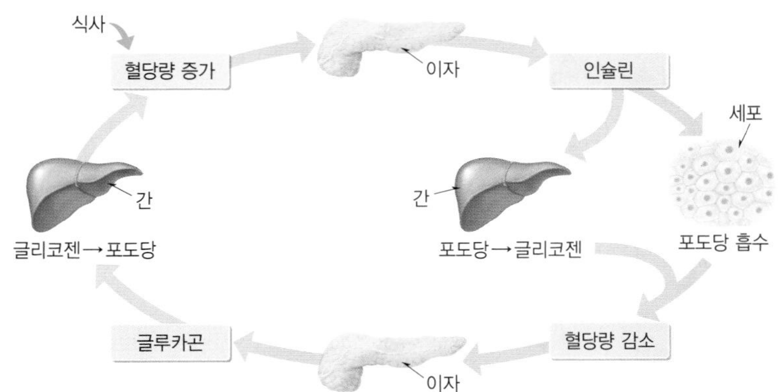

- **체온 조절**

① **체온 조절의 중추:** 간뇌의 ❻ [　　　　]

② **추울 때의 체온 조절 과정:** 날씨가 추워져 체온이 낮아지면 피부 근처 혈관이 수축하여 열 발산량이 ❼ [　　　　]하고, 티록신의 분비 증가로 물질대사가 촉진되어 열 발생량이 증가한다.

③ **더울 때의 체온 조절 과정:** 날씨가 더워져 체온이 높아지면 피부 근처 혈관이 확장하여 열 발산량이 ❽ [　　　　]하고, 티록신의 분비 감소로 물질대사가 감소되어 열 발생량이 감소한다.

답 ❶ 항상성 ❷ 티록신 ❸ 인슐린 ❹ 높을 ❺ 낮을 ❻ 시상 하부 ❼ 감소 ❽ 증가

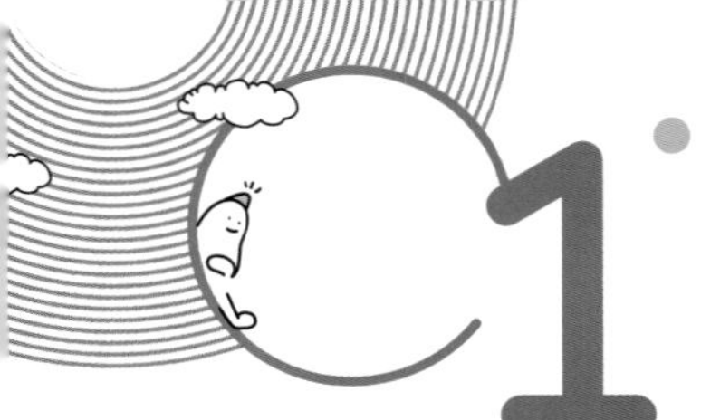

1 항상성 유지

핵심 포인트
1. 사람의 호르몬 ★★★
2. 항상성 유지 원리 ★★
3. 혈당량 조절 과정 ★★★
4. 체온 조절 과정 ★★★
5. 삼투압 조절 과정 ★★

A 사람의 내분비샘과 호르몬

1. 호르몬 ◆내분비샘에서 생성·분비되어 특정 조직이나 기관의 생리 작용을 조절하는 화학 물질이다.

◆ **내분비샘과 외분비샘**
- 내분비샘: 호르몬을 생성하고 분비하는 조직이나 기관이다. 분비관이 따로 없어 호르몬이 혈관으로 분비되어 혈액을 따라 이동한다.
- 외분비샘: 침샘, 눈물샘, 땀샘, 소화샘 등과 같이 침이나 소화액 등을 몸 표면이나 소화관으로 분비하는 조직이나 기관이다. 분비관이 있어 생성된 물질이 분비관을 통해 배출된다.

2. 호르몬의 특징

(1) 내분비샘에서 생성되어 혈관으로 분비된다.
(2) 혈액을 따라 온몸으로 운반되며, 표적 세포(표적 기관)에만 작용한다.
(3) 매우 적은 양으로 생리 작용을 조절하며, 결핍증과 과다증이 있다.
(4) 몸속 환경을 일정하게 유지하고, 생식, 발생 등의 과정에 중요한 역할을 한다.

| 호르몬 분비와 표적 세포 |

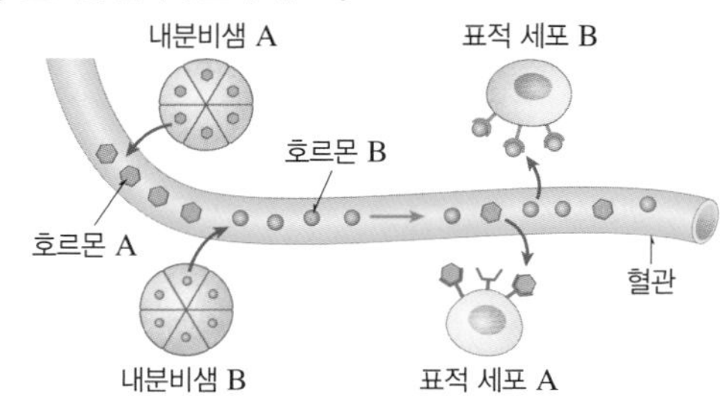

- 표적 세포: 특정 호르몬의 수용체를 가지고 있어 특정 호르몬의 작용을 받는 세포이다.
- 내분비샘 A에서 분비되는 호르몬 A는 혈액을 따라 이동하여 표적 세포 A에 작용하고, 내분비샘 B에서 분비되는 호르몬 B는 표적 세포 B에 작용한다.

3. 호르몬과 신경의 비교 ◆호르몬과 신경은 신호를 전달한다는 공통점이 있지만 작용 범위와 효과의 지속성 등에 차이가 있다. → 신경계와 호르몬이 통합적으로 작용함으로써 항상성이 유지된다.

◆ **호르몬과 신경의 신호 전달 속도에 따른 우리 몸의 작용**
호르몬은 신호 전달 속도가 느리고 효과가 지속적이기 때문에 생장이나 발생, 생식 등 지속적이고 광범위한 조절에 관여하지만, 신경은 신호 전달 속도가 빠르고 효과가 즉각적으로 나타나기 때문에 날카로운 것에 손을 찔렸을 때 빠르게 손을 떼는 등 즉각적이고 신속한 조절에 관여한다.

구분	신호 전달 매체	신호 전달 속도	작용 범위	효과의 지속성	특징
호르몬	혈액(체액)	비교적 느리다.	넓다.	오래 지속된다.	표적 세포에만 작용
신경	뉴런(신경 세포)	빠르다.	좁다.	빨리 사라진다.	일정한 방향으로 전달

| 호르몬과 신경의 신호 전달 |

호르몬에 의한 신호 전달

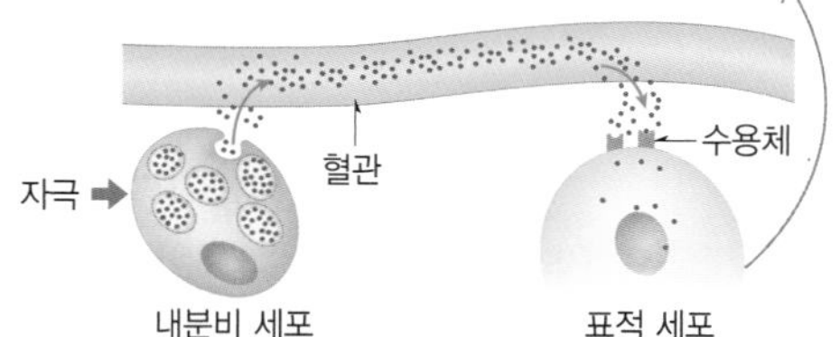

호르몬은 혈액을 통해 온몸에 전달되어 호르몬의 수용체가 있는 모든 표적 세포에 작용하므로 넓은 범위에 신호를 전달한다.

신경에 의한 신호 전달

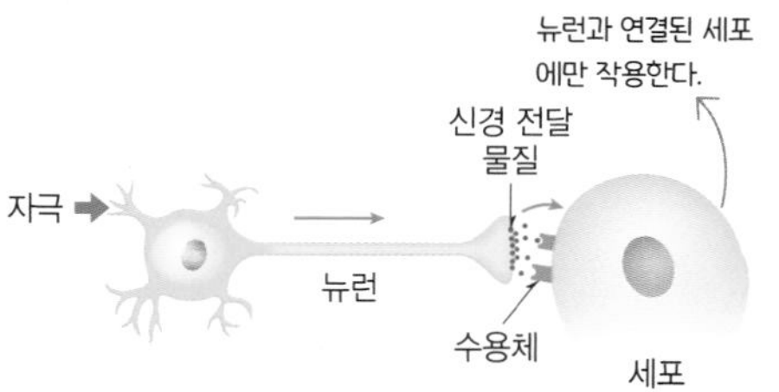

뉴런을 통해 신호(흥분)가 빠르게 전달되지만 뉴런과 연결되는 좁은 범위에만 신호를 전달한다.
→ 축삭 돌기 말단에서만 신경 전달 물질이 분비되어 뉴런과 연결된 반응기에만 신호를 전달하기 때문이다.

4. 사람의 내분비샘과 호르몬

(1) 내분비샘마다 다른 종류의 호르몬을 분비하여 특정 조직이나 기관의 기능을 조절한다.

(2) 호르몬 분비를 조절하는 중추는 간뇌의 ◆시상 하부이며, 시상 하부는 뇌하수체를 조절하여 다른 내분비샘의 호르몬 분비를 조절한다.

예 시상 하부에서 분비되는 호르몬은 뇌하수체 전엽에 작용하여 갑상샘 자극 호르몬, 부신 겉질 자극 호르몬, 생식샘 자극 호르몬 등의 분비를 촉진한다.

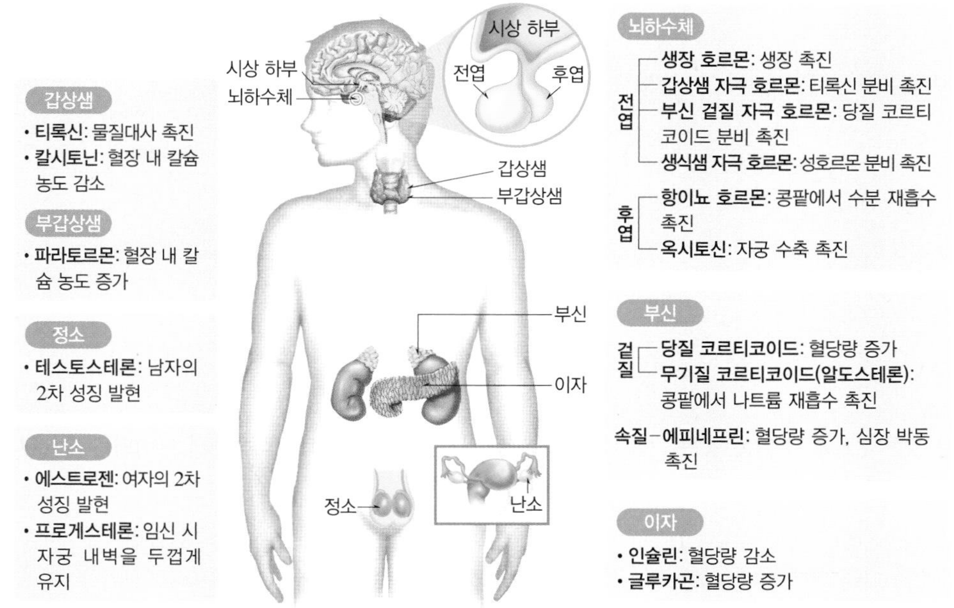

갑상샘
- **티록신**: 물질대사 촉진
- **칼시토닌**: 혈장 내 칼슘 농도 감소

부갑상샘
- **파라토르몬**: 혈장 내 칼슘 농도 증가

정소
- **테스토스테론**: 남자의 2차 성징 발현

난소
- **에스트로젠**: 여자의 2차 성징 발현
- **프로게스테론**: 임신 시 자궁 내벽을 두껍게 유지

뇌하수체
- 전엽
  - **생장 호르몬**: 생장 촉진
  - **갑상샘 자극 호르몬**: 티록신 분비 촉진
  - **부신 겉질 자극 호르몬**: 당질 코르티코이드 분비 촉진
  - **생식샘 자극 호르몬**: 성호르몬 분비 촉진
- 후엽
  - **항이뇨 호르몬**: 콩팥에서 수분 재흡수 촉진
  - **옥시토신**: 자궁 수축 촉진

부신
- 겉질
  - **당질 코르티코이드**: 혈당량 증가
  - **무기질 코르티코이드(알도스테론)**: 콩팥에서 나트륨 재흡수 촉진
- 속질 – **에피네프린**: 혈당량 증가, 심장 박동 촉진

이자
- **인슐린**: 혈당량 감소
- **글루카곤**: 혈당량 증가

⊙ 사람의 주요 내분비샘과 호르몬

5. 호르몬 분비 이상에 따른 질환(내분비계 질환)

호르몬의 분비량이 너무 부족하면 결핍증이 나타나고, 너무 많으면 과다증이 나타난다.

호르몬	결핍/과다	질환	증상
티록신	과다	◆갑상샘 기능 ❶항진증	• 체내 물질대사가 항진되는 상태로 체온이 상승하고, 맥박 수가 증가하며, 체중이 감소한다. • 쉽게 피로를 느끼고 안구 돌출 현상이 나타나기도 한다.
	결핍	갑상샘 기능 저하증	물질대사 저하로 추위를 잘 느끼고 체중이 증가한다. └● 어린이의 경우 생장이 잘 일어나지 못하고, 지능이 저하된다.
생장 호르몬	과다	거인증	키가 비정상적으로 많이 자란다.
		말단 비대증	얼굴, 손, 발 등 몸의 말단부가 커진다. └● 생장이 끝난 후 생장 호르몬이 과다 분비된 경우 발생한다.
	결핍	소인증(왜소증)	뼈와 근육의 발달이 미흡하여 키가 잘 자라지 않는다.
항이뇨 호르몬	결핍	요붕증	콩팥에서의 수분 재흡수가 저하되어 많은 양의 오줌을 자주 눈다.
인슐린	결핍	당뇨병	혈당량이 높게 유지되며, 오줌으로 다량의 포도당이 빠져나간다.─● 갈증을 느껴 물을 자주 마시고, 오줌이 자주 마려우며, 식욕을 많이 느낀다.

◆ **시상 하부**
항상성 유지의 최고 조절 중추로, 체온, 삼투압 등의 변화를 감지하고 신경계와 내분비계로 적절한 반응 명령을 내려 체내 상태를 일정하게 유지시킨다.

◆ **갑상샘 기능 항진증 – 바제도병**
갑상샘 기능 항진에 의한 질환 중 하나가 바제도병(그레이브스병)이다. 바제도병은 면역 체계 이상으로 티록신 분비를 자극하는 항체가 만들어져 티록신이 과잉 생산되는 자가 면역 질환이다.

용어
❶ **항진(亢 오르다, 進 나아가다)**
기세나 기능이 높아지는 현상이다.

개념 확인 문제

핵심 체크

• 호르몬: 내분비샘에서 생성·분비되는 화학 물질로, 혈액을 따라 이동하며 (❶)에만 작용한다.

• 호르몬과 신경의 비교

구분	신호 전달 매체	신호 전달 속도	작용 범위	효과의 지속성
호르몬	혈액	(❷).	넓다.	오래 지속된다.
신경	뉴런	(❸).	좁다.	빨리 사라진다.

• 사람의 주요 호르몬

구분	내분비샘	기능	분비 이상에 따른 질환	
티록신	(❹)	물질대사 촉진	과다	갑상샘 기능 항진증
			결핍	갑상샘 기능 저하증
생장 호르몬	뇌하수체 (❺)	생장 촉진	과다	거인증, 말단 비대증
			결핍	소인증(왜소증)
항이뇨 호르몬	뇌하수체 (❻)	콩팥에서 수분 재흡수 촉진	결핍	요붕증
인슐린	이자	혈당량 감소	결핍	(❼)

1 호르몬에 대한 설명으로 옳은 것은 ○, 옳지 않은 것은 ×로 표시하시오.

(1) 표적 세포 또는 표적 기관에만 작용한다. ( )

(2) 외분비샘에서 생성되어 분비관을 따라 조직으로 이동한다. ( )

(3) 매우 적은 양으로 생리 작용을 조절하며, 우리 몸에서 일정한 농도로 조절된다. ( )

2 다음은 신경과 호르몬을 비교한 것이다. ( ) 안에 알맞은 말을 쓰시오.

구분	신호 전달 속도	효과의 지속성	작용 범위
신경	㉠( )다.	빨리 사라진다.	좁다.
호르몬	㉡( )다.	오래 지속된다.	넓다.

3 사람의 내분비샘과 호르몬에 대한 설명으로 옳은 것은 ○, 옳지 않은 것은 ×로 표시하시오.

(1) 호르몬 분비를 조절하는 중추는 간뇌의 시상 하부이다. ( )

(2) 옥시토신은 사람의 2차 성징 발현에 관여한다. ( )

(3) 이자와 부신 속질에서는 모두 혈당량을 증가시키는 호르몬이 분비된다. ( )

4 사람의 내분비샘과 각 내분비샘에서 분비되는 호르몬을 옳게 연결하시오.

(1) 이자 • • ㉠ 인슐린

(2) 갑상샘 • • ㉡ 티록신

(3) 부신 속질 • • ㉢ 생장 호르몬

(4) 뇌하수체 전엽 • • ㉣ 에피네프린

(5) 뇌하수체 후엽 • • ㉤ 항이뇨 호르몬

5 ( ) 안에 알맞은 말을 쓰시오.

이자에서는 혈당량을 증가시키는 호르몬인 ㉠( )과 혈당량을 감소시키는 호르몬인 ㉡( )이 모두 분비된다.

6 다음은 호르몬의 분비 이상으로 발생하는 질환에 대한 설명이다. ( ) 안에 공통으로 들어갈 호르몬을 쓰시오.

거인증은 몸의 생장을 촉진하는 ( )이 과다하게 분비되어 나타나는 질환이고, 소인증은 ( )이 결핍되어 나타나는 질환이다.

B 항상성 유지

사람의 체온은 계절에 상관없이 36.5 ℃ 내외로 유지되지요. 이것은 외부 기온 변화에 관계없이 체온을 일정하게 유지하는 항상성이 있기 때문이에요. 그럼 항상성은 어떤 원리에 의해 조절되는지 알아볼까요?

1. 항상성 우리 몸이 환경 변화에 관계없이 체온, 혈당량, 삼투압 등의 체내 상태를 일정하게 유지하려는 성질이다.

(1) **항상성 유지:** ◆내분비계와 신경계에 의해 조절된다.

(2) **항상성 유지의 최고 조절 중추:** 간뇌의 시상 하부 → 체온, 삼투압 등 내부 변화를 감지하고, 자율 신경과 호르몬을 통해 몸 상태를 일정하게 조절한다.

2. 항상성 유지 원리 음성 피드백과 길항 작용에 의해 항상성이 유지된다.

(1) **음성 피드백(음성 되먹임):** 어떤 일이 원인으로 작용하여 나타난 결과가 원인을 다시 억제하는 조절 원리로, 대부분의 호르몬 분비는 음성 피드백으로 조절된다.

음성 피드백의 원리 – 냉방기의 자동 온도 조절기의 원리

냉방기의 온도 조절기는 설정해 놓은 온도에 맞추어 실내 온도를 일정하게 유지한다. ➡ 실내 온도가 설정 온도보다 높아지거나 낮아지면 변화된 온도가 온도 조절기에 영향을 주고, 온도 조절기는 냉방기의 작동을 조절하여 실내 온도를 설정 온도로 맞춘다. 우리 몸에서 냉방기의 온도 조절기와 같은 역할을 하는 것은 간뇌의 시상 하부이다.

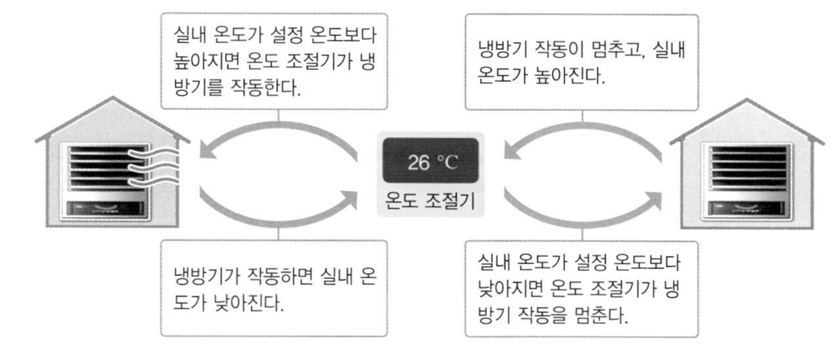
실내 온도가 설정 온도보다 높아지면 온도 조절기가 냉방기를 작동한다.
냉방기 작동이 멈추고, 실내 온도가 높아진다.
26 ℃
온도 조절기
냉방기가 작동하면 실내 온도가 낮아진다.
실내 온도가 설정 온도보다 낮아지면 온도 조절기가 냉방기 작동을 멈춘다.

• 음성 피드백에 의한 호르몬의 분비 조절 예 → 최종 분비된 호르몬의 양에 의해 조절 기관(시상 하부)이 다시 조절받음으로써 호르몬의 분비량이 조절된다.

음성 피드백에 의한 ◆티록신의 분비 조절

132쪽 대표 자료 ❶

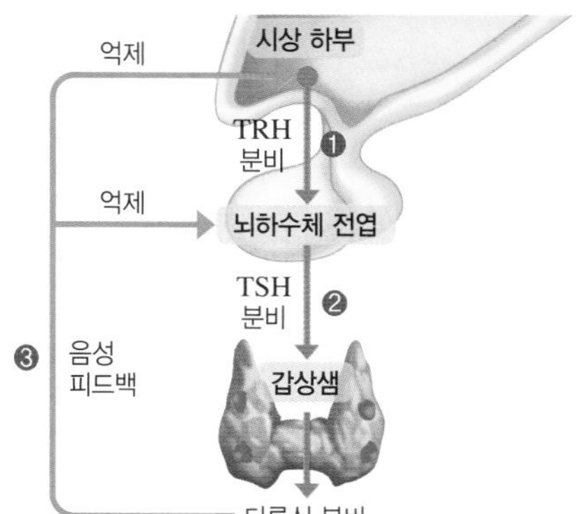
시상 하부
억제
TRH 분비
❶
억제
뇌하수체 전엽
TSH 분비
❷
❸ 음성 피드백
갑상샘
티록신 분비

❶ 시상 하부에서 분비된 갑상샘 자극 호르몬 방출 호르몬(TRH)은 뇌하수체 전엽을 자극하여 갑상샘 자극 호르몬(TSH)의 분비를 촉진한다.

❷ 갑상샘 자극 호르몬(TSH)은 갑상샘을 자극하여 티록신의 분비를 촉진한다.

❸ 혈액 속 티록신의 농도가 높아지면 티록신에 의해 시상 하부와 뇌하수체 전엽에서 각각 갑상샘 자극 호르몬 방출 호르몬(TRH)과 갑상샘 자극 호르몬(TSH)의 분비가 억제되고, 그 결과 티록신의 분비가 억제된다. ➡ 티록신의 분비량은 음성 피드백으로 조절되어 혈액 속 티록신의 농도가 일정하게 유지된다.

(2) **길항 작용:** 한 기관에 2개의 요인이 함께 작용할 때 한 요인이 기관의 기능을 촉진하면, 나머지 한 요인은 기관의 기능을 억제하는 작용이다.

• 길항 작용에 의한 조절의 예: 인슐린과 글루카곤의 혈당량 조절, 교감 신경과 부교감 신경의 심장 박동 조절, 칼시토닌과 파라토르몬의 혈장 내 칼슘 농도 조절 등

◆ **내분비계**
호르몬을 분비하는 내분비샘이나 조직을 포함하는 기관계이다.

◆ **양성 피드백**
결과가 원인을 촉진하는 조절 원리이다.
예 옥시토신에 의해 자궁이 수축하면 진통이 오고, 자궁 수축이 촉진될수록 옥시토신의 분비가 촉진되어 분만이 일어난다.

◆ **티록신의 분비 조절 이상 – 갑상샘종**
• 갑상샘종은 갑상샘이 비대해지는 질병으로, 티록신의 주성분인 아이오딘의 섭취가 오랫동안 부족했을 때 나타날 수 있다.

아이오딘 결핍 → 티록신 결핍 → 시상 하부 자극 → TRH 분비 증가 → 뇌하수체 전엽 자극 → TSH 분비 증가 → 갑상샘 자극

• 갑상샘이 계속 자극되면 갑상샘이 비대해지는 갑상샘종에 걸릴 수 있다.

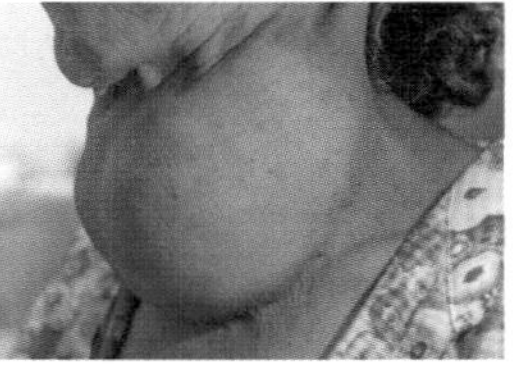
⇧ 갑상샘종에 걸린 사람

C 혈당량 조절

사람은 혈액 속 포도당 농도가 너무 높으면 혈액 순환이 원활하지 않고, 너무 낮으면 세포에 영양소가 충분히 공급되지 않기 때문에 혈액 속 포도당 농도가 일정하게 유지되는 것이 매우 중요합니다. 건강한 사람도 밥을 먹고 나면 혈액 속 포도당 농도가 높아지고, 밥을 굶거나 운동을 하면 혈액 속 포도당 농도가 낮아지지만, 어느 정도 시간이 지나면 혈액 속 포도당 농도는 0.1 % 정도로 일정하게 유지됩니다. 그럼 어떤 원리에 의해 혈액 속 포도당의 농도가 일정하게 유지되는지 알아보아요.

1. ◆혈당량 혈액 속 포도당 농도로, 정상인의 혈당량은 약 0.1 %(100 mg/100 mL)로 유지된다.

2. 혈당량 조절 이자에서 분비되는 ◆인슐린과 글루카곤의 길항 작용을 통해 혈당량이 조절되며, 인슐린과 글루카곤의 분비량은 혈당량 변화에 따른 음성 피드백 작용에 의해 조절된다. 한편, 혈당량의 증가에는 에피네프린도 관여한다.

(1) **고혈당일 때:** 이자의 β세포에서 인슐린의 분비가 촉진된다. ➡ 혈당량을 낮춘다.

(2) **저혈당일 때:** 이자의 α세포에서 글루카곤의 분비가 촉진되고, 부신 속질에서 에피네프린의 분비가 촉진된다. ➡ 혈당량을 높인다.

혈당량 조절 과정

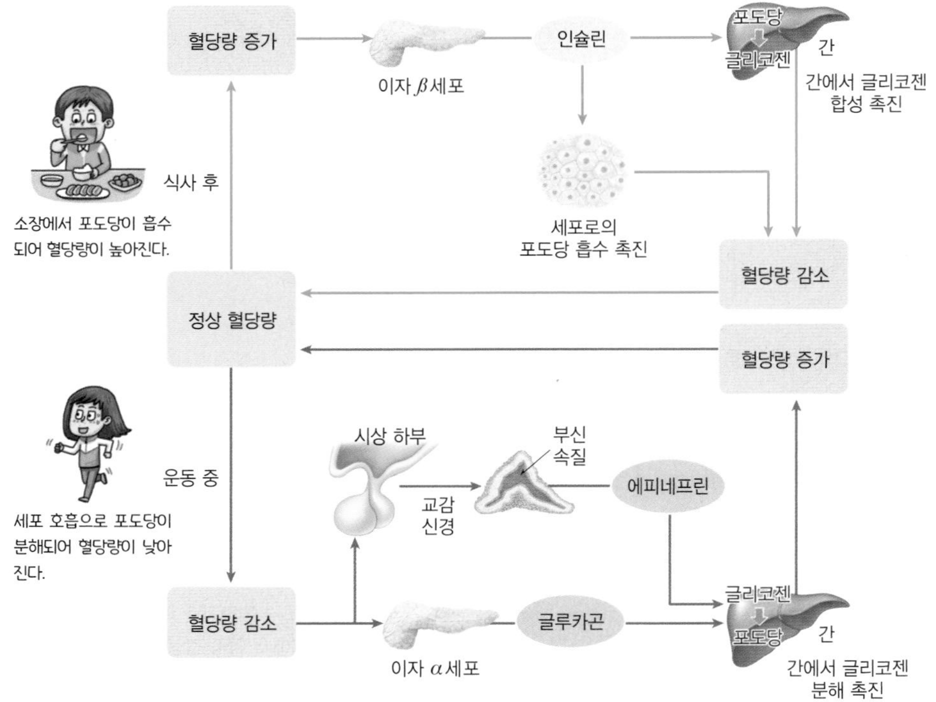

고혈당일 때	혈당량 증가 → 이자의 β세포에서 인슐린 분비 촉진 → 간에서 포도당을 글리코젠으로 합성하는 과정 촉진, 혈액에서 세포로의 포도당 흡수 촉진 → 혈당량 감소
저혈당일 때	• 혈당량 감소 → 이자의 α세포에서 글루카곤 분비 촉진 → 간에 저장되어 있는 글리코젠을 포도당으로 분해하는 과정 촉진, 분해된 포도당이 혈액으로 방출 → 혈당량 증가 • 혈당량 감소 → 간뇌의 시상 하부가 교감 신경을 자극하여 부신 속질에서 에피네프린 분비 촉진 → 간에 저장되어 있는 글리코젠을 포도당으로 분해하는 과정 촉진, 분해된 포도당이 혈액으로 방출 → 혈당량 증가

◆ **혈당량이 일정하게 유지되어야 하는 까닭**
포도당은 체내의 주요 에너지원이므로 혈당량이 일정하게 유지되어야 우리 몸이 정상적으로 기능할 수 있다.

◆ **자율 신경에 의한 인슐린과 글루카곤의 분비 조절**
교감 신경은 글루카곤의 분비를 촉진하고, 부교감 신경은 인슐린의 분비를 촉진한다.

암기해!
혈당량 조절 호르몬
- 혈당량 감소 호르몬: 인슐린
- 혈당량 증가 호르몬: 글루카곤, 에피네프린

◆ **이자섬**
이자 안에 호르몬을 분비하는 내분비 세포가 모여 있는 섬 모양의 조직이다. 인슐린을 분비하는 β세포와 글루카곤을 분비하는 α세포가 있다.

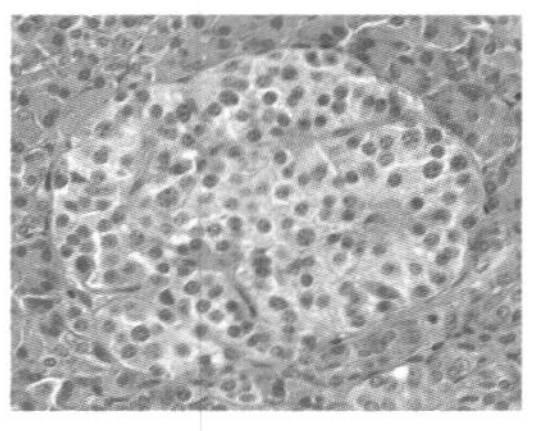

탐구 자료창 혈당량 조절

132쪽 대표 자료 ❷

그림 (가)는 건강한 사람의 식사 후 시간에 따른 포도당, ◆인슐린, 글루카곤의 혈중 농도 변화를 나타낸 것이고, (나)는 운동을 하는 동안 시간에 따른 글루카곤의 혈중 농도 변화를 나타낸 것이다.

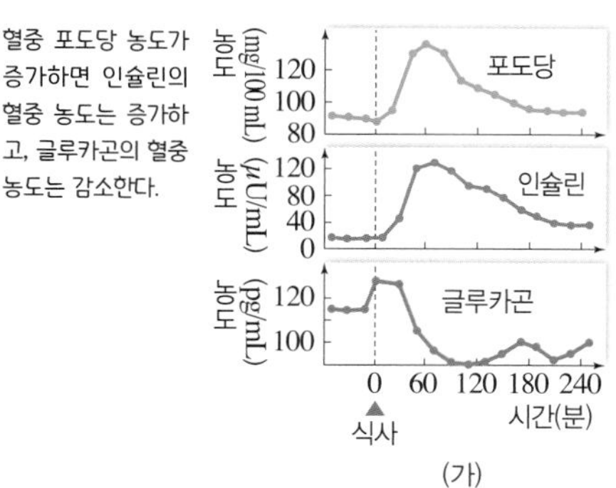

(가)

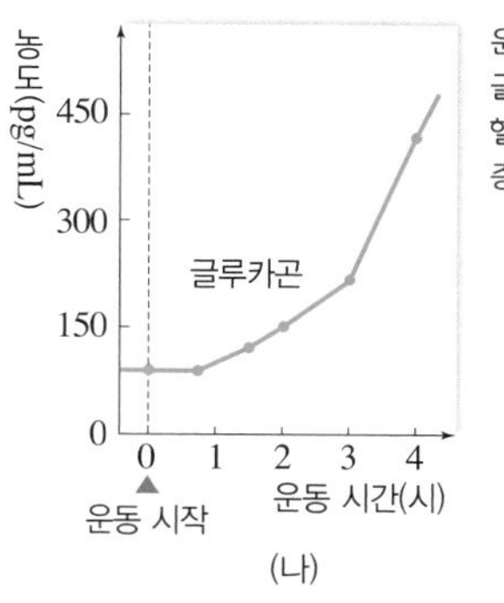

(나)

1. **(가)에서 식사 후 혈중 포도당 농도(혈당량)가 증가한 까닭:** 음식물 속의 탄수화물이 소화 과정을 거쳐 포도당으로 분해된 후 소장으로 흡수되어 혈액으로 이동하였기 때문이다.
2. **(가)에서 식사 후 인슐린과 글루카곤의 혈중 농도 변화:** 인슐린의 혈중 농도는 포도당의 혈중 농도가 높아지면 함께 높아지고, 글루카곤의 혈중 농도는 포도당의 혈중 농도가 높아지면 낮아진다. ➡ 인슐린은 혈당량을 감소시키고, 글루카곤은 혈당량을 증가시킨다.
3. **(나)에서 운동 시 글루카곤의 혈중 농도가 높아진 까닭:** 포도당이 에너지원으로 사용되어 포도당의 혈중 농도가 낮아지므로 포도당의 혈중 농도를 정상 수준으로 높이기 위해 글루카곤의 분비가 촉진되기 때문이다.
4. **결론:** 혈당량이 높아지면 인슐린의 분비를 촉진하여 혈당량을 낮추고, 혈당량이 낮아지면 글루카곤의 분비를 촉진하여 혈당량을 높인다.

◆ **인슐린과 글루카곤의 작용**

- 인슐린: 인슐린은 표적 세포의 세포막에 있는 수용체와 결합하여 포도당을 세포 안으로 흡수시킨다. 인슐린은 간세포뿐만 아니라 뇌세포를 제외한 인체의 모든 세포를 자극해 혈액으로부터 포도당을 흡수하게 하여 포도당의 혈중 농도를 낮춘다. 또한 인슐린은 간에서 포도당이 글리코젠으로 전환되는 것을 촉진함으로써 혈중 포도당 농도를 낮춘다.
- 글루카곤: 글루카곤의 주요 표적 기관은 간으로, 간세포는 글루카곤에 민감하다. 보통 글루카곤은 포도당의 혈중 농도가 정상 수준보다 낮아지기 전부터 작용을 나타낸다.

당뇨병의 원인

미래엔 교과서에만 나와요.

그림은 건강한 사람, 제1형 당뇨병 환자, 제2형 당뇨병 환자가 각각 같은 양의 주스를 마신 후 시간에 따른 혈당량과 인슐린의 혈중 농도를 나타낸 것이다.

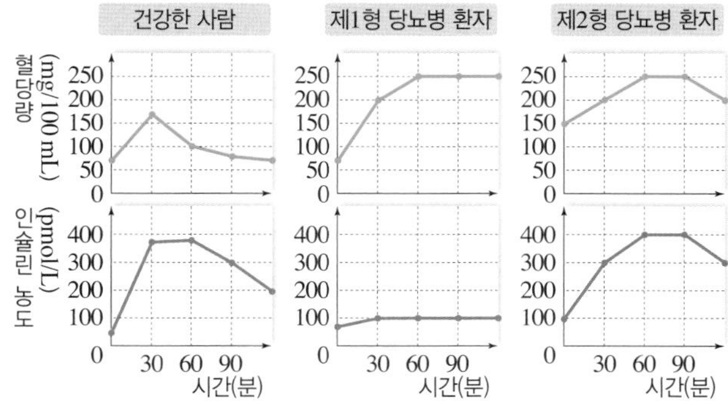

1. 주스를 마신 후 90분이 경과했을 때 건강한 사람의 혈당량은 정상 수준으로 회복되었지만, 당뇨병 환자는 모두 혈당량이 정상 혈당량보다 높았다.
2. 혈당량이 높아질 때 제1형 당뇨병 환자는 인슐린의 거의 분비되지 않았고, 제2형 당뇨병 환자는 인슐린이 분비되었다.

- 제1형 당뇨병: 이자의 β세포가 파괴되어 인슐린이 생성되지 못한다. ➡ 인슐린을 주기적으로 투여해야 한다.
- 제2형 당뇨병: 인슐린은 정상적으로 분비되지만 인슐린의 표적 세포인 체세포와 간세포가 인슐린에 정상적으로 반응하지 못한다. 나이가 많아질수록 발병률이 증가하며, 비만일수록 발병할 확률이 높다.

개념 확인 문제

핵심 체크

- 항상성: 우리 몸이 환경 변화에 관계없이 체내 상태를 일정하게 유지하려는 성질
- 항상성 유지 원리: (❶)과 길항 작용으로 항상성이 유지된다.
- 티록신의 분비 조절

(❷)에서 갑상샘 자극 호르몬 방출 호르몬(TRH) 분비 → 뇌하수체 전엽을 자극하여 갑상샘 자극 호르몬(TSH) 분비 촉진 → 갑상샘을 자극하여 (❸) 분비 촉진 → (❸)의 혈중 농도가 높아지면 갑상샘 자극 호르몬 방출 호르몬(TRH)과 갑상샘 자극 호르몬(TSH)의 분비 억제 → 티록신 분비 억제

- 혈당량 조절
  - 혈당량이 (❹)지면 인슐린의 분비가 촉진되어 혈당량을 낮춘다.
  - 혈당량이 (❺)지면 글루카곤과 에피네프린의 분비가 촉진되어 혈당량을 높인다.

1 어떤 일이 원인으로 작용하여 나타난 결과가 원인을 다시 억제하는 조절 원리를 무엇이라고 하는지 쓰시오.

2 그림은 티록신의 분비 조절 과정을 나타낸 것이다.

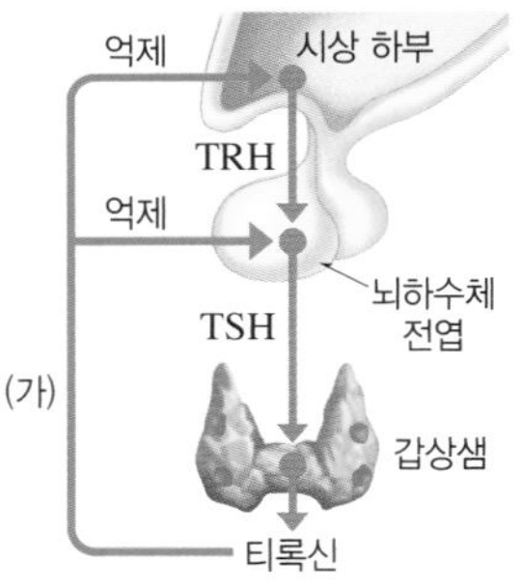

( ) 안에 알맞은 말을 쓰시오.

(1) (가)에 해당하는 조절 작용은 ( )이다.

(2) 갑상샘 자극 호르몬 방출 호르몬(TRH)은 ㉠( )에서, 갑상샘 자극 호르몬(TSH)은 ㉡( )에서 분비된다.

(3) 갑상샘 자극 호르몬 방출 호르몬(TRH)의 분비가 촉진되면 티록신의 혈중 농도가 ( )진다.

(4) 티록신의 혈중 농도가 과다하게 ㉠( )지면 갑상샘 자극 호르몬 방출 호르몬(TRH)과 갑상샘 자극 호르몬(TSH)의 분비는 ㉡( )된다.

(5) 티록신의 주성분인 아이오딘의 섭취가 오랫동안 부족하면 갑상샘이 비대해지는 ( )에 걸릴 수 있다.

3 길항 작용을 하는 관계에 해당하는 것만을 [보기]에서 있는 대로 고르시오.

보기
ㄱ. 인슐린과 글루카곤
ㄴ. 교감 신경과 부교감 신경
ㄷ. 갑상샘 자극 호르몬(TSH)과 티록신

4 그림은 혈당량 조절 과정을 나타낸 것이다.

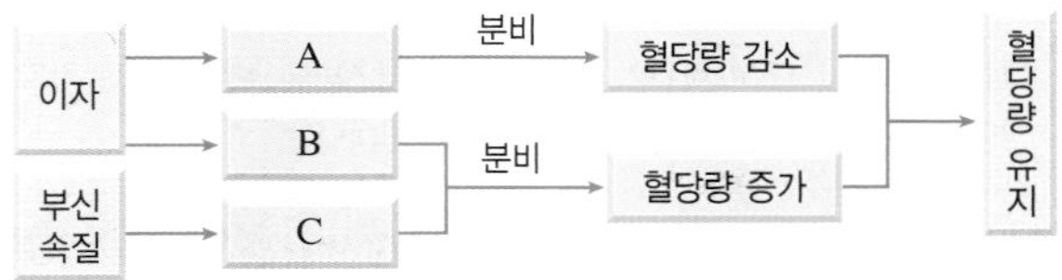

A～C에 해당하는 호르몬을 각각 쓰시오.

5 우리 몸에서 일어나는 혈당량 조절에 대한 설명으로 옳은 것은 ○, 옳지 않은 것은 ×로 표시하시오.

(1) 식사 후 포도당이 흡수되면 이자의 α세포에서 글루카곤의 분비가 촉진된다. ( )

(2) 운동을 하면 간에서 글리코젠을 포도당으로 분해하는 과정이 촉진된다. ( )

(3) 혈당량 변화에 따른 인슐린과 글루카곤의 길항 작용으로 혈당량이 일정하게 유지된다. ( )

(4) 글루카곤의 분비가 촉진되면 글리코젠이 포도당으로 분해되어 혈액으로 방출된다. ( )

D 체온 조절

우리 몸에서 일어나는 다양한 물질대사에는 효소가 관여하며, 단백질이 주성분인 효소의 활성은 온도에 민감합니다. 따라서 체온이 너무 낮거나 높으면 효소가 제 기능을 할 수 없기 때문에 체온을 일정하게 유지하는 것이 매우 중요합니다. 그럼 어떤 원리에 의해 체온이 조절되는지 알아볼까요?

1. ◆체온 우리 몸은 외부 온도가 변해도 체온을 36.5 ℃ 내외로 일정하게 유지한다.

> ◆ **체온이 일정하게 유지되어야 하는 까닭**
> 우리 몸에서 일어나는 다양한 물질대사에는 효소가 관여하며, 효소의 활성은 온도의 영향을 많이 받는다. 따라서 체온을 일정하게 유지하는 일은 생명 유지에 매우 중요하다.

2. 체온 조절 간뇌의 시상 하부는 체온 변화를 감지하고 체내의 열 발생량(생산량)과 피부 표면을 통한 열 발산량(방출량)을 조절하여 체온을 일정하게 유지한다.

└● 시상 하부에서 감지된 온도 자극은 대뇌로도 전달되어 옷을 껴입거나 벗는 등의 의식적인 행동으로도 체온을 조절한다.

(1) **날씨가 추워 체온이 정상보다 낮아질 때:** 열 발생량은 증가시키고, 열 발산량은 감소시킨다.

(2) **날씨가 더워 체온이 정상보다 높아질 때:** 열 발생량은 감소시키고, 열 발산량은 증가시킨다.

체온 조절 과정

133쪽 대표 자료 3

추울 때

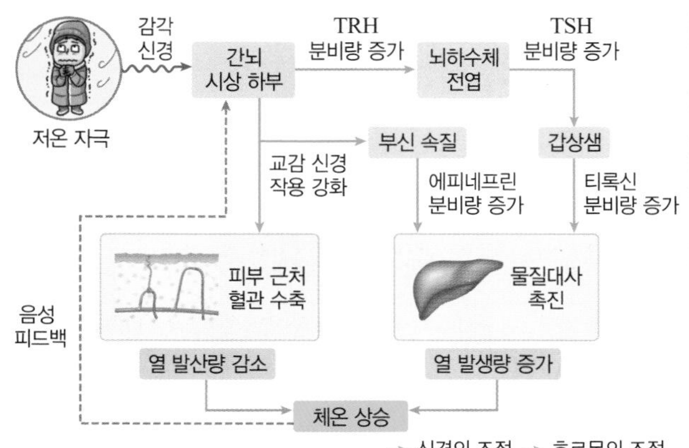

더울 때

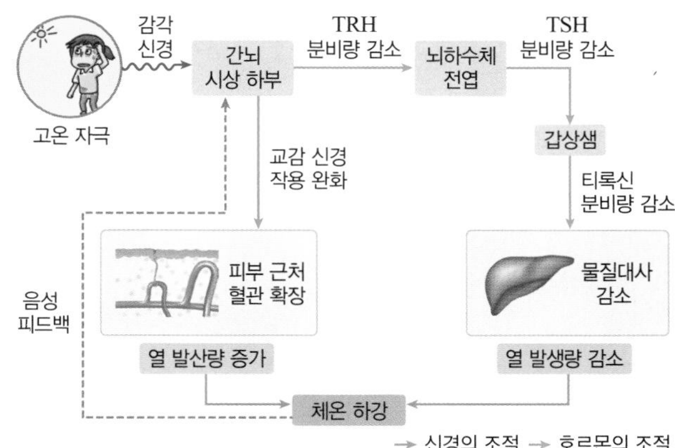

추울 때	
열 발생량 증가	• 티록신과 에피네프린 분비량 증가 ➡ 간과 근육에서 물질대사가 촉진된다. • 몸 떨림과 같은 근육 운동이 활발해진다. └● 골격근이 수축하여 몸이 떨리는 과정에서 많은 양의 열이 발생한다.
열 발산량 감소	• 교감 신경의 작용 강화로 피부 근처의 혈관이 수축하여 피부 근처로 흐르는 혈액의 양이 줄어든다. ➡ 몸 표면을 통한 열 발산량이 감소한다. └● 피부 근처 혈관 수축으로 피부의 색깔이 약간 푸르스름하거나 창백하게 보인다.

더울 때	
열 발생량 감소	• 티록신 분비량 감소 ➡ 간과 근육에서 물질대사가 감소한다.
열 발산량 증가	• 교감 신경의 작용 완화로 피부 근처의 혈관이 확장하여 피부 근처로 흐르는 혈액의 양이 늘어난다. ➡ 몸 표면을 통한 열 발산량이 증가한다. └● 피부 근처 혈관 확장으로 얼굴이 붉어지고 열이 난다. • 땀 분비 증가 └● 땀샘을 자극하여 땀 분비가 증가하므로 기화열에 의한 열 손실이 증가한다.

심화 + 성인과 유아의 체온 조절 차이

1. **성인:** 날씨가 추워 체온이 정상보다 내려가면 주로 근육의 수축과 이완에 따른 떨림 현상으로 열을 생산하여 열 발생량을 증가시킨다.
2. **유아:** 날씨가 추워 체온이 정상보다 내려가면 근육 활동이 증가하지 않고 교감 신경의 활성화와 티록신의 작용으로 물질대사 속도를 증가시켜 열을 생산하여 열 발생량을 증가시킨다. 이러한 열 생산을 비떨림 열 생산이라고 한다.

> ◆ **손가락이나 발가락 같은 몸의 말단 부위에 동상 피해가 심한 까닭**
> 날씨가 추워지면 체온 조절을 위해 피부 근처의 혈관이 수축하여 피부 근처로 흐르는 혈액의 양이 줄어들기 때문이다.

E 삼투압 조절

땀을 많이 흘려 체내 수분량이 감소하거나 짠 음식을 많이 먹으면 체액의 농도가 높아져 혈장 삼투압이 높아지며, 물을 많이 마셔 체내 수분량이 증가하면 체액의 농도가 낮아져 혈장 삼투압이 낮아집니다. 우리 몸은 어떤 원리에 의해 삼투압이 조절되는지 알아볼까요?

◆ **혈장 삼투압**
혈장 안의 다양한 물질로 인해 나타나는 삼투압으로, 정상인은 약 285 mOsm/log이다.

◆ **혈장 삼투압이 일정하게 유지되어야 하는 까닭**
우리 몸을 구성하는 세포는 항상 체액에 둘러싸여 있다. 따라서 체액의 농도가 변하면 세포와 체액 사이의 삼투압에도 변화가 발생하여 세포가 찌그러지거나 부풀어 올라 정상적인 기능을 할 수 없게 된다. 그러므로 혈장 삼투압을 일정하게 유지해야 한다.

1. ❶삼투압 변화 땀을 많이 흘리거나 짠 음식을 먹으면 체액의 농도가 높아져서 ◆혈장 삼투압이 높아지고, 물을 많이 마시면 체액의 농도가 낮아져서 혈장 삼투압이 낮아진다.

2. 삼투압 조절 간뇌의 시상 하부에서 혈장 삼투압의 변화를 감지하고 ❷항이뇨 호르몬(ADH)의 분비량을 조절하여 혈장 삼투압을 일정하게 유지한다.

삼투압 조절 과정

뇌하수체 후엽에서 분비되는 항이뇨 호르몬(ADH)의 양이 많아질수록 콩팥에서 수분 재흡수량이 많아진다.

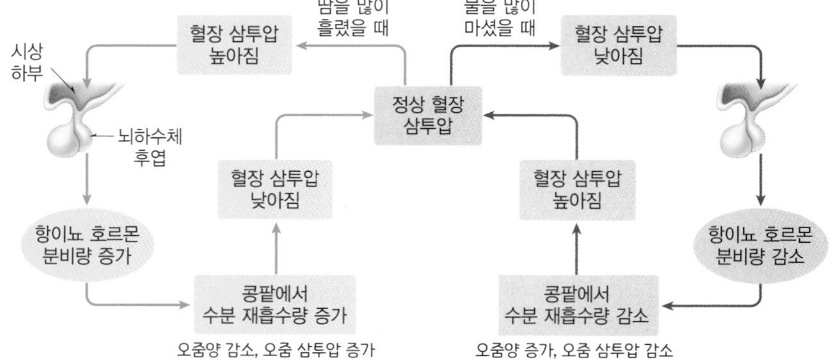

혈장 삼투압이 높을 때	시상 하부가 뇌하수체 후엽 자극 → 뇌하수체 후엽에서 항이뇨 호르몬(ADH)의 분비량 증가 → 콩팥에서 수분 재흡수량 증가 → 오줌 생성량 감소, 혈장 삼투압 낮아짐
혈장 삼투압이 낮을 때	시상 하부의 뇌하수체 후엽 자극 억제 → 뇌하수체 후엽에서 항이뇨 호르몬(ADH)의 분비량 감소 → 콩팥에서 수분 재흡수량 감소 → 오줌 생성량 증가, 혈장 삼투압 높아짐

탐구 자료창 삼투압 조절

133쪽 대표 자료❹

그림은 건강한 사람의 혈장 삼투압 변화에 따른 항이뇨 호르몬(ADH)의 농도 변화와 이 사람이 다량의 물을 섭취하였을 때 시간에 따른 혈장 삼투압과 단위 시간당 오줌 생성량을 나타낸 것이다.

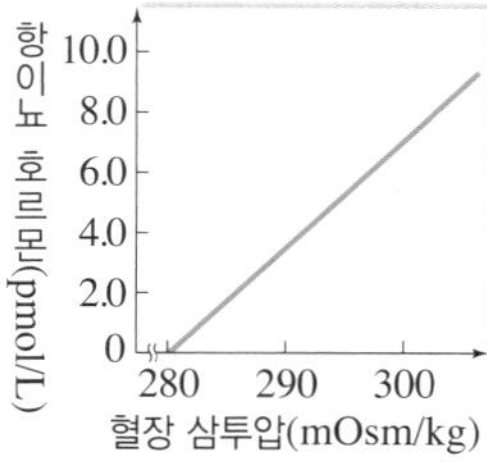

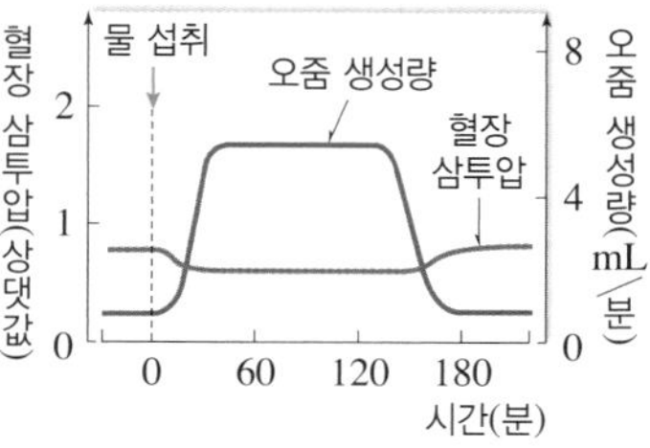

1. 혈장 삼투압이 높아질수록 항이뇨 호르몬(ADH)의 농도가 높아진다. ➡ 혈장 삼투압이 높아지면 항이뇨 호르몬(ADH)의 분비가 촉진된다.
2. 다량의 물을 섭취하면 혈장 삼투압이 낮아진다. → 항이뇨 호르몬(ADH)의 분비량이 감소하여 콩팥에서 단위 시간당 수분 재흡수량이 감소한다. → 단위 시간당 오줌 생성량은 증가하고, 오줌 삼투압은 낮아지며, 혈장 삼투압은 높아진다.

용어

❶ **삼투압(滲 스미다, 透 통과하다, 壓 압력)** 농도가 다른 두 액체가 반투과성 막을 사이에 두고 있을 때, 용질의 농도가 낮은 쪽에서 농도가 높은 쪽으로 물이 이동하는 현상에 의해 나타나는 압력이다.

❷ **항이뇨 호르몬(ADH)** 뇌하수체 후엽에서 분비되어 콩팥에서 물의 재흡수를 촉진하는 호르몬으로, 바소프레신이라고도 한다.

정답친해 50쪽

개념 확인 문제

핵심 체크

• 체온 조절

추울 때	열 발생량 증가	물질대사 (❶), 몸 떨림과 같은 근육 운동이 활발해짐
	열 발산량 감소	피부 근처 혈관 수축
더울 때	열 발생량 감소	물질대사 (❷)
	열 발산량 증가	피부 근처 혈관 확장, 땀 분비 (❸)

• 삼투압 조절

혈장 삼투압이 높을 때	항이뇨 호르몬(ADH)의 분비량 (❹) → 콩팥에서 수분 재흡수량 (❺) → 오줌 생성량 감소, 혈장 삼투압 낮아짐
혈장 삼투압이 낮을 때	항이뇨 호르몬(ADH)의 분비량 (❻) → 콩팥에서 수분 재흡수량 (❼) → 오줌 생성량 증가, 혈장 삼투압 높아짐

1 체온 조절에 대한 설명으로 옳은 것은 ○, 옳지 않은 것은 ×로 표시하시오.

(1) 날씨가 추우면 몸 떨림과 같은 근육 운동이 활발해진다. ( )

(2) 날씨가 더우면 피부 근처로 흐르는 혈액의 양이 늘어난다. ( )

(3) 체온이 정상보다 낮아지면 피부 근처 혈관이 확장하여 몸 표면을 통한 열 발산량이 증가한다. ( )

(4) 체온이 정상보다 높아지면 티록신의 분비량 증가로 물질대사가 촉진되어 열 발생량이 증가한다. ( )

2 그림은 추울 때 일어나는 체온 조절 과정을 나타낸 것이다.

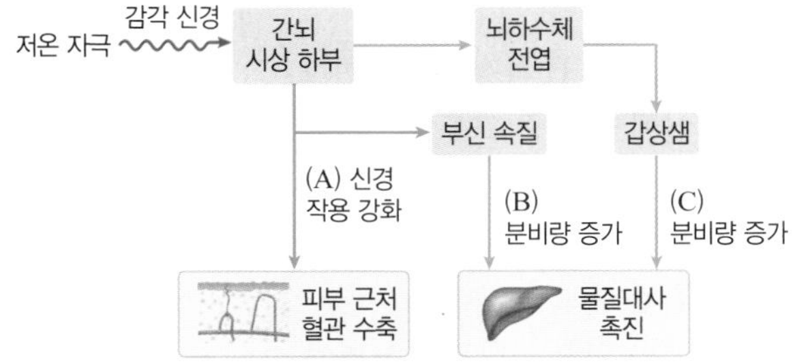

A~C에 해당하는 용어를 각각 쓰시오.

3 우리 몸에서 일어나는 삼투압의 변화에 대한 설명 중 ( ) 안에 알맞은 말을 고르시오.

(1) 땀을 많이 흘려 체내 수분량이 ㉠(감소, 증가)하면 체액의 농도가 ㉡(높아, 낮아)져 혈장 삼투압이 ㉢(높아, 낮아)진다.

(2) 물을 많이 마셔 체내 수분량이 ㉠(감소, 증가)하면 체액의 농도가 ㉡(높아, 낮아)져 혈장 삼투압이 ㉢(높아, 낮아)진다.

4 물을 많이 마시면 항이뇨 호르몬(ADH)의 분비량은 어떻게 변할지 쓰시오.

5 혈장 삼투압이 정상 수준보다 높을 때 혈장 삼투압을 정상 수준으로 회복하기 위해 체내에서 일어나는 현상을 [보기]에서 있는 대로 고르시오.

보기
ㄱ. 오줌 생성량 증가
ㄴ. 체내 수분량 감소
ㄷ. 콩팥에서 수분 재흡수량 증가
ㄹ. 항이뇨 호르몬(ADH) 분비량 증가

대표 자료 분석

자료 ❶ 티록신의 분비 조절

기출 Point
- 음성 피드백의 원리 알기
- TRH, TSH, 티록신의 분비량 변화 예측하기

[1~4] 그림은 티록신의 분비 조절 과정을 나타낸 것이다.

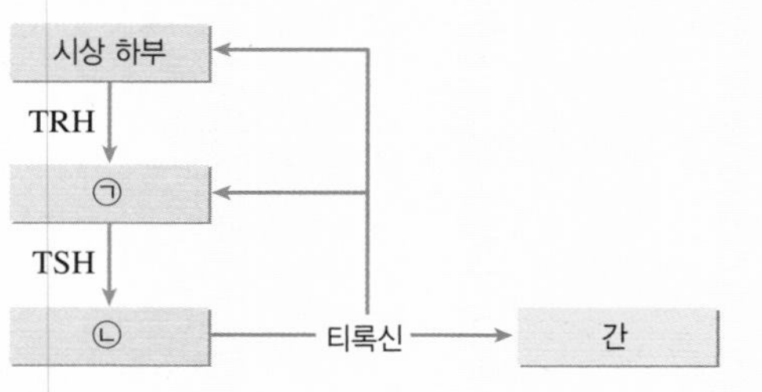

1 내분비샘 ㉠과 ㉡의 이름을 각각 쓰시오.

2 혈액 속 티록신의 농도를 일정하게 유지하기 위해서 티록신 분비량이 조절되는 원리가 무엇인지 쓰시오.

3 혈관에 티록신을 주사하면 TRH와 TSH의 분비량은 각각 어떻게 되는지 쓰시오.

4 빈출 선택지로 완벽 정리!

(1) TSH의 표적 기관은 갑상샘이다. (○ / ×)

(2) 티록신의 분비량은 길항 작용으로 조절된다. (○ / ×)

(3) 티록신의 분비가 촉진되면 물질대사가 억제된다. (○ / ×)

(4) TRH의 분비량이 증가하면 티록신의 분비량이 증가한다. (○ / ×)

(5) 티록신의 분비량이 정상 수준보다 적으면 뇌하수체 전엽의 작용이 촉진된다. (○ / ×)

(6) 티록신의 주성분인 아이오딘의 섭취가 오랫동안 부족하면 갑상샘종에 걸릴 수 있다. (○ / ×)

자료 ❷ 혈당량 조절 과정

기출 Point
- 혈당량 조절 과정 알기
- 인슐린과 글루카곤의 기능 알기

[1~4] 그림 (가)는 정상인이 탄수화물을 섭취한 후 시간에 따른 혈중 호르몬 ㉠과 ㉡의 농도를, (나)는 간에서 일어나는 포도당과 글리코젠 사이의 전환을 나타낸 것이다. ㉠과 ㉡은 인슐린과 글루카곤을 순서 없이 나타낸 것이다.

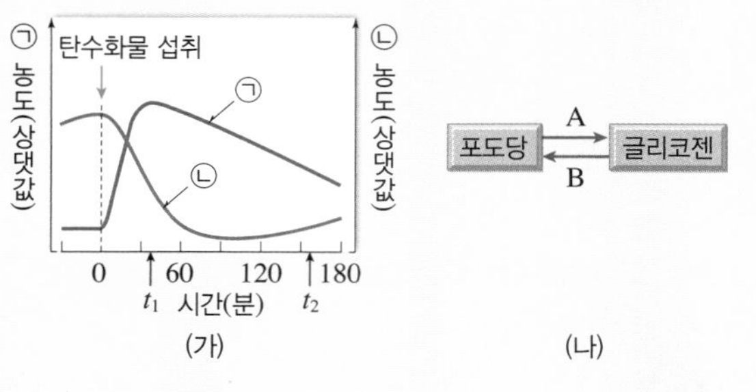

1 호르몬 ㉠과 ㉡의 이름을 각각 쓰시오.

2 호르몬 ㉠과 ㉡을 분비하는 이자섬의 세포를 각각 쓰시오.

3 A와 B 중 혈당량이 정상 범위보다 낮을 때 간에서 촉진되는 과정을 쓰시오.

4 빈출 선택지로 완벽 정리!

(1) ㉠과 ㉡은 혈중 포도당 농도 조절에 길항적으로 작용한다. (○ / ×)

(2) 혈중 포도당 농도는 t_2일 때가 t_1일 때보다 높다. (○ / ×)

(3) ㉠은 간에서 B 과정을 촉진한다. (○ / ×)

(4) 정상인에서 혈중 포도당 농도가 증가하면 인슐린의 분비가 촉진된다. (○ / ×)

(5) 간에서 단위 시간당 합성되는 글리코젠의 양은 t_1일 때가 t_2일 때보다 많다. (○ / ×)

(6) ㉠이 생성되지 못하면 당뇨병에 걸릴 수 있다. (○ / ×)

자료 ❸ 체온 조절 과정

기출 Point
- 체온 조절 과정 알기
- 추울 때와 더울 때의 열 발생량과 열 발산량 변화 파악하기

[1~4] 그림 (가)와 (나)는 정상인이 서로 다른 온도의 물에 들어갔을 때 체온의 변화와 A, B의 변화를 각각 나타낸 것이다. A와 B는 땀 분비량과 열 발생량을 순서 없이 나타낸 것이고, ㉠과 ㉡은 '체온보다 낮은 온도의 물에 들어갔을 때'와 '체온보다 높은 온도의 물에 들어갔을 때'를 순서 없이 나타낸 것이다.

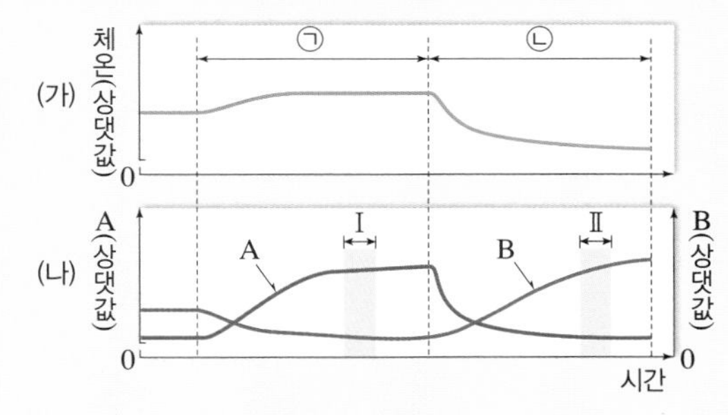

1 (㉠, ㉡)은 '체온보다 높은 온도의 물에 들어갔을 때'이다.

2 A와 B를 각각 쓰시오.

3 체온 변화를 감지하고 이를 조절하는 중추를 쓰시오.

4 빈출 선택지로 완벽 정리!

(1) 시상 하부가 체온보다 높은 온도를 감지하면 땀 분비량은 감소한다. (○ / ×)

(2) 시상 하부가 체온보다 낮은 온도를 감지하면 골격근의 떨림을 통해 열 발생량이 증가한다. (○ / ×)

(3) 열 발산량은 구간 Ⅰ에서가 구간 Ⅱ에서보다 많다. (○ / ×)

(4) 피부 근처 혈관을 흐르는 단위 시간당 혈액량은 ㉡일 때가 ㉠일 때보다 많다. (○ / ×)

(5) ㉡일 때 교감 신경의 작용이 강화되어 피부 근처 혈관이 수축된다. (○ / ×)

자료 ❹ 삼투압 조절 과정

기출 Point
- 항이뇨 호르몬(ADH)의 작용 알기
- 삼투압 변화에 따른 항이뇨 호르몬(ADH)의 농도 변화 예측하기
- 항이뇨 호르몬(ADH)에 의한 삼투압 조절 과정 알기

[1~4] 그림 (가)는 건강한 어떤 사람의 혈장 삼투압에 따른 호르몬 X의 혈중 농도 변화를, (나)는 이 사람이 1 L의 물을 섭취하였을 때 시간에 따른 혈장과 오줌의 삼투압 변화를 나타낸 것이다.

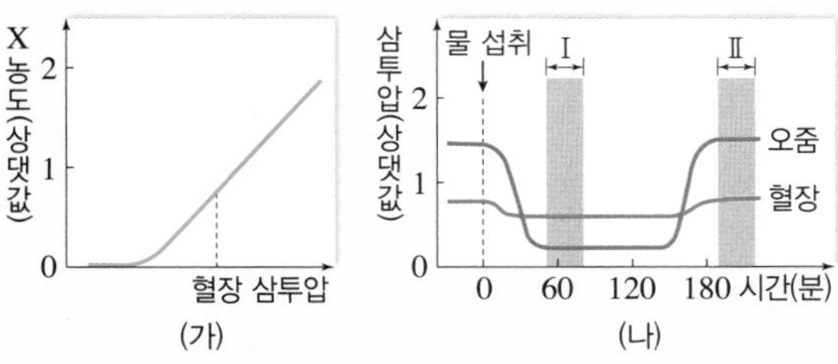

1 호르몬 X의 이름을 쓰시오.

2 구간 Ⅰ과 Ⅱ 중 호르몬 X의 분비량이 더 많은 구간을 쓰시오.

3 구간 Ⅰ과 Ⅱ 중 같은 시간 동안 생성되는 오줌양이 더 많은 구간을 쓰시오.

4 빈출 선택지로 완벽 정리!

(1) 항이뇨 호르몬(ADH)의 분비량이 증가하면 콩팥에서 수분 재흡수량이 감소한다. (○ / ×)

(2) 혈장 삼투압이 정상 수준보다 낮아지면 오줌 생성량이 증가한다. (○ / ×)

(3) 물을 많이 마시면 항이뇨 호르몬(ADH)의 분비량은 증가하고, 오줌 생성량은 감소한다. (○ / ×)

(4) 짠 음식을 많이 섭취하면 뇌하수체 후엽에서 항이뇨 호르몬(ADH)의 분비가 촉진되어 체내 수분량이 증가한다. (○ / ×)

내신 만점 문제

A 사람의 내분비샘과 호르몬

중요 **01** 호르몬에 대한 설명으로 옳지 않은 것은?

① 혈액을 따라 온몸으로 운반된다.
② 외분비샘에서 생성되어 분비된다.
③ 신경에 비해 작용 범위가 넓다.
④ 표적 세포나 표적 기관에만 작용한다.
⑤ 매우 적은 양으로 생리 작용을 조절한다.

02 그림 (가)는 세포 ㉠에서 소화 효소가 분비되는 과정을, (나)는 세포 ㉡에서 인슐린이 분비되어 세포 ㉢에 작용하는 과정을 나타낸 것이다.

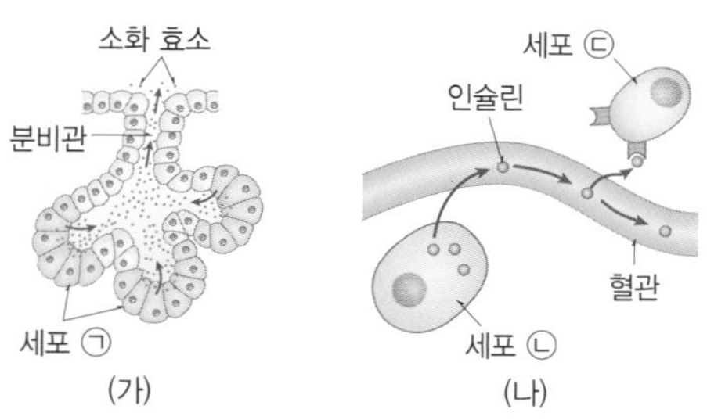

이에 대한 설명으로 옳은 것만을 [보기]에서 있는 대로 고른 것은?

보기
ㄱ. ㉠과 ㉡은 모두 내분비샘을 이루는 세포이다.
ㄴ. ㉢은 인슐린의 표적 세포이다.
ㄷ. 소화 효소와 인슐린은 모두 혈액으로 분비된다.

① ㄱ ② ㄴ ③ ㄷ
④ ㄱ, ㄴ ⑤ ㄴ, ㄷ

중요 **03** 그림은 우리 몸에서 일어나는 신호 전달 방식 두 가지를 나타낸 것이다. (가)와 (나)는 신경에 의한 신호 전달과 호르몬에 의한 신호 전달을 순서 없이 나타낸 것이다.

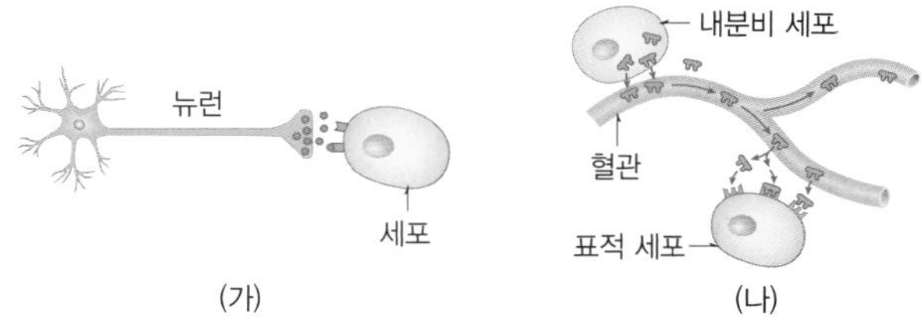

이에 대한 설명으로 옳은 것만을 [보기]에서 있는 대로 고른 것은?

보기
ㄱ. (가)는 신경에 의한 신호 전달이다.
ㄴ. 신호 전달 속도는 (가)가 (나)보다 빠르다.
ㄷ. (가)와 (나)에서의 신호 전달에는 모두 화학 물질이 관여한다.

① ㄱ ② ㄴ ③ ㄱ, ㄷ
④ ㄴ, ㄷ ⑤ ㄱ, ㄴ, ㄷ

중요 **04** 그림은 정상인의 내분비샘 A~E를 나타낸 것이다. A~E는 각각 갑상샘, 시상 하부, 뇌하수체 전엽, 부신, 이자 중 하나이다.

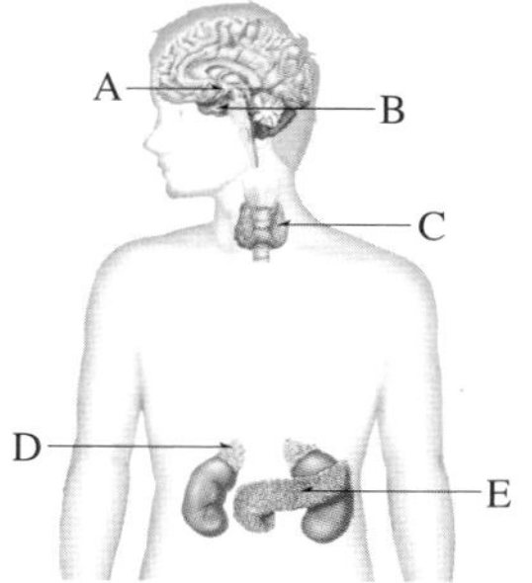

이에 대한 설명으로 옳은 것은?

① A에서 갑상샘 자극 호르몬(TSH)이 분비된다.
② B에서 D의 겉질을 자극하는 호르몬이 분비된다.
③ C에서 옥시토신이 분비된다.
④ D는 이자이다.
⑤ E에서 심장 박동을 촉진하는 호르몬이 분비된다.

05 그림은 시상 하부와 내분비샘 **A**, **B**를 나타낸 것이다. **B**는 다른 내분비샘을 자극하는 호르몬을 분비한다.

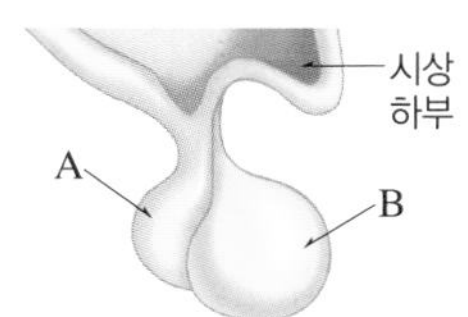

이에 대한 설명으로 옳지 <u>않은</u> 것은?

① A는 뇌하수체 전엽이다.
② A에서는 콩팥에서 수분 재흡수를 촉진하는 호르몬이 분비된다.
③ B에서는 생장 호르몬이 분비된다.
④ B를 제거하면 물질대사가 억제된다.
⑤ 시상 하부는 호르몬 분비를 조절하는 중추이다.

06 다음은 어떤 호르몬에 대한 설명이다.

- 몸의 생장을 촉진한다.
- 뇌하수체 전엽에서 분비된다.

이 호르몬의 이름을 쓰고, 성장기 이후에 이 호르몬이 과다하게 분비되었을 때 나타나는 질환의 이름과 특징을 서술하시오.

07 표는 사람 몸에서 분비되는 호르몬 ㉠~㉢의 기능을 나타낸 것이다. ㉠~㉢은 항이뇨 호르몬(**ADH**), 갑상샘 자극 호르몬(**TSH**), 에피네프린을 순서 없이 나타낸 것이다.

호르몬	기능
㉠	혈당량을 증가시킨다.
㉡	콩팥에서 물의 재흡수를 촉진한다.
㉢	갑상샘에서 티록신의 분비를 촉진한다.

이에 대한 설명으로 옳은 것만을 [보기]에서 있는 대로 고른 것은?

보기
ㄱ. ㉠은 에피네프린이다.
ㄴ. ㉡의 과다 분비는 요붕증의 원인이 될 수 있다.
ㄷ. 뇌하수체 전엽에서는 ㉡과 ㉢이 모두 분비된다.

① ㄱ ② ㄷ ③ ㄱ, ㄴ
④ ㄴ, ㄷ ⑤ ㄱ, ㄴ, ㄷ

B 항상성 유지

08 그림은 자동 온도 조절기가 실내 온도를 일정하게 유지하는 과정을 나타낸 것이다.

실내 온도가 설정 온도보다 높아지면 온도 조절기가 냉방기를 작동한다.

냉방기 작동이 멈추고, 실내 온도가 높아진다.

냉방기가 작동하면 실내 온도가 낮아진다.

실내 온도가 설정 온도보다 낮아지면 온도 조절기가 냉방기 작동을 멈춘다.

이와 같은 원리에 의해 나타나는 생명 현상으로 옳은 것만을 [보기]에서 있는 대로 고른 것은?

보기
ㄱ. 음식을 입에 넣었더니 침이 나왔다.
ㄴ. 기온이 변해도 체온이 일정하게 유지된다.
ㄷ. 혈액 속 티록신의 농도가 일정하게 유지된다.

① ㄱ ② ㄴ ③ ㄷ
④ ㄱ, ㄴ ⑤ ㄴ, ㄷ

중요

09 그림은 호르몬의 분비 조절 방식 중 하나를 나타낸 것이다.

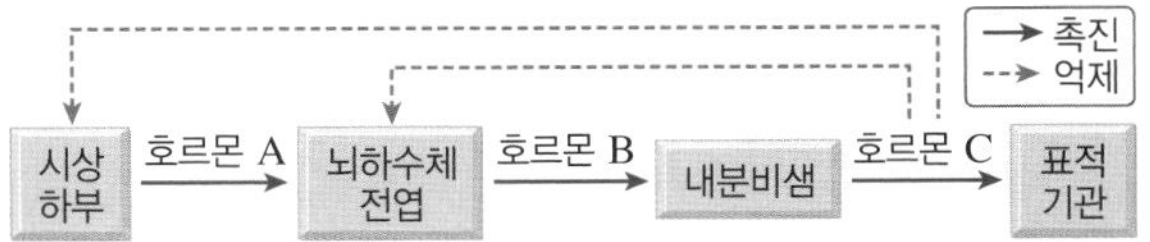

이에 대한 설명으로 옳은 것만을 [보기]에서 있는 대로 고른 것은?

보기
ㄱ. 호르몬 A가 TRH라면 호르몬 C는 티록신이다.
ㄴ. 혈관에 호르몬 B를 주사하면 시상 하부에서 호르몬 A의 분비가 촉진된다.
ㄷ. 혈액 속 호르몬 C의 농도는 음성 피드백으로 조절되어 일정하게 유지된다.

① ㄱ ② ㄴ ③ ㄱ, ㄷ
④ ㄴ, ㄷ ⑤ ㄱ, ㄴ, ㄷ

C 혈당량 조절

중요 **10** 그림은 혈당량 조절 과정의 일부를 나타낸 것이다.

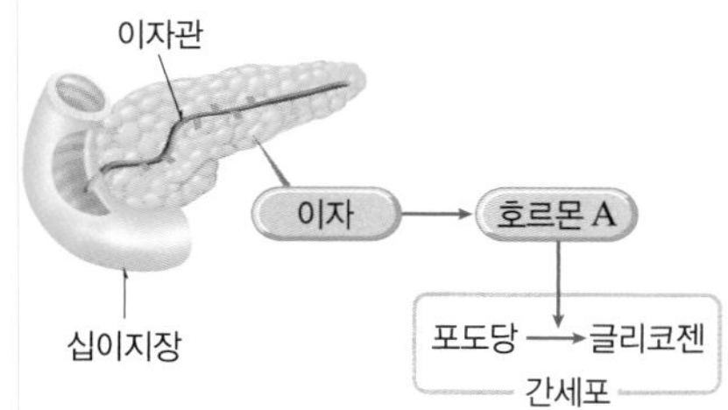

호르몬 A에 대한 설명으로 옳은 것은?

① 혈당량을 증가시킨다.
② 이자의 α세포에서 분비된다.
③ 운동을 하면 혈중 농도가 높아진다.
④ 같은 역할을 하는 호르몬에는 에피네프린이 있다.
⑤ 이자에서 분비되는 다른 호르몬과 길항 작용을 한다.

12 그림은 탄수화물을 섭취한 후 시간에 따른 A와 B의 혈중 X 농도를 나타낸 것이다. A와 B는 정상인과 당뇨병 환자를 순서 없이 나타낸 것이고, X는 이자의 β세포에서 분비된다.

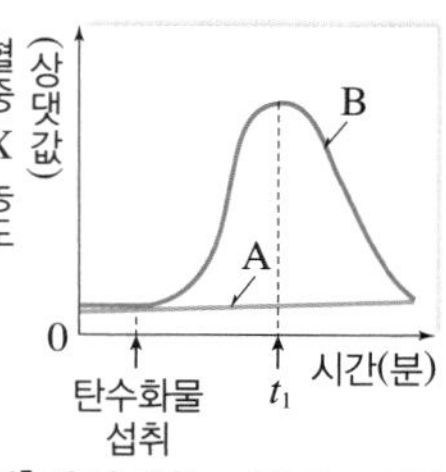

이에 대한 설명으로 옳은 것만을 [보기]에서 있는 대로 고른 것은? (단, 제시된 조건 이외는 고려하지 않는다.)

보기
ㄱ. A는 정상인이다.
ㄴ. X는 간에서 글리코젠 합성을 촉진한다.
ㄷ. t_1일 때 혈중 포도당 농도는 A가 B보다 높다.

① ㄱ ② ㄴ ③ ㄱ, ㄷ
④ ㄴ, ㄷ ⑤ ㄱ, ㄴ, ㄷ

중요 **11** 그림 (가)는 혈당량 조절 과정의 일부를, (나)는 건강한 사람이 식사를 한 후 시간에 따른 포도당과 호르몬 X의 혈중 농도 변화를 나타낸 것이다.

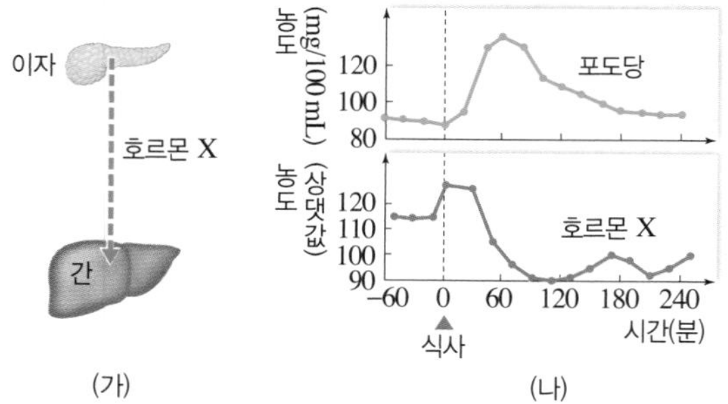

이에 대한 설명으로 옳은 것만을 [보기]에서 있는 대로 고른 것은?

보기
ㄱ. X는 인슐린이다.
ㄴ. X는 이자의 α세포에서 분비된다.
ㄷ. X는 세포로의 포도당 흡수를 촉진한다.

① ㄱ ② ㄴ ③ ㄱ, ㄴ
④ ㄱ, ㄷ ⑤ ㄴ, ㄷ

D 체온 조절

중요 **13** 그림은 추울 때 체온이 조절되는 경로를 나타낸 것이다.

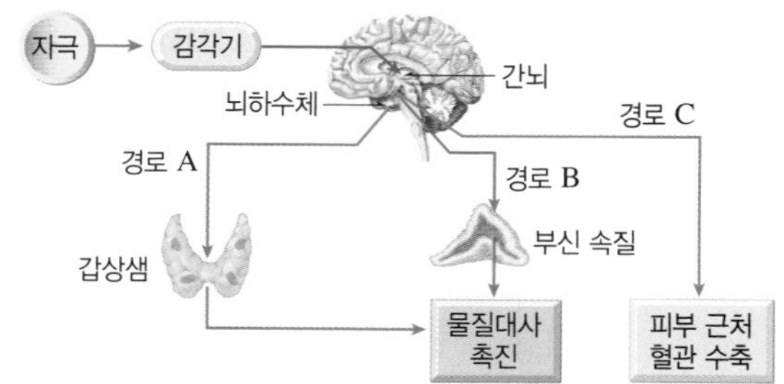

이에 대한 설명으로 옳은 것만을 [보기]에서 있는 대로 고른 것은?

보기
ㄱ. A는 호르몬에 의한 조절 과정이다.
ㄴ. B에 의해 체내 열 발생량이 증가한다.
ㄷ. C는 부교감 신경의 작용에 의한 조절 과정이다.

① ㄱ ② ㄷ ③ ㄱ, ㄴ
④ ㄴ, ㄷ ⑤ ㄱ, ㄴ, ㄷ

14 다음은 체온 조절 과정에서 일어나는 현상들이다.

(가)	(나)	(다)	(라)
피부 근처 혈관 수축	근육 떨림	땀 분비 증가	물질대사 촉진

날씨가 추울 때 일어나는 현상을 모두 고르시오.

15 그림은 정상인에게 ㉠ 자극과 ㉡ 자극을 주었을 때 피부 근처 혈관을 흐르는 단위 시간당 혈액량의 변화를 나타낸 것이다. ㉠과 ㉡은 고온과 저온을 순서 없이 나타낸 것이다.

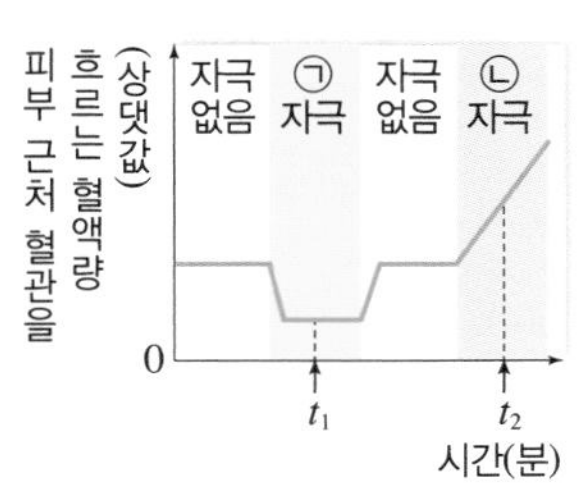

이에 대한 설명으로 옳은 것만을 [보기]에서 있는 대로 고른 것은?

> 보기
> ㄱ. ㉠은 저온이다.
> ㄴ. 피부 근처 혈관을 흐르는 단위 시간당 혈액량은 t_1일 때가 t_2일 때보다 적다.
> ㄷ. 시상 하부에 ㉡ 자극을 주면 피부 근처 혈관이 수축된다.

① ㄴ　② ㄱ, ㄴ　③ ㄱ, ㄷ　④ ㄴ, ㄷ　⑤ ㄱ, ㄴ, ㄷ

E 삼투압 조절

16 삼투압 조절에 대한 설명으로 옳지 않은 것은?

① 혈장 삼투압이 증가하면 오줌 생성량이 감소한다.
② 물을 많이 마시면 항이뇨 호르몬의 분비가 억제된다.
③ 땀을 많이 흘리면 콩팥에서 수분 재흡수량이 증가한다.
④ 혈장 삼투압이 감소하면 항이뇨 호르몬의 분비량이 증가한다.
⑤ 항이뇨 호르몬의 혈중 농도가 높아지면 체내 수분량이 증가한다.

중요 **17** 그림은 어떤 원인으로 혈장 삼투압이 증가하였을 때 일어나는 삼투압 조절 과정을 나타낸 것이다.

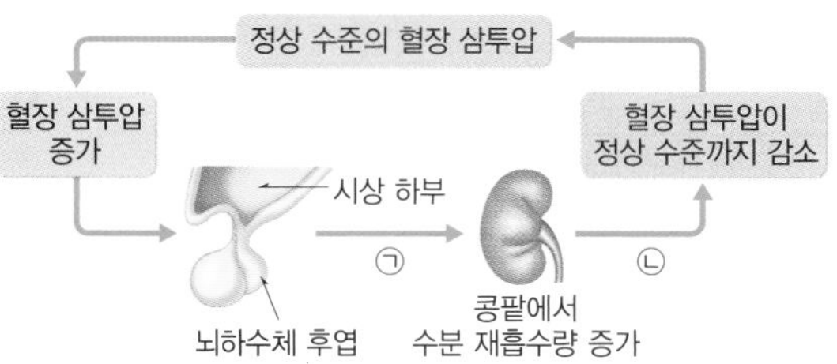

이에 대한 설명으로 옳은 것만을 [보기]에서 있는 대로 고른 것은?

> 보기
> ㄱ. 과정 ㉠에서 항이뇨 호르몬의 분비량이 증가한다.
> ㄴ. 과정 ㉡에서 오줌 삼투압이 감소한다.
> ㄷ. 짠 음식을 섭취하였을 때 일어나는 조절 과정이다.

① ㄱ　② ㄴ　③ ㄱ, ㄷ　④ ㄴ, ㄷ　⑤ ㄱ, ㄴ, ㄷ

중요 **18** 그림은 건강한 사람이 물 1 L를 섭취한 후 ㉠과 ㉡의 변화를 나타낸 것이다. ㉠과 ㉡은 각각 혈장 삼투압과 단위 시간당 오줌 생성량 중 하나이다.

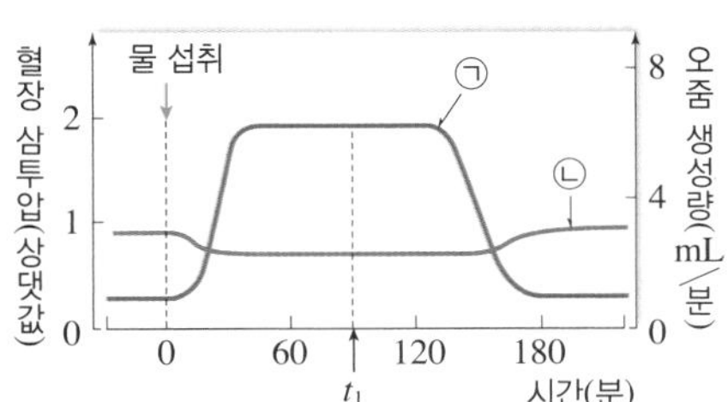

이에 대한 설명으로 옳은 것만을 [보기]에서 있는 대로 고른 것은? (단, 제시된 자료 이외에 체내 수분량에 영향을 미치는 요인은 없다.)

> 보기
> ㄱ. ㉠은 단위 시간당 오줌 생성량이다.
> ㄴ. 오줌 삼투압은 t_1일 때가 물 섭취 시점보다 높다.
> ㄷ. 혈중 항이뇨 호르몬(ADH)의 농도는 t_1일 때가 물 섭취 시점보다 낮다.

① ㄱ　② ㄴ　③ ㄱ, ㄷ　④ ㄴ, ㄷ　⑤ ㄱ, ㄴ, ㄷ

실력 UP 문제

정답친해 55쪽

01 표는 사람 몸에서 분비되는 호르몬 A~C에서 세 가지 특징의 유무를 나타낸 것이다. A~C는 인슐린, 글루카곤, 에피네프린을 순서 없이 나타낸 것이다.

특징 \ 호르몬	A	B	C
이자에서 분비된다.	?	×	?
혈당량을 감소시킨다.	×	?	?
㉠	×	×	○

(○: 있음, ×: 없음)

이에 대한 설명으로 옳은 것만을 [보기]에서 있는 대로 고른 것은?

보기
ㄱ. A는 글루카곤이다.
ㄴ. C는 교감 신경에 의해 분비가 촉진된다.
ㄷ. '간에서 글리코젠 분해를 촉진한다.'는 ㉠에 해당한다.

① ㄱ ② ㄴ ③ ㄷ
④ ㄱ, ㄷ ⑤ ㄴ, ㄷ

02 그림은 티록신 분비 조절 과정의 일부를 나타낸 것이다. ㉠과 ㉡은 TSH, TRH를 순서 없이 나타낸 것이다.

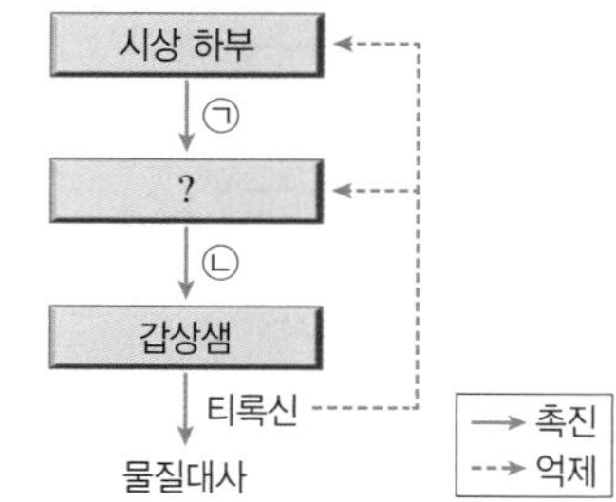

이에 대한 설명으로 옳은 것만을 [보기]에서 있는 대로 고른 것은?

보기
ㄱ. ㉠은 TSH이다.
ㄴ. 갑상샘에는 ㉡의 수용체가 있다.
ㄷ. 아이오딘의 섭취가 부족하면 ㉠과 ㉡의 분비량이 모두 증가한다.

① ㄱ ② ㄴ ③ ㄱ, ㄷ
④ ㄴ, ㄷ ⑤ ㄱ, ㄴ, ㄷ

03 그림은 사람의 시상 하부에 설정된 온도가 변화함에 따른 체온 변화를 나타낸 것이다.

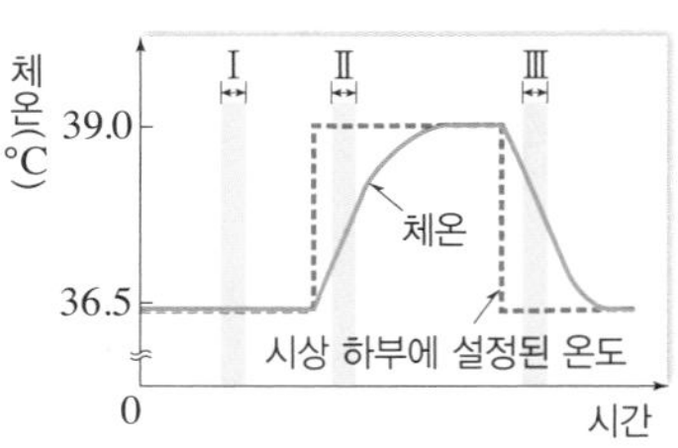

이에 대한 설명으로 옳은 것만을 [보기]에서 있는 대로 고른 것은?

보기
ㄱ. 시상 하부는 체온 조절 중추이다.
ㄴ. 열 발생량은 구간 Ⅱ에서가 구간 Ⅰ에서보다 많다.
ㄷ. 피부 근처 혈관을 흐르는 단위 시간당 혈액량은 구간 Ⅲ에서가 구간 Ⅱ에서보다 많다.

① ㄱ ② ㄴ ③ ㄱ, ㄷ
④ ㄴ, ㄷ ⑤ ㄱ, ㄴ, ㄷ

04 그림 (가)와 (나)는 정상인에서 각각 전체 혈액량과 혈장 삼투압의 변화량에 따른 혈중 호르몬 X의 농도를 나타낸 것이다. X는 뇌하수체 후엽에서 분비된다.

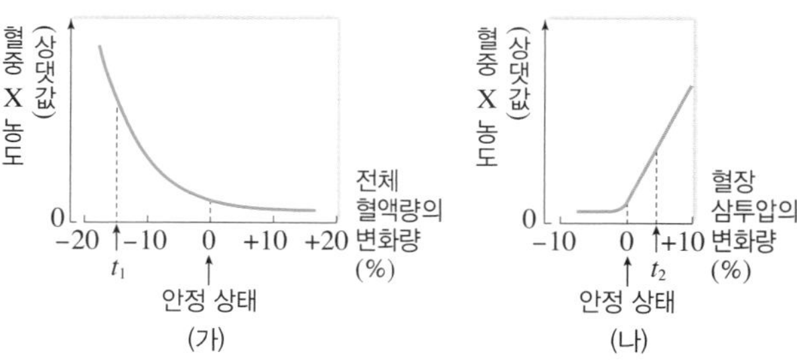

이에 대한 설명으로 옳은 것만을 [보기]에서 있는 대로 고른 것은? (단, 제시된 자료 이외에 체내 수분량에 영향을 미치는 요인은 없다.)

보기
ㄱ. 시상 하부는 X의 분비를 조절한다.
ㄴ. 콩팥에서 단위 시간당 수분 재흡수량은 t_1일 때가 안정 상태일 때보다 많다.
ㄷ. 오줌 삼투압은 안정 상태일 때가 t_2일 때보다 높다.

① ㄱ ② ㄷ ③ ㄱ, ㄴ
④ ㄴ, ㄷ ⑤ ㄱ, ㄴ, ㄷ

정답친해 56쪽

01 항상성 유지

1. 사람의 내분비샘과 호르몬

(1) (❶): 특정 조직이나 기관의 생리 작용을 조절하는 화학 물질이다.

(2) 호르몬의 특징

① 내분비샘에서 생성되어 혈관으로 분비된다.

② (❷)을 따라 온몸으로 운반된다.

③ 표적 세포(표적 기관)에만 작용한다.

④ 매우 적은 양으로 생리 작용을 조절하며, 결핍증과 과다증이 있다.

(3) 신경과 호르몬의 비교

구분	신호 전달 속도	효과의 지속성	작용 범위
신경	빠르다.	빨리 사라진다.	(❸)다.
호르몬	느리다.	오래 지속된다.	(❹)다.

(4) 사람의 내분비샘과 호르몬

내분비샘		호르몬
뇌하수체	전엽	• 생장 호르몬: 생장 촉진 • 갑상샘 자극 호르몬(TSH): 티록신 분비 촉진
	후엽	(❺): 콩팥에서 수분 재흡수 촉진
(❻)		티록신: 물질대사 촉진
부신 속질		(❼): 혈당량 증가
(❽)		• 인슐린: 혈당량 감소 • 글루카곤: 혈당량 증가

(5) 호르몬 분비 이상에 따른 질환

구분	결핍/과다	질환
티록신	과다	갑상샘 기능 항진증
	결핍	갑상샘 기능 저하증
(❾)	과다	거인증, 말단 비대증
	결핍	소인증
인슐린	결핍	(❿)
항이뇨 호르몬(ADH)	결핍	요붕증

2. 항상성 유지

(1) (⓫): 어떤 일이 원인으로 작용하여 나타난 결과가 원인을 다시 억제하는 조절 원리
예 음성 피드백에 의한 티록신의 분비 조절

(2) 길항 작용: 한 기관에 대해 서로 반대 효과를 나타내는 조절 작용
예 교감 신경과 부교감 신경의 작용

3. 혈당량 조절 인슐린과 글루카곤의 길항 작용에 의해 조절되며, 혈당량 증가에는 에피네프린도 관여한다.

고혈당일 때	이자의 β세포에서 (⓬) 분비 촉진 → 간에서 포도당을 글리코젠으로 합성하는 과정 촉진, 세포로의 포도당 흡수 촉진 → 혈당량 낮춤
저혈당일 때	이자의 α세포에서 (⓭) 분비 촉진, 부신 속질에서 (⓮) 분비 촉진 → 간에서 글리코젠을 포도당으로 분해하는 과정 촉진 → 혈당량 높임

4. 체온 조절

(1) 날씨가 추워져 체온이 정상보다 낮아질 때: 열 발생량은 (⓯)시키고, 열 발산량은 (⓰)시킨다.

(2) 날씨가 더워져 체온이 정상보다 높아질 때: 열 발생량은 (⓱)시키고, 열 발산량은 (⓲)시킨다.

추울 때	열 발생량 (⓯)	• 티록신과 에피네프린 분비 증가 ➡ 간과 근육에서 물질대사 (⓳) • 몸 떨림과 같은 근육 운동 활발해짐
	열 발산량 (⓰)	• 교감 신경의 작용 강화로 피부 근처 혈관 수축 ➡ 피부 근처로 흐르는 혈액의 양 감소
더울 때	열 발생량 (⓱)	• 티록신 분비 감소 ➡ 간과 근육에서 물질대사 (⓴)
	열 발산량 (⓲)	• 교감 신경의 작용 완화로 피부 근처 혈관 확장 ➡ 피부 근처로 흐르는 혈액의 양 증가 • 땀 분비 증가

5. 삼투압 조절

혈장 삼투압이 높을 때	항이뇨 호르몬의 분비량 증가 → 콩팥에서 수분 재흡수량 증가 → 오줌 생성량 (㉑), 혈장 삼투압 낮아짐
혈장 삼투압이 낮을 때	항이뇨 호르몬의 분비량 감소 → 콩팥에서 수분 재흡수량 감소 → 오줌 생성량 (㉒), 혈장 삼투압 높아짐

중단원 마무리 문제

하 중 상

01 그림은 호르몬의 작용 과정을 나타낸 것이다.

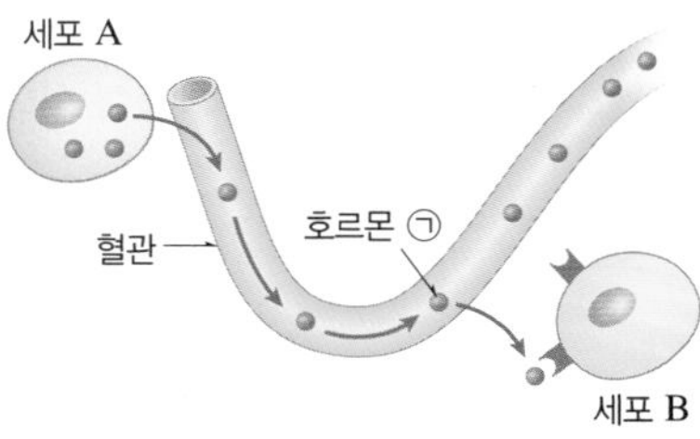

이에 대한 설명으로 옳지 않은 것은?

① 호르몬 ㉠은 혈액을 따라 이동한다.
② 세포 A는 내분비샘을 구성하는 세포이다.
③ 세포 B에는 호르몬 ㉠의 수용체가 있다.
④ 호르몬 ㉠은 일시적이고 좁은 범위에 작용한다.
⑤ 호르몬 ㉠의 혈중 농도가 매우 높으면 과다증, 매우 낮으면 결핍증이 나타난다.

하 중 상

02 신경과 호르몬을 비교한 것으로 옳지 않은 것은?

구분	신경	호르몬
① 효과의 지속성	빨리 사라짐	오래 지속됨
② 작용 범위	넓음	좁음
③ 작용 대상	뉴런과 연결된 세포	표적 세포
④ 신호 전달 속도	빠름	느림
⑤ 작용의 예	동공 반사	생장

하 중 상

03 사람의 내분비샘에서 분비되는 호르몬과 기능을 옳게 짝 지은 것은?

	내분비샘	호르몬	기능
①	이자	인슐린	혈당량 증가
②	갑상샘	티록신	물질대사 억제
③	부신 속질	에피네프린	혈당량 증가
④	뇌하수체 전엽	옥시토신	자궁 수축 촉진
⑤	뇌하수체 후엽	생장 호르몬	생장 촉진

하 중 상

04 그림은 항상성이 유지되는 과정에 작용하는 방식 (가)와 (나)를 나타낸 것이다. (가)와 (나)는 각각 길항 작용과 음성 피드백 중 하나이고, ㉠~㉣은 호르몬이다.

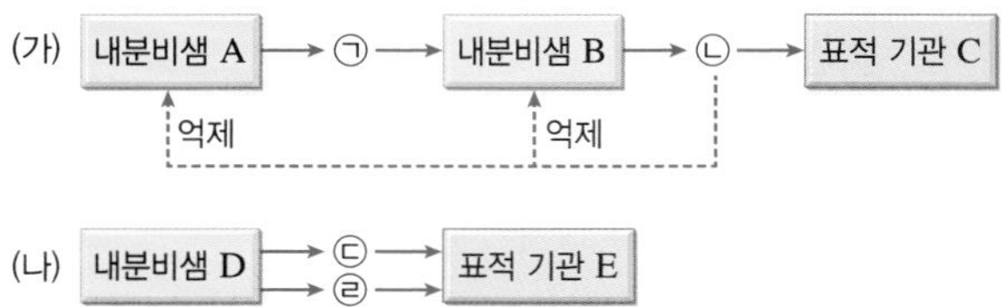

이에 대한 설명으로 옳지 않은 것은?

① 티록신의 분비는 (가)에 의해 조절된다.
② (나)는 길항 작용이다.
③ ㉡이 과다 분비되면 ㉠의 분비량은 감소한다.
④ ㉢은 혈액을 통해 표적 기관 E로 이동한다.
⑤ ㉢이 인슐린이면 ㉣은 에피네프린이다.

하 중 상

05 그림 (가)는 티록신의 분비 조절 과정을, (나)는 아이오딘의 섭취 부족으로 인한 질병을 앓고 있는 환자를 나타낸 것이다.

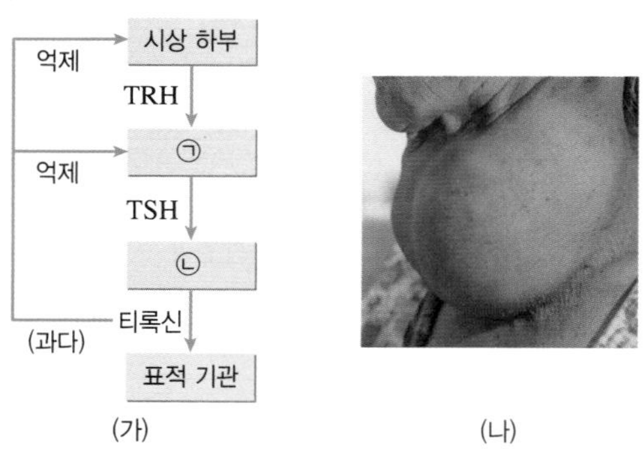

(가) (나)

이에 대한 설명으로 옳은 것은?

① ㉠은 이자이다.
② ㉡은 부신 속질이다.
③ 티록신의 분비는 길항 작용을 통해 조절된다.
④ 티록신은 외분비샘에서 분비되어 표적 기관으로 운반된다.
⑤ (나)는 티록신이 정상적으로 분비되지 않아 갑상샘종에 걸린 환자이다.

하 중 상

06 그림 (가)는 이자에서 분비되는 호르몬 ㉠과 ㉡을, (나)는 정상인이 포도당 용액을 섭취한 후 시간에 따른 혈중 포도당의 농도와 호르몬 X의 농도를 나타낸 것이다. ㉠과 ㉡은 각각 인슐린과 글루카곤 중 하나이고, X는 ㉠과 ㉡ 중 하나이다.

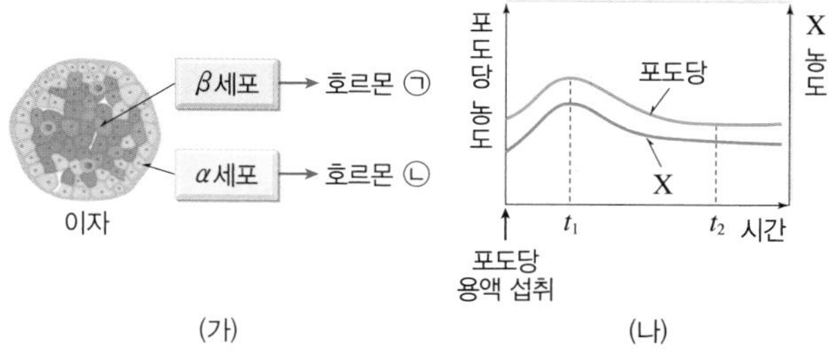

이에 대한 설명으로 옳은 것만을 [보기]에서 있는 대로 고른 것은?

보기
ㄱ. X는 ㉠이다.
ㄴ. ㉡의 혈중 농도는 t_1일 때가 t_2일 때보다 낮다.
ㄷ. 이자에 연결된 교감 신경이 흥분하면 X의 분비가 촉진된다.

① ㄱ ② ㄷ ③ ㄱ, ㄴ
④ ㄴ, ㄷ ⑤ ㄱ, ㄴ, ㄷ

하 중 상

07 그림은 혈당량 조절 과정의 일부를 나타낸 것이다.

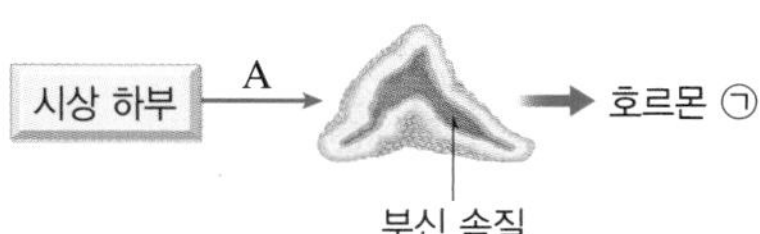

이에 대한 설명으로 옳은 것만을 [보기]에서 있는 대로 고른 것은?

보기
ㄱ. ㉠은 글루카곤과 길항 작용을 한다.
ㄴ. A는 교감 신경에 의한 자극 전달 경로이다.
ㄷ. ㉠은 간에서 글리코젠을 포도당으로 분해하는 과정을 촉진한다.

① ㄱ ② ㄴ ③ ㄱ, ㄷ
④ ㄴ, ㄷ ⑤ ㄱ, ㄴ, ㄷ

하 중 상

08 그림은 정상인에서 체온 조절 과정의 일부를 나타낸 것이다.

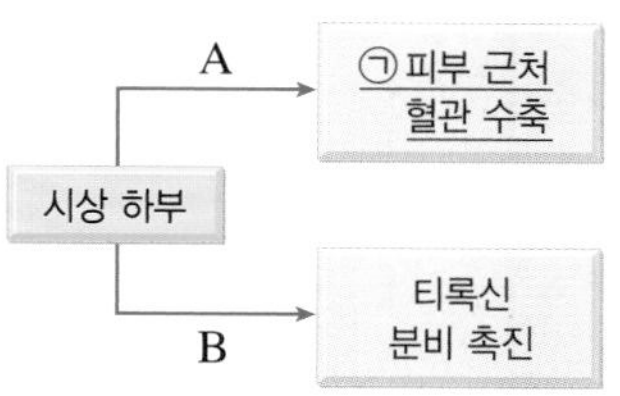

이에 대한 설명으로 옳은 것만을 [보기]에서 있는 대로 고른 것은?

보기
ㄱ. 과정 A는 교감 신경에 의한 조절 경로이다.
ㄴ. 과정 B에 의해 체내 열 발생량이 증가한다.
ㄷ. ㉠은 피부 근처 혈관을 흐르는 단위 시간당 혈액량을 증가시킨다.

① ㄱ ② ㄷ ③ ㄱ, ㄴ
④ ㄴ, ㄷ ⑤ ㄱ, ㄴ, ㄷ

하 중 상

09 그림은 시상 하부의 온도에 따른 근육의 열 발생량과 피부 표면을 통한 열 발산량을 나타낸 것이다.

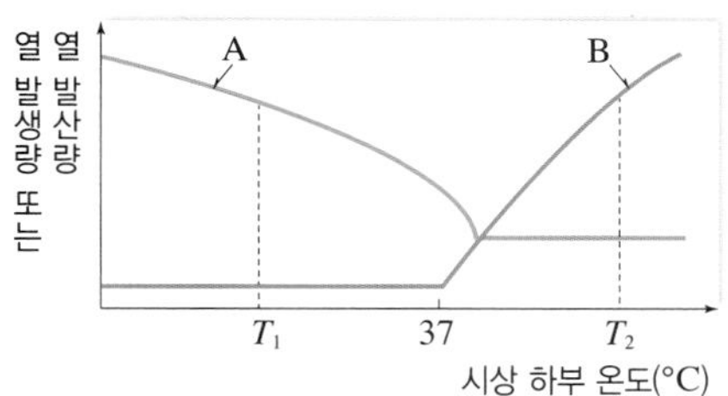

이에 대한 설명으로 옳은 것만을 [보기]에서 있는 대로 고른 것은?

보기
ㄱ. A는 열 발생량, B는 열 발산량이다.
ㄴ. 피부 근처로 흐르는 혈액의 양은 T_1일 때가 T_2일 때보다 많다.
ㄷ. 티록신의 분비량은 T_1일 때가 T_2일 때보다 많다.

① ㄱ ② ㄴ ③ ㄷ
④ ㄱ, ㄴ ⑤ ㄱ, ㄷ

하 중 상

10 그림 (가)는 호르몬 X의 분비와 작용을, (나)는 정상인의 혈장 삼투압에 따른 혈중 X의 농도를 나타낸 것이다.

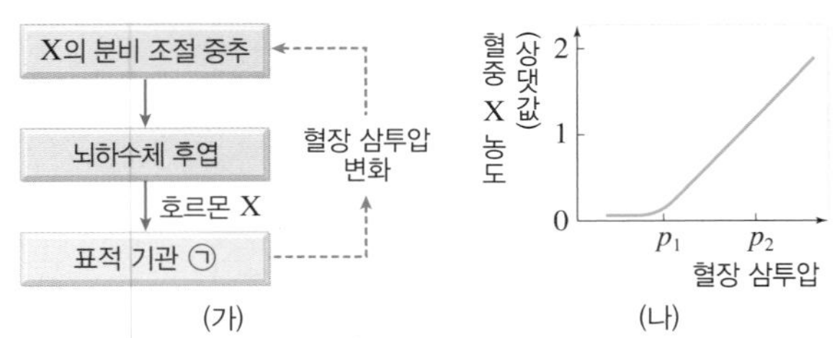

(가) (나)

이에 대한 설명으로 옳지 않은 것은?

① X는 항이뇨 호르몬(ADH)이다.
② 콩팥은 ㉠에 해당한다.
③ X의 분비 조절 중추는 시상 하부이다.
④ 체내 수분량이 증가하면 혈중 X의 농도는 높아진다.
⑤ 단위 시간당 오줌 생성량은 p_1일 때가 p_2일 때보다 많다.

하 중 상

11 그림은 정상인이 물 1 L를 섭취한 후 시간에 따른 오줌 삼투압을 나타낸 것이다.

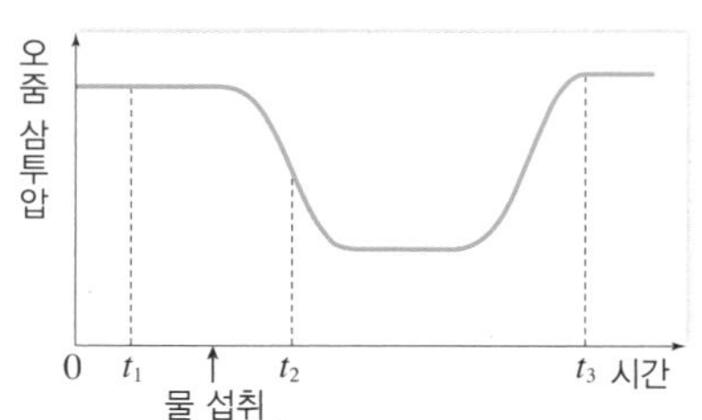

이에 대한 설명으로 옳은 것만을 [보기]에서 있는 대로 고른 것은? (단, 제시된 자료 이외에 체내 수분량에 영향을 미치는 요인은 없다.)

보기

ㄱ. 단위 시간당 오줌 생성량은 t_2일 때가 t_3일 때보다 적다.
ㄴ. 콩팥에서 수분 재흡수량은 t_2일 때가 t_3일 때보다 많다.
ㄷ. 항이뇨 호르몬(ADH)의 혈중 농도는 t_1일 때가 t_2일 때보다 높다.

① ㄱ ② ㄷ ③ ㄱ, ㄴ
④ ㄱ, ㄷ ⑤ ㄴ, ㄷ

서술형 문제

하 중 상

12 그림은 어떤 사람의 호르몬 A와 B의 혈중 농도 변화를 나타낸 것이다. 이 사람은 t_1일 때 갑상샘 기능이 저하되어 t_2일 때 호르몬 A 주사를 맞았다.

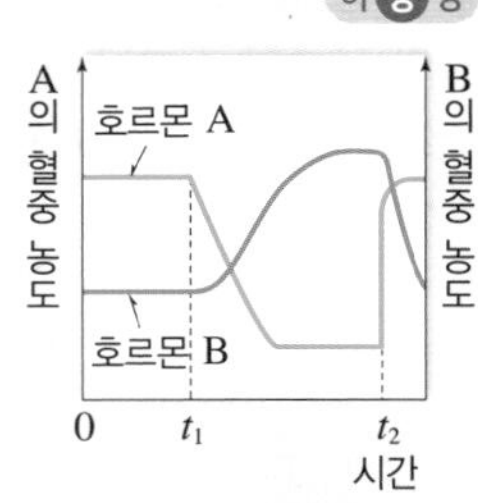

호르몬 A와 B는 각각 무엇이며, 이와 같이 판단한 까닭을 티록신의 분비 조절과 관련지어 서술하시오.(단, 호르몬 A와 B는 각각 티록신과 TSH 중 하나이다.)

하 중 상

13 그림은 건강한 사람에게 공복 시 포도당을 투여한 후 시간에 따른 호르몬 A의 혈중 농도를 나타낸 것이다.

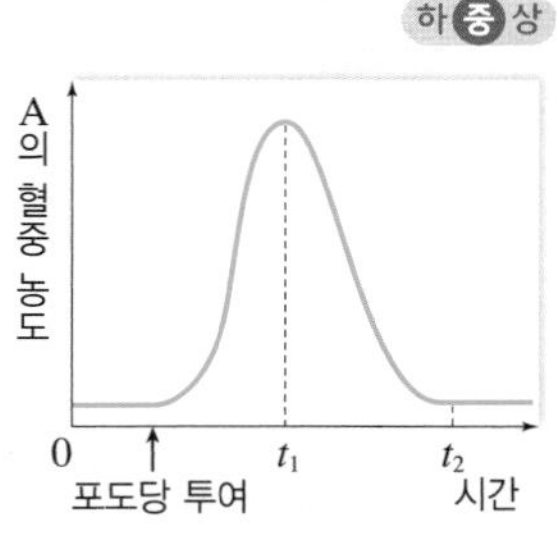

호르몬 A의 이름을 쓰고, t_1과 t_2 중 어느 시점일 때 혈당량이 높은지 A의 기능과 관련지어 서술하시오.(단, A는 이자에서 분비되는 혈당량 조절 호르몬이다.)

하 중 상

14 그림은 정상인의 혈중 항이뇨 호르몬(ADH) 농도에 따른 ㉠을 나타낸 것이다. ㉠은 오줌 삼투압과 단위 시간당 오줌 생성량 중 하나이다.

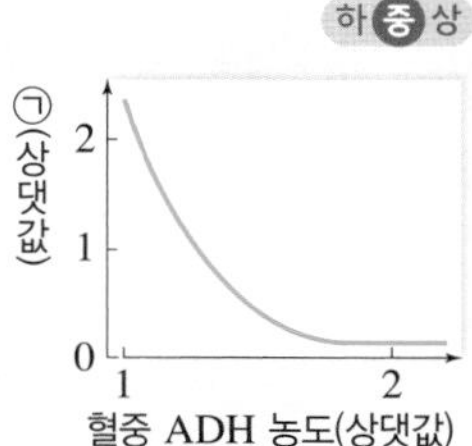

㉠이 무엇인지 쓰고, 이와 같이 판단한 까닭을 ADH의 기능과 관련지어 서술하시오.

수능 실전 문제

• 수능 출제 경향

이 단원에서는 신경계와 호르몬에 의한 항상성 유지의 원리, 혈당량 조절 과정, 체온 조절 과정, 삼투압 조절 과정 등에 대해 묻는 문제가 자주 출제되고 있다. 특히, 삼투압 조절 과정에서 오줌 삼투압, 혈장 삼투압, 혈중 항이뇨 호르몬(ADH)의 농도 관계에 대한 문제가 자주 출제되고 있으므로 삼투압 조절 원리에 대해 자세히 알아두어야 한다.

수능 이렇게 나온다!

그림은 당뇨병 환자 A와 B가 탄수화물을 섭취한 후 인슐린을 주사하였을 때 시간에 따른 혈중 포도당 농도를, 표는 당뇨병 (가)와 (나)의 원인을 나타낸 것이다. A와 B의 당뇨병은 각각 (가)와 (나) 중 하나에 해당한다. ㉠은 α세포와 β세포 중 하나이다.

❷ 탄수화물을 섭취한 후 인슐린을 주사해도 혈당량이 낮아지지 않는다. ➡ (나) 제2형 당뇨병

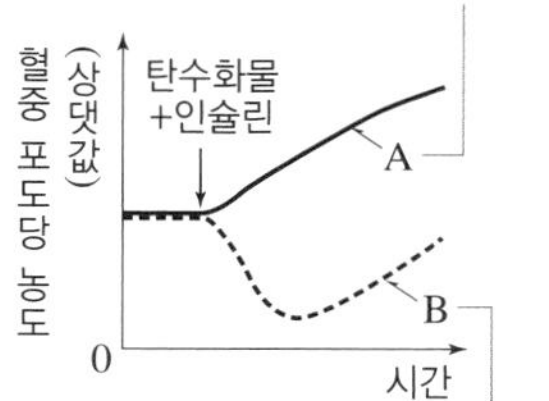

❷ 탄수화물을 섭취한 후 인슐린을 주사하면 혈당량이 낮아진다. ➡ (가) 제1형 당뇨병

당뇨병	원인
(가) 제1형 당뇨병	이자의 ㉠이 파괴되어 인슐린이 생성되지 못함 ─❶ (㉠: β세포)
(나) 제2형 당뇨병	인슐린의 표적 세포가 인슐린에 반응하지 못함

이에 대한 설명으로 옳은 것만을 [보기]에서 있는 대로 고른 것은? (단, 제시된 조건 이외는 고려하지 않는다.)

보기

ㄱ. ㉠은 α세포이다.
ㄴ. A의 당뇨병은 (나)에 해당한다.
ㄷ. 정상인에서 혈중 포도당 농도가 증가하면 인슐린의 분비가 촉진된다.

① ㄱ ② ㄴ ③ ㄷ ④ ㄱ, ㄴ ⑤ ㄴ, ㄷ

출제개념

혈당량 조절
당뇨병의 원인
▶ 본문 126~127쪽

출제의도

당뇨병 환자 A와 B가 탄수화물을 섭취한 후 인슐린을 주사하였을 때 혈중 포도당 농도 변화를 파악하여, A와 B의 당뇨병이 각각 당뇨병 (가)와 (나) 중 무엇에 해당하는지를 파악하는 문제이다.

전략적 풀이

❶ 당뇨병의 원인을 보고 ㉠이 이자의 어떤 세포인지 파악한다.

ㄱ. 당뇨병 (가)는 이자의 β세포가 파괴되어 인슐린이 생성되지 못하기 때문에 나타나는 제1형 당뇨병이고, 당뇨병 (나)는 인슐린의 표적 세포가 인슐린에 반응하지 못하기 때문에 나타나는 제2형 당뇨병이다. 따라서 ㉠은 (　　　)세포이다.

❷ 당뇨병 환자 A와 B의 당뇨병은 각각 (가)와 (나) 중 어느 것에 해당하는지 파악한다.

ㄴ. 당뇨병 (가)는 인슐린이 생성되지 못하는 것이 원인이므로 인슐린을 주사하면 혈당량을 감소시킬 수 있다. 반면, 당뇨병 (나)는 인슐린의 표적 세포가 인슐린에 반응하지 못하는 것이 원인이므로 인슐린을 주사하여도 혈당량이 감소하지 않는다. 그림에서 탄수화물을 섭취한 후 인슐린을 주사하였을 때 A의 혈중 포도당 농도(혈당량)는 (　　　)하고, B의 혈중 포도당 농도는 (　　　)한다. 이를 통해 A의 당뇨병은 (　　　)에, B의 당뇨병은 (　　　)에 해당함을 알 수 있다.

❸ 정상인에서 혈중 포도당 농도(혈당량)가 증가하면 인슐린의 분비량이 어떻게 변하는지 이해한다.

ㄷ. 인슐린은 간에 작용하여 포도당을 글리코젠으로 합성하는 과정을 촉진하고, 혈액에서 세포로의 포도당 흡수를 촉진함으로써 혈당량을 (　　　)시킨다. 따라서 혈중 포도당 농도가 증가하면 인슐린의 분비가 (　　　)되어 혈중 포도당 농도를 정상 범위로 낮춘다.

답 ⑤

❶ β
❷ 증가, 감소, (나), (가)
❸ 감소, 촉진

01 표는 사람 몸에서 분비되는 호르몬 ㉠과 ㉡의 기능을 나타낸 것이다. ㉠과 ㉡은 항이뇨 호르몬(ADH)과 갑상샘 자극 호르몬(TSH)을 순서 없이 나타낸 것이다.

호르몬	기능
㉠	콩팥에서 물의 재흡수를 촉진한다.
㉡	갑상샘에서 티록신의 분비를 촉진한다.

이에 대한 설명으로 옳은 것만을 [보기]에서 있는 대로 고른 것은?

보기
ㄱ. 뇌하수체 전엽에서 ㉠이 분비된다.
ㄴ. ㉠과 ㉡은 모두 혈액을 통해 표적 세포로 이동한다.
ㄷ. 혈중 티록신의 농도가 증가하면 ㉡의 분비가 억제된다.

① ㄱ ② ㄷ ③ ㄱ, ㄴ
④ ㄴ, ㄷ ⑤ ㄱ, ㄴ, ㄷ

02 다음은 사람의 항상성에 대한 학생 A~C의 발표 내용이다.

체온이 올라가면, 교감 신경이 작용하여 피부 근처의 혈관이 수축됩니다.

물을 많이 마시면, 항이뇨 호르몬(ADH)이 작용하여 콩팥에서 수분 재흡수가 촉진됩니다.

부신 속질에서 에피네프린의 분비가 촉진되면, 간에서 단위 시간당 생성되는 포도당의 양이 증가합니다.

학생 A

학생 B

학생 C

제시한 내용이 옳은 학생만을 있는 대로 고른 것은?

① A ② C ③ A, C
④ B, C ⑤ A, B, C

03 다음은 티록신의 분비 조절 과정에 대한 실험이다.

- ㉠과 ㉡은 각각 티록신과 TSH 중 하나이며, 내분비샘 ⓐ는 TSH의 표적 기관이다.

[실험 과정 및 결과]
(가) 유전적으로 동일한 생쥐 A, B, C를 준비한다.
(나) B와 C에서 내분비샘 ⓐ를 각각 제거한 후, A~C에서 혈중 ㉠의 농도를 측정한다.
(다) (나)의 B와 C 중 B에만 ㉠을 주사한 후, A~C에서 혈중 ㉡의 농도를 측정한다.
(라) (나)와 (다)에서 측정한 결과는 그림과 같다. Ⅰ과 Ⅱ는 B와 C를 순서 없이 나타낸 것이다.

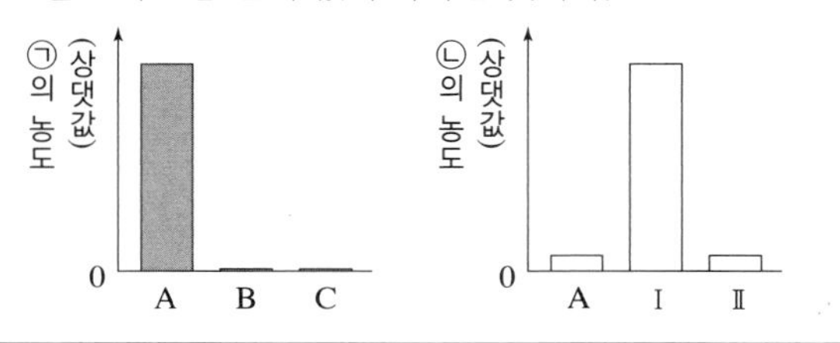

이에 대한 설명으로 옳은 것만을 [보기]에서 있는 대로 고른 것은? (단, 제시된 조건 이외는 고려하지 않는다.)

ㄱ. 내분비샘 ⓐ는 뇌하수체 전엽이다.
ㄴ. (라)에서 Ⅰ은 C이다.
ㄷ. ㉠은 순환계를 통해 표적 세포로 이동한다.

① ㄱ ② ㄷ ③ ㄱ, ㄷ
④ ㄴ, ㄷ ⑤ ㄱ, ㄴ, ㄷ

정답친해 58쪽

04 그림은 정상인의 혈중 포도당 농도에 따른 ㉠과 ㉡의 혈중 농도를 나타낸 것이다. ㉠과 ㉡은 각각 인슐린과 글루카곤 중 하나이다.

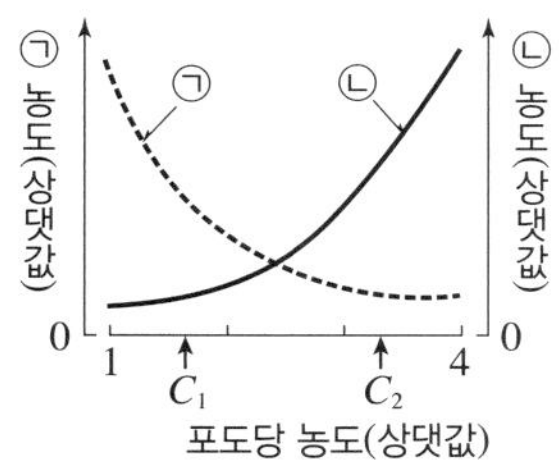

이에 대한 설명으로 옳은 것만을 [보기]에서 있는 대로 고른 것은?

ㄱ. 간은 ㉠의 표적 기관이다.
ㄴ. ㉡은 이자의 α세포에서 분비된다.
ㄷ. 혈중 글루카곤 농도는 C_1일 때가 C_2일 때보다 높다.

① ㄱ ② ㄴ ③ ㄱ, ㄷ
④ ㄴ, ㄷ ⑤ ㄱ, ㄴ, ㄷ

05 그림은 어떤 동물의 체온 조절 중추에 ㉠ 자극과 ㉡ 자극을 주었을 때 시간에 따른 체온을 나타낸 것이다. ㉠과 ㉡은 고온과 저온을 순서 없이 나타낸 것이다.

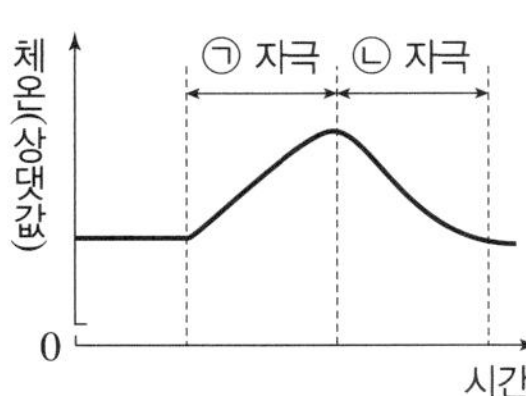

이에 대한 설명으로 옳은 것만을 [보기]에서 있는 대로 고른 것은?

ㄱ. ㉠은 저온이다.
ㄴ. 사람의 체온 조절 중추는 시상 하부이다.
ㄷ. 사람의 체온 조절 중추에 ㉡ 자극을 주면 피부 근처 혈관을 흐르는 단위 시간당 혈액량이 증가한다.

① ㄱ ② ㄴ ③ ㄱ, ㄷ
④ ㄴ, ㄷ ⑤ ㄱ, ㄴ, ㄷ

06 그림 (가)는 혈중 ADH 농도에 따른 ㉡의 삼투압에 대한 ㉠의 삼투압 비를, (나)는 건강한 사람이 1 L의 물을 섭취한 후 시간에 따른 혈장과 오줌의 삼투압을 나타낸 것이다. ㉠과 ㉡은 각각 혈장과 오줌 중 하나이다.

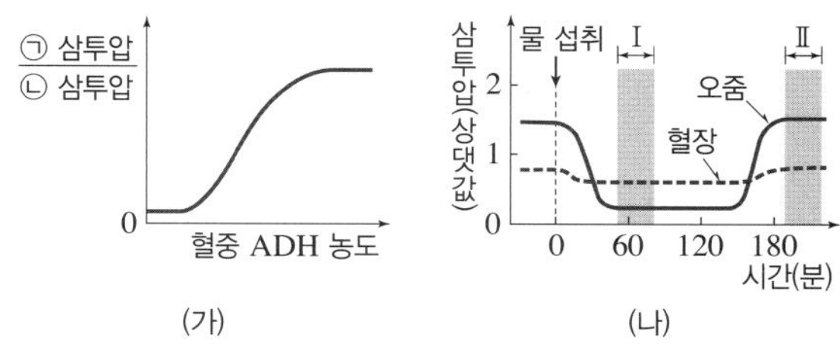

이에 대한 설명으로 옳은 것만을 [보기]에서 있는 대로 고른 것은?(단, 제시된 자료 이외에 체내 수분량에 영향을 미치는 요인은 없다.)

보기

ㄱ. ㉠은 오줌이다.
ㄴ. ADH의 분비 조절 중추는 시상이다.
ㄷ. $\frac{\text{오줌 생성량}}{\text{혈중 ADH 농도}}$은 구간 Ⅱ에서가 구간 Ⅰ에서보다 크다.

① ㄱ ② ㄴ ③ ㄱ, ㄴ ④ ㄱ, ㄷ ⑤ ㄴ, ㄷ

07 그림은 사람에서 전체 혈액량이 정상 상태일 때와 ㉠일 때 혈장 삼투압에 따른 혈중 ADH 농도를 나타낸 것이다. ㉠은 전체 혈액량이 정상보다 증가한 상태와 정상보다 감소한 상태 중 하나이다.

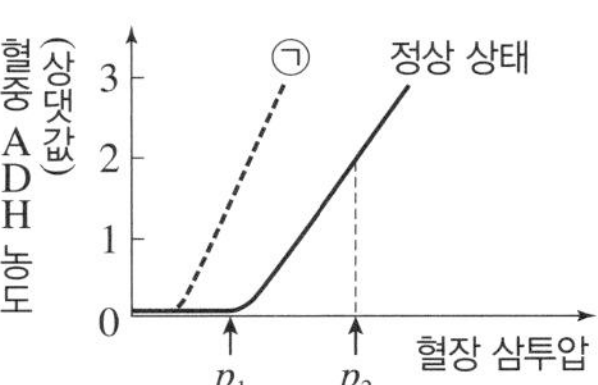

이에 대한 설명으로 옳은 것만을 [보기]에서 있는 대로 고른 것은? (단, 제시된 자료 이외에 체내 수분량에 영향을 미치는 요인은 없다.)

보기

ㄱ. 시상 하부는 ADH의 분비를 조절한다.
ㄴ. ㉠은 전체 혈액량이 정상보다 감소한 상태이다.
ㄷ. 정상 상태일 때 생성되는 오줌의 삼투압은 p_1일 때가 p_2일 때보다 높다.

① ㄴ ② ㄷ ③ ㄱ, ㄴ ④ ㄱ, ㄷ ⑤ ㄱ, ㄴ, ㄷ

Ⅲ 항상성과 몸의 조절

3 방어 작용

Review

이전에 학습한 내용 중 이 단원과 연계된 내용을 다시 한번 떠올려 봅시다.

다음 단어가 들어갈 곳을 찾아 빈칸을 완성해 보자.

산소	백혈구	혈장	응고	식균	AO	BO

중2 동물과 에너지

- **혈액의 구성**

① ❶ ______ : 노란색의 액체 성분으로, 약 90 %가 물이며, 영양소와 노폐물을 운반하고 체온 유지에 관여한다.

② **혈구:** 적혈구, 백혈구, 혈소판이 있다.

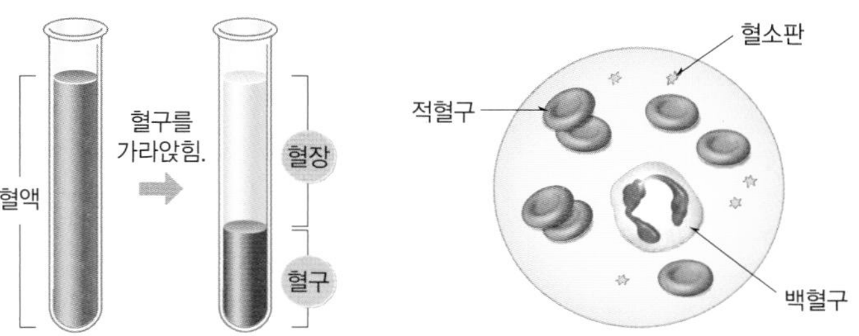

- **혈구의 종류와 기능**

적혈구	❸ ______	혈소판
• 가운데가 오목한 원반 모양이고, 핵이 없다. • 붉은색을 띠는 헤모글로빈이 들어 있다. • ❷ ______ 를 운반한다.	• 핵이 있고 적혈구보다 크기가 크다. • 세균을 잡아먹는 ❹ ______ 작용을 한다. ➡ 몸속에 세균이 침입하면 수가 늘어나고 기능이 활발해진다.	• 혈구 중 크기가 가장 작고, 모양이 불규칙하다. • 혈액 ❺ ______ 작용에 관여하여 상처 부위에서 출혈을 멈추게 한다.

중3 생식과 유전

- **ABO식 혈액형 유전**

① **ABO식 혈액형:** 한 쌍의 대립유전자에 의해 형질이 결정되며, 대립유전자의 종류는 A, B, O 세 가지이다.

② **대립유전자의 우열 관계:** 대립유전자 A와 B는 대립유전자 O에 대해 우성이며, 대립유전자 A와 B 사이에는 우열 관계가 없다.

③ **ABO식 혈액형의 표현형과 유전자형**

표현형	A형	B형	AB형	O형
유전자형	AA, ❻ ______	BB, ❼ ______	AB	OO

답 ❶ 혈장 ❷ 산소 ❸ 백혈구 ❹ 식균 ❺ 응고 ❻ AO ❼ BO

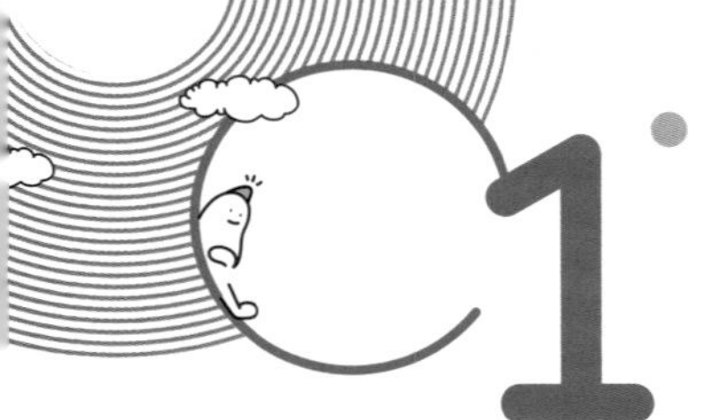

1 질병과 병원체

핵심 포인트

❶ 질병의 구분 ★★★
❷ 병원체의 종류와 특징 ★★★
❸ 질병의 감염 경로와 예방 ★★

A 병원체의 종류와 특성

1. 질병의 구분 비감염성 질병과 감염성 질병으로 구분한다.

(1) **비감염성 질병:** ❶병원체 없이 발생하는 질병으로, 생활 방식, 유전, 환경 등 여러 가지 원인이 복합적으로 작용하여 발생하며, 다른 사람에게 전염되지 않는다.

예 당뇨병, 혈우병, 고혈압, 심장병, 뇌졸중, 암, 비만 등

(2) **감염성 질병:** 병원체에 감염되어 발생하는 질병으로, 다른 사람에게 전염될 수 있다.

예 결핵, 독감, 홍역, 말라리아, 수면병, 무좀 등

151쪽 대표 자료 ❶, ❷

2. 병원체의 종류 세균, 바이러스, 원생생물, 곰팡이, 변형 프라이온 등이 있다.

(1) **세균** → 대부분의 세균은 사람에게 해롭지 않지만, 일부 세균이 인체에 침입하여 질병을 일으킨다.

특성	• 단세포 ❷원핵생물로, 핵막과 막으로 둘러싸인 세포 소기관이 없으며, 세포막의 바깥에는 세포벽이 있다. • 효소가 있어서 스스로 물질대사를 할 수 있다. • 우리 주변 거의 모든 곳에 서식하며, 대부분 ❸분열법으로 번식하므로 환경이 적합하면 빠르게 증식할 수 있다. └ 세균은 그 종류가 1만여 종이며, 모양에 따라 간균, 구균, 나선균으로 분류한다. 세포막 / DNA / 세포벽 ⬆ 세균의 구조
감염 방법	소화 기관, 호흡 기관 등을 통해 인체에 침입한 뒤 증식하여 세포를 파괴하거나 독소를 분비한다. ➡ 세포나 조직이 손상되고 물질대사에 이상이 생긴다.
질병 예	결핵, 탄저병, 파상풍, 콜레라, 장티푸스, 발진티푸스, 세균성 식중독, 세균성 폐렴, 세균성 이질, 위궤양, 디프테리아 등
치료	◆항생제를 사용하여 치료한다. ➡ 항생제를 과다하게 사용하면 항생제 내성 세균이 나타날 수 있으므로 적절한 용법과 용량을 지켜서 사용해야 한다.

(2) **바이러스**

특성	• 세균보다 크기가 작다. • 세포의 구조를 갖추지 않고, 유전 물질(핵산)과 단백질 껍질로 구성된 간단한 구조로 되어 있다. • 스스로 물질대사를 하지 못하고, 살아 있는 숙주 세포 내에서만 증식할 수 있다. └ 숙주: 기생하는 대상이 되는 생물 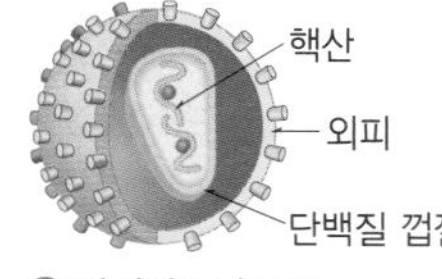 ⬆ 바이러스의 구조
감염 방법	• 살아 있는 숙주 세포에 침입하여 자신의 유전 물질을 복제하고 증식한 뒤 세포를 파괴하고 나와 더 많은 세포를 감염시킨다. • 공기, 접촉, 수혈, 동물 등 다양한 경로로 다른 사람에게 전염된다.
질병 예	◆감기, 독감, 홍역, 소아마비, 후천성 면역 결핍증(AIDS), 중동 호흡기 증후군(MERS), 구순포진, 대상 포진, 간염, 에볼라, 천연두 등
치료	• 항바이러스제를 사용하여 치료하지만, 항바이러스제는 종류가 많지 않으며 바이러스의 돌연변이로 인해 치료가 어렵다. └ 항바이러스제: 체내에 침입한 바이러스의 증식을 억제하는 물질 • 백신으로 예방할 수 있다.

◆ **항생제**
세균을 죽이거나 번식을 억제하여 세균성 질병을 치료하는 물질이다. 세균의 세포벽과 같이 사람의 세포에는 없는 구조에 작용하므로 사람에게 피해를 주지 않고 세균의 증식을 억제할 수 있다. 대표적인 항생제로는 세균의 세포벽 형성을 방해하는 페니실린이 있다.

◆ **감기와 독감**
감기와 독감은 둘 다 바이러스에 의해 발생하는 질병이지만, 서로 다른 바이러스에 의해 발생한다. 감기는 아데노바이러스 등 다양한 감기 바이러스에 의해 발생하고, 독감은 인플루엔자 바이러스에 의해 발생한다.

◆ **세균과 바이러스 비교**
• 공통점: 병원체이며, 유전 물질(핵산)을 가지고 있다.
• 차이점

세균	• 세포 구조이다. • 스스로 물질대사와 증식을 한다.
바이러스	• 비세포 구조이다. • 스스로 물질대사를 하지 못하고, 살아 있는 숙주 세포 내에서만 증식한다.

용어

❶ **병원체(病 병, 原 근원, 體 몸)** 인체에 침입하여 질병을 일으키는 생물이나 바이러스이다.

❷ **원핵(原 근원, 核 핵)생물** 핵막이 없어 뚜렷이 구분된 핵이 없는 생물 무리로, 대부분 단세포 생물이다.

❸ **분열법(分 나누다, 裂 찢다, 法 방법)** 모세포가 분열하여 생긴 각각의 세포가 새로운 개체로 되는 생식 방법이다.

(3) 원생생물

특성	• 대부분 단세포 ❶진핵생물이다. • 독립적으로 생활하기도 하고, 동물 세포나 식물 세포에 기생하기도 한다.
감염 방법	오염된 물이나 음식물을 통해 감염되거나, 매개 생물(모기, 파리, 쥐 등)에 의해 감염된다.
질병 예	◆말라리아, 수면병, 아메바성 이질 등 └● 수면병은 트리파노소마가, 아메바성 이질은 이질 아메바가 일으킨다.

(4) 곰팡이

특성	• 균계에 속하는 다세포 진핵생물로, 몸이 실 모양의 균사로 이루어져 있다. • 습한 환경에서 살며, 포자로 번식한다.
감염 방법	피부에서 번식하거나, 소화 기관이나 호흡 기관을 통해 포자가 침입하여 질병을 일으킨다.
질병 예	무좀, 칸디다증 등 └● 곰팡이의 일종인 칸디다가 피부나 점막의 표면에 증식하여 염증을 일으킨다.
치료	항진균제를 사용하여 치료한다.

(5) ◆변형 프라이온 (미래엔, 동아 교과서에만 나와요.)

└● 일반적으로 정상 프라이온은 포유류의 신경 세포에 존재하며 뇌세포의 기능에 중요한 역할을 하는 것으로 알려져 있다.

특성	바이러스보다 크기가 작으며, 단백질로만 구성된 입자이다.
감염 방법	• 변형 프라이온이 포함된 뇌나 신경 조직을 섭취하여 감염된다. • 정상 프라이온이 변형 프라이온과 접촉하면 변형 프라이온이 되고, 변형 프라이온이 축적되면 신경 세포가 파괴되면서 질병을 일으킨다.
질병 예	사람의 크로이츠펠트·야코프병, 소의 광우병, 양의 스크래피 등 └● 사람의 뇌에 변형 프라이온이 축적된 결과 신경 조직이 파괴되어 스펀지처럼 구멍이 생긴다.
예방	변형 프라이온은 끓이는 것과 같은 일반적인 소독 방법으로는 파괴되지 않기 때문에 변형 프라이온에 감염된 육류를 섭취하지 않아야 한다.

B 질병의 감염 경로와 예방

1. 질병의 감염 경로와 예방 병원체에 감염되는 경로를 차단하면 감염성 질병을 예방할 수 있다.

감염 경로		예방
직접적인 감염 경로	환자와의 접촉이나 사물을 매개로 하여 병원체에 직접 감염될 수 있다. 예 무좀, 감기, 독감 등	• 환자와 접촉하는 것을 피한다. • 비누를 사용해 손을 흐르는 물에 자주 씻는다. • 기침이나 재채기를 할 때에는 입을 가리고, 마스크를 착용한다.
간접적인 감염 경로	• 병원체에 오염된 물이나 음식으로 감염된다. 예 콜레라, 세균성 식중독 등 └● 콜레라는 물을 통해 감염되는 수인성 질병이다. • 모기나 파리 등 매개 동물에 의해 감염된다. 예 말라리아, 수면병 등	• 음식물을 가열하여 섭취한다. • 상한 음식이나 냉장고에 오래 보관한 음식을 먹지 않는다. └● 냉장고 안에서도 세균, 곰팡이가 증식할 수 있다. • 매개 동물이 번식하지 않도록 관리한다.

2. 질병을 예방하기 위한 노력 규칙적인 운동, 균형 잡힌 식사, 충분한 휴식 등의 건강한 생활 습관과 예방 접종으로 인체의 방어 능력을 높이면 질병을 예방할 수 있다.

◆ **말라리아**
말라리아 원충이 모기를 매개로 사람에게 들어가 적혈구에 증식하면서 적혈구를 파괴하고 독성을 퍼뜨려 질병을 일으킨다.

◆ **변형 프라이온의 증식 과정**

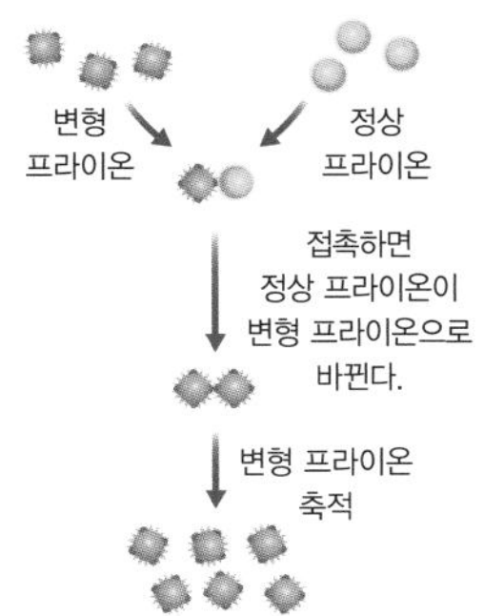

◆ **질병의 전염**
병원체가 '숙주로부터 탈출 → 이동 → 새로운 숙주로의 침입' 과정을 거쳐 전파되어 질병이 전염된다.

주의해!
감염과 전염
감염은 병원체가 침입하여 증식하는 것이고, 전염은 병원체가 한 생물체에서 다른 생물체로 퍼지는 것이다. 병원체에 감염되어도 다른 사람에게 옮기지 않으면 전염성은 없다.

(용어)
❶ **진핵(眞 참, 核 핵)생물** 핵막으로 둘러싸인 뚜렷한 핵이 있는 생물 무리이다.

손을 씻을 때는 손 세정제나 비누로 깨끗이 씻어야 해요.

탐구 자료창 인체나 물체에 묻어 있는 세균 배양하기

(가) 고체 배지가 담긴 페트리 접시 3개를 준비하여 A, B, C를 표기한 후, 배지 A에는 씻지 않은 손을, 배지 B에는 깨끗이 씻은 손을 대고 살짝 누른다.

(나) 휴대 전화, 책상 등 주변에 있는 물건 하나를 선택하여 면봉으로 표면을 살짝 닦은 다음, 그 면봉을 배지 C 위에 문지른다.

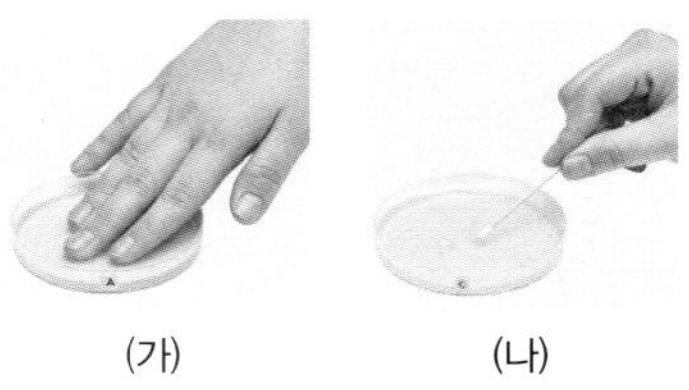
(가) (나)

(다) 각 페트리 접시의 뚜껑을 닫고 상온에 두었다가 며칠 뒤 배양 상태를 관찰한다.

1. **결과:** A(씻지 않은 손)와 C(물건 표면)에서는 세균과 곰팡이가 많이 증식하였고, B(깨끗이 씻은 손)에서는 비교적 적게 증식하였다. ➡ 우리 몸과 주변 물체에는 다양한 세균과 곰팡이가 묻어 있으며, 깨끗이 씻으면 그 수가 줄어든다.
2. **생활 속에서 질병의 감염을 막는 방법:** 손을 깨끗하게 자주 씻고, 여러 사람이 사용하는 물건이나 장소는 정기적으로 소독하여 세균이나 곰팡이를 제거한다.

정답친해 61쪽

개념 확인 문제

핵심 체크

- (❶) 질병: 병원체 없이 발생하는 질병으로, 다른 사람에게 전염되지 않는다. 예 당뇨병, 고혈압 등
- (❷) 질병: 병원체에 감염되어 발생하는 질병으로, 다른 사람에게 전염될 수 있다. 예 결핵, 독감 등
- 병원체의 종류: 세균, 바이러스, 원생생물, 곰팡이, 변형 프라이온 등
- 질병의 감염 경로와 예방: 병원체에 감염되는 경로를 차단하면 감염성 질병을 예방할 수 있다.

1 감염성 질병에 해당하는 것만을 [보기]에서 있는 대로 고르시오.

보기
ㄱ. 결핵 ㄴ. 독감 ㄷ. 당뇨병
ㄹ. 고혈압 ㅁ. 파상풍 ㅂ. 말라리아

2 병원체의 종류와 병원체의 감염으로 나타날 수 있는 질병을 옳게 연결하시오.

(1) 세균 • • ㉠ 무좀
(2) 곰팡이 • • ㉡ 홍역
(3) 원생생물 • • ㉢ 광우병
(4) 바이러스 • • ㉣ 장티푸스
(5) 변형 프라이온 • • ㉤ 말라리아

3 세균에 대한 설명은 '세', 바이러스에 대한 설명은 '바'를 쓰시오.

(1) 세포 구조를 갖추고 있다. ( )
(2) 숙주 세포 내에서만 증식할 수 있다. ( )
(3) 효소가 있어 스스로 물질대사를 할 수 있다. ( )

4 질병의 감염 경로와 예방에 대한 설명으로 옳은 것은 ○, 옳지 않은 것은 ×로 표시하시오.

(1) 환자와의 접촉, 기침이나 재채기를 통해 병원체에 감염될 수 있다. ( )
(2) 손을 자주 깨끗이 씻으면 피부 접촉으로 전염되는 질병을 예방할 수 있다. ( )
(3) 냉장고 안에서는 병원체가 증식하지 못하므로 냉장고에 오래 보관한 음식을 먹어도 병원체에 감염되지 않는다. ( )

정답친해 61쪽

자료 ❶ 질병의 종류와 병원체

기출 Point
- 병원체에 따라 감염성 질병 구분하기
- 각 병원체의 특징 알기

[1~3] 표 (가)는 사람의 5가지 질병을 A~C로 구분하여 나타낸 것이고, (나)는 병원체의 3가지 특징을 나타낸 것이다.

구분	질병
A	말라리아
B	독감, 홍역
C	결핵, 탄저병

(가)

특징
• 유전 물질을 갖는다. • 세포 구조로 되어 있다. • 독립적으로 물질대사를 한다.

(나)

1 A~C의 병원체를 옳게 연결하시오.

(1) A •　　　• ㉠ 세균
(2) B •　　　• ㉡ 바이러스
(3) C •　　　• ㉢ 원생생물

2 (나)의 특징을 모두 갖는 병원체에 의해 발생하는 질병은 A~C 중 어느 것인지 모두 쓰시오.

3 빈출 선택지로 완벽 정리!

(1) A~C의 질병은 모두 감염성 질병이다. (○ / ×)
(2) 말라리아는 모기를 매개로 전염된다. (○ / ×)
(3) 말라리아의 병원체는 곰팡이이다. (○ / ×)
(4) 독감의 병원체는 세포 구조로 되어 있다. (○ / ×)
(5) A~C의 병원체는 모두 핵산을 가지고 있다. (○ / ×)
(6) B의 질병은 항생제로 치료할 수 있다. (○ / ×)
(7) 결핵의 치료에는 항바이러스제를 사용한다. (○ / ×)
(8) 후천성 면역 결핍증(AIDS)은 B에 포함된다. (○ / ×)

자료 ❷ 세균과 바이러스 비교

기출 Point
- 세균과 바이러스의 공통점과 차이점 알기
- 세균 감염에 의한 질병과 바이러스 감염에 의한 질병 구분하기

[1~4] 그림은 독감을 일으키는 병원체 A와 결핵을 일으키는 병원체 B의 공통점과 차이점을 나타낸 것이다.

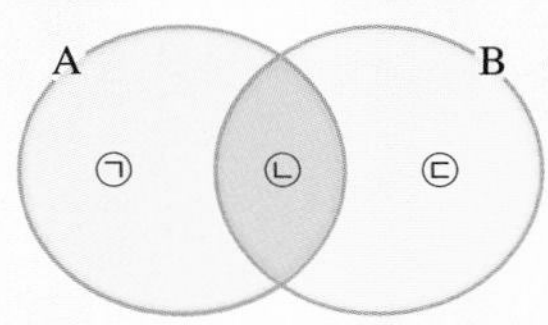

1 A와 B는 세균, 곰팡이, 바이러스, 원생생물 중 어디에 속하는지 각각 쓰시오.

2 ㉠에 해당하는 것만을 [보기]에서 있는 대로 고르시오.

보기
ㄱ. 세포로 되어 있다.
ㄴ. 유전 물질을 가지고 있다.
ㄷ. 스스로 물질대사를 하지 못한다.

3 '분열을 통해 스스로 증식한다.'는 ㉠~㉢ 중 어느 것에 해당하는지 쓰시오.

4 빈출 선택지로 완벽 정리!

(1) 독감은 항생제로 치료할 수 있다. (○/×)
(2) 독감과 결핵은 모두 감염성 질병이다. (○/×)
(3) A는 살아 있는 숙주 세포 내에서만 증식할 수 있다. (○/×)
(4) B는 A보다 크기가 작다. (○/×)
(5) A는 돌연변이가 일어나지 않고, B는 돌연변이가 일어난다. (○/×)
(6) B는 세포 구조를 갖추고 있지 않다. (○/×)

내신 만점 문제

A 병원체의 종류와 특성

01 질병에 대한 설명으로 옳지 않은 것은?

① 혈우병은 타인에게 전염되지 않는다.
② 독감을 일으키는 병원체는 세균이다.
③ 무좀은 병원체에 감염되어 발생한다.
④ 결핵을 일으키는 병원체는 핵막이 없는 세포로 되어 있다.
⑤ 고혈압은 생활 방식, 유전, 환경 등이 복합적으로 작용하여 발생한다.

중요 **02** 표는 사람의 6가지 질병을 A~C로 구분하여 나타낸 것이다.

구분	질병
A	홍역, 독감
B	결핵, 탄저병
C	혈우병, 고혈압

이에 대한 설명으로 옳은 것만을 [보기]에서 있는 대로 고른 것은?

보기
ㄱ. A의 병원체는 단백질을 가지고 있다.
ㄴ. B의 병원체는 세포벽이 있다.
ㄷ. C는 비감염성 질병이다.

① ㄱ ② ㄴ ③ ㄱ, ㄷ
④ ㄴ, ㄷ ⑤ ㄱ, ㄴ, ㄷ

서술형 **03** 그림은 6가지 질병을 (가)와 (나)로 구분한 것이다.

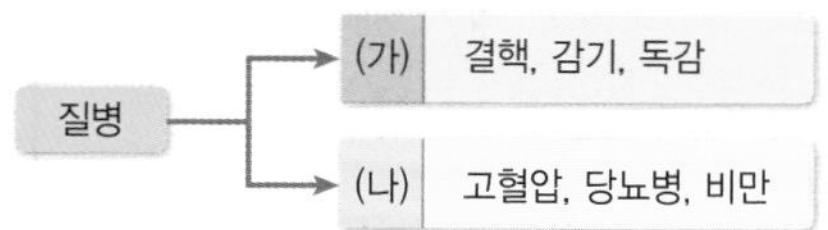

(가)와 (나)로 구분한 기준을 서술하시오.

중요 **04** 그림은 구분 기준에 따라 사람의 3가지 질병을 구분하는 과정을 나타낸 것이다.

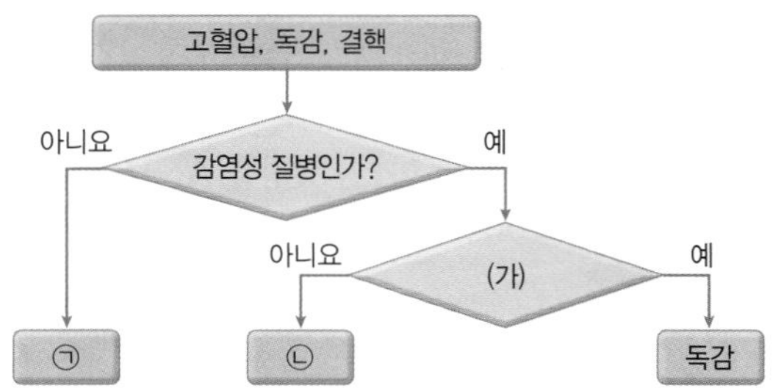

이에 대한 설명으로 옳은 것만을 [보기]에서 있는 대로 고른 것은?

보기
ㄱ. ㉠은 고혈압이다.
ㄴ. ㉡을 일으키는 병원체는 분열법으로 증식한다.
ㄷ. '병원체가 세포 구조를 갖추었는가?'는 (가)에 해당한다.

① ㄱ ② ㄷ ③ ㄱ, ㄴ
④ ㄴ, ㄷ ⑤ ㄱ, ㄴ, ㄷ

05 다음 질병들의 공통점으로 옳은 것은?

• 결핵 • 파상풍 • 탄저병

① 병원체 없이 발생한다.
② 매개 곤충으로 전파된다.
③ 세균이 원인이 되어 발생한다.
④ 항바이러스제로 치료할 수 있다.
⑤ 피부 상처를 통해 병원체에 감염된다.

06 다음은 어떤 병원체의 특징을 설명한 것이다.

• 유전 물질이 단백질 껍질에 싸인 구조이다.
• 살아 있는 생명체 내에서만 증식할 수 있다.

이러한 특징을 가진 병원체에 의해 발생하는 질병이 아닌 것은?

① 감기 ② 독감 ③ 홍역
④ 콜레라 ⑤ 소아마비

중요 **07** 그림 (가)와 (나)는 각각 결핵의 병원체와 후천성 면역결핍증(AIDS)의 병원체를 나타낸 것이다.

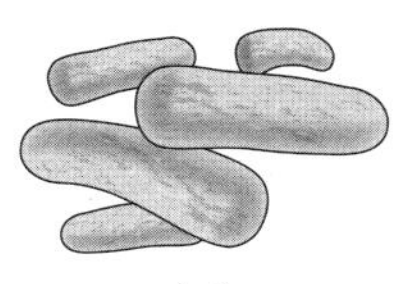
(가)

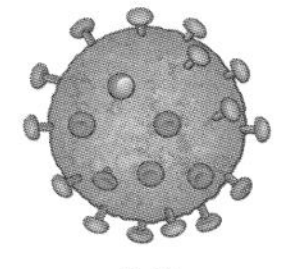
(나)

이에 대한 설명으로 옳지 않은 것은?

① (가)는 세균, (나)는 바이러스이다.
② (가)는 스스로 물질대사를 한다.
③ (나)는 세포 구조로 되어 있다.
④ (가)와 (나)는 모두 핵산을 갖는다.
⑤ (가)와 (나)는 모두 단백질을 갖는다.

08 다음은 말라리아와 무좀에 대한 설명이다.

- 말라리아는 병원체 ㉠이 적혈구에 들어가 증식하면서 적혈구를 파괴하고 독성을 퍼뜨려 발생한다.
- 무좀은 병원체 ㉡이 피부에 번식하여 발생한다.

이에 대한 설명으로 옳지 않은 것은?

① ㉠은 매개 곤충에 의해 인체에 감염된다.
② ㉡은 피부 접촉을 통해 감염될 수 있다.
③ ㉠과 ㉡은 모두 세포 구조를 갖추고 있다.
④ 말라리아와 무좀은 모두 감염성 질병이다.
⑤ 무좀은 항바이러스제로 치료할 수 있다.

서술형 **09** 다음은 질병을 (가)와 (나) 두 무리로 구분한 것이다.

(가)	파상풍, 콜레라, 발진티푸스
(나)	수면병, 말라리아, 아메바성 이질

(가)와 (나)를 일으키는 병원체의 공통점과 차이점을 서술하시오.

10 다음은 3가지 질병 A~C에 대한 자료이다. A~C는 고혈압, 독감, 콜레라를 순서 없이 나타낸 것이다.

- A와 B는 모두 감염성 질병이다.
- B와 C는 모두 바이러스에 의한 질병이 아니다.

이에 대한 설명으로 옳은 것만을 [보기]에서 있는 대로 고른 것은?

보기
ㄱ. A의 병원체는 스스로 물질대사를 하지 못한다.
ㄴ. B는 대사성 질환이다.
ㄷ. C는 콜레라이다.

① ㄱ　② ㄴ　③ ㄱ, ㄴ　④ ㄱ, ㄷ　⑤ ㄴ, ㄷ

11 표는 사람의 질병 A~C를 일으키는 병원체의 종류를, 그림은 A가 전염되는 과정의 일부를 나타낸 것이다. A~C는 무좀, 말라리아, 홍역을 순서 없이 나타낸 것이다.

질병	병원체의 종류
A	?
B	바이러스
C	ⓐ

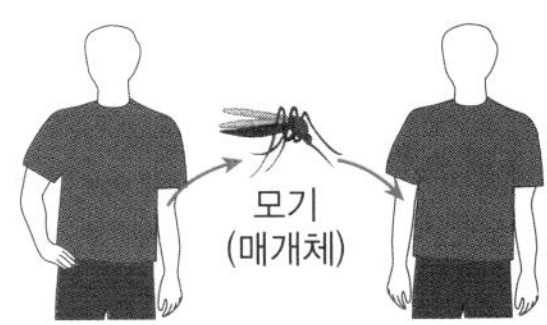

이에 대한 설명으로 옳은 것만을 [보기]에서 있는 대로 고른 것은?

보기
ㄱ. A의 병원체는 핵을 가지고 있다.
ㄴ. B의 병원체는 세포 분열을 통해 스스로 증식한다.
ㄷ. ⓐ에 의한 질병의 치료에 항바이러스제가 사용된다.

① ㄱ　② ㄷ　③ ㄱ, ㄴ　④ ㄴ, ㄷ　⑤ ㄱ, ㄴ, ㄷ

중요 **12** 표는 질병 A~C의 특징을 나타낸 것이다. A~C는 독감, 당뇨병, 무좀을 순서 없이 나타낸 것이다.

질병	특징
A	인슐린 주사로 치료할 수 있다.
B	병원체는 세포로 이루어져 있다.
C	병원체는 스스로 물질대사를 하지 못한다.

이에 대한 설명으로 옳은 것만을 [보기]에서 있는 대로 고른 것은?

보기
ㄱ. A는 비감염성 질병이다.
ㄴ. B의 병원체는 원생생물이다.
ㄷ. C의 병원체는 살아 있는 숙주 세포 내에서 증식한다.

① ㄱ ② ㄴ ③ ㄱ, ㄷ
④ ㄴ, ㄷ ⑤ ㄱ, ㄴ, ㄷ

13 그림은 질병 A~C의 공통점과 차이점을 나타낸 것이다. A~C는 각각 낫 모양 적혈구 빈혈증, 탄저병, 후천성 면역 결핍증(AIDS) 중 하나이고, '감염성 질병이 아니다.'는 ㉠과 ㉡ 중 하나에 해당한다.

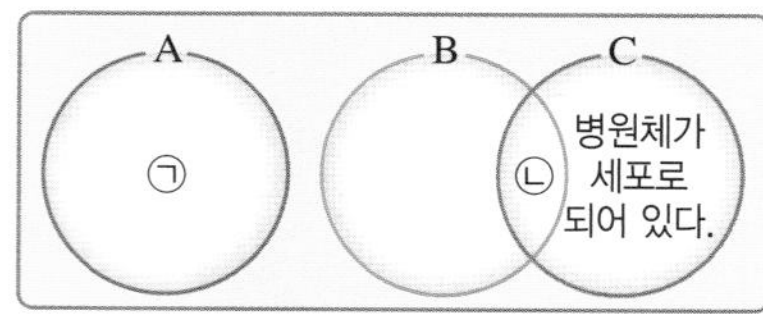

이에 대한 설명으로 옳은 것만을 [보기]에서 있는 대로 고른 것은?

보기
ㄱ. A는 타인에게 전염된다.
ㄴ. B의 병원체는 스스로 물질대사를 하지 못한다.
ㄷ. '병원체는 세포 분열로 증식한다.'는 ㉡에 해당한다.

① ㄱ ② ㄴ ③ ㄱ, ㄷ
④ ㄴ, ㄷ ⑤ ㄱ, ㄴ, ㄷ

B 질병의 감염 경로와 예방

14 그림은 질병 예방 홍보 포스터의 일부이고, 표는 사람의 4가지 질병을 A~C로 구분하여 나타낸 것이다.

질병관리본부가 알려드려요!

올바른 손 씻기와 기침 예절로 감염병을 예방하고 개인 위생을 지킨다.

의심 증상이 발생하면 다른 사람과 접촉하지 않는다.

(가)

구분	질병
A	말라리아
B	결핵
C	당뇨병, 혈우병

(나)

이에 대한 설명으로 옳은 것만을 [보기]에서 있는 대로 고르시오.

보기
ㄱ. A의 병원체는 곰팡이이다.
ㄴ. B의 치료에는 항생제가 사용된다.
ㄷ. (가)를 통해 A~C를 모두 예방할 수 있다.

15 다음은 질병의 감염 경로에 대한 설명이다.

(가) 모기와 같은 매개 곤충을 통해 병원체에 감염된다.
(나) 환자의 기침이나 재채기에 의해 방출된 병원체가 호흡기를 통해 침입하여 감염된다.
(다) 병원체에 오염된 물을 섭취하여 병원체에 감염된다.

(가)~(다)에 해당하는 질병을 옳게 짝 지은 것은?

	(가)	(나)	(다)
①	무좀	독감	콜레라
②	무좀	파상풍	독감
③	파상풍	말라리아	독감
④	말라리아	무좀	파상풍
⑤	말라리아	결핵	콜레라

16 병원체의 감염을 예방하는 방법으로 적당하지 <u>않은</u> 것은?

① 기침이나 재채기를 할 때에는 입을 가린다.
② 주삿바늘을 여러 사람이 공동으로 사용한다.
③ 비누를 이용해 손을 흐르는 물에 자주 씻는다.
④ 냉장고에 오래 보관한 음식은 먹지 않도록 한다.
⑤ 물은 가급적 끓여서 먹고, 음식도 익혀서 먹는다.

실력 UP 문제

정답친해 63쪽

01 표는 사람의 6가지 질병을 A~C로 구분하여 나타낸 것이다. A~C는 세균성 질병, 바이러스성 질병, 비감염성 질병을 순서 없이 나타낸 것이다.

구분	질병
A	파상풍, 탄저병
B	혈우병, 뇌졸중
C	광견병, 홍역

이에 대한 설명으로 옳은 것만을 [보기]에서 있는 대로 고른 것은?

보기
ㄱ. A의 병원체는 세포 구조로 되어 있다.
ㄴ. 고혈압은 B에 해당한다.
ㄷ. C의 병원체는 스스로 물질대사를 하지 못한다.

① ㄱ ② ㄷ ③ ㄱ, ㄴ
④ ㄴ, ㄷ ⑤ ㄱ, ㄴ, ㄷ

02 다음은 결핵의 병원체를 알아보기 위한 실험이다.

(가) 결핵에 걸린 소에서 ㉠과 ㉡을 발견하였다. ㉠과 ㉡은 세균과 바이러스를 순서 없이 나타낸 것이다.
(나) (가)에서 발견한 ㉠과 ㉡을 각각 순수 분리하였다.
(다) 결핵의 병원체에 노출된 적이 없는 소 여러 마리를 두 집단으로 나누어 한 집단에는 ㉠을, 다른 한 집단에는 ㉡을 주사하였더니, ㉠을 주사한 집단의 소만 결핵에 걸렸다.
(라) (다)의 결핵에 걸린 소로부터 분리한 병원체는 ㉠과 동일한 것으로 확인되었고, 스스로 물질대사를 하였다.

이에 대한 설명으로 옳지 않은 것은?

① ㉠은 세포 구조로 되어 있다.
② ㉡은 분열법으로 증식한다.
③ ㉠의 감염으로 발생한 질병의 치료에는 항생제가 사용된다.
④ ㉡은 핵산을 갖는다.
⑤ ㉠과 ㉡은 모두 단백질을 갖는다.

03 표는 질병 A~C의 치료에 각각 이용되는 물질 ㉠~㉢의 기능을 나타낸 것이다. A~C는 결핵, 당뇨병, 후천성 면역 결핍증(AIDS)을 순서 없이 나타낸 것이다.

질병	물질	기능
A	㉠	병원체의 세포벽 형성을 억제한다.
B	㉡	병원체의 유전 물질 복제를 방해한다.
C	㉢	혈액에서 간세포로 포도당의 이동을 촉진한다.

이에 대한 설명으로 옳은 것만을 [보기]에서 있는 대로 고른 것은?

보기
ㄱ. A의 병원체에는 핵이 있다.
ㄴ. B의 병원체는 사람 면역 결핍 바이러스(HIV)이다.
ㄷ. C는 대사성 질환에 해당한다.

① ㄱ ② ㄴ ③ ㄱ, ㄷ
④ ㄴ, ㄷ ⑤ ㄱ, ㄴ, ㄷ

04 표 (가)는 질병을 일으키는 병원체 A~C에서 각각 특징 ㉠~㉢의 유무를, (나)는 ㉠~㉢을 순서 없이 나타낸 것이다. A~C는 파상풍균, 무좀균, 인플루엔자 바이러스를 순서 없이 나타낸 것이다.

병원체 \ 특징	㉠	㉡	㉢
A	○	○	ⓐ
B	×	?	×
C	×	ⓑ	○

(○: 있음, ×: 없음)

(가)

특징(㉠~㉢)
• 곰팡이이다. • 유전 물질을 갖는다. • 스스로 물질대사를 한다.

(나)

이에 대한 설명으로 옳은 것은?

① A는 파상풍균이다.
② B는 핵막이 있다.
③ C를 치료할 때 항바이러스제를 사용한다.
④ A~C는 모두 단백질을 갖는다.
⑤ ⓐ와 ⓑ는 모두 '×'이다.

2 우리 몸의 방어 작용

핵심 포인트
① 염증 반응이 일어나는 과정 ★★
② 체액성 면역 과정 ★★★
③ 1차 면역 반응과 2차 면역 반응 ★★★
④ 혈액형 판정 원리 ★★★

A 방어 작용의 구분

우리는 병원체에 노출된 환경에서 살고 있지만 항상 질병에 걸리는 것은 아니에요. 왜냐하면 우리 몸에서는 끊임없이 침입하는 병원체에 대항하여 스스로를 보호하는 방어 작용이 일어나기 때문이에요. 그럼 방어 작용에는 어떤 것들이 있는지 알아볼까요?

1. 방어 작용 병원체에 대항하여 우리 몸을 보호하는 작용이며, 면역이라고도 한다.

2. 방어 작용의 종류 ◆비특이적 방어 작용과 특이적 방어 작용으로 구분할 수 있다.

구분	특징
비특이적 방어 작용	• 병원체의 종류를 구분하지 않고 동일한 방식으로 일어난다. • 신속하고 광범위하게 일어난다. 예 피부, 점막, 식균 작용, 염증 반응
특이적 방어 작용	• 병원체의 종류에 따라 선별적으로 일어난다. • 병원체의 종류를 인식하고 그 병원체에만 반응하여 제거하는 과정이다. • 병원체의 종류를 인식하고 반응하는 데 시간이 걸린다. 예 세포성 면역, 체액성 면역

⊙ 방어 작용의 구분

◆ **비특이적 방어 작용의 중요성** 병원체를 감지하고 이에 맞는 림프구가 작용하는 특이적 방어 작용이 일어나기까지는 시간이 걸리기 때문에 감염 초기에는 비특이적 방어 작용이 질병으로부터 몸을 보호하는 데 매우 중요한 역할을 한다.

B 비특이적 방어 작용

목욕할 때 때를 세게 미는 것은 건강에 좋지 않다고 해요. 이는 피부의 각질과 피부에서 분비되는 물질들이 외부 병원체의 침입을 막아 주기 때문이에요. 피부와 같이 비특이적 방어 작용에 해당하는 것에는 무엇이 있고, 어떤 방식으로 일어나는지 알아볼까요?

1. 피부와 ❶점막 병원체가 몸속으로 들어오는 것을 막는 물리적, 화학적 장벽 역할을 한다.

구분	내용
피부	• 피부의 각질층은 병원체가 몸속으로 들어오는 것을 막는 물리적 장벽 역할을 한다. └● 상처, 화상 등으로 피부가 손상되면 병원체가 몸속으로 들어와 감염이 일어날 수 있다. • 피부로 분비되는 땀, 침, 눈물 등에는 ❷라이소자임이 포함되어 있어 세균의 세포벽을 파괴하여 세균의 침입을 막는다. • 피지샘에서 산성 물질을 분비하여 세균의 증식을 억제한다.
점막	• 눈, 콧속, 소화관 안쪽 표면, 호흡기 안쪽 표면 등은 끈끈한 점액을 분비하는 점막으로 덮여 있다. ➡ 점막에서 분비된 점액은 미생물의 이동을 방해하고, 라이소자임이 들어 있어 세균의 침입을 막는다. • 기관지 안쪽 표면은 섬모가 나 있는 점막으로 덮여 있어 숨 쉴 때 들어오는 병원체와 먼지를 붙잡아 몸 밖으로 배출한다. └● 병원체와 먼지는 점액에 붙어 배출되는데, 이것이 가래이다. • 위의 안쪽 표면은 점막으로 덮여 있으며, 강한 산성을 띠는 위산이 분비되어 음식물 속의 병원체를 제거한다. 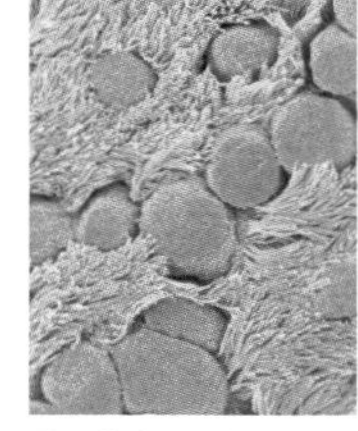 ⊙ 기관지 섬모

2. ◆식균 작용(식세포 작용) 백혈구가 병원체를 세포 안으로 끌어들여 분해하는 작용이다. ➡ 병원체를 제거하는 동시에 병원체를 인식하는 데 중요한 작용이다.

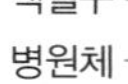
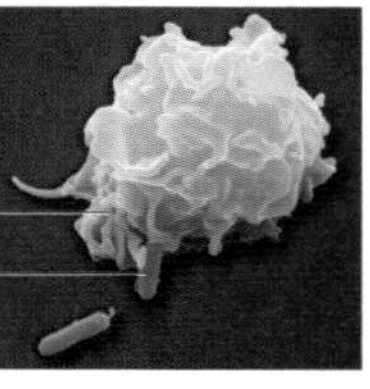

백혈구의 식균 작용 ⊙

◆ **식균 작용 과정** 대식 세포 등의 백혈구가 병원체를 세포 안으로 끌어들여 병원체를 포함한 식포가 형성된다. 이후 식포와 리소좀이 융합하여 리소좀 속의 효소에 의해 병원체가 파괴된다.

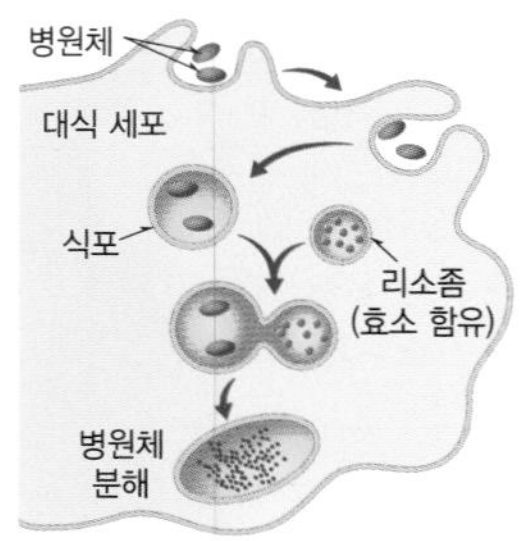

용어
❶ **점막** 점액을 분비하는 상피 세포층
❷ **라이소자임(lysozyme)** 눈물, 땀, 콧물, 침 등에 포함되어 있는 효소로, 세균의 세포벽을 분해하여 세균의 감염을 막는다.

3. ◆**염증 반응** 피부나 점막이 손상되어 병원체가 몸속으로 침입하였을 때 일어나는 방어 작용으로, 열, 부어오름, 붉어짐, 통증 등의 증상이 나타난다.

염증 반응이 일어나는 과정

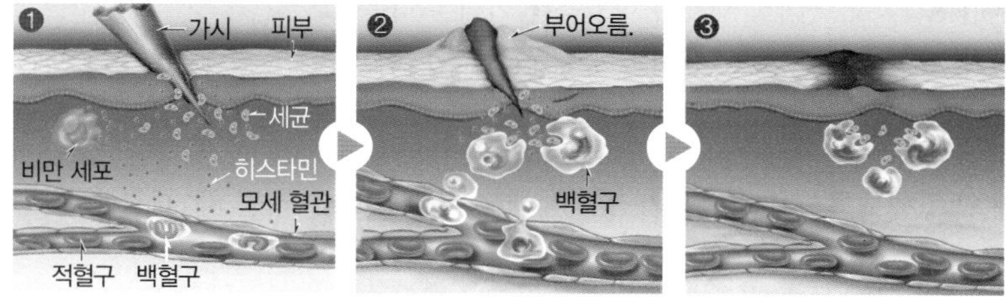

❶ 피부가 손상되어 세균이 체내로 들어오면 손상된 부위의 ❶비만 세포에서 ❷히스타민이 방출된다.

❷ 히스타민의 작용으로 모세 혈관이 확장되고 이에 따라 혈관벽의 투과성이 증가하여 백혈구와 혈장이 상처 부위로 이동한다. ➡ 상처 부위가 붉어지고 열이 나며 부어오른다.

❸ 상처 부위에 모인 백혈구의 식균 작용으로 세균이 제거된다.

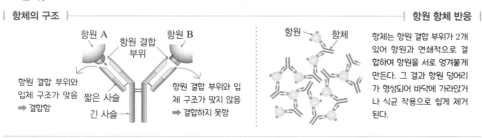

◆ **염증 반응**
염증 반응이 일어나면 상처 부위가 붉어지고 열이 나며 부어오른다.

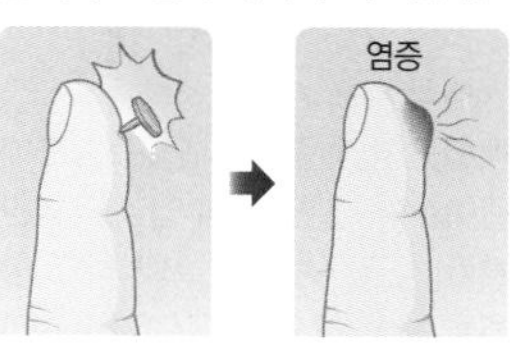

C 특이적 방어 작용

특이적 방어 작용은 비특이적 방어 작용과 달리 침입한 병원체의 종류를 구분하고, 그 병원체에만 작용하기 때문에 매우 효과적으로 병원체를 제거할 수 있습니다. 이러한 특이적 방어 작용에 중요한 역할을 하는 림프구와 항원 항체 반응에 대해 먼저 알아볼까요?

1. **림프구** 백혈구의 일종으로, 항원의 종류를 인식하고 이에 대해 특이적으로 반응한다.

B 림프구 Bone(골수)	• 골수에서 만들어져 골수에서 성숙한다. • 형질 세포로 분화하여 항체를 생성한다.
T 림프구 Thymus(가슴샘)	• 골수에서 만들어져 가슴샘으로 이동하여 가슴샘에서 성숙한다. • 보조 T 림프구와 세포독성 T림프구 등이 있다.

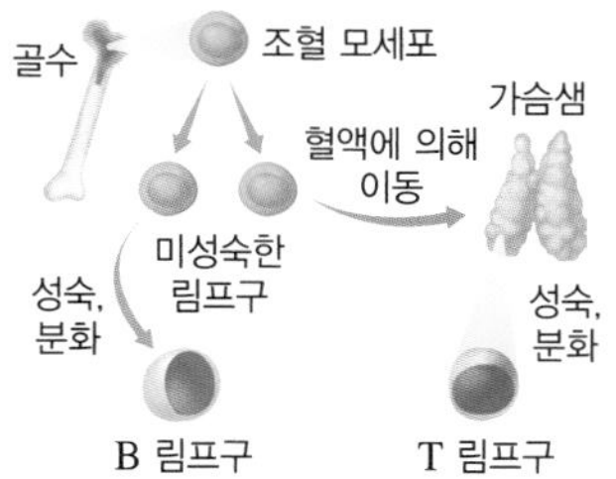

⬆ 림프구의 생성과 분화

2. ◆**항원 항체 반응** 항원이 몸속으로 들어오면 항체가 생성되고, 항체가 항원과 결합하는 항원 항체 반응이 일어난다.

(1) **항원:** 체내로 침입하여 면역 반응을 일으키는 이물질 예 병원체(세균, 바이러스, 곰팡이 등), 먼지, 꽃가루 등

(2) **항체:** 항원을 제거하기 위해 체내에서 만들어진 단백질로, Y자 모양이며 항원 결합 부위가 2개 있다. ─● 항체의 종류에 따라 항원 결합 부위의 입체 구조가 다르다.

(3) **항원 항체 반응의 특이성:** 항체는 항원 결합 부위와 입체 구조가 맞는 특정 항원하고만 결합한다.

◆ **항원 항체 반응의 중요성**
항원 항체 반응으로 항원의 기능을 무력화시키고, 덩어리를 형성하여 백혈구의 식균 작용이 쉽게 일어나도록 한다.

항체의 구조

항원 A
항원 결합 부위
항원 B
항원 결합 부위와 입체 구조가 맞음 ➡ 결합함
짧은 사슬
긴 사슬
항원 결합 부위와 입체 구조가 맞지 않음 ➡ 결합하지 못함

항원 항체 반응

항원
항체

항체는 항원 결합 부위가 2개 있어 항원과 연쇄적으로 결합하여 항원을 서로 엉겨붙게 만든다. 그 결과 항원 덩어리가 형성되어 바닥에 가라앉거나 식균 작용으로 쉽게 제거된다.

용어

❶ **비만 세포** 백혈구의 일종으로 히스타민과 같이 면역 반응을 촉진하는 화학 물질을 분비한다.

❷ **히스타민(histamin)** 스트레스를 받거나 체내에 병원체가 침입하였을 때 분비되는 화학 물질이다.

◆ **대식 세포**
백혈구의 일종으로 염증 반응에 관여한다. 또한, 몸에 침입한 병원체를 식균 작용으로 제거하고 항원을 세포 표면에 제시하여 특이적 방어 작용에도 관여한다.

◆ **세포독성 T림프구의 작용**
세포독성 T림프구는 병원체에 감염된 세포나 암세포와 직접 접촉한 다음, 세포에 구멍을 뚫고 분해 효소를 이용하여 세포를 제거한다.

◆ **체액성 면역**
형질 세포에서 생성된 항체는 혈액으로 분비되어 혈액 속 혈장에서 항원을 제거한다. 이와 같이 항체에 의한 항원 제거는 혈장에서 일어나므로 체액성 면역이라고 한다.

3. 특이적 방어 작용 항원의 종류를 인식하여 제거하는 과정으로, 세포성 면역과 체액성 면역으로 구분된다. → 특이적 방어 작용은 침입한 항원을 인식하는 것에서부터 시작된다.

특이적 방어 작용의 시작 ◆대식 세포가 항원을 잡아먹은 다음 그 조각을 세포 표면에 제시하면, 제시된 항원을 보조 T 림프구가 인식함으로써 특이적 방어 작용이 시작된다.

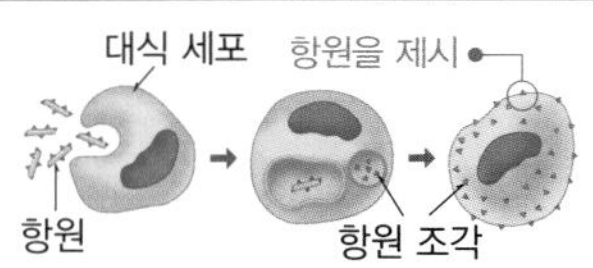

(1) **세포성 면역:** ◆세포독성 T림프구가 병원체에 감염된 세포를 직접 제거하는 작용이다.

과정 항원을 인식한 보조 T 림프구가 세포독성 T림프구를 활성화시킨다. → 활성화된 세포독성 T림프구가 해당 병원체에 감염된 세포나 암세포를 직접 공격하여 파괴한다.

(2) ◆**체액성 면역:** 형질 세포에서 생성·분비된 항체에 의해 항원을 효율적으로 제거하는 작용이다.

과정 항원을 인식한 보조 T 림프구가 B 림프구를 활성화시킨다. → B 림프구가 활발하게 증식하여 형질 세포와 기억 세포로 분화한다. → 형질 세포에서 항체가 만들어진다. → 항원 항체 반응이 일어난다. → 항원이 제거된다.

세포성 면역과 체액성 면역 165쪽 대표 자료❶

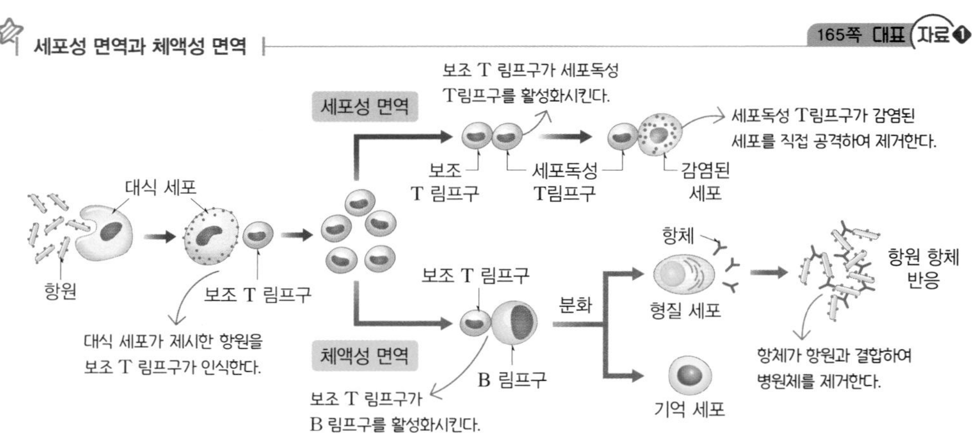

4. 1차 면역 반응과 2차 면역 반응 항원이 처음 침입하면 1차 면역 반응이 일어나고, 같은 항원이 재침입하면 2차 면역 반응이 일어난다. (완자쌤 비법 특강 161쪽) → 1차 면역 반응과 2차 면역 반응은 체액성 면역에 해당한다.

1차 면역 반응	2차 면역 반응
• 항원이 처음 침입하면 항원을 인식한 보조 T 림프구의 도움으로 B 림프구가 항원의 종류를 인식하고 형질 세포로 분화하여 항체를 생성하며, 일부는 기억 세포가 된다. • 항체 생성까지 약 5일~7일의 시간이 걸린다.	• 같은 항원이 재침입하면 1차 면역 반응에서 생성된 기억 세포가 빠르게 증식하고 형질 세포로 분화하여 항체를 생성한다. • 항체 생성까지 걸리는 시간이 짧고, 생성되는 항체의 양도 많으며, 비교적 오래 유지된다.

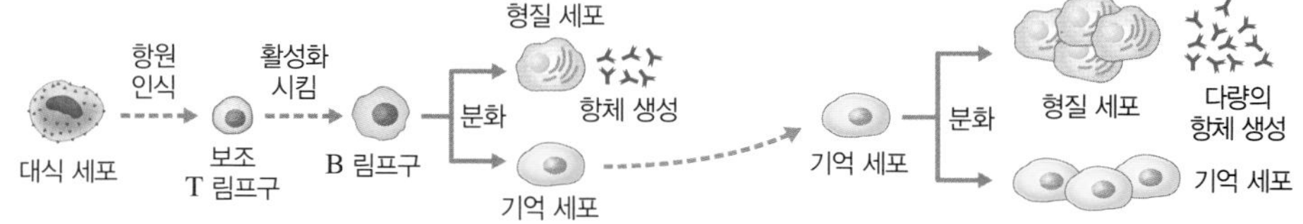

탐구 자료창 1차 면역 반응과 2차 면역 반응

165쪽 대표 자료❶

그림은 항원 A가 인체에 침입하였을 때 혈액 속 항체 A의 농도 변화를 나타낸 것이다.

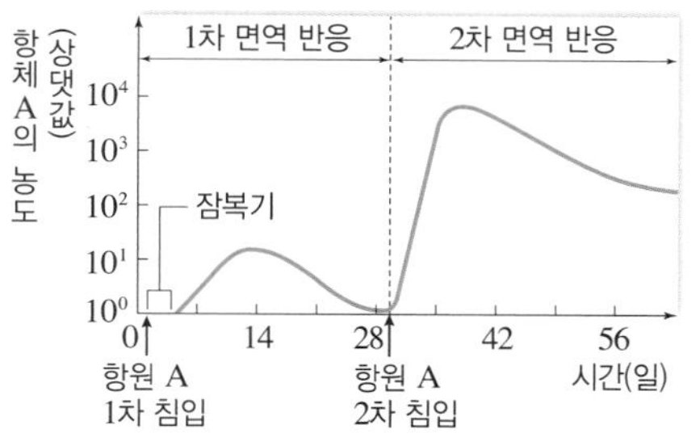

1. **항원 A가 1차 침입하였을 때:** 잠복기가 있다. ➡ 항원 A를 인식하고 이에 특이적으로 반응하는 B 림프구가 활성화하여 형질 세포로 분화해 항체 A를 생성하기까지 시간이 걸리기 때문이다.
2. **항원 A가 2차 침입하였을 때:** 잠복기가 없고, 항체 A의 농도가 1차 침입 때보다 빠르게 증가한다. ➡ 1차 침입 때 생성된 기억 세포가 빠르게 증식하고 형질 세포로 분화하여 다량의 항체가 생성되기 때문이다.

주의해!

2차 면역 반응이 일어나는 원리
1차 면역 반응 때 생성된 항체가 남아 있다가 2차 면역 반응이 일어나는 것이 아니라 1차 면역 반응 때 생성된 기억 세포가 남아 있기 때문에 2차 면역 반응이 일어나는 것이다.

5. 백신의 작용 원리

(1) **◆백신:** 감염성 질병을 예방하기 위해 체내에 주입하는 항원을 포함하는 물질로, 병원성을 제거하거나 약화시킨 병원체, 병원체가 생산한 독소 등으로 만든다.
- 비감염성 질병은 백신으로 예방할 수 없다.
- 병원성은 약해졌지만 항원으로 작용하므로 기억 세포의 생성을 유도한다.

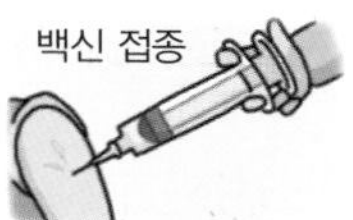
백신 접종

(2) **백신의 원리:** 백신을 접종하면 1차 면역 반응이 일어나 그 병원체에 대한 기억 세포가 형성된다. ➡ 이후 병원체가 체내에 침입하면 2차 면역 반응이 일어나 다량의 항체가 빠르게 생성되므로 질병을 예방할 수 있다.

◆ 백신과 면역 혈청의 차이
백신에는 항원이 들어 있어 1차 면역 반응을 유도하여 질병을 예방한다.
면역 혈청은 항원을 동물에 주입하여 항체 생성을 유도한 다음 이 동물의 혈액에서 분리한 혈청으로, 항체가 포함되어 있어 병을 치료하거나 진단하는 데 사용한다.

6. 면역 관련 질환 면역 체계에 이상이 생기면 여러 가지 질환이 나타난다.

◆알레르기	• 특정 항원에 면역계가 과민하게 반응하는 질환이다. 예 알레르기성 비염, 아토피, 천식 등 • 알레르기를 일으키는 항원: 음식물, 먼지, 집먼지진드기, 꽃가루, 화학 물질 등이 있다. • 증상: 두드러기, 재채기, 콧물, 눈물 등
자가 면역 질환	면역계가 자기 몸을 구성하는 세포나 조직을 항원으로 인식하여 공격함으로써 발생하는 질환이다. 예 류머티즘 관절염 등 ← 면역 세포가 연골을 파괴하여 생기는 질환이다.
면역 결핍	면역을 담당하는 세포나 기관에 이상이 생겨 면역 기능이 현저히 저하되는 질환이다. 예 후천성 면역 결핍증(AIDS) 등 └ 사람 면역 결핍 바이러스(HIV)에 감염되어 면역 기능이 저하되는 질환이다.

◆ 알레르기 반응
알레르기 항원이 처음 체내에 들어오면 항체가 만들어져 비만 세포에 결합한다. 이후 같은 항원이 들어오면 비만 세포에 부착된 항체가 활성화되면서 비만 세포를 자극하여 히스타민 등의 화학 물질이 분비되어 두드러기, 가려움, 콧물 등의 증상이 나타난다.

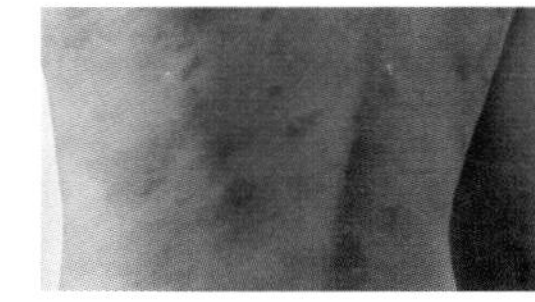
⊙ 알레르기 증상

후천성 면역 결핍증(AIDS)

미래엔 교과서에만 나와요.

그림은 어떤 사람이 사람 면역 결핍 바이러스(HIV)에 감염되었을 때 시간에 따른 체내 HIV와 보조 T 림프구의 수, 몸의 상태를 나타낸 것이다.

1. 감염 초기(잠복기)에는 HIV의 수가 크게 줄어든다. ➡ 인체의 면역 활동(식균 작용 등)으로 대부분의 HIV가 제거되기 때문이다.
2. 시간이 지날수록 HIV의 수가 증가하고, 보조 T 림프구의 수가 감소한다. ➡ HIV가 보조 T 림프구 내에 증식하여 보조 T 림프구를 파괴하기 때문이다.
3. 보조 T 림프구의 도움 없이는 B 림프구가 항체를 만들지 못하기 때문에 시간이 지나면 병원체에 무방비 상태인 면역 결핍에 이른다.

감염 | 약한 증상 | 심한 증상 | 면역 결핍
수(상댓값)
HIV
보조 T 림프구
0 1 2 3 4 5 6 7 8 9 10
감염 후 경과 시간(년)

개념 확인 문제

핵심 체크

- (❶) 방어 작용: 병원체의 종류를 구분하지 않는다. 예 피부, 점막, 식균 작용, 염증 작용 등
- (❷) 방어 작용: 병원체의 종류에 따라 선별적으로 일어난다. 예 세포성 면역, 체액성 면역
  - 세포성 면역: (❸)림프구가 병원체에 감염된 세포를 직접 제거한다.
  - 체액성 면역: (❹)에서 생성·분비된 항체가 항원을 제거한다.
  - 1차 면역 반응과 2차 면역 반응: 항원이 처음 침입하면 1차 면역 반응이 일어나고, 같은 항원이 재침입하면 2차 면역 반응이 일어난다.
- 백신의 원리: 인위적으로 1차 면역 반응을 일으켜 (❺)를 형성하도록 하여 질병을 예방한다.
- 면역 관련 질환: 면역 체계에 이상이 생기면 알레르기, 자가 면역 질환, 면역 결핍 등의 질환이 나타난다.

1 우리 몸의 방어 작용에 대한 설명으로 옳은 것은 ○, 옳지 않은 것은 ×로 표시하시오.

(1) 피부와 점막은 비특이적 방어 작용이다. ( )

(2) 특이적 방어 작용은 병원체의 종류에 따라 선별적으로 일어난다. ( )

(3) 특이적 방어 작용은 병원체에 감염된 즉시 일어나므로 감염 초기에 질병을 막는 데 매우 중요하다. ( )

2 비특이적 방어 작용에 해당하는 것만을 [보기]에서 있는 대로 고르시오.

보기
ㄱ. 식균 작용　　ㄴ. 염증 반응
ㄷ. 피부와 점막　　ㄹ. 항원 항체 반응

3 골수에서 생성되어 가슴샘에서 성숙하며, 병원체에 감염된 세포를 직접 파괴하거나 항체를 생성하도록 돕는 림프구의 종류를 쓰시오.

4 항체는 항원 결합 부위에 맞는 입체 구조를 가진 특정 항원하고만 결합하고 다른 종류의 항원과는 결합하지 않는다. 이러한 특성을 무엇이라고 하는지 쓰시오.

5 다음은 특이적 방어 작용에 대한 설명이다. ( ) 안에 알맞은 말을 고르시오.

(1) 병원체가 체내로 침입하면 (비만 세포, 대식 세포)가 식균 작용으로 병원체를 분해하고 항원을 세포 표면에 제시한다.

(2) (보조 T 림프구, 세포독성 T림프구)는 대식 세포가 제시한 항원의 종류를 인식하고 B 림프구를 활성화시킨다.

(3) 활성화된 B 림프구는 증식하여 항체를 생성·분비하는 ㉠(형질 세포, 기억 세포)와 항원의 특성을 기억하는 ㉡(형질 세포, 기억 세포)로 분화한다.

6 백신에 대한 설명으로 옳은 것은 ○, 옳지 않은 것은 ×로 표시하시오.

(1) 백신은 질병 치료를 위해 체내에 주입하는 항체이다. ( )

(2) 백신은 비감염성 질병을 예방할 수 있다. ( )

(3) 건강한 사람이 백신을 접종받으면 병원체가 체내에 침입해도 질병에 잘 걸리지 않는다. ( )

7 다음 각 설명에 해당하는 면역 관련 질환을 쓰시오.

(1) 특정 항원에 면역계가 과민하게 반응하여 나타난다.

(2) 면역계가 자기 몸을 구성하는 조직을 공격하여 나타난다.

(3) 면역 담당 세포나 기관 이상으로 면역 기능이 크게 저하되어 나타난다.

정답친해 65쪽

1차 면역 반응과 2차 면역 반응

2차 면역 반응은 1차 면역 반응보다 빠르게 많은 양의 항체를 생성하기 때문에 항원을 효과적으로 제거할 수 있어요. 이것은 항원이 처음 침입하였을 때와 같은 항원이 다시 침입하였을 때의 항체 농도 변화를 비교하면 확인할 수 있답니다. 그럼 1차 면역 반응과 2차 면역 반응을 정리해 볼까요?

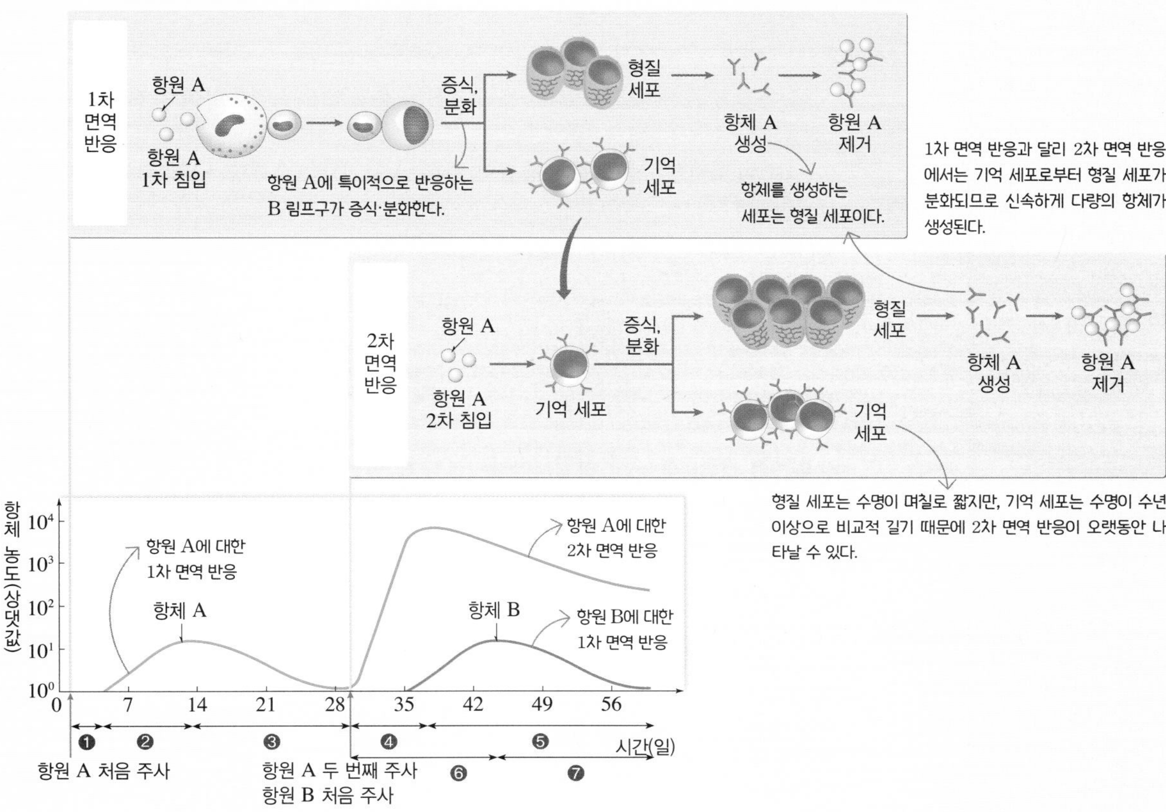

항원 A에 대한 1차 면역 반응	❶ 항원 A가 처음 침입하면 식균 작용이 일어나 대식 세포 표면에 항원이 제시된다. 제시된 항원 A에 특이적으로 반응하는 보조 T 림프구가 활성화되고, 활성화된 보조 T 림프구가 B 림프구를 활성화시키면 B 림프구는 활발히 증식하여 분화한다. ➡ 항원의 종류를 인식하고 B 림프구가 분화하여 항체가 생성되기까지 시간이 걸린다(잠복기). 따라서 잠복기에 질병에 걸릴 수 있다. ❷ B 림프구가 증식하여 일부는 기억 세포로 남고, 대부분은 형질 세포로 분화하여 항체 A를 생성한다. ➡ 항체 생성 속도가 느리고 그 양이 적어 항체의 농도가 많이 높아지지는 않는다. ❸ 항체 A가 항원 항체 반응으로 항원 A와 결합하며, 항체와 결합한 항원은 백혈구의 식균 작용으로 제거된다. ➡ 항원이 제거되면 형질 세포의 수가 줄어들기 때문에 항체의 농도가 낮아진다.
항원 A에 대한 2차 면역 반응	❹ 같은 항원이 다시 침입하면 체내에 남아 있던 기억 세포가 빠르게 증식하고 분화하여 많은 형질 세포가 생성되어 항체가 많이 생성된다. ➡ 잠복기 없이 항체의 농도가 급격하게 높아진다. ❺ 많은 양의 항체가 항원 항체 반응으로 항원을 빠르게 제거하므로 질병에 걸리지 않는다. ➡ 항원이 제거되면 형질 세포의 수가 줄어들기 때문에 항체의 농도가 낮아진다.
항원 B에 대한 1차 면역 반응	❻ 항원 B는 처음 침입한 것이므로 1차 면역 반응이 일어나 잠복기를 거쳐 항체 B가 느리게 소량 생성된다. ➡ 항원 A와 B가 동시에 침입하여도 항체 A와 B의 생성은 서로 영향을 받지 않고 따로 일어난다. ❼ 항원 B가 제거되면 항체 B를 생산하는 형질 세포 수가 줄어들어 항체 B의 농도가 낮아진다.

Q1 항원 A가 처음 침입하였을 때와 두 번째 침입하였을 때 나타나는 항체 농도 변화는 어떤 차이가 있는가?

D 혈액의 응집 반응과 혈액형

주의해!

혈액 응고와 응집의 차이
혈액 응고는 혈액 속에 있는 효소의 작용으로 혈액이 굳는 현상이고, 응집은 항원 항체 반응으로 응집원과 응집소가 결합하여 적혈구가 서로 엉기는 현상이다.

1. 혈액의 응집 반응 적혈구 세포막에 있는 물질과 혈장에 있는 물질 사이에 항원 항체 반응이 일어나 적혈구가 서로 엉기는 현상이다.

(1) 적혈구 세포막에는 항원으로 작용하는 응집원이 있고, 혈장에는 항체인 응집소가 있다.

(2) 응집원이 특정 응집소와 만나면 결합하여 응집 반응이 일어난다. → 이를 통해 혈액형을 판정한다.

예 응집원 A는 응집소 α와, 응집원 B는 응집소 β와 결합하여 응집 반응이 일어난다.

2. ABO식 혈액형 응집원의 종류에 따라 A형, B형, AB형, O형으로 구분한다.

(1) **응집원과 응집소:** 응집원에는 A와 B가 있고, 응집소에는 α와 β가 있다.

구분	A형	B형	AB형	O형
응집원	A	B	A, B	없음
응집소	β	α	없음	α, β

(2) **혈액형 판정:** 항 A [1]혈청, 항 B 혈청에 혈액을 떨어뜨렸을 때 일어나는 응집 반응으로 ABO식 혈액형을 판정한다.

① 항 A 혈청(응집소 α)에서 응집 반응이 일어나면 응집원 A가 있는 것이다.

② 항 B 혈청(응집소 β)에서 응집 반응이 일어나면 응집원 B가 있는 것이다.

암기해!

ABO식 혈액형의 응집 반응
- 항A 혈청에만 응집하면 ➡ A형
- 항B 혈청에만 응집하면 ➡ B형
- 두 혈청에 모두 응집하면 ➡ AB형
- 두 혈청에 모두 응집하지 않으면 ➡ O형

구분	A형(응집원 A)	B형(응집원 B)	AB형(응집원 A, B)	O형(응집원 없음)
항 A 혈청 (응집소 α)	A, α 응집 ○	B, α 응집 ×	A, B, α 응집 ○	α 응집 ×
항 B 혈청 (응집소 β)	A, β 응집 ×	B, β 응집 ○	B, A, β 응집 ○	β 응집 ×

◆ **ABO식 혈액형 수혈**
수혈은 같은 혈액형끼리 하는 것이 원칙이지만, 이론적으로 혈액을 주는 사람의 응집원과 혈액을 받는 사람의 응집소 사이에 응집 반응이 일어나지 않으면 다른 혈액형 사이에서도 소량(200 mL) 수혈이 가능하다. 소량 수혈할 경우에 주는 사람의 응집소는 받는 사람의 혈액에 희석되기 때문에 수혈이 가능하다.

(3) ◆**수혈 관계:** 다량 수혈은 혈액형이 같은 사람끼리만 가능하다. O형은 응집원이 없어 다른 모든 혈액형에게 소량 수혈을 할 수 있고, AB형은 응집소가 없어 다른 모든 혈액형으로부터 소량 수혈을 받을 수 있다.
└• O형은 응집소 α, β가 모두 있어 다른 혈액형의 혈액을 받지 못하고, AB형은 응집원 A, B가 모두 있어 다른 혈액형에게 혈액을 주지 못한다.

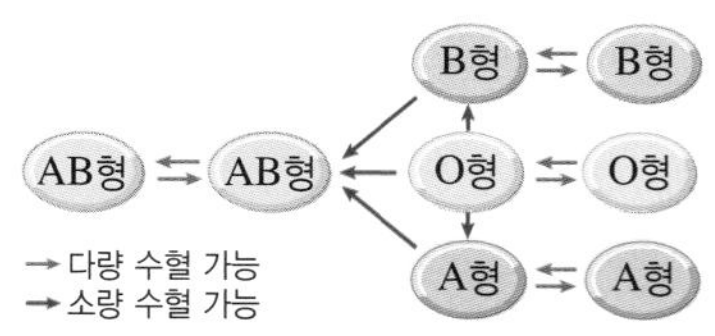

ABO식 혈액형의 수혈 관계

3. Rh식 혈액형 Rh 응집원의 유무에 따라 Rh^+형과 Rh^-형으로 구분한다.

(1) 응집원과 응집소

구분	Rh^+형	Rh^-형
Rh 응집원	있다.	없다.
Rh 응집소	없다.	없다. ➡ Rh 응집원이 들어오면 생긴다.

(용어)
[1] **혈청(血 피, 淸 맑다)** 혈액의 액체 성분인 혈장에서 혈액 응고 성분을 제거한 것이다.

(2) **혈액형 판정:** ◆항 Rh 혈청에 혈액을 떨어뜨렸을 때 나타나는 응집 반응으로 Rh식 혈액형을 판정한다. ➡ 응집 반응이 일어나면 Rh^+형이고, 응집 반응이 일어나지 않으면 Rh^-형이다.

Rh식 혈액형의 판정 원리

동아 교과서에만 나와요.

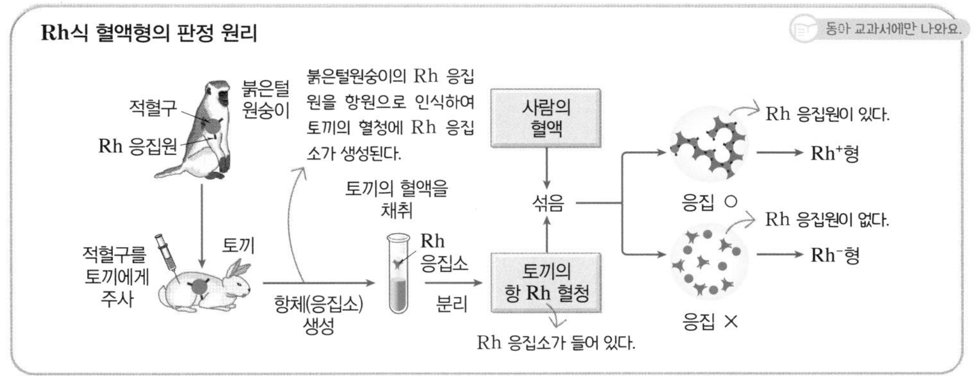

(3) ◆**수혈 관계:** Rh^+형은 Rh^-형에게서 수혈을 받을 수 있지만, Rh^-형은 Rh^+형에게서 수혈을 받을 수 없다.

◆ **항 Rh 혈청**
Rh 응집원에 대한 항체(Rh 응집소)가 들어 있으므로 Rh 혈액형 판정에 사용된다.

◆ **Rh식 혈액형 수혈**
Rh^-형의 혈액에는 Rh 응집원이 없으므로 Rh^+형에게 수혈할 수 있다. 이와 반대로 Rh^-형인 사람이 Rh^+형의 혈액을 수혈받으면 2개월~4개월 후에 Rh 응집소가 생긴다. 이후에 Rh^+형의 혈액을 다시 수혈받을 경우 응집 반응이 일어나 생명이 위험할 수 있으므로 수혈할 수 없다.

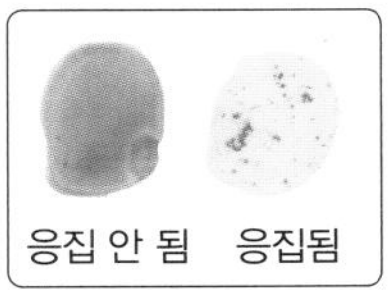

탐구 자료창 혈액형 판정하기

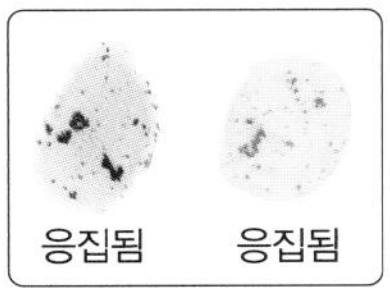

165쪽 대표 자료 ❷

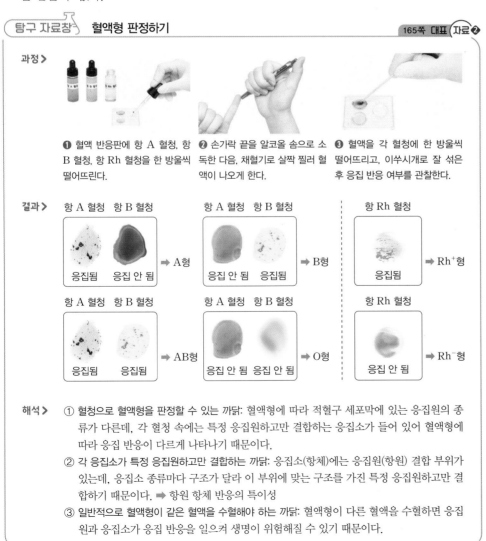

과정 〉

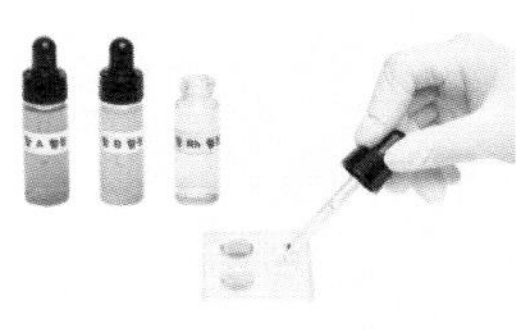

❶ 혈액 반응판에 항 A 혈청, 항 B 혈청, 항 Rh 혈청을 한 방울씩 떨어뜨린다.

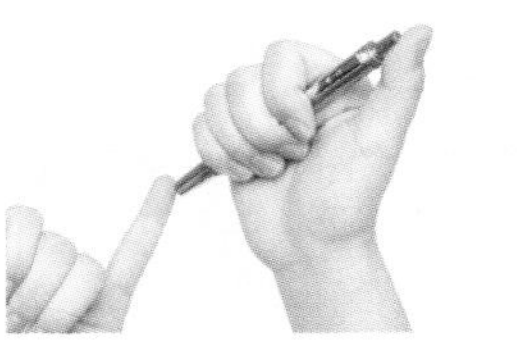

❷ 손가락 끝을 알코올 솜으로 소독한 다음, 채혈기로 살짝 찔러 혈액이 나오게 한다.

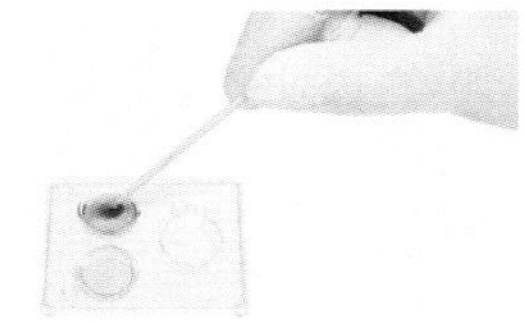

❸ 혈액을 각 혈청에 한 방울씩 떨어뜨리고, 이쑤시개로 잘 섞은 후 응집 반응 여부를 관찰한다.

결과 〉

항 A 혈청	항 B 혈청	결과
응집됨	응집 안 됨	➡ A형
응집 안 됨	응집됨	➡ B형
응집됨	응집됨	➡ AB형
응집 안 됨	응집 안 됨	➡ O형

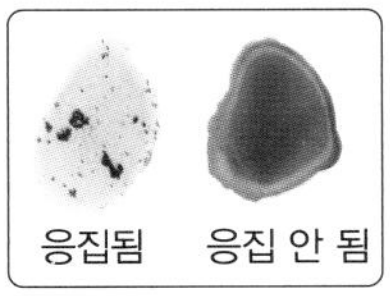

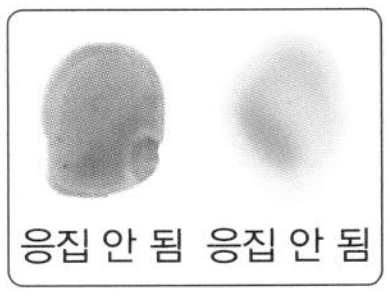

항 Rh 혈청	결과
응집됨	➡ Rh^+형
응집 안 됨	➡ Rh^-형

해석 〉

① 혈청으로 혈액형을 판정할 수 있는 까닭: 혈액형에 따라 적혈구 세포막에 있는 응집원의 종류가 다른데, 각 혈청 속에는 특정 응집원하고만 결합하는 응집소가 들어 있어 혈액형에 따라 응집 반응이 다르게 나타나기 때문이다.

② 각 응집소가 특정 응집원하고만 결합하는 까닭: 응집소(항체)에는 응집원(항원) 결합 부위가 있는데, 응집소 종류마다 구조가 달라 이 부위에 맞는 구조를 가진 특정 응집원하고만 결합하기 때문이다. ➡ 항원 항체 반응의 특이성

③ 일반적으로 혈액형이 같은 혈액을 수혈해야 하는 까닭: 혈액형이 다른 혈액을 수혈하면 응집원과 응집소가 응집 반응을 일으켜 생명이 위험해질 수 있기 때문이다.

개념 확인 문제

핵심 체크

• ABO식 혈액형의 응집원과 응집소

혈액형	(❶)형	(❷)형	(❸)형	(❹)형
응집원(적혈구)	A	B	A, B	없음
응집소(혈장)	β	α	없음	α, β

• ABO식 혈액형 판정: 항 A 혈청에만 응집하면 (❺)형, 항 B 혈청에만 응집하면 (❻)형, 두 혈청에 모두 응집하면 AB형, 두 혈청에 모두 응집하지 않으면 O형이다.

• Rh식 혈액형 판정: 항 Rh 혈청에 응집하면 (❼)형, 응집하지 않으면 (❽)형이다.

1 혈액의 응집 반응에 대한 설명으로 옳은 것은 ○, 옳지 않은 것은 ×로 표시하시오.

(1) 일종의 항원 항체 반응이다. ( )

(2) 적혈구 세포막에 있는 응집소가 항원으로 작용하고, 혈장에 있는 응집원이 항체로 작용한다. ( )

(3) 응집소는 특정 응집원하고만 결합하여 응집 반응을 일으킨다. ( )

2 표는 ABO식 혈액형의 응집원과 응집소를 나타낸 것이다. ( ) 안에 알맞은 기호나 말을 쓰시오.

혈액형	A형	B형	AB형	O형
응집원	A	B	㉠( )	㉡( )
응집소	㉢( )	㉣( )	㉤( )	㉥( )

3 그림은 어떤 사람의 ABO식 혈액형 판정 실험 결과를 나타낸 것이다.

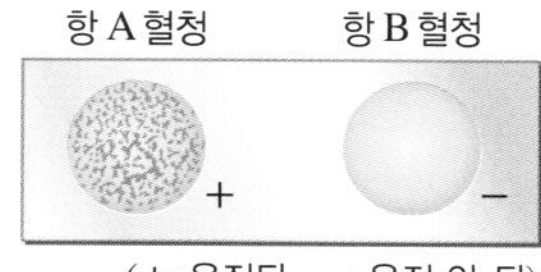

(+: 응집됨, −: 응집 안 됨)

이 사람의 적혈구 세포막에 있는 응집원과 혈장에 있는 응집소를 각각 쓰시오.

4 표는 (가)~(라) 네 사람의 ABO식 혈액형 판정 실험 결과를 나타낸 것이다.

사람	(가)	(나)	(다)	(라)
항 A 혈청	○	○	×	×
항 B 혈청	○	×	○	×

(○: 응집됨, ×: 응집 안 됨)

(가)~(라)의 혈액형을 모두 쓰시오.

5 Rh식 혈액형에 대한 설명으로 옳은 것은 ○, 옳지 않은 것은 ×로 표시하시오.

(1) Rh 응집원의 유무에 따라 Rh^+형과 Rh^-형으로 구분한다. ( )

(2) Rh^+형인 사람의 혈액 속에 Rh 응집원이 들어오면 Rh 응집소가 생성된다. ( )

(3) 수혈받은 적이 없는 Rh^-형인 사람의 혈액에는 Rh 응집원과 Rh 응집소가 모두 없다. ( )

6 다음은 ABO식 혈액형의 수혈 관계에 대한 설명이다. ( ) 안에 알맞은 말을 고르시오.

(1) (AB형, O형)인 사람은 다른 모든 ABO식 혈액형의 혈액을 소량 수혈받을 수 있다.

(2) O형의 혈액은 (응집원, 응집소)이 없어 ABO식 혈액형이 다른 모든 사람에게 소량 수혈할 수 있다.

(3) 소량 수혈은 주는 혈액의 ㉠(응집원, 응집소)과 받는 혈액의 ㉡(응집원, 응집소) 사이에 응집 반응이 일어나지 않아야 가능하다.

정답친해 65쪽

자료 ❶ 체액성 면역

기출 Point
- 체액성 면역이 일어나는 과정 알기
- 형질 세포와 기억 세포의 기능 구분하기
- 1차 면역 반응과 2차 면역 반응의 차이 알기

[1~3] 그림 (가)는 어떤 세균이 인체에 침입하였을 때 일어나는 방어 작용을, (나)는 이 세균의 침입으로 생성되는 항체의 혈중 농도 변화를 나타낸 것이다.

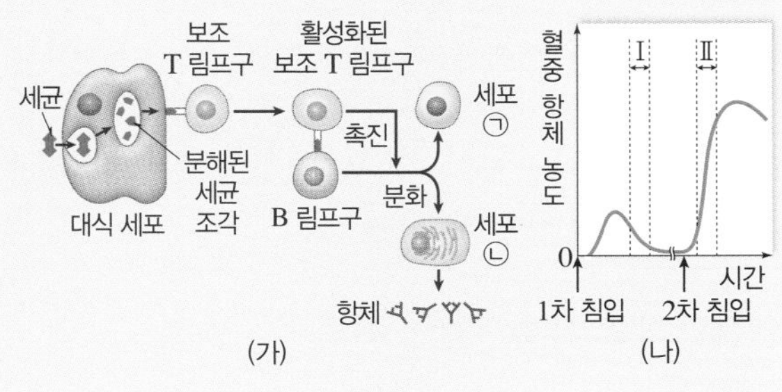

1 세포 ㉠과 ㉡의 이름을 각각 쓰시오.

2 다음 ( ) 안에 알맞은 용어를 고르시오.

(1) (가)는 특이적 방어 작용 중 (세포성 면역, 체액성 면역) 과정이다.

(2) (나)의 구간 Ⅰ에서 (형질 세포, 기억 세포)의 수가 감소하기 때문에 혈중 항체 농도가 감소한다.

(3) (나)의 구간 Ⅱ에서는 (B 림프구, 기억 세포)가 빠르게 증식하고 형질 세포로 분화한다.

3 빈출 선택지로 완벽 정리!

(1) B 림프구는 골수에서 만들어지고, T 림프구는 가슴샘에서 만들어진다. (○ / ×)

(2) 보조 T 림프구는 대식 세포가 제시한 항원을 인식하고 활성화된다. (○ / ×)

(3) 구간 Ⅰ에서는 형질 세포만 존재하고, 기억 세포는 존재하지 않는다. (○ / ×)

(4) 구간 Ⅱ에서는 2차 면역 반응이 일어나 항체가 생성된다. (○ / ×)

자료 ❷ 혈액의 응집 반응과 혈액형 판정

기출 Point
- 혈액형별 응집원과 응집소 구분하기
- 혈액형 판정 원리 알기
- 수혈 관계 알기

[1~4] 그림은 (가)~(다) 세 사람의 혈액형 판정 실험 결과를 나타낸 것이다.

사람	항 A 혈청	항 B 혈청	항 Rh 혈청
(가)	−	+	+
(나)	−	+	−
(다)	+	+	+

(+: 응집됨, −: 응집 안 됨)

1 항 A 혈청과 항 B 혈청에 포함되어 있는 응집소를 각각 쓰시오.

2 (가)~(다) 중 적혈구 세포막에 응집원 A가 있는 사람을 모두 쓰시오.

3 (가)~(다)의 ABO식 혈액형과 Rh식 혈액형을 모두 쓰시오.

4 빈출 선택지로 완벽 정리!

(1) (가)는 응집소 α를 가지고 있다. (○ / ×)

(2) (나)는 Rh 응집원을 가지고 있지 않다. (○ / ×)

(3) (다)는 (가)에게 소량 수혈해 줄 수 있다. (○ / ×)

(4) Rh^+, A형인 사람은 (가)로부터 소량 수혈을 받을 수 있다. (○ / ×)

(5) 항 A 혈청과 항 B 혈청에 모두 응집 반응이 일어나지 않는 사람은 O형이다. (○ / ×)

내신 만점 문제

A 방어 작용의 구분

중요 **01** **인체의 방어 작용에 대한 설명으로 옳지 않은 것은?**

① 비특이적 방어 작용은 병원체에 감염된 즉시 일어난다.
② 백혈구의 식균 작용은 비특이적 방어 작용에 해당한다.
③ 피부는 병원체가 체내에 침입하는 것을 막는 물리적 장벽 역할을 한다.
④ 특이적 방어 작용은 병원체의 종류를 구별하지 않고 동일한 방식으로 일어난다.
⑤ 인체는 체내에 침입하는 병원체에 대항하여 스스로를 보호하는 면역 체계를 갖고 있다.

02 **그림은 인체에서 일어나는 여러 가지 방어 작용을 (가)와 (나)로 구분한 것이다.**

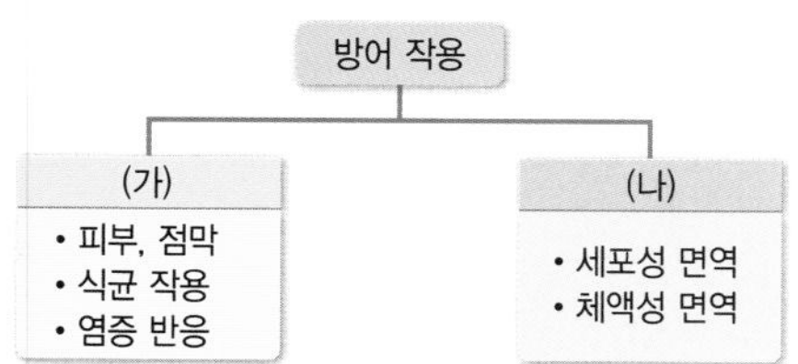

이에 대한 설명으로 옳은 것만을 [보기]에서 있는 대로 고른 것은?

보기
ㄱ. 항원 항체 반응은 (가)에 포함된다.
ㄴ. 병원체에 감염되면 (가)가 (나)보다 먼저 일어난다.
ㄷ. (가)는 특이적 방어 작용이고, (나)는 비특이적 방어 작용이다.

① ㄱ ② ㄴ ③ ㄱ, ㄷ
④ ㄴ, ㄷ ⑤ ㄱ, ㄴ, ㄷ

B 비특이적 방어 작용

03 **다음은 사람의 방어 작용 (가)~(라)의 특징을 나타낸 것이다.**

(가) 눈물, 땀, 침에는 세균의 세포벽을 파괴하는 (㉠)이 들어 있다.
(나) 호흡기의 안쪽 표면을 덮고 있는 점막에서 점액이 분비된다.
(다) 위샘에서 ㉡위액이 분비되어 음식물 속의 병원체를 제거한다.
(라) 피부의 피지샘에서 산성 물질을 분비하여 병원체의 증식을 억제한다.

이에 대한 설명으로 옳지 않은 것은?

① 라이소자임은 ㉠에 해당한다.
② (나)에 의해 호흡기로 들어온 병원체의 침입을 차단할 수 있다.
③ ㉡에는 강한 산성을 띠는 물질이 있다.
④ (가)와 (나)는 모두 비특이적 방어 작용이다.
⑤ (다)와 (라)는 모두 특이적 방어 작용이다.

중요 **04** **그림은 손상된 피부로 세균이 침입하여 염증 반응이 일어나는 과정을 나타낸 것이다.**

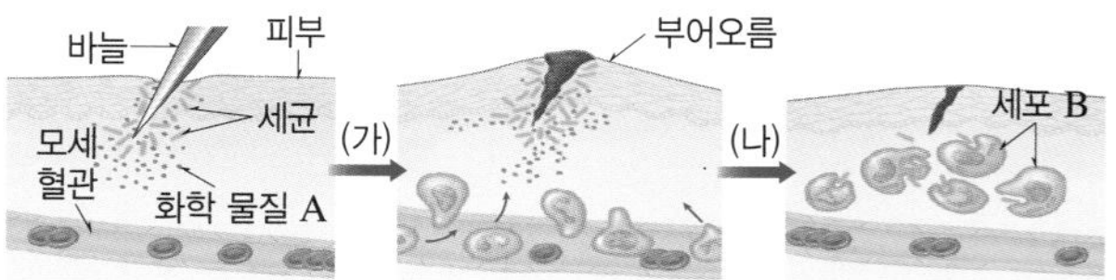

이에 대한 설명으로 옳지 않은 것은?

① 화학 물질 A는 세균에서 분비된다.
② 세포 B는 식균 작용으로 세균을 제거한다.
③ (가) 과정에서 모세 혈관이 확장된다.
④ (가) 과정에서 혈관벽의 투과성이 높아진다.
⑤ (나) 과정에서 세포 B가 상처 부위로 이동한다.

서술형
05 피부가 손상되어 병원체가 체내로 침입했을 때 손상된 부위의 비만 세포에서 화학 물질인 ㉠이 분비되어 염증 반응이 일어난다. ㉠의 이름을 쓰고, ㉠의 작용으로 나타나는 모세 혈관의 변화를 서술하시오.

C 특이적 방어 작용

06 그림은 림프구의 생성과 분화 과정을 나타낸 것이다. ㉠과 ㉡은 각각 B 림프구와 T 림프구 중 하나이다.

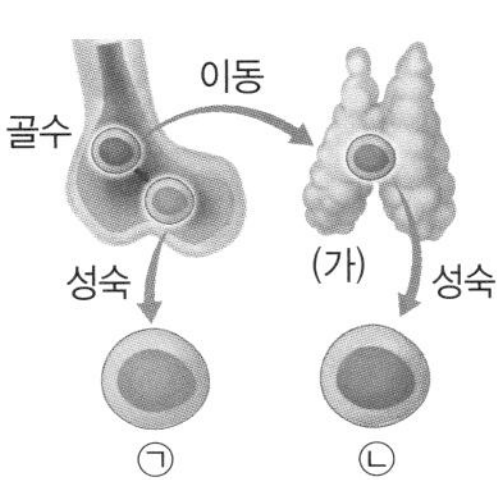

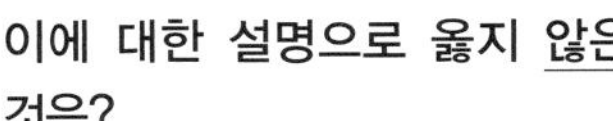
이에 대한 설명으로 옳지 않은 것은?

① (가)는 가슴샘이다.
② ㉠은 체액성 면역에 관여한다.
③ ㉠과 ㉡은 모두 골수에서 만들어진다.
④ ㉡은 항원을 인식하면 형질 세포로 분화한다.
⑤ ㉠과 ㉡은 모두 항원의 종류를 인식하여 작용한다.

07 그림은 어떤 항체의 구조를 나타낸 것이다.

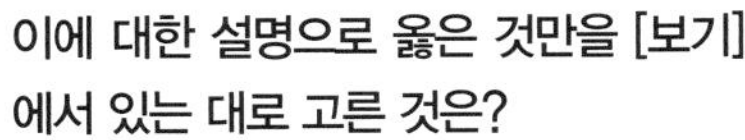
이에 대한 설명으로 옳은 것만을 [보기]에서 있는 대로 고른 것은?

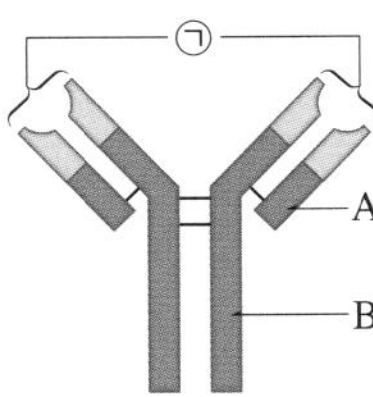

보기
ㄱ. ㉠은 항원이 결합하는 부위이다.
ㄴ. A와 B의 주성분은 탄수화물이다.
ㄷ. 이 항체는 여러 종류의 항원을 인식하여 결합한다.

① ㄱ ② ㄴ ③ ㄴ, ㄷ
④ ㄱ, ㄷ ⑤ ㄱ, ㄴ, ㄷ

08 그림은 어떤 사람이 항원 X에 감염되었을 때 일어나는 방어 작용의 일부를 나타낸 것이다. ㉠과 ㉡은 림프구 중 하나이다.

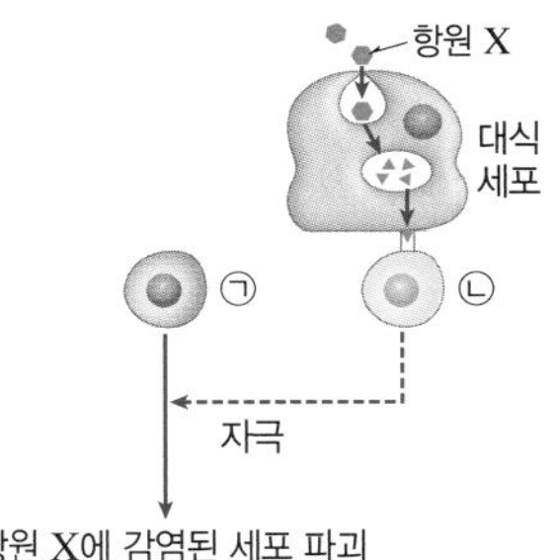

이에 대한 설명으로 옳은 것만을 [보기]에서 있는 대로 고른 것은?

보기
ㄱ. 특이적 방어 작용에 해당한다.
ㄴ. ㉠에 의한 방어 작용은 체액성 면역이다.
ㄷ. ㉡은 골수에서 만들어져 가슴샘에서 성숙한다.

① ㄱ ② ㄴ ③ ㄷ
④ ㄱ, ㄷ ⑤ ㄴ, ㄷ

중요
09 그림은 병원체 X가 사람의 몸속에 침입하였을 때 일어나는 방어 작용의 일부를 나타낸 것이다. ㉠~㉣은 대식 세포, 보조 T 림프구, 형질 세포, B 림프구를 순서 없이 나타낸 것이다.

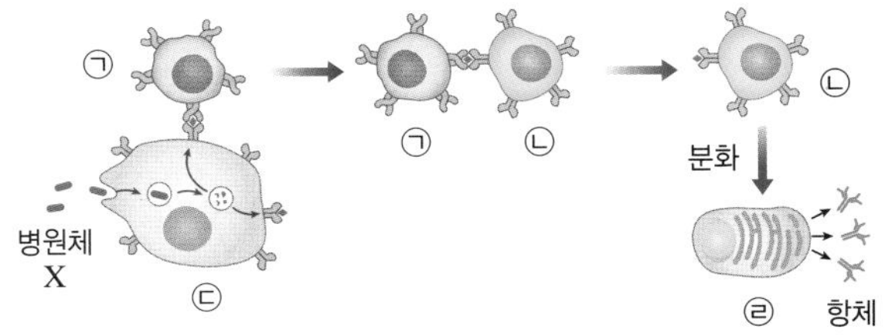

이에 대한 설명으로 옳지 않은 것은?

① ㉠은 가슴샘에서 성숙한다.
② ㉡은 B 림프구이다.
③ ㉢은 X의 정보를 보조 T 림프구에 전달한다.
④ ㉣은 체액성 면역 반응에 관여한다.
⑤ X가 재침입하면 ㉣은 기억 세포로 분화된다.

중요 **10** 그림은 어떤 사람의 체내에 항원 X와 Y가 침입하였을 때 시간에 따른 항체 X와 Y의 혈중 농도 변화를 나타낸 것이다.

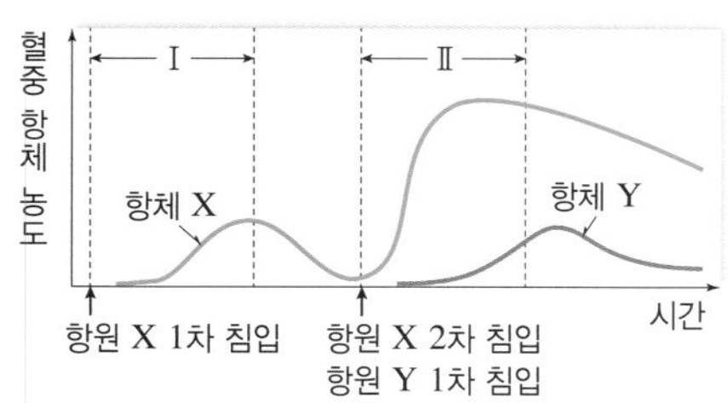

이에 대한 설명으로 옳지 않은 것은?

① 항체 X는 항원 Y와 항원 항체 반응을 한다.
② 항체 X와 항체 Y는 서로 다른 형질 세포에서 생성된다.
③ 항원 X가 1차 침입하였을 때 항원 X에 대한 기억 세포가 생성되었다.
④ 항원 X에 대하여 구간 Ⅰ에서는 1차 면역 반응이, 구간 Ⅱ에서는 2차 면역 반응이 일어난다.
⑤ 구간 Ⅰ에서보다 구간 Ⅱ에서 항원 X의 침입 후 항체 X가 생성되기까지 걸리는 시간이 짧다.

11 백신에 대한 설명으로 옳지 않은 것은?

① 감염성 질병 예방을 위해 접종하는 물질이다.
② 특정 병원체에 대한 기억 세포를 생성하게 한다.
③ 병원성을 약화시키거나 제거한 병원체 또는 병원체가 생산한 독소로 만든다.
④ 백신으로 예방한 병원체에 감염되면 기억 세포가 빠르게 형질 세포로 분화한다.
⑤ 백신을 접종하면 그 즉시 체내에서 2차 면역 반응이 일어나 다량의 항체가 만들어진다.

12 백신으로 예방하기 어려운 질병에 해당하는 것은?

① 홍역 ② 독감 ③ 소아마비
④ 알레르기 ⑤ 대상 포진

중요 **13** 다음은 병원체 X에 대한 생쥐의 방어 작용 실험이다.

(가) X에 노출된 적이 없는 생쥐 A를 준비한다.
(나) X의 병원성을 약화시켜 X에 대한 백신 ㉠을 만든다.
(다) A에게 ㉠을 1차 주사하고, 4주 후 ㉠을 2차 주사한 다음, 그로부터 4주 후 A에게 X를 주사한다.
(라) A의 ㉠에 대한 혈중 항체 농도 변화는 그림과 같다.

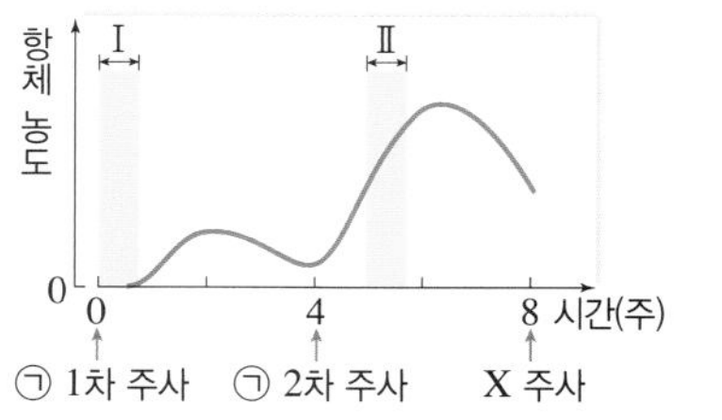

이에 대한 설명으로 옳은 것만을 [보기]에서 있는 대로 고른 것은?

보기
ㄱ. 구간 Ⅰ에서 ㉠에 대한 비특이적 방어 작용이 일어났다.
ㄴ. 구간 Ⅱ에서 ㉠에 대한 2차 면역 반응이 일어났다.
ㄷ. (다)에서 A에게 X를 주사하면, X에 대한 항체가 신속하게 다량으로 생성된다.

① ㄱ ② ㄴ ③ ㄱ, ㄷ ④ ㄴ, ㄷ ⑤ ㄱ, ㄴ, ㄷ

중요 **14** 표는 사람에서 발생하는 면역 관련 질환 A~C에 대한 설명이다. A~C는 알레르기, 면역 결핍, 자가 면역 질환을 순서 없이 나타낸 것이다.

질환	특징
A	면역계가 자기 몸을 구성하는 세포나 조직을 항원으로 인식하여 공격한다.
B	면역을 담당하는 세포에 이상이 생겨 면역 기능이 현저히 저하된다.
C	㉠특정 항원에 대한 면역 반응이 과민하게 나타난다.

이에 대한 설명으로 옳은 것만을 [보기]에서 있는 대로 고른 것은?

보기
ㄱ. 류머티즘 관절염은 A에 해당한다.
ㄴ. B는 자가 면역 질환이다.
ㄷ. 꽃가루는 ㉠의 예에 해당한다.

① ㄱ ② ㄴ ③ ㄱ, ㄷ ④ ㄴ, ㄷ ⑤ ㄱ, ㄴ, ㄷ

15 그림은 어떤 사람이 사람 면역 결핍 바이러스(HIV)에 감염된 후 시간에 따른 체내 HIV와 보조 T 림프구 수의 변화를 나타낸 것이다.

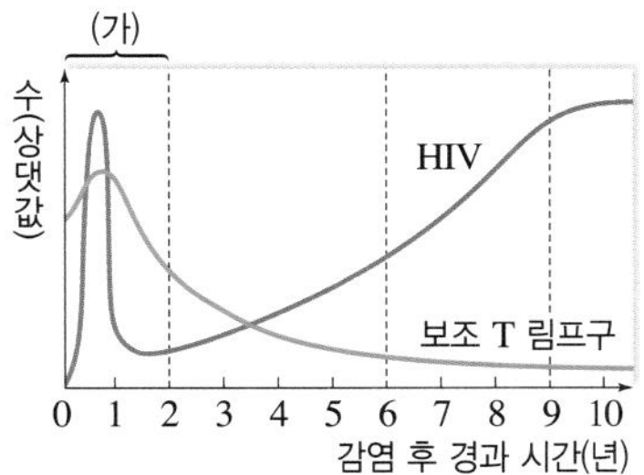

이에 대한 설명으로 옳은 것만을 [보기]에서 있는 대로 고른 것은?

보기
ㄱ. HIV에 감염된 즉시 면역 결핍 증상이 나타난다.
ㄴ. 구간 (가)에서는 HIV에 대한 식균 작용이 일어난다.
ㄷ. HIV는 보조 T 림프구를 파괴한다.

① ㄱ　② ㄴ　③ ㄱ, ㄷ
④ ㄴ, ㄷ　⑤ ㄱ, ㄴ, ㄷ

D 혈액의 응집 반응과 혈액형

16 그림은 ABO식 혈액형이 A형인 사람과 O형인 사람의 혈액을 섞었을 때 일어나는 응집 반응 결과를 나타낸 것이다. ㉠~㉢은 응집원 A, 응집소 α, 응집소 β를 순서 없이 나타낸 것이다.

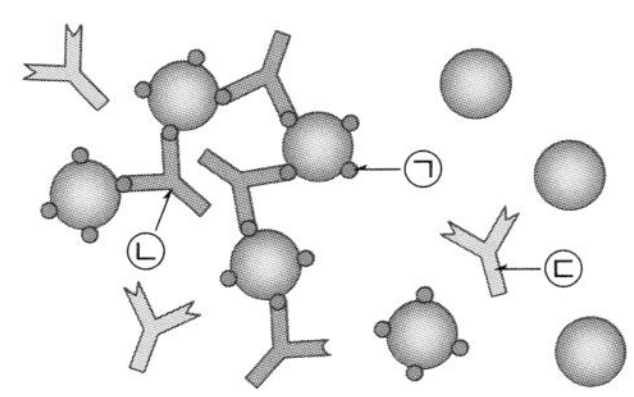

이에 대한 설명으로 옳은 것만을 [보기]에서 있는 대로 고른 것은?

보기
ㄱ. ㉠은 O형인 사람의 적혈구 세포막에 있다.
ㄴ. 항 A 혈청에는 ㉡이 있다.
ㄷ. A형인 사람과 O형인 사람의 혈액에는 모두 ㉢이 있다.

① ㄱ　② ㄴ　③ ㄱ, ㄷ
④ ㄴ, ㄷ　⑤ ㄱ, ㄴ, ㄷ

17 그림은 어떤 사람의 혈액을 항 A 혈청과 항 B 혈청에 각각 섞었을 때 일어나는 응집 반응을 나타낸 것이다.

항 A 혈청	항 B 혈청
적혈구, ㉠	

이에 대한 설명으로 옳지 않은 것은? (단, ABO식 혈액형만 고려한다.)

① ㉠은 응집소 α이다.
② 이 사람은 응집원 B를 가지고 있다.
③ 이 사람의 ABO식 혈액형은 AB형이다.
④ 이 사람은 B형인 사람에게 수혈받을 수 있다.
⑤ 이 사람은 AB형인 사람에게 소량 수혈해 줄 수 있다.

중요 **18** 그림은 ABO식 혈액형이 B형인 어떤 사람의 혈액형 판정 실험 결과를 나타낸 것이다.

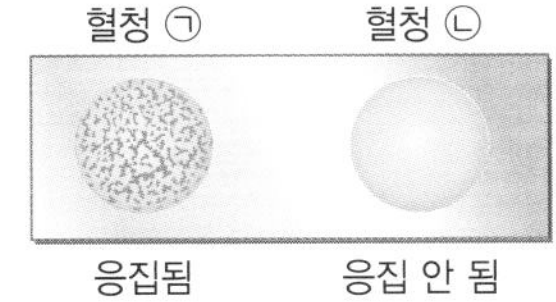

이에 대한 설명으로 옳은 것만을 [보기]에서 있는 대로 고른 것은?

보기
ㄱ. 혈청 ㉠에는 응집소 β가 들어 있다.
ㄴ. 이 사람의 혈장에는 응집소 α가 있다.
ㄷ. O형의 혈액을 혈청 ㉡에 떨어뜨리면 응집 반응이 일어난다.

① ㄱ　② ㄷ　③ ㄱ, ㄴ
④ ㄱ, ㄷ　⑤ ㄴ, ㄷ

실력 UP 문제

정답친해 69쪽

01 그림 (가)와 (나)는 어떤 사람이 병원체 X에 감염되었을 때 일어나는 방어 작용 일부를 나타낸 것이다. ㉠~㉢은 각각 B 림프구, 세포독성 T림프구, 형질 세포 중 하나이다.

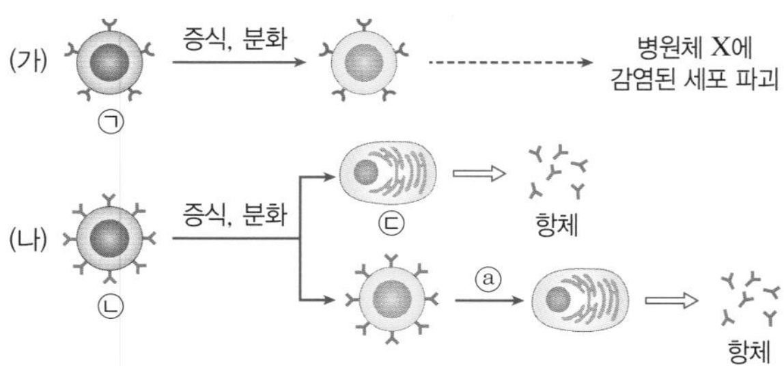

이에 대한 설명으로 옳은 것은?

① (가)는 체액성 면역에 해당한다.
② ㉠은 골수에서 성숙되었다.
③ ㉡은 세포독성 T림프구이다.
④ ㉢은 X에 대한 항체를 분비한다.
⑤ 1차 면역 반응에서 과정 ⓐ가 일어난다.

02 다음은 병원체 A에 대한 생쥐의 방어 작용 실험이다.

[실험 과정 및 결과]

(가) A로부터 두 종류의 물질 ㉠과 ㉡을 얻는다.

(나) 유전적으로 동일하고 A, ㉠, ㉡에 노출된 적이 없는 생쥐 Ⅰ~Ⅴ를 준비한다.

(다) 표와 같이 주사액을 Ⅰ~Ⅲ에 주사하고 일정 시간이 지난 후, 생쥐의 생존 여부와 A에 대한 항체 생성 여부를 확인한다.

생쥐	주사액 조성	생존 여부	항체 생성 여부
Ⅰ	물질 ㉠	산다.	생성됨
Ⅱ	물질 ㉡	산다.	?
Ⅲ	A	죽는다.	?

(라) 2주 후 (다)의 Ⅰ에서 혈청 ⓐ를, Ⅱ에서 혈청 ⓑ를 얻는다.

(마) 표와 같이 주사액을 Ⅳ와 Ⅴ에 주사하고 1일 후 생쥐의 생존 여부를 확인한다.

생쥐	주사액 조성	생존 여부
Ⅳ	혈청 ⓐ + A	산다.
Ⅴ	혈청 ⓑ + A	죽는다.

이에 대한 설명으로 옳은 것만을 [보기]에서 있는 대로 고른 것은? (단, 제시된 조건 이외는 고려하지 않는다.)

보기
ㄱ. ⓐ에는 A에 대한 기억 세포가 들어 있다.
ㄴ. (다)의 Ⅰ에서 A에 대한 1차 면역 반응이 일어났다.
ㄷ. (마)의 Ⅳ에서 A에 대한 항원 항체 반응이 일어났다.

① ㄱ　② ㄴ　③ ㄷ　④ ㄴ, ㄷ　⑤ ㄱ, ㄴ, ㄷ

03 표는 ABO식 혈액형이 서로 다른 학생 (가)~(라) 사이의 혈액 응집 반응 결과를, 그림은 (가)의 혈액과 (나)의 혈장을 섞은 결과를 나타낸 것이다.

구분	(다)의 혈장	(라)의 혈장
(가)의 적혈구	−	?
(나)의 적혈구	?	+

(+: 응집됨, −: 응집 안 됨)

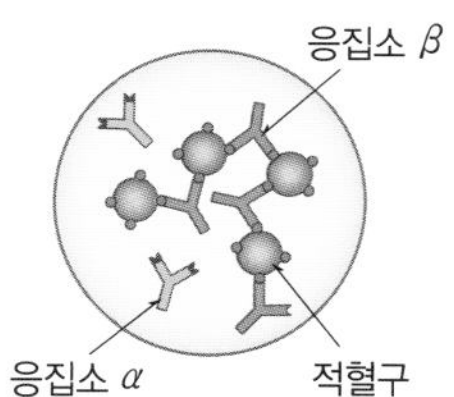

이에 대한 설명으로 옳은 것만을 [보기]에서 있는 대로 고른 것은? (단, ABO식 혈액형만 고려한다.)

보기
ㄱ. (가)의 혈장과 (다)의 적혈구를 섞으면 응집 반응이 일어난다.
ㄴ. (나)의 적혈구를 항 B 혈청과 섞으면 응집 반응이 일어난다.
ㄷ. ABO식 혈액형이 B형인 학생과 (라)의 혈액에는 동일한 종류의 응집소가 있다.

① ㄱ　② ㄴ　③ ㄱ, ㄷ　④ ㄴ, ㄷ　⑤ ㄱ, ㄴ, ㄷ

정답친해 70쪽

1 질병과 병원체

1. 질병의 구분

(1) **비감염성 질병:** (❶) 없이 발생하는 질병이다.
예 고혈압, 혈우병, 당뇨병 등

(2) **감염성 질병:** (❶)에 감염되어 발생하는 질병이다.
예 감기, 독감, 결핵, 말라리아, 무좀 등

2. 병원체의 종류와 특성

(❷)	• 핵막이 없는 단세포 생물로, 질병은 항생제로 치료한다. • 질병: 결핵, 파상풍, 탄저병 등
(❸)	• 핵산과 단백질 껍질로 구성되어 있으며, 질병은 항바이러스제로 치료한다. • 질병: 감기, 독감, 후천성 면역 결핍증(AIDS) 등
원생생물	• 핵막이 있으며 대부분 단세포 생물이다. • 질병: 말라리아, 수면병 등
곰팡이	• 몸이 균사로 이루어진 다세포 생물이다. • 질병: 무좀, 칸디다증 등
변형 프라이온	• 바이러스보다 작으며, 단백질로만 구성된 입자이다. • 질병: 크로이츠펠트·야코프병, 광우병 등

3. 질병의 감염 경로와 예방

직접적인 감염 경로	환자와의 접촉에 의해 직접 감염 ➡ 기침이나 재채기를 할 때 입을 가리며, 손을 자주 깨끗이 씻는다.
간접적인 감염 경로	• 오염된 음식으로 감염 ➡ 음식물을 가열하여 섭취한다. • 모기나 파리 등을 매개로 전파 ➡ 매개 생물을 제거한다.

2 우리 몸의 방어 작용

1. 비특이적 방어 작용

피부와 점막	눈물, 콧물, 침, 점액 등에 세균의 세포벽을 분해하는 효소인 (❹)이 들어 있다.
식균 작용	백혈구가 병원체를 세포 안으로 끌어들여 분해한다.
염증 반응	비만 세포에서 히스타민 방출 → 백혈구와 혈장이 상처 부위로 이동 → 백혈구의 (❺)으로 세균 제거

2. 특이적 방어 작용

(1) **세포성 면역:** 세포독성 T림프구가 병원체에 감염된 세포를 직접 제거한다.

(2) **체액성 면역:** B 림프구가 분화한 형질 세포에서 항체가 만들어져 (❻) 반응으로 병원체를 제거한다.

(3) **1차 면역 반응과 2차 면역 반응:** 항원이 처음 침입하면 1차 면역 반응(B 림프구 → 형질 세포)이 일어나고, 같은 항원이 재침입하면 2차 면역 반응(기억 세포 → 형질 세포)이 일어난다.

3. 백신의 작용 원리

(1) **백신:** 감염성 질병을 예방하기 위해 체내에 주입하는 항원을 포함하는 물질로, 병원성을 제거하거나 약하게 한 병원체가 포함된다.

(2) **원리:** 백신 접종 → 1차 면역 반응이 일어나 (❼) 세포 형성 → 병원체가 침입하면 2차 면역 반응이 일어나 다량의 항체를 빠르게 생성 → 질병 예방

4. 면역 관련 질환
면역 체계에 이상이 생기면 알레르기, 자가 면역 질환, 면역 결핍 등 다양한 질환이 나타난다.

5. 혈액의 응집 반응과 혈액형

(1) **혈액의 응집 반응:** 적혈구 세포막의 (❽)과 혈장의 (❾)가 특이적으로 결합 ➡ 항원 항체 반응

(2) **혈액형**

① 응집원과 응집소

	ABO식 혈액형				Rh식 혈액형	
혈액형	A형	B형	AB형	O형	Rh^+형	Rh^-형
응집원	A	B	A, B	없음	있음	없음
응집소	β	α	없음	α, β	없음	생성될 수 있음

② 혈액형 판정

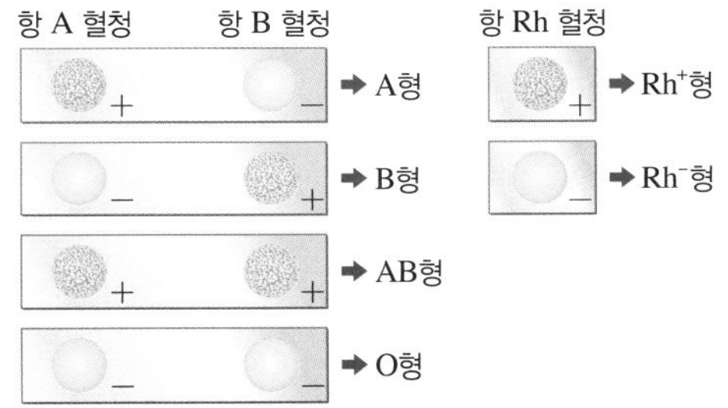

중단원 마무리 문제

하 **중** 상

01 그림 (가)와 (나)는 결핵을 일으키는 병원체와 독감을 일으키는 병원체를 순서 없이 나타낸 것이다.

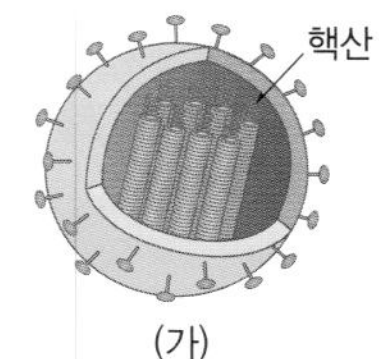

(가)

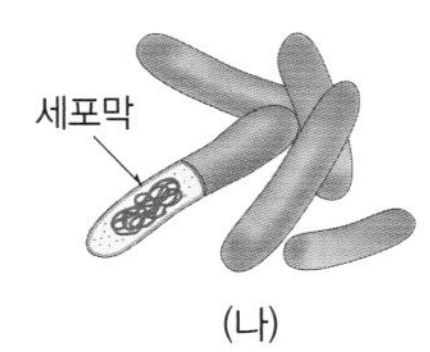

(나)

이에 대한 설명으로 옳은 것만을 [보기]에서 있는 대로 고른 것은?

보기
ㄱ. (가)는 독립적으로 물질대사를 한다.
ㄴ. (나)는 원생생물이다.
ㄷ. (가)와 (나)는 모두 유전 물질을 갖는다.

① ㄱ ② ㄴ ③ ㄷ
④ ㄱ, ㄴ ⑤ ㄴ, ㄷ

하 중 **상**

02 표는 사람의 질병 A～C에서 특징 ㉠～㉢의 유무를 나타낸 것이다. ㉠～㉢은 각각 '비감염성 질병이다.', '병원체가 세포 분열을 한다.', '병원체가 세균이다.' 중 하나이며, A～C는 무좀, 당뇨병, 파상풍을 순서 없이 나타낸 것이다.

질병 \ 특징	㉠	㉡	㉢
A	×	○	×
B	×	?	○
C	?	×	×

(○: 있음, ×: 없음)

이에 대한 설명으로 옳은 것만을 [보기]에서 있는 대로 고른 것은?

보기
ㄱ. A의 병원체는 핵막을 갖는다.
ㄴ. B는 무좀이다.
ㄷ. 홍역의 병원체는 특징 ㉡을 갖는다.

① ㄱ ② ㄴ ③ ㄱ, ㄷ
④ ㄴ, ㄷ ⑤ ㄱ, ㄴ, ㄷ

하 **중** 상

03 그림은 변형 프라이온의 증식 과정을 나타낸 것이다.

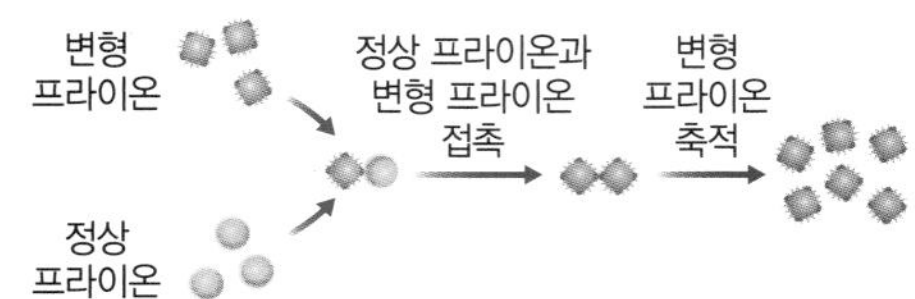

이에 대한 설명으로 옳은 것만을 [보기]에서 있는 대로 고른 것은?

보기
ㄱ. 변형 프라이온은 감염성 질병을 일으키는 병원체이다.
ㄴ. 정상 프라이온은 변형 프라이온과 접촉하면 변형 프라이온으로 바뀐다.
ㄷ. 변형 프라이온에 의해 발생하는 질병은 호흡기를 통해 전염된다.

① ㄱ ② ㄴ ③ ㄱ, ㄴ
④ ㄴ, ㄷ ⑤ ㄱ, ㄴ, ㄷ

하 **중** 상

04 표는 인체에서 일어나는 방어 작용 (가)～(다)에 대한 설명이다. (가)～(다)는 각각 비특이적 방어 작용, 세포성 면역, 체액성 면역 중 하나이다.

구분	방어 작용
(가)	세포독성 T림프구가 바이러스에 감염된 세포를 공격하여 제거한다.
(나)	형질 세포에서 생성된 항체가 항원을 제거한다.
(다)	땀, 침, 눈물, 점액에 들어 있는 라이소자임에 의해 병원체가 제거된다.

이에 대한 설명으로 옳은 것만을 [보기]에서 있는 대로 고른 것은?

보기
ㄱ. (가)는 비특이적 방어 작용이다.
ㄴ. (나)에는 1차 면역 반응과 2차 면역 반응이 있다.
ㄷ. (다)에서 라이소자임은 병원체의 종류에 따라 선별적으로 작용한다.

① ㄱ ② ㄴ ③ ㄷ
④ ㄱ, ㄷ ⑤ ㄴ, ㄷ

정답친해 70쪽

하 중 상

05 **그림은 어떤 사람이 세균 X에 감염되었을 때 일어나는 방어 작용의 일부를 나타낸 것이다.**

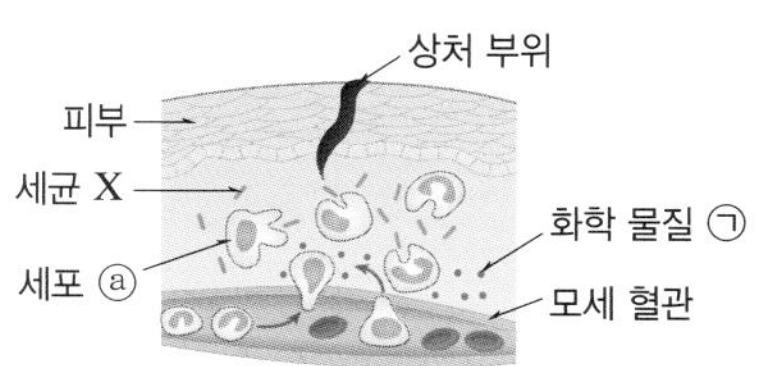

이에 대한 설명으로 옳은 것만을 [보기]에서 있는 대로 고른 것은?

ㄱ. 비특이적 방어 작용이다.
ㄴ. ㉠에 의해 모세 혈관이 확장된다.
ㄷ. 상처 부위에 모인 ⓐ의 식균 작용으로 X가 제거된다.

① ㄱ ② ㄴ ③ ㄱ, ㄷ
④ ㄴ, ㄷ ⑤ ㄱ, ㄴ, ㄷ

하 중 상

06 **그림은 어떤 사람의 체내에 항원 X가 침입했을 때 일어나는 방어 작용의 일부를 나타낸 것이다. ㉠~㉢은 B 림프구, 세포독성 T림프구, 형질 세포를 순서 없이 나타낸 것이다.**

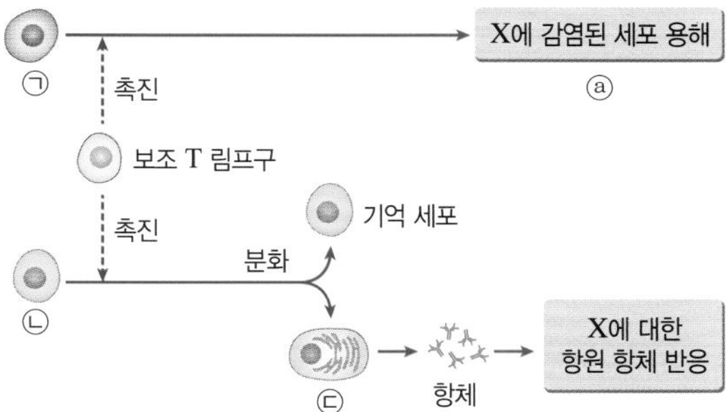

이에 대한 설명으로 옳은 것만을 [보기]에서 있는 대로 고른 것은?

보기

ㄱ. ⓐ는 체액성 면역에 해당한다.
ㄴ. ㉠과 ㉡은 모두 골수에서 생성된다.
ㄷ. X에 대한 2차 면역 반응에서 ㉢은 기억 세포로 분화된다.

① ㄱ ② ㄴ ③ ㄷ
④ ㄱ, ㄴ ⑤ ㄱ, ㄷ

하 중 상

07 **항원 항체 반응에 대한 설명으로 옳지 않은 것은?**

① 특이적 방어 작용에 해당한다.
② 체액성 면역 과정에서 일어난다.
③ 혈액의 응집 반응은 항원 항체 반응이다.
④ 한 개의 항체는 한 개의 항원하고만 결합한다.
⑤ 항체는 항원 결합 부위와 입체 구조가 맞는 특정 항원하고만 결합할 수 있다.

하 중 상

08 **다음은 항원 A와 B의 면역학적 특성을 알아보기 위한 자료이다.**

- 항원 A와 B에 노출된 적이 없는 생쥐 X에게 A와 B를 함께 주사하고, 4주 후 X에게 동일한 양의 A와 B를 다시 주사하였다.
- 그림은 X에서 A와 B에 대한 혈중 항체 농도의 변화를 나타낸 것이다.

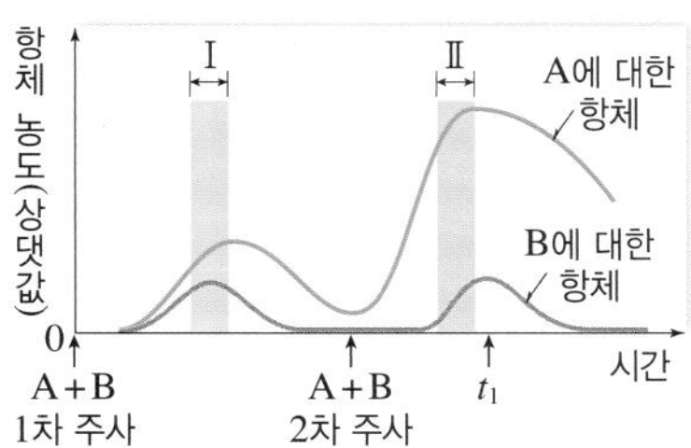

- X에서 A에 대한 기억 세포는 형성되었고, B에 대한 기억 세포는 형성되지 않았다.

이에 대한 설명으로 옳은 것만을 [보기]에서 있는 대로 고른 것은?

보기

ㄱ. 구간 Ⅰ에서 A에 대한 체액성 면역 반응이 일어났다.
ㄴ. 구간 Ⅱ에서 B에 대한 2차 면역 반응이 일어났다.
ㄷ. t_1일 때 X로부터 혈청을 분리하여 B와 섞으면 B에 대한 항원 항체 반응이 일어나지 않는다.

① ㄱ ② ㄴ ③ ㄱ, ㄴ
④ ㄱ, ㄷ ⑤ ㄴ, ㄷ

하 중 상

09 다음은 항원 A와 B에 대한 생쥐의 방어 작용 실험이다.

[실험 과정 및 결과]
(가) A와 B에 노출된 적이 없는 생쥐 X를 준비한다.
(나) X에게 A를 1차 주사하고, 일정 시간이 지난 후 X에게 A를 2차, B를 1차 주사한다.
(다) X에서 A와 B에 대한 혈중 항체 농도 변화는 그림과 같다.

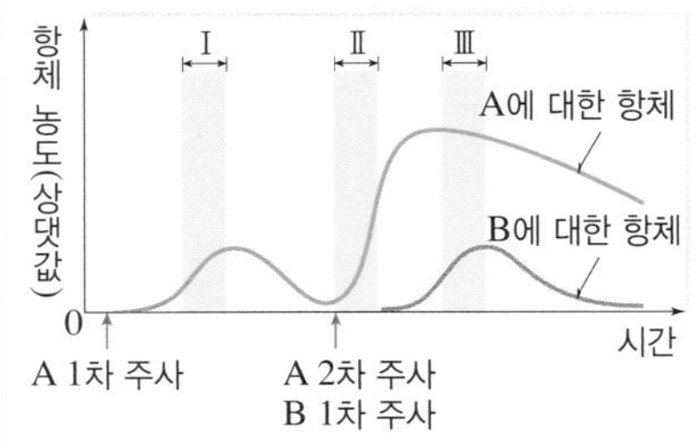

이에 대한 설명으로 옳은 것만을 [보기]에서 있는 대로 고른 것은?

보기
ㄱ. 구간 Ⅰ에는 A에 대한 형질 세포가 존재한다.
ㄴ. 구간 Ⅱ에서 A에 대한 기억 세포로부터 형질 세포가 분화되었다.
ㄷ. 구간 Ⅲ에서 B에 대한 1차 면역 반응이 일어났다.

① ㄱ ② ㄴ ③ ㄱ, ㄷ
④ ㄴ, ㄷ ⑤ ㄱ, ㄴ, ㄷ

하 중 상

10 다음은 독감 백신을 만드는 과정의 일부를 나타낸 것이다.

(가) ㉠독감의 병원체를 ㉡숙주 세포에 감염시킨다.
(나) 일정 시간 후 숙주 세포에서 독감의 병원체를 분리한다.
(다) 독감의 병원체를 죽인 뒤 희석하여 ㉢백신 원액을 만든다.

이에 대한 설명으로 옳은 것만을 [보기]에서 있는 대로 고른 것은?

보기
ㄱ. ㉠은 바이러스이다.
ㄴ. (가)에서 ㉡ 안으로 ㉠의 유전 물질이 들어간다.
ㄷ. ㉢에는 ㉠에 대한 항체가 들어 있다.

① ㄱ ② ㄷ ③ ㄱ, ㄴ
④ ㄴ, ㄷ ⑤ ㄱ, ㄴ, ㄷ

하 중 상

11 그림 (가)는 병원체 X의 모습을, (나)는 X가 체내에 침입하였을 때 일어나는 방어 작용의 일부를 나타낸 것이다.

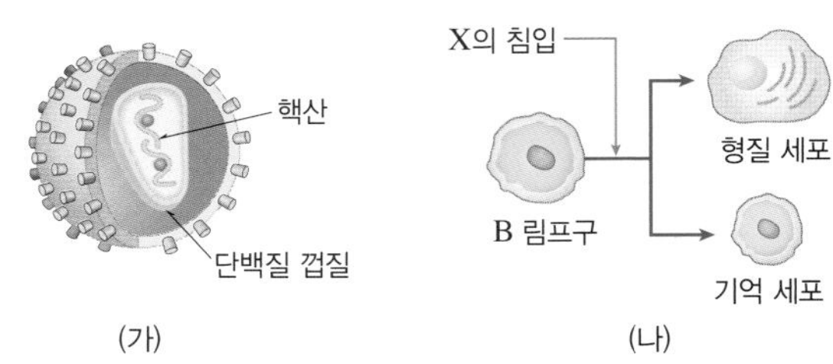

이에 대한 설명으로 옳은 것만을 [보기]에서 있는 대로 고른 것은?

보기
ㄱ. X에 대한 항체는 형질 세포에서 생성·분비된다.
ㄴ. X에 의해 발생하는 질병은 항생제로 치료할 수 있다.
ㄷ. X에 대한 백신에는 (나)의 기억 세포가 포함되어 있다.

① ㄱ ② ㄷ ③ ㄱ, ㄴ
④ ㄴ, ㄷ ⑤ ㄱ, ㄴ, ㄷ

하 중 상

12 그림은 붉은털원숭이의 적혈구를 토끼의 혈액에 주사하여 항 Rh 혈청을 얻는 과정과 이 혈청을 이용하여 사람 (가)와 (나)의 Rh식 혈액형을 판정한 결과를 나타낸 것이다.

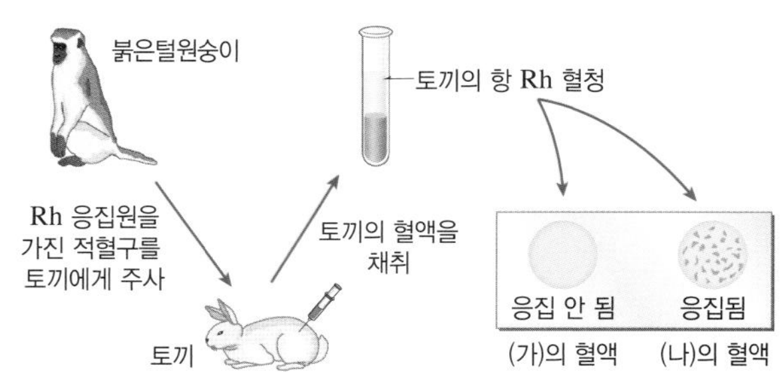

이에 대한 설명으로 옳지 않은 것은? (단, (가)와 (나)의 ABO식 혈액형은 같다.)

① (가)의 Rh식 혈액형은 Rh^- 형이다.
② (나)의 혈액에는 Rh 응집원이 있다.
③ 토끼의 항 Rh 혈청에는 Rh 응집소가 들어 있다.
④ 붉은털원숭이의 Rh 응집원은 토끼에게 항원으로 작용한다.
⑤ (가)의 혈액을 (나)에게 수혈하면 (나)의 체내에서 Rh 응집소가 생성된다.

하 중 상

13 그림은 ABO식 혈액형이 서로 다른 사람 ㉠과 ㉡의 혈액형 판정 결과를 나타낸 것이다. Ⅰ과 Ⅱ는 각각 항 B 혈청과 항 Rh 혈청 중 하나이며, ㉠의 혈구와 ㉡의 혈장을 섞으면 응집 반응이 일어난다.

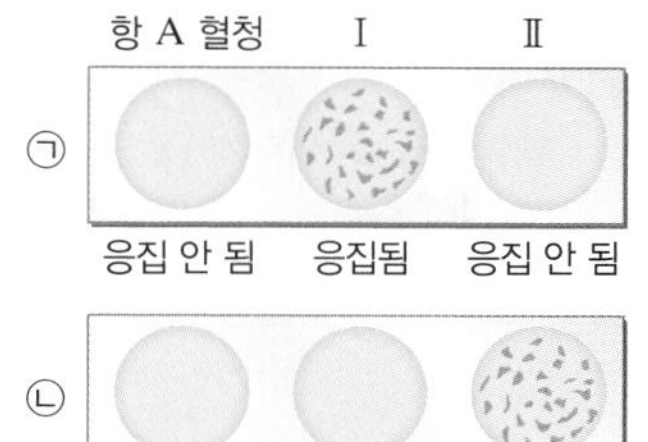

이에 대한 설명으로 옳은 것은? (단, ABO식 혈액형과 Rh식 혈액형만 고려하며, ㉠과 ㉡ 중 Rh^-형인 사람의 혈장에는 Rh 응집소가 없다.)

① ㉠은 Rh 응집원을 갖는다.
② ㉡의 혈장에는 응집소 α만 있다.
③ Ⅱ에는 응집소 β가 있다.
④ ABO식 혈액형이 AB형인 사람의 혈액을 Ⅰ과 섞으면 응집 반응이 일어난다.
⑤ ㉠의 혈장과 ㉡의 혈구를 섞으면 응집 반응이 일어난다.

하 중 상

14 표는 ABO식 혈액형이 A형인 소희의 혈액을 적혈구와 혈장으로 분리하여 학생 60명의 혈액과 반응시킨 결과를 나타낸 것이다. 소희는 60명의 학생에 포함되지 않는다.

ABO식 혈액형	소희의 혈액		인원(명)
	적혈구	혈장	
(가)	+	+	18
(나)	−	−	22
(다)	−	+	14
(라)	+	−	6

(+: 응집됨, −: 응집 안 됨)

이에 대한 설명으로 옳은 것은?

① 응집소 α를 가지고 있는 학생 수는 28명이다.
② 응집원 A를 가지고 있는 학생 수는 32명이다.
③ (나)의 적혈구와 (라)의 혈장을 섞으면 응집 반응이 일어난다.
④ ABO식 혈액형이 (다)인 사람의 혈액을 ABO식 혈액형이 (가)인 사람에게 수혈할 수 있다.
⑤ ABO식 혈액형이 (라)인 사람은 (가), (나), (다)인 사람에게 모두 소량 수혈받을 수 있다.

하 중 상

15 인체에 감염되어 질병을 일으키는 세균과 바이러스의 공통점과 차이점을 한 가지씩 서술하시오.

하 중 상

16 그림 (가)와 (나)는 사람의 체내에 항원 X가 침입했을 때 일어나는 방어 작용 중 일부를 나타낸 것이다. ㉠과 ㉡은 각각 기억 세포와 형질 세포 중 하나이다.

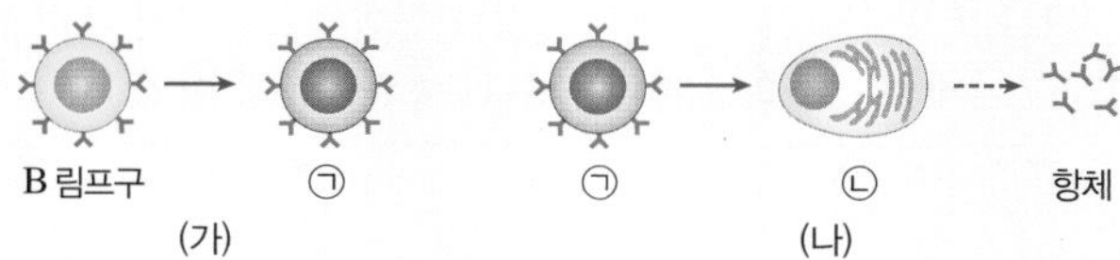

㉠과 ㉡의 이름을 각각 쓰고, 이와 같이 판단한 까닭을 서술하시오.

하 중 상

17 백신으로 질병을 예방할 수 있는 원리를 서술하시오.

하 중 상

18 그림은 철수의 ABO식 혈액형 판정 실험 결과를, 표는 철수와 영희의 혈액을 적혈구와 혈장으로 분리한 후 각각 혼합하였을 때의 응집 반응 결과를 나타낸 것이다.

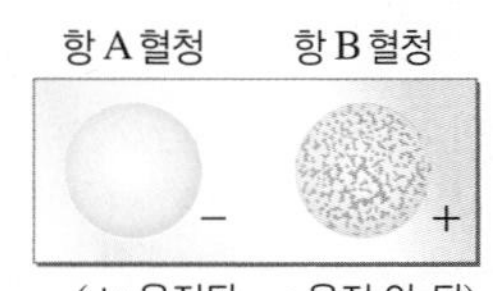

(+: 응집됨, −: 응집 안 됨)

구분		철수 적혈구	철수 혈장
영희	적혈구		−
영희	혈장	+	

(+: 응집됨, −: 응집 안 됨)

영희의 ABO식 혈액형을 쓰고, 제시된 자료를 분석하여 이와 같이 판단한 까닭을 서술하시오.

• 수능 출제 경향

이 단원에서는 감염성 질병과 비감염성 질병의 구분, 병원체의 종류와 특징, 특이적 방어 작용의 원리, 혈액형의 판정과 수혈 관계 등에 대해 통합적으로 묻는 문제가 출제되고 있다. 특히, 특이적 방어 작용과 관련한 실험 과정 및 결과를 분석하는 문제가 자주 출제되고 있으니 특이적 방어 작용에서 체액성 면역의 원리, 백신의 원리 등에 대해 자세히 알아두어야 한다.

수능 이렇게 나온다!

다음은 병원체 ㉠과 ㉡에 대한 생쥐의 방어 작용 실험이다.

[실험 과정 및 결과]

(가) 유전적으로 동일하고, ㉠과 ㉡에 노출된 적이 없는 생쥐 Ⅰ~Ⅵ을 준비한다.

(나) Ⅰ에는 생리식염수를, Ⅱ에는 죽은 ㉠을, Ⅲ에는 죽은 ㉡을 각각 주사한다. Ⅱ에서는 ㉠에 대한 항체, Ⅲ에서는 ㉡에 대한 항체가 각각 생성되었다.—❶

(다) 2주 후 (나)의 Ⅰ~Ⅲ에서 각각 혈장을 분리하여 표와 같이 살아 있는 ㉠과 함께 Ⅳ~Ⅵ에게 주사하고, 1일 후 생쥐의 생존 여부를 확인한다.

❸ 혈장은 혈액 중 세포를 제외한 액체 성분이다. ➡ 혈장에 항체는 있지만 기억 세포나 형질 세포는 없다.

생쥐	주사액의 조성	생존 여부
Ⅳ	Ⅰ의 혈장+㉠	죽는다.
Ⅴ	Ⅱ의 혈장+㉠	산다.
Ⅵ	ⓐ Ⅲ의 혈장+㉠	죽는다.

㉠에 대한 항원 항체 반응이 일어났다.

❷ • Ⅰ의 혈장: ㉠과 ㉡에 대한 항체 없음
• Ⅱ의 혈장: ㉠에 대한 항체 있음, ㉡에 대한 항체 없음
• Ⅲ의 혈장: ㉠에 대한 항체 없음, ㉡에 대한 항체 있음

이에 대한 설명으로 옳은 것만을 [보기]에서 있는 대로 고른 것은? (단, 제시된 조건 이외는 고려하지 않는다.)

보기

ㄱ. (나)의 Ⅱ에서 ㉠에 대한 체액성 면역 반응이 일어났다.

ㄴ. (다)의 Ⅴ에서 ㉠에 대한 2차 면역 반응이 일어났다.

ㄷ. ⓐ에는 ㉡에 대한 형질 세포가 있다.

① ㄱ ② ㄴ ③ ㄱ, ㄷ ④ ㄴ, ㄷ ⑤ ㄱ, ㄴ, ㄷ

출제개념

체액성 면역(1차 면역 반응, 2차 면역 반응)

▶ 본문 158~159쪽

출제의도

생쥐의 방어 작용에 관한 실험과 결과 분석을 통해 체액성 면역 반응을 정확히 이해하고 있는지를 평가하는 문제이다.

전략적 풀이

❶ (나)의 Ⅱ와 Ⅲ에서 각각 항체가 생성된 까닭을 이해한다.

ㄱ. (나)에서 Ⅱ에 죽은 ㉠을, Ⅲ에 죽은 ㉡을 각각 주사했을 때, Ⅱ에서는 ㉠에 대한 항체가, Ⅲ에서는 ㉡에 대한 항체가 각각 생성되었다. 이는 죽은 ㉠과 죽은 ㉡이 항원으로 작용하여 (   )차 면역 반응을 일으켰기 때문이다. 1차 면역 반응은 (   ) 면역이므로, (나)의 Ⅱ에서 ㉠에 대한 (   ) 면역 반응이 일어났다.

❷ (다)의 실험 결과를 분석하여 Ⅴ가 생존한 까닭을 파악한다.

ㄴ. 혈장은 혈액 중 세포를 제외한 액체 성분으로, (나)의 Ⅱ의 혈장에는 ㉠에 대한 항체가, Ⅲ의 혈장에는 ㉡에 대한 항체가 각각 존재한다. 따라서 (다)의 Ⅴ에서는 ㉠에 대한 항체가 있어 ㉠과 (   ) 반응이 일어나 ㉠이 제거되므로 Ⅴ가 생존하였다. 그러나 혈장에는 ㉠에 대한 (   ) 세포가 없으므로 ㉠에 대한 2차 면역 반응은 일어나지 않았다.

❸ 혈장 속에 들어 있는 물질을 파악한다.

ㄷ. Ⅲ의 혈장에는 ㉡에 대한 (   )는 있지만 ㉡에 대한 기억 세포나 (   ) 세포는 포함되어 있지 않다.

❶ 1, 체액성 ❷ 항원 항체, 기억 ❸ 항체, 형질

답 ①

정답친해 72쪽

01 표는 사람 질병의 특징을 나타낸 것이다.

질병	특징
결핵	치료에 항생제가 사용된다.
말라리아	(가)
헌팅턴 무도병	신경계의 손상(퇴화)이 일어난다.

이에 대한 설명으로 옳은 것만을 [보기]에서 있는 대로 고른 것은?

보기
ㄱ. 결핵의 병원체는 바이러스이다.
ㄴ. 헌팅턴 무도병은 감염성 질병이다.
ㄷ. '모기를 매개로 전염된다.'는 (가)에 해당한다.

① ㄱ ② ㄷ ③ ㄱ, ㄴ
④ ㄴ, ㄷ ⑤ ㄱ, ㄴ, ㄷ

02 그림은 결핵을 일으키는 병원체 A와 후천성 면역 결핍증(AIDS)을 일으키는 병원체 B의 공통점과 차이점을 나타낸 것이다.

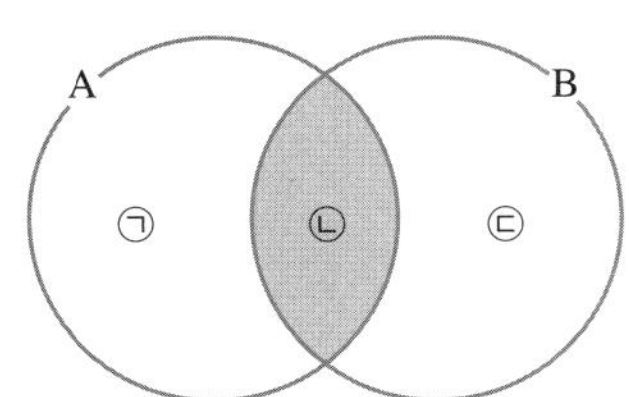

이에 대한 설명으로 옳은 것만을 [보기]에서 있는 대로 고른 것은?

보기
ㄱ. '핵산을 갖는다.'는 ㉠에 해당한다.
ㄴ. '감염성 질병을 일으킨다.'는 ㉡에 해당한다.
ㄷ. '세포 구조로 되어 있지 않다.'는 ㉢에 해당한다.

① ㄱ ② ㄷ ③ ㄱ, ㄴ
④ ㄱ, ㄷ ⑤ ㄴ, ㄷ

03 다음은 어떤 환자의 병원체에 대한 실험 과정과 결과이다.

(가) 사람 면역 결핍 바이러스(HIV)로 인해 면역력이 저하되어 결핵에 걸린 환자로부터 병원체 ㉠과 ㉡을 순수 분리하였다. ㉠과 ㉡은 결핵의 병원체와 ⓐ후천성 면역 결핍증(AIDS)의 병원체를 순서 없이 나타낸 것이다.
(나) ㉠은 숙주 세포와 함께 배양하였을 때만 증식하였고, ㉡은 세포 분열을 통해 스스로 증식하였다.

이에 대한 설명으로 옳은 것만을 [보기]에서 있는 대로 고른 것은?

보기
ㄱ. ⓐ는 자가 면역 질환에 속한다.
ㄴ. ㉡은 AIDS의 병원체이다.
ㄷ. ㉠과 ㉡은 모두 핵산을 갖는다.

① ㄱ ② ㄴ ③ ㄷ
④ ㄱ, ㄷ ⑤ ㄴ, ㄷ

04 표 (가)는 병원체의 3가지 특징을, (나)는 (가)의 특징 중 사람의 질병 A~C의 병원체가 갖는 특징의 개수를 나타낸 것이다. A~C는 홍역, 무좀, 말라리아를 순서 없이 나타낸 것이다.

특징
• 곰팡이에 속한다. • 유전 물질을 갖는다. • ㉠독립적으로 물질대사를 한다.

(가)

질병	병원체가 갖는 특징의 개수
A	2
B	?
C	1

(나)

이에 대한 설명으로 옳은 것만을 [보기]에서 있는 대로 고른 것은?

보기
ㄱ. A는 말라리아이다.
ㄴ. B의 병원체는 특징 ㉠을 갖는다.
ㄷ. C의 치료 시에는 항생제가 사용된다.

① ㄱ ② ㄷ ③ ㄱ, ㄴ
④ ㄴ, ㄷ ⑤ ㄱ, ㄴ, ㄷ

05 그림 (가)와 (나)는 어떤 사람이 세균 X에 처음 감염된 후 나타나는 면역 반응을 순차적으로 나타낸 것이다. ㉠과 ㉡은 B 림프구와 보조 T 림프구를 순서 없이 나타낸 것이다.

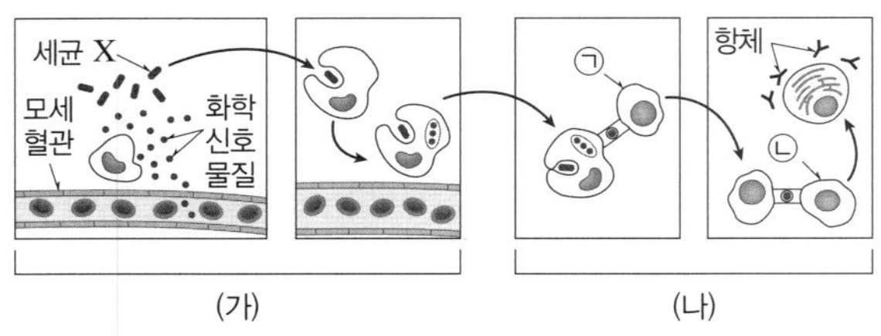

(가) (나)

이에 대한 설명으로 옳은 것만을 [보기]에서 있는 대로 고른 것은?

보기
ㄱ. ㉠은 가슴샘에서 성숙되었다.
ㄴ. (가)에서 X에 대한 식균 작용이 일어났다.
ㄷ. (나)에서 X에 대한 세포성 면역 반응이 일어났다.

① ㄱ ② ㄷ ③ ㄱ, ㄴ
④ ㄱ, ㄷ ⑤ ㄴ, ㄷ

06 그림 (가)는 어떤 사람이 세균 X에 감염된 후 나타나는 특이적 방어 작용의 일부를, (나)는 이 사람에서 X의 침입에 의해 생성되는 X에 대한 혈중 항체의 농도 변화를 나타낸 것이다. ㉠~㉢은 기억 세포, B 림프구, 형질 세포를 순서 없이 나타낸 것이다.

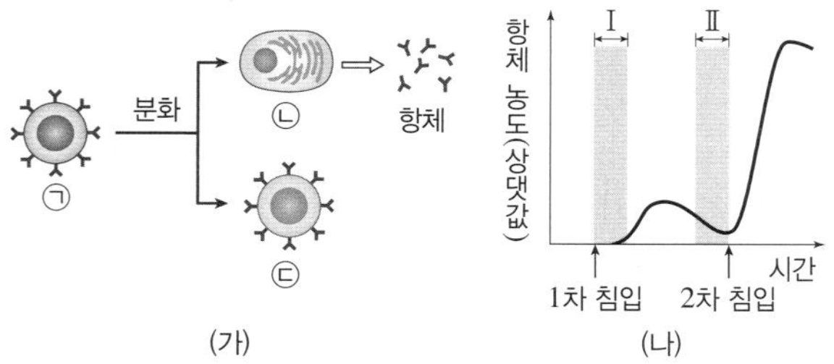

(가) (나)

이에 대한 설명으로 옳은 것만을 [보기]에서 있는 대로 고른 것은?

보기
ㄱ. 보조 T 림프구는 ㉠에서 ㉡으로의 분화에 관여한다.
ㄴ. 구간 Ⅰ에서 X에 대한 비특이적 방어 작용이 일어났다.
ㄷ. 구간 Ⅱ에는 X에 대한 ㉢이 있다.

① ㄱ ② ㄴ ③ ㄱ, ㄷ
④ ㄴ, ㄷ ⑤ ㄱ, ㄴ, ㄷ

07 그림은 바이러스 X에 처음 감염된 생쥐에서 바이러스 X, X에 대한 항체, 면역 단백질 Y의 농도 변화를 시간에 따라 나타낸 것이다.

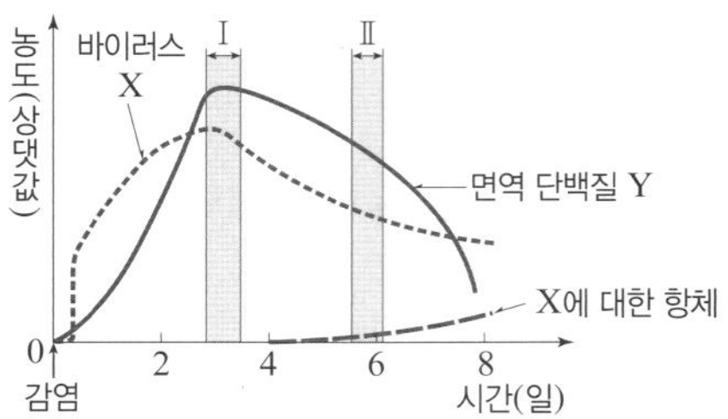

이에 대한 설명으로 옳은 것만을 [보기]에서 있는 대로 고른 것은?

보기
ㄱ. 구간 Ⅰ에서는 Y에 의해 X의 수가 감소한다.
ㄴ. 구간 Ⅱ에서는 X에 대한 기억 세포가 있다.
ㄷ. Y는 X에만 특이적으로 작용한다.

① ㄱ ② ㄷ ③ ㄱ, ㄴ
④ ㄴ, ㄷ ⑤ ㄱ, ㄴ, ㄷ

08 표 (가)는 세포 Ⅰ~Ⅲ에서 특징 ㉠~㉢의 유무를 나타낸 것이고, (나)는 ㉠~㉢을 순서 없이 나타낸 것이다. Ⅰ~Ⅲ은 형질 세포, 기억 세포, 세포독성 T림프구를 순서 없이 나타낸 것이다.

세포 \ 특징	㉠	㉡	㉢
Ⅰ	○	○	×
Ⅱ	×	○	?
Ⅲ	○	?	ⓐ

(○: 있음, ×: 없음)

(가)

특징(㉠~㉢)
• 특이적 방어 작용에 관여한다. • B 림프구의 분화로 생성된다. • 항체를 분비한다.

(나)

이에 대한 설명으로 옳은 것만을 [보기]에서 있는 대로 고른 것은?

보기
ㄱ. Ⅰ이 없으면 1차 면역 반응이 일어나지 않는다.
ㄴ. Ⅱ는 병원체에 감염된 세포를 직접 파괴한다.
ㄷ. ⓐ는 '○'이다.

① ㄱ ② ㄴ ③ ㄱ, ㄷ
④ ㄴ, ㄷ ⑤ ㄱ, ㄴ, ㄷ

09 다음은 항원 X에 대한 생쥐의 방어 작용 실험이다.

[실험 과정 및 결과]

(가) 유전적으로 동일하고, X에 노출된 적이 없는 생쥐 A~D를 준비한다.

(나) A와 B에 X를 각각 2회에 걸쳐 주사한 후, A와 B에서 2차 면역 반응이 일어났는지 확인한다.

생쥐	2차 면역 반응
A	ⓐ
B	○

(○: 일어남, ×: 일어나지 않음)

(다) 일정 시간 후, (나)의 A에서 ㉠을 분리하여 C에, (나)의 B에서 ㉡을 분리하여 D에 주사한다. ㉠과 ㉡은 혈장과 기억 세포를 순서 없이 나타낸 것이다.

(라) 일정 시간 후, C와 D에 X를 각각 주사한다. C와 D에서 X에 대한 혈중 항체 농도 변화는 그림과 같다.

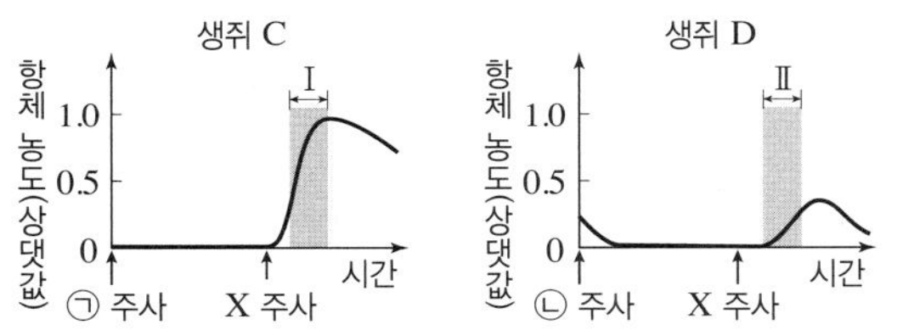

이에 대한 설명으로 옳은 것만을 [보기]에서 있는 대로 고른 것은?

보기

ㄱ. ⓐ는 '×'이다.

ㄴ. 구간 Ⅰ에서 X에 대한 2차 면역 반응이 일어났다.

ㄷ. 구간 Ⅱ에서 X에 대한 체액성 면역 반응이 일어났다.

① ㄱ ② ㄷ ③ ㄱ, ㄴ ④ ㄴ, ㄷ ⑤ ㄱ, ㄴ, ㄷ

10 표는 어떤 가족 구성원 (가)~(라)의 혈액을 혈장 ㉠~㉢과 섞었을 때의 ABO식 혈액형에 대한 응집 여부를 나타낸 것이다.

구분	(가)	(나)	(다)	(라)
㉠	−	+	ⓑ	−
㉡	ⓐ	+	+	+
㉢	−	−	+	+

(+: 응집됨, −: 응집 안 됨)

이에 대한 설명으로 옳은 것만을 [보기]에서 있는 대로 고른 것은? (단, 이 가족은 어머니, 아버지, 두 명의 자녀로 구성되고, 이 가족의 ABO식 혈액형은 모두 다르며, 아버지의 혈장과 어머니의 혈장은 각각 ㉠~㉢ 중 하나이다.)

보기

ㄱ. ⓐ와 ⓑ는 모두 '−'이다.

ㄴ. 두 자녀는 (가)와 (다)이다.

ㄷ. (나)의 적혈구와 (라)의 혈장을 섞으면 응집 반응이 일어난다.

① ㄱ ② ㄷ ③ ㄱ, ㄴ ④ ㄴ, ㄷ ⑤ ㄱ, ㄴ, ㄷ

11 표는 100명의 학생 집단을 대상으로 ABO식 혈액형에 대한 응집원과 응집소의 유무와 Rh식 혈액형에 대한 응집원의 유무를 조사한 것이다.

구분	학생 수
응집원 B를 가진 학생	37
응집소 α를 가진 학생	55
응집원 A와 응집소 β를 모두 가진 학생	35
Rh 응집원을 가진 학생	98

이에 대한 설명으로 옳은 것만을 [보기]에서 있는 대로 고른 것은? (단, 이 집단에는 A형, B형, AB형, O형이 모두 있고, Rh^-형인 학생 중 B형과 AB형인 학생은 각각 1명이다. 수혈할 때는 ABO식 혈액형과 Rh식 혈액형을 모두 고려한다.)

보기

ㄱ. A형과 O형인 학생 수의 합은 55명이다.

ㄴ. Rh^+형인 학생 중 B형인 학생 수는 26명이다.

ㄷ. 항 A 혈청에 응집하는 혈액을 가진 학생 수가 항 B 혈청에 응집하지 않는 혈액을 가진 학생 수보다 적다.

ㄹ. 학생 수가 가장 적은 혈액형의 혈액을 학생 수가 가장 많은 혈액형인 사람에게 소량 수혈할 수 있다.

① ㄱ, ㄴ ② ㄱ, ㄷ ③ ㄱ, ㄹ ④ ㄴ, ㄷ ⑤ ㄴ, ㄷ, ㄹ

IV 유전

1 유전의 원리

Review

이전에 학습한 내용 중 이 단원과 연계된 내용을 다시 한 번 떠올려 봅시다.

다음 단어가 들어갈 곳을 찾아 빈칸을 완성해 보자.

같다 염색체 유전자 반 DNA 1 2 4

통합과학 생명 시스템

- **염색체, DNA, 유전자의 관계**

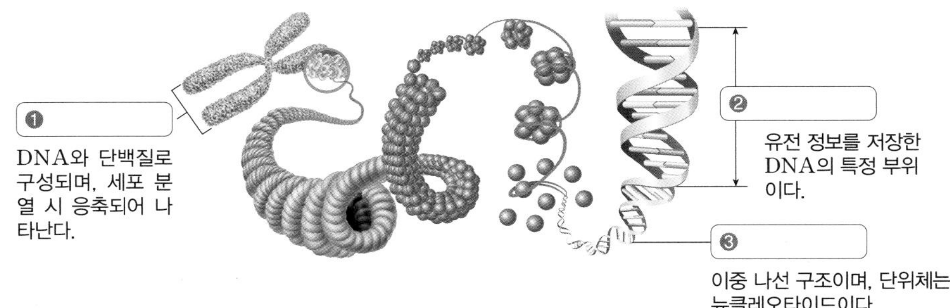

중3 생식과 유전

- **체세포 분열** 분열이 ❹ ____ 회 일어나 모세포 1개로부터 딸세포 ❺ ____ 개가 형성된다. ➡ 딸세포의 염색체 수는 모세포와 ❻ ____.

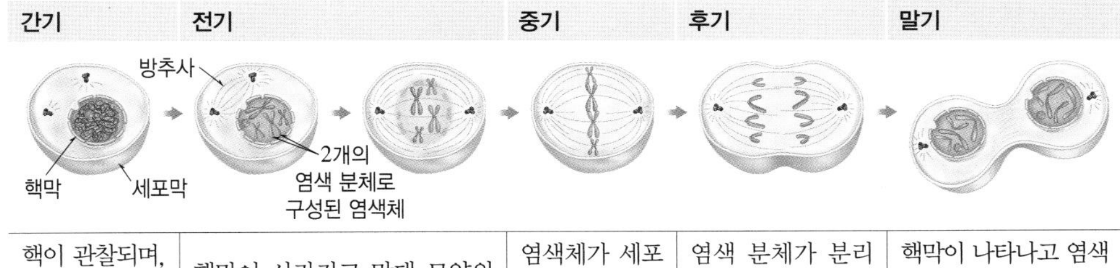

간기	전기	중기	후기	말기
핵이 관찰되며, 유전 물질이 복제된다.	핵막이 사라지고 막대 모양의 염색체가 나타난다.	염색체가 세포의 중앙에 배열된다.	염색 분체가 분리되어 양극으로 이동한다.	핵막이 나타나고 염색체가 풀어진다. 세포질 분열이 시작된다.

- **생식세포 분열(감수 분열)** 분열이 연속해서 ❼ ____ 회 일어나 모세포 1개로부터 딸세포 ❽ ____ 개가 형성된다. ➡ 딸세포의 염색체 수는 모세포의 ❾ ____ 이다.

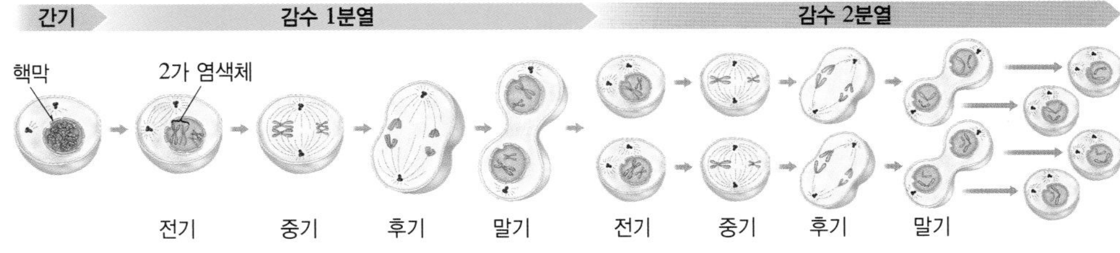

상동 염색체가 2가 염색체를 형성하였다가 분리되어 각각 다른 딸세포로 들어가 염색체 수가 반으로 줄어든다.	염색 분체가 분리되어 각각 다른 딸세포로 들어가 염색체 수와 DNA양이 모세포의 반인 딸세포 4개가 형성된다.

답 ❶ 염색체 ❷ 유전자 ❸ DNA ❹ 1 ❺ 2 ❻ 같다 ❼ 2 ❽ 4 ❾ 반

1 염색체

핵심 포인트
❶ 염색체의 구조 ★★★
❷ 사람의 염색체 ★★★
❸ 염색 분체의 유전자 구성 ★★
❹ 상동 염색체와 대립유전자 ★★★

A 사람의 염색체와 핵형

1. 염색체의 구조

(1) **염색체:** 분열하는 세포에서 막대 모양으로 관찰되며, DNA와 히스톤 단백질로 구성된다. 유전 정보를 저장하고 전달하는 역할을 한다.

(2) DNA: 뉴클레오타이드가 반복적으로 연결되어 형성된 폴리뉴클레오타이드 두 가닥이 나선 모양으로 꼬인 구조로, 유전 정보를 저장하고 있는 유전 물질이다.

(3) ◆**유전자:** 생물의 형질을 결정하는 유전 정보가 저장된 DNA의 특정 부분이다. (→ 유전 정보의 단위이다.)
➡ 하나의 DNA에는 수많은 유전자가 존재한다.

(4) **유전체:** 한 개체의 유전 정보가 저장되어 있는 DNA 전체로, 한 생물이 가지고 있는 모든 유전 정보이다.

◆ **유전자**
DNA에서 단백질의 아미노산 서열 정보나 RNA의 염기 서열 정보를 저장하고 있는 단위이다. 사람에서 단백질 정보를 저장하고 있는 유전자는 20000개~25000개이다.

◆ **DNA의 구조**

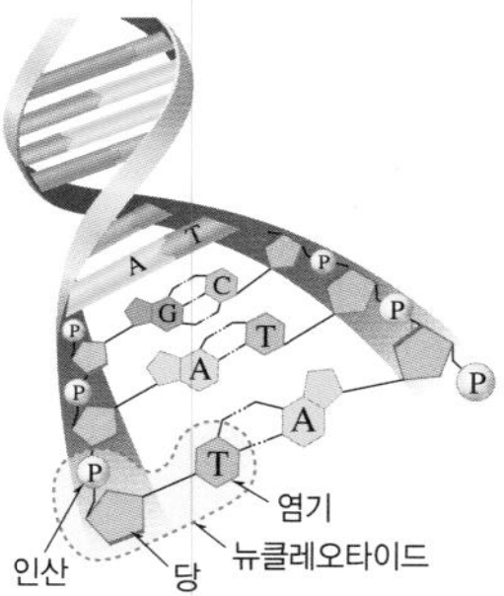

T
A
C
G
A
T
A
T
P
P
P
P
P
P
염기
인산
당
뉴클레오타이드

뉴클레오타이드는 핵산(DNA와 RNA)을 구성하는 단위체로, 인산, 당, 염기가 1 : 1 : 1로 결합하고 있다. DNA를 구성하는 당은 디옥시리보스이다.

염색체의 구조 186쪽 대표 자료❶

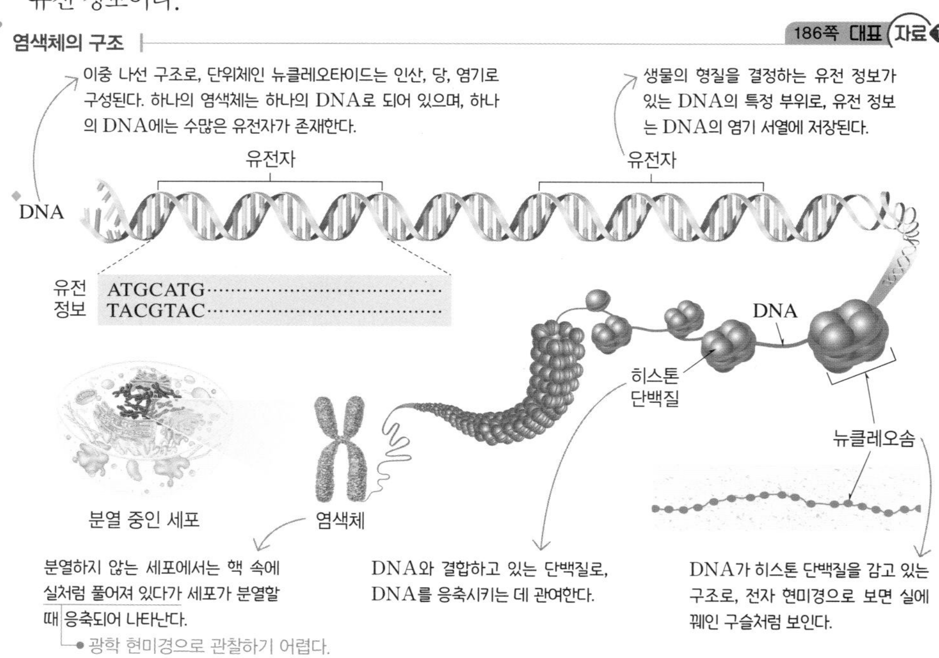

이중 나선 구조로, 단위체인 뉴클레오타이드는 인산, 당, 염기로 구성된다. 하나의 염색체는 하나의 DNA로 되어 있으며, 하나의 DNA에는 수많은 유전자가 존재한다.
생물의 형질을 결정하는 유전 정보가 있는 DNA의 특정 부위로, 유전 정보는 DNA의 염기 서열에 저장된다.
유전자
유전자
◆DNA
유전 정보
ATGCATG
TACGTAC
DNA
히스톤 단백질
뉴클레오솜
분열 중인 세포
염색체
분열하지 않는 세포에서는 핵 속에 실처럼 풀어져 있다가 세포가 분열할 때 응축되어 나타난다.
광학 현미경으로 관찰하기 어렵다.
DNA와 결합하고 있는 단백질로, DNA를 응축시키는 데 관여한다.
DNA가 히스톤 단백질을 감고 있는 구조로, 전자 현미경으로 보면 실에 꿰인 구슬처럼 보인다.

2. 사람의 염색체

2. 사람의 염색체 사람의 체세포에는 46개의 염색체가 있으며, 상동 염색체가 쌍으로 존재한다.

(1) **상동 염색체:** 체세포에 들어 있는 모양과 크기가 같은 한 쌍의 염색체로, 상동 염색체 중 하나는 부계에게서, 다른 하나는 모계에게서 물려받은 것이다. 사람의 체세포에는 23쌍의 상동 염색체가 있다. (→ 생식세포 분열 시 접합하는 한 쌍의 염색체로 정의하기도 한다.)

(2) **상염색체와 성염색체:** 사람의 체세포에는 22쌍의 상염색체와 1쌍의 성염색체가 있다.

① 상염색체: 남녀에게 공통으로 있는 염색체이다.

② 성염색체: 성 결정에 관여하는 염색체로, 남녀에 따라 구성이 다르다. ➡ X 염색체와 Y 염색체가 있으며, 여자는 XX, 남자는 XY를 갖는다.

궁금해?
세포 분열이 일어날 때에는 왜 염색체가 응축될까?
핵 속에는 염색체가 실처럼 풀어진 상태로 있지만, 세포 분열이 일어날 때에는 염색체가 막대 모양으로 응축된다. 염색체가 응축되면 세포 분열이 일어나는 동안 유전 정보가 손상될 위험이 적다. 또한 유전 물질이 정확하게 2개의 딸세포로 나뉘어 들어가는 데에도 도움이 된다.

암기해!
하나당 유전 정보의 양
유전자 ⊂ DNA ⊂ 유전체

(3) **핵상**: 하나의 세포 속에 들어 있는 염색체의 상대적인 수이다. 상동 염색체가 쌍을 이루고 있으면 $2n$, 상동 염색체 중 하나씩만 있으면 n으로 표시한다.

| 핵상 |

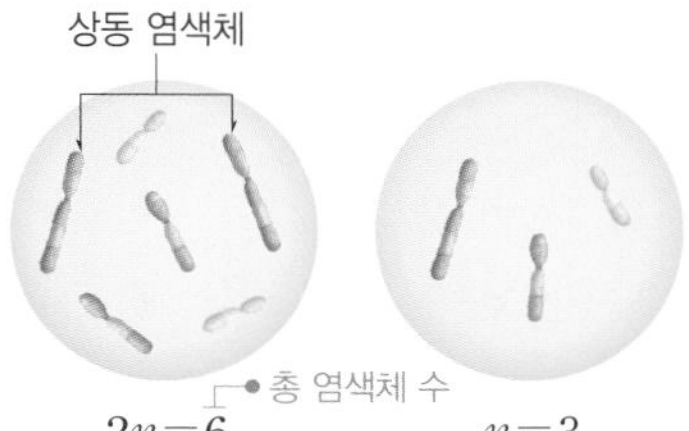

- 체세포에는 부계에게서 온 염색체 한 세트와 모계에게서 온 염색체 한 세트, 모두 두 세트의 염색체가 있다. 이때 한 세트의 염색체 수를 n으로 표시한다. ➡ 상동 염색체가 쌍을 이루고 있으면 $2n$이고, 상동 염색체 중 하나씩만 있으면 n이다.
- 일반적으로 체세포의 핵상은 $2n$, 생식세포의 핵상은 n이다.
- n의 값은 생물의 종류에 따라 다르다.
  예 사람 $n=23$, 초파리 $n=4$, 개 $n=39$

(4) **핵형**: 체세포에 들어 있는 ◆염색체의 수, 모양, 크기와 같은 염색체의 외형적인 특성이다.

① 생물종에 따라 핵형이 다르며, 같은 종의 생물은 성별이 같으면 핵형이 같다.

② 핵형 분석: 세포의 핵형을 조사하는 것으로, 핵형 분석을 통해 성별, 염색체 수나 구조 이상 등을 알 수 있다. → 낫 모양 적혈구 빈혈증, 페닐케톤뇨증 등과 같은 유전자 수준의 이상은 알 수 없다.

| 사람의 핵형 |

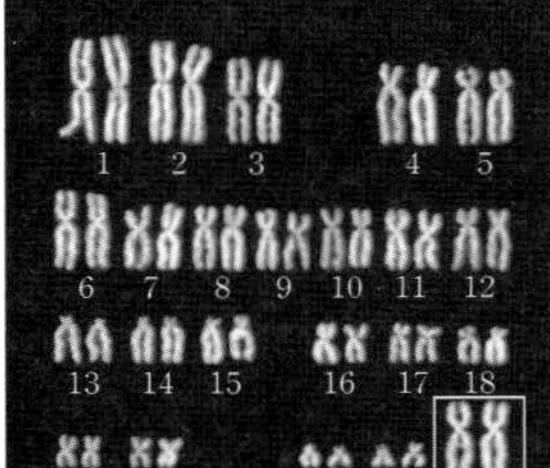

여자의 핵형
$2n=44+XX$

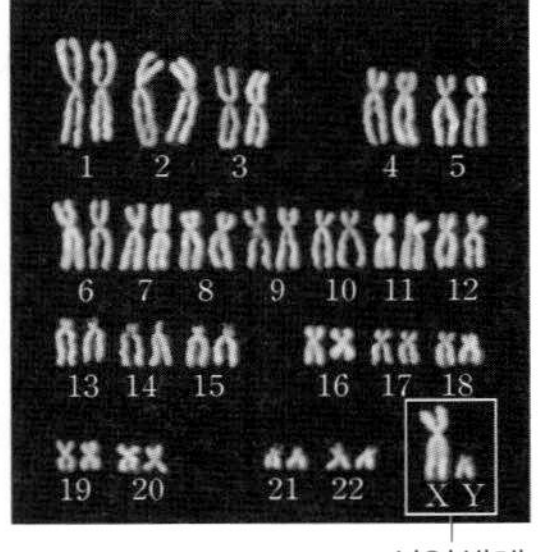

남자의 핵형
$2n=44+XY$

- 사람의 체세포의 염색체: $2n=46$
  ➡ 상동 염색체가 쌍으로 존재하고, 염색체 수는 46이다.
- 상염색체: 남녀에 공통으로 있는 1~22번 염색체 22쌍(44개)
- 성염색체: 여자는 XX, 남자는 XY
  ➡ X 염색체는 남녀에 공통으로 있는 성염색체이고, Y 염색체는 남자에만 있는 성염색체이다.

탐구 자료창 사람의 핵형 분석하기

사람의 염색체 사진을 모양에 따라 오려 낸 후, 오려 낸 염색체를 크기와 형태적 특징이 같은 것끼리 짝 짓는다. 짝 지은 염색체 쌍을 크기가 큰 것부터 작은 것 순서대로 종이에 붙이고, 순서대로 번호를 쓴다. X 염색체는 맨 끝에 붙이고, 그 옆에 짝이 되는 염색체를 붙인다.

(염색체 사진 → 체세포 분열 중기의 염색체 사진을 이용한다. / 염색체 쌍 → 상동 염색체 / X 염색체 → 성염색체)

1. 사람의 체세포에는 46개의 염색체가 들어 있다.
2. 번호를 붙인 염색체는 상염색체이며, 상동 염색체는 번호가 같다.
   ➡ 사람의 상염색체는 22쌍, 44개가 있다. 1번 염색체가 가장 크고, 22번 염색체가 가장 작다.
3. X 염색체와 짝이 되는 염색체가 모양과 크기가 같으면 성염색체 구성이 XX이고, 모양과 크기가 다르면 성염색체 구성이 ◆XY이다.
4. 정상 여자의 염색체 구성은 44+XX이고, 정상 남자의 염색체 구성은 44+XY이다.
5. 핵형 분석을 통해 성별, 염색체 수나 구조 이상 등을 알 수 있다.

◆ 생물종에 따른 염색체 수

생물	염색체 수(개)
사람	46
침팬지	48
개	78
초파리	8
벼	24
감자	48

궁금해?

염색체 수가 같으면 핵형이 같은 것일까?

침팬지와 감자는 염색체 수가 48로 같다. 이처럼 생물종이 달라도 염색체 수가 같은 경우가 있는데, 염색체 수는 같아도 종이 다르면 염색체의 모양과 크기가 다르므로 핵형이 다르다.

염색체 돌연변이가 일어나면 핵형이 다르게 나타날 수 있으므로, 핵형을 분석하여 염색체 이상 여부를 판별할 수 있어요.

◆ **X 염색체와 Y 염색체**

Y 염색체는 X 염색체에 비해 크기가 작다. 남자의 성염색체인 X 염색체와 Y 염색체는 모양과 크기가 다르지만, 생식세포 분열이 일어날 때 접합했다가 나뉘어 각기 다른 정자로 들어가므로 이들도 상동 염색체로 간주한다.

B 염색 분체의 형성과 분리

1. 염색 분체의 형성

(1) **염색 분체:** 세포 분열 전기와 중기에 관찰되는 염색체에서 [1]동원체 부분이 서로 연결되어 있는 각각의 가닥이다.

(2) ◆**염색 분체의 형성:** 한 염색체를 구성하는 두 염색 분체는 DNA가 복제되어 만들어진다. ➡ 한 염색체를 이루는 두 염색 분체는 유전 정보(유전자 구성)가 같다.

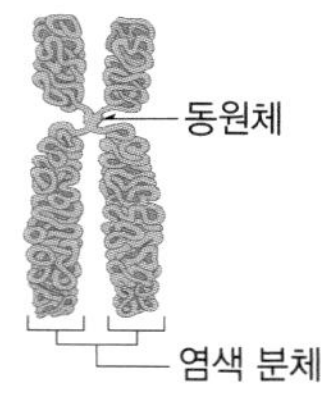

▲ 염색체

◆ **염색 분체의 형성**
한 염색체를 구성하는 2개의 염색 분체는 DNA가 복제되어 형성된 것이다.

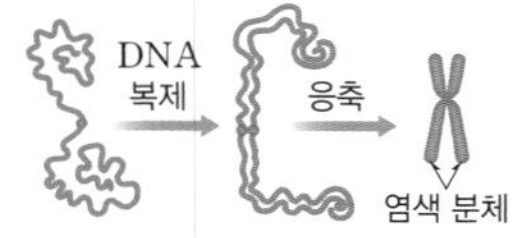

2. 염색 분체의 분리 염색 분체는 세포 분열 시 분리되어 서로 다른 딸세포로 들어간다. ➡ 딸세포 2개의 유전 정보는 모세포와 같다.

| 염색 분체의 형성과 분리 |

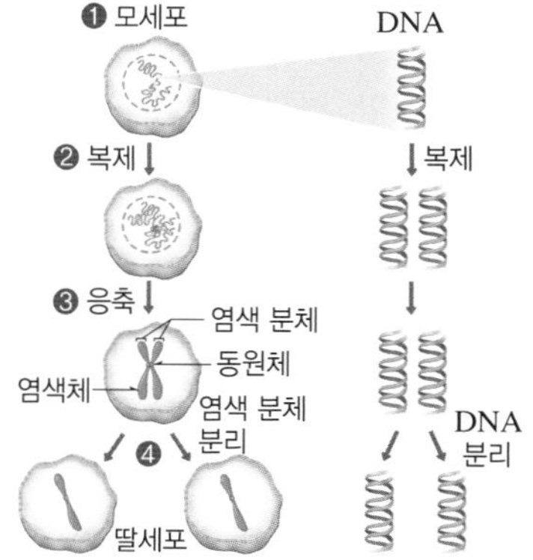

❶ 모세포의 핵 속에는 염색체가 실처럼 풀어진 상태로 있다.
❷ 세포가 분열하기 전에 핵 속에서 DNA가 복제된다. ➡ DNA는 각각 히스톤 단백질과 결합한다.
❸ 세포 분열이 시작되면 핵막이 사라지고 염색체가 응축되어 나타난다.
➡ 염색체는 염색 분체 2개가 동원체에서 붙어 있는 상태이다.
❹ 세포 분열이 진행되면서 염색 분체가 분리되어 각각 다른 딸세포로 들어간다.
➡ 딸세포의 염색체 수는 모세포와 같다.
➡ 염색 분체는 DNA가 복제되어 만들어진 것이므로 유전 정보가 같다. 따라서 딸세포의 유전 정보는 모세포와 같다.

주의해!
대립유전자
대립유전자는 상동 염색체에 있고, 한 염색체를 이루는 두 염색 분체에 있는 유전자는 복제된 것으로 대립 관계(대립유전자)가 아니다.

C 상동 염색체와 대립유전자

1. 염색체와 유전자 염색체를 구성하는 DNA의 특정 부위에 유전자가 있으므로, 유전자는 염색체의 특정한 위치에 있다.

2. 상동 염색체와 대립유전자 대립유전자는 한 가지 형질에 대해 [2]대립 형질이 나타나게 하는 유전자로, 상동 염색체의 같은 위치에 존재한다. 상동 염색체는 부모에게서 하나씩 물려받은 것이므로 특정 형질의 대립유전자는 같을 수도 있고 다를 수도 있다.
대립유전자가 같은 경우를 동형 접합성, 다른 경우를 이형 접합성이라고 한다.

암기해!
상동 염색체와 염색 분체의 유전자 구성
• 상동 염색체: 대립유전자가 같을 수도 있고 다를 수도 있다.
• 염색 분체: DNA가 복제되어 형성되었으므로 유전자 구성이 동일하다.

| 상동 염색체와 대립유전자 |

상동 염색체
A B C D E / A B c D e
대립유전자
염색체의 특정한 위치에 털색의 대립유전자가 있다면, 상동 염색체의 같은 위치에도 털색의 대립유전자가 있다.
한 가지 형질을 결정하는 대립유전자는 DD와 같이 같을 수도 있고(동형 접합성), Ee와 같이 다를 수도 있다(이형 접합성).
세포 분열 전에 DNA가 복제되어 2개의 염색 분체를 형성한다.
복제

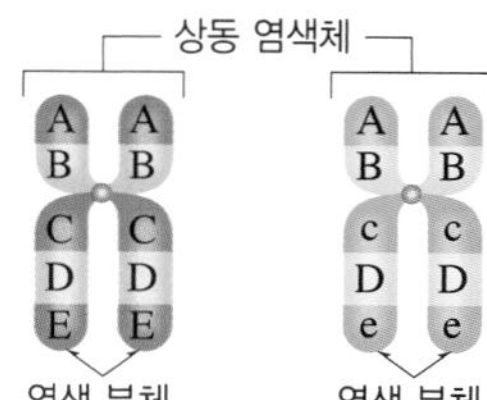

한 염색체를 이루는 두 염색 분체는 유전자 구성이 같다.

(용어)
[1] 동원체(動 움직이다, 原 근원, 體 몸) 세포 분열 시 방추사가 붙어 염색체를 잡아당기는 부분이다.
[2] 대립(對 상대, 立 서다) 형질 서로 대립 관계에 있는 형질이다.

개념 확인 문제

핵심 체크

• 염색체의 구조

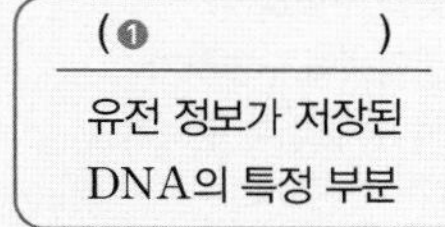
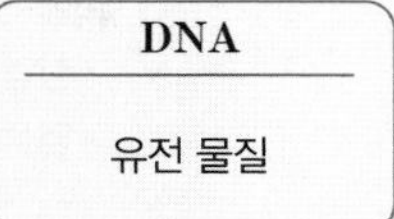

(❶)	⊂	DNA	⊂	(❷)	⊂	유전체
유전 정보가 저장된 DNA의 특정 부분		유전 물질		DNA+히스톤 단백질		한 생물이 가지고 있는 모든 유전 정보

• 사람 체세포의 염색체: (❸) 염색체 23쌍 ➡ 상염색체 22쌍, 성염색체 1쌍
남자는 $2n=44+XY$, 여자는 $2n=44+XX$로 구성

• 염색 분체와 상동 염색체

구분	형성	같은 위치의 유전자	유전자 구성
(❹)	DNA가 복제되어 만들어진다.	복제된 유전자	같다.
(❺)	부모에게서 1개씩 물려받는다.	대립유전자	대립유전자는 같을 수도 있고(동형 접합성) 다를 수도 있다(이형 접합성).

1 그림은 염색체의 구조를 나타낸 것이다.

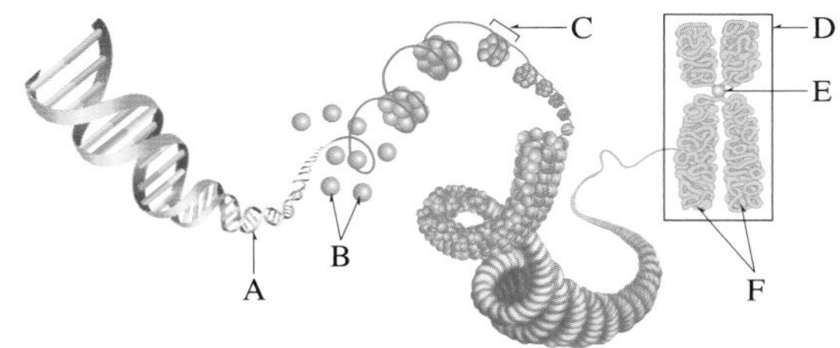

A～F의 이름을 각각 쓰시오.

2 다음 설명과 관련 있는 것을 [보기]에서 고르시오.

보기
ㄱ. 유전자 ㄴ. 유전체 ㄷ. DNA ㄹ. 염색체

(1) 유전 물질과 단백질로 구성
(2) 한 개체가 가지고 있는 모든 유전 정보
(3) 생물의 형질을 결정하는 유전 정보의 단위
(4) 폴리뉴클레오타이드 두 가닥이 나선 모양으로 꼬인 구조

3 사람의 염색체에 대한 설명으로 옳은 것은 ○, 옳지 않은 것은 ×로 표시하시오.

(1) 여자의 체세포에는 상동 염색체가 23쌍 있다. ( )
(2) 남자의 체세포의 핵상과 염색체 수는 $2n=46$이다. ( )
(3) 여자의 성염색체는 모두 어머니에게서 온다. ( )

4 그림은 체세포 분열 과정에서 관찰되는 염색체를 나타낸 것이다. ㉠과 ㉡은 유전자이다. 이에 대한 설명으로 옳은 것은 ○, 옳지 않은 것은 ×로 표시하시오.

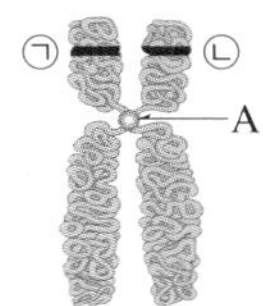

(1) (가)와 (나)는 유전자 구성이 같다. ( )
(2) ㉠의 대립유전자는 ㉡이다. ( )
(3) A는 세포 분열 시 방추사가 붙는 자리이다. ( )
(4) 세포 분열 시 (가)와 (나)는 분리되어 서로 다른 딸세포로 들어간다. ( )

5 상동 염색체에 있는 대립유전자에 대한 설명으로 옳은 것은 ○, 옳지 않은 것은 ×로 표시하시오.

(1) 한 가지 형질을 결정한다. ( )
(2) 대립유전자는 항상 같다. ( )
(3) 대립유전자는 부모에게서 하나씩 물려받는다. ( )

6 그림은 서로 다른 동물 세포의 염색체 구성을 나타낸 것이다.
(가)와 (나)의 핵상과 염색체 수를 각각 쓰시오.

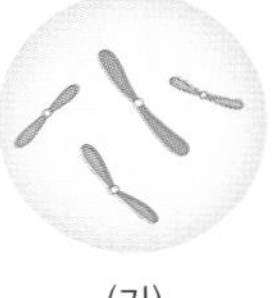
(가)

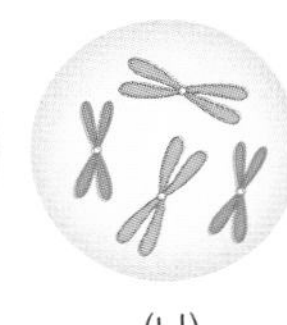
(나)

대표 자료 분석

자료 1 염색체의 구조

기출 Point
- 염색체 구조에서 각 부분의 이름 파악하기
- 염색체 구성 물질 알기
- 염색 분체의 유전자 구성 이해하기

[1~3] 그림은 사람의 염색체 구조를 나타낸 것이다.

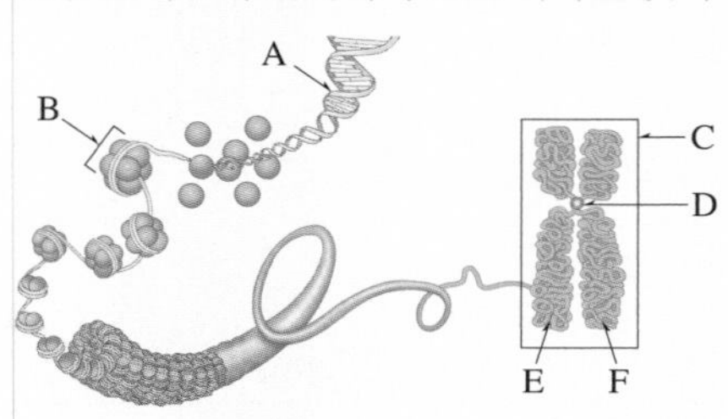

1 A를 구성하는 단위체를 쓰시오.

2 다음은 B에 대한 설명이다. (　　) 안에 알맞은 말을 쓰시오.

> B는 유전 물질인 ㉠(　　　)가 ㉡(　　　)을 감고 있는 구조로, ㉢(　　　)이라고 한다.

3 빈출 선택지로 완벽 정리!

(1) A에는 하나의 유전자가 있다. ········ (○ / ×)

(2) B는 핵 속에서 관찰된다. ········ (○ / ×)

(3) C는 분열하는 세포에서 관찰된다. ········ (○ / ×)

(4) C 하나에는 한 생물의 유전 정보가 모두 저장되어 있다. ········ (○ / ×)

(5) D는 세포 분열 시 방추사가 붙는 자리이다. ········ (○ / ×)

(6) E와 F는 부모에게서 각각 하나씩 물려받은 것이다. ········ (○ / ×)

(7) E와 F의 동일한 위치에 있는 유전자는 서로 같을 수도 있고 다를 수도 있다. ········ (○ / ×)

자료 2 핵형과 핵상

기출 Point
- 핵형으로 생물종 구별하기
- 상염색체와 성염색체 구별하기
- 염색체와 염색 분체의 수 구하기

[1~3] 그림은 서로 다른 종인 동물($2n$=?) A~C의 세포 (가)~(라) 각각에 들어 있는 모든 염색체를 나타낸 것이다. (가)~(라) 중 2개는 A의 세포이고, A와 B의 성은 서로 다르다. A~C의 성염색체는 암컷이 XX, 수컷이 XY이다.

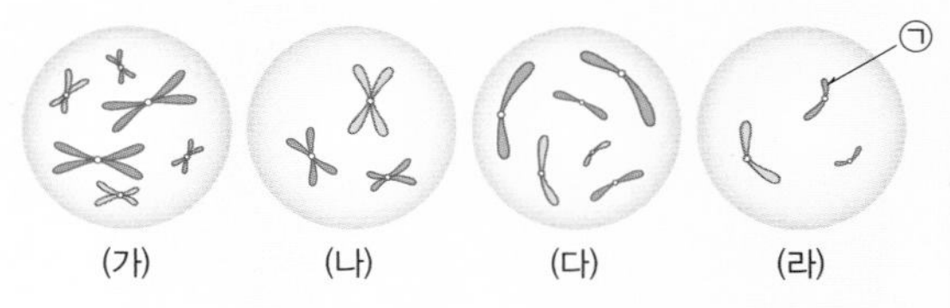

(가)　(나)　(다)　(라)

1 (가)의 핵상과 염색체 수는 $2n=6$이다. (나)~(라)의 핵상과 염색체 수를 각각 쓰시오.

2 (가)~(라) 중 A의 세포 2개를 쓰시오.

3 빈출 선택지로 완벽 정리!

(1) A는 암컷이다. ········ (○ / ×)

(2) A와 C는 성별이 같다. ········ (○ / ×)

(3) A~C의 체세포의 핵상과 염색체 수는 $2n=6$으로 같다. ········ (○ / ×)

(4) B의 체세포의 상염색체 수는 4이다. ········ (○ / ×)

(5) ㉠은 성염색체이다. ········ (○ / ×)

(6) $\frac{\text{(다)의 성염색체 수}}{\text{(나)의 염색 분체 수}}=\frac{2}{3}$이다. ········ (○ / ×)

내신 만점 문제

정답친해 78쪽

A 사람의 염색체와 핵형

01 염색체, DNA, 유전자, 유전체에 대한 설명으로 옳지 않은 것은?

① DNA는 이중 나선 구조이다.
② 염색체는 세포가 분열할 때 응축되어 나타난다.
③ 염색체는 DNA와 히스톤 단백질로 이루어져 있다.
④ 유전자는 하나의 DNA를 구성하는 모든 염기 서열이다.
⑤ 유전체는 한 생물이 가지고 있는 모든 유전 정보이다.

02 그림은 염색체 구조를 나타낸 것이다.

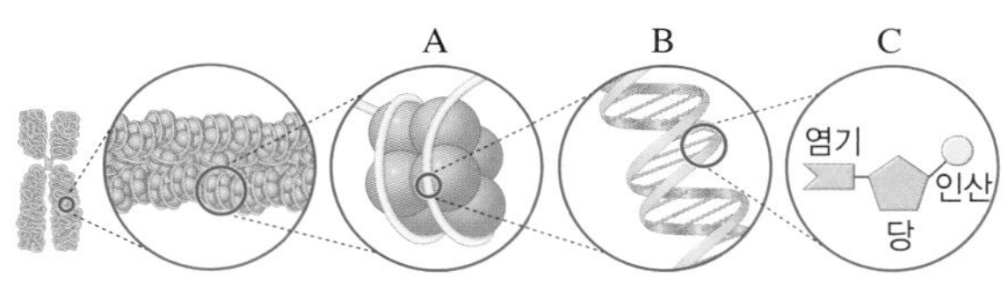

A～C의 이름을 각각 쓰시오.

중요 **03** 그림은 어떤 사람의 체세포에 있는 염색체의 구조를 나타낸 것이다. 이 사람의 어떤 형질에 대한 유전자형은 Aa이다.

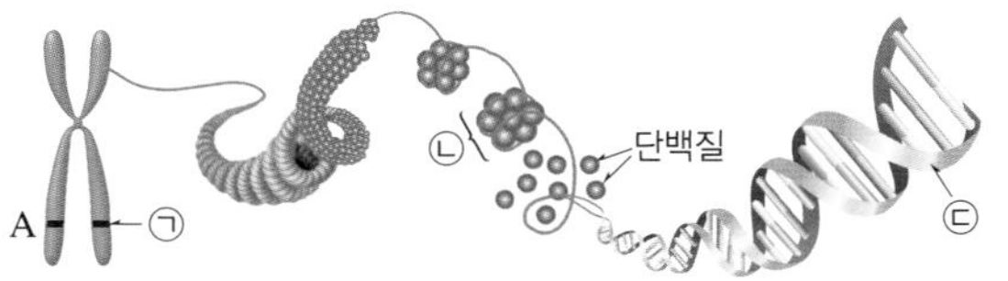

이에 대한 설명으로 옳은 것만을 [보기]에서 있는 대로 고른 것은?

보기
ㄱ. ㉠은 a이다.
ㄴ. ㉡의 구성 성분 중 단백질이 있다.
ㄷ. ㉢은 당, 인산, 염기가 1 : 1 : 1로 구성되어 있다.

① ㄱ ② ㄴ ③ ㄱ, ㄷ
④ ㄴ, ㄷ ⑤ ㄱ, ㄴ, ㄷ

04 그림은 염색체가 응축되는 과정의 일부를 나타낸 것이다.

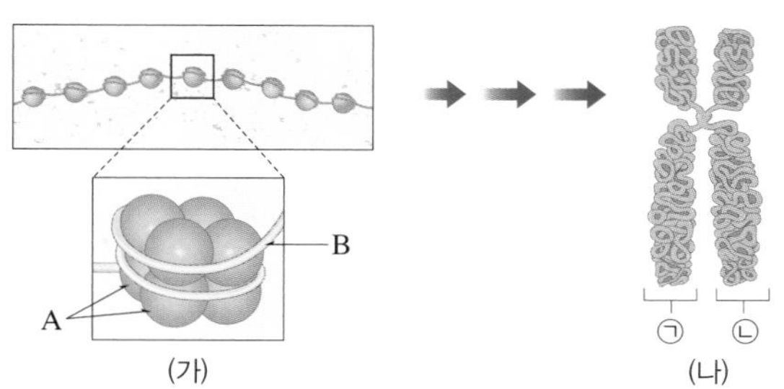

이에 대한 설명으로 옳은 것만을 [보기]에서 있는 대로 고른 것은?

보기
ㄱ. (가)는 뉴클레오솜이다.
ㄴ. A의 단위체는 아미노산이다.
ㄷ. ㉠과 ㉡은 B를 구성하는 두 가닥의 폴리뉴클레오타이드가 각각 응축되어 형성된다.

① ㄱ ② ㄷ ③ ㄱ, ㄴ
④ ㄴ, ㄷ ⑤ ㄱ, ㄴ, ㄷ

중요 **05** 그림은 핵형이 정상인 사람의 피부 세포의 핵형을 분석한 결과를 나타낸 것이다.

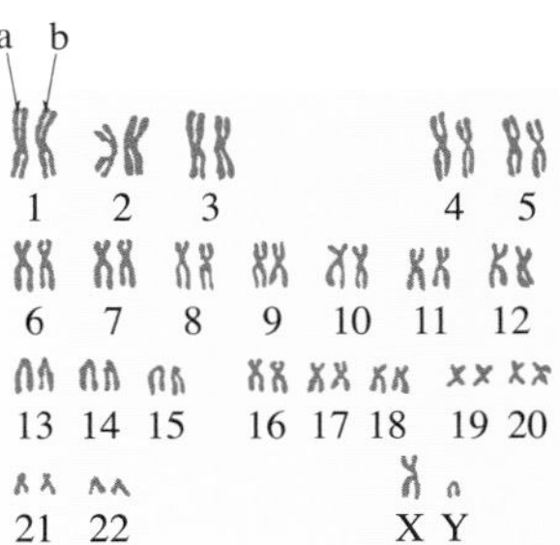

이에 대한 설명으로 옳지 않은 것은?

① 이 사람은 남자이다.
② 체세포에 22쌍의 상염색체가 있다.
③ a와 b는 상동 염색체이다.
④ 피부 세포의 염색체 구성은 22+XY이다.
⑤ 이 사람의 간세포의 핵형도 이와 같다.

중요 06 그림 (가)와 (나)는 두 사람의 핵형을 나타낸 것이다.

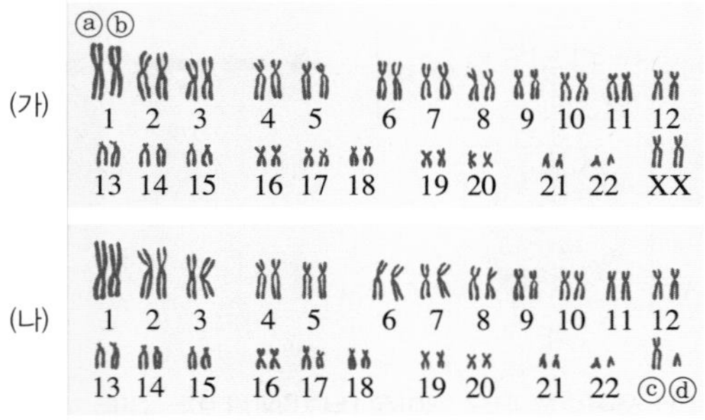

(가)

(나)

이에 대한 설명으로 옳지 않은 것은?

① ⓐ와 ⓑ는 모두 DNA와 단백질로 구성되어 있다.
② ⓒ는 상염색체이고, ⓓ는 성염색체이다.
③ ⓓ는 아버지에게서 물려받은 것이다.
④ $\dfrac{\text{(가)의 X 염색체 수}}{\text{(나)의 X 염색체 수}}=2$이다.
⑤ (가)의 상염색체의 염색 분체 수는 88이다.

서술형 07 핵형 분석을 통해 알 수 있는 것을 두 가지 서술하시오.

08 다음은 사람의 염색체 구성에 대한 설명이다. (   ) 안에 알맞은 말을 쓰거나 고르시오.

> 사람은 체세포 1개당 상염색체 ㉠(   )개와 성염색체 ㉡(   )개를 갖는다. 생식세포인 난자는 상동 염색체 쌍이 ㉢(있고, 없고) 핵상은 ㉣(   )이다.

09 표는 네 종의 생물에서 체세포 1개에 들어 있는 염색체 수를 나타낸 것이다.

생물	초파리	침팬지	벼	감자
염색체 수(개)	8	48	24	48

이에 대한 설명으로 옳은 것은? (단, 돌연변이는 고려하지 않으며, 침팬지의 성염색체 구성은 사람과 같다.)

① 침팬지와 감자의 핵형은 동일하다.
② 체세포 1개의 유전자 수는 감자가 벼의 2배이다.
③ 벼의 체세포 1개에는 12쌍의 대립유전자가 있다.
④ 침팬지의 생식세포 1개에는 23개의 상염색체가 있다.
⑤ 체세포 1개의 DNA 길이는 침팬지가 초파리의 6배이다.

10 그림은 어떤 생물 (가)의 핵형 분석 결과를, 표는 서로 다른 생물종에 속하는 개체 A~C의 체세포 1개당 염색체 수를 나타낸 것이다. (가)는 A~C 중 하나이며, A~C에서 한 개체는 성염색체로 XY를, 나머지 두 개체는 성염색체로 XX를 갖는다. X 염색체는 Y 염색체보다 크다.

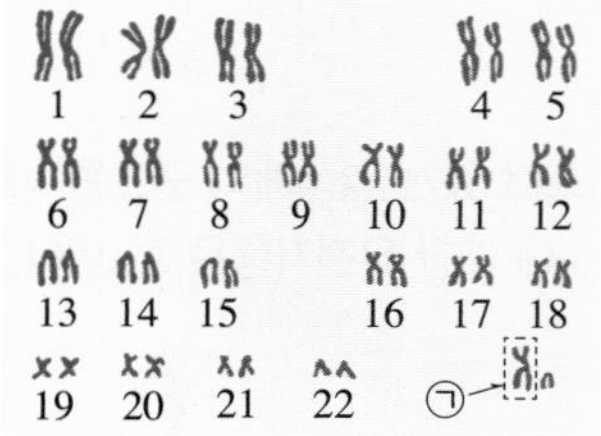

개체	염색체 수(개)
A	24
B	46
C	78

이에 대한 설명으로 옳은 것만을 [보기]에서 있는 대로 고른 것은? (단, 돌연변이는 고려하지 않는다.)

> **보기**
> ㄱ. (가)는 A이다.
> ㄴ. ㉠은 모계로부터 물려받은 염색체이다.
> ㄷ. A~C 중 체세포 1개당 $\dfrac{\text{상염색체 수}}{\text{X 염색체 수}}$가 가장 큰 개체는 C이다.

① ㄴ ② ㄷ ③ ㄱ, ㄴ ④ ㄱ, ㄷ ⑤ ㄴ, ㄷ

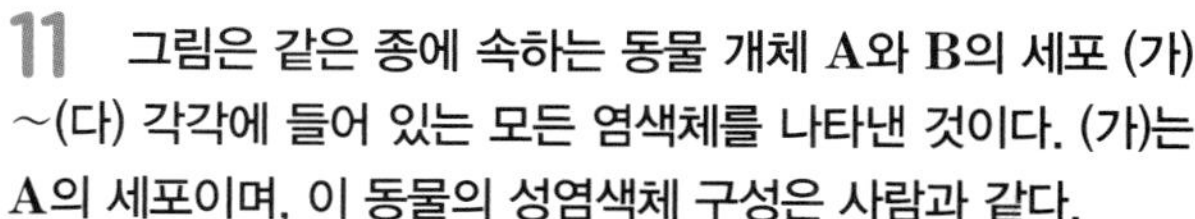

11 그림은 같은 종에 속하는 동물 개체 A와 B의 세포 (가)~(다) 각각에 들어 있는 모든 염색체를 나타낸 것이다. (가)는 A의 세포이며, 이 동물의 성염색체 구성은 사람과 같다.

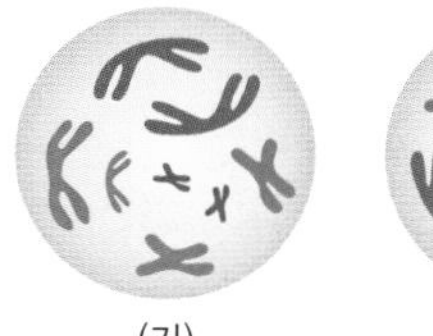
(가)

(나)

(다)

이에 대한 설명으로 옳은 것만을 [보기]에서 있는 대로 고른 것은? (단, 돌연변이는 고려하지 않는다.)

보기
ㄱ. A는 수컷이고, B는 암컷이다.
ㄴ. (가)와 (나)의 핵상은 $2n$으로 같다.
ㄷ. (다)는 B의 세포이다.

① ㄱ ② ㄱ, ㄴ ③ ㄱ, ㄷ
④ ㄴ, ㄷ ⑤ ㄱ, ㄴ, ㄷ

중요 **12** 그림은 서로 다른 개체 A, B, C의 세포 (가)~(라) 각각에 들어 있는 모든 염색체를 나타낸 것이다. A, B, C는 두 가지 종으로 구분되며, 체세포의 염색체 수는 모두 $2n=8$이다. (가)는 A의 세포이고, (나)는 B의 세포이며, (다)와 (라)는 각각 B와 C의 세포 중 하나이다. A~C의 성염색체는 암컷이 XX, 수컷이 XY이다.

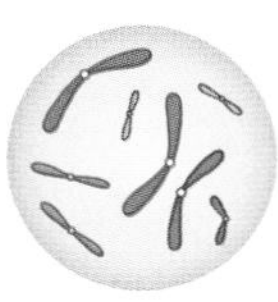
(가)

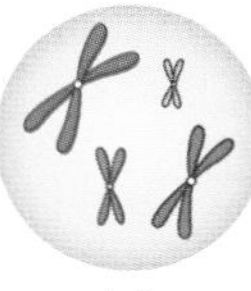
(나)

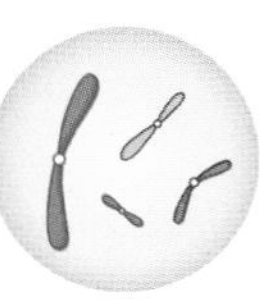
(다)

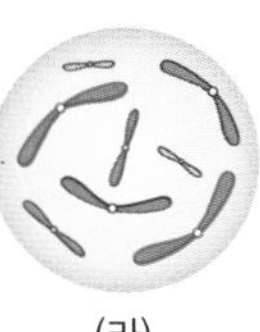
(라)

이에 대한 설명으로 옳은 것은?(단, 돌연변이는 고려하지 않는다.)

① (가)와 (다)는 같은 종의 세포이다.
② (가)와 (라)는 같은 종의 세포이다.
③ X 염색체의 수는 (나)와 (라)가 같다.
④ (다)에는 성염색체가 없다.
⑤ B와 C의 핵형은 같다.

B 염색 분체의 형성과 분리

13 그림은 어떤 동물의 체세포 분열 과정에서 볼 수 있는 두 세포를 나타낸 것이다. (가)와 (나)에는 1번 염색체만을 나타내었다.

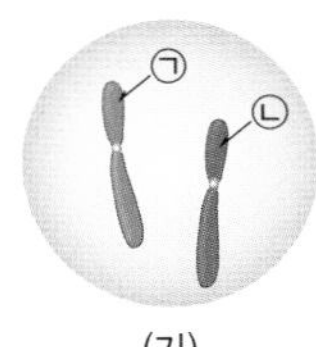

(가)

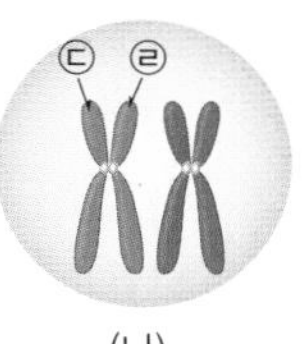

(나)

이에 대한 설명으로 옳은 것만을 [보기]에서 있는 대로 고른 것은?

보기
ㄱ. (가)와 (나)의 1번 염색체 수는 같다.
ㄴ. ㉠은 ㉡이 복제되어 형성된 것이다.
ㄷ. ㉢과 ㉣의 유전자 구성은 같다.
ㄹ. 체세포 분열이 진행되면 ㉢과 ㉣은 분리되어 서로 다른 딸세포로 들어간다.

① ㄱ, ㄴ ② ㄱ, ㄷ ③ ㄷ, ㄹ
④ ㄱ, ㄷ, ㄹ ⑤ ㄴ, ㄷ, ㄹ

중요 **14** 그림은 세포 (가)와 (나) 각각에 들어 있는 모든 염색체를 나타낸 것이다. (가)와 (나)는 각각 동물 A($2n=6$)와 동물 B($2n=?$)의 세포 중 하나이다.

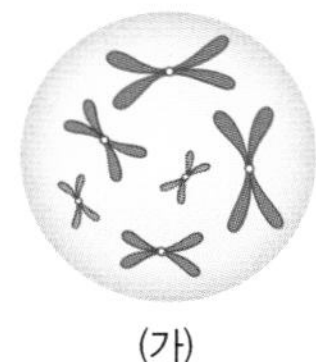
(가)

(나)

이에 대한 설명으로 옳은 것만을 [보기]에서 있는 대로 고른 것은? (단, 돌연변이는 고려하지 않는다.)

보기
ㄱ. (가)는 A의 세포이다.
ㄴ. A와 B는 같은 종에 속한다.
ㄷ. B의 체세포 분열 중기의 세포 1개당 염색 분체 수는 24이다.

① ㄱ ② ㄴ ③ ㄱ, ㄴ
④ ㄱ, ㄷ ⑤ ㄴ, ㄷ

C 상동 염색체와 대립유전자

중요 **15** 그림은 어떤 사람의 상동 염색체 한 쌍을 나타낸 것이다. 이 사람의 어떤 형질에 대한 유전자형은 Aa이다.

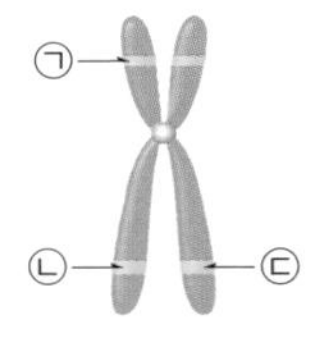

이에 대한 설명으로 옳은 것만을 [보기]에서 있는 대로 고른 것은?

보기
ㄱ. ㉠에는 대립유전자 a가 있다.
ㄴ. ㉡과 ㉢에는 같은 유전자가 있다.
ㄷ. (가)와 (나)는 체세포 분열 시 분리된다.

① ㄴ ② ㄱ, ㄴ ③ ㄱ, ㄷ
④ ㄴ, ㄷ ⑤ ㄱ, ㄴ, ㄷ

서술형 **16** 그림은 염색체 구성이 정상인 사람 ⓐ로부터 세포 (가)를 채취하여 핵형 분석한 결과와 5번 염색체에 존재하는 특정 유전자를 나타낸 것이다. D는 d와, E는 e와 각각 대립유전자이다.

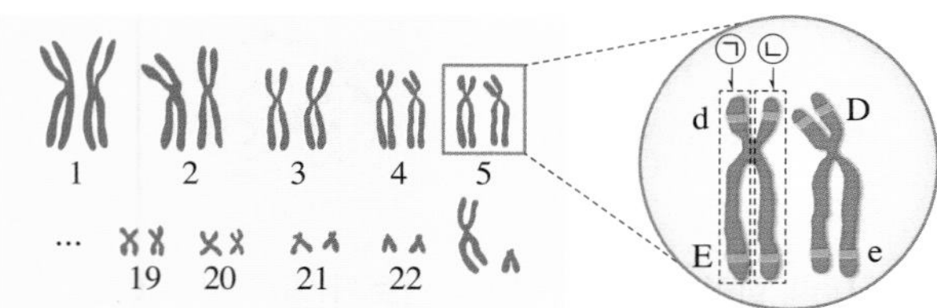

(1) ⓐ의 성별은 무엇인지 근거를 들어 서술하시오.

(2) (가)는 체세포인지 생식세포인지 근거를 들어 서술하시오.

(3) ㉡에 존재하는 대립유전자 두 가지를 쓰고, 그렇게 생각한 근거를 서술하시오.

17 그림 (가)와 (나)는 어떤 동물 수컷과 암컷의 체세포에 들어 있는 염색체와 유전자를 순서 없이 나타낸 것이다. 이 동물의 성염색체 구성은 사람과 같으며, A, a, B, D는 유전자이다.

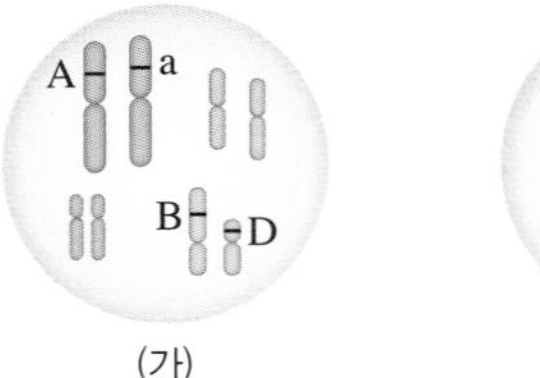

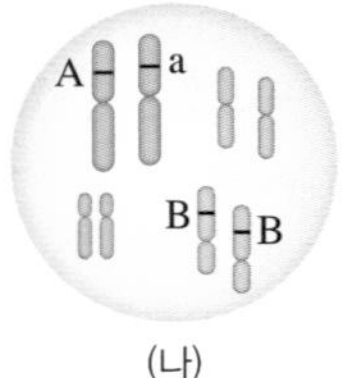

이에 대한 설명으로 옳지 않은 것은?

① A는 상염색체에 있다.
② B는 X 염색체에 있다.
③ B와 D는 각각 다른 형질을 결정한다.
④ D는 수컷에게만 있는 유전자이다.
⑤ (나)가 체세포 분열을 하면 A와 a는 서로 다른 딸세포로 들어간다.

중요 **18** 그림은 같은 종인 동물($2n=6$) Ⅰ과 Ⅱ의 세포 (가)~(라) 각각에 들어 있는 모든 염색체를 나타낸 것이다. (가)~(라) 중 2개는 Ⅰ의 세포이고, 나머지 2개는 Ⅱ의 세포이다. 이 동물의 성염색체는 암컷이 XX, 수컷이 XY이다. 이 동물 종의 특정 형질은 대립유전자 A와 a, B와 b에 의해 결정되며, Ⅰ의 유전자형은 AaBB이고, Ⅱ의 유전자형은 AABb이다. ㉠은 B와 b 중 하나이다.

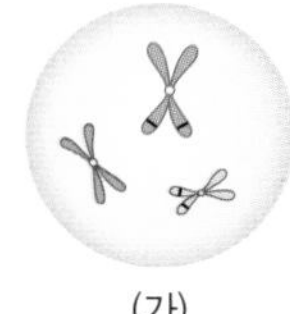

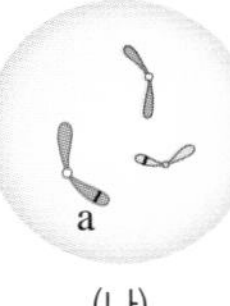

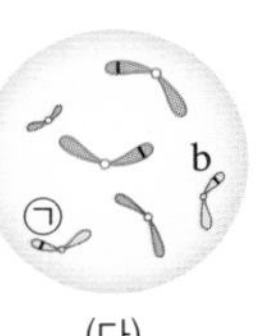

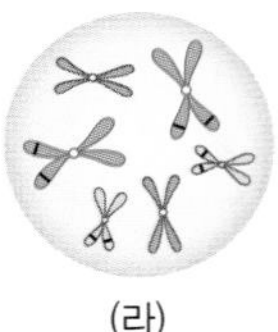

이에 대한 설명으로 옳지 않은 것은? (단, 돌연변이와 교차는 고려하지 않는다.)

① ㉠은 B이다.
② Ⅱ는 수컷이다.
③ (나)와 (라)는 Ⅰ의 세포이다.
④ (가)와 (다)의 핵상은 서로 다르다.
⑤ $\frac{\text{X 염색체 수}}{\text{상염색체 수}}$는 (라)가 (나)보다 크다.

실력 UP 문제

정답친해 81쪽

01 그림은 어떤 사람의 핵형 분석 결과와 염색체의 구조를 나타낸 것이다.

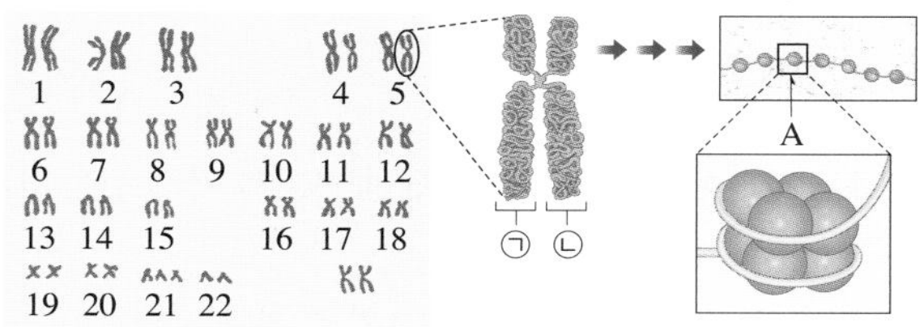

이에 대한 설명으로 옳은 것만을 [보기]에서 있는 대로 고른 것은?

보기
ㄱ. 이 사람 체세포의 핵상과 염색체 수는 $2n=46$이다.
ㄴ. A에 디옥시리보스가 존재한다.
ㄷ. ㉠과 ㉡은 각각 부모에게서 하나씩 물려받은 것이다.

① ㄱ ② ㄴ ③ ㄱ, ㄷ
④ ㄴ, ㄷ ⑤ ㄱ, ㄴ, ㄷ

02 그림은 세포 (가)~(마) 각각에 들어 있는 모든 염색체를 나타낸 것이다. 서로 다른 개체 A, B, C는 2가지 종으로 구분되며, 모두 $2n=6$이다. (가)는 A의 세포이고, (나)는 B의 세포이다. (다), (라), (마)는 각각 B와 C의 세포 중 하나이다. A~C의 성염색체는 암컷이 XX, 수컷이 XY이다.

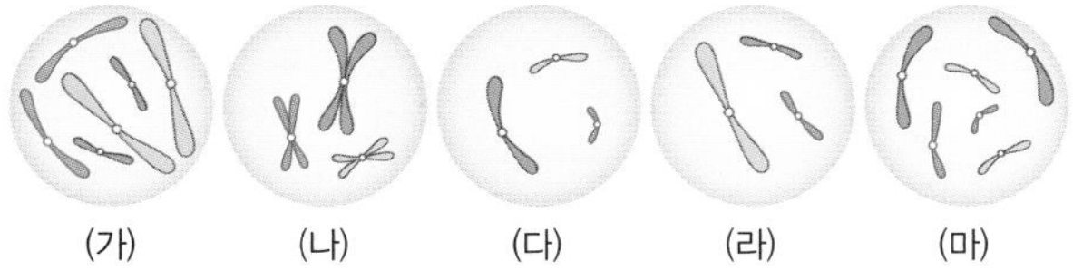
(가) (나) (다) (라) (마)

이에 대한 설명으로 옳은 것만을 [보기]에서 있는 대로 고른 것은? (단, 돌연변이는 고려하지 않는다.)

보기
ㄱ. (가)와 (라)는 같은 종의 세포이다.
ㄴ. B와 C는 성별이 같다.
ㄷ. 세포 1개당 $\frac{\text{상염색체 수}}{\text{X 염색체 수}}$는 (마)가 (가)의 2배이다.

① ㄱ ② ㄴ ③ ㄱ, ㄷ
④ ㄴ, ㄷ ⑤ ㄱ, ㄴ, ㄷ

03 그림은 유전자형이 AabbDd인 사람의 체세포 (가)에 있는 상염색체 중 하나를, 표는 (가)에 들어 있는 유전자 A, b, d의 DNA 상대량을 나타낸 것이다. A는 a와, B는 b와, D는 d와 각각 대립유전자이다.

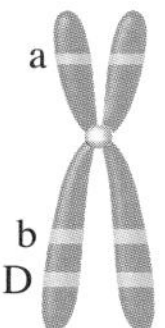

유전자	DNA 상대량
A	2
b	㉠
d	㉡

이에 대한 설명으로 옳은 것만을 [보기]에서 있는 대로 고른 것은? (단, A, b, d 각각의 1개당 DNA 상대량은 1이고, 돌연변이와 교차는 고려하지 않는다.)

보기
ㄱ. ㉠+㉡=6이다.
ㄴ. A와 b는 같은 염색체에 존재한다.
ㄷ. 체세포 분열 시 D와 d는 서로 다른 세포로 들어간다.

① ㄴ ② ㄱ, ㄴ ③ ㄱ, ㄷ
④ ㄴ, ㄷ ⑤ ㄱ, ㄴ, ㄷ

04 그림은 동물($2n=6$) Ⅰ~Ⅲ의 세포 (가)~(라) 각각에 들어 있는 모든 염색체를 나타낸 것이다. Ⅰ~Ⅲ은 2가지 종으로 구분되고, (가)~(라) 중 2개는 암컷의, 나머지 2개는 수컷의 세포이다. Ⅰ~Ⅲ의 성염색체는 암컷이 XX, 수컷이 XY이다. 염색체 ⓐ와 ⓑ 중 하나는 상염색체, 나머지 하나는 성염색체이다. ⓐ와 ⓑ의 모양과 크기는 나타내지 않았다.

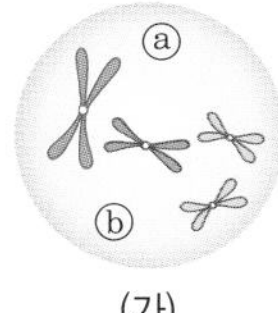

(가)

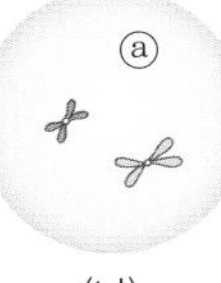

(나)

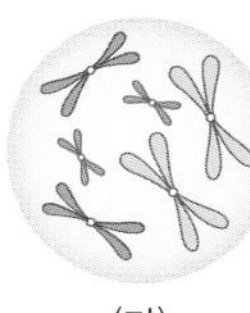
(다)

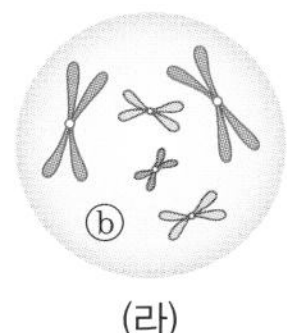

(라)

이에 대한 설명으로 옳은 것만을 [보기]에서 있는 대로 고른 것은? (단, 돌연변이는 고려하지 않는다.)

보기
ㄱ. ⓑ는 X 염색체이다.
ㄴ. (가)는 암컷의 세포이다.
ㄷ. (나)와 (라)는 한 개체의 세포이다.

① ㄱ ② ㄴ ③ ㄱ, ㄷ
④ ㄴ, ㄷ ⑤ ㄱ, ㄴ, ㄷ

2 생식세포의 형성과 유전적 다양성

핵심 포인트
1. 세포 주기 각 단계의 특징 ★★★
2. 감수 1, 2분열의 차이점 ★★★
3. 감수 분열과 DNA양 변화 ★★★
4. 감수 분열과 유전적 다양성 ★★

A 세포 분열

1. 세포 주기 세포 분열로 생긴 딸세포가 생장하여 다시 분열을 마칠 때까지의 기간으로, 간기와 분열기로 구분된다.

(1) **간기:** 세포 주기의 90 % 이상을 차지하며, 세포가 생장하고 DNA가 복제되는 시기이다.
└ 세포가 분열을 계속해도 염색체 수와 세포 소기관의 수 등이 거의 변함이 없는 것은 DNA를 포함한 세포질의 물질이 간기에 증가하기 때문이다.

(2) **분열기:** 핵분열과 세포질 분열이 일어나 딸세포가 만들어진다.

간기	◆G_1기	단백질, 지질 등 여러 가지 세포 구성 물질을 합성하고, 세포 소기관의 수가 증가하면서 세포가 활발하게 생장한다. → G_1기에 빠르게 생장하며, S기와 G_2기에도 생장한다.
	S기	DNA가 복제되어 DNA양이 2배로 증가하는 시기이다.
	G_2기	방추사를 구성하는 단백질이 합성되는 등 세포 분열을 준비하는 시기이다.
분열기 (M기)		• 염색체가 응축되어 막대 모양으로 나타난다. • 핵분열과 세포질 분열이 일어나 딸세포가 만들어진다.

◆ **G, S, M의 의미**
• G: Gap(공백) 또는 Growth(생장)
• S: Synthesis(합성)
• M: Mitosis(분열)

◆ **세포당 DNA양에서 구간별 세포 주기**

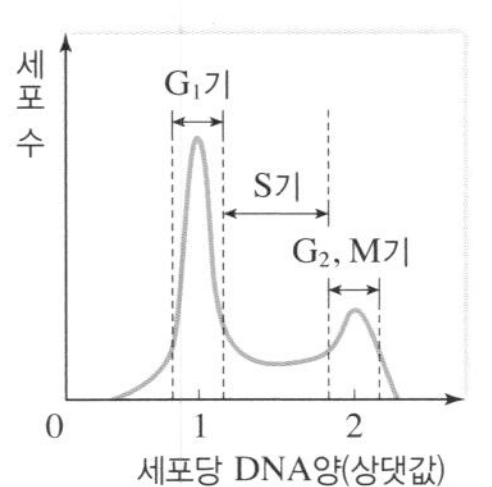

G_1기 세포가 S기를 거쳐 G_2기의 세포가 된다. ➡ G_1기 세포의 DNA 상대량이 1이라면 S기 세포는 1~2이며, G_2기와 M기의 세포는 2가 된다.

세포 주기 197쪽 대표 자료 1

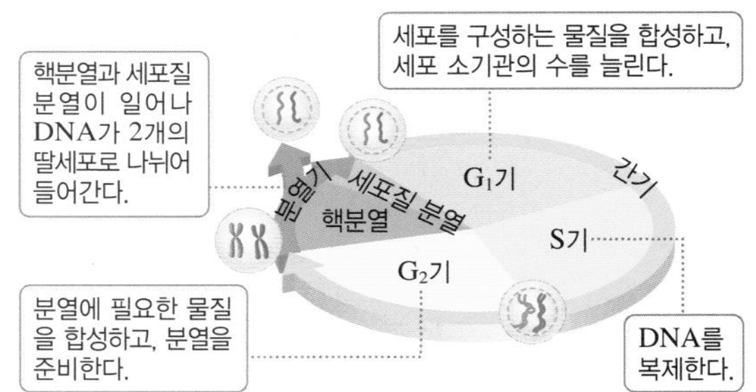

• 간기에는 핵이 관찰되고, 응축된 염색체는 관찰되지 않는다. 응축된 염색체는 분열기(M기)의 핵분열 시기에만 관찰된다.
• 간기의 S기에 DNA가 복제되므로 분열기 전기에 염색체는 2개의 염색 분체가 붙어 있는 형태로 나타난다.
• 더 이상 분열하지 않는 세포는 세포 주기가 G_1기에서 S기로 진행되지 않는다.

암기해!
간기의 DNA양
• S기에 DNA 복제
• G_2기 DNA양 $= 2 \times G_1$기 DNA양

2. 체세포 분열 생물의 생장과 조직의 재생 과정에서 몸을 구성하는 세포의 수를 늘릴 때 일어나는 세포 분열로, 모세포와 동일한 염색체 수와 유전 물질을 가진 2개의 딸세포를 형성한다. 핵분열과 세포질 분열로 구분한다.
└ G_1기

(1) **핵분열:** 염색체의 모양과 행동에 따라 전기, 중기, 후기, 말기로 구분한다.

197쪽 대표 자료 1

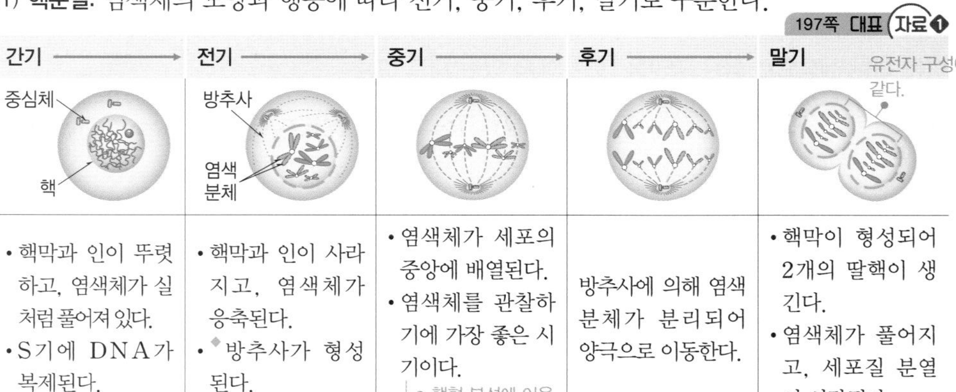

간기	전기	중기	후기	말기
• 핵막과 인이 뚜렷하고, 염색체가 실처럼 풀어져 있다. • S기에 DNA가 복제된다.	• 핵막과 인이 사라지고, 염색체가 응축된다. • ◆방추사가 형성된다.	• 염색체가 세포의 중앙에 배열된다. • 염색체를 관찰하기에 가장 좋은 시기이다. └ 핵형 분석에 이용	방추사에 의해 염색 분체가 분리되어 양극으로 이동한다.	• 핵막이 형성되어 2개의 딸핵이 생긴다. • 염색체가 풀어지고, 세포질 분열이 시작된다.

◆ **방추사의 형성**
동물 세포에서는 2개의 중심립으로 구성된 중심체에서 방추사를 형성한다. 중심체는 간기에 복제된 후 분열기 전기에 양극으로 이동하면서 방추사를 뻗는다. 중심체가 없는 식물 세포에서는 세포의 양극에서 방추사가 뻗어 나온다.

체세포 분열 결과 생성된 딸세포의 염색체 수와 DNA양, 유전 정보는 모세포와 같아요.

(2) **세포질 분열:** 세포질이 나누어지는 과정으로, 동물 세포와 식물 세포에서 다른 방식으로 일어난다. 천재 교과서에만 나와요.

동물 세포 – 세포질 함입	식물 세포 – 세포판 형성
세포질 함입	세포판 형성
세포의 중앙 부근에서 세포질이 안쪽으로 함입되어 세포질이 나누어진다.	세포의 중앙에 세포판이 형성되어 바깥쪽으로 성장하면서 세포질이 나누어진다. ← 세포판에서 새로운 세포벽이 형성된다.

3. ◆생식세포 분열(감수 분열) ❶유성 생식을 하는 생물이 생식 기관에서 생식세포를 형성할 때 일어나는 분열로, 딸세포의 염색체 수가 모세포의 반으로 줄어들어 감수 분열이라고도 한다. DNA 복제 후 연속 2회의 분열이 일어나 4개의 딸세포를 형성한다. (모세포: G_1기) 완자쌤 비법 특강 196쪽

(1) **감수 1분열:** 간기에 DNA 복제 후 진행되며, 상동 염색체가 분리되어 염색체 수가 반으로 줄어든다($2n \rightarrow n$).

(2) **감수 2분열:** DNA 복제 없이 진행되며, 염색 분체가 분리되어 염색체 수가 변하지 않는다($n \rightarrow n$).

197쪽 대표 자료❷

간기 →	감수 1분열(상동 염색체 분리: $2n \rightarrow n$)			
	전기 Ⅰ →	중기 Ⅰ →	후기 Ⅰ →	말기 Ⅰ
S기에 DNA가 복제된다.	핵막이 사라지고, 상동 염색체가 접합하여 ◆2가 염색체를 형성한다.	2가 염색체가 세포 중앙에 배열된다.	상동 염색체가 분리되어 양극으로 이동한다.	세포질 분열이 일어나 모세포($2n$)에 비해 염색체 수가 반감된 딸세포(n) 2개가 형성된다.
	2가 염색체		분리된 상동 염색체	유전자 구성이 다르다.

DNA 복제 없이 감수 2분열이 시작된다.	감수 2분열(염색 분체 분리: $n \rightarrow n$)			
	전기 Ⅱ →	중기 Ⅱ →	후기 Ⅱ →	말기 Ⅱ
감수 1분열 → DNA 복제 ✕ → 감수 2분열	방추사가 형성된다.	2개의 염색 분체로 된 염색체가 세포 중앙에 배열된다.	염색 분체가 분리되어 양극으로 이동한다.	세포질 분열이 일어나 딸세포(n) 4개가 형성된다. ← 모세포에 비해 염색체 수와 DNA양이 반이다.
		염색 분체		유전자 구성이 같다. / 유전자 구성이 같다.

◆ **생식세포 분열**

생식세포 분열이 끝난 딸세포는 생식세포로 분화하고, 다시 분열하지 않기 때문에 세포 주기가 없다. 그러나 체세포 분열에서와 마찬가지로 간기의 S기에 DNA를 복제한 후 감수 1분열(M_1)과 감수 2분열(M_2)을 거쳐 생식세포로 분화한다.

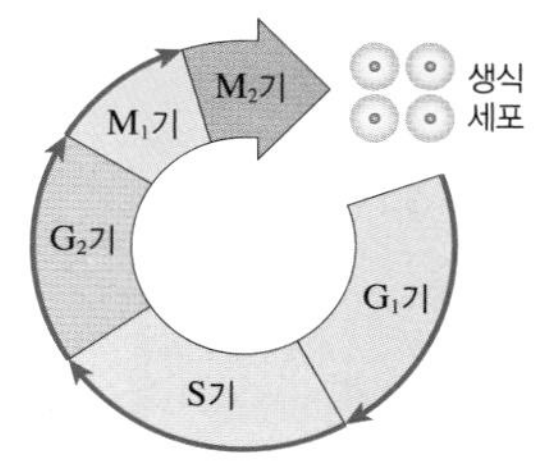

◆ **2가 염색체**

상동 염색체가 접합한 상태의 염색체로, 4분 염색체라고도 한다. 감수 1분열 전기에 형성되어 중기까지 관찰된다.

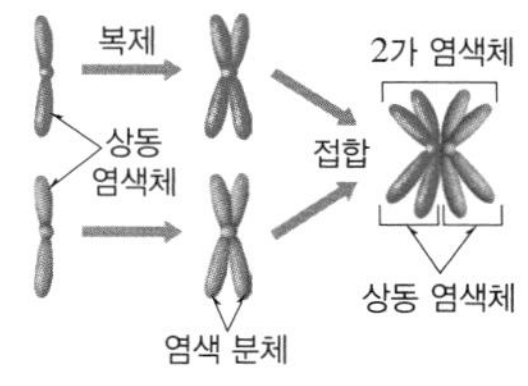

암기해!

상동 염색체가 분리되면
염색체 수는 반감된다($2n \rightarrow n$).
염색 분체가 분리되면
염색체 수는 변화 없다($2n \rightarrow 2n$, $n \rightarrow n$).

(용어)

❶ **유성(有 있다, 性 성) 생식** 암수 개체가 생식세포를 만들고, 그 생식세포가 결합하여 새로운 개체가 되는 생식 방법이다.

암기해!

- **생식세포 분열**
  - 감수 1분열: 염색체 수와 DNA양 반감
  - 감수 2분열: 염색체 수는 변화 없고, DNA양만 반감

생식세포 분열 시 염색체 수와 DNA양의 변화

197쪽 대표 자료 ❷

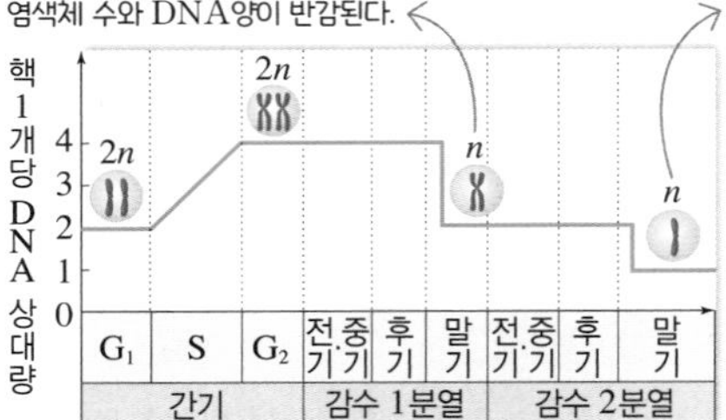

- 염색체 수 변화: 감수 1분열 시에 염색체 수가 반감되고($2n \rightarrow n$), 감수 2분열 시에는 변하지 않는다($n \rightarrow n$). ➡ 딸세포의 염색체 수는 체세포의 반이다.
- DNA양 변화: 간기의 S기에 DNA가 복제되어 2배가 된 후 연속된 2회의 분열로 4개의 딸세포에 균등하게 나뉘어 들어간다. ➡ 딸세포의 DNA양은 체세포의 반이다.

B 생식세포 분열과 유전적 다양성

1. 생식세포 분열의 의의

(1) **염색체 수 유지:** 생식세포 분열 결과 형성된 생식세포는 염색체 수와 DNA양이 체세포의 반이므로 생식세포의 수정으로 생긴 자손은 염색체 수와 DNA양이 어버이와 같다. ➡ 세대를 거듭해도 자손의 염색체 수와 DNA양이 일정하게 유지된다.

(2) **❶유전적 다양성 증가:** 감수 1분열 중기에 상동 염색체(2가 염색체)가 무작위로 배열하고, 각 상동 염색체는 독립적으로 분리되므로 유전적으로 다양한 생식세포가 만들어진다.

자손은 부모로부터 DNA를 각각 절반씩 물려받으므로 자손은 부모를 닮지만, 부모 중 어느 한쪽과도 유전적으로 동일하지 않다.

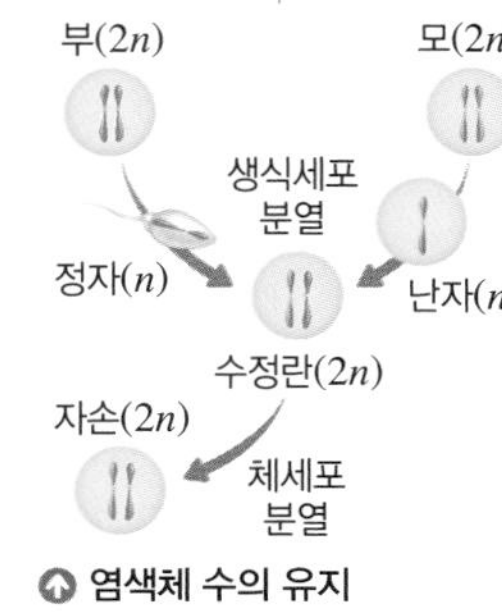

⬆ 염색체 수의 유지

2. ◆자손의 유전적 다양성 획득 — 같은 부모로부터 다양한 자녀가 나올 수 있다.

(1) **유전적으로 다양한 생식세포의 형성:** 생식세포 분열에서 상동 염색체의 무작위 배열과 분리에 의해 유전적으로 다양한 생식세포가 형성된다.

(2) **암수 생식세포의 무작위 수정:** 암수 생식세포가 무작위로 수정하여 다양한 수정란이 형성되어 유전적으로 다양한 자손이 생긴다.

생식세포의 유전적 다양성 획득 원리

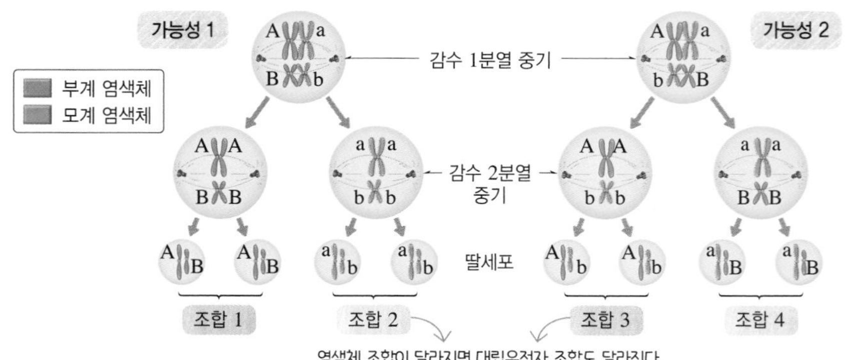

- 2가 염색체가 세포 중앙에 어떻게 배열되는가에 따라 양극으로 이동하는 염색체가 결정된다. ➡ 염색체와 대립유전자의 조합이 다양해진다.
- 이론적으로 생식세포의 염색체 조합은 2^n가지이므로 두 쌍의 상동 염색체를 가진 세포($2n=4$)가 만들 수 있는 생식세포의 염색체 조합은 $2^2=4$가지이다.◆

◆ **자손의 유전적 다양성이 높은 것이 중요한 까닭**
자손의 유전적 다양성이 높으면 환경이 급변할 때 적응하여 살아남을 수 있는 개체가 존재할 확률이 높아진다. 그 결과 생물종이 유지되어 생물 다양성을 보전할 수 있다.

◆ **사람의 염색체 조합**
사람은 23쌍의 염색체를 가지고 있으므로 생식세포의 염색체 조합은 2^{23}(약 8백만)가지이고, 부계와 모계의 생식세포 결합으로 생길 수 있는 자손의 염색체 조합은 $2^{23} \times 2^{23}$(약 70조)가지나 된다.

용어
❶ **유전적 다양성** 한 생물종에 얼마나 다양한 대립유전자가 존재하는가를 뜻한다.

정답친해 82쪽

개념 확인 문제

핵심 체크

- 세포 주기 ┌ (❶): G_1기(세포가 빠르게 생장) → S기(DNA 복제) → G_2기(세포 분열 준비)
  └ 분열기: 핵분열 → 세포질 분열
- 체세포 분열: 간기에 DNA 복제 후 염색 분체가 분리된다. ➡ 딸세포의 염색체 수와 DNA양은 모세포와 (❷).
- 생식세포 분열

시기	간기	감수 1분열	감수 2분열
변화	DNA 복제	(❸) 분리	(❹) 분리
염색체 수	변화 없음($2n \rightarrow 2n$)	반감($2n \rightarrow n$)	변화 없음($n \rightarrow n$)
DNA양	2배로 증가(1 → 2)	반감(2 → 1)	(❺)

1 그림은 어떤 세포의 세포 주기를 나타낸 것이다. ㉠~㉢은 각각 S기, G_1기, G_2기 중 하나이다.

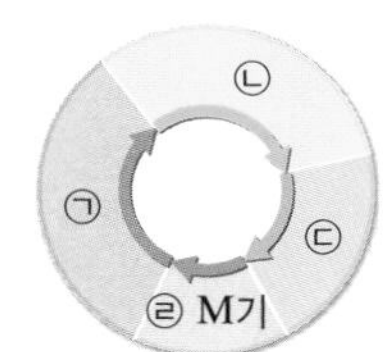

(1) ㉠~㉢ 시기의 이름을 각각 쓰시오.

(2) DNA 복제가 일어나는 시기의 기호를 쓰시오.

(3) 세포의 생장이 일어나는 시기의 기호를 있는 대로 쓰시오.

(4) 막대 모양의 염색체가 관찰되는 시기의 기호를 있는 대로 쓰시오.

2 그림은 체세포 분열 과정을 순서 없이 나열한 것이다.

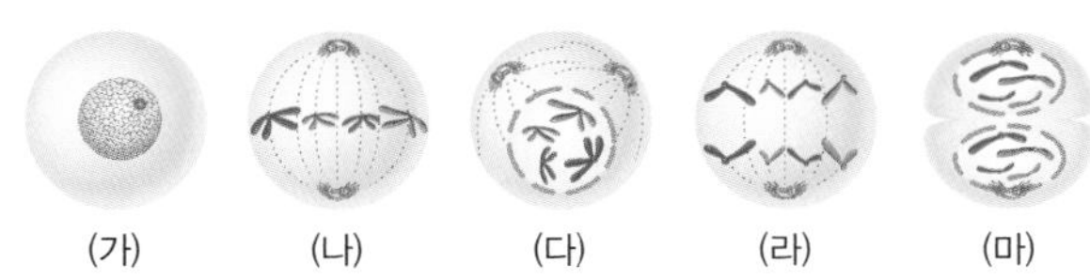

(1) 분열 과정을 간기부터 순서대로 나열하시오.

(2) 염색체를 관찰하기에 가장 좋은 시기의 기호를 쓰시오.

3 생식세포 분열에 대한 설명으로 옳은 것은 ○, 옳지 않은 것은 ×로 표시하시오.

(1) 생물의 생장과 조직 재생 과정에서 일어난다. ( )

(2) 연속된 2회의 분열로 모세포 1개에서 딸세포 4개가 형성된다. ( )

(3) 감수 1분열 전기에 2가 염색체를 형성한다. ( )

(4) 감수 1분열과 감수 2분열 시작 전에 각각 DNA 복제가 일어난다. ( )

4 표는 체세포 분열과 생식세포 분열을 비교한 것이다. ( ) 안에 알맞은 말을 쓰시오.

구분	분열 횟수	딸세포 수	핵상 변화	딸세포의 DNA양
체세포 분열	1회	㉡( )개	$2n \rightarrow 2n$	모세포와 동일
생식세포 분열	㉠( )회	㉢( )개	$2n \rightarrow$ ㉣( )	㉤( )

5 그림은 생식세포 분열이 일어날 때 핵 1개당 DNA 상대량의 변화를 나타낸 것이다.

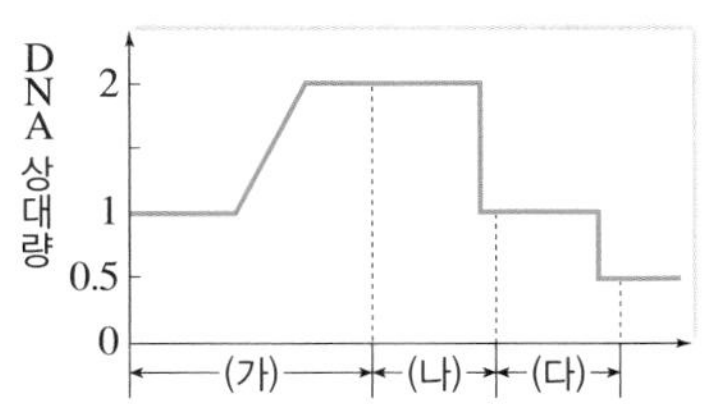

(1) 상동 염색체가 분리되어 염색체 수가 반으로 줄어드는 시기의 기호를 쓰시오.

(2) 염색체 수는 변하지 않고 DNA양만 반으로 줄어드는 시기의 기호를 쓰시오.

6 생식세포 분열에서 생식세포의 유전적 다양성이 증가하는 것과 가장 관련 깊은 시기를 쓰시오.

7 체세포의 염색체 수가 $2n=8$인 어떤 동물에서 만들어지는 생식세포의 염색체 조합은 이론적으로 몇 가지인지 쓰시오.

완자쌤 비법 특강

체세포 분열과 생식세포 분열 비교

체세포 분열과 생식세포 분열을 비교하는 문제는 시험에 자주 출제된답니다. 지금까지 학습한 체세포 분열과 생식세포 분열 과정을 떠올리며 차근차근 비교해 보아요.

구분	체세포 분열	생식세포 분열(감수 분열)
분열 모습	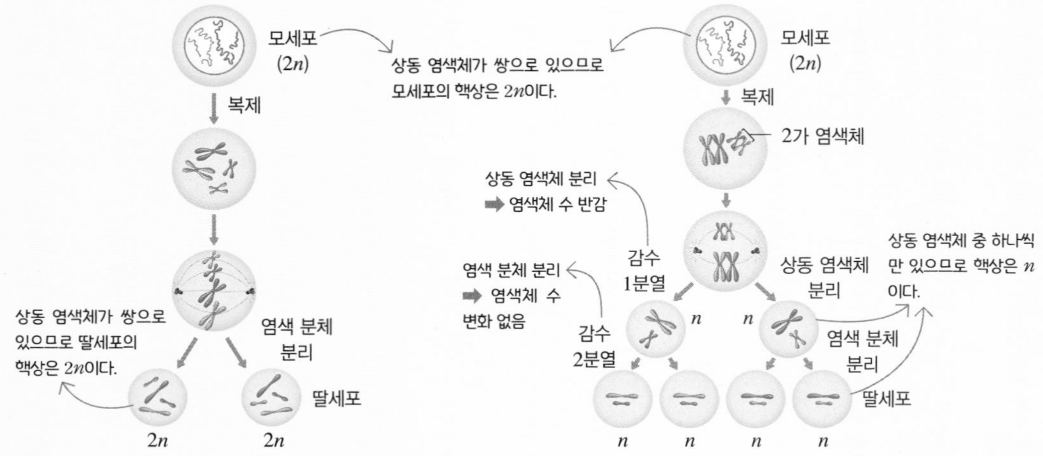 모세포 ($2n$) 복제 염색 분체 분리 딸세포 $2n$ $2n$ 상동 염색체가 쌍으로 있으므로 딸세포의 핵상은 $2n$이다.	상동 염색체가 쌍으로 있으므로 모세포의 핵상은 $2n$이다. 모세포 ($2n$) 복제 2가 염색체 상동 염색체 분리 ➡ 염색체 수 반감 감수 1분열 상동 염색체 분리 n n 염색 분체 분리 ➡ 염색체 수 변화 없음 감수 2분열 염색 분체 분리 상동 염색체 중 하나씩만 있으므로 핵상은 n이다. 딸세포 n n n n
분열 횟수	1회	연속 2회 → 감수 1분열이 끝난 후 DNA 복제 없이 감수 2분열 진행
딸세포 수	2개	4개
핵상 변화	변화 없음: $2n \rightarrow 2n$ └ 염색 분체가 분리되므로 분열 결과 형성되는 딸세포의 염색체 수는 모세포와 같다.	반감: $2n \rightarrow n$ • 감수 1분열: 상동 염색체 분리 ➡ 염색체 수 반감($2n \rightarrow n$) • 감수 2분열: 염색 분체 분리 ➡ 염색체 수 변화 없음($n \rightarrow n$)
DNA양 변화	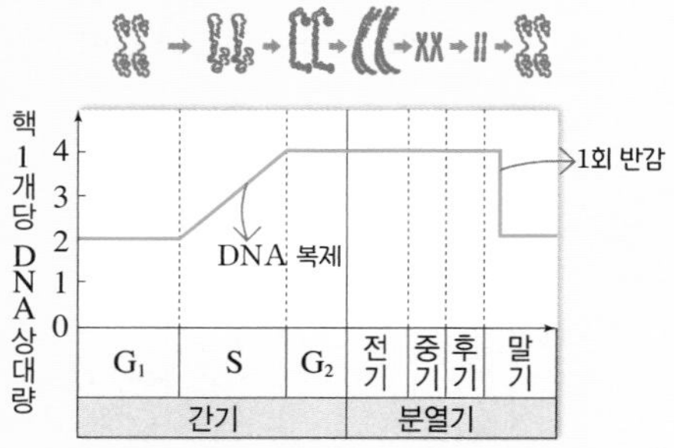 핵 1개당 DNA 상대량 (0~4) DNA 복제 1회 반감 G_1 / S / G_2 / 전기 / 중기 / 후기 / 말기 간기 / 분열기	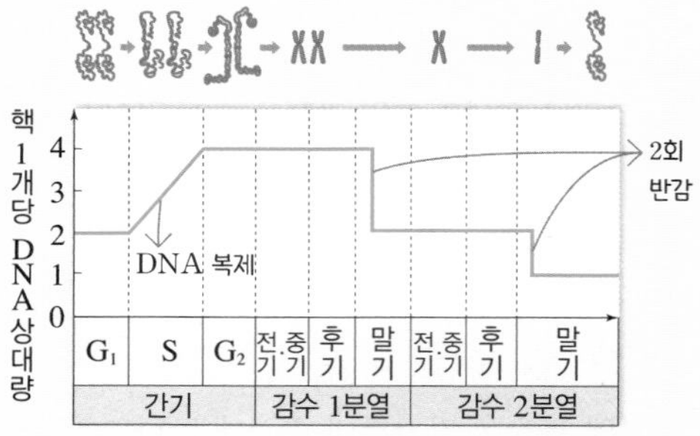 핵 1개당 DNA 상대량 (0~4) DNA 복제 2회 반감 G_1 / S / G_2 / 전기 / 중기 / 후기 / 말기 / 전기 / 중기 / 후기 / 말기 간기 / 감수 1분열 / 감수 2분열
의의	모세포와 동일한 딸세포를 형성하여 세포의 수를 증가시킴으로써 생장, 손상 부위의 재생, 기관 유지 등이 가능하게 한다.	• 유전 물질의 양 유지: 체세포에 비해 염색체 수와 DNA양이 반인 생식세포를 형성함으로써 세대를 거듭해도 염색체 수와 DNA양이 부모와 같게 유지된다. • 유전적 다양성 증가: 감수 1분열에 상동 염색체의 무작위 배열과 분리로 유전적 다양성이 증가한다.
주요 특징	• 2가 염색체가 형성되지 않는다. • 후기에 염색 분체가 분리된다. • 딸세포의 핵상이 $2n$이다.	• 감수 1분열 전기에 2가 염색체가 형성된다. • 감수 1분열에 상동 염색체가 분리되고, 감수 2분열에 염색 분체가 분리된다. • 딸세포의 핵상이 n이다.

Q1 체세포 분열과 생식세포 분열에서 핵 1개당 DNA 상대량의 변화를 시기를 포함하여 나타내시오.(단, G_1기의 DNA 상대량을 2로 한다.)

대표 자료 분석

정답친해 82쪽

자료 ① 세포 주기와 체세포 분열

기출 Point
- 세포 주기의 각 단계에서 일어나는 현상 파악하기
- 체세포 분열의 각 시기별 특징 알기
- 세포 주기와 체세포 분열 연결하여 이해하기

[1~3] 그림 (가)는 어떤 동물 체세포의 세포 주기를, (나)는 이 동물의 체세포 분열 과정 중 어느 한 시기에서 관찰되는 세포를 나타낸 것이다. ㉠~㉢은 각각 G_2기, M기, S기 중 하나이다.

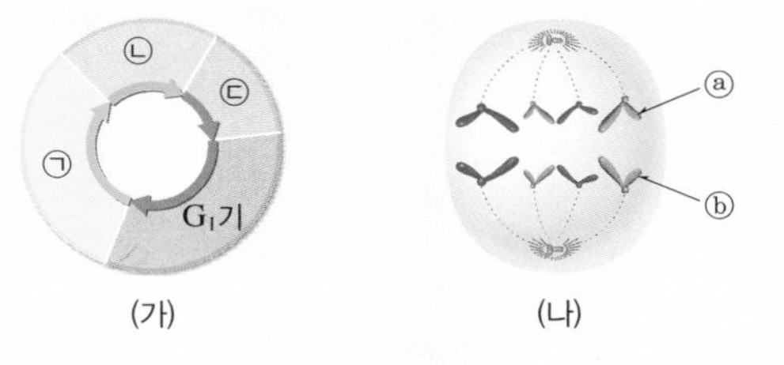

(가) (나)

1 (나)의 세포는 (가)의 ㉠~㉢ 중 어느 시기에 관찰할 수 있는지 쓰시오.

2 (나)의 DNA 상대량을 2라고 할 때, G_1기와 ㉡ 시기에 있는 세포의 DNA 상대량을 각각 쓰시오.

3 빈출 선택지로 완벽 정리!

(1) 세포의 생장은 G_1기에만 일어난다. (○ / ×)
(2) ㉠ 시기에 DNA 복제가 일어난다. (○ / ×)
(3) 핵상은 G_1기의 세포와 (나) 시기의 세포가 같다. (○ / ×)
(4) ⓐ와 ⓑ는 유전자 구성이 같다. (○ / ×)
(5) ⓐ와 ⓑ는 부모에게서 각각 하나씩 물려받은 것이다. (○ / ×)
(6) (나)에서 세포 분열이 진행될수록 중심체와 염색체 사이의 거리가 짧아진다. (○ / ×)
(7) (나)에서 세포 분열이 완료되어 만들어진 딸세포의 염색체 수는 모세포의 반이다. (○ / ×)

자료 ② 생식세포 분열

기출 Point
- 생식세포 분열의 각 시기별 특징 알기
- 생식세포 분열 과정에서 염색체 수와 DNA양 변화 이해하기
- 생식세포 분열의 의의 알기

[1~3] 그림 (가)와 (나)는 어떤 동물 암컷의 생식세포 분열 과정에서 볼 수 있는 두 세포의 모습을, (다)는 생식세포 분열 과정에서 핵 1개당 DNA양의 변화를 나타낸 것이다. (가), (나)는 세포에 있는 모든 염색체를 나타내었다.

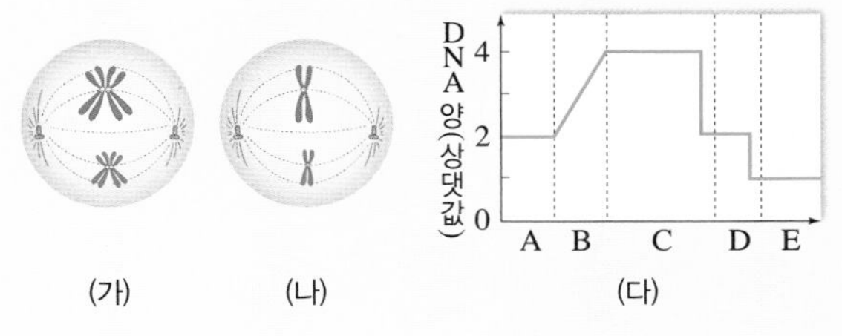

(가) (나) (다)

1 (가)와 (나)는 각각 생식세포 분열 과정 중 어느 시기에 해당하는지 쓰시오.

2 다음 설명에 해당하는 시기를 (다)에서 찾아 기호를 쓰시오.

(1) DNA가 복제되는 시기
(2) 상동 염색체가 접합하는 시기

3 빈출 선택지로 완벽 정리!

(1) (가)의 핵상은 $2n$이다. (○ / ×)
(2) (가)의 DNA양은 (나)의 2배이다. (○ / ×)
(3) (가)는 (다)의 C 시기에 볼 수 있다. (○ / ×)
(4) (가)에서 분열이 진행되면 염색 분체가 양극으로 이동한다. (○ / ×)
(5) (나)에서 염색체의 배열과 분리에 따라 생식세포의 유전적 다양성이 증가한다. (○ / ×)
(6) 이 동물의 생식세포의 염색체 수는 2이다. (○ / ×)
(7) (가)와 (나)는 이 동물의 난소에서 볼 수 있다. (○ / ×)

내신 만점 문제

A 세포 분열

01 그림은 어떤 동물 체세포의 세포 주기를 나타낸 것이다. ㉠~㉢은 각각 G_2기, M기, S기 중 하나이다.
이에 대한 설명으로 옳은 것만을 [보기]에서 있는 대로 고른 것은?

[보기]
ㄱ. ㉠ 시기에 핵막이 소실된다.
ㄴ. 세포 1개당 $\frac{㉡ \text{ 시기의 DNA양}}{G_1\text{기의 DNA양}}$은 1보다 크다.
ㄷ. ㉢ 시기에 상동 염색체의 접합과 분리가 일어난다.

① ㄴ ② ㄷ ③ ㄱ, ㄴ
④ ㄱ, ㄷ ⑤ ㄴ, ㄷ

중요 **02** 그림 (가)는 사람에서 체세포의 세포 주기를, (나)는 사람의 체세포에 있는 염색체의 구조를 나타낸 것이다. ㉠~㉢은 각각 G_1기, M기, S기 중 하나이다.

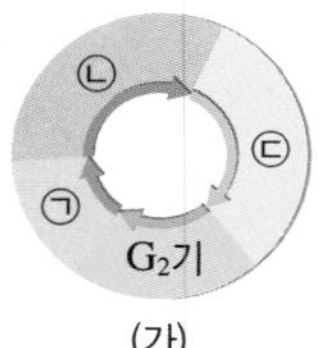

(가)

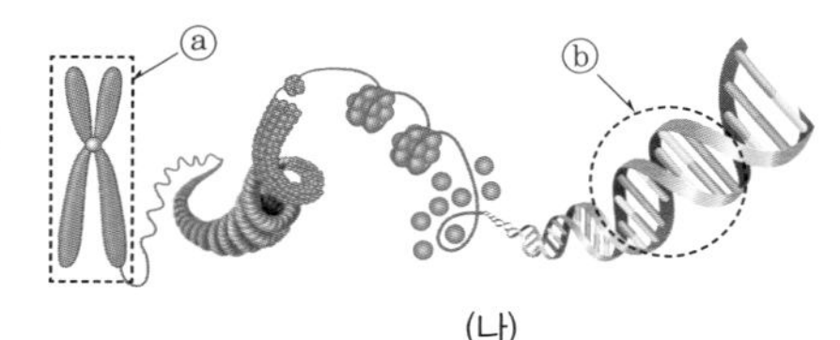

(나)

이에 대한 설명으로 옳은 것만을 [보기]에서 있는 대로 고른 것은?

[보기]
ㄱ. ㉠ 시기에 ⓐ가 관찰된다.
ㄴ. ㉡ 시기에 핵 속에서 DNA 복제가 일어난다.
ㄷ. ⓑ는 인산, 당, 염기로 구성된다.

① ㄱ ② ㄴ ③ ㄱ, ㄷ
④ ㄴ, ㄷ ⑤ ㄱ, ㄴ, ㄷ

03 체세포 분열에 대한 설명으로 옳은 것은?

① 분열기는 일반적으로 간기에 비해 길다.
② 전기에 상동 염색체가 접합한다.
③ 중기는 다른 시기에 비해 길어 염색체를 관찰하기 좋다.
④ 후기에 염색 분체가 분리되어 양극으로 이동한다.
⑤ 말기에 핵막이 사라지고 방추사가 나타난다.

04 그림은 분열 과정에 있는 어떤 동물의 체세포에 있는 모든 염색체를 나타낸 것이다.
이에 대한 설명으로 옳은 것만을 [보기]에서 있는 대로 고른 것은?

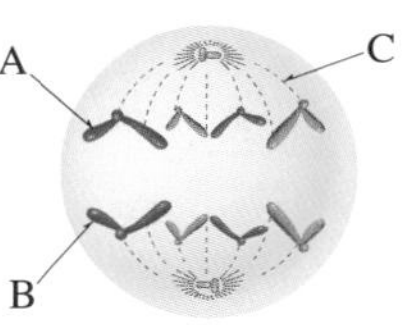

[보기]
ㄱ. A와 B의 유전자 구성은 같다.
ㄴ. 분열이 진행될수록 C의 길이는 짧아진다.
ㄷ. 이 동물의 생식세포에는 4개의 염색체가 있다.

① ㄱ ② ㄷ ③ ㄱ, ㄴ
④ ㄴ, ㄷ ⑤ ㄱ, ㄴ, ㄷ

서술형 **05** 그림은 어떤 세포의 세포질 분열 모습을 나타낸 것이다.
이 세포는 동물 세포와 식물 세포 중 무엇에 해당하는지 쓰고, 그렇게 생각한 근거를 서술하시오.

중요 **06** 그림 (가)는 어떤 동물($2n=4$)의 세포 주기를, (나)는 이 동물의 분열 중인 세포를 나타낸 것이다. ㉠~㉢은 각각 G_1기, M기, S기 중 하나이고, 이 동물의 특정 형질에 대한 유전자형은 Rr이며, R와 r는 대립유전자이다.

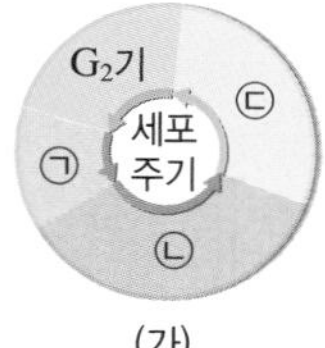

(가)

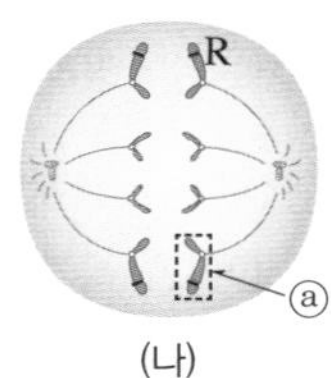

(나)

이에 대한 설명으로 옳은 것만을 [보기]에서 있는 대로 고른 것은?

[보기]
ㄱ. (나)는 ㉠ 시기에 관찰된다.
ㄴ. ㉢ 시기에 DNA양이 2배로 증가한다.
ㄷ. ⓐ에는 r가 있다.

① ㄱ ② ㄷ ③ ㄱ, ㄴ
④ ㄴ, ㄷ ⑤ ㄱ, ㄴ, ㄷ

07 그림 (가)는 어떤 식물의 체세포의 세포 주기를, (나)는 이 식물의 체세포 분열 과정에 있는 세포들을 나타낸 것이다. ㉠과 ㉡은 각각 G_1기와 G_2기 중 하나이고, 이 식물의 특정 형질에 대한 유전자형은 Tt이며, T와 t는 대립유전자이다.

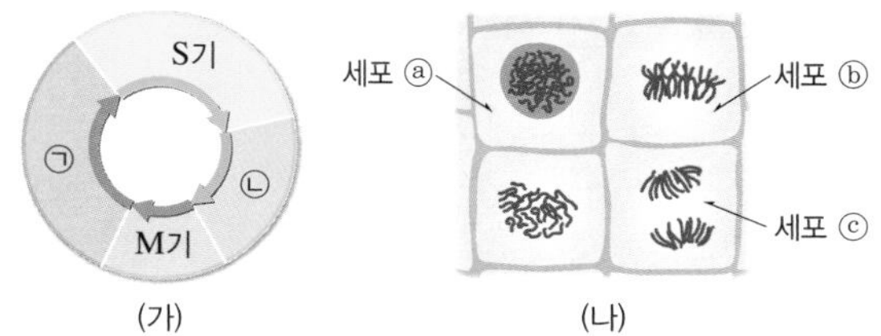

이에 대한 설명으로 옳지 않은 것은? (단, 돌연변이는 고려하지 않는다.)

① ㉠ 시기의 세포는 ⓐ와 같은 모습을 나타낸다.
② ㉡ 시기에 막대 모양의 염색 분체가 관찰된다.
③ 세포 ⓒ에서는 염색 분체가 분리되고 있다.
④ 세포 ⓑ와 ⓒ는 M기에 해당한다.
⑤ 세포 1개당 T의 수는 ㉡ 시기의 세포와 세포 ⓑ가 같다.

08 생식세포 분열에 대한 설명으로 옳은 것만을 [보기]에서 있는 대로 고른 것은? (단, 돌연변이는 고려하지 않는다.)

보기
ㄱ. 감수 1분열에서 2가 염색체가 형성된다.
ㄴ. 감수 1분열에서 세포 1개당 염색체 수가 반으로 줄어든다.
ㄷ. 감수 2분열에서 상동 염색체가 분리되어 양극으로 이동한다.
ㄹ. 감수 분열로 형성된 4개의 딸세포는 유전자 구성이 모두 다르다.

① ㄱ, ㄴ ② ㄱ, ㄹ ③ ㄴ, ㄷ
④ ㄱ, ㄷ, ㄹ ⑤ ㄴ, ㄷ, ㄹ

중요 **09** 그림 (가)는 어떤 동물($2n=8$)의 생식세포가 형성되는 과정을, (나)는 세포 ㉠~㉣ 중 하나를 나타낸 것이다. ㉠은 G_1기, ㉡과 ㉢은 중기의 세포이다.

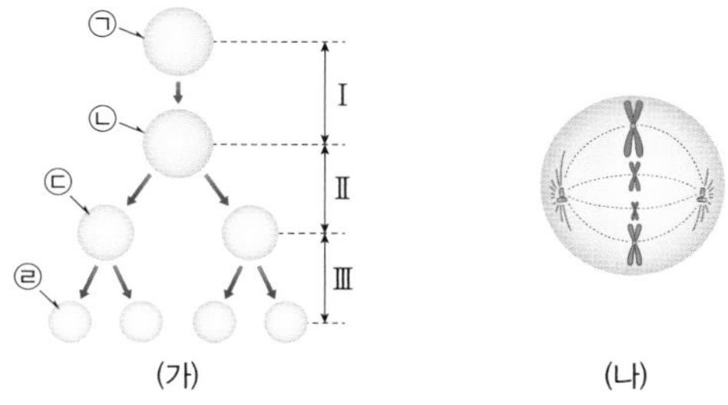

이에 대한 설명으로 옳은 것만을 [보기]에서 있는 대로 고른 것은? (단, 돌연변이는 고려하지 않는다.)

보기
ㄱ. (나)는 ㉡이다.
ㄴ. Ⅲ에서 세포 1개당 염색체 수가 반으로 줄어든다.
ㄷ. ㉣의 DNA 상대량은 ㉡의 $\frac{1}{4}$이다.

① ㄱ ② ㄷ ③ ㄱ, ㄴ
④ ㄱ, ㄷ ⑤ ㄴ, ㄷ

서술형 **10** 그림 (가)~(다)는 어떤 동물($2n=4$)에서 감수 1분열, 감수 2분열, 체세포 분열 과정의 일부를 순서 없이 나타낸 것이다.

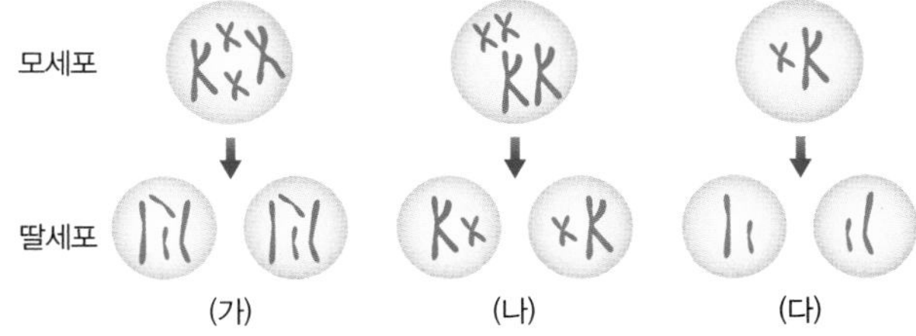

(1) (가)~(다)는 각각 어떤 분열인지 쓰시오.

(2) (가)~(다)에서 모세포와 딸세포의 핵상과 DNA 상대량 변화를 각각 서술하시오.

11 그림 (가)와 (나)는 어떤 동물($2n=4$)에서 관찰되는 두 종류의 세포를 나타낸 것이다.

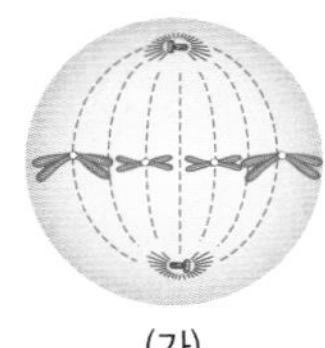
(가)

(나)

이에 대한 설명으로 옳은 것만을 [보기]에서 있는 대로 고른 것은?

보기
ㄱ. (가)와 (나)의 핵상은 같다.
ㄴ. 상처 부위가 재생될 때 (가)와 같은 분열이 일어난다.
ㄷ. (나)는 감수 2분열 중기의 모습이다.

① ㄱ ② ㄷ ③ ㄱ, ㄴ
④ ㄴ, ㄷ ⑤ ㄱ, ㄴ, ㄷ

중요 **12** 그림 (가)는 핵상이 $2n$인 어떤 동물 세포가 분열하는 동안 핵 1개당 DNA양의 변화를, (나)는 (가)의 어떤 시기에서 관찰되는 일부 염색체를 나타낸 것이다.

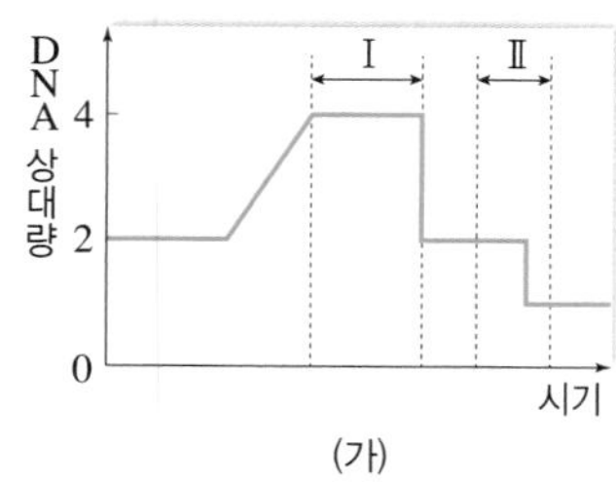

(가)

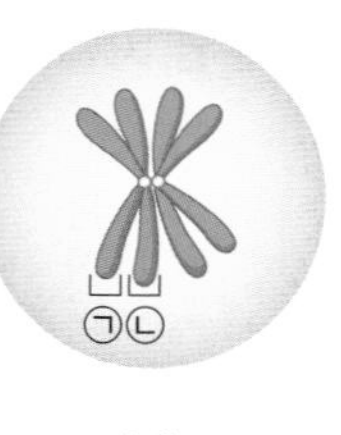

(나)

이에 대한 설명으로 옳은 것만을 [보기]에서 있는 대로 고른 것은?

보기
ㄱ. Ⅰ 시기에는 핵상이 $2n$인 세포가 있다.
ㄴ. (나)는 Ⅱ 시기에 관찰된다.
ㄷ. ㉠과 ㉡은 Ⅱ 시기에 분리된다.

① ㄱ ② ㄴ ③ ㄷ
④ ㄱ, ㄷ ⑤ ㄴ, ㄷ

B 생식세포와 유전적 다양성

서술형 **13** 유성 생식을 하는 생물은 같은 부모에게서 태어난 자손이라도 유전적으로 서로 다르다. 자손의 유전적 다양성이 증가하는 요인을 두 가지 서술하시오. (단, 돌연변이와 교차는 고려하지 않는다.)

14 그림은 유전자형이 AaBb인 생물에서 분열 중인 세포를 나타낸 것이다. 이에 대한 설명으로 옳은 것만을 [보기]에서 있는 대로 고른 것은? (단, 돌연변이와 교차는 고려하지 않는다.)

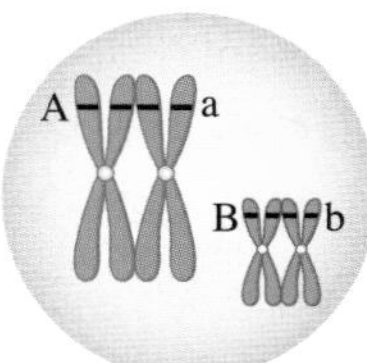

보기
ㄱ. 이 생물에서 형성될 수 있는 생식세포의 유전자형은 4가지이다.
ㄴ. 이 생물의 생식세포가 A와 b를 모두 가질 확률은 $\frac{1}{4}$이다.
ㄷ. A가 부계에서 물려받은 것이라면 B는 모계에서 물려받은 것이다.

① ㄱ ② ㄷ ③ ㄱ, ㄴ
④ ㄱ, ㄷ ⑤ ㄴ, ㄷ

15 고양이의 체세포에는 모두 38개의 염색체가 있다. 어떤 고양이에서 생식세포 분열로 생식세포가 형성될 때, 염색체의 배열과 분리에 의한 생식세포의 염색체 조합은 이론적으로 모두 몇 가지인가? (단, 돌연변이와 교차는 고려하지 않는다.)

① 38가지 ② 19^2가지 ③ 38^2가지
④ 2^{19}가지 ⑤ 2^{38}가지

실력 UP 문제

정답친해 85쪽

01 그림 (가)는 어떤 동물의 체세포 Q를 배양한 후 조사한 세포당 DNA양에 따른 세포 수를, (나)는 Q의 세포 주기를 나타낸 것이다. A~C는 각각 G_1기, G_2기, S기 중 하나이며, 각 시기의 넓이는 소요 시간에 비례한다.

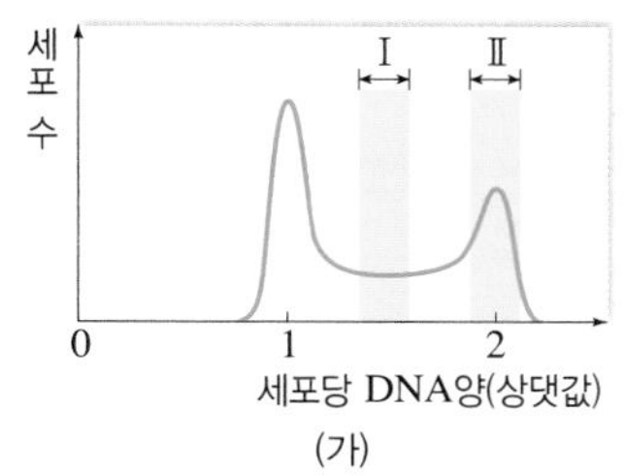

(가)

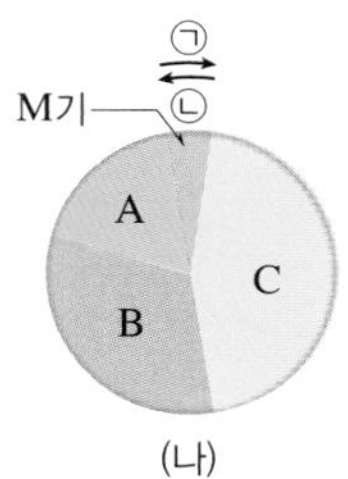

(나)

이에 대한 설명으로 옳은 것만을 [보기]에서 있는 대로 고른 것은?

보기
ㄱ. 구간 Ⅰ에는 B 시기의 세포가 있다.
ㄴ. 구간 Ⅱ에는 염색 분체가 분리되는 세포가 있다.
ㄷ. 세포 주기는 ㉡ 방향으로 진행된다.

① ㄱ ② ㄱ, ㄴ ③ ㄱ, ㄷ
④ ㄴ, ㄷ ⑤ ㄱ, ㄴ, ㄷ

02 표는 어떤 동물($2n=4$)의 모세포 1개로부터 생식세포가 형성될 때 서로 다른 세 시기 A, B, C에서 관찰된 세포 1개당 염색체 수와 핵 1개당 DNA 상대량을 나타낸 것이다. 그림 (가)는 A, B, C 중 한 시기에 관찰된 세포의 염색체를 나타낸 것이다. A, B, C는 세 시기를 순서 없이 나타낸 것이고, B와 C는 중기의 세포이다.

시기	세포 1개당 염색체 수	핵 1개당 DNA 상대량
A	2	1
B	4	4
C	2	2

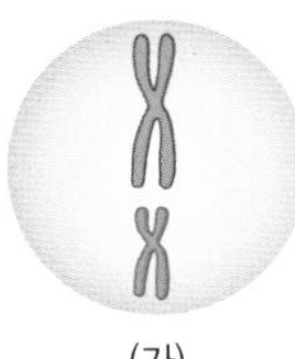
(가)

이에 대한 설명으로 옳은 것만을 [보기]에서 있는 대로 고른 것은?

보기
ㄱ. (가)는 C의 세포이다.
ㄴ. A의 세포는 간기의 S기를 거쳐 C의 세포가 된다.
ㄷ. 세포 1개당 $\frac{\text{염색 분체 수}}{\text{염색체 수}}$는 B와 C에서 같다.

① ㄱ ② ㄱ, ㄴ ③ ㄱ, ㄷ
④ ㄴ, ㄷ ⑤ ㄱ, ㄴ, ㄷ

03 그림 (가)는 어떤 동물에서 G_1기 세포 ㉠으로부터 정자가 형성되는 과정을, (나)는 세포 ⓐ~ⓒ의 핵 1개당 DNA양과 세포 1개당 염색체 수를 나타낸 것이다. ⓐ~ⓒ는 각각 세포 ㉡~㉣ 중 하나이며, 이 동물의 어떤 형질에 대한 유전자형은 Tt이고, T와 t는 대립유전자이다.

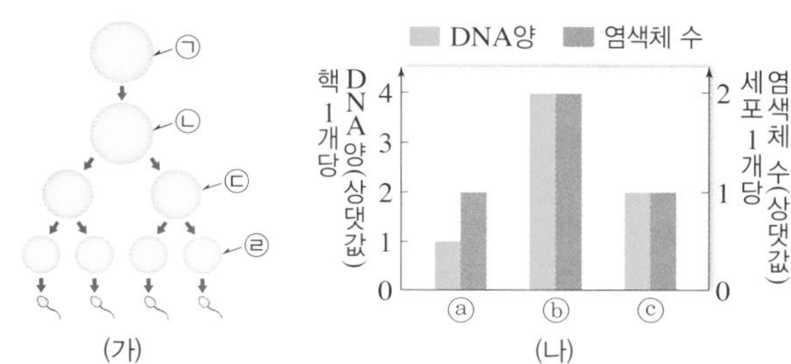

(가) (나)

이에 대한 설명으로 옳은 것은? (단, 돌연변이와 교차는 고려하지 않는다.)

① ㉠의 염색체 수 상댓값은 4이다.
② ㉡에는 T와 t 중 1개가 있다.
③ 세포 1개에 있는 T의 수는 ㉠과 ⓒ가 같다.
④ ㉡ → ㉢ 과정에서 ⓑ → ⓒ의 변화가 나타난다.
⑤ ㉢이 ㉣로 되는 과정에서 상동 염색체가 분리된다.

04 그림 (가)는 어떤 사람의 감수 분열 과정 일부를, (나)는 세포 ㉠~㉢을 나타낸 것이다. ㉠~㉢은 각각 (가)의 세포 B~D 중 하나이며, 세포 A와 ㉠~㉢에는 5번 염색체와 성염색체만을 나타내었다.

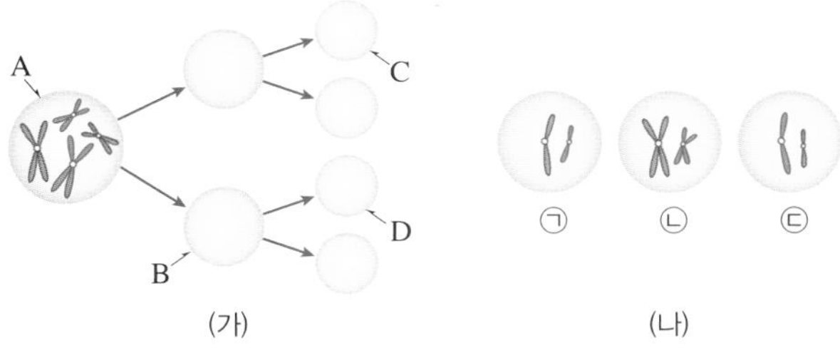

(가) (나)

이에 대한 설명으로 옳은 것만을 [보기]에서 있는 대로 고른 것은? (단, 돌연변이와 교차는 고려하지 않는다.)

보기
ㄱ. B와 ㉠의 핵상은 서로 같다.
ㄴ. C와 D의 유전자 구성은 같다.
ㄷ. C는 ㉢이다.

① ㄱ ② ㄴ ③ ㄱ, ㄷ
④ ㄴ, ㄷ ⑤ ㄱ, ㄴ, ㄷ

05 그림 (가)는 어떤 동물($2n=?$)의 세포가 분열하는 동안 핵 1개당 DNA양의 변화를, (나)는 이 세포 분열 과정의 어느 한 시기에서 관찰되는 세포에 들어 있는 모든 염색체를 나타낸 것이다. 이 동물의 특정 형질에 대한 유전자형은 **Rr**이며, **R**와 **r**는 대립유전자이다.

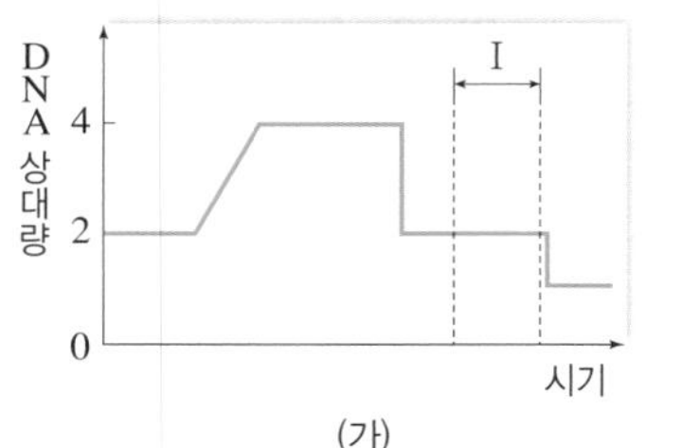

(가)

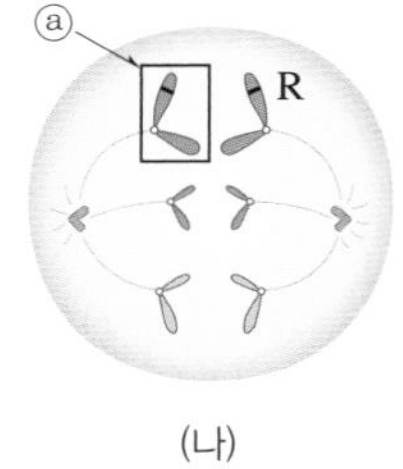

(나)

이에 대한 설명으로 옳은 것만을 [보기]에서 있는 대로 고른 것은?

보기
ㄱ. ⓐ에는 R가 있다.
ㄴ. (나)는 구간 Ⅰ에서 관찰된다.
ㄷ. 이 동물의 체세포 분열 중기의 세포 1개당 염색 분체 수는 12이다.

① ㄱ ② ㄴ ③ ㄱ, ㄷ
④ ㄴ, ㄷ ⑤ ㄱ, ㄴ, ㄷ

06 사람의 유전 형질 ⓐ는 3쌍의 대립유전자 **H**와 **h**, **R**와 **r**, **T**와 **t**에 의해 결정되며, ⓐ의 유전자는 서로 다른 3개의 상염색체에 있다. 표는 사람 (가)의 세포 Ⅰ~Ⅲ에서 **h**, **R**, **t**의 유무를, 그림은 세포 ㉠~㉢의 세포 1개당 **H**와 **T**의 **DNA** 상대량을 더한 값(**H+T**)을 각각 나타낸 것이다. ㉠~㉢은 Ⅰ~Ⅲ을 순서 없이 나타낸 것이다.

세포	대립유전자		
	h	R	t
Ⅰ	?	○	×
Ⅱ	○	×	?
Ⅲ	×	×	?

(○: 있음, ×: 없음)

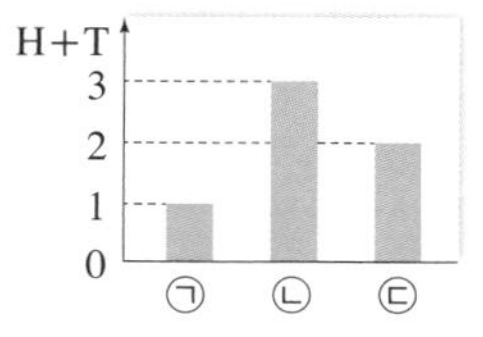

이에 대한 설명으로 옳은 것만을 [보기]에서 있는 대로 고른 것은? (단, 돌연변이는 고려하지 않으며, **H**, **h**, **R**, **r**, **T**, **t** 각각의 1개당 **DNA** 상대량은 1이다.)

보기
ㄱ. (가)의 체세포에는 H, R, T가 모두 있다.
ㄴ. Ⅲ은 ㉠이다.
ㄷ. Ⅱ의 $\frac{\text{r의 DNA 상대량}}{\text{H의 DNA 상대량}+\text{T의 DNA 상대량}}=1$이다.

① ㄱ ② ㄴ ③ ㄱ, ㄷ
④ ㄴ, ㄷ ⑤ ㄱ, ㄴ, ㄷ

07 표는 같은 종인 동물($2n=6$) Ⅰ의 세포 (가)와 (나), Ⅱ의 세포 (다)와 (라)에서 유전자 ㉠~㉣의 유무를, 그림은 세포 **A**와 **B** 각각에 들어 있는 모든 염색체를 나타낸 것이다. 이 동물 종의 특정 형질은 2쌍의 대립유전자 **H**와 **h**, **T**와 **t**에 의해 결정되며, ㉠~㉣은 **H**, **h**, **T**, **t**를 순서 없이 나타낸 것이다. **A**와 **B**는 각각 Ⅰ과 Ⅱ의 세포 중 하나이고, Ⅰ과 Ⅱ의 성염색체는 암컷이 **XX**, 수컷이 **XY**이다.

유전자	Ⅰ의 세포		Ⅱ의 세포	
	(가)	(나)	(다)	(라)
㉠	×	○	×	×
㉡	×	×	×	○
㉢	○	○	×	○
㉣	○	○	○	×

(○: 있음, ×: 없음)

A

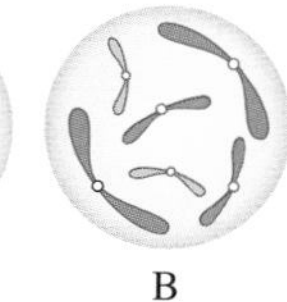
B

이에 대한 설명으로 옳은 것만을 [보기]에서 있는 대로 고른 것은? (단, 돌연변이와 교차는 고려하지 않는다.)

보기
ㄱ. ㉡과 ㉣은 대립유전자이다.
ㄴ. B는 Ⅰ의 세포이다.
ㄷ. (가)와 (라)의 X 염색체 수는 같다.

① ㄱ ② ㄴ ③ ㄱ, ㄷ
④ ㄴ, ㄷ ⑤ ㄱ, ㄴ, ㄷ

01 염색체

1. 사람의 염색체와 핵형

(1) 염색체의 구조

염색체	세포 분열 시 응축되어 막대 모양으로 나타난다.
DNA	이중 나선 구조이며, 단위체는 (❶)이다.
유전자	생물의 형질을 결정하는 유전 정보가 저장된 DNA의 특정 부분이다.
(❷)	한 생물이 가지고 있는 모든 유전 정보

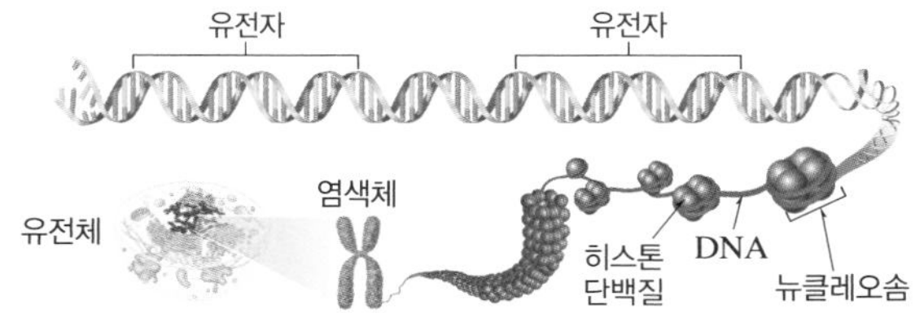

(2) 사람의 염색체

- 상동 염색체: 모양과 크기가 같은 염색체
- (❸)염색체: 남녀 공통으로 갖는 염색체
- (❹)염색체: 성 결정에 관여하는 염색체
- 남자: $2n=44+XY$, 여자: $2n=44+XX$

2. 염색 분체와 상동 염색체

(1) **염색 분체:** DNA가 복제되어 만들어지므로 유전자 구성이 (❺).

(2) **상동 염색체:** 같은 위치에 동일한 형질을 결정하는 (❻)가 있다. ➡ 대립유전자 구성은 다를 수 있다.

02 생식세포의 형성과 유전적 다양성

1. 세포 분열

(1) 세포 주기

간기	G_1기	세포 구성 물질 합성, 세포 소기관 수 증가
	(❼)기	DNA 복제
	G_2기	세포 분열 준비
분열기(M기)		핵분열, 세포질 분열

(2) 체세포 분열

간기	세포의 생장과 DNA 복제가 일어나며, 핵이 관찰된다.
핵분열	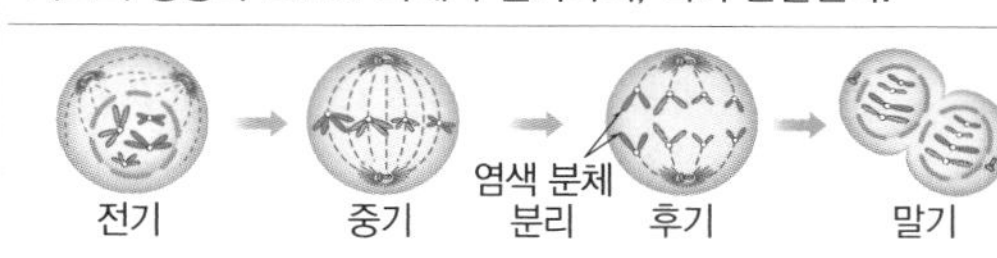 • 전기: 핵막과 인이 사라지고 염색체가 응축되어 나타남 • 중기: 염색체가 세포 중앙에 배열, 염색체 관찰 용이 • 후기: (❽)가 분리되어 양극으로 이동 • 말기: 염색체가 풀어지고 딸핵이 생김, 세포질 분열 시작
세포질 분열	• 동물 세포: 세포질 함입 • 식물 세포: 세포판 형성

(3) 생식세포 분열

분열 과정	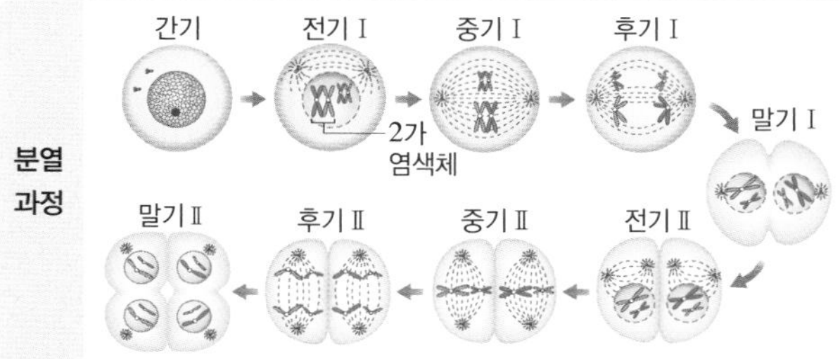
특징	• 감수 1분열: 전기에 상동 염색체가 접합하여 (❾) 형성, 후기에 (❿) 분리 ➡ 염색체 수와 DNA양 반감 • 감수 2분열: DNA 복제 없이 시작하여 후기에 (⓫) 분리 ➡ 염색체 수는 변화 없고, DNA양은 반감

(4) 체세포 분열과 생식세포 분열의 비교

구분	체세포 분열	생식세포 분열
분열 횟수	(⓬)회	(⓭)회
딸세포 수	(⓮)개	(⓯)개
2가 염색체	형성하지 않음	감수 1분열 전기에 형성
염색체 수	변화 없음($2n \rightarrow 2n$)	반감($2n \rightarrow n$)

2. 생식세포와 유전적 다양성

(1) 생식세포 분열의 의의

① **염색체 수 유지:** 염색체 수와 DNA양이 반감된 생식세포가 수정하여 만들어진 자손은 염색체 수와 DNA양이 어버이와 같다.

② **유전적 다양성 증가:** 유전적으로 다양한 생식세포를 형성한다.

(2) **자손의 유전적 다양성 획득:** (⓰)의 무작위 배열과 분리로 유전적으로 다양한 생식세포 형성, 암수 생식세포의 무작위 수정

중단원 마무리 문제

하중상

01 그림 (가)와 (나)는 세포 주기에 따른 염색체의 응축 정도를, (다)는 염색체의 구성 성분을 나타낸 것이다.

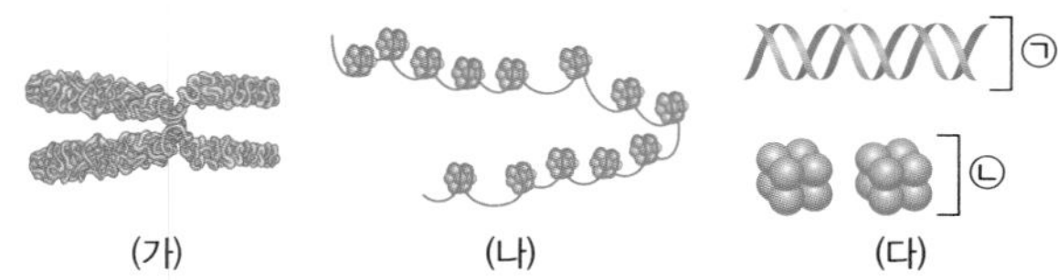

(가) (나) (다)

이에 대한 설명으로 옳은 것만을 [보기]에서 있는 대로 고른 것은?

보기
ㄱ. (가)는 세포 주기의 M기에 관찰된다.
ㄴ. 세포 주기의 S기에 (나)가 (가)로 된다.
ㄷ. (다)의 ㉠은 DNA이고, ㉡은 뉴클레오솜이다.

① ㄱ ② ㄴ ③ ㄱ, ㄴ
④ ㄱ, ㄷ ⑤ ㄴ, ㄷ

하중상

02 그림 (가)는 염색체의 구조를, (나)는 체세포의 세포 주기를 나타낸 것이다. ⓐ~ⓒ는 각각 G_1기, G_2기, M기 중 하나이다.

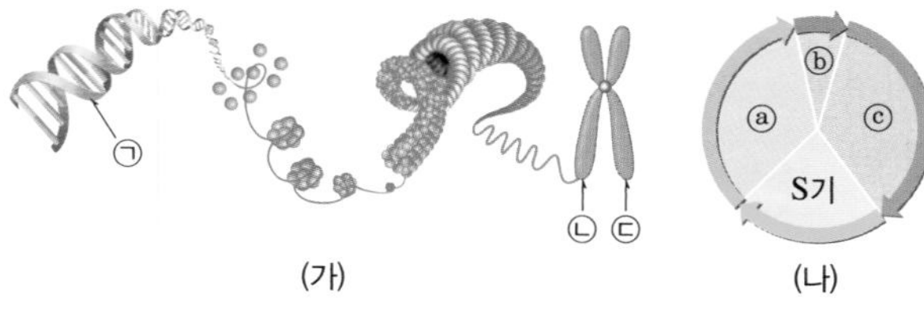

(가) (나)

이에 대한 설명으로 옳은 것만을 [보기]에서 있는 대로 고른 것은?

보기
ㄱ. ㉠의 단위체는 뉴클레오타이드이다.
ㄴ. ㉡과 ㉢은 ⓑ 시기에 분리되어 이동한다.
ㄷ. 세포 1개당 DNA양은 ⓐ 시기 세포가 ⓒ 시기 세포의 2배이다.

① ㄱ ② ㄴ ③ ㄱ, ㄷ
④ ㄴ, ㄷ ⑤ ㄱ, ㄴ, ㄷ

하중상

03 그림은 같은 동물 종의 개체 A와 B에 있는 세포 (가)~(라) 각각에 들어 있는 모든 염색체를 나타낸 것이다. (가)는 A의 세포이고, (나)는 B의 세포이며, A와 B의 성염색체는 수컷이 XY, 암컷이 XX이다.

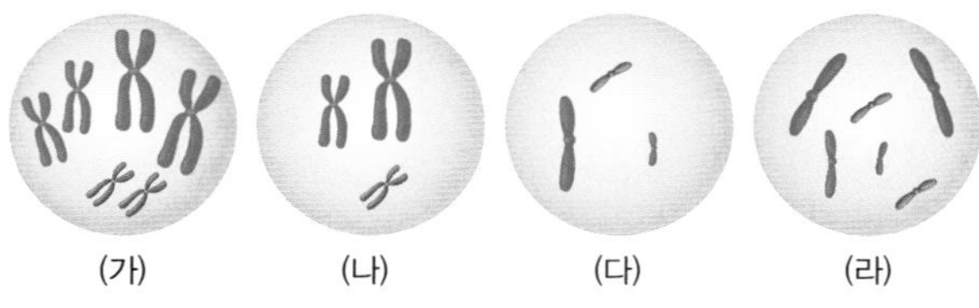
(가) (나) (다) (라)

이에 대한 설명으로 옳지 않은 것은? (단, 돌연변이는 고려하지 않는다.)

① A와 B는 성이 다르다.
② (가)에는 상염색체가 4개 있다.
③ (나)는 난자 형성 과정에 있는 세포이다.
④ (나)와 (다)의 핵상은 같다.
⑤ (라)는 B의 세포이다.

하중상

04 다음은 어떤 사람의 염색체와 유전자에 대한 자료이다.

- 이 사람의 어떤 형질에 대한 유전자형은 Aa이다.
- 그림은 이 사람의 세포에 있는 한 쌍의 상동 염색체를 나타낸 것이며, A와 ㉠~㉣은 유전자를 나타낸다.

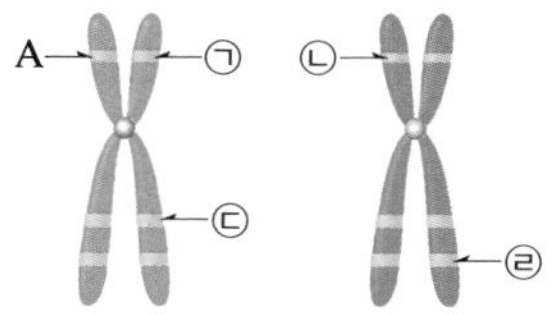

이에 대한 설명으로 옳은 것만을 [보기]에서 있는 대로 고른 것은? (단, 돌연변이와 교차는 고려하지 않는다.)

보기
ㄱ. ㉡은 a이다.
ㄴ. ㉠과 ㉢은 부모 중 한 사람에게서 물려받은 것이다.
ㄷ. 생식세포 형성 시 ㉢과 ㉣이 같은 생식세포로 들어갈 확률은 $\frac{1}{2}$이다.

① ㄴ ② ㄷ ③ ㄱ, ㄴ
④ ㄴ, ㄷ ⑤ ㄱ, ㄴ, ㄷ

하 중 **상**

05 그림은 세포 (가)~(마) 각각에 들어 있는 모든 염색체를 나타낸 것이다. (가)~(마)는 각각 서로 다른 개체 A, B, C의 세포 중 하나이다. A와 B는 같은 종이고, B와 C는 수컷이다. A~C는 $2n=8$이며, A~C의 성염색체는 암컷이 XX, 수컷이 XY이다.

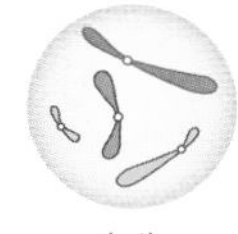
(가)

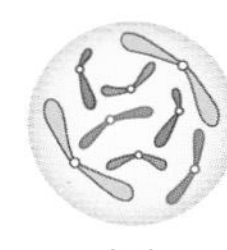
(나)

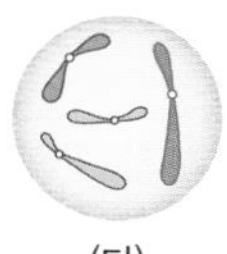
(다)

(라)

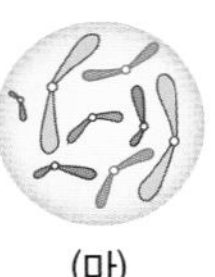
(마)

이에 대한 설명으로 옳은 것만을 [보기]에서 있는 대로 고른 것은? (단, 돌연변이는 고려하지 않는다.)

보기

ㄱ. (가)는 C의 세포이다.
ㄴ. (다)와 (라)는 핵상이 같다.
ㄷ. 세포 1개당 $\frac{\text{X 염색체 수}}{\text{상염색체 수}}$는 (나)가 (마)의 2배이다.

① ㄱ ② ㄷ ③ ㄱ, ㄴ
④ ㄴ, ㄷ ⑤ ㄱ, ㄴ, ㄷ

하 **중** 상

06 그림은 사람 체세포의 세포 주기를, 표는 세포 주기 중 각 시기 Ⅰ~Ⅲ의 특징을 나타낸 것이다. ㉠~㉢은 각각 G_1기, S기, 분열기 중 하나이며, Ⅰ~Ⅲ은 ㉠~㉢을 순서 없이 나타낸 것이다.

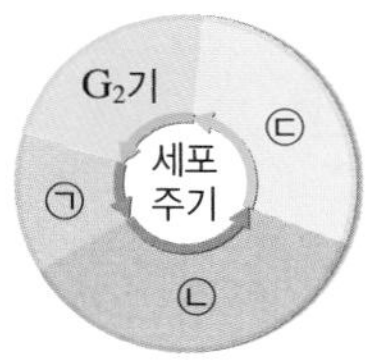

시기	특징
Ⅰ	?
Ⅱ	방추사가 관찰된다.
Ⅲ	DNA 복제가 일어난다.

이에 대한 설명으로 옳은 것만을 [보기]에서 있는 대로 고른 것은? (단, 돌연변이는 고려하지 않는다.)

보기

ㄱ. Ⅲ은 ㉢이다.
ㄴ. '핵막이 소실된다.'는 Ⅰ의 특징에 해당한다.
ㄷ. 체세포 1개당 $\frac{\text{Ⅱ 시기 DNA양}}{\text{㉡ 시기 DNA양}}=1$이다.

① ㄱ ② ㄴ ③ ㄷ
④ ㄱ, ㄷ ⑤ ㄴ, ㄷ

하 **중** 상

07 그림 (가)는 어떤 동물의 체세포 Q를 배양한 후 세포당 DNA양에 따른 세포 수를, (나)는 Q의 체세포 분열 과정 중 ㉠ 시기에서 관찰되는 세포를 나타낸 것이다.

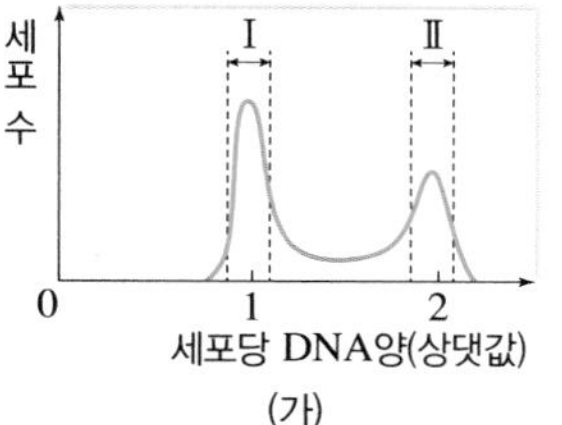

(가)

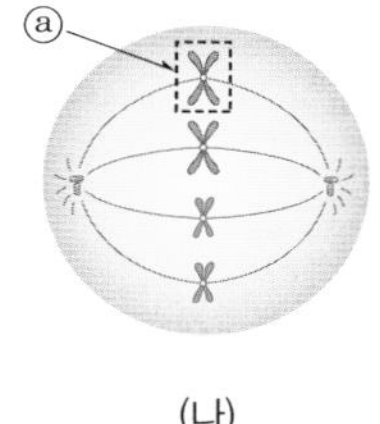

(나)

이에 대한 설명으로 옳은 것을 모두 고르면?(2개)

① ⓐ에는 히스톤 단백질이 있다.
② ⓐ는 2가 염색체이다.
③ 구간 Ⅰ에는 ㉠ 시기의 세포가 있다.
④ 구간 Ⅱ에는 핵이 관찰되는 세포가 있다.
⑤ G_1기의 세포 수는 구간 Ⅱ에서가 구간 Ⅰ에서보다 많다.

하 중 **상**

08 그림 (가)는 어떤 동물($2n=8$)의 생식세포 분열 과정을, (나)는 ㉠의 염색체를 나타낸 것이다. 이 동물 종의 성염색체는 암컷은 XX, 수컷은 XY이며, ㉢에는 X 염색체가 있다.

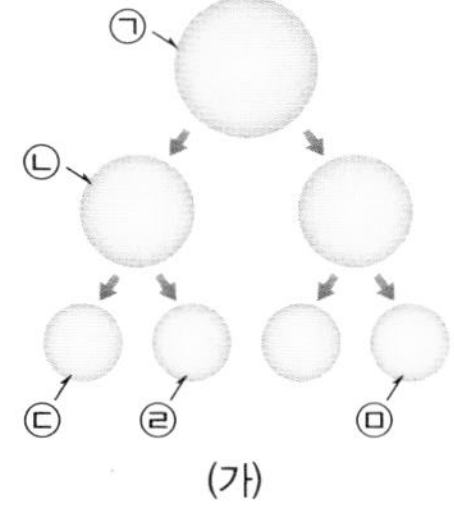

(가)

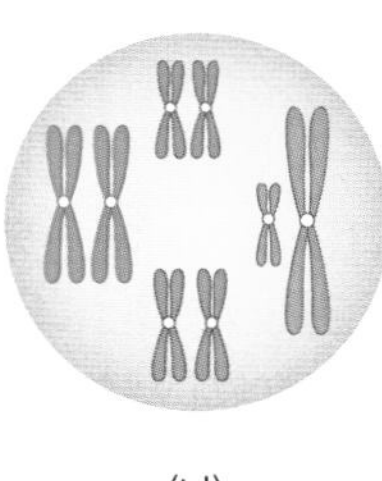
(나)

이에 대한 설명으로 옳은 것을 모두 고르면?(2개)(단, 돌연변이는 고려하지 않는다.)

① 이 동물은 암컷이다.
② DNA양은 ㉠이 ㉢의 2배이다.
③ 염색체 수는 ㉡이 ㉢의 2배이다.
④ ㉢과 ㉣은 유전자 구성이 동일하다.
⑤ ㉤에는 상염색체 3개와 Y 염색체가 있다.

하 중 상

09 그림 (가)는 어떤 동물에서 생식세포 분열이 일어날 때 핵 1개당 DNA양의 변화를, (나)와 (다)는 생식세포 분열 과정에 있는 두 세포를 나타낸 것이다.

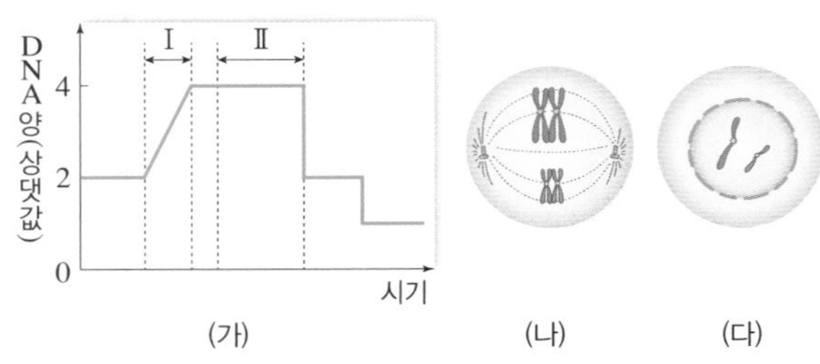

(가) (나) (다)

이에 대한 설명으로 옳은 것만을 [보기]에서 있는 대로 고른 것은?(단, 돌연변이는 고려하지 않는다.)

보기

ㄱ. (나)에서 각 염색체를 구성하는 염색 분체는 Ⅰ 시기에 DNA가 복제되어 형성된 것이다.

ㄴ. Ⅱ 시기에서의 염색체 배열과 이동에 의해 생식세포의 유전자 구성이 다양해진다.

ㄷ. (나)의 DNA양은 (다)의 4배이다.

① ㄱ ② ㄷ ③ ㄱ, ㄴ
④ ㄴ, ㄷ ⑤ ㄱ, ㄴ, ㄷ

하 중 상

10 그림 (가)는 어떤 동물 체세포에 있는 모든 염색체를, (나)는 이 동물의 체세포 분열에서 세포 1개당 DNA양의 변화를, (다)는 생식세포 분열에서 세포 1개당 DNA양의 변화를 나타낸 것이다. M과 m은 대립유전자이다.

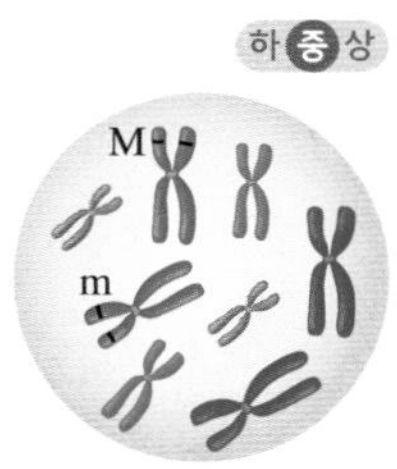

(가)

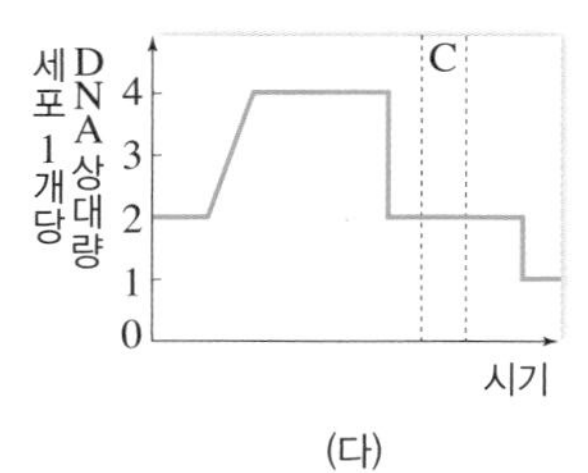

(나)

세포 1개당 DNA 상대량 / C / 4 / 3 / 2 / 1 / 0 / 시기

(다)

이에 대한 설명으로 옳은 것만을 [보기]에서 있는 대로 고른 것은?(단, 돌연변이는 고려하지 않는다.)

보기

ㄱ. (나)의 A 시기 세포의 염색체 수는 $2n=8$이다.

ㄴ. (나)의 B 시기 세포가 갖는 M의 DNA양은 (가)의 반이다.

ㄷ. (다)의 C 시기 세포에 M과 m이 함께 있을 확률은 50 %이다.

① ㄷ ② ㄱ, ㄴ ③ ㄱ, ㄷ
④ ㄴ, ㄷ ⑤ ㄱ, ㄴ, ㄷ

하 중 상

11 사람의 유전 형질 ⓐ는 2쌍의 대립유전자 H와 h, T와 t에 의해 결정된다. 표는 어떤 사람의 난자 형성 과정에서 나타나는 세포 (가)~(다)에서 유전자 ㉠~㉢의 유무를, 그림은 (가)~(다)가 갖는 H와 t의 DNA 상대량을 나타낸 것이다. (가)~(다)는 중기의 세포이고, ㉠~㉢은 h, T, t를 순서 없이 나타낸 것이다.

유전자	세포		
	(가)	(나)	(다)
㉠	○	○	×
㉡	○	×	○
㉢	×	?	×

(○: 있음, ×: 없음)

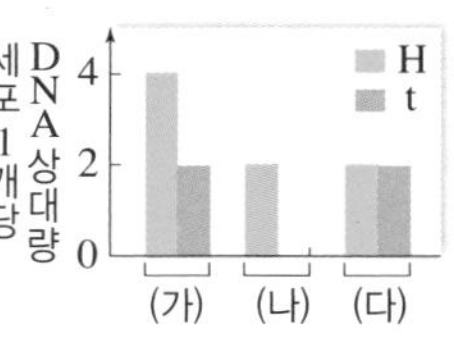

이에 대한 설명으로 옳은 것만을 [보기]에서 있는 대로 고른 것은? (단, 돌연변이와 교차는 고려하지 않으며, H, h, T, t 각각의 1개당 DNA 상대량은 1이다.)

보기

ㄱ. ㉠은 T이다.

ㄴ. 이 사람의 ⓐ에 대한 유전자형은 HhTt이다.

ㄷ. 세포 1개당 $\frac{\text{H의 DNA 상대량}}{\text{T의 DNA 상대량}}$은 (가)와 (나)에서 같다.

① ㄱ ② ㄴ ③ ㄷ
④ ㄱ, ㄷ ⑤ ㄴ, ㄷ

하중상

12 그림 (가)는 체세포의 세포 주기를, (나)는 사람 A의 체세포를 배양하는 중 Ⅰ시기의 세포로부터 얻은 핵형 분석 결과의 일부를 나타낸 것이다. ㉠~㉢은 각각 G_1기, S기, M기 중 하나이며, 6~19번 염색체는 모두 정상이다.

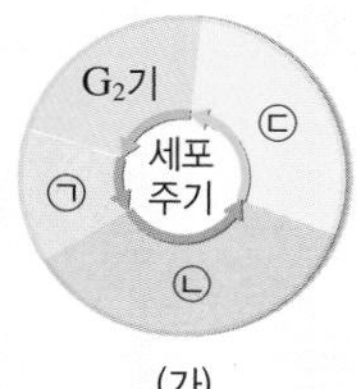

(가)

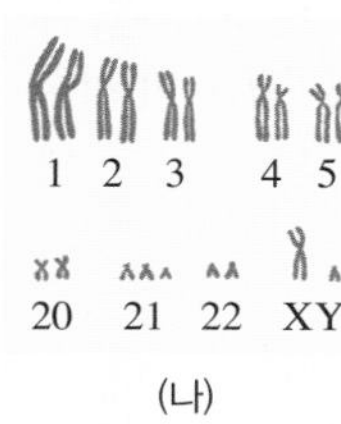

(나)

(1) Ⅰ 시기는 (가)의 어떤 시기에 해당하는지 기호로 쓰시오.

(2) A의 성별은 무엇이고, 체세포 1개당 상염색체 수는 몇 개인지 근거를 들어 서술하시오.

하중상

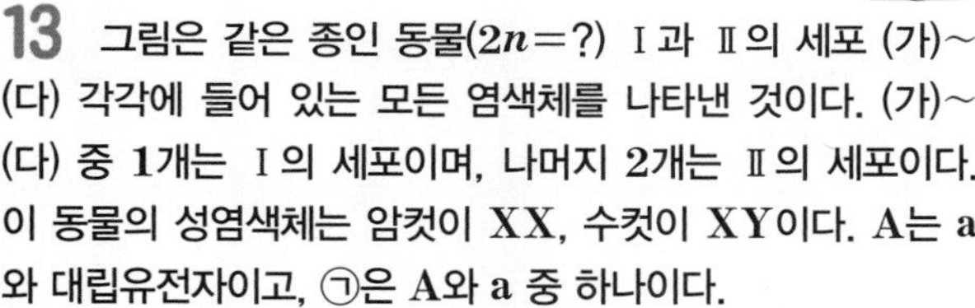
13 그림은 같은 종인 동물($2n$=?) Ⅰ과 Ⅱ의 세포 (가)~(다) 각각에 들어 있는 모든 염색체를 나타낸 것이다. (가)~(다) 중 1개는 Ⅰ의 세포이며, 나머지 2개는 Ⅱ의 세포이다. 이 동물의 성염색체는 암컷이 XX, 수컷이 XY이다. A는 a와 대립유전자이고, ㉠은 A와 a 중 하나이다.

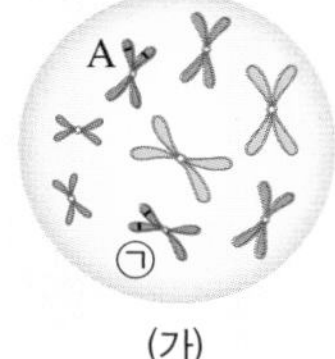

(가)

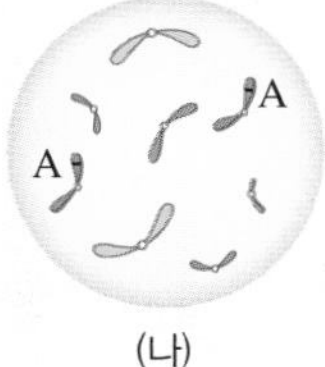

(나)

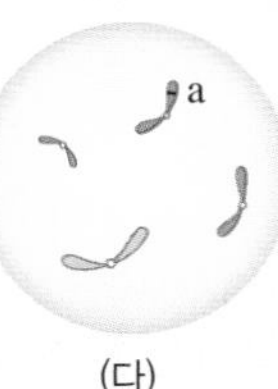

(다)

(1) ㉠은 무엇인지 쓰시오.

(2) (가)~(다)는 각각 Ⅰ과 Ⅱ 중 어떤 개체의 세포인지, 그렇게 판단한 근거와 함께 서술하시오.

(3) Ⅰ의 감수 2분열 중기 세포 1개당 염색 분체 수는 몇 개인지, 그렇게 판단한 근거와 함께 서술하시오.

하중상

14 그림 (가)와 (나)는 어떤 동물($2n=4$)에서 관찰되는 두 종류의 세포를 나타낸 것이다. (가), (나)가 분열을 계속하여 최종적으로 형성되는 딸세포의 염색체 수와 DNA양을 모세포(G_1기)와 비교하여 각각 서술하시오.

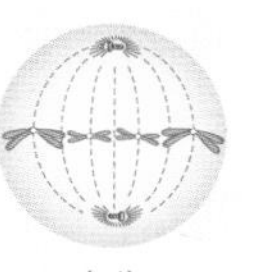
(가)

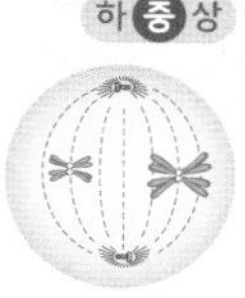
(나)

하중상

15 그림은 어떤 동물의 생식세포 분열 과정 일부를 나타낸 것이다.
A와 B, B와 C의 유전자 구성은 서로 같을지 다를지 판단하고, 그렇게 생각한 근거를 서술하시오.

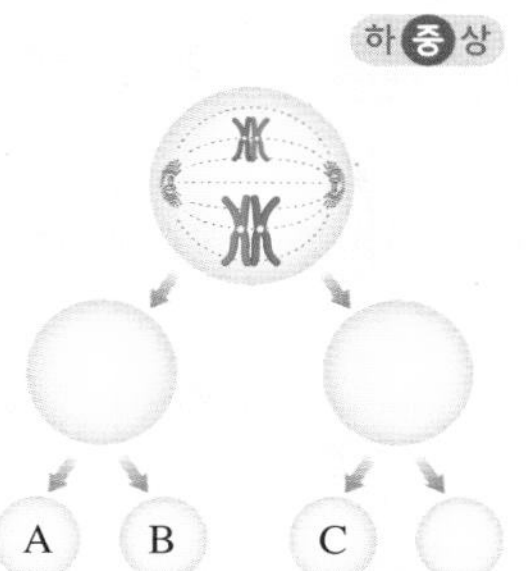

하중상

16 그림은 유전자형이 EeFFHh인 어떤 동물에서 G_1기 세포 Ⅰ로부터 정자가 형성되는 과정을, 표는 세포 ㉠~㉣의 세포 1개당 유전자 e, F, h의 DNA 상대량을 나타낸 것이다. ㉠~㉣은 Ⅰ~Ⅳ를 순서 없이 나타낸 것이고, E는 e와, H는 h와 각각 대립유전자이다. (단, 돌연변이와 교차는 고려하지 않으며, E, e, F, H, h 각각의 1개당 DNA 상대량은 1이다.)

세포	DNA 상대량		
	e	F	h
㉠	ⓐ	1	1
㉡	1	2	ⓑ
㉢	2	ⓒ	0
㉣	ⓓ	?	2

(1) ㉠~㉣은 각각 Ⅰ~Ⅳ 중 무엇인지 쓰고, ⓐ~ⓓ의 값을 각각 쓰시오.

(2) Ⅲ에서 $\frac{\text{F의 DNA 상대량}}{\text{E의 DNA 상대량}+\text{H의 DNA 상대량}}$의 값을 식을 써서 구하시오.

• 수능 출제 경향

이 단원에서는 염색체의 구조와 세포 주기 및 세포 분열 과정을 통합적으로 묻는 문제, 핵형 분석 결과를 상동 염색체, 대립유전자, 상염색체, 성염색체, 핵상의 개념과 관련지어 묻는 문제가 출제되고 있다. 또한, 체세포 분열과 감수 분열 과정에서 염색체 수와 DNA양의 변화를 비교하고 있다.

수능 이렇게 나온다!

사람의 유전 형질 (가)는 2쌍의 대립유전자 H와 h, R와 r에 의해 결정되며, (가)의 유전자는 7번 염색체와 8번 염색체에 있다. 그림은 어떤 사람의 7번 염색체와 8번 염색체를, 표는 이 사람의 세포 Ⅰ~Ⅳ에서 염색체 ㉠~㉢의 유무와 H와 r의 DNA 상대량을 나타낸 것이다. ㉠~㉢은 염색체 ⓐ~ⓒ를 순서 없이 나타낸 것이다.

R와 r　ⓐ　ⓑ　H　ⓒ

7번 염색체　8번 염색체

❹ HHRr

세포 ❶	❸ 염색체 ㉠ (H 존재)	㉡ (r 존재)	㉢ (R 존재)	DNA 상대량 ❺ H	r	h	R
Ⅰ n	×	○	?×	1	1	0	0
Ⅱ $2n$	?○	○	○	?2	1	0	1
Ⅲ n	○	×	○	2	0	0	2
Ⅳ n	○	○	×	?2	2	0	0

8번 염색체 ⓒ

(○: 있음, ×: 없음)

❷ 핵상이 n인 세포에 함께 있지 않은 ㉡과 ㉢이 상동 염색체이다. ➡ 7번 염색체(ⓐ와 ⓑ)

이에 대한 설명으로 옳지 않은 것은? (단, 돌연변이와 교차는 고려하지 않으며, H, h, R, r 각각의 1개당 DNA 상대량은 1이다.)

① Ⅰ과 Ⅲ의 핵상은 같다.
② ㉡과 ㉢은 모두 7번 염색체이다.
③ ㉠에 H가 있다.
④ 이 사람의 유전자형은 HHRr이다.
⑤ H의 DNA 상대량은 Ⅱ에서가 Ⅳ에서의 2배이다.

전략적 풀이

❶ 세포 Ⅰ~Ⅳ의 핵상을 파악한다.

① ㉠~㉢ 염색체 중 일부가 없는 세포 Ⅰ, Ⅲ, Ⅳ의 핵상은 (　　　)이다.

❷ ㉠~㉢ 중 상동 염색체를 찾고 ⓐ~ⓒ 중 어떤 것인지 파악한다.

② 핵상이 n인 Ⅲ에서 ㉠과 ㉢이 함께 있으므로 ㉠과 ㉢은 (　　　)가 아니고, Ⅳ에서 ㉠과 ㉡이 함께 있으므로 ㉠과 ㉡도 (　　　)가 아니다. 따라서 ㉡과 ㉢이 상동 염색체로 각각 ⓐ와 ⓑ 중 하나이며, (　　　)번 염색체이다. ㉠은 (　　　)이며, (　　　)번 염색체이다.

❸ ㉠~㉢에 있는 유전자를 파악한다.

③ Ⅲ에서 r의 DNA 상대량이 0이므로 R의 DNA 상대량이 2이고, Ⅳ에서 r의 DNA 상대량이 2이므로 R의 DNA 상대량은 0이다. r는 (　　　)에, R는 (　　　)에 있으며, ㉠에는 (　　　)가 있다.

❹ 이 사람의 유전자형을 파악한다.

④ Ⅰ에 ㉠이 없어도 H의 DNA 상대량이 1이므로 8번 염색체 2개에는 모두 H가 있다. 7번 염색체의 상동 염색체에는 각각 R와 r가 있으므로 이 사람의 유전자형은 (　　　)이다.

❺ Ⅱ와 Ⅳ의 H의 DNA 상대량을 구한다.

⑤ Ⅱ의 핵상은 $2n$이므로 H의 DNA 상대량은 (　　　)이다. Ⅳ는 핵상이 n이지만 r의 DNA 상대량이 2이므로 각 염색체가 2개의 염색 분체로 되어 있는 감수 (　　　)분열 중인 세포이다. Ⅳ에서 ㉠이 있으며 2개의 염색 분체로 이루어져 있으므로 H의 DNA 상대량은 (　　　)이다.

출제개념

염색체와 대립유전자

▶ 본문 184쪽

출제의도

상동 염색체에 대립유전자가 있다는 것을 이용하여 각 대립유전자의 DNA 상대량을 통해 세포의 염색체 구성과 핵상을 파악할 수 있는지를 평가하는 문제이다.

답 ⑤

❶ n
❷ 상동 염색체, 상동 염색체, 7, ⓒ, 8
❸ ㉡, ㉢, H
❹ HHRr
❺ 2, 2, 2

01 그림은 사람의 체세포에 있는 염색체의 구조를 나타낸 것이다.

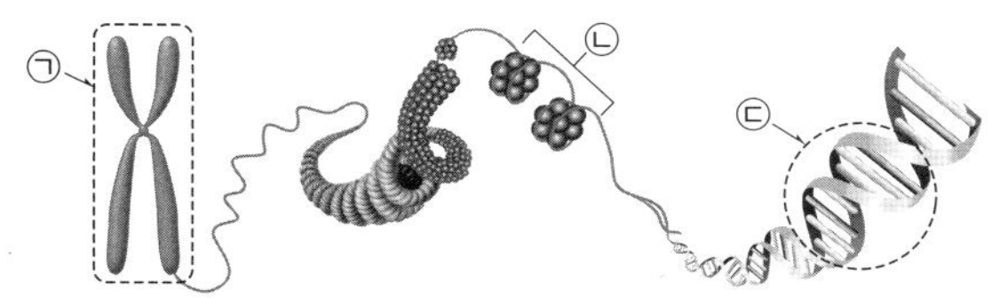

이에 대한 설명으로 옳은 것만을 [보기]에서 있는 대로 고른 것은?

보기
ㄱ. ㉠은 2가 염색체이다.
ㄴ. 세포 주기의 M기에 ㉡이 ㉠으로 응축된다.
ㄷ. ㉢은 인산, 당, 염기로 구성된다.

① ㄱ ② ㄷ ③ ㄱ, ㄴ
④ ㄴ, ㄷ ⑤ ㄱ, ㄴ, ㄷ

02 그림은 어떤 사람의 핵형 분석 결과를 나타낸 것이다.

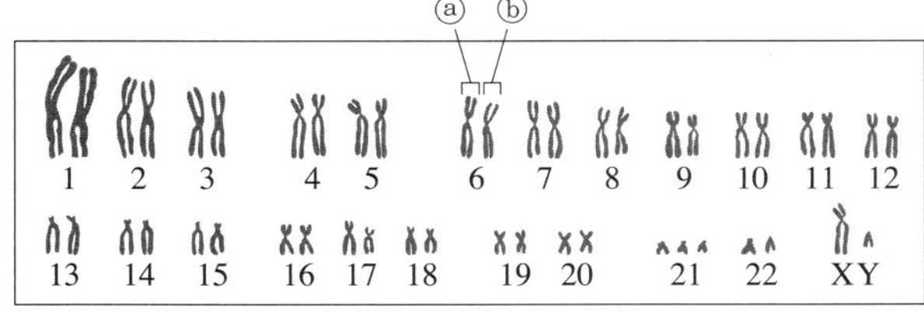

이에 대한 설명으로 옳은 것만을 [보기]에서 있는 대로 고른 것은?

보기
ㄱ. ⓐ와 ⓑ는 상동 염색체이다.
ㄴ. 이 사람은 다운 증후군의 염색체 이상을 보인다.
ㄷ. 이 핵형 분석 결과에서 $\frac{\text{상염색체의 염색 분체 수}}{\text{성염색체 수}}=$ 45이다.

① ㄱ ② ㄴ ③ ㄱ, ㄷ
④ ㄴ, ㄷ ⑤ ㄱ, ㄴ, ㄷ

03 그림은 서로 다른 종인 동물($2n=?$) A~C의 세포 (가)~(라) 각각에 들어 있는 모든 염색체를 나타낸 것이다. (가)~(라) 중 2개는 A의 세포이고, A와 B의 성은 서로 다르다. A~C의 성염색체는 암컷이 XX, 수컷이 XY이다.

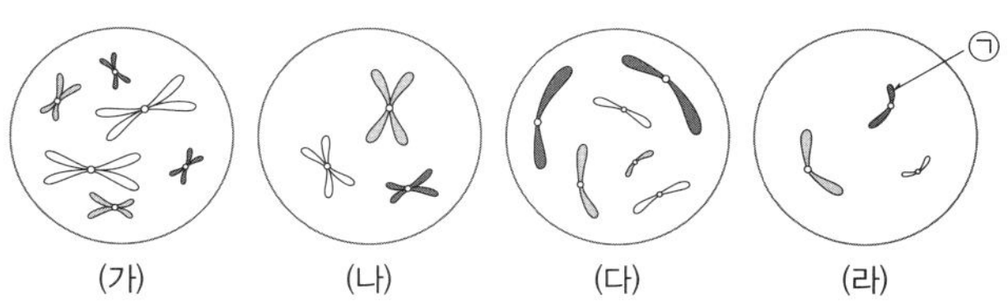

이에 대한 설명으로 옳은 것만을 [보기]에서 있는 대로 고른 것은? (단, 돌연변이는 고려하지 않는다.)

보기
ㄱ. (나)는 A의 세포이다.
ㄴ. ㉠은 상염색체이다.
ㄷ. $\frac{\text{(다)의 성염색체 수}}{\text{(가)의 염색 분체 수}}=\frac{1}{3}$이다.

① ㄱ ② ㄴ ③ ㄱ, ㄴ
④ ㄱ, ㄷ ⑤ ㄴ, ㄷ

04 그림은 서로 다른 종인 동물 A($2n=?$)와 B($2n=?$)의 세포 (가)~(다) 각각에 들어 있는 염색체 중 X 염색체를 제외한 나머지 염색체를 모두 나타낸 것이다. (가)~(다) 중 2개는 A의 세포이고, 나머지 1개는 B의 세포이다. A와 B는 성이 다르고, A와 B의 성염색체는 암컷이 XX, 수컷이 XY이다.

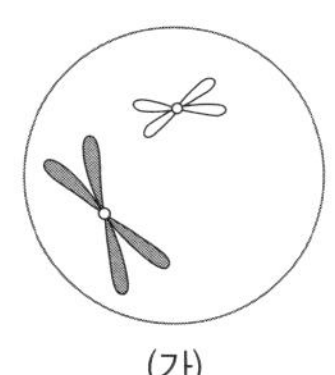
(가)

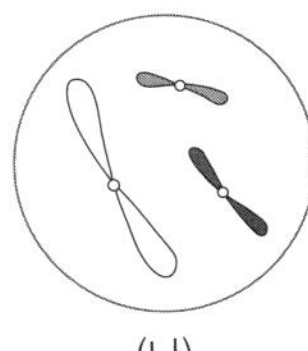
(나)

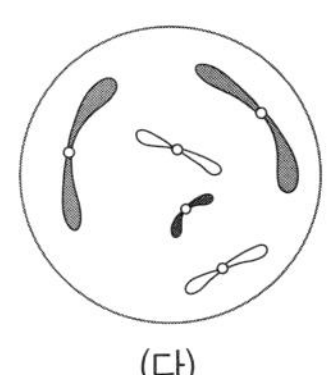
(다)

이에 대한 설명으로 옳지 않은 것은? (단, 돌연변이는 고려하지 않는다.)

① A는 수컷이다.
② (가)와 (나)의 핵상은 같다.
③ X 염색체 수는 (다)가 (가)의 2배이다.
④ B의 체세포에서 $\frac{\text{상염색체 수}}{\text{성염색체 수}}=3$이다.
⑤ B의 감수 1분열 중기의 세포 1개당 염색 분체 수는 16이다.

05 그림 (가)는 동물 A($2n=4$) 체세포의 세포 주기를, (나)는 A의 체세포 분열 과정 중 어느 한 시기에 관찰되는 세포를 나타낸 것이다. ㉠~㉢은 각각 G_2기, M기(분열기), S기 중 하나이다.

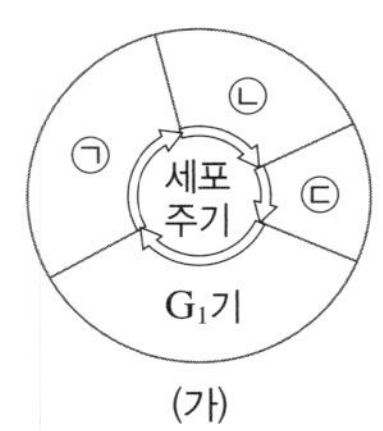

(가)

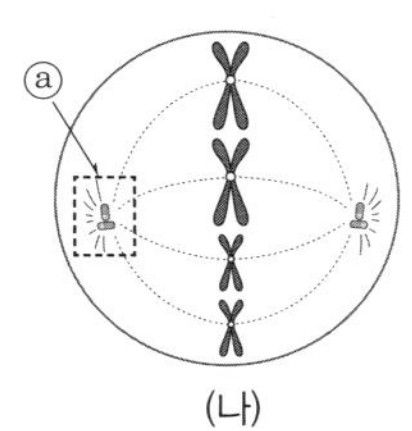

(나)

이에 대한 설명으로 옳은 것만을 [보기]에서 있는 대로 고른 것은?

보기
ㄱ. ⓐ는 동원체이다.
ㄴ. 핵상은 G_1기의 세포와 ㉡ 시기의 세포가 같다.
ㄷ. (나)는 ㉢ 시기에 관찰되는 세포이다.

① ㄴ ② ㄷ ③ ㄱ, ㄴ
④ ㄱ, ㄷ ⑤ ㄴ, ㄷ

06 표는 어떤 사람의 세포 (가)~(다)에서 핵막 소실 여부와 DNA 상대량을 나타낸 것이다. (가)~(다)는 체세포의 세포 주기 중 M기(분열기)의 중기, G_1기, G_2기에 각각 관찰되는 세포를 순서 없이 나타낸 것이다.

세포	핵막 소실 여부	DNA 상대량
(가)	㉠	1
(나)	소실됨	㉡
(다)	소실 안 됨	2

이에 대한 설명으로 옳은 것은? (단, 돌연변이는 고려하지 않는다.)

① ㉠은 '소실됨'이다.
② ㉡은 1이다.
③ (가)에는 히스톤 단백질이 있다.
④ (나)는 간기의 세포이다.
⑤ (다)에서는 방추사가 동원체에 부착되어 있다.

07 그림 (가)는 사람의 체세포를 배양한 후 세포당 DNA 양에 따른 세포 수를, (나)는 사람의 체세포에 있는 염색체의 구조를 나타낸 것이다.

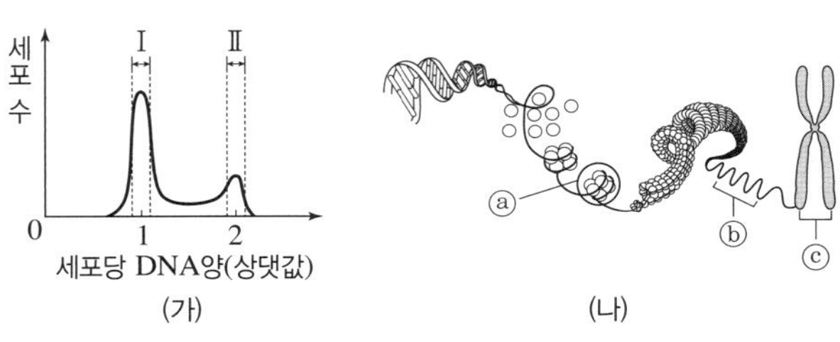

(가) (나)

이에 대한 설명으로 옳은 것만을 [보기]에서 있는 대로 고른 것은?

보기
ㄱ. 구간 Ⅰ과 Ⅱ의 세포에는 모두 ⓐ가 있다.
ㄴ. 구간 Ⅱ에 ⓑ가 ⓒ로 응축되는 시기의 세포가 있다.
ㄷ. $\frac{G_1\text{기 세포 수}}{G_2\text{기 세포 수}}$는 1보다 크다.

① ㄱ ② ㄷ ③ ㄱ, ㄴ
④ ㄴ, ㄷ ⑤ ㄱ, ㄴ, ㄷ

08 그림 (가)는 식물 P($2n$)의 체세포가 분열하는 동안 핵 1개당 DNA양을, (나)는 P의 체세포 분열 과정에서 관찰되는 세포 ⓐ와 ⓑ를 나타낸 것이다. ⓐ와 ⓑ는 분열기의 전기 세포와 중기 세포를 순서 없이 나타낸 것이다.

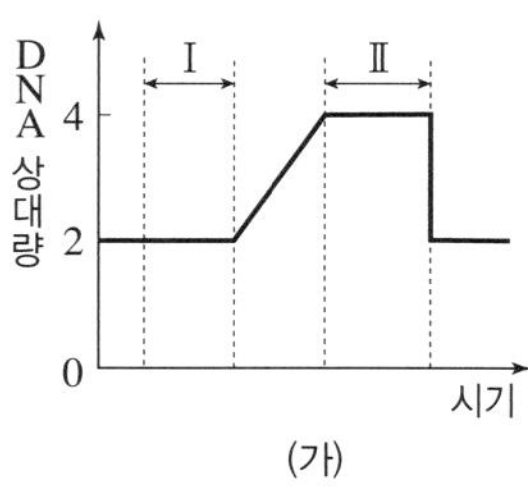

(가)

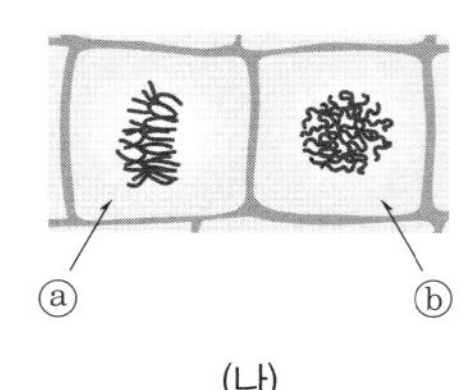

(나)

이에 대한 설명으로 옳은 것만을 [보기]에서 있는 대로 고른 것은?

보기
ㄱ. Ⅰ 시기의 세포에서 방추사가 형성된다.
ㄴ. ⓐ에서 2가 염색체가 세포 가운데 배열되어 있다.
ㄷ. ⓐ와 ⓑ는 모두 Ⅱ 시기에 관찰된다.

① ㄱ ② ㄷ ③ ㄱ, ㄴ
④ ㄱ, ㄷ ⑤ ㄱ, ㄴ, ㄷ

09 다음은 사람 P의 세포 (가)~(다)에 대한 자료이다.

- 유전 형질 ⓐ는 2쌍의 대립유전자 H와 h, T와 t에 의해 결정되며, ⓐ의 유전자는 서로 다른 2개의 염색체에 있다.
- (가)~(다)는 생식세포 형성 과정에서 나타나는 중기의 세포이다. (가)~(다) 중 2개는 G_1기 세포 Ⅰ로부터 형성되었고, 나머지 1개는 G_1기 세포 Ⅱ로부터 형성되었다.
- 표는 (가)~(다)에서 대립유전자 ㉠~㉣의 유무를 나타낸 것이다. ㉠~㉣은 H, h, T, t를 순서 없이 나타낸 것이다.

대립유전자	세포		
	(가)	(나)	(다)
㉠	×	×	○
㉡	○	○	×
㉢	×	×	×
㉣	×	○	○

(○: 있음, ×: 없음)

이에 대한 설명으로 옳지 않은 것은? (단, 돌연변이와 교차는 고려하지 않는다.)

① (가)와 (다)의 핵상은 같다.
② Ⅰ로부터 (나)가 형성되었다.
③ X 염색체의 수는 (나)와 (다)에서 같다.
④ ㉠과 ㉡은 상동 염색체의 동일한 위치에 있다.
⑤ P에게서 ㉠과 ㉢을 모두 갖는 생식세포가 형성될 수 없다.

10 사람의 유전 형질 ⓐ는 3쌍의 대립유전자 E와 e, F와 f, G와 g에 의해 결정되며, ⓐ를 결정하는 유전자는 서로 다른 3개의 상염색체에 존재한다. 그림 (가)는 어떤 사람의 G_1기 세포 Ⅰ로부터 정자가 형성되는 과정을, (나)는 이 사람의 세포 ㉠~㉢이 갖는 대립유전자 E, f, G의 DNA 상대량을 나타낸 것이다. ㉠~㉢은 Ⅰ~Ⅲ을 순서 없이 나타낸 것이고, Ⅱ는 중기의 세포이다.

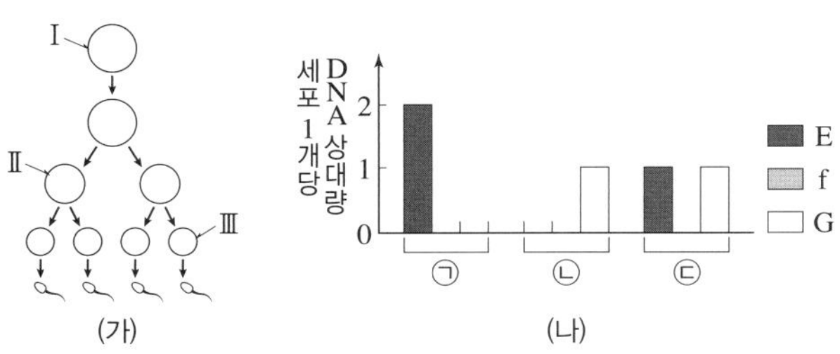

(가) (나)

이에 대한 설명으로 옳은 것만을 [보기]에서 있는 대로 고른 것은? (단, 돌연변이와 교차는 고려하지 않으며, E, e, F, f, G, g 각각의 1개당 DNA 상대량은 1이다.)

보기
ㄱ. Ⅰ에서 세포 1개당 $\frac{\text{F의 DNA 상대량}}{\text{E의 DNA 상대량}+\text{G의 DNA 상대량}}=1$이다.
ㄴ. Ⅱ의 염색 분체 수는 46이다.
ㄷ. Ⅲ의 ⓐ에 대한 유전자형은 EFG이다.

① ㄱ ② ㄴ ③ ㄱ, ㄴ
④ ㄴ, ㄷ ⑤ ㄱ, ㄴ, ㄷ

11 사람의 유전 형질 (가)는 상염색체에 있는 대립유전자 H와 h에 의해, (나)는 X 염색체에 있는 대립유전자 T와 t에 의해 결정된다. 표는 세포 Ⅰ~Ⅳ가 갖는 H, h, T, t의 DNA 상대량을 나타낸 것이다. Ⅰ~Ⅳ 중 2개는 남자 P의, 나머지 2개는 여자 Q의 세포이다. ㉠~㉢은 0, 1, 2를 순서 없이 나타낸 것이다.

세포	DNA 상대량			
	H	h	T	t
Ⅰ	㉢	0	㉠	?
Ⅱ	㉡	㉠	0	㉡
Ⅲ	?	㉢	㉠	㉡
Ⅳ	4	0	2	㉠

이에 대한 설명으로 옳은 것만을 [보기]에서 있는 대로 고른 것은? (단, 돌연변이와 교차는 고려하지 않으며, H, h, T, t 각각의 1개당 DNA 상대량은 1이다.)

보기
ㄱ. ㉡은 2이다.
ㄴ. Ⅳ는 Q의 세포이다.
ㄷ. Ⅰ이 갖는 t의 DNA 상대량과 Ⅲ이 갖는 H의 DNA 상대량의 합은 1이다.

① ㄱ ② ㄴ ③ ㄷ
④ ㄱ, ㄷ ⑤ ㄴ, ㄷ

IV 유전

2 사람의 유전

Review

이전에 학습한 내용 중 이 단원과 연계된 내용을 다시 한 번 떠올려 봅시다.

다음 단어가 들어갈 곳을 찾아 빈칸을 완성해 보자.

분리	열성	우성	유전자형	표현형	형질	3 : 1

중3 생식과 유전

- **유전 용어**

① **유전** ❶ [ ]: 생물이 지니고 있는 여러 특성 중 유전되는 특성 예 완두의 모양, 완두의 색깔

② **대립 형질:** 서로 대립 관계에 있는 형질 예 둥글다 ↔ 주름지다

③ ❷ [ ]: 겉으로 나타나는 형질 예 둥글다, 주름지다

④ ❸ [ ]: 형질을 결정하는 대립유전자의 구성을 기호로 나타낸 것 예 RR, Rr, rr

⑤ **순종(동형 접합성):** 한 형질을 나타내는 대립유전자 구성이 같은 것 예 RR, rr

⑥ **잡종(이형 접합성):** 한 형질을 나타내는 대립유전자 구성이 다른 것 예 Rr

- **우열의 원리와 분리의 법칙**

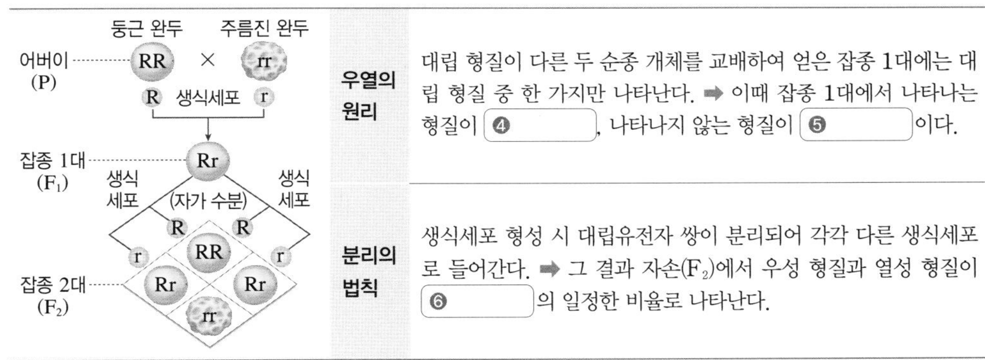

우열의 원리	대립 형질이 다른 두 순종 개체를 교배하여 얻은 잡종 1대에는 대립 형질 중 한 가지만 나타난다. ➡ 이때 잡종 1대에서 나타나는 형질이 ❹ [ ], 나타나지 않는 형질이 ❺ [ ]이다.
분리의 법칙	생식세포 형성 시 대립유전자 쌍이 분리되어 각각 다른 생식세포로 들어간다. ➡ 그 결과 자손(F_2)에서 우성 형질과 열성 형질이 ❻ [ ]의 일정한 비율로 나타난다.

- **독립의 법칙** 두 쌍 이상의 대립 형질이 함께 유전될 때 각 형질은 서로의 유전에 영향을 미치지 않고 ❼ [ ]의 법칙에 따라 각각 독립적으로 유전된다.

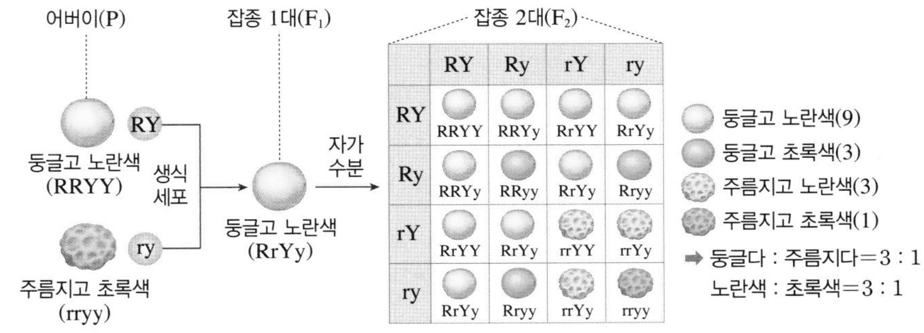

	RY	Ry	rY	ry
RY	RRYY	RRYy	RrYY	RrYy
Ry	RRYy	RRyy	RrYy	Rryy
rY	RrYY	RrYy	rrYY	rrYy
ry	RrYy	Rryy	rrYy	rryy

답 ❶ 형질 ❷ 표현형 ❸ 유전자형 ❹ 우성 ❺ 열성 ❻ 3 : 1 ❼ 분리

1 사람의 유전

핵심 포인트
❶ 사람의 유전 연구 ★
❷ 상염색체 유전 가계도 ★★★
❸ ABO식 혈액형 가계도 ★★★
❹ 적록 색맹 가계도 ★★★
❺ 다인자 유전 ★★

A 사람의 유전 연구

1. 사람의 유전 연구가 어려운 까닭

(1) 한 ❶세대가 길어 유전 결과를 짧은 시간 안에 확인할 수 없다.

(2) 자손의 수가 적어 통계 처리가 어렵다. ➡ 적은 수의 집단에서 얻은 통계는 신뢰성이 낮고 일반화하기 어렵다.

(3) 인위적인 교배 실험이 불가능하다.

(4) 형질이 복잡하고 유전자의 수가 많아 결과를 분석하기 어렵다.

(5) 형질의 발현이 환경의 영향을 많이 받는다. ➡ 형질이 발현되는 데 환경의 영향을 많이 받으면 그 형질이 유전적 요인에 의한 것인지 환경적 요인에 의한 것인지 파악하기 어렵다.

◆ **가계도**
가족 구성원의 성별, 혈연 및 결혼 관계, 형질의 발현 여부 등을 여러 세대에 걸쳐 도표로 나타낸 것이다.

2. 사람의 유전 연구 방법

사람의 유전은 가계도 조사, 집단 조사, 쌍둥이 연구 등의 간접적인 방법을 이용해 왔으며, 최근에는 사람의 염색체와 유전자를 직접 분석하기도 한다.

(1) ◆**가계도 조사:** 특정 유전 형질이 있는 집안의 가계도를 분석하여 그 형질의 유전 방식을 연구하는 방법이다.

가계도 작성에 이용되는 기호와 가계도의 예

가계도 기호

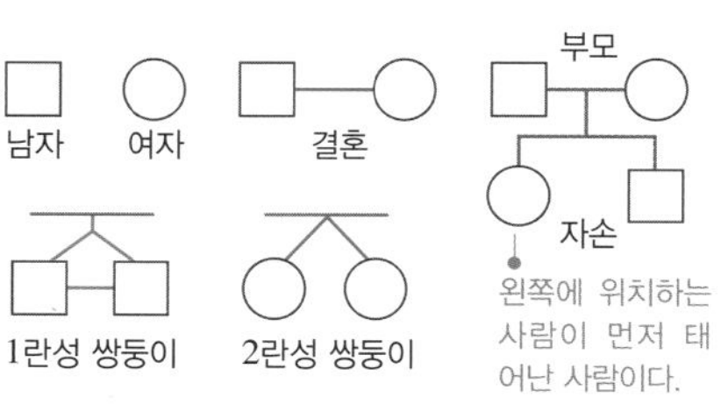

가계도 예시

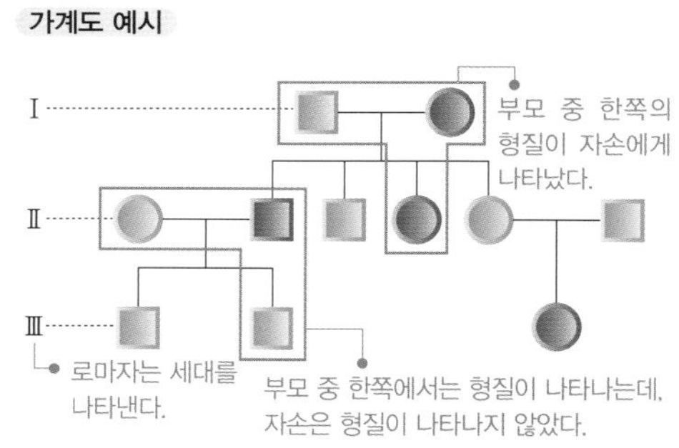

가계도 분석으로 알 수 있는 것

① 특정 형질이 우성인지, 열성인지를 알 수 있다.
② 유전자가 상염색체에 있는지, 성염색체에 있는지를 알 수 있다.
③ 가계를 구성하는 사람들의 유전자형과 태어날 자손이 특정 형질을 나타낼 확률을 예측할 수 있다.

(2) **집단 조사:** 특정 지역이나 인종 집단을 대상으로 유전 형질을 조사한 자료를 통계 처리하여 유전자 빈도, 유전자 변이, 질병의 관련성 등을 연구하는 방법이다. → 민족적 차이 등을 알아볼 때 사용한다.

(3) ◆**쌍둥이 연구:** 1란성 쌍둥이와 2란성 쌍둥이의 형질 차이를 연구하여 형질 발현에 유전자와 환경이 미치는 영향을 연구한다.

(4) **염색체 및 유전자 연구:** 핵형 분석을 통해 염색체 이상에 의한 유전병을 알아내거나, DNA에서 특정 유전자의 염기 서열을 분석하여 유전병 여부와 유전 현상을 알아낸다. ➡ 최근에는 세포 배양 기술이 발달하고, 분자 생물학과 기기의 발달로 유전자 정보를 축적하게 됨에 따라 DNA의 염기 서열을 직접 분석하여 유전자 이상 등을 알아낸다.

◆ **쌍둥이의 발생과 형질의 차이**

• 1란성 쌍둥이: 1개의 수정란이 발생 초기에 둘로 나뉘어 각각 자라서 형성된다. ➡ 유전자 구성이 같으므로, 이들 사이의 형질 차이는 환경의 영향에 의해 나타난 것이다.

• 2란성 쌍둥이: 2개의 난자가 각각 다른 정자와 수정하여 형성된다. ➡ 유전자 구성이 다르므로, 이들 사이의 형질 차이는 유전적 차이와 환경의 영향에 의해 나타난다.

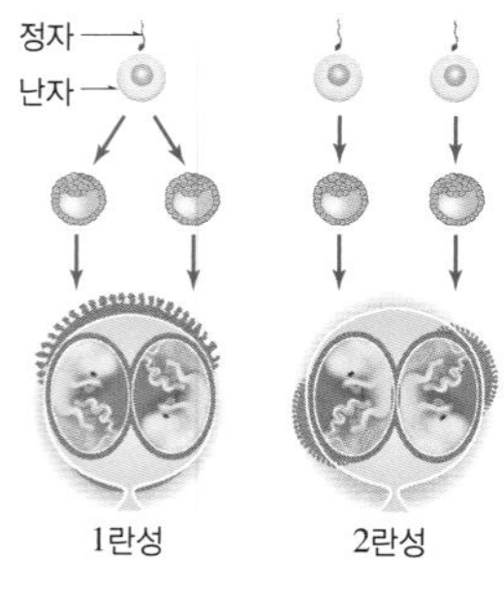

용어

❶ **세대(世 대, 代 대신하다)** 자손이 성장하여 결혼하고 다시 자손을 낳을 때까지 걸리는 시간, 사람은 30년 정도를 한 세대로 본다.

3. 사람 유전의 기본 원리 사람의 형질이 유전될 때에도 멘델의 유전 법칙(◆우열의 원리, ◆분리의 법칙, ◆독립의 법칙)이 적용된다.

(1) **유전 형질과 유전자:** 유전 형질은 상동 염색체의 동일한 위치에 있는 대립유전자 쌍에 의해 결정된다.

(2) **부모의 유전자가 자손에게 유전되는 원리:** 부모의 유전자는 생식세포의 염색체를 통해 자손에게 전달된다. ➡ 자손의 대립유전자는 부모에게서 하나씩 물려받은 것이다.

| 부모의 유전자가 자손에게 유전되는 원리 |

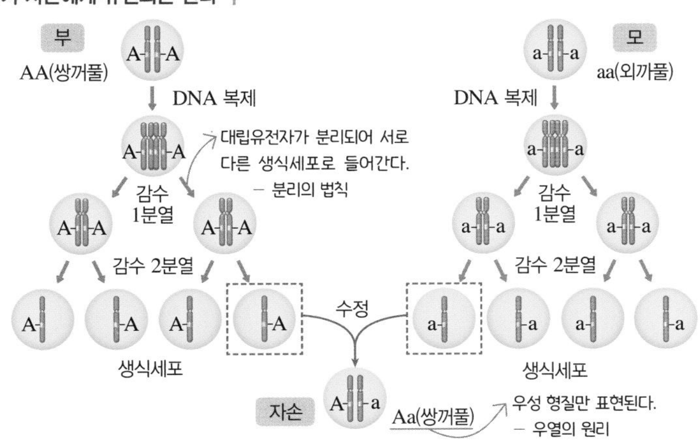

- 아버지의 유전자형은 AA이고 표현형은 쌍꺼풀이다. 어머니의 유전자형은 aa이고, 표현형은 외까풀이다.
- 생식세포 분열에 의해 아버지에게서 A가 있는 생식세포가, 어머니에게서 a가 있는 생식세포가 형성된다.
- 부모의 생식세포가 수정하여 자손이 만들어지며, 자손의 유전자형은 Aa가 된다. ➡ 대립유전자 A는 아버지에게서, 대립유전자 a는 어머니에게서 물려받은 것이다.

(3) **자손의 유전자형:** 부모의 유전자형을 알면 자손의 유전자형과 표현형을 추론할 수 있다.

| 자손의 유전자형과 확률 |

아버지가 쌍꺼풀(Aa)이고, 어머니도 쌍꺼풀(Aa)일 때 자손의 유전자형은 다음과 같이 추론한다.

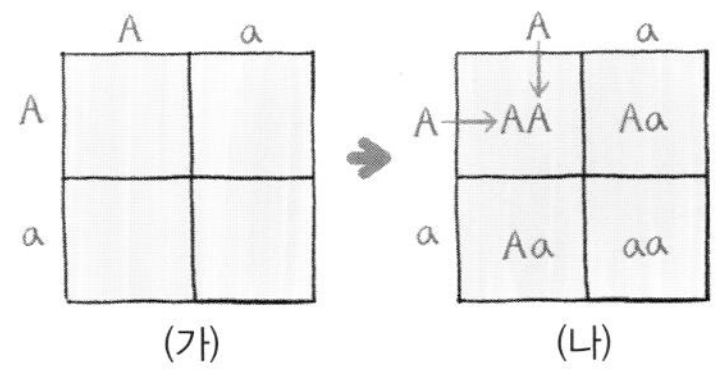

(가) 사각형을 그리고 칸을 4개 만든 후 사각형의 위쪽과 왼쪽에 어머니와 아버지의 생식세포 유전자를 하나씩 쓴다.
(나) 각 칸에 부모의 생식세포가 수정하여 생길 수 있는 자손의 유전자형을 쓴다.

자손의 유전자형 분리비는 AA : Aa : aa=1 : 2 : 1이고, 표현형 분리비는 쌍꺼풀 : 외까풀=3 : 1이다.

➡ 자손이 쌍꺼풀일 확률은 $\frac{3}{4}$이고, 외까풀일 확률은 $\frac{1}{4}$이다.

4. 사람 유전 현상의 구분

(1) 유전자가 존재하는 염색체의 종류에 따른 구분

① 상염색체 유전: 형질을 결정하는 유전자가 상염색체에 있다. 예 눈꺼풀, 귓불 모양

② 성염색체 유전: 형질을 결정하는 유전자가 성염색체에 있다. 예 적록 색맹, 혈우병

(2) 형질을 결정하는 유전자의 수에 따른 구분

① 단일 인자 유전: 형질이 한 쌍의 대립유전자에 의해 결정된다. 예 눈꺼풀, 귓불 모양

② 다인자 유전: 형질이 여러 쌍의 대립유전자에 의해 결정된다. 예 눈동자 색, 피부색

◆ **우열의 원리**
특정 형질을 결정하는 대립유전자 구성이 서로 다를 경우(이형 접합성) 열성 형질은 억제되고 우성 형질만 표현된다는 유전 원리이다.
예 Aa → 쌍꺼풀
➡ 쌍꺼풀(A)이 우성, 외까풀(a)이 열성이다.

◆ **분리의 법칙**
생식세포 형성 시 대립유전자 쌍이 분리되어 각각 다른 생식세포로 들어가는 것을 분리의 법칙이라고 하며, 그 결과 자손에서 표현형이 일정한 비율로 나타나게 된다.

◆ **독립의 법칙**
두 쌍 이상의 대립유전자가 유전될 때 각 대립유전자 쌍은 서로 영향을 미치지 않고 각각 분리의 법칙에 따라 유전되는 원리이다. 이 원리는 대립유전자 쌍이 서로 다른 상동 염색체에 있을 때 적용된다.

암기해!
대립유전자
대립유전자는 부모로부터 하나씩 물려받은 것이다.

형질이 성염색체인 X 염색체나 Y 염색체에 있는 유전자에 의해 결정되면, 형질이 나타나는 빈도가 성별에 따라 달라요. 이것에 대해서는 뒤에서 자세히 다룬답니다.

개념 확인 문제

핵심 체크

- 사람의 유전 연구가 어려운 까닭: 한 세대가 길고, 자손의 수가 적으며, 자유 교배가 불가능하고, 형질이 복잡하다.
- 사람의 유전 연구 방법: (❶) 조사(특정 형질의 유전 방식 조사), 집단 조사, (❷) 연구(유전자와 환경의 영향 연구), 염색체 및 유전자 연구
- 부모의 형질이 자손에게 유전되는 원리: 생식세포의 (❸)를 통해 형질을 결정하는 유전자를 자손에게 전달한다. ➡ 자손은 하나의 형질을 결정하는 (❹)를 부모에게서 하나씩 물려받아 형질이 결정된다.
- 사람의 유전 현상은 유전자가 존재하는 염색체의 종류에 따라 상염색체 유전과 성염색체 유전으로 구분하며, 형질을 결정하는 대립유전자 쌍의 수에 따라 단일 인자 유전과 다인자 유전으로 구분한다.

1 사람의 유전 연구가 어려운 까닭으로 옳지 않은 것은?

① 한 세대가 길다.
② 자손의 수가 적다.
③ 자유로운 교배 실험이 가능하다.
④ 형질이 복잡하고 유전자 수가 많다.
⑤ 형질의 발현이 환경의 영향을 많이 받는다.

2 다음에서 설명하는 사람의 유전 연구 방법은 무엇인지 쓰시오.

> 부모와 자손, 형제 등의 특정 형질에 대한 표현형을 조사하여 도표로 나타내고, 이를 분석하여 형질의 유전 방식과 사람들의 유전자형을 알아낸다. 또 태어날 자손이 특정 형질을 나타낼 확률을 예상한다.

3 사람의 유전을 연구할 때 다음과 같은 목적에 적합한 연구 방법을 [보기]에서 고르시오.

> 보기
> ㄱ. 쌍둥이 연구 ㄴ. 집단 조사
> ㄷ. 염색체 연구 ㄹ. 가계도 조사

(1) 특정 형질의 발현에 유전자와 환경이 미치는 영향을 파악한다.
(2) 염색체 구조나 수의 이상과 같은 돌연변이가 있는지 알아낸다.
(3) 어떤 민족에서 특정 질병의 관련성과 유전자 빈도 등을 알아낸다.

4 다음은 사람의 귓불 모양 유전에 대한 설명이다.

> 사람의 귓불 모양에는 분리형과 부착형이 있으며, 귓불 모양은 한 쌍의 대립유전자에 의해 결정된다. 분리형 대립유전자를 E, 부착형 대립유전자를 e라고 할 때, 유전자 구성이 EE, Ee이면 귓불 모양이 분리형이 되고, ee이면 귓불 모양이 부착형이 된다.

귓불 모양 유전에 대한 설명으로 옳은 것은 ○, 옳지 않은 것은 ×로 표시하시오.

(1) 귓불 모양의 대립 형질에는 분리형과 부착형이 있다. ( )
(2) 귓불 모양은 단일 인자 유전 형질이다. ( )
(3) EE와 Ee는 유전자형이고, 분리형은 표현형이다. ( )
(4) 부착형이 우성이고, 분리형이 열성이다. ( )

5 유전 형질 (가)를 결정하는 대립유전자는 A와 a이다. 어떤 집안에서 (가)에 대한 아버지의 유전자형은 Aa이고, 어머니의 유전자형은 aa이다.

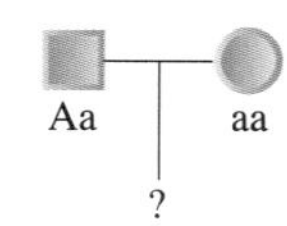

(1) 아버지에서 형성될 수 있는 생식세포의 유전자 구성을 있는 대로 쓰시오.
(2) 어머니에서 형성될 수 있는 생식세포의 유전자 구성을 있는 대로 쓰시오.
(3) 아버지와 어머니 사이에서 태어날 수 있는 자손의 유전자형과 분리비를 쓰시오.

B 상염색체 유전 완자쌤 비법 특강 225쪽

1. 상염색체 유전 상염색체에 있는 유전자에 의해 형질이 결정된다. ➡ 성별에 따라 형질이 발현되는 빈도에 차이가 없다.

2. 대립유전자가 두 가지인 유전(단일 대립 유전)

(1) 형질이 상염색체에 있는 한 쌍의 대립유전자에 의해 결정(*단일 인자 유전)되며, 대립유전자가 두 가지인 경우이다.

(2) 일반적으로 우성과 열성이 뚜렷하게 구분되고, 우열의 원리와 분리의 법칙에 따라 유전된다.

(3) 눈꺼풀, 보조개, 혀 말기, 귓불 모양, 이마선, 엄지손가락의 젖혀짐 등이 있다.

구분	눈꺼풀	보조개	혀 말기	귓불 모양	이마선	엄지손가락의 젖혀짐
우성	쌍꺼풀	있다.	가능	분리형	M자형	젖혀진다.
열성	외까풀	없다.	불가능	부착형	일자형	젖혀지지 않는다.

◆ **단일 인자 유전**
형질이 한 쌍의 대립유전자에 의해 결정되는 유전 현상을 단일 인자 유전이라고 한다. 대립 형질이 뚜렷이 구별되기 때문에 유전 원리를 알아내는 데 도움이 된다.

궁금해?
우성 형질이 항상 열성 형질보다 많을까?
일반적으로 우성 형질이 많기는 하지만 반드시 그렇지는 않다. 예를 들어 손가락이 5개보다 많은 다지증은 정상에 대해 우성이지만, 정상보다 훨씬 드물게 나타난다.

탐구 자료창 귓불 모양 유전 가계도 분석

226쪽 대표 자료 ❶, ❷

그림은 어떤 집안의 귓불 모양 유전 가계도를 나타낸 것이다.

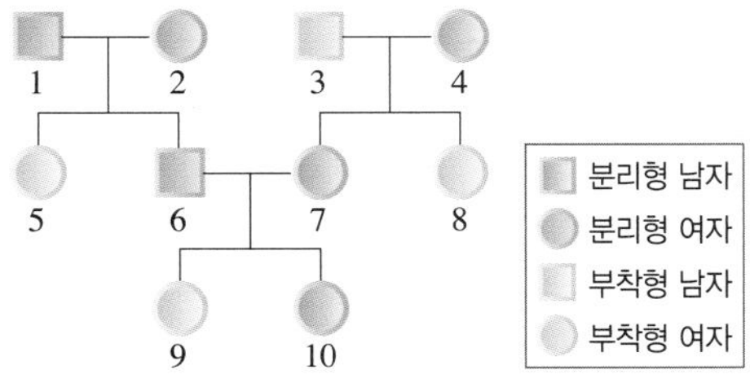

형질의 우열 관계를 판단할 때에는 표현형이 같은 부모에게서 부모와는 다른 표현형의 자손이 나타난 경우를 찾으면 돼요. 이 경우 부모의 형질이 우성이고, 자손의 형질이 열성이에요.

1. 형질의 우열 판단하기: 분리형인 1과 2 사이에서 부착형인 5가 태어났으므로 귓불 모양은 분리형이 우성이고, 부착형이 열성이다.
2. 대립유전자 기호 결정하기: 분리형 대립유전자를 E, 부착형 대립유전자를 e로 한다.
   └ 일반적으로 우성 대립유전자는 대문자로, 열성 대립유전자는 소문자로 나타낸다.
3. 열성 형질인 사람의 유전자형 쓰기: 표현형이 열성인 사람의 유전자형은 열성 동형 접합성이므로 3, 5, 8, 9의 귓불 모양 유전자형은 ee이다.
4. 부모와 자손 사이의 관계를 이용하여 유전자형 구하기: 부모 중에 열성 형질이 있다면 자손에게 열성 대립유전자를 물려주고, 자손 중에 열성 형질이 있다면 부모 모두에게 열성 대립유전자가 있다. 따라서 1, 2, 4, 6, 7의 유전자형은 Ee이다.
5. 유전자형을 알 수 없는 사람 정리하기: 6과 7의 유전자형이 각각 Ee이므로, 10은 유전자형이 EE인지 Ee인지 알 수 없다.
6. 자손의 형질 예측하기: 6과 7 사이에서 태어난 아이가 분리형일 확률은 $\frac{3}{4}$, 분리형인 아들일 확률은 $\frac{3}{4}\times\frac{1}{2}=\frac{3}{8}$이다.

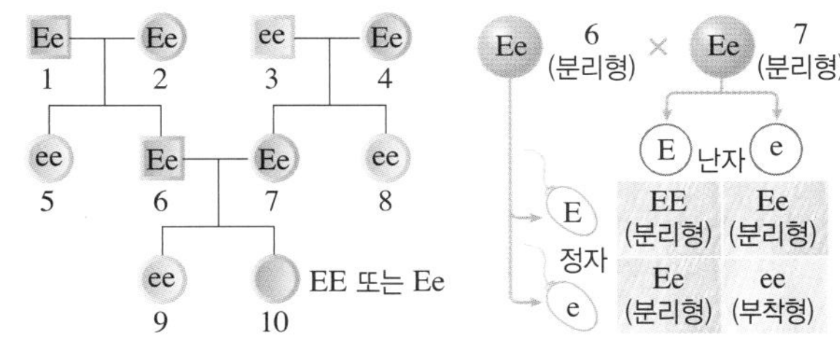

주의해!

복대립 유전과 단일 인자 유전
복대립 유전에서 대립유전자는 세 가지 이상이지만, 결국 형질의 표현에 관여하는 대립유전자는 개체마다 한 쌍이므로, ABO식 혈액형도 단일 인자 유전에 해당한다.

3. 대립유전자가 세 가지 이상인 유전(복대립 유전)

(1) 형질이 상염색체에 있는 한 쌍의 대립유전자에 의해 결정(단일 인자 유전)되며, 대립유전자가 세 가지 이상인 경우이다. ➡ 복대립 유전

(2) 일반적으로 우성과 열성이 뚜렷하게 구분되고 분리의 법칙에 따라 유전되지만, 대립유전자가 두 가지인 경우보다 표현형이 다양하게 나타난다.

(3) ABO식 혈액형 유전

① 대립유전자: I^A, I^B, i의 세 가지가 있다 ➡ I^A는 ❶응집원 A를, I^B는 응집원 B를 만들며, i는 응집원을 만들지 못한다. — 교학사, 동아, 미래엔 교과서에서는 대립유전자를 A, B, O로 나타내었으므로, 해당 교과서를 사용하는 학생들은 그에 맞추어 학습한다.

② 대립유전자의 우열 관계: I^A와 I^B는 i에 대해 우성이며, I^A와 I^B 사이에는 ◆우열이 구분되지 않는다. ($I^A = I^B > i$)

③ 혈액형의 결정: 상염색체에 있는 한 쌍의 대립유전자가 적혈구 표면에 응집원의 형성을 결정한다. ➡ 응집원의 종류에 따라 A형, B형, AB형, O형으로 구분한다.

④ 표현형과 유전자형: 표현형은 4가지, 유전자형은 6가지이다.

표현형	A형	B형	AB형	O형
적혈구 표면의 응집원	응집원 A	응집원 B	응집원 A 응집원 B	응집원이 없다.
유전자형	I^AI^A, I^Ai	I^BI^B, I^Bi	I^AI^B	ii

ABO식 혈액형의 대립유전자는 상동 염색체의 동일한 위치에 있다.

◆ 공동 우성
ABO식 혈액형의 I^A, I^B와 같이 대립유전자 사이에 우열 관계가 없어 유전자형이 이형 접합성(I^AI^B)일 때 두 대립유전자가 나타내는 형질이 동일한 정도로 발현되는 것이다.

(용어)
❶ 응집원(凝 엉기다, 集 모이다, 原 원인) 응집 반응이 일어나는 원인이 되는 물질이다.

탐구 자료창 **ABO식 혈액형 유전 가계도 분석**

그림은 어떤 집안의 ABO식 혈액형 유전 가계도를 나타낸 것이다.

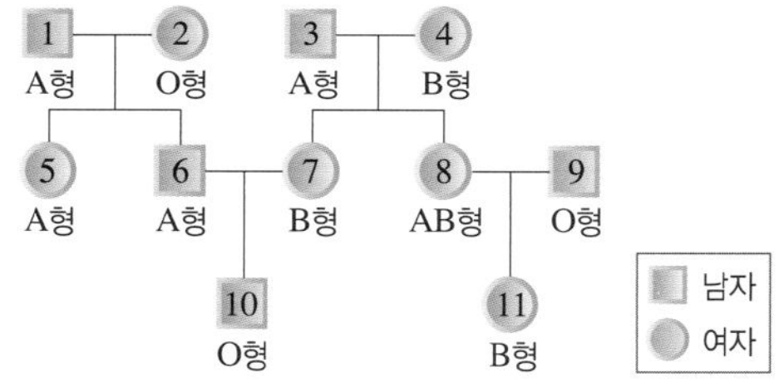

AB형과 O형의 유전자형은 한 가지씩이므로 이 혈액형을 위주로 가계도를 분석하세요.

1. AB형과 O형의 유전자형 쓰기: AB형인 8의 유전자형은 I^AI^B, O형인 2, 9, 10의 유전자형은 ii이다.
2. 부모와 자손 사이의 관계를 이용하여 유전자형 구하기: 부모 중에 O형이 있다면 자손에게 열성 대립유전자 i를 물려주고, 자손 중에 O형이 있다면 부모 모두에게 열성 대립유전자 i가 있다. 따라서 5, 6의 유전자형은 I^Ai이고, 7, 11의 유전자형은 I^Bi이다. 또 7의 우성 대립유전자 I^B는 B형인 4에게서, 열성 대립유전자 i는 3에게서 물려받은 것이다. 따라서 3의 유전자형은 I^Ai이다.
3. 유전자형을 알 수 없는 사람 정리하기: 1의 유전자형은 I^AI^A 또는 I^Ai이고, 4의 유전자형은 I^BI^B 또는 I^Bi이다.
4. 자손의 형질 예측하기: 6과 7 사이에서 태어날 수 있는 자손의 표현형은 A형, B형, AB형, O형이 모두 가능하다. 6과 7 사이에서 자손이 태어날 때 이 자손이 B형일 확률은 $\frac{1}{4}$이다.

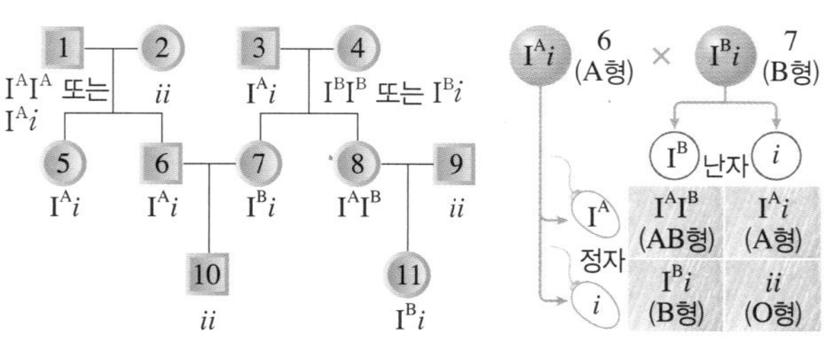

개념 확인 문제

핵심 체크

- 상염색체 유전: 형질을 결정하는 유전자가 (❶)에 있다. ➡ 형질 발현 빈도는 성별에 따라 차이가 없다.
- 상염색체의 단일 인자 유전: 형질이 상염색체에 있는 (❷) 쌍의 대립유전자에 의해 결정되는 유전 현상

대립유전자가 두 가지인 경우 (단일 대립 유전)	• 부모의 표현형이 같을 때, 부모와는 다른 표현형의 자손이 나타나면 부모의 형질이 (❸), 자손의 형질이 (❹)이며, 부모의 유전자형은 이형 접합성이고, 자녀의 유전자형은 동형 접합성이다. • 눈꺼풀, 보조개, 혀 말기, 귓불 모양 등
대립유전자가 세 가지 이상인 경우 (복대립 유전)	• 대립유전자가 두 가지인 경우보다 표현형이 다양하다. • ABO식 혈액형

대립유전자	I^A, I^B, i ($I^A = I^B > i$)			
표현형	A형	B형	AB형	(❺)
유전자형	I^AI^A, I^Ai	(❻)	I^AI^B	ii

1 다음은 사람에게 유전되는 형질 A의 특성이다.

> • A를 나타내는 남녀의 비율은 비슷하다.
> • 자녀는 A를 나타내지만 부모는 모두 A를 나타내지 않을 수 있다.

이를 통해 알 수 있는 형질 A의 유전적 특징으로 옳은 것은 ○, 옳지 않은 것은 ×로 표시하시오.

(1) A는 우성 형질이다. ( )
(2) A의 유전자는 상염색체에 있다. ( )
(3) 부모가 모두 A를 나타낼 경우, 자녀는 모두 A를 나타낸다. ( )

2 그림은 어떤 집안의 유전병 유전 가계도를 나타낸 것이다. 이 유전병 유전자는 상염색체에 있다.

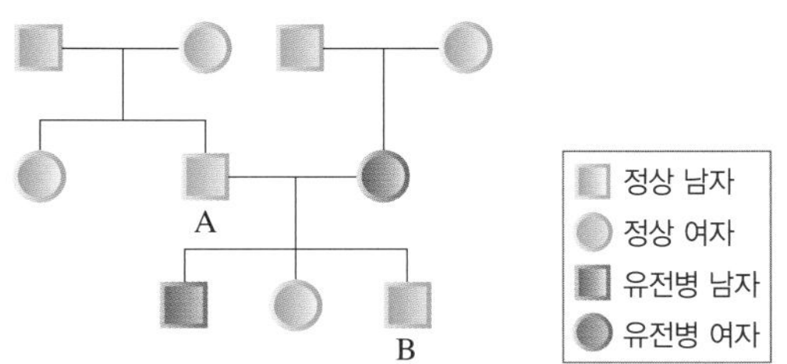

(1) 이 유전병은 우성 형질인지, 열성 형질인지 쓰시오.
(2) A와 B의 유전병 유전자형을 쓰시오. (단, 우성 대립유전자는 T, 열성 대립유전자는 t로 표시한다.)

3 다음은 혀 말기 유전에 대한 설명이다.

> • 혀 말기는 유전자가 상염색체에 있으며, 한 쌍의 대립유전자에 의해 형질이 결정된다.
> • 철수는 혀 말기가 불가능하지만, 철수의 부모님과 여동생은 혀 말기가 가능하다.

이에 대한 설명으로 옳은 것은 ○, 옳지 않은 것은 ×로 표시하시오.

(1) 혀 말기 가능이 우성 형질이다. ( )
(2) 철수의 어머니와 아버지는 혀 말기 불가능 대립유전자를 가지고 있다. ( )
(3) 혀 말기 불가능은 여자보다 남자에서 더 많다. ( )

4 ABO식 혈액형에 대한 설명으로 옳은 것은 ○, 옳지 않은 것은 ×로 표시하시오.

(1) 단일 인자 유전 형질이다. ( )
(2) 대립유전자는 두 가지이다. ( )
(3) 표현형은 4가지이고, 유전자형은 6가지이다. ( )

5 그림은 어떤 집안의 ABO식 혈액형 유전 가계도를 나타낸 것이다. (가)와 (나) 사이에서 나올 수 있는 자녀의 혈액형을 있는 대로 쓰시오.

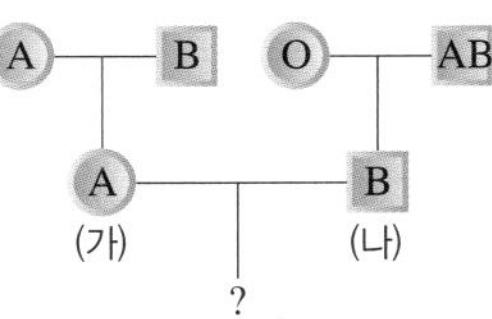

C 성염색체 유전

1. 성염색체 유전 성염색체에 있는 유전자에 의해 형질이 결정된다. ➡ 성별에 따라 형질이 발현되는 빈도가 다르다. ─● 남녀의 성염색체 구성이 다르기 때문이다.

2. 사람의 성 결정 방식 사람의 성은 난자와 수정하는 정자에 들어 있는 성염색체의 종류에 의해 결정된다.

| 사람의 성 결정 |

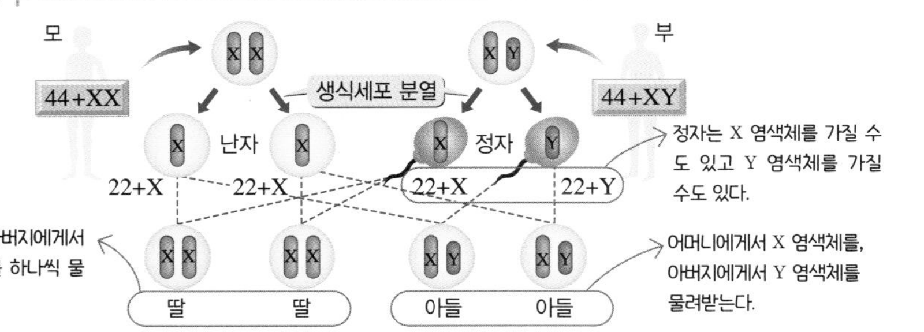

➡ 딸은 어머니와 아버지에게서 X 염색체를 하나씩 물려받지만, 아들은 어머니에게서 X 염색체를, 아버지에게서 Y 염색체를 물려받는다.

3. 반성유전 형질을 결정하는 유전자가 성염색체에 있어 성별에 따라 형질의 발현 빈도가 다른 유전 현상을 ◆반성유전이라고 한다. 예 적록 색맹, 혈우병

(1) **적록 색맹:** 빨간색과 초록색을 잘 구분하지 못하는 유전 형질로, 유전자는 X 염색체에 있다.

① 대립유전자: 정상 대립유전자(X^R)가 우성이고, 적록 색맹 대립유전자(X^r)가 열성이다. ─● 교학사, 금성, 동아, 미래엔 교과서에서는 정상 대립유전자를 X, 적록 색맹 대립유전자를 X′로 표시하였다.

② 유전자형과 표현형

성별	남자		여자		
유전자형	X^RY	X^rY	X^RX^R	X^RX^r	X^rX^r
표현형	정상	적록 색맹	정상	정상(❶보인자)	적록 색맹

③ 특징: 적록 색맹은 여자보다 남자에서 더 많이 나타난다. ➡ 성염색체 구성이 XX인 여자는 X 염색체 2개에 모두 적록 색맹 대립유전자가 있어야 적록 색맹이 되지만, 성염색체 구성이 XY인 남자는 X 염색체 1개에 적록 색맹 대립유전자가 있으면 적록 색맹이 되기 때문이다.

④ 적록 색맹의 유전 양상

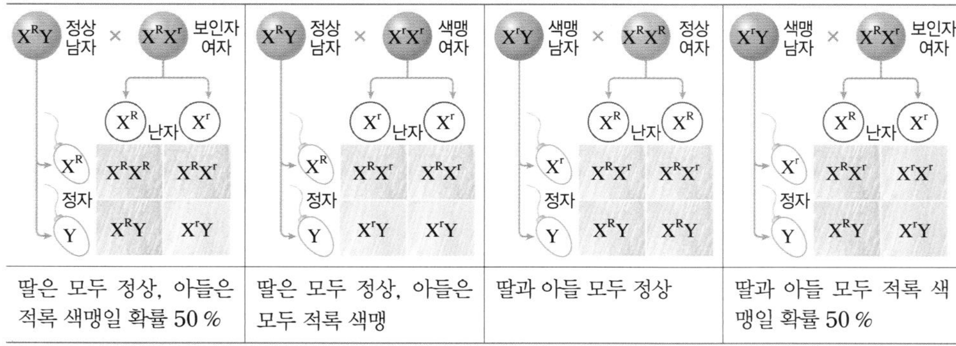

딸은 모두 정상, 아들은 적록 색맹일 확률 50 %	딸은 모두 정상, 아들은 모두 적록 색맹	딸과 아들 모두 정상	딸과 아들 모두 적록 색맹일 확률 50 %

◆ **반성유전 (sex linked inheritance)**
성염색체에 있는 유전자에 의해 나타나는 유전 현상을 말한다. X 염색체 연관과 Y 염색체 연관으로 구분하는데, Y 염색체에는 유전자가 적고 남성 성 결정에 관여하는 것이 많아 일반적으로 알려진 유전 형질이나 질환이 많지 않다.
└● 천재 교과서에서는 유전자형은 동일하지만 한쪽 성에만 나타나는 유전 현상을 한성 유전으로 구분하여 설명하였다.

암기해!

적록 색맹 유전의 특징
- 어머니가 적록 색맹이면 아들은 반드시 적록 색맹이다.
- 아들이 정상이면 어머니는 반드시 정상이다.
- 아버지가 정상이면 딸은 반드시 정상이다.
- 딸이 적록 색맹이면 아버지는 반드시 적록 색맹이다.

(용어)
❶ **보인자(保 보유하다, 因 원인, 者 사람)** 형질이 겉으로 드러나지는 않지만, 형질을 나타내는 유전자를 가지고 있는 사람이다. 표현형은 우성이지만, 열성 대립유전자를 가지고 있어 유전자형이 이형 접합성이다.

탐구 자료창 적록 색맹 유전 가계도 분석

그림은 어떤 집안의 적록 색맹 유전 가계도를 나타낸 것이다.

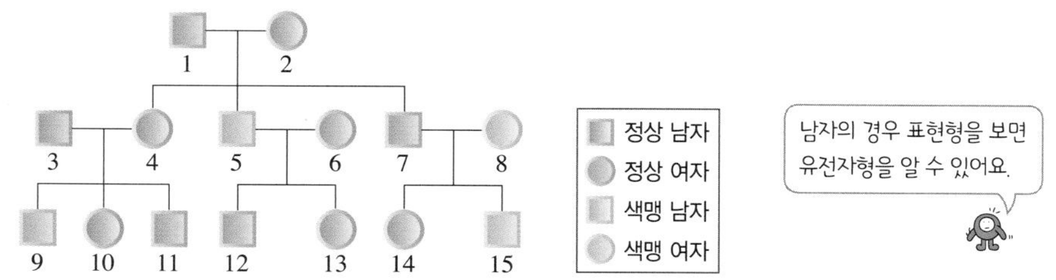

1. **형질의 우열 판단하기:** 정상인 부모 1과 2 사이에서 적록 색맹인 5가 태어났으므로 정상이 우성 형질이고, 적록 색맹이 열성 형질이다.
2. **남자와 열성 형질인 여자의 유전자형 쓰기:** 정상 남자 1, 3, 7, 11, 12의 유전자형은 X^RY이고, 적록 색맹 남자 5, 9, 15의 유전자형은 X^rY이다. 또한 적록 색맹 여자 8의 유전자형은 X^rX^r이다.
3. **부모와 자손 사이의 관계를 이용하여 여자의 유전자형 구하기**
   - 어머니가 정상이지만 아들 중에 적록 색맹이 있다면 어머니는 적록 색맹 대립유전자(X^r)가 있는 보인자이다. 따라서 2, 4의 유전자형은 X^RX^r이다.
   - 표현형은 정상이라도 부모 중 한 명이 적록 색맹이라면 딸은 적록 색맹 대립유전자(X^r)가 있는 보인자이다. 따라서 13, 14의 유전자형은 X^RX^r이다.
4. **유전자형을 알 수 없는 사람 정리하기:** 6과 10은 표현형은 정상이지만 보인자인지는 알 수 없다.
5. **적록 색맹 대립유전자가 전달된 경로 추론하기:** 9의 적록 색맹 대립유전자는 어머니인 4에게서 물려받은 것이고, 4는 2에게서 물려받은 것이다. (2 → 4 → 9)
6. **자손의 형질 예측하기:** 14가 정상 남자와 결혼하여 아이가 태어날 때, 정상인 아들일 확률은 $\frac{1}{4}$이다.

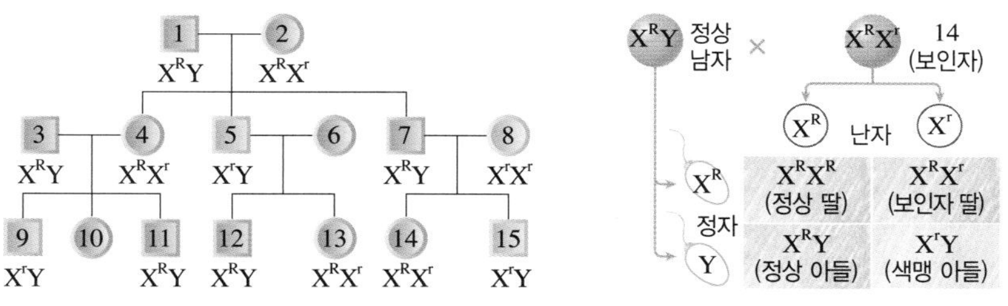

심화 + X 염색체와 유전

유전자가 X 염색체에 있는 유전 현상은 초파리의 흰색 눈 유전 연구로 잘 알려지게 되었다. 초파리 야생형은 붉은색 눈을 갖는데, 돌연변이로 흰색 눈의 초파리가 나타났다. 다음과 같은 교배 실험을 통해 흰색 눈이 열성 형질이며, 눈 색 유전자가 X 염색체에 있다는 것을 알게 되었다.

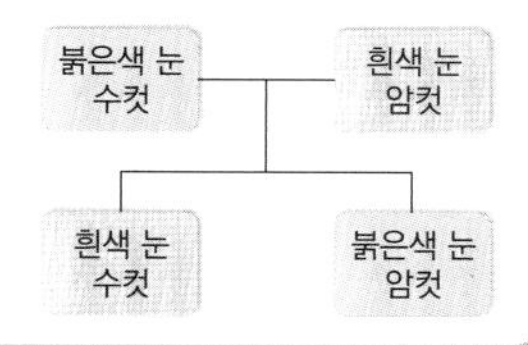

(2) **혈우병:** 혈액 응고에 관여하는 단백질을 만드는 유전자에 이상이 있어 출혈 시 혈액이 잘 응고되지 않는 유전 질환으로, 유전자는 X 염색체에 있다.

① 대립유전자: 정상 대립유전자(X^A)가 우성이고, 혈우병 대립유전자(X^a)가 열성이다.

② 유전자형과 표현형

성별	남자		여자		
유전자형	X^AY	X^aY	X^AX^A	X^AX^a	X^aX^a
표현형	정상	혈우병	정상	정상(보인자)	혈우병(❶치사)

③ 특징: 혈우병 환자는 대부분 남자이다. ➡ 혈우병도 적록 색맹과 같이 유전자가 X 염색체에 있는 열성 형질이므로 여자보다 남자에서 더 많이 나타난다. 또한 X 염색체 2개에 모두 혈우병 대립유전자가 있는 여아의 경우에는 태어나지 못하고 죽는 경우가 많아 여자 혈우병 환자는 매우 적다.

◆ **우성 반성유전**
비타민 D 저항성 구루병과 피부 얼룩증 등은 유전자가 X 염색체에 있으며 우성 형질이다. 이런 경우 형질을 결정하는 대립유전자가 하나만 있어도 형질이 발현되므로, 우성 반성유전하는 형질은 남자보다 여자에서 더 많이 나타나는 특징이 있다.

용어
❶ **치사(致 이르다. 死 죽음)** 죽음에 이르는 현상이다.

탐구 자료창 유전 형질이 전달되는 과정

표는 5가지 유전 형질과 대립유전자를 나타낸 것이다.

염색체	1		2		3		4		X	
형질	눈꺼풀		이마선		귓불 모양		머리카락		적록 색맹	
대립 형질	쌍꺼풀	외까풀	M자형	일자형	분리형	부착형	곱슬 머리	곧은 머리	정상	색맹
대립 유전자	A	a	B	b	D	d	E	e	R	r

(가) 표를 참고하여 부모의 유전자형을 임의로 설정한다.

염색체		1	2	3	4	성염색체
아버지	유전자형	Aa	Bb	Dd	Ee	X^RY
	표현형	쌍꺼풀	M자형	분리형	곱슬머리	정상
어머니	유전자형	Aa	Bb	Dd	ee	X^RX^r
	표현형	쌍꺼풀	M자형	분리형	곧은머리	정상(보인자)

(나) 부모는 각기 5개의 염색체 모형을 준비하여 염색체 모형의 앞뒤에 대립유전자 쌍을 써 넣는다.

(다) 염색체 모형을 무작위로 던져 위로 나온 면을 정자와 난자의 염색체 구성으로 한다. 상동 염색체끼리 짝 지어 나온 결과를 첫째 아이의 유전자형과 표현형으로 하고, 같은 과정을 한 번 더 반복하여 나온 결과를 둘째 아이의 유전자형과 표현형으로 한다.

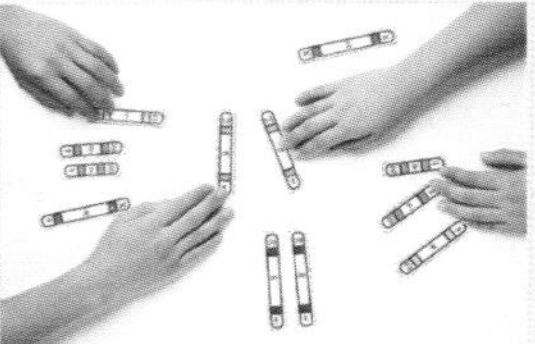

[결과 예시]

자녀		눈꺼풀	이마선	귓불 모양	머리카락	적록 색맹/성별
첫째 아이	유전자형	Aa	bb	Dd	ee	X^RX^r
	표현형	쌍꺼풀	일자형	분리형	곧은머리	정상 / 여자
둘째 아이	유전자형	aa	Bb	Dd	ee	X^rY
	표현형	외까풀	M자형	분리형	곧은머리	적록 색맹/남자

1. 부모 중 아버지는 상염색체 4쌍과 성염색체 X와 Y를, 어머니는 상염색체 4쌍과 성염색체 X와 X를 가진다.
2. 부모의 유전자형 만들기: 부모의 유전자형은 이형 접합성으로 설정하는 것이 다양한 형질의 자손이 나온다. ➡ 하나의 형질을 결정하는 대립유전자는 상동 염색체의 같은 위치에 존재하며, 대립유전자는 같을 수도 있고 다를 수도 있다.
3. 자손의 유전자형 만들기: 자손이 갖는 상동 염색체는 각각 부모에게서 하나씩 물려받은 것이다. ➡ 부모는 생식세포 분열로 정자와 난자를 형성한다. 생식세포 속에는 상동 염색체 중 하나씩만 들어가고, 정자와 난자의 수정으로 상동 염색체는 다시 쌍을 이루게 되며, 대립유전자도 쌍을 이루어 자손의 유전자형과 표현형이 결정된다.
4. 자손의 유전적 다양성: 같은 부모에게서 태어난 첫째 아이와 둘째 아이의 유전자형과 표현형이 다르다. ➡ 생식세포 분열 과정에서 각 상동 염색체는 무작위로 배열하고 분리되어 유전자 조합이 다양한 생식세포가 형성된다. 따라서 같은 부모에게서 태어난 자손이라도 형질이 다르다.
5. 결론: 부모의 형질을 결정하는 유전자는 생식세포를 통해 자손에게 전달되고, 자손은 부모에게서 하나씩 물려받은 대립유전자 쌍에 의해 형질이 결정된다. 이를 통해 자손은 부모와 닮게 되고, 생명이 연속성을 가지게 된다.

같은 탐구 다른 실험

염색체 모형 대신 수수깡과 종이컵을 이용하여 탐구를 수행할 수도 있다.

❶ 부모는 각각 색깔별로 2개씩 모두 5가지 색, 10개의 수수깡을 준비한다.
❷ 부모는 색깔별 수수깡에 각 유전 형질의 대립유전자를 하나씩 붙인다.
❸ 부모의 종이컵에 대립유전자를 붙인 수수깡을 넣는다.
❹ 부모는 자신의 종이컵에서 색깔별로 수수깡을 무작위로 하나씩 뽑아 자손의 유전자를 완성한다.

D 다인자 유전

1. 다인자 유전 형질이 여러 쌍의 대립유전자에 의해 결정되는 유전 현상으로, ◆표현형이 다양하게 나타나며, 환경의 영향을 받는다. 예 피부색, 키, 몸무게

◆ 다인자 유전 형질의 표현형
다인자 유전 형질은 여러 쌍의 대립유전자가 관여하므로 표현형이 다양하고, 환경의 영향을 받아 표현형이 더욱 다양해진다. 이 때문에 한 개체군에서 개체 사이의 차이가 매우 적어 연속적인 변이로 나타난다.

다인자 유전에서 표현형의 다양성

- 피부색은 서로 다른 상염색체에 있는 세 쌍의 대립유전자로 결정된다고 가정한다.
- A, B, C는 피부를 검게 만드는 대립유전자이고, a, b, c는 피부를 희게 만드는 대립유전자이다.
- 피부색은 피부를 검게 만드는 대립유전자 수가 많을수록 검다. → 유전자형이 AABBCC일 때 가장 검다.
- 매우 흰 피부(aabbcc)와 매우 검은 피부(AABBCC)의 부모 사이에서 태어난 갈색 피부(AaBbCc)의 자손이 자신과 피부색 유전자형이 같은 사람과 결혼하여 낳을 수 있는 자손의 피부색 분포는 다음과 같다.(단, 환경의 영향은 고려하지 않는다.)

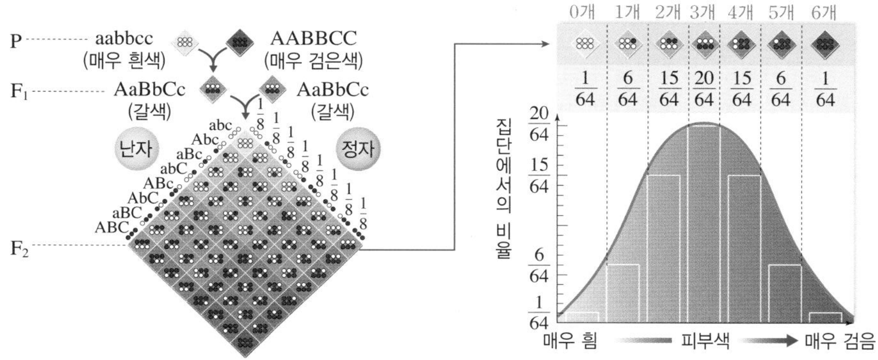

① 유전자형이 AaBbCc인 사람에서 만들어질 수 있는 생식세포의 유전자형: ABC, ABc, AbC, Abc, aBC, aBc, abC, abc의 8가지

② F_2의 피부색의 표현형: 피부를 검게 만드는 대립유전자의 개수는 0~6개로, 표현형은 7가지이다.

③ F_2의 피부색의 분포: 피부를 검게 만드는 대립유전자의 개수가 0개(aabbcc)나 6개(AABBCC)인 자손이 나올 확률은 $\frac{1}{64}$로 매우 낮고, 피부를 검게 만드는 대립유전자의 개수가 3개(AABbcc, AAbbCc, AaBBcc, AaBbCc, AabbCC, aaBBCc, aaBbCC)인 자손이 나올 확률은 $\frac{20}{64}$으로 가장 높다. ➡ 중간값이 가장 크고 양 극단의 값은 작은 형태로 나타난다.

• 피부를 검게 만드는 대립유전자가 3개인 자손이 나올 확률 구하기
Aa×Aa → AA, 2Aa, aa (Bb×Bb, Cc×Cc도 동일)이므로, AA(BB, CC)가 나올 확률은 $\frac{1}{4}$, Aa(Bb, Cc)가 나올 확률은 $\frac{1}{2}$, aa(bb, cc)가 나올 확률은 $\frac{1}{4}$이다.
➡ 피부를 검게 만드는 대립유전자가 3개(AABbcc, AAbbCc, ⋯, AaBbCc)일 확률은 $(\frac{1}{4}\times\frac{1}{2}\times\frac{1}{4})\times 6+\frac{1}{2}\times\frac{1}{2}\times\frac{1}{2}$로, $\frac{20}{64}$이다.

④ 표현형이 다양하게 되는 요인: 피부색을 결정하는 대립유전자가 세 쌍보다 많거나 피부색이 유전자뿐 아니라 환경 요인의 영향을 받는다면 피부색은 7가지보다 훨씬 다양한 표현형을 나타내게 된다.

2. 단일 인자 유전과 다인자 유전의 비교

구분	단일 인자 유전	다인자 유전
형질 결정	한 쌍의 대립유전자에 의해 결정	여러 쌍의 대립유전자에 의해 결정
유전 형질	귓불 모양, 눈꺼풀, ABO식 혈액형	피부색, 키, 몸무게
형질 분포	대부분 대립 형질이 뚜렷하게 구분된다. ➡ 불연속적인 변이 (귓불 모양 / 개체 수(명) 0, 20, 40, 60 / 분리형, 부착형)	표현형이 다양하게 나타난다. ➡ ❶정규 분포 곡선 형태의 연속적 변이 (키 / 개체 수(명) 0, 10, 20 / 150, 160, 170, 180, 190, 200(cm))

암기해!
다인자 유전
다인자 유전은 여러 쌍의 대립유전자가 형질 발현에 관여한다.

용어
❶ **정규 분포 곡선** 평균을 중심으로 좌우 대칭으로 분포하는 곡선이다.

개념 확인 문제

핵심 체크

- 성염색체 유전: 형질을 결정하는 유전자가 (❶   )에 있어 형질 발현 빈도가 성별에 따라 다르다. ➡ 반성유전
- 적록 색맹: 유전자가 (❷   ) 염색체에 있으며 열성이다. ➡ 여자보다 남자에서 더 (❸   ) 나타난다.

성별	남자		여자		
유전자형	X^RY	X^rY	X^RX^R	X^RX^r	X^rX^r
표현형	정상	적록 색맹	정상	정상(보인자)	적록 색맹
특징	• 어머니가 적록 색맹이면 자손 중 (❹)은 반드시 적록 색맹이다. • 아버지가 정상이면 자손 중 (❺)은 반드시 정상이다.				

- 단일 인자 유전과 다인자 유전

단일 인자 유전	다인자 유전
• 형질이 (❻) 쌍의 대립유전자에 의해 결정 • 대립 형질이 뚜렷하게 구분되며, 표현형의 분포가 불연속적으로 나타난다. 예 귓불 모양, 눈꺼풀, ABO식 혈액형	• 형질이 여러 쌍의 대립유전자에 의해 결정 • 표현형이 다양하고, 환경의 영향을 받아 표현형의 분포가 (❼)적으로 나타난다. 예 피부색, 키, 몸무게

1 그림은 사람의 성 결정 방식을 나타낸 것이다.

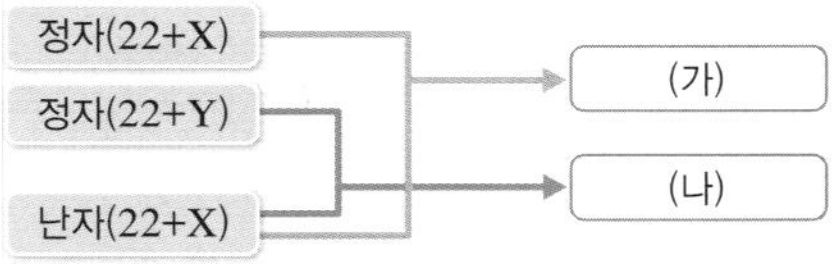

(가)와 (나)에 해당하는 염색체 구성과 성별을 쓰시오.

2 다음은 사람에게 유전되는 형질 A에 대한 설명이다.

> • A는 여자보다 남자에서 많이 나타난다.
> • 어머니가 A를 나타내면 아들은 반드시 A를 나타낸다.
> • 딸이 A를 나타내면 아버지는 반드시 A를 나타낸다.

(1) 이를 통해 알 수 있는 형질 A의 유전적 특징에 대한 설명 중 (   ) 안에 알맞은 말을 고르시오.

> 형질 A는 ㉠(우성, 열성)으로 유전되며, A의 유전자는 ㉡(상염색체, 성염색체)에 있다.

(2) 이와 같이 성별에 따라 형질이 발현되는 빈도가 다른 유전 현상을 무엇이라고 하는지 쓰시오.

3 그림은 어떤 집안의 적록 색맹 유전 가계도를 나타낸 것이다.

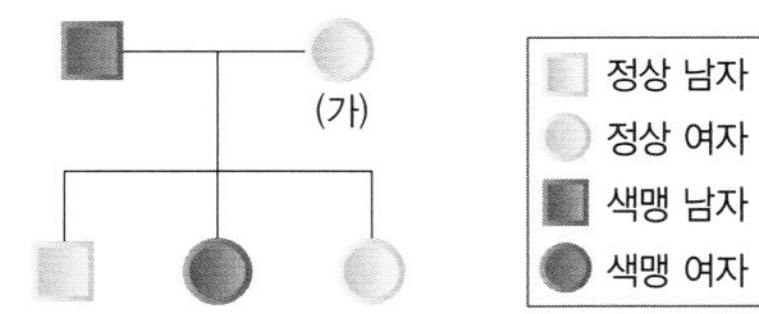

(1) (가)의 적록 색맹 유전자형을 쓰시오. (단, 정상 대립유전자는 X^R, 적록 색맹 대립유전자는 X^r로 표시한다.)

(2) 가족 중 적록 색맹 대립유전자가 있는 사람은 모두 몇 명인지 쓰시오.

4 다인자 유전에 대한 설명으로 옳은 것은 ○, 옳지 않은 것은 ×로 표시하시오.

(1) 형질이 여러 쌍의 대립유전자에 의해 결정된다. ( )

(2) 대립 형질이 뚜렷하며, 우성과 열성이 쉽게 구분된다. ( )

(3) 형질의 발현은 유전자에 의해서만 결정되고 환경의 영향을 받지 않는다. ( )

(4) 다인자 유전 형질의 예로는 키, 귓불 모양, 보조개, ABO식 혈액형 등이 있다. ( )

가계도 분석 방법

사람의 유전에서 가계도를 분석하여 우성 형질과 열성 형질을 알아내고, 유전자가 상염색체와 성염색체 중 어디에 있는지를 판별하여 자손에서 형질이 나타날 확률을 구하는 문제가 시험에 자주 출제된답니다. 지금까지 학습한 유전 현상의 특성을 떠올리며 가계도를 차근차근 분석해 보아요.

1 두 가지 형질의 가계도 분석하기

다음은 어떤 집안의 유전병 (가), (나)에 대한 자료이다.

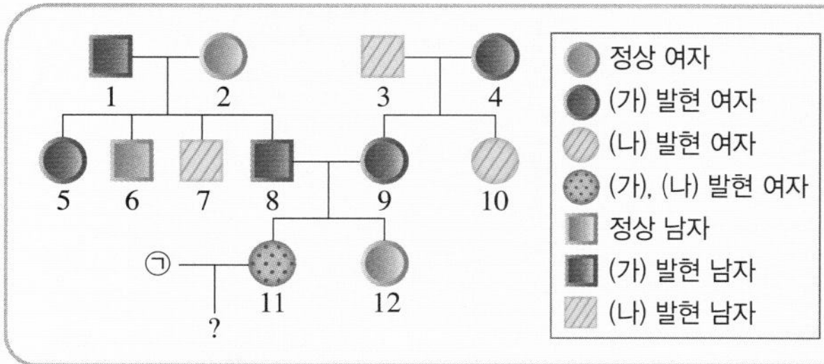

- (가)와 (나)를 결정하는 유전자는 서로 다른 염색체에 존재한다.
- (가)와 (나)는 형질이 각각 한 쌍의 대립유전자에 의해 결정되며, 각 형질을 결정하는 대립유전자 사이의 우열 관계는 분명하다.
- 11에서 (가)의 유전자형은 이형 접합성이다.
- ㉠은 (가)와 (나)의 유전자형이 모두 열성 동형 접합성이다.

문제 분석하기

1단계 제시된 조건을 분석한다.

① (가)와 (나)의 유전자가 서로 다른 염색체에 있다. ➡ (가)와 (나)는 독립적으로 유전되므로 각각 계산한다.

② (가)와 (나)는 형질이 한 쌍의 대립유전자에 의해 결정되며, 대립유전자 사이의 우열 관계가 분명하다. ➡ (가)와 (나)는 단일 인자 유전 형질이다.

2단계 (가)와 (나) 각 형질의 우열 관계와 유전자가 존재하는 염색체를 판단한다.

① 유전병 (가)인 8과 9 사이에서 정상인 딸 12가 태어났다. ➡ (가)는 우성, 정상이 열성 형질이며, (가) 유전자는 상염색체에 있다. ➡ (가) 유전자가 X 염색체에 있다면 열성인 딸이 정상일 때 아버지도 정상이어야 한다.

② 정상인 8과 9 사이에서 유전병 (나)인 딸 11이 태어났다. ➡ (나)는 열성, 정상이 우성 형질이며, (나) 유전자는 상염색체에 있다. ➡ (나) 유전자가 X 염색체에 있다면 열성인 딸이 유전병일 때 아버지도 유전병이어야 한다.

3단계 우열 관계를 고려하여 임의로 대립유전자를 결정한다.

① (가) 대립유전자 A, 정상 대립유전자 a ➡ 2의 (가) 유전자형은 aa이다.

② (나) 대립유전자 b, 정상 대립유전자 B ➡ ㉠의 유전자형은 aabb이다.

4단계 부모와 자손의 유전 관계를 고려하여 유전자형을 결정한다.

① (가) 형질: 2, 3, 6, 7, 10, 12 ➡ aa / 1, 4, 5, 8, 9, 11 ➡ Aa

② (나) 형질: 3, 7, 10, 11 ➡ bb / 1, 2, 4, 8, 9 ➡ Bb / 5, 6, 12 ➡ BB 또는 Bb

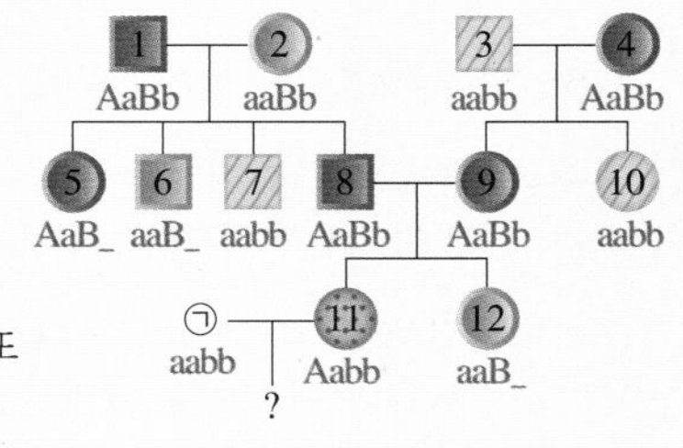

예제 1 12의 동생이 태어날 때, 이 아이에게서 (가), (나)가 모두 발현될 확률을 구하시오.

풀이 12의 부모인 8과 9의 유전자형은 모두 AaBb이다.

- (가)가 발현될 확률: Aa×Aa → <u>AA, Aa, Aa</u>, aa ➡ $\frac{3}{4}$
- (나)가 발현될 확률: Bb×Bb → BB, Bb, Bb, <u>bb</u> ➡ $\frac{1}{4}$

따라서 (가)와 (나)가 모두 발현될 확률은 $\frac{3}{4}\times\frac{1}{4}=\frac{3}{16}$이다.

답 $\frac{3}{16}$

예제 2 ㉠과 11 사이에서 아이가 태어날 때, 이 아이가 (가), (나)에 대해 ㉠과 같은 유전자형을 가질 확률을 구하시오.

풀이 ㉠의 유전자형은 aabb, 11의 유전자형은 Aabb이므로

- 유전자형이 aa일 확률: aa×Aa → Aa, Aa, <u>aa, aa</u> ➡ $\frac{1}{2}$
- 유전자형이 bb일 확률: bb×bb → <u>bb, bb, bb, bb</u> ➡ 1

따라서 ㉠과 유전자형이 같을 확률은 $\frac{1}{2}\times 1=\frac{1}{2}$이다.

답 $\frac{1}{2}$

대표 자료 분석

자료 ❶ 상염색체 유전 가계도

기출 Point
- 유전병의 우열 관계와 유전자의 염색체상 위치 파악하기
- 각 사람의 유전병 유전자형 파악하기
- 자손이 유전병을 나타낼 확률 구하기

[1~3] 그림은 어떤 집안의 유전병 유전 가계도를 나타낸 것이다.

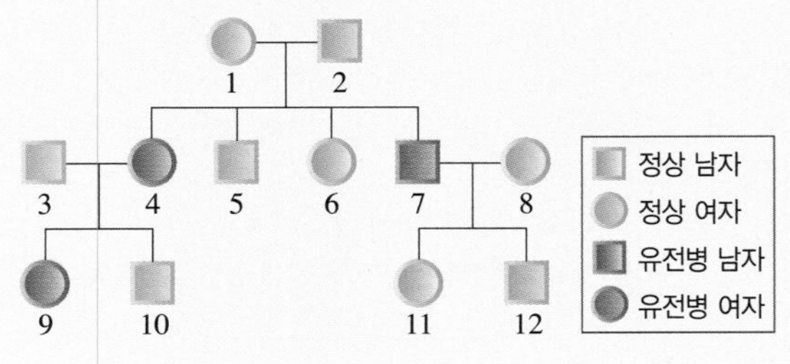

1 다음은 이 유전병에 대한 설명이다. ( ) 안에 알맞은 말을 고르시오.

> 정상인 부모 1과 2 사이에서 유전병인 딸 4가 태어났으므로 이 유전병은 정상에 대해 ㉠(우성, 열성) 형질이고, 유전병 유전자는 ㉡(상염색체, 성염색체)에 있다.

2 1과 2의 유전병 유전자형을 각각 쓰시오. (단, 우성 대립유전자는 A, 열성 대립유전자는 a로 표시한다.)

3 빈출 선택지로 완벽 정리!

(1) 3은 보인자이다. ························ (○/×)

(2) 4가 태어난 것을 통해 이 유전병이 반성유전 형질이 아니라는 것을 확인할 수 있다. ························ (○/×)

(3) 5와 8은 유전병 대립유전자를 가지고 있다. ······ (○/×)

(4) 6의 유전자형이 이형 접합성일 확률이 동형 접합성일 확률보다 크다. ························ (○/×)

(5) 10의 동생이 태어날 때, 이 아이가 유전병 남자일 확률은 $\frac{1}{8}$이다. ························ (○/×)

자료 ❷ 두 가지 형질의 유전 가계도

기출 Point
- 귓불 모양의 우열 관계와 유전자형 파악하기
- ABO식 혈액형의 유전자형 파악하기
- 자손이 두 가지 형질을 모두 나타낼 확률 구하기

[1~3] 그림은 어떤 집안의 ABO식 혈액형과 귓불 모양 유전 가계도를 나타낸 것이다. ABO식 혈액형 유전자와 귓불 모양 유전자는 서로 다른 염색체에 존재한다.

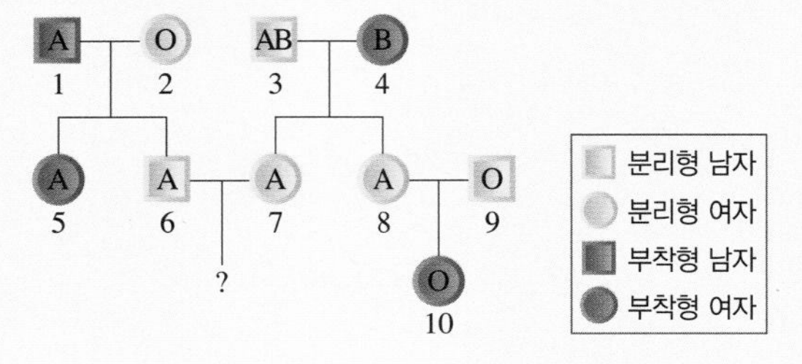

1 6과 7의 귓불 모양 유전자형과 ABO식 혈액형 유전자형을 각각 쓰시오.(단, 귓불 모양의 우성 대립유전자는 R, 열성 대립유전자는 r로 표시한다.)

2 6과 7 사이에서 태어난 자손이 귓불 모양이 부착형이면서 ABO식 혈액형이 A형인 딸일 확률을 쓰시오.

3 빈출 선택지로 완벽 정리!

(1) 2는 부착형 대립유전자를 가지고 있다. ············ (○/×)

(2) 4의 ABO식 혈액형 유전자형은 이형 접합성이다. ························ (○/×)

(3) 5는 부착형 대립유전자를 1에게서만 물려받았다. ························ (○/×)

(4) 8의 귓불 모양 유전자형은 동형 접합성이다. ····· (○/×)

(5) 8과 9 사이에서 둘째 아이가 태어날 때, 이 아이가 귓불 모양이 부착형이면서 ABO식 혈액형이 O형일 확률은 $\frac{1}{8}$이다. ························ (○/×)

자료 ③ 성염색체 유전 가계도

기출 Point
- 적록 색맹 유전 가계도에서 구성원의 유전자형 파악하기
- 적록 색맹 대립유전자의 전달 경로 파악하기
- 자손이 적록 색맹일 확률 구하기

[1~3] 그림은 어떤 집안의 적록 색맹 유전 가계도를 나타낸 것이다.

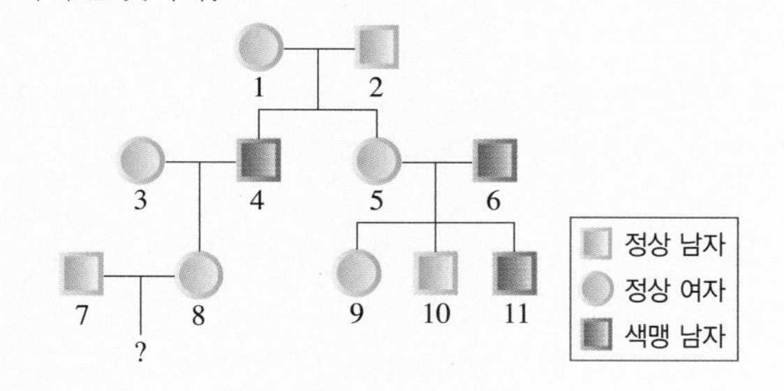

1 11이 가진 적록 색맹 대립유전자의 전달 경로를 번호로 쓰시오.

2 7과 8에 대한 물음에 답하시오.

(1) 7과 8의 적록 색맹 유전자형을 각각 쓰시오. (단, 정상 대립유전자는 X^R, 적록 색맹 대립유전자는 X^r로 표시한다.)

(2) 7과 8 사이에서 태어난 아이가 적록 색맹인 아들일 확률을 쓰시오.

3 빈출 선택지로 완벽 정리!

(1) 3은 적록 색맹 보인자임이 확실하다. ············ (○ / ×)

(2) 4는 1에게서 적록 색맹 대립유전자를 물려받았다. ············ (○ / ×)

(3) 5의 적록 색맹 유전자형은 X^RX^R이다. ············ (○ / ×)

(4) 6의 적록 색맹 대립유전자는 11에게 전달되었다. ············ (○ / ×)

(5) 9의 적록 색맹 유전자형은 이형 접합성이다. ············ (○ / ×)

(6) 5와 6 사이에서 넷째 아이가 태어날 때, 이 아이가 적록 색맹인 딸일 확률은 $\frac{1}{4}$이다. ············ (○ / ×)

자료 ④ 가계도와 유전자의 DNA 상대량

기출 Point
- 가계도와 DNA 상대량을 통해 유전병의 우열 관계 파악하기
- 유전병 유전자의 염색체상 위치 파악하기
- 자손이 유전병일 확률 구하기

[1~3] 그림 (가)는 철수네 집안의 어떤 유전병 유전 가계도를, (나)는 이 유전병의 발현에 관여하는 대립유전자 A와 A*의 DNA 상대량을 나타낸 것이다.

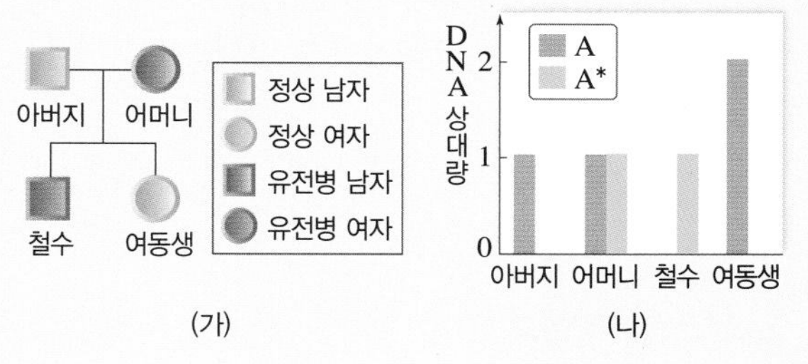

1 다음은 유전병의 발현에 관여하는 대립유전자에 대한 설명이다. ( ) 안에 알맞은 말을 고르시오.

> 정상 대립유전자는 ㉠(A, A*)이고, 유전병 대립유전자는 ㉡(A, A*)이며, A*는 A에 대해 ㉢(우성, 열성)이다.

2 이 유전병 유전자는 상염색체와 성염색체 중 어디에 위치하는지 쓰시오.

3 빈출 선택지로 완벽 정리!

(1) 어머니가 유전병이면 아들은 반드시 유전병이다. ············ (○ / ×)

(2) 아버지가 유전병이면 딸은 반드시 유전병이다. ············ (○ / ×)

(3) 이 유전병을 나타내는 사람의 유전병 유전자형은 모두 동형 접합성이다. ············ (○ / ×)

(4) 정상 여자 중에는 유전병 보인자가 있다. ············ (○ / ×)

(5) 철수의 동생이 한 명 더 태어날 때, 이 아이가 유전병 남자일 확률은 $\frac{1}{4}$이다. ············ (○ / ×)

내신 만점 문제

A 사람의 유전 연구

01 사람의 유전을 연구하는 방법에 대한 설명으로 옳은 것만을 [보기]에서 있는 대로 고른 것은?

보기
ㄱ. 가계도 조사를 통해 특정 형질의 우열 관계와 유전 양상을 유추할 수 있다.
ㄴ. 쌍둥이 연구를 통해 특정 형질의 발현에 유전자와 환경이 미치는 영향을 유추할 수 있다.
ㄷ. 핵형 분석을 통해 특정 형질의 유전자를 알 수 있다.

① ㄴ ② ㄷ ③ ㄱ, ㄴ ④ ㄱ, ㄷ ⑤ ㄴ, ㄷ

B 상염색체 유전

02 표는 철수네 가족의 형질 ㉠ 발현 여부를 나타낸 것이다.

구분	아버지	어머니	누나	철수
㉠	발현됨	발현됨	발현 안 됨	발현됨

이에 대한 설명으로 옳은 것만을 [보기]에서 있는 대로 고른 것은?

보기
ㄱ. '㉠ 발현됨'이 '㉠ 발현 안 됨'에 대해 우성이다.
ㄴ. ㉠을 결정하는 유전자는 성염색체에 있다.
ㄷ. 철수의 동생이 ㉠ 발현일 확률은 $\frac{3}{4}$이다.

① ㄱ ② ㄴ ③ ㄱ, ㄷ
④ ㄴ, ㄷ ⑤ ㄱ, ㄴ, ㄷ

서술형
03 그림은 어떤 집안의 PTC 미맹 유전 가계도를 나타낸 것이다. PTC 미맹은 단일 인자 유전 형질이다.

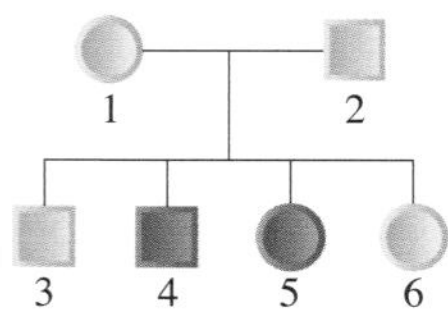

PTC 미맹 유전자형을 확실히 알 수 있는 사람을 있는 대로 골라 번호와 유전자형을 쓰고, 그렇게 판단한 과정을 서술하시오. (단, 우성과 열성 대립유전자는 각각 T와 t로 나타낸다.)

중요
04 그림은 어떤 집안의 귓불 모양 유전 가계도를 나타낸 것이다.

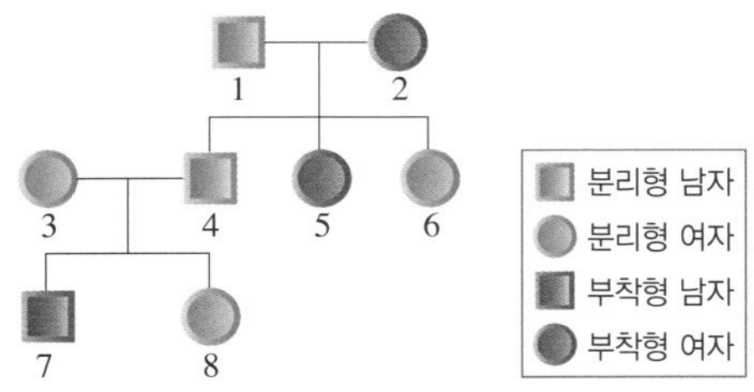

이에 대한 설명으로 옳은 것만을 [보기]에서 있는 대로 고른 것은? (단, 돌연변이는 고려하지 않는다.)

보기
ㄱ. 분리형이 부착형에 대해 우성 형질이다.
ㄴ. 1은 부착형 대립유전자를 가지고 있지 않다.
ㄷ. 8의 동생이 태어날 때, 이 아이가 귓불 모양이 부착형인 남자일 확률은 $\frac{1}{8}$이다.

① ㄱ ② ㄴ ③ ㄱ, ㄷ
④ ㄴ, ㄷ ⑤ ㄱ, ㄴ, ㄷ

서술형
05 그림은 어떤 유전병에 대한 가계도를 나타낸 것이다. 이 유전병은 대립유전자 A와 A*에 의해 결정되며, A는 A*에 대해 완전 우성이다. (단, 돌연변이는 고려하지 않는다.)

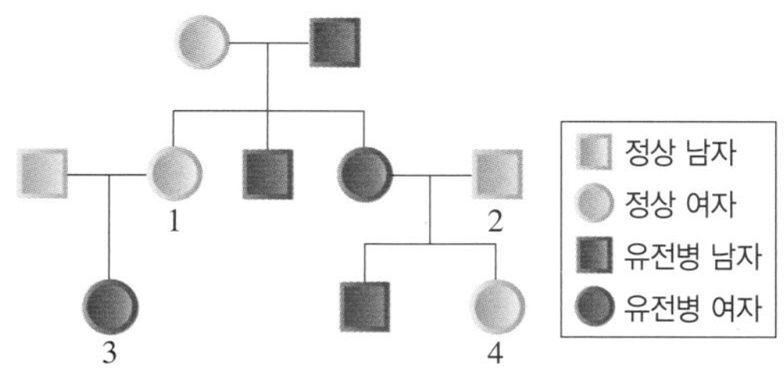

(1) 위 가계도의 구성원 1과 2의 유전자형을 쓰시오.

(2) 3과 4의 동생이 각각 한 명씩 태어날 때, 이 두 아이가 모두 유전병일 확률은 얼마인지 부모의 유전자형을 포함하여 서술하시오.

정답친해 98쪽

06 표는 가족 Ⅰ과 Ⅱ의 귓불 모양과 보조개 유무를 나타낸 것이다. 귓불 모양과 보조개는 각각 상염색체에 있는 한 쌍의 대립유전자에 의해 결정된다.

형질	가족 Ⅰ			가족 Ⅱ		
	부	모	자녀 A	부	모	자녀 B
귓불 모양	분리형	분리형	부착형	분리형	부착형	분리형
보조개	있음	없음	없음	있음	있음	없음

이에 대한 설명으로 옳은 것만을 [보기]에서 있는 대로 고른 것은? (단, 돌연변이는 고려하지 않는다.)

보기
ㄱ. Ⅰ의 구성원은 모두 부착형 대립유전자를 가진다.
ㄴ. Ⅱ의 부모 모두 보조개의 유전자형이 동형 접합성이다.
ㄷ. A와 B가 결혼하여 아이가 태어날 때, 이 아이가 귓불 모양이 분리형이며 보조개가 없을 확률은 $\frac{1}{2}$이다.

① ㄱ ② ㄴ ③ ㄱ, ㄷ
④ ㄴ, ㄷ ⑤ ㄱ, ㄴ, ㄷ

중요 **07** 그림은 어떤 집안의 ABO식 혈액형 유전 가계도를 나타낸 것이다.

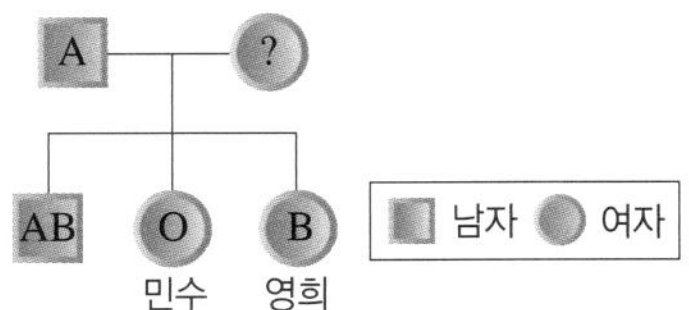

이에 대한 설명으로 옳은 것만을 [보기]에서 있는 대로 고른 것은? (단, 돌연변이는 고려하지 않는다.)

보기
ㄱ. 영희 어머니는 B형이다.
ㄴ. 영희 아버지의 혈액형 유전자형은 동형 접합성이다.
ㄷ. 영희의 동생이 태어날 때, 이 아이의 혈액형이 민수와 같을 확률은 $\frac{1}{4}$이다.

① ㄴ ② ㄷ ③ ㄱ, ㄴ
④ ㄱ, ㄷ ⑤ ㄱ, ㄴ, ㄷ

08 다음은 사람의 유전 형질 (가)에 대한 자료이다.

- 유전자는 상염색체에 있다.
- 한 쌍의 대립유전자에 의해 결정된다.
- 대립유전자는 A, B, C 3가지가 있다.
- A는 B와 C 각각에 대해, B는 C에 대해 완전 우성이다.

(가)의 유전에 대한 설명으로 옳지 않은 것은?

① (가)는 단일 인자 유전 형질이다.
② (가)는 복대립 유전 형질이다.
③ (가)에 대한 유전자형은 6가지이다.
④ 유전자형이 AA인 사람과 AC인 사람에서 (가)의 표현형은 같다.
⑤ 유전자형이 AB인 남자와 BC인 여자 사이에서 태어날 수 있는 자손의 표현형은 최대 4가지이다.

서술형 **09** 다음은 어떤 집안의 ABO식 혈액형에 대한 자료이다.

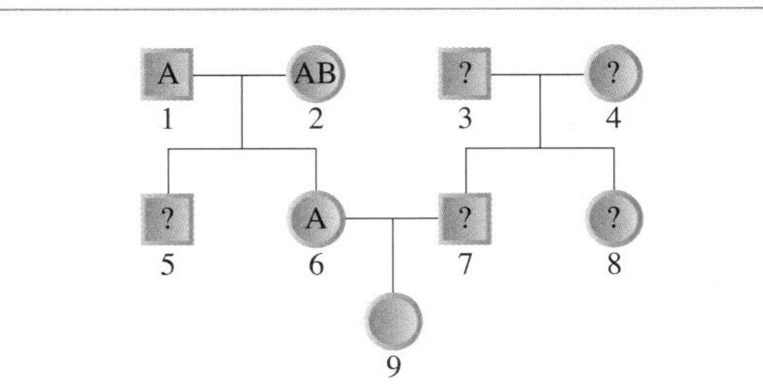

- 3, 4, 7, 8의 혈액형은 모두 다르다.
- 4와 9의 혈액형 유전자형은 동형 접합성이다.
- 5와 6의 혈액형은 다르고, 5와 7의 혈액형은 같다.

9의 동생이 태어날 때, 이 아이가 O형이고 남자일 확률은 얼마인지 부모의 유전자형을 포함하여 서술하시오. (단, 돌연변이는 고려하지 않는다.)

중요 **10** 그림은 어떤 집안의 눈꺼풀 모양과 ABO식 혈액형 유전 가계도를 나타낸 것이다.

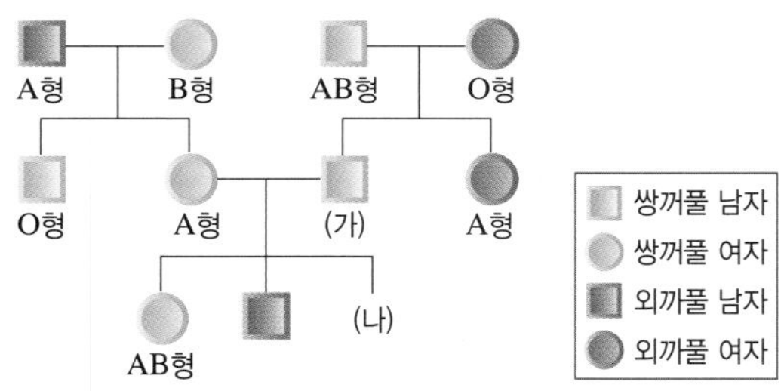

이에 대한 설명으로 옳은 것만을 [보기]에서 있는 대로 고른 것은? (단, 돌연변이는 고려하지 않는다.)

보기
ㄱ. (가)의 적혈구 막에는 응집원 B가 있다.
ㄴ. (가)의 눈꺼풀 모양 유전자형은 동형 접합성이다.
ㄷ. (나)가 B형이면서 쌍꺼풀일 확률은 $\frac{3}{16}$이다.

① ㄱ ② ㄴ ③ ㄱ, ㄴ
④ ㄱ, ㄷ ⑤ ㄴ, ㄷ

C 성염색체 유전

중요 **11** 그림은 어떤 집안의 적록 색맹 유전 가계도를 나타낸 것이다.

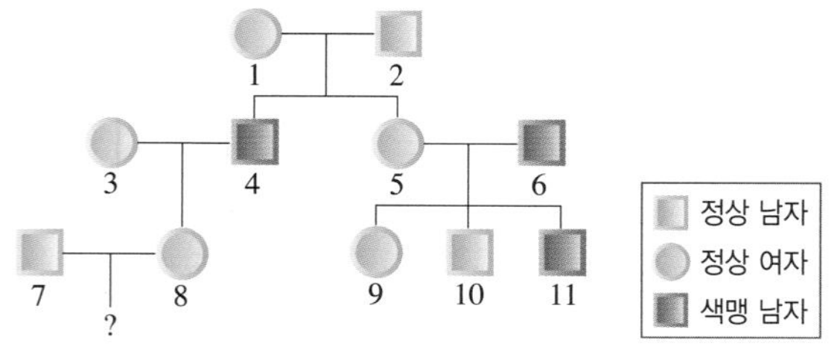

이에 대한 설명으로 옳지 않은 것은? (단, 돌연변이는 고려하지 않는다.)

① 1과 5의 적록 색맹 유전자형은 같다.
② 3의 적록 색맹 유전자형은 확실히 알 수 없다.
③ 7과 8 사이에서 태어난 아이가 적록 색맹인 아들일 확률은 25 %이다.
④ 9는 적록 색맹 대립유전자를 가지고 있다.
⑤ 11의 적록 색맹 대립유전자는 6에게서 물려받은 것이다.

12 그림은 어떤 집안의 적록 색맹 유전 가계도를 나타낸 것이다.

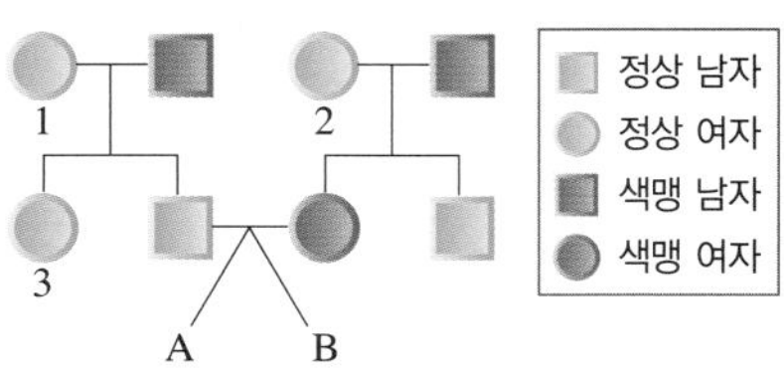

이에 대한 설명으로 옳은 것만을 [보기]에서 있는 대로 고른 것은? (단, 돌연변이는 고려하지 않는다.)

보기
ㄱ. 1은 보인자임이 확실하다.
ㄴ. 2와 3은 적록 색맹 유전자형이 같다.
ㄷ. A와 B가 모두 적록 색맹일 확률은 $\frac{1}{4}$이다.

① ㄱ ② ㄴ ③ ㄱ, ㄷ
④ ㄴ, ㄷ ⑤ ㄱ, ㄴ, ㄷ

중요 **13** 그림은 어떤 집안의 ABO식 혈액형과 적록 색맹 유전 가계도를 나타낸 것이다.

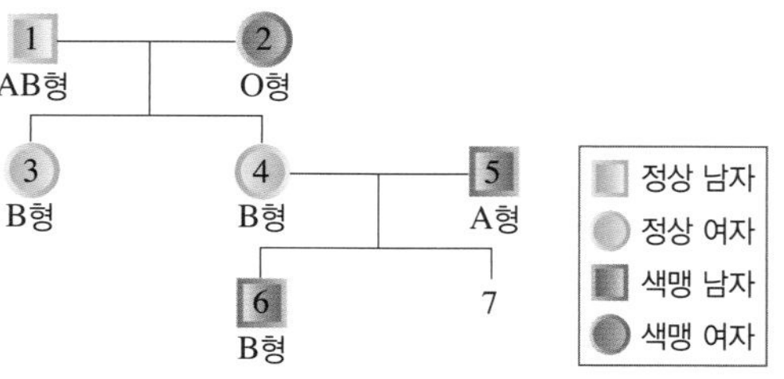

이에 대한 설명으로 옳지 않은 것은? (단, 돌연변이는 고려하지 않는다.)

① 3의 ABO식 혈액형 유전자형은 이형 접합성이다.
② 3과 4는 적록 색맹 대립유전자를 가진다.
③ 4와 6은 ABO식 혈액형 유전자형이 같다.
④ 6의 적록 색맹 대립유전자는 2에게서 유래된 것이다.
⑤ 7이 A형이고 적록 색맹인 여자일 확률은 $\frac{1}{8}$이다.

14 다음은 유전병 A에 대한 설명이다.

- A는 한 쌍의 대립유전자에 의해 형질이 결정된다.
- 부모가 정상이면 자녀는 모두 정상이다.
- ㉠ A인 남자와 정상인 여자 사이에서 태어난 ㉡ 딸은 모두 A를 나타내고, 아들은 모두 정상이다.

이에 대한 설명으로 옳은 것만을 [보기]에서 있는 대로 고른 것은?

보기
ㄱ. A는 정상에 대해 열성 형질이다.
ㄴ. ㉠에서 A 유전자는 성염색체에 있다.
ㄷ. ㉡은 정상 대립유전자를 가진다.

① ㄱ ② ㄷ ③ ㄱ, ㄴ
④ ㄱ, ㄷ ⑤ ㄴ, ㄷ

15 유전병 ㉠과 ㉡은 각각 대립유전자 A와 A^*, B와 B^*에 의해 결정된다. 그림 (가)는 어떤 집안의 ㉠과 ㉡에 대한 가계도를, (나)는 (가)의 1~4에서 A^*와 B^*의 DNA 상대량을 나타낸 것이다.

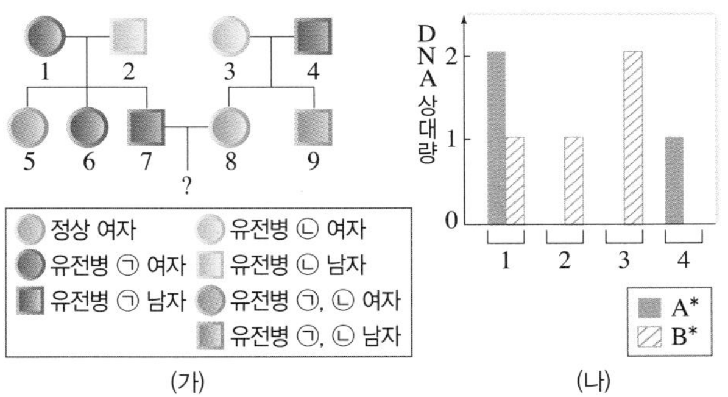

(가) (나)

이에 대한 설명으로 옳은 것만을 [보기]에서 있는 대로 고른 것은? (단, 돌연변이는 고려하지 않으며, A, A^*, B, B^* 각각의 1개당 DNA 상대량은 1이다.)

보기
ㄱ. A^*는 A에 대해 우성이다.
ㄴ. ㉡은 여자보다 남자에서 발현 빈도가 높다.
ㄷ. 7과 8 사이에서 남자 아이가 태어날 때, 이 아이에게서 ㉠과 ㉡이 모두 나타날 확률은 $\frac{1}{4}$이다.

① ㄴ ② ㄱ, ㄴ ③ ㄱ, ㄷ
④ ㄴ, ㄷ ⑤ ㄱ, ㄴ, ㄷ

D 다인자 유전

중요 **16** 그림은 어떤 학생 집단을 대상으로 귓불 모양과 키를 조사하여 형질에 따른 학생 수의 분포를 나타낸 것이다.

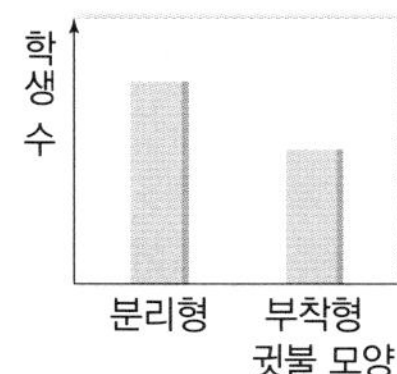

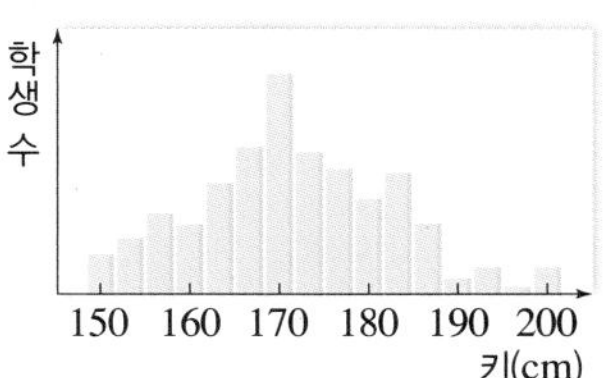

이에 대한 설명으로 옳은 것만을 [보기]에서 있는 대로 고른 것은?

보기
ㄱ. 귓불 모양은 대립 형질이 뚜렷하게 구분된다.
ㄴ. 귓불 모양은 환경의 영향을 많이 받는 형질이다.
ㄷ. 키는 귓불 모양보다 형질을 결정하는 대립유전자의 수가 많다.

① ㄱ ② ㄴ ③ ㄷ
④ ㄱ, ㄷ ⑤ ㄱ, ㄴ, ㄷ

17 다음은 사람의 피부색 유전을 설명하기 위한 자료이다.

- 피부색은 서로 다른 상염색체에 있는 세 쌍의 대립유전자 A와 a, B와 b, D와 d에 의해 결정된다.
- 피부색은 유전자형에서 대문자로 표시되는 대립유전자의 수에 의해서만 결정된다.
- 유전자형이 AaBbDd인 ㉠ 여자가 유전자형이 같은 남자와 결혼하여 ㉡ 자녀를 낳을 경우, 자녀에서 피부색의 표현형이 다양하게 나타날 수 있다.

이에 대한 설명으로 옳은 것만을 [보기]에서 있는 대로 고른 것은? (단, 환경의 영향은 고려하지 않는다.)

보기
ㄱ. 피부색은 다인자 유전 형질이다.
ㄴ. ㉠에서 만들어질 수 있는 생식세포는 네 가지이다.
ㄷ. ㉡의 피부색이 부모와 같을 확률은 $\frac{5}{16}$이다.

① ㄱ ② ㄱ, ㄴ ③ ㄱ, ㄷ
④ ㄴ, ㄷ ⑤ ㄱ, ㄴ, ㄷ

실력 UP 문제

01 다음은 어떤 집안의 ABO식 혈액형과 유전병 ㉠에 대한 자료이다.

- 그림은 이 집안의 ABO식 혈액형과 유전병 ㉠에 대한 가계도를 나타낸 것이다.

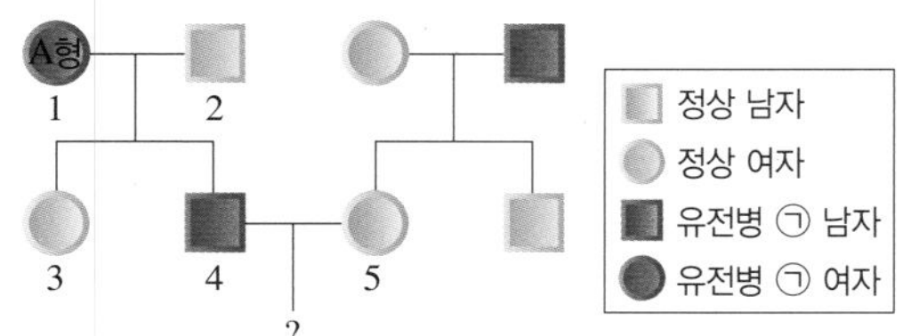

- ㉠은 대립유전자 T와 T*에 의해 결정되며, T와 T*의 우열 관계는 분명하다. T는 정상 대립유전자이고, T*는 ㉠ 대립유전자이다.
- 1과 2는 각각 대립유전자 T와 T* 중 한 가지만 갖고 있다.
- 1, 2, 3, 4의 ABO식 혈액형은 각기 다르며, 2와 5의 ABO식 혈액형의 유전자형은 같다.
- 3의 ABO식 혈액형의 유전자형은 동형 접합성이다.

이에 대한 설명으로 옳은 것만을 [보기]에서 있는 대로 고른 것은? (단, 돌연변이는 고려하지 않는다.)

보기
ㄱ. ㉠은 우성 형질이다.
ㄴ. 3과 5는 모두 T*를 갖고 있다.
ㄷ. 4와 5 사이에서 아이가 태어날 때, 이 아이가 A형이며 ㉠일 확률은 $\frac{1}{8}$이다.

① ㄴ ② ㄷ ③ ㄱ, ㄴ ④ ㄱ, ㄷ ⑤ ㄴ, ㄷ

02 그림 (가)는 어떤 유전병에 대한 가계도를, (나)는 (가)의 구성원 1~4에서 이 유전병 발현에 관여하는 대립유전자 A와 A*의 DNA 상대량을 조사하여 나타낸 것이다.

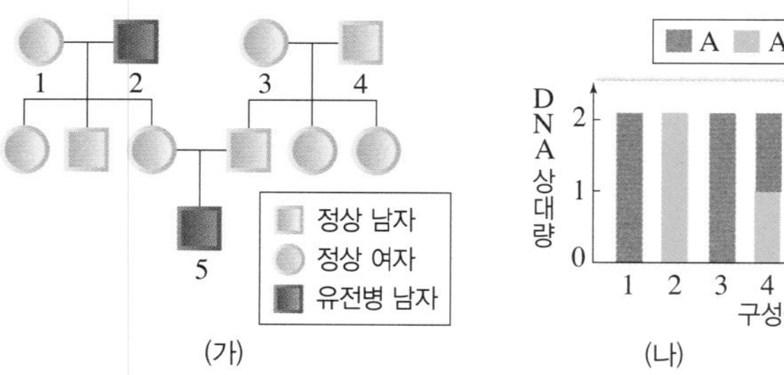

(가) (나)

이에 대한 설명으로 옳은 것만을 [보기]에서 있는 대로 고른 것은? (단, 돌연변이는 고려하지 않으며, A와 A* 각각의 1개당 DNA 상대량은 1이다.)

보기
ㄱ. A는 A*에 대해 우성이다.
ㄴ. 이 유전병은 여자보다 남자에서 발현 빈도가 높다.
ㄷ. 5의 동생이 태어날 때, 이 아이가 여자이면서 유전병을 나타낼 확률은 25 %이다.

① ㄱ ② ㄷ ③ ㄱ, ㄷ
④ ㄴ, ㄷ ⑤ ㄱ, ㄴ, ㄷ

03 다음은 어떤 집안의 유전 형질 (가)와 (나)에 대한 자료이다.

- (가)는 대립유전자 H와 H*에 의해, (나)는 대립유전자 R와 R*에 의해 결정된다. H는 H*에 대해, R는 R*에 대해 각각 우성이다.
- (나)를 결정하는 유전자는 X 염색체에 있으며, (가)를 결정하는 유전자는 다른 염색체에 있다.
- 1과 2는 각각 H와 H* 중 한 가지만 갖고 있다.
- 6의 (가) 유전자형은 4와 같다.
- 아버지가 (나) 발현이면 딸은 반드시 (나) 발현이다.
- 그림은 이 집안의 (가)와 (나)에 대한 가계도를 나타낸 것이다.

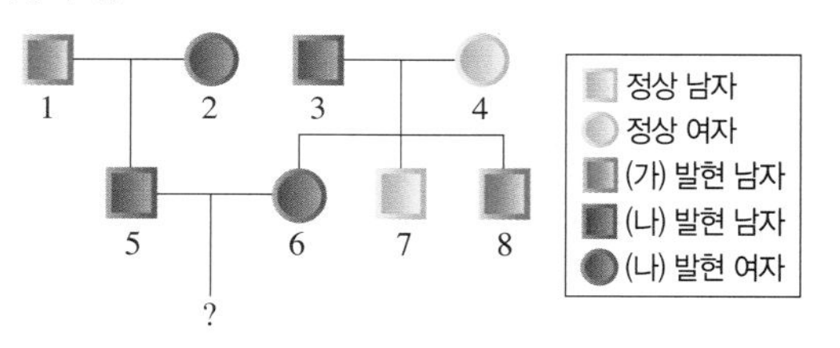

이에 대한 설명으로 옳은 것만을 [보기]에서 있는 대로 고른 것은? (단, 돌연변이는 고려하지 않는다.)

보기
ㄱ. 3은 H*를 가진다.
ㄴ. 4는 R*를 갖지 않는다.
ㄷ. 5와 6 사이에서 아이가 태어날 때, 이 아이에게서 (가)와 (나)가 모두 발현될 확률은 $\frac{1}{16}$이다.

① ㄱ ② ㄷ ③ ㄱ, ㄷ
④ ㄴ, ㄷ ⑤ ㄱ, ㄴ, ㄷ

04 다음은 어떤 집안의 유전 형질 (가)와 (나)에 대한 자료이다.

- (가)는 대립유전자 A와 a에 의해, (나)는 대립유전자 B와 b에 의해 결정된다. A는 a에 대해, B는 b에 대해 각각 완전 우성이다.
- (가)와 (나)의 유전자 중 하나는 상염색체에, 나머지 하나는 X 염색체에 있다.
- 가계도는 구성원 ㉠을 제외한 구성원 1~8에게서 (가)와 (나)의 발현 여부를 나타낸 것이다.

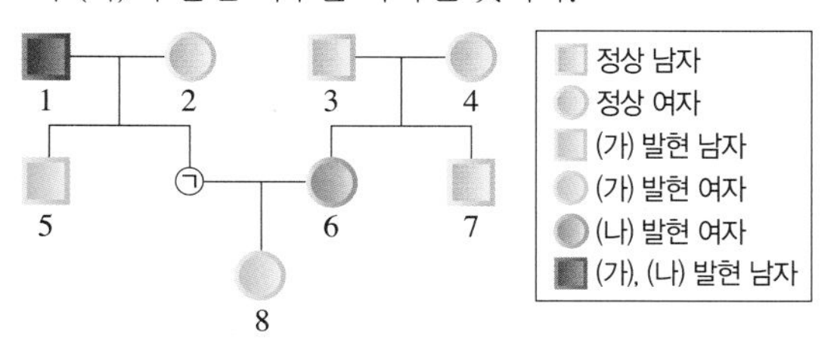

이에 대한 설명으로 옳은 것만을 [보기]에서 있는 대로 고른 것은? (단, 돌연변이는 고려하지 않는다.)

보기

ㄱ. (가)의 유전자는 성염색체에 있다.
ㄴ. ㉠에게서 (가)는 발현되고 (나)는 발현되지 않는다.
ㄷ. 8의 동생이 태어날 때, 이 아이에게서 (가)와 (나) 중 하나만 발현될 확률은 $\frac{1}{2}$이다.

① ㄴ ② ㄱ, ㄴ ③ ㄱ, ㄷ
④ ㄴ, ㄷ ⑤ ㄱ, ㄴ, ㄷ

05 다음은 사람의 유전 형질 ㉠~㉢에 대한 자료이다.

- ㉠은 대립유전자 A와 a, ㉡은 대립유전자 B와 b, ㉢은 대립유전자 D와 d에 의해 결정되며, 각 대립유전자 사이의 우열 관계는 분명하다.
- ㉠~㉢을 결정하는 유전자는 서로 다른 3개의 상염색체에 있다.

유전자형이 **AaBbDd**인 부모 사이에서 태어난 아이가 ㉠~㉢ 중 적어도 두 가지 형질에 대한 유전자형을 열성 동형 접합성으로 가질 확률은? (단, 돌연변이는 고려하지 않는다.)

① $\frac{1}{16}$ ② $\frac{1}{8}$ ③ $\frac{9}{64}$ ④ $\frac{5}{32}$ ⑤ $\frac{3}{16}$

06 다음은 사람의 유전 형질 (가)에 대한 자료이다.

- (가)를 결정하는 데 관여하는 세 쌍의 대립유전자 A와 a, B와 b, D와 d는 서로 다른 염색체에 있다.
- (가)의 표현형은 유전자형에서 대문자로 표시되는 대립유전자의 수에 의해서만 결정되며, 대문자로 표시되는 대립유전자의 수가 다르면 (가)의 표현형이 다르다.
- 그림은 어떤 집안의 유전 형질 (가)에 대한 가계도를 나타낸 것이다. 구성원 1~6의 (가)의 표현형은 나타내지 않았으나 모두 같고, 5의 유전자형은 AABbdd, 6의 유전자형은 AaBbDd이다.

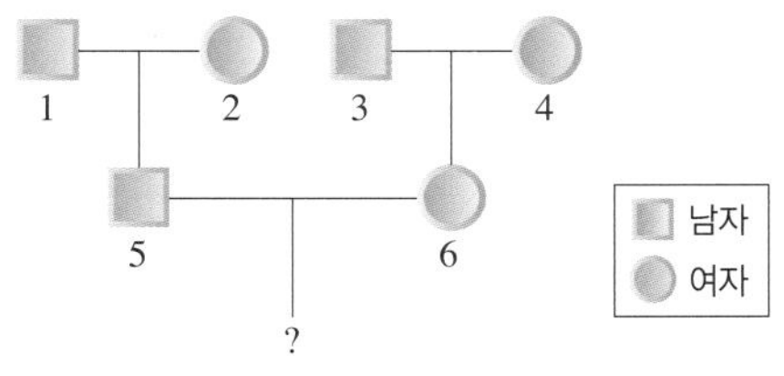

이에 대한 설명으로 옳은 것만을 [보기]에서 있는 대로 고른 것은? (단, 돌연변이는 고려하지 않는다.)

보기

ㄱ. (가)의 유전은 복대립 유전이다.
ㄴ. 5와 6 사이에서 아이가 태어날 때, 이 아이에게서 나타날 수 있는 (가)의 표현형은 최대 5가지이다.
ㄷ. 5와 6 사이에서 아이가 태어날 때, 이 아이의 (가)의 표현형이 부모와 같을 확률은 $\frac{20}{64}$이다.

① ㄱ ② ㄴ ③ ㄷ
④ ㄱ, ㄴ ⑤ ㄴ, ㄷ

2 유전병의 종류와 특징

핵심 포인트

❶ 염색체 비분리 시기에 따른 염색체 수 변화 ★★★
❷ 염색체 수와 구조 이상에 의한 유전병 구분 ★★★
❸ 유전자 이상 유전병 ★★

A 유전병과 돌연변이

1. 돌연변이 생물의 형질을 결정하는 유전 정보가 있는 염색체나 유전자에 변화가 일어나는 것을 ◆돌연변이라고 한다. ➡ 생식세포에 생긴 돌연변이는 자손에게 유전된다.

2. 유전병 염색체나 유전자의 이상으로 몸의 형태나 기능에 이상이 나타나는 병으로, 돌연변이는 유전병의 원인이 될 수 있다. ➡ 유전병은 생식세포를 통해 자손에게 유전된다.

3. 사람의 유전병 염색체 이상에 의한 유전병과 유전자 이상에 의한 유전병으로 구분한다. ➡ 염색체 이상에 의한 유전병은 핵형 분석으로 알아낼 수도 있지만, 유전자 이상에 의한 유전병은 핵형 분석으로 알 수 없다.

◆ **돌연변이**
돌연변이는 새로운 대립유전자를 만들어 집단의 유전적 다양성을 증가시키기도 한다. 그러나 생명 활동에 필수적인 유전자 부분에 돌연변이가 생기는 경우 유전병의 원인이 될 수 있다.

B 염색체 이상에 의한 유전병

1. 염색체 수 이상에 의한 유전병

(1) **원인:** 생식세포 분열 과정에서 염색체 비분리(생식세포 분열 과정에서 염색체가 제대로 분리되지 않는 현상)가 일어나 염색체 수가 정상보다 많거나 적은 생식세포가 만들어진 것이 원인이다. ➡ 이 생식세포가 수정하여 염색체 수가 정상($2n$)보다 한두 개 많거나 적은 ◆자손이 태어난다. (유전자 수에 이상이 생겨 유전병이 나타날 수 있다.)

염색체 비분리 239쪽 대표 자료❶

감수 1분열에서 상동 염색체가 분리되지 않거나 감수 2분열에서 염색 분체가 분리되지 않으면 염색체 수에 이상이 있는 생식세포가 만들어질 수 있다.

감수 1분열에서 염색체 비분리가 1회 일어났을 때	감수 2분열에서 염색체 비분리가 1회 일어났을 때
상동 염색체 비분리 (감수 1분열, 감수 2분열) 생식세포 염색체 수: $n+1$, $n+1$, $n-1$, $n-1$	염색 분체 비분리 (감수 1분열, 감수 2분열) 생식세포 염색체 수: n, n, $n-1$, $n+1$
생식세포 중 2개는 염색체 수가 1개 많고($n+1$), 2개는 염색체 수가 1개 적다($n-1$). ➡ 염색체 수가 정상보다 많거나 적은 생식세포만 나타난다.	생식세포 중 2개는 정상(n)이고, 1개는 염색체 수가 1개 많으며($n+1$), 1개는 염색체 수가 1개 적다($n-1$). ➡ 염색체 수가 정상인 생식세포와 이상이 있는 생식세포가 1 : 1로 나타난다.

◆ **염색체 비분리와 자손의 염색체 수**
- 염색체 수가 $n+1$인 생식세포와 정상 생식세포(n)의 수정 ➡ 자손의 염색체 수는 $2n+1$
- 염색체 수가 $n-1$인 생식세포와 정상 생식세포(n)의 수정 ➡ 자손의 염색체 수는 $2n-1$

◆ **염색체의 비분리 시기와 유전자**
적록 색맹 보인자(X^RX^r)인 여자의 난자 형성 과정에서 X 염색체가 비분리될 경우
① 감수 1분열에서 비분리될 경우의 난자: 22, $22+X^RX^r$
② 감수 2분열에서 비분리될 경우의 난자
- $22+X^R$, 22, $22+X^rX^r$
- $22+X^r$, 22, $22+X^RX^R$

심화 + 배수성 돌연변이
생식세포 분열 시 모든 염색체가 비분리되면 핵상이 $3n$, $4n$과 같이 되기도 하는데, 이를 배수성 돌연변이라고 한다. 배수성 돌연변이는 동물과 식물에서 모두 발견되며, 인위적으로 배수성 돌연변이를 만들어 육종에 사용하기도 한다.

(2) 유전병의 예

① 상염색체 수 이상: 상염색체 비분리에 의해 나타나며, 남녀 모두에서 나타날 수 있다.

유전병	염색체 구성	특징
*다운 증후군 21번 염색체 비분리	• 남자: $2n+1=45+XY$ • 여자: $2n+1=45+XX$	• 21번 염색체가 3개 ➡ 염색체 수 47 • 일반적으로 머리가 작고, 양쪽 눈 사이가 멀며, 지적 장애와 심장 기형 등이 나타난다. 21번
에드워드 증후군 18번 염색체 비분리	• 남자: $2n+1=45+XY$ • 여자: $2n+1=45+XX$	• 18번 염색체가 3개 ➡ 염색체 수 47 • 심한 지적 장애가 나타나며, 심장 및 여러 장기의 기형으로 유아기에 사망하는 경우가 많다. 18번

② *성염색체 수 이상: 성염색체 비분리에 의해 나타난다.

유전병	염색체 구성	특징
터너 증후군	$2n-1=44+X$	• 성염색체가 X로 1개 ➡ 염색체 수 45 • 외관상 여자이지만, 생식 기관이 제대로 발달하지 않아 불임이다. └ 호르몬 치료를 받으면 2차 성징이 나타난다. X
클라인펠터 증후군	$2n+1=44+XXY$	• 성염색체가 XXY로 3개 ➡ 염색체 수 47 • 외관상 남자이지만, 정소가 비정상적으로 작고 불임이며, 유방이 발달하기도 한다. └ 호르몬 치료를 받으면 2차 성징이 나타난다. XXY

천재 교과서에만 나와요.

* 산모 나이에 따른 다운 증후군 아이의 출생률

산모의 나이가 많을수록 다운 증후군 아이의 출생률이 높은 것으로 알려져 있다. 이를 통해 나이가 많을수록 난자 형성 과정에서 염색체 비분리가 일어날 가능성이 높아지는 것으로 추론한다.

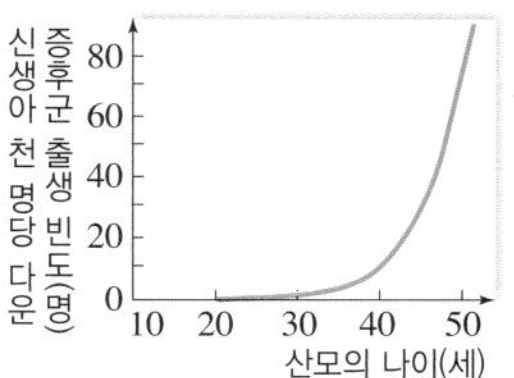

* 성염색체 수 이상의 발생

• 터너 증후군

난자		정자		수정란
22	+	22+X	→	44+X
22+X	+	22	→	44+X

• 클라인펠터 증후군

난자		정자		수정란
22+XX	+	22+Y	→	44+XXY
22+X	+	22+XY	→	44+XXY

2. 염색체 구조 이상에 의한 유전병

(1) **원인:** 세포 분열 과정에서 염색체의 일부분이 떨어져 없어지거나 중복되거나 다른 곳에 가서 붙는 등의 변화가 생긴 것이다. ➡ 염색체 수는 46으로 정상이지만 염색체 구조 이상으로 염색체 내 유전자에 변화가 생긴다. — 염색체에는 수많은 유전자가 있어 일부 염색체 구조가 달라지면 유전자의 구성이나 배열도 달라진다.

(2) **염색체 구조 이상의 종류:** 결실, 중복, 역위, 전좌

결실 — (缺 모자라다, 失 잃다) 없어진다!

염색체의 일부가 떨어져 없어진 경우

예 고양이 울음 증후군, 윌리엄스 증후군

A B C D E F G H I J
↓ 단편 C의 결실
A B D E F G H I J

역위 — (逆 거스르다, 位 자리) 바뀐다!

염색체 일부가 떨어져 거꾸로 연결된 경우

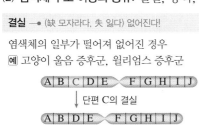

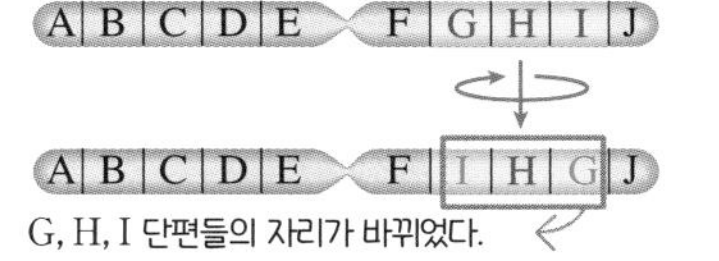

중복 — (重 무겁다, 複 겹치다) 반복된다!

염색체의 동일한 부분이 삽입되어 같은 부분이 반복되는 경우

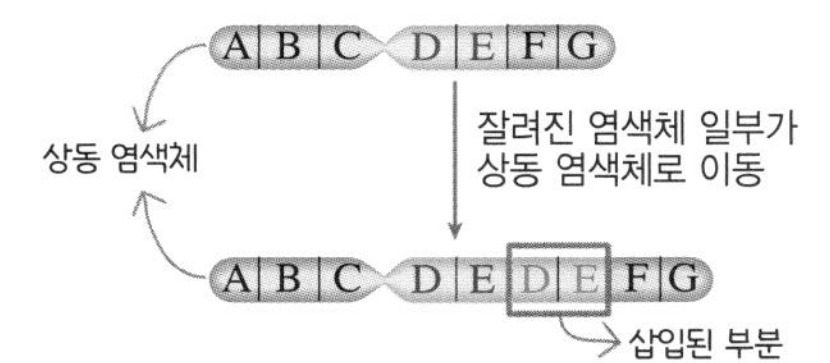

전좌 — (轉 옮기다, 座 자리) 이사 간다!

염색체의 일부가 떨어진 후 상동 염색체가 아닌 다른 염색체에 연결된 경우 예 만성 골수성 백혈병

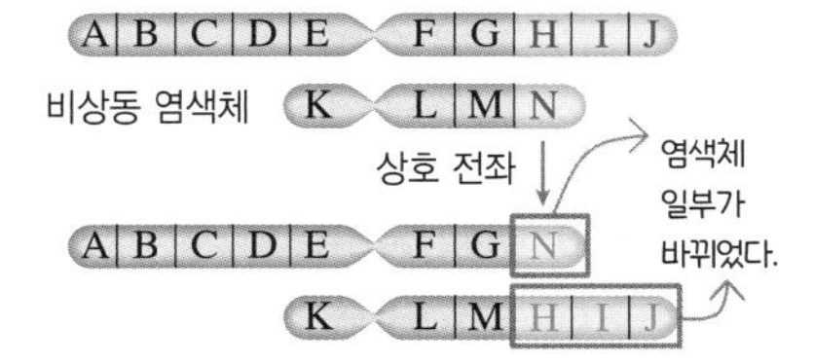

암기해!

염색체 수 이상에 의한 유전병
다운 증후군, 에드워드 증후군, 터너 증후군, 클라인펠터 증후군

염색체 구조 이상에 의한 유전병
고양이 울음 증후군, 윌리엄스 증후군, 만성 골수성 백혈병

◆ **고양이 울음 증후군**
아이가 울 때 고양이 울음소리와 비슷한 소리를 낸다고 해서 붙은 이름으로, 발달 지연, 여러 장기의 기형 등이 나타난다.

궁금해?

모든 돌연변이가 유전될까?
만성 골수성 백혈병과 같은 유전병은 조혈 모세포에 생긴 돌연변이에 의해 유발된다. 이와 같이 체세포에 나타난 돌연변이는 자손에게 유전되지 않으며, 생식세포에 생긴 돌연변이가 자손에게 유전된다.

◆ **유전자 돌연변이의 원인**
유전자 돌연변이는 DNA 복제 과정에서 자연적으로 생기기도 하지만, 방사선, 자외선, 화학 물질 등에 의해 DNA의 염기 서열이 변하기도 한다.

(3) 유전병의 예

① ◆고양이 울음 증후군: 5번 염색체의 일부가 결실되어 나타나며, 결실된 부분의 유전자가 사라져 심각한 이상이 나타난다.

② 만성 골수성 백혈병: 조혈 모세포의 9번 염색체와 22번 염색체 사이에 전좌가 일어나 나타난다. ➡ 조혈 모세포가 암세포로 변해 비정상적으로 과도하게 증식하여 백혈병이 나타난다.

└● 골수에서 백혈구, 적혈구, 혈소판 등 혈액 세포를 만들어 내는 세포

③ 윌리엄스 증후군: 7번 염색체의 일부가 결실되어 나타나며, 뇌 손상을 유발하고 심장 기형, 콩팥 손상, 근육 약화 등이 나타난다.

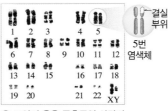

⬆ 고양이 울음 증후군인 사람의 핵형

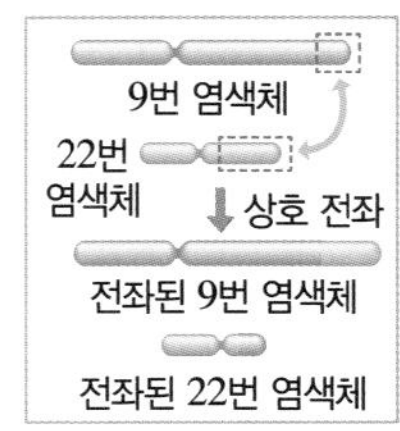

⬆ 만성 골수성 백혈병과 관련된 전좌

C 유전자 이상에 의한 유전병

1. 유전자 이상 유전자를 구성하는 DNA의 염기 서열에 변화가 생겨 유전자의 기능에 이상이 생기는 것이다(◆유전자 돌연변이). ➡ 염색체 구조나 수에는 영향을 주지 않으므로 핵형 분석으로 알아낼 수 없다.

2. 유전자 이상에 의한 유전병 유전자에 이상이 생기면 단백질이 생성되지 않거나 정상적인 기능을 하지 못하는 단백질이 생성되어 유전병이 나타날 수 있다.

(1) 낫 모양 적혈구 빈혈증: 헤모글로빈 유전자의 염기 1개가 바뀌어 아미노산 하나가 달라진 결과 구조가 변형된 비정상 헤모글로빈이 만들어진다. ➡ 적혈구가 낫 모양이 되며, 낫 모양 적혈구는 수명이 짧고 산소 운반 능력이 떨어져 심한 빈혈을 유발하며, 모세 혈관을 막아 혈액 순환을 방해한다.

| 낫 모양 적혈구의 형성 |

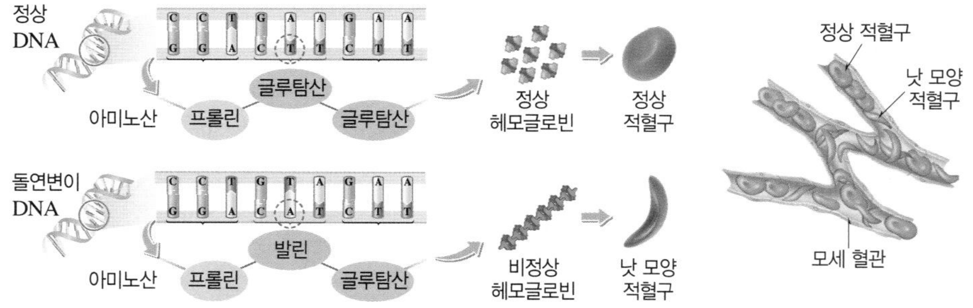

- 적혈구의 헤모글로빈은 산소를 운반하는 단백질로, α 사슬 2개와 β 사슬 2개로 이루어져 있다.
- DNA의 β 사슬 유전자의 염기 하나가 T(타이민)에서 A(아데닌)으로 바뀌었다. → β 사슬의 6번째 아미노산인 글루탐산이 발린으로 바뀐다. → β 사슬의 입체 구조가 변하여 비정상 헤모글로빈이 형성된다. → 비정상 헤모글로빈은 산소가 부족하면 서로 달라붙어 긴 바늘 모양의 구조를 형성한다. → 적혈구가 낫 모양으로 찌그러진다.
- 낫 모양 적혈구는 정상 적혈구보다 수명이 짧고 산소 운반 능력이 떨어진다. ➡ 심한 빈혈 유발
- 낫 모양 적혈구는 모세 혈관을 막아 혈액 순환을 방해한다. ➡ 신체 조직이 손상될 수 있다.

탐구 자료창 낫 모양 적혈구의 막 변형 현상

표의 헤모글로빈 모형을 이용하여 혈액 속 산소 농도가 높을 때와 낮을 때의 적혈구 모습을 표현해 본다.

구분	산소 결합 상태	산소 유리 상태
정상 헤모글로빈		
비정상 헤모글로빈		

1. 정상 헤모글로빈: 산소 결합 유무에 관계없이 서로 결합하지 않는다. ➡ 적혈구는 원반 모양이다.
2. 비정상 헤모글로빈: 산소가 결합된 상태에서는 서로 결합하지 않으나 산소가 유리된 상태에서는 서로 결합할 수 있다. ➡ 혈액에 산소 농도가 낮을 경우 바늘 모양을 형성하여 적혈구를 낫 모양으로 변화시킨다.

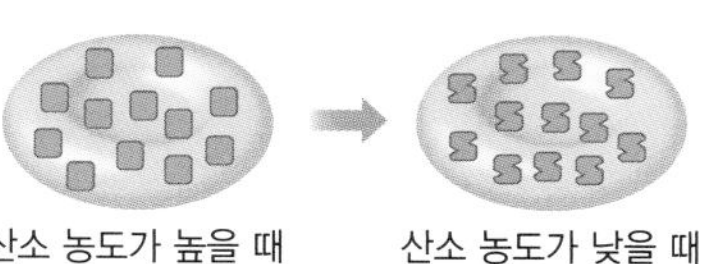
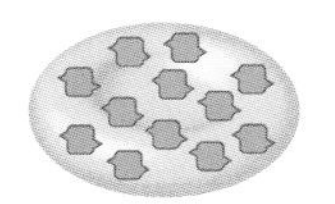
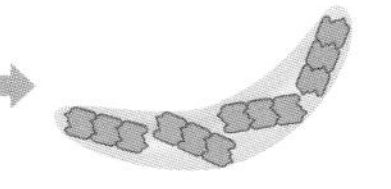

⬆ 정상 헤모글로빈 ⬆ 비정상 헤모글로빈

(2) ◆페닐케톤뇨증: 유전자 이상으로 특정 효소가 결핍되어 페닐알라닌을 타이로신으로 전환하지 못하여 체내에 페닐알라닌이 축적되고, 축적된 페닐알라닌이 페닐케톤으로 바뀌어 중추 신경계를 손상시키는 유전병이다.

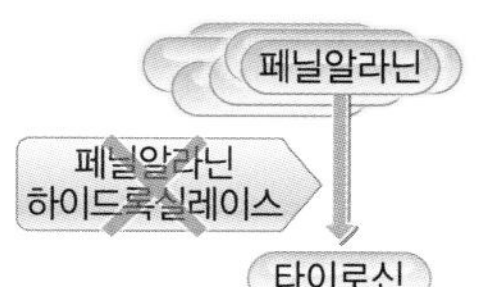

(3) **알비노증:** 유전자 이상으로 멜라닌 색소를 합성하는 데 관여하는 효소가 결핍되어 멜라닌 색소가 합성되지 않아 눈, 피부, 머리카락 등에 색소가 결핍되는 유전병이다.

(4) **낭성 섬유증:** 유전자 이상으로 비정상적으로 진하고 끈적끈적한 점액이 만들어진다. 폐, 간, 이자 등에서 과도한 점액이 분비되어 기도가 막히고 염증이 유발되며, 음식물의 소화와 흡수 장애가 나타난다.

(5) **헌팅턴 무도병:** 뇌 신경계 퇴행성 질환으로, 대부분 35세~45세 이후에 증세가 나타나기 시작한다. 신경계가 점진적으로 파괴되면서 머리와 팔다리의 움직임이 통제되지 않고, 기억력과 판단력이 없어지는 등 지적 장애가 생긴다.

심화+ 태아의 유전병 진단

대부분의 유전병은 완치가 어렵지만, 유전병 중에는 조기에 진단함으로써 증상이 악화되는 것을 막을 수 있는 것도 있어 진단법이 연구 개발되고 있다. 태아의 유전적 결함을 진단하는 대표적인 방법으로는 융모막 융모 검사와 양수 검사가 있다. 융모막 융모 검사는 태반의 바깥층인 융모막에서 태아로부터 유래한 세포를 채취하여 검사하는 것으로, 임신 8주~10주에 실시할 수 있다. 양수 검사는 임신한 여성의 양수를 채취하여 태아의 세포를 분리해 검사하는 것으로, 임신 14주~16주에 실시할 수 있다. 이 두 검사는 ◆생화학적 분석, 염색체 분석, DNA 분석으로 태아의 유전적 결함을 진단한다.

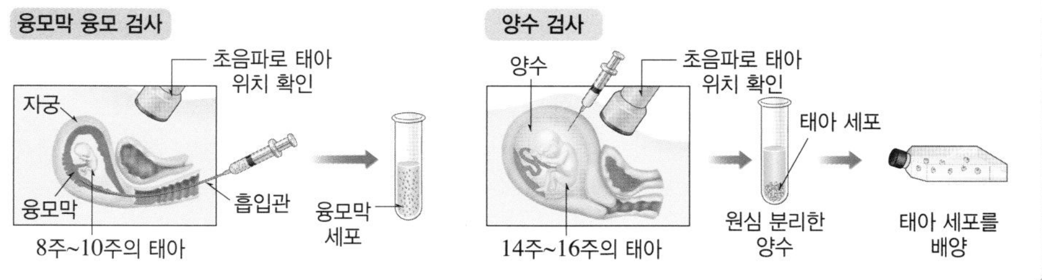

◆ **페닐케톤뇨증의 치료**
페닐케톤뇨증은 조기에 발견하여 페닐알라닌이 포함된 단백질의 섭취를 제한하는 식이요법을 지속적으로 하면 병의 진행을 크게 늦출 수 있다.

◆ **유전자 이상에 의한 유전병의 유전**
- 열성 유전: 낫 모양 적혈구 빈혈증, 페닐케톤뇨증, 알비노증, 낭성 섬유증
- 우성 유전: 헌팅턴 무도병, 연골 발육 부전증

◆ **생화학적 분석**
융모막 융모 검사나 양수 검사 과정에서 특정 화학 물질의 존재 여부를 조사하여 태아의 유전 질환을 알아내는 것이다.

개념 확인 문제

핵심 체크

• 염색체 이상에 의한 유전병

염색체 수 이상	염색체 구조 이상
생식세포 분열 과정에서 염색체 (❶)가 일어나 염색체 수가 정상보다 많거나 적은 경우	세포 분열 과정에서 염색체 일부가 절단되어 염색체 구조에 이상이 생긴 경우 ➡ 염색체 수는 정상
• 상염색체가 비분리된 경우: 남녀 모두에게 나타남 ┌ 다운 증후군: (❷)번 염색체가 3개 └ 에드워드 증후군: 18번 염색체가 3개 • 성염색체가 비분리된 경우 ┌ (❸) 증후군: 성염색체가 X └ 클라인펠터 증후군: 성염색체가 XXY	• (❹): 염색체 일부가 떨어져 없어진 경우 • 중복: 염색체의 동일한 부분이 삽입되어 같은 부분이 반복되는 경우 • 역위: 염색체 일부가 떨어져 거꾸로 연결된 경우 • (❺): 염색체 일부가 떨어진 후 상동 염색체가 아닌 다른 염색체에 연결된 경우

• 유전자 이상에 의한 유전병: DNA의 (❻)에 이상이 생긴 경우 ➡ 핵형은 정상인과 같아 핵형 분석으로는 알아낼 수 없다. 예 낫 모양 적혈구 빈혈증, 페닐케톤뇨증, 알비노증

1 사람의 유전병에 대한 설명으로 옳은 것은 ○, 옳지 않은 것은 ×로 표시하시오.

(1) 돌연변이가 유전병의 원인이 될 수 있다. ( )

(2) 체세포의 돌연변이로 생긴 유전병은 자손에게 유전될 수 있다. ( )

(3) 유전자 이상에 의한 유전병은 핵형 분석으로 알아낼 수 있다. ( )

2 그림은 사람의 정자 형성 과정에서 일어날 수 있는 염색체 비분리를 나타낸 것이다.

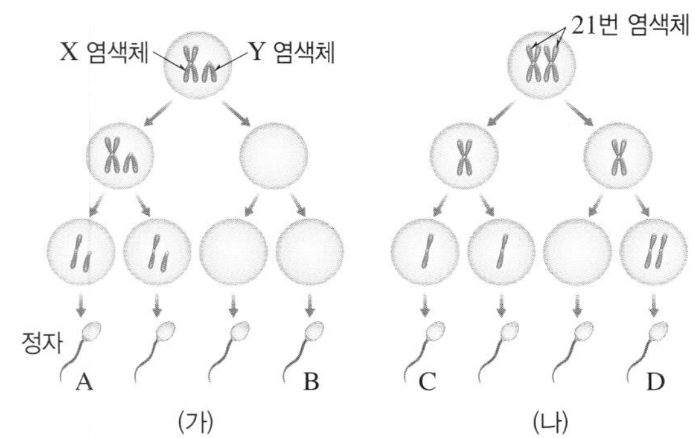

정자 A~D가 정상 난자와 수정하여 태어난 아이의 염색체 구성과 이 아이에게 나타나는 유전병의 이름을 쓰시오.(단, 나머지 염색체는 정상적으로 분리되었다.)

(1) 정자 A + 정상 난자 (2) 정자 B + 정상 난자

(3) 정자 C + 정상 난자 (4) 정자 D + 정상 난자

3 그림 (가)~(라)에 해당하는 염색체 구조 이상을 각각 쓰시오.

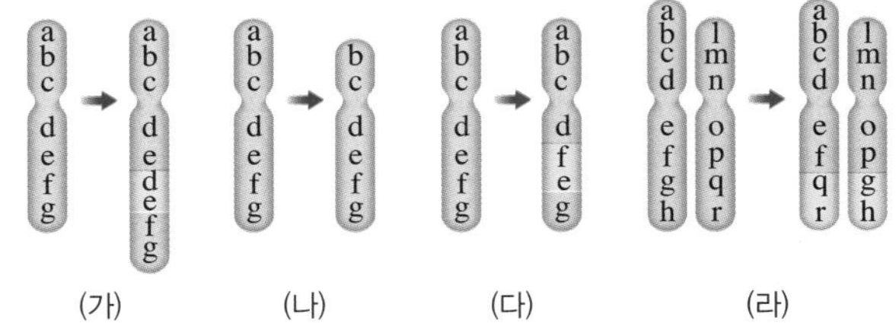

4 유전자 이상에 의한 유전병에 대한 설명으로 옳은 것은 ○, 옳지 않은 것은 ×로 표시하시오.

(1) 방사선, 자외선 등에 의해 발생할 수 있다. ( )

(2) DNA의 염기 서열 이상으로 발생한다. ( )

(3) 모두 열성으로 유전된다. ( )

5 [보기]는 사람의 유전병을 나타낸 것이다.

보기

ㄱ. 알비노증 ㄴ. 고양이 울음 증후군

ㄷ. 에드워드 증후군 ㄹ. 페닐케톤뇨증

ㅁ. 클라인펠터 증후군 ㅂ. 낫 모양 적혈구 빈혈증

체세포의 염색체 수가 정상인과 같은 경우를 [보기]에서 있는 대로 고르시오.

정답친해 105쪽

자료 ❶ 생식세포 분열과 염색체 비분리

기출 Point
- 염색체 비분리가 일어난 시기 구분하기
- 염색체 비분리에 따른 염색체 수 이상의 유형 알기
- 염색체 수 이상에 의한 유전병의 종류 알기

[1~3] 그림은 사람의 정자 형성 과정에서 일어날 수 있는 성염색체의 비분리를 나타낸 것이다. 상염색체는 정상적으로 분리되었고, 다른 돌연변이는 일어나지 않았다.

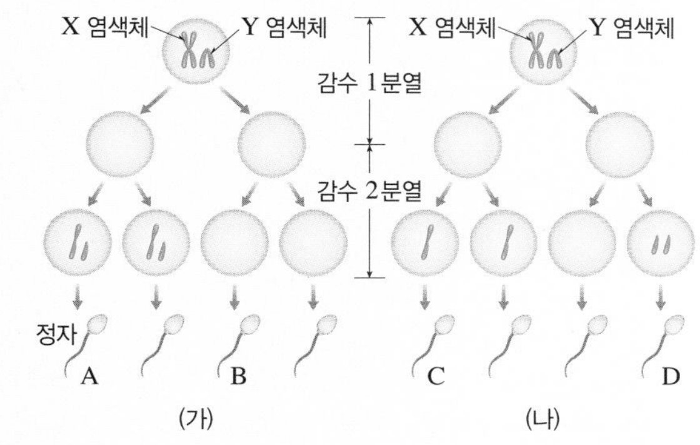

1 A~D의 염색체 구성을 각각 쓰시오.

2 다음과 같이 수정하여 태어나는 아이의 염색체 구성과 유전병을 쓰시오.

수정	아이	
	염색체 구성	유전병
A+정상 난자	㉠	㉡
B+정상 난자	㉢	㉣

3 빈출 선택지로 완벽 정리!

(1) A는 감수 1분열 시 염색체 비분리가 일어나 형성된 것이다. (○ / ×)

(2) B는 염색 분체가 비분리되어 형성된 것이다. (○ / ×)

(3) C의 염색체 수는 $n+1$이다. (○ / ×)

(4) D의 DNA양은 C의 2배이다. (○ / ×)

(5) (나)에서는 염색체 수가 정상인 생식세포가 형성되지 않는다. (○ / ×)

자료 ❷ 가계도와 염색체 비분리

기출 Point
- 핵형으로 염색체 수 이상 유전병 알아내기
- 가계도를 분석하여 염색체 비분리가 일어난 사람 알아내기

[1~3] 그림 (가)는 어떤 집안의 적록 색맹 유전 가계도를, (나)는 이 집안의 구성원 A~G 중 한 사람의 핵형 분석 결과를 나타낸 것이다. 이 집안에서 염색체 비분리는 1회만 일어났으며, 다른 돌연변이는 일어나지 않았다.

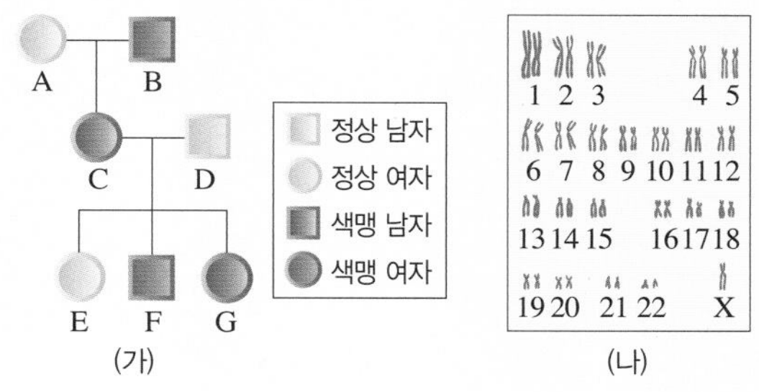

1 (나)에서 알 수 있는 염색체 수 이상 유전병은 무엇인지 쓰시오.

2 (나)는 (가)의 A~G 중 누구의 핵형인지 기호를 쓰시오.

3 빈출 선택지로 완벽 정리!

(1) (나)의 핵형을 가진 사람의 체세포 1개당 염색체 수는 45이다. (○ / ×)

(2) (나)의 핵형을 가진 사람의 성별은 남성이다. (○ / ×)

(3) E의 적록 색맹 유전자형은 이형 접합성이다. (○ / ×)

(4) F의 적록 색맹 대립유전자는 C에게서 물려받은 것이다. (○ / ×)

(5) G는 D로부터 X 염색체를 물려받았다. (○ / ×)

(6) C의 생식세포 형성 과정 중 감수 1분열에 성염색체가 비분리되어 형성된 난자가 수정하여 G가 태어났다. (○ / ×)

내신 만점 문제

A 유전병과 돌연변이

중요 01 돌연변이에 대한 설명으로 옳지 않은 것은?

① 염색체나 유전자에 변화가 일어나는 현상이다.
② 생식세포 형성 과정에서 돌연변이가 일어나면 부모에게 없던 형질이 나타나 자손에게 유전될 수 있다.
③ 모든 돌연변이는 생존에 불리하게 작용하여 유전병의 원인이 된다.
④ 일부 돌연변이는 핵형 분석을 통해 진단할 수 있다.
⑤ 자연적으로도 발생할 수 있으며, 방사선, 화학 물질, 자외선 등에 의해서도 발생할 수 있다.

B 염색체 이상에 의한 유전병

중요 02 그림은 어떤 태아의 핵형을 나타낸 것이다.

1 2 3 4 5
6 7 8 9 10 11 12
13 14 15 16 17 18 19 20
21 22 X Y

이에 대한 설명으로 옳지 않은 것은?

① 이 태아는 남자이다.
② 이 태아는 다운 증후군을 나타낸다.
③ 이 태아의 체세포에는 상염색체가 45개 있다.
④ 이 태아에게서 나타나는 유전병은 남녀 모두에게 나타날 수 있다.
⑤ 이 태아에게서 나타나는 유전병은 부모의 생식세포 형성 과정에서의 염색체 중복이 원인이다.

서술형 03 그림은 어떤 남자의 정자 형성 과정을 나타낸 것이다. 정자 형성 과정 중 염색체 비분리가 1회 일어났으며, 정자 ㉠~㉢의 염색체 수는 서로 다르고, ㉠이 ㉡보다 염색체 수가 많다. (단, 제시된 염색체 비분리 이외의 돌연변이는 고려하지 않는다.)

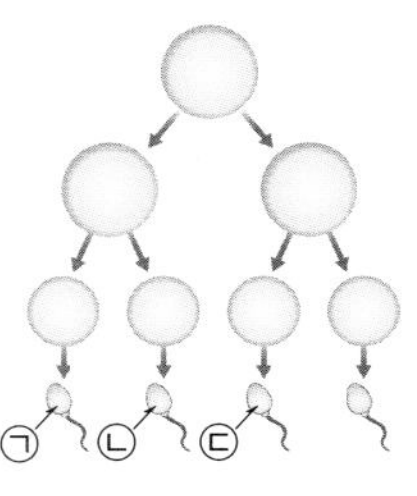

(1) 염색체 비분리 현상은 감수 1분열과 감수 2분열 중 어느 과정에서 일어났는지 쓰고, 그렇게 생각한 까닭을 서술하시오.

(2) ㉠~㉢의 핵상을 각각 쓰시오.

04 어떤 남자의 정소에서 감수 1분열에 성염색체가 비분리되어 형성된 정자가 정상 난자와 수정되어 태어난 자녀의 염색체 구성으로 가능한 것을 [보기]에서 있는 대로 고른 것은?

보기

ㄱ. 44+X	ㄴ. 44+XX	ㄷ. 44+XY
ㄹ. 44+XXX	ㅁ. 44+XXY	ㅂ. 44+XYY

① ㄱ, ㅁ ② ㄴ, ㄷ ③ ㄱ, ㄹ, ㅂ
④ ㄴ, ㄹ, ㅁ ⑤ ㄱ, ㄹ, ㅁ, ㅂ

05 그림은 어떤 여자에서 일어나는 세포 분열 과정의 일부를 나타낸 것이다. 이에 대한 설명으로 옳은 것만을 [보기]에서 있는 대로 고른 것은?(단, 두 쌍의 상동 염색체만을 나타내었고, 이외의 돌연변이는 고려하지 않는다.)

보기

ㄱ. 체세포 분열 과정 중의 세포를 나타낸 것이다.
ㄴ. 이 세포가 분열을 완료하면 염색체 수가 $n+1$, $n-1$인 딸세포가 만들어진다.
ㄷ. 이와 같은 것이 원인이 되어 고양이 울음 증후군인 아이가 태어날 수 있다.

① ㄱ ② ㄴ ③ ㄷ
④ ㄱ, ㄴ ⑤ ㄴ, ㄷ

중요 06 그림은 어떤 남자의 생식세포 형성 과정 중 성염색체가 비분리된 모습을 나타낸 것이다.
이에 대한 설명으로 옳은 것만을 [보기]에서 있는 대로 고른 것은? (단, 제시된 염색체 비분리 이외의 돌연변이는 고려하지 않는다.)

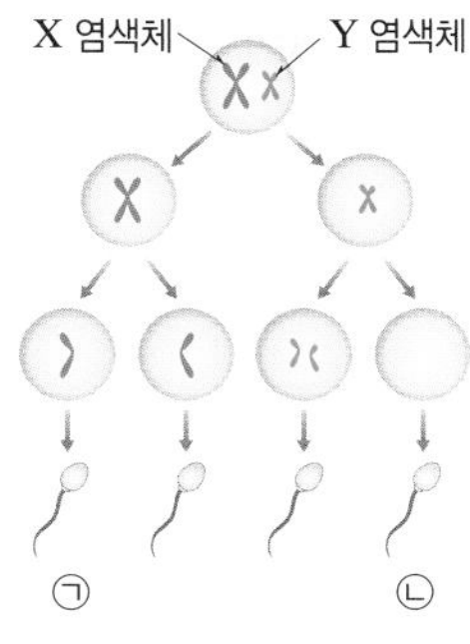

보기
ㄱ. 상동 염색체의 비분리가 일어났다.
ㄴ. ㉠이 정상 난자와 수정하여 태어나는 아이는 염색체 수가 정상인 여자이다.
ㄷ. ㉡이 정상 난자와 수정하여 태어나는 아이는 터너 증후군을 나타낸다.

① ㄱ ② ㄷ ③ ㄱ, ㄴ
④ ㄴ, ㄷ ⑤ ㄱ, ㄴ, ㄷ

중요 07 그림 (가)와 (나)는 각각 핵형이 정상인 여자와 남자의 생식세포 형성 과정을 나타낸 것이다. (가)에서는 21번 염색체가, (나)에서는 성염색체가 1회씩 비분리되었다.

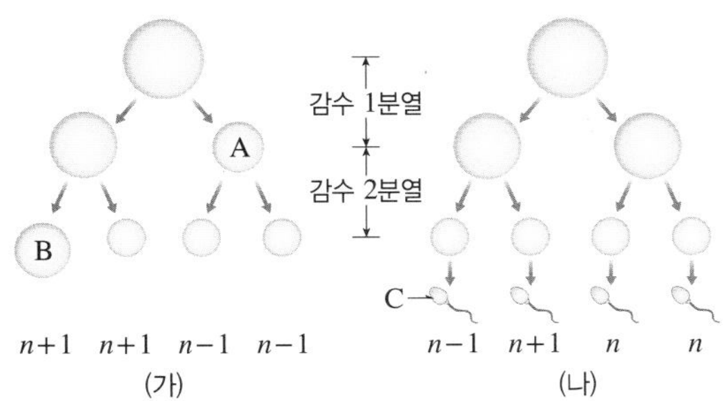

이에 대한 설명으로 옳지 않은 것은? (단, 제시된 염색체 비분리 이외의 돌연변이는 고려하지 않는다.)

① (가)는 감수 1분열에서 비분리가 일어났다.
② (나)는 염색 분체의 비분리가 일어났다.
③ A에는 X 염색체가 없다.
④ B가 정상 정자와 수정하면 다운 증후군인 아이가 태어날 수 있다.
⑤ C와 정상 난자가 수정하면 터너 증후군인 아이가 태어날 수 있다.

08 그림은 어떤 남자의 정자 형성 과정을, 표는 세포 ㉠~㉣의 총 염색체 수를 나타낸 것이다. 감수 1분열과 감수 2분열에서 염색체 비분리가 각각 1회 일어났으며, ㉠~㉣은 Ⅰ~Ⅳ를 순서 없이 나타낸 것이다.

X 염색체 Y 염색체
Ⅰ Ⅱ Ⅲ Ⅳ
감수 1분열 감수 2분열

세포	총 염색체 수
㉠	?
㉡	22
㉢	23
㉣	25

이에 대한 설명으로 옳은 것만을 [보기]에서 있는 대로 고른 것은? (단, 제시된 염색체 비분리 이외의 돌연변이는 고려하지 않는다.)

보기
ㄱ. 감수 2분열에 성염색체 비분리가 일어났다.
ㄴ. ㉠의 총 염색체 수는 22이다.
ㄷ. Ⅳ와 정상 난자가 수정되어 태어난 아이의 체세포 1개당 상염색체 수는 45이다.

① ㄱ ② ㄴ ③ ㄷ
④ ㄱ, ㄴ ⑤ ㄴ, ㄷ

서술형 09 그림 (가)는 철수네 가족의 적록 색맹 유전 가계도를, (나)는 철수의 핵형을 나타낸 것이다.

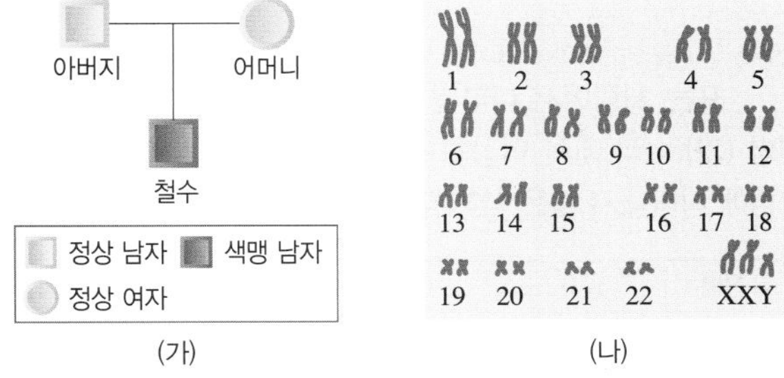

철수가 적록 색맹이면서 (나)와 같은 유전병을 가지게 된 과정을 다음 용어를 모두 사용하여 서술하시오. (단, 2개씩 제시된 용어 중에서 필요한 것을 선택적으로 사용한다.)

- 아버지 – 어머니
- 정자 – 난자
- 감수 1분열 – 감수 2분열
- 상염색체 – 성염색체
- 정상 대립유전자 – 적록 색맹 대립유전자

10 다음은 정상인 부모와 어떤 유전병을 앓고 있는 아들 철수($2n=46$)에 대한 자료이다.

- 유전병은 대립유전자 A와 A*에 의해 결정되며, 정상 대립유전자 A와 유전병 대립유전자 A*는 7번 염색체에 있다.
- 유전병에 대한 철수 아버지의 유전자형은 AA이고, 어머니의 유전자형은 AA*이다.
- 철수는 7번 염색체 쌍을 모두 어머니에게서, 나머지 염색체는 아버지와 어머니에게서 하나씩 물려받았다.
- 어머니의 난자 ㉠이 아버지의 정자 ㉡과 수정하여 철수가 태어났으며, ㉠과 ㉡이 형성될 때 염색체 비분리가 1회씩 일어났다.

이에 대한 설명으로 옳은 것만을 [보기]에서 있는 대로 고른 것은? (단, 제시된 염색체 비분리 이외의 돌연변이는 고려하지 않는다.)

보기
ㄱ. A는 A*에 대해 우성이다.
ㄴ. ㉠은 감수 2분열 시 7번 염색체가 비분리되어 형성되었다.
ㄷ. ㉡에는 상염색체 22개와 Y 염색체가 있다.

① ㄱ ② ㄷ ③ ㄱ, ㄴ
④ ㄴ, ㄷ ⑤ ㄱ, ㄴ, ㄷ

중요 **11** 표는 사람에서 나타날 수 있는 염색체 이상에 의한 유전병 (가)~(라)에서 이상이 있는 염색체만을 나타낸 것이다. 그림에 나타내지 않은 나머지 염색체는 모두 정상이다.

유전병	(가)	(나)	(다)	(라)
특징	21	X	XXY	5

이에 대한 설명으로 옳지 않은 것은?

① (가)의 체세포 1개당 염색체 수는 47이다.
② (나)의 체세포 1개당 상염색체 수는 45이다.
③ (다)의 염색체 구성은 44+XXY이다.
④ (라)의 체세포 1개당 염색체 수는 정상인과 같다.
⑤ 감수 1분열에 성염색체가 비분리되어 형성된 정자와 정상 난자가 수정될 경우 (나)와 (다)가 나타날 수 있다.

중요 **12** 다음은 유전병 ㉠에 대한 자료이다.

- ㉠은 대립유전자 A와 A*에 의해 결정되며, A는 A*에 대해 완전 우성이다.
- 그림은 어떤 집안의 유전병 ㉠ 가계도이고, 구성원의 핵형은 모두 정상이다.

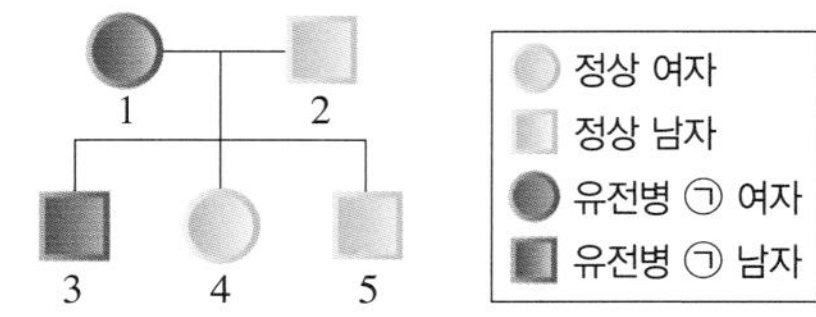

- 1과 2는 각각 A와 A* 중 한 종류만 가지고 있다.
- 난자 ⓐ와 정자 ⓑ가 수정하여 5가 태어났고, ⓐ와 ⓑ의 형성 과정 중 염색체 비분리가 각각 1회씩 일어났다.

이에 대한 설명으로 옳은 것만을 [보기]에서 있는 대로 고른 것은? (단, 제시된 염색체 비분리 이외의 다른 돌연변이는 고려하지 않는다.)

보기
ㄱ. 체세포 1개당 A*의 DNA 상대량은 3과 4에서 같다.
ㄴ. ⓐ의 핵상은 $n-1$이다.
ㄷ. ⓑ가 형성될 때 감수 1분열에서 염색체 비분리가 일어났다.

① ㄱ ② ㄴ ③ ㄱ, ㄷ
④ ㄴ, ㄷ ⑤ ㄱ, ㄴ, ㄷ

13 그림은 염색체 구조 이상 중 하나를 나타낸 것이다.

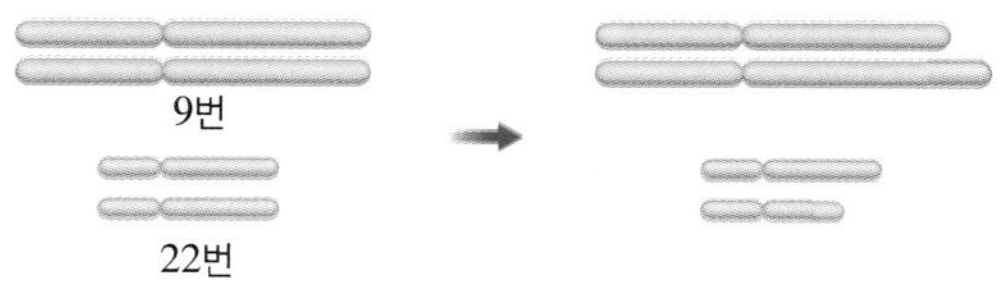

(1) 이와 같은 염색체 구조 이상을 무엇이라고 하는지 쓰시오.

(2) 이와 같은 염색체 구조 이상으로 나타나는 유전병을 쓰시오.

중요 14 그림 (가)는 어떤 생물($2n=4$)의 정상 체세포를, (나)와 (다)는 염색체 이상이 일어난 체세포를 나타낸 것이다.

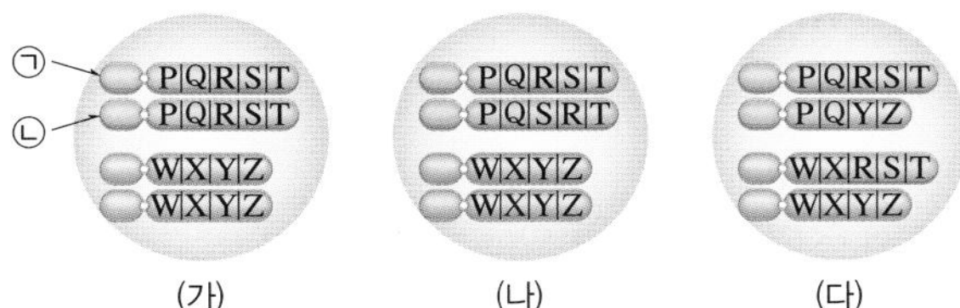

(가) (나) (다)

이에 대한 설명으로 옳지 <u>않은</u> 것은? (단, 제시된 돌연변이 이외의 다른 돌연변이는 고려하지 않는다.)

① ㉠과 ㉡은 상동 염색체이다.
② (나)와 (다)의 핵상은 모두 (가)와 같다.
③ (나)에는 역위가 일어난 염색체가 있다.
④ (다)에서는 상동 염색체 사이에 전좌가 일어났다.
⑤ (나), (다)는 체세포 분열 과정에서 이상이 일어났다.

15 그림 (가)와 (나)는 어떤 동물에서 정상 핵형을 가진 수컷의 세포와 염색체 구조 이상이 일어난 암컷의 세포에 들어 있는 상염색체와 성염색체 한 쌍씩을 순서 없이 나타낸 것이다. A와 a는 대립유전자이며, 이 동물의 성염색체 구성은 사람과 같다.

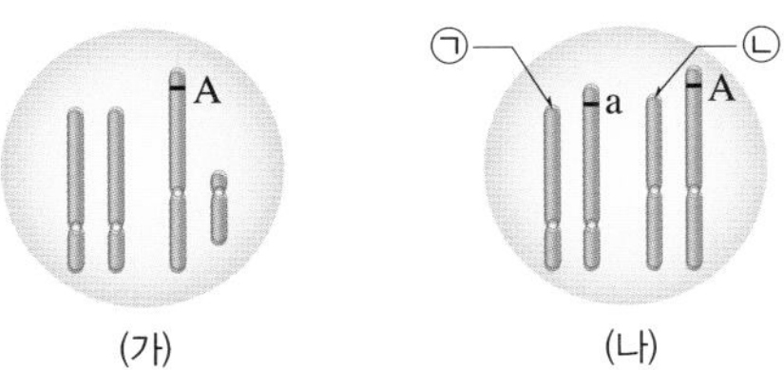

(가) (나)

이에 대한 설명으로 옳은 것만을 [보기]에서 있는 대로 고른 것은?(단, 다른 염색체는 모두 정상이다.)

보기
ㄱ. ㉠과 ㉡은 상동 염색체이다.
ㄴ. A는 X 염색체에 있다.
ㄷ. (나)에는 성염색체의 일부가 상염색체로 전좌된 염색체가 있다.

① ㄱ ② ㄷ ③ ㄱ, ㄴ
④ ㄱ, ㄷ ⑤ ㄴ, ㄷ

C 유전자 이상에 의한 유전병

중요 16 그림은 정상 적혈구와 돌연변이에 의해 낫 모양 적혈구가 만들어지는 과정을 나타낸 것이다. 낫 모양 적혈구는 빈혈증을 유발한다.

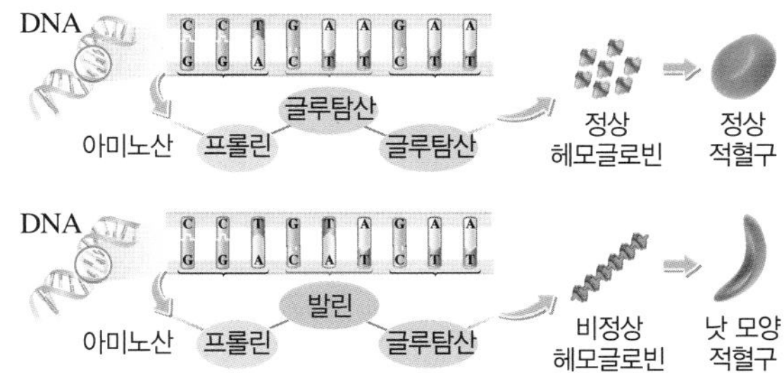

이에 대한 설명으로 옳은 것만을 [보기]에서 있는 대로 고른 것은?

보기
ㄱ. 핵형 분석을 통해 이 돌연변이를 확인할 수 있다.
ㄴ. 낫 모양 적혈구는 정상 적혈구에 비해 산소 운반 기능이 떨어진다.
ㄷ. 낫 모양 적혈구 빈혈증 환자의 체세포 1개당 염색체 수는 정상인과 같다.

① ㄱ ② ㄷ ③ ㄱ, ㄴ
④ ㄴ, ㄷ ⑤ ㄱ, ㄴ, ㄷ

17 표는 사람의 유전병 (가)~(다)의 특징을 나타낸 것이다. (가)~(다)는 각각 고양이 울음 증후군, 알비노증, 터너 증후군 중 하나이다.

유전병	특징
(가)	핵형은 정상이나 색소 결핍이 나타난다.
(나)	5번 염색체 일부가 결실되었다.
(다)	성염색체가 1개이며, 여자이다.

이에 대한 설명으로 옳지 <u>않은</u> 것은?

① (가)는 DNA 염기 서열의 이상으로 나타난다.
② (가)와 (나)인 사람에서 체세포 1개당 염색체 수는 같다.
③ (나)와 (다)는 핵형 분석으로 알아낼 수 있다.
④ (가)인 사람은 (다)인 사람보다 체세포 1개당 상염색체 수가 많다.
⑤ (다)는 성염색체 비분리로 형성된 생식세포의 수정으로 나타난다.

실력 UP 문제

01 그림은 어떤 사람에서 정자가 형성되는 과정을, 표는 정자 ㉠과 ㉡의 X 염색체 수를 나타낸 것이다. A는 중기의 세포이다.

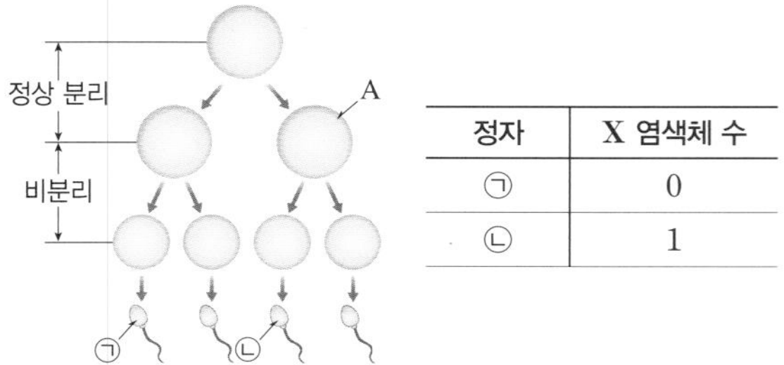

정자	X 염색체 수
㉠	0
㉡	1

이에 대한 설명으로 옳은 것만을 [보기]에서 있는 대로 고른 것은?(단, 성염색체에서만 비분리가 1회 일어났으며, 이외의 다른 돌연변이는 고려하지 않는다.)

보기

ㄱ. DNA양은 A가 ㉡의 2배이다.
ㄴ. A의 염색 분체 수는 46이다.
ㄷ. ㉠이 정상 난자와 수정하여 태어난 아이가 클라인펠터 증후군일 확률은 $\frac{1}{2}$이다.

① ㄱ ② ㄱ, ㄴ ③ ㄱ, ㄷ
④ ㄴ, ㄷ ⑤ ㄱ, ㄴ, ㄷ

02 그림 (가)와 (나)는 각각 어떤 남자와 여자의 생식세포 형성 과정을, 표는 세포 ⓐ~ⓔ의 총 염색체 수와 X 염색체 수를 나타낸 것이다. (가)의 감수 1분열에서는 7번 염색체에서 비분리가 1회, 감수 2분열에서는 성염색체에서 비분리가 1회 일어났다. (나)의 감수 1분열에서는 21번 염색체에서 비분리가 1회, 감수 2분열에서는 성염색체에서 비분리가 1회 일어났다. ⓐ~ⓔ는 각각 Ⅰ~Ⅴ 중 하나이며, Ⅰ과 Ⅱ는 중기의 세포이다.)

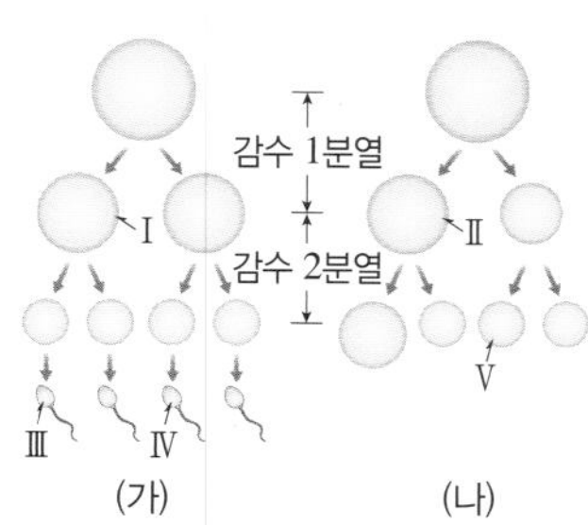

세포	총 염색체 수	X 염색체 수
ⓐ	22	1
ⓑ	24	0
ⓒ	24	1
ⓓ	25	0
ⓔ	㉠	2

이에 대한 설명으로 옳은 것은? (단, 제시된 돌연변이 이외의 다른 돌연변이는 고려하지 않는다.)

① ㉠은 25이다.
② 성염색체 수는 Ⅱ가 Ⅰ보다 많다.
③ Ⅲ에는 성염색체가 없다.
④ Ⅳ에는 7번 염색체가 있다.
⑤ Ⅴ에는 21번 염색체가 없다.

03 다음은 철수네 가족의 유전병 ㉠과 적록 색맹에 대한 자료이다.

- ㉠은 성염색체에 있는 대립유전자 A와 A*에 의해 결정되며, A는 A*에 대해 우성이다.
- 적록 색맹은 대립유전자 B와 B*에 의해 결정되며, B는 정상 대립유전자이고, B*는 적록 색맹 대립유전자이다.
- 그림은 철수네 집안의 ㉠과 적록 색맹 유전에 대한 가계도를 나타낸 것이다.

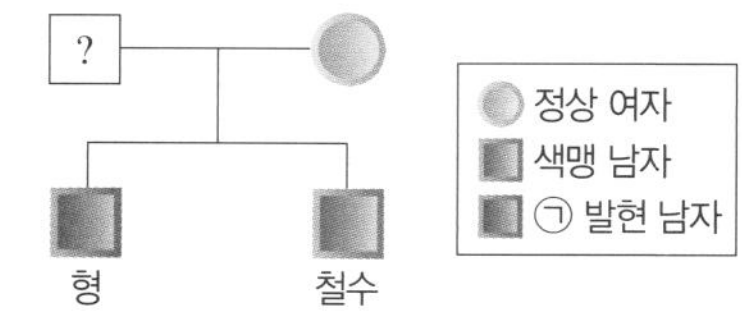

- 철수네 가족 구성원의 핵형은 모두 정상이다.
- 염색체 수가 비정상적인 정자 ⓐ와 난자 ⓑ가 수정되어 철수가 태어났고, ⓐ와 ⓑ의 형성 과정 중 성염색체 비분리가 1회씩 일어났다.

이에 대한 설명으로 옳은 것만을 [보기]에서 있는 대로 고른 것은?(단, 제시된 염색체 비분리 이외의 다른 돌연변이는 고려하지 않는다.)

보기

ㄱ. 아버지는 ㉠을 나타내지 않는다.
ㄴ. 형은 어머니에게서 A*와 B*를 물려받았다.
ㄷ. 감수 1분열에서 비분리가 일어나 정자 ⓐ가 만들어졌다.
ㄹ. 정자 ⓐ와 난자 ⓑ는 상염색체 수가 같다.

① ㄱ, ㄹ ② ㄴ, ㄷ ③ ㄴ, ㄹ
④ ㄱ, ㄷ, ㄹ ⑤ ㄴ, ㄷ, ㄹ

04 그림은 어떤 동물($2n=6$)의 G_1기 세포 Ⅰ로부터 정자가 형성되는 과정을, 표는 이 과정의 서로 다른 시기에 있는 세포 ㉠~㉣의 염색체 수와 유전자 H, h, T, t의 DNA 상대량을 나타낸 것이다. H와 h, T와 t는 각각 대립유전자이다. (가)의 감수 1분열에서는 상염색체에서 비분리가 1회, 감수 2분열에서는 성염색체에서 비분리가 1회 일어났다. Ⅰ~Ⅳ는 각각 ㉠~㉣ 중 하나이고, Ⅱ와 Ⅲ은 중기의 세포이며, 이 동물의 성염색체는 XY이다.

Ⅰ Ⅱ Ⅲ Ⅳ

세포	염색체 수	DNA 상대량			
		H	h	T	t
㉠	6	ⓐ	ⓑ	2	2
㉡	?	0	ⓒ	1	1
㉢	3	0	2	0	0
㉣	ⓓ	0	?	2	2

이에 대한 설명으로 옳은 것만을 [보기]에서 있는 대로 고른 것은? (단, H, h, T, t 각각의 1개당 DNA 상대량은 1이고, 제시된 염색체 비분리 이외의 다른 돌연변이는 고려하지 않는다.)

보기

ㄱ. ⓐ+ⓑ+ⓒ=ⓓ이다.

ㄴ. ㉡과 ㉢에서의 성염색체 수는 같다.

ㄷ. ㉣은 Ⅲ이다.

① ㄱ ② ㄷ ③ ㄱ, ㄴ ④ ㄴ, ㄷ ⑤ ㄱ, ㄴ, ㄷ

05 그림 (가)는 핵형이 정상인 어떤 남자에서 G_1기 세포로부터 정자가 형성되는 과정을, (나)는 세포 ⓐ~ⓓ에서 21번 염색체에 있는 유전자 H와 h의 DNA 상대량을 나타낸 것이다. (가)에서 21번 염색체의 비분리가 1회 일어났으며, H와 h는 대립유전자이다. ⓐ~ⓓ는 각각 ㉠~㉣ 중 하나이고, ㉡은 중기의 세포이다.

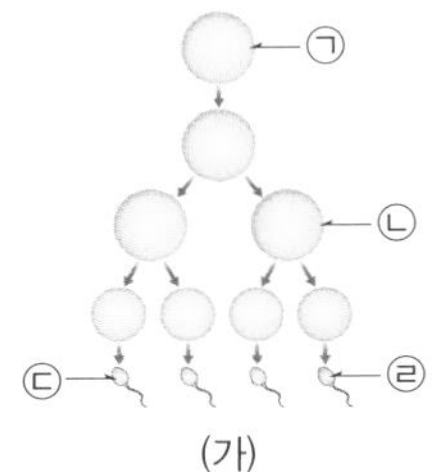

(가)

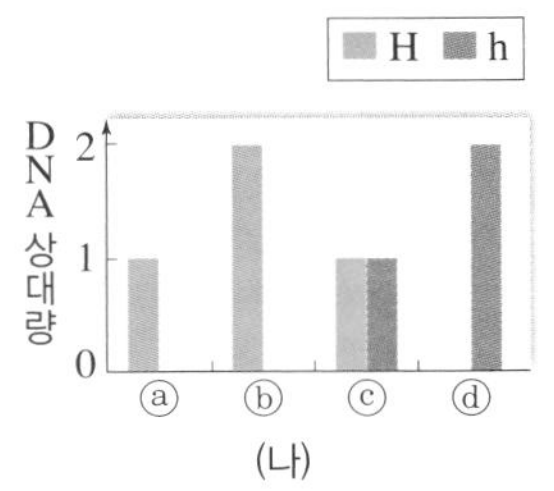

(나)

이에 대한 설명으로 옳은 것만을 [보기]에서 있는 대로 고른 것은? (단, 제시된 염색체 비분리 이외의 돌연변이는 고려하지 않으며, H, h 각각의 1개당 DNA 상대량은 1이다.)

보기

ㄱ. (가)에서 감수 2분열에 염색 분체가 비분리되었다.

ㄴ. $\frac{\text{㉢의 상염색체 수}}{\text{ⓑ의 염색체 수}}=1$이다.

ㄷ. ㉣이 정상 난자와 수정하여 태어난 아이는 다운 증후군의 염색체 이상을 나타낸다.

① ㄱ ② ㄷ ③ ㄱ, ㄴ ④ ㄴ, ㄷ ⑤ ㄱ, ㄴ, ㄷ

06 다음은 영희네 가족의 유전 형질 ⓐ, ⓑ에 대한 자료이다.

- ⓐ는 대립유전자 A와 A*에 의해, ⓑ는 대립유전자 B와 B*에 의해 결정되며, 각 대립유전자 사이의 우열 관계는 분명하다.
- 그림은 영희네 가족 구성원에서 체세포 1개당 A*와 B*의 DNA 상대량을, 표는 ⓐ, ⓑ의 발현 여부를 나타낸 것이다.

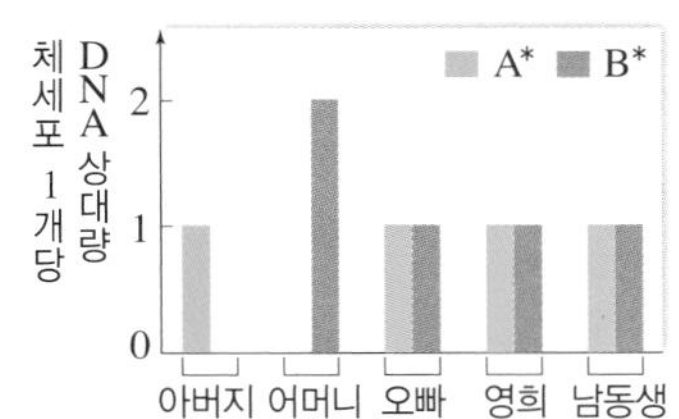

구성원	ⓐ	ⓑ
아버지	○	×
어머니	×	○
오빠	○	○
영희	○	×
남동생	○	×

(○: 발현됨, ×: 발현되지 않음)

- 생식세포 분열 시 염색체 비분리가 1회 일어나 형성된 정자와 정상 난자가 수정되어 영희의 남동생이 태어났다. 남동생의 염색체 수는 47이다.

이에 대한 설명으로 옳은 것만을 [보기]에서 있는 대로 고른 것은? (단, 제시된 염색체 비분리 이외의 돌연변이는 고려하지 않으며, A, A*, B, B* 각각의 1개당 DNA 상대량은 1이다.)

보기

ㄱ. A*는 A에 대해 우성이다.

ㄴ. 아버지와 남동생의 체세포 1개당 B의 DNA 상대량은 같다.

ㄷ. ⓐ와 ⓑ 중 ⓑ만 발현된 남자와 영희 사이에서 태어난 아이에게서 ⓐ, ⓑ가 모두 발현될 확률은 $\frac{1}{4}$이다.

① ㄱ ② ㄴ ③ ㄱ, ㄴ ④ ㄱ, ㄷ ⑤ ㄱ, ㄴ, ㄷ

01 사람의 유전

1. 사람의 유전 연구

(1) 사람의 유전 연구가 어려운 까닭

① 한 세대가 길고, 자손의 수가 적다.
② 자유로운 교배 실험이 불가능하다.
③ 형질이 복잡하고 유전자의 수가 많다.
④ 형질의 발현이 (❶)의 영향을 많이 받는다.

(2) 사람의 유전 연구 방법

(❷) 조사	특정 유전 형질이 있는 집안의 가계도를 분석하여 형질의 유전 방식을 연구한다.
집단 조사	집단을 대상으로 조사한 자료를 통계 처리하여 유전자 빈도, 유전자 변이, 질병의 관련성 등을 연구한다.
(❸) 연구	쌍둥이를 대상으로 형질 발현에 유전자와 환경이 미치는 영향을 연구한다.
염색체 및 유전자 연구	핵형 분석으로 염색체의 수와 모양 등을 조사하고, 유전자의 염기 서열을 분석한다.

(3) 유전의 기본 원리

① 형질은 상동 염색체의 동일한 위치에 있는 대립유전자 쌍에 의해 결정된다.
② 부모의 유전자는 (❹)의 염색체를 통해 자손에게 전달된다.

2. 상염색체 유전

(1) 상염색체 유전: 형질을 결정하는 유전자가 상염색체에 있으며, 성별에 따라 형질 발현 빈도에 차이가 (❺).

(2) 대립유전자가 두 가지인 유전 – 단일 대립 유전

형질의 예	눈꺼풀, 보조개, 혀 말기, 귓불 모양
가계도 분석	• 정상 부모에게서 유전병의 자녀가 태어났다. ➡ 부모의 형질(정상)이 우성, 자녀의 형질(유전병)이 (❻)이다. • 표현형이 우성인 부모에게서 열성인 딸이 태어났다. ➡ 형질을 결정하는 유전자는 (❼)염색체에 있다. • 부모의 유전자형은 (❽) 접합성(Aa)이고, 자녀의 유전자형은 열성 동형 접합성(aa)이다. (가계도: 정상 남자, 정상 여자, 유전병 여자)

(3) 대립유전자가 세 가지 이상인 유전 – (❾) 유전

형질의 예	ABO식 혈액형				
대립유전자	I^A, I^B, i($I^A=I^B>i$)				
표현형과 유전자형	표현형	A형	B형	AB형	O형
	응집원	A	B	A, B	없음
	유전자형	I^AI^A, I^Ai	I^BI^B, I^Bi	I^AI^B	ii
가계도 분석	• 4는 O형(ii)이다. ➡ 1의 유전자형은 I^Ai이고, 2의 유전자형은 I^Bi이다. • 4의 동생이 태어날 때, B형이고 남자일 확률은 $\frac{1}{4}\times\frac{1}{2}=\frac{1}{8}$이다. (가계도: 1 A형, 2 B형, 3 AB형, 4 O형)				

3. 성염색체 유전

(1) 사람의 성 결정 방식

염색체 구성	여자: 44+XX, 남자: 44+XY
생식세포	난자: 22+X, 정자: 22+X, 22+Y
자녀의 성 결정	(❿)에 있는 성염색체의 종류에 의해 결정된다. • 난자(22+X)+정자(22+X) ➡ 딸(44+XX) • 난자(22+X)+정자(22+Y) ➡ 아들(44+XY)

(2) 반성유전: 형질을 결정하는 유전자가 (⓫)에 있어 성별에 따라 형질의 발현 빈도가 다른 유전 현상이다.

① 적록 색맹

대립유전자	정상 대립유전자(X^R) > 적록 색맹 대립유전자(X^r)					
유전자형과 표현형	성별	남자		여자		
	유전자형	X^RY	X^rY	X^RX^R	X^RX^r	X^rX^r
	표현형	정상	적록 색맹	정상	정상 (보인자)	적록 색맹
특징	• 적록 색맹은 여자보다 남자에서 많이 나타난다. • 어머니가 적록 색맹이면 (⓬)은 반드시 적록 색맹이다. • 아버지가 정상이면 딸은 반드시 정상이다. • 딸이 적록 색맹이면 아버지는 반드시 적록 색맹이다.					
가계도 분석	(가계도: 1, 2, 3, 4, 5 / 정상 남자, 정상 여자, 색맹 남자) • 아들 3은 어머니에게서 적록 색맹 대립유전자를 물려받았으므로 어머니 2는 보인자(X^RX^r)이다. • 딸 4는 아버지에게서 정상 대립유전자를 물려받았다. • 5의 동생이 태어날 때, 적록 색맹인 남자일 확률은 (⓭)이다.					

② **혈우병:** 적록 색맹과 같은 방식으로 유전되지만, X 염색체 2개에 모두 혈우병 대립유전자가 있는 여아는 태어나지 못하고 죽는 경우가 많아 여자 혈우병 환자는 매우 적다.

대립유전자	정상 대립유전자(X^A) > 혈우병 대립유전자(X^a)					
유전자형과 표현형	**성별**	남자		여자		
	유전자형	X^AY	X^aY	X^AX^A	X^AX^a	X^aX^a
	표현형	정상	혈우병	정상	정상 (보인자)	혈우병 (치사)

4. 단일 인자 유전과 다인자 유전

구분	단일 인자 유전	다인자 유전
형질 결정	한 쌍의 대립유전자	여러 쌍의 대립유전자
유전 형질	귓불 모양, 눈꺼풀	피부색, 키, 몸무게
표현형	대부분 대립 형질이 뚜렷하게 구분된다.	• 표현형이 다양하다. • (⓮)의 영향을 받는다.
형질 분포	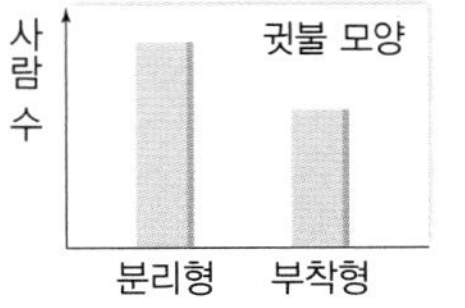 불연속적 변이	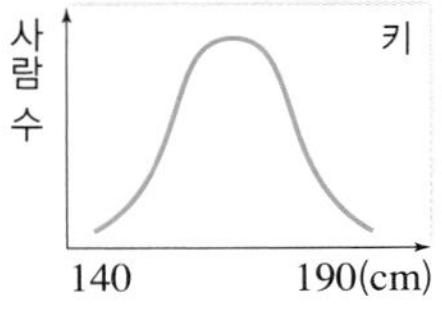 연속적 변이

2 유전병의 종류와 특징

1. 유전병과 돌연변이

염색체나 유전자에 변화가 일어나는 (⓯)가 원인이 되어 유전병이 나타난다.

2. 염색체 이상에 의한 유전병

(1) 염색체 수 이상에 의한 유전병

① **원인:** 생식세포 분열 과정에서 염색체 (⓰)가 일어나 염색체 수가 정상보다 많거나 적은 생식세포가 만들어져 수정하였다.

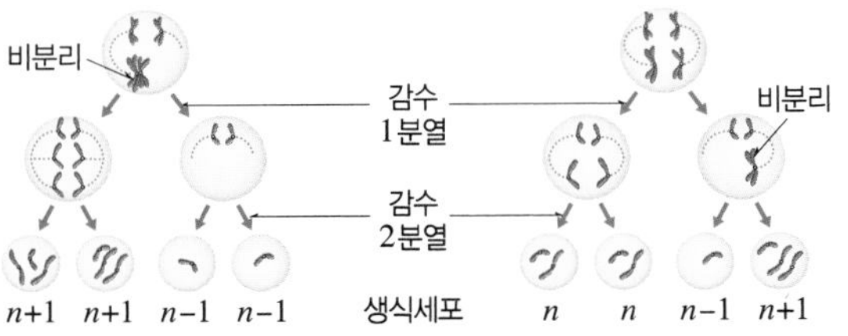

② **유전병의 예**

상염색체 비분리	남녀 모두에서 나타날 수 있다. • (⓱): 21번 염색체가 3개 ➡ 45+XX, 45+XY • 에드워드 증후군: 18번 염색체가 3개 ➡ 45+XX, 45+XY
성염색체 비분리	특정 성에만 나타난다. • 터너 증후군: 외관상 여자, 성염색체가 X ➡ 44+X • 클라인펠터 증후군: 외관상 남자, 성염색체가 XXY ➡ 44+XXY

(2) 염색체 구조 이상에 의한 유전병

원인	세포 분열 과정에서 염색체 일부가 절단되어 염색체 구조에 이상이 생긴 것이다.
종류	• 결실: 염색체 일부가 떨어져 없어진 경우 예 고양이 울음 증후군 • (⓲): 염색체의 동일한 부분이 삽입되어 같은 부분이 반복되는 경우 • 역위: 염색체 일부가 떨어져 거꾸로 연결된 경우 • (⓳): 염색체의 일부가 떨어진 후 상동 염색체가 아닌 다른 염색체에 연결된 경우 예 만성 골수성 백혈병 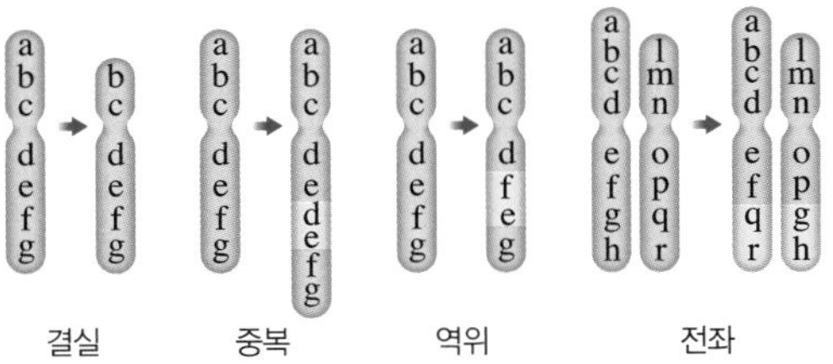

3. 유전자 이상에 의한 유전병

(1) DNA 염기 서열에 이상이 생긴 경우로, 핵형 분석으로는 유전병 여부를 알 수 없다.

(2) **유전자 이상에 의한 유전병:** 낫 모양 적혈구 빈혈증, 페닐케톤뇨증, 알비노증

(3) **낫 모양 적혈구 빈혈증:** (⓴) 유전자 이상으로 적혈구가 낫 모양이 되어 산소 운반 능력이 떨어지고 혈액 순환을 방해한다.

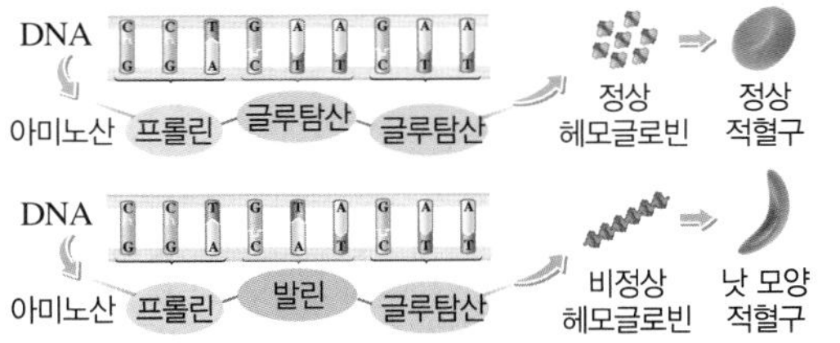

유전자 염기 서열 이상(DNA) → 아미노산 종류 바뀜 → 비정상 헤모글로빈(단백질) 형성 → 낫 모양 적혈구(세포)

중단원 마무리 문제

하 중 상

01 귀지 상태는 축축한 귀지와 마른 귀지가 있고, 한 쌍의 대립유전자에 의해 결정된다. 표는 여러 가구에서 부모의 귀지 상태에 따른 자녀의 귀지 상태와 수를 나타낸 것이다.

구분	부모의 귀지 상태	가구 수	자녀의 귀지 상태	
			축축한 귀지	마른 귀지
A	축축한 귀지×축축한 귀지	10	32명	6명
B	축축한 귀지×마른 귀지	8	21명	9명
C	마른 귀지×마른 귀지	12	0명	42명

이에 대한 설명으로 옳은 것만을 [보기]에서 있는 대로 고른 것은?

보기
ㄱ. 축축한 귀지가 우성 형질이다.
ㄴ. B에서 축축한 귀지인 자녀는 모두 귀지 상태 유전자형이 이형 접합성이다.
ㄷ. C의 모든 가구에서 부모의 귀지 상태 유전자형은 동형 접합성이다.

① ㄱ ② ㄷ ③ ㄱ, ㄴ
④ ㄴ, ㄷ ⑤ ㄱ, ㄴ, ㄷ

하 중 상

02 그림은 어떤 집안의 이마선 유전 가계도를 나타낸 것이다. B의 이마선 유전자형은 이형 접합성이다.

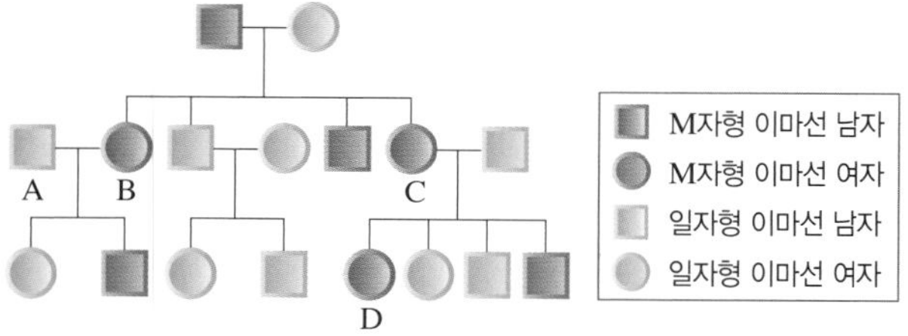

이에 대한 설명으로 옳은 것은? (단, 돌연변이는 고려하지 않는다.)

① 이마선 유전자는 X 염색체에 있다.
② B, C, D의 이마선 유전자형은 모두 같다.
③ 이마선은 환경의 영향을 많이 받는 형질이다.
④ D와 M자형 이마선 남자 사이에서 태어나는 아이들은 모두 M자형 이마선이다.
⑤ A와 B 사이에 셋째 아이가 태어날 때, 이 아이가 M자형 이마선인 여자일 확률은 37.5 %이다.

하 중 상

03 표는 철수 어머니를 제외한 나머지 가족 구성원의 유전병 (가)의 유무를, 그림은 이 가족에서 (가)의 발현에 관여하는 대립유전자 A와 A*의 DNA 상대량을 나타낸 것이다.

가족	유전병 (가)
아버지	없음
철수	있음
누나	없음
형	없음

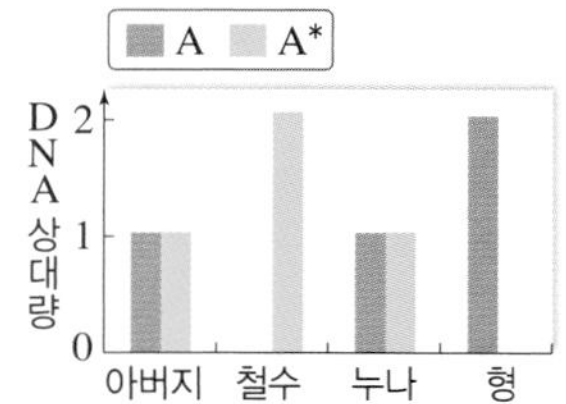

이에 대한 설명으로 옳은 것만을 [보기]에서 있는 대로 고른 것은? (단, 돌연변이는 일어나지 않았으며, A, A* 각각의 1개당 DNA 상대량은 1이다.)

보기
ㄱ. 어머니는 (가)를 나타낸다.
ㄴ. (가)의 유전자는 상염색체에 있다.
ㄷ. 누나가 (가)인 남자와 결혼하면 이들 사이에서 태어나는 자녀는 모두 (가)를 나타낸다.

① ㄴ ② ㄱ, ㄴ ③ ㄱ, ㄷ
④ ㄴ, ㄷ ⑤ ㄱ, ㄴ, ㄷ

하 중 상

04 그림은 어떤 집안의 ABO식 혈액형 유전 가계도를 나타낸 것이다.

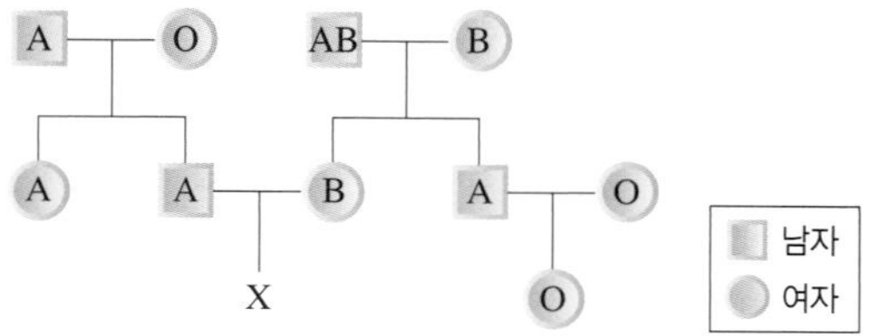

X의 ABO식 혈액형이 AB형일 확률은? (단, 돌연변이는 고려하지 않는다.)

① $\frac{1}{4}$ ② $\frac{3}{8}$ ③ $\frac{7}{16}$
④ $\frac{1}{2}$ ⑤ $\frac{3}{4}$

하 중 상

05 그림은 철수네 집안의 적록 색맹 유전 가계도를 나타낸 것이다.

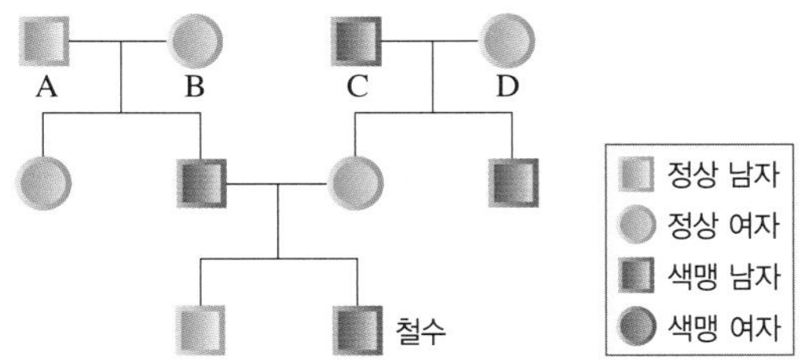

이에 대한 설명으로 옳은 것만을 [보기]에서 있는 대로 고른 것은?(단, 돌연변이는 일어나지 않았다.)

보기
ㄱ. B와 D의 적록 색맹 유전자형은 같다.
ㄴ. 철수의 적록 색맹 대립유전자는 C로부터 온 것이다.
ㄷ. 철수의 동생이 태어날 때, 이 아이가 적록 색맹 여자일 확률은 25 %이다.

① ㄱ ② ㄱ, ㄴ ③ ㄱ, ㄷ
④ ㄴ, ㄷ ⑤ ㄱ, ㄴ, ㄷ

하 중 상

06 그림은 어떤 가족의 ABO식 혈액형과 반성유전을 하는 유전병에 대한 가계도를 나타낸 것이다. ㉠과 ㉡은 ABO식 혈액형 유전자형이 동일하다.

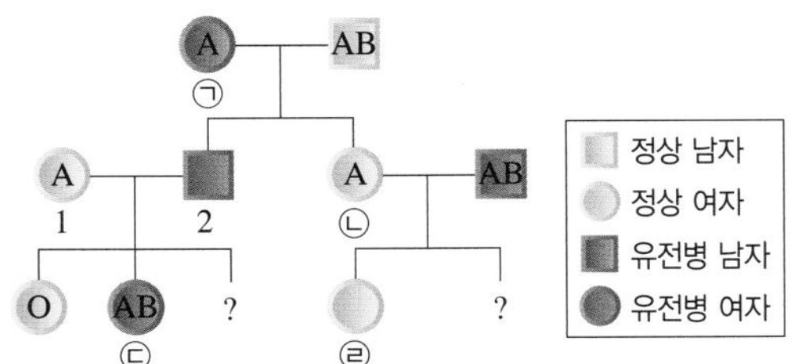

이에 대한 설명으로 옳은 것만을 [보기]에서 있는 대로 고른 것은?(단, 돌연변이는 고려하지 않는다.)

보기
ㄱ. ㉠의 ABO식 혈액형 유전자형은 이형 접합성이다.
ㄴ. ㉢의 동생이 태어날 때, 이 아이가 O형이고 정상일 확률은 12.5 %이다.
ㄷ. ㉣의 동생이 태어날 때, 이 아이가 ABO식 혈액형 및 유전병 유전자형이 ㉡과 모두 같을 확률은 6.25 %이다.

① ㄱ ② ㄱ, ㄴ ③ ㄱ, ㄷ
④ ㄴ, ㄷ ⑤ ㄱ, ㄴ, ㄷ

하 중 상

07 표는 철수 가족 구성원의 체세포 1개당 유전자 P, P*, T, T*의 DNA 상대량을, 그림 (가)는 철수 누나의 염색체 중 하나를 나타낸 것이다. P는 P*의, T는 T*의 대립유전자이다.

구성원	DNA 상대량			
	P	P*	T	T*
아버지	㉠	㉡	㉢	㉣
어머니	2	0	0	2
누나	1	1	0	2
철수	1	0	1	1

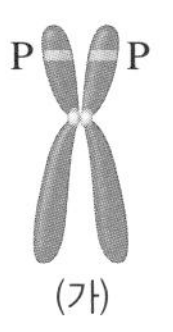

(가)

이에 대한 설명으로 옳은 것만을 [보기]에서 있는 대로 고른 것은? (단, 돌연변이는 고려하지 않으며, P, P*, T, T* 각각의 1개당 DNA 상대량은 1이다.)

보기
ㄱ. (가)는 상염색체이다.
ㄴ. ㉡, ㉢, ㉣의 값은 1로 모두 같다.
ㄷ. 철수의 동생이 태어날 때, 이 아이가 P, P*, T, T*를 모두 가질 확률은 25 %이다.

① ㄱ ② ㄴ ③ ㄱ, ㄷ ④ ㄴ, ㄷ ⑤ ㄱ, ㄴ, ㄷ

하 중 상

08 그림 (가)는 어떤 사람에서 염색체 비분리가 일어난 정자 형성 과정을, (나)는 (가)의 Ⅰ, Ⅱ 중 어느 한 시기에서 관찰되는 세포의 상염색체 두 쌍만을 나타낸 것이다. A는 중기 세포이며, 염색체 비분리는 성염색체에서만 1회 일어났다.

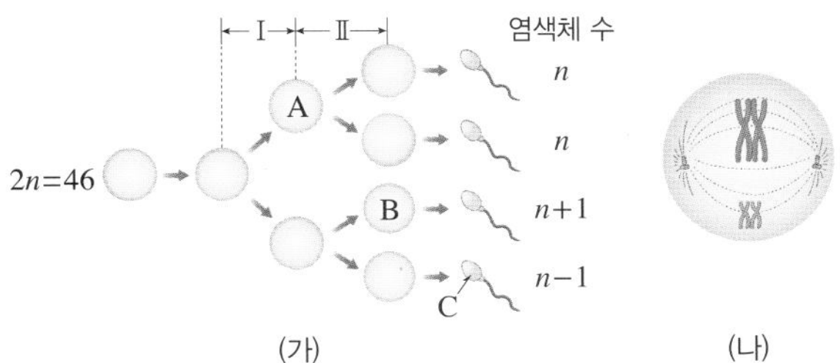

(가) (나)

이에 대한 설명으로 옳은 것만을 [보기]에서 있는 대로 고른 것은? (단, 제시된 염색체 비분리 이외의 다른 돌연변이는 고려하지 않는다.)

보기
ㄱ. 세포의 염색체 수는 A가 B보다 많다.
ㄴ. C와 정상 난자가 수정하면 터너 증후군 아이가 생긴다.
ㄷ. 염색체 비분리는 (나)가 관찰되는 시기에 일어났다.

① ㄱ ② ㄴ ③ ㄷ ④ ㄱ, ㄴ ⑤ ㄴ, ㄷ

하 중 **상**

09 다음은 어떤 유전병에 대한 자료이다.

- 이 유전병은 정상 대립유전자 A와 유전병 대립유전자 A*에 의해 결정되며, 둘 사이의 우열 관계는 분명하다.
- 그림은 어떤 집안의 이 유전병에 대한 가계도를, 표는 구성원 (가)~(라)의 체세포 1개당 A*의 수와 염색체 수를 나타낸 것이다.

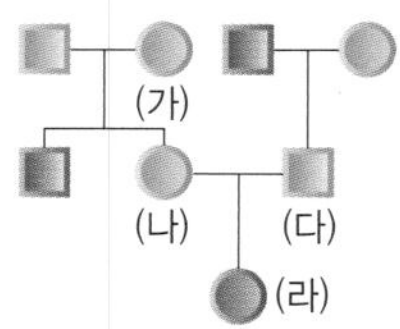

정상 남자 / 유전병 남자 / 정상 여자 / 유전병 여자

구성원	A*의 수	염색체 수
(가)	㉠	46
(나)	1	46
(다)	0	46
(라)	1	45

- (나)와 (다)의 생식세포 형성 과정에서 염색체 비분리는 1회 일어났으며, 다른 돌연변이는 없다.

이에 대한 설명으로 옳은 것만을 [보기]에서 있는 대로 고른 것은?

보기
ㄱ. ㉠은 1이다.
ㄴ. 이 가계도에서 A*를 가진 정상 남자는 없다.
ㄷ. (다)의 정자 형성 과정 중 염색체가 비분리되었다.

① ㄴ ② ㄱ, ㄴ ③ ㄱ, ㄷ
④ ㄴ, ㄷ ⑤ ㄱ, ㄴ, ㄷ

하 **중** 상

10 표는 유전병 환자 (가)~(라)의 핵형 분석 결과이다.

환자	유전병	핵형 분석 결과
(가)	알비노증	핵형이 정상인과 같다.
(나)	다운 증후군	정상인보다 ㉠염색체 1개가 많다.
(다)	클라인펠터 증후군	정상인보다 ㉡염색체 1개가 많다.
(라)	고양이 울음 증후군	5번 염색체 일부가 결실되었다.

이에 대한 설명으로 옳은 것만을 [보기]에서 있는 대로 고른 것은?

보기
ㄱ. 알비노증은 유전자 이상에 의한 유전병이다.
ㄴ. ㉠은 상염색체이고, ㉡은 성염색체이다.
ㄷ. (라)의 체세포의 염색체 수는 $2n-1$이다.

① ㄱ ② ㄴ ③ ㄱ, ㄴ
④ ㄴ, ㄷ ⑤ ㄱ, ㄴ, ㄷ

하 **중** 상

11 버킷림프종은 턱에 종양이 생기는 유전병으로, 주로 어린이에게서 발견된다. 그림은 버킷림프종 환자의 세 가지 세포 속에 들어 있는 8번과 14번 염색체의 모양을 나타낸 것이다. 난원 세포는 생식세포 분열을 하여 난자가 될 세포이다.

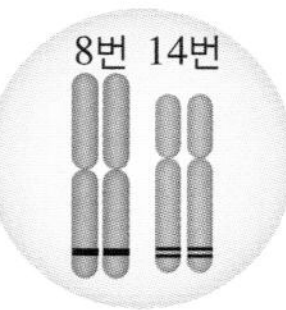

난원 세포

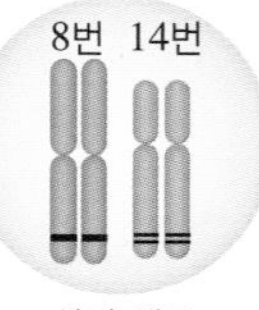

상피 세포

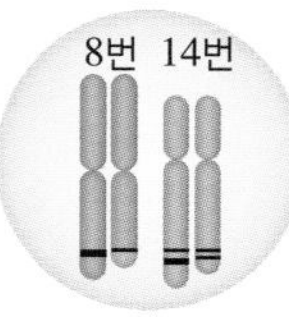

버킷림프종 세포

이에 대한 설명으로 옳은 것만을 [보기]에서 있는 대로 고른 것은? (단, 제시된 돌연변이 이외의 다른 돌연변이는 고려하지 않는다.)

보기
ㄱ. 버킷림프종 세포는 체세포 분열 결과로 형성되었다.
ㄴ. 이 환자의 버킷림프종은 자손에게 유전될 수 있다.
ㄷ. 버킷림프종 세포에서는 8번 염색체에서 역위가 일어났다.

① ㄱ ② ㄴ ③ ㄷ ④ ㄱ, ㄴ ⑤ ㄴ, ㄷ

하 **중** 상

12 그림 (가)는 어떤 집안의 적록 색맹 유전 가계도를, (나)는 A~G 중 한 사람의 핵형 분석 결과를 나타낸 것이다. 이 집안 전체에서 염색체 비분리는 총 1회만 일어났다.

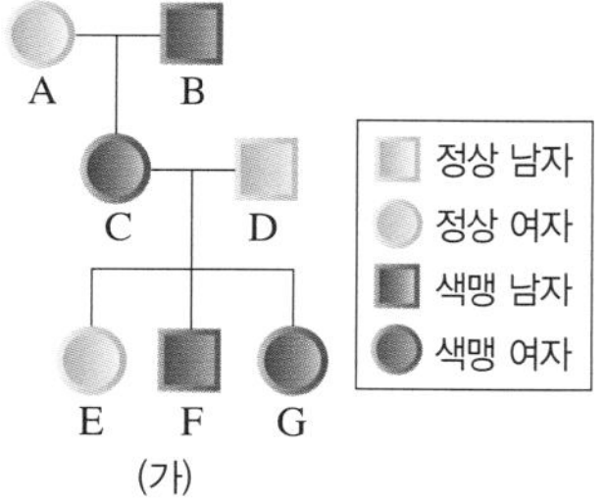

(가)

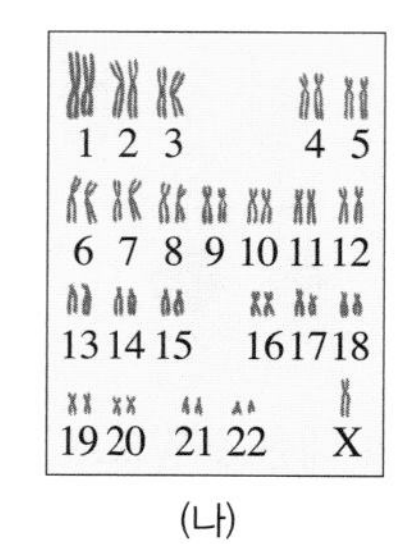

(나)

이에 대한 설명으로 옳은 것만을 [보기]에서 있는 대로 고른 것은? (단, 제시된 염색체 비분리 이외의 다른 돌연변이는 고려하지 않는다.)

보기
ㄱ. (나)는 E의 핵형 분석 결과이다.
ㄴ. G는 터너 증후군을 나타낸다.
ㄷ. D의 정자 형성 과정 중 성염색체가 비분리되었다.

① ㄱ ② ㄴ ③ ㄷ ④ ㄱ, ㄴ ⑤ ㄴ, ㄷ

서술형 문제

하 **중** 상

13 **그림은 영희네 집안의 어떤 유전병에 대한 가계도를 나타낸 것이다.**

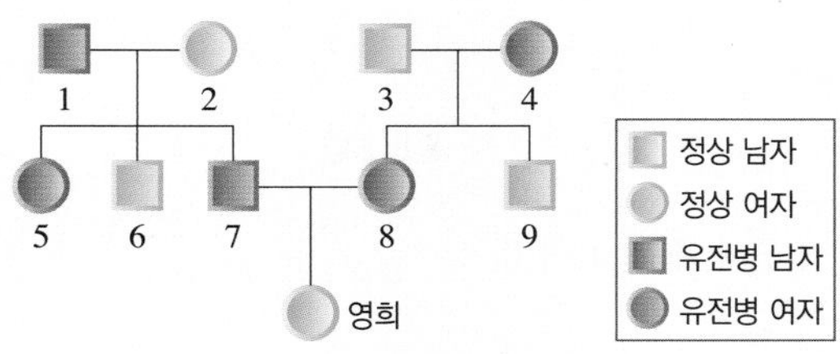

(1) 이 유전병은 우성 형질인지 열성 형질인지, 또 유전병 유전자는 상염색체에 있는지, 성염색체에 있는지를 구분하고, 그렇게 판단한 근거를 서술하시오.

(2) 영희의 동생이 태어날 때, 이 아이가 유전병 남자일 확률을 구하시오. (단, 계산 과정을 함께 서술하시오).

하 **중** 상

14 **그림은 어떤 집안의 ABO식 혈액형과 적록 색맹 유전 가계도를 나타낸 것이다.**

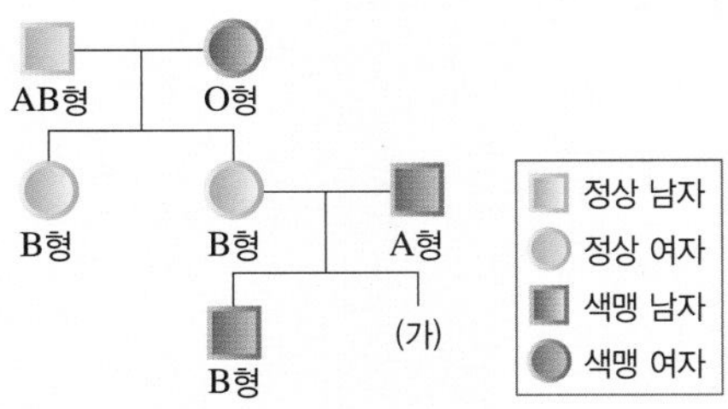

(가)가 A형이며 정상 여자일 확률을 부모의 유전자형을 써서 구하시오. (단, 정상 대립유전자는 X^R, 적록 색맹 대립유전자는 X^r로 표현하고, 계산 과정을 함께 서술하시오.)

하 중 **상**

15 **다음은 사람의 유전 형질 (가)에 대한 자료이다.**

- (가)는 서로 다른 3개의 상염색체에 있는 3쌍의 대립유전자 A와 a, B와 b, D와 d에 의해 결정된다.
- (가)의 표현형은 유전자형에서 대문자로 표시되는 대립유전자의 수에 의해서만 결정되며, 이 대립유전자의 수가 다르면 표현형이 다르다.
- 유전자형이 ㉠AabbDd인 개체와 ㉡AaBbDd인 개체 사이에서 다양한 표현형의 ㉢자손이 태어날 수 있다.

(1) ㉡에서 만들 수 있는 생식세포의 유전자형은 최대 몇 가지인지 쓰시오.

(2) ㉢의 표현형이 ㉠과 같을 확률을 구하시오. (단, 계산 과정을 함께 서술하시오.)

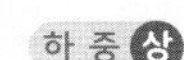

하 중 **상**

16 **다음은 철수네 가족의 어떤 유전병에 대한 자료이다.**

- 이 유전병은 대립유전자 H와 H*에 의해 결정되며, H는 H*에 대해 완전 우성이다.
- 표는 철수네 가족 구성원의 유전병 유무를 나타낸 것이다.

구성원	아버지	어머니	누나	형	철수
유전병	있음	없음	있음	없음	있음

- 아버지와 어머니는 각각 H와 H* 중 한 종류만 갖고 있다.
- 철수네 가족 구성원의 핵형은 모두 정상이다.
- 난자 ⓐ와 정자 ⓑ가 수정되어 철수가 태어났고, ⓐ와 ⓑ의 형성 과정 중 염색체 비분리는 각각 1회씩 일어났다. 다른 돌연변이는 일어나지 않았다.

(1) 유전병 대립유전자는 상염색체에 있는지, 성염색체에 있는지, 그렇게 판단한 근거와 함께 서술하시오.

(2) ⓐ와 ⓑ의 염색체 구성을 쓰고, ⓑ의 형성 과정 중 염색체 비분리가 일어난 시기를 근거와 함께 서술하시오.

• 수능 출제 경향

이 단원에서는 상염색체 유전과 성염색체 유전 형질에 대한 가계도를 분석하는 문제가 출제된다. 또한 염색체 수 이상과 구조 이상에 의한 유전병과 유전자 이상에 의한 유전병의 특징을 이해하고, 염색체 비분리와 형질의 유전을 관련지어 묻는 문제가 출제되고 있다. 다른 단원에 비해 난이도가 높은 문제가 많이 출제되므로 확실한 내용 이해가 필수적이다.

수능 이렇게 나온다!

다음은 어떤 집안의 유전 형질 (가)와 (나)에 대한 자료이다.

• (가)는 대립유전자 H와 h에 의해, (나)는 대립유전자 T와 t에 의해 결정된다. H는 h에 대해, T는 t에 대해 각각 완전 우성이다.

• 가계도는 구성원 ⓐ를 제외한 구성원 1~7에게서 (가)와 (나)의 발현 여부를 나타낸 것이다.

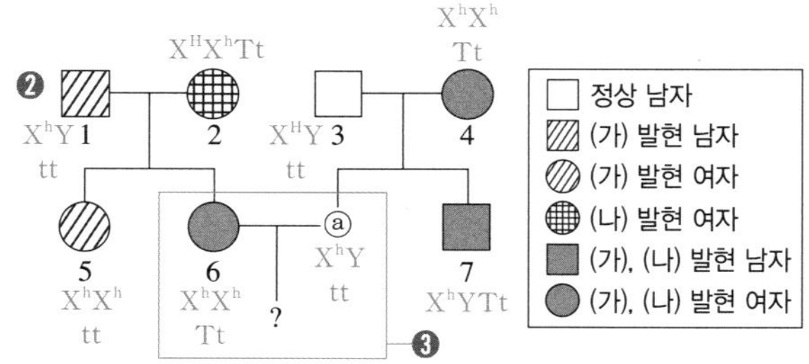

• 표는 구성원 1, 3, 6, ⓐ에서 체세포 1개당 ㉠과 ㉡의 DNA 상대량을 더한 값을 나타낸 것이다. ㉠은 H와 h 중 하나이고, ㉡은 T와 t 중 하나이다. ❶

구성원	1	3	6	ⓐ
㉠과 ㉡의 DNA 상대량을 더한 값	1	0	3	1

h T

이에 대한 설명으로 옳은 것만을 [보기]에서 있는 대로 고른 것은? (단, 돌연변이와 교차는 고려하지 않으며, H, h, T, t 각각의 1개당 DNA 상대량은 1이다.)

보기

ㄱ. (가)와 (나)의 유전자는 X 염색체에 있다.

ㄴ. 체세포 1개당 ㉠과 ㉡의 DNA 상대량을 더한 값은 5와 7이 같다.

ㄷ. 6과 ⓐ 사이에서 아이가 태어날 때, 이 아이에게서 (가)와 (나)가 모두 발현될 확률은 $\frac{1}{2}$ 이다.

① ㄱ ② ㄷ ③ ㄱ, ㄴ
④ ㄴ, ㄷ ⑤ ㄱ, ㄴ, ㄷ

출제개념

두 가지 형질의 유전 가계도 분석

▶ 본문 217~221쪽

출제의도

두 가지 형질의 유전 가계도에서 DNA 상대량과 표현형을 이용하여 각 형질의 대립유전자의 우열 관계 및 염색체상의 위치를 파악하고, 두 형질의 유전 현상과 자손에서의 형질 발현 확률을 계산할 수 있는지를 평가하는 문제이다.

전략적 풀이

❶ ㉠과 ㉡이 각각 어떤 대립유전자이며, 상염색체와 성염색체 중 어디에 있는지를 파악한다.

- ㉠은 (   ) 발현 대립유전자이고, ㉡은 (   ) 발현 대립유전자이다.
- ㉡이 상염색체에 있고 열성이라면 (나)가 발현되려면 부모에게서 각각 ㉡을 1개씩 물려받아야 하는데, 3의 ㉠과 ㉡의 DNA 상대량의 합이 0이고 표현형이 정상이므로 (   )은 ㉡이 없지만 (   )이 (나) 발현이므로 성립하지 않는다.
- ㉡이 성염색체에 있고 열성이라면 딸에게서 (나)가 발현되려면 부모에게서 각각 ㉡을 1개씩 물려받아야 하고 아버지는 (나) 발현이어야 하는데, (   )은 (나) 발현이 아닌데 (   )은 (나) 발현이므로 성립하지 않는다. 따라서 ㉡은 우성 대립유전자 (   )이다.
- 1은 (가) 발현이고 ㉠과 ㉡의 DNA 상대량의 합이 1이므로 ㉠이 1, ㉡이 0이다. 6은 (가)와 (나)가 모두 발현되는데 ㉠과 ㉡의 DNA 상대량의 합이 3이므로 ㉠이 (   ), ㉡이 (   )이다. 따라서 2는 ㉠을 가지고 있지만 (가) 발현이 아니므로 ㉠은 열성 대립유전자(h)이다.
- ㉠이 상염색체에 있다면 (가)가 발현되기 위해서는 부모에게서 각각 ㉠을 1개씩 물려받아야 하는데, 3은 ㉠이 없지만 7이 (가) 발현이므로 성립하지 않는다. 따라서 ㉠은 (   ) 염색체에 있다(X^h).
- ㉡이 X 염색체에 있다면 (가)와 (나)의 유전자는 X 염색체에 있어 함께 유전되는데, 5와 6은 1로부터 X^{ht}를 물려받으므로 5의 유전자형은 $X^{ht}X^{ht}$, 6의 유전자형은 $X^{hT}X^{ht}$가 되어야 하며 2의 유전자형은 $X^{hT}X^{ht}$로 (가)가 발현되어야 하는데 그렇지 않다. 따라서 ㉡은 (   )염색체에 있다(T).

ㄱ. (가)의 유전자는 X 염색체에 있고, (나)의 유전자는 상염색체에 있다.

❷ 가계도 구성원들의 (가)와 (나) 형질의 유전자형을 결정한다.

㉠과 ㉡의 DNA 상대량을 더한 값에 근거한 1의 유전자형은 X^hYtt, 6의 유전자형은 (   )이고, 2의 유전자형은 (   ), 5의 유전자형은 (   )이다. 3의 유전자형은 (   )이고, ⓐ는 남자이고 4로부터 (   )를 물려받으므로 유전자형은 (   )이다. 따라서 4의 유전자형은 (   )이고, 7의 유전자형은 (   )이다.

ㄴ. 5와 7에서 체세포 1개당 ㉠(h)과 ㉡(T)의 DNA 상대량을 더한 값은 각각 (   )로 같다.

❸ 6과 ⓐ의 유전자형을 이용하여 태어나는 자손에게서 (가)와 (나)가 모두 발현될 확률을 계산한다.

- (가)가 발현될 확률: $X^hX^h \times X^hY \rightarrow X^hX^h$, X^hY로 (   )이다.
- (나)가 발현될 확률: $Tt \times tt \rightarrow Tt$, tt 로 (   )이다.

ㄷ. 6과 ⓐ 사이에서 아이가 태어날 때, 이 아이에게서 (가)와 (나)가 모두 발현될 확률은 $1 \times \frac{1}{2} = \frac{1}{2}$이다.

답 ④

❶ (가), (나), 3, 7, 1, 6, T, 2, 1, X, 상
❷ X^hX^hTt, X^HX^hTt, X^hX^htt, X^HYtt, X^h, X^hYtt, X^hX^hTt, X^hYTt, 2
❸ 1, $\frac{1}{2}$

01 다음은 어떤 집안의 유전 형질 (가)~(다)에 대한 자료이다.

- (가)는 대립유전자 H와 h에 의해, (나)는 대립유전자 R와 r에 의해, (다)는 대립유전자 T와 t에 의해 결정된다. H는 h에 대해, R는 r에 대해, T는 t에 대해 각각 완전 우성이다.
- (가)~(다)의 유전자 중 2개는 X 염색체에, 나머지 1개는 상염색체에 있다.
- 가계도는 구성원 ⓐ를 제외한 구성원 1~8에게서 (가)~(다) 중 (가)와 (나)의 발현 여부를 나타낸 것이다.

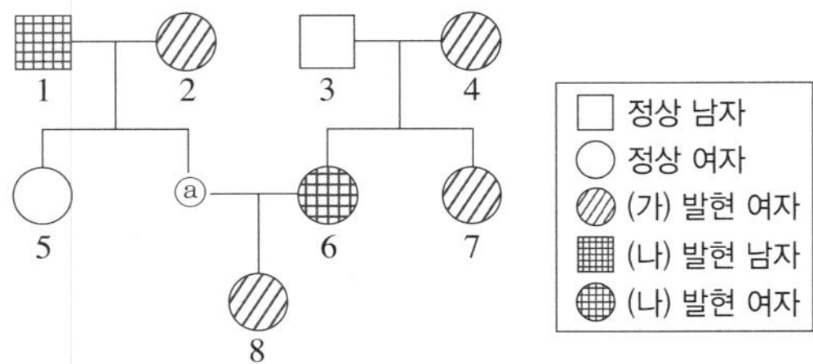

- 2, 7에서는 (다)가 발현되었고, 4, 5, 8에서는 (다)가 발현되지 않았다.

이에 대한 설명으로 옳은 것만을 [보기]에서 있는 대로 고른 것은? (단, 돌연변이와 교차는 고려하지 않는다.)

보기

ㄱ. (나)의 유전자는 상염색체에 있으며 열성 형질이다.
ㄴ. 4의 (가)~(다)의 유전자형은 모두 이형 접합성이다.
ㄷ. 8의 동생이 태어날 때, 이 아이에게서 (가), (나), (다)가 모두 발현될 확률은 $\frac{1}{8}$이다.

① ㄱ ② ㄷ ③ ㄱ, ㄴ
④ ㄴ, ㄷ ⑤ ㄱ, ㄴ, ㄷ

02 다음은 사람의 유전 형질 ㉠~㉢에 대한 자료이다.

- ㉠은 대립유전자 A와 a에 의해, ㉡은 대립유전자 B와 b에 의해 결정된다.
- 표 (가)와 (나)는 ㉠과 ㉡에서 유전자형이 서로 다를 때 표현형의 일치 여부를 각각 나타낸 것이다.

㉠의 유전자형 사람 1	㉠의 유전자형 사람 2	표현형 일치 여부
AA	Aa	×
AA	aa	×
Aa	aa	×

(○: 일치함, ×: 일치하지 않음)
(가)

㉡의 유전자형 사람 1	㉡의 유전자형 사람 2	표현형 일치 여부
BB	Bb	×
BB	bb	×
Bb	bb	×

(○: 일치함, ×: 일치하지 않음)
(나)

- ㉢은 1쌍의 대립유전자에 의해 결정되며, 대립유전자에는 D, E, F가 있다.
- ㉢의 표현형은 4가지이며, ㉢의 유전자형이 DE인 사람과 EE인 사람의 표현형은 같고, 유전자형이 DF인 사람과 FF인 사람의 표현형은 같다.
- 여자 P는 남자 Q와 ㉠~㉢의 표현형이 모두 같고, P의 체세포에 들어 있는 일부 상염색체와 유전자는 그림과 같다.

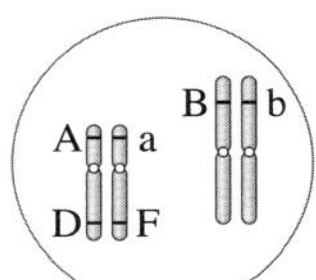

- P와 Q 사이에서 ⓐ가 태어날 때, ⓐ의 ㉠~㉢의 표현형 중 한 가지만 부모와 같을 확률은 $\frac{3}{8}$이다.

이에 대한 설명으로 옳지 않은 것은? (단, 돌연변이와 교차는 고려하지 않는다.)

① E는 D에 대해 우성이다.
② Q의 ㉢의 유전자형은 DF이다.
③ ㉡의 표현형은 3가지이다.
④ Q에서 A, B, D를 모두 갖는 정자가 형성될 수 있다.
⑤ ⓐ에게서 나타날 수 있는 표현형은 최대 12가지이다.

03 다음은 사람의 유전 형질 (가)와 (나)에 대한 자료이다.

- (가)는 서로 다른 3개의 상염색체에 있는 3쌍의 대립유전자 A와 a, B와 b, D와 d에 의해 결정된다.
- (가)의 표현형은 유전자형에서 대문자로 표시되는 대립유전자의 수에 의해서만 결정되며, 이 대립유전자의 수가 다르면 표현형이 다르다.
- (나)는 대립유전자 E와 e에 의해 결정되며, 유전자형이 다르면 표현형이 다르다. (나)의 유전자는 (가)의 유전자와 서로 다른 상염색체에 있다.
- P와 Q는 (가)의 표현형이 서로 같고, (나)의 표현형이 서로 다르다.
- P와 Q 사이에서 ⓐ가 태어날 때, ⓐ의 표현형이 P와 같을 확률은 $\frac{3}{16}$이다.
- ⓐ는 유전자형이 AABBDDEE인 사람과 같은 표현형을 가질 수 있다.

이에 대한 설명으로 옳은 것만을 [보기]에서 있는 대로 고른 것은? (단, 돌연변이는 고려하지 않는다.)

보기

ㄱ. (가)는 다인자 유전 형질이다.

ㄴ. P에서 A, B, D를 모두 갖는 생식세포가 형성될 수 없다.

ㄷ. ⓐ에게서 나타날 수 있는 표현형의 최대 가짓수는 10가지이다.

① ㄱ ② ㄴ ③ ㄷ ④ ㄱ, ㄷ ⑤ ㄴ, ㄷ

04 다음은 어떤 집안의 유전 형질 (가)와 (나)에 대한 자료이다.

- (가)는 대립유전자 A와 a에 의해, (나)는 대립유전자 B와 b에 의해 결정된다. A는 a에 대해, B는 b에 대해 각각 완전 우성이다.
- 가계도는 구성원 1~8에게서 (가)와 (나)의 발현 여부를 나타낸 것이다.

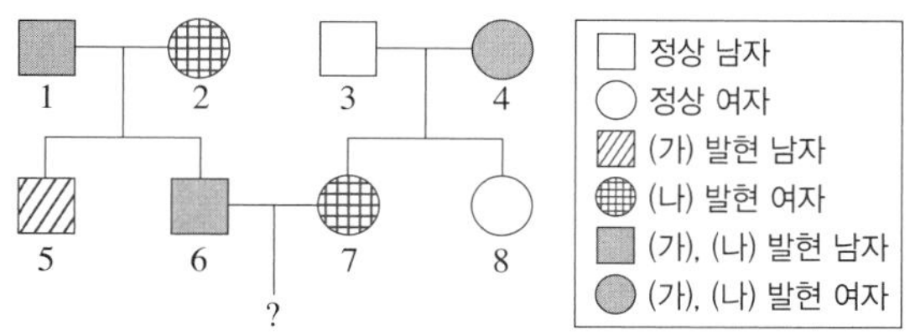

- 표는 구성원 ㉠~㉥에서 체세포 1개당 A와 b의 DNA 상대량을 더한 값을 나타낸 것이다. ㉠~㉢은 1, 2, 5를 순서 없이 나타낸 것이고, ㉣~㉥은 3, 4, 8을 순서 없이 나타낸 것이다.

구성원	㉠	㉡	㉢	㉣	㉤	㉥
A와 b의 DNA 상대량을 더한 값	0	1	2	1	2	3

이에 대한 설명으로 옳은 것은? (단, 돌연변이와 교차는 고려하지 않으며, A, a, B, b 각각의 1개당 DNA 상대량은 1이다.)

① (가)는 우성 형질이다.
② (나)의 유전자는 상염색체에 있다.
③ 5는 ㉢이다.
④ 체세포 1개당 B의 DNA 상대량은 2와 6이 같다.
⑤ 6과 7 사이에서 아이가 태어날 때, 이 아이의 (가)와 (나)의 표현형이 ㉡과 같을 확률은 $\frac{1}{4}$이다.

05 다음은 어떤 가족의 유전 형질 (가)에 대한 자료이다.

- (가)를 결정하는 데 관여하는 3개의 유전자는 모두 상염색체에 있으며, 3개의 유전자는 각각 대립유전자 H와 H*, R와 R*, T와 T*를 갖는다.
- 그림은 아버지와 어머니의 체세포 각각에 들어 있는 일부 염색체와 유전자를 나타낸 것이다. 아버지와 어머니의 핵형은 모두 정상이다.

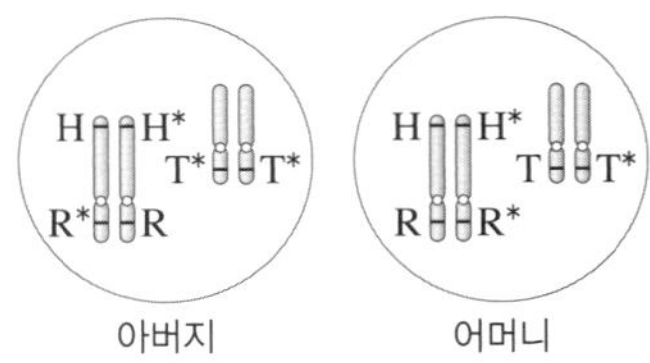

- 아버지의 생식세포 형성 과정에서 ㉠이 1회 일어나 형성된 정자 P와 어머니의 생식세포 형성 과정에서 ㉡이 1회 일어나 형성된 난자 Q가 수정되어 자녀 ⓐ가 태어났다. ㉠과 ㉡은 염색체 비분리와 염색체 결실을 순서 없이 나타낸 것이다.
- 그림은 ⓐ의 체세포 1개당 H*, R, T, T*의 DNA 상대량을 나타낸 것이다.

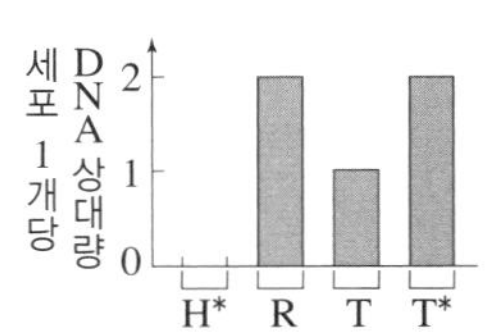

이에 대한 설명으로 옳은 것만을 [보기]에서 있는 대로 고른 것은? (단, 제시된 돌연변이 이외의 돌연변이와 교차는 고려하지 않으며, H, H*, R, R*, T, T* 각각의 1개당 DNA 상대량은 1이다.)

보기

ㄱ. P에는 H*가 있다.

ㄴ. Q가 형성될 때 ㉡은 감수 1분열에서 일어났다.

ㄷ. ⓐ의 체세포 1개당 상염색체 수는 45이다.

① ㄱ ② ㄷ ③ ㄱ, ㄴ
④ ㄴ, ㄷ ⑤ ㄱ, ㄴ, ㄷ

06 다음은 어떤 집안의 유전 형질 ㉠과 ㉡에 대한 자료이다.

- ㉠은 대립유전자 A와 A*에 의해, ㉡은 대립유전자 B와 B*에 의해 결정된다. A는 A*에 대해, B는 B*에 대해 각각 완전 우성이다.
- ㉠의 유전자와 ㉡의 유전자는 같은 염색체에 있다.
- 가계도는 구성원 1~8에게서 ㉠과 ㉡의 발현 여부를 나타낸 것이다.

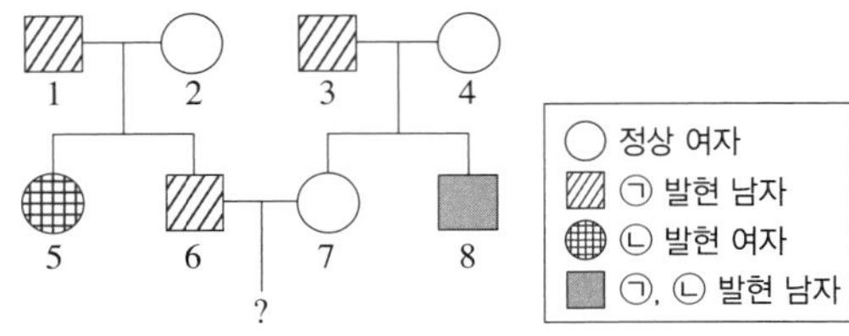

- 1~8의 핵형은 모두 정상이다.
- 5와 8 중 한 명은 정상 난자와 정상 정자가 수정되어 태어났다. 나머지 한 명은 염색체 수가 비정상적인 난자와 염색체 수가 비정상적인 정자가 수정되어 태어났으며, ⓐ 이 난자와 정자의 형성 과정에서 각각 염색체 비분리가 1회 일어났다.
- $\frac{\text{1, 2, 6 각각의 체세포 1개당 A*의 DNA 상대량을 더한 값}}{\text{3, 4, 7 각각의 체세포 1개당 A*의 DNA 상대량을 더한 값}}$ =1이다.

이에 대한 설명으로 옳은 것만을 [보기]에서 있는 대로 고른 것은? (단, 제시된 염색체 비분리 이외의 돌연변이와 교차는 고려하지 않으며, A와 A* 각각의 1개당 DNA 상대량은 1이다.)

보기

ㄱ. ㉡의 유전자는 X 염색체에 있다.

ㄴ. ⓐ의 형성 과정에서 염색체 비분리는 감수 2분열에서 일어났다.

ㄷ. 6과 7 사이에서 아이가 태어날 때, 이 아이에게서 ㉠과 ㉡이 모두 발현될 확률은 $\frac{1}{4}$이다.

① ㄱ ② ㄴ ③ ㄷ
④ ㄱ, ㄴ ⑤ ㄴ, ㄷ

07 다음은 사람의 유전 형질 (가)~(다)에 대한 자료이다.

- (가)~(다)의 유전자는 서로 다른 2개의 상염색체에 있다.
- (가)는 대립유전자 A와 a에 의해, (나)는 대립유전자 B와 b에 의해, (다)는 대립유전자 D와 d에 의해 결정된다.
- P의 유전자형은 AaBbDd이고, Q의 유전자형은 AabbDd이며, P와 Q의 핵형은 모두 정상이다.
- 표는 P의 세포 Ⅰ~Ⅲ과 Q의 세포 Ⅳ~Ⅵ 각각에 들어 있는 A, a, B, b, D, d의 DNA 상대량을 나타낸 것이다. ㉠~㉢은 0, 1, 2를 순서 없이 나타낸 것이다.

사람	세포	DNA 상대량					
		A	a	B	b	D	d
P	Ⅰ	0	1	?	㉢	0	㉡
	Ⅱ	㉠	㉡	㉠	?	㉠	?
	Ⅲ	?	㉡	0	㉢	㉢	㉡
Q	Ⅳ	㉢	?	?	2	㉢	㉢
	Ⅴ	㉡	㉢	0	㉠	㉢	?
	Ⅵ	㉠	?	?	㉠	㉡	㉠

- 세포 ⓐ와 ⓑ 중 하나는 염색체의 일부가 결실된 세포이고, 나머지 하나는 염색체 비분리가 1회 일어나 형성된 염색체 수가 비정상적인 세포이다. ⓐ는 Ⅰ~Ⅲ 중 하나이고, ⓑ는 Ⅳ~Ⅵ 중 하나이다.
- Ⅰ~Ⅵ 중 ⓐ와 ⓑ를 제외한 나머지 세포는 모두 정상 세포이다.

이에 대한 설명으로 옳은 것만을 [보기]에서 있는 대로 고른 것은? (단, 제시된 돌연변이 이외의 돌연변이와 교차는 고려하지 않으며, A, a, B, b, D, d 각각의 1개당 DNA 상대량은 1이다.)

보기

ㄱ. ㉠은 1이다.

ㄴ. ⓑ는 Ⅴ이다.

ㄷ. $\frac{\text{ⓐ에서 a의 DNA 상대량}}{\text{ⓑ에서 D의 DNA 상대량}}=1$이다.

① ㄱ ② ㄴ ③ ㄷ
④ ㄱ, ㄴ ⑤ ㄴ, ㄷ

08 다음은 어떤 가족의 유전 형질 (가)~(다)에 대한 자료이다.

- (가)는 대립유전자 H와 h에 의해, (나)는 대립유전자 R와 r에 의해, (다)는 대립유전자 T와 t에 의해 결정된다. H는 h에 대해, R는 r에 대해, T는 t에 대해 각각 완전 우성이다.
- (가)~(다)의 유전자는 모두 X 염색체에 있다.
- 표는 어머니를 제외한 나머지 가족 구성원의 성별과 (가)~(다)의 발현 여부를 나타낸 것이다. 자녀 3과 4의 성별은 서로 다르다.

구성원	성별	(가)	(나)	(다)
아버지	남	○	○	?
자녀 1	여	×	○	○
자녀 2	남	×	×	×
자녀 3	?	○	×	○
자녀 4	?	×	×	○

(○: 발현됨, ×: 발현 안 됨)

- 이 가족 구성원의 핵형은 모두 정상이다.
- 염색체 수가 22인 생식세포 ㉠과 염색체 수가 24인 생식세포 ㉡이 수정되어 ⓐ가 태어났으며, ⓐ는 자녀 3과 4 중 하나이다. ㉠과 ㉡의 형성 과정에서 각각 성염색체 비분리가 1회 일어났다.

이에 대한 설명으로 옳지 않은 것은? (단, 제시된 염색체 비분리 이외의 돌연변이와 교차는 고려하지 않는다.)

① h는 (가) 발현 대립유전자이다.
② (나)와 (다)는 모두 우성 형질이다.
③ ⓐ는 자녀 3이다.
④ 자녀 2의 X 염색체에는 H, r, t가 있다.
⑤ ㉡은 감수 1분열에서 염색체 비분리가 일어나 형성된 난자이다.

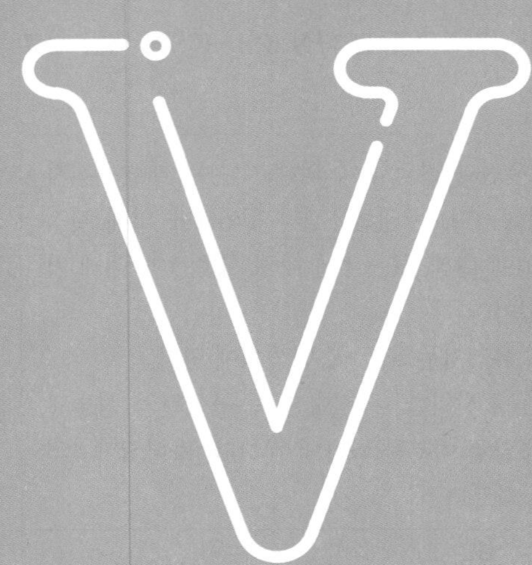

생태계와 상호 작용

1 생태계의 구성과 기능

Review

이전에 학습한 내용 중 이 단원과 연계된 내용을 다시 한번 떠올려 봅시다.

다음 단어가 들어갈 곳을 찾아 빈칸을 완성해 보자.

생산자　　먹이 사슬　　군집　　개체군　　에너지양　　먹이 그물

통합과학
생태계와 환경

- **개체군, 군집, 생태계**

개체	하나의 생명체
❶	일정한 지역에 사는 같은 종의 개체들의 무리
❷	같은 지역에 모여 사는 여러 종류의 개체군 무리
생태계	생물이 다른 생물 및 환경과 밀접한 관계를 맺으며 영향을 주고받는 하나의 시스템

- **생태계 구성 요소**

❸	소비자	분해자
빛에너지를 이용하여 무기물로부터 스스로 양분을 합성하는 생물 예 식물, 식물 플랑크톤	다른 생물을 먹이로 섭취하여 양분을 얻는 생물 예 동물, 동물 플랑크톤	생물의 사체나 배설물을 분해하여 에너지를 얻는 생물 예 세균, 곰팡이, 버섯

- **생태계 구성 요소의 관계** 생태계에서 생물은 다른 생물이나 주변 환경과 영향을 주고받으며 밀접한 관계를 맺고 살아간다. ➡ 생태계는 생물적 요인과 비생물적 요인의 상호 관계로 유지된다.

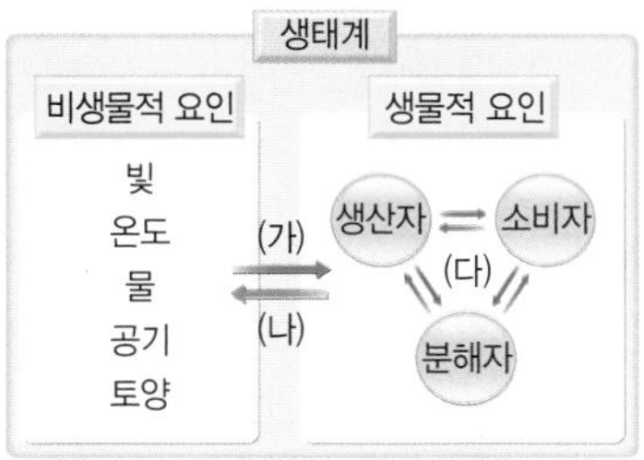

- (가): 비생물적 요인은 생물에 영향을 준다.
  예 토양에 양분이 풍부하면 식물이 잘 자란다.
- (나): 생물은 비생물적 요인에 영향을 준다.
  예 낙엽이 쌓여 분해되면 토양이 비옥해진다.
- (다): 생물들은 서로 영향을 주고받는다.
  예 풀이 무성해지면 토끼의 개체 수가 증가한다.

- **생태계에서의 먹이 관계** 생태계에서 생물들의 먹고 먹히는 관계를 사슬 모양으로 나타낸 것을 ❹ 이라 하며, 여러 생물의 먹이 사슬이 복잡하게 얽혀 그물처럼 나타나는 것을 ❺ 이라 한다.

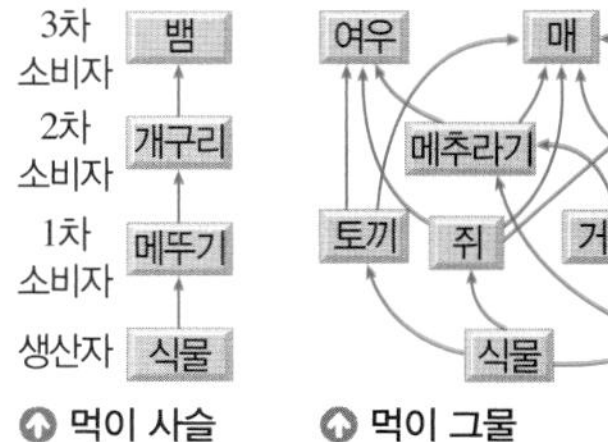

⬆ 먹이 사슬　　⬆ 먹이 그물

- **생태계에서의 에너지 흐름** 생태계에서 에너지는 먹이 사슬을 통해 유기물의 형태로 상위 영양 단계로 이동하며, 유기물에 저장된 에너지는 각 영양 단계에서 생명 활동을 통해 열에너지로 방출되고 나머지는 상위 영양 단계로 이동한다. ➡ 상위 영양 단계로 갈수록 ❻ 이 감소한다.

답 ❶ 개체군 ❷ 군집 ❸ 생산자 ❹ 먹이 사슬 ❺ 먹이 그물 ❻ 에너지양

1 생태계와 개체군

핵심 포인트
- ❶ 생태계의 구성 요소 ★★
- ❷ 생태계 구성 요소 간의 상호 작용 ★★★
- ❸ 개체군의 생장 곡선 ★★★
- ❹ 개체군 내의 상호 작용 ★★★

A 생태계의 구성

생물은 각각의 개체가 독립적으로 살아가지 않고 무리를 이루어 살아갑니다. 생태계는 어떻게 구성되어 있으며, 서로 어떤 영향을 주고받는지 알아볼까요?

1. 개체군, 군집, 생태계의 관계

개체	개체군	군집	◆생태계
독립적으로 생명 활동을 할 수 있는 하나의 생명체	일정한 지역에 같은 종의 개체가 무리를 이루어 생활하는 집단 (같은 생물종이라도 지리적으로 떨어져 있으면 다른 개체군이다.)	일정한 지역에 여러 종류의 개체군이 모여 생활하는 집단	군집을 구성하는 각각의 개체군이 다른 개체군 및 빛, 공기 등의 환경 요인과 영향을 주고받으며 살아가는 체계

◆ **생태계의 종류**
생태계에는 열대 우림, 삼림, 초원, 갯벌, 사막 등이 있다. 또 어항, 텃밭, 공원, 저수지 등과 같이 인위적으로 만들어진 생태계도 있다.

2. 생태계의 구성 요소 생태계는 생물적 요인과 비생물적 요인으로 구성된다.

(1) **생물적 요인:** 생태계 내의 모든 생물이며, 생태계에서 담당하는 역할에 따라 생산자, 소비자, 분해자로 구분한다.

구분	설명	예
생산자	빛에너지를 이용하여 광합성을 하는 생물 ➡ 무기물로부터 유기물을 합성한다. (독립 영양 생물)	예 식물, ◆조류
소비자	스스로 양분을 합성하지 못해 생산자나 다른 생물을 먹어서 유기물을 섭취하는 생물 ➡ 먹이 사슬에서 차지하는 위치에 따라 1차, 2차, 3차 소비자 등으로 구분된다. (종속 영양 생물)	예 초식 동물(토끼, 사슴, 메뚜기 등)(1차 소비자), 육식 동물(여우, 호랑이 등)(2차, 3차 소비자 등)
분해자	생산자와 소비자의 사체나 배설물 속 유기물을 무기물로 분해하여 에너지를 얻는 생물 ➡ 분해한 무기물을 비생물 환경으로 돌려보낸다. (종속 영양 생물)	예 세균, 곰팡이, 버섯

◆ **조류(algae)**
물속에서 생활하며 광합성을 통해 유기물을 합성하는 생물(독립 영양 생물)이며, 주로 수중 생태계의 생산자이다. 식물 플랑크톤이라고도 한다.

암기해!
생물적 요인
유기물을 중심으로 구분한다.
- 생산자: 유기물 합성
- 소비자: 유기물 섭취
- 분해자: 유기물 분해

(생물에게 필요한 물질과 에너지를 공급하고, 생활 터전을 제공하는 등 생물에게 영향을 준다.)

(2) **비생물적 요인:** 생물을 둘러싸고 있는 비생물 환경
예 빛, 온도, 물, 공기, 토양

3. 생태계 구성 요소 간의 상호 작용

생태계 구성 요소들은 서로 영향을 주고받는다. 완자쌤 비법 특강 262쪽

생태계 구성 요소 간의 관계

생태계
비생물적 요인
빛
온도
물
공기
토양
❶ 작용
❷ 반작용
생물 군집
생물적 요인
생산자
소비자
분해자
❸ 상호 작용

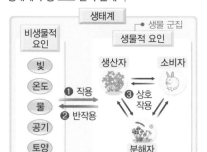

❶ 작용: 비생물적 요인이 생물에 영향을 준다.

예 • 비옥한 토양에서 식물이 잘 자란다.
• 빛의 세기에 따라 식물 잎의 두께가 다르다.

❷ 반작용: 생물이 비생물적 요인에 영향을 준다.

예 • 식물의 낙엽이 쌓이면 토양이 비옥해진다.
• 두더지가 흙 속을 파헤치며 이동하면 토양의 통기성이 높아진다.

❸ 상호 작용: 생물적 요인이 서로 영향을 주고받는다.

예 토끼의 개체 수가 증가하면 풀의 개체 수가 감소한다.

비상, 교학사, 미래엔 교과서는 작용, 반작용, 상호 작용의 용어를 언급하지 않고, 생물적 요인 간의 상호 작용, 생물적 요인과 비생물적 요인 간의 상호 작용으로 설명해요.

정답친해 120쪽

핵심 체크

• 일정한 지역에 같은 종의 개체가 무리를 이루어 생활하는 집단을 (❶   )이라 하고, 여러 종류의 개체군이 모여 생활하는 집단을 (❷   )이라고 한다.

• 생태계의 구성 요소
- 생물적 요인: 생산자, (❸   ), 분해자
- (❹   ) 요인: 빛, 온도, 물, 공기, 토양 등

[1~2] 그림은 생태계 구성 요소 간의 관계를 나타낸 것이다.

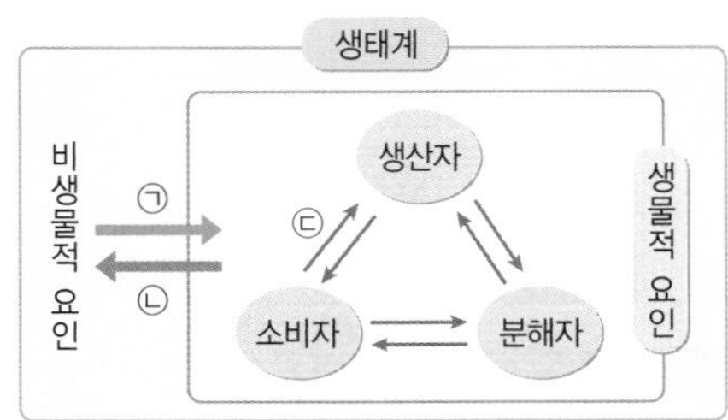

1 생태계를 구성하는 각 요소의 예를 [보기]에서 있는 대로 고르시오.

보기
ㄱ. 벼 ㄴ. 빛 ㄷ. 토양
ㄹ. 공기 ㅁ. 버섯 ㅂ. 곰팡이
ㅅ. 개구리 ㅇ. 소나무 ㅈ. 메뚜기

(1) 생산자 (2) 소비자
(3) 분해자 (4) 비생물적 요인

2 다음 현상은 ㉠~㉢ 중 어느 것에 해당하는지 쓰시오.

(1) 날씨가 추워지면 낙엽이 진다.
(2) 낙엽이 쌓여 분해되면 토양이 비옥해진다.
(3) 사슴의 개체 수가 증가하면 풀의 개체 수는 감소한다.

3 생태계에 대한 설명으로 옳은 것은 ○, 옳지 않은 것은 ×로 표시하시오.

(1) 군집이 모여 개체군을 이룬다. ( )
(2) 생산자는 광합성을 하는 생물이다. ( )
(3) 분해자는 다른 생물을 먹이로 하여 유기물을 섭취한다. ( )
(4) 생산자와 소비자는 역할이 다르므로 서로 영향을 주고받지 않는다. ( )
(5) 소비자는 다른 생물의 사체나 배설물을 무기물로 분해하여 비생물 환경으로 돌려보낸다. ( )

완자쌤 비법 특강

생물과 환경의 상호 작용

미래엔, 천재 교과서에만 나와요.

생물은 살아가면서 생물적 요인과 비생물적 요인의 영향을 받습니다. 그럼 생물이 비생물적 요인인 빛, 온도, 물, 공기, 토양의 영향에 따라 어떻게 적응하였는지 알아볼까요?

1 빛

빛의 세기와 생물

양지 식물과 양엽은 강한 빛에, 음지 식물과 음엽은 약한 빛에 적응하였다.

[빛의 세기에 따른 식물의 광합성량]

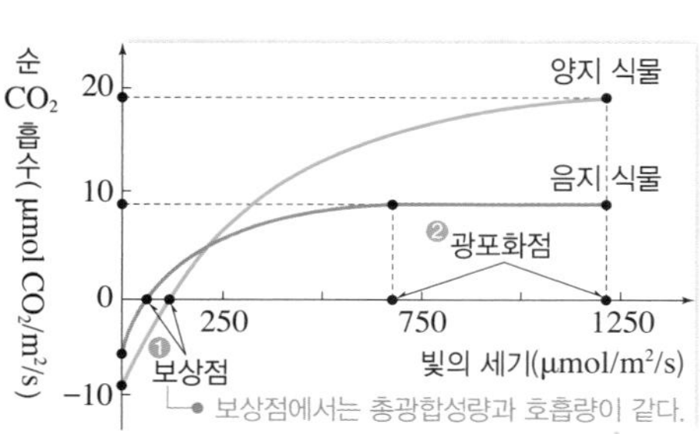

보상점에서는 총광합성량과 호흡량이 같다.

- 양지 식물: 보상점과 광포화점이 높아 빛이 강한 곳에서 잘 자란다.
- 음지 식물: 보상점과 광포화점이 낮아 빛이 약한 곳에서도 잘 자란다.

[빛의 세기에 따른 잎의 단면 구조]

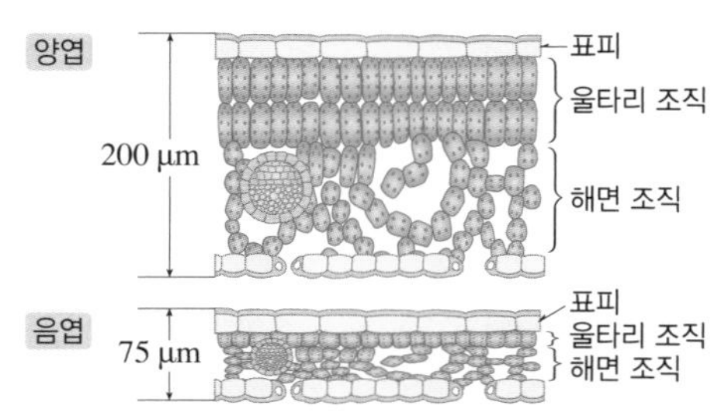

- 양엽: 강한 빛을 받는 잎은 울타리 조직이 발달하여 잎이 두껍다.
- 음엽: 약한 빛을 받는 잎은 빛을 효율적으로 흡수하기 위해 잎이 넓고 얇다. → 넓고 얇은 잎은 잎이 받는 빛의 양과 빛 투과율이 높다.

❶ **보상점** 식물이 광합성을 하기 위해 흡수하는 이산화 탄소의 양(총광합성량)과 호흡으로 방출하는 이산화 탄소의 양(호흡량)이 같을 때 빛의 세기

❷ **광포화점** 광합성량이 증가하지 않는 최소한의 빛의 세기

Q1 강한 빛을 받는 잎은 약한 빛을 받는 잎보다 (   ) 조직이 발달하여 두껍다.

빛의 파장과 생물

빛의 파장에 따라 바닷속에 서식하는 해조류의 분포가 달라진다.

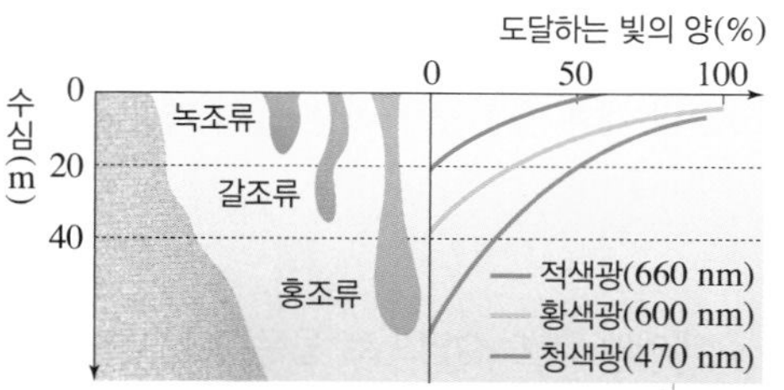

빛은 파장이 짧을수록 투과도가 커서 수심이 깊은 곳까지 전달된다.

- 파장이 긴 적색광은 바다 얕은 곳까지만 투과한다. ➡ 바다 얕은 곳에는 광합성에 적색광을 주로 이용하는 녹조류가 많이 분포한다.
- 파장이 짧은 청색광은 바다 깊은 곳까지 투과한다. ➡ 바다 깊은 곳에는 광합성에 청색광을 주로 이용하는 홍조류가 많이 분포한다.

일조 시간과 생물

❸일조 시간에 따라 식물의 개화 시기 또는 동물의 생식 시기가 달라진다(광주기성).

[식물의 개화 시기]

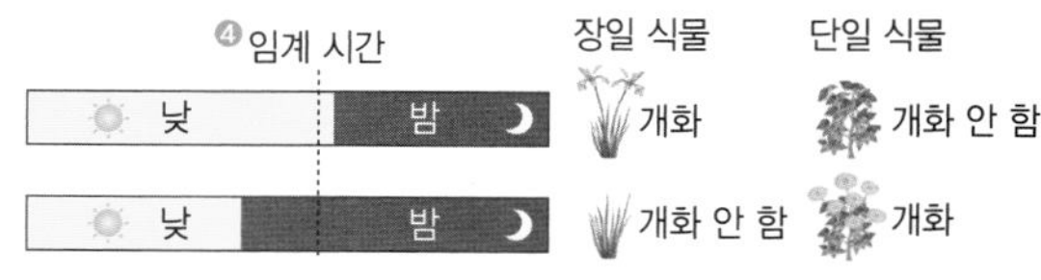

- 장일 식물: 낮의 길이가 길어지고 밤의 길이가 짧아지는 봄과 초여름에 꽃이 피는 식물 예 보리, 붓꽃, 양배추, 시금치
- 단일 식물: 낮의 길이가 짧아지고 밤의 길이가 길어지는 가을에 꽃이 피는 식물 예 국화, 도꼬마리, 코스모스

[동물의 생식 시기] → 일조 시간이 조류나 포유류의 성호르몬의 분비량에 영향을 주기 때문이다.

- 꾀꼬리나 닭은 일조 시간이 길어지는 봄에 알을 낳는다.
- 송어나 노루는 일조 시간이 짧아지는 가을에 번식한다.

❸ **일조 시간** 하루 중 햇빛이 지표면에 내리쬐는 시간

❹ **임계 시간** 개화에 필요한 최소한의 암기를 말하며, 장일 식물은 임계 시간보다 밤의 길이(암기)가 짧아지면 개화가 촉진되고, 단일 식물은 임계 시간보다 밤의 길이(암기)가 길어지면 개화가 촉진된다.

정답친해 120쪽

2 온도

온도와 동물

- 개구리와 뱀은 겨울이 되어 온도가 낮아지면 겨울잠을 잔다.
- 철새는 계절에 따라 적합한 온도의 장소로 이동한다.
- 추운 지방에 사는 포유류는 몸의 말단부가 작고, 몸집이 크다.
  ➡ 몸의 부피에 대한 체표면적의 비가 작아져 열 방출량을 줄여 체온을 유지하는 데 유리하다.
  예 북극여우는 사막여우보다 귀가 작고 몸집이 크다.

북극여우

붉은여우

사막여우

- 계절형: 계절에 따라 몸의 크기, 형태, 색이 달라진다.
  예 호랑나비는 봄형이 여름형보다 크기가 작고 색이 연하다.

온도와 식물

- 온대 지방에 주로 서식하는 활엽수는 온도가 낮아지면 단풍이 들고, 잎을 떨어뜨린다(낙엽).
  (활엽수: 잎이 평평하고 넓은 나무)
- 가을밀이나 가을보리는 싹이 튼 후 추운 겨울을 지내야 봄에 개화하고 결실을 맺을 수 있다.
  겨울의 낮은 온도가 꽃눈 형성을 유도하기 때문에 봄에 파종하면 생장만 하고 개화와 결실을 하지 않는다. 따라서 가을에 씨를 뿌려 이듬해 봄에 수확한다.

단풍나무(활엽수)

가을보리

Q2 포유류의 경우 추운 지역에 사는 동물일수록 몸의 말단부가 ㉠(   ), 몸집이 ㉡(   ).

3 물

물과 동물

곤충은 몸 표면이 키틴질로 되어 있고, 사막에 사는 파충류는 몸 표면이 비늘로 덮여 있다. 조류와 파충류의 알은 단단한 껍데기로 싸여 있다. ➡ 수분 증발 방지

무당벌레

도마뱀

물과 식물

- 건생 식물: 뿌리가 발달하거나 저수 조직이 발달하기도 한다.
  예 선인장, 바오바브나무
- 중생 식물: 뿌리, 줄기, 잎이 발달한다.
  예 대부분의 육상 식물
- 습생 식물: 일반적으로 뿌리가 중생 식물보다 덜 발달한다.
  예 갈대, 부들
- 수생 식물: 뿌리가 잘 발달하지 않고 몸이 유연하며, 통기 조직이 발달하기도 한다.
  예 연, 부레옥잠, 물수세미

Q3 곤충의 몸 표면이 키틴질로 구성되어 있는 것은 (   )의 증발을 방지하기 위한 것이다.

4 공기

공기와 생물

- 공기가 희박한 고산 지대에 사는 사람들은 평지에 사는 사람들에 비해 혈액 속 적혈구 수가 많아 산소를 효율적으로 운반한다.
- 고산 지대인 티베트에 사는 사람은 평지에 사는 사람보다 폐의 표면적이 넓어서 한 번에 더 많은 양의 산소를 받아들일 수 있다.
- 공기 중 산소는 호흡에 이용되고, 이산화 탄소는 광합성에 이용되어 호흡과 광합성은 공기의 조성에 영향을 준다.

5 토양

토양과 생물

[토양이 생물에 미치는 영향]

토양은 수많은 생물이 살아가는 서식지가 되며, 토양의 무기염류, 공기, 수분 등은 생물의 생활에 영향을 준다.

[생물이 토양에 미치는 영향]

- 지렁이, 두더지 등은 토양 속을 파헤치며 이동하여 토양의 통기성을 높인다.
- 버섯과 세균은 토양 속 유기물을 분해하여 토양 속 무기물을 증가시킨다.
- 식물의 낙엽이 쌓여 분해되면 토양이 비옥해진다.

B 개체군의 특성

같은 종의 여러 개체가 모여 형성된 개체군은 개체가 홀로 살아갈 때와는 다른 특성을 나타냅니다. 개체군은 어떤 특성을 나타내는지 알아볼까요?

1. 개체군의 밀도 일정한 공간에 서식하는 개체 수이며, 개체군의 크기는 밀도로 나타낸다.

$$\text{개체군의 밀도}(D) = \frac{\text{개체군을 구성하는 개체 수}(N)}{\text{개체군이 서식하는 공간의 면적}(S)}$$

개체군의 밀도 변화

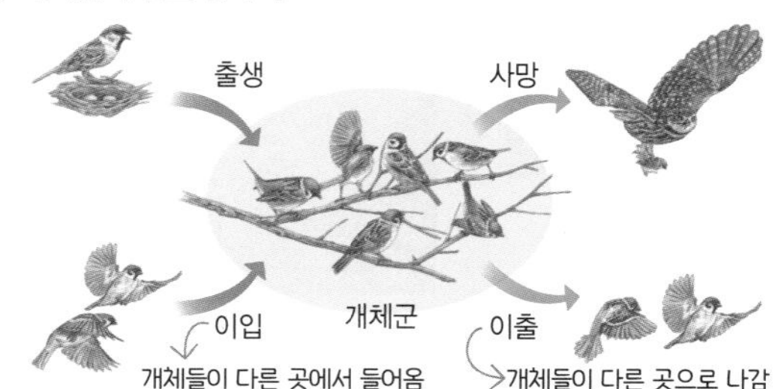

- 개체군의 밀도를 증가시키는 요인: 출생, 이입
- 개체군의 밀도를 감소시키는 요인: 사망, 이출
- 개체군의 밀도는 이입과 이출보다 출생과 사망의 영향을 더 많이 받는다.

2. 개체군의 생장 곡선 시간에 따른 개체군의 개체 수 변화를 그래프로 나타낸 것이다.

└ 개체군을 이루는 개체 수가 증가하는 것

269쪽 대표 자료❷

이론상의 생장 곡선	생식 활동에 제약을 받지 않으면 개체 수가 계속 증가하여 J자 모양을 나타낸다.
실제의 생장 곡선	자연 상태에서는 개체군의 밀도가 높아지면 환경 저항이 증가하여 S자 모양을 나타낸다.
환경 저항	개체군의 생장을 억제하는 환경 요인이다. 예 서식 공간과 먹이 부족, 노폐물 축적, 개체 간의 경쟁, 질병
환경 수용력	주어진 환경 조건에서 서식할 수 있는 개체군의 최대 크기이다.

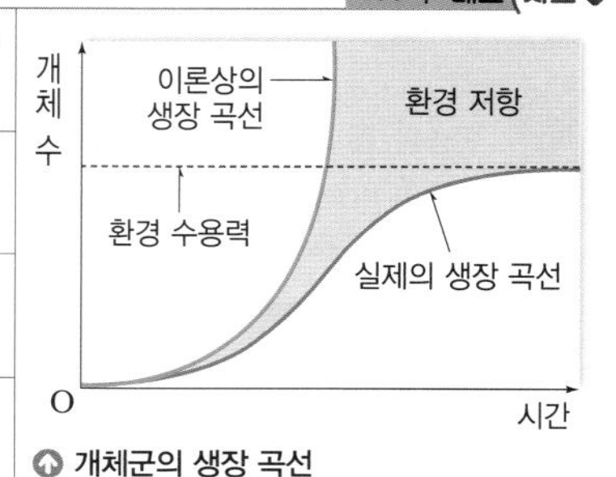

개체군의 생장 곡선

탐구 자료창 효모 개체군의 생장 곡선 그리기

뚜껑 있는 시험관 8개에 1 % 포도당 수용액을 5 mL씩 넣은 후, 증류수 100 mL에 건조 효모 0.01 g을 섞어 만든 효모액을 1 mL씩 넣고 35 ℃ 항온 수조에 보관한다. 2시간마다 시험관을 하나씩 꺼내 효모 배양액을 1방울 덜어 현미경으로 관찰하면서 효모의 개체 수를 측정한 결과는 표와 같았다.

시간(시)	0	2	4	6	8	10	12	14
효모의 개체 수(개)	20	50	120	210	230	240	240	240

개체 수가 일정하게 유지된다. ➡ 환경 수용력은 240개체이다.

1. 효모는 포도당을 양분으로 이용하여 증식한다.
2. 약 6시간까지는 개체 수가 빠르게 증가하다가 점차 느리게 증가하며, 어느 시점이 되면 개체 수가 더 이상 증가하지 않는다.
   ➡ 효모 개체군의 생장 곡선은 S자 모양을 나타낸다.
3. **효모 개체군의 환경 저항:** 포도당의 양이 제한적이므로 효모 개체군이 일정 크기에 도달하면 그 이후에는 생장에 필요한 양분이 부족해지고, 효모 개체군의 밀도가 증가하면 서식 공간도 부족해진다.

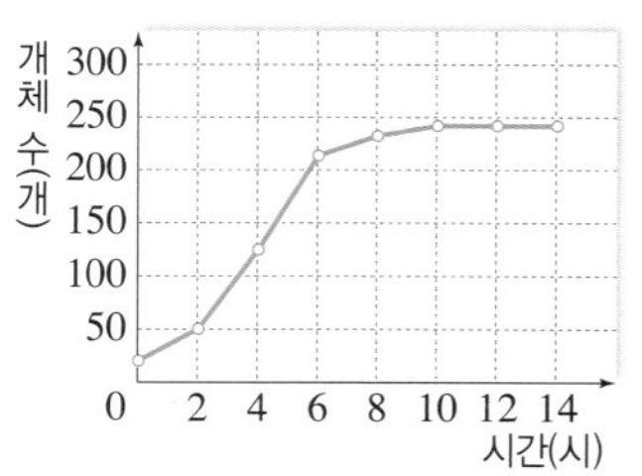

효모 개체군의 생장 곡선

◆ **개체군의 특성에 영향을 주는 요인**
개체군의 특성은 개체군을 구성하는 개체의 고유한 특성과 이들이 함께 생활하며 나타나는 상호 작용에 의해 결정된다.

◆ **개체군의 밀도에 영향을 주는 요인**
빛, 서식 공간, 온도 등의 비생물적 요인과 질병, 다른 생물의 기생, 포식 등의 생물적 요인이 개체군의 밀도에 영향을 준다.

궁금해?

실제의 생장 곡선이 이론상의 생장 곡선과 달라지는 까닭은 무엇일까?
자연 환경에서 개체군은 항상 환경 저항을 받는다. 제한된 서식 공간에서 개체 수가 늘어나면 먹이 감소, 경쟁 심화, 질병 등으로 인해 환경 저항이 점점 커진다. 따라서 일정 시간이 지나면 개체 수는 더 이상 증가하지 않고 일정하게 유지되는 S자 모양의 생장 곡선을 나타낸다. 환경 저항이 커질수록 출생률은 낮아지고 사망률은 높아진다.

암기해!

개체군의 생장 곡선
- 이론상 – J자 모양
- 실제 – S자 모양

◆ **효모의 증식**
효모는 주로 출아법과 같은 무성 생식으로 증식한다.

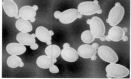

출아법으로 증식 중인 효모

같은 탐구 다른 실험

◆종개구리밥 개체군의 생장 곡선 그리기 비상 교과서에만 나와요.

표는 pH에 따른 좀개구리밥의 개체 수를 측정하여 나타낸 것이다. (단위: 개)

pH \ 날짜	2일	4일	6일	8일	10일	12일	14일	16일
pH 4	5	7	11	20	26	32	34	34
pH 5	6	10	18	37	47	53	57	58
pH 7	5	7	12	21	28	33	35	35

1. 좀개구리밥 개체군의 개체 수는 서서히 증가하다가 급격히 증가한 후 더 이상 증가하지 않고 일정하게 유지된다. ➡ 좀개구리밥의 생장 곡선은 S자 모양을 나타낸다.
2. pH 5에서는 좀개구리밥 개체 수가 잘 증가하지만, pH 4와 7에서는 잘 증가하지 않았다. ➡ pH에 따라 좀개구리밥 개체군의 생장 속도가 달라진다. ➡ pH는 환경 저항으로 작용한다.

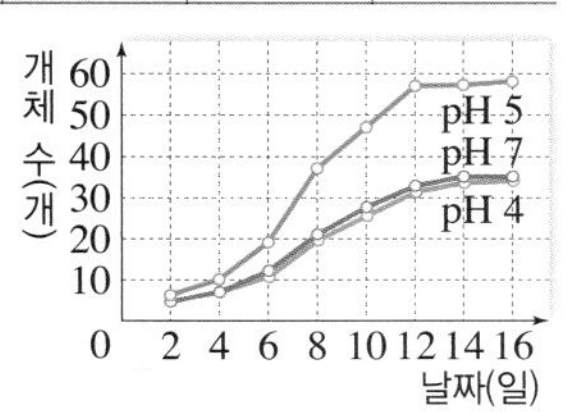

⬆ 좀개구리밥 개체군의 생장 곡선

◆ 좀개구리밥
논이나 연못의 물 위에 떠서 자라는 여러해살이 수생 식물로, 식물체 전체가 잎 모양이고 뒷면에 뿌리가 1개씩 있다. 무성 생식을 통해 개체 수가 빠르게 늘어나므로 효모와 함께 개체군의 생장을 관찰하는 실험 재료로 쓰인다.

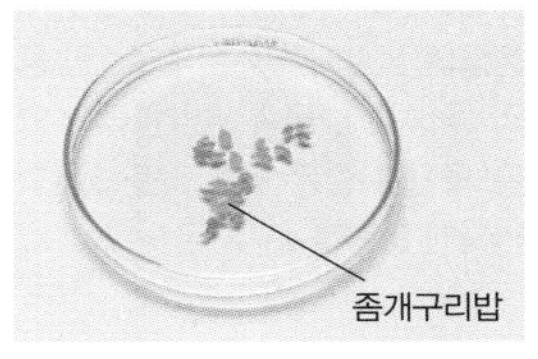

3. 개체군의 생존 곡선 같은 시기에 출생한 개체들이 시간이 지남에 따라 얼마나 살아남았는지를 그래프로 나타낸 것이다. ─● 같은 시기에 출생한 개체들을 대상으로 시간에 따른 생존 개체 수를 조사하면 개체군의 생식, 서식 환경 등에 관한 자료를 얻을 수 있다.

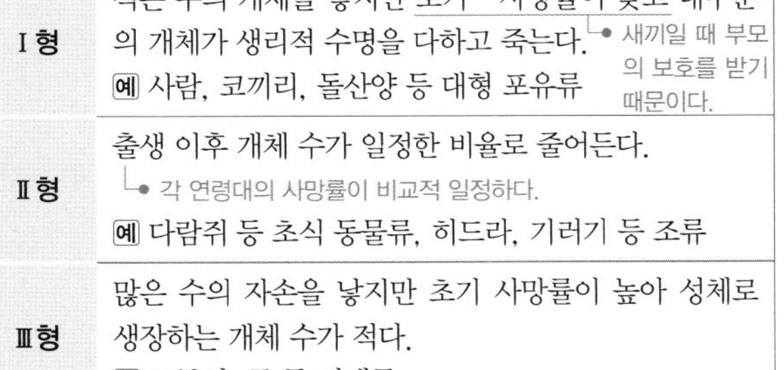

유형	특징
Ⅰ형	적은 수의 개체를 낳지만 초기 ❶사망률이 낮고 대부분의 개체가 생리적 수명을 다하고 죽는다. ─● 새끼일 때 부모의 보호를 받기 때문이다. 예 사람, 코끼리, 돌산양 등 대형 포유류
Ⅱ형	출생 이후 개체 수가 일정한 비율로 줄어든다. └● 각 연령대의 사망률이 비교적 일정하다. 예 다람쥐 등 초식 동물류, 히드라, 기러기 등 조류
Ⅲ형	많은 수의 자손을 낳지만 초기 사망률이 높아 성체로 생장하는 개체 수가 적다. 예 고등어, 굴 등 어패류

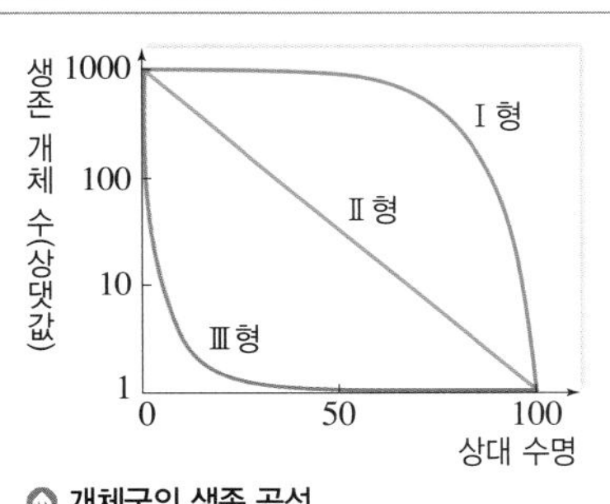

⬆ 개체군의 생존 곡선

◆ 개체군의 사망률
생존 곡선을 사망률 곡선으로 나타내면 다음과 같다.

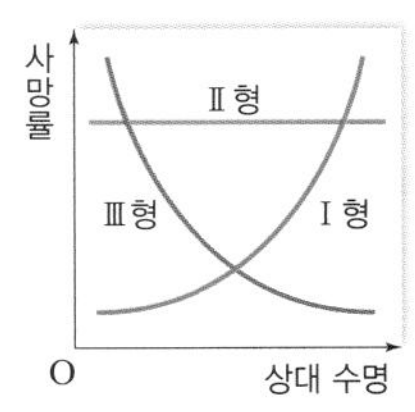

4. 개체군의 연령 피라미드 개체군의 연령별 개체 수의 비율을 차례로 쌓아 올린 ◆연령 분포를 그림으로 나타낸 것이다. ➡ 생식 전 연령층의 비율에 따라 개체군의 크기 변화를 예측할 수 있다. ─● 생식 전 연령층의 비율이 높으면 점차 개체군의 크기가 커지고, 낮으면 개체군의 크기가 작아진다.

발전형	안정형	쇠퇴형
수 / 암 / (개체 수) O (개체 수)	O	O / 생식 후 연령층 / 생식 연령층 / 생식 전 연령층
생식 전 연령층의 개체 수가 많다. ➡ 개체군의 크기가 점점 커진다.	생식 전 연령층과 ❷생식 연령층의 개체 수가 비슷하다. ➡ 개체군의 크기 변화가 적다.	생식 전 연령층의 개체 수가 적다. ➡ 개체군의 크기가 점점 작아진다.

◆ 연령 분포
개체군을 구성하는 개체들의 연령별 개체 수를 조사하여 나타낸 것이다.

용어
❶ **사망률(死 죽다, 亡 없다, 率 비율)** 개체군에서 단위 시간당 사망하는 개체 수의 비율이다.
❷ **생식 연령(生 나다, 殖 번성하다, 年 나이, 齡 나이)** 생식을 통해 자손을 낳을 수 있는 연령이다.

◆ 돌말
물속에서 광합성을 하는 조류의 일종이다. 대부분 단세포이며, 세포 분열로 번식한다.

◆ 영양염류
생물의 생장에 필요한 질소, 인 등의 물질이다. 물속 영양염류의 양은 돌말과 같은 식물 플랑크톤의 번식에 영향을 준다.

궁금해?

여름 바다에 적조 현상이 나타나는 까닭은 무엇일까?
빛의 세기가 강하고, 수온이 높은 여름에 영양염류가 다량 유입되면 해양 플랑크톤 중 붉은 색소를 가진 조류가 폭발적으로 증가하여 바닷물이 붉게 보이는 적조 현상이 일어날 수 있다. 적조 현상이 일어나면 조류가 분비하는 독소와 물속의 산소 고갈로 어패류가 집단 폐사 할 수 있다.

5. 개체군의 주기적 변동 개체군의 크기는 계절에 따른 환경 요인의 변화나 피식과 포식의 관계 등에 따라 주기적으로 변동한다.

(1) **계절에 따른 주기적 변동:** 환경 요인이 계절에 따라 주기적으로 변하면, 개체군의 크기도 계절에 따라 주기적으로 변동한다.

◆돌말 개체군의 주기적 변동

빛의 세기, 수온, ◆영양염류의 양 등의 계절적 변화에 따라 개체군의 크기가 1년을 주기로 변한다.

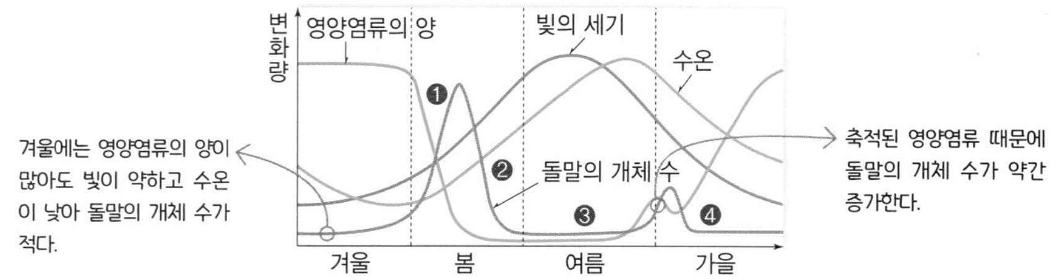

봄	❶ 영양염류가 충분한 상태에서 빛의 세기가 강해지고 수온이 높아지므로 돌말의 개체 수가 크게 증가한다. ❷ 영양염류의 양이 감소하여 돌말의 개체 수가 크게 감소한다.
여름	❸ 영양염류의 양이 고갈되어 빛의 세기가 강하고 수온이 높아도 돌말의 개체 수가 적다.
가을	❹ 축적된 영양염류에 의해 돌말의 개체 수가 약간 증가하지만, 빛의 세기가 약해지고 수온이 낮아지면서 돌말의 개체 수는 다시 감소한다.

(2) **피식과 포식에 따른 개체군의 주기적 변동:** ❶피식과 ❷포식의 관계에 의해 개체군의 개체 수가 오랜 기간에 걸쳐 주기적으로 변동한다. — 수십 년에 걸쳐 일어나는 장기적 변동이다.

눈신토끼와 스라소니 개체군의 주기적 변동

피식자인 눈신토끼와 포식자인 스라소니 개체군의 크기 변동은 약 10년을 주기로 반복되고 있다.
— 피식자의 개체 수는 포식자의 개체 수보다 많다.

눈신토끼

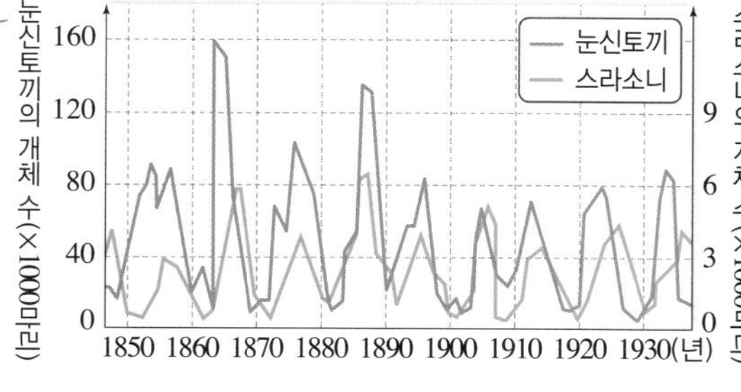

스라소니

눈신토끼의 개체 수가 증가하면 눈신토끼를 잡아먹는 스라소니는 먹이가 많아지므로 스라소니의 개체 수도 증가한다. → 스라소니의 개체 수가 증가하면 스라소니에게 잡아먹히는 눈신토끼의 개체 수는 감소한다. → 눈신토끼의 개체 수가 감소하면 스라소니는 먹이가 부족해지므로 스라소니의 개체 수도 감소한다. → 스라소니의 개체 수가 감소하면 눈신토끼는 포식자가 줄어들어 개체 수가 다시 증가한다.

용어
❶ 피식(被 당하다, 食 먹다) 다른 동물에게 잡아먹히는 것이다.
❷ 포식(捕 사로잡다, 食 먹다) 다른 동물을 잡아먹는 것이다. 포식자는 피식자의 '천적'이라고 한다.

C 개체군 내의 상호 작용

개체군의 밀도가 증가하면 개체군 내의 개체들은 서식 공간, 먹이, 배우자 등을 두고 경쟁을 하게 됩니다. 따라서 개체군 내에서는 이러한 경쟁을 피하고 질서를 유지하기 위한 다양한 상호 작용이 일어납니다.

1. 텃세 먹이와 서식 공간을 확보하고 배우자를 독점하기 위해 일정한 영역을 차지하여 다른 개체의 침입을 막는다. ➡ 개체를 분산시켜 개체군의 밀도를 조절하고, 불필요한 싸움을 방지한다.
예 얼룩말, 까치, *은어, 물개, 버들붕어의 개체군에서 텃세가 나타난다.

얼룩말

까치

2. 순위제 힘의 서열에 따라 순위를 정하여 먹이나 배우자를 차지한다. ➡ 먹이 획득이나 번식 과정에서 불필요한 경쟁을 줄인다.
예 • 닭은 싸움을 통해 순위를 결정하고, 순위에 따라 모이를 먹는다.
• 큰뿔양의 숫양은 뿔의 크기나 뿔 치기로 순위를 정한다.
└ 이 외에 일본원숭이도 힘의 세기로 순위를 정하고, 순위에 따라 암컷을 차지한다.

닭

큰뿔양

3. 리더제 경험이 많은 한 개체가 리더가 되어 무리 전체를 통솔한다. ➡ 리더가 개체군의 이동 방향을 결정하거나 천적으로부터 도망치도록 하는 등 개체군의 행동을 지휘한다.
예 • 기러기, 양, 코끼리는 집단으로 이동할 때 한 개체가 전체 무리를 이끌며 이동한다.
• 우두머리 늑대가 늑대 무리의 사냥 시기와 사냥감을 정한다.

기러기

양

4. 사회생활 역할에 따라 계급과 업무를 분담하여 생활한다. ➡ 조화롭게 분업화된 사회를 이룬다.
예 • 여왕개미는 생식, 병정개미는 방어, 일개미는 먹이 획득을 담당한다.
• 여왕벌은 조직 통솔과 산란, 수벌은 생식, 일벌은 꿀의 채취와 벌집 관리 등을 담당한다.

개미

꿀벌

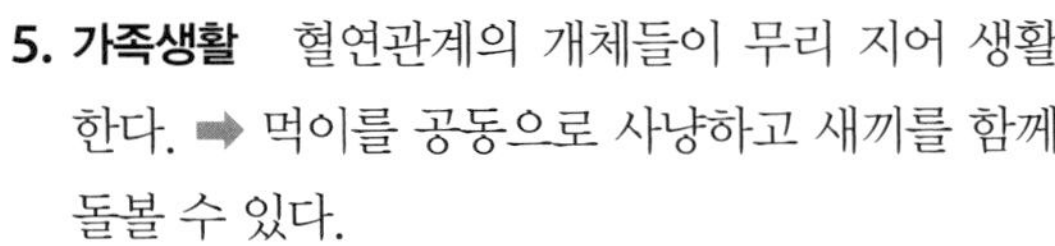

5. 가족생활 혈연관계의 개체들이 무리 지어 생활한다. ➡ 먹이를 공동으로 사냥하고 새끼를 함께 돌볼 수 있다.
예 혈연적으로 가까운 암사자들과 수사자가 무리 지어 생활하며, 암사자는 주로 먹이를 사냥하고 수사자는 다른 무리의 사자로부터 무리를 보호한다. ─ 이 외에 코끼리, 하이에나, 침팬지 등이 가족생활을 한다.

사자의 가족 생활

미래엔 교과서에만 나와요.

◆ **은어의 텃세**
• 은어는 수심이 얕은 곳에서 개체군을 형성하는데, 각각 서식하는 범위가 정해져 있다. 이렇게 확보된 서식 공간을 세력권이라고 한다.
• 서식 범위가 정해져 있으면 서식 공간과 먹이를 두고 불필요한 경쟁을 피할 수 있고, 특정 지역에서 은어의 개체 수가 지나치게 많아지는 것을 막을 수 있다.

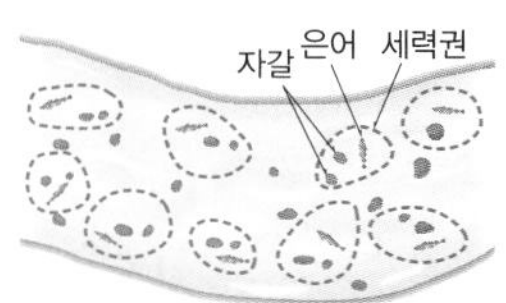

주의해!
순위제와 리더제의 차이
순위제는 개체군 내의 모든 개체들의 서열이 정해져 있지만, 리더제는 리더를 제외한 개체들 간에는 서열이 없다.

암기해!
개체군 내의 상호 작용
텃세, 순위제, 리더제, 사회생활, 가족생활

개념 확인 문제

핵심 체크

- 개체군의 밀도는 (❶)과 이입에 의해 증가하고, (❷)과 이출에 의해 감소한다.
- 개체군의 (❸) 곡선: 시간에 따른 개체군의 개체 수 변화를 그래프로 나타낸 것이다.
- 개체군의 (❹) 곡선: 같은 시기에 출생한 개체들이 시간이 지남에 따라 얼마나 살아남았는지를 그래프로 나타낸 것이다.
- 개체군의 주기적 변동: 돌말 개체군의 크기는 (❺)에 따른 환경 요인의 변화에 따라, 눈신토끼와 스라소니의 개체군의 크기는 (❻)과 (❼)의 관계에 따라 주기적으로 변동한다.
- 개체군 내의 상호 작용: (❽), 순위제, 리더제, 사회생활, 가족생활 ➡ 개체들은 이러한 상호 작용을 통해 같은 종 내에서 불필요한 (❾)을 피하고 질서를 유지한다.

1 개체군의 특성에 대한 설명으로 옳은 것은 ○, 옳지 않은 것은 ×로 표시하시오.

(1) 개체군의 밀도는 출생과 사망보다 이입과 이출의 영향을 더 많이 받는다. ( )

(2) 이론상의 생장 곡선은 J자 모양을, 실제의 생장 곡선은 S자 모양을 나타낸다. ( )

(3) 개체군의 생장 곡선에서 주어진 환경에서 서식할 수 있는 개체군의 최대 크기를 환경 저항이라고 한다. ( )

(4) 굴 등의 어패류는 많은 수의 자손을 낳지만 초기 사망률이 높아 성체로 생장하는 개체 수가 적다. ( )

(5) 연령 피라미드에서 생식 후 연령층의 비율을 보면 개체군의 크기 변화를 예측할 수 있다. ( )

(6) 눈신토끼와 스라소니 개체군의 크기는 계절에 따른 환경 요인의 변화에 따라 주기적으로 변동한다. ( )

2 그림은 개체군의 생존 곡선을 나타낸 것이다.
Ⅰ형~Ⅲ형에 해당하는 생물의 예를 옳게 연결하시오.

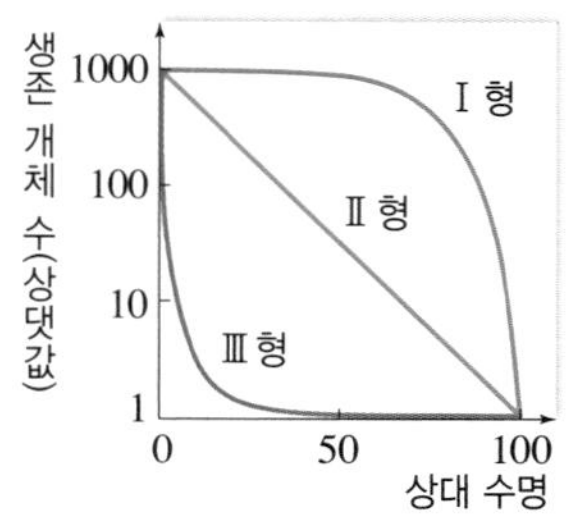

(1) Ⅰ형 • • ㉠ 고등어, 굴
(2) Ⅱ형 • • ㉡ 사람, 코끼리
(3) Ⅲ형 • • ㉢ 히드라, 기러기

3 그림은 개체군의 연령 피라미드를 유형별로 나타낸 것이다.

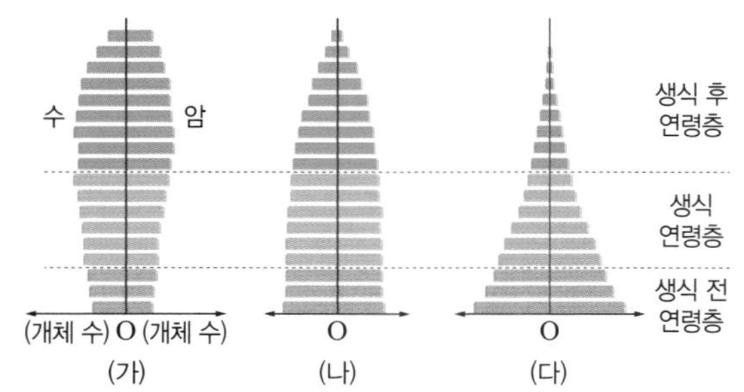

(가)~(다) 유형의 이름을 각각 쓰시오.

4 (가)는 한 개체군 내에서 볼 수 있는 개체 간의 상호 작용이고, (나)는 이러한 현상이 나타나는 동물의 예이다.

(가)	ㄱ. 텃세 ㄹ. 가족생활	ㄴ. 리더제 ㅁ. 사회생활	ㄷ. 순위제
(나)	a. 닭 d. 꿀벌	b. 은어 e. 기러기	c. 사자

설명에 해당하는 상호 작용과 이러한 상호 작용을 하는 동물을 (가), (나)에서 각각 고르시오.

(1) 경험이 많은 한 개체가 리더가 되어 무리 전체를 통솔한다. ( )

(2) 개체들의 힘의 순위에 따라 서열이 정해진다. ( )

(3) 개체들이 역할에 따라 계급과 업무를 분담하여 생활한다. ( )

(4) 혈연관계의 개체들이 무리 지어 생활한다. ( )

(5) 일정한 서식 공간을 차지하고 다른 개체가 접근하는 것을 막는다. ( )

정답친해 121쪽

자료 ❶ 생태계의 구성

기출 Point
- 생산자, 소비자, 분해자의 역할 파악하기
- 작용과 반작용에 해당하는 예 찾기

[1~3] 그림은 생태계의 구성 요소와 이들 사이의 관계를 나타낸 것이다.

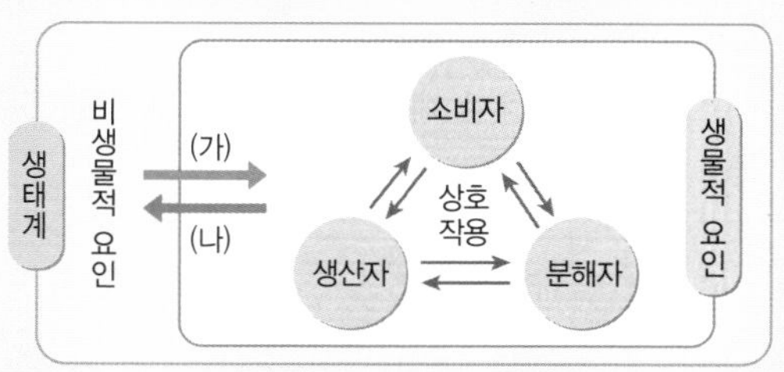

1 생물적 요인과 비생물적 요인 사이의 관계 (가), (나)의 이름을 각각 쓰시오.

2 생태계의 구성 요소에 해당하는 예를 [보기]에서 있는 대로 고르시오.

보기

ㄱ. 물	ㄴ. 풀	ㄷ. 빛
ㄹ. 곰팡이	ㅁ. 초식 동물	ㅂ. 육식 동물

(1) 생산자 (2) 소비자

(3) 분해자 (4) 비생물적 요인

3 빈출 선택지로 완벽 정리!

(1) 생산자는 광합성을 하여 유기물을 합성한다. ······ (○ / ×)

(2) 분해자는 다른 생물의 사체나 배설물에 들어 있는 무기물을 유기물로 합성한다. ······ (○ / ×)

(3) 일조량이 벼의 광합성에 영향을 미치는 것은 (가)에 해당한다. ······ (○ / ×)

(4) 낙엽이 떨어져 토양이 비옥해지는 것은 (나)에 해당한다. ······ (○ / ×)

(5) 벼멸구의 개체 수가 증가하면 쌀의 수확량이 감소하는 것은 생산자와 분해자 간의 상호 작용이다. ······ (○ / ×)

자료 ❷ 개체군의 생장 곡선

기출 Point
- 이론상의 생장 곡선과 실제의 생장 곡선 구분하기
- 환경 저항으로 작용하는 요인 분석하기

[1~3] 그림은 어떤 개체군의 이론상의 생장 곡선과 실제의 생장 곡선을 나타낸 것이다. (단, 이입과 이출은 없으며, 서식지의 크기는 일정하다.)

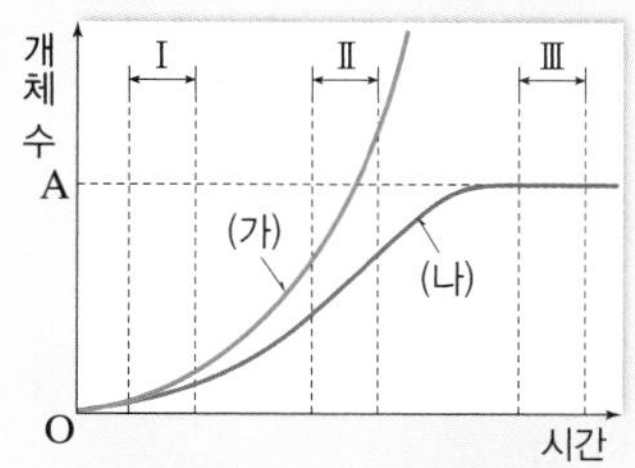

1 (　　) 안에 알맞은 말을 쓰시오.

(1) (가)와 (나) 중 실제의 생장 곡선은 (　　　)이다.

(2) A는 이 개체군의 (　　　)이다.

2 환경 저항으로 작용하는 요인으로 옳은 것만을 [보기]에서 있는 대로 고르시오.

보기

ㄱ. 먹이 부족	ㄴ. 질병 발생	ㄷ. 노폐물 감소
ㄹ. 서식지 확장	ㅁ. 개체 간 경쟁	

3 빈출 선택지로 완벽 정리!

(1) (가)와 같은 모양의 생장 곡선은 환경 저항의 영향으로 나타난다. ······ (○ / ×)

(2) (나)에서 개체군의 밀도는 구간 Ⅲ에서가 구간 Ⅰ에서보다 크다. ······ (○ / ×)

(3) (나)에서 환경 저항은 구간 Ⅲ에서가 구간 Ⅱ에서보다 작다. ······ (○ / ×)

(4) (나)의 구간 Ⅲ에서는 사망률이 출생률보다 크다. ······ (○ / ×)

내신 만점 문제

A 생태계의 구성

01 개체군, 군집, 생태계에 대한 설명으로 옳지 않은 것은?

① 한 개체군을 이루는 개체들은 서로 다른 종이다.
② 군집은 일정한 지역에 여러 종류의 개체군이 모여 생활하는 집단이다.
③ 생태계는 생물적 요인과 비생물적 요인으로 구성된다.
④ 생산자는 빛에너지를 이용하여 무기물로부터 유기물을 합성하는 생물이다.
⑤ 소비자와 분해자는 모두 종속 영양 생물이다.

[02~03] 그림은 생태계를 구성하는 비생물적 요인과 생물적 요인의 관계를 나타낸 것이다.

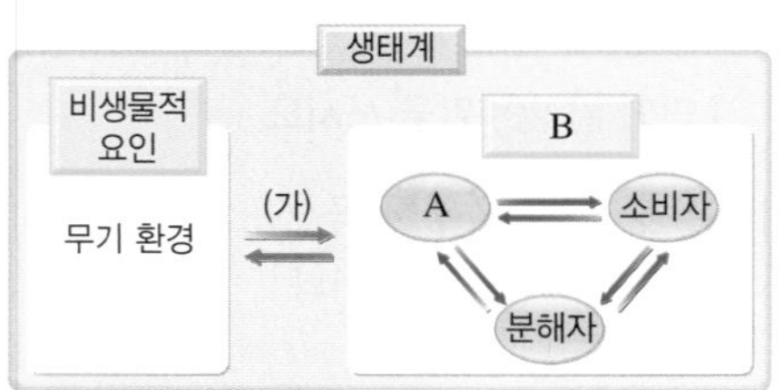

중요 **02** 이에 대한 설명으로 옳은 것만을 [보기]에서 있는 대로 고른 것은?

보기
ㄱ. 식물은 A에 해당한다.
ㄴ. B는 생물적 요인이다.
ㄷ. A와 비생물적 요인은 서로 다른 역할을 하므로 서로 영향을 주지 않는다.

① ㄱ ② ㄴ ③ ㄷ
④ ㄱ, ㄴ ⑤ ㄴ, ㄷ

03 (가)에 해당하는 예를 [보기]에서 있는 대로 고른 것은?

보기
ㄱ. 가을에 은행나무 잎이 노랗게 변한다.
ㄴ. 지의류에 의해 바위의 토양화가 촉진된다.
ㄷ. 지렁이에 의해 토양의 통기성이 높아진다.
ㄹ. 일조 시간은 식물의 개화 시기에 영향을 준다.

① ㄱ ② ㄱ, ㄹ ③ ㄴ, ㄷ
④ ㄴ, ㄹ ⑤ ㄱ, ㄴ, ㄹ

04 다음은 어떤 숲 생태계의 구성 요소 중 하나의 예이다.

• 버섯 • 곰팡이 • 토양 세균

이에 대한 설명으로 옳은 것만을 [보기]에서 있는 대로 고른 것은?

보기
ㄱ. 비생물적 요인의 예이다.
ㄴ. 독립 영양 생물에 해당한다.
ㄷ. 다른 생물의 사체나 배설물에 포함된 유기물을 무기물로 분해한다.

① ㄱ ② ㄷ ③ ㄱ, ㄴ
④ ㄴ, ㄷ ⑤ ㄱ, ㄴ, ㄷ

중요 **05** 그림은 빛의 세기에 따른 식물 (가)와 (나)의 광합성량을 나타낸 것이다. (가)와 (나)는 각각 양지 식물과 음지 식물 중 하나이다.

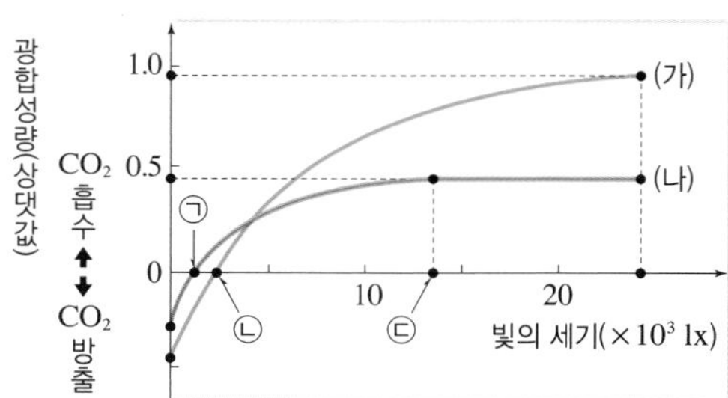

이에 대한 설명으로 옳은 것만을 [보기]에서 있는 대로 고른 것은?

보기
ㄱ. (가)는 음지 식물이다.
ㄴ. ㉢은 (나)의 보상점이다.
ㄷ. ㉡일 때 (가)는 총광합성량과 호흡량이 같다.
ㄹ. 빛의 세기가 ㉠일 때는 (가)가 (나)보다 생존에 더 불리하다.

① ㄱ, ㄷ ② ㄴ, ㄹ ③ ㄷ, ㄹ
④ ㄱ, ㄷ, ㄹ ⑤ ㄴ, ㄷ, ㄹ

06 그림은 한 식물에 존재하는 양엽과 음엽을 순서 없이 나타낸 것이다.

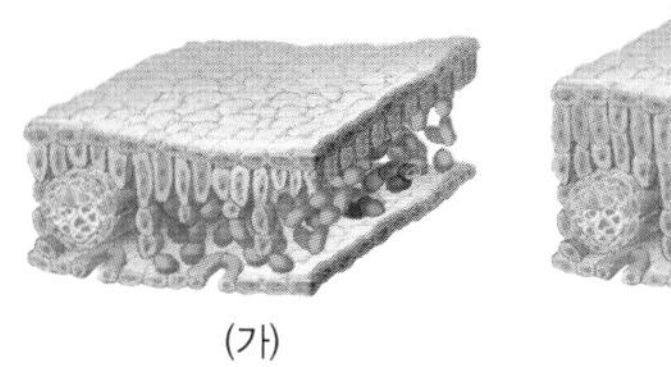

(가)

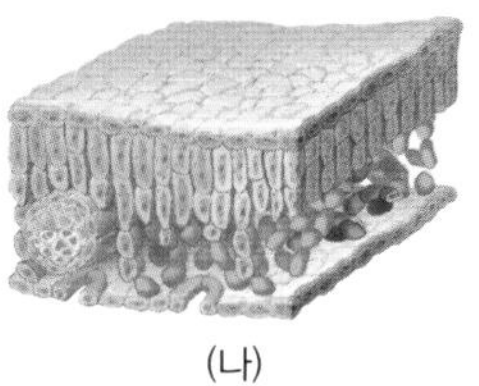

(나)

이에 대한 설명으로 옳은 것만을 [보기]에서 있는 대로 고른 것은?

> 보기
> ㄱ. 약한 빛에 적응한 잎은 (나)이다.
> ㄴ. (가)는 (나)보다 약한 빛을 효율적으로 흡수한다.
> ㄷ. (나)는 (가)보다 울타리 조직이 발달하여 잎이 더 두껍다.

① ㄱ ② ㄴ ③ ㄱ, ㄷ
④ ㄴ, ㄷ ⑤ ㄱ, ㄴ, ㄷ

07 바다에서 수심이 얕은 곳에는 녹조류가, 수심이 깊은 곳에는 홍조류가 많이 분포하는 것은 무엇의 영향 때문인가?

① 온도 ② 빛의 세기
③ 일조 시간 ④ 빛의 파장
⑤ 바닷물의 염분 농도

08 그림 (가)는 북극여우, (나)는 사막여우를 나타낸 것이다.

(가)

(나)

이에 대한 설명으로 옳은 것만을 [보기]에서 있는 대로 고른 것은?

> 보기
> ㄱ. (가)는 (나)에 비해 몸의 말단부와 몸집의 크기가 모두 작다.
> ㄴ. (나)는 (가)보다 단위 부피당 외부로의 열 방출량이 많다.
> ㄷ. 두 여우의 몸집과 몸의 말단부의 크기가 다른 것은 온도에 적응한 결과이다.

① ㄱ ② ㄴ ③ ㄱ, ㄷ
④ ㄴ, ㄷ ⑤ ㄱ, ㄴ, ㄷ

B 개체군의 특성

[09~10] 그림은 짚신벌레 20마리를 수조에 넣은 후 배양하여 얻은 개체군의 생장 곡선을 나타낸 것이다. (가)와 (나)는 각각 실제의 생장 곡선과 이론상의 생장 곡선 중 하나이고, ㉠은 (가)와 (나)의 차이이다.

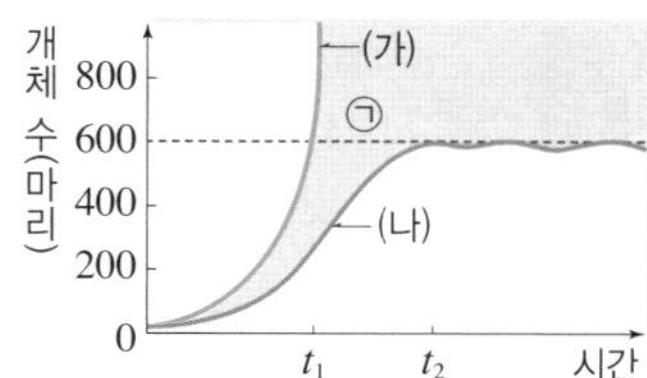

09 이에 대한 설명으로 옳지 않은 것은? (단, 이 개체군에서 이입과 이출은 없다.)

① (가)는 이론상의 생장 곡선이다.
② 이 개체군의 환경 수용력은 600마리이다.
③ (나)에서 t_1일 때가 t_2일 때보다 번식률이 더 높다.
④ (나)에서 t_2일 때가 t_1일 때보다 경쟁이 더 심하다.
⑤ (나)에서 t_2 이후에는 환경 저항이 나타나지 않는다.

서술형
10 ㉠을 무엇이라고 하는지 쓰고, 이에 해당하는 예를 두 가지만 서술하시오.

중요
11 그림은 생물종 A~C의 생존 곡선을 나타낸 것이다. 이에 대한 설명으로 옳은 것만을 [보기]에서 있는 대로 고른 것은?

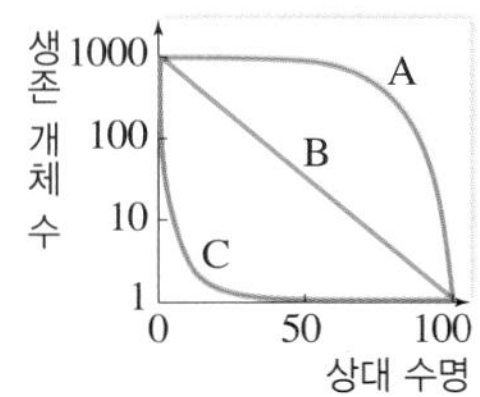

> 보기
> ㄱ. A는 새끼일 때 부모의 보호를 받아 초기 사망률이 낮다.
> ㄴ. B는 각 연령대의 사망률이 비교적 일정하다.
> ㄷ. C는 A보다 적은 수의 자손을 낳는다.
> ㄹ. 사람과 코끼리는 A와 같은 생존 곡선을 나타낸다.

① ㄱ, ㄷ ② ㄴ, ㄷ ③ ㄴ, ㄹ
④ ㄱ, ㄴ, ㄹ ⑤ ㄴ, ㄷ, ㄹ

중요 12 그림은 어떤 하천에서 계절에 따른 환경 요인의 변화와 돌말 개체군의 주기적 변동을 나타낸 것이다.

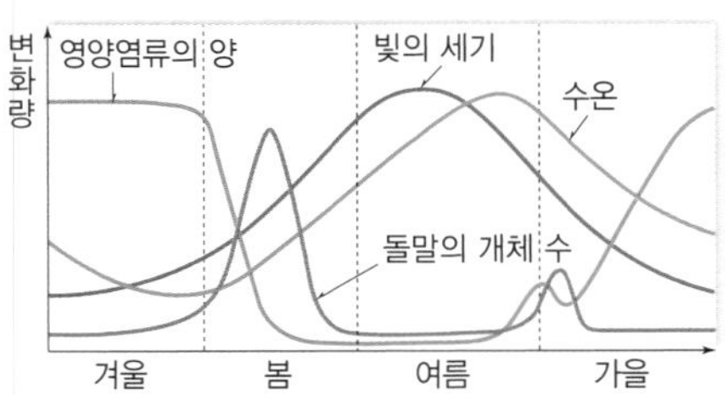

이에 대한 설명으로 옳지 않은 것은?

① 이른 봄에는 빛의 세기와 수온이 증가하여 돌말의 개체 수가 급격히 증가한다.
② 늦은 봄에 돌말의 개체 수가 급격히 감소하는 것은 빛의 세기와 수온이 감소하였기 때문이다.
③ 여름에 영양염류의 양이 증가한다면 돌말의 개체 수가 급격히 증가할 것이다.
④ 초가을에 돌말의 개체 수가 약간 증가하는 것은 영양염류의 양이 증가하였기 때문이다.
⑤ 겨울에는 빛의 세기가 약하고 수온이 낮아 돌말의 개체 수가 적다.

13 그림은 어느 지역에 서식하는 눈신토끼와 스라소니의 개체 수 변동을 나타낸 것이다. A와 B는 각각 눈신토끼와 스라소니 중 하나이다.

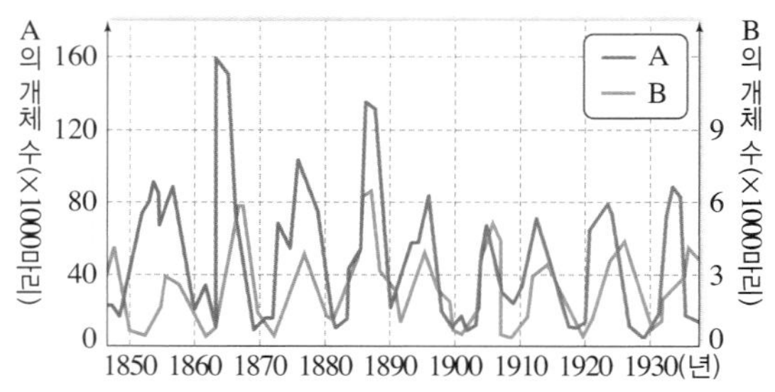

이에 대한 설명으로 옳은 것만을 [보기]에서 있는 대로 고른 것은?

보기
ㄱ. A는 피식자, B는 포식자이다.
ㄴ. A와 B는 하나의 개체군을 형성한다.
ㄷ. B의 개체 수가 증가하면 A의 개체 수는 증가한다.

① ㄱ ② ㄷ ③ ㄱ, ㄴ
④ ㄴ, ㄷ ⑤ ㄱ, ㄴ, ㄷ

C 개체군 내의 상호 작용

중요 14 다음은 개체군 내의 상호 작용에 대한 자료이다.

(가) 얼룩말은 일정한 서식 공간을 차지하고 다른 개체가 침입하는 것을 경계한다.
(나) 암탉은 여러 마리가 한 닭장에서 살게 되면 처음에는 서로 머리를 쪼아 가며 싸우지만 며칠 후에는 모이를 먹는 순서가 정해진다.

이에 대한 설명으로 옳은 것만을 [보기]에서 있는 대로 고른 것은?

보기
ㄱ. 하천의 은어에서도 (가)와 같은 상호 작용이 나타난다.
ㄴ. (나)는 힘의 서열에 따라 순위를 정하는 리더제이다.
ㄷ. (가)와 (나)는 모두 불필요한 경쟁을 피하기 위한 상호 작용이다.

① ㄱ ② ㄴ ③ ㄱ, ㄷ
④ ㄴ, ㄷ ⑤ ㄱ, ㄴ, ㄷ

15 다음은 큰뿔양에 대한 자료이다.

큰뿔양 수컷들은 뿔의 크기 비교나 뿔 치기를 통해 서열을 정한다. 큰뿔양 수컷들 사이에 서열이 결정되면 먹이 획득과 번식 과정에서 불필요한 경쟁을 줄일 수 있다.

이 자료에 나타난 개체군 내의 상호 작용과 가장 관련이 깊은 것은?

① 여왕개미와 일개미는 역할을 분담하여 생활한다.
② 사자는 혈연관계의 개체들이 모여 함께 생활한다.
③ 양떼가 이동할 때 경험이 많은 한 개체가 리더가 되어 전체 무리를 이끈다.
④ 일본원숭이는 암컷을 차지하기 위해 힘의 세기로 순위를 정한다.
⑤ 수컷 버들붕어는 자신의 세력권에 접근한 다른 수컷을 공격하여 암컷을 차지한다.

실력 UP 문제

정답친해 125쪽

01 그림은 생태계를 구성하는 요소 사이의 상호 작용을, 표는 상호 작용 (가)와 (나)의 예를 나타낸 것이다. (가)와 (나)는 ㉠과 ㉡을 순서 없이 나타낸 것이다.

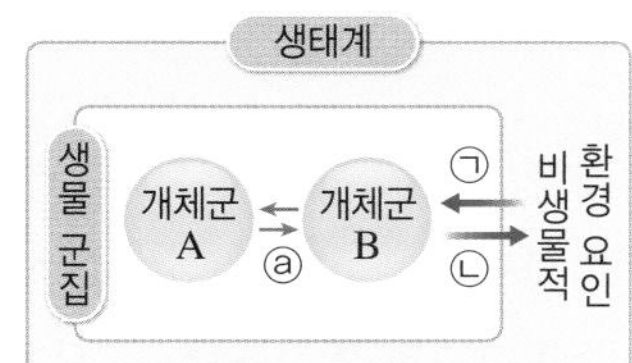

상호 작용	예
(가)	빛의 파장에 따라 해조류의 분포가 달라진다.
(나)	?

이에 대한 설명으로 옳은 것만을 [보기]에서 있는 대로 고른 것은?

보기
ㄱ. (가)는 ㉠이다.
ㄴ. ⓐ의 예로 리더제가 있다.
ㄷ. 숲이 우거질수록 지표면에 도달하는 빛의 양이 적어지는 것은 (나)의 예에 해당한다.

① ㄱ ② ㄴ ③ ㄱ, ㄷ
④ ㄴ, ㄷ ⑤ ㄱ, ㄴ, ㄷ

02 다음은 생태계를 구성하는 요소 사이의 상호 작용에 대한 자료이다.

- 식물의 낙엽이 쌓이면 토양이 비옥해진다.
- 질소 고정 세균에 의해 토양 속 암모늄 이온(NH_4^+)이 증가한다.
- 식물의 광합성과 호흡이 대기 중 산소와 이산화 탄소 조성에 영향을 준다.

이 자료에 공통적으로 나타난 상호 작용과 같은 사례로 옳은 것은?

① 빛의 세기에 따라 잎의 두께가 달라진다.
② 위도에 따라 식물 군집의 분포가 달라진다.
③ 숲이 우거질수록 토양 수분의 증발량이 감소한다.
④ 외래 생물의 수가 증가하여 토종 생물의 수가 감소한다.
⑤ 고산 지대에 사는 사람은 평지에 사는 사람보다 적혈구 수가 많다.

03 일조 시간이 식물의 개화에 미치는 영향을 알아보기 위하여 식물 종 A의 개체 ㉠~㉢에 빛 조건을 달리하여 개화 여부를 관찰하였다. 그림은 조건 Ⅰ~Ⅲ을, 표는 Ⅰ~Ⅲ일 때 ㉠~㉢의 개화 여부를 나타낸 것이다. ⓐ는 이 식물이 개화하는 데 필요한 최소한의 '연속적인 빛 없음' 기간이다.

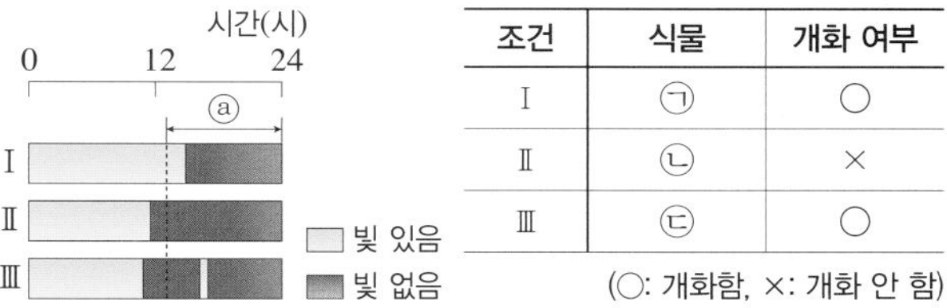

조건	식물	개화 여부
Ⅰ	㉠	○
Ⅱ	㉡	×
Ⅲ	㉢	○

(○: 개화함, ×: 개화 안 함)

이 자료에 대한 설명으로 옳은 것만을 [보기]에서 있는 대로 고른 것은? (단, 제시된 조건 이외는 고려하지 않는다.)

보기
ㄱ. A는 장일 식물이다.
ㄴ. A는 '연속적인 빛 없음' 기간이 ⓐ보다 짧을 때 개화한다.
ㄷ. Ⅲ에서 '연속적인 빛 없음' 기간은 ⓐ보다 길다.

① ㄱ ② ㄴ ③ ㄱ, ㄴ
④ ㄴ, ㄷ ⑤ ㄱ, ㄴ, ㄷ

04 그림은 어떤 개체군의 생장 곡선을 나타낸 것이다.

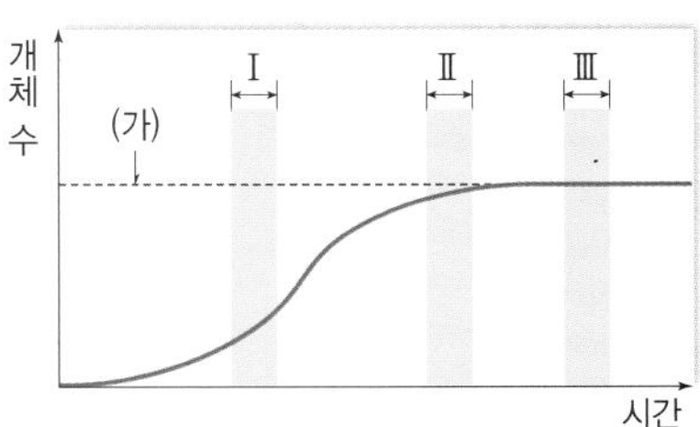

이에 대한 설명으로 옳은 것만을 [보기]에서 있는 대로 고른 것은? (단, 이 개체군에서 이입과 이출은 없으며, 서식지의 크기는 일정하다.)

보기
ㄱ. $\frac{\text{출생한 개체 수}}{\text{사망한 개체 수}}$는 구간 Ⅰ에서가 구간 Ⅱ에서보다 크다.
ㄴ. 개체군 밀도는 구간 Ⅲ에서가 구간 Ⅰ에서보다 크다.
ㄷ. 서식 공간이 증가하면 (가)도 증가한다.

① ㄱ ② ㄴ ③ ㄱ, ㄷ
④ ㄴ, ㄷ ⑤ ㄱ, ㄴ, ㄷ

02 군집

핵심 포인트
- ❶ 군집의 특성 ★★
- ❷ 방형구법 ★★★
- ❸ 식물 군집의 천이 ★★★
- ❹ 군집 내 개체군 간의 상호 작용 ★★★

A 군집

군집은 일정한 지역에 서식하며 상호 작용을 하는 여러 개체군들의 집단입니다. 군집을 구성하는 여러 개체군은 각기 다른 방식으로 다른 개체군 또는 환경과 영향을 주고받으며 생활하죠. 그럼 단일 개체군과는 다른 군집의 여러 가지 특성에 대해 자세히 알아볼까요?

1. 군집의 구성

군집을 이루는 개체군은 역할에 따라 생산자, 소비자, 분해자로 구분된다.

(1) **먹이 사슬과 먹이 그물:** 먹이 사슬은 생산자에서 소비자까지 먹고 먹히는 관계를 사슬 모양으로 나타낸 것이고, 먹이 그물은 군집 내에서 먹이 사슬 여러 개가 서로 얽혀 마치 그물처럼 복잡하게 나타나는 것이다.

궁금해?
먹이 사슬에서 영양 단계는 몇 단계까지 연결될까?
상위 영양 단계로 갈수록 전달되는 에너지양이 점차 감소하므로, 먹이 사슬은 4단계(3차 소비자) 또는 5단계(4차 소비자)로 제한된다.

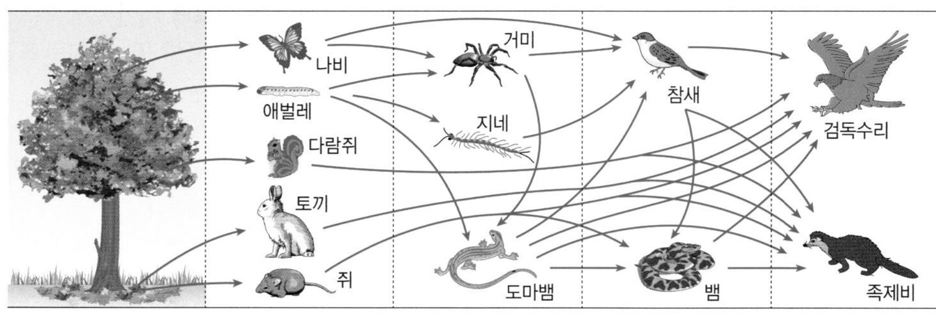

먹이 그물 → 먹이 사슬의 각 단계를 이루는 생물종이 다양할수록 복잡한 먹이 그물이 형성되어 군집이 더 안정해진다.

(2) **생태적 지위:** 생태계에서 군집 내 한 개체군이 서식 공간, 먹이 관계 등에서 담당하는 구조적·기능적 역할로, 먹이 지위와 공간 지위가 있다.

먹이 지위	개체군이 먹이 사슬에서 차지하는 위치
공간 지위	개체군이 차지하는 서식 공간

→ 물질과 에너지를 얻기 위해 일정한 공간을 차지한다.

➜ 군집은 군집 내 각각의 개체군이 자신의 생태적 지위를 지킴으로써 유지된다.

2. 군집의 구조

(1) **군집을 구성하는 종의 구분**

우점종	• 개체 수가 많거나 넓은 면적을 차지하여 그 군집을 대표할 수 있는 종이다. • 다른 종과 비생물 환경에 영향을 주어 군집의 구조에 큰 영향을 미친다. → 삼림의 이름은 우점종의 이름을 따서 붙인다. 예를 들어 신갈나무가 우점종인 삼림은 신갈나무림이라고 하고, 소나무가 우점종인 삼림은 소나무림이라고 한다.
희소종(=희귀종)	군집을 구성하는 개체군 중 개체 수가 가장 적은 종이다. → 개체 수가 매우 적어 보호가 필요하다.
◆**지표종**	특정 환경 조건을 충족하는 군집에서만 발견되어 그 군집의 특징을 나타내는 종이다.
◆**핵심종**	우점종은 아니지만 군집의 구조에 결정적인 영향을 미치는 종이다.

◆ **지표종의 예**
- 지의류를 통해 대기 중 이산화황의 오염 정도를 알 수 있다.
- 에델바이스를 통해 고산 지대의 고도와 온도의 범위를 알 수 있다.
- 양서류를 통해 서식지의 환경 파괴 정도를 알 수 있다.

◆ **핵심종의 예**
- 담치(홍합)를 먹고 사는 불가사리가 사라지면 담치의 개체 수가 늘어나 바위를 점령하고, 바위에서 사는 따개비는 서식지를 잃고 사라진다. 따라서 불가사리는 바닷가 바위 생태계에서 담치와 따개비의 개체 수를 조절한다.
- 수달은 습지 생태계에서 군집 내 먹이가 되는 개체군의 밀도를 조절하고, 다른 동물에게 서식지를 제공한다.
- 비버는 강에 댐을 쌓아 숲을 습지로 만들어 이곳에 살던 생물의 구성을 크게 달라지게 한다.

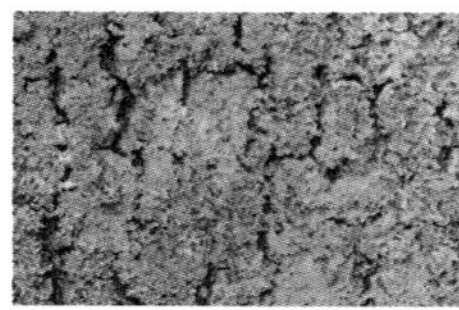
지의류(지표종)

에델바이스(지표종)

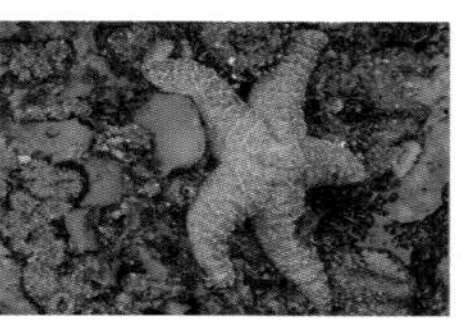
불가사리(핵심종)

수달(핵심종)

(2) **식물 군집의 구조 조사**

① 주로 방형구법을 이용한다. ➡ 방형구법은 조사하려는 곳에 ◆방형구를 설치하고, 방형구에 나타난 각 식물 종의 개체 수(밀도), 종이 출현한 방형구 수(빈도), 종이 지표를 덮고 있는 정도(피도)를 조사하여 우점종을 알아내는 방법이다.

- 밀도 $= \dfrac{\text{특정 종의 개체 수}}{\text{전체 방형구의 면적}(m^2)}$
- 상대 밀도(%) $= \dfrac{\text{특정 종의 밀도}}{\text{조사한 모든 종의 밀도 합}} \times 100$
- 빈도 $= \dfrac{\text{특정 종이 출현한 방형구 수}}{\text{전체 방형구의 수}}$
- 상대 빈도(%) $= \dfrac{\text{특정 종의 빈도}}{\text{조사한 모든 종의 빈도 합}} \times 100$
- 피도 $= \dfrac{\text{특정 종이 차지한 면적}(m^2)}{\text{전체 방형구의 면적}(m^2)}$
- 상대 피도(%) $= \dfrac{\text{특정 종의 피도}}{\text{조사한 모든 종의 피도 합}} \times 100$

② 중요치: 상대 밀도, 상대 빈도, 상대 피도를 합한 값이다. ➡ 중요치가 가장 높은 종이 그 군집의 우점종이다.

중요치=상대 밀도+상대 빈도+상대 피도

◆ **방형구**
군집 조사에 이용하는 정사각형이나 직사각형 모양의 표본이며, 군집의 종류와 특성에 따라 다른 크기의 방형구를 이용한다. 식물 군집뿐만 아니라 해조류, 따개비와 같은 부착 생물 군집을 조사할 때에도 이용한다.

탐구 자료창 방형구법으로 식물 군집 조사하기

283쪽 대표 자료❶

어떤 지역에 1 m×1 m 크기의 방형구 4개를 설치하고 각 식물 종의 밀도, 빈도, 피도를 조사하여 우점종을 결정한다. 이때 어떤 종이 방형구의 어떤 한 칸에 출현하면 그 종이 그 칸의 면적을 모두 차지하는 것으로 간주한다.

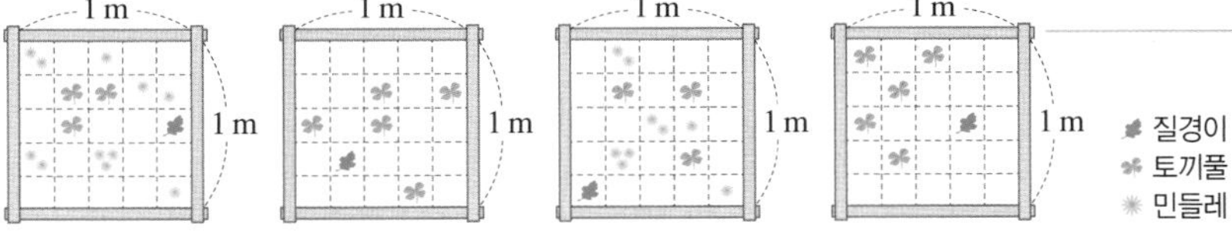

● 초본 군집을 조사하기 위해 면적이 1 m^2인 방형구를 주로 사용하며, 한 방형구가 100개의 칸으로 이루어진 경우 한 칸의 면적은 0.01 m^2이고, 25개의 칸으로 이루어진 경우 한 칸의 면적은 0.04 m^2이다.

1. 각 식물 종의 밀도, 빈도, 피도를 구하고, 상대 밀도, 상대 빈도, 상대 피도를 계산한다.

식물 종	밀도	빈도	피도	상대 밀도(%)	상대 빈도(%)	상대 피도(%)
질경이	$\frac{4}{4}=1/m^2$	$\frac{4}{4}=1$	$\frac{0.04\times4}{4}=0.04$	$\frac{1}{10}\times100$ $=10$	$\frac{1}{2.5}\times100$ $=40$	$\frac{0.04}{0.32}\times100$ $=12.5$
토끼풀	$\frac{16}{4}=4/m^2$	$\frac{4}{4}=1$	$\frac{0.04\times16}{4}=0.16$	$\frac{4}{10}\times100$ $=40$	$\frac{1}{2.5}\times100$ $=40$	$\frac{0.16}{0.32}\times100$ $=50$
민들레	$\frac{20}{4}=5/m^2$	$\frac{2}{4}=0.5$	$\frac{0.04\times12}{4}=0.12$	$\frac{5}{10}\times100$ $=50$	$\frac{0.5}{2.5}\times100$ $=20$	$\frac{0.12}{0.32}\times100$ $=37.5$

- 전체 방형구의 면적 4 m^2에 대한 민들레의 개체 수
- 방형구 4개에 대한 민들레의 출현 방형구 수
- 전체 방형구의 면적 4 m^2에 대한 민들레의 점유 면적

2. 각 식물 종의 상대 밀도, 상대 빈도, 상대 피도를 모두 합하여 중요치를 구한다.
   - 질경이의 중요치: 10+40+12.5=62.5
   - 토끼풀의 중요치: 40+40+50=130
   - 민들레의 중요치: 50+20+37.5=107.5

3. 이 군집의 우점종은 중요치가 가장 높은 토끼풀이다.

3. 군집의 종류 생물의 서식 환경에 따라 크게 수생 군집과 육상 군집으로 구분한다.

(1) **수생 군집:** 하천, 호수, 강에 형성되는 담수 군집과 바다에 형성되는 해수 군집이 있다.

(2) **육상 군집:** 지역에 따라 기온과 강수량의 차이로 삼림, 초원, 사막으로 나타난다.

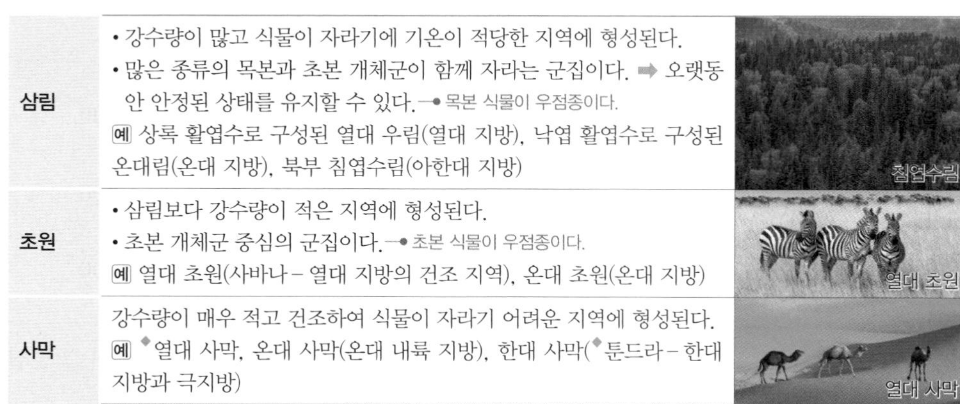

구분	특징	사진
삼림	• 강수량이 많고 식물이 자라기에 기온이 적당한 지역에 형성된다. • 많은 종류의 목본과 초본 개체군이 함께 자라는 군집이다. ➡ 오랫동안 안정된 상태를 유지할 수 있다. ─● 목본 식물이 우점종이다. 예 상록 활엽수로 구성된 열대 우림(열대 지방), 낙엽 활엽수로 구성된 온대림(온대 지방), 북부 침엽수림(아한대 지방)	침엽수림
초원	• 삼림보다 강수량이 적은 지역에 형성된다. • 초본 개체군 중심의 군집이다. ─● 초본 식물이 우점종이다. 예 열대 초원(사바나 – 열대 지방의 건조 지역), 온대 초원(온대 지방)	열대 초원
사막	강수량이 매우 적고 건조하여 식물이 자라기 어려운 지역에 형성된다. 예 ◆열대 사막, 온대 사막(온대 내륙 지방), 한대 사막(◆툰드라 – 한대 지방과 극지방)	열대 사막

◆ **열대 사막**
저위도 지방에 형성되는 사막이며, 선인장과 같은 일부 식물만 서식한다.

◆ **툰드라**
한대 지방과 극지방 부근에 일시적으로 형성되는 사막이며, 짧은 기간 동안 이끼류와 같은 일부 식물만 자란다.

◆삼림의 층상 구조

삼림 군집에서는 빛의 세기와 양 등에 따라 수직적인 몇 개의 층으로 구성된 층상 구조가 나타난다.
➡ 삼림의 층상 구조는 식물이 햇빛을 최대한 활용할 수 있는 구조로 되어 있다.

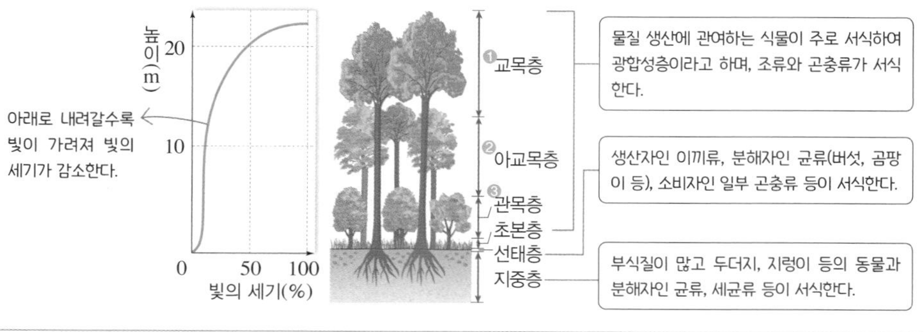

미래엔 교과서에만 나와요.

◆ **수생 군집의 층상 구조**
군집의 층상 구조는 삼림뿐만 아니라 수생 군집에서도 형성된다. 수생 군집의 층상 구조는 빛, 온도, 산소와 같은 환경 요인에 의해 결정된다.

4. 군집의 생태 분포 식물 군집이 기온, 강수량 등 환경 요인의 영향을 받아 서식하는 지역에 따라 형성된 군집의 분포이다.

(1) **수평 분포:** 위도에 따른 기온과 강수량의 차이로 나타난다.

(2) **수직 분포:** 특정 지역에서 고도에 따른 기온 차이로 나타난다.

수평 분포와 수직 분포

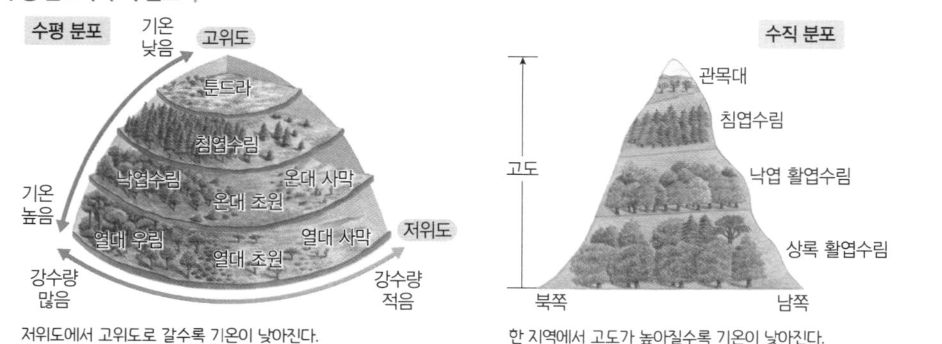

저위도에서 고위도로 갈수록 기온이 낮아진다.
➡ 열대 우림 → 낙엽수림 → 침엽수림으로 변한다.

한 지역에서 고도가 높아질수록 기온이 낮아진다.
➡ 활엽수림 → 침엽수림으로 변한다.

(용어)

❶ **교목(喬 높다, 木 나무)** 높이가 8 m를 넘는 나무로, 뿌리에서 하나의 굵은 줄기가 나와서 자란다. 예 소나무, 참나무

❷ **아교목(亞 버금, 喬 높다, 木 나무)** 교목과 관목의 중간 높이의 나무이다. 예 단풍나무

❸ **관목(灌 물 대다, 木 나무)** 높이가 2 m 이하인 나무로, 밑동이나 땅속에서 여러 개의 줄기가 나온다. 예 개나리, 산철쭉

정답친해 126쪽

개념 확인 문제

핵심 체크

- (❶): 군집 내에서 먹이 사슬 여러 개가 서로 얽혀 마치 그물처럼 복잡하게 나타나는 것
- 생태계에서 개체군이 담당하는 구조적·기능적 역할을 (❷)라고 한다.
- 개체 수가 많거나 넓은 면적을 차지하여 그 군집을 대표하는 종을 (❸)이라고 하고, 그 군집에서만 발견되어 군집의 특징을 나타내는 종을 (❹)이라고 한다.
- 육상 군집은 기온과 강수량의 차이로 삼림, (❺), 사막으로 나타난다.
- 삼림 군집은 수직적으로 몇 개의 층으로 구성된 (❻) 구조가 나타난다.
- 군집의 (❼): 식물 군집이 기온이나 강수량 등 환경 요인의 영향을 받아 서식하는 지역에 따라 형성된 군집의 분포이다.

1 군집에 대한 설명으로 옳은 것은 ○, 옳지 않은 것은 ×로 표시하시오.

(1) 생산자, 1차 소비자, 2차 소비자 사이에는 먹고 먹히는 관계인 먹이 사슬이 형성된다. ( )

(2) 개체군이 먹이 사슬에서 차지하는 위치를 먹이 지위라고 하고, 개체군이 차지하는 서식 공간을 공간 지위라고 한다. ( )

(3) 삼림 군집은 여러 식물들이 햇빛을 최대한 활용할 수 있는 층상 구조로 되어 있는데, 아래로 내려갈수록 빛의 세기는 강해진다. ( )

(4) 식물 군집의 생태 분포에서 수직 분포는 위도에 따른 기온과 강수량의 차이로 나타나고, 수평 분포는 고도에 따른 기온 차이로 나타난다. ( )

2 군집을 구성하는 종과 그에 해당하는 설명을 옳게 연결하시오.

(1) 우점종 •	• ㉠ 개체 수가 가장 적은 종
(2) 희소종 •	• ㉡ 군집의 구조에 결정적인 영향을 미치는 종
(3) 지표종 •	• ㉢ 개체 수가 많아 그 군집을 대표할 수 있는 종
(4) 핵심종 •	• ㉣ 특정 군집에서만 발견되어 군집의 특징을 나타내는 종

3 방형구법을 이용한 식물 군집의 구조 조사에 대한 설명으로 옳은 것은 ○, 옳지 않은 것은 ×로 표시하시오.

(1) 개체 수를 이용해 빈도를 구한다. ( )

(2) 종이 출현한 방형구 수를 이용해 피도를 구한다. ( )

(3) 중요치는 상대 밀도, 상대 빈도, 상대 피도를 합한 값이다. ( )

(4) 중요치가 가장 낮은 종이 우점종이다. ( )

4 다음과 같은 특징을 나타내는 군집으로 옳은 것은?

- 강수량이 매우 적고 건조한 지역에 발달한다.
- 툰드라가 이에 해당된다.

① 삼림 ② 초원 ③ 사막
④ 담수 군집 ⑤ 해수 군집

5 그림은 삼림의 층상 구조를 나타낸 것이다.
가장 강한 빛을 받는 층의 이름을 쓰시오.

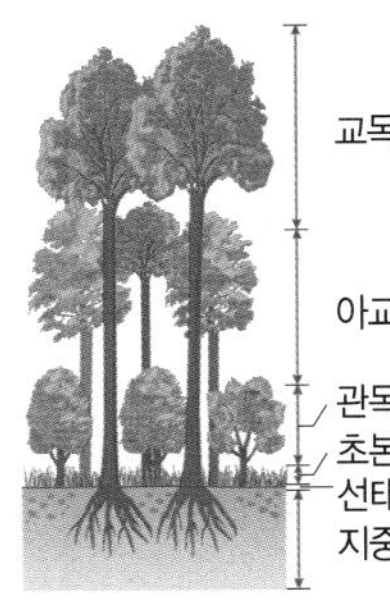

B 식물 군집의 천이

1. 군집의 ◆천이 시간이 지남에 따라 군집의 종 구성과 특성이 달라지는 현상이다.

2. 1차 천이 용암 대지, 바위, 빙퇴석, 호수, 연못과 같은 토양이 없는 불모지에서 시작되는 천이이다. ◆개척자가 들어온 후 토양이 형성되고 새로운 종이 들어오며 마지막에 안정한 상태인 극상을 이룬다.

빙퇴석: 빙하가 이동하다가 녹으면서 빙하 속에 있는 암석, 자갈 등이 쌓여 이루어진 퇴적층

(1) **건성 천이:** 용암 대지, 바위와 같은 건조한 곳에서 시작되는 천이

❶ 척박한 땅	생물이 거의 없는 척박한 땅이다. → 용암 대지, 바위
❷ ◆지의류, 이끼류	개척자인 지의류가 들어와 토양이 형성되고, 이끼류가 자란다.
❸ 초원 (초본류)	다양한 초본이 들어와 초원을 형성한다.
❹ 관목림	크기가 작은 관목이 자란다.
❺ 양수림	소나무 등의 양수가 양수림을 형성한다. → 숲의 상층에서 많은 빛이 흡수되어 하층으로 도달하는 빛의 양이 크게 줄어든다.
❻ 혼합림	양수림 아래에는 양수 묘목은 잘 자라지 못하고, 약한 빛에도 잘 자라는 신갈나무, 떡갈나무 등의 음수가 들어와 자라면서 혼합림을 형성한다.
❼ 음수림(극상)	신갈나무, 떡갈나무 등의 음수가 숲 아래에서 자라면서 점차 음수림을 형성하고, 극상을 이룬다. → 양수림에서 음수림으로 변화하는 데 중요한 환경 요인은 빛이다.

(2) **습성 천이:** 호수, 연못과 같은 수분이 많은 곳에서 시작되는 천이

❶ 빈영양호	영양염류가 적어 플랑크톤이 적은 호수이다. → 부식토가 적어 수생 식물이 적다.
❷ 부영양호	영양염류가 많아 플랑크톤이 많은 호수이다. → 생물의 생산력이 크다.
❸ 이끼류, 습원	흙, 모래, 유기물이 쌓여 형성된 습지에 이끼류가 들어오고, 초본류가 자라면서 습원을 형성한다.
❹ 초원	다양한 종류의 초본이 들어와 초원을 형성한다.
❺ 관목림	크기가 작은 관목이 자란다.
❻ 양수림	소나무 등의 양수가 양수림을 형성한다.
❼ 혼합림	양수림에 신갈나무, 떡갈나무 등의 음수가 들어와 혼합림을 형성한다.
❽ 음수림(극상)	신갈나무, 떡갈나무 등이 음수림을 형성하고, 극상을 이룬다.

❹~❽: 건성 천이와 같은 과정을 거쳐 극상을 이룬다.

◆ **천이 진행에 영향을 주는 요인**
천이가 진행됨에 따라 식물 군집이 변하면서 빛, 수분, 토양 등의 환경도 변하므로 천이 과정에 영향을 주고, 식물에 의존하여 생존하는 동물과 미생물의 종류와 수도 함께 변한다.

◆ **천이 계열과 개척자**
천이 계열이란 천이를 시작하여 마지막에 안정된 군집 상태(극상)를 형성하기까지의 각 과정을 말한다. 개척자는 첫 번째 천이를 시작하는 생물을 말한다.

◆ **지의류**
균류와 조류의 공생체로, 척박한 환경에서도 수분이 있으면 생존할 수 있어 불모지에서 처음 정착하는 개척자이다. 지의류가 바위의 풍화를 촉진시켜 토양이 형성되고, 토양의 양분과 수분 함량이 증가하면 이끼류가 자라기 시작한다.

궁금해?

양수림에서 음수림으로 천이가 일어나는 까닭은 무엇일까?
양수 묘목은 양지에서만 생장하지만 음수 묘목은 음지에서도 잘 생장한다. 따라서 양수림이 형성되면 그늘이 생겨 양수 묘목은 생장하지 못하지만 약한 빛에서도 잘 자라는 음수 묘목은 잘 생장하므로 음수림으로 천이가 진행된다.

| 건성 천이와 습성 천이 | 283쪽 대표 자료❷

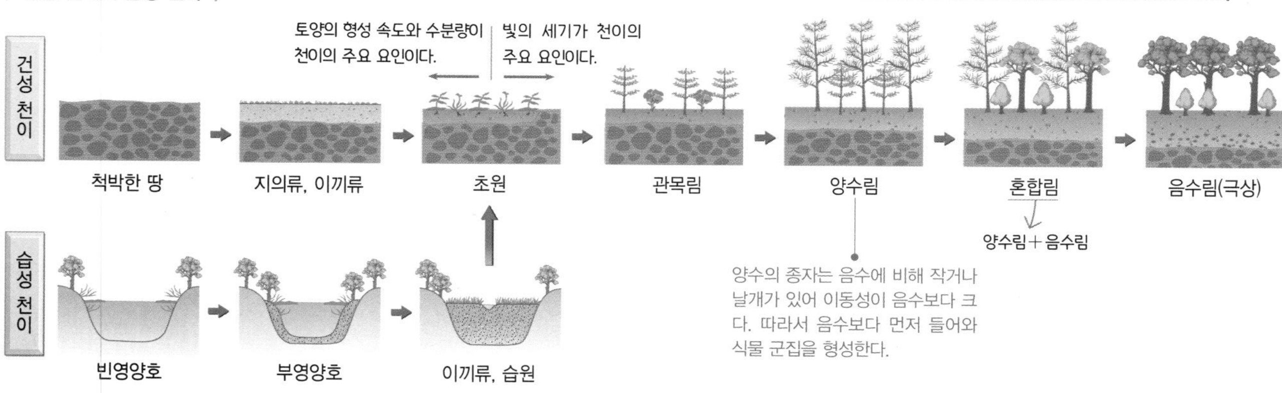

3. 2차 천이 기존의 군집이 산불이나 산사태 등으로 불모지가 된 후 토양이 남아 있는 곳에서 다시 시작되는 천이이다. 토양에 남아 있는 기존 식물의 종자나 뿌리 등에 의해 시작되며, 주로 초본이 개척자로 들어와 초원부터 시작된다. ➡ 1차 천이보다 빠르게 진행된다.

● 수분과 양분이 충분하다.

C 군집 내 개체군 간의 상호 작용

군집에서는 여러 개체군이 생활하기 때문에 군집을 구성하는 개체군 사이에 다양한 상호 작용이 일어납니다. 개체군 사이에서 일어나는 상호 작용에는 어떤 것들이 있는지 알아볼까요?

1. ***종간 경쟁** 생태적 지위가 비슷한 두 종 이상의 개체군이 함께 살면 개체군 사이에서 한정된 자원이나 서식지를 차지하기 위한 종간 경쟁이 일어난다.

> 경쟁·배타 원리: 생태적 지위가 비슷할수록 경쟁이 심해지고, 경쟁에서 이긴 개체군은 번성하지만, 경쟁에서 진 개체군은 도태되어 사라진다.

짚신벌레 두 종의 경쟁 284쪽 대표 자료 ❸

같은 먹이를 먹는 애기짚신벌레 종과 짚신벌레 종을 각각 단독 배양하면 두 종 모두 잘 살지만, 이들을 한 곳에서 혼합 배양하면 경쟁이 일어나 경쟁에서 진 짚신벌레 종은 개체 수가 점점 줄어들어 사라지고, 애기짚신벌레 종만 남는다. ➡ 경쟁·배타 원리가 적용되었다.

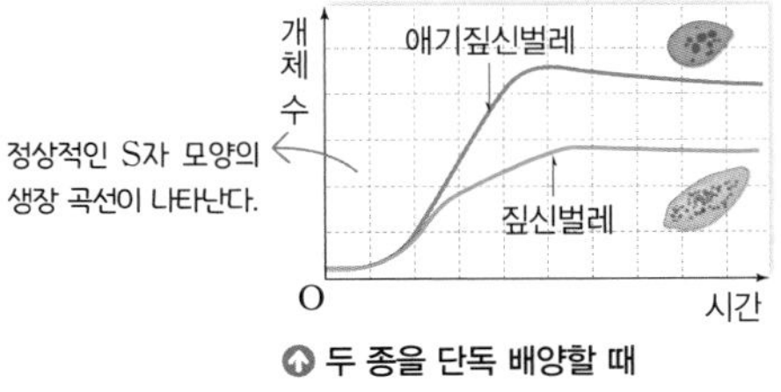

⬆ 두 종을 단독 배양할 때

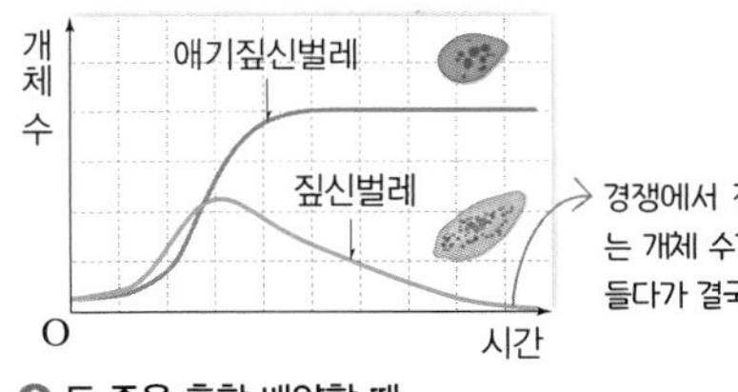

⬆ 두 종을 혼합 배양할 때

2. 분서(생태 지위 분화) 생태적 지위가 비슷한 개체군들이 먹이, 서식지, 활동 시기, 산란 시기 등을 달리하여 경쟁을 피하는 현상이다.

예 솔새의 분서, 피라미와 은어의 분서, 피라미와 갈겨니의 분서, 갯벌에 사는 새들의 분서

● 종에 따라 먹이를 달리한다.

솔새의 분서	피라미와 은어의 분서	피라미와 갈겨니의 분서
북아메리카의 솔새는 한 나무에 여러 종이 서식하지만 경쟁을 피하기 위해 위치를 달리하여 생활한다. ➡ 서식지 분리	 피라미는 은어가 없을 때에는 하천 중앙에서 녹조류를 먹고 산다. 하지만 은어가 이주해 오면 피라미는 하천 가장자리로 이동하여 수서 곤충을 먹고 살고, 은어는 하천 중앙에서 녹조류를 먹고 산다. ➡ 먹이와 서식지 분리	 수서 곤충, 유기물, 식물 플랑크톤을 먹고 사는 피라미의 서식지에 수서 곤충을 주로 먹는 갈겨니가 이주해 오면, 피라미는 수서 곤충을 적게 먹고 유기물과 식물 플랑크톤을 주로 먹어 갈겨니와의 경쟁을 피한다. ➡ 먹이 분리

◆ **종간 경쟁에 영향을 미치는 요인**
생태적 지위, 즉 먹이 지위와 공간 지위가 많이 겹칠수록 경쟁이 심해진다.

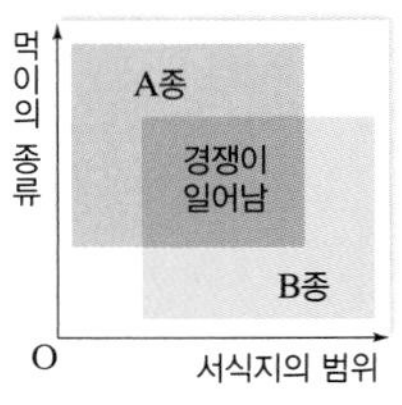

주의해!

분서와 텃세
분서와 텃세는 모두 서식 공간을 달리하는 것이지만, 분서는 군집 내 개체군 사이의 상호 작용이고, 텃세는 개체군 내 개체 사이의 상호 작용이다.

◆ 조간대
밀물 때에는 바닷물에 잠기고 썰물 때에는 드러나는 경계 지점으로, 불가사리, 담치(홍합), 따개비 등이 서식한다.

심화 + 따개비의 종간 경쟁에 의한 생태적 지위 변화

그림은 ◆조간대 지역에서 서식하는 따개비 A종과 B종의 분포를 나타낸 것이다.

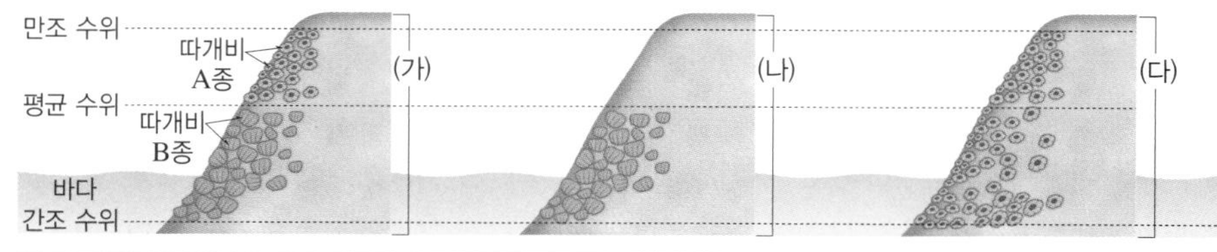

(가) 두 종이 함께 서식할 때	(나) A종을 제거하였을 때	(다) B종을 제거하였을 때
평균 수위 아래쪽은 A종과 B종의 생태적 지위가 겹치는 곳이므로 종간 경쟁에서 이긴 B종만 서식한다. ➡ 경쟁·배타 원리	B종은 평균 수위 위쪽에는 서식하지 않는다. ➡ B종은 건조에 대한 내성이 A종보다 약하기 때문에 평균 수위 위쪽에서는 살 수 없다.	A종은 평균 수위 아래쪽에도 서식한다. ➡ (가)에서 A종의 분포 하한선은 경쟁에서 진 결과이므로 B종이 없을 때 A종은 평균 수위 아래쪽에도 서식한다.

➡ 두 종이 함께 서식할 때 경쟁으로 인한 피해를 줄이기 위해 서식 공간이 달라진다.

교과서마다 제시되는 공생의 예가 다르니 우리 교과서를 확인하고 공부해요.

3. 공생 서로 다른 두 종의 개체군이 서로 밀접하게 관계를 맺고 함께 생활하는 것이다.

(1) **편리공생:** 한쪽 개체군은 이익을 얻지만 다른 개체군은 이익도 손해도 없는 관계

빨판상어와 거북	따개비와 혹등고래	황제청소새우와 해삼	황로와 물소
빨판상어는 거북의 몸에 붙어 쉽게 이동하고 먹이를 얻으며 보호받지만, 거북은 이익도 손해도 없다.	따개비는 혹등고래에 붙어살면서 쉽게 이동하지만, 혹등고래는 이익도 손해도 없다.	황제청소새우는 해삼 속에 숨어 천적으로부터 보호받지만, 해삼은 이익도 손해도 없다.	황로는 물소가 이동할 때 풀숲의 곤충을 쉽게 먹을 수 있지만, 물소는 이익도 손해도 없다.

(2) **상리 공생:** 두 개체군 모두가 이익을 얻는 관계

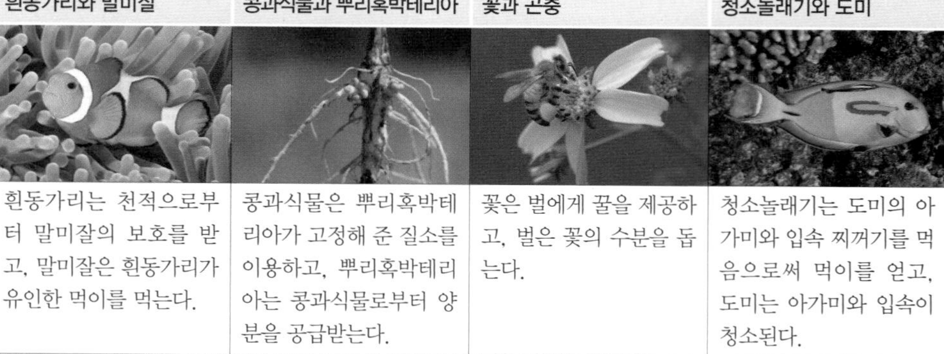

흰동가리와 말미잘	콩과식물과 뿌리혹박테리아	꽃과 곤충	청소놀래기와 도미
흰동가리는 천적으로부터 말미잘의 보호를 받고, 말미잘은 흰동가리가 유인한 먹이를 먹는다.	콩과식물은 뿌리혹박테리아가 고정해 준 질소를 이용하고, 뿌리혹박테리아는 콩과식물로부터 양분을 공급받는다.	꽃은 벌에게 꿀을 제공하고, 벌은 꽃의 수분을 돕는다.	청소놀래기는 도미의 아가미와 입속 찌꺼기를 먹음으로써 먹이를 얻고, 도미는 아가미와 입속이 청소된다.

◆ 숙주와 기생 생물의 관계
- 사람과 기생충: 회충, 요충과 같은 기생충(기생 생물)은 사람(숙주)의 몸속에 살면서 양분을 빼앗는다.
- 겨우살이와 다른 식물: 겨우살이(기생 생물)는 다른 식물(숙주)의 줄기에 뿌리를 박아 물과 양분을 빼앗는다.

- 개와 벼룩: 벼룩(기생 생물)은 개(숙주)의 몸 표면에 붙어살면서 양분을 빼앗는다.
- 곤충의 애벌레와 기생벌: 기생벌(기생 생물)은 다른 곤충의 애벌레(숙주)에 알을 낳고, 알에서 깨어난 기생벌 유충은 곤충의 애벌레에서 양분을 빼앗아 성장한다.
- 새삼과 다른 식물: 덩굴 식물인 새삼(기생 생물)은 다른 식물(숙주)로부터 양분을 빼앗는다.

4. 기생 두 종의 개체군이 함께 생활할 때 한쪽 생물이 다른 생물에게 피해를 주는 관계이다.

예 ◆사람과 기생충, 나무와 겨우살이, 개와 벼룩

(1) **숙주:** 기생 관계에서 손해를 입는 생물

(2) **기생 생물:** 기생 관계에서 이익을 얻는 생물

5. 포식과 피식 군집을 구성하는 서로 다른 종 사이의 먹고 먹히는 관계이다.

(1) **포식자:** 다른 생물을 잡아먹는 생물로, 포식자를 피식자의 천적이라고 한다. → 이익을 얻는다.

(2) **피식자:** 먹이가 되는 생물이다. → 손해를 입는다.

(3) ◆**포식자와 피식자의 적응:** 포식자는 먹이를 잡기에 유리하도록 적응하고, 피식자는 포식자를 피할 수 있도록 적응한다.

예 치타와 톰슨가젤, 스라소니와 눈신토끼, 사자와 영양

⬆ 치타(포식자)와 톰슨가젤(피식자)

| 포식과 피식의 관계 |

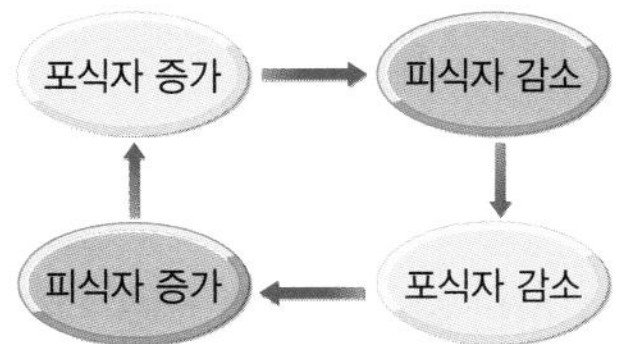

- 먹이 사슬에서 포식자와 피식자의 개체 수 변화는 서로 영향을 미친다. ➡ 포식자의 개체 수와 피식자의 개체 수가 주기적 변동을 나타내기도 한다. → 266쪽 '피식과 포식에 따른 개체군의 주기적 변동'을 참고하세요.
- 포식자는 피식자 개체군의 생장을 조절하는 요인으로 작용하며, 포식과 피식은 생태계 평형을 유지하는 데 중요한 역할을 한다.

궁금해?

포식과 피식은 동물에서만 나타나는 관계일까?

포식과 피식 관계는 육식 동물과 초식 동물뿐만 아니라, 초식 동물과 식물에서도 나타난다.

◆ **포식자와 피식자의 적응과 진화**

포식과 피식은 포식자와 피식자에게 모두 생존을 위한 적응과 진화의 원동력이 된다. 포식자는 먹이를 잡는 데 도움이 되는 포식 능력이 향상되도록 적응하여 진화하고, 피식자는 보호색이나 경고색을 띠는 등 포식자를 피하도록 적응하여 진화한다.

탐구 자료창 군집 내 개체군 간의 상호 작용

284쪽 대표 자료 4

표는 군집 내 서로 다른 두 종 사이에서 일어날 수 있는 상호 작용과 두 개체군이 받는 영향을 나타낸 것이다.

상호 작용	종간 경쟁	(가)	(나)	기생	포식과 피식
개체군 A	−	+	+	−	+
개체군 B	−	0	+	+	−

(+: 이익, −: 손해, 0: 이익과 손해 모두 없음)

1. 종간 경쟁은 서로에게 손해를 주는 관계이다.
2. (가)는 한쪽은 이익을 얻으나 다른 한쪽은 이익도 손해도 없는 관계이며, (나)는 두 개체군이 모두 이익을 얻는 관계이다. ➡ (가)는 편리공생, (나)는 상리 공생이다.
3. 기생에서 손해를 입는 개체군 A는 숙주이고, 이익을 얻는 개체군 B는 기생 생물이다.
4. 포식과 피식에서 이익을 얻는 개체군 A는 포식자이고, 손해를 입는 개체군 B는 피식자이다.

군집 내 개체군 간의 상호 작용에 따른 개체 수 변화에 대해 정리해 보아요.

단독 배양	혼합 배양 ➡	종간 경쟁 → 경쟁·배타 원리	편리공생	상리 공생	포식과 피식
A종과 B종의 개체 수는 각각 S자 모양의 생장 곡선을 나타낸다. → 실제의 생장 곡선		종간 경쟁 결과 경쟁에서 진 B종은 개체 수가 점점 감소하여 사라지고, A종만 살아남는다.	편리공생 결과 이익을 얻은 A종만 개체 수가 증가하고, B종은 개체 수가 변하지 않는다.	상리 공생 결과 서로 이익을 얻으므로 두 종 모두 개체 수가 증가한다.	피식자인 A종의 개체 수가 증감함에 따라 포식자인 B종의 개체 수가 증감한다.

개념 확인 문제

핵심 체크

- 군집의 (❶): 시간이 지남에 따라 군집의 종 구성과 특성이 달라지는 현상이다.
- 토양이 없는 불모지에서 시작되는 천이는 (❷)이고, 기존의 식물 군집에서 산불이나 산사태 등이 일어난 후 다시 시작되는 천이는 (❸)이다.
- 종간 (❹): 생태적 지위가 비슷한 개체군이 먹이나 서식지를 두고 다투는 것이다.
- (❺)(생태 지위 분화): 개체군들이 경쟁을 피하기 위해 먹이, 서식지 등을 달리하는 것이다.
- 두 개체군이 상호 작용을 통해 서로 이익을 얻는 관계는 (❻) 공생이고, 한쪽 개체군은 이익을 얻지만 다른 개체군은 이익도 손해도 없는 관계는 (❼)공생이다.
- (❽): 두 종의 개체군이 함께 생활할 때 한쪽 생물이 다른 생물에게 피해를 주는 관계이다.
- (❾): 서로 다른 종 사이의 먹고 먹히는 관계이다.

1 식물 군집의 천이에 대한 설명으로 옳은 것은 ○, 옳지 않은 것은 ×로 표시하시오.

(1) 용암 대지와 같은 건조한 곳에서 시작되는 천이를 건성 천이라고 한다. ( )

(2) 습성 천이는 호수, 연못과 같은 습한 곳에서 시작되는 천이이다. ( )

(3) 처음으로 천이를 시작하는 생물을 극상이라고 한다. ( )

(4) 천이 과정에서 식물 군집은 '초원 → 관목림 → 양수림 → 음수림 → 혼합림' 순으로 형성된다. ( )

(5) 2차 천이는 1차 천이보다 천이의 진행 속도가 느리다. ( )

2 다음은 군집 내 개체군 사이의 상호 작용에 대한 설명이다. ( ) 안에 알맞은 말을 쓰시오.

(1) 두 개체군 사이에서 심한 경쟁이 일어나 한 개체군이 도태되어 완전히 사라지는 것을 ( )라고 한다.

(2) 기생 관계에서 이익을 얻는 생물은 기생 생물이라고 하고, 손해를 입는 생물은 ( )라고 한다.

(3) 서로 다른 종 사이에서 다른 생물을 잡아먹는 생물을 ㉠( )라고 하고, 잡아먹히는 생물을 ㉡( )라고 한다.

3 다음은 군집 내 개체군 사이의 상호 작용의 예를 나타낸 것이다. 각 예에 해당하는 상호 작용으로 옳은 것만을 [보기]에서 고르시오.

보기		
ㄱ. 기생	ㄴ. 분서	ㄷ. 편리공생
ㄹ. 상리 공생	ㅁ. 종간 경쟁	ㅂ. 포식과 피식

(1) 사자가 영양을 잡아먹는다.

(2) 따개비는 혹등고래의 몸에 붙어 쉽게 이동하지만 혹등고래는 이익도 손해도 없다.

(3) 피라미는 은어가 이주해 오면 먹이와 서식지를 달리한다.

(4) 십이지장충은 사람 몸속에 살며 양분을 빼앗고 질병을 유발한다.

(5) 먹이가 같은 두 종의 짚신벌레를 함께 배양하면 한 종만 살아남는다.

(6) 말미잘은 흰동가리가 유인한 먹이를 먹고, 흰동가리는 말미잘의 보호를 받는다.

4 그림은 두 종의 개체군 A, B를 각각 단독 배양할 때와 혼합 배양할 때 시간에 따른 개체 수 변화를 나타낸 것이다.
개체군 A와 B 사이에서 일어난 상호 작용으로 옳은 것은?

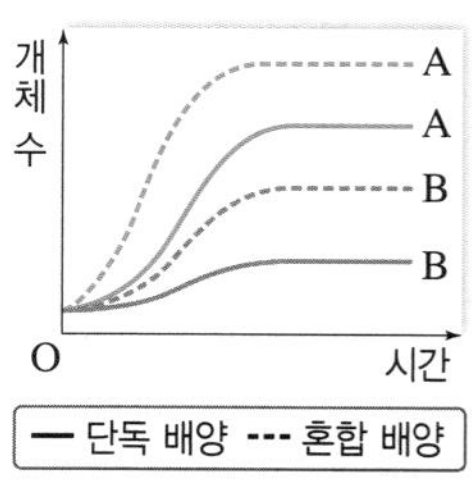

① 분서 ② 편리공생 ③ 종간 경쟁
④ 상리 공생 ⑤ 포식과 피식

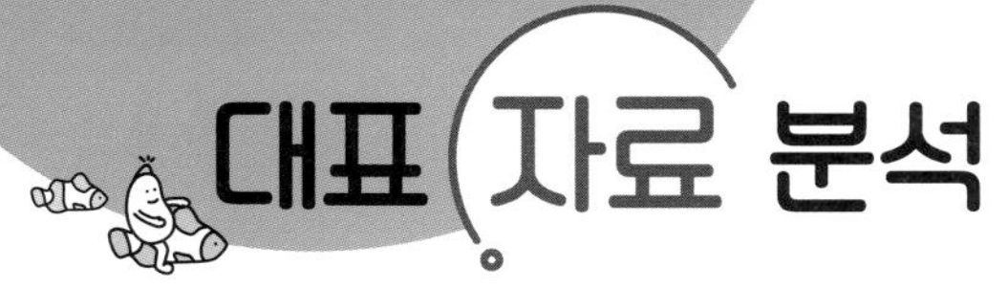

자료 1 방형구법을 이용한 식물 군집 조사

기출 Point
- 밀도, 빈도, 피도 구하기
- 상대 밀도, 상대 빈도, 상대 피도를 구하여 우점종 찾기

[1~2] 그림은 어떤 지역에서 1 m×1 m 크기의 방형구 2개를 설치하여 조사한 식물 종 A~C의 분포를, 표는 2개의 방형구에서 종 A~C가 각각 점유한 면적을 나타낸 것이다.

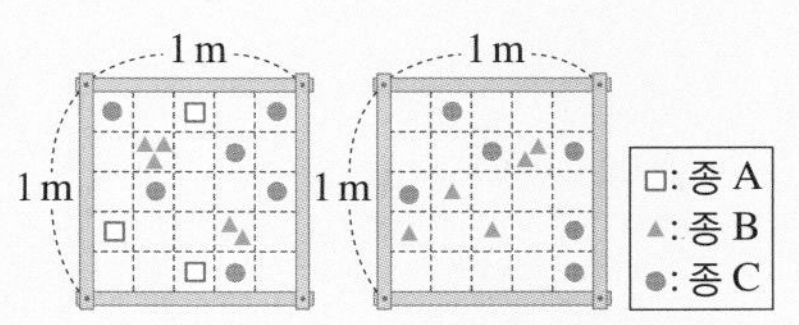

종	점유 면적 (m^2)
A	0.1
B	0.16
C	0.24

1 ( ) 안에 알맞은 말을 쓰시오.

(1) 특정 종의 밀도는 방형구 내 그 종의 (   )를 전체 방형구의 면적으로 나눈 값이다.

(2) 특정 종의 (   )는 그 종이 출현한 방형구 수를 전체 방형구의 수로 나눈 값이다.

(3) 중요치는 상대 밀도, 상대 빈도, (   )를 더한 값이다.

(4) 중요치가 가장 높은 종이 그 군집의 (   )이다.

2 ( ) 안에 알맞은 값이나 말을 쓰시오.

(1) 식물 군집의 밀도, 빈도, 피도 구하기

종	밀도	빈도	피도
A	$1.5/m^2$	㉠( )	0.05
B	㉡( )$/m^2$	1	㉢( )
C	㉣( )$/m^2$	㉤( )	0.12

(2) 상대 밀도, 상대 빈도, 상대 피도, 중요치 구하기

종	상대 밀도(%)	상대 빈도(%)	상대 피도(%)	중요치
A	㉠( )	㉡( )	20	52
B	40	㉢( )	㉣( )	㉤( )
C	㉥( )	40	㉦( )	㉧( )

(3) 이 식물 군집에서 우점종은 (   )이다.

자료 2 식물 군집의 천이

기출 Point
- 천이의 종류 구분하기
- 천이 과정에서 식물 군집의 변화 파악하기

[1~3] 그림은 어떤 지역에서 일어나는 식물 군집의 천이 과정을 나타낸 것이다.

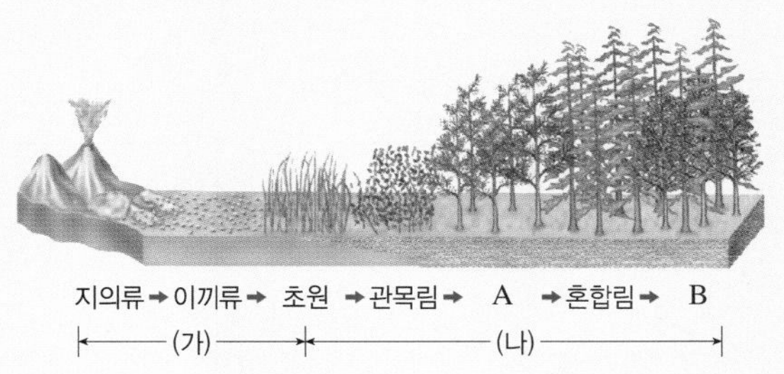

1 식물의 천이 과정에서 A와 B는 각각 무엇인지 쓰시오.

2 ( ) 안에 알맞은 말을 쓰시오.

(1) 이 지역의 천이 과정에서 개척자는 (   )이다.

(2) 이 지역의 천이 과정에서 극상에 해당하는 단계는 (   )이다.

3 빈출 선택지로 완벽 정리!

(1) 1차 천이 과정을 나타낸 것이다. ········ (○ / ×)

(2) 이끼류가 포함된 천이 단계를 가지므로 습성 천이 과정을 나타낸 것이다. ········ (○ / ×)

(3) (가)에서 천이에 가장 큰 영향을 미치는 비생물적 요인은 토양과 물이다. ········ (○ / ×)

(4) (나)에서 천이가 진행될수록 지표면에 도달하는 빛의 세기는 증가한다. ········ (○ / ×)

(5) A의 하층에서는 강한 빛에서 빠르게 자라는 양수 묘목이 늘어난다. ········ (○ / ×)

(6) B에서 산불로 인해 군집이 파괴된 후 일어나는 천이는 초원에서부터 시작되어 빠르게 진행된다. ········ (○ / ×)

(7) 잎의 평균 두께는 A의 우점종이 B의 우점종보다 두껍다. ········ (○ / ×)

자료 ❸ 개체군 간 상호 작용의 그래프

기출 Point
- 개체군 간 상호 작용의 종류 구분하기
- 각 상호 작용에 해당하는 예 파악하기

[1~3] 그림 (가)는 종 A~C를 각각 단독 배양하였을 때, (나)는 종 A와 종 B를 혼합 배양하였을 때, (다)는 종 A와 종 C를 혼합 배양하였을 때 시간에 따른 개체 수 변화를 나타낸 것이다.

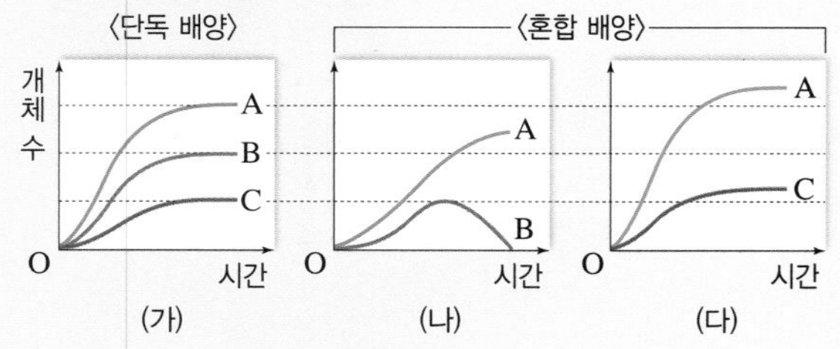

1 (　　) 안에 알맞은 말을 쓰시오.

> 종 A와 종 B 사이의 상호 작용은 ㉠(　　　)이고, 종 A와 종 C 사이의 상호 작용은 ㉡(　　　)이다.

2 (나)와 (다)에 해당하는 상호 작용의 예를 [보기]에서 각각 고르시오.

> **보기**
> ㄱ. 피라미와 갈겨니　　ㄴ. 빨판상어와 거북
> ㄷ. 스라소니와 눈신토끼　　ㄹ. 흰동가리와 말미잘
> ㅁ. 애기짚신벌레 종과 짚신벌레 종

3 빈출 선택지로 완벽 정리!

(1) 종 A와 종 B 사이에 먹이 사슬이 형성된다. ······ (○ / ×)
(2) 종 A와 종 C는 생태적 지위가 비슷하다. ······ (○ / ×)
(3) 종 A는 포식자이고, 종 C는 피식자이다. ······ (○ / ×)
(4) 종 A~C는 모두 단독 배양하였을 때 환경 저항을 받는다. ······ (○ / ×)
(5) (나)와 (다)에서 모두 경쟁 · 배타의 원리가 적용된다. ······ (○ / ×)

자료 ❹ 개체군 간 상호 작용에서 손익 관계

기출 Point
- 개체군 간 상호 작용에 따른 손익 관계 파악하기
- 각 상호 작용에 해당하는 예 파악하기

[1~3] 그림은 두 개체군 X와 Y 사이에 상호 작용 ㉠~㉣이 일어날 때 이익과 손해의 관계를 나타낸 것이다. ㉠~㉣은 각각 편리공생, 상리 공생, 종간 경쟁, 포식과 피식 중 하나이다.

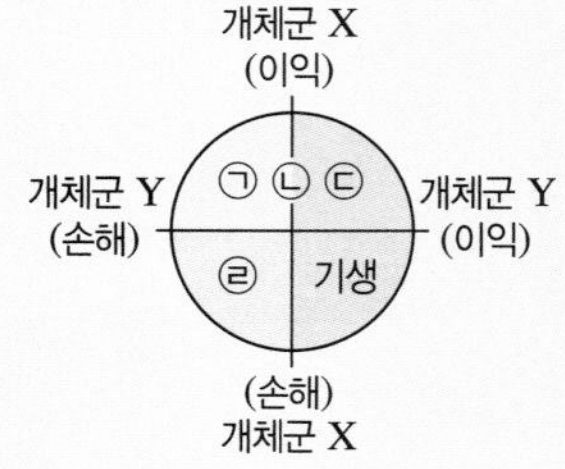

1 ㉠~㉣에 해당하는 상호 작용을 각각 쓰시오.

2 (　　) 안에 알맞은 말을 쓰시오.

> ㉣은 생태적 지위가 비슷한 두 개체군 사이에서 나타나는 상호 작용으로 (　　　) 원리가 적용된다.

3 빈출 선택지로 완벽 정리!

(1) 그림에서 X와 Y 사이의 상호 작용이 기생일 때, X는 숙주이다. ······ (○ / ×)
(2) 눈신토끼와 스라소니 사이의 상호 작용은 ㉠에 해당한다. ······ (○ / ×)
(3) 하천에서 은어와 피라미가 서로 다른 위치에 서식하며 다른 종류의 먹이를 먹는 것은 경쟁을 피하기 위해서이다. ······ (○ / ×)
(4) 빨판상어와 거북 사이의 상호 작용은 ㉡에 해당한다. ······ (○ / ×)
(5) 콩과식물과 뿌리혹박테리아 사이의 상호 작용은 ㉢에 해당한다. ······ (○ / ×)

내신 만점 문제

정답친해 129쪽

A 군집

01 군집의 특성에 대한 설명으로 옳은 것만을 [보기]에서 있는 대로 고른 것은?

보기
ㄱ. 먹이 사슬을 이루는 생물종이 다양할수록 군집이 안정적이다.
ㄴ. 군집 내에서는 먹이 그물 여러 개가 복잡하게 얽혀 먹이 사슬을 형성한다.
ㄷ. 개체군이 먹이 사슬에서 차지하는 위치를 먹이 지위라고 하고, 개체군이 차지하는 서식 공간을 공간 지위라고 한다.
ㄹ. 군집 내 각각의 개체군이 자신의 생태적 지위를 지킴으로써 군집이 유지된다.

① ㄱ, ㄴ ② ㄱ, ㄷ ③ ㄴ, ㄹ
④ ㄱ, ㄷ, ㄹ ⑤ ㄴ, ㄷ, ㄹ

02 식물 군집을 구성하는 종의 구분에 대한 설명으로 옳은 것은?

① 군집을 대표할 수 있는 개체군을 지표종이라고 한다.
② 개체 수가 매우 적어 보호가 필요한 종을 핵심종이라고 한다.
③ 지의류는 이산화 황의 오염 정도를 예측할 수 있는 우점종이다.
④ 우점종은 군집에서 개체 수가 많거나 넓은 면적을 차지하는 개체군이다.
⑤ 군집의 구조에 결정적인 영향을 미치는 개체군을 희소종이라고 한다.

[03~05] 그림은 어떤 식물 군집에 동일한 크기의 방형구 4개를 설치하여 조사한 식물 종의 분포를 나타낸 것이다.

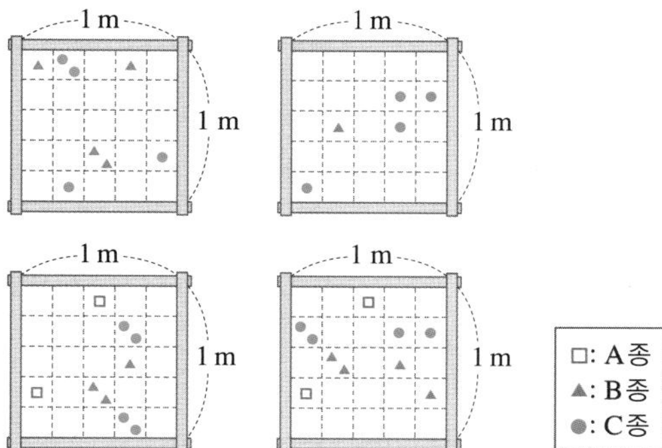

중요 **03** 표는 이 식물 군집을 조사한 결과이다. ㉠~㉢에 알맞은 값을 각각 쓰시오. (단, 방형구 한 칸에 출현한 종은 그 칸의 면적을 모두 차지하는 것으로 간주한다.)

식물 종	밀도	빈도	피도
A종	$1/m^2$	(㉠)	0.04
B종	(㉡)	1	0.09
C종	$4/m^2$	1	(㉢)

중요 **04** 표는 이 식물 군집의 상대 밀도, 상대 빈도, 상대 피도 및 중요치를 구한 것이다. ㉠~㉣에 알맞은 값을 각각 쓰시오.

식물 종	상대 밀도 (%)	상대 빈도 (%)	상대 피도 (%)	중요치
A종	(㉠)	20	16	48.5
B종	37.5	(㉡)	36	113.5
C종	50	40	(㉢)	(㉣)

서술형 **05** 이 식물 군집의 우점종을 쓰고, 그렇게 판단한 까닭을 서술하시오.

06 그림은 어떤 식물 군집의 높이에 따른 빛의 세기와 층상 구조를 나타낸 것이다.

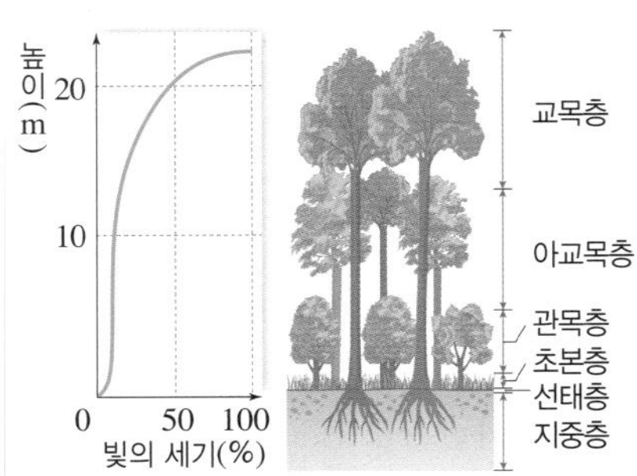

이에 대한 설명으로 옳지 않은 것은?

① 교목층에서 광합성이 활발하게 일어난다.
② 선태층에는 생산자, 소비자, 분해자가 모두 서식한다.
③ 지중층은 부식질이 많고, 균류와 두더지 등이 서식한다.
④ 층상 구조에서 아래로 내려갈수록 빛의 세기가 증가한다.
⑤ 층상 구조는 식물이 빛을 최대한 활용할 수 있는 구조로 되어 있다.

07 그림은 위도에 따른 기온과 강수량의 차이로 나타나는 식물 군집 (가)~(라)의 분포를 나타낸 것이다. (가)~(라)는 각각 툰드라, 열대 우림, 낙엽수림, 침엽수림 중 하나이다.

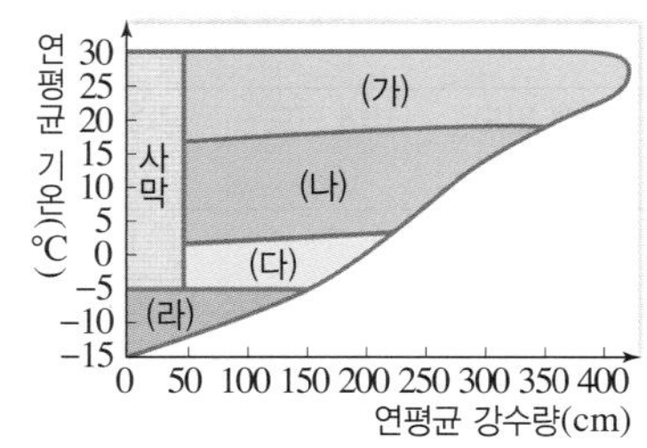

이에 대한 설명으로 옳은 것만을 [보기]에서 있는 대로 고른 것은?

보기
ㄱ. (가)는 열대 우림, (나)는 침엽수림이다.
ㄴ. (다)는 (라)보다 고위도 지역에 분포한다.
ㄷ. 이 분포는 수평 분포에 해당한다.

① ㄱ ② ㄷ ③ ㄱ, ㄴ
④ ㄴ, ㄷ ⑤ ㄱ, ㄴ, ㄷ

중요 **08** 그림은 식물 군집의 생태 분포를 나타낸 것이다.

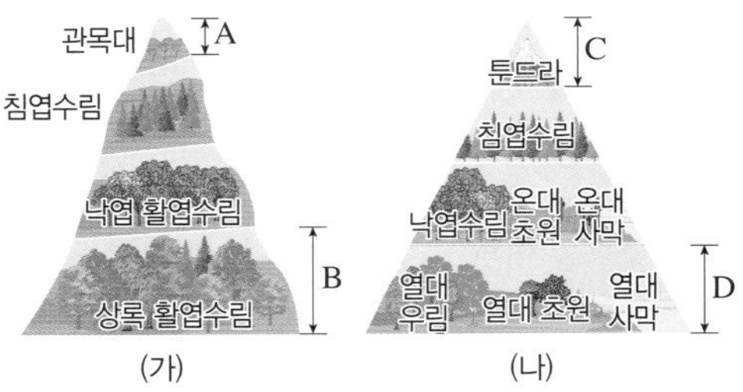

이에 대한 설명으로 옳은 것만을 [보기]에서 있는 대로 고른 것은?

보기
ㄱ. (가)는 수평 분포, (나)는 수직 분포에 해당한다.
ㄴ. (가)에서 A 지역은 B 지역보다 기온이 낮다.
ㄷ. (나)에서 C 지역은 D 지역보다 위도가 낮다.

① ㄱ ② ㄴ ③ ㄷ
④ ㄱ, ㄴ ⑤ ㄴ, ㄷ

B 식물 군집의 천이

[09~10] 그림은 어떤 식물 군집의 천이 과정을 나타낸 것이다.

중요 **09** 이에 대한 설명으로 옳지 않은 것은?

① 2차 천이 과정을 나타낸 것이다.
② 개척자로 지의류가 들어오면서 천이가 시작된다.
③ B는 양수와 음수로 된 혼합림이다.
④ 이 식물 군집은 C에서 극상을 이룬다.
⑤ A → B → C로 천이되는 과정에서 빛의 세기가 중요한 요인으로 작용한다.

서술형 **10** 이 식물 군집이 극상을 이룬 후 산불이 발생하였다면, 이후 천이는 어느 단계부터 시작하는지 쓰고, 그 까닭을 서술하시오.

11 그림은 어떤 지역에서 식물 군집의 천이 과정을 나타낸 것이다.

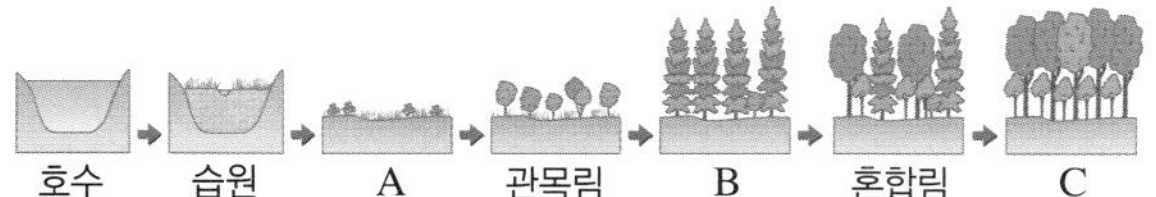

이에 대한 설명으로 옳은 것만을 [보기]에서 있는 대로 고른 것은?

보기
ㄱ. A의 우점종은 지의류이다.
ㄴ. B는 양수림, C는 음수림이다.
ㄷ. 습성 천이를 나타낸 것이다.

① ㄱ ② ㄷ ③ ㄱ, ㄴ
④ ㄴ, ㄷ ⑤ ㄱ, ㄴ, ㄷ

12 그림은 어떤 지역 A에서 천이가 일어날 때 군집의 높이 변화를 나타낸 것이다. ㉠~㉢은 각각 음수림, 양수림, 지의류 중 하나이다.

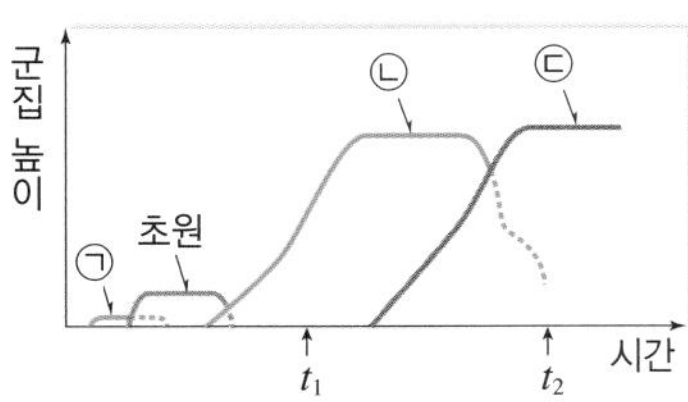

이에 대한 설명으로 옳은 것만을 [보기]에서 있는 대로 고른 것은?

보기
ㄱ. A에서 일어난 천이는 1차 천이이다.
ㄴ. ㉠은 토양을 형성하는 역할을 한다.
ㄷ. 지표면에 도달하는 빛의 세기는 t_2일 때가 t_1일 때보다 강하다.

① ㄱ ② ㄷ ③ ㄱ, ㄴ
④ ㄴ, ㄷ ⑤ ㄱ, ㄴ, ㄷ

C 군집 내 개체군 간의 상호 작용

중요 **13** 그림은 짚신벌레 A종과 B종을 각각 단독 배양하였을 때와 혼합 배양하였을 때 시간에 따른 개체군의 밀도 변화를 나타낸 것이다.

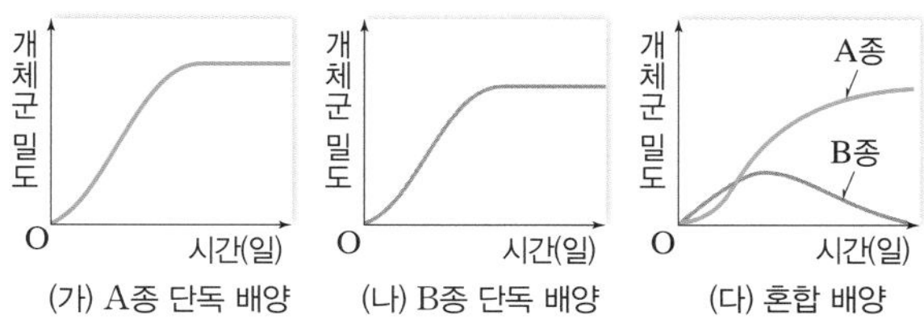

이에 대한 설명으로 옳은 것만을 [보기]에서 있는 대로 고른 것은?

보기
ㄱ. A종은 포식자, B종은 피식자이다.
ㄴ. A종과 B종은 생태적 지위가 비슷하다.
ㄷ. (다)에서 경쟁·배타 원리가 적용된다.

① ㄱ ② ㄷ ③ ㄱ, ㄴ
④ ㄴ, ㄷ ⑤ ㄱ, ㄴ, ㄷ

14 피라미는 원래 하천 중앙에서 녹조류를 먹으며 살지만, 은어가 이주해 오면 그림과 같이 하천 가장자리로 이동하여 수서 곤충을 먹으며 살고 은어는 하천 중앙에서 녹조류를 먹으며 산다.

이에 대한 설명으로 옳은 것만을 [보기]에서 있는 대로 고른 것은?

보기
ㄱ. 은어와 피라미는 생태 지위 분화가 이루어졌다.
ㄴ. 은어와 피라미는 경쟁을 피하기 위해 먹이와 서식지를 분리하였다.
ㄷ. 북아메리카의 솔새가 한 나무에서 여러 종이 다른 위치에 서식하는 것도 이와 같은 상호 작용에 해당한다.

① ㄱ ② ㄷ ③ ㄱ, ㄴ
④ ㄴ, ㄷ ⑤ ㄱ, ㄴ, ㄷ

중요 **15** 그림 (가)는 조간대 지역에서 두 종의 따개비 A와 B가 함께 있을 때 A와 B의 분포를, (나)는 A를 제거하였을 때 B의 분포를, (다)는 B를 제거하였을 때 A의 분포를 나타낸 것이다.

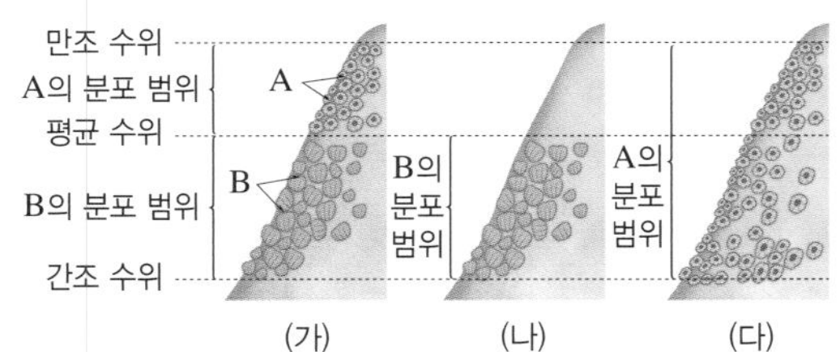

이에 대한 설명으로 옳은 것만을 [보기]에서 있는 대로 고른 것은?

보기
ㄱ. 평균 수위 아래쪽에서 A와 B는 생태적 지위가 겹친다.
ㄴ. (가)에서 A의 분포 하한선은 B와의 공생 관계에 의해 결정된다.
ㄷ. (나)에서 B의 분포 상한선은 건조에 대한 내성에 의해 결정된다.

① ㄱ ② ㄷ ③ ㄱ, ㄴ
④ ㄱ, ㄷ ⑤ ㄱ, ㄴ, ㄷ

16 다음은 종 사이의 상호 작용에 대한 자료이다.

(가) 벼룩은 개의 몸 표면에 붙어살면서 양분을 빼앗는다.
(나) 뿌리혹박테리아는 콩과식물에게 질소 화합물을 제공하고, 콩과식물은 뿌리혹박테리아에게 양분을 제공한다.
(다) 빨판상어는 거북의 몸에 붙어 이동하며 먹이를 얻고 보호받지만, 거북은 이익도 손해도 없다.

이에 대한 설명으로 옳은 것만을 [보기]에서 있는 대로 고른 것은?

보기
ㄱ. (가)는 포식과 피식의 예이다.
ㄴ. (나)와 (다) 각각에는 이익을 얻는 종이 있다.
ㄷ. 꽃은 벌에게 꿀을 제공하고 벌은 꽃의 수분을 돕는 것은 상리 공생의 예에 해당한다.

① ㄱ ② ㄴ ③ ㄱ, ㄷ
④ ㄴ, ㄷ ⑤ ㄱ, ㄴ, ㄷ

17 표는 생물종 사이의 상호 작용이 일어날 때 이익과 손해의 관계를 나타낸 것이다. ㉠~㉢은 각각 종간 경쟁, 기생, 상리 공생 중 하나이다.

상호 작용	종 A	종 B
㉠	손해	?
㉡	이익	이익
㉢	이익	손해

이에 대한 설명으로 옳은 것만을 [보기]에서 있는 대로 고른 것은?

보기
ㄱ. ㉠에서 종 B는 손해를 입는다.
ㄴ. 흰동가리와 말미잘 사이의 상호 작용은 ㉡에 해당한다.
ㄷ. 치타와 톰슨가젤 사이의 상호 작용은 ㉢에 해당한다.

① ㄱ ② ㄴ ③ ㄱ, ㄴ
④ ㄴ, ㄷ ⑤ ㄱ, ㄴ, ㄷ

18 그림 (가)는 두 개체군 사이의 상호 작용이 일어날 때 이익과 손해의 관계를, (나)는 상호 작용하는 개체군 A와 B의 시간에 따른 개체 수 변화를 나타낸 것이다. ㉠~㉣은 각각 포식과 피식, 종간 경쟁, 상리 공생, 편리공생 중 하나이다.

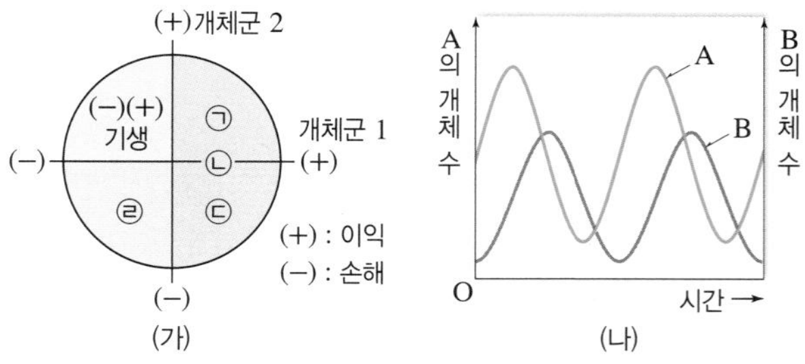

이에 대한 설명으로 옳은 것은?

① A는 포식자, B는 피식자이다.
② A와 B는 먹이를 차지하기 위해 서로 경쟁한다.
③ A와 B 사이의 상호 작용은 ㉠이다.
④ 혹등고래와 따개비의 상호 작용은 ㉡이다.
⑤ 나무와 겨우살이의 상호 작용은 ㉣이다.

실력 UP 문제

01 표 (가)는 어떤 지역의 식물 군집을 조사한 결과를 나타낸 것이고, (나)는 종 A와 C의 상대 피도와 상대 빈도에 대한 자료이다.

종	개체 수	빈도
A	120	0.20
B	30	0.28
C	100	㉠

(가)

- A의 상대 피도는 55 %이다.
- C의 상대 빈도는 40 %이다.

(나)

이에 대한 설명으로 옳은 것만을 [보기]에서 있는 대로 고른 것은? (단, 종 A~C 이외의 종은 고려하지 않는다.)

ㄱ. ㉠은 0.32이다.
ㄴ. B의 상대 밀도는 12 %이다.
ㄷ. 중요치는 A가 C보다 높다.

① ㄱ ② ㄴ ③ ㄱ, ㄷ
④ ㄴ, ㄷ ⑤ ㄱ, ㄴ, ㄷ

02 그림 (가)와 (나)는 서로 다른 두 지역에서 일어나는 천이 과정의 일부를 나타낸 것이다. A~D는 각각 초원, 지의류, 양수림, 관목림 중 하나이다.

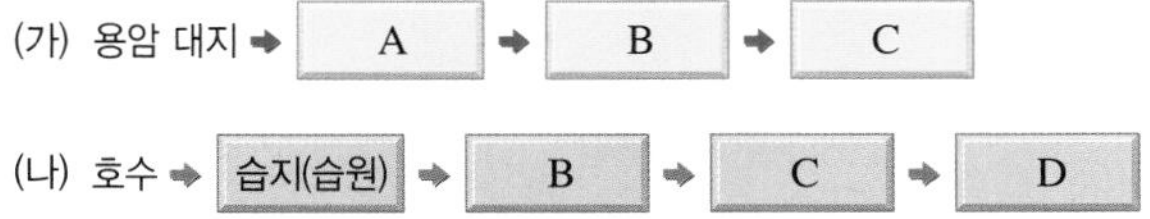

이에 대한 설명으로 옳은 것만을 [보기]에서 있는 대로 고른 것은?

보기

ㄱ. B는 관목림이다.
ㄴ. (나)는 D에서 극상에 도달한다.
ㄷ. (가)와 (나)는 모두 1차 천이 과정의 일부이다.

① ㄱ ② ㄴ ③ ㄷ
④ ㄱ, ㄷ ⑤ ㄱ, ㄴ, ㄷ

03 그림 (가)~(다)는 종 A와 B의 시간에 따른 개체 수를 나타낸 것이다. (가)는 고온 다습한 환경에서 각각 단독 배양한 결과이고, (나)는 (가)와 같은 환경에서 혼합 배양한 결과이며, (다)는 저온 건조한 환경에서 혼합 배양한 결과이다.

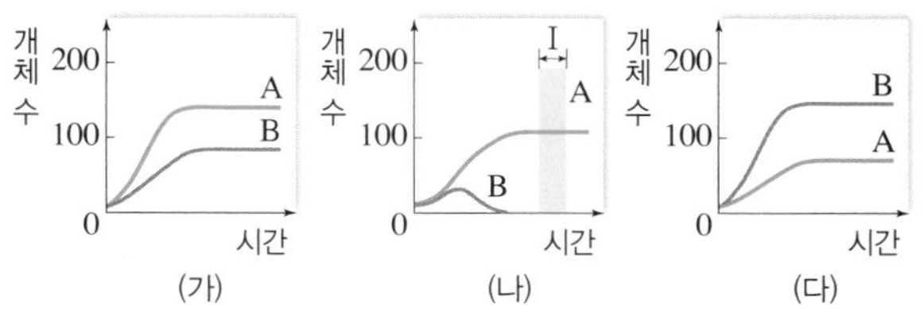

이에 대한 설명으로 옳은 것만을 [보기]에서 있는 대로 고른 것은?

보기

ㄱ. (가)에서 A와 B는 이론상의 생장 곡선을 나타낸다.
ㄴ. (나)에서 경쟁·배타 원리가 적용되었다.
ㄷ. 구간 Ⅰ에서 A는 환경 저항을 받지 않는다.
ㄹ. B에 대한 환경 수용력은 (가)에서가 (다)에서보다 작다.

① ㄱ, ㄴ ② ㄱ, ㄷ ③ ㄴ, ㄹ
④ ㄷ, ㄹ ⑤ ㄱ, ㄴ, ㄹ

04 그림은 생물 간의 상호 작용 네 가지를 분류하는 과정을 나타낸 것이다.

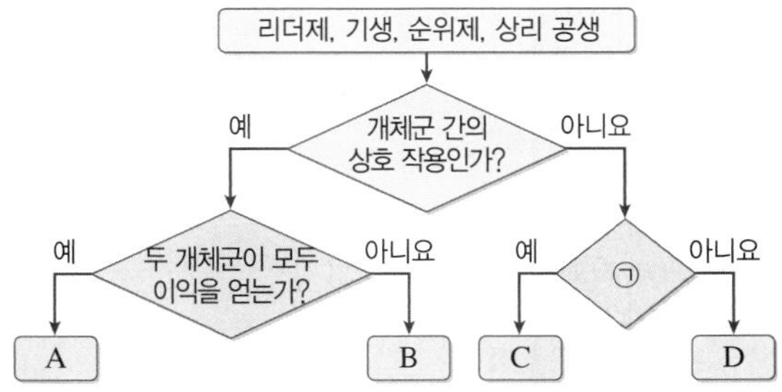

이에 대한 설명으로 옳은 것만을 [보기]에서 있는 대로 고른 것은?

보기

ㄱ. A는 상리 공생이다.
ㄴ. B의 관계를 갖는 두 개체군은 서로 다른 군집을 이룬다.
ㄷ. '힘의 강약에 따라 서열이 정해지는가?'는 ㉠에 해당한다.

① ㄱ ② ㄷ ③ ㄱ, ㄴ
④ ㄱ, ㄷ ⑤ ㄴ, ㄷ

3 에너지 흐름과 물질 순환

핵심 포인트

1. 생태계 에너지 흐름 ★★★
2. 에너지 효율 ★★★
3. 총생산량, 순생산량, 호흡량의 관계 ★★
4. 질소 순환 ★★★

A 에너지 흐름

1. 생태계에서의 에너지 흐름 (생물적 요인과 비생물적 요인 사이에서 에너지의 이동이 일어난다.) 생태계에서 에너지는 순환하지 않고 한쪽 방향으로 흐르다가 생태계 밖으로 빠져나간다. ➡ 에너지는 순환하지 않으므로 생태계가 유지되려면 끊임없이 외부에서 에너지가 공급되어야 하며, 이 에너지는 태양으로부터 공급된다.

암기해!

- **생태계를 유지하는 에너지의 근원**: 태양의 빛에너지
- **생태계에서의 에너지 흐름**: 생태계에서 에너지는 순환하지 않고 한쪽 방향으로만 흐른다.

| 생태계에서의 에너지 흐름 |

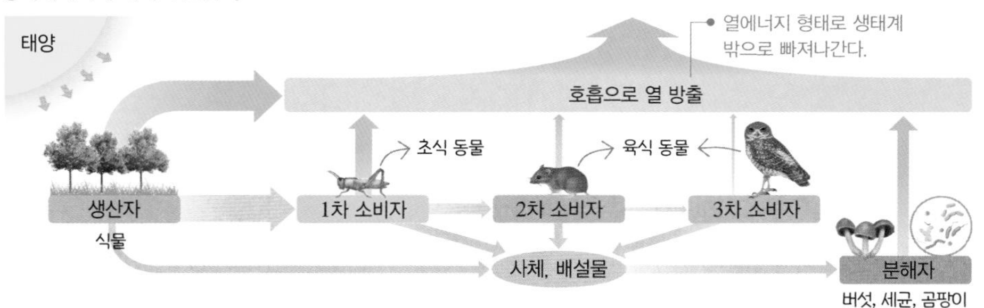

- **생태계를 유지하는 에너지의 근원:** 태양으로부터 오는 빛에너지
- 태양의 빛에너지는 생산자의 광합성에 의해 유기물의 화학 에너지로 전환된다.
- 유기물의 화학 에너지는 먹이 사슬을 따라 소비자로 이동하며, 각 영양 단계에서 생물의 호흡을 통해 열에너지의 형태로 방출된다.
- 생물의 사체와 배설물에 포함된 에너지도 분해자의 호흡을 통해 열에너지 형태로 전환되어 방출된다.
- **에너지 전환:** 빛에너지 → 화학 에너지 → 열에너지

(천재 교과서에서는 유기물에 저장된 에너지를 호흡, 생장, 번식에 이용한다고 설명한다.)

2. 생태 피라미드 먹이 사슬에서 각 영양 단계에 속하는 생물의 ◆에너지양, 개체 수, 생체량(생물의 질량(=생물량))을 하위 영양 단계부터 상위 영양 단계로 차례로 쌓아 올린 것이다.

◆ **에너지양과 영양 단계**
각 영양 단계에서 에너지는 생명 활동에 쓰이거나 호흡을 통해 열에너지의 형태와 사체, 배설물의 형태로 방출된다. 사용되고 남은 에너지가 다음 영양 단계로 전달되기 때문에 먹이 사슬을 거치면서 상위 영양 단계의 생물들이 사용할 수 있는 에너지양은 점점 줄어든다. 따라서 생태계에서 먹이 사슬의 영양 단계는 일반적으로 계속 연결되지 못하고 몇 단계로 제한된다.

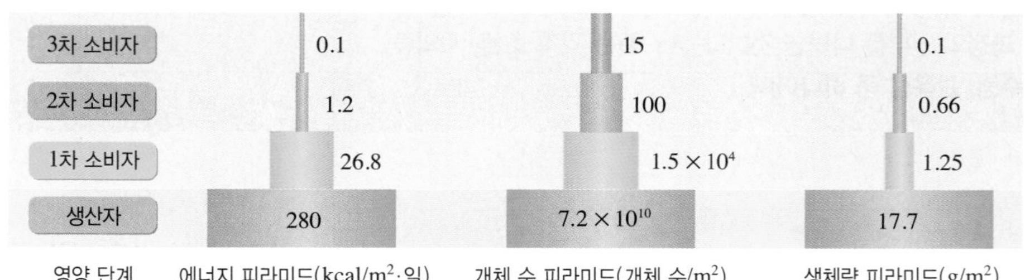

영양 단계 에너지 피라미드($kcal/m^2 \cdot$일) 개체 수 피라미드(개체 수$/m^2$) 생체량 피라미드(g/m^2)

▲ **생태 피라미드** 하위 영양 단계에서 상위 영양 단계로 이동할 때마다 에너지양, 개체 수, 생체량이 줄어들어 상위 영양 단계로 올라갈수록 감소하는 피라미드 모양이 된다.

3. ◆에너지 효율 한 영양 단계에서 다음 영양 단계로 전달되는 에너지의 비율이다.

$$\text{에너지 효율(\%)} = \frac{\text{현 영양 단계가 보유한 에너지 총량}}{\text{전 영양 단계가 보유한 에너지 총량}} \times 100$$

◆ **에너지 효율**
에너지 효율은 일반적으로 5 %~20 % 범위에 있으며, 생태계 유형과 생물종에 따라 차이가 난다.

탐구 자료창 생태계에서의 에너지 흐름

296쪽 대표 자료 ❶

그림은 어떤 생태계에서의 에너지 흐름을 나타낸 것이며, 에너지양은 상댓값이다.

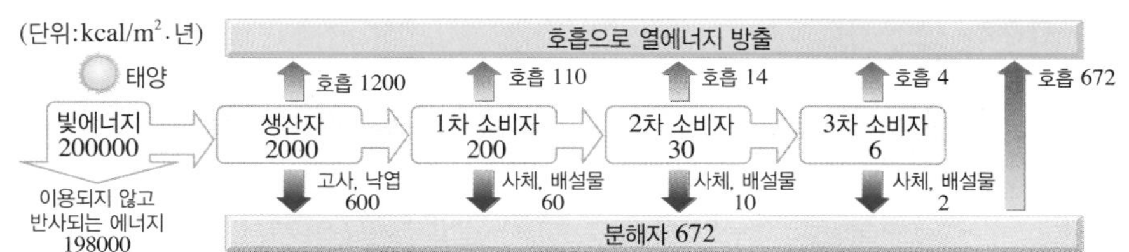

1. **에너지 전환:** 빛에너지 $\xrightarrow{\text{(광합성)}}$ 화학 에너지 $\xrightarrow{\text{(호흡)}}$ 열에너지
2. **에너지 흐름:** 생태계에서 에너지는 순환하지 않고 한쪽 방향으로 흐른다. ➡ 생태계가 유지되기 위해서는 태양으로부터 빛에너지가 지속적으로 공급되어야 한다.
3. **에너지양:** 상위 영양 단계로 갈수록 전달되는 에너지양이 감소한다. ➡ 에너지가 먹이 사슬을 따라 이동할 때 각 영양 단계가 받은 에너지 중 일부만 상위 영양 단계로 이동하기 때문이다.
4. **에너지 효율**

1차 소비자	2차 소비자	3차 소비자
10 %$\left(\frac{200}{2000}\times100\right)$	15 %$\left(\frac{30}{200}\times100\right)$	20 %$\left(\frac{6}{30}\times100\right)$

주의해!

생산자, 소비자, 분해자 사이의 유기물(화학 에너지) 이동

생산자가 생산한 유기물 중 일부가 소비자로 이동하고, 분해자가 생산자, 소비자의 사체나 배설물 속의 유기물을 무기물로 분해한다. ➡ 소비자가 가진 유기물은 생산자에게 직접 전달되지 않는다.

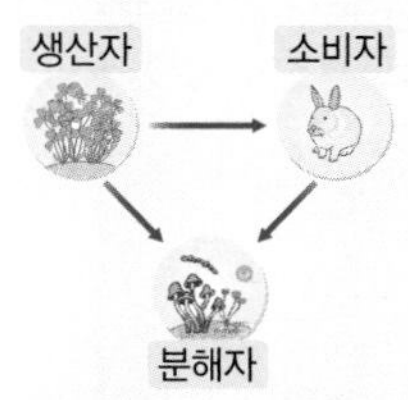

유기물의 이동 방향

B 물질의 생산과 소비

생태계의 모든 생물은 생산자가 생산하는 유기물을 이용합니다. 생태계에서 유기물의 생산량과 소비량은 어떠한지 알아볼까요?

1. 식물 군집의 물질 생산과 소비

총생산량	생산자가 일정 기간 동안 광합성으로 생산한 유기물의 총량
호흡량	생산자 자신의 호흡으로 소비되는 유기물의 양
순생산량	총생산량 중 호흡량을 제외한 유기물의 양 ➡ 생태계에서 소비자나 분해자가 사용할 수 있는 화학 에너지의 양이다.
생장량	순생산량 중 1차 소비자에게 먹히는 ❶ 피식량, 말라 죽는 ❷ 고사량, 낙엽으로 없어지는 낙엽량을 제외하고 생산자에 남아 있는 유기물의 양
생체량(생물량)=현존량	현재 식물 군집이 가지고 있는 유기물의 총량 —• 생장량이 누적된 것이다.

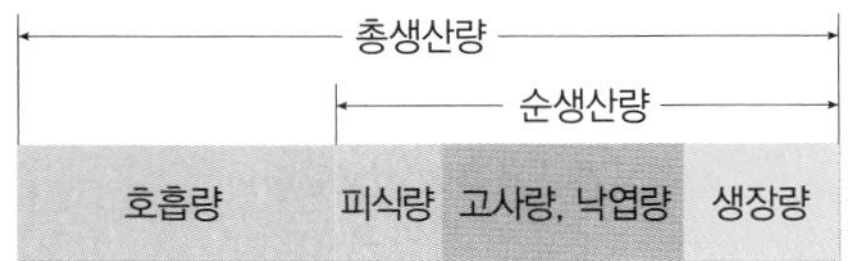

식물 군집의 생산량과 소비량

- 총생산량 = 호흡량 + 순생산량
- 순생산량 = 총생산량 − 호흡량
- 생장량 = 순생산량 − (피식량 + 고사량 + 낙엽량)

◆ 식물 군집(숲)의 생산량과 소비량

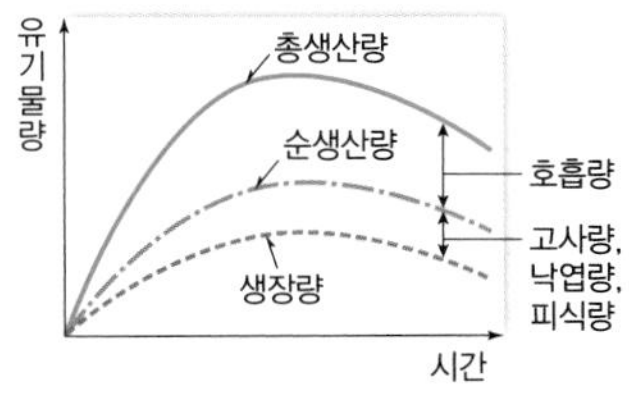

2. 식물 군집에 따른 생산량 차이

비상, 동아 교과서에만 나와요.

(1) **열대 우림:** 일반적으로 육상 생태계 중 순생산량이 가장 많다.

(2) **천이가 진행 중인 군집:** 생체량은 적지만 순생산량은 많다. —• 대부분 초본이고 빠르게 생장하기 때문이다.

(3) **극상에 도달한 군집(예 원시림):** 생체량은 많지만 순생산량은 적다. —• 생산량과 소비량이 균형을 이루기 때문이다.

(4) **농경지:** 순생산량이 압도적으로 많다.

용어

❶ **피식량(被 당하다, 食 먹다, 量 양)** 식물의 순생산량 중 1차 소비자(초식 동물)에게 먹힌 유기물의 양이다.

❷ **고사량(枯 마르다, 死 죽다, 量 양)** 말라 죽어 소실된 유기물의 양이다.

암기해!

- **생산자의 피식량에 포함되는 것** 생산자(식물)의 피식량은 1차 소비자(초식 동물)의 섭식량과 같다. 따라서 1차 소비자(초식 동물)의 섭식량을 구성하는 호흡량, 피식량, 자연사, 생장량, 배출량 각각은 생산자의 피식량에 포함된다. ➡ 1차 소비자의 섭식량은 생산자의 호흡량, 고사량, 낙엽량, 생장량에는 포함되지 않는다.

심화 + 초식 동물(1차 소비자)의 섭식량과 동화량

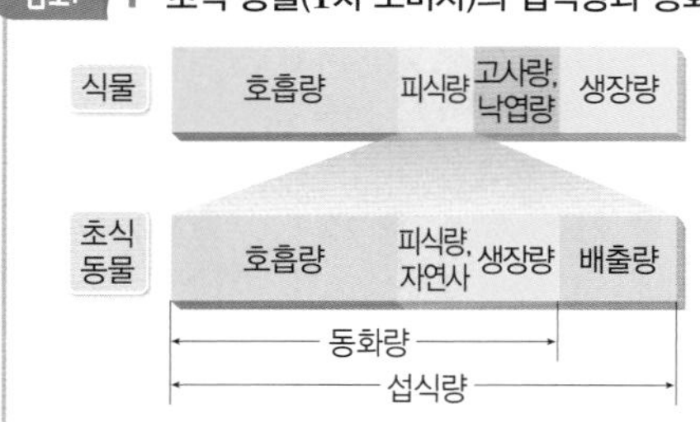

1. **섭식량(동화량+배출량):** 소비자가 섭취한 유기물의 총량이다. 식물의 피식량=초식 동물의 섭식량
2. **동화량:** 동물의 섭식량 중 소화되지 않고 체외로 나가는 배출량을 제외한 것이다. 동화량=섭식량−배출량
   - 동화량 중 일부는 에너지 생성을 위한 호흡의 재료나 몸의 구성, 생장에 이용된다.
   - 동화량은 영양 단계가 높아질수록 감소한다.

C 물질 순환

생명 활동에 필수적인 물질 구성 원소인 탄소, 질소, 수소 등은 비생물적 요인으로부터 생물적 요인으로 유입된 후 먹이 사슬을 따라 이동하다 분해자에 의해 토양이나 대기로 돌아가는 순환을 합니다. 이 중 탄소와 질소의 순환에 대해 자세히 알아볼까요?

1. ◆탄소 순환 탄소는 주로 이산화 탄소(CO_2) 형태로 대기 중에 존재하거나 물에 녹아 있다. 대기 중의 이산화 탄소는 생산자에 흡수되어 광합성을 통해 포도당과 같은 유기물로 합성되고, 유기물은 생산자, 소비자, 분해자의 호흡에 사용된 후 이산화 탄소 형태로 다시 대기나 물속으로 돌아간다. → 탄소 순환으로 대기 중의 이산화 탄소 농도는 일정한 수준을 유지한다.

◆ **탄소의 존재 형태**
- 기권: 이산화 탄소
- 지권: 석회암(탄산염), 화석 연료
- 생물권: 탄수화물, 단백질 등 유기물 형태
  - 탄소 순환에서 생명체는 탄소를 저장하는 역할을 한다.

| 탄소 순환 과정 |

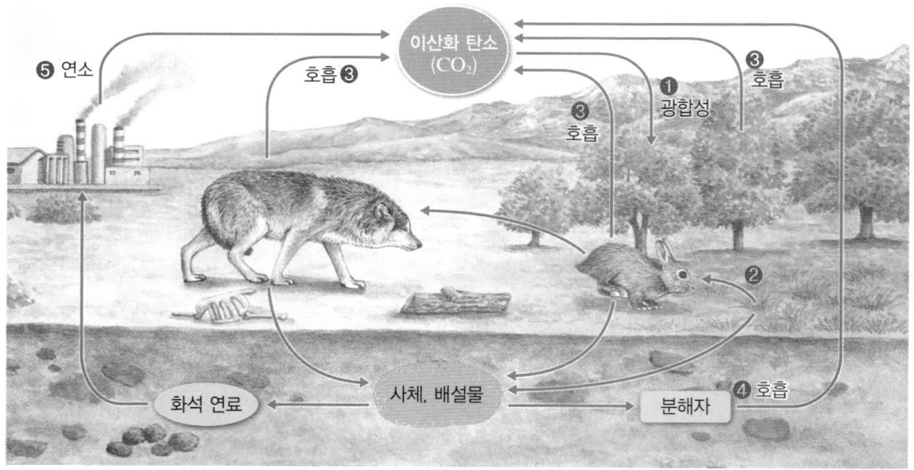

❶ 대기 중의 이산화 탄소(CO_2)는 생산자의 광합성에 의해 포도당과 같은 유기물로 합성된다. 기권 → 생물권

❷ 유기물은 먹이 사슬을 따라 생산자에서 소비자로 이동하여 생물을 구성하거나 호흡에 사용된다.
- 생산자(풀) → 1차 소비자(토끼) → 2차 소비자(늑대) 생물권 → 생물권

❸ 생산자와 소비자의 호흡으로 유기물이 분해되어 유기물 속의 탄소가 이산화 탄소 형태로 대기 또는 물속으로 돌아간다. 생물권 → 기권(수권)

❹ 생물의 사체나 배설물에 포함된 유기물은 분해자의 호흡으로 분해되어 유기물 속의 탄소가 이산화 탄소 형태로 대기 또는 물속으로 돌아간다. 생물권 → 기권(수권)

❺ 생물의 사체 중 일부 유기물은 땅속, 해저 등에 오랜 기간 퇴적되어 화석 연료(석유, 석탄)가 되고, 화석 연료가 연소하면 탄소는 이산화 탄소 형태로 대기 중으로 돌아간다. ➡ 이 과정이 과도하게 일어나면 대기 중 이산화 탄소의 농도가 높아지고 ◆온실 효과가 유발되어 ◆지구 온난화가 일어날 수 있다. 지권 → 기권

◆ **온실 효과**
지구의 대기가 태양 복사 에너지는 통과시키고 지표면이 방출하는 복사 에너지는 흡수하였다가 다시 방출하면서 지구 전체의 기온을 높이는 현상이다.

◆ **지구 온난화**
온실 효과를 일으키는 온실 기체(이산화 탄소, 수증기, 메테인, 산화 이질소 등)의 농도 증가로 온실 효과가 심해져 지구의 평균 기온이 상승하는 현상이다.

2. 질소 순환 대기 중의 ◆질소(N_2)는 질소 고정 세균에 의해 암모늄 이온(NH_4^+)으로 전환된 후 식물에 흡수되어 단백질, 핵산과 같은 식물체의 구성 성분을 합성하는 데 쓰인다. 식물에 포함된 질소 화합물은 먹이 사슬을 따라 이동하고, 분해자에 의해 암모늄 이온(NH_4^+)으로 분해되어 식물로 흡수되거나 일부는 질산 이온(NO_3^-)으로 전환되어 탈질산화 세균에 의해 질소 기체(N_2)가 되어 대기 중으로 돌아간다.

| 질소 순환 과정 |

296쪽 대표 자료❷

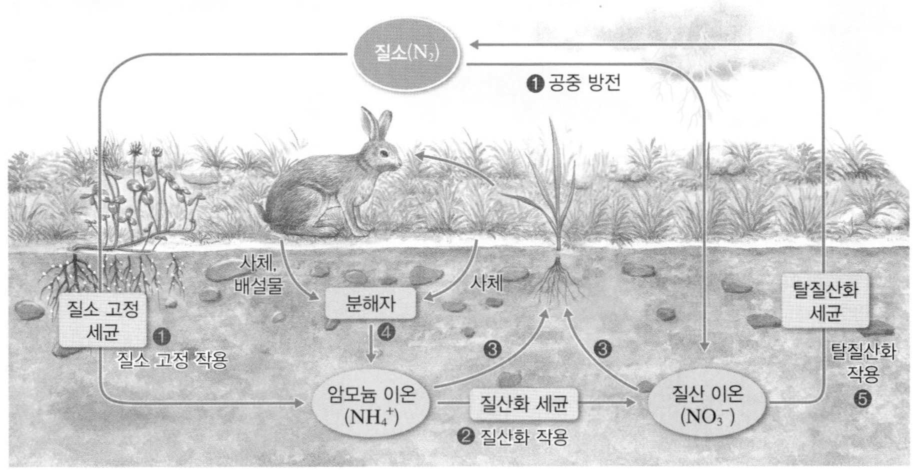

❶ ◆**질소 고정 작용**: 대기 중의 질소(N_2)는 질소 고정 세균(뿌리혹박테리아, 아조토박터)에 의해 암모늄 이온(NH_4^+)으로 전환된다. 또는 번개와 같은 공중 방전에 의해 질산 이온(NO_3^-)으로 전환되기도 한다.

❷ ◆**질산화 작용**: 암모늄 이온(NH_4^+)은 질산화 세균에 의해 질산 이온(NO_3^-)으로 전환된다.

❸ **질소 동화 작용**: 식물의 뿌리를 통해 흡수된 암모늄 이온(NH_4^+), 질산 이온(NO_3^-)은 단백질이나 핵산과 같은 질소 화합물을 합성하는 데 쓰인다. 식물이 합성한 질소 화합물은 먹이 사슬을 따라 소비자로 이동하고, 이 과정에서 일부는 질소 노폐물로 배설된다.

❹ **분해자의 작용**: 생물의 사체나 배설물 속의 질소 화합물은 분해자에 의해 암모늄 이온(NH_4^+)으로 분해되어 토양으로 돌아가 생산자에 흡수되거나 질산화 세균에 의해 질산 이온(NO_3^-)으로 전환된다.

❺ ◆**탈질산화 작용**: 토양 속 일부 질산 이온(NO_3^-)은 탈질산화 세균에 의해 질소 기체(N_2)가 되어 대기 중으로 돌아간다.

3. 생태계에서의 에너지 흐름과 물질 순환 생태계에서 에너지는 한 방향으로 흐르다가 생태계 밖으로 빠져나가지만, 물질은 생물과 비생물 환경 사이를 순환한다.

| 생태계에서의 에너지 흐름과 물질 순환 |

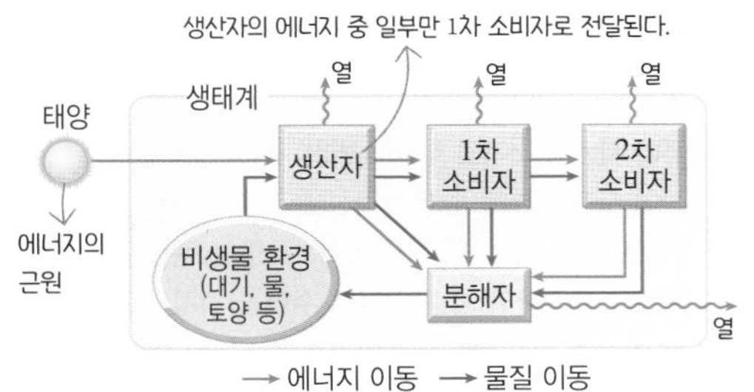

- 생태계에서 물질은 순환하지만, 에너지는 순환하지 않는다.
- 생태계가 유지되기 위해서는 태양의 빛에너지가 계속 유입되어야 하며, 생태계로 유입되는 에너지양과 생태계 밖으로 방출되는 에너지양은 같다.
- 물질은 생태계 밖에서 유입되지 않으므로 물질 순환이 원활하게 이루어져야 한다.

◆ **질소 고정 과정이 필요한 까닭**
질소(N_2)는 대기 중에 78 %를 차지하지만, 매우 안정된 물질이므로 식물이 흡수하더라도 직접 이용하지 못한다. 따라서 질소는 질소 고정 작용을 통해 이온 형태로 전환되어야 식물이 이용할 수 있다. 화학 비료를 통해 식물이 이용할 수 있도록 토양에 질소를 공급하기도 한다.

◆ **질소 고정 작용**
질소 고정 세균에 의해 대기 중의 질소(N_2)가 식물이 이용할 수 있는 형태로 전환되는 과정

◆ **질산화 작용**
질산화 세균에 의해 암모늄 이온(NH_4^+)이 질산 이온(NO_3^-)으로 전환되는 과정

◆ **탈질산화 작용**
탈질산화 세균에 의해 질산 이온(NO_3^-)이 질소(N_2)로 전환되는 과정

암기해!
생태계에서의 에너지 흐름과 물질 순환
생태계에서 물질은 순환하지만, 에너지는 순환하지 않는다.

D 생태계 평형

◆ 생태계 평형에 영향을 주는 요인
먹이 사슬, 무기 환경

예 남극의 펭귄은 먹이가 충분해도 추위 때문에 개체 수가 계속 증가하지 않고 일정한 수준을 유지한다.

1. ◆생태계 평형 생태계에서 생물 군집의 구성이나 개체 수, 물질의 양, 에너지 흐름이 안정된 상태를 유지하는 것 ➡ 생물종이 다양하고 먹이 그물이 복잡할수록 생태계 평형이 잘 유지된다.

2. 생태계 평형 유지 안정된 생태계에서는 생산자의 물질 생산과 소비자와 분해자의 물질 소비가 균형을 이루어 물질 순환이 안정적으로 이루어진다. 또한 먹이 사슬에 따른 에너지 흐름도 원활하게 이루어져 생태계 평형이 유지된다.

3. 생태계 평형이 유지되는 원리 안정된 생태계에서는 생태계 평형이 일시적으로 깨지더라도 대부분 시간이 지나면 먹이 사슬을 통해 평형 상태를 회복한다. ➡ 어느 한 영양 단계가 감소하거나 증가하면 다른 영양 단계도 감소하거나 증가하여 평형 상태를 회복한다.

생태계 평형의 회복 과정

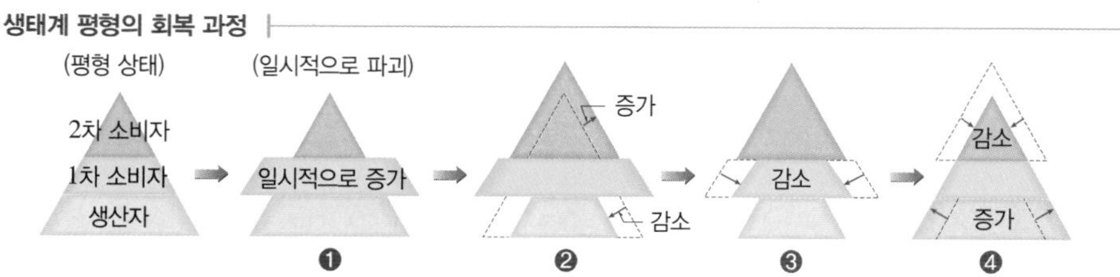

❶ 1차 소비자의 개체 수가 일시적으로 증가하면 ❷ 생산자(피식자)의 개체 수는 감소하고, 2차 소비자(포식자)의 개체 수는 증가한다. ❸ 이로 인해 1차 소비자의 개체 수가 감소하면 ❹ 생산자의 개체 수는 증가하고, 2차 소비자의 개체 수는 감소하여 생태계는 다시 평형 상태를 회복한다.

4. 생태계 평형의 파괴 요인 생태계가 평형을 유지하는 능력에는 한계가 있다. 따라서 이 한계를 넘는 요인이 작용하면 생태계 평형이 깨질 수도 있다.

(1) **자연재해:** 산불, 홍수, 가뭄, 산사태 등에 의해 생태계 평형이 깨질 수 있다.

(2) **인간의 활동:** 인간에 의한 댐과 도로 건설, 개간, 간척 사업, 화석 연료의 과다 사용 등으로 인해 생물의 서식지가 파괴되고 환경이 오염되어 생태계 평형이 깨질 수 있다.

(3) **◆외래 생물의 무분별한 유입:** 외래 생물이 유입되어 생태계에 정착하면 고유종이 감소하고 먹이 사슬이 변화하여 생태계 평형이 깨질 수 있다.

◆ 외래 생물
그 지역에 원래 살던 생물이 아닌 다른 지역에서 유입된 생물을 말한다. 외래 생물은 새로운 서식지에 천적이나 경쟁 상대가 없으면 그 수가 급격히 증가할 수 있는데, 그 결과 생태계 평형을 깨뜨리기도 한다.

카이바브 고원의 생태계 변화

그림은 미국 카이바브 고원에서 사슴의 개체 수를 늘리기 위해 1905년에 사슴의 포식자인 퓨마 사냥을 허가한 후 사슴과 퓨마의 개체 수 및 초원의 생산량 변화를 나타낸 것이다.

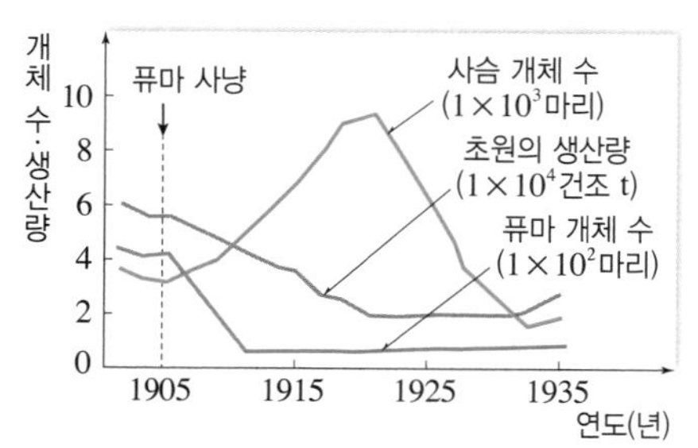

- **카이바브 고원의 먹이 사슬:** 풀(생산자) → 사슴(1차 소비자) → 퓨마(2차 소비자)
- **퓨마 사냥이 허가된 직후의 변화:** 퓨마의 개체 수가 감소하여 사슴의 개체 수가 급격히 증가하였다.
- **1920년대 초반 이후의 변화:** 초원의 생산량 감소로 먹이가 부족하여 사슴의 개체 수가 급격히 감소하였다.
  ➡ 인간의 간섭으로 생태계 평형이 파괴될 수 있다.

외래 생물이 생태계 평형에 미치는 영향은 V-2. 생물 다양성과 보전에서 자세히 배워요.

핵심 체크

- 생태계에서의 에너지 전환: (❶)에너지 → 화학 에너지 → (❷)에너지
- 생태 (❸): 에너지양, 개체 수, 생체량을 하위 영양 단계부터 상위 영양 단계로 차례로 쌓아올린 것이다.
- 에너지 (❹): 한 영양 단계에서 다음 영양 단계로 이동한 에너지의 비율이다.
- 총생산량=(❺)+순생산량 • (❻)=순생산량−(피식량+고사량+낙엽량)
- 탄소 순환: 대기 중의 (❼)는 생산자의 광합성에 의해 유기물로 합성되고, 유기물은 생산자, 소비자, 분해자의 호흡에 의해 분해되어 유기물 속 탄소는 이산화 탄소 형태로 대기나 물속으로 돌아간다.
- 질소 순환: 대기 중의 질소는 (❽) 세균에 의해 암모늄 이온(NH_4^+)으로 전환되어 식물에 흡수된다. 식물이 합성한 질소 화합물은 먹이 사슬을 따라 이동하고, (❾)에 의해 암모늄 이온(NH_4^+)으로 분해된 후 일부는 질산 이온(NO_3^-)으로 전환되었다가 탈질산화 세균에 의해 질소 기체(N_2)가 되어 대기 중으로 돌아간다.
- (❿): 생태계에서 군집의 구성이나 개체 수 등이 안정된 상태를 유지하는 것이다.

1 생태계에서 에너지 흐름과 물질 순환에 대한 설명으로 옳은 것은 ○, 옳지 않은 것은 ×로 표시하시오.

(1) 생태계 내에서 에너지는 순환하지만, 물질은 한쪽 방향으로 흐른다. ( )
(2) 생태계의 에너지 근원은 태양의 열에너지이다. ( )
(3) 생물과 생물 사이에서는 먹이 사슬을 통해 물질과 에너지가 이동한다. ( )
(4) 일반적으로 하위 영양 단계에서 상위 영양 단계로 갈수록 에너지양은 증가하고 개체 수는 줄어든다. ( )

2 표는 어떤 생태계에서의 영양 단계별 에너지양이다.

(단위 : $kcal/m^2 \cdot$ 일)

생산자	1차 소비자	2차 소비자
280	35	7

1차 소비자의 에너지 효율을 구하시오.

3 식물 군집의 물질 생산과 소비에 대한 설명이다. 각 설명에 해당하는 용어를 [보기]에서 각각 고르시오.

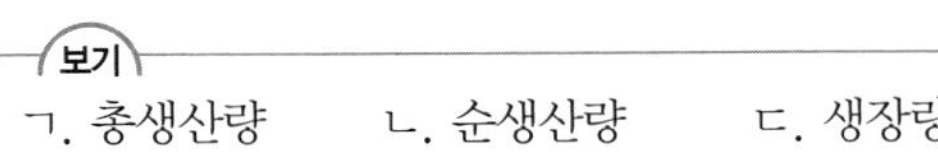
보기
ㄱ. 총생산량 ㄴ. 순생산량 ㄷ. 생장량

(1) 총생산량 중 호흡량을 제외한 유기물의 양
(2) 생산자에 남아 있는 유기물의 양
(3) 생산자가 광합성으로 생산한 유기물의 총량

4 다음은 생태계에서의 탄소 순환 과정에 대한 설명이다. ( ) 안에 알맞은 말을 쓰시오.

(1) 대기 중의 이산화 탄소는 생산자의 ( )에 의해 유기물로 합성된다.
(2) 유기물에 포함된 탄소는 생산자와 소비자의 ( )에 의해 이산화 탄소의 형태로 대기로 방출된다.
(3) 화석 연료의 탄소는 ( )에 의해 대기로 방출된다.

5 그림은 생태계에서의 질소 순환 과정을 나타낸 것이다.

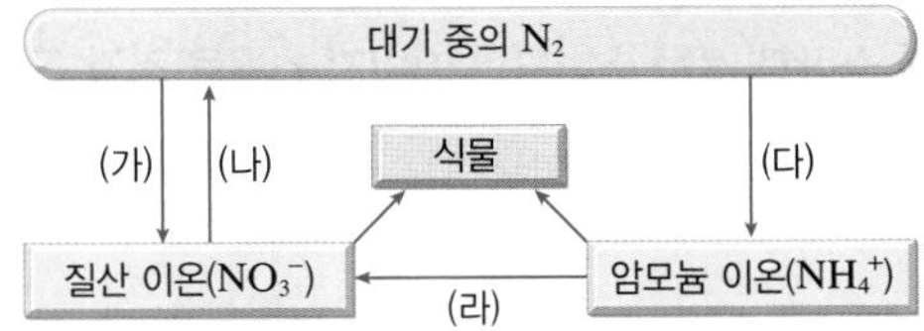

(가)~(라) 중 각 작용에 해당하는 과정을 각각 고르시오.

(1) 질소 고정 세균에 의한 질소 고정 작용
(2) 질산화 작용
(3) 탈질산화 작용

6 그림은 1차 소비자의 개체 수가 일시적으로 증가하여 생태계 평형이 깨졌다가 회복되는 과정을 순서 없이 나타낸 것이다. 순서대로 옳게 나열하시오.

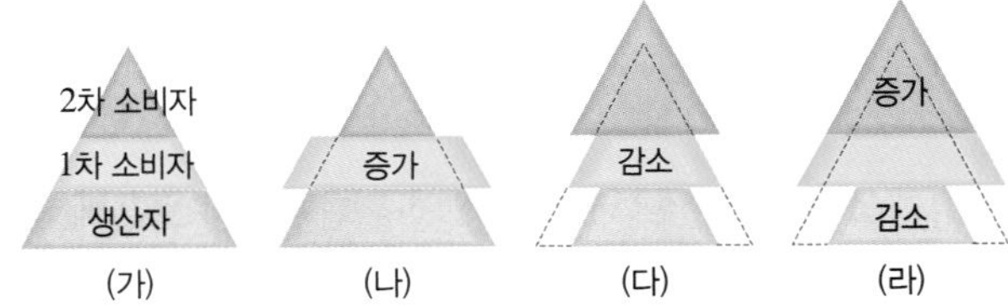

대표 자료 분석

자료 1 에너지 흐름

기출 Point
- 생태계에서의 에너지 전환과 에너지 흐름 파악하기
- 에너지 효율 구하기

[1~3] 그림은 어떤 생태계에서 각 영양 단계에 따른 에너지의 이동량을 상댓값으로 나타낸 것이다.

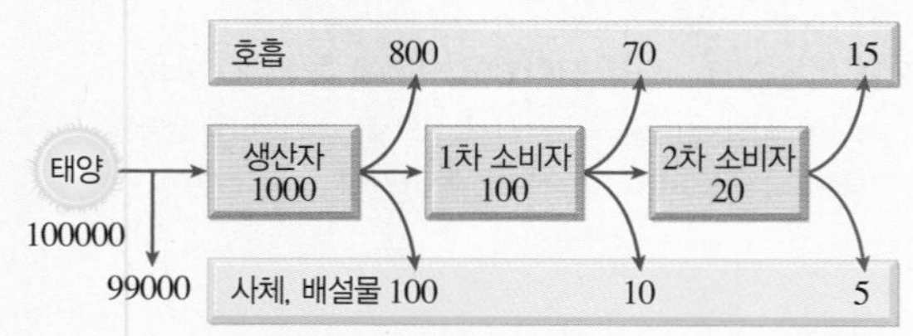

1 ( ) 안에 알맞은 말을 쓰시오.

> 생태계에서 태양의 ㉠( )에너지는 생산자의 광합성에 의해 유기물에 ㉡( ) 에너지 형태로 저장된 후 먹이 사슬을 따라 이동하다가 ㉢( )에너지 형태로 전환되어 생태계 밖으로 빠져나간다.

2 1차 소비자, 2차 소비자의 에너지 효율을 각각 구하시오.

3 빈출 선택지로 완벽 정리!

(1) 생태계에서 에너지는 순환한다. (○ / ×)

(2) 생태계가 유지되려면 태양에서 끊임없이 에너지가 공급되어야 한다. (○ / ×)

(3) 사체 및 배설물 속의 유기물은 분해자에 의해 분해된다. (○ / ×)

(4) 영양 단계가 높아질수록 이동하는 에너지양은 줄어든다. (○ / ×)

(5) 생태계로 유입되는 에너지양이 생태계 밖으로 방출되는 에너지양보다 많다. (○ / ×)

(6) 유기물에 저장된 에너지는 각 영양 단계에서 호흡에 의해 빛에너지 형태로 전환되어 방출된다. (○ / ×)

자료 2 탄소 순환과 질소 순환

기출 Point
- 탄소 순환에서 광합성, 호흡, 연소 과정 찾기
- 질소 순환에서 질소 고정 작용, 질산화 작용, 탈질산화 작용 찾기
- 탄소 순환 경로, 질소 순환 경로 파악하기

[1~4] 그림은 생태계에서의 탄소 순환 과정과 질소 순환 과정을 나타낸 것이다. A~D는 각각 생산자, 분해자 중 하나이다.

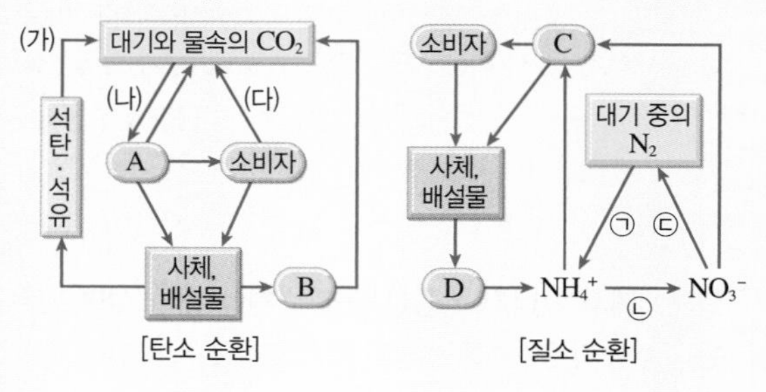

1 A~D는 생산자와 분해자 중 어느 것에 해당하는지 각각 쓰시오.

2 탄소 순환에서 과정 (가)~(다)는 각각 무엇인지 쓰시오.

3 질소 순환에서 작용 ㉠~㉢은 각각 무엇인지 쓰시오.

4 빈출 선택지로 완벽 정리!

(1) (가) 과정이 과도하게 일어나면 온실 효과가 유발되어 지구 온난화가 일어날 수 있다. (○ / ×)

(2) (나) 과정이 일어나려면 빛에너지가 필요하다. (○ / ×)

(3) (다) 과정을 통해 유기물이 합성된다. (○ / ×)

(4) ㉠은 번개의 공중 방전으로 일어난다. (○ / ×)

(5) ㉡은 뿌리혹박테리아에 의해 일어난다. (○ / ×)

(6) 암모늄 이온(NH_4^+)이나 질산 이온(NO_3^-)은 식물이 단백질, 핵산 등을 합성하는 데 이용된다. (○ / ×)

(7) 식물은 대기 중의 탄소와 질소를 모두 직접 이용할 수 있다. (○ / ×)

내신 안정 문제

정답친해 136쪽

A 에너지 흐름

01 생태계에서의 에너지 흐름에 대한 설명으로 옳은 것만을 [보기]에서 있는 대로 고른 것은?

보기
ㄱ. 에너지의 근원은 태양의 빛에너지이다.
ㄴ. 에너지는 한쪽 방향으로 흐르다가 생태계 밖으로 빠져나간다.
ㄷ. 에너지는 열에너지 → 빛에너지 → 화학 에너지 순으로 전환된다.

① ㄱ ② ㄷ ③ ㄱ, ㄴ
④ ㄴ, ㄷ ⑤ ㄱ, ㄴ, ㄷ

[02~03] 그림은 안정된 생태계에서 영양 단계에 따라 이동하는 에너지양을 상댓값으로 나타낸 것이다.

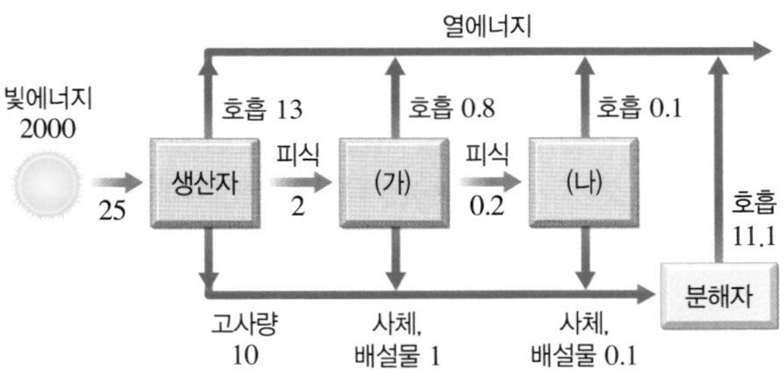

중요 **02** 이에 대한 설명으로 옳은 것만을 [보기]에서 있는 대로 고른 것은?

보기
ㄱ. 먹이 사슬의 상위 영양 단계로 갈수록 이동하는 에너지양이 감소한다.
ㄴ. 낙엽이나 사체, 배설물 속의 화학 에너지는 분해자에 의해 열에너지로 전환된다.
ㄷ. (가)와 (나)가 전달받은 에너지의 총량은 분해자가 이용할 수 있는 에너지의 총량보다 많다.

① ㄱ ② ㄴ ③ ㄷ
④ ㄱ, ㄴ ⑤ ㄱ, ㄴ, ㄷ

03 (가)와 (나)의 에너지 효율을 각각 구하시오.

서술형 **04** 그림은 어떤 안정된 생태계에서 각 영양 단계의 에너지양을 상댓값으로 나타낸 생태 피라미드이다.

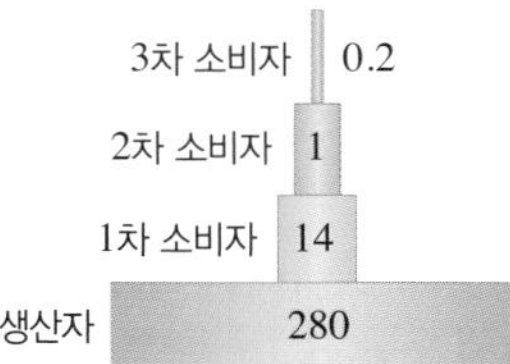

영양 단계가 높아질수록 각 영양 단계가 가진 에너지양이 감소하는 까닭을 서술하시오.

중요 **05** 표는 어떤 안정된 생태계에서 영양 단계 A~D의 생물량(생체량), 에너지양, 에너지 효율을 나타낸 것이다. A~D는 각각 생산자, 1차 소비자, 2차 소비자, 3차 소비자 중 하나이다.

영양 단계	생물량 (상댓값)	에너지양 (상댓값)	에너지 효율 (%)
A	11	30	㉠
B	1.5	6	20
C	37	200	10
D	809	2000	1

이에 대한 설명으로 옳은 것만을 [보기]에서 있는 대로 고른 것은?

보기
ㄱ. ㉠은 15이다.
ㄴ. B는 2차 소비자이다.
ㄷ. 상위 영양 단계로 갈수록 생물량은 증가한다.

① ㄱ ② ㄴ ③ ㄱ, ㄷ
④ ㄴ, ㄷ ⑤ ㄱ, ㄴ, ㄷ

B 물질의 생산과 소비

06 그림은 어떤 식물 군집의 물질 생산량과 소비량을 나타낸 것이다.

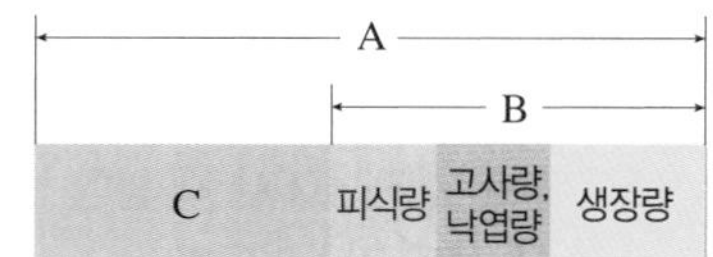

이에 대한 설명으로 옳은 것은?

① A는 식물의 광합성을 통해 생산된 유기물의 총량이다.
② B는 식물의 호흡에 소비되는 유기물의 양이다.
③ C는 식물의 생장에 쓰이거나 저장되는 양으로, 일부는 동물에게 먹히기도 한다.
④ 천이 초기 단계에 있는 식물 군집은 피식량과 고사량, 낙엽량이 많다.
⑤ 극상에 도달한 원시림은 B가 많다.

07 그림 (가)는 어떤 생태계에서 생산자의 총생산량이 각 과정으로 소비된 비율을, (나)는 이 생태계에서 1차 소비자의 섭식량(총에너지양)이 각 과정으로 소비된 비율을 나타낸 것이다.

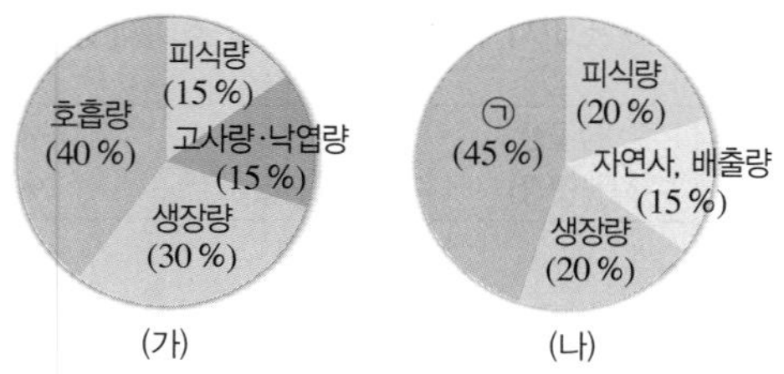

이에 대한 설명으로 옳은 것만을 [보기]에서 있는 대로 고른 것은?

> **보기**
> ㄱ. ㉠은 호흡량이다.
> ㄴ. 생산자의 $\frac{\text{순생산량}}{\text{피식량}}$은 4이다.
> ㄷ. 생산자의 총생산량 중 3 %가 2차 소비자에게 전달된다.

① ㄱ ② ㄴ ③ ㄱ, ㄷ
④ ㄴ, ㄷ ⑤ ㄱ, ㄴ, ㄷ

중요 **08** 그림은 어떤 군집에서 시간에 따른 생산자의 유기물량 변화를 나타낸 것이다. ㉠과 ㉡은 각각 생장량과 순생산량 중 하나이다.

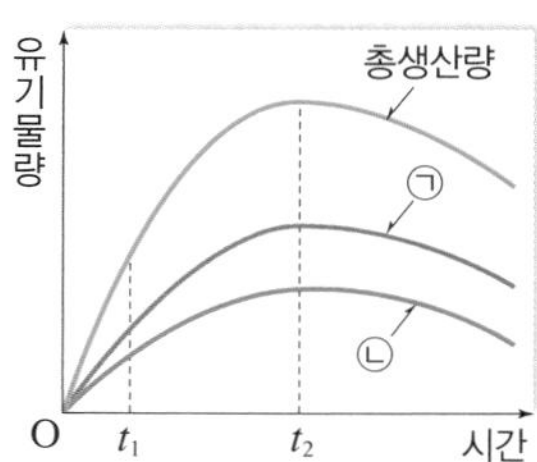

이에 대한 설명으로 옳은 것만을 [보기]에서 있는 대로 고른 것은?

> **보기**
> ㄱ. ㉠은 생장량이다.
> ㄴ. 이 군집에서 생산자의 생체량은 t_2일 때가 t_1일 때보다 많다.
> ㄷ. 1차 소비자에 의한 피식량은 ㉡에 포함된다.

① ㄱ ② ㄴ ③ ㄱ, ㄷ
④ ㄴ, ㄷ ⑤ ㄱ, ㄴ, ㄷ

중요 **09** 그림은 식물 군집 A의 시간에 따른 총생산량과 순생산량을 나타낸 것이다. ㉠과 ㉡은 각각 총생산량과 순생산량 중 하나이다.

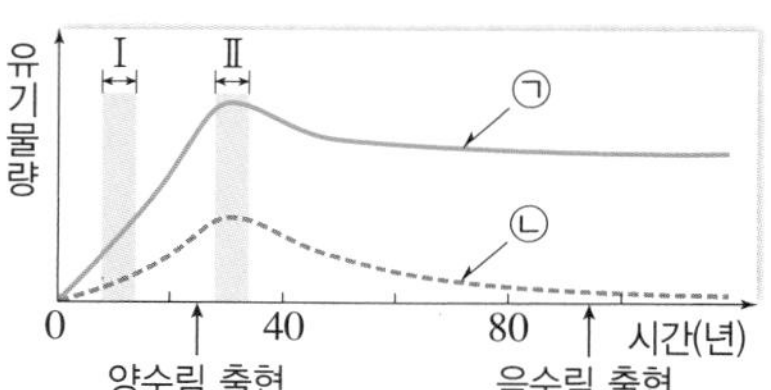

이에 대한 설명으로 옳은 것만을 [보기]에서 있는 대로 고른 것은?

> **보기**
> ㄱ. ㉡은 소비자나 분해자가 이용할 수 있는 화학 에너지의 양이다.
> ㄴ. A의 호흡량은 구간 Ⅰ에서가 구간 Ⅱ에서보다 적다.
> ㄷ. 구간 Ⅱ에서 A의 생장량은 순생산량에 포함된다.

① ㄱ ② ㄷ ③ ㄱ, ㄴ
④ ㄴ, ㄷ ⑤ ㄱ, ㄴ, ㄷ

C 물질 순환

중요 **10** 그림은 생태계에서의 탄소 순환 과정을 나타낸 것이다.

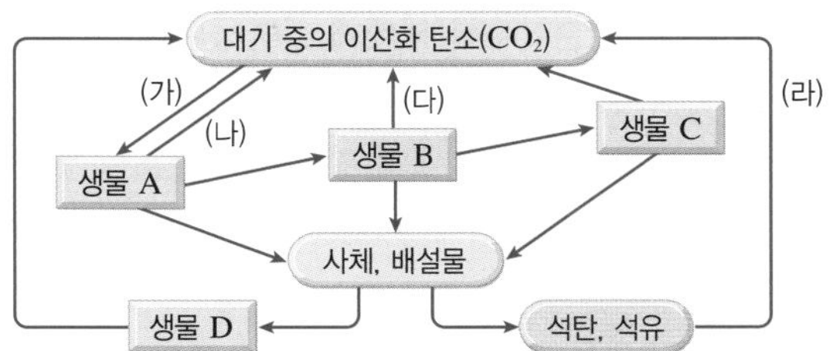

이에 대한 설명으로 옳지 않은 것은?

① 생물 A는 생산자, 생물 B는 소비자, 생물 C는 분해자이다.
② 생물 D에는 세균과 곰팡이가 있다.
③ (가) 과정을 통해 유기물이 합성된다.
④ (나)와 (다) 과정은 호흡이다.
⑤ (라) 과정이 과도하면 대기 중 이산화 탄소 농도가 높아질 수 있다.

11 그림은 생태계에서 탄소가 순환하는 과정을 나타낸 것이다.

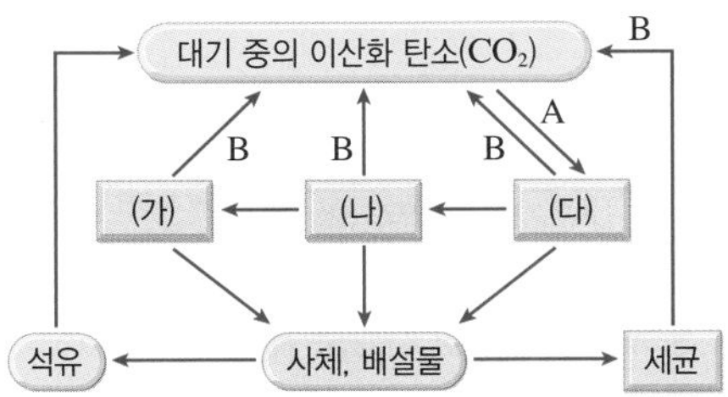

이에 대한 설명으로 옳은 것만을 [보기]에서 있는 대로 고른 것은?

보기
ㄱ. 광합성에 의해 탄소가 이동하는 과정은 A이다.
ㄴ. 호흡에 의해 탄소가 이동하는 과정은 B이다.
ㄷ. 탄소는 무기물의 형태로 (다)에서 (나)로 이동한다.

① ㄱ ② ㄴ ③ ㄱ, ㄴ
④ ㄱ, ㄷ ⑤ ㄱ, ㄴ, ㄷ

12 그림은 생태계에서의 질소 순환 과정에 대한 학생 A~C의 발표 내용이다.

제시한 내용이 옳은 학생만을 있는 대로 고른 것은?

① A ② B ③ A, C
④ B, C ⑤ A, B, C

중요 **13** 그림은 생태계에서 질소가 순환하는 과정을 나타낸 것이다.

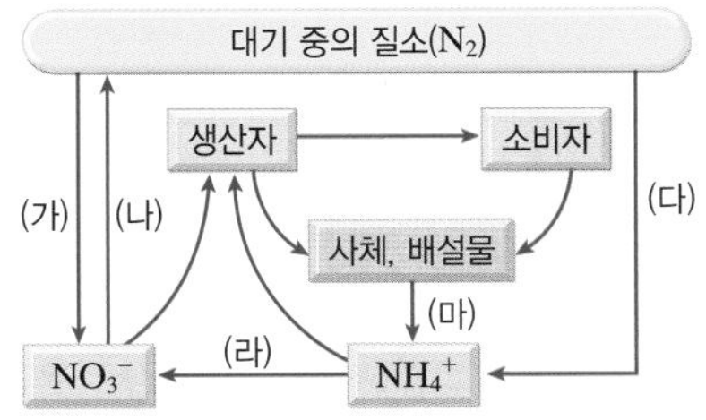

이에 대한 설명으로 옳지 않은 것은?

① (나) 과정은 탈질산화 작용이다.
② (다) 과정은 질소 고정 작용이다.
③ 뿌리혹박테리아는 (가) 과정에 관여한다.
④ (마) 과정은 분해자에 의해 일어난다.
⑤ 식물은 뿌리를 통해 암모늄 이온(NH_4^+)이나 질산 이온(NO_3^-)을 흡수하여 단백질 합성에 이용한다.

[14~15] 그림은 생태계에서의 질소 순환 과정을 나타낸 것이다. A~C는 모두 질소 순환 과정에 관여하는 세균이다.

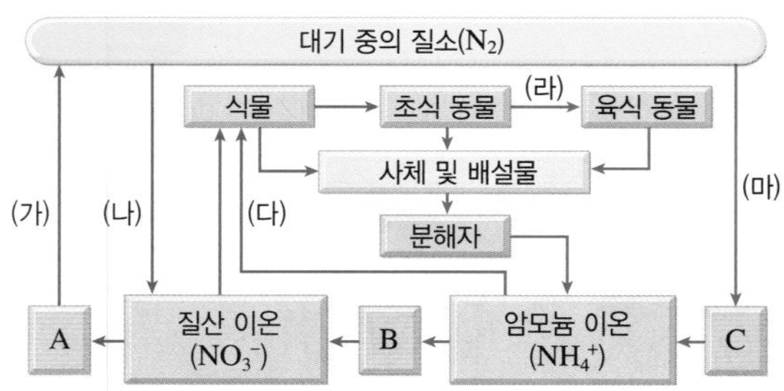

14 (가)~(마) 중 질소 고정 세균에 의한 질소 고정 작용에 해당하는 것을 쓰시오.

15 이에 대한 설명으로 옳은 것만을 [보기]에서 있는 대로 고른 것은?

보기
ㄱ. A는 탈질산화 세균, C는 질산화 세균이다.
ㄴ. B에 의해 질소 동화 작용이 일어난다.
ㄷ. 식물은 (다)를 통해 흡수한 암모늄 이온을 단백질 합성에 이용한다.

① ㄱ ② ㄴ ③ ㄷ ④ ㄱ, ㄷ ⑤ ㄴ, ㄷ

16 그림은 어떤 안정된 생태계에서 일어나는 에너지와 물질의 이동 경로를 나타낸 것이다. (가)~(다)는 각각 생산자, 1차 소비자, 2차 소비자 중 하나이다. ㉠은 (다)에서 열에너지 형태로 빠져나가는 에너지양이다.

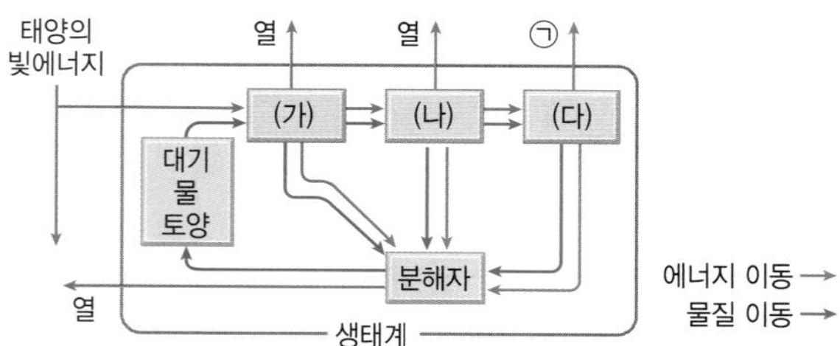

이에 대한 설명으로 옳은 것만을 [보기]에서 있는 대로 고른 것은?

보기
ㄱ. 물질은 생물과 비생물 환경 사이를 순환한다.
ㄴ. (가)가 가진 에너지는 모두 (나)로 이동한다.
ㄷ. (다)가 가진 에너지양은 ㉠보다 작다.

① ㄱ ② ㄴ ③ ㄷ ④ ㄱ, ㄴ ⑤ ㄴ, ㄷ

D 생태계 평형

17 생태계 평형에 대한 설명으로 옳지 않은 것은?

① 먹이 그물이 단순할수록 생태계가 안정된다.
② 생태계는 평형을 유지하는 자기 조절 능력이 있다.
③ 가뭄, 홍수 등에 의해 생태계 평형이 파괴될 수 있다.
④ 천이 초기의 군집보다 극상인 군집에서 생태계 평형이 잘 유지된다.
⑤ 평형이 유지되는 생태계에서는 에너지 흐름이 원활하게 이루어진다.

서술형
18 그림은 안정된 생태계에서 어떤 원인으로 1차 소비자의 개체 수가 일시적으로 증가하였을 때의 모습을 나타낸 것이다.

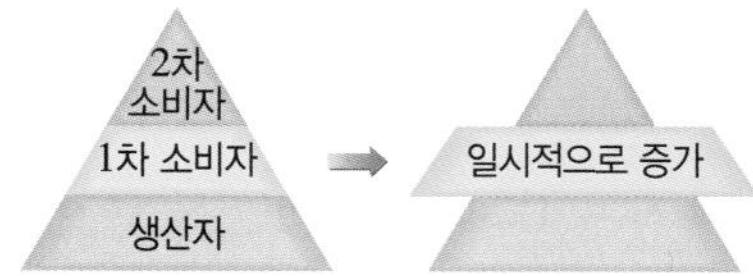

이때 생산자와 2차 소비자에서 일어나는 일시적인 변화를 서술하시오.

19 그림은 퓨마 사냥을 허용하였을 때의 사슴과 퓨마의 개체 수 및 초원의 생산량 변화를 나타낸 것이다.

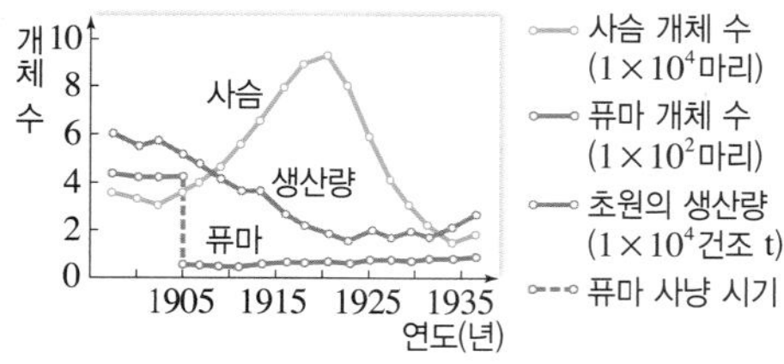

이 자료를 통해 알 수 있는 사실로 옳은 것만을 [보기]에서 있는 대로 고른 것은? (단, 퓨마는 사슴의 포식자이다.)

보기
ㄱ. 포식자를 제거하면 생태계의 안정성을 높일 수 있다.
ㄴ. 퓨마의 개체 수가 감소하면 초원의 생산량이 증가한다.
ㄷ. 1920년 이후 사슴의 개체 수가 급격히 감소한 이유는 먹이가 부족해졌기 때문이다.

① ㄱ ② ㄴ ③ ㄷ
④ ㄱ, ㄴ ⑤ ㄴ, ㄷ

실력 UP 문제

정답친해 139쪽

01 그림 (가)는 어떤 생태계에서 영양 단계별 생체량(생물량)과 에너지양을 상댓값으로 나타낸 생태 피라미드를, (나)는 이 생태계에서 생산자의 총생산량, 순생산량, 생장량의 관계를 나타낸 것이다.

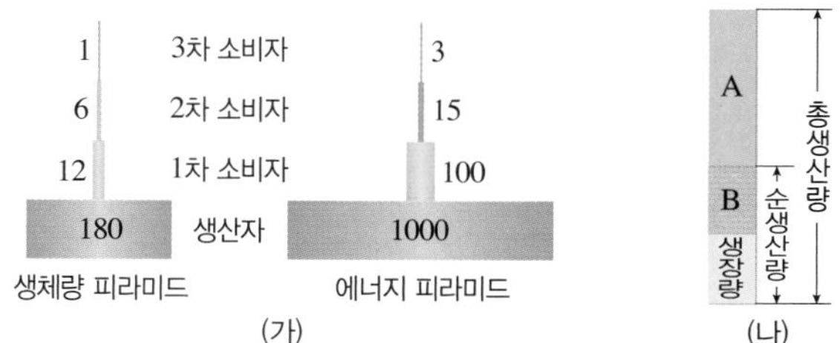

이에 대한 설명으로 옳은 것만을 [보기]에서 있는 대로 고른 것은?

보기

ㄱ. 1차 소비자의 생체량은 A에 포함된다.
ㄴ. 1차 소비자의 섭식량은 B에 포함된다.
ㄷ. 2차 소비자의 에너지 효율은 15 %이다.

① ㄱ ② ㄴ ③ ㄱ, ㄷ
④ ㄴ, ㄷ ⑤ ㄱ, ㄴ, ㄷ

02 그림 (가)는 어떤 식물 군집에서 총생산량, 순생산량, 생장량의 관계를, (나)는 이 식물 군집에서 시간에 따른 총생산량과 순생산량을 나타낸 것이다.

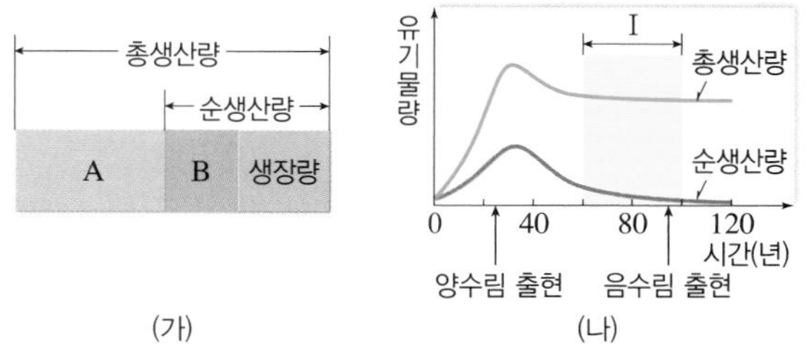

이에 대한 설명으로 옳은 것만을 [보기]에서 있는 대로 고른 것은?

보기

ㄱ. 초식 동물의 호흡량은 A에 포함된다.
ㄴ. 낙엽의 유기물량은 B에 포함된다.
ㄷ. 천이가 진행됨에 따라 구간 Ⅰ에서 $\frac{\text{A}}{\text{순생산량}}$는 감소한다.

① ㄱ ② ㄴ ③ ㄱ, ㄷ
④ ㄴ, ㄷ ⑤ ㄱ, ㄴ, ㄷ

03 그림은 생태계에서 탄소 순환 과정의 일부를 나타낸 것이다. A와 B는 각각 생산자와 분해자 중 하나이다.

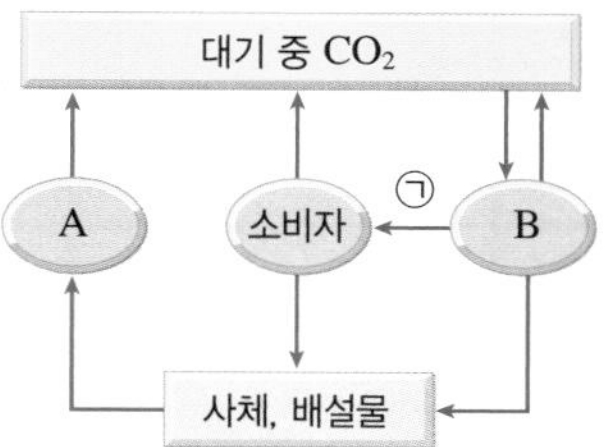

이에 대한 설명으로 옳은 것만을 [보기]에서 있는 대로 고른 것은?

보기

ㄱ. A는 분해자이다.
ㄴ. B는 종속 영양 생물이다.
ㄷ. ㉠ 과정에서 유기물이 이동한다.

① ㄱ ② ㄴ ③ ㄱ, ㄷ
④ ㄴ, ㄷ ⑤ ㄱ, ㄴ, ㄷ

04 그림은 생태계에서 일어나는 질소 순환 과정의 일부를 나타낸 것이다.

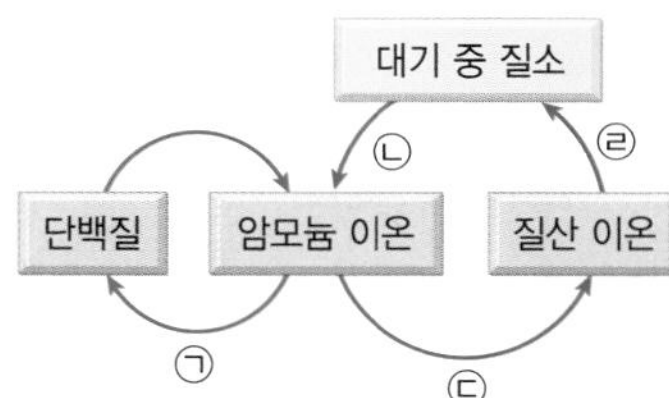

이에 대한 설명으로 옳은 것만을 [보기]에서 있는 대로 고른 것은?

보기

ㄱ. ㉠은 질소 동화 작용에 포함된다.
ㄴ. 아조토박터는 ㉡에 관여한다.
ㄷ. ㉢과 ㉣에는 모두 세균이 관여한다.

① ㄱ ② ㄴ ③ ㄱ, ㄷ
④ ㄴ, ㄷ ⑤ ㄱ, ㄴ, ㄷ

1. 생태계 구성 요소 간의 관계

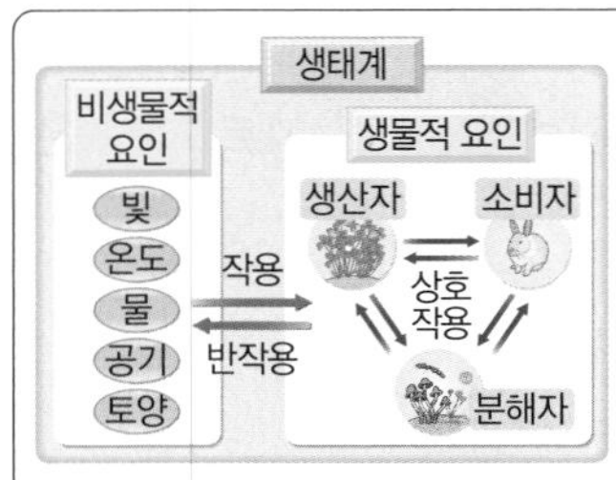

- 작용: 비생물적 요인이 생물에 영향을 주는 것
- 반작용: 생물이 비생물적 요인에 영향을 주는 것
- 상호 작용: 생물적 요인이 서로 영향을 주고받는 것

2. 개체군의 특성

(1) **개체군의 밀도:** 일정한 공간에 서식하는 개체 (❶) 로, 개체군의 크기는 밀도로 나타낸다. ➡ 출생과 이입에 의해 증가하고, 사망과 이출에 의해 감소한다.

(2) **개체군의 생장 곡선**

- 개체군의 이론상의 생장 곡선은 (❷)자 모양이고, 실제의 생장 곡선은 환경 저항 때문에 (❸)자 모양이다.
- 환경 저항: 서식 공간과 먹이 부족, 노폐물 축적, 개체 간의 경쟁 등

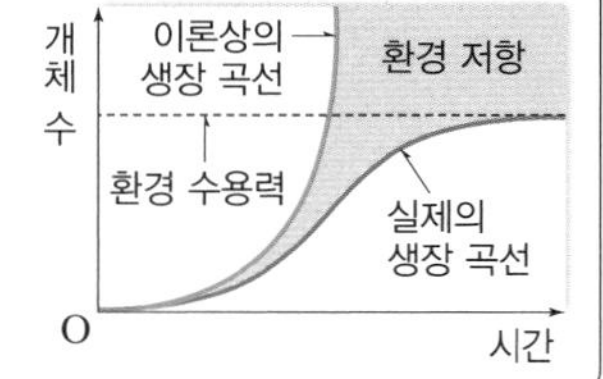

(3) **개체군의 생존 곡선**

- Ⅰ형: 자손을 적게 낳고, 초기 사망률이 낮다. 예 사람, 코끼리
- Ⅱ형: 연령대별 사망률이 일정하다. 예 히드라, 기러기
- Ⅲ형: 자손을 많이 낳고, 초기 사망률이 (❹). 예 고등어, 굴

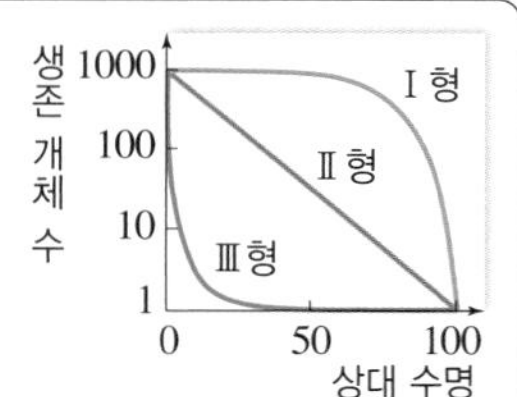

(4) **개체군의 연령 피라미드:** 생식 (❺) 연령층의 비율에 따라 개체군의 크기 변화를 예측할 수 있다.

(5) **개체군의 주기적 변동**

계절에 따른 돌말 개체군의 주기적 변동	돌말 개체군의 크기는 빛의 세기, 수온, 영양염류의 양 등의 계절적 변화에 따라 1년을 주기로 변한다.
피식과 포식에 따른 개체군의 주기적 변동	피식자인 눈신토끼와 포식자인 스라소니 개체군의 크기 변동은 거의 10년을 주기로 반복된다.

3. 개체군 내의 상호 작용

(❻)	일정한 영역을 차지하고 다른 개체의 침입을 막는다. 예 은어, 물개, 까치, 얼룩말
(❼)	힘의 서열에 따라 순위를 정하여 먹이나 배우자를 얻는다. 예 큰뿔양, 닭, 일본원숭이
리더제	한 개체가 리더가 되어 무리 전체를 통솔한다. 예 기러기, 늑대, 양, 코끼리
사회생활	역할에 따라 계급과 업무를 분담하여 생활한다. 예 개미, 꿀벌
가족생활	혈연관계의 개체들이 무리 지어 먹이를 공동으로 사냥하고 새끼를 함께 돌보며 생활한다. 예 사자, 하이에나, 침팬지

1. 군집의 구성

먹이 사슬	먹고 먹히는 관계를 사슬 모양으로 나타낸 것
먹이 그물	군집에서 먹이 사슬 여러 개가 서로 얽혀 마치 그물처럼 복잡하게 나타난 것
(❽) 지위	생태계에서 개체군이 담당하는 구조적·기능적 역할 • 먹이 지위: 개체군이 먹이 사슬에서 차지하는 위치 • 공간 지위: 개체군이 차지하는 서식 공간

2. 군집의 구조

군집을 구성하는 종의 구분	• (❾): 그 군집을 대표하는 종 • (❿): 개체 수가 가장 적은 종 • 지표종: 특정 군집에서만 볼 수 있는 종 • 핵심종: 우점종은 아니지만, 군집의 구조에 결정적인 영향을 미치는 종
군집의 종류	• 생물의 서식 환경에 따라 크게 수생 군집(담수, 해수)과 육상 군집(삼림, 초원, 사막)으로 구분한다. • 삼림의 층상 구조: 삼림 군집은 빛의 세기에 따라 수직적으로 뚜렷한 층상 구조가 나타난다. ➡ 식물이 최대한 햇빛을 활용할 수 있는 구조로 구성되어 있다.
군집의 생태 분포	• 수평 분포: 위도에 따른 기온과 강수량의 차이로 나타난다. • 수직 분포: 특정 지역에서 고도에 따른 기온의 차이로 나타난다.

3. 식물 군집의 구조 조사

방형구법을 이용하며, 중요치가 가장 높은 종이 우점종이다.

(⓫)=상대 밀도+상대 빈도+상대 피도

4. 식물 군집의 천이

1차 천이	토양이 없는 불모지에서 시작되는 천이 • (⑫) 천이: 척박한 땅 → 지의류(개척자), 이끼류 → 초원 → 관목림 → 양수림 → 혼합림 → 음수림(극상) • (⑬) 천이: 빈영양호 → 부영양호 → 이끼류, 습원 → 초원 → 관목림 → 양수림 → 혼합림 → 음수림(극상)
2차 천이	산불이나 산사태 등으로 불모지가 된 후 토양이 남아 있는 상태에서 시작되는 천이 ➡ 주로 초본이 개척자로 들어와 초원부터 시작되며, 1차 천이보다 빠르게 진행된다.

5. 군집 내 개체군 간의 상호 작용

종간 경쟁	(⑭)가 비슷한 개체군 사이에서 경쟁이 일어나며, 이때 경쟁에서 진 개체군은 사라진다(경쟁·배타 원리). 예 애기짚신벌레 종과 짚신벌레 종
분서(생태 지위 분화)	(⑮)을 피하기 위해 서식 공간, 먹이 등을 달리한다. 예 북아메리카의 솔새, 피라미와 은어
공생	• (⑯)공생: 한쪽은 이익을 얻지만, 다른 쪽은 이익도 손해도 없다. 예 빨판상어와 거북 • (⑰) 공생: 서로 이익을 얻는다. 예 말미잘과 흰동가리, 콩과식물과 뿌리혹박테리아
기생	한쪽은 이익을 얻지만, 다른 쪽은 손해를 입는다. 예 사람과 기생충
포식과 피식	서로 다른 개체군 사이에서의 먹고 먹히는 관계이다. 예 스라소니와 눈신토끼, 치타와 톰슨가젤

03 에너지 흐름과 물질 순환

1. 에너지 흐름 생태계에서 에너지는 한쪽 방향으로 흐르다가 생태계 밖으로 빠져나간다.

(1) 생태계 에너지의 근원은 태양의 빛에너지이며, 상위 영양 단계로 갈수록 전달되는 에너지양은 점점 (⑱)한다.

(2) **생태 피라미드:** 상위 영양 단계로 갈수록 에너지양, 개체 수, 생체량이 줄어들어 피라미드 모양이 된다.

(3) 에너지 효율(%)$=\frac{\text{현 영양 단계가 보유한 에너지 총량}}{\text{전 영양 단계가 보유한 에너지 총량}}\times 100$

2. 물질의 생산과 소비

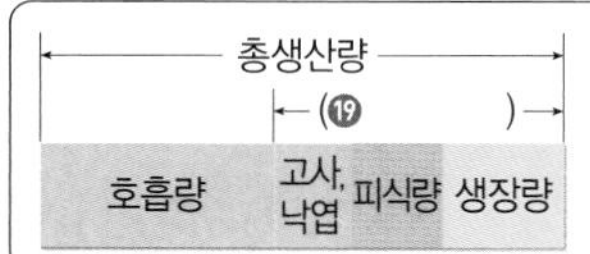

• 총생산량=호흡량+순생산량
• 순생산량=총생산량−호흡량
• 생장량=순생산량−(고사량+낙엽량+피식량)

3. 물질 순환 물질은 생물과 비생물 환경 사이를 순환한다.

탄소 순환

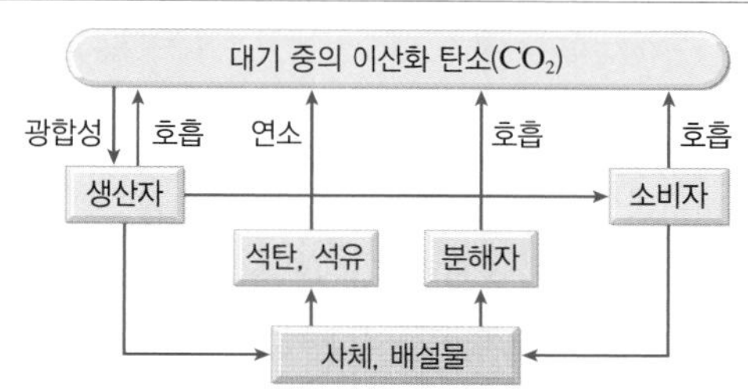

① 대기 중의 이산화 탄소는 생산자의 (⑳)에 의해 유기물로 합성되며, 유기물의 탄소는 먹이 사슬을 따라 이동한다.
② 유기물의 탄소는 생물의 (㉑)에 의해 이산화 탄소 형태로 방출된다.
③ 생물의 사체나 배설물에 포함된 유기물 속 탄소는 분해자의 호흡에 의해 이산화 탄소 형태로 방출된다.
④ 사체 중 일부가 퇴적되어 만들어진 화석 연료(석탄, 석유)는 (㉒)하면 이산화 탄소를 방출한다. ➡ 이 과정이 과도하게 일어나면 온실 효과가 일어날 수 있다.

질소 순환

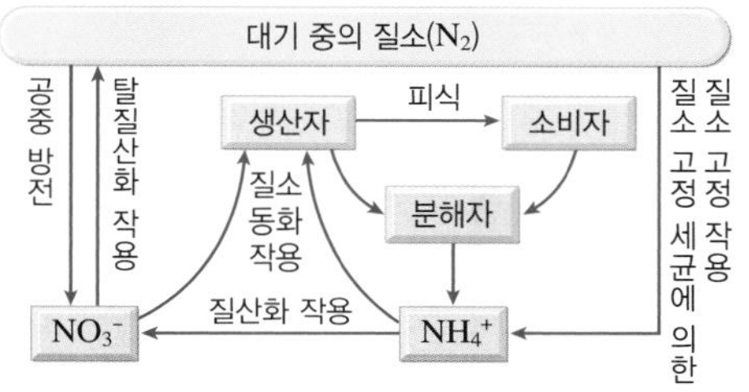

① 질소 고정 작용: 대기 중의 질소(N_2)는 (㉓)에 의해 암모늄 이온(NH_4^+)으로 전환된다. 또는 번개와 같은 공중 방전에 의해 질산 이온(NO_3^-)으로 전환되기도 한다.
② (㉔) 작용: 암모늄 이온(NH_4^+)은 질산화 세균에 의해 질산 이온(NO_3^-)으로 전환된다.
③ 질소 동화 작용: 암모늄 이온(NH_4^+)이나 질산 이온(NO_3^-)은 식물에 흡수되어 단백질, 핵산 등의 질소 화합물로 합성된다. 질소 화합물은 먹이 사슬을 통해 소비자로 이동한다.
④ 생물의 사체나 배설물 속의 질소 화합물은 분해자에 의해 암모늄 이온(NH_4^+)으로 분해된다.
⑤ (㉕) 작용: 일부 질산 이온(NO_3^-)은 탈질산화 세균에 의해 질소 기체(N_2)가 되어 대기 중으로 돌아간다.

4. 생태계 평형

(1) **생태계 평형 유지:** 생태계를 구성하는 생물종이 다양하고 먹이 그물이 (㉖)할수록 생태계 평형이 잘 유지된다.

(2) **생태계 평형이 유지되는 원리**

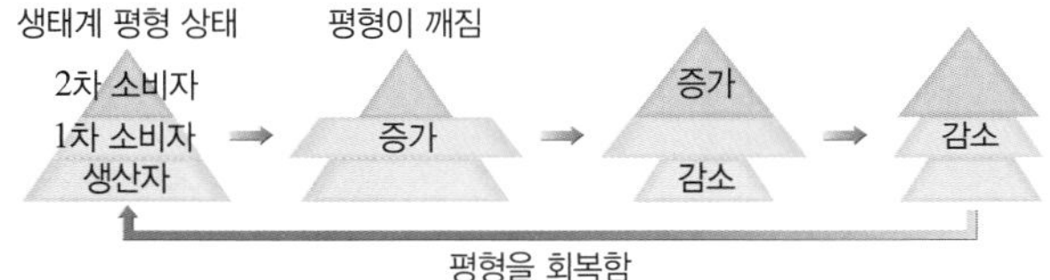

중단원 마무리 문제

하 중 상

01 다음은 생태계에 대한 학생 A~C의 설명이다.

- 학생 A: 개체군은 같은 종의 개체가 무리를 이룬 것입니다.
- 학생 B: 군집은 먹이 사슬을 형성하는 생산자와 소비자로만 이루어져 있습니다.
- 학생 C: 생태계의 구성 요소는 서로 영향을 주고받습니다.

설명이 옳은 학생만을 있는 대로 고른 것은?

① A ② B ③ A, C
④ B, C ⑤ A, B, C

하 중 상

02 그림은 어느 생태계의 구성 요소 간의 관계를 나타낸 것이다. A와 B는 모두 생태계 구성 요소 중 하나이다.

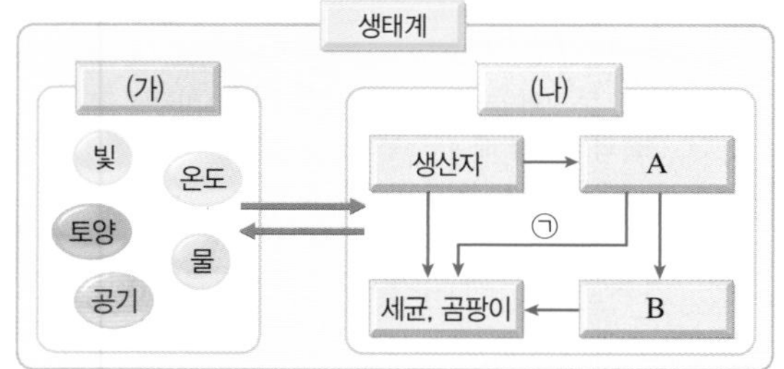

이에 대한 설명으로 옳은 것만을 [보기]에서 있는 대로 고른 것은?

보기
ㄱ. (가)와 (나)가 함께 생물 군집을 이룬다.
ㄴ. A는 소비자, B는 분해자이다.
ㄷ. ㉠ 과정에서 유기물이 이동한다.

① ㄱ ② ㄴ ③ ㄷ
④ ㄴ, ㄷ ⑤ ㄱ, ㄴ, ㄷ

하 중 상

03 그림 (가)는 생태계 구성 요소 간의 관계 중 일부를, (나)는 빛의 파장에 따른 해조류의 분포를 나타낸 것이다.

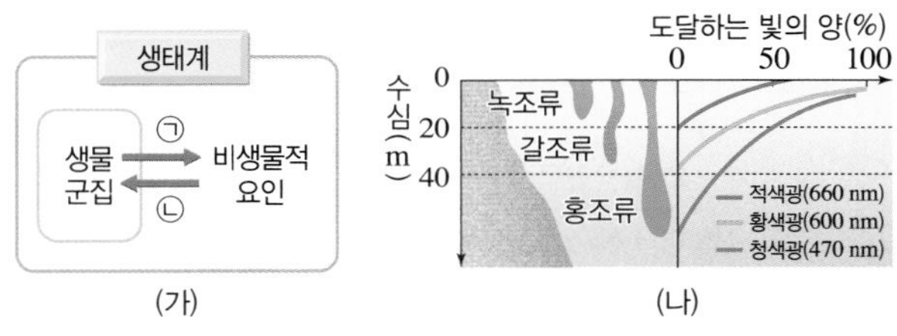

이에 대한 설명으로 옳은 것만을 [보기]에서 있는 대로 고른 것은?

보기
ㄱ. 해조류는 생물 군집에서 생산자에 해당한다.
ㄴ. 빛의 파장에 따른 해조류의 분포는 ㉠의 예에 해당한다.
ㄷ. 홍조류가 주로 이용하는 빛은 적색광이다.

① ㄱ ② ㄴ ③ ㄷ
④ ㄱ, ㄴ ⑤ ㄱ, ㄴ, ㄷ

하 중 상

04 그림은 두 가지 유형의 생장 곡선을 나타낸 것이다.

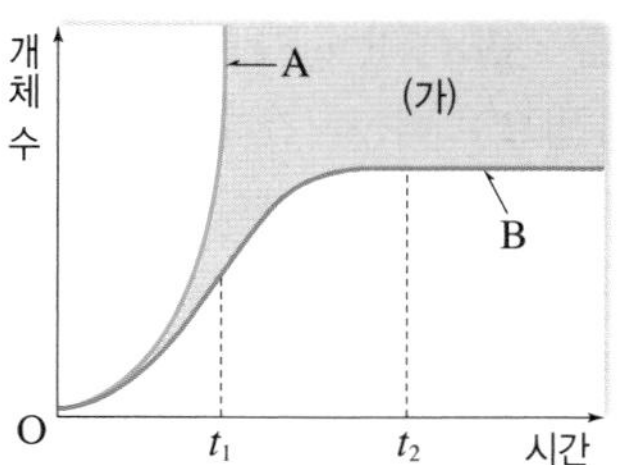

이에 대한 설명으로 옳은 것은? (단, 이 개체군에서 이입과 이출은 없으며, 서식지의 크기는 일정하다.)

① A는 실제의 생장 곡선이다.
② 환경 저항에 의해 나타나는 생장 곡선은 A이다.
③ B에서 개체군의 밀도는 t_2일 때가 t_1일 때보다 크다.
④ B에서 t_2일 때 개체 간 경쟁은 일어나지 않는다.
⑤ (가)에는 출생률 증가, 노폐물 감소 등이 있다.

하 중 상

05 그림 (가)는 개체군의 생존 곡선을, (나)는 Ⅰ형~Ⅲ형의 생존 곡선을 사망률로 나타낸 것이다. ⓐ~ⓒ는 각각 Ⅰ형~Ⅲ형의 사망률 곡선 중 하나이다.

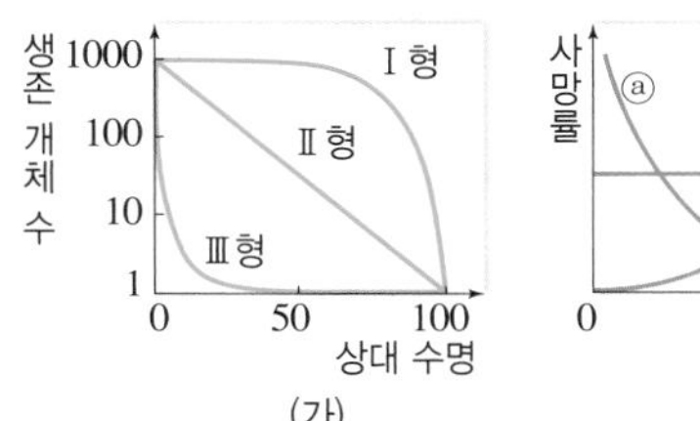

(가)

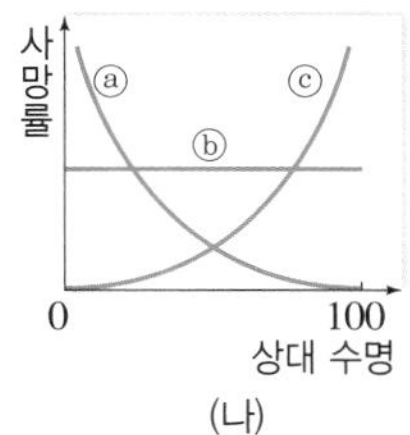

(나)

이에 대한 설명으로 옳은 것만을 [보기]에서 있는 대로 고른 것은?

보기
ㄱ. Ⅰ형의 사망률 곡선은 ⓒ이다.
ㄴ. 다람쥐와 조류의 사망률 곡선은 ⓑ에 해당한다.
ㄷ. 한 번에 출생하는 자손의 수는 생존 곡선이 Ⅲ형인 생물이 Ⅰ형인 생물보다 많다.

① ㄱ ② ㄷ ③ ㄱ, ㄴ
④ ㄴ, ㄷ ⑤ ㄱ, ㄴ, ㄷ

하 중 상

06 그림은 어떤 하천에서 계절에 따른 환경 요인의 변화와 돌말의 개체 수 변화를 나타낸 것이다.

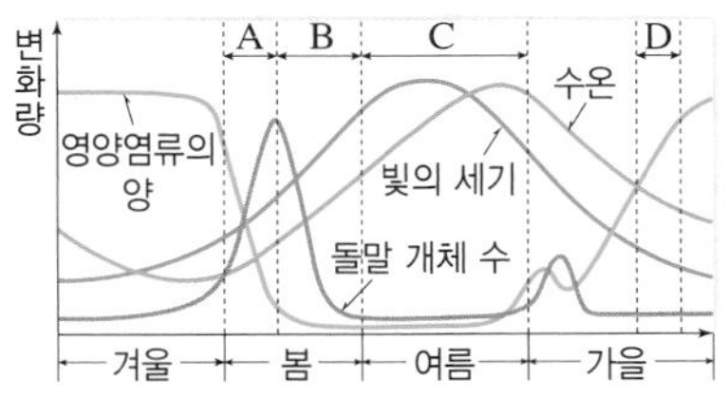

이에 대한 설명으로 옳지 않은 것은?

① 돌말의 개체 수 변동에 영향을 주는 환경 요인은 영양염류의 양, 빛의 세기, 수온이다.
② A 시기에 돌말의 개체 수가 급격히 증가하는 것은 영양염류가 풍부한 상태에서 빛의 세기와 수온이 증가하였기 때문이다.
③ B 시기에 돌말의 개체 수가 급격히 감소하는 것은 수온이 높아졌기 때문이다.
④ C 시기에 돌말의 개체 수를 제한하는 환경 요인은 영양염류의 양이다.
⑤ D 시기에 돌말의 개체 수가 적은 상태를 유지하는 것은 빛의 세기가 약하고 수온이 낮기 때문이다.

하 중 상

07 표는 생물 사이의 상호 작용을 (가)와 (나)로 구분하여 나타낸 것이다. (가)와 (나)는 개체군 사이의 상호 작용과 개체군 내의 상호 작용을 순서 없이 나타낸 것이다.

구분	상호 작용
(가)	기생, ㉠편리공생
(나)	순위제, ㉡사회생활

이에 대한 설명으로 옳은 것만을 [보기]에서 있는 대로 고른 것은?

보기
ㄱ. (가)는 개체군 사이의 상호 작용이다.
ㄴ. ㉠의 관계인 두 종에서는 손해를 입는 종이 있다.
ㄷ. 꿀벌 개체군에서 개체들이 서로 일을 분담하여 협력하는 것은 ㉡의 예이다.

① ㄱ ② ㄴ ③ ㄱ, ㄷ
④ ㄴ, ㄷ ⑤ ㄱ, ㄴ, ㄷ

하 중 상

08 다음은 방형구법을 이용하여 어떤 지역의 식물 군집을 조사한 자료이다.

• 이 지역에 면적이 1 m^2인 방형구 10개를 설치하였다.
• 설치한 방형구에서는 식물 종 A~C만 관찰되었다.
• 표는 식물 종 A~C의 밀도, 빈도, 상대 밀도, 상대 피도를 나타낸 것이다.

식물 종	밀도	빈도	상대 밀도(%)	상대 피도(%)
A	?	0.8	?	40
B	4/m^2	1	?	?
C	1/m^2	0.2	10	12

이에 대한 설명으로 옳은 것만을 [보기]에서 있는 대로 고른 것은?

보기
ㄱ. 설치한 방형구에서 관찰된 A의 개체 수는 50이다.
ㄴ. 설치한 방형구 중 B가 출현한 방형구의 수는 1이다.
ㄷ. 이 식물 군집의 우점종은 B이다.

① ㄱ ② ㄴ ③ ㄱ, ㄷ
④ ㄴ, ㄷ ⑤ ㄱ, ㄴ, ㄷ

하 중 **상**

09 그림은 어떤 식물 군집에 산불이 난 이후의 천이 과정에서 관찰된 식물 종 A~C의 생체량 변화를 나타낸 것이다. A~C는 각각 양수림, 음수림, 초원의 우점종 중 하나이다.

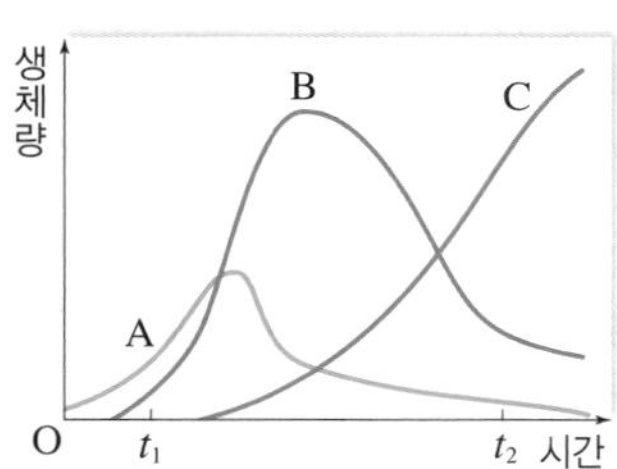

이에 대한 설명으로 옳은 것만을 [보기]에서 있는 대로 고른 것은?

보기

ㄱ. 이 과정은 2차 천이이다.

ㄴ. B의 잎은 C의 잎보다 평균 두께가 얇다.

ㄷ. 지표면에 도달하는 빛의 세기는 t_1일 때가 t_2일 때보다 강하다.

① ㄱ ② ㄴ ③ ㄱ, ㄷ ④ ㄴ, ㄷ ⑤ ㄱ, ㄴ, ㄷ

하 **중** 상

10 그림은 A종과 B종을 각각 단독 배양하였을 때와 혼합 배양하였을 때 시간에 따른 개체군의 밀도 변화를 나타낸 것이다.

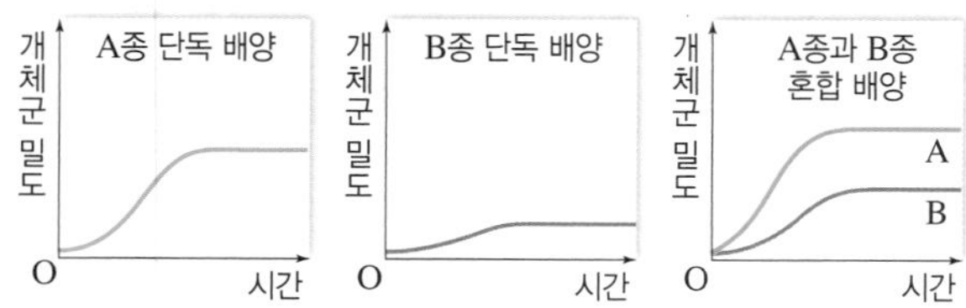

이에 대한 설명으로 옳은 것만을 [보기]에서 있는 대로 고른 것은?

보기

ㄱ. A종과 B종은 생태적 지위가 비슷하다.

ㄴ. A종과 B종을 단독 배양하면 환경 저항을 받지 않는다.

ㄷ. A종과 B종을 혼합 배양하면 상리 공생을 한다.

① ㄱ ② ㄷ ③ ㄱ, ㄴ ④ ㄴ, ㄷ ⑤ ㄱ, ㄴ, ㄷ

하 **중** 상

11 그림은 세 가지 먹이 사슬에서 각 영양 단계의 에너지양을 상댓값으로 나타낸 것이다.

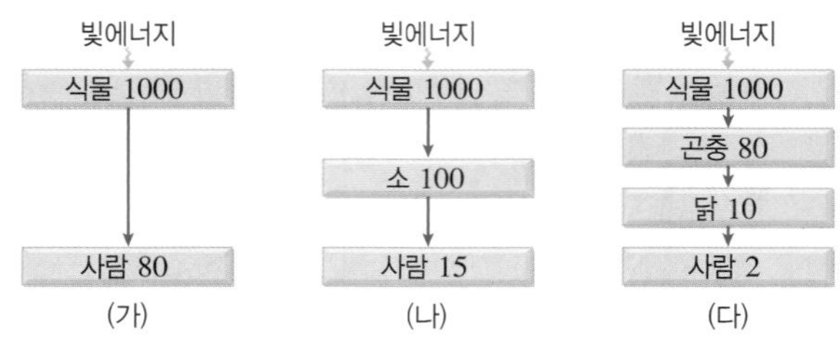

이에 대한 설명으로 옳은 것만을 [보기]에서 있는 대로 고른 것은? (단, (가)~(다)에서 식물의 에너지양은 모두 같으며, 이 먹이 사슬 외의 식량은 고려하지 않는다.)

보기

ㄱ. 사람의 에너지 효율은 (가)에서 가장 낮다.

ㄴ. 사람에게 가장 많은 양의 에너지를 제공할 수 있는 먹이 사슬은 (다)이다.

ㄷ. (다)에서는 열에너지 형태로 방출되는 에너지가 없다.

① ㄱ ② ㄴ ③ ㄷ ④ ㄱ, ㄴ ⑤ ㄱ, ㄷ

하 중 **상**

12 그림은 어떤 안정된 생태계에서 각 영양 단계의 에너지양을 상댓값으로 나타낸 생태 피라미드이고, 표는 ㉠~㉢의 에너지 효율을 나타낸 것이다. A~C는 각각 1차 소비자, 2차 소비자, 3차 소비자 중 하나이고, ㉠~㉢은 각각 A~C 중 하나이다. (가)는 생산자에서 A로 전달된 에너지양이다.

C 5
B 20
A (가)
생산자 1000

영양 단계	에너지 효율(%)
㉠	25
㉡	?
㉢	20
생산자	4

이에 대한 설명으로 옳은 것만을 [보기]에서 있는 대로 고른 것은? (단, 상위 영양 단계로 갈수록 에너지 효율은 높아진다.)

보기

ㄱ. ㉡은 1차 소비자이다.

ㄴ. (가)는 200이다.

ㄷ. A의 에너지 효율은 생산자의 에너지 효율의 5배이다.

① ㄱ ② ㄴ ③ ㄱ, ㄴ ④ ㄴ, ㄷ ⑤ ㄱ, ㄴ, ㄷ

하 중 상

13 그림은 어떤 군집에서 생산자의 총생산량, 순생산량, 호흡량의 관계를 나타낸 것이다. ㉠과 ㉡은 각각 순생산량과 피식량 중 하나이다.

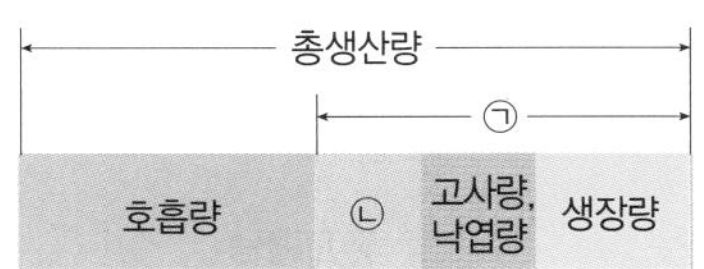

이에 대한 설명으로 옳은 것만을 [보기]에서 있는 대로 고른 것은?

ㄱ. ㉠은 순생산량이다.
ㄴ. ㉡은 1차 소비자의 호흡량과 같다.
ㄷ. 고사량과 낙엽량은 분해자에게 전달되는 유기물의 양이다.

① ㄱ ② ㄴ ③ ㄱ, ㄷ
④ ㄴ, ㄷ ⑤ ㄱ, ㄴ, ㄷ

하 중 상

14 그림은 생태계에서 일어나는 질소 순환 과정의 일부를 나타낸 것이다.

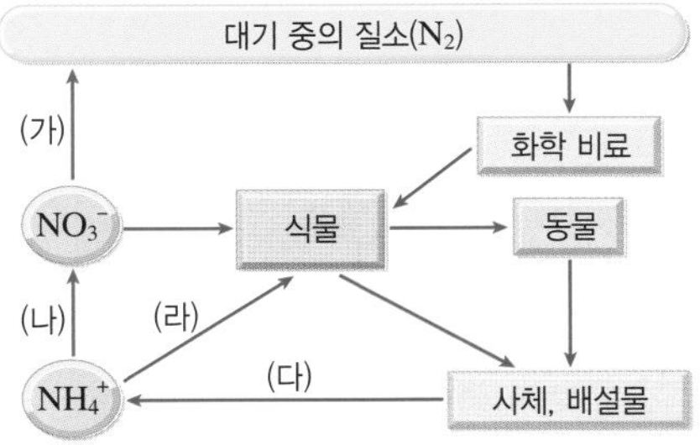

이에 대한 설명으로 옳은 것만을 [보기]에서 있는 대로 고른 것은?

보기

ㄱ. (가)와 (나)에는 모두 세균이 관여한다.
ㄴ. (다)는 분해자에 의해 일어난다.
ㄷ. 식물은 (라)를 통해 얻은 질소를 이용하여 단백질, 핵산 등을 합성한다.

① ㄱ ② ㄴ ③ ㄱ, ㄷ
④ ㄴ, ㄷ ⑤ ㄱ, ㄴ, ㄷ

서술형 문제

하 중 상

15 양수림에서 음수림으로 천이가 일어나는 까닭을 빛의 세기와 관련하여 서술하시오.

하 중 상

16 그림 (가)는 하천에서 은어가 활동하는 영역을, (나)는 어떤 나무에서 3종의 북아메리카솔새가 활동하는 영역을 나타낸 것이다.

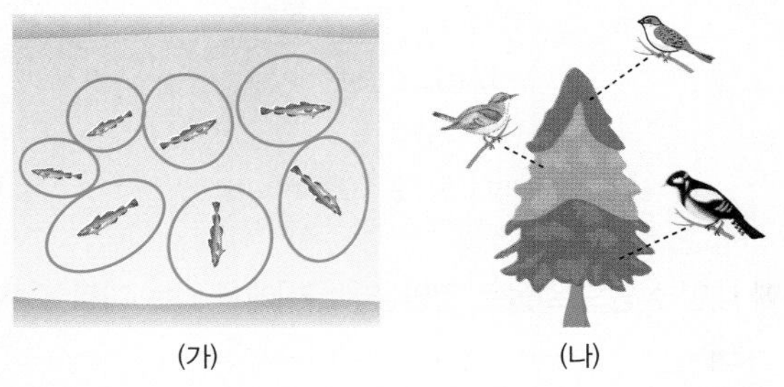

(가) (나)

(1) (가), (나)에서 나타나는 상호 작용을 각각 쓰시오.

(2) (가), (나)에서 나타나는 상호 작용의 공통점과 차이점을 각각 서술하시오.

하 중 상

17 그림은 생태계에서 일어나는 에너지와 물질의 이동 과정을 나타낸 것이다.

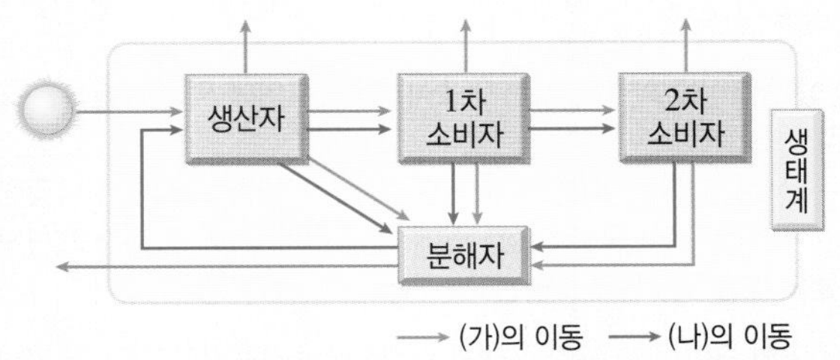

(가), (나)는 에너지와 물질 중 무엇인지 각각 쓰고, 그렇게 생각한 까닭을 서술하시오.

수능 실전 문제

• 수능 출제 경향

이 단원에서는 생태계 구성 요소 사이의 상호 관계, 개체군의 생장 곡선, 식물 군집의 천이 과정, 군집 내 개체군 간의 상호 작용, 식물 군집의 물질 생산과 소비, 생태계의 물질 순환에 대한 문제가 주로 출제된다. 특히 개체군의 생장 곡선, 방형구를 이용한 식물 군집의 조사, 질소 순환 과정에 대해서 자세히 알아두어야 한다.

수능 이렇게 나온다!

그림 (가)는 어떤 식물 군집에서 총생산량, 순생산량, 생장량의 관계를, (나)는 이 식물 군집의 시간에 따른 ㉠, ㉡, 생물량(생체량)을 나타낸 것이다. ㉠과 ㉡은 각각 총생산량과 호흡량 중 하나이다.

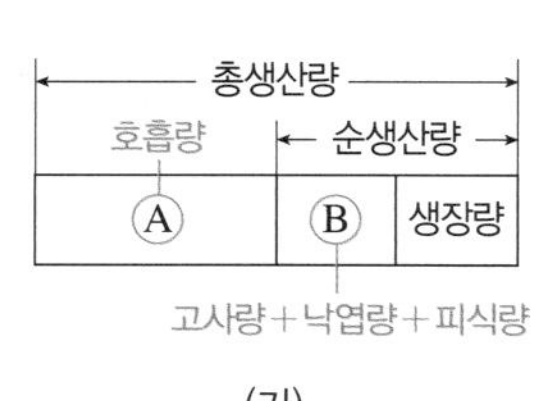

(가)

❷ 초식 동물의 호흡량은 생산자의 피식량(＝초식 동물의 섭식량)에 포함된다.

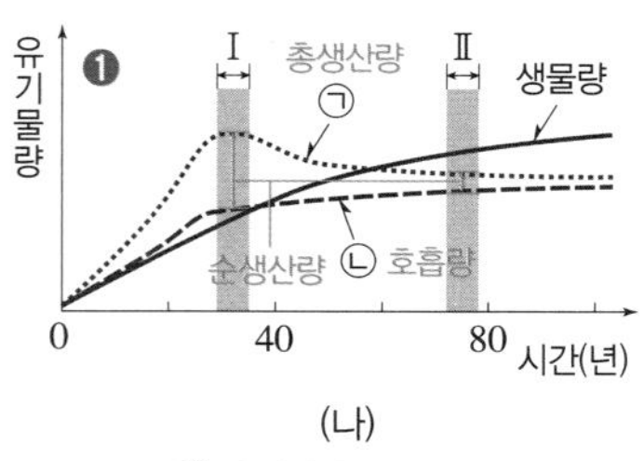

(나)

❸ 순생산량: Ⅰ > Ⅱ
생물량: Ⅰ < Ⅱ

이에 대한 설명으로 옳은 것만을 [보기]에서 있는 대로 고른 것은?

보기

ㄱ. ㉠은 총생산량이다.

ㄴ. 초식 동물의 호흡량은 A에 포함된다.

ㄷ. $\frac{\text{순생산량}}{\text{생물량}}$은 구간 Ⅱ에서가 구간 Ⅰ에서보다 크다.

① ㄱ　　② ㄴ　　③ ㄷ　　④ ㄱ, ㄴ　　⑤ ㄴ, ㄷ

출제개념

식물 군집의 물질 생산과 소비

▶ 본문 291쪽

출제의도

식물 군집의 물질 생산과 소비에서 총생산량, 호흡량, 순생산량의 관계를 이해하고 있는지를 확인하는 문제이다.

전략적 풀이

❶ 총생산량, 호흡량, 순생산량의 관계를 파악한다.

ㄱ. (　　　)＝순생산량＋(　　　)이므로 (나)에서 총생산량은 항상 호흡량보다 많다. 따라서 ㉠은 (　　　), ㉡은 (　　　)이다.

❷ 생산자(식물)와 1차 소비자(초식 동물) 사이에 먹이 사슬을 통한 유기물의 이동과 생물의 호흡량을 이해한다.

ㄴ. (가)에서 A는 식물의 호흡량, B는 식물의 고사량＋낙엽량＋초식 동물에게 먹힌 (　　　)이다. (　　　)은 초식 동물의 섭식량에 해당하며, 이 중 일부가 초식 동물의 호흡량으로 소비된다. 따라서 초식 동물의 호흡량은 B에 포함된다.

❸ (나)의 구간 Ⅰ과 구간 Ⅱ에서 순생산량과 생물량을 각각 비교한다.

ㄷ. 총생산량(㉠)에서 호흡량(㉡)을 뺀 값이 순생산량이므로 순생산량은 구간 Ⅱ에서가 구간 Ⅰ에서보다 (　　　). 생물량은 시간이 지남에 따라 증가하므로 구간 Ⅱ에서가 구간 Ⅰ에서보다 (　　　). 따라서 $\frac{\text{순생산량}}{\text{생물량}}$은 구간 Ⅱ에서가 구간 Ⅰ에서보다 (　　　).

답 ①

❶ 총생산량, 호흡량, 총생산량, 호흡량
❷ 피식량, 피식량
❸ 작다, 많다, 작다

01 그림은 생태계를 구성하는 요소 사이의 상호 관계를 나타낸 것이다.

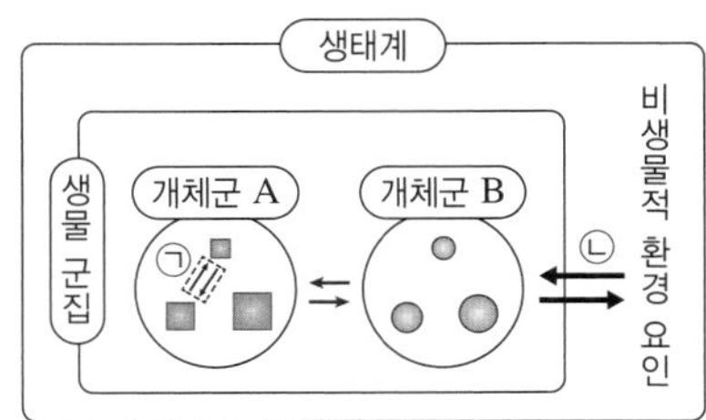

이에 대한 설명으로 옳은 것만을 [보기]에서 있는 대로 고른 것은?

보기
ㄱ. 곰팡이는 비생물적 환경 요인에 해당한다.
ㄴ. ㉠의 예로 리더제가 있다.
ㄷ. 질소 고정 세균에 의해 토양의 암모늄 이온(NH_4^+)이 증가하는 것은 ㉡에 해당한다.

① ㄱ ② ㄴ ③ ㄱ, ㄷ
④ ㄴ, ㄷ ⑤ ㄱ, ㄴ, ㄷ

02 그림은 생태계를 구성하는 요소 사이의 상호 관계와 생물 군집 내 탄소 이동을, 표는 A~C의 예를 나타낸 것이다. A~C는 각각 생산자, 소비자, 분해자 중 하나이다.

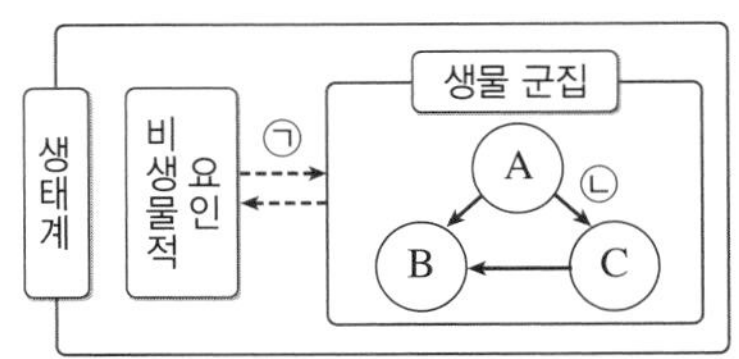

구분	예
A	(가)
B	?
C	토끼

----> 구성 요소 간의 관계 ——> 탄소의 이동

이에 대한 설명으로 옳은 것만을 [보기]에서 있는 대로 고른 것은?

보기
ㄱ. 버섯은 (가)에 해당한다.
ㄴ. 고도에 따라 식물 군집의 분포가 달라지는 현상은 ㉠에 해당한다.
ㄷ. ㉡ 과정에서 탄소는 유기물의 형태로 이동한다.

① ㄱ ② ㄴ ③ ㄱ, ㄷ
④ ㄴ, ㄷ ⑤ ㄱ, ㄴ, ㄷ

03 그림은 식물 개체군 A와 B의 시간에 따른 개체 수 변화를 나타낸 것이다. A는 지역 ㉠에, B는 지역 ㉡에 서식하며, 면적은 ㉠이 ㉡의 2배이다.

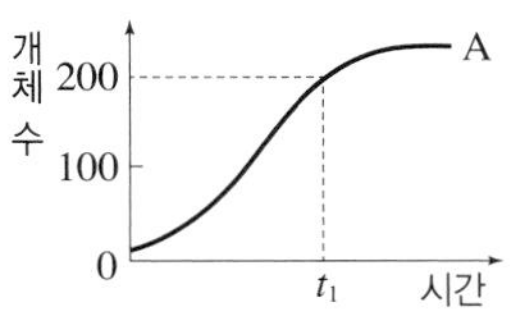

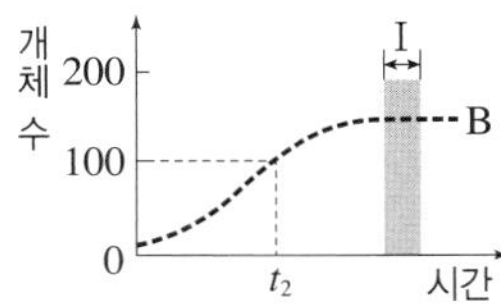

이에 대한 설명으로 옳은 것만을 [보기]에서 있는 대로 고른 것은?

보기
ㄱ. 개체군의 환경 수용력은 A가 B보다 크다.
ㄴ. 구간 Ⅰ에서 B는 환경 저항을 받는다.
ㄷ. t_1에서 A의 개체군 밀도는 t_2에서 B의 개체군 밀도보다 크다.

① ㄱ ② ㄷ ③ ㄱ, ㄴ
④ ㄴ, ㄷ ⑤ ㄱ, ㄴ, ㄷ

04 그림은 생존 곡선 Ⅰ형~Ⅲ형을, 표는 동물 종 ㉠의 특징을 나타낸 것이다. 특정 시기의 사망률은 그 시기 동안 사망한 개체 수를 그 시기가 시작된 시점의 총 개체 수로 나눈 값이다.

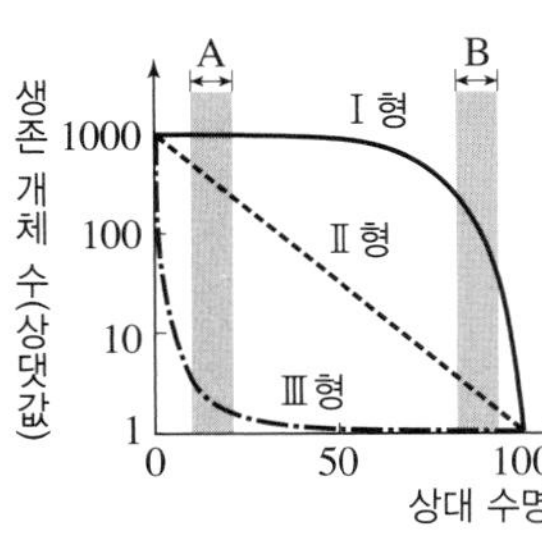

- ㉠의 생존 곡선은 Ⅰ형, Ⅱ형, Ⅲ형 중 하나에 해당한다.
- ㉠은 한 번에 적은 수의 자손을 낳으며, 후기 사망률이 초기 사망률보다 높다.

이에 대한 설명으로 옳은 것만을 [보기]에서 있는 대로 고른 것은?

보기
ㄱ. Ⅰ형의 생존 곡선을 나타내는 종에서 A 시기의 사망률은 B 시기의 사망률보다 높다.
ㄴ. Ⅱ형의 생존 곡선을 나타내는 종에서 A 시기 동안 사망한 개체 수는 B 시기 동안 사망한 개체 수보다 많다.
ㄷ. ㉠의 생존 곡선은 Ⅲ형에 속한다.

① ㄱ ② ㄴ ③ ㄱ, ㄷ
④ ㄴ, ㄷ ⑤ ㄱ, ㄴ, ㄷ

05 그림은 면적이 동일한 25개의 방형구를 설치하여 조사한 식물 종 A~C의 분포를, 표는 A~C의 빈도, 상대 피도, 상대 밀도, 상대 빈도를 나타낸 것이다. A~C의 개체 수의 합은 25이고, ㉠은 ㉡보다 큰 값이다.

■ 종 A
▲ 종 B
○ 종 C
(가)

구분	빈도	상대 피도 (%)	상대 밀도 (%)	상대 빈도 (%)
A	?	㉠	?	40
B	0.12	㉡	?	?
C	?	㉠	44	?

이에 대한 설명으로 옳은 것만을 [보기]에서 있는 대로 고른 것은?

보기
ㄱ. (가)에 있는 A의 개체 수는 1이다.
ㄴ. (가)에 C가 있는 방형구는 1개이다.
ㄷ. 이 식물 군집의 우점종은 C이다.

① ㄱ ② ㄷ ③ ㄱ, ㄴ
④ ㄴ, ㄷ ⑤ ㄱ, ㄴ, ㄷ

06 그림 (가)는 종 A의 생장 곡선을, (나)는 어떤 생태계에서 종 B와 종 C의 시간에 따른 개체 수 변화를 나타낸 것이다. B와 C 사이의 상호 작용은 포식과 피식이다.

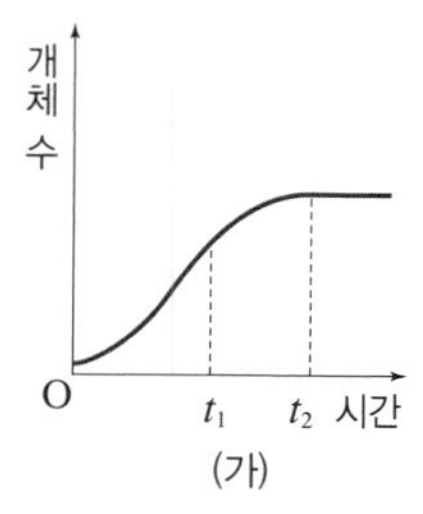

(가)

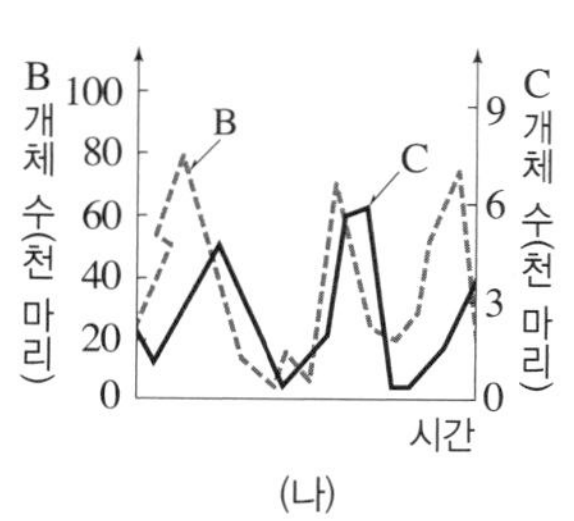

(나)

이에 대한 설명으로 옳은 것만을 [보기]에서 있는 대로 고른 것은?

보기
ㄱ. A가 받는 환경 저항은 t_2일 때가 t_1일 때보다 크다.
ㄴ. B는 C의 포식자이다.
ㄷ. 흰동가리와 말미잘의 관계는 B와 C의 관계에 해당한다.

① ㄱ ② ㄴ ③ ㄷ
④ ㄱ, ㄴ ⑤ ㄴ, ㄷ

07 다음은 생물 사이의 상호 작용에 대한 자료이다.

• 어떤 숲에 서식하는 새 5종 A~E는 생태적 지위가 중복된다.
• ㉠A~E는 경쟁을 피하기 위해 활동 영역을 나누어 나무의 서로 다른 구역에서 생활한다.

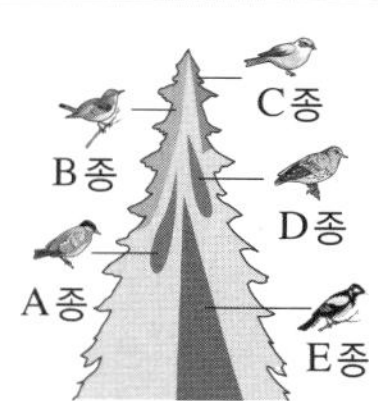

이에 대한 설명으로 옳은 것만을 [보기]에서 있는 대로 고른 것은?

보기
ㄱ. ㉠에서 A와 B 사이의 상호 작용은 분서에 해당한다.
ㄴ. C는 D, E와 하나의 개체군을 형성한다.
ㄷ. 하천에서 은어가 각각 서식하는 범위를 정해 살아가는 것은 ㉠과 같은 상호 작용의 예에 해당한다.

① ㄱ ② ㄷ ③ ㄱ, ㄴ
④ ㄴ, ㄷ ⑤ ㄱ, ㄴ, ㄷ

08 표는 서로 다른 두 종 사이의 상호 작용과 예를 나타낸 것이다. (가)~(다)는 기생, 포식과 피식, 상리 공생을 순서 없이 나타낸 것이다. ⓐ와 ⓑ는 각각 '손해'와 '이익' 중 하나이다.

구분	(가)		(나)		(다)	
상호 작용	종Ⅰ	종Ⅱ	종Ⅰ	종Ⅱ	종Ⅰ	종Ⅱ
	이익	?	ⓐ	이익	이익	ⓑ
예	겨우살이는 숙주 식물로부터 영양분과 물을 흡수하여 살아간다.		꽃은 벌에게 꿀을 제공하고, 벌은 꽃의 수분을 돕는다.		?	

이에 대한 설명으로 옳은 것만을 [보기]에서 있는 대로 고른 것은?

보기
ㄱ. (가)는 기생이다.
ㄴ. ⓐ는 '손해', ⓑ는 '이익'이다.
ㄷ. (다)에서 두 종 사이에 경쟁·배타 원리가 적용된다.

① ㄱ ② ㄴ ③ ㄱ, ㄷ
④ ㄴ, ㄷ ⑤ ㄱ, ㄴ, ㄷ

09 그림 (가)는 어떤 식물 군집 P에서 일어나는 천이 과정을, (나)는 P에서 시간에 따른 총생산량과 순생산량을 나타낸 것이다. A~C는 각각 음수림, 양수림, 관목림 중 하나이며, ㉠과 ㉡은 음수림과 양수림을 순서 없이 나타낸 것이다.

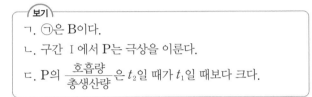

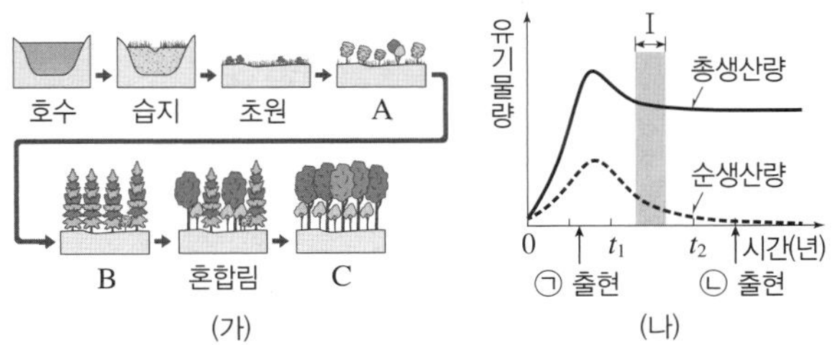

이에 대한 설명으로 옳은 것만을 [보기]에서 있는 대로 고른 것은?

보기
ㄱ. ㉠은 B이다.
ㄴ. 구간 I 에서 P는 극상을 이룬다.
ㄷ. P의 $\frac{\text{호흡량}}{\text{총생산량}}$은 t_2일 때가 t_1일 때보다 크다.

① ㄱ ② ㄴ ③ ㄱ, ㄷ
④ ㄴ, ㄷ ⑤ ㄱ, ㄴ, ㄷ

10 그림은 어떤 안정된 생태계 X에서의 에너지 흐름을, 자료는 X의 특징을 나타낸 것이다. 에너지양은 상댓값이다.

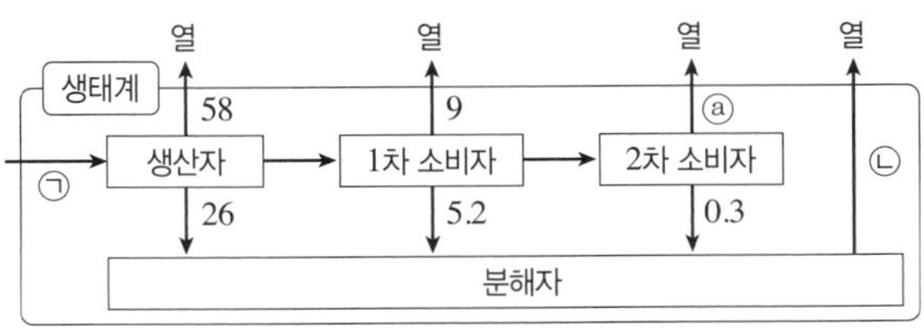

- 유입되는 에너지양과 유출되는 에너지양이 같다.
- $\frac{㉡}{\text{소비자에서 방출되는 열에너지양의 총합}}=30$이다.
- ㉠+생산자에서 분해자로 이동하는 에너지양=4㉡이다.

이에 대한 설명으로 옳은 것만을 [보기]에서 있는 대로 고른 것은?

보기
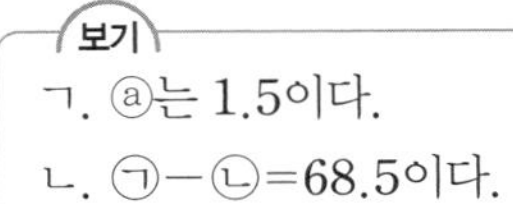
ㄱ. ⓐ는 1.5이다.
ㄴ. ㉠−㉡=68.5이다.
ㄷ. X에서 1차 소비자의 에너지 효율은 16 %이다.

① ㄱ ② ㄴ ③ ㄱ, ㄴ
④ ㄴ, ㄷ ⑤ ㄱ, ㄴ, ㄷ

11 그림 (가)는 어떤 생태계에서 A~D의 에너지양을 상댓값으로 나타낸 생태 피라미드를, (나)는 이 생태계의 식물 군집에서 총생산량과 생장량의 관계를 나타낸 것이다. A~D는 각각 생산자, 1차 소비자, 2차 소비자, 3차 소비자 중 하나이고, ㉠~㉢은 순생산량, 피식량, 호흡량을 순서 없이 나타낸 것이다. 에너지 효율은 3차 소비자가 1차 소비자의 3배이다.

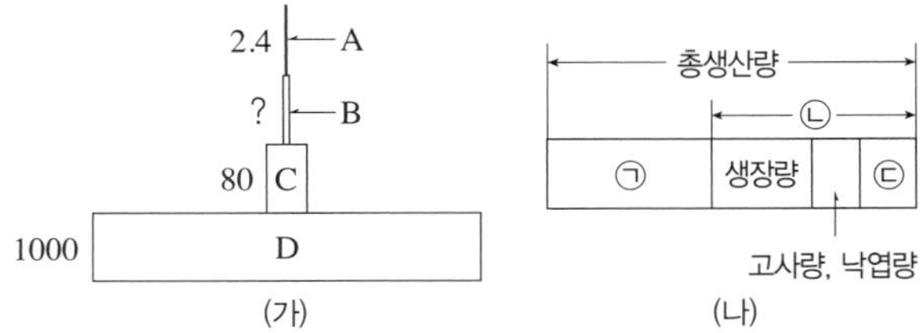

이에 대한 설명으로 옳은 것만을 [보기]에서 있는 대로 고른 것은?

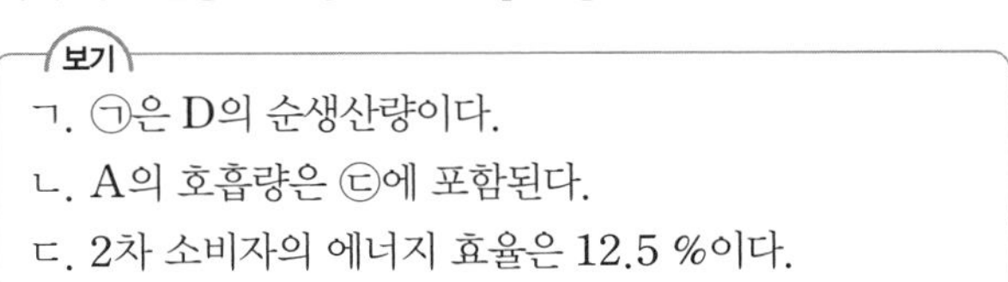
보기
ㄱ. ㉠은 D의 순생산량이다.
ㄴ. A의 호흡량은 ㉢에 포함된다.
ㄷ. 2차 소비자의 에너지 효율은 12.5 %이다.

① ㄱ ② ㄴ ③ ㄱ, ㄴ
④ ㄴ, ㄷ ⑤ ㄱ, ㄴ, ㄷ

12 그림은 콩과식물 X의 뿌리혹에 서식하는 세균 Y를, 표는 생태계에서 일어나는 질소 순환 과정과 탄소 순환 과정의 일부를 나타낸 것이다. Y는 X에게 NH_4^+을 제공하고, X는 Y에게 유기물을 제공한다. ㉠~㉢은 세포 호흡, 질소 고정 작용, 질산화 작용을 순서 없이 나타낸 것이다.

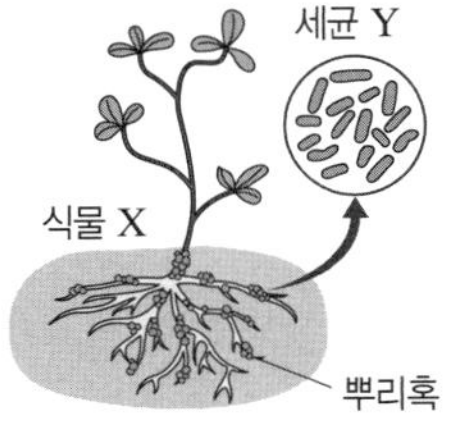

구분	과정
㉠	$N_2 \longrightarrow NH_4^+$
㉡	$NH_4^+ \longrightarrow NO_3^-$
㉢	유기물 $\longrightarrow CO_2$

이에 대한 설명으로 옳은 것만을 [보기]에서 있는 대로 고른 것은?

보기
ㄱ. ㉢은 세포 호흡이다.
ㄴ. Y에 의해 ㉡이 일어난다.
ㄷ. X는 NH_4^+을 이용하여 단백질을 합성한다.

① ㄱ ② ㄴ ③ ㄱ, ㄷ
④ ㄴ, ㄷ ⑤ ㄱ, ㄴ, ㄷ

V 생태계와 상호 작용

2 생물 다양성과 보전

Review

이전에 학습한 내용 중 이 단원과 연계된 내용을 다시 한번 떠올려 봅시다.

다음 단어가 들어갈 곳을 찾아 빈칸을 완성해 보자.

생물 자원 생태계 평형 유전적 종 감소 단편화

통합과학
생물 다양성과 유지

- **생물 다양성** 생태계에 존재하는 생물의 다양한 정도

❶ ______ 다양성	같은 생물종이라도 각 개체가 갖는 대립유전자가 다양하여 색, 모양, 크기 등이 다양하게 나타나는 것
❷ ______ 다양성	일정한 지역에 얼마나 많은 생물종이 얼마나 고르게 분포하여 서식하는지를 나타낸 것
생태계 다양성	일정한 지역에 존재하는 생태계의 다양한 정도

- **생물 다양성의 중요성**

① **생물 다양성과 생태계 평형 유지:** 생물 다양성이 낮으면 작은 환경 변화에도 생태계 평형이 깨지기 쉽고, 생태계 평형이 깨지면 모든 생물의 생존이 위협받는다.

② ❸ ______: 인간의 생활과 생산 활동에 이용될 가치가 있는 모든 생물적 자원이다. ➡ 생물 다양성이 높을수록 인류가 생물에서 얻어 생활에 이용하는 자원이 풍부해진다.

- **생물 다양성 보전**

① **생물 다양성 감소의 원인**

서식지 파괴	삼림의 벌채, 습지 매립 등 ➡ 생물의 서식지 면적이 ❹ ______ 한다.
서식지 ❺ ______	도로 건설 등으로 서식지가 소규모로 분할되는 것을 말한다. ➡ 서식지의 면적이 감소하고, 생물종의 이동을 제한하여 고립시키므로 멸종의 위험이 높아진다.
불법 포획과 남획	보호 동식물을 불법 포획하거나 야생 동식물을 남획하면 해당 생물종의 개체 수가 급격하게 감소하여 멸종될 수 있다. ➡ 특정 생물종의 멸종은 생태계의 먹이 관계에 영향을 주어 생물 다양성을 감소시킨다.
외래 생물의 유입	외래 생물이 새로운 환경에 적응하여 대량으로 번식하면 고유종의 서식지를 차지하여 생존을 위협하고 먹이 관계를 변화시켜 ❻ ______ 을 깨뜨릴 수 있다.
환경 오염	대기 오염으로 인한 산성비는 하천, 토양 등을 산성화시키고, 강이나 바다로 유입된 화학 물질 등은 수중 생물에게 피해를 입힌다.

② **생물 다양성 보전을 위한 노력:** 생물 다양성을 보전하기 위해서는 쓰레기 분류 배출과 같은 개인적 노력, 생태 통로 설치와 같은 사회적·국가적 노력, 생물 다양성에 관한 국제 협약 체결과 같은 국제적 노력이 모두 필요하다.

답 ❶ 유전적 ❷ 종 ❸ 생물 자원 ❹ 감소 ❺ 단편화 ❻ 생태계 평형

생물 다양성

핵심 포인트
- ❶ 생물 다양성의 의미 ★★★
- ❷ 종 다양성이 생태계 평형에 주는 영향 ★★

A 생물 다양성

생물 다양성은 생태계의 건강한 정도를 판단하는 지표가 돼요.

1. 생물 다양성 생태계에 존재하는 생물의 다양한 정도를 의미하며, 개체군의 유전적 다양성, 생태계를 구성하는 생물종의 다양성, 일정한 지역에 나타나는 생태계 다양성을 모두 포함한다. 317쪽 대표 자료❶

유전적 다양성

종 다양성

생태계 다양성

(1) **유전적 다양성:** 한 생물종에 얼마나 다양한 대립유전자가 존재하는가를 뜻한다.

① 같은 생물종이라도 각 개체가 갖는 대립유전자가 다양하여 색, 모양, 크기 등이 다양하게 나타난다. 예 무당벌레 등의 다양한 무늬와 색, 기린의 다양한 털 무늬

② 대립유전자의 종류가 다양할수록 생물종의 유전적 다양성이 높다.

③ ◆유전적 다양성이 높은 개체군은 적응력이 높아 급격한 환경 변화에도 생존할 가능성이 크다.

◆ **유전적 다양성과 개체군의 생존** 유전적 다양성이 높을수록 개체군 내의 개체들 사이에 유전자 변이의 빈도가 높아 질병 발생 등의 환경 변화에도 적응하여 살아남는 개체가 있을 가능성이 높다. 따라서 유전적 다양성이 높은 개체군은 급격한 환경 변화에도 쉽게 멸종하지 않는다.

환경 변화와 유전적 다양성

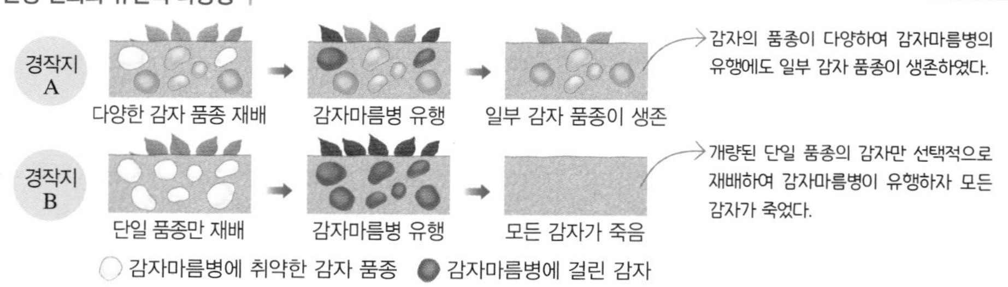
경작지 A
다양한 감자 품종 재배
감자마름병 유행
일부 감자 품종이 생존
감자의 품종이 다양하여 감자마름병의 유행에도 일부 감자 품종이 생존하였다.
경작지 B
단일 품종만 재배
감자마름병 유행
모든 감자가 죽음
개량된 단일 품종의 감자만 선택적으로 재배하여 감자마름병이 유행하자 모든 감자가 죽었다.
감자마름병에 취약한 감자 품종
감자마름병에 걸린 감자

경작지 A에서는 감자가 유전적으로 다양하여 감자마름병의 유행에도 살아남는 품종이 있어 감자가 멸종되지 않았다. ➡ 유전적 다양성이 높을수록 적응력이 높아 생존율이 높다.

(2) **종 다양성:** 한 생태계 내의 군집에 서식하는 생물종의 다양한 정도를 의미한다.

① 일정한 지역에 얼마나 많은 종이 얼마나 균등하게 분포하여 살고 있는지를 나타낸다.

종 풍부도	군집에 서식하는 생물종의 수
종 균등도	군집을 구성하는 생물종의 개체 수가 균일한 정도

➡ 종 다양성이 높다는 것은 군집의 종 풍부도와 종 균등도가 높다는 것을 의미한다.

② 종 다양성이 높을수록 생태계가 안정적으로 유지된다.

식물 군집의 종 다양성 비교

317쪽 대표 자료 2

다음은 서로 다른 세 군집 (가)~(다)에 서식하는 식물 종을 나타낸 것이다.

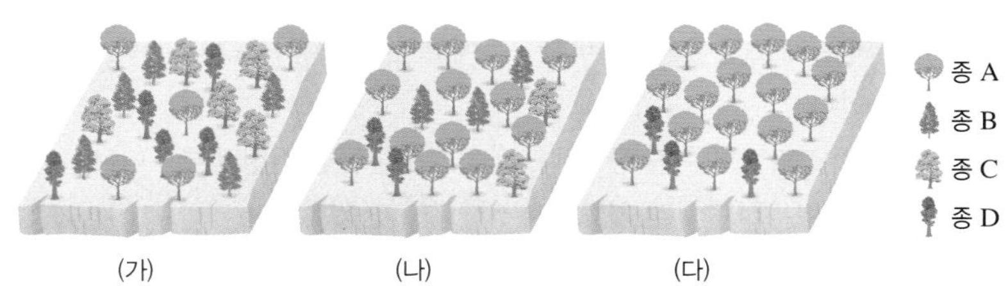

구분	(가)	(나)	(다)
종 A 개체 수	5	13	17
종 B 개체 수	5	3	0
종 C 개체 수	5	2	0
종 D 개체 수	5	2	3
전체 개체 수	20	20	20

1. **서식하는 종의 수 비교:** (가)에는 4종 20개체, (나)에는 4종 20개체, (다)에는 2종 20개체가 서식한다.
2. **종의 분포 비율 비교:** (가)에서가 (나)에서보다 각 식물 종이 균등하게 분포한다.
   ➡ 종 다양성은 종의 수가 많고 종의 분포 비율이 균등할수록 높으므로 (가)에서 종 다양성이 가장 높다.

(3) **생태계 다양성:** 일정한 지역에서 나타나는 생태계의 다양한 정도를 의미한다. (생태계 구성 요소들 사이의 상호 작용의 다양성까지 포함한다.)

① *생태계의 종류: *열대 우림, 갯벌, 습지, 사막, 초원, 호수, 강, 바다, 농경지 등

② 생태계에 따라 환경 요인(기온, 강수량, 위도 등)이 달라 서식하는 생물종이 다르므로 생태계가 다양할수록 종 다양성이 높다.

③ 두 생태계가 인접한 곳은 두 생태계의 자원을 모두 이용하는 생물종이 서식하여 종 다양성이 높다. 예 갯벌과 습지는 육상 생태계와 수생태계를 잇는 완충 지역으로 종 다양성이 매우 높다.

갯벌

습지

2. 생물 다양성의 구성과 기능 개체들 사이의 유전적 다양성은 군집의 종 다양성을 유지하는 기능을 하고, 군집의 종 다양성은 전체 생태계의 안정성과 다양성을 유지하는 원천이 된다. (유전적 다양성, 종 다양성, 생태계 다양성은 서로 영향을 주고받는다.)

B 생물 다양성의 중요성

1. 생물 다양성과 생태계 평형 종 다양성이 높을수록 복잡한 먹이 그물을 형성하여 생태계 평형이 쉽게 깨지지 않는다.

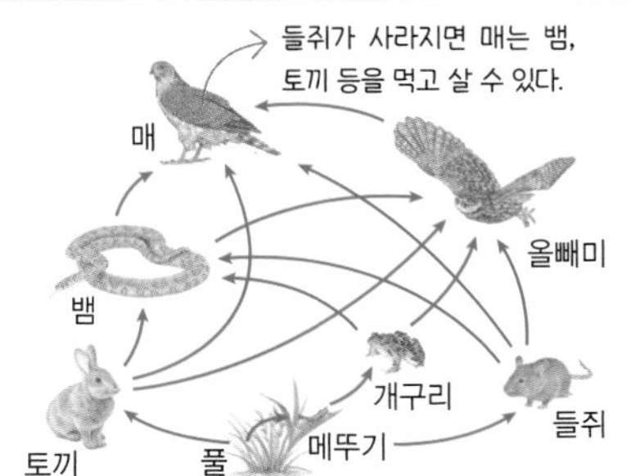

종 다양성이 낮은 생태계	종 다양성이 높은 생태계
먹이 사슬이 단순하여 한 생물종이 사라지면 대체할 수 있는 종이 없거나 적으므로 그 포식자는 먹이가 없어 사라진다. ➡ 생태계 평형이 쉽게 깨진다.	먹이 사슬이 복잡하여 한 생물종이 사라져도 대체할 수 있는 종이 있어 그 포식자는 다른 생물종을 먹고 살 수 있다. ➡ 생태계 평형이 쉽게 깨지지 않는다.

*생태계의 구분
생태계는 크게 육상 생태계와 수생태계로 구분한다.
- 육상 생태계: 숲, 초원, 사막, 툰드라 등
- 수생태계: 담수 생태계(강, 호수 등), 해양 생태계(바다 등)

*열대 우림의 종 다양성
열대 우림은 강수량이 많고 기온이 높아 식물의 종류가 많고, 그 식물을 이용하는 동물이나 균류도 많다. 따라서 여러 생태계 중 열대 우림의 종 다양성이 가장 높다.

생태계 평형이 깨지면 물질의 순환과 에너지 흐름에도 이상이 생겨 인간을 비롯한 모든 생물의 생존이 위협을 받을 수 있죠.

2. 생물 다양성과 생물 자원 생물 자원은 인간이 생활에 이용하는 자원 중 생물에서 유래한 것으로, 인간은 생물로부터 식량, 의복 재료, 의약품 원료 등을 얻는다.

(1) 인간의 의식주에 필요한 각종 자원을 제공한다.

예 식량(쌀, 옥수수), 의복 재료(동물의 털, 비단 – 누에고치, 면섬유 – 목화), 주택 재료(목재)

(2) 의약품의 원료를 제공한다.

예 버드나무(진통제 – 아스피린), 주목(항암제 – 택솔), 푸른곰팡이(항생제 – 페니실린), 팔각화향(기생충 치료제), 일일초(혈액암 치료제), 청자고둥(진통제)

(아스피린 – 주성분: 버드나무 껍데기에서 얻은 살리실산)

(3) 새로운 형질을 갖는 생물을 개발하는 데 필요한 유전자 자원을 제공한다.

예 야생의 벼에서 발견된 바이러스 저항성 유전자를 이용하여 바이러스에 저항성이 있는 벼 품종을 개발한다.

(4) 생태계의 자연경관은 관광 자원으로 활용될 수 있으며, 휴식, 교육, 문화 공간을 제공한다.

예 숲, 호수, 강, 습지

(생물 다양성은 경제적·사회적·자원적 가치뿐만 아니라 심미적·윤리적 측면에서도 중요한 가치를 가진다.)

지구에 서식하는 다양한 생물은 모두 소중한 자원이며, 생물 다양성이 높을수록 생물 자원이 풍부해져요.

정답친해 148쪽

개념 확인 문제

핵심 체크

- (❶) 다양성: 한 생물종에 얼마나 다양한 대립유전자가 존재하는가를 의미한다.
- (❷) 다양성: 한 생태계 내 군집에 서식하는 생물종의 다양한 정도를 의미한다.
- (❸) 다양성: 일정한 지역에서 나타나는 생태계의 다양한 정도를 의미한다.
- (❹): 인간이 생활에 이용하는 자원 중 생물에서 유래한 것이다.

1 생물의 다양한 정도를 나타내는 생물 다양성에 포함되는 세 가지 의미를 모두 쓰시오.

2 생물 다양성에 대한 설명으로 옳은 것은 ○, 옳지 않은 것은 ×로 표시하시오.

(1) 유전적 다양성이 낮을수록 개체군이 급격한 환경 변화에 멸종되지 않고 살아남을 가능성이 높다. ······ (　　)

(2) 군집을 이루는 생물종의 수가 많고, 각 종이 균등하게 분포할수록 종 다양성이 높다. ······ (　　)

(3) 일정 지역에 나타나는 생태계가 다양할수록 종 다양성이 높다. ······ (　　)

(4) 벼를 재배하는 농경지는 열대 우림보다 종 다양성이 높다. ······ (　　)

(5) 갯벌과 습지는 두 생태계를 잇는 완충 지역으로 종 다양성이 낮다. ······ (　　)

3 다음은 생물 다양성과 생태계 평형에 대한 설명이다. (　　) 안에 알맞은 말을 고르시오.

> 생물종 수가 많아 종 다양성이 ㉠(높으면, 낮으면) 먹이 그물이 ㉡(복잡, 단순)하게 형성되어 생태계 평형이 쉽게 ㉢(깨진다, 깨지지 않는다).

4 각 생물 자원에 해당하는 예를 옳게 연결하시오.

(1) 식량으로 이용된다. •	• ㉠ 목화, 비단
(2) 의복의 재료를 제공한다. •	• ㉡ 버드나무, 주목
(3) 의약품의 원료를 제공한다. •	• ㉢ 쌀, 옥수수
(4) 관광 자원으로 활용된다. •	• ㉣ 숲, 호수

대표 자료 분석

정답친해 149쪽

자료 ❶ 생물 다양성의 의미

기출 Point
• 생물 다양성의 세 가지 의미 구분하기
• 각 생물 다양성 의미의 특징과 예 파악하기

[1~3] 그림은 생물 다양성의 세 가지 의미를 나타낸 것이다.

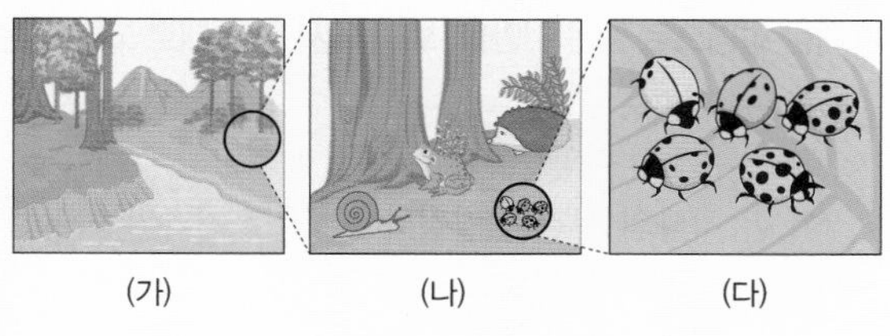

(가) (나) (다)

1 (가)~(다)가 나타내는 생물 다양성의 의미를 각각 쓰시오.

2 (가)~(다)에 해당하는 예를 [보기]에서 각각 고르시오.

보기
ㄱ. 기린 개체들의 털 무늬가 다양하다.
ㄴ. 생태계에는 열대 우림, 습지, 갯벌 등이 있다.
ㄷ. 육상 식물의 종 수는 극지방보다 적도 지방에서 많다.

3 빈출 선택지로 완벽 정리!

(1) (가)가 높을수록 (나)도 높아진다. (○ / ×)
(2) (나)는 한 생태계 내에 서식하는 생물종의 다양한 정도를 의미한다. (○ / ×)
(3) (나)가 높으면 생태계 평형이 쉽게 깨진다. (○ / ×)
(4) 습지를 메꾸어 옥수수밭으로 만들면 (나)를 높일 수 있다. (○ / ×)
(5) (다)에서 무당벌레의 등 무늬와 색의 차이는 개체마다 서로 다른 대립유전자를 가지기 때문에 나타난다. (○ / ×)
(6) (다)가 높은 생물종일수록 급격한 환경 변화에도 살아남을 가능성이 높다. (○ / ×)

자료 ❷ 식물 군집의 종 다양성

기출 Point
• 종 다양성 비교하기
• 개체군 밀도와 상대 밀도 비교하기

[1~3] 그림은 서로 다른 지역 (가)~(다)에 서식하는 식물 종 A~D를 나타낸 것이다. (가)~(다)의 면적은 모두 같으며, A~D 이외의 종은 고려하지 않는다.

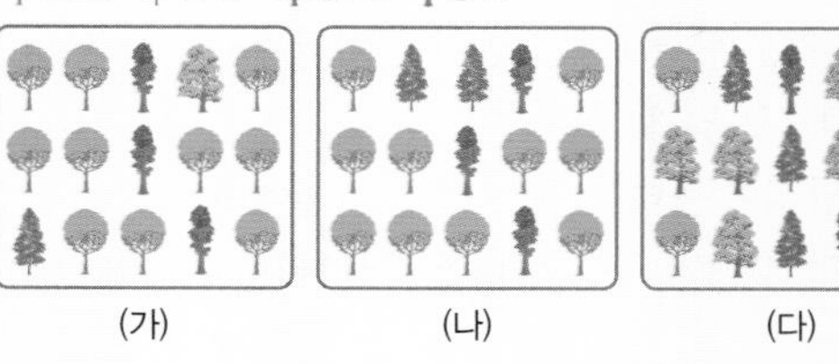

1 표는 (가)~(다)에서 종 A~D의 개체 수를 나타낸 것이다. ( ) 안에 알맞은 수를 쓰시오.

구분	A	B	C	D	총 개체 수
(가)	㉠( )	㉡( )	1	?	㉢( )
(나)	?	2	㉣( )	3	?
(다)	4	㉤( )	5	㉥( )	?

2 ( ) 안에 알맞은 말을 쓰시오.

종 다양성은 일정한 지역에서 생물종의 수가 ㉠( ), 각 생물종의 분포 비율이 ㉡( ) 높아진다.

3 빈출 선택지로 완벽 정리!

(1) 종 수는 (가)에서가 (나)에서보다 많다. (○ / ×)
(2) 각 생물종이 분포하는 비율은 (가)에서가 (다)에서보다 균등하다. (○ / ×)
(3) (나)에서 A와 B는 한 개체군을 이룬다. (○ / ×)
(4) A의 밀도는 (가)와 (나)에서 같다. (○ / ×)
(5) D의 상대 밀도는 (나)와 (다)에서 같다. (○ / ×)
(6) (가)~(다) 중 종 다양성은 (다)에서 가장 높다. (○ / ×)

내신 만점 문제

A 생물 다양성

01 생물 다양성에 대한 설명으로 옳지 않은 것은?

① 유전적 다양성, 종 다양성, 생태계 다양성은 서로 영향을 주고받는다.
② 종 다양성이 높을수록 생태계가 안정적으로 유지된다.
③ 개체들 사이의 유전적 다양성은 군집의 종 다양성을 유지하는 역할을 한다.
④ 서로 다른 두 생태계가 인접한 지역에서는 종 다양성이 상대적으로 낮게 나타난다.
⑤ 종 다양성이 높다는 것은 일정 지역에 분포하는 생물종 수가 많고 종의 분포 비율이 고르다는 의미이다.

중요 **02** 그림은 생물 다양성의 세 가지 의미를 나타낸 것이다.

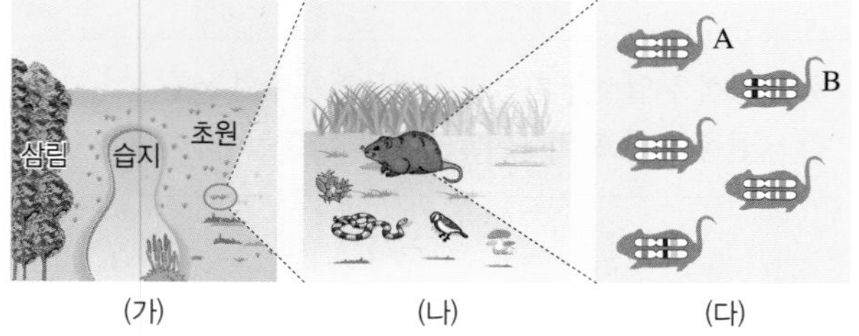

이에 대한 설명으로 옳은 것은?

① (가)는 종 다양성을 의미한다.
② (나)는 어느 한 개체군을 이루는 생물종의 다양한 정도를 의미한다.
③ (나)에서 생물종이 다양할수록 먹이 그물이 단순하게 형성된다.
④ (다)에서 개체 A와 B의 유전자 구성은 다를 수 있다.
⑤ (다)에서 각 개체의 유전자 구성이 동일하여야 환경이 급격히 변화하였을 때 생존율이 높다.

03 다음은 생물 다양성에 관련된 사례이다.

(가) 무당벌레는 개체에 따라 등의 무늬와 색이 조금씩 다르다.
(나) 갯벌에는 기존에 알려진 것보다 더 다양한 생물이 살고 있는 것으로 확인되었다.

이에 대한 설명으로 옳은 것만을 [보기]에서 있는 대로 고른 것은?

보기
ㄱ. (가)는 유전적 다양성, (나)는 생태계 다양성의 예이다.
ㄴ. (가)는 하나의 형질을 결정하는 대립유전자가 다양하여 나타나는 현상이다.
ㄷ. (나)에서 갯벌을 간척하여 산업 단지를 건설하면 생물 다양성이 높아진다.

① ㄱ ② ㄴ ③ ㄷ
④ ㄴ, ㄷ ⑤ ㄱ, ㄴ, ㄷ

04 그림은 같은 종에 속하는 초파리들의 날개를 나타낸 것이다.

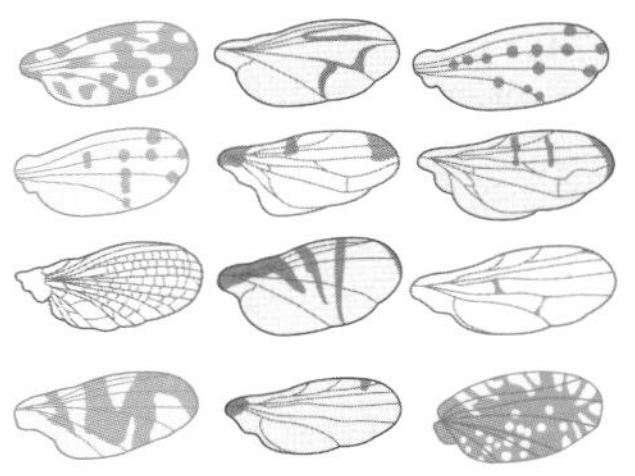

이와 같이 개체마다 날개의 무늬와 형태가 다르게 나타나는 현상은 생물 다양성의 세 가지 의미 중 무엇과 관련이 있는지 쓰시오.

중요

05 그림은 면적이 서로 같은 두 지역 (가)와 (나)에 서식하는 식물 종 A~D를 나타낸 것이다.

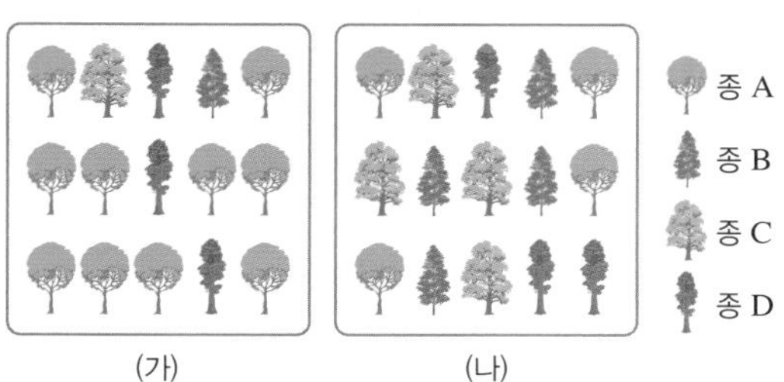

이에 대한 설명으로 옳은 것만을 [보기]에서 있는 대로 고른 것은? (단, A~D 이외의 종은 고려하지 않는다.)

보기
ㄱ. (가)는 (나)보다 서식하는 식물 종 수가 더 많다.
ㄴ. (가)는 (나)보다 식물 종이 더 고르게 분포한다.
ㄷ. (가)는 (나)보다 종 다양성이 더 낮다.

① ㄱ ② ㄷ ③ ㄱ, ㄷ
④ ㄴ, ㄷ ⑤ ㄱ, ㄴ, ㄷ

06 표는 어떤 생태계에서 생물종 A~F의 개체 수를 계절별로 조사한 결과이다.

생물종	봄	여름	가을
A	846	35	198
B	705	70	83
C	780	497	9
D	580	1105	245
E	235	348	95
F	253	5	0

이에 대한 설명으로 옳은 것만을 [보기]에서 있는 대로 고른 것은? (단, A~F 이외의 종은 고려하지 않는다.)

보기
ㄱ. 이 생태계에서 종 다양성은 봄에 가장 높다.
ㄴ. 가을이 봄보다 서식하는 생물종 수가 더 많다.
ㄷ. 계절마다 생물종의 수와 분포 비율이 다른 것은 생태계 다양성에 해당한다.

① ㄱ ② ㄴ ③ ㄷ
④ ㄱ, ㄴ ⑤ ㄴ, ㄷ

07 종 다양성이 가장 높은 생태계로 옳은 것은?

① 사막 ② 갯벌 ③ 습지
④ 농경지 ⑤ 열대 우림

서술형

08 그림 (가)는 갯벌, (나)는 농경지를 나타낸 것이다.

(가)

(나)

(가)와 (나) 중 종 다양성이 더 높은 지역의 기호를 쓰고, 그렇게 판단한 까닭을 서술하시오.

09 다음은 어떤 지역 A에 대한 자료이다.

A는 강과 육지 사이에 위치하는 습지이다. ㉠ A에는 340종의 식물, 62종의 조류, 28종의 어류 등 다양한 생물종이 서식하고 있다. A는 ㉡지구상에 존재하는 생태계 중 하나이며, 다양한 종류의 식물과 동물로 구성되어 있어 특이한 자연경관을 만들어 낸다. 또한 인간의 의식주에 필요한 각종 자원을 제공한다.

이에 대한 설명으로 옳은 것만을 [보기]에서 있는 대로 고른 것은?

보기
ㄱ. A는 육상 생태계와 수생태계를 잇는 완충 지역이다.
ㄴ. ㉠은 생물 다양성의 세 가지 의미 중 종 다양성에 해당한다.
ㄷ. ㉡이 다양할수록 종 다양성은 증가한다.

① ㄱ ② ㄷ ③ ㄱ, ㄴ
④ ㄴ, ㄷ ⑤ ㄱ, ㄴ, ㄷ

10 표는 생물 다양성의 세 가지 의미의 특징을, 그림은 무당벌레 개체군에서 개체들의 다양한 무늬를 나타낸 것이다.

구분	특징
(가)	생물 서식지의 다양한 정도
(나)	한 생물종에서 다양한 대립유전자의 존재
(다)	한 군집에서 서식하는 생물종의 다양한 정도

이에 대한 설명으로 옳은 것만을 [보기]에서 있는 대로 고른 것은?

보기
ㄱ. (가)는 생태계 다양성이다.
ㄴ. (나)는 종의 수가 많을수록, 전체 개체 수에서 각 종이 차지하는 비율이 균등할수록 높아진다.
ㄷ. 무당벌레의 각 개체가 서로 다른 무늬를 나타내는 것은 (다)의 예이다.

① ㄱ ② ㄴ ③ ㄱ, ㄷ
④ ㄴ, ㄷ ⑤ ㄱ, ㄴ, ㄷ

B 생물 다양성의 중요성

중요 **11** 그림은 두 생태계 (가)와 (나)의 먹이 사슬을 나타낸 것이다.

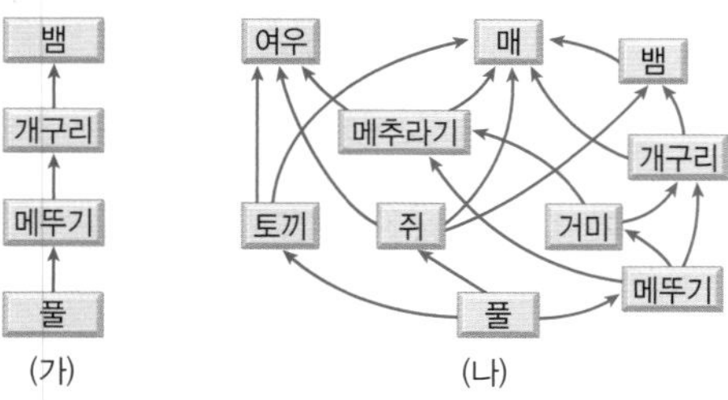

이에 대한 설명으로 옳은 것만을 [보기]에서 있는 대로 고른 것은?

보기
ㄱ. (나)는 (가)보다 종 다양성이 높다.
ㄴ. 환경이 급격히 변화하면 (가)는 (나)보다 생태계 평형이 쉽게 깨질 수 있다.
ㄷ. 메뚜기가 사라지면 (가)와 (나)에서 모두 뱀이 사라질 것이다.

① ㄱ ② ㄴ ③ ㄱ, ㄴ
④ ㄱ, ㄷ ⑤ ㄴ, ㄷ

12 그림은 어떤 지역에서 환경 변화에 따른 생태계 구성 요소의 변화를 나타낸 것이다.

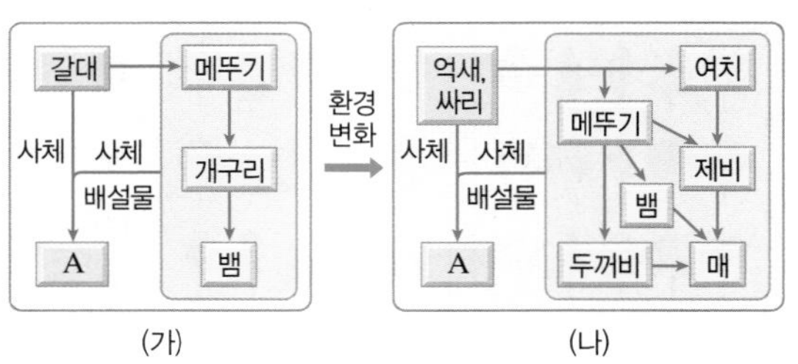

이에 대한 설명으로 옳은 것만을 [보기]에서 있는 대로 고른 것은?

보기
ㄱ. 세균과 곰팡이는 A에 해당한다.
ㄴ. (나)일 때가 (가)일 때보다 더 안정된 생태계이다.
ㄷ. 환경 변화에 의해 종 다양성이 증가하였다.

① ㄱ ② ㄷ ③ ㄱ, ㄴ
④ ㄴ, ㄷ ⑤ ㄱ, ㄴ, ㄷ

13 생물 자원과 그 이용 사례에 대한 설명으로 옳지 않은 것은?

① 쌀, 옥수수 등을 재배하여 식량을 얻는다.
② 목화의 씨에 붙어 있는 솜털을 이용하여 의복 재료인 면섬유를 만든다.
③ 버드나무 껍데기에서 추출한 물질은 아스피린을 만드는 원료로 사용된다.
④ 야생의 벼에서 발견된 바이러스 저항성 유전자는 바이러스에 저항성이 있는 벼 품종을 개발하는 데 활용된다.
⑤ 생물 자원은 생물에서 유래하여 인간이 생활에 이용하는 자원 중 경제적 혜택을 주는 것만 포함된다.

실력 UP 문제

정답친해 152쪽

01 다음은 생물 다양성에 대한 학생 A～C의 의견이다.

같은 종의 달팽이에서 껍데기의 무늬와 색깔이 다양하게 나타나는 것은 종 다양성에 해당합니다.

삼림, 초원, 사막, 습지, 호수 등이 다양하게 나타나는 것은 생태계 다양성에 해당합니다.

유전적 다양성은 모든 생물에서 나타나는 것이 아니라 일부 동물 종에서만 나타납니다.

학생 A

학생 B

학생 C

제시한 내용이 옳은 학생만을 있는 대로 고른 것은?

① A　② B　③ A, C
④ B, C　⑤ A, B, C

02 표는 생물 다양성의 세 가지 의미 (가)～(다)와 관련된 사례를 나타낸 것이다. (가)～(다)는 종 다양성, 유전적 다양성, 생태계 다양성을 순서 없이 나타낸 것이다.

구분	사례
(가)	아일랜드에서는 경작지의 감자 대부분이 특정 질병에 감염되는 일이 발생하였다.
(나)	비무장 지대에는 81종의 멸종 위기종과 보호종이 서식한다.
(다)	?

이에 대한 설명으로 옳은 것만을 [보기]에서 있는 대로 고른 것은?

보기
ㄱ. 대립유전자의 종류가 적을수록 (가)가 높다.
ㄴ. (나)가 높을수록 급격한 환경 변화가 일어났을 때 생태계가 안정적으로 유지된다.
ㄷ. (다)가 높다는 것은 종 풍부도와 종 균등도가 높다는 것이다.

① ㄱ　② ㄴ　③ ㄱ, ㄷ
④ ㄴ, ㄷ　⑤ ㄱ, ㄴ, ㄷ

03 표는 어떤 지역에서 시점 t_1과 t_2일 때 식물 종 A～E의 밀도를, 그림은 이 지역에 서식하는 A와 B의 수분 공급량에 따른 $\frac{\text{뿌리 무게}}{\text{잎 면적}}$를 나타낸 것이다. 이 지역은 t_1에서 t_2로 될 때 강수량이 감소하였으며, 지역의 면적은 변하지 않았다.

구분	A	B	C	D	E
t_1	30	15	15	16	24
t_2	70	7	15	0	8

(단위: 개/m^2)

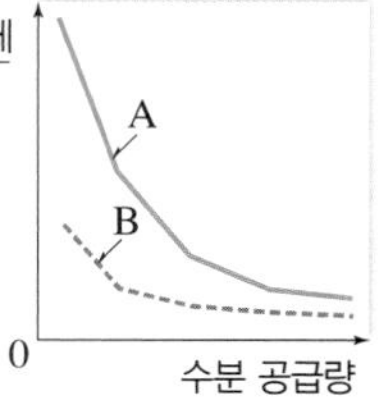

이에 대한 설명으로 옳은 것만을 [보기]에서 있는 대로 고른 것은? (단, A～E 이외의 종은 고려하지 않는다.)

보기
ㄱ. A와 B 중 건조한 환경에 더 잘 적응하는 종은 A이다.
ㄴ. 식물 종 다양성은 t_1일 때가 t_2일 때보다 높다.
ㄷ. C의 상대 밀도는 t_1일 때와 t_2일 때 같다.

① ㄱ　② ㄴ　③ ㄱ, ㄷ
④ ㄴ, ㄷ　⑤ ㄱ, ㄴ, ㄷ

04 그림은 서로 다른 지역 (가)～(다)에 서식하는 식물 종 A～C를 나타낸 것이다. (가)～(다)의 면적은 모두 같다.

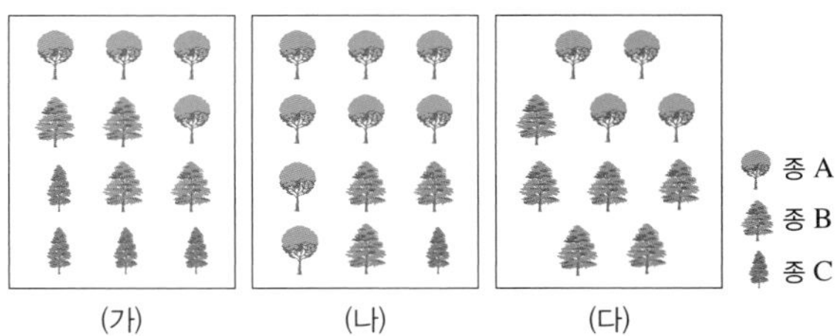

이에 대한 설명으로 옳은 것만을 [보기]에서 있는 대로 고른 것은? (단, A～C 이외의 종은 고려하지 않는다.)

보기
ㄱ. (가)에서 A와 B는 하나의 군집을 이룬다.
ㄴ. A의 개체군 밀도는 (다)에서가 (가)에서보다 높다.
ㄷ. 식물의 종 다양성은 (가)에서가 (나)에서보다 낮다.

① ㄱ　② ㄴ　③ ㄱ, ㄷ
④ ㄴ, ㄷ　⑤ ㄱ, ㄴ, ㄷ

2 생물 다양성 보전

핵심 포인트
1. 생물 다양성의 감소 원인 ★★
2. 생물 다양성의 보전 대책 ★★

A 생물 다양성의 감소 원인 325쪽 대표 자료 1

지구의 생물 다양성은 매우 빠른 속도로 감소하고 있고, 많은 생물종이 멸종 위기에 처해 있습니다. 어떠한 요인들이 생물 다양성을 감소시키는지 알아볼까요?

1. 서식지 파괴와 단편화 생물 다양성 감소의 가장 큰 원인이다.

(1) ◆**서식지 파괴:** 숲의 벌채, 습지의 매립 등으로 서식지가 파괴되면 그 지역에 서식하는 생물이 멸종될 가능성이 커져 종 다양성이 크게 감소한다.

(2) ◆**서식지 단편화:** 도로 건설, 택지 개발 등으로 대규모의 서식지가 소규모로 분할되는 것으로, 서식지의 면적이 감소하여 생물 다양성이 감소한다.

① 서식지가 분할되면 서식지 면적이 감소하여 개체군의 크기가 작아진다. ➡ 종 다양성이 감소한다.

② 서식지가 분할되면 생물종의 이동이 제한되어 고립된다. ➡ 이동 범위가 좁아져 필요한 자원을 얻기 어렵고, 단편화된 서식지에서만 교배가 일어나 유전적 다양성이 감소한다.

서식지 단편화 325쪽 대표 자료 2

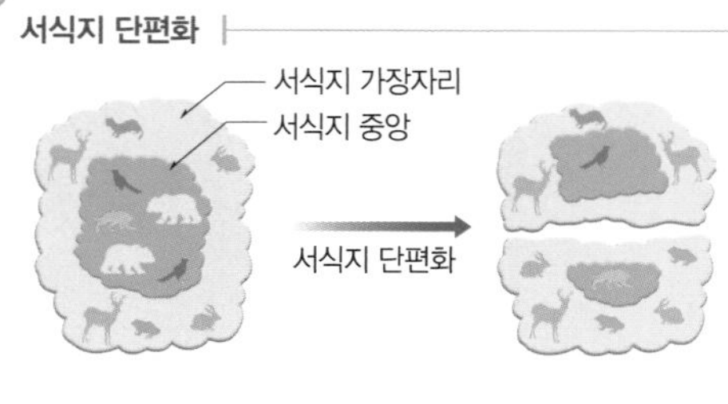

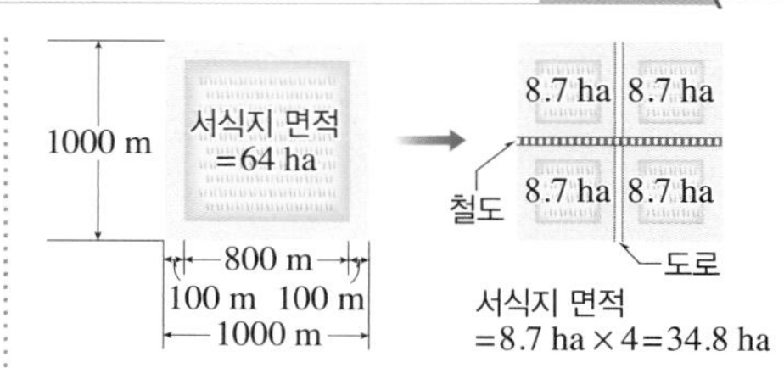

- 서식지가 단편화되면 가장자리의 면적은 넓어지고, 중앙의 면적은 좁아진다.
- 중앙에 서식하는 생물종의 일부는 멸종하고, 가장자리에 서식하는 생물종의 일부는 개체 수가 증가한다. ➡ 서식지가 단편화되면 가장자리보다 중앙에 서식하는 생물종이 더 큰 영향을 받는다.

- 철도와 도로가 건설된 후 서식지 면적이 절반 가까이 감소하였다(64 ha → 34.8 ha).
- 서식지가 단편화되면 서식지 면적이 감소할 뿐만 아니라 가장자리의 비율이 커져 서식지의 중심부에서 가장자리까지의 거리가 짧아진다. → 깊은 숲속에서 살아가는 생물의 실제적인 서식지가 크게 감소한다.

2. 외래 생물(외래종)의 도입 (원래 서식하던 지역을 벗어나 다른 서식지로 유입된 생물) 외래 생물은 새로운 환경에서 천적이 없는 경우 대량으로 번식하여 고유종의 서식지를 차지하고, 먹이 사슬을 변화시켜 생태계를 교란한다.

예 뉴트리아, 붉은귀거북, 큰입배스, 가시박, 돼지풀, 꽃매미, 황소개구리, 블루길

▲ 생태계 교란 외래 생물

3. 불법 포획과 ❶남획 야생 동물을 밀렵하거나 희귀 식물을 채취하는 것과 같이 특정 생물종을 불법 포획하거나 남획하면 그 생물종은 개체 수가 급격히 감소하여 멸종될 수 있다.

예 아프리카코끼리의 남획, 고래와 바다사자의 포획, 반달가슴곰의 밀렵, 정어리의 남획

◆ **서식지 면적 감소에 따른 생물종 감소**

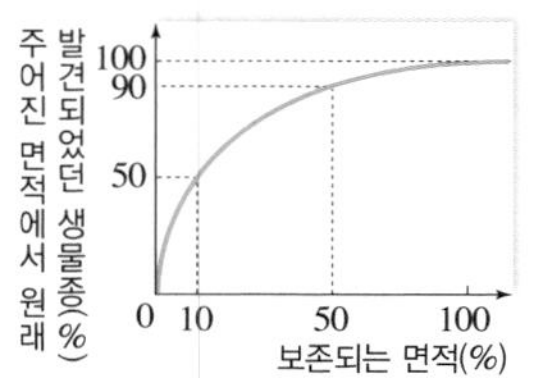

서식지 면적이 50 % 감소하면 그 지역에 살던 생물종이 10 % 감소하고, 서식지 면적이 90 % 감소하면 생물종이 50 % 감소한다.

◆ **서식지 단편화에 따른 로드킬**

도로 건설로 서식지가 단편화되면 야생 동물이 도로를 건너다가 자동차에 치여 죽는 로드킬이 발생한다.

비상 교과서에만 나와요.

◆ **해양 생태계의 단편화와 어린 가리비의 피식률**

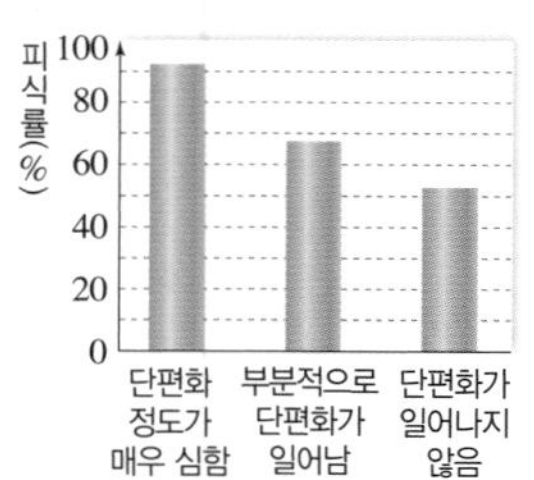

해양 생태계의 단편화 정도가 클수록 어린 가리비의 피식률이 높아져 가리비의 생존율이 떨어진다. 따라서 간척 사업 등으로 해양 서식지가 단편화되면 종 다양성이 감소한다.

용어

❶ 남획(濫 넘치다, 獲 얻다) 개체군의 크기가 회복되지 못할 정도로 생물을 과도하게 많이 포획하는 것이다.

4. 환경 오염 대기 오염으로 생성된 산성비는 하천, 호수, 토양 등을 산성화시켜 생태계를 파괴하고 생물 다양성을 감소시키며, 담수나 해양 생태계에 유입된 유해 화학 물질과 중금속은 ◆생물 농축을 일으켜 수생 생물뿐만 아니라 인간에게까지 영향을 미친다.

◆ **생물 농축**
중금속이나 유해 화학 물질이 물이나 먹이를 통해 생물의 체내로 유입된 후, 분해되지 않고 먹이 사슬을 따라 상위 영양 단계로 이동하면서 점차 농축되는 현상이다.

B 생물 다양성 보전 대책과 노력

생물 다양성을 보전하기 위해서는 생물의 멸종 요인과 생물 다양성을 감소시키는 요인을 줄여야 합니다. 생물 다양성을 보전하기 위한 대책과 노력에는 어떠한 것들이 있는지 알아볼까요?

1. 생물 다양성의 보전 대책

(1) **서식지 보호:** 한 생물종의 특정 서식지를 보호하는 것보다 군집을 보호하는 것이 생물 다양성 보전에 효과적이다. 예 국립 공원의 지정과 관리, 안식년 실시
(안식년: 사람의 출입을 일시적으로 금지함)

(2) **생태 통로 설치:** 산을 절개하여 도로를 건설할 때 야생 동물의 이동 통로(생태 통로)를 설치하여 생태계가 단절되지 않도록 한다.

생태 통로

(3) **불법 포획과 남획 금지:** 희귀 생물의 불법 포획과 남획을 금지하여 생물종을 보호한다.

(4) **외래 생물의 무분별한 도입 방지:** 외래 생물은 기존 생태계에 미치는 영향을 철저히 검증한 후 도입한다.

(5) 멸종 위험이 큰 생물종은 희귀종이나 멸종 위기종으로 지정하여 개체군의 크기를 증가시키고, 인위적으로 보호·관리한다. 예 야생동식물 복원 사업 시행, 종자은행 운영, ◆핵심종 관리, 천연기념물 지정
(야생동식물 복원 사업 시행: 반달곰을 인공적으로 번식시켜 원래 살고 있던 자생지인 지리산에 방사하였다.)

(6) 생물종의 보호를 위한 법령을 제정하여 시행한다. 예 야생 생물 보호 및 관리에 관한 법률

◆ **핵심종**
서식지마다 생태계를 유지하는 데 상대적으로 중요한 핵심종을 우선 관리한다. ➡ 수달은 담수 생태계의 핵심종이고, 상어는 해양 생태계의 핵심종이다.

2. ◆생물 다양성 보전을 위한 노력

구분	내용
개인적 차원	쓰레기 분류 배출, 공원의 지정 탐방로 이용, 자원 절약 등
사회적 차원	대정부 감시를 위한 비정부 기구(NGO) 활동, 생물 다양성 보전에 대한 홍보 활동 등
국가적 차원	자생 생물종의 현황 파악 및 목록 작성, 유전 정보 확보, 국립 공원 지정, 생물종의 분포 양상과 서식지 정보의 수집 등
국제적 차원	생물 다양성에 관한 국제 협약 체결 예 생물 다양성 협약, 람사르 협약, 나고야 의정서 등

◆ **생물 다양성 보전과 환경 윤리**
생물 다양성의 감소는 인간의 활동과 관련되어 있기 때문에 생물 다양성의 보전 대책을 세우기에 앞서 인간도 생태계를 구성하는 일원이며, 다른 생물들과 하나의 공동체임을 인식해야 한다.

심화 + 생물 다양성 보전을 위한 국제 협약

1. **생물 다양성 협약:** 생물종을 보전하기 위해 1992년 유엔(UN) 환경 개발 회의에서 채택하였다.
2. **람사르 협약:** 물새 서식지로 중요한 습지를 보전하기 위해 채택하였다.
3. **나고야 의정서:** 모든 국가가 자국의 자생 생물에 대해 주권적 권리를 갖고, 다른 나라의 생물 자원을 무단으로 활용할 수 없도록 하기 위해 2010년에 채택하였다.
4. **멸종 위기종 국제 교역에 대한 협약(CITES):** 보호종을 지정하고 멸종 위기종의 밀렵과 국제 밀거래를 금지하기 위하여 채택하였다. 이 협약으로 고래 사냥이 금지되고, 아프리카코끼리의 불법적인 상아 유통이 중지되었다.

개념 확인 문제

핵심 체크

- 서식지 파괴: 숲의 벌채, 습지의 매립 등으로 서식지의 면적이 (❶)한다.
- 서식지 (❷): 도로 건설, 택지 개발 등으로 대규모의 서식지가 여러 개의 작은 서식지로 분할된다.
- (❸)의 도입: 외부에서 도입된 생물은 천적이 없는 경우 환경에 적응하여 대량으로 번식하므로, 고유종의 서식지를 차지하고 먹이 사슬에 변화를 일으켜 생태계를 교란한다.
- (❹): 개체군의 크기가 회복되지 못할 정도로 특정 생물종을 과도하게 많이 포획하는 것이다.
- (❺): 담수나 해양 생태계에 유입된 유해 화학 물질과 중금속이 생물의 체내로 유입된 후 먹이 사슬을 따라 이동하여 농축되는 현상이다.
- 생물 다양성 보전 대책: 서식지 보호, 생태 통로 설치, 불법 포획과 남획 금지, 외래 생물의 무분별한 도입 방지, 멸종 위기종 보호와 관리, 생물 다양성 보전 관련 법 제정과 국제 협약 체결

1 생물 다양성의 감소 원인에 대한 설명으로 옳은 것은 ○, 옳지 않은 것은 ×로 표시하시오.

(1) 서식지 파괴와 단편화는 생물 다양성 감소에 가장 큰 영향을 미친다. ( )

(2) 서식지가 단편화되면 가장자리의 면적이 감소한다. ( )

(3) 지리산에 서식하는 반달가슴곰은 외래 생물의 유입으로 인해 멸종 위기에 처하였다. ( )

(4) 생물의 체내로 유입된 유해 화학 물질과 중금속은 하위 영양 단계의 생물보다 상위 영양 단계의 생물에게 더 심각한 피해를 준다. ( )

(5) 외래 생물이 천적이 없는 새로운 생태계로 유입되면 먹이 그물이 복잡해져 그 생태계의 생물 다양성이 높아진다. ( )

2 그림과 같이 도로 건설로 인해 생물의 서식지가 단편화될 경우 A와 B 중 어느 지역에 서식하는 동물이 더 큰 영향을 받는지 쓰시오.

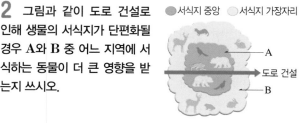

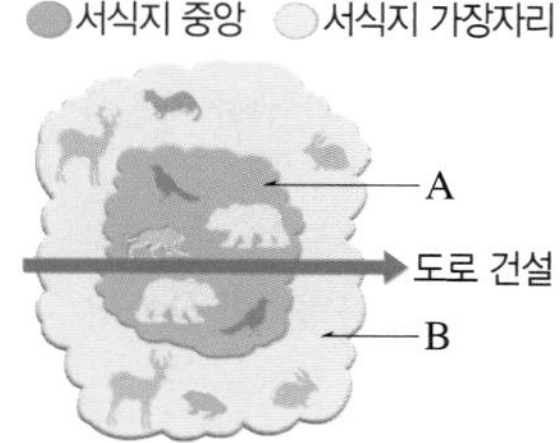

3 우리나라에서 고유종의 생존을 위협하는 외래 생물로 옳은 것만을 [보기]에서 있는 대로 고르시오.

보기	
ㄱ. 참붕어	ㄴ. 돼지풀
ㄷ. 뉴트리아	ㄹ. 은행나무
ㅁ. 큰입배스	ㅂ. 붉은귀거북

4 다음은 생물 다양성을 보전하기 위한 노력에 대한 설명이다. ( ) 안에 알맞은 말을 쓰시오.

> 산을 절개하여 도로를 건설할 때 야생 동물이 이동할 수 있는 ( )를 설치하면 단편화된 서식지를 연결할 수 있다.

5 생물 다양성을 보전하기 위한 대책으로 옳지 않은 것은?

① 남획 금지 ② 서식지 단편화
③ 서식지 보호 ④ 천연기념물 지정
⑤ 외래 생물 도입 전 검증

정답친해 153쪽

자료 ❶ 생물 다양성의 감소 원인

기출 Point
- 생물 다양성의 감소 원인 파악하기
- 생물 다양성 감소 원인의 예 구분하기

[1~2] 그림 (가)는 생물 다양성을 위협하는 요소와 이 요소의 영향을 받은 생물종의 비율을, (나)는 (가)의 A에 해당하는 요소의 사례를 나타낸 것이다.

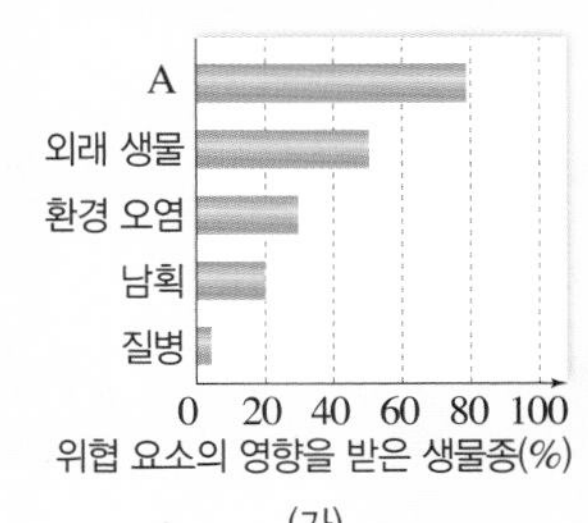

(가)

(나)

1 생물 다양성을 감소시키는 원인으로 옳은 것만을 [보기]에서 있는 대로 고르시오.

보기
ㄱ. 남획 금지　　ㄴ. 환경 오염
ㄷ. 서식지 파괴　　ㄹ. 서식지 단편화
ㅁ. 외래 생물 도입　　ㅂ. 국립 공원 지정

2 빈출 선택지로 완벽 정리!

(1) A는 서식지 파괴에 해당한다. (○ / ×)
(2) 생물 다양성 감소에 가장 큰 영향을 미치는 것은 질병이다. (○ / ×)
(3) (나)의 결과 서식지 면적이 감소하고, 생물종 수가 감소한다. (○ / ×)
(4) (나)로 인해 식물 종 수는 감소하지만, 동물 종 수는 변하지 않는다. (○ / ×)
(5) 천적이 없는 외래 생물을 도입하면 생물종 수가 많아져 먹이 그물이 복잡해지므로 생태계 평형이 잘 유지된다. (○ / ×)

자료 ❷ 서식지 단편화

기출 Point
- 서식지 단편화가 생물 다양성에 미치는 영향 파악하기
- 서식지 단편화에 대한 대책 알기

[1~3] 그림은 어떤 지역에서 생물 군집의 서식지가 분할되었을 때의 모습을 나타낸 것이다.

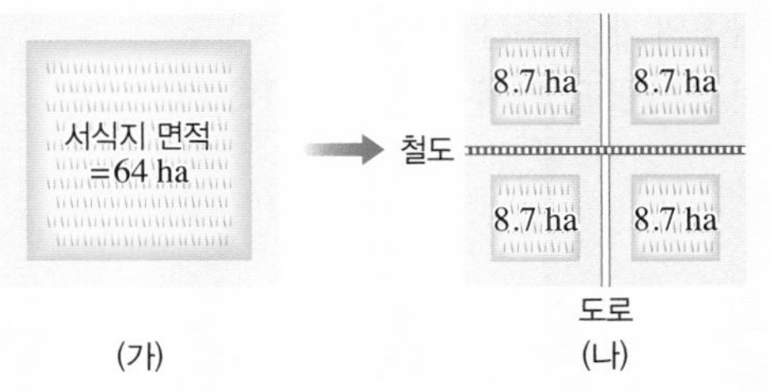

(가)　(나)

1 이와 같이 대규모의 서식지가 소규모로 분할되는 현상을 무엇이라고 하는지 쓰시오.

2 ( ) 안에 알맞은 말을 고르시오.

(나)와 같이 서식지가 분할되면 가장자리의 면적은 ㉠(넓어지고, 좁아지고), 중앙의 면적은 ㉡(넓어진다, 좁아진다). 따라서 서식지가 단편화되면 ㉢(가장자리, 중앙)에 사는 생물종이 더 큰 영향을 받는다.

3 빈출 선택지로 완벽 정리!

(1) (나)와 같이 서식지가 소규모로 분할되면 생물종의 이동이 제한된다. (○ / ×)
(2) 서식지의 면적이 감소하면 종 다양성이 감소한다. (○ / ×)
(3) 서식지가 소규모로 분할되면 각각의 서식지에 특정 생물종만 살게 되어 유전적 다양성이 증가한다. (○ / ×)
(4) 산을 절개하여 도로를 건설할 때 생태 통로를 만들면 생물종 수의 감소를 줄일 수 있다. (○ / ×)

내신 만점 문제

A 생물 다양성의 감소 원인

01 생물 다양성을 감소시키는 원인으로 옳지 않은 것은?

① 희귀 식물을 채취한다.
② 외래 생물을 도입한다.
③ 바다로 폐수를 방류한다.
④ 핵심종의 개체 수를 관리한다.
⑤ 농경지 개발을 위해 숲을 벌채한다.

02 그림은 서식지의 면적이 감소함에 따라 그 지역에서 발견되는 생물종의 비율이 변화하는 것을 나타낸 것이다.

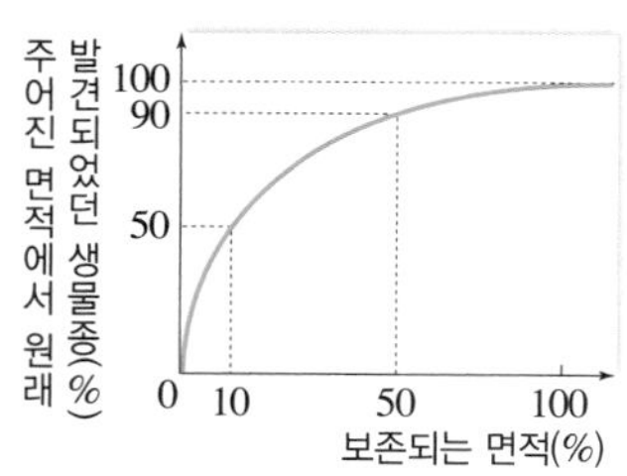

이에 대한 설명으로 옳은 것만을 [보기]에서 있는 대로 고른 것은?

보기
ㄱ. 서식지의 면적이 감소하면 그 지역의 생물 다양성이 감소한다.
ㄴ. 보존되는 서식지의 면적이 50 %이면 그 지역에 살던 생물종이 10 % 감소한다.
ㄷ. 서식지의 면적이 감소하면 생물종 수는 감소하지만 특정 생물종의 멸종 가능성은 낮아진다.

① ㄱ ② ㄴ ③ ㄱ, ㄴ
④ ㄴ, ㄷ ⑤ ㄱ, ㄴ, ㄷ

중요 **03** 그림은 인간의 활동에 의한 어떤 지역의 변화를 나타낸 것이다.

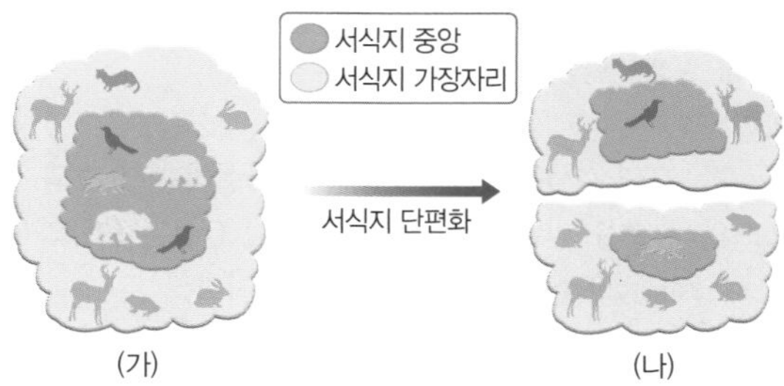

이에 대한 설명으로 옳지 않은 것은?

① 서식지 단편화로 생물 다양성이 감소하였다.
② (나)는 (가)보다 생태계 평형이 잘 유지된다.
③ (나)의 단편화된 두 서식지 사이에 생태 통로를 설치하면 생물 다양성 보전에 도움이 된다.
④ 서식지 단편화는 동물 종과 식물 종 모두에게 영향을 미친다.
⑤ 서식지 단편화는 서식지 가장자리에 사는 생물보다 서식지 중앙에 사는 생물에게 더 큰 영향을 미친다.

중요 **04** 그림은 서식지가 철도와 도로에 의해 분할되었을 때의 서식지 면적 변화를 나타낸 것이다.

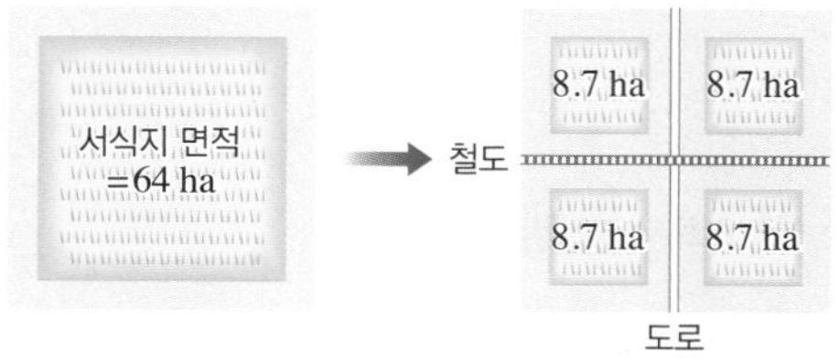

이에 대한 설명으로 옳은 것만을 [보기]에서 있는 대로 고른 것은?

보기
ㄱ. 서식지는 철도와 도로의 면적만큼만 감소하였다.
ㄴ. 철도와 도로가 건설되면 로드킬의 발생률이 증가한다.
ㄷ. 서식지가 분할되면 서식지의 중심부가 넓어져 중심부에 서식하는 생물의 개체 수가 증가한다.

① ㄱ ② ㄴ ③ ㄷ
④ ㄱ, ㄴ ⑤ ㄱ, ㄴ, ㄷ

05 그림 (가)는 생물 다양성의 감소 원인에 따라 영향을 받은 생물종의 비율을, (나)는 서식지를 분할하기 전과 후 생물종 A~E의 개체 수를 나타낸 것이다.

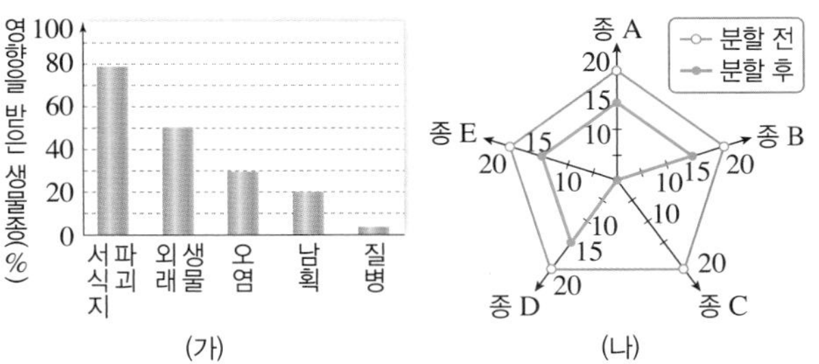

이에 대한 설명으로 옳은 것만을 [보기]에서 있는 대로 고른 것은?

보기
ㄱ. (가)에서 생물 다양성 감소의 가장 큰 원인은 서식지 파괴이다.
ㄴ. (나)에서 서식지 분할 후 A와 B의 상대 밀도는 같다.
ㄷ. (나)에서 서식지 분할 후 전체 개체 수는 감소하였지만, 생물종 수는 변화하지 않았다.

① ㄱ ② ㄴ ③ ㄱ, ㄴ
④ ㄱ, ㄷ ⑤ ㄱ, ㄴ, ㄷ

중요 **06** 천적이 없는 외래 생물이 도입되었을 때 생태계에 끼칠 수 있는 영향으로 옳은 것만을 [보기]에서 있는 대로 고른 것은?

보기
ㄱ. 먹이 사슬을 변화시켜 생태계를 교란할 수 있다.
ㄴ. 고유종의 서식지를 차지하고 고유종의 개체 수를 감소시킬 수 있다.
ㄷ. 서식지의 면적을 감소시킨다.

① ㄱ ② ㄷ ③ ㄱ, ㄴ
④ ㄴ, ㄷ ⑤ ㄱ, ㄴ, ㄷ

07 그림 (가)는 어떤 하천의 생태계에 외래 생물인 큰입배스가 도입되기 전의 먹이 그물을, (나)는 큰입배스가 도입된 후의 먹이 그물을 나타낸 것이다.

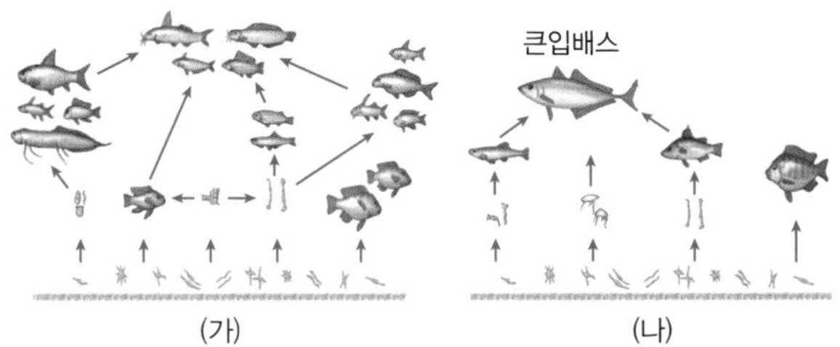

이에 대한 설명으로 옳은 것만을 [보기]에서 있는 대로 고른 것은?

보기
ㄱ. 큰입배스가 도입된 후 종 다양성이 증가하였다.
ㄴ. 이 하천에는 큰입배스의 천적이 존재하지 않는다.
ㄷ. (나)일 때는 (가)일 때보다 생태계 평형이 깨지기 쉽다.

① ㄴ ② ㄱ, ㄴ ③ ㄱ, ㄷ
④ ㄴ, ㄷ ⑤ ㄱ, ㄴ, ㄷ

B 생물 다양성 보전 대책과 노력

서술형 **08** 그림은 도로 위에 설치된 생태 통로를 나타낸 것이다.

생태 통로의 기능을 생물 다양성의 감소 원인과 관련지어 서술하시오.

실력 UP 문제

정답친해 155쪽

09 **생물 다양성의 보전 대책으로 옳지 않은 것은?**

① 야생 생물의 불법 포획과 남획을 금지한다.
② 멸종 위기종을 천연기념물로 지정하여 보호한다.
③ 희귀종의 서식지를 소규모로 분할하여 천적으로부터 보호한다.
④ 야생 생물 보호와 관리에 관한 법률을 제정하여 야생 생물의 멸종을 예방한다.
⑤ 인간도 생태계를 구성하는 일원이라는 생각을 갖고, 인간과 다른 생물들이 하나의 공동체임을 인식해야 한다.

10 **다음은 생물 다양성을 보전하기 위한 국제 협약 (가)와 (나)에 대한 설명이다.**

> (가) 생물 다양성의 보전, 생물 자원의 지속가능한 이용, 생물 자원을 이용하여 얻어지는 이익의 공정하고 공평한 분배를 위하여 1992년 유엔(UN) 환경 개발 회의에서 채택된 협약이다.
> (나) 물새 서식지로 중요한 습지를 보전하기 위해 채택된 협약이다.

(가)와 (나)에 해당하는 국제 협약을 옳게 짝 지은 것은?

	(가)	(나)
①	람사르 협약	나고야 의정서
②	람사르 협약	생물 다양성 협약
③	생물 다양성 협약	람사르 협약
④	나고야 의정서	생물 다양성 협약
⑤	나고야 의정서	람사르 협약

01 **다음은 생물 다양성의 감소와 보전에 대한 학생 A~C의 대화 내용이다.**

외래 생물을 도입하면 천적이 없어서 생물 다양성을 높이는 데 도움이 될 거야.
불법 포획과 남획은 생물 다양성 감소의 원인이야.
국립 공원 지정은 생물 다양성을 보전하기 위한 방안이야.
학생 A
학생 B
학생 C

제시한 내용이 옳은 학생만을 있는 대로 고른 것은?

① A ② B ③ A, C
④ B, C ⑤ A, B, C

02 **그림은 서식지가 분할되었을 때 생물종 A~E의 분포를, 표는 분할 전과 후 A~E의 총 개체 수를 나타낸 것이다.**

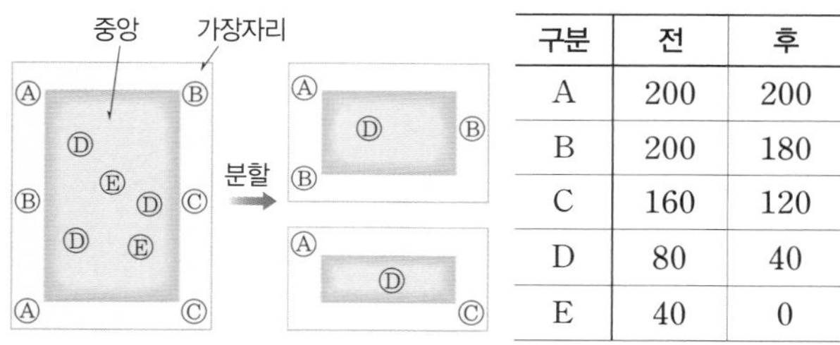

구분	전	후
A	200	200
B	200	180
C	160	120
D	80	40
E	40	0

이와 같이 서식지가 분할되었을 때 나타나는 현상으로 옳은 것만을 [보기]에서 있는 대로 고른 것은? (단, Ⓐ~Ⓔ의 위치는 각 생물종이 분포하는 지역을 나타낸 것이다.)

> 보기
> ㄱ. 생물종의 수가 감소하였다.
> ㄴ. $\frac{\text{가장자리 면적}}{\text{중앙 면적}}$의 값이 감소하였다.
> ㄷ. 가장자리보다 중앙에 서식하는 종의 개체 수가 더 많이 감소하였다.

① ㄱ ② ㄴ ③ ㄱ, ㄷ
④ ㄴ, ㄷ ⑤ ㄱ, ㄴ, ㄷ

정답친해 155쪽

1 생물 다양성

1. 생물 다양성 일정한 지역에 존재하는 생물의 다양한 정도

(❶) 다양성	같은 생물종이라도 각 개체가 갖는 대립유전자가 다양하여 형질이 다르게 나타나는 것 ➡ 유전적 다양성이 높은 생물종일수록 급격한 환경 변화에도 생존할 가능성이 높다.
(❷) 다양성	일정한 지역에 얼마나 많은 생물종이, 얼마나 고르게 분포하는가를 의미 ➡ 종 다양성이 높을수록 생태계가 안정적으로 유지된다.
(❸) 다양성	어떤 지역에 존재하는 생태계의 다양한 정도 ➡ 생태계가 다양할수록 종 다양성이 높아진다.

2. 생물 다양성과 생태계 평형

종 다양성이 낮은 생태계	종 다양성이 높은 생태계
먹이 사슬이 (❹)하여 한 생물종이 사라지면 대체할 수 있는 종이 없거나 적으므로 그 포식자는 먹이가 없어 사라진다. ➡ 생태계 평형이 쉽게 깨진다.	먹이 사슬이 (❺)하여 한 생물종이 사라져도 대체할 수 있는 종이 있어 그 포식자는 다른 생물종을 먹고 살 수 있다. ➡ 생태계 평형이 쉽게 깨지지 않는다.
매, 들쥐, 풀, 메뚜기	매, 올빼미, 뱀, 개구리, 들쥐, 토끼, 풀, 메뚜기

3. 생물 다양성과 생물 자원 인간은 생물에서 다양한 생물 자원을 얻으며, 생물 다양성이 높을수록 자원이 풍부해진다.

(1) 의식주에 필요한 각종 자원 제공 예 식량(쌀, 옥수수), (❻) 재료(면섬유, 비단), 주택 재료(목재)

(2) (❼) 원료 제공 예 버드나무(진통제 - 아스피린), 주목(항암제 - 택솔), 푸른곰팡이(항생제 - 페니실린)

(3) 생물 유전자 자원 제공 예 특정 생물이 가진 질병 저항 유전자를 새로운 농작물 개발에 활용

(4) 관광 자원으로 활용될 수 있으며, 휴식, 교육, 문화 공간을 제공 예 숲, 호수, 강, 습지

2 생물 다양성 보전

1. 생물 다양성의 감소 원인

서식지 파괴	숲의 벌채, 습지의 매립 등에 의해 서식지가 파괴되면 서식지의 면적이 줄어들어 생물종이 감소한다.
서식지 (❽)	• 대규모의 서식지가 소규모로 분할되면 서식지의 면적이 줄어들고 생물이 고립되어 생물종이 감소한다. 서식지 중앙 / 서식지 가장자리 / 서식지 단편화 • 서식지가 단편화되면 가장자리의 면적은 넓어지고, 중앙의 면적은 좁아진다. ➡ 서식지 가장자리에 사는 생물종보다 중앙에 사는 생물종이 더 큰 영향을 받는다.
(❾) 도입	외래 생물은 새로운 환경에서 천적이 없으면 대량으로 번식하여 고유종의 서식지를 차지하고, 먹이 사슬에 변화를 일으켜 생태계를 교란한다. 예 뉴트리아, 붉은귀거북, 큰입배스, 가시박, 돼지풀 등
불법 포획과 남획	• 불법 포획과 남획으로 특정 종이 개체 수가 급격히 감소하여 멸종될 수 있다. • 남획: 개체군의 크기가 회복되지 못할 정도로 야생 동식물을 과도하게 포획하는 것이다.
환경 오염	산성비는 하천과 토양을 산성화시키고, 중금속은 생물 농축을 일으킨다.

2. 생물 다양성의 보전 대책과 노력

(1) **서식지 보호:** 한 생물종의 특정 서식지를 보호하기보다는 군집을 보호한다. 예 국립 공원의 지정과 관리

(2) (❿) **설치:** 산을 절개하여 도로를 건설할 때 야생 동물의 이동 통로를 설치하여 생태계가 단절되지 않도록 한다.

생태 통로

(3) **불법 포획과 남획 금지:** 희귀 생물종을 보호한다.

(4) **외래 생물의 무분별한 도입 방지:** 외래 생물이 기존 생태계에 미치는 영향을 철저히 검증한 후 도입한다.

(5) **멸종 위기종의 보호:** 생물의 자생지 방사, 식물원과 동물원 조성, 종자은행 운영, 핵심종 관리, 천연기념물 지정 등

(6) 지역·국가 수준에서 종의 보호를 위한 법령을 제정하여 시행한다. 예 야생 생물 보호 및 관리에 관한 법률

중단원 마무리 문제

하 중 상

01 그림은 생물 다양성의 세 가지 의미를 나타낸 것이다.

(가)

(나)

(다)

이에 대한 설명으로 옳은 것만을 [보기]에서 있는 대로 고른 것은?

보기
ㄱ. (가)는 종 다양성을 의미한다.
ㄴ. (나)는 생태계 내의 동물과 식물에만 해당한다.
ㄷ. (다)는 생물 서식지의 다양한 정도를 의미한다.

① ㄱ ② ㄷ ③ ㄱ, ㄴ
④ ㄴ, ㄷ ⑤ ㄱ, ㄴ, ㄷ

하 중 상

02 생물 다양성에 대한 설명으로 옳지 않은 것은?

① 생물 다양성이 높을수록 생태계가 안정적이다.
② 생태계가 다양할수록 종 다양성과 유전적 다양성이 높아진다.
③ 우수한 품종의 작물을 대규모로 재배하면 유전적 다양성이 높아진다.
④ 한 생태계에 서식하는 생물종의 다양한 정도를 종 다양성이라고 한다.
⑤ 한 지역에 많은 수의 생물종이 고른 비율로 분포할수록 종 다양성이 높다.

하 중 상

03 다음은 생물 다양성에 대한 학생 A~C의 발표 내용이다.

- 학생 A: 종 다양성이 높을 때가 낮을 때보다 생태계가 안정적으로 유지됩니다.
- 학생 B: 여러 생태계 중 종 다양성이 가장 높은 생태계는 열대 우림입니다.
- 학생 C: 유전적 다양성이 높은 생물종은 환경이 급격히 변화하거나 전염병이 발생하였을 때 멸종될 확률이 높습니다.

발표한 내용이 옳은 학생만을 있는 대로 고른 것은?

① A ② B ③ C
④ A, B ⑤ A, B, C

하 중 상

04 그림은 면적이 같은 서로 다른 지역 (가)와 (나)에 서식하는 식물 종 A~D를 나타낸 것이다.

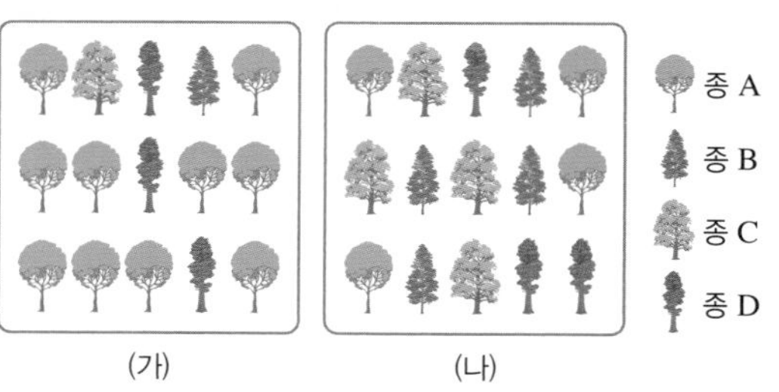

이에 대한 설명으로 옳은 것만을 [보기]에서 있는 대로 고른 것은? (단, 종 A~D 이외의 종은 고려하지 않는다.)

보기
ㄱ. D의 개체군 밀도는 (가)와 (나)에서 같다.
ㄴ. (가)에서가 (나)에서보다 종 균등도가 높다.
ㄷ. 식물의 종 다양성은 (나)에서가 (가)에서보다 높다.

① ㄱ ② ㄷ ③ ㄱ, ㄷ
④ ㄴ, ㄷ ⑤ ㄱ, ㄴ, ㄷ

하 중 상

05 그림은 두 생태계 (가)와 (나)에서의 먹이 사슬을 나타낸 것이다.

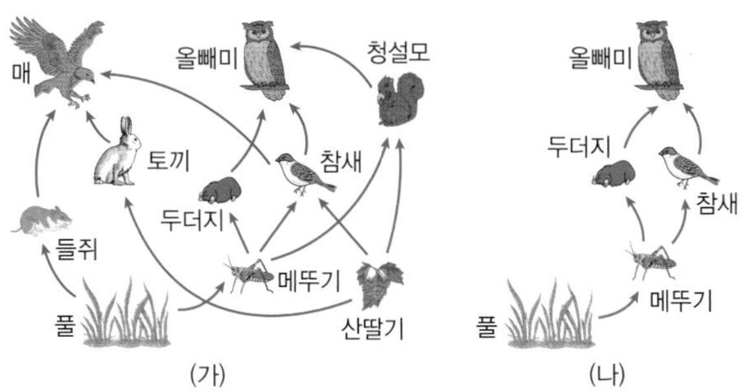

이에 대한 설명으로 옳은 것만을 [보기]에서 있는 대로 고른 것은?

보기
ㄱ. 종 다양성은 (가)에서가 (나)에서보다 낮다.
ㄴ. 생태계의 안정성은 (가)에서가 (나)에서보다 높다.
ㄷ. 메뚜기가 사라지면 참새의 개체 수 감소는 (가)보다 (나)에서 먼저 나타날 것이다.

① ㄱ ② ㄴ ③ ㄱ, ㄷ
④ ㄴ, ㄷ ⑤ ㄱ, ㄴ, ㄷ

하 중 상

06 생물 자원과 그 이용 방법을 짝 지은 것으로 옳지 않은 것은?

① 나무 – 주택 재료
② 목화 – 비단의 재료
③ 습지 – 생태 관광 장소
④ 푸른곰팡이 – 페니실린 성분 추출
⑤ 버드나무 껍데기 – 아스피린의 주성분 추출

하 중 상

07 생물 다양성을 감소시키는 원인으로 옳지 않은 것은?

① 반달곰을 자생지에 방사하였다.
② 상아를 얻기 위해 아프리카코끼리를 사냥하였다.
③ 도로를 건설하기 위해 대규모의 초원을 소규모로 분할하였다.
④ 하천의 물고기 개체 수를 증가시키기 위해 큰입배스를 들여왔다.
⑤ 목장과 농경지를 만들기 위해 열대 우림의 많은 나무를 벌채하였다.

하 중 상

08 그림은 바위에 덮인 이끼층을 분할한 다음 6개월 후 이끼 밑에 서식하는 소형 동물 종의 생존율을 조사하여 나타낸 것이다.

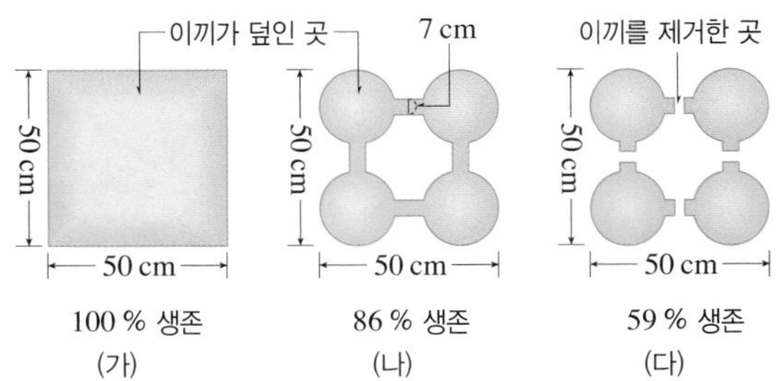

이에 대한 설명으로 옳은 것만을 [보기]에서 있는 대로 고른 것은?

보기
ㄱ. 소형 동물 종의 서식지가 단편화되었다.
ㄴ. (가) → (나) → (다)로 갈수록 소형 동물 종의 생존율이 감소하였다.
ㄷ. 서식지를 분할할수록 중앙이 넓어져 서식지의 중앙에 서식하는 생물종 수가 증가한다.

① ㄱ ② ㄴ ③ ㄱ, ㄴ
④ ㄴ, ㄷ ⑤ ㄱ, ㄴ, ㄷ

하 중 상

09

그림 (가)는 서식지 면적에 따른 새의 종 수를, (나)는 섬에 사는 새의 개체군 크기에 따른 멸종률을 나타낸 것이다.

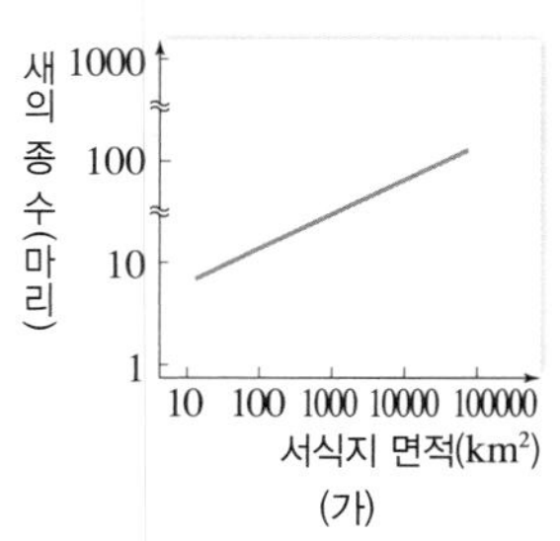

(가)

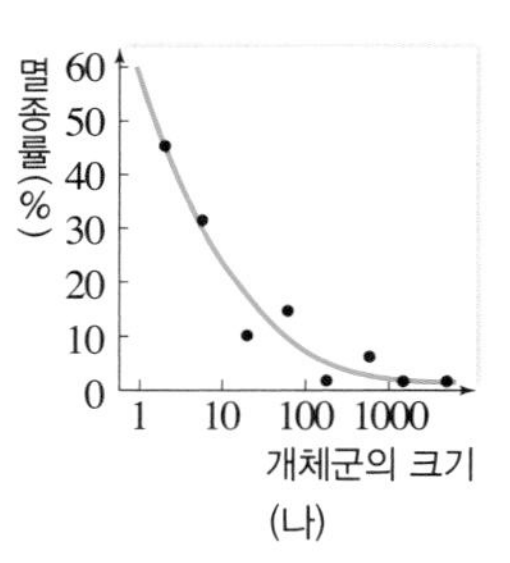

(나)

이에 대한 설명으로 옳은 것만을 [보기]에서 있는 대로 고른 것은?

보기
ㄱ. 서식지의 면적이 클수록 종 다양성이 증가한다.
ㄴ. 개체군의 크기가 클수록 멸종될 확률이 높아진다.
ㄷ. 서식지 면적이 감소하여 개체군의 크기가 작아지면 멸종될 가능성이 높아진다.

① ㄱ ② ㄷ ③ ㄱ, ㄷ
④ ㄴ, ㄷ ⑤ ㄱ, ㄴ, ㄷ

하 중 상

10

그림은 우리나라에 서식하는 세 가지 외래 생물을 나타낸 것이다.

(가) 뉴트리아

(나) 큰입배스

(다) 붉은귀거북

이에 대한 설명으로 옳은 것만을 [보기]에서 있는 대로 고른 것은?

보기
ㄱ. (가)는 우리나라의 고유종과 공존하여 생태계를 안정화하는 데 기여한다.
ㄴ. (나)는 우리나라에 천적이 거의 없어 생물 다양성을 감소시키는 원인이 되고 있다.
ㄷ. (다)는 우리나라에 성공적으로 정착하여 생물 다양성을 증가시켰다.

① ㄱ ② ㄴ ③ ㄷ
④ ㄱ, ㄴ ⑤ ㄴ, ㄷ

서술형 문제

하 중 상

11

그림은 한 품종의 옥수수를 대량으로 재배하는 옥수수밭이다. 옥수수밭처럼 같은 형질을 나타내는 단일 품종을 재배하는 농경지의 경우 급격한 날씨 변화로 해충이나 전염병이 유행하면 큰 피해를 입을 수 있다. 그 까닭을 생물 다양성과 연관 지어 서술하시오.

하 중 상

12

그림은 서로 다른 두 지역 (가)와 (나)에 서식하는 생물의 종과 개체 수를 표현한 것이다.

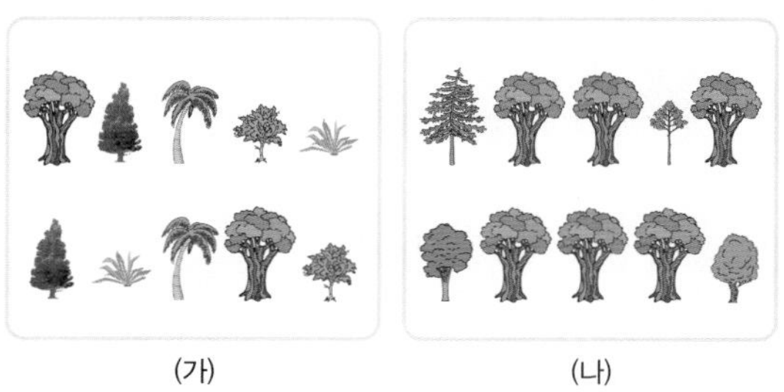
(가) (나)

(가)와 (나) 중 종 다양성이 높은 지역을 고르고, 그렇게 판단한 까닭을 서술하시오. (단, 제시된 종 이외는 고려하지 않는다.)

하 중 상

13

그림은 생물의 서식지가 소규모로 분할되면서 일어나는 서식지의 변화를 나타낸 것이다.

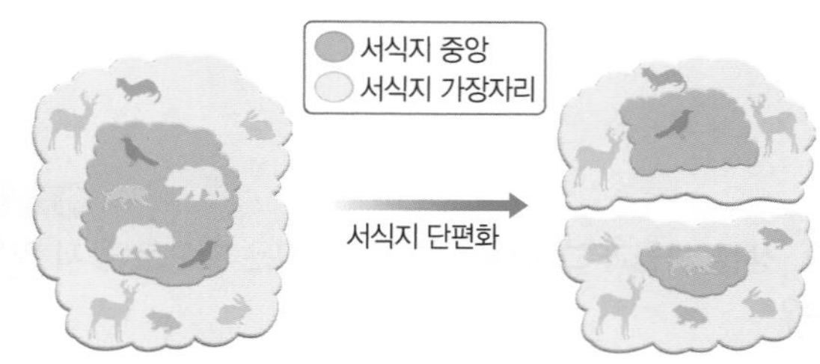

대규모의 서식지가 소규모로 분할될 경우 서식지 중앙과 가장자리 중 생물 다양성이 더 급격하게 감소하는 부분을 쓰고, 그렇게 판단한 까닭을 서술하시오.

수능 실전 문제

• 수능 출제 경향

이 단원에서는 생물 다양성의 세 가지 의미와 종 다양성이 생태계 평형에 미치는 영향 및 생물 다양성 감소의 원인에 대한 문제가 출제된다. 특히 종 다양성 자료 분석 문제는 출제 빈도가 높으므로 잘 알아두어야 한다.

수능 이렇게 나온다!

그림은 영양염류가 유입된 호수의 식물 플랑크톤 군집에서 전체 개체 수, 종 수, 종 다양성, 영양염류 농도를 시간에 따라 나타낸 것이며, 표는 종 다양성에 대한 자료이다.

❶ 바다, 호수, 하천의 물에 포함된 규소(Si), 질소(N), 인(P) 등의 염류를 말하며, 식물 플랑크톤의 몸을 구성하는 성분으로 증식에 있어 주요 요인이다.

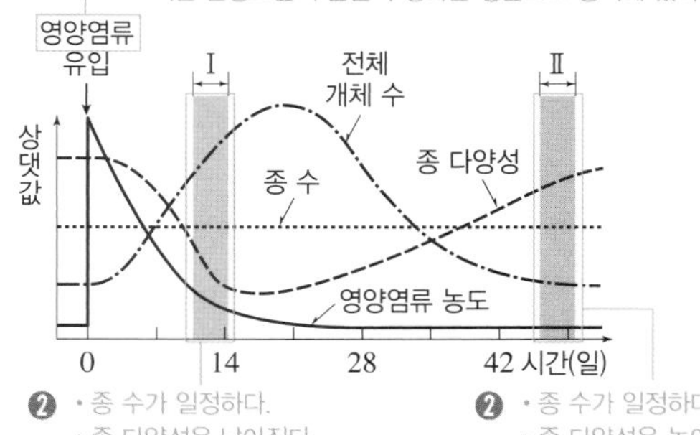

❷ • 종 수가 일정하다.
• 종 다양성은 낮아진다.

❷ • 종 수가 일정하다.
• 종 다양성은 높아진다.

종의 분포 비율이 증가하거나 감소하여 종 다양성이 변하였다.

• 종 다양성은 종 수가 많을수록 높아진다.
• 종 다양성은 전체 개체 수에서 각 종이 차지하는 비율이 균등할수록 높아진다.

이에 대한 설명으로 옳은 것만을 [보기]에서 있는 대로 고른 것은? (단, 식물 플랑크톤 군집은 여러 종의 식물 플랑크톤으로만 구성되며, 제시된 조건 이외는 고려하지 않는다.)

보기

ㄱ. 영양염류는 비생물적 환경 요인이다.
ㄴ. 구간 Ⅰ에서 모든 종의 개체 수가 균등한 비율로 증가한다.
ㄷ. 전체 개체 수에서 각 종이 차지하는 비율은 구간 Ⅱ에서가 구간 Ⅰ에서보다 균등하다.

① ㄱ ② ㄴ ③ ㄱ, ㄷ
④ ㄴ, ㄷ ⑤ ㄱ, ㄴ, ㄷ

출제개념

종 균등도, 종 다양성
▶ 본문 314쪽

출제의도

자료 분석을 통해 생물종 수뿐만 아니라 각 종의 분포 비율에 의해 종 다양성이 결정됨을 파악할 수 있는지 평가하는 문제이다.

전략적 풀이

❶ 영양염류의 역할을 이해한다.

ㄱ. 영양염류는 식물 플랑크톤이 물에서 흡수하여 이용하는 물질로, 식물 플랑크톤의 증식에 영향을 미치는 (　　　) 환경 요인이다.

❷ 구간 Ⅰ과 구간 Ⅱ에서 종 수가 일정할 때 종 다양성을 결정하는 요인이 무엇인지 파악한다.

ㄴ. 구간 Ⅰ에서 종 수가 일정할 때 전체 개체 수가 증가함에도 불구하고 종 다양성이 낮아지는 것은 종 균등도가 (　　　)하고 있기 때문이다. 즉 일부 특정 종의 개체 수만 급격히 증가하여 전체 개체 수가 증가하였음을 알 수 있다.

ㄷ. 구간 Ⅱ에서 종 수가 일정할 때 전체 개체 수가 감소함에도 불구하고 종 다양성이 높아지는 것은 종 균등도가 (　　　)하고 있기 때문이다. 따라서 전체 개체 수에서 각 종이 차지하는 비율은 구간 (　　　)에서가 구간 (　　　)에서보다 균등하다.

답 ③

❶ 비생물적
❷ 감소, 증가, Ⅱ, Ⅰ

수능 실전 문제

01 다음은 생물 다양성에 대한 학생 A~C의 발표 내용이다.

사람마다 눈동자 색깔이 다른 것은 종 다양성에 해당합니다.
유전적 다양성이 낮은 종은 환경이 급격히 변했을 때 멸종될 확률이 낮습니다.
삼림, 초원, 사막, 습지 등이 다양하게 나타나는 것은 생태계 다양성에 해당합니다.
학생 A
학생 B
학생 C

발표한 내용이 옳은 학생만을 있는 대로 고른 것은?

① A ② C ③ A, C
④ B, C ⑤ A, B, C

02 표는 (가)~(다)의 예를 나타낸 것이고, 자료는 바나나에 대한 설명이다. (가)~(다)는 종 다양성, 유전적 다양성, 생태계 다양성을 순서 없이 나타낸 것이다.

구분	예
(가)	어떤 지역에 초원, 삼림, 습지 생태계가 존재한다.
(나)	같은 종의 기린에서 다양한 털 무늬가 나타난다.
(다)	어떤 습지 생태계에서는 ㉠280종의 식물, 36종의 조류, 26종의 어류 등 다양한 생물종이 서식하고 있다.

야생종 바나나는 그림과 같이 씨가 있어 ⓐ씨를 통해 번식한다. 현재 우리가 먹는 바나나는 야생종을 개량하여 씨가 없기 때문에 바나나의 ⓑ줄기 일부를 잘라 옮겨 심어 번식시킨다.

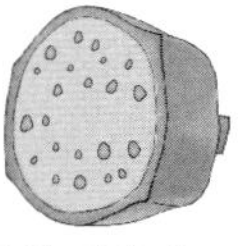

이에 대한 설명으로 옳은 것만을 [보기]에서 있는 대로 고른 것은? (단, 제시된 조건 이외는 고려하지 않는다.)

보기
ㄱ. (가)는 생물적 요인과 비생물적 요인을 포함한다.
ㄴ. ⓐ 방법보다 ⓑ 방법으로 번식시킬 때 (나)가 높아진다.
ㄷ. ㉠은 군집을 이룬다.

① ㄱ ② ㄴ ③ ㄱ, ㄷ
④ ㄴ, ㄷ ⑤ ㄱ, ㄴ, ㄷ

03 그림은 어떤 생물종의 개체군 크기에 따른 유전자 변이의 수를 나타낸 것이다.

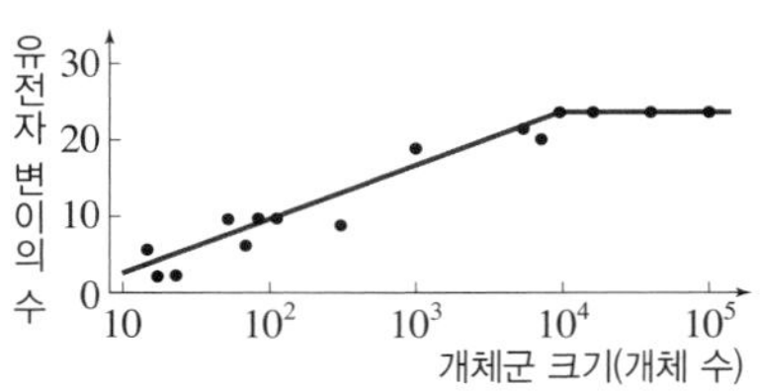

이에 대한 설명으로 옳은 것만을 [보기]에서 있는 대로 고른 것은?

보기
ㄱ. 생물 다양성 중 종 다양성에 해당한다.
ㄴ. 이 생물종에서 유전적 다양성을 보전하기 위한 개체군의 최소 크기는 약 10^4이다.
ㄷ. 개체군의 크기가 10^5일 때가 10^3일 때보다 환경 변화에 대한 적응력이 높다.

① ㄱ ② ㄴ ③ ㄱ, ㄷ
④ ㄴ, ㄷ ⑤ ㄱ, ㄴ, ㄷ

04 표는 면적이 같은 서로 다른 지역 ㉠과 ㉡에 서식하는 모든 식물 종 A~F의 개체 수이고, 그림은 어떤 지역에 서식하는 들쥐의 대립유전자 Q와 q, R와 r의 구성을 나타낸 것이다.

지역 \ 식물 종	A	B	C	D	E	F
㉠	50	30	25	25	50	60
㉡	110	25	10	0	30	0

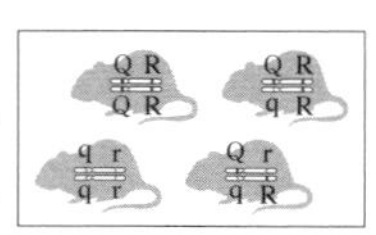

이에 대한 설명으로 옳은 것만을 [보기]에서 있는 대로 고른 것은? (단, A~F 이외의 종은 고려하지 않는다.)

보기
ㄱ. 식물의 종 다양성은 ㉠이 ㉡보다 높다.
ㄴ. ㉠에서 종 B의 개체군 밀도는 ㉡에서 종 E의 개체군 밀도와 같다.
ㄷ. 들쥐의 개체마다 대립유전자 구성이 다른 것은 종 다양성에 해당한다.

① ㄱ ② ㄴ ③ ㄷ
④ ㄱ, ㄴ ⑤ ㄴ, ㄷ

05 그림 (가)는 어떤 숲에 사는 새 5종 ㉠~㉤이 서식하는 높이 범위를, (나)는 숲을 이루는 나무 높이의 다양성에 따른 새의 종 다양성을 나타낸 것이다. 나무 높이의 다양성은 숲을 이루는 나무의 높이가 다양할수록, 각 높이의 나무가 차지하는 비율이 균등할수록 높아진다.

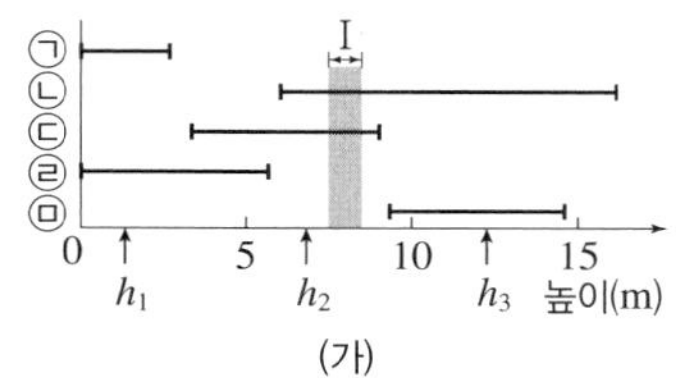

(가)

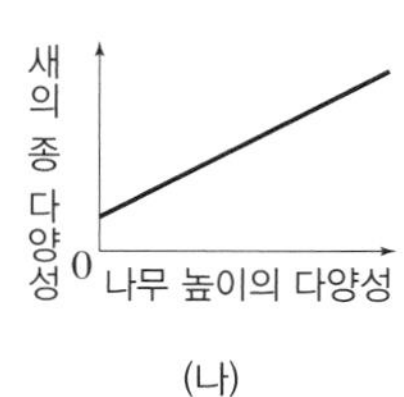

(나)

이에 대한 설명으로 옳은 것만을 [보기]에서 있는 대로 고른 것은?

보기
ㄱ. 구간 Ⅰ에서 ㉡은 ㉢과 하나의 개체군을 이룬다.
ㄴ. 새의 종 다양성은 높이가 h_3인 나무만 있는 숲에서가 높이가 h_1, h_2, h_3인 나무가 고르게 분포하는 숲에서보다 낮다.
ㄷ. 나무 높이가 다양해질수록 새의 종 다양성이 증가하는 것은 비생물적 요인이 생물적 요인에 영향을 주는 예에 해당한다.

① ㄱ ② ㄴ ③ ㄷ
④ ㄱ, ㄴ ⑤ ㄴ, ㄷ

06 표 (가)는 면적이 같은 서로 다른 지역 Ⅰ과 Ⅱ에 서식하는 식물 종 A~E의 개체 수를, (나)는 Ⅰ과 Ⅱ 중 한 지역에서 ㉠과 ㉡의 상대 밀도를 나타낸 것이다. ㉠과 ㉡은 각각 A~E 중 하나이다.

구분	A	B	C	D	E
Ⅰ	9	10	12	8	11
Ⅱ	18	10	20	0	2

(가)

구분	상대 밀도(%)
㉠	20
㉡	16

(나)

이에 대한 설명으로 옳은 것만을 [보기]에서 있는 대로 고른 것은? (단, A~E 이외의 종은 고려하지 않는다.)

보기
ㄱ. ㉠은 C이다.
ㄴ. B의 개체군 밀도는 Ⅰ과 Ⅱ에서 같다.
ㄷ. 식물의 종 다양성은 Ⅰ에서가 Ⅱ에서보다 높다.

① ㄱ ② ㄷ ③ ㄱ, ㄴ
④ ㄴ, ㄷ ⑤ ㄱ, ㄴ, ㄷ

07 그림은 어떤 서식지에서 시간에 따른 서식 면적의 변화를 나타낸 것이다.

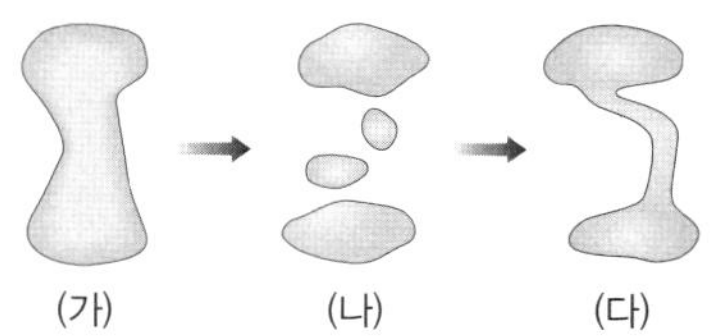

이에 대한 설명으로 옳은 것만을 [보기]에서 있는 대로 고른 것은?

보기
ㄱ. (가)에서 (나)로 변화하면 생물종 수가 증가한다.
ㄴ. (다)는 (나)보다 생물 다양성을 유지하기에 유리하다.
ㄷ. 분할된 서식지에 생태 통로를 설치하는 것은 (나)에서 (다)로 되는 효과와 같다.

① ㄱ ② ㄴ ③ ㄷ
④ ㄴ, ㄷ ⑤ ㄱ, ㄴ, ㄷ

08 그림은 어떤 숲 (가)가 도로 건설로 인해 숲 (나)와 (다)로 단편화되는 과정을, 표는 (가)~(다)에 서식하는 식물 종 A~D의 상대 밀도(%)를 나타낸 것이다.

(가) —도로 건설→ (나) / 도로 / (다)

(단위: %)

지역 \ 종	A	B	C	D
(가)	25	25	30	20
(나)	25	45	30	0
(다)	15	0	30	55

이에 대한 설명으로 옳은 것만을 [보기]에서 있는 대로 고른 것은? (단, A~D 이외의 종은 고려하지 않는다.)

보기
ㄱ. 종 다양성은 (가)에서가 (나)에서보다 높다.
ㄴ. 도로 건설로 인한 서식지 단편화는 종 다양성 변화에 영향을 주지 않는다.
ㄷ. (나)와 (다) 사이에 생태 통로를 설치하면 (다)에서의 종 다양성을 증가시킬 수 있다.

① ㄱ ② ㄴ ③ ㄱ, ㄷ
④ ㄴ, ㄷ ⑤ ㄱ, ㄴ, ㄷ

Memo

스피드 정답체크

Ⅰ. 생명 과학의 이해

1 생명 과학의 이해

01 생물의 특성

완자쌤 비법 특강 14쪽

Q1 물질대사
Q2 ㉠ 동화, ㉡ 이화

개념 확인 문제 15쪽

❶ 세포 ❷ 동화 작용 ❸ 이화 작용 ❹ 항상성 ❺ 발생 ❻ 생장 ❼ 유전 ❽ 진화

1 ㉠ 세포, ㉡ 기관 2 (1) ○ (2) ○ (3) × (4) × 3 ㄱ, ㄷ, ㄹ 4 (1) ㅂ (2) ㄴ (3) ㄱ (4) ㅁ (5) ㄹ (6) ㄷ 5 A: 핵산(DNA), B: 단백질 껍질 6 (1) × (2) × (3) ○

대표 자료 분석 16쪽

자료❶ 1 물질대사 2 ③ 3 (1) ○ (2) × (3) ○ (4) ○ (5) ○

자료❷ 1 (가) 박테리오파지 (나) 대장균 2 ㄴ 3 (1) ○ (2) ○ (3) × (4) ×

내신 만점 문제 17쪽~19쪽

01 ③ 02 ① 03 ② 04 ① 05 생물은 물질대사를 한다. 06 ② 07 항상성 08 ⑤ 09 ④ 10 ③ 11 ㄴ, ㄷ 12 ②, ⑤ 13 ④ 14 ⑤ 15 바이러스인 박테리오파지는 자체 효소가 없어 스스로 물질대사를 할 수 없으므로 자신의 유전 물질을 복제하고 단백질을 합성하여 증식하기 위해서는 숙주 세포인 대장균이 반드시 필요하다.

실력 UP 문제 19쪽

01 ① 02 ②

02 생명 과학의 특성과 탐구 방법

개념 확인 문제 23쪽

❶ 귀납적 ❷ 연역적 ❸ 가설 ❹ 실험군 ❺ 대조군 ❻ 조작 ❼ 종속

1 (1) ○ (2) × (3) × 2 ㄱ, ㄴ, ㄷ, ㄹ 3 (가) 귀납적 탐구 방법 (나) 연역적 탐구 방법 4 ㄱ 5 가설 설정 6 (1) × (2) ○ (3) ○ (4) ○ (5) ×

대표 자료 분석 24쪽

자료❶ 1 연역적 탐구 방법 2 (나) → (라) → (마) → (다) → (가) 3 (1) × (2) ○ (3) × (4) × (5) ○ (6) ○

자료❷ 1 소화 효소 X는 녹말을 분해할 것이다. 2 시험관 Ⅰ: 대조군, 시험관 Ⅱ: 실험군 3 (1) ○ (2) ○ (3) × (4) ○ (5) ○ (6) × (7) ○

내신 만점 문제 25~27쪽

01 ① 02 ③ 03 ⑤ 04 ② 05 ② 06 귀납적 탐구 방법 07 ⑤ 08 ③ 09 ③ 10 ② 11 (1) 푸른곰팡이는 세균의 증식을 억제하는 물질을 만들 것이다. (2) 집단 A: 실험군, 집단 B: 대조군 (3) 조작 변인: 푸른곰팡이의 접종 여부, 종속변인: 세균 증식 여부

실력 UP 문제 27쪽

01 ㄱ, ㄷ 02 (1) 실험 결과의 타당성을 높이기 위해서는 실험군과 대조군을 설정하여 대조 실험을 해야 하는데, (다)에서 실험군과 비교할 대조군이 없다. (2) ㉠이 제거된 옥수수 10개체를 같은 조건에서 배양하면서 질량 변화를 측정한다.

중단원 핵심 정리 28쪽

❶ 세포 ❷ 물질대사 ❸ 항상성 ❹ 유전 ❺ 진화 ❻ 핵산 ❼ 가설 ❽ 실험군 ❾ 대조군 ❿ 조작 변인

중단원 마무리 문제 29~32쪽

01 ③ 02 ③ 03 ⑤ 04 ② 05 ③ 06 ② 07 ① 08 ③ 09 ① 10 ② 11 ⑤ 12 ②

서술형 문제 13 (1) 물질대사, 벼는 광합성을 하여 포도당을 합성한다. 등 (2) 적응과 진화, 사막에 사는 선인장은 잎이 가시로 변하였다. 등 14 A, 핵산(DNA)을 가지고 있다. 단백질을 가지고 있다. 등 15 (1) A: 담배 모자이크 바이러스, B: 로봇 (2) 스스로 물질대사를 할 수 있다. 세포의 구조를 갖추고 있다. 분열하여 증식한다. 등 16 (1) 연역적 탐구 방법 (2) 탄저병 백신은 탄저병을 예방하는 효과가 있을 것이다. (3) 탄저병 백신 주사 여부 (4) 실험군: A, 대조군: B 17 (1) 온도는 콩이 싹 트는 데 영향을 줄 것이다. (2) 빛, 물의 종류, 하루에 물 주는 횟수

수능 실전 문제 34~35쪽

01 ① 02 ① 03 ④ 04 ③ 05 ① 06 ⑤ 07 ③

Ⅱ. 사람의 물질대사

1 사람의 물질대사

01 생명 활동과 에너지

개념 확인 문제 41쪽

❶ 물질대사 ❷ 동화 ❸ 이화 ❹ 세포 호흡 ❺ ATP ❻ 에너지 ❼ ATP ❽ 화학

1 (1) ○ (2) × (3) ○ (4) × 2 (1) ㄱ, ㄹ, ㅂ (2) ㄴ, ㄷ, ㅁ 3 ㉠ 미토콘드리아, ㉡ 이산화 탄소, ㉢ ATP 4 ㉠ 5 (1) 세포 호흡 (2) ATP 6 (1) ○ (2) × (3) ○ (4) ○

대표 자료 분석 42쪽

자료❶ 1 (가) 동화 작용 (나) 이화 작용 2 (1) (나) (2) (가) 3 (1) ○ (2) ○ (3) × (4) × (5) ○ (6) ○

자료❷ 1 (1) CO_2 (2) ㉠ ADP, ㉡ ATP 2 화학 3 (1) × (2) × (3) × (4) ○ (5) ○ (6) ○

내신 만점 문제 43~45쪽

01 ⑤ 02 ⑤ 03 동화 작용은 작고 간단한 물질을 크고 복잡한 물질로 합성하는 과정이며, 이화 작용은 크고 복잡한 물질을 작고 간단한 물질로 분해하는 과정이다. 동화 작용에서는 에너지가 흡수되고(흡열 반응), 이화 작용에서는 에너지가 방출된다(발열 반응). 04 ② 05 ③ 06 ⑤ 07 ③ 08 ⑤ 09 ⑤ 10 ④ 11 ⑤ 12 이산화 탄소(CO_2) 13 맹관부 속 수면의 높이는 높아진다. 수산화 칼륨(KOH)이 이산화 탄소(CO_2)를 흡수하여 기체의 부피가 감소하기 때문이다. 14 ③

실력 UP 문제 45쪽

01 ④ 02 ④

02 에너지를 얻기 위한 기관계의 통합적 작용

개념 확인 문제 50쪽

❶ 영양소 ❷ 융털 ❸ 폐포 ❹ 호흡계 ❺ 순환계 ❻ 배설계 ❼ 에너지 ❽ 순환계

1 (1) × (2) ○ (3) × 2 (1) ㉢ (2) ㉠ (3) ㉡ 3 (1) ○ (2) × (3) ○ (4) ○ 4 (1) ○ (2) × (3) ○ 5 (1) ㄱ, ㄷ (2) ㄷ (3) ㄱ 6 (1) ㄴ (2) ㄱ (3) ㄹ (4) ㄷ

완자쌤 비법 특강 51쪽

Q1 확산
Q2 ㉠ 폐순환, ㉡ 온몸 순환

대표 자료 분석 52~53쪽

자료❶ 1 ㉠ 포도당, ㉡ 아미노산, ㉢ 지방산과 모노글리세리드 2 (1) 수용성 (2) 지용성 3 (1) ○ (2) ○ (3) ○ (4) × (5) × (6) ○ (7) ○ (8) ○

자료❷ 1 ㉠ 폐동맥, ㉡ 폐정맥, ㉢ 대정맥, ㉣ 대동맥 2 ㉡, ㉣ 3 (1) ○ (2) × (3) ○ (4) ○ (5) ○ (6) ×

자료❸ 1 A: 이산화 탄소, B: 물, C: 요소 2 ㉠ 질소, ㉡ 암모니아 3 (1) ○ (2) ○ (3) × (4) ○ (5) × (6) × (7) ×

자료❹ 1 (가) 소화계 (나) 호흡계 (다) 배설계 2 (1) A (2) ㉠ (나), ㉡ (다) (3) ㉠ 영양소, ㉡ 산소(O_2) 3 (1) ○ (2) ○ (3) ○ (4) × (5) ○ (6) ×

내신 만점 문제 54~56쪽

01 ③ 02 ⑤ 03 ③ 04 ④ 05 ⑤ 06 암모니아(ⓑ)는 간에서 독성이 약한 요소로 전환된 후, 순환계를 통해 콩팥으로 운반되어 오줌으로 배설된다. 07 ④ 08 ⑤ 09 생콩즙에 들어 있는 효소(유레이스)의 작용으로 요소가 분해되어 염기성 물질인 암모니아가 생성되었기 때문이다. 10 오줌에는 요소가 들어 있다. 생콩즙은 요소를 분해하는데, 오줌에 생콩즙을 넣었을 때와 요소 용액에 생콩즙을 넣었을 때 나타나는 색깔 변화가 같기 때문이다.

실력 UP 문제 170쪽

01 ④ 02 ④ 03 ③

중단원 핵심 정리 171쪽

❶ 병원체 ❷ 세균 ❸ 바이러스 ❹ 라이소자임 ❺ 식균 작용 ❻ 항원 항체 ❼ 기억 ❽ 응집원 ❾ 응집소

중단원 마무리 문제 172~175쪽

01 ③ 02 ① 03 ③ 04 ② 05 ⑤ 06 ② 07 ④ 08 ① 09 ⑤ 10 ③ 11 ① 12 ⑤ 13 ④ 14 ③

서술형 문제 15 • 공통점: 유전 물질(핵산)을 가지고 있다. 단백질을 가지고 있다. 유전 현상을 나타낸다. 돌연변이가 일어난다. 병원체이다. 등 • 차이점: 세균은 세포 구조를 갖추고 있지만, 바이러스는 세포 구조를 갖추고 있지 않다. 세균은 스스로 물질대사를 할 수 있지만, 바이러스는 스스로 물질대사를 하지 못한다. 세균은 숙주 세포 밖에서 증식할 수 있지만, 바이러스는 숙주 세포 내에서만 증식할 수 있다. 등 16 ㉠은 기억 세포, ㉡은 형질 세포이다. 기억 세포는 B 림프구가 분화하여 만들어지며, 2차 면역 반응에서 기억 세포가 형질 세포로 분화하고 형질 세포에서 항체를 생성하기 때문이다. 17 질병에 걸리기 전에 백신을 주사하면 1차 면역 반응이 일어나 기억 세포가 생성된다. 이후에 실제로 병원체가 침입하면 2차 면역 반응이 일어나 기억 세포가 빠르게 증식하고 형질 세포로 분화하여 다량의 항체를 생성하기 때문에 질병을 예방할 수 있다. 18 O형, 철수는 항 B 혈청에서만 응집 반응이 일어났으므로 B형이며, B형은 응집원 B와 응집소 α를 가진다. 표에서 영희의 적혈구와 철수의 혈장을 혼합하였을 때 응집 반응이 일어나지 않으므로 영희는 응집원 A를 갖고 있지 않다. 또, 영희의 혈장과 철수의 적혈구를 혼합하였을 때 응집 반응이 일어났으므로 영희는 응집소 β를 갖고 있다. 따라서 영희의 ABO식 혈액형은 O형이다.

수능 실전 문제 177~179쪽

01 ② 02 ⑤ 03 ③ 04 ③ 05 ③ 06 ⑤ 07 ③ 08 ④ 09 ④ 10 ④ 11 ④

Ⅳ. 유전

1 유전의 원리

01 염색체

개념 확인 문제 185쪽

❶ 유전자 ❷ 염색체 ❸ 상동 ❹ 염색 분체 ❺ 상동 염색체

1 A: DNA, B: 히스톤 단백질, C: 뉴클레오솜, D: 염색체, E: 동원체, F: 염색 분체 2 (1) ㄹ (2) ㄴ (3) ㄱ (4) ㄷ 3 (1) ○ (2) ○ (3) × 4 (1) ○ (2) × (3) ○ (4) ○ 5 (1) ○ (2) × (3) ○ 6 (가) $n=4$ (나) $2n=4$

대표 자료 분석 186쪽

자료❶ 1 뉴클레오타이드 2 ㉠ DNA, ㉡ 히스톤 단백질, ㉢ 뉴클레오솜 3 (1) × (2) ○ (3) ○ (4) × (5) ○ (6) × (7) ×

자료❷ 1 (나) $n=3$ (다) $2n=6$ (라) $n=3$ 2 (나), (라) 3 (1) × (2) ○ (3) ○ (4) ○ (5) × (6) ×

내신 만점 문제 187~190쪽

01 ④ 02 A: 뉴클레오솜, B: DNA, C: 뉴클레오타이드 03 ④ 04 ③ 05 ④ 06 ② 07 남녀 성별을 알 수 있다. 다운 증후군과 같은 염색체 수 이상을 알 수 있다. 고양이 울음 증후군과 같은 염색체 구조 이상을 알 수 있다. 등 08 ㉠ 44, ㉡ 2, ㉢ 없고, ㉣ n 09 ④ 10 ① 11 ② 12 ② 13 ④ 14 ④ 15 ⑤ 16 (1) ⓐ는 성염색체 구성이 XY이므로 남자이다. (2) (가)는 상동 염색체가 쌍을 이루고 있으므로 핵상이 $2n$인 체세포이다. (3) d와 E, ㉠과 ㉡은 하나의 염색체를 구성하는 염색 분체로, DNA가 복제되어 만들어지므로 유전자 구성이 동일하다. 따라서 ㉡에는 ㉠과 마찬가지로 대립유전자 d와 E가 있다. 17 ⑤ 18 ⑤

실력 UP 문제 191쪽

01 ② 02 ⑤ 03 ② 04 ⑤

02 생식세포의 형성과 유전적 다양성

개념 확인 문제 195쪽

❶ 간기 ❷ 같다 ❸ 상동 염색체 ❹ 염색 분체 ❺ 반감(1 → 0.5)

1 (1) ㉠ G_1기, ㉡ S기, ㉢ G_2기 (2) ㉡ (3) ㉠, ㉡, ㉢ (4) ㉣ 2 (1) (가) → (다) → (나) → (라) → (마) (2) (나) 3 (1) × (2) ○ (3) ○ (4) × 4 ㉠ 2, ㉡ 2, ㉢ 4, ㉣ n, ㉤ 모세포의 반 5 (1) (나) (2) (다) 6 감수 1분열 중기 7 16가지

완자쌤 비법 특강 196쪽

Q1 • 체세포 분열: $2 \xrightarrow{\text{S기}} 4 \xrightarrow{\text{말기}} 2$

• 생식세포 분열: $2 \xrightarrow{\text{S기}} 4 \xrightarrow[\text{말기}]{\text{1분열}} 2 \xrightarrow[\text{말기}]{\text{2분열}} 1$

대표 자료 분석 197쪽

자료❶ 1 ㉢ 2 G_1기: 1, ㉡: 2 3 (1) × (2) ○ (3) ○ (4) ○ (5) × (6) ○ (7) ×

자료❷ 1 (가) 감수 1분열 중기 (나) 감수 2분열 중기 2 (1) B (2) C 3 (1) ○ (2) ○ (3) ○ (4) × (5) × (6) ○ (7) ○

내신 만점 문제 198~200쪽

01 ① 02 ③ 03 ④ 04 ③ 05 식물 세포, 식물 세포는 동물 세포와 달리 세포막 바깥에 세포벽이 있어서 세포 중앙에 세포판이 형성된 후 바깥쪽으로 성장하면서 세포질이 나누어진다. 06 ⑤ 07 ② 08 ① 09 ② 10 (1) (가) 체세포 분열 (나) 감수 1분열 (다) 감수 2분열 (2) (가) 딸세포의 핵상은 모세포와 $2n$으로 같지만, DNA 상대량은 모세포의 반으로 줄어든다. (나) 모세포의 핵상은 $2n$이지만 딸세포의 핵상은 n으로 되고, DNA 상대량도 모세포의 반으로 줄어든다. (다) 딸세포의 핵상은 모세포와 n으로 같지만, DNA 상대량은 모세포의 반으로 줄어든다. 11 ③ 12 ④ 13 유성 생식을 하는 생물은 생식세포 분열에서 상동 염색체의 무작위 배열과 분리 및 암수 생식세포의 무작위 수정으로 자손의 유전적 다양성이 증가한다. 14 ③ 15 ④

실력 UP 문제 201~202쪽

01 ② 02 ③ 03 ④ 04 ③ 05 ⑤ 06 ③ 07 ⑤

중단원 핵심 정리 203쪽

❶ 뉴클레오타이드 ❷ 유전체 ❸ 상 ❹ 성 ❺ 동일하다 ❻ 대립유전자 ❼ S ❽ 염색 분체 ❾ 2가 염색체 ❿ 상동 염색체 ⓫ 염색 분체 ⓬ 1 ⓭ 2 ⓮ 2 ⓯ 4 ⓰ 상동 염색체

중단원 마무리 문제 204~207쪽

01 ① 02 ⑤ 03 ③ 04 ③ 05 ⑤ 06 ① 07 ①, ④ 08 ④, ⑤ 09 ⑤ 10 ② 11 ①

서술형 문제 12 (1) ㉠ (2) A는 성염색체 구성이 XY이므로 남자이며, 21번 염색체가 3개이므로 체세포 1개당 상염색체 수는 45이다. 13 (1) a (2) (나)의 유전자형은 AA인데 (다)는 a를 가지므로 (가)의 유전자형은 Aa이고, (가)와 (다)는 같은 개체의 세포이다. Ⅰ의 세포는 1개이고, Ⅱ의 세포는 2개라고 하였으므로 (나)는 Ⅰ의 세포이고, (가)와 (다)는 Ⅱ의 세포이다. (3) Ⅰ의 세포 (나)는 $2n=8$이다. 감수 2분열 중기 세포의 핵상은 n이고 각 염색체는 2개의 염색 분체로 이루어져 있으므로 감수 2분열 중기 세포의 염색 분체 수는 $4\times2=8$이다. 14 (가)가 분열하여 형성되는 딸세포는 염색체 수와 DNA양이 모세포와 같고, (나)가 분열하여 형성되는 딸세포는 염색체 수와 DNA양이 모세포의 반이다. 15 A와 B의 유전자 구성은 서로 같다. A와 B는 염색 분체가 분리되어 형성되었기 때문이다. B와 C의 유전자 구성은 서로 다르다. 감수 1분열 과정에서 상동 염색체가 분리되어 서로 다른 유전자 구성을 갖는 세포 2개가 형성되고, 이 세포들이 각각 감수 2분열을 하여 B와 C가 형성되었기 때문이다. 16 (1) ㉠ Ⅳ, ㉡ Ⅰ, ㉢ Ⅲ, ㉣ Ⅱ, ⓐ 0, ⓑ 1, ⓒ 2, ⓓ 2 (2) $\frac{2}{0+2}=1$

수능 실전 문제 209~211쪽

01 ④ 02 ⑤ 03 ③ 04 ③ 05 ⑤ 06 ③ 07 ⑤ 08 ② 09 ② 10 ③ 11 ④

2 사람의 유전

01 사람의 유전

개념 확인 문제 216쪽

❶ 가계도 ❷ 쌍둥이 ❸ 염색체 ❹ 대립유전자

1 ③ 2 가계도 조사 3 (1) ㄱ (2) ㄷ (3) ㄴ 4 (1) ○ (2) ○ (3) ○ (4) × 5 (1) A, a (2) a (3) Aa : aa = 1 : 1

개념 확인 문제 219쪽

❶ 상염색체 ❷ 한 ❸ 우성 ❹ 열성 ❺ O형 ❻ I^BI^B, I^Bi

1 (1) × (2) ○ (3) ○ 2 (1) 열성 (2) A: Tt, B: Tt 3 (1) ○ (2) ○ (3) × 4 (1) ○ (2) × (3) ○ 5 A형, B형, AB형, O형

15개정 교육과정

생명과학 I

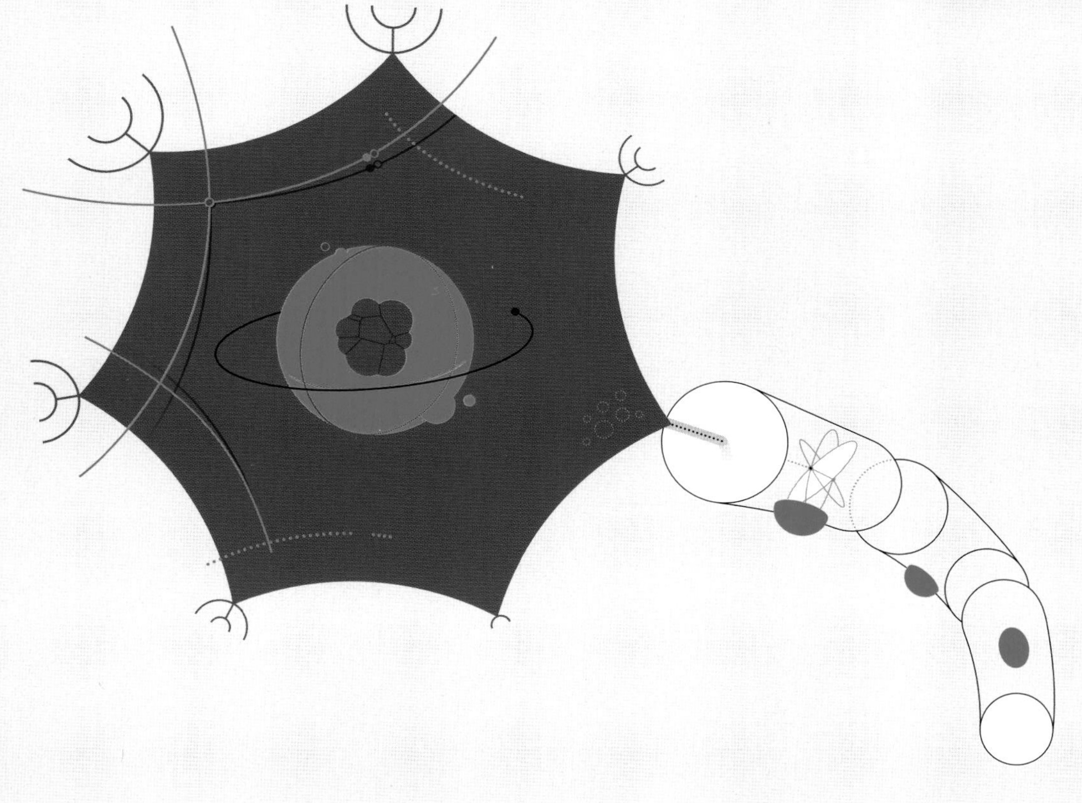

정확한 답과 친절한 해설

정답친해

책 속의 가접 별책 (특허 제 0557442호)
'정답친해'는 본책에서 쉽게 분리할 수 있도록 제작되었으므로
유통 과정에서 분리될 수 있으나 파본이 아닌 정상제품입니다.

ABOVE IMAGINATION

우리는 남다른 상상과 혁신으로
교육 문화의 새로운 전형을 만들어
모든 이의 행복한 경험과 성장에 기여한다

정답친해

정확한 답과 친절한 해설

생명과학 I

I 생명 과학의 이해

1 생명 과학의 이해

1 생물의 특성

14쪽

완자쌤 비법 특강 Q1 물질대사 Q2 ㉠ 동화, ㉡ 이화

Q1 실험 (가), (나), (다)는 '생물은 물질대사를 한다.'라는 생물의 특성을 전제로 화성 토양에 생명체가 존재하는지의 여부를 확인하기 위해 설계된 것이다.

Q2 실험 (가)는 광합성(동화 작용), 실험 (나)와 (다)는 호흡(이화 작용)을 하는 생물이 있는지 알아보기 위한 것이다.

개념 확인 문제

15쪽

❶ 세포 ❷ 동화 작용 ❸ 이화 작용 ❹ 항상성 ❺ 발생 ❻ 생장 ❼ 유전 ❽ 진화

1 ㉠ 세포, ㉡ 기관 **2** (1) ○ (2) ○ (3) × (4) × **3** ㄱ, ㄷ, ㄹ **4** (1) ㅂ (2) ㄴ (3) ㄱ (4) ㅁ (5) ㄹ (6) ㄷ **5** A: 핵산(DNA), B: 단백질 껍질 **6** (1) × (2) × (3) ○

1 다세포 생물은 세포들이 모여 조직을 이루고, 여러 조직이 모여 기관을 형성하며, 기관들이 모여 개체를 이룬다.

2 (1) 생물은 물질대사를 통해 몸에 필요한 물질을 합성하고 생명 활동에 필요한 에너지를 얻으므로 물질대사가 일어나지 않으면 생명을 유지할 수 없다.
(2) 물질대사에는 반드시 에너지 출입이 수반되므로 물질대사를 에너지 대사라고도 한다.
(3) 효소는 반응을 촉매하는 생체 촉매이지, 반응물이 아니다.
(4) 이화 작용은 복잡한 물질을 간단한 물질로 분해하는 반응이며, 반응 과정에서 에너지가 방출된다.

3 생물의 특성은 개체 유지 현상(세포로 구성, 발생과 생장, 항상성, 물질대사, 자극에 대한 반응)과 종족 유지 현상(생식과 유전, 적응과 진화)으로 구분할 수 있다.

4 (1) 식물의 싹은 빛 자극을 받으면 빛을 향해 굽어 자라는 반응이 나타난다.
(2) 체내 수분량과 삼투압을 조절하여 오줌양이 달라지는 것은 항상성과 관련이 깊다.
(3) 물질의 합성과 분해는 물질대사에 해당한다.
(4) 가랑잎벌레의 몸이 주변 환경과 비슷하게 변화한 것은 적응과 진화에 해당한다.
(5) 어머니의 색맹 유전자가 아들에게 전달되어 형질이 유전된다.
(6) 수정란이 세포 분열을 하여 세포 수를 늘리고 조직과 기관을 형성하여 하나의 개체가 되는 과정을 발생이라고 한다.

5 박테리오파지는 유전 물질인 핵산(DNA)과 단백질 껍질로 구성되어 있다.

6 (1) 바이러스는 세균 여과기를 통과할 정도로 작다.
(2) 바이러스는 세포막으로 싸여 있지 않으며, 리보솜과 같은 세포 소기관이 없는 등 세포의 구조를 갖추지 못하였다.
(3) 바이러스는 숙주 세포 밖에서는 단백질 결정체로 존재하며 독립적으로 물질대사를 하지 못한다.

대표 자료 분석

16쪽

자료 ❶ **1** 물질대사 **2** ③ **3** (1) ○ (2) × (3) ○ (4) ○ (5) ○

자료 ❷ **1** (가) 박테리오파지 (나) 대장균 **2** ㄴ **3** (1) ○ (2) ○ (3) × (4) ×

1-1 생물은 세포 호흡을 통해 영양소를 분해하여 활동에 필요한 에너지를 얻는다. 생명체 내에서 일어나는 모든 화학 반응을 물질대사라고 한다.

1-2 벌새의 날개 구조가 공중에서 정지한 상태로 꿀을 빨아 먹기에 적합하게 되어 있는 것은 환경에 적합하도록 몸의 형태와 기능이 변한 것이므로 적응과 진화의 예에 해당한다. 사막에 사는 선인장의 잎이 가시로 변하여 수분 증발을 막는 것도 적응과 진화의 예에 해당한다.
①은 항상성, ②는 생식, ④, ⑤는 자극에 대한 반응의 예이다.

1-3 (1) (가)는 환경에 적합하도록 몸의 형태와 기능이 변한 것이므로 적응과 진화의 예에 해당한다.
(2) 적응과 진화(가)는 종족 유지 현상에 해당하고, 물질대사(나)는 개체 유지 현상에 해당한다.

(3) 세포 호흡(㉠)과 같은 물질대사 과정에는 효소가 관여한다.
(4) 세포 호흡(㉠)은 영양소가 분해되면서 에너지가 방출되는 과정이므로 이화 작용이다.
(5) 개구리의 수정란이 올챙이를 거쳐 개구리와 같은 완전한 개체가 되는 것은 발생과 생장(㉡)의 예에 해당한다.

2-1 (가)는 세포의 구조를 갖추지 못한 박테리오파지이고, (나)는 세포로 이루어진 대장균이다.

2-2 ㄱ, ㄷ. 박테리오파지(가)는 세포의 구조를 갖추지 못하였고 스스로 물질대사를 하지 못한다.
ㄴ. 박테리오파지(가)와 대장균(나)은 모두 유전 물질인 핵산을 가진다.

2-3 (1) 박테리오파지(가)와 대장균(나)은 모두 단백질을 가진다.
(2) 박테리오파지(가)는 숙주 세포 밖에서는 단백질 결정체로 존재한다.
(3) 박테리오파지(가)는 숙주 세포 밖에서는 증식하지 못한다.
(4) 박테리오파지(가)와 대장균(나) 모두 증식 과정에서 돌연변이가 일어날 수 있다.

내신 만점 문제 17~19쪽

01 ③ 02 ① 03 ② 04 ① 05 해설 참조 06 ②
07 항상성 08 ⑤ 09 ④ 10 ③ 11 ㄴ, ㄷ 12 ②, ⑤
13 ④ 14 ⑤ 15 해설 참조

01 **바로알기** ③ 항상성은 환경 변화에 대처하여 체온, 삼투압, 혈당량 등과 같은 체내 상태를 일정하게 유지하려는 성질이다.

02 ㄱ. ㉠은 생물의 구조적·기능적 단위인 세포이다.
바로알기 ㄴ. ㉡은 여러 조직이 모여 특정 기능을 수행하는 기관으로, 간, 이자 등이 있다. 아메바, 짚신벌레와 같은 단세포 생물은 하나의 세포이면서 하나의 개체이며, 기관이 없다.
ㄷ. 생물에서 생명 활동이 일어나는 기능적 단위는 세포(㉠)이다.

03 ② 효모가 포도당을 분해하는 것은 물질대사(이화 작용)이며, 벼가 빛에너지를 흡수하여 이산화 탄소와 물로부터 포도당을 합성하는 것도 물질대사(동화 작용)이다.
바로알기 ① 짠 음식을 많이 먹으면 물을 많이 마시는 것은 체내 삼투압을 일정하게 유지하려는 항상성의 예이다.
③ 식물의 어린 싹이 햇빛이 비치는 쪽으로 굽어 자라는 것은 자극에 대한 반응의 예이다.
④ 부레옥잠이 물에서 생활하기 적합한 몸 구조로 되어 있는 것은 적응과 진화의 예이다.
⑤ 같은 종의 생물이 서로 다른 환경에 적응하여 여러 종으로 분화하는 것은 적응과 진화의 예이다.

04 ㉠ 세포 호흡은 물질대사의 일종이고, ㉡ 더울 때 땀을 많이 흘려 체온을 일정하게 유지하는 것은 항상성의 예이다.

[05~06] 꼼꼼 문제 분석

램프
$^{14}CO_2$
방사능 계측기
화성 토양
가열 장치
(가)

^{14}C로 표지된 영양소
방사능 계측기
화성 토양
(나)

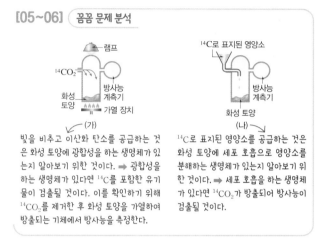

빛을 비추고 이산화 탄소를 공급하는 것은 화성 토양에 광합성을 하는 생명체가 있는지 알아보기 위한 것이다. ➡ 광합성을 하는 생명체가 있다면 ^{14}C를 포함한 유기물이 검출될 것이다. 이를 확인하기 위해 $^{14}CO_2$를 제거한 후 화성 토양을 가열하여 방출되는 기체에서 방사능을 측정한다.

^{14}C로 표지된 영양소를 공급하는 것은 화성 토양에 세포 호흡으로 영양소를 분해하는 생명체가 있는지 알아보기 위한 것이다. ➡ 세포 호흡을 하는 생명체가 있다면 $^{14}CO_2$가 방출되어 방사능이 검출될 것이다.

05 (가)는 화성 토양에 광합성을 하는 생명체가 있는지 알아보는 실험이고, (나)는 화성 토양에 세포 호흡을 하는 생명체가 있는지 알아보는 실험이다. 광합성과 세포 호흡은 물질대사의 일종이며, 생물은 물질대사를 통해 필요한 물질을 합성하고 에너지를 얻는다.

모범 답안 생물은 물질대사를 한다.

채점 기준	배점
생물은 물질대사를 한다고 서술한 경우	100 %
생물은 물질을 합성하거나 분해한다고 서술한 경우	50 %

06 ㄱ. (가)는 ^{14}C로 표지된 이산화 탄소를 공급하고 빛을 비추고 있으므로 화성 토양에 광합성을 하는 생명체가 있는지 확인하는 실험이다.
ㄴ. (나)는 ^{14}C로 표지된 영양소를 공급하고 방사능 계측기로 $^{14}CO_2$가 발생하는지를 알아보고 있으므로 화성 토양에 세포 호흡을 하는 생명체가 있는지 확인하는 실험이다. 세포 호흡은 물질대사 중 이화 작용의 일종이다.
바로알기 ㄷ. (나)의 방사능 계측기는 세포 호흡으로 발생하는 $^{14}CO_2$를 검출하기 위한 것이다.

07 혈당량을 정상 수준으로 유지하고, 체내 염분 농도를 일정하게 유지하는 것은 환경이 변하더라도 체내 환경을 일정하게 유지하려는 항상성에 해당하는 현상이다.

08 ㄴ. 짚신벌레는 단세포 생물로, 세포 분열을 통해 증식한다.
ㄷ. 더운 지역에 사는 사막여우가 큰 귀를 가져 열을 잘 방출하는 것은 환경에 대한 적응과 진화의 예에 해당한다.
바로알기 ㄱ. 미모사가 접촉 자극을 받으면 잎이 접히는 반응이 나타나는 것은 자극에 대한 반응의 예에 해당한다.

09 ㄱ. 강아지는 생물이므로 몸이 세포로 구성되어 있다.
ㄷ. 강아지 로봇은 센서가 있어서 사람이 만지면 꼬리를 흔드는 반응이 일어나도록 프로그래밍되어 있어 자극에 대해 반응할 수 있다.
바로알기 ㄴ. ㉠과 같이 강아지의 체내에서 일어나는 세포 호흡은 물질대사에 해당하지만, ㉡과 같이 강아지 로봇이 전지에 저장된 에너지를 사용하는 것은 물질대사에 해당하지 않는다.

10 꼼꼼 문제 분석

생물의 특성
- 개체 유지 현상: 하나의 생물이 살아 있는 상태를 유지하는 것과 관련된 특성
  - 세포로 구성
  - (가): 물질대사 (동화 작용, 이화 작용)
  - 발생과 생장
  - (나): 자극에 대한 반응
  - 항상성
- 종족 유지 현상: 생물종을 보존하여 생명의 연속성을 유지하는 데 관련된 특성
  - 생식
  - 유전
  - (다): 적응과 진화

ㄱ. (가)는 동화 작용과 이화 작용으로 구분할 수 있는 물질대사이다. 물질대사는 생명체 내에서 일어나는 모든 화학 반응이다.
ㄴ. (나)는 자극에 대한 반응이다. 지렁이가 빛을 피해 어두운 곳으로 이동하는 것은 (나)의 예이다.
바로알기 ㄷ. 사람이 추울 때 몸을 떠는 것은 열 발생량을 증가시켜 체온을 유지하기 위한 것이므로 항상성의 예이다. (다)는 종족 유지 현상 중 적응과 진화이다.

11 ㄴ. 바이러스는 세포의 구조를 갖추지 못하였고 자체적으로 효소를 합성할 수 없어 숙주 세포 밖에서 스스로 물질대사를 할 수 없다.
ㄷ. 바이러스는 숙주 세포 안으로 자신의 유전 물질을 주입하여 숙주 세포 내에서 자신의 유전 물질을 복제하고 새로운 단백질 껍질을 만들어 증식한다.
바로알기 ㄱ. 바이러스는 세균보다 크기가 작고 단순한 구조이지만 살아 있는 세포를 숙주로 하여 증식하므로 지구상에 나타난 최초의 생명체로 볼 수 없다.

12 ② 바이러스의 증식 과정에서 돌연변이가 일어나는 것, ⑤ 숙주 세포 내에서 자신의 유전 물질을 이용하여 새로운 바이러스를 만들어 증식하는 것은 바이러스의 생물적 특성이다.
바로알기 바이러스가 ① 세균보다 작아서 세균 여과기를 통과하는 것, ③ 숙주 세포 밖에서는 단백질 결정체로 추출되는 것, ④ 스스로 물질대사를 하지 못하여 인공 배지에서는 증식하지 못하는 것은 생물적 특성이 아니다.

13 꼼꼼 문제 분석

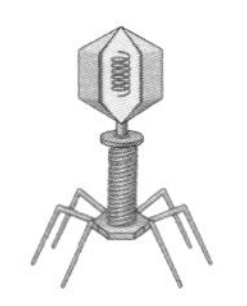

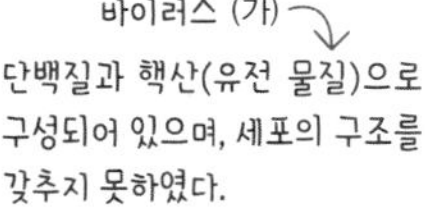

단백질과 핵산(유전 물질)으로 구성되어 있으며, 세포의 구조를 갖추지 못하였다.

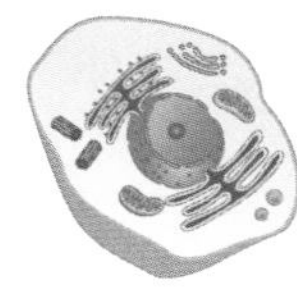

동물 세포 (나)
세포막으로 둘러싸여 있으며, 핵, 미토콘드리아, 소포체, 리보솜과 같은 다양한 세포 소기관이 있다. 핵 속에는 유전 물질(DNA)이 있다.

ㄴ. 바이러스(가)와 동물 세포(나)는 공통적으로 유전 물질(핵산)과 단백질이 있다.
ㄷ. 동물 세포(나)는 효소를 합성하여 스스로 물질대사를 할 수 있다. 바이러스(가)는 리보솜이 없어 독립적으로 단백질을 합성하지 못하므로 숙주 세포의 효소를 이용하여 숙주 세포 내에서만 물질대사를 할 수 있다.
바로알기 ㄱ. 바이러스(가)는 세포막으로 싸여 있지 않으며, 리보솜과 같은 세포 소기관이 없어 세포의 구조를 갖추지 못하였다.

[14~15] 꼼꼼 문제 분석

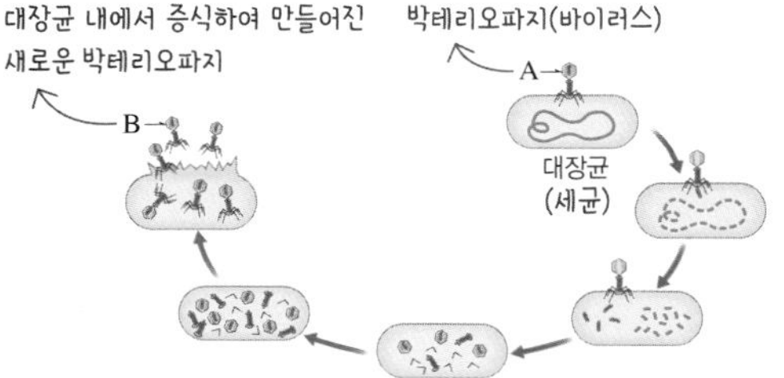

14 ㄱ. 새로 만들어진 박테리오파지 B는 박테리오파지 A가 자신의 유전 물질을 이용하여 만든 것이다. 따라서 박테리오파지 A와 B의 유전 정보는 같다.
ㄴ. 대장균은 단세포 생물로, 효소를 합성하고 물질대사를 하여 독립적으로 생활할 수 있다.
ㄷ. 새로 만들어진 박테리오파지 B를 구성하는 단백질은 박테리오파지 A의 유전 정보에 따라 대장균의 효소를 이용하여 합성된 것이다.

15 모범 답안 바이러스인 박테리오파지는 자체 효소가 없어 스스로 물질대사를 할 수 없으므로 자신의 유전 물질을 복제하고 단백질을 합성하여 증식하기 위해서는 숙주 세포인 대장균이 반드시 필요하다.

채점 기준	배점
스스로 물질대사를 할 수 없기 때문이라고 서술한 경우	100 %
효소가 없기 때문이라고만 서술한 경우	70 %

실력 UP 문제

19쪽

01 ① **02** ②

01 꼼꼼 문제 분석

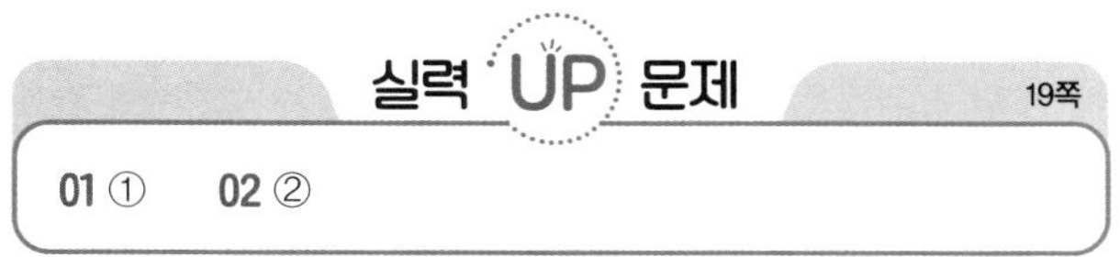

(가)는 적응과 진화, (나)는 발생, (다)는 항상성이다.

ㄱ. 바이러스는 숙주 세포 내에서 증식하는 과정에서 돌연변이가 일어나 환경에 적응하고 진화한다. ㉠은 적응과 진화에는 해당하고 발생, 항상성에는 해당하지 않는 특징이므로 '바이러스에서 나타나는가?'가 될 수 있다.

바로알기 ㄴ. '개체 유지를 위한 특성인가?'는 발생(나)과 항상성(다)에 모두 해당하는 특징이므로 (나)와 (다)를 구분하기 위한 기준 ㉡으로 적합하지 않다.

ㄷ. '밝은 곳에서 고양이의 동공이 작아진다.'는 자극에 대한 반응의 예이다.

02 꼼꼼 문제 분석

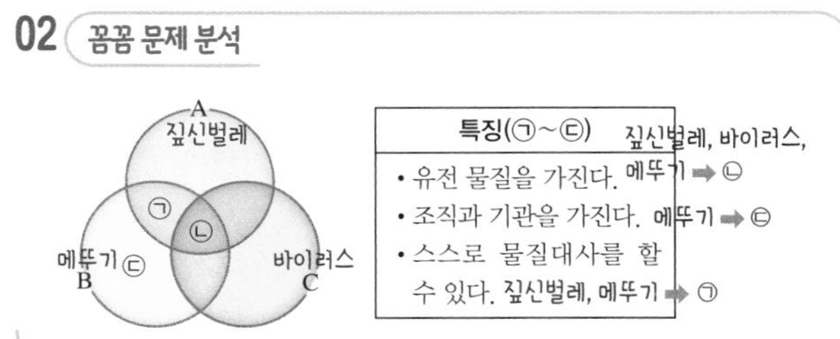

ㄱ. 특징 ㉠과 ㉡을 갖는 A는 짚신벌레이고, 특징 ㉠~㉢을 모두 갖는 B는 메뚜기이며, 특징 ㉡만 갖는 C는 바이러스이다.

ㄴ. '조직과 기관을 가진다.'는 메뚜기에만 해당하는 특징 ㉢에 해당한다.

바로알기 ㄷ. 바이러스(C)는 세포 분열을 통해 증식하는 것이 아니라 숙주 세포 내에서 자신의 유전 물질을 복제하고 단백질을 합성한 후 조립하여 증식한다.

2 생명 과학의 특성과 탐구 방법

개념 확인 문제

23쪽

❶ 귀납적 ❷ 연역적 ❸ 가설 ❹ 실험군 ❺ 대조군 ❻ 조작 ❼ 종속

1 (1) ○ (2) × (3) × **2** ㄱ, ㄴ, ㄷ, ㄹ **3** (가) 귀납적 탐구 방법 (나) 연역적 탐구 방법 **4** ㄱ **5** 가설 설정 **6** (1) × (2) ○ (3) ○ (4) ○ (5) ×

1 (2) 생명 과학은 화학, 물리학 등 다른 과학 분야뿐 아니라 컴퓨터 과학, 정보 기술, 지리학 등과 같은 다양한 학문 분야와 통합하여 발달하고 있다.

(3) 생물과 환경의 상호 작용은 생명 과학의 분야 중 생태학의 주요 연구 대상이다.

2 생명 과학은 생명체를 구성하는 분자와 세포에서부터 개체, 개체군, 군집, 생태계까지 생명 현상과 관련된 모든 단계를 연구한다.

3 (가)는 관찰 사실로부터 결론을 도출하는 귀납적 탐구 방법이고, (나)는 가설을 설정하고 이를 실험으로 검증하는 연역적 탐구 방법이다.

4 ㄱ. 세포설은 귀납적 탐구 방법에 따라 수많은 생물 표본을 관찰하여 정립한 학설이다.

ㄴ, ㄷ. 플레밍의 페니실린 발견과 파스퇴르의 탄저병 백신 개발은 연역적 탐구 방법의 예에 해당한다.

5 의문에 대한 잠정적인 답은 가설이다. 가설은 예측할 수 있고 검증할 수 있어야 하며, 옳을 수도 있고 그를 수도 있다.

6 (1) 자연 현상을 관찰하여 '왜 그럴까?'라는 의문을 제기하는 과정은 관찰 및 문제 인식 단계에 포함된다.

(2) 종속변인은 실험 결과이며, 실험 결과에 영향을 줄 수 있는 요인인 독립변인에 따라 달라진다.

(3) 가설을 검증하기 위해 실험을 할 때에는 대조 실험을 하여 실험 결과의 타당성을 높인다.

(4) 조작 변인 이외의 독립변인을 일정하게 유지하는 것을 변인 통제라고 한다. 조작 변인 이외의 독립변인을 일정하게 유지하지 않으면 실험 결과가 어떤 요인에 의해 나타난 것인지 정확하게 파악할 수 없기 때문에 변인 통제가 필요하다.

(5) 탐구 결과를 해석하여 가설이 타당하지 않다고 판단되면 가설을 수정하여 새로운 탐구를 설계하고, 가설이 타당하다고 판단되면 결론을 도출한다.

대표 자료 분석 24쪽

자료 ❶ **1** 연역적 탐구 방법 **2** (나) → (라) → (마) → (다) → (가) **3** (1) × (2) ○ (3) × (4) × (5) ○ (6) ○

자료 ❷ **1** 소화 효소 X는 녹말을 분해할 것이다. **2** 시험관 Ⅰ: 대조군, 시험관 Ⅱ: 실험군 **3** (1) ○ (2) ○ (3) × (4) ○ (5) ○ (6) × (7) ○

1-1 꼼꼼 문제 분석

(가) 푸른곰팡이는 세균의 증식을 억제하는 물질을 만든다. ➡ 결론 도출 ❺

(나) '푸른곰팡이 주변에서 세균이 증식하지 못하는 까닭은 무엇일까?'라는 의문을 가졌다. ➡ 문제 인식 ❶

(다) A 집단에서는 세균이 증식하지 않았고, B 집단에서는 세균이 증식하였다. ➡ 탐구 결과 ❹

(라) '푸른곰팡이는 세균의 증식을 억제하는 물질을 만들 것이다.'라고 가정하였다. ➡ 가설 설정 ❷

(마) 모든 조건을 동일하게 하여 세균을 배양한 접시들을 두 집단으로 나누어 A 집단에는 푸른곰팡이를 접종하였고, B 집단에는 푸른곰팡이를 접종하지 않았다. ➡ 탐구 설계 및 수행 ❸

가설을 설정하고 이를 실험으로 검증하는 탐구 방법은 연역적 탐구 방법이다.

1-2 탐구 과정은 관찰 및 문제 인식 → 가설 설정 → 탐구 설계 및 수행 → 탐구 결과 정리 및 해석 → 결론 도출의 순서이다.

1-3 (1) 가설 설정 단계는 (라)이며, (나)는 문제 인식 단계이다.
(2), (4) (마)에서 푸른곰팡이를 접종한 A는 실험군, 푸른곰팡이를 접종하지 않은 B는 대조군으로 하여 대조 실험을 하였다.
(3) (마)에서 푸른곰팡이의 접종 여부가 조작 변인이고, 실험 결과인 세균의 증식 여부가 종속변인이다.
(5) 푸른곰팡이 접종 여부를 제외한 나머지 조건을 실험군과 대조군에서 동일하게 해 주는 것은 변인 통제이다.
(6) (가)에서 '푸른곰팡이는 세균의 증식을 억제하는 물질을 만든다.'라고 결론을 내렸다.

2-1 꼼꼼 문제 분석

시험관	첨가한 물질	온도
Ⅰ 대조군	증류수	37 ℃
Ⅱ 실험군	㉠ 증류수+소화 효소 X	㉡ 37 ℃

가설을 설정하고 대조 실험을 수행하여 가설을 검증한 결과 '소화 효소 X는 녹말을 분해한다.'는 결론을 내렸으므로, 이 실험의 가설은 '소화 효소 X는 녹말을 분해할 것이다.'이다.

2-2 실험군은 가설 검증을 위해 실험 조건을 의도적으로 변화시킨 집단이다. 이 탐구에서 녹말이 분해된 시험관 Ⅱ가 소화 효소 X를 처리한 실험군이고, 시험관 Ⅰ은 대조군이다.

2-3 (1), (2) 실험군과 대조군에서 소화 효소 X의 유무를 제외한 나머지 독립변인은 같게 유지해야 하므로 시험관 Ⅰ과 Ⅱ에 각각 증류수를 넣어 주고, 소화 효소 X는 시험관 Ⅱ에만 넣어 준다. 그리고 온도는 시험관 Ⅰ과 Ⅱ에서 37 ℃로 같게 처리한다. 따라서 ㉠은 '소화 효소 X+증류수'이고, ㉡은 37 ℃이다.
(3) 이 탐구 과정은 가설을 설정하고 대조 실험을 수행하여 가설을 검증하므로 연역적 탐구 방법이다.
(4) 이 탐구에서는 실험군과 대조군을 두고 대조 실험을 하였다.
(5), (6) 시험관 Ⅰ과 Ⅱ에서 다르게 처리한 소화 효소 X의 첨가 여부는 조작 변인이고, 실험 결과인 녹말의 분해 여부는 종속변인이다.
(7) 이 탐구에서 녹말 용액의 양, 온도는 통제 변인이다.

내신 만점 문제 25~27쪽

01 ① **02** ③ **03** ⑤ **04** ② **05** ② **06** 귀납적 탐구 방법 **07** ⑤ **08** ③ **09** ③ **10** ② **11** 해설 참조

01 ㄱ, ㄴ. 생명 과학은 생명체의 생명 현상을 연구하며, 그 성과를 인류의 복지에 응용하는 종합적인 학문이다.
바로알기 ㄷ. 생명 과학은 다른 과학 분야뿐 아니라 다른 학문 분야와도 연계되어 통합적 학문 분야로 발달하고 있다.
ㄹ. 생명 과학의 연구 대상에는 생명체를 구성하는 분자에서부터 세포, 개체, 개체군, 군집, 생태계에 이르기까지 생명 현상과 관련된 모든 단계가 포함된다.

02 ① 생리학은 생명체의 기능과 조절 과정, ② 유전학은 형질의 발현 원리, ④ 세포학은 세포 수준에서의 생명 현상, ⑤ 생태학은 생물과 생물을 둘러싼 환경의 상호 작용을 연구한다.
바로알기 ③ 분류학은 생물의 분류 체계를 세우고 생물의 계통을 밝히는 분야이다. 생물의 발생 과정을 연구하는 분야는 발생학이다.

03 ㄱ. 박쥐의 행동 연구에는 초음파의 특성을 알아낸 전파 연구가 큰 영향을 주었다.
ㄴ. 광학 현미경으로도 볼 수 없는 세포의 구조를 연구하는 데에는 물리학의 원리를 이용하여 개발된 전자 현미경이 결정적인 기여를 하였다.
ㄷ. 사람의 유전체 연구에는 많은 자료를 처리하기 위해 컴퓨터를 이용한 정보 처리 기술이 활용된다.

04 학생 C: 생명 과학은 다양한 학문 분야와 밀접하게 연계되어 발달한다.

바로알기 학생 A: 생명 과학은 생명의 본질을 밝히고 이를 인류의 생존과 복지에 응용하는 종합적인 학문이다.
학생 B: 생명 과학의 한 분야인 생태학에서는 생물과 생물, 생물과 비생물 환경 요인 사이의 상호 작용을 연구한다.

05 꼼꼼 문제 분석

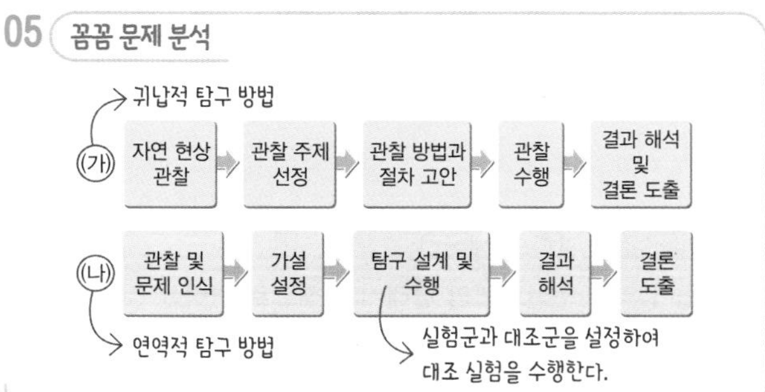

ㄴ. (나)에서 가설을 검증하기 위한 실험을 할 때에는 실험 결과의 타당성을 높이기 위해 실험군과 대조군을 설정하여 결과를 비교하는 과정이 포함된다.

바로알기 ㄱ. (가)는 여러 관찰 결과를 종합하여 자료를 해석하고 결론을 도출하는 귀납적 탐구 방법이다.
ㄷ. (나)에서 탐구 결과 해석이 가설과 일치하지 않으면 가설 설정 단계로 돌아가 가설을 수정하고 새로운 탐구를 설계한다.

06 (가)와 (나)는 관찰 주제를 설정하고 관찰을 수행하여 얻은 자료로부터 규칙성을 발견하여 결론을 도출하였으므로 귀납적 탐구 방법이 이용되었다.

07 탐구 과정은 (라) 관찰 및 문제 인식 → (다) 가설 설정 → (마) 탐구 설계 및 수행 → (나) 탐구 결과 정리 → (가) 결론 도출의 순서로 이루어진다.

08 꼼꼼 문제 분석

파스퇴르는 '양에게 탄저병 백신을 주사하면 양이 탄저병에 걸리지 않을 것이다.'라는 가설을 세웠다. 파스퇴르는 가설을 검증하기 위해 건강한 양들을(통제 변인) 두 집단 A, B로 나누어 집단 A(실험군)에만 탄저병 백신을 주사한(조작 변인) 후, ㉠집단 A, B에 모두 탄저균을 주사하고(통제 변인) 탄저병의 발병 여부를(종속변인) 관찰하였다.

ㄱ. 탄저병 백신을 주사한 집단 A는 실험군이고, 탄저병 백신을 주사하지 않은 집단 B는 대조군이다.
ㄴ. 실험군과 대조군에 모두 탄저균을 주사한 것은 변인 통제에 해당한다.

바로알기 ㄷ. 조작 변인은 실험군과 대조군에서 다르게 처리한 탄저병 백신 주사 여부이다. 탄저병의 발병 여부는 실험 결과이므로 종속변인이다.

09 ㄱ. 이 탐구는 가설을 설정하고 실험을 수행하여 가설을 검증하고 있으므로 연역적 탐구 방법이다.
ㄴ. (나)에서 비커 Ⅰ과 Ⅱ에서 조작 변인인 생콩즙의 유무를 제외한 나머지 변인은 동일하게 처리하여 실험하고 있으므로 대조 실험을 수행하였다.

바로알기 ㄷ. 콩에는 오줌 속의 요소를 분해하는 물질이 있을 것이라는 가설이 옳다면 생콩즙을 넣은 비커 Ⅱ에서 요소가 분해되어 BTB 용액의 색깔이 변할 것이다.

10 실험 결과 소화 효소 X는 녹말을 분해한다는 결론을 내렸으므로, 녹말이 분해된 시험관 Ⅱ가 소화 효소 X를 넣은 실험군이다. 시험관 Ⅰ과 Ⅱ는 소화 효소 X의 유무 이외에 나머지 변인은 모두 같게 유지해야 하므로 ㉠은 증류수, ㉡은 X+증류수이고, ㉢은 37 ℃이다.

11 연역적 탐구 방법에서는 관찰을 통해 인식한 문제에 대한 가설을 설정하고 이를 실험을 통해 검증한다. 가설은 관찰 사실을 설명할 수 있도록 설정하며, 실험 결과를 통해 도출한 결론과 유사하다. 따라서 가설 ㉠은 '푸른곰팡이는 세균의 증식을 억제하는 물질을 만들 것이다.'이다. 가설에서 원인으로 설정한 요인은 실험에서 인위적으로 변화시켜야 할 조작 변인이고, 실험 결과는 종속변인이다. 따라서 푸른곰팡이 접종 여부가 조작 변인이고 세균의 증식 여부가 종속변인이 된다. 실험군은 세균을 배양한 배지에 푸른곰팡이를 접종한 집단이고, 대조군은 다른 조건은 동일하지만 푸른곰팡이를 접종하지 않은 집단이다.

모범 답안 (1) 푸른곰팡이는 세균의 증식을 억제하는 물질을 만들 것이다.
(2) 집단 A: 실험군, 집단 B: 대조군
(3) 조작 변인: 푸른곰팡이의 접종 여부, 종속변인: 세균 증식 여부

채점 기준		배점
(1)	결론과 유사한 문장으로 서술한 경우	30 %
	결론과 유사하지만 문장으로 서술하지 않은 경우	20 %
(2)	실험군과 대조군을 모두 옳게 쓴 경우	30 %
(3)	조작 변인과 종속변인을 모두 옳게 쓴 경우	40 %

01 꼼꼼 문제 분석

(가) P가 사는 지역에 A가 유입된 후 P의 가시의 수가 많아진 것을 관찰하고, A가 P를 뜯어 먹으면 P의 가시의 수가 많아질 것이라고 생각했다. ➡ 관찰 및 문제 인식, 가설 설정 (→ 가설)

(나) 같은 지역에 서식하는 P를 집단 ㉠과 ㉡으로 나눈 후, ㉠에만 A의 접근을 차단하여 P를 뜯어 먹지 못하도록 했다. ➡ 탐구 설계 및 수행 (→ ㉠, ㉡ 대조 실험)

(다) 일정 시간이 지난 후, P의 가시의 수는 Ⅰ에서가 Ⅱ에서보다 많았다. Ⅰ과 Ⅱ는 ㉠과 ㉡을 순서 없이 나타낸 것이다. ➡ 탐구 결과
→ Ⅰ : A의 접근을 차단하지 않은 것(㉡)
Ⅱ : A의 접근을 차단한 것(㉠)

(라) A가 P를 뜯어 먹으면 P의 가시의 수가 많아진다는 결론을 내렸다. ➡ 결론 도출

ㄱ. (라)에서 A가 P를 뜯어 먹으면 P의 가시의 수가 많아진다는 결론을 내렸으므로 P의 가시의 수가 많아진 Ⅰ이 A의 접근을 차단하지 않아 P를 뜯어 먹을 수 있도록 한 ㉡이다. 따라서 Ⅱ는 A의 접근을 차단하여 P를 뜯어 먹지 못하도록 한 ㉠이다.
ㄷ. (나)에서 A의 접근을 차단한 집단 ㉠과 A의 접근을 차단하지 않은 집단 ㉡으로 나누어 대조 실험을 하였다.
바로알기 ㄴ. 가설에서 원인으로 설정한 요인은 실험에서 인위적으로 변화시켜야 할 조작 변인이고, 실험 결과는 종속변인이다. 따라서 A의 접근을 차단하는지의 여부가 조작 변인이고 P의 가시의 수가 종속변인이다.

02 (가)는 관찰 및 문제 인식, (나)는 가설 설정, (다)는 탐구 설계 및 수행, (라)는 결론 도출 단계이다.
가설을 확인하기 위한 탐구를 수행할 때에는 실험 결과의 타당성을 높이기 위해 대조 실험을 해야 하는데, (다)에서 ㉠이 서식하는 옥수수는 있지만 ㉠이 제거된 옥수수가 없다. 따라서 ㉠이 제거된 옥수수 10개체를 같은 조건에서 배양하는 실험을 추가로 수행하여 두 집단에서 질량 변화를 측정하여 비교한다.

모범 답안 (1) 실험 결과의 타당성을 높이기 위해서는 실험군과 대조군을 설정하여 대조 실험을 해야 하는데, (다)에서 실험군과 비교할 대조군이 없다.
(2) ㉠이 제거된 옥수수 10개체를 같은 조건에서 배양하면서 질량 변화를 측정한다.

채점 기준		배점
(1)	대조 실험을 해야 하는데, 대조군이 없다고 서술한 경우	50 %
	대조 실험을 하지 않았다고만 서술한 경우	30 %
(2)	추가 실험의 내용을 옳게 서술한 경우	50 %

중단원 핵심 정리

28쪽

❶ 세포 ❷ 물질대사 ❸ 항상성 ❹ 유전 ❺ 진화
❻ 핵산 ❼ 가설 ❽ 실험군 ❾ 대조군 ❿ 조작 변인

중단원 마무리 문제

29~32쪽

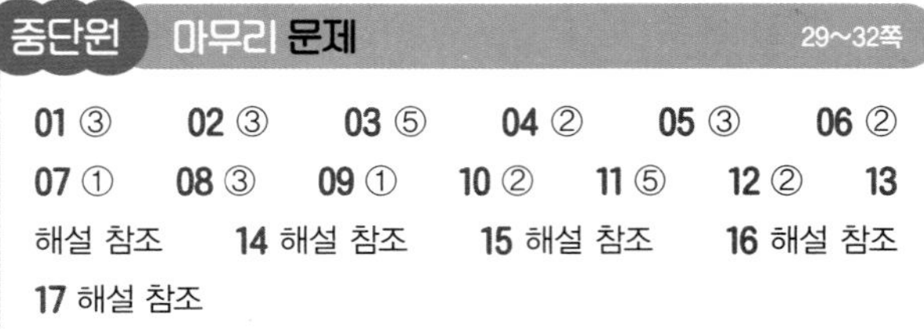
01 ③ 02 ③ 03 ⑤ 04 ② 05 ③ 06 ②
07 ① 08 ③ 09 ① 10 ② 11 ⑤ 12 ② 13 해설 참조 14 해설 참조 15 해설 참조 16 해설 참조
17 해설 참조

01 ㉠은 자극(접촉)에 대한 반응, ㉡은 소화 효소에 의해 물질이 분해되는 물질대사, ㉢은 서식 환경에 대한 적응과 진화에 해당한다.

02 서식지의 온도에 따라 여우의 몸집과 말단부의 크기가 다른 것은 적응과 진화의 예이다.
③ 겨울이 되면 눈신토끼의 털색이 흰색으로 변하는 것도 적응과 진화의 예이다.
바로알기 ①은 생식, ②는 자극에 대한 반응, ④는 물질대사, ⑤는 발생의 예이다.

03 ㄱ. 먹이 환경에 따라 몸의 형태가 달라지는 것은 적응과 진화의 예이다. 따라서 (가)는 적응과 진화이다.
ㄴ. (나)는 물질대사이며, 식물이 포도당을 합성하는 광합성(ⓐ)은 동화 작용이다.
ㄷ. 나비의 알이 애벌레와 번데기를 거쳐 나비가 되는 것은 발생과 생장의 예(㉠)에 해당한다.

04 ㄱ. (가)는 $^{14}CO_2$를 공급하고 빛을 비추고 있으므로 화성 토양에 광합성(동화 작용)을 하는 생명체가 존재하는지 알아보기 위한 실험이다.
ㄴ. (나)는 ^{14}C로 표지된 영양소를 공급하여 화성 토양에 세포 호흡(이화 작용)을 하는 생물이 있다면 이를 분해하여 $^{14}CO_2$가 생성될 것이라는 것을 전제하고, 방사능 계측기로 $^{14}CO_2$를 측정하는 실험 설계이다.
바로알기 ㄷ. (가)와 (나)에서 방사능이 검출된다면 화성 토양에 스스로 물질대사를 하는 생명체가 존재한다고 결론을 내릴 수 있다. 바이러스는 스스로 물질대사를 하지 못하므로 실험 결과를 통해 바이러스가 존재한다고 결론을 내릴 수는 없다.

05 ㄱ. 박테리오파지는 단백질(㉠) 껍질과 유전 물질인 핵산(㉡)으로 이루어져 있다.
ㄷ. 바이러스는 증식하는 과정에서 돌연변이가 일어나(ⓑ) 환경에 적응하고 진화한다. 따라서 ⓑ는 적응과 진화와 관련이 깊은 생물적 특성이다.
바로알기 ㄴ. 바이러스는 자체 효소가 없기 때문에 숙주 세포의 효소를 이용하여 자신의 유전 물질을 복제하고 새로운 단백질 껍질을 만들어 증식한다.

06 꼼꼼 문제 분석

특성 \ 종류	대장균 A	바이러스 B
핵산을 갖는다.	○	㉠ ○
분열을 통해 증식한다.	○	㉡ ×
(가)	○	×

(○: 있음, ×: 없음)

(가) → 대장균에는 있지만 바이러스에는 없는 특성이다.

ㄷ. (가)는 대장균(A)에는 있고 바이러스(B)에는 없는 특성이므로 '스스로 물질대사를 할 수 있다.'가 될 수 있다.

바로알기 ㄱ. 대장균은 단세포 생물이므로 분열을 통해 증식하지만 바이러스는 세포의 구조를 갖추지 못하여 분열이라는 현상이 나타나지 않는다. 따라서 A가 대장균이고, B는 바이러스이다.

ㄴ. 대장균과 바이러스는 공통적으로 핵산을 가지므로 ㉠은 '○'이지만, 바이러스는 분열을 통해 증식하는 것이 아니므로 ㉡은 '×'이다.

07 꼼꼼 문제 분석

짚신벌레와 독감 바이러스의 공통점 – 핵산을 가지고 있다. 단백질을 가지고 있다. 환경에 적응하고 진화한다. 등

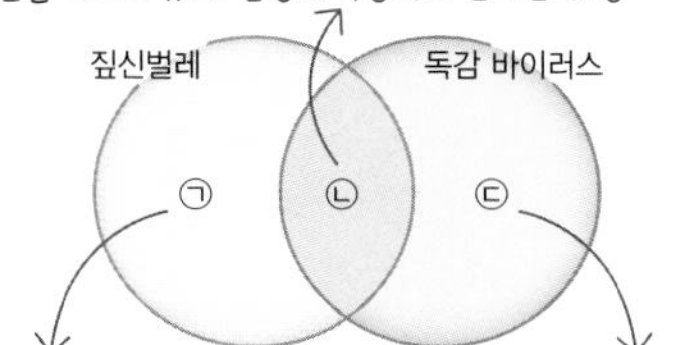

짚신벌레에만 있는 특징 – 세포로 되어 있다. 세포 분열을 통해 증식한다. 스스로 물질대사를 한다. 등

독감 바이러스에만 있는 특징 – 스스로 물질대사를 하지 못한다. 결정체로 추출된다. 등

ㄴ. 짚신벌레와 바이러스는 공통적으로 핵산과 단백질을 가지고 있으므로, '핵산과 단백질을 가지고 있다.'는 ㉡에 해당한다.

바로알기 ㄱ. 짚신벌레와 바이러스 모두 환경에 적응하고 진화하므로 '적응하고 진화한다.'는 ㉡에 해당한다.

ㄷ. 짚신벌레와 바이러스 모두 세포벽이 없다.

08 ㄱ. (가)는 인식한 문제에 대한 가설을 설정하고 이를 실험을 통해 검증하는 연역적 탐구 방법이고, (나)는 직접 관찰하고 측정하여 알아낸 사실을 종합하고 분석하여 결론을 도출하는 귀납적 탐구 방법이다.

ㄴ. 연역적 탐구 방법에서 A는 가설 설정 단계이다. 가설은 인식한 문제에 대한 잠정적인 답이며, 옳을 수도 있고 그를 수도 있다.

바로알기 ㄷ. 대조 실험은 연역적 탐구 방법에서 실험 결과의 타당성을 높이기 위해 탐구 설계 및 수행 단계에서 실시한다.

09 ㄱ. (가)는 관찰을 통해 자료를 수집하고 수집한 자료를 종합하고 분석하여 규칙성을 찾는 귀납적 탐구 방법이 사용되었다.

바로알기 ㄴ. (가)와 같은 귀납적 탐구 방법은 일반적으로 실험으로 검증하기 어려운 경우에 사용한다. (가)에서는 변인을 인위적으로 조작한 실험이나 대조 실험이 이루어지지 않았다.

ㄷ. (나)는 연역적 탐구 방법이 사용되었다. 이 탐구에서의 조작 변인은 천으로 병의 입구를 막는지의 여부이고, 구더기의 발생 여부는 실험 결과인 종속변인이다.

10 꼼꼼 문제 분석

(가) 라이소자임은 세균을 죽게 한다. ➡ 결론 도출 ❹

(나) 10개의 멸균 배지에 세균을 배양하고 5개씩 A와 B 두 집단으로 나누어 A에만 라이소자임을 처리한 후 적당한 온도를 유지하였다. ➡ 탐구 설계 및 수행 ❷

(다) 실험 결과 ㉠ 한 집단에서만 세균이 사라졌다. ➡ 탐구 결과 ❸

(라) 라이소자임은 세균을 죽게 할 것이라고 가정하였다. ➡ 가설 설정 ❶

ㄱ. 탐구 순서는 가설 설정(라) → 탐구 설계 및 수행(나) → 실험 결과(다) → 결론 도출(가)이다.

ㄴ. (나)에서 라이소자임을 처리한 A는 실험군이고, 라이소자임을 처리하지 않은 B는 대조군이다. 멸균 배지, 세균의 종류, 온도는 A와 B 두 집단에서 동일하게 유지되어야 하는 통제 변인이다.

바로알기 ㄷ. (가)에서 라이소자임은 세균을 죽게 한다는 결론을 내렸으므로 (다)에서 세균이 사라진 집단 ㉠은 라이소자임을 처리한 A이다.

11 ㄴ. 온도는 일정하게 유지해야 하는 통제 변인이다. 따라서 시험관 A와 B에서 온도는 같게 유지해야 하므로 (가)는 27 ℃이다.

ㄷ. 시험관 A와 B에 넣는 달걀흰자의 양은 같아야 하며, 배즙과 증류수의 양도 같아야 한다. 따라서 시험관 A와 B에 넣은 물질의 양은 같아야 한다.

ㄹ. 배즙을 넣은 시험관 A에서만 아미노산이 검출되어야 제시된 것과 같은 결론이 도출된다.

바로알기 ㄱ. 배즙을 넣은 시험관 A는 실험군이고, 배즙을 넣지 않은 시험관 B는 대조군이다.

12 ㄴ. 현미에 각기병을 낫게 하는 물질이 있는지를 확인하기 위해서는 각기병에 걸린 닭에게 현미를 모이로 주어 각기병이 낫는지를 확인하는 실험을 추가로 실시하는 것이 필요하다.

바로알기 ㄱ. 현미에서 각기병을 낫게 하는 성분이 무엇인지를 조사하는 과정이 필요하다.

ㄷ. 사육 온도에 따른 각기병의 치료 효과 여부는 실험을 통해 알아보고자 하는 요소가 아니므로 사육 온도를 달리하여 실험하는 과정은 필요하지 않다.

13 세균의 세포벽 합성은 물질대사에 해당한다. 페니실린을 사용하는 환경에서 페니실린에 죽지 않는 세균이 나타나 그 수가 증가하는 것은 환경에 대한 적응과 진화의 결과이다.

모범 답안 (1) 물질대사, 벼는 광합성을 하여 포도당을 합성한다. 등
(2) 적응과 진화, 사막에 사는 선인장은 잎이 가시로 변하였다. 등

채점 기준		배점
(1)	물질대사라고 쓰고, 예를 옳게 서술한 경우	50 %
	물질대사라고만 쓴 경우	20 %
(2)	적응과 진화라고 쓰고, 예를 옳게 서술한 경우	50 %
	적응과 진화라고만 쓴 경우	20 %

14 박테리오파지는 단백질 껍질과 핵산(DNA)으로 구성되며, 대장균과 같은 세균을 숙주로 하는 바이러스이다. 박테리오파지는 스스로 물질대사를 할 수 없으므로 숙주 세포 안으로 자신의 유전 물질을 주입한 뒤 숙주 세포의 효소를 이용하여 자신의 유전 물질을 복제하고 새로운 단백질 껍질을 만들어 증식한다.

모범 답안 A, 핵산(DNA)을 가지고 있다. 단백질을 가지고 있다. 등

채점 기준	배점
A라고 쓰고, 공통점 한 가지를 옳게 서술한 경우	100 %
A라고만 쓴 경우	40 %

15 로봇은 비생물, 담배 모자이크 바이러스는 바이러스, 아메바는 단세포 생물이다. 바이러스와 아메바는 유전 물질인 핵산과 단백질을 갖는다는 공통점이 있지만, 바이러스는 아메바와는 달리 세포의 구조를 갖추지 못하였고 스스로 물질대사를 하지 못한다.

모범 답안 (1) A: 담배 모자이크 바이러스, B: 로봇
(2) 스스로 물질대사를 할 수 있다. 세포의 구조를 갖추고 있다. 분열하여 증식한다. 등

채점 기준		배점
(1)	A와 B를 모두 옳게 쓴 경우	40 %
(2)	바이러스에는 없고 아메바에만 있는 생물적 특성 한 가지를 옳게 서술한 경우	60 %

16 (가)는 가설 설정, (나)와 (다)는 탐구 설계 및 수행, (라)는 탐구 결과, (마)는 결론 도출의 단계이므로 연역적 탐구 방법이다. (나)에서 탄저병 백신 주사 여부가 조작 변인이며, 탄저병 백신을 주사한 A가 실험군이고 탄저병 백신을 주사하지 않은 B가 대조군이다. 또한, 양의 나이와 체중 및 사육 조건, 탄저균 주사는 A와 B 두 집단에서 일정하게 유지된 통제 변인이다. (라)에서 탄저병 백신을 주사한 양은 모두 살았지만 탄저병 백신을 주사하지 않은 양은 상당수가 죽었으므로 탄저병 백신은 탄저병을 예방하는 효과가 있다는 결론을 도출할 수 있다.

모범 답안 (1) 연역적 탐구 방법
(2) 탄저병 백신은 탄저병을 예방하는 효과가 있을 것이다.
(3) 탄저병 백신 주사 여부
(4) 실험군: A, 대조군: B

채점 기준		배점
(1)	연역적 탐구 방법이라고 옳게 쓴 경우	20 %
(2)	가설을 옳게 서술한 경우	30 %
(3)	조작 변인을 옳게 쓴 경우	20 %
(4)	실험군과 대조군을 모두 옳게 쓴 경우	30 %

17 이 실험에서 조작 변인은 온도이고, 종속변인은 콩이 싹 트는 정도이다. 빛, 물의 종류, 하루에 물 주는 횟수와 같이 페트리 접시 A, B, C에서 같게 유지한 변인은 통제 변인이다.

모범 답안 (1) 온도는 콩이 싹 트는 데 영향을 줄 것이다.
(2) 빛, 물의 종류, 하루에 물 주는 횟수

채점 기준		배점
(1)	온도가 콩이 싹 트는 데 영향을 줄 것이라고 옳게 서술한 경우	50 %
(2)	통제 변인을 모두 옳게 쓴 경우	50 %
	통제 변인 중 일부만 옳게 쓴 경우	30 %

수능 실전 문제 34~35쪽

01 ① 02 ① 03 ④ 04 ③ 05 ① 06 ⑤ 07 ③

01 꼼꼼 문제 분석

생물의 특성	예
(가) 물질대사	강낭콩이 발아할 때 영양소가 분해되면서 열이 발생한다. ➡ 영양소의 분해는 복잡한 물질을 간단한 물질로 분해하는 이화 작용이다.
(나) 적응과 진화	항생제를 자주 사용하는 환경에서 항생제 내성 ⓐ세균 집단이 출현하였다.
생식과 유전	㉠

분열법과 같은 무성 생식이나 암수 배우자의 결합에 의한 유성 생식 등으로 자손의 수가 증가하는 것은 생식이고, 자손이 부모를 닮는 현상은 유전이다.

선택지 분석

㉠ (가)는 물질대사이다.
~~ㄴ~~. ⓐ는 세포의 구조를 갖추고 있지 않다. 갖추고 있다
~~ㄷ~~. '개구리의 수정란은 올챙이를 거쳐 개구리가 된다.'는 ㉠에 해당한다. 해당하지 않는다

전략적 풀이 ❶ 제시된 예가 생물의 특성 중 어떤 것에 해당하는지 파악한다.

ㄱ. (가) 생명체 내에서 영양소의 분해는 물질대사(이화 작용)의 예이고, (나) 환경 변화에 적응하여 항생제 내성 세균 집단이 출현한 것은 적응과 진화의 예이다.

❷ 세균의 특징을 파악한다.

ㄴ. 세균(ⓐ)은 단세포 생물로서 세포의 구조를 갖추었으며 스스로 물질대사를 할 수 있다.

❸ 제시된 보기가 생식과 유전의 예에 해당하는지 파악한다.

ㄷ. 개구리의 수정란이 올챙이를 거쳐 개구리가 되는 것은 발생과 생장에 해당하는 예이다.

02 꼼꼼 문제 분석

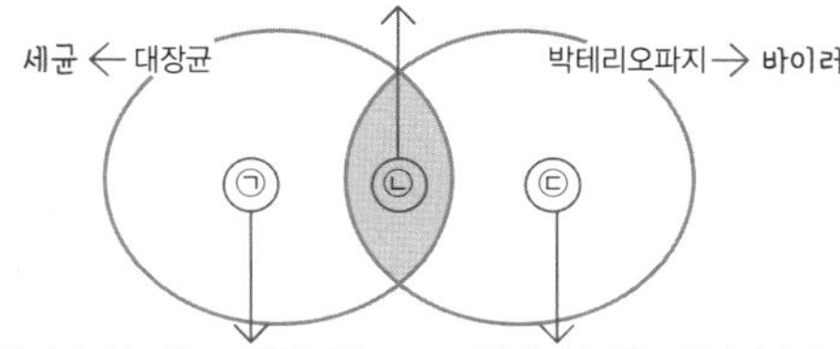

대장균과 박테리오파지의 공통점 – 핵산을 가지고 있다.
세균 ← 대장균
박테리오파지 → 바이러스
㉠
㉡
㉢
박테리오파지에는 없고 대장균에만 있는 특징 – 세포로 되어 있다. 독립적으로 물질대사를 한다.
대장균에는 없고 박테리오파지에만 있는 특징 – 결정체로 추출된다.

선택지 분석

ⓖ '독립적으로 물질대사를 한다.'는 ㉠에 해당한다.

ⓝ̸ '세포로 되어 있다.'는 ㉡에 해당한다. ㉠

ⓓ̸ '핵산을 가지고 있다.'는 ㉢에 해당한다. ㉡

전략적 풀이 ❶ 대장균과 바이러스의 공통점을 찾는다.

ㄷ. 세균인 대장균과 바이러스인 박테리오파지는 공통적으로 유전 물질인 핵산을 가지고 있다. 따라서 '핵산을 가지고 있다.'는 ㉡에 해당한다.

❷ 대장균과 바이러스의 차이점을 파악한다.

ㄱ, ㄴ. 대장균은 바이러스와는 달리 세포로 되어 있으며, 독립적으로 물질대사를 한다. 따라서 '독립적으로 물질대사를 한다.'와 '세포로 되어 있다.'는 모두 ㉠에 해당한다.

03 꼼꼼 문제 분석

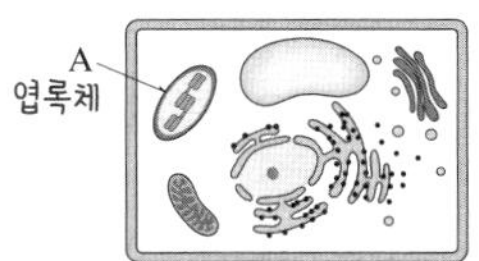

A
엽록체

(가) 식물 세포

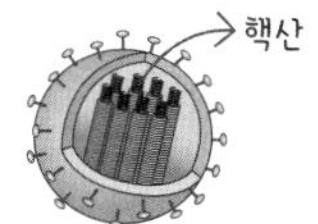

핵산

(나) 독감 바이러스

선택지 분석

ⓖ A에서 빛에너지가 화학 에너지로 전환된다.

ⓝ̸ (나)는 세포 분열로 증식한다. 세포 분열로 증식하지 않는다

ⓓ '단백질을 가지고 있다.'는 (가)와 (나)의 공통점이다.

전략적 풀이 ❶ (가)는 무엇이고, A는 어떤 세포 소기관인지 파악한다.

ㄱ. (가)는 세포 소기관이 발달되어 있는 식물 세포이고, A는 엽록체이다. 엽록체에서는 광합성이 일어나는데, 이 과정에서 빛에너지가 포도당의 화학 에너지로 전환된다.

❷ (나)는 무엇이고, 어떤 특성이 있는지 파악한다.

ㄴ. (나)는 독감 바이러스이다. 바이러스는 숙주 세포 내에서 자신의 유전 물질을 복제하고 단백질을 합성하여 증식한다.

❸ (가)와 (나)의 공통점을 파악한다.

ㄷ. 식물 세포와 바이러스는 공통적으로 단백질과 유전 물질인 핵산을 가지고 있다.

04 꼼꼼 문제 분석

(가) 딱총새우가 서식하는 산호의 주변에는 산호의 천적인 불가사리가 적게 관찰되는 것을 보고, 딱총새우가 산호를 불가사리로부터 보호해 줄 것이라고 생각했다. ➡ 관찰 및 문제 인식, 가설 설정

(나) 같은 지역에 있는 산호들을 집단 A와 B로 나눈 후, A에서는 딱총새우를 그대로 두고, B에서는 딱총새우를 제거하였다. ➡ 탐구 설계 및 수행 → 조작 변인은 딱총새우의 제거 여부이다.

(다) 일정 시간 동안 불가사리에게 잡아먹힌 산호의 비율은 ㉠에서가 ㉡에서보다 높았다. ㉠과 ㉡은 A와 B를 순서 없이 나타낸 것이다. ➡ 실험 결과 → 종속변인

(라) 산호에 서식하는 딱총새우가 산호를 불가사리로부터 보호해 준다는 결론을 내렸다. ➡ 결론 도출

선택지 분석

ⓖ ㉠은 B이다.

ⓝ̸ 종속변인은 딱총새우의 제거 여부이다. 조작 변인

ⓓ (다)에서 불가사리와 산호의 관계는 포식과 피식 관계이다.

전략적 풀이 ❶ 결론으로부터 실험 결과를 추론한다.

ㄱ. (라)에서 산호에 서식하는 딱총새우가 산호를 불가사리로부터 보호해 준다는 결론을 내렸으므로 (다)에서 불가사리에게 잡아먹힌 산호의 비율이 높은 ㉠은 딱총새우를 제거한 B이고, ㉡은 딱총새우를 그대로 둔 A이다.

❷ 가설과 탐구 설계를 분석하여 조작 변인과 종속변인을 파악한다.

ㄴ. (가)의 가설을 검증하는 실험 (나)에서 A와 B 두 집단에서 다르게 처리한 딱총새우의 제거 여부가 조작 변인이다. 종속변인은 일정 시간 동안 불가사리에게 잡아먹힌 산호의 비율이다.

❸ 불가사리와 산호 사이의 관계를 파악한다.

ㄷ. 불가사리는 산호의 천적이므로 이들은 포식과 피식 관계이다.

05 꼼꼼 문제 분석

(가) 초파리는 짝짓기 상대로 서로 다른 종류의 먹이를 먹고 자란 개체보다 같은 먹이를 먹고 자란 개체를 선호할 것이라고 생각했다. ➡ 가설 설정

(나) 초파리를 두 집단 A와 B로 나눈 후 A는 먹이 ⓐ를, B는 먹이 ⓑ를 주고 배양했다. ⓐ와 ⓑ는 서로 다른 종류의 먹이이다. ➡ 탐구 설계 및 수행 → 조작 변인은 먹이의 종류이다.

(다) 여러 세대를 배양한 후, ㉠같은 먹이를 먹고 자란 초파리 사이에서의 짝짓기 빈도와 ㉡서로 다른 종류의 먹이를 먹고 자란 초파리 사이에서의 짝짓기 빈도를 관찰했다. ➡ 탐구 설계 및 수행 → 짝짓기 빈도는 종속변인이다.

(라) (다)의 결과, Ⅰ이 Ⅱ보다 높게 나타났다. Ⅰ과 Ⅱ는 ㉠과 ㉡을 순서 없이 나타낸 것이다. ➡ 실험 결과

(마) 초파리는 짝짓기 상대로 서로 다른 종류의 먹이를 먹고 자란 개체보다 같은 먹이를 먹고 자란 개체를 선호한다는 결론을 내렸다. ➡ 결론 도출

선택지 분석

㉠ 연역적 탐구 방법이 이용되었다.

~~ㄴ~~. 먹이의 종류는 통제 변인이다. 조작 변인

~~ㄷ~~. Ⅰ은 ㉡이다. ㉠

전략적 풀이 ❶ 가설 설정 단계가 있는지 파악한다.

ㄱ. (가)에서 가설을 설정하고 이를 실험으로 검증하여 결론을 도출하였으므로 제시된 탐구 방법은 연역적 탐구 방법이다.

❷ 탐구 설계를 분석하여 조작 변인, 종속변인, 통제 변인을 파악한다.

ㄴ. A와 B 두 집단에서 다르게 처리한 먹이의 종류는 조작 변인이고, 실험 결과로 측정하고 있는 짝짓기 빈도는 종속변인이다. 통제 변인은 A와 B 두 집단에서 동일하게 유지되는 변인으로, 초파리의 종류와 개체 수, 배양 조건 등이 해당된다.

❸ 결론으로부터 실험 결과를 추론한다.

ㄷ. (마)에서 초파리가 짝짓기 상대로 서로 다른 종류의 먹이를 먹고 자란 개체보다 같은 먹이를 먹고 자란 개체를 선호한다는 결론을 내렸으므로, (라)에서 높게 나타난 Ⅰ이 (다)에서 같은 먹이를 먹고 자란 초파리 사이에서의 짝짓기 빈도 ㉠에 해당한다.

06 꼼꼼 문제 분석

(가) A에서는 ㉠이 ㉡보다, B에서는 ㉡이 ㉠보다 포식자로부터 더 많은 공격을 받았다. ➡ 실험 결과

(나) 서식 환경과 비슷한 털색을 갖는 생쥐가 포식자의 눈에 잘 띄지 않아 생존에 유리할 것이라고 생각했다. ➡ 가설 설정

(다) ㉠갈색 생쥐 모형과 ㉡흰색 생쥐 모형을 준비해서 지역 A와 B 각각에 두 모형을 설치했다. A와 B는 각각 갈색 모래 지역과 흰색 모래 지역 중 하나이다. ➡ 탐구 설계 및 수행

(라) ⓐ서식 환경과 비슷한 털색을 갖는 생쥐가 생존에 유리하다는 결론을 내렸다. ➡ 결론 도출

선택지 분석

㉠ A는 흰색 모래 지역이다.

㉡ 탐구는 (나) → (다) → (가) → (라) 순으로 진행되었다.

㉢ ⓐ는 생물의 특성 중 적응과 진화의 예에 해당한다.

전략적 풀이 ❶ 결론으로부터 실험 결과를 추론한다.

ㄱ. (라)에서 서식 환경과 비슷한 털색을 갖는 생쥐가 생존에 유리하다는 결론을 내렸다. (가)에서 A에서는 갈색 생쥐 모형(㉠)이 흰색 생쥐 모형(㉡)보다 포식자로부터 더 많은 공격을 받았으므로 A는 흰색 모래 지역이다.

❷ (가)~(라)는 탐구 과정의 어떤 단계에 해당하는지 파악한다.

ㄴ. 탐구 과정은 가설 설정(나) → 탐구 설계 및 수행(다) → 실험 결과(가) → 결론 도출(라) 순으로 진행되었다.

❸ 제시된 내용이 생물의 특성 중 어떤 것에 해당하는지 파악한다.

ㄷ. 서식 환경과 비슷한 털색을 갖는 생쥐가 생존에 유리한 것은 환경에 적응한 결과이므로, 생물의 특성 중 적응과 진화의 예에 해당한다.

07 꼼꼼 문제 분석

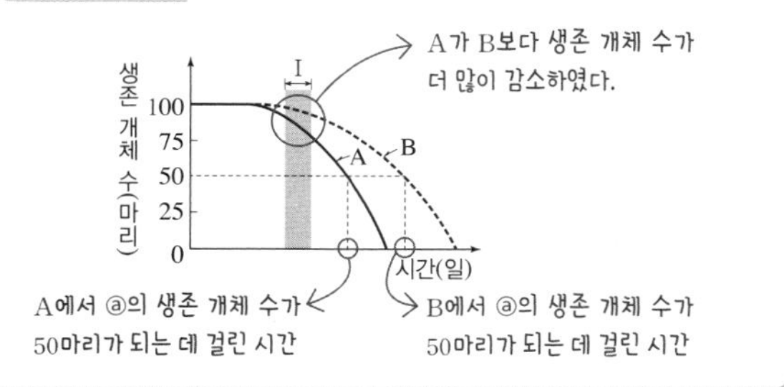

선택지 분석

㉠ 조작 변인은 한 개체당 먹이 섭취량이다.

㉡ 구간 Ⅰ에서 사망한 ⓐ의 개체 수는 A에서가 B에서보다 많다.

~~ㄷ~~. 각 집단에서 ⓐ의 생존 개체 수가 50마리가 되는 데 걸린 시간은 A에서가 B에서보다 길다. 짧다

전략적 풀이 ❶ 탐구 설계를 분석하여 조작 변인을 파악한다.

ㄱ. 조작 변인은 대조 실험에서 실험군과 대조군에서 다르게 처리한 변인이다. 따라서 A와 B에서 다르게 처리한 한 개체당 먹이 섭취량이 조작 변인이다.

❷ 그래프를 해석하여 사망 개체 수와 생존 개체 수를 파악한다.

ㄴ. A와 B 중 구간 Ⅰ에서 생존 개체 수가 더 많이 감소한 것은 A이다. 즉, 구간 Ⅰ에서 사망한 ⓐ의 개체 수는 A에서가 B에서보다 많다.

ㄷ. 각 집단에서 ⓐ의 생존 개체 수가 50마리가 되는 데 걸린 시간은 A에서가 B에서보다 짧다.

사람의 물질대사

1 사람의 물질대사

1 생명 활동과 에너지

개념 확인 문제 41쪽

❶ 물질대사 ❷ 동화 ❸ 이화 ❹ 세포 호흡 ❺ ATP ❻ 에너지 ❼ ATP ❽ 화학

1 (1) ○ (2) × (3) ○ (4) × **2** (1) ㄱ, ㄹ, ㅂ (2) ㄴ, ㄷ, ㅁ **3** ㉠ 미토콘드리아, ㉡ 이산화 탄소, ㉢ ATP **4** ㉠ **5** (1) 세포 호흡 (2) ATP **6** (1) ○ (2) × (3) ○ (4) ○

1 (1) 물질대사는 효소가 관여하므로 체온 정도의 낮은 온도에서 반응이 일어난다.
(2) 물질대사는 반응이 한 번에 일어나지 않고 단계적으로 일어난다.
(3) 생명체에서 일어나는 모든 화학 반응을 물질대사라고 한다.
(4) 동화 작용이 일어날 때는 에너지가 흡수되고, 이화 작용이 일어날 때는 에너지가 방출된다.

2 (1) 동화 작용은 작고 간단한 물질을 크고 복잡한 물질로 합성하는 과정으로, 에너지를 흡수하는 흡열 반응이며, 광합성, 단백질 합성 등이 이에 해당한다.
(2) 이화 작용은 크고 복잡한 물질을 작고 간단한 물질로 분해하는 과정으로, 에너지를 방출하는 발열 반응이며, 세포 호흡, 녹말 소화 등이 이에 해당한다.

3 세포 호흡은 주로 미토콘드리아(㉠)에서 일어나며, 세포 호흡은 포도당이 산소와 반응하여 이산화 탄소(㉡)와 물로 분해되면서 에너지를 방출하는 과정이다. 방출된 에너지 일부는 ATP(㉢)의 화학 에너지로 전환되어 저장되고, 나머지는 열로 방출된다.

4 ㉠은 ATP가 분해되는 반응이므로 에너지가 방출되고, ㉡은 ATP가 합성되는 반응이므로 에너지가 흡수된다.

5 (1) ㉠은 포도당의 화학 에너지가 ATP의 화학 에너지로 전환되는 세포 호흡이다.
(2) ㉡은 생명 활동에 직접 사용되는 에너지 저장 물질인 ATP이다.

6 (1) 생명 활동에 필요한 물질을 합성하는 동화 작용이 일어날 때는 에너지가 필요하며, 이 에너지는 ATP를 분해하여 얻는다.
(2) 세포 호흡으로 방출된 에너지의 일부는 ATP에 저장되어 다양한 생명 활동에 이용된다.
(3) ATP의 끝에 있는 인산기 사이의 결합(고에너지 인산 결합)이 끊어지면서 방출되는 에너지가 다양한 생명 활동에 이용된다.
(4) ATP에 저장된 에너지는 정신 활동, 체온 유지, 근육 운동, 생장 등 다양한 생명 활동에 이용된다.

대표 자료 분석 42쪽

자료 ❶ **1** (가) 동화 작용 (나) 이화 작용 **2** (1) (나) (2) (가) **3** (1) ○ (2) ○ (3) × (4) × (5) ○ (6) ○

자료 ❷ **1** (1) CO_2 (2) ㉠ ADP, ㉡ ATP **2** 화학 **3** (1) × (2) × (3) × (4) ○ (5) ○ (6) ○

1-2 동화 작용(가)은 에너지를 흡수하는 흡열 반응(2)이고, 이화 작용(나)은 에너지를 방출하는 발열 반응(1)이다.

1-3 (1) 물질대사가 일어날 때는 반드시 에너지 출입이 함께 일어나기 때문에 물질대사를 에너지 대사라고도 한다.
(3) 동화 작용(가)과 이화 작용(나)에는 모두 효소가 관여한다.
(4) 동화 작용(가)은 흡열 반응, 이화 작용(나)은 발열 반응이다.
(5) 단백질 합성, DNA 합성, 광합성은 작은 분자를 큰 분자로 합성하므로 동화 작용(가)에 해당한다.
(6) 세포 호흡, 녹말 소화는 큰 분자를 작은 분자로 분해하므로 이화 작용(나)에 해당한다.

2-1 (1) 포도당이 세포 호흡을 통해 최종 분해되면 CO_2(ⓐ)와 H_2O이 생성된다.
(2) 세포 호흡을 통해 방출된 에너지는 ADP(㉠)를 ATP(㉡)로 합성하는 데 사용된다.

2-2 포도당, ATP와 같은 물질 내 화학 결합 속에 저장되어 있는 에너지를 화학 에너지라고 한다.

2-3 (1), (2) 세포 호흡 과정에서 포도당이 산소와 반응하여 CO_2(ⓐ)와 H_2O로 분해되면서 에너지가 방출되는데, 방출된 에너지의 일부만 ATP(㉡)에 저장되고, 나머지는 열로 방출된다.
(3), (4) (가)는 ATP가 ADP와 무기 인산(P_i)으로 분해되면서 에너지가 방출되는 과정이므로, 이화 작용이다.
(5) ATP에 저장되어 있던 에너지가 방출되어 생명 활동에 이용된다.
(6) ATP의 끝에 있는 인산 결합이 끊어지면서 ADP로 분해될 때 방출되는 에너지가 근육 수축 과정에 이용된다.

내신 만점 문제 43~45쪽

01 ⑤ 02 ⑤ 03 해설 참조 04 ② 05 ③ 06 ⑤ 07 ③ 08 ⑤ 09 ⑤ 10 ④ 11 ⑤ 12 이산화 탄소(CO_2) 13 해설 참조 14 ③

01 ①, ② 물질대사는 생명체에서 일어나는 모든 화학 반응으로, 효소의 촉매 작용에 의해 일어난다.
③ 물질대사 과정에는 반드시 에너지 출입이 함께 일어난다.
④ 세포는 물질대사를 통해 단백질 등 생명 활동에 필요한 물질을 합성하고 에너지를 얻는다.
바로알기 ⑤ 세포는 세포 호흡과 같은 이화 작용으로 방출되는 에너지를 이용하여 생명 활동을 한다.

02 ㄴ. (가)는 작고 간단한 물질을 크고 복잡한 물질로 합성하므로 동화 작용이며, 에너지가 흡수되는 흡열 반응이다. (나)는 크고 복잡한 물질을 작고 간단한 물질로 분해하므로 이화 작용이며, 에너지가 방출되는 발열 반응이다.
ㄷ. 세포 호흡은 포도당이 산소와 반응하여 물과 이산화 탄소로 분해되는 반응이므로 이화 작용(나)에 해당한다.
바로알기 ㄱ. (가)는 동화 작용이다.

03 생명체에서 일어나는 화학 반응인 물질대사는 물질을 합성하는 동화 작용과 물질을 분해하는 이화 작용으로 구분할 수 있다. 물질을 합성할 때는 에너지가 흡수되고(흡열 반응), 물질을 분해할 때는 에너지가 방출된다(발열 반응).

모범 답안 동화 작용은 작고 간단한 물질을 크고 복잡한 물질로 합성하는 과정이며, 이화 작용은 크고 복잡한 물질을 작고 간단한 물질로 분해하는 과정이다. 동화 작용에서는 에너지가 흡수되고(흡열 반응), 이화 작용에서는 에너지가 방출된다(발열 반응).

채점 기준	배점
두 가지 요소를 모두 옳게 비교하여 서술한 경우	100 %
두 가지 요소를 비교하였으나, 서술이 다소 부족한 경우	80 %
한 가지 요소만 옳게 비교하여 서술한 경우	50 %

04 ㄴ. 생성물이 가진 에너지양이 반응물이 가진 에너지양보다 적은 것으로 보아 이 반응이 일어날 때 에너지가 방출되었음을 알 수 있다.
바로알기 ㄱ. 에너지가 방출되는 발열 반응은 이화 작용에서 일어나므로, 그림은 이화 작용이 일어날 때의 에너지 변화이다.
ㄷ. 생성물이 가진 에너지양은 반응물이 가진 에너지양보다 적다.

05 ③ 그림은 이화 작용에서의 에너지 변화이다. 소화에 의해 녹말이 포도당으로 분해되는 것은 이화 작용에 해당한다.
바로알기 ① 글리코젠 합성, ② 광합성, ④ 단백질 합성, ⑤ DNA 합성은 모두 동화 작용에 해당하며, 생성물의 에너지양이 반응물의 에너지양보다 많다.

06 ㄱ. Ⅰ은 작고 간단한 물질인 아미노산이 결합하여 크고 복잡한 물질인 단백질이 합성되는 과정이므로 동화 작용이고, Ⅱ는 크고 복잡한 물질인 글리코젠이 작고 간단한 물질인 포도당으로 분해되는 과정이므로 이화 작용이다.
ㄴ. 물질대사 과정에는 모두 효소가 관여한다.
ㄷ. 이화 작용(Ⅱ)이 일어날 때는 에너지가 방출되고, 동화 작용(Ⅰ)이 일어날 때는 에너지가 흡수된다.

07 ㄱ. (가)는 빛에너지를 흡수하여 CO_2와 H_2O로부터 포도당을 합성하는 광합성이고, (나)는 포도당을 CO_2와 H_2O로 분해하는 세포 호흡이다.
ㄴ. 광합성(가)은 식물의 엽록체에서, 세포 호흡(나)은 주로 미토콘드리아에서 일어난다.
바로알기 ㄷ. 세포 호흡(나)에서 방출된 에너지 중 일부만 ATP에 저장된다.

08 ① 세포 호흡은 주로 미토콘드리아(X)에서 일어난다.
②, ④ 세포 호흡 과정에서 포도당이 산소(ⓐ)와 반응하여 이산화 탄소(ⓑ)와 물로 분해되면서 에너지가 방출된다. 따라서 세포 호흡은 이화 작용이며 에너지가 방출되는 발열 반응이다.
③ 세포 호흡 과정에는 효소가 관여한다.
바로알기 ⑤ 포도당이 세포 호흡으로 분해되어 방출된 에너지 중 일부는 ATP에 저장되고 나머지는 열로 방출된다.

09 꼼꼼 문제 분석

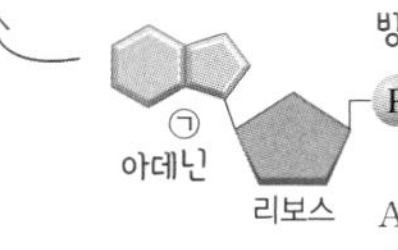
ATP는 아데노신(아데닌+리보스)에 3개의 인산기가 결합한 화합물이다.
ATP의 끝에 있는 2개의 인산기 사이 결합이 끊어지면서 에너지가 방출된다.
P P P
㉠ 아데닌
리보스
인산기
ATP에서 인산기 1개가 떨어져 나가면 ATP는 ADP가 된다.

ㄱ. ATP는 여러 가지 생명 활동에 직접적으로 사용되는 에너지 저장 물질이다.
ㄴ. ATP는 리보스와 아데닌, 3개의 인산기가 결합한 구조이다.
ㄷ. ATP의 인산기와 인산기 사이의 결합에 많은 에너지가 저장되어 있으므로 이 결합이 끊어질 때 고에너지가 방출된다.

10 ① (가)는 아데노신에 인산기가 3개 결합한 ATP이고, (나)는 아데노신에 인산기가 2개 결합한 ADP이다.
② ㉠은 ATP가 ADP와 무기 인산으로 분해되는 과정으로, 이때 에너지가 방출된다.

③ ㉡은 ADP가 무기 인산과 결합하여 ATP로 합성되는 과정이다. 미토콘드리아에서 세포 호흡이 일어날 때 ATP 합성(㉡)이 일어난다.
⑤ ADP가 ATP로 될 때 에너지가 흡수되므로 ATP(가)에는 ADP(나)보다 더 많은 에너지가 저장되어 있다.
바로알기 ④ ㉠은 ATP가 ADP와 무기 인산으로 분해되는 이화 작용이고, ㉡은 ADP가 무기 인산과 결합하여 ATP로 합성되는 동화 작용이다.

11 꼼꼼 문제 분석

ATP가 ADP와 무기 인산으로 분해되는 과정에서 방출되는 에너지는 다양한 형태의 에너지로 전환되어 여러 가지 생명 활동에 이용된다.

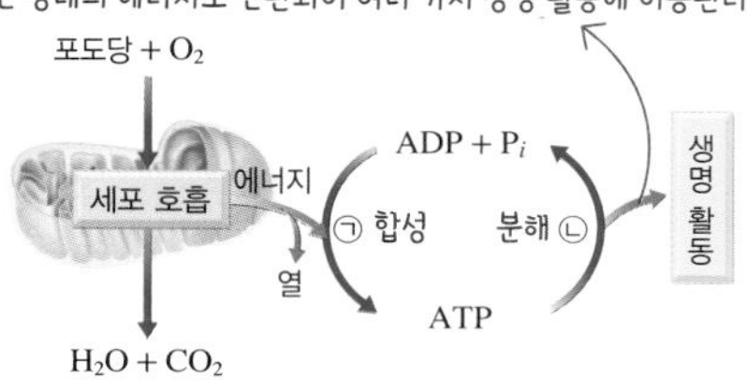

ㄱ. 세포 호흡이 일어날 때에는 ATP가 합성되는 과정(㉠)이 활발하게 일어난다.
ㄴ. 포도당이 분해될 때 방출되는 에너지 중 일부는 ATP 합성에 이용되고, 나머지는 열로 방출되어 일부가 체온 유지에 이용된다.
ㄷ. ATP에 저장된 에너지는 화학 에너지이며, ATP가 분해되면서 방출되는 에너지는 다양한 형태로 전환되어 생명 활동에 이용된다.

[12~14] 꼼꼼 문제 분석

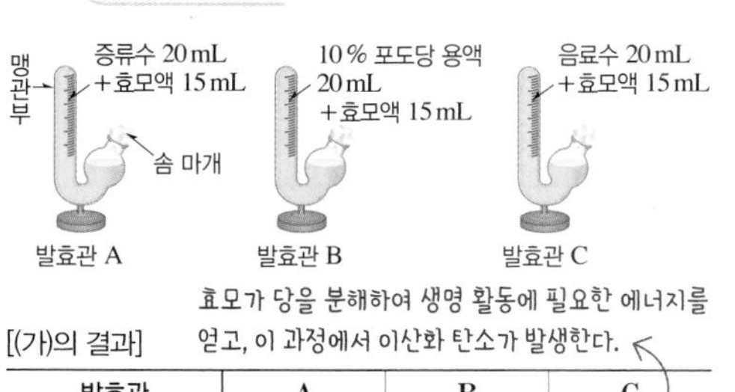

[(가)의 결과]

발효관	A	B	C
기체의 부피	없음	+++	+

(+가 많을수록 기체 발생량이 많음)

- 발효관 A는 당이 없으므로 기체가 발생하지 않았다.
- 발효관 B와 C에서는 기체가 발생하였으며, 기체 발생량이 B>C이다. ➡ 발효관 C보다 B에서 당의 분해가 더 많이 일어났음을 알 수 있다.
- 수산화 칼륨 수용액을 넣으면 수산화 칼륨이 이산화 탄소를 흡수하여 맹관부에 모인 기체의 부피가 감소한다. ➡ 맹관부 속 수면의 높이가 높아진다.

12 맹관부에 모이는 기체(㉠)는 효모가 당을 분해할 때 발생한 이산화 탄소(CO_2)이다.

13 모범 답안 맹관부 속 수면의 높이는 높아진다. 수산화 칼륨(KOH)이 이산화 탄소(CO_2)를 흡수하여 기체의 부피가 감소하기 때문이다.

채점 기준	배점
수면의 높이가 높아진다고 쓰고, 그 까닭을 옳게 서술한 경우	100 %
수면의 높이가 높아진다고만 서술한 경우	50 %

14 ① 효모가 포도당과 음료수 속의 당을 분해하여 이산화 탄소(㉠)가 발생하는 것이므로 이화 작용에 해당한다.
② 발효관 A는 발효관에서 발생하는 기체가 효모가 당을 분해하여 발생한 것인지를 확인하기 위한 대조군이다.
④ 효모의 물질대사가 활발할수록 이산화 탄소가 많이 발생하므로 기체 발생량이 가장 많은 B에서 물질대사가 가장 활발하게 일어났다.
⑤ 기체 발생량은 발효관 C가 발효관 B보다 적으므로 용액의 당 함량은 C의 음료수가 B의 10 % 포도당 용액보다 낮다.
바로알기 ③ 발효관 속의 효모는 처음에는 산소를 이용해 세포 호흡을 하다가 산소가 다 소모되면 발효를 한다. 효모의 발효 과정을 보는 실험이므로 외부로부터 산소의 유입을 차단하기 위하여 발효관 입구를 솜 마개로 막는다.

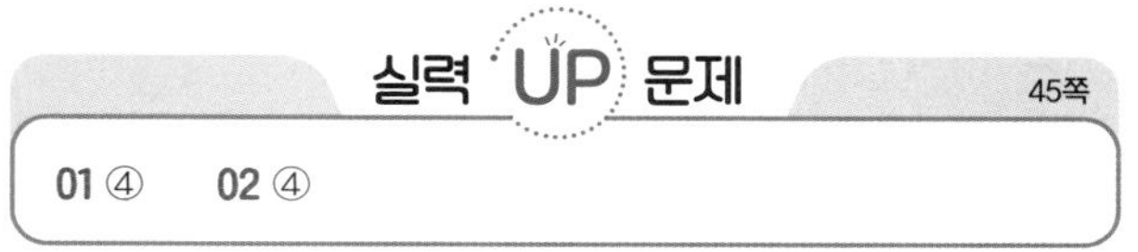

실력 UP 문제 45쪽

01 ④ 02 ④

01 꼼꼼 문제 분석

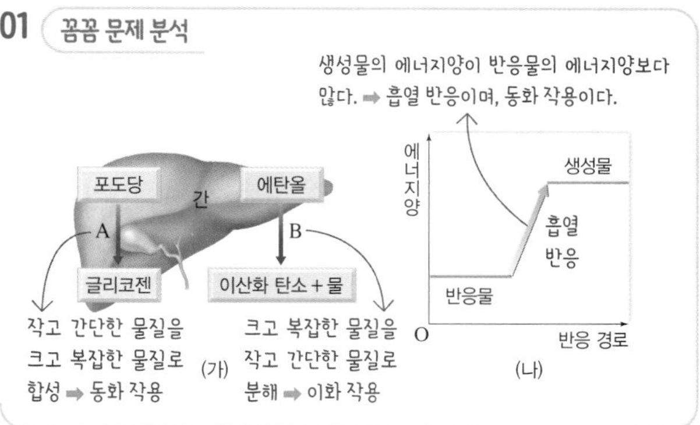

ㄱ, ㄷ. 포도당이 글리코젠으로 되는 A 과정은 작고 간단한 물질이 크고 복잡한 물질로 합성되는 동화 작용이다. 동화 작용(A)에서 반응물(포도당)의 에너지양은 생성물(글리코젠)의 에너지양보다 적다.
바로알기 ㄴ. (나)는 반응물의 에너지양보다 생성물의 에너지양이 많으므로 에너지가 흡수되는 흡열 반응이다. 이화 작용(B)에서는 에너지가 방출되는 발열 반응이 일어난다.

02 Ⅰ은 ADP(㉡)가 무기 인산과 결합하여 ATP(㉠)를 합성하는 과정이고, Ⅱ는 ATP(㉠)가 ADP(㉡)와 무기 인산으로 분해되는 과정이다.
ㄴ. 미토콘드리아에서 ATP 합성(Ⅰ)이 일어난다.
ㄷ. ATP에서 고에너지 인산 결합이 하나 끊어져 ADP로 된다.
바로알기 ㄱ. ㉠은 ATP, ㉡은 ADP이다.

에너지를 얻기 위한 기관계의 통합적 작용

개념 확인 문제

50쪽

❶ 영양소 ❷ 융털 ❸ 폐포 ❹ 호흡계 ❺ 순환계 ❻ 배설계 ❼ 에너지 ❽ 순환계

1 (1) × (2) ○ (3) × **2** (1) ㉢ (2) ㉠ (3) ㉡ **3** (1) ○ (2) × (3) ○ (4) ○ **4** (1) ○ (2) × (3) ○ **5** (1) ㄱ, ㄷ (2) ㄷ (3) ㄱ **6** (1) ㄴ (2) ㄱ (3) ㄹ (4) ㄷ

1 (1) 음식물에 있는 영양소는 소화계를 통해 크기가 작은 영양소로 분해되어 몸속으로 흡수된다.
(2) 숨을 들이마실 때 폐로 들어온 공기 중의 산소는 폐포에서 모세 혈관으로 확산되어 흡수된다.
(3) 세포 호흡에 필요한 산소는 호흡계를 통해 몸속으로 흡수되고, 순환계를 통해 조직 세포로 운반된다.

2 각 영양소가 소화 기관을 거쳐 분해되면, 지방은 지방산과 모노글리세리드, 녹말은 포도당, 단백질은 아미노산이 된다.

3 (1) 음식물 속의 영양소는 소화 기관을 따라 이동하면서 분해된 후 소장의 융털에서 흡수된다.
(2) 수용성 영양소는 융털의 모세 혈관으로, 지용성 영양소는 융털의 암죽관으로 흡수된다.
(3) 포도당, 아미노산과 같은 수용성 영양소는 소장에서 흡수된 후 간을 거쳐 심장으로 이동한다.

4 (1) 탄수화물, 단백질, 지방은 구성 원소로 탄소(C), 수소(H), 산소(O)를 공통으로 포함하고 있어 세포 호흡으로 분해되면 이산화 탄소(CO_2)와 물(H_2O)이 생성된다.
(2), (3) 단백질 분해 시 생성되는 암모니아는 독성이 강하므로 간에서 독성이 약한 요소로 전환되어 콩팥을 통해 오줌으로 배설된다.

5 이산화 탄소와 약간의 물(수증기 상태)은 폐를 통해, 요소와 대부분의 물은 콩팥을 통해 몸 밖으로 나간다.

6 (1), (2) 음식물 속의 영양소는 소화계에서 소화·흡수된 후 순환계를 통해 조직 세포로 운반되고, 산소는 호흡계에서 흡수되어 순환계를 통해 조직 세포로 운반된다.
(3) 세포 호흡 결과 물과 이산화 탄소가 생성되는데, 물은 호흡계와 배설계를 통해, 이산화 탄소는 호흡계를 통해 몸 밖으로 내보낸다.
(4) 배설계는 혈액 속의 질소 노폐물(요소)과 과잉의 물을 걸러 오줌의 형태로 몸 밖으로 내보낸다.

완자쌤 비법 특강

51쪽

Q1 확산
Q2 ㉠ 폐순환, ㉡ 온몸 순환

Q1 숨을 들이마실 때 폐포로 들어온 공기 중의 산소는 분압이 높은 폐포에서 분압이 낮은 모세 혈관으로 확산되어 이동한다.

Q2 폐순환은 심장에서 나온 혈액이 폐를 순환한 후 다시 심장으로 들어오는 경로로, 혈액은 폐에서 산소를 공급받고 이산화 탄소를 내보낸다. 온몸 순환은 심장에서 나온 혈액이 온몸을 순환한 후 다시 심장으로 들어오는 경로로, 혈액은 온몸의 조직 세포에 산소와 영양소를 공급하고, 이산화 탄소 등의 노폐물을 받아온다.

대표 자료 분석

52~53쪽

자료 ❶ **1** ㉠ 포도당, ㉡ 아미노산, ㉢ 지방산과 모노글리세리드 **2** (1) 수용성 (2) 지용성 **3** (1) ○ (2) ○ (3) ○ (4) × (5) × (6) ○ (7) ○ (8) ○

자료 ❷ **1** ㉠ 폐동맥, ㉡ 폐정맥, ㉢ 대정맥, ㉣ 대동맥 **2** ㉡, ㉣ **3** (1) ○ (2) × (3) ○ (4) ○ (5) ○ (6) ×

자료 ❸ **1** A: 이산화 탄소, B: 물, C: 요소 **2** ㉠ 질소, ㉡ 암모니아 **3** (1) ○ (2) ○ (3) × (4) ○ (5) × (6) × (7) ×

자료 ❹ **1** (가) 소화계 (나) 호흡계 (다) 배설계 **2** (1) A (2) ㉠ (나), ㉡ (다) (3) ㉠ 영양소, ㉡ 산소(O_2) **3** (1) ○ (2) ○ (3) ○ (4) × (5) ○ (6) ×

1-1 음식물 속 영양소는 분자 크기가 커서 세포막을 통과하기 어려우므로 소화 기관을 지나는 동안 소화 효소에 의해 분자 크기가 작은 영양소로 분해된다. 녹말은 포도당(㉠)으로, 단백질은 아미노산(㉡)으로, 지방은 지방산과 모노글리세리드(㉢)로 분해된다.

1-2 포도당과 아미노산은 수용성 영양소이고, 지방산과 모노글리세리드는 지용성 영양소이다. 수용성 영양소는 융털의 모세 혈관으로, 지용성 영양소는 융털의 암죽관으로 흡수된다.

1-3 (4) 라이페이스는 지방의 소화에 관여한다.
(5) 아미노산(㉡)은 융털의 모세 혈관으로, 지방산과 모노글리세리드(㉢)는 융털의 암죽관으로 흡수된다.
(8) 융털의 모세 혈관과 암죽관으로 흡수된 영양소는 모두 심장을 거쳐 온몸으로 이동한다.

2-2 폐동맥(㉠)과 대정맥(㉢)은 폐에서 기체 교환을 하기 전 혈액이 흐르므로 O_2가 적고 CO_2가 많이 포함된 정맥혈이 흐르고, 폐정맥(㉡)과 대동맥(㉣)은 폐에서 기체 교환을 마친 혈액이 흐르므로 O_2가 많고 CO_2가 적게 포함된 동맥혈이 흐른다.

2-3 (2) 혈액은 심장을 중심으로 대정맥 → 폐동맥 → 폐정맥 → 대동맥으로 순환한다.
(3) 폐동맥(㉠)은 폐에서 기체 교환을 하기 전 혈액이 흐르므로 O_2가 적은 정맥혈이 흐르고, 대동맥(㉣)은 폐에서 기체 교환을 마친 혈액이 흐르므로 O_2가 많은 동맥혈이 흐른다. 따라서 혈액의 단위 부피당 O_2의 양은 대동맥(㉣)에서가 폐동맥(㉠)에서보다 많다.
(4) 폐정맥(㉡)은 O_2가 많고 CO_2가 적은 혈액이 흐르고, 대정맥(㉢)은 CO_2가 많고 O_2가 적은 혈액이 흐르므로 $\frac{O_2\text{의 양}}{CO_2\text{의 양}}$은 폐정맥(㉡)에서가 대정맥(㉢)에서보다 크다.
(6) 콩팥에서 나오는 혈관(㉤)은 노폐물을 배설한 혈액이 흐르므로 요소가 적고, 콩팥으로 들어가는 혈관(㉥)은 노폐물을 배설하기 전의 혈액이 흐르므로 요소가 많다.

3-1 탄수화물, 지방, 단백질이 분해될 때 공통으로 생성되는 노폐물은 A와 B이다. A는 폐를 통해 나가므로 이산화 탄소이고, B는 폐와 콩팥을 통해 각각 날숨과 오줌으로 나가므로 물이다. 간에서 암모니아로부터 전환된 C는 요소이며, 요소는 콩팥을 통해 오줌으로 배설된다.

3-2 단백질(영양소 ⓑ)의 구성 원소는 탄소(C), 수소(H), 산소(O), 질소(N)이므로, 세포 호흡을 통해 최종 분해되면 이산화 탄소(CO_2), 물(H_2O), 암모니아(NH_3)가 생성된다.

3-3 (1) 이산화 탄소(A)는 혈액에 의해 폐로 이동한다.
(2) 물(B)은 여러 가지 생명 활동에 다시 이용되거나 몸 밖으로 나간다.
(3) 물(B)은 폐와 콩팥에서 각각 날숨(수증기)과 오줌으로 나간다.
(4) 암모니아는 간에서 요소(C)로 전환된다.
(5) A～C 중 질소 노폐물에 해당하는 것은 구성 원소로 질소(N)를 갖는 요소(C)이다.
(6) 독성이 강한 암모니아는 독성이 약한 요소(C)로 전환된 후 몸 밖으로 배설된다.
(7) 지방의 구성 원소는 탄소(C), 수소(H), 산소(O)이므로 세포 호흡을 통해 분해되면 이산화 탄소(CO_2)와 물(H_2O)이 생성되고, 요소는 생성되지 않는다.

4-1 (가)는 영양소(물질 A)를 소화·흡수하는 소화계이다. (나)는 산소(O_2)를 흡수하고 이산화 탄소(CO_2)를 내보내는 호흡계이다. (다)는 오줌의 형태로 노폐물을 배설하는 배설계이다.

4-2 (1) 세포 호흡에 필요한 영양소는 물질 A에 해당한다.
(2) 폐는 호흡계(나)에, 콩팥은 배설계(다)에 속하는 기관이다.
(3) 순환계에서 조직 세포로 전달(ⓐ 과정)되는 물질은 영양소와 산소(O_2)이다.

4-3 (1) 소화계(가)에서 일어나는 소화 과정은 이화 작용이다.
(2) 호흡계(나)의 폐로 들어온 산소는 순환계로 확산되어 이동한다.
(3) 간에서 암모니아가 요소로 전환되며, 간은 소화계(가)에 속한다.
(4) 대장은 소화계(가)에 속한다.
(5) 오줌에는 질소 노폐물인 요소가 포함된다.
(6) 물질 B는 섭취한 영양소(물질 A) 중 소화계에서 흡수되지 않은 찌꺼기로, 대장(소화계)을 통해 대변이 되어 몸 밖으로 배출되는 것이며, 배설은 물질대사 결과 생성된 노폐물을 배설계를 통해 몸 밖으로 내보내는 것이다.

내신 만점 문제

54~56쪽

01 ③	02 ⑤	03 ③	04 ④	05 ⑤	06 해설 참조
07 ④	08 ⑤	09 해설 참조	10 해설 참조	11 ⑤	12 ③
13 ④	14 ㄷ, ㄹ	15 해설 참조			

01 꼼꼼 문제 분석

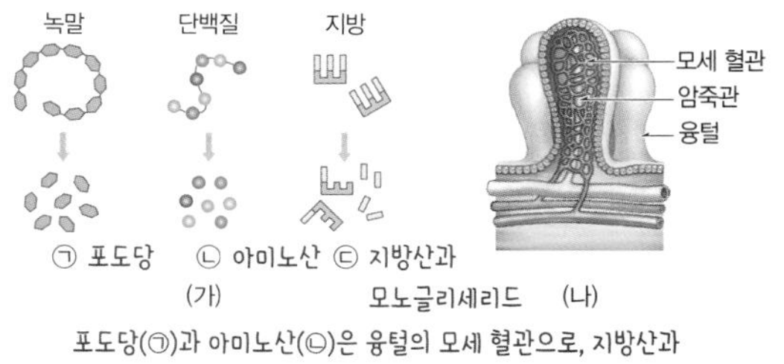
음식물 속 크기가 큰 영양소는 소화 기관을 지나는 동안
소화 효소에 의해 크기가 작은 영양소로 분해된다.
녹말
단백질
지방
모세 혈관
암죽관
융털
㉠ 포도당
㉡ 아미노산
㉢ 지방산과 모노글리세리드
(가)
(나)
포도당(㉠)과 아미노산(㉡)은 융털의 모세 혈관으로, 지방산과
모노글리세리드(㉢)는 융털의 암죽관으로 흡수된다.

ㄱ. 녹말이 소화 기관을 거쳐 분해되면 포도당(㉠)이 된다.
ㄴ. 각 영양소가 소화 기관을 지나는 동안 소화 효소에 의해 작은 크기의 영양소로 분해된다.
바로알기 ㄷ. 아미노산(㉡)은 융털의 모세 혈관으로, 지방산과 모노글리세리드(㉢)는 융털의 암죽관으로 흡수된다.

02 ㄱ, ㄴ. O_2(㉡)의 분압은 폐포에서가 모세 혈관에서보다 높기 때문에 O_2(㉡)는 폐포에서 모세 혈관으로 확산된다. CO_2(㉠)의 분압은 모세 혈관에서가 폐포에서보다 높기 때문에 CO_2(㉠)는 모세 혈관에서 폐포로 확산된다.
ㄷ. 폐포에서 기체 교환을 하기 전인 혈액 A는 정맥혈이고, 기체 교환을 마친 혈액 B는 동맥혈이다.

03 꼼꼼 문제 분석

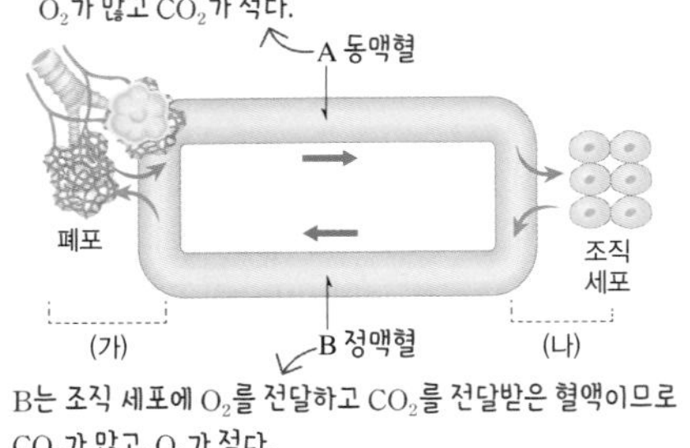

폐에서 기체 교환이 일어나므로 폐를 지난 혈액 A는 O_2가 많고 CO_2가 적다.
A 동맥혈
폐포
조직 세포
(가)
B 정맥혈
(나)
B는 조직 세포에 O_2를 전달하고 CO_2를 전달받은 혈액이므로 CO_2가 많고, O_2가 적다.

ㄱ. 폐에서 기체 교환을 마친 혈액 A는 동맥혈이고, 조직 세포에서 기체 교환을 마친 혈액 B는 정맥혈이다.
ㄴ. (가)와 (나)에서 기체 교환은 기체의 분압 차이에 의한 확산에 의해 일어나며, 에너지를 소모하지 않는다.
바로알기 ㄷ. A는 동맥혈이고, B는 정맥혈이므로 혈액의 단위 부피당 O_2의 양은 A에서가 B에서보다 많다.

04 꼼꼼 문제 분석

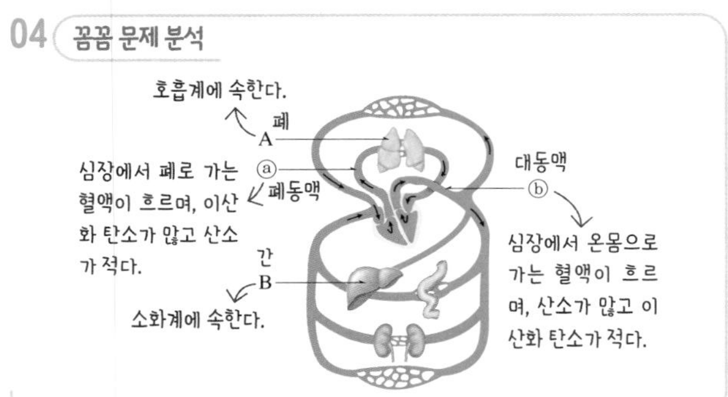

호흡계에 속한다.
폐
A
심장에서 폐로 가는 혈액이 흐르며, 이산화 탄소가 많고 산소가 적다.
ⓐ
폐동맥
대동맥
ⓑ
심장에서 온몸으로 가는 혈액이 흐르며, 산소가 많고 이산화 탄소가 적다.
간
B
소화계에 속한다.

ㄱ. 폐(A)에서 산소와 이산화 탄소의 기체 교환이 일어난다.
ㄴ. 간(B)은 소화계에 속한다.
바로알기 ㄷ. 폐동맥(ⓐ)에는 폐에서 기체 교환을 하기 전 혈액이 흐르므로 CO_2가 많고, 대동맥(ⓑ)에는 폐에서 기체 교환을 마친 혈액이 흐르므로 CO_2가 적다.

05

ㄱ. (나)로부터 생성된 노폐물에는 암모니아가 포함되므로 (나)는 단백질이고, (가)는 지방이다.
ㄴ. 녹말이 분해되어 세포 호흡을 통해 생성되는 노폐물은 물과 이산화 탄소이므로 ⓐ와 같다.
ㄷ. 질소 노폐물인 암모니아(NH_3)는 구성 원소 중 질소(N)가 있다.

06

모범 답안 암모니아(ⓑ)는 간에서 독성이 약한 요소로 전환된 후, 순환계를 통해 콩팥으로 운반되어 오줌으로 배설된다.

채점 기준	배점
간에서 암모니아가 요소로 전환되는 과정과 콩팥에서 오줌으로 배설되는 과정을 모두 옳게 서술한 경우	100 %
간에서 암모니아가 요소로 전환되는 과정과 콩팥에서 오줌으로 배설되는 과정 중 한 가지만 옳게 서술한 경우	50 %

07

ㄱ. A는 간, B는 대장, C는 콩팥이다.
ㄷ. 콩팥(C)에서 요소와 같은 혈액 속 질소 노폐물을 걸러 오줌으로 배설한다.
바로알기 ㄴ. 대장(B)에서는 주로 물이 흡수되며, 소장에서 영양소의 흡수가 일어난다.

08

ㄴ, ㄷ. 시험관 Ⅲ과 Ⅳ를 비교하면 요소 용액에 생콩즙을 넣은 경우 파란색으로 변하였고, Ⅱ와 Ⅴ를 비교하면 오줌에 생콩즙을 넣은 경우 파란색으로 변하였으므로 생콩즙을 넣은 요소 용액과 오줌의 pH가 모두 염기성으로 변하였음을 알 수 있다. 따라서 생콩즙에 들어있는 효소(유레이스)의 작용으로 요소가 암모니아로 분해되어 용액이 염기성으로 변하였음을 알 수 있다.
바로알기 ㄱ. BTB를 떨어뜨렸을 때, Ⅰ에서는 노란색, Ⅱ에서는 초록색을 나타내므로 생콩즙은 산성, 오줌은 중성에 가깝다는 것을 알 수 있다. 따라서 생콩즙은 오줌보다 pH가 낮다.

09

모범 답안 생콩즙에 들어 있는 효소(유레이스)의 작용으로 요소가 분해되어 염기성 물질인 암모니아가 생성되었기 때문이다.

채점 기준	배점
효소의 작용으로 요소가 분해되어 염기성 물질이 생성되었다고 서술한 경우	100 %
생콩즙의 작용으로 요소가 분해되었다고 서술한 경우	50 %

10

모범 답안 오줌에는 요소가 들어 있다. 생콩즙은 요소를 분해하는데, 오줌에 생콩즙을 넣었을 때와 요소 용액에 생콩즙을 넣었을 때 나타나는 색깔 변화가 같기 때문이다.

채점 기준	배점
오줌에 요소가 들어 있다고 쓰고, 그 까닭을 옳게 서술한 경우	100 %
오줌에 요소가 들어 있다고만 서술한 경우	70 %
요소와 오줌 모두 생콩즙의 작용으로 염기성 물질이 생성된다고 서술한 경우	50 %

11

ㄱ, ㄴ. A는 배설계, C는 순환계이므로 B는 소화계이다. 소장, 위, 대장 등은 소화계(B)에 속한다.
ㄷ. 아미노산과 같이 질소(N)를 포함한 영양소가 분해되어 생성된 암모니아(NH_3)는 순환계(C)를 통해 간으로 이동하여 독성이 약한 요소로 전환된다.

12

A는 심장을 포함한 순환계, B는 위를 포함한 소화계이며, C는 폐를 포함한 호흡계이다.
ㄱ. 소화계(B)에서 흡수한 영양소는 순환계(A)를 통해 온몸의 조직 세포로 운반된다.
ㄴ. 세포 호흡에 필요한 영양소는 소화계(B)를 통해, 세포 호흡에 필요한 산소는 호흡계(C)를 통해 몸속으로 흡수된다.
바로알기 ㄷ. 순환계(A)의 심장에서 호흡계(C)의 폐로 가는 혈액은 산소가 적고 이산화 탄소가 많이 포함된 정맥혈이다.

[13~14] 꼼꼼 문제 분석

영양소는 소화계에서 흡수되고, 산소(O_2)와 이산화 탄소(CO_2)의 교환은 호흡계에서 일어난다. 또 질소 노폐물은 배설계에서 오줌으로 배설된다.

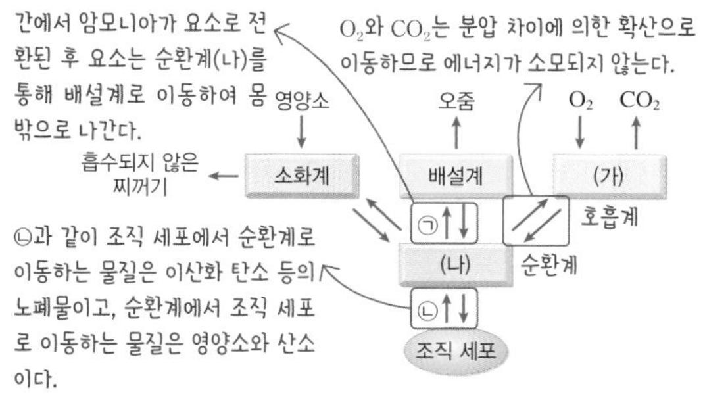

간에서 암모니아가 요소로 전환된 후 요소는 순환계(나)를 통해 배설계로 이동하여 몸 밖으로 나간다.
O_2와 CO_2는 분압 차이에 의한 확산으로 이동하므로 에너지가 소모되지 않는다.
영양소
오줌
O_2 CO_2
흡수되지 않은 찌꺼기
소화계
배설계
(가)
호흡계
㉠
㉡과 같이 조직 세포에서 순환계로 이동하는 물질은 이산화 탄소 등의 노폐물이고, 순환계에서 조직 세포로 이동하는 물질은 영양소와 산소이다.
(나)
순환계
㉡
조직 세포

13 ㄱ, ㄴ. (가)는 O_2를 받아들이고 CO_2를 내보내는 호흡계이며, 폐, 기관, 기관지 등이 호흡계에 속한다. (나)는 각 기관계 사이에서 물질을 운반하는 순환계이며, 심장, 혈관 등이 순환계에 속한다.

ㄷ. 간에서 암모니아가 요소로 전환된 후, 요소는 순환계(나)를 통해 배설계로 운반되어 오줌의 형태로 몸 밖으로 나간다. 따라서 순환계(나)에서 배설계로의 물질 이동(㉠)에는 요소의 이동이 포함된다.

바로알기 ㄹ. 소화계, 호흡계, 배설계는 순환계(나)를 중심으로 유기적으로 연결되어 통합적으로 작용한다.

14 ㄷ, ㄹ. ㉡의 이동에 포함되는 물질은 조직 세포에서 영양소가 세포 호흡으로 분해되는 과정에서 발생하는 노폐물로, 이산화 탄소, 물, 암모니아가 있다.

바로알기 ㄱ, ㄴ. 산소와 영양소는 (나)에서 조직 세포로 이동한다.

15 운동을 할 때에는 평상시보다 에너지가 많이 필요하므로 조직 세포에서 세포 호흡이 증가한다. 따라서 세포 호흡에 필요한 물질의 공급과 세포 호흡으로 생성되는 노폐물의 제거도 빠르게 이루어져야 하므로 심장 박동과 호흡 운동이 빨라진다.

모범 답안 운동을 하면 평상시보다 ATP 소모량이 많아져 조직 세포에서 세포 호흡이 증가한다. 따라서 세포 호흡에 필요한 영양소와 산소를 조직 세포에 빨리 공급하고 세포 호흡 결과 생성된 이산화 탄소 등의 노폐물을 빨리 제거하기 위해 심장 박동과 호흡 운동이 빨라진다.

채점 기준	배점
세 가지 요소를 모두 포함하여 옳게 서술한 경우	100 %
두 가지 요소만 포함하여 옳게 서술한 경우	60 %
한 가지 요소만 옳게 서술한 경우	40 %

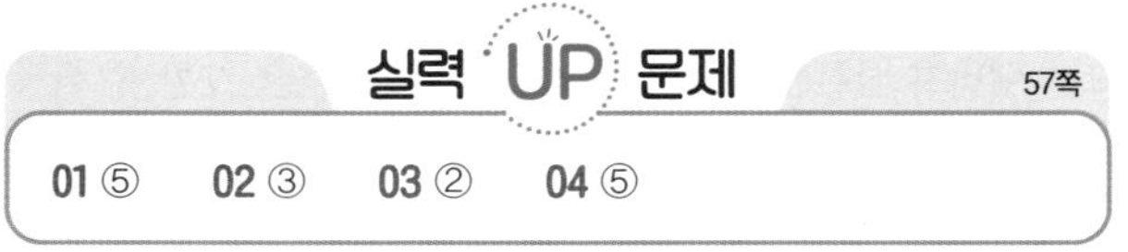

실력 UP 문제
57쪽
01 ⑤ 02 ③ 03 ② 04 ⑤

01 꼼꼼 문제 분석

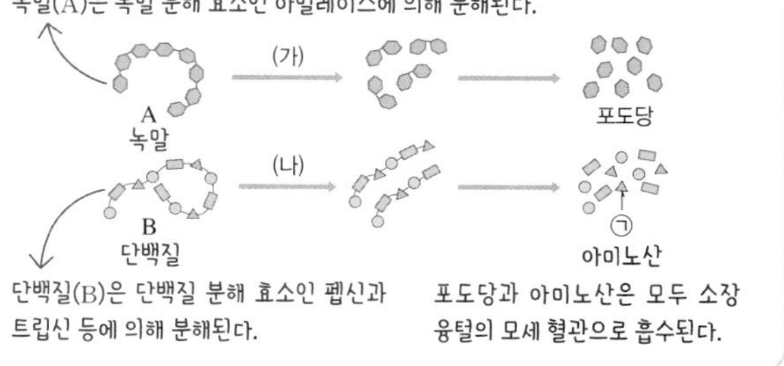

녹말(A)은 녹말 분해 효소인 아밀레이스에 의해 분해된다.
(가)
A
녹말
포도당
(나)
B
단백질
㉠
아미노산
단백질(B)은 단백질 분해 효소인 펩신과 트립신 등에 의해 분해된다.
포도당과 아미노산은 모두 소장 융털의 모세 혈관으로 흡수된다.

ㄱ. (가)는 크기가 큰 분자인 녹말이 크기가 작은 분자로 분해되는 과정이므로 이화 작용이다.

ㄷ. 단백질(B)은 구성 원소로 탄소(C), 수소(H), 산소(O), 질소(N)를 가진다.

ㄹ. ㉠은 단백질(B)이 소화 기관을 거쳐 분해된 아미노산이다. 아미노산(㉠)이 세포 호흡에 사용되면 노폐물로 물, 이산화 탄소, 암모니아가 생성된다.

바로알기 ㄴ. 라이페이스는 지방을 지방산과 모노글리세리드로 분해하는 지방 분해 효소이다. 단백질의 소화 과정(나)에는 단백질 분해 효소가 관여한다.

02 꼼꼼 문제 분석

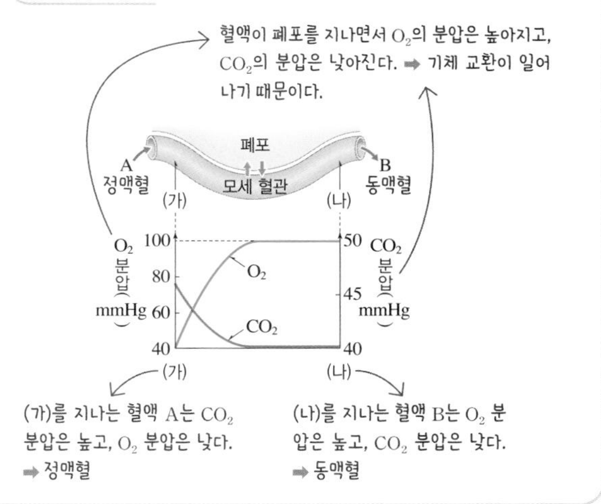

혈액이 폐포를 지나면서 O_2의 분압은 높아지고, CO_2의 분압은 낮아진다. ➡ 기체 교환이 일어나기 때문이다.
폐포
A
정맥혈
모세 혈관
B
동맥혈
(가)
(나)
O_2 분압 mmHg
100
80
60
40
O_2
CO_2
50
45
40
CO_2 분압 mmHg
(가)
(나)
(가)를 지나는 혈액 A는 CO_2 분압은 높고, O_2 분압은 낮다. ➡ 정맥혈
(나)를 지나는 혈액 B는 O_2 분압은 높고, CO_2 분압은 낮다. ➡ 동맥혈

ㄱ. A는 O_2의 분압이 낮고, CO_2의 분압이 높으므로 정맥혈이다.

ㄴ. 폐에서 흡수된 O_2는 주로 적혈구에 의해 조직 세포로 운반된다.

바로알기 ㄷ. CO_2의 분압은 (가)에서가 약 47 mmHg이고, (나)에서가 40 mmHg이므로 약 7 mmHg만큼 변하였고, O_2의 분압은 (가)에서가 40 mmHg이고, (나)에서가 100 mmHg이므로 60 mmHg만큼 변하였다. 따라서 (가)에서 (나)로의 기체 분압 변화는 CO_2가 O_2보다 작다.

03 꼼꼼 문제 분석

탄수화물과 지방은 구성 원소가 C, H, O이므로, 세포 호흡으로 분해되면 CO_2와 H_2O이 생성되며, 단백질은 구성 원소가 C, H, O, N이므로, 세포 호흡으로 분해되면 CO_2, H_2O, NH_3(암모니아)가 생성된다.

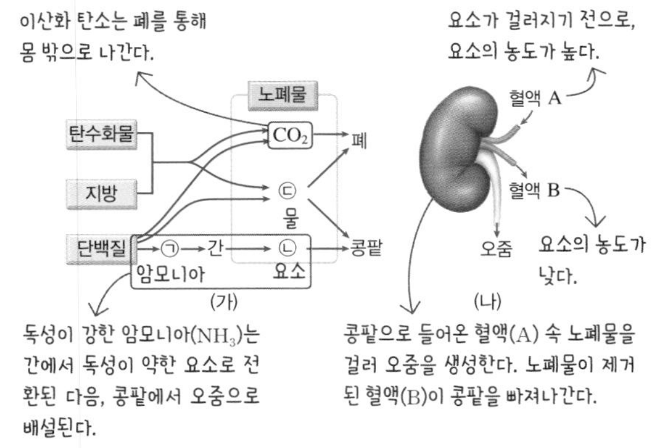

① 단백질이 분해될 때 생성되는 암모니아(㉠)는 구성 원소로 질소(N)를 포함하는 질소 노폐물이다.

③ 물은 일부가 폐에서 날숨을 통해 수증기 형태로 나가고, 대부분 콩팥에서 오줌의 형태로 나간다.

④ 세포 호흡으로 영양소가 분해되어 생성되는 노폐물(㉠~㉢)은 모두 혈액에 의해 운반된다.

⑤ 혈액이 콩팥을 지나는 동안 요소와 같은 노폐물이 걸러지므로, 단위 부피당 요소(㉡)의 양은 콩팥으로 들어가는 혈액 A가 콩팥에서 나온 혈액 B보다 많다.

바로알기 ② ㉡은 간에서 암모니아(㉠)가 전환된 요소이다.

04 꼼꼼 문제 분석

ㄱ. 조직 세포에서 생성된 CO_2(ⓑ)는 혈액에 의해 심장을 거쳐 폐로 이동하여 몸 밖으로 나간다.

ㄴ. 아미노산, 포도당과 같은 수용성 영양소는 소장(B) 융털의 모세 혈관으로 흡수된 후, 혈관을 통해 간(A)을 거쳐 심장으로 운반된다. 지방산, 모노글리세리드와 같은 지용성 영양소는 소장 융털의 암죽관으로 흡수된 후 간을 거치지 않고 림프관을 통해 이동하다가 혈액과 합쳐져서 심장으로 운반된다.

ㄷ. 폐에서 기체 교환이 일어나므로 혈액의 단위 부피당 O_2(ⓐ)의 양은 폐정맥(㉡)에서가 폐동맥(㉠)에서보다 많다.

3 물질대사와 건강

개념 확인 문제

60쪽

❶ 섭취량 ❷ 기초 ❸ 활동 ❹ 1일 ❺ 대사성

1 (1) < (2) > **2** (1) × (2) ○ (3) × (4) ○ **3** ㄱ, ㄴ, ㄷ
4 (1) ○ (2) × (3) ○ **5** (1) ㄴ (2) ㄷ (3) ㄱ **6** ㄱ, ㄴ, ㄷ, ㅁ

1 (1) 에너지 소비량이 에너지 섭취량보다 많은 상태가 지속되면 우리 몸에 저장된 지방이나 단백질을 분해하여 필요한 에너지를 얻으므로 체중이 감소한다.
(2) 에너지 섭취량이 소비량보다 많은 상태가 지속되면 사용하고 남는 에너지를 주로 지방의 형태로 저장하므로 체중이 증가한다.

2 (1) 기초 대사량은 성별, 나이, 체중 등에 따라 다르다.
(2) 1일 대사량은 하루 동안 소비하는 에너지의 총량으로, 기초 대사량, 활동 대사량, 음식물의 소화·흡수에 필요한 에너지양을 합한 것이다.
(3) 심장 박동, 호흡 운동, 체온 유지 등과 같이 생명 활동을 유지하는 데 필요한 에너지양을 기초 대사량이라고 한다.
(4) 건강을 유지하기 위해서는 음식물을 통한 에너지 섭취량과 활동을 통한 에너지 소비량이 균형을 이루어야 한다.

3 심장 박동, 호흡 운동, 체온 유지 등은 기초 대사량에 속하고, 식사하기와 잠자기 등은 활동 대사량에 속한다.

4 (1) 대사성 질환은 주로 과도한 영양 섭취, 운동 부족 등 잘못된 생활 습관에 의해 발생한다.
(2) 대부분의 대사성 질환은 심혈관계 질환과 뇌혈관계 질환 등의 합병증을 일으킬 수 있다.
(3) 대사성 질환은 물질대사에 이상이 생겨 발생하는 질환으로, 고혈압, 당뇨병, 고지혈증 등이 있다.

5 (1) 고혈압은 혈압이 정상 범위보다 높은 만성 질환이다.
(2) 고지혈증은 혈액 속에 콜레스테롤, 중성 지방 등이 과다하게 들어 있는 질환이다.
(3) 당뇨병은 혈당량이 정상보다 높은 상태가 지속되면서 오줌에 당이 섞여 나오는 질환이다.

6 대사성 질환은 과도한 영양 섭취와 활동량 부족으로 에너지 섭취량이 에너지 소비량보다 많을 때 주로 발생한다. 따라서 대사성 질환을 예방하기 위해서는 규칙적인 식사와 균형 잡힌 식단으로 에너지 섭취량을 줄이고, 적절한 운동과 일상생활 속 활동량 늘리기 등으로 에너지 소비량을 늘려 복부 지방을 줄이고 비만이 되지 않도록 노력해야 한다.

대표 자료 분석 61쪽

자료 ❶ 1 (가) ㄴ, ㄹ (다) ㄱ, ㄷ 2 (1) 기초 대사량 (2) 지방
3 (1) × (2) ○ (3) ○ (4) ×

자료 ❷ 1 2913 kcal 2 2286 kcal 3 (1) × (2) × (3) ○

1-1 (가)는 에너지 섭취량이 에너지 소비량보다 적은 상태이다. 이런 상태가 지속되면 우리 몸에 저장된 지방이나 근육의 단백질을 분해하여 필요한 에너지를 얻게 된다. 그 결과 체중이 줄어들고 심하면 영양실조가 될 수 있으며, 면역력이 떨어질 수 있다.
(다)는 에너지 섭취량이 에너지 소비량보다 많은 상태이다. 이런 상태가 지속되면 사용하고 남는 에너지를 주로 지방의 형태로 저장한다. 그 결과 체중이 증가하고 체지방이 쌓여 비만이 될 수 있으며, 대사성 질환에 걸릴 위험도 높아진다.

1-2 (1) 1일 대사량은 하루 동안 소비하는 총 에너지양으로, 기초 대사량, 활동 대사량, 음식물의 소화·흡수에 필요한 에너지양을 합한 것이다.
(2) 에너지 소비량보다 에너지 섭취량이 많으면 남는 에너지는 주로 지방의 형태로 전환되어 체내에 저장된다.

1-3 (1) 건강한 생활을 하려면 (나)와 같이 에너지 섭취량과 에너지 소비량이 균형을 이룬 상태를 유지해야 한다. (가) 상태는 에너지 섭취량이 에너지 소비량보다 적어 이런 상태가 유지되면 영양실조나 면역력 저하가 나타날 수 있다.
(2) (다)와 같이 에너지 섭취량이 에너지 소비량보다 많은 상태가 오래 지속되면 체지방이 쌓여 고혈압이나 당뇨병 같은 대사성 질환에 걸릴 수 있다.
(3) (다)의 상태를 지속하던 사람이 균형 잡힌 식사로 에너지 섭취량을 줄이고 꾸준한 운동으로 에너지 소비량을 늘리면 에너지 섭취량과 에너지 소비량이 균형을 이룬 (나)의 상태로 바뀔 수 있다.
(4) 일상생활에서 신체 활동을 늘리면 에너지 소비량이 증가하여 (다)의 상태를 (나)의 상태로 바꾸는 데 도움이 된다.

2-1 준이는 쌀밥, 탄산음료, 햄버거를 기준량의 2배씩 섭취하였으므로 에너지 섭취량을 계산할 때 이 음식들은 2를 곱하여 더해야 한다. 따라서 준이의 1일 에너지 섭취량은 $(300\times2)+30+385+478+(94\times2)+(616\times2)=2913$ kcal이다.

2-2 활동에 따른 에너지 소비량은 체중 1 kg당 1시간에 소비되는 에너지양이다. 따라서 에너지 소비량을 구하려면 '(활동별 소비 에너지양×활동 시간)의 합×체중'으로 계산해야 한다. 따라서 준이의 1일 에너지 소비량은 $\{(0.9\times8)+(1.6\times2)+(1.1\times2)+(1.9\times9)+(2.1\times2)+(4.2\times1)\}\times60$ kg$=2286$ kcal이다.

2-3 (1) 준이의 1일 에너지 섭취량은 2913 kcal이고, 1일 에너지 소비량은 2286 kcal이다. 따라서 준이는 에너지 섭취량이 에너지 소비량보다 많다.
(2), (3) 준이가 에너지 섭취량과 에너지 소비량을 이와 같은 상태로 지속할 경우 남는 에너지가 주로 지방의 형태로 저장되어 체중이 늘어날 가능성이 높다. 따라서 준이가 에너지 대사의 균형을 맞추려면 활동량을 늘리거나 음식물 섭취량을 줄여야 한다.

내신 만점 문제 62~63쪽

01 ⑤ 02 ③ 03 ④ 04 ① 05 ③ 06 ②
07 해설 참조

01 ㄱ. (가)는 에너지 섭취량보다 에너지 소비량이 많으므로 이 상태가 지속되면 체중 감소, 영양실조, 면역력 저하 등이 나타날 수 있다.
ㄴ. (나)는 에너지 섭취량이 에너지 소비량보다 많으므로 이 상태가 지속되면 남는 에너지가 주로 지방의 형태로 축적되어 비만이 될 수 있다.
ㄷ. 고혈압, 당뇨병과 같은 대사성 질환은 과도한 영양 섭취, 운동 부족 등으로 인한 비만과 관련이 있으므로 (나)의 상태가 지속되면 대사성 질환에 걸릴 가능성이 높아진다.

02 ①, ② 기초 대사량은 심장 박동, 호흡 운동, 체온 유지 등 생명 활동을 유지하는 데 쓰이는 에너지양으로, 성별, 나이, 키, 체중 등에 따라 다르다.
④ 기초 대사량 외에 다양한 신체 활동을 하는 데 쓰이는 에너지양을 활동 대사량이라고 한다.
⑤ 아무 활동을 하지 않아도 심장 박동, 호흡 운동, 체온 유지 등 생명 활동을 유지하는 데 많은 에너지가 소비된다.
바로알기 ③ 생명 활동을 유지하는 데 필요한 최소한의 에너지양은 기초 대사량이며, 1일 대사량은 하루 동안 소비하는 에너지의 총량이다.

[03~04] 꼼꼼 문제 분석

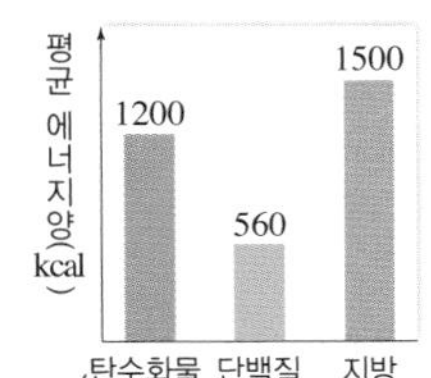

구분	에너지 소비량 (kcal/kg·h)	활동 시간 (h)
수면	0.9	7
보통 활동	2.2	10
심한 활동	9.2	1
휴식	1.0	6

성인이의 1일 에너지 섭취량은 3260 kcal이며, 이중 1500 kcal를 지방으로 섭취하고 있다. ➡ 에너지의 절반 정도를 지방으로 섭취하고 있고, 나머지는 탄수화물과 단백질로 섭취하고 있다.

03 표의 활동에 따른 에너지 소비량은 체중 1 kg당 1시간에 소비되는 에너지양이다. 따라서 1일 에너지 소비량을 구하려면 '(활동별 에너지 소비량×활동 시간)의 합×체중'으로 계산한다. 따라서 성민이의 1일 에너지 소비량은 $\{(0.9\times7)+(2.2\times10)+(9.2\times1)+(1.0\times6)\}\times60$ kg$=2610$ kcal이다.

04 ㄱ. 성민이의 1일 에너지 섭취량은 $1200+560+1500=3260$ kcal이며, 1일 에너지 소비량은 2610 kcal이므로 에너지 섭취량이 에너지 소비량보다 많다.

바로알기 ㄴ. 성민이가 3260 kcal 중 탄수화물과 단백질로 섭취하는 에너지양은 $1200+560=1760$ kcal로 지방으로 섭취하는 에너지양(1500 kcal)보다 많다.

ㄷ. 성민이는 에너지 섭취량이 에너지 소비량보다 많으므로 이와 같은 상태가 오래 지속되면 비만이 될 수 있다.

05 (가)는 당뇨병, (나)는 고지혈증, (다)는 고혈압이다.

ㄱ. 당뇨병(가)은 인슐린 분비가 부족하거나 몸의 세포가 인슐린에 적절하게 반응하지 못해 발생한다.

ㄴ. 고지혈증(나)은 심혈관계 질환, 뇌혈관계 질환의 원인이 된다.

바로알기 ㄷ. 고혈압(다)은 유전적 요인과 생활 습관이 함께 작용하여 발생한다.

06 학생 A: 대사성 질환은 물질대사에 이상이 생겨 발생하는 질환으로, 당뇨병, 고지혈증, 고혈압 등이 있다.

학생 B: 에너지 섭취량이 에너지 소비량보다 많은 경우에 대사성 질환이 발생할 가능성이 높으므로, 대사성 질환을 예방하기 위해서는 에너지 섭취량과 에너지 소비량의 균형을 유지해야 한다.

바로알기 학생 C: 체중이 적게 나가더라도 체지방이 많은 마른 비만 상태라면 대사성 질환에 걸릴 위험이 있다.

07 대사성 질환은 유전적 요인, 노화에 의해서도 발생하지만, 과도한 영양 섭취, 운동 부족 등 잘못된 생활 습관에 의해서도 발생한다. 따라서 대사성 질환을 예방하기 위해서는 올바른 생활 습관을 통해 비만이 되지 않도록 해야 한다.

모범 답안 식사를 규칙적으로 한다. 과식하지 않는다. 열량이 높은 음식물을 자주 먹지 않는다. 적절한 운동을 한다. 일상생활에서 활동량을 늘린다. 등

채점 기준	배점
세 가지를 모두 옳게 서술한 경우	100 %
두 가지를 옳게 서술한 경우	60 %
한 가지만 옳게 서술한 경우	30 %

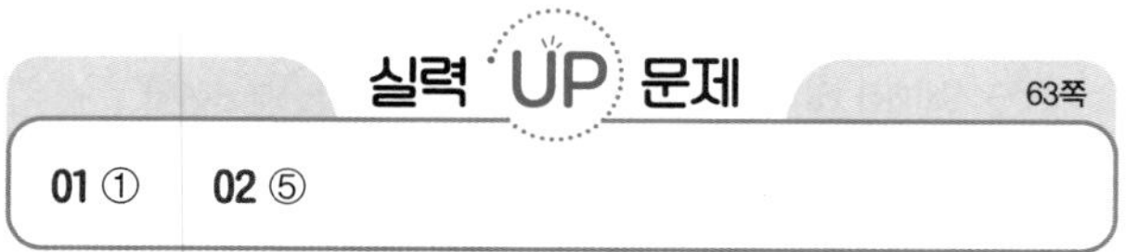

01 꼼꼼 문제 분석

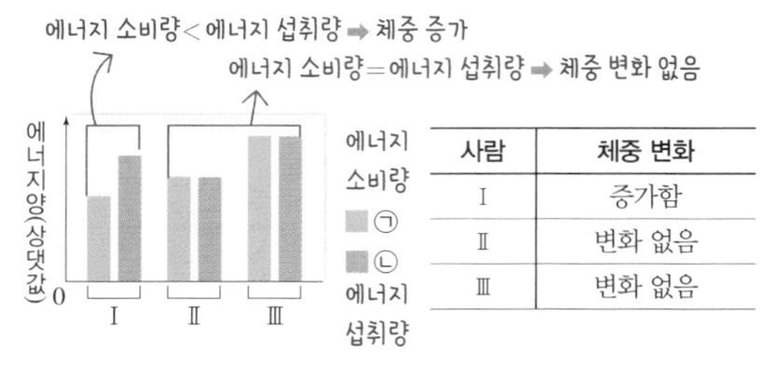

사람	체중 변화
Ⅰ	증가함
Ⅱ	변화 없음
Ⅲ	변화 없음

ㄴ. 에너지 섭취량이 에너지 소비량보다 많으면 체중이 증가하고 대사성 질환에 걸릴 가능성이 높다. 따라서 체중이 증가하는 Ⅰ이 체중 변화가 없는 Ⅱ보다 대사성 질환에 걸릴 가능성이 높다.

바로알기 ㄱ. Ⅰ의 체중이 증가한 것은 에너지 섭취량이 소비량보다 많기 때문이므로 ㉠은 에너지 소비량, ㉡은 에너지 섭취량이다.

ㄷ. 에너지 섭취량이 에너지 소비량보다 적은 상태가 지속되면 체중이 감소한다.

02 ㄱ. (가)를 보면 20세~36세에서는 농촌에 사는 사람의 에너지 소비량이 도시에 사는 사람의 에너지 소비량보다 많다.

ㄴ. (나)를 보면 20세의 비만인 사람은 정상 체중인 사람보다 하루 동안 소비하는 에너지양이 적다.

ㄷ. 대체로 농촌에 사는 사람이 도시에 사는 사람보다 에너지 소비량이 많다. 따라서 같은 양의 에너지를 섭취할 경우 도시에 사는 사람이 농촌에 사는 사람보다 비만이 될 가능성이 높다.

중단원 핵심 정리

64~65쪽

❶ 에너지 ❷ 효소 ❸ 흡수 ❹ 방출 ❺ 에너지
❻ ATP ❼ ATP ❽ 산소 ❾ 융털 ❿ 호흡계
⓫ 순환계 ⓬ 확산 ⓭ 암모니아 ⓮ 배설계 ⓯ 폐
⓰ 물 ⓱ 요소 ⓲ 순환계 ⓳ 지방 ⓴ 기초 대사량
㉑ 활동 대사량 ㉒ 물질대사 ㉓ 당 ㉔ 고지혈증

중단원 마무리 문제

66~69쪽

01 ⑤ 02 ⑤ 03 ⑤ 04 ④ 05 ⑤ 06 ④
07 ④ 08 ③ 09 ① 10 ⑤ 11 ③ 12 ⑤
13 ① 14 ② 15 해설 참조 16 해설 참조

01 지방을 지방산과 모노글리세리드로 소화하는 과정(가)은 이화 작용이고, 뉴클레오타이드 여러 분자가 결합하여 DNA를 합성하는 과정(나)은 동화 작용이며, 포도당을 이산화 탄소와 물로 분해하는 세포 호흡(다)은 이화 작용이다.

ㄱ, ㄴ. 이화 작용인 (가)와 (다)는 에너지가 방출되는 발열 반응이고, 동화 작용인 (나)는 에너지가 흡수되는 흡열 반응이다.

ㄷ. 우리 몸에서 일어나는 물질대사에는 모두 효소가 관여한다.

02 꼼꼼 문제 분석

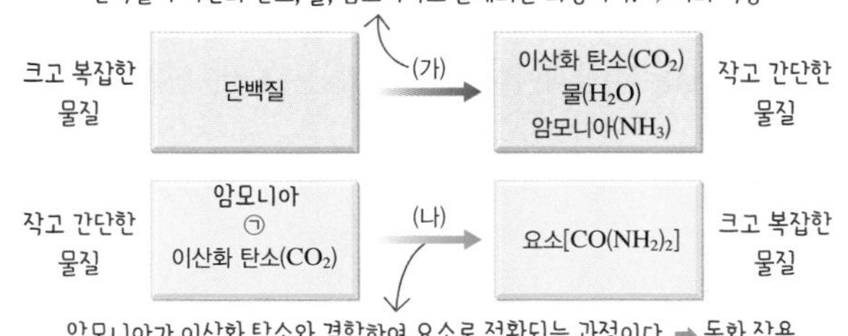

ㄱ. 이화 작용(가)이 일어날 때는 에너지가 방출된다.
ㄴ, ㄷ. (나)는 암모니아(㉠)가 요소로 전환되는 동화 작용이다. 간에서 암모니아가 요소로 전환되는 반응이 일어난다.

03 ㄴ. 근육 운동 시 ATP가 ADP로 분해될 때 방출된 에너지가 이용되므로 ATP 분해(㉠)가 활발하게 일어난다.
ㄷ. 미토콘드리아에서 세포 호흡 시 ATP 합성(㉡)이 일어난다.
바로알기 ㄱ. 세포 호흡에서는 포도당이 산소(ⓐ)와 반응하여 이산화 탄소(ⓑ)와 물로 분해된다.

04 꼼꼼 문제 분석

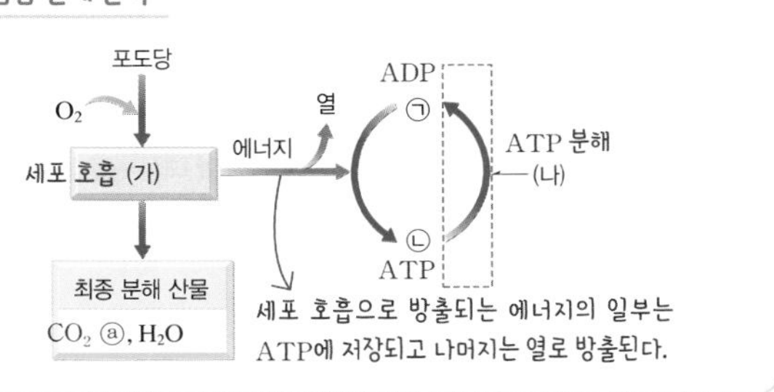

①, ② (가)는 포도당이 O_2와 반응하여 CO_2(ⓐ)와 H_2O로 분해되는 세포 호흡 과정이다.
③ ATP가 ADP와 무기 인산(P_i)으로 분해될 때 인산 결합이 끊어지며, 이때 에너지가 방출된다.
⑤ 세포 호흡으로 방출된 에너지의 일부는 체온 유지에 이용된다.
바로알기 ④ ADP(㉠)가 ATP(㉡)로 될 때 에너지가 흡수되므로 1분자에 저장된 에너지양은 ADP(㉠)가 ATP(㉡)보다 적다.

05 꼼꼼 문제 분석

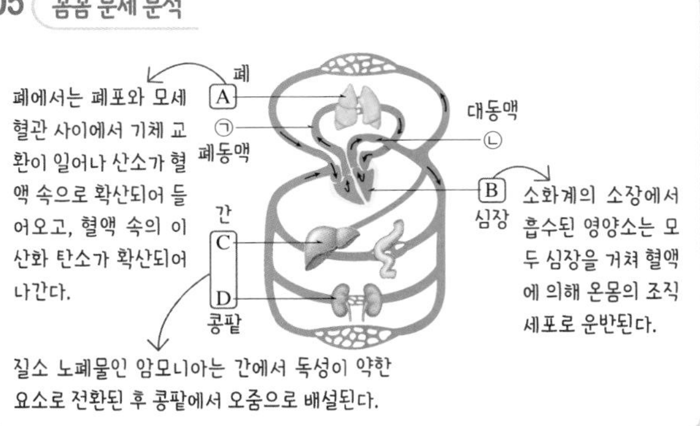

폐
폐에서는 폐포와 모세혈관 사이에서 기체 교환이 일어나 산소가 혈액 속으로 확산되어 들어오고, 혈액 속의 이산화 탄소가 확산되어 나간다.
A
㉠
폐동맥
대동맥
㉡
B
심장
소화계의 소장에서 흡수된 영양소는 모두 심장을 거쳐 혈액에 의해 온몸의 조직 세포로 운반된다.
간
C
D
콩팥
질소 노폐물인 암모니아는 간에서 독성이 약한 요소로 전환된 후 콩팥에서 오줌으로 배설된다.

① 폐(A)는 호흡계에 속한다.
② 소화되어 분해된 영양소는 소장에서 흡수된 후 심장(B)을 거쳐 혈액에 의해 온몸의 조직 세포로 운반된다.
③ 간(C)에서 암모니아가 요소로 전환된다.
④ 노폐물로 생성된 물의 일부는 콩팥(D)에서 오줌을 통해 몸 밖으로 배설된다.
바로알기 ⑤ ㉠은 심장에서 폐로 가는 혈액이 흐르는 폐동맥으로, 이산화 탄소가 많고 산소가 적은 혈액이 흐른다. ㉡은 심장에서 온몸으로 나가는 혈액이 흐르는 대동맥으로, 이산화 탄소가 적고 산소가 많은 혈액이 흐른다. 따라서 단위 부피당 산소의 양은 ㉠의 혈액이 ㉡의 혈액보다 적다.

06 꼼꼼 문제 분석

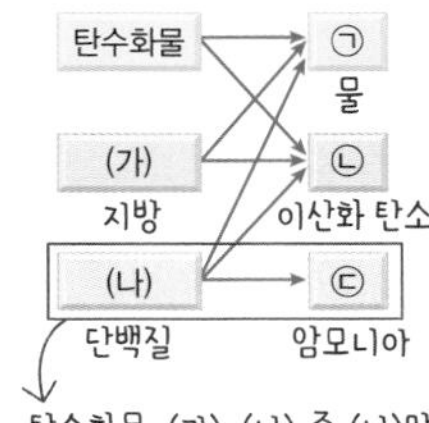

구분	탄소(C)	산소(O)	질소(N)
㉠	×	○	ⓑ ×
㉡	ⓐ ○	○	ⓒ ×
㉢	×	×	○

(○: 있음, ×: 없음)

이산화 탄소, 암모니아, 물 중 질소(N)를 갖는 물질은 암모니아이다.
㉢이 질소(N)를 가진다. ➡ ㉢＝암모니아

ㄱ. 탄수화물, 지방이 물질대사에 이용되면 공통적으로 이산화 탄소(CO_2)와 물(H_2O)이 생성되고, 단백질이 물질대사에 이용되면 이산화 탄소(CO_2)와 물(H_2O) 외에 질소 노폐물인 암모니아(NH_3)가 생성된다. 따라서 질소(N)가 있는 물질 ㉢이 암모니아이고, (나)는 단백질, (가)는 지방이다. ㉠은 탄소(C)는 없고 산소(O)는 있으므로 물이고, ㉡은 이산화 탄소이다.
ㄷ. 조직 세포에서 생성된 이산화 탄소(㉡)는 순환계를 통해 호흡계로 운반된 후 날숨을 통해 몸 밖으로 나간다.
바로알기 ㄴ. 이산화 탄소는 탄소(C)를 가지므로 ⓐ는 '○'이고, 물(㉠)과 이산화 탄소(㉡)는 질소(N)를 갖지 않으므로 ⓑ와 ⓒ는 모두 '×'이다.

07 꼼꼼 문제 분석

오줌과 요소 용액은 모두 초록색을 나타내므로 중성에 가까움을 알 수 있다.

시험관	Ⅰ 오줌	Ⅱ 오줌	Ⅲ 요소 용액
(가)의 결과	초록색	초록색	초록색
(나)의 결과	초록색	파란색	파란색

오줌에 생콩즙을 넣은 후 파란색을 나타낸다. ➡ 오줌 속 요소가 효소 ㉠에 의해 분해되어 염기성 물질이 생성되었음을 알 수 있다.

요소 용액에 생콩즙을 넣은 후 파란색을 나타낸다. ➡ 요소가 분해되어 염기성 물질이 생성되었음을 알 수 있다.

ㄴ. 오줌에 증류수를 넣은 비커 Ⅰ은 초록색을 나타내고, 생콩즙을 넣은 비커 Ⅱ는 파란색으로 변하였다. 또 요소 용액에 생콩즙을 넣은 비커 Ⅲ은 파란색을 나타내므로, 생콩즙의 효소 ㉠에 의해 오줌(Ⅱ) 속의 요소가 분해되었음을 알 수 있다.
ㄷ. BTB 용액은 염기성에서 파란색을 나타내므로 Ⅲ에 생콩즙을 넣은 후 염기성 물질이 생성되었음을 알 수 있다.
바로알기 ㄱ. (나)에서 용액의 색깔 변화(ⓐ)는 독립변인에 따라 변화되는 실험 결과이므로 종속변인에 해당한다.

08 간에서 암모니아가 요소로 전환된다. 따라서 A는 간이고, B는 대장이다.
ㄱ. 간(A)과 대장(B)은 모두 소화계에 속한다.
ㄷ. 소장에서는 소화된 영양소의 흡수가 일어난다. 단백질이 소화되어 생성된 아미노산은 소장에서 흡수된다.
바로알기 ㄴ. 섭취한 음식물 중 소화·흡수되지 않은 물질이 대장(B)에서 대변으로 배출된다. 요소는 콩팥에서 오줌으로 배설된다.

09 꼼꼼 문제 분석

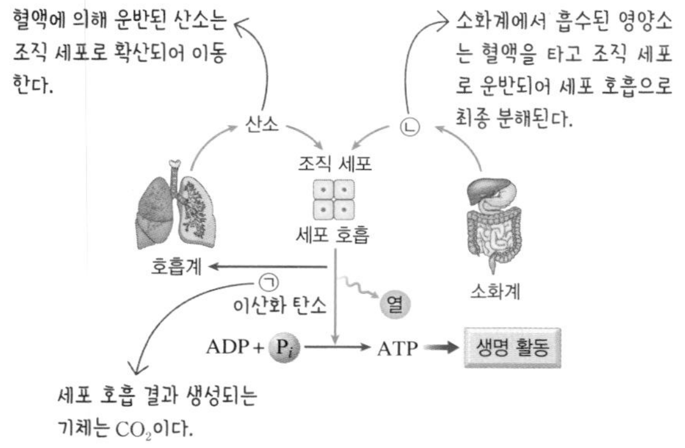

ㄴ. 포도당은 소화계에서 흡수되어 세포 호흡에 사용되는 영양소이므로 ㉡에 해당한다.
바로알기 ㄱ. ㉠은 세포 호흡 결과 생성되는 이산화 탄소이며, 순환계를 통해 호흡계로 운반된다.
ㄷ. 산소는 모세 혈관에서 조직 세포로 확산되어 이동하므로 ATP가 소모되지 않는다.

10 꼼꼼 문제 분석

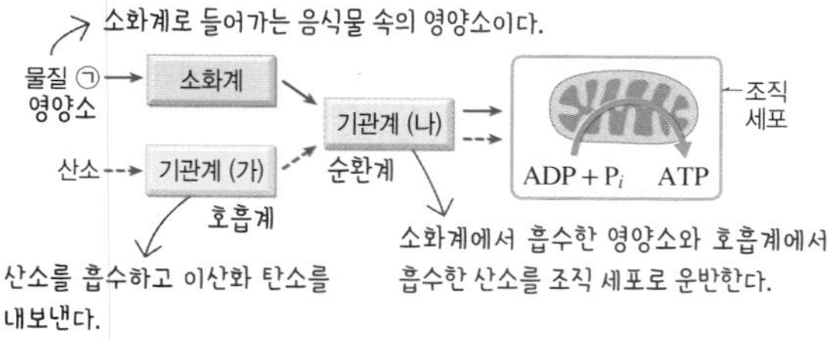

① 산소를 몸속으로 흡수하는 (가)는 호흡계이다. 호흡계(가)는 코, 기관, 기관지, 폐 등으로 구성되어 있다.
② 소화계에서 흡수한 영양소와 호흡계(가)에서 흡수한 산소가 운반되는 (나)는 순환계이다. 순환계(나)는 심장, 혈관 등으로 구성되어 있다.
③ 녹말은 소화계에서 소화 · 흡수되어 세포 호흡에 사용되는 포도당을 조직 세포에 제공하므로 ㉠에 해당한다.
④ 작은 크기로 분해된 영양소는 소장의 융털로 흡수된다.
바로알기 ⑤ 영양소(㉠)의 소화 과정은 크기가 큰 영양소가 크기가 작은 영양소로 분해되는 이화 작용이므로 에너지가 방출된다.

11 꼼꼼 문제 분석

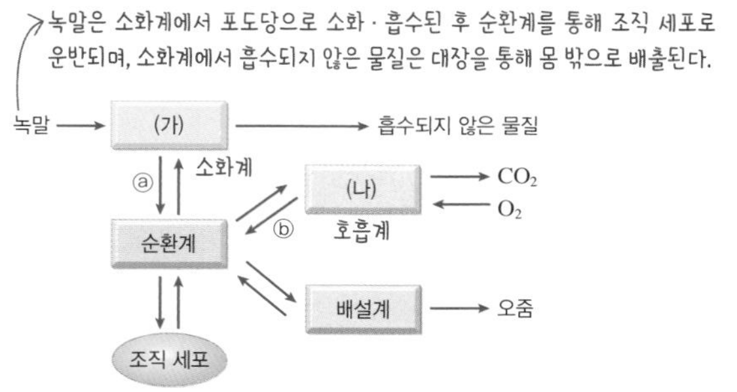

녹말의 구성 원소는 C, H, O이므로 노폐물로 CO_2와 H_2O이 생성된다.
➡ CO_2는 호흡계를 통해 나가고, H_2O은 호흡계와 배설계를 통해 나간다.

(가)는 녹말을 소화·흡수하고 흡수되지 않은 물질을 배출하므로 소화계이고, (나)는 산소와 이산화 탄소의 기체 교환이 일어나므로 호흡계이다.
③ 녹말은 소화계(가)에서 포도당으로 분해된 후 흡수되어 순환계를 통해 조직 세포로 운반되므로 ⓐ에는 포도당의 이동이 포함된다.
바로알기 ① (나)는 호흡계이다. 폐동맥은 순환계에 속한다.
② 녹말의 구성 원소는 탄소(C), 수소(H), 산소(O)로, 질소(N)는 포함되지 않는다.
④ 폐에서 기체 교환이 일어날 때, 호흡계(나)에서 순환계로 확산되는 것은 O_2이므로, ⓑ에는 O_2의 이동이 포함된다.
⑤ 소화계(가)에서 흡수되지 않은 물질은 대장(소화계)을 통해 몸 밖으로 배출된다.

12 ㄱ, ㄴ. ㉠에 심장 박동과 같은 생명 현상을 유지하는 데 필요한 에너지양이 포함되므로 ㉠은 기초 대사량이고, ㉡은 활동 대사량이다. 기초 대사량은 나이, 성별, 체중, 키 등에 따라 다르다.
ㄷ. 활동 대사량은 기초 대사량 외에 다양한 신체 활동을 하는 데 소모되는 에너지양이므로 잠을 잘 때 소모되는 에너지는 활동 대사량(㉡)에 포함된다.

13 ②, ③ 당뇨병, 고혈압, 고지혈증은 물질대사에 이상이 생겨 발생하는 대사성 질환으로, 여러 가지 합병증을 일으킨다.
④ 복부 비만은 대사성 질환의 발생률을 높인다.
⑤ 대사성 질환은 오랜 기간 동안 과도한 영양 섭취, 운동 부족 등 잘못된 생활 습관에 의해서 발생할 수 있으므로 규칙적인 운동과 균형 잡힌 식단으로 예방할 수 있다.
바로알기 ① 대사성 질환은 에너지 섭취량이 에너지 소비량보다 많은 상태가 오래 지속되면 발생할 수 있으므로 청소년에게도 발생할 수 있다.

14 배가 자주 고프고 많이 먹으며, 체중이 줄어들고, 오줌을 자주 누며, 물을 많이 마시는 것은 당뇨병의 증상이다.
ㄱ. 당뇨병은 이자에서 충분한 인슐린을 만들어 내지 못하거나, 몸의 세포가 인슐린에 적절하게 반응하여 못하여 발생한다.
ㄴ. 당뇨병은 혈당량이 높은 상태가 지속되고, 오줌에 당이 섞여 나오는 질환이다.
바로알기 ㄷ. 당뇨병은 유전적인 요인 뿐만 아니라 과도한 영양 섭취, 운동 부족 등 잘못된 생활 습관에 의해서도 많이 발생한다.

15 모범 답안 (1) 세포 호흡에 필요한 영양소는 소화계를 통해 소화·흡수된 후 순환계를 통해 조직 세포로 운반되고, 세포 호흡에 필요한 산소는 호흡계를 통해 흡수되어 순환계를 통해 조직 세포로 운반된다.
(2) 포도당이 세포 호흡으로 분해되면 이산화 탄소와 물이 생성되는데, 이산화 탄소는 순환계를 통해 호흡계로 운반되어 날숨으로 나가고, 과잉의 물은 순환계를 통해 호흡계와 배설계로 운반되어 각각 날숨과 오줌으로 나간다.

채점 기준		배점
(1)	영양소와 산소의 운반을 모두 옳게 서술한 경우	50 %
	영양소 또는 산소 중 한 가지만 옳게 서술한 경우	25 %
(2)	노폐물의 종류를 쓰고, 배설 과정을 모두 옳게 서술한 경우	50 %
	노폐물의 종류를 쓰고, 배설 과정을 한 가지만 옳게 서술한 경우	30 %
	노폐물의 종류만 쓴 경우	20 %

16 모범 답안 (1) 영민이의 1일 에너지 섭취량은 $(600\times4)+(70\times4)+(50\times9)=3130$ kcal이고, 가영이의 1일 에너지 섭취량은 $(300\times4)+(40\times4)+(40\times9)=1720$ kcal이다.
(2) 영민이는 에너지 섭취량이 에너지 권장량보다 훨씬 많으므로 체중이 늘고 체지방이 쌓여 비만이 될 가능성이 높다. 가영이는 에너지 섭취량이 에너지 권장량보다 적으므로 체중이 줄어들고 영양실조가 나타날 수 있다.

채점 기준		배점
(1)	영민이와 가영이의 1일 에너지 섭취량을 옳게 계산하여 서술한 경우	50 %
	영민이와 가영이 중 한 사람의 1일 에너지 섭취량만 옳게 계산하여 서술한 경우	25 %
(2)	영민이와 가영이의 체중 변화와 건강 상태를 모두 옳게 예상하여 서술한 경우	50 %
	영민이와 가영이 중 한 사람에 대해서만 체중 변화와 건강 상태를 옳게 예상하여 서술한 경우	25 %

수능 실전 문제 71~73쪽

01 ⑤	02 ⑤	03 ②	04 ⑤	05 ③	06 ②
07 ⑤	08 ②	09 ③	10 ③	11 ⑤	12 ①

01 꼼꼼 문제 분석

작고 간단한 물질 → 크고 복잡한 물질 ⇒ 동화 작용
아미노산 →(Ⅰ) 단백질
글리코젠 →(Ⅱ) 포도당 → 간에서 일어나는 반응이다.
크고 복잡한 물질 → 작고 간단한 물질 ⇒ 이화 작용

선택지 분석
ㄱ. Ⅰ에 효소가 이용된다.
ㄴ. Ⅱ에서 이화 작용이 일어난다.
ㄷ. 간에서 Ⅱ가 일어난다.

전략적 풀이 ❶ 물질대사의 특징을 생각해 본다.
ㄱ. 우리 몸의 여러 물질대사에는 효소가 관여한다.
❷ 분자 크기를 통해 동화 작용과 이화 작용을 구분한다.
ㄴ. Ⅱ는 크고 복잡한 물질인 글리코젠이 작고 간단한 물질인 포도당으로 분해되는 과정이므로 이화 작용이다.
❸ 글리코젠이 포도당으로 분해되는 장소를 생각해 본다.
ㄷ. 간에서는 글리코젠이 포도당으로 분해되는 과정(Ⅱ)과 포도당으로부터 글리코젠이 합성되는 과정이 일어난다.

02 꼼꼼 문제 분석

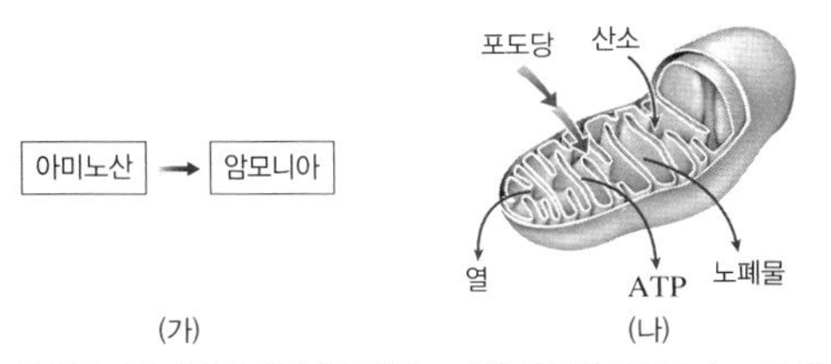

(가) 아미노산이 세포 호흡을 통해 분해되면 암모니아, CO_2, H_2O이 생성된다.
(나) 세포 호흡은 포도당이 O_2와 반응하여 CO_2와 H_2O로 분해되면서 에너지를 방출하는 과정이다.

선택지 분석
ㄱ. (가)에서 에너지가 방출된다.
ㄴ. (나)에서 생성된 노폐물에는 CO_2가 있다.
ㄷ. (가)와 (나)에서 모두 이화 작용이 일어난다.

전략적 풀이 ❶ (가)와 (나)는 각각 동화 작용과 이화 작용 중 어느 것에 해당하는지 생각해 본다.
ㄱ. 아미노산이 암모니아로 분해되는 과정(가)은 이화 작용이며, 이때 에너지가 방출된다.

ㄷ. (가)와 (나)는 모두 물질이 분해되는 과정이므로 이화 작용이다.

❷ 세포 호흡 결과 생성되는 물질을 파악한다.

ㄴ. 세포 호흡에서 포도당이 산소(O_2)와 반응하여 CO_2와 H_2O로 분해된다.

03 꼼꼼 문제 분석

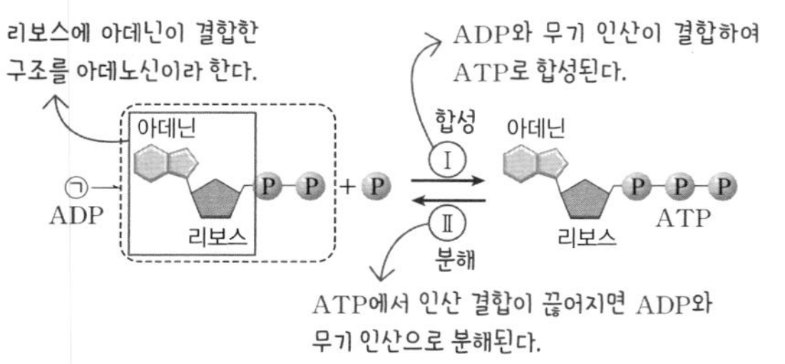

리보스에 아데닌이 결합한 구조를 아데노신이라 한다.
ADP와 무기 인산이 결합하여 ATP로 합성된다.
아데닌
합성
Ⅰ
Ⅱ
분해
㉠
ADP
리보스
P P + P
아데닌
P P P
리보스
ATP
ATP에서 인산 결합이 끊어지면 ADP와 무기 인산으로 분해된다.

선택지 분석

ㄱ. ㉠은 ATP이다. ADP (×)

ㄴ. 미토콘드리아에서 과정 Ⅰ이 일어난다. (○)

ㄷ. 과정 Ⅱ에서 인산 결합이 끊어질 때 에너지가 흡수된다. 방출 (×)

전략적 풀이 ❶ ATP와 ADP의 구조를 비교하여 생각해 본다.

ㄱ. ㉠은 아데닌과 리보스가 결합한 아데노신에 2개의 인산기가 결합되어 있으므로 ADP(아데노신 2인산)이다.

❷ ATP의 합성 및 분해 과정과 이때 에너지 출입을 생각해 본다.

ㄴ. 과정 Ⅰ은 ADP가 ATP로 합성되는 과정이다. 미토콘드리아에서 세포 호흡이 일어날 때 ATP가 합성된다.

ㄷ. 과정 Ⅱ는 ATP가 ADP로 분해되는 과정이며, ATP에서 고에너지 인산 결합이 끊어지면서 ADP와 무기 인산으로 분해될 때 에너지가 방출된다.

04 꼼꼼 문제 분석

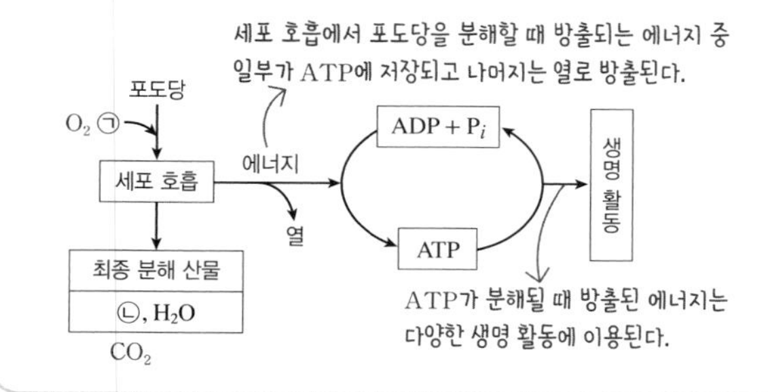

세포 호흡에서 포도당을 분해할 때 방출되는 에너지 중 일부가 ATP에 저장되고 나머지는 열로 방출된다.
포도당
O_2 ㉠
세포 호흡
에너지
열
ADP + P_i
ATP
생명 활동
최종 분해 산물
㉡, H_2O
CO_2
ATP가 분해될 때 방출된 에너지는 다양한 생명 활동에 이용된다.

선택지 분석

ㄱ. 호흡계를 통해 ㉡이 몸 밖으로 나간다. (○)

ㄴ. 포도당의 에너지 중 일부는 체온 유지에 이용된다. (○)

ㄷ. 근육 수축이 일어날 때 ATP가 분해된다. (○)

전략적 풀이 ❶ 세포 호흡 과정에서 생성되는 노폐물의 종류와 기관계를 통한 노폐물의 배출 과정을 파악한다.

ㄱ. ㉡은 세포 호흡 결과 생성되는 CO_2이며, CO_2는 혈액을 통해 호흡계로 운반되어 날숨을 통해 몸 밖으로 나간다.

❷ 세포 호흡 과정에서 방출되는 에너지의 전환을 생각해 본다.

ㄴ. 세포 호흡 과정에서 포도당이 분해될 때 방출되는 에너지 중 일부는 ATP에 저장되고, 나머지는 열로 방출된다. 세포 호흡으로 방출된 에너지의 일부는 체온 유지에 이용된다.

❸ ATP의 에너지가 생명 활동에 어떻게 사용되는지 생각해 본다.

ㄷ. ATP가 분해되는 과정에서 방출하는 에너지를 이용하여 근육의 수축이 일어난다.

05 꼼꼼 문제 분석

발효관	용액
Ⅰ	5 % 포도당 용액 15 mL + 증류수 20 mL → 대조군이다.
Ⅱ	5 % 포도당 용액 15 mL + 효모 용액 20 mL
Ⅲ	10 % 포도당 용액 15 mL + 효모 용액 20 mL

[결과] (기체: 효모의 물질대사 결과 생성된 이산화 탄소이다.)

발효관	Ⅰ	Ⅱ	Ⅲ
기체 부피(mL)	0	7	15

(0: 이산화 탄소가 발생하지 않았다. / 15: 이산화 탄소가 가장 많이 발생하였다.)

선택지 분석

ㄱ. ㉠은 종속변인에 해당한다. (○)

ㄴ. 효모는 포도당을 분해할 수 있는 효소를 가진다. (○)

ㄷ. (나)의 결과 맹관부 수면의 높이는 Ⅲ > Ⅱ > Ⅰ이다. Ⅰ > Ⅱ > Ⅲ (×)

전략적 풀이 ❶ 실험 과정에서 독립변인과 종속변인이 무엇인지 파악한다.

ㄱ. 발효관 Ⅱ와 Ⅲ에서 다르게 처리한 포도당 용액의 농도는 독립변인 중 조작 변인이고, 맹관부에 모인 기체의 부피는 실험 결과에 해당하므로 종속변인이다.

❷ 발효관에서 기체가 발생하는 이유를 파악한다.

ㄴ. 효모는 포도당을 이산화 탄소와 물로 분해하는 물질대사를 하며, 물질대사에는 효소가 관여한다.

❸ 맹관부에 기체가 모이면 수면의 높이가 어떻게 변하는지 생각해 본다.

ㄷ. 기체가 발생하여 맹관부에 모이면 맹관부 수면의 높이는 낮아지므로, 기체가 많이 발생할수록 맹관부 수면의 높이가 더 많이 낮아진다. 발효관 Ⅰ에는 효모가 없어 물질대사가 일어나지 않아 기체가 발생하지 않는다. 따라서 수면의 높이는 Ⅰ > Ⅱ > Ⅲ이다.

06 꼼꼼 문제 분석

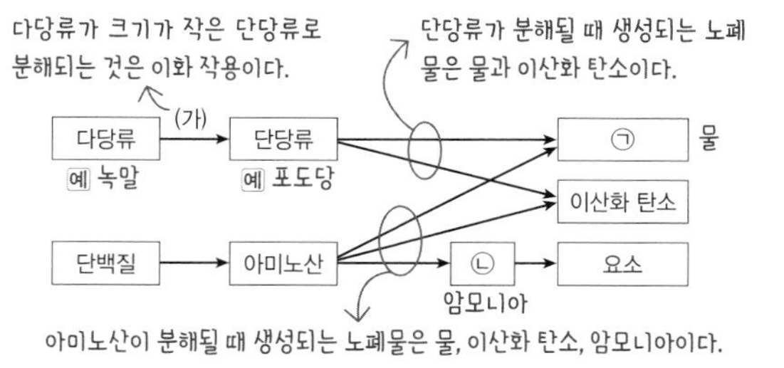
다당류가 크기가 작은 단당류로 분해되는 것은 이화 작용이다.
단당류가 분해될 때 생성되는 노폐물은 물과 이산화 탄소이다.
다당류
예 녹말
(가)
단당류
예 포도당
㉠
물
이산화 탄소
단백질
아미노산
㉡
암모니아
요소
아미노산이 분해될 때 생성되는 노폐물은 물, 이산화 탄소, 암모니아이다.

선택지 분석

ⓞ ㄱ. (가)에서 이화 작용이 일어난다.
ⓞ ㄴ. ㉠은 호흡계와 배설계를 통해 몸 밖으로 나간다.
✕ ㄷ. ㉡은 호흡계로 운반되어 요소로 전환된다. 소화계

전략적 풀이 ❶ 분자의 크기 변화를 통해 동화 작용과 이화 작용을 구분한다.

ㄱ. (가)는 분자의 크기가 큰 다당류가 분자의 크기가 작은 단당류로 분해되는 과정이므로 이화 작용이다.

❷ 포도당과 아미노산이 분해되어 생성되는 노폐물의 종류와 배출 과정을 생각해 본다.

ㄴ. ㉠은 물이며, 일부는 호흡계에서 수증기 형태로 나가고 대부분은 배설계에서 오줌의 형태로 나간다.

ㄷ. 아미노산이 분해될 때 생성되는 암모니아(㉡)는 간(소화계)에서 독성이 약한 요소로 전환된다.

07 꼼꼼 문제 분석

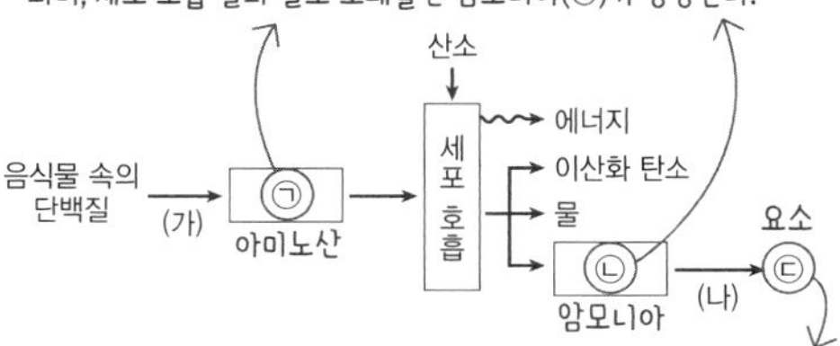
단백질은 소화계에서 아미노산(㉠)으로 소화된 후 세포 호흡에 이용되며, 세포 호흡 결과 질소 노폐물인 암모니아(㉡)가 생성된다.
산소
에너지
음식물 속의 단백질
(가)
㉠
아미노산
세포 호흡
이산화 탄소
물
㉡
암모니아
(나)
요소
㉢
독성이 강한 암모니아는 간에서 독성이 약한 요소(㉢)로 전환된 후 콩팥에서 오줌을 통해 몸 밖으로 나간다.

선택지 분석

ⓞ ㄱ. ㉠은 아미노산이다.
ⓞ ㄴ. ㉢은 배설계를 통해 몸 밖으로 나간다.
ⓞ ㄷ. (가)와 (나) 과정은 모두 소화계에서 일어난다.

전략적 풀이 ❶ 단백질이 소화 과정을 통해 분해된 물질을 생각해 본다.

ㄱ. 음식물 속의 단백질은 아미노산으로 분해된 후 세포 호흡에 사용된다.

❷ 아미노산으로부터 생성되는 노폐물과 배설 경로를 생각해 본다.

ㄴ. 요소(㉢)는 콩팥(배설계)에서 오줌의 형태로 배설된다.

ㄷ. 위와 소장(소화계)에서 단백질의 소화 과정 (가)가 일어나고, 간(소화계)에서 암모니아가 요소로 전환되는 과정 (나)가 일어난다.

08 꼼꼼 문제 분석

㉠ 간 – 여러 가지 물질대사가 일어난다.
㉡ 소장 – 영양소의 소화와 흡수가 일어난다.
㉢ 폐 – 기체 교환이 일어난다.
(가) 소화계 – 간, 이자, 소장, 대장 등으로 구성된다.
(나) 호흡계 – 폐, 기관, 기관지 등으로 구성된다.

선택지 분석

ⓞ ㄱ. ㉠에서 동화 작용이 일어난다.
ⓞ ㄴ. ㉡에서 지방산이 흡수된다.
✕ ㄷ. ㉢에서 기체 교환이 일어날 때 ATP가 소모된다. 소모되지 않는다.

전략적 풀이 ❶ 소화계의 구조에서 간과 소장을 구별하고, 각 기관의 기능을 생각해 본다.

ㄱ. 간(㉠)에서는 포도당 여러 분자가 글리코젠으로 합성되는 등 여러 가지 동화 작용이 일어난다.

ㄴ. 음식물 속의 지방은 소화 기관을 거쳐 지방산과 모노글리세리드로 분해된 후 소장(㉡)에서 흡수된다.

❷ 호흡계에 속하는 기관의 기능을 생각해 본다.

ㄷ. 폐(㉢)에서는 기체 교환이 일어나 폐포에서 모세 혈관으로 O_2가 이동하고, 모세 혈관에서 폐포로 CO_2가 이동한다. 기체 교환은 확산에 의해 일어나므로 ATP가 소모되지 않는다.

09 꼼꼼 문제 분석

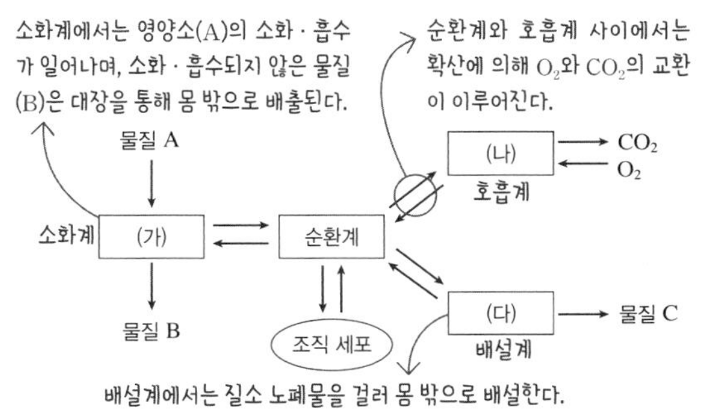
소화계에서는 영양소(A)의 소화·흡수가 일어나며, 소화·흡수되지 않은 물질(B)은 대장을 통해 몸 밖으로 배출된다.
순환계와 호흡계 사이에서는 확산에 의해 O_2와 CO_2의 교환이 이루어진다.
물질 A
소화계
(가)
순환계
물질 B
조직 세포
(나)
호흡계
CO_2
O_2
(다)
배설계
물질 C
배설계에서는 질소 노폐물을 걸러 몸 밖으로 배설한다.

선택지 분석

ⓞ ㄱ. (가)에서 이화 작용이 일어난다.
✕ ㄴ. 대장은 (다)에 속하는 기관이다. (가)
ⓞ ㄷ. 이산화 탄소는 순환계에서 (나)로 확산된다.

전략적 풀이 ❶ 소화 과정이 동화 작용과 이화 작용 중 어느 것에 해당하는지 파악하고, 소화계를 구성하는 기관을 생각해 본다.

ㄱ. 소화계(가)에서 일어나는 소화는 큰 분자를 작은 분자로 분해하는 과정이므로 이화 작용이다.

ㄴ. 대장은 배설계가 아니라 소화계(가)에 속하는 기관이다.

❷ 순환계와 호흡계 사이에서 일어나는 기체 교환 원리를 파악한다.

ㄷ. 조직 세포에서 생성된 이산화 탄소는 순환계에 의해 운반된 후 확산에 의해 호흡계 (나)로 이동한다.

10 꼼꼼 문제 분석

특징 \ 기관계	소화계 A	호흡계 B	배설계 C
대기 중 O_2를 몸속으로 흡수한다. 폐	×	?	×
포도당을 글리코젠으로 합성한다. 간	○	×	?
세포 호흡으로 생성된 H_2O을 몸 밖으로 내보낸다. 폐, 콩팥	?	㉠○	○

(○: 있음, ×: 없음)

선택지 분석

ㄱ. ㉠은 '○'이다.

ㄴ. C에서 오줌이 생성된다.

ㄷ. A에서 요소가 암모니아로 전환된다. 암모니아가 요소로

전략적 풀이 ❶ 기관의 특징을 분석하여 A~C가 무엇인지 파악한다.

간에서 포도당을 글리코젠으로 합성하므로 A는 소화계이다. C는 H_2O를 몸 밖으로 내보내지만 O_2 흡수는 하지 않으므로 배설계이다. 나머지 B는 호흡계이다.

ㄱ. 세포 호흡으로 생성된 H_2O의 일부는 호흡계(B)를 통해 수증기 형태로 내보내므로 ㉠은 '○'이다.

ㄴ. 콩팥에서 오줌이 생성되며, 콩팥은 배설계(C)에 속한다.

❷ 요소가 만들어지는 과정과 장소를 생각해 본다.

ㄷ. 간(소화계)에서 암모니아가 요소로 전환된다.

11 꼼꼼 문제 분석

질환	특징
고혈압 (가)	혈압이 정상 범위보다 높다.
고지혈증 (나)	혈액에 콜레스테롤과 중성 지방이 과다하게 들어 있는 상태이다.
당뇨병 (다)	호르몬 ㉠(→ 인슐린)의 분비 부족이나 기능 장애로 혈당량이 조절되지 못하고 오줌에서 당이 검출된다.

선택지 분석

ㄱ. ㉠은 이자에서 분비된다.

ㄴ. (나)는 동맥 경화의 원인이 된다.

ㄷ. (가)~(다)는 모두 심혈관계 질환과 같은 합병증을 유발할 수 있다.

전략적 풀이 ❶ 특징을 통해 (가)~(다)에 해당하는 질환을 파악하고 원인을 생각해 본다.

혈압이 정상보다 높은 질환은 고혈압, 혈액에 콜레스테롤과 중성 지방이 많은 질환은 고지혈증, 오줌에서 당이 검출되는 질환은 당뇨병이다.

ㄱ. 당뇨병은 이자에서 인슐린을 충분히 만들어 내지 못하거나 세포가 인슐린에 적절하게 반응하지 못하여 발생한다. 따라서 ㉠은 인슐린이며 이자에서 분비된다.

ㄴ. 고지혈증(나)은 동맥 경화와 같은 심혈관계 질환의 원인이 된다.

❷ 대사성 질환의 합병증을 생각해 본다.

ㄷ. (가)~(다)는 모두 대사성 질환이며, 대사성 질환은 심혈관계 질환이나 뇌혈관계 질환과 같은 합병증을 유발할 수 있다.

12 꼼꼼 문제 분석

체질량 지수*	분류
18.5 미만	저체중
18.5 이상 23.0 미만	정상 체중
23.0 이상 25.0 미만	과체중
25.0 이상	비만

*체질량 지수 $= \frac{\text{몸무게(kg)}}{\text{키의 제곱(m}^2)}$

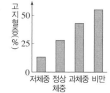

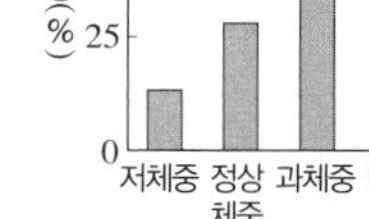

그래프는 각 분류군별로 고지혈증을 나타내는 사람의 비율을 보여준다.
➡ 체질량 지수가 높을수록 고지혈증을 나타내는 사람의 비율이 높아진다.

선택지 분석

ㄱ. 체질량 지수가 20.0인 성인은 과체중으로 분류된다. 정상 체중

ㄴ. 비만인 사람은 정상 체중인 사람에 비해 고지혈증에 걸릴 가능성이 높다.

ㄷ. 체질량 지수가 정상 체중보다 낮은 사람은 고지혈증이 발생하지 않는다. 발생할 수 있다.

전략적 풀이 ❶ 표에서 체질량 지수가 20.0인 사람은 어느 분류군에 해당하는지 파악한다.

ㄱ. 표에서 체질량 지수가 18.5 이상 23.0 미만인 성인은 정상 체중으로 분류되므로, 체질량 지수가 20.0인 성인은 정상 체중으로 분류된다.

❷ 그래프를 통해 비만인 사람과 정상 체중인 사람이 고지혈증을 나타내는 비율을 파악한다.

ㄴ. 그래프에서 비만인 사람은 고지혈증을 나타내는 비율이 50 % 이상이지만 정상 체중인 사람은 50 % 미만이므로, 비만인 사람은 정상 체중인 사람에 비해 고지혈증에 걸릴 가능성이 높다는 것을 알 수 있다.

ㄷ. 정상보다 체질량 지수가 낮은 저체중인 사람 중에서도 약 13 %가 고지혈증을 나타내고 있다. 따라서 체질량 지수가 정상 체중보다 낮은 사람도 고지혈증이 발생할 수 있다.

항상성과 몸의 조절

1 신경계

1 자극의 전달

개념 확인 문제 77쪽

❶ 가지 돌기 ❷ 축삭 돌기 ❸ 기능

1 (1) ○ (2) × (3) ○ **2** (1) A, 구심성 뉴런 (2) B, 연합 뉴런 (3) C, 원심성 뉴런

1 뉴런은 핵과 세포 소기관이 있는 신경 세포체(A), 다른 뉴런이나 세포에서 오는 신호를 받아들이는 가지 돌기(B), 다른 뉴런이나 세포로 신호를 전달하는 축삭 돌기(C)로 이루어져 있다.

2 A는 감각기에서 받아들인 자극을 중추 신경의 연합 뉴런으로 전달하는 구심성 뉴런이다. B는 뇌와 척수 같은 중추 신경을 이루며, 구심성 뉴런에서 온 정보를 통합하여 적절한 반응 명령을 내리는 연합 뉴런이다. C는 중추 신경의 연합 뉴런에서 내린 반응 명령을 반응기로 전달하는 원심성 뉴런이다.

개념 확인 문제 83쪽

❶ 흥분 ❷ 분극 ❸ 탈분극 ❹ 재분극 ❺ 도약전도 ❻ 흥분 전도 ❼ 흥분 전달 ❽ 축삭 돌기

1 (1) × (2) ○ (3) × **2** (1) ㉠ Na^+, ㉡ Na^+, ㉢ 탈분극 (2) ㉠ 양(+), ㉡ 음(−) (3) ㉠ Na^+, ㉡ K^+, ㉢ 재분극 **3** A: ㉡, B: ㉢, C: ㉣, D: ㉠ **4** (1) A (2) 신경 전달 물질

1 (1), (2) 휴지 상태의 뉴런에서는 Na^+-K^+ 펌프가 ATP를 소모하여 Na^+을 세포 밖으로, K^+을 세포 안으로 이동시킨다. 따라서 K^+은 세포 밖보다 안에, Na^+은 세포 안보다 밖에 더 많이 분포한다.
(3) 휴지 상태의 뉴런에서 세포막 안쪽은 음(−)전하, 바깥쪽은 양(+)전하를 띤다.

2 (1) 뉴런이 자극을 받으면 Na^+ 통로가 열려 Na^+이 세포 안으로 들어와 막전위가 상승하는 탈분극이 일어난다.
(2) 탈분극이 일어나면 세포막 안팎의 전위가 바뀌어 세포막 안쪽은 양(+)전하, 바깥쪽은 음(−)전하를 띠게 된다.
(3) 막전위가 최고점에 이르면 대부분의 Na^+ 통로가 닫혀 Na^+이 세포 안으로 들어오지 못하고, K^+ 통로가 열려 K^+이 세포 밖으로 확산하여 막전위가 하강하는 재분극이 일어난다.

3 뉴런의 한 지점에서 활동 전위가 발생하면 활동 전위는 축삭 돌기를 따라 연속적으로 발생한다. 활동 전위가 발생할 때의 막전위는 '상승 → 하강'되므로 A 지점에서 활동 전위가 먼저 발생하고, B 지점에서는 C 지점에서보다 막전위가 더 많이 상승한다. D 지점에서는 아직 막전위가 상승하기 전이다. 따라서 A~D 지점에서 일어난 막전위 변화는 각각 ㉡, ㉢, ㉣, ㉠이다.

4 (1) 시냅스 소포는 시냅스 이전 뉴런에 있으며, 시냅스 이전 뉴런에 있는 시냅스 소포에서 방출된 신경 전달 물질이 시냅스 이후 뉴런을 탈분극시킨다.
(2) 시냅스 이전 뉴런의 축삭 돌기 말단에 있는 시냅스 소포에는 신경 전달 물질이 들어 있다.

84쪽

완자쌤 비법 특강

Q1 막전위가 상승할 때: Na^+, 막전위가 하강할 때: K^+

Q1 뉴런의 막전위가 상승하는 것은 Na^+ 통로를 통해 Na^+이 세포 안으로 확산되기 때문이고, 막전위가 하강하는 것은 K^+ 통로를 통해 K^+이 세포 밖으로 확산되기 때문이다.

개념 확인 문제 87쪽

❶ 골격근 ❷ 근육 원섬유 ❸ 마이오신 ❹ 액틴 ❺ ATP

1 근육 원섬유 **2** (1) ○ (2) × (3) × (4) ○ **3** (1) × (2) ○ (3) × **4** (1) 아세틸콜린 (2) 변하지 않는다 (3) ㉠ 늘어나, ㉡ 짧아지는 (4) ㉠ 마이오신, ㉡ 액틴

1 골격근은 뼈에 붙어 골격의 움직임을 만들어 내는 근육으로 여러 개의 근육 섬유 다발로 구성되고, 하나의 근육 섬유는 많은 근육 원섬유로 이루어진다.

2 (1) ⓐ는 근육 섬유 다발을 구성하는 근육 섬유이다.
(2) ㉠은 어둡게 보이는 부분으로 마이오신 필라멘트가 있는 부분인 A대(암대)이고, ㉡은 밝게 보이는 부분으로 액틴 필라멘트만 있는 부분인 I대(명대)이다. 마이오신 필라멘트만 있는 부분은 H대이다.

(3) 근육 원섬유 마디의 길이는 A대의 길이와 I대의 길이를 합한 값이므로 '㉠의 길이+㉡의 길이'이다.
(4) A대(암대)와 I대(명대)가 반복되어 가로무늬가 나타난다.

3 (1) ⓐ는 가는 액틴 필라멘트, ⓑ는 굵은 마이오신 필라멘트이다.
(2) 근육 원섬유를 전자 현미경으로 관찰하였을 때 ㉠은 밝게 보이는 I대이고, ㉡은 어둡게 보이는 A대이다.
(3) 하나의 근육 섬유는 많은 근육 원섬유로 이루어져 있으며, 근육 원섬유를 전자 현미경으로 관찰하면 근육 원섬유 마디가 반복되어 있는 것을 볼 수 있다.

4 (1) 근육 섬유의 세포막과 접해 있는 운동 뉴런의 축삭 돌기 말단에 활동 전위가 도달하면 축삭 돌기 말단에 있는 시냅스 소포에서 아세틸콜린이 방출된다. 신경 전달 물질인 아세틸콜린에 의해 근육 섬유의 세포막이 탈분극되고 활동 전위가 발생하여 근육 원섬유가 수축한다.
(2), (3), (4) 근육 원섬유가 수축할 때 마이오신 필라멘트와 액틴 필라멘트 각각의 길이는 변하지 않고, 액틴 필라멘트가 마이오신 필라멘트 사이로 미끄러져 들어가 근육 원섬유 마디가 짧아진다. 이 과정에서 마이오신 필라멘트가 ATP를 소모하여 액틴 필라멘트를 끌어당긴다.

대표 자료 분석

88~89쪽

자료 ❶ **1** Ⅰ: 분극, Ⅱ: 탈분극, Ⅲ: 재분극 **2** (1) Ⅰ (2) Ⅲ (3) Ⅱ (4) Ⅰ **3** (1) × (2) × (3) ○ (4) ×

자료 ❷ **1** ㉠ Na^+, ㉡ K^+ **2** (1) t_2 (2) t_1 **3** (1) ○ (2) × (3) × (4) ○ (5) ×

자료 ❸ **1** ⓐ 시냅스 소포, ⓑ 신경 전달 물질 **2** B → A **3** (1) × (2) ○ (3) ○ (4) ○ (5) × (6) × (7) ○

자료 ❹ **1** ⓐ 마이오신 필라멘트, ⓑ 액틴 필라멘트 **2** ㉠ 짧아진다. ㉡ 길어진다. ㉢ 짧아진다. **3** ㉠ 0.8 μm, ㉡ 0.2 μm, ㉢ 1.2 μm **4** (1) × (2) ○ (3) ○ (4) × (5) × (6) ○ (7) ○

1-1 구간 Ⅰ은 자극을 받기 전이므로 분극 상태, 구간 Ⅱ는 막전위가 상승하므로 탈분극 상태, 구간 Ⅲ은 막전위가 하강하므로 재분극 상태이다.

1-2 (1) 휴지 전위는 자극을 받지 않은 분극 상태일 때 측정되는 막전위이므로 구간 Ⅰ에서 측정된다.
(2) 구간 Ⅲ에서 막전위가 하강하는 것은 K^+ 통로가 열려 K^+이 세포 안에서 세포 밖으로 확산하기 때문이다.
(3) 구간 Ⅱ에서 막전위가 상승하는 것은 Na^+ 통로가 열려 Na^+이 세포 밖에서 세포 안으로 확산하기 때문이다.
(4) 구간 Ⅰ에서는 Na^+-K^+ 펌프가 ATP를 소모하여 Na^+을 세포 밖으로 내보내고, K^+을 세포 안으로 이동시킨다. 그 결과 구간 Ⅰ은 세포막을 경계로 Na^+과 K^+이 불균등하게 분포하여 세포막 안쪽은 음(−)전하, 바깥쪽은 양(+)전하를 띠는 분극 상태이다.

1-3 (1) 구간 Ⅰ에서는 세포막 안팎의 전위차를 유지하기 위해 Na^+-K^+ 펌프를 통한 이온의 이동이 일어난다.
(2) 분극 상태(구간 Ⅰ)에서는 세포막 안쪽은 상대적으로 음(−)전하, 바깥쪽은 상대적으로 양(+)전하를 띤다.
(3) 역치 이상의 자극에 의한 급격한 막전위 변화와 상관없이 Na^+ 농도는 항상 세포 밖이 세포 안보다 높다.
(4) 구간 Ⅲ에서 대부분의 Na^+ 통로는 닫히고 K^+ 통로가 열려 K^+이 세포 밖으로 나간다.

2-1 뉴런이 역치 이상의 자극을 받으면 자극을 받은 지점에서 Na^+의 막 투과도가 증가하면서 탈분극이, K^+의 막 투과도가 증가하면서 재분극이 일어난다. 따라서 ㉠은 Na^+, ㉡은 K^+이다.

2-2 t_1일 때는 Na^+(㉠)의 막 투과도가 높은 상태이므로 열려 있는 Na^+ 통로를 통해 Na^+이 세포 안으로 확산하여 막전위가 상승한다. t_2일 때는 K^+(㉡)의 막 투과도가 높은 상태이므로 열려 있는 K^+ 통로를 통해 K^+이 세포 밖으로 확산하여 막전위가 하강한다.

2-3 (1) 구간 Ⅰ은 분극 상태이므로 세포막 안팎의 전위차를 유지하기 위해 Na^+-K^+ 펌프를 통해 Na^+(㉠)은 세포 밖으로 유출되고, K^+(㉡)은 세포 안으로 유입된다.
(2) Na^+(㉠)의 막 투과도는 t_1일 때가 t_2일 때보다 크다.
(3) t_1일 때 Na^+ 통로를 통해 Na^+(㉠)이 세포 안으로 확산하므로, Na^+(㉠)의 이동에는 ATP가 사용되지 않는다.
(4) 뉴런의 Na^+(㉠) 농도는 세포 밖이 항상 세포 안보다 높고, K^+(㉡) 농도는 항상 세포 안이 세포 밖보다 높다. 따라서 Na^+(㉠)의 $\frac{\text{세포 안의 농도}}{\text{세포 밖의 농도}}$는 항상 1보다 작고, K^+(㉡)의 $\frac{\text{세포 안의 농도}}{\text{세포 밖의 농도}}$는 항상 1보다 크다.
(5) 역치 이상의 자극에 의한 급격한 막 투과도 변화와 상관없이 Na^+(㉠) 농도는 항상 세포 밖이 세포 안보다 높다.

3-1 ⓐ는 축삭 돌기 말단에 있는 시냅스 소포이고, ⓑ는 시냅스 소포에서 방출된 신경 전달 물질이다.

3-2 시냅스 이전 뉴런(B)에서 방출된 신경 전달 물질에 의해 시냅스 이후 뉴런(A)이 탈분극된다. 따라서 흥분 전달은 B → A 방향으로 일어난다.

3-3 (1) ㉠은 말이집, ㉡은 랑비에 결절이며, 활동 전위는 말이집 신경의 랑비에 결절에서만 형성된다.
(2) 그림의 두 뉴런은 모두 말이집 신경이므로 도약전도가 일어난다.
(3) B는 시냅스 틈으로 신경 전달 물질을 방출하므로 시냅스 이전 뉴런이고, A는 시냅스 이후 뉴런이다.
(4) 한 뉴런의 축삭 돌기 말단은 다음 뉴런과 약 20 nm의 좁은 간격을 두고 접해 있는데, 이 접속 부위인 (가)를 시냅스라고 한다.
(5) 시냅스 이전 뉴런의 축삭 돌기 말단에 있는 시냅스 소포에서 신경 전달 물질이 시냅스 틈으로 방출된다.
(6) ⓐ는 시냅스 소포이며, 뉴런 B(시냅스 이전 뉴런)의 세포막과 융합하여 신경 전달 물질을 방출한다.
(7) 시냅스 틈으로 방출된 신경 전달 물질(ⓑ)은 시냅스 이후 뉴런의 세포막에 있는 수용체와 결합하여 이온 통로를 열리게 한다. 그 결과 Na^+이 시냅스 이후 뉴런의 세포막 안으로 들어와 시냅스 이후 뉴런이 탈분극된다.

4-1 굵은 ⓐ는 마이오신 필라멘트이고, 가는 ⓑ는 액틴 필라멘트이다.

4-2 근수축 시 액틴 필라멘트가 마이오신 필라멘트 사이로 미끄러져 들어가므로 ㉠의 길이와 ㉢의 길이는 각각 짧아지고 액틴 필라멘트와 마이오신 필라멘트가 겹치는 부분(㉡)의 길이는 길어진다.

4-3 X의 길이는 3.2 μm, A대의 길이는 1.6 μm이므로, ㉠의 길이는 (3.2 μm−1.6 μm)÷2=0.8 μm이다. ㉠의 길이+㉡의 길이는 1.0 μm이므로 ㉡의 길이는 1.0 μm−0.8 μm=0.2 μm이다. ㉢의 길이는 A대의 길이−(2×㉡의 길이)이므로 1.6 μm−0.4 μm=1.2 μm이다.

4-4 (1) 근수축이 일어나도 마이오신 필라멘트(ⓐ)의 길이와 액틴 필라멘트(ⓑ)의 길이는 모두 변하지 않는다.
(2) 근수축이 일어날 때 액틴 필라멘트(ⓑ)가 마이오신 필라멘트(ⓐ) 사이로 미끄러져 들어가 근육 원섬유 마디의 길이가 짧아진다.
(3) 근수축이 일어나는 과정에서 H대(㉢)의 길이와 I대(㉠)의 길이는 모두 짧아진다.
(4), (5) 근수축 시 ㉠의 길이는 X의 길이가 감소한 양의 절반만큼 감소하며, ㉡의 길이는 X의 길이가 감소한 양의 절반만큼 증가한다.
(6) 근수축 시 H대(㉢)의 길이는 X의 길이가 감소한 양만큼 감소한다.
(7) ATP에 저장된 에너지를 사용하여 마이오신 필라멘트가 액틴 필라멘트를 끌어당김으로써 X의 길이가 짧아져 근수축이 일어난다.

내신 만점 문제

90~93쪽

01 ② 02 (가) 구심성 뉴런 (나) 연합 뉴런 (다) 원심성 뉴런
03 ③ 04 ④ 05 해설 참조 06 ③ 07 ③ 08 ②
09 ⑤ 10 해설 참조 11 ④ 12 ⑤ 13 ① 14 ⑤
15 ⑤ 16 ② 17 ④

01 ㉠은 신경 세포체, ㉡은 가지 돌기, ㉢은 축삭 돌기 말단, ㉣은 말이집이다.
① 신경 세포체(㉠)에는 핵을 비롯한 세포 소기관이 있으며, 뉴런의 생명 활동에 필요한 물질과 에너지를 생성한다.
③ 축삭 돌기 말단(㉢)에는 신경 전달 물질이 들어 있는 시냅스 소포가 있어, 흥분의 전달이 일어나도록 한다.
④ 말이집은 슈반 세포가 축삭을 여러 겹 감아 형성된 구조이므로, 슈반 세포는 말이집(㉣)을 형성한다.
⑤ 말이집(㉣)은 절연체 역할을 하여 말이집으로 싸여 있는 부분에서는 역치 이상의 자극을 받아도 활동 전위가 발생하지 않는다.
바로알기 ② ㉡은 다른 뉴런이나 세포로부터 자극을 받아들이는 가지 돌기이다.

02 (가)는 감각기에서 받아들인 자극을 중추 신경에 전달하는 구심성 뉴런이고, (나)는 구심성 뉴런에서 온 정보를 통합하여 적절한 반응 명령을 내리는 연합 뉴런이며, (다)는 중추 신경의 반응 명령을 반응기로 전달하는 원심성 뉴런이다.

03 ③ (나)는 연합 뉴런이다.
바로알기 ①, ② (가)는 감각기에서 받아들인 자극을 중추 신경에 전달하는 구심성 뉴런이며, 구심성 뉴런에는 감각 뉴런이 있다.
④ 뇌와 척수 같은 중추 신경을 이루는 뉴런은 연합 뉴런(나)이다.
⑤ 신호의 전달은 '구심성 뉴런(가) → 연합 뉴런(나) → 원심성 뉴런(다)' 순으로 일어난다.

04 꼼꼼 문제 분석

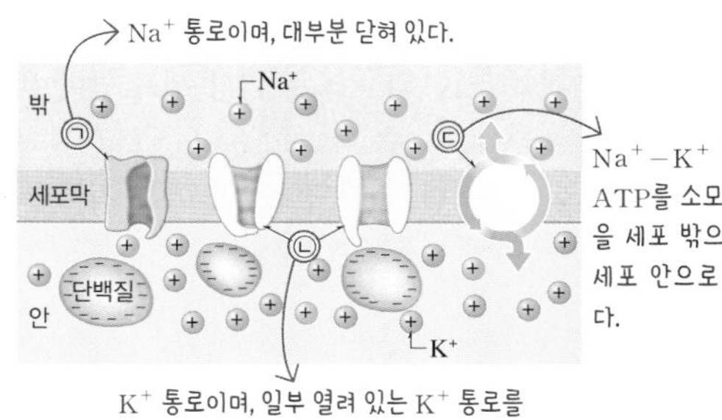

Na^+ 통로이며, 대부분 닫혀 있다.
밖
Na^+
㉠
㉢
세포막
㉡
단백질
안
K^+
Na^+-K^+ 펌프이며, ATP를 소모하여 Na^+을 세포 밖으로, K^+을 세포 안으로 이동시킨다.
K^+ 통로이며, 일부 열려 있는 K^+ 통로를 통해 K^+이 확산한다.

①, ⑤ 분극 상태의 이온 분포를 나타낸 것이므로 휴지 전위가 나타난다. 분극 상태에서 뉴런의 세포막 안쪽은 상대적으로 음(−)전하, 바깥쪽은 상대적으로 양(+)전하를 띤다.

②, ③ 분극 상태일 때 Na^+ 통로는 대부분 닫혀 있고, K^+ 통로는 일부가 열려 있으며, Na^+-K^+ 펌프에 의해 Na^+과 K^+이 세포막을 경계로 반대 방향으로 이동한다. 따라서 ㉠은 Na^+ 통로, ㉡은 K^+ 통로, ㉢은 Na^+-K^+ 펌프이며, K^+ 통로(㉡)를 통해 K^+이 일부 확산한다.

바로알기 ④ Na^+-K^+ 펌프(㉢)는 ATP를 소모하여 Na^+을 세포 밖으로 내보내고, K^+을 세포 안으로 이동시킨다. 그 결과 Na^+은 세포 안보다 밖에, K^+은 세포 밖보다 안에 더 많이 분포한다.

05 (1) 뉴런에서 Na^+ 농도는 항상 세포 밖이 세포 안보다 높고, K^+ 농도는 항상 세포 안이 세포 밖보다 높다.

(2) t_1은 막전위가 상승하는 시점이므로 Na^+ 통로를 통해 Na^+(㉡)이 세포 안으로 확산되어 들어오고 있으며, t_2는 휴지 전위를 유지하고 있는 시점이므로 Na^+-K^+ 펌프를 통해 Na^+이 세포 밖으로 이동하고 있다.

모범 답안 (1) ㉠은 K^+, ㉡은 Na^+이다.

(2) t_1일 때 ㉡은 열린 Na^+ 통로를 통해 세포 안으로 확산하여 들어오고, t_2일 때 ㉡은 Na^+-K^+ 펌프를 통해 세포 밖으로 이동한다.

채점 기준		배점
(1)	㉠과 ㉡이 어떤 이온인지 모두 옳게 쓴 경우	40 %
(2)	t_1과 t_2일 때 세포막을 통한 ㉡의 이동 방식을 각각 Na^+ 통로, Na^+-K^+ 펌프와 연관 지어 옳게 비교하여 서술한 경우	60 %
	t_1과 t_2 중 한 가지만 옳게 서술한 경우	30 %

06 꼼꼼 문제 분석

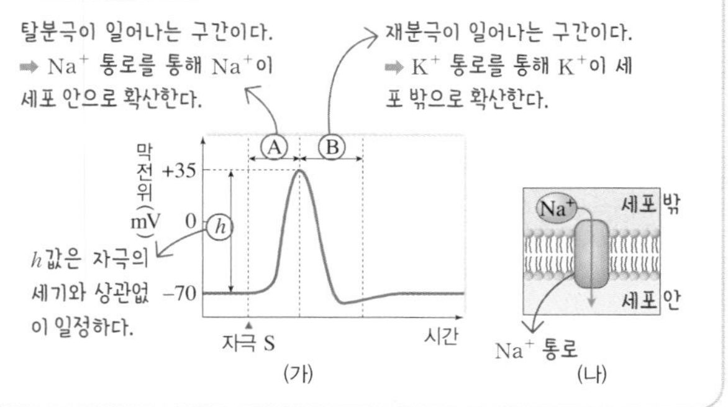

ㄱ. 막전위 변화와 상관없이 K^+의 농도는 항상 세포 안이 세포 밖보다 높다.

ㄷ. h값은 활동 전위의 크기이며, 활동 전위의 크기는 자극의 세기와 상관없이 일정하다. 따라서 S보다 세기가 큰 자극을 주어도 h값은 변하지 않고 일정하다.

바로알기 ㄴ. B에서 막전위가 하강하는 재분극이 일어난 것은 열린 Na^+ 통로가 닫히고, 닫혀 있던 K^+ 통로가 열려 K^+이 세포 밖으로 확산하였기 때문이다.

07 꼼꼼 문제 분석

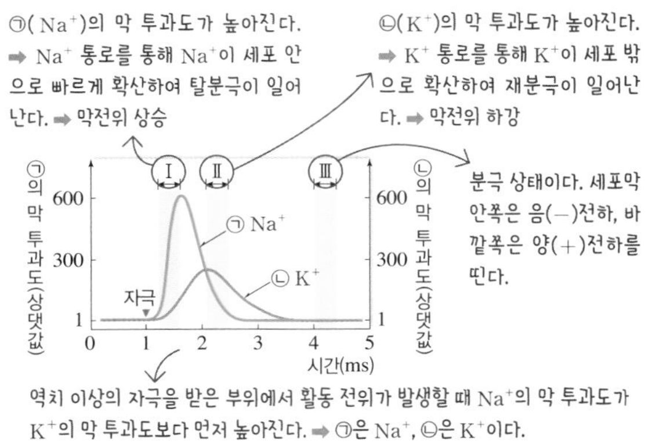

㉠(Na^+)의 막 투과도가 높아진다. ➡ Na^+ 통로를 통해 Na^+이 세포 안으로 빠르게 확산하여 탈분극이 일어난다. ➡ 막전위 상승
㉡(K^+)의 막 투과도가 높아진다. ➡ K^+ 통로를 통해 K^+이 세포 밖으로 확산하여 재분극이 일어난다. ➡ 막전위 하강
Ⅰ
Ⅱ
Ⅲ
분극 상태이다. 세포막 안쪽은 음(−)전하, 바깥쪽은 양(+)전하를 띤다.
㉠의 막 투과도(상댓값)
㉡의 막 투과도(상댓값)
600
300
1
㉠ Na^+
㉡ K^+
자극
0 1 2 3 4 5
시간(ms)
역치 이상의 자극을 받은 부위에서 활동 전위가 발생할 때 Na^+의 막 투과도가 K^+의 막 투과도보다 먼저 높아진다. ➡ ㉠은 Na^+, ㉡은 K^+이다.

① 뉴런에서 활동 전위가 발생할 때 Na^+의 막 투과도가 K^+의 막 투과도보다 먼저 높아지므로 ㉠은 Na^+, ㉡은 K^+이다.

② 구간 Ⅰ에서 ㉠(Na^+)의 막 투과도가 높아지므로 막전위가 상승하는 탈분극이 일어나고 있음을 알 수 있다.

④ 구간 Ⅱ에서 ㉡(K^+)의 막 투과도가 높아지고 있으므로 재분극이 일어나고 있음을 알 수 있으며, 재분극이 일어날 때에는 K^+ 통로가 열려 K^+이 세포 밖으로 확산한다.

⑤ 구간 Ⅲ은 휴지 상태이므로 상대적으로 세포막 안쪽은 음(−)전하, 바깥쪽은 양(+)전하를 띤다.

바로알기 ③ 막전위 변화와 상관없이 ㉠(Na^+)의 농도는 세포 밖이 세포 안보다 항상 높다.

08 꼼꼼 문제 분석

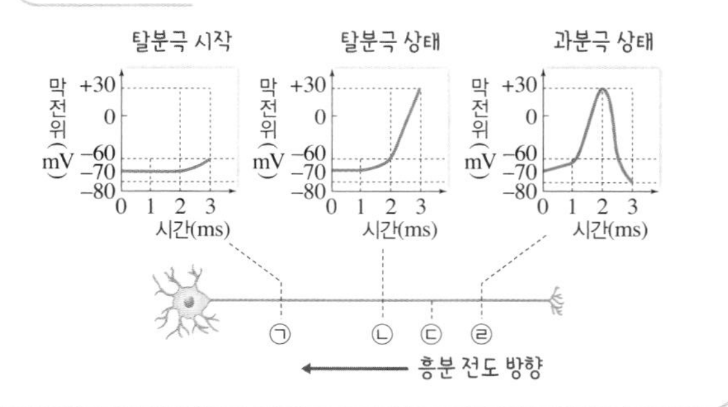

ㄱ. 활동 전위 발생 시 막전위 변화는 탈분극 → 재분극 → 과분극 순으로 일어난다. 3 ms일 때 ㉠에서는 막전위가 상승하기 시작했지만 ㉣에서는 과분극(−80 mV) 상태이다. 따라서 자극을 준 지점은 ㉣이다.

ㄴ. 3 ms일 때 ㉠에서 막전위가 상승하기 시작하는 것은 Na^+ 통로가 열리면서 Na^+이 세포 안으로 확산하기 때문이다.

바로알기 ㄷ. 흥분이 ㉣에서 ㉡ 방향으로 전도되며, 3 ms일 때 ㉡에서는 막전위가 +30 mV로 탈분극 상태이고, ㉣에서는 막전위가 −80 mV로 과분극 상태이다. 따라서 ㉢에서는 재분극이 일어나고 있다.

09 꼼꼼 문제 분석

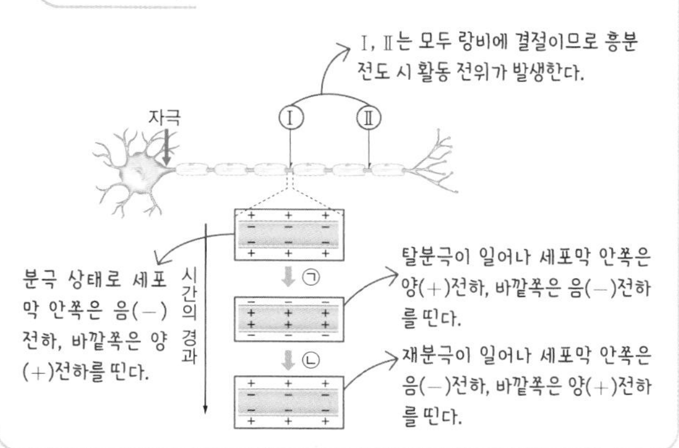

ㄴ. ㉡ 과정에서 세포막 안쪽이 양(+)전하에서 음(−)전하로 바뀐 것은 K^+ 통로를 통해 K^+이 세포 밖으로 확산하여 재분극이 일어났기 때문이다.

ㄷ. Ⅱ 지점은 랑비에 결절로, 활동 전위가 발생한다.

바로알기 ㄱ. ㉠ 과정에서 세포막 안팎의 하전 상태가 달라진 것은 Na^+ 통로가 열려 Na^+이 세포 안으로 확산하여 탈분극이 일어났기 때문이다.

10 꼼꼼 문제 분석

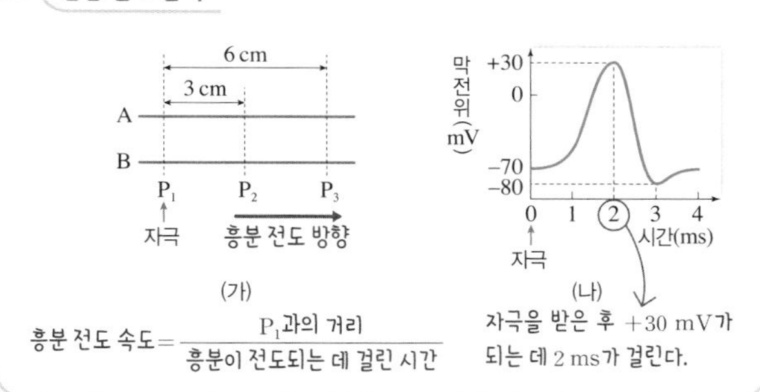

(1) 각 지점으로 흥분이 전도되는 데 걸리는 시간은 전체 경과된 시간 5 ms에서 막전위 변화가 진행된 시간을 뺀 시간이다. P_1에 역치 이상의 자극을 1회 주고 경과된 시간이 5 ms이고, A의 P_2와 B의 P_3에서 자극을 받은 후 막전위가 +30 mV가 되는 데 걸린 시간은 2 ms이므로, P_1에서 A의 P_2와 B의 P_3으로 흥분이 전도되는 데 걸린 시간은 3 ms이다. 따라서 A의 흥분 전도 속도는 $\frac{3\text{ cm}}{3\text{ ms}}=1\text{ cm/ms}$, B의 흥분 전도 속도는 $\frac{6\text{ cm}}{3\text{ ms}}=2\text{ cm/ms}$이다.

(2) A의 흥분 전도 속도는 1 cm/ms이므로 A의 P_1에서 P_3까지 흥분이 전도되는 데 걸리는 시간은 6 ms이다. 그러므로 역치 이상의 자극을 주고 경과된 시간이 7 ms일 때는 A의 P_3에서 막전위 변화가 1 ms 동안 진행된 때로, 막전위가 상승하고 있으므로 탈분극이 일어나고 있다.

모범 답안 (1) A의 흥분 전도 속도는 1 cm/ms, B의 흥분 전도 속도는 2 cm/ms이다. 따라서 흥분 전도 속도는 B가 A보다 빠르다.
(2) 역치 이상의 자극을 1회 주고 경과된 시간이 7 ms일 때는 A의 P_3에 자극이 도달한 후 1 ms가 지났을 때로, 탈분극 상태이다. 따라서 Na^+의 막 투과도가 더 높다.

채점 기준		배점
(1)	A와 B의 흥분 전도 속도를 구한 후, 빠르기를 옳게 비교한 경우	50 %
	A와 B의 빠르기만 비교한 경우	25 %
(2)	Na^+이라고 쓰고, 그 까닭을 탈분극과 연관 지어 옳게 서술한 경우	50 %
	Na^+이라고만 쓴 경우	25 %

11

ㄴ. 흥분 전도 속도는 도약전도가 일어나는 말이집 뉴런(B)에서가 도약전도가 일어나지 않는 민말이집 뉴런(A)에서보다 빠르다.

ㄷ. A에 역치 이상의 자극을 주면 B로 자극이 전달되고 축삭 돌기를 따라 자극이 전도되므로, B의 랑비에 결절(ⓐ)에서 활동 전위가 발생한다.

바로알기 ㄱ. A는 말이집이 존재하지 않는 민말이집 뉴런이다.

12 꼼꼼 문제 분석

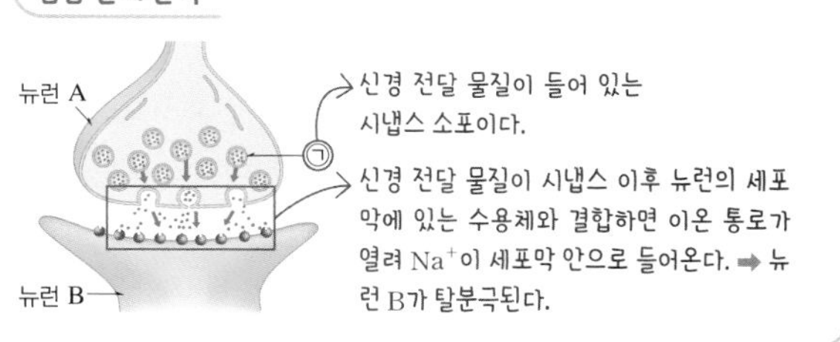

ㄱ. 신경 전달 물질이 들어 있는 ㉠은 시냅스 소포이며, 시냅스 소포는 축삭 돌기 말단에 있다.

ㄴ. 뉴런 A는 시냅스 이전 뉴런이고, 뉴런 B는 시냅스 이후 뉴런이다. 흥분은 시냅스 이전 뉴런의 축삭 돌기 말단에서 분비된 신경 전달 물질에 의해 '뉴런 A → 뉴런 B' 방향으로 전달된다.

ㄷ. 시냅스 틈으로 방출된 신경 전달 물질은 시냅스 이후 뉴런(뉴런 B)의 세포막에 있는 이온 통로가 열리도록 하여 시냅스 이후 뉴런을 탈분극시킨다.

13 꼼꼼 문제 분석

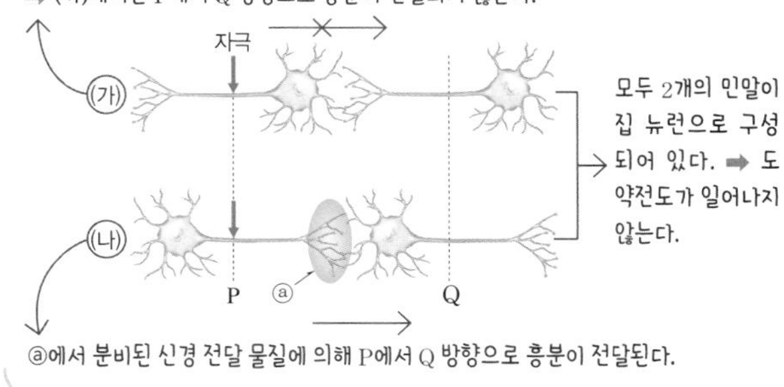

ㄱ. ⓐ는 축삭 돌기 말단이며, 축삭 돌기 말단에는 시냅스 소포가 있어 신경 전달 물질이 분비된다.

바로알기 ㄴ. (가)의 P 지점에 역치 이상의 자극을 주면 양쪽 방향으로 흥분 전도가 일어나지만 가지 돌기에서 축삭 돌기 말단 방향으로는 흥분 전달이 일어나지 않는다. 따라서 (가)의 Q 지점에서는 활동 전위가 발생하지 않는다.

ㄷ. (나)의 시냅스 이후 뉴런은 민말이집 신경이므로 도약전도가 일어나지 않는다.

14 시냅스에서 일어나는 신호 전달을 억제하여 긴장과 통증을 완화하거나 수면을 유도하는 약물은 진정제로, 알코올, 프로포폴, 수면제가 이에 해당한다. 카페인과 니코틴은 신경을 흥분시켜 각성 효과를 나타내는 약물인 각성제이며, 대마초는 인지 작용과 의식을 변화시켜 환각을 유발하는 약물인 환각제이다.

15 ① 근육 섬유(㉠)는 근육을 구성하는 근육 세포로, 여러 개의 핵이 존재하는 다핵성 세포이다.

② 근육 원섬유(㉡)는 마이오신 필라멘트와 액틴 필라멘트로 구성되어 있다.

③, ④ ⓐ는 마이오신 필라멘트만 있는 부분이므로 H대, ⓒ는 액틴 필라멘트만 있는 부분이므로 I대이다. 근육이 수축할 때 액틴 필라멘트가 마이오신 필라멘트 사이로 미끄러져 들어가므로 H대(ⓐ)의 길이와 I대(ⓒ)의 길이는 모두 감소한다.

바로알기 ⑤ 근수축 시 마이오신 필라멘트의 길이는 변하지 않으므로, A대(ⓑ)의 길이는 변하지 않는다.

16 꼼꼼 문제 분석

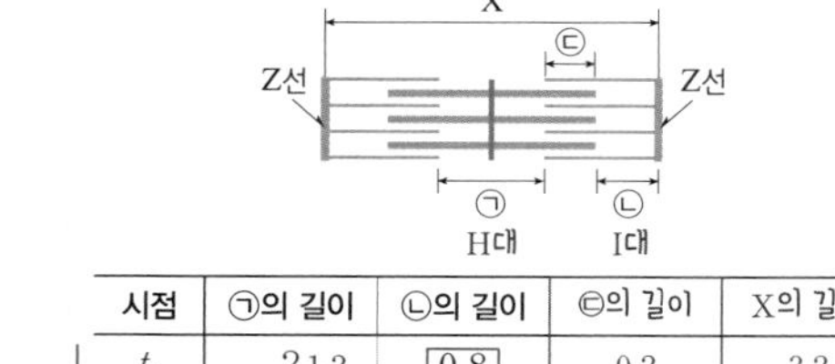

	시점	㉠의 길이	㉡의 길이	㉢의 길이	X의 길이
수축 ↓	t_1	? 1.2	0.8	0.2	3.2
	t_2	0.2	0.3	0.7	2.2

(단위: μm)

t_1에서 t_2로 될 때 ㉡의 길이가 0.5 μm 감소하였다. ➡ 근수축이 일어났으며, X의 길이는 1.0 μm 감소, ㉠의 길이도 1.0 μm 감소하였고, ㉢의 길이는 0.5 μm 증가하였다.

ㄴ. A대의 길이는 ㉠의 길이+(2×㉢의 길이)이므로 t_2일 때 A대의 길이는 0.2 μm+1.4 μm=1.6 μm이다. 따라서 t_2일 때 $\frac{\text{㉢의 길이}}{\text{A대의 길이}}=\frac{0.7}{1.6}=\frac{7}{16}$이다.

바로알기 ㄱ. H대의 길이는 ㉠의 길이이므로 t_1일 때 H대의 길이는 1.2 μm이다.

ㄷ. t_1에서 t_2로 될 때 ㉡의 길이가 0.5 μm 감소하였으므로, X의 길이는 1.0 μm 감소하였다. 따라서 t_2일 때 X의 길이는 3.2 μm −1.0 μm=2.2 μm이다.

17 꼼꼼 문제 분석

시점	X의 길이(μm)
t_1	3.0
t_2	2.2

근수축이 일어나면 X의 길이는 짧아진다. ➡ t_1에서 t_2로 될 때 근육 수축이 일어나며, ATP가 소모된다.

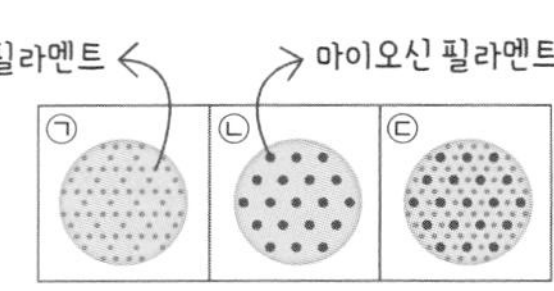

액틴 필라멘트는 가늘고, 마이오신 필라멘트는 굵다. ➡ ㉠은 I대의 단면, ㉡은 H대의 단면, ㉢은 A대 중 마이오신 필라멘트와 액틴 필라멘트가 겹치는 부분의 단면이다.

ㄱ. 액틴 필라멘트는 가늘고, 마이오신 필라멘트는 굵으며, I대는 액틴 필라멘트만 있는 부분이다. 따라서 ㉠이 I대의 단면에 해당한다.

ㄷ. 골격근이 수축할 때 근육 원섬유 마디의 길이가 짧아지므로 t_1에서 t_2로 될 때 골격근이 수축한다. 골격근이 수축할 때에는 ATP에 저장된 에너지를 사용하여 마이오신 필라멘트가 액틴 필라멘트를 끌어당긴다. 따라서 t_1에서 t_2로 될 때 ATP에 저장된 에너지를 사용한다.

바로알기 ㄴ. t_2일 때 마이오신 필라멘트와 액틴 필라멘트가 겹치는 부분(㉢)의 길이가 1.6 μm, H대의 길이가 0.2 μm, 근육 원섬유 마디 X의 길이가 2.2 μm이므로, I대의 길이는 0.4 μm (=2.2 μm−1.6 μm−0.2 μm)이다. t_1일 때는 근육 원섬유 마디 X의 길이가 3.0 μm이므로 t_2일 때보다 I대의 길이가 0.8 μm (=3.0 μm−2.2 μm) 증가하였다. 따라서 t_1일 때 I대의 길이는 1.2 μm(=0.4 μm+0.8 μm)이다.

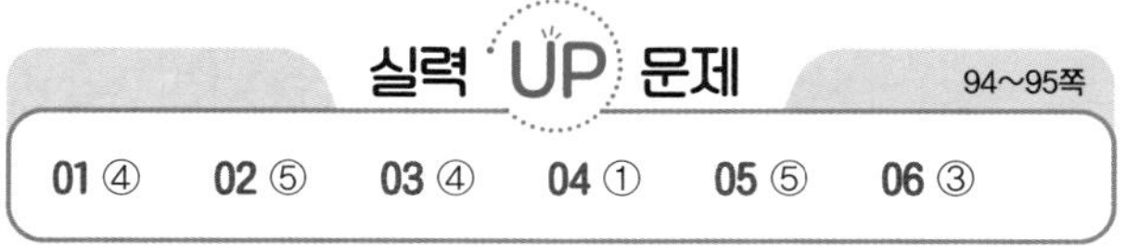

01 뉴런에서 활동 전위가 발생할 때 Na^+의 막 투과도가 K^+의 막 투과도보다 먼저 높아지므로 ㉠은 Na^+, ㉡은 K^+이다.

④ t_2일 때 Na^+(㉠)의 막 투과도는 K^+(㉡)의 막 투과도보다 높으므로 $\frac{K^+\text{의 막 투과도}}{Na^+\text{의 막 투과도}}$는 1보다 작다. t_3일 때 Na^+(㉠)의 막 투과도와 K^+(㉡)의 막 투과도는 같으므로 $\frac{K^+\text{의 막 투과도}}{Na^+\text{의 막 투과도}}$는 1이다. 따라서 $\frac{K^+\text{의 막 투과도}}{Na^+\text{의 막 투과도}}$는 t_3일 때가 t_2일 때보다 크다.

바로알기 ① t_1일 때는 Na^+ 통로가 열려 Na^+(㉠)이 세포 안으로 확산하고 있으므로, Na^+(㉠)의 이동에 ATP가 사용되지 않는다.
② 막전위 변화와 상관없이 K^+(㉡)의 농도는 항상 세포 안이 세포 밖보다 높다.
③ t_3일 때 P에서 막전위가 하강하는 재분극이 일어나고 있다.
⑤ 이 뉴런 세포막의 이온 통로를 통한 Na^+(㉠)의 이동을 차단하면 역치 이상의 자극을 주더라도 탈분극이 일어나지 않아 활동 전위가 생성되지 않는다.

02 꼼꼼 문제 분석

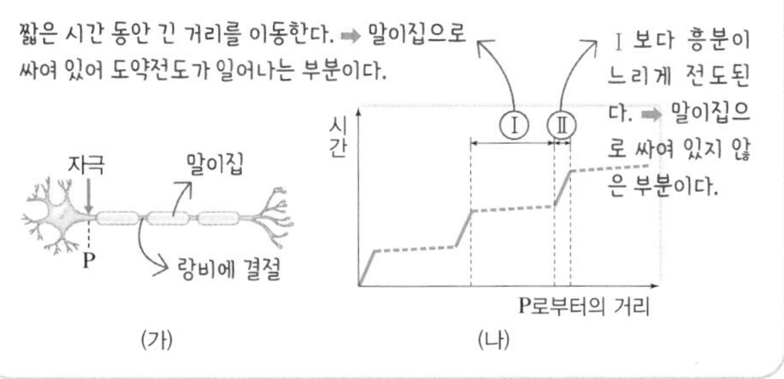

ㄱ. (가)는 말이집 뉴런이므로, 도약전도가 일어난다.
ㄴ. (나)의 Ⅰ에서는 흥분 전도 속도가 빠르고, Ⅱ에서는 흥분 전도 속도가 느리다. 따라서 Ⅰ은 말이집으로 싸여 있어 도약전도가 일어나는 부분이고, Ⅱ는 말이집으로 싸여 있지 않은 부분이다. 말이집은 슈반 세포가 축삭을 여러 겹 싸고 있는 구조이므로 Ⅰ에는 슈반 세포가 존재한다.
ㄷ. Ⅱ는 랑비에 결절이므로, 활동 전위가 발생한다.

03 꼼꼼 문제 분석

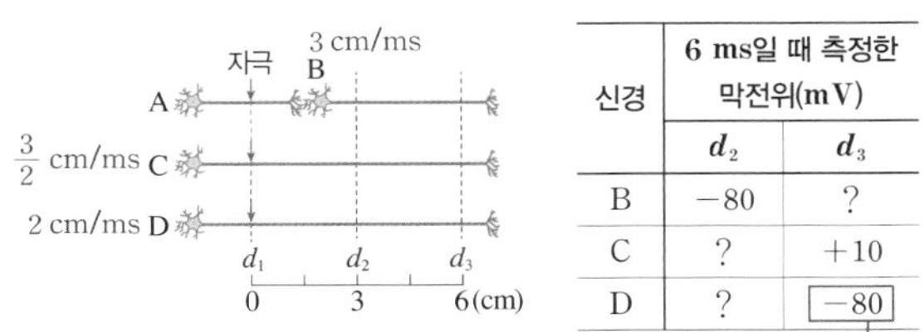

신경	6 ms일 때 측정한 막전위(mV)	
	d_2	d_3
B	−80	?
C	?	+10
D	?	−80

과분극으로, d_3에 흥분이 도달하고 3 ms가 경과한 후의 막전위이다.
➡ d_1에서 d_3까지 흥분이 전도되는 데 걸린 시간은 3 ms이다.

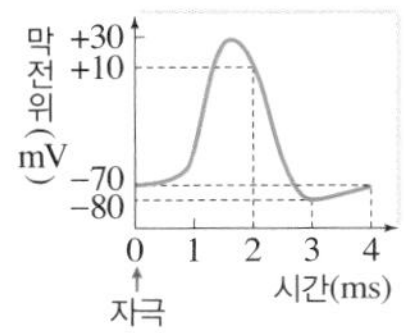

자극을 받은 후 2 ms가 될 때 막전위는 +10 mV이고 재분극이 일어나고 있다. 자극을 받은 후 3 ms가 될 때 막전위는 −80 mV이고 과분극 상태이다.

D의 d_1에 역치 이상의 자극을 주고 경과된 시간이 6 ms일 때 d_3에서 측정한 막전위는 −80 mV이다. 따라서 D의 d_3에서 막전위 변화는 3 ms 동안 진행되었으므로, d_1에서 d_3까지 흥분이 전도되는 데 걸린 시간은 6 ms−3 ms=3 ms이다. d_1에서 d_3까지의 거리는 6 cm이므로 D의 흥분 전도 속도는 $\frac{6\text{ cm}}{3\text{ ms}}$=2 cm/ms이다. B와 D의 흥분 전도 속도는 각각 2 cm/ms, 3 cm/ms 중 하나라고 했으므로, B의 흥분 전도 속도는 3 cm/ms이다.

ㄴ. C의 흥분 전도 속도는 $\frac{3}{2}$ cm/ms이고, d_1에서 d_2까지의 거리는 3 cm이므로 C의 d_1에서 d_2까지 흥분이 전도되는 데 걸리는 시간은 2 ms이다. 그러므로 ㉠이 4 ms일 때는 d_2에서 막전위 변화가 2 ms(=4 ms−2 ms) 동안 진행된 때로, 막전위는 +10 mV이며 재분극이 일어나고 있다.
ㄷ. D의 흥분 전도 속도는 2 cm/ms이고 d_1에서 d_3까지의 거리가 6 cm이므로, d_1에서 d_3까지 흥분이 전도되는 데 걸리는 시간은 3 ms이다. 그러므로 ㉠이 5 ms일 때는 D의 d_3에서 막전위 변화가 2 ms(=5 ms−3 ms) 동안 진행된 때로, 막전위는 +10 mV이며 재분극이 일어나고 있다. 재분극이 일어날 때는 K^+ 통로를 통해 K^+이 세포 밖으로 확산한다.
바로알기 ㄱ. C의 d_1에 역치 이상의 자극을 주고 경과된 시간이 6 ms일 때 d_3에서 측정한 막전위는 +10 mV이다. 따라서 C의 d_3에서 막전위 변화는 2 ms 동안 진행되었으므로, d_1에서 d_3까지 흥분이 전도되는 데 걸린 시간은 6 ms−2 ms=4 ms이다. d_1에서 d_3까지의 거리는 6 cm이므로 C의 흥분 전도 속도는 $\frac{6\text{ cm}}{4\text{ ms}}=\frac{3}{2}$ cm/ms이며, B의 $\frac{1}{2}$배이다.

04 꼼꼼 문제 분석

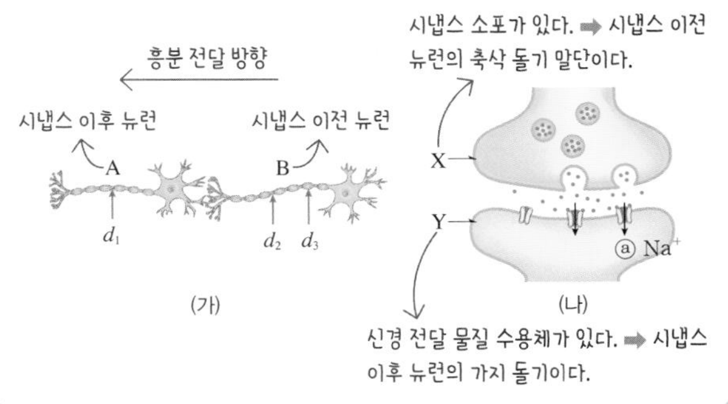

ㄱ. 축삭 돌기 말단에 시냅스 소포가 있다. 따라서 X는 B의 축삭 돌기 말단, Y는 A의 가지 돌기이다.
바로알기 ㄴ. X(B의 축삭 돌기 말단)의 시냅스 소포에 있던 신경 전달 물질이 시냅스 틈으로 분비되어 Y(A의 가지 돌기)의 신경 전달 물질 수용체에 결합하면 이온 통로가 열려 Na^+이 세포 안으로 확산되면서 탈분극이 일어난다. 따라서 ⓐ는 Na^+이다.
ㄷ. 흥분의 전달은 시냅스 소포가 있는 X(B의 축삭 돌기 말단)에서 Y(A의 가지 돌기) 방향으로만 일어난다. B의 d_3는 말이집이 있는 부위이므로 활동 전위가 발생하지 않는다. 따라서 역치 이상의 자극을 준 지점은 B의 랑비에 결절 부위인 d_2이다.

05 근육 원섬유를 관찰했을 때 어두운 부분인 ⓐ가 암대(A대)이고, 밝은 부분인 ⓑ가 명대(I대)이다. 골격근 수축 과정에서 A대의 길이는 변하지 않고 I대의 길이는 짧아진다. 따라서 길이가 변한 ㉠이 I대(ⓑ)이고, ㉡은 A대(ⓐ)이다.

ㄱ. ㉠은 밝은 부분인 I대(ⓑ)이므로 (가)일 때 ㉠은 밝게 보인다.

ㄴ. (가)에서 (나)로 될 때 ㉠(I대, ⓑ)의 길이가 1.2 μm 감소하였는데, 이 감소한 길이만큼 ㉡(A대, ⓐ)에서 액틴 필라멘트와 마이오신 필라멘트가 겹치는 부분의 길이가 증가한다.

ㄷ. (가)에서 (나)로 될 때 근수축이 일어나므로 H대의 길이는 짧아진다.

06 꼼꼼 문제 분석

t_1에서 t_3로 갈수록 수축한다. ➡ 근육 원섬유 마디의 길이, I대의 길이가 짧아진다.

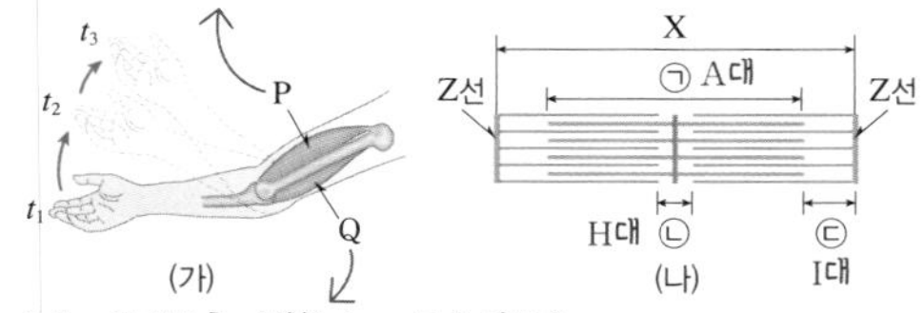

t_1에서 t_3로 갈수록 이완한다. ➡ 근육 원섬유 마디의 길이, I대의 길이가 길어진다.

	시점	㉠−㉡	㉢의 길이	X의 길이
수축	t_1	0.4	0.9	? 3.4
	t_2	1.0	? 0.6	2.8
	t_3	? 1.2	0.5	? 2.6

(단위: μm)

ㄱ. t_1, t_2, t_3로 갈수록 팔이 구부러지므로 P는 수축, Q는 이완한다. ㉠의 길이에서 ㉡의 길이를 뺀 값(㉠−㉡)이 t_1일 때보다 t_2일 때 0.6 μm 길다. 이는 t_1에서 t_2로 될 때 근수축이 일어나 ㉠(A대)에서 마이오신 필라멘트와 액틴 필라멘트가 겹치는 부분이 증가했기 때문이다. 따라서 X는 P의 근육 원섬유 마디 중 하나이고, 근육 원섬유 마디는 근육 섬유에 존재한다.

ㄷ. t_2일 때 ㉠(A대)의 길이는 X의 길이−(2×㉢의 길이)이므로 2.8 μm−1.2 μm=1.6 μm이다. ㉠−㉡은 1.0 μm이므로 H대(㉡)의 길이는 1.6 μm−1.0 μm=0.6 μm이다. 따라서 t_2일 때 $\frac{\text{H대의 길이}}{\text{㉠의 길이}+\text{㉢의 길이}}=\frac{0.6}{1.6+0.6}=\frac{3}{11}$이다.

바로알기 ㄴ. ㉠의 길이에서 ㉡의 길이를 뺀 값(㉠−㉡)이 t_1일 때보다 t_2일 때 0.6 μm 증가했으므로 2×㉢의 길이는 0.6 μm 감소했다. 따라서 t_1일 때보다 t_2일 때 ㉢의 길이는 0.3 μm 감소했으므로, t_2일 때 ㉢의 길이는 0.9 μm−0.3 μm=0.6 μm이다. t_2일 때 X의 길이는 2.8 μm이므로, t_1일 때 X의 길이는 2.8 μm+0.6 μm=3.4 μm이다. t_2일 때보다 t_3일 때 ㉢의 길이는 0.1 μm 감소했으므로 t_3일 때 X의 길이는 2.8 μm−0.2 μm=2.6 μm이다. 따라서 X의 길이는 t_3일 때가 t_1일 때보다 0.8 μm 짧다.

2 신경계

개념 확인 문제 99쪽

❶ 뇌 ❷ 중추 신경계 ❸ 말초 신경계 ❹ 평형 ❺ 간뇌 ❻ 중간뇌 ❼ 연수 ❽ 척수

1 (1) B, 간뇌 (2) A, 대뇌 (3) D, 소뇌 (4) E, 연수 (5) C, 중간뇌 **2** (1) × (2) ○ (3) × (4) × **3** (1) B, 겉질 (2) A, 속질 (3) D, 전근 (4) C, 후근 **4** 척수 **5** (1) 중간뇌 (2) 척수 (3) 연수

1 A는 대뇌, B는 간뇌, C는 중간뇌, D는 소뇌, E는 연수이다.
(3) 대뇌와 함께 수의 운동을 조절하고, 몸의 평형을 유지하는 뇌는 소뇌(D)이다.
(5) 안구 운동과 홍채 운동을 조절하는 뇌는 중간뇌(C)이다.

2 (1) 대뇌의 바깥쪽을 싸고 있는 겉질은 회색질이고, 안쪽의 속질은 백색질이다.
(3) 대뇌에서 일어나는 정신 활동의 대부분은 겉질에서 일어난다.
(4) 대뇌의 좌반구는 몸의 오른쪽 감각과 운동을 담당하고, 우반구는 몸의 왼쪽 감각과 운동을 담당한다.

3 (1), (2) A는 속질로 신경 세포체가 모여 회색으로 보이는 회색질이고, B는 겉질로 축삭 돌기가 모여 흰색으로 보이는 백색질이다.
(3), (4) C는 척수의 등 쪽에 배열된 감각 신경 다발인 후근이고, D는 척수의 배 쪽에 배열된 운동 신경 다발인 전근이다.

4 손에 뜨거운 물체가 닿았을 때 무의식적으로 손을 떼는 반사는 회피(움츠림) 반사이며, 회피 반사의 중추는 척수이다.

5 동공 반사의 중추는 중간뇌이고, 젖분비 반사의 중추는 척수이며, 재채기 반사의 중추는 연수이다.

개념 확인 문제 102쪽

❶ 중추 신경계 ❷ 원심성 신경 ❸ 운동 신경 ❹ 대뇌 ❺ 짧 ❻ 길 ❼ 길항 작용

1 ㄱ, ㄹ **2** (1) × (2) × (3) ○ (4) ○ (5) ○ **3** (1) (가) 교감 신경 (나) 부교감 신경 (2) A: 아세틸콜린, B: 노르에피네프린, C: 아세틸콜린, D: 아세틸콜린 **4** ㉠ 촉진, ㉡ 억제, ㉢ 억제, ㉣ 촉진 **5** ㄱ, ㄷ

1 **바로알기** ㄴ. 원심성 신경이 체성 신경계와 자율 신경계로 구분된다.
ㄷ. 체성 신경계는 골격근의 반응을 조절하는 운동 신경으로 구성되며, 자율 신경계가 교감 신경과 부교감 신경으로 구성된다.

2 (1) 체성 신경계는 운동 신경으로 이루어져 있으며 시냅스가 없다. 중추에서 나와 반응기에 이르기까지 2개의 뉴런이 신경절에서 시냅스를 형성하는 것은 자율 신경계이다.
(2) 자율 신경계는 대뇌의 조절을 직접 받지 않는다.

3 (1) 신경절 이전 뉴런이 신경절 이후 뉴런보다 짧은 (가)는 교감 신경이고, 신경절 이전 뉴런이 신경절 이후 뉴런보다 긴 (나)는 부교감 신경이다.
(2) A, C, D는 모두 아세틸콜린이고, B는 노르에피네프린이다.

4 교감 신경이 흥분하면 심장 박동이 촉진되고, 소화관 운동이 억제되며, 부교감 신경이 흥분하면 심장 박동이 억제되고, 소화관 운동이 촉진된다.

5 알츠하이머병은 대뇌의 뉴런 손상, 파킨슨병은 뇌의 도파민 분비 부족에 의한 것이므로 모두 중추 신경계 이상으로 발생하는 신경계 질환이다. 반면 길랭·바레 증후군은 말초 신경의 말이집 손상, 근위축성 측삭 경화증은 운동 신경의 손상에 의한 것이므로 모두 말초 신경계 이상으로 발생하는 신경계 질환이다.

대표 자료 분석

103~104쪽

자료 ❶ 1 A: 대뇌, B: 간뇌, C: 중간뇌, D: 소뇌, E: 연수 2 D 3 C 4 (1) × (2) ○ (3) × (4) ○ (5) ○ (6) ○ (7) ○

자료 ❷ 1 척수 2 ㉠ 감각 뉴런, ㉡ 운동 뉴런 3 ㉠, ㉡ 4 (1) ○ (2) × (3) ○ (4) × (5) ○ (6) ×

자료 ❸ 1 E 2 C, D 3 (1) ○ (2) × (3) × (4) × (5) × (6) × (7) ○ (8) ○

자료 ❹ 1 F 2 A: 중간뇌, C: 연수 3 (1) × (2) × (3) ○ (4) ○ (5) ○ (6) × (7) ×

1-1 A는 뇌 질량의 약 80 %를 차지하는 대뇌, B는 대뇌와 중간뇌 사이에 있는 간뇌, C는 간뇌 아래에 있는 중간뇌, D는 대뇌 뒤쪽 아래에 있는 소뇌, E는 뇌교와 척수 사이에 있는 연수이다.

1-2 D(소뇌)는 내이의 평형 감각 기관에서 오는 감각 정보를 받아 대뇌와 함께 수의 운동을 조절하고, 몸의 평형을 유지한다.

1-3 중간뇌는 빛의 양에 따라 동공의 크기를 조절한다. 따라서 중간뇌가 손상되면 동공 반사가 나타나지 않는다.

1-4 (1) 심장 박동을 조절하는 곳은 연수(E)이다.
(2) 시험지를 받고 문제를 푸는 것은 대뇌(A)의 조절을 받는 행동이다.
(3) 무릎 반사의 중추는 척수이다. B는 간뇌이다.
(4) C(중간뇌)는 소뇌와 함께 몸의 평형을 조절하고, 안구 운동과 홍채 운동을 조절한다.
(5) D(소뇌)는 좌우 2개의 반구로 이루어져 있다.
(6) E(연수)는 뇌와 척수를 연결하는 신경이 지나는 곳으로 신경의 좌우 교차가 일어난다.
(7) 대뇌의 기능이 분업화되어 있어서 부위에 따라 다른 기능을 한다.

2-1 그림은 날카로운 핀에 손이 찔렸을 때 자신도 모르게 손을 들어올리는 반응을 나타낸 것으로, 회피 반사이다. 회피 반사의 중추는 척수이다.

2-2 ㉠은 피부에 연결된 감각 뉴런이고, ㉡은 골격근에 연결된 운동 뉴런이다.

2-3 날카로운 핀에 손이 찔렸을 때 자신도 모르게 손을 들어올리는 반응이 일어나는 경로는 자극 → 감각기(피부) → 감각 뉴런(㉠) → 척수 → 운동 뉴런(㉡) → 반응기(근육) → 반응이다.

2-4 (1) 감각 뉴런(㉠)은 감각기에서 받아들인 자극을 중추 신경계로 전달하므로 구심성 뉴런이다.
(2) 감각 뉴런(㉠)은 척수의 후근을 이룬다.
(3) ㉡은 골격근에 연결된 운동 뉴런이므로 체성 신경에 해당한다.
(4) 운동 뉴런(㉡)의 신경 세포체는 척수의 속질(회색질)에 있다.
(5) 손을 들어올리는 반응이 일어날 때 근육 ⓐ는 수축하고, 이때 근육 ⓐ의 근육 원섬유 마디의 길이가 짧아진다.
(6) 뇌줄기는 중간뇌, 뇌교, 연수로 구성된다. 회피 반사의 중추인 척수는 뇌줄기를 구성하지 않는다.

3-1 구심성 뉴런은 감각기에서 받아들인 자극 정보를 중추 신경계로 전달하는 뉴런이므로, 다리에 연결된 감각 뉴런(E)이 구심성 뉴런이다.

3-2 교감 신경은 자율 신경으로, 신경절 이전 뉴런이 신경절 이후 뉴런보다 짧다. 따라서 C와 D가 교감 신경을 구성하는 뉴런이다.

3-3 (1) 자율 신경계는 말초 신경계에 속하므로 A~D는 모두 말초 신경계에 속한다.
(2) A와 B는 부교감 신경을 이루는 뉴런, C와 D는 교감 신경을 이루는 뉴런이고, E는 감각 뉴런, F는 운동 뉴런이다. 자율 신경계는 교감 신경과 부교감 신경으로 구성되므로, E와 F는 자율 신경계에 속하지 않는다.
(3) 위에 연결된 교감 신경의 신경절 이전 뉴런(C)의 신경 세포체는 척수에 있다.
(4) 부교감 신경의 신경절 이전 뉴런(A)의 말단에서는 아세틸콜린이, 교감 신경의 신경절 이후 뉴런(D)의 말단에서는 노르에피네프린이 분비된다.
(5) 위에 연결된 부교감 신경의 신경절 이후 뉴런(B)이 흥분하면 위에서 소화액 분비가 촉진된다.
(6) C와 D는 교감 신경을 구성하는 뉴런이므로 길항적으로 작용하지 않는다. 교감 신경과 부교감 신경이 길항적으로 작용한다.
(7) 다리의 골격근에 연결된 운동 뉴런(F)의 말단에서는 아세틸콜린이 분비된다.
(8) 무릎 반사의 중추는 척수이다.

4-1 A와 B는 홍채에 연결된 부교감 신경, C와 D는 심장에 연결된 부교감 신경, E와 F는 심장에 연결된 교감 신경, G와 H는 방광에 연결된 부교감 신경이다. 노르에피네프린은 교감 신경의 신경절 이후 뉴런(F)의 말단에서 분비된다.

4-2 홍채에 연결된 부교감 신경의 신경절 이전 뉴런(A)의 신경 세포체는 중간뇌에 있고, 심장에 연결된 부교감 신경의 신경절 이전 뉴런(C)의 신경 세포체는 연수에 있다.

4-3 (1) A~H는 모두 자율 신경에 속하는 원심성 뉴런이다.
(2) 홍채에 연결된 부교감 신경의 신경절 이전 뉴런(A)의 말단과 방광에 연결된 부교감 신경의 신경절 이후 뉴런(H)의 말단에서는 모두 아세틸콜린이 분비된다.
(3) 심장에 연결된 신경절 이전 뉴런(C)이 신경절 이후 뉴런(D)보다 길므로, C와 D는 부교감 신경을 구성하는 뉴런이다.
(4) 홍채에 연결된 부교감 신경의 신경절 이후 뉴런(B)이 흥분하면 홍채가 확장하여 동공이 작아진다.
(5) 교감 신경은 심장 박동을 촉진하므로, 심장에 연결된 교감 신경의 신경절 이후 뉴런(F)이 흥분하면 심장 세포에서의 활동 전위 발생 빈도가 증가한다.
(6) 방광에 연결된 부교감 신경의 신경절 이전 뉴런(G)의 신경 세포체는 척수의 회색질에 있다.
(7) 방광에 연결된 부교감 신경의 신경절 이후 뉴런(H)이 흥분하면 방광이 수축된다.

내신 만점 문제

105~108쪽

01 ④ 02 ⑤ 03 ② 04 ⑤ 05 ⑤ 06 ②
07 ④ 08 ⑤ 09 해설 참조 10 ① 11 ③ 12 ④
13 ① 14 ⑤ 15 해설 참조 16 ② 17 ④ 18 ④
19 해설 참조 20 ④

01 ①, ②, ③ 사람의 신경계는 뇌와 척수로 구성된 중추 신경계와 온몸에 퍼져 있는 말초 신경계로 구분된다.
⑤ 말초 신경계는 감각기에서 받아들인 자극을 중추 신경계에 전달하고, 중추 신경계의 반응 명령을 근육, 분비샘 등의 반응기에 전달한다.
바로알기 ④ 말초 신경계가 뇌에 연결된 12쌍의 뇌 신경과 척수에 연결된 31쌍의 척수 신경으로 이루어진다.

02 ⑤ E는 연수이며, 뇌와 척수를 연결하는 신경의 좌우 교차가 일어난다.
바로알기 ① A는 대뇌이며, 대뇌의 겉질은 주로 신경 세포체가 모인 회색질이고, 속질은 축삭 돌기가 모인 백색질이다.
② B는 간뇌이며, 중간뇌, 뇌교, 연수가 뇌줄기에 속한다.
③ C는 중간뇌이며, 시상 하부가 있는 뇌는 간뇌(B)이다.
④ D는 소뇌이며, 항상성 유지의 중추는 간뇌(B)이다.

03 언어, 기억 등의 정신 활동을 담당하는 뇌는 대뇌이고, 동공 반사의 중추는 중간뇌이다. 따라서 (가)는 대뇌(A), (나)는 중간뇌(C)가 손상되었을 때 나타나는 증상이다.

04 ① (가)의 A는 간뇌이며, 간뇌는 체온과 삼투압을 조절하는 항상성 유지의 중추이다.
② (나)의 B는 뇌교와 척수 사이에 있으므로 연수이다.
③ (다)는 소뇌의 기능이 적힌 카드이므로, ㉠에는 '수의 운동을 조절하고, 몸의 평형을 유지한다.'가 들어갈 수 있다.
④ (라)는 중간뇌의 기능이 적힌 카드이므로, '중간뇌'의 뇌 모형 그림 카드와 연결해야 한다.
바로알기 ⑤ A는 간뇌, B는 연수이다. 중간뇌, 뇌교, 연수(B)가 뇌줄기에 속하며, 간뇌(A)는 뇌줄기에 속하지 않는다.

05 꼼꼼 문제 분석

	특징 \ 구조	A 중간뇌	B 소뇌	C 연수
연수, 중간뇌	뇌줄기를 구성한다.	○	×	? ○
중간뇌	동공 반사의 중추이다.	㉠ ○	? ×	×

(○: 있음, ×: 없음)

ㄱ. 중간뇌(A)는 동공 반사의 중추이므로 ㉠은 '○'이다.

ㄴ. 소뇌(B)는 몸의 자세와 균형 유지를 담당하는 몸의 평형 유지 중추이다.
ㄷ. 연수(C)는 심장 박동, 소화 운동, 소화액 분비 등을 조절하는 중추이다.

06 ㄴ. 그림 (가)에서 단어를 듣거나 볼 때, 말하거나 생각할 때 대뇌 겉질이 활성화되는 부위가 각기 다른 것을 알 수 있다. 이를 통해 대뇌 겉질은 부위별로 기능이 분업화되어 있음을 알 수 있다.
바로알기 ㄱ. 그림 (가)에서 단어를 볼 때 활성화된 부위가 후두엽이므로 시각을 감지하는 감각령은 후두엽에 있음을 알 수 있다.
ㄷ. 그림 (가)에서 단어를 듣고, 보고, 말하고, 생각하는 것은 얼굴에 분포한 감각기로 들어온 자극과 머리에서 일어나는 반응에 의한 것이므로 척수를 거쳐 일어나지 않는다. 따라서 대뇌 겉질의 모든 정보가 척수로 전달되는 것은 아니다.

07 꼼꼼 문제 분석

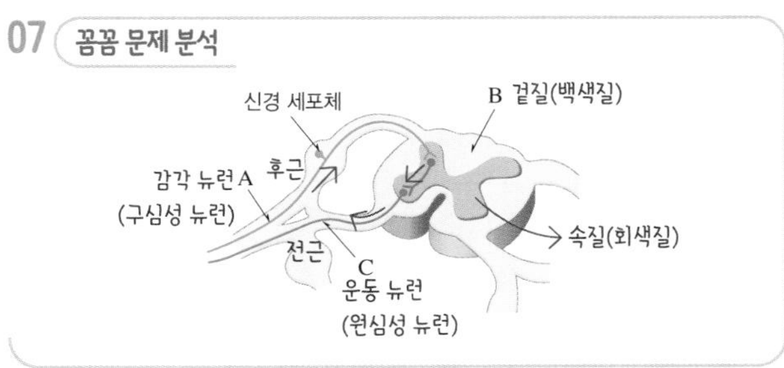

ㄱ. A는 신경 세포체가 축삭 돌기의 중간에 있으므로 감각 뉴런이다. 감각 뉴런은 후근을 구성한다.
ㄷ. C는 전근을 이루는 운동 뉴런이다.
바로알기 ㄴ. 척수의 겉질(B)은 주로 축삭 돌기가 모인 백색질이다.

[08~09] 꼼꼼 문제 분석

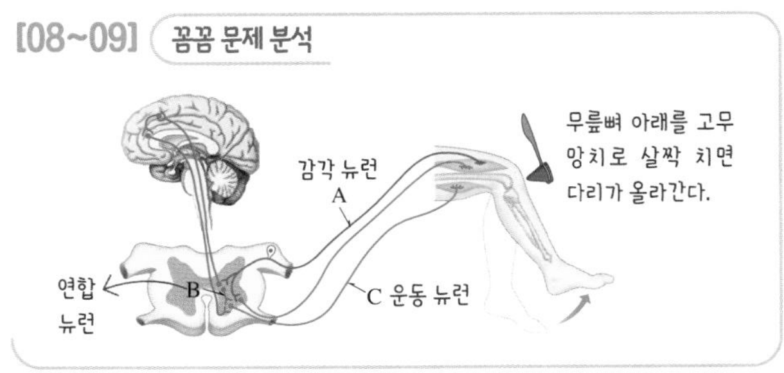

08 ①, ② A는 감각기에서 받아들인 자극을 중추 신경으로 전달하는 감각 뉴런이고, B는 감각 뉴런에서 온 정보를 통합하여 적절한 반응 명령을 내리는 연합 뉴런이며, C는 중추 신경의 반응 명령을 반응기로 전달하는 운동 뉴런이다.
③ C는 운동 뉴런으로 체성 신경에 해당한다.
④ 무릎 반사가 일어날 때 '감각 뉴런(A) → 척수(B) → 운동 뉴런(C)'의 경로로 흥분이 전달된다.
바로알기 ⑤ 무릎 반사의 중추는 척수이다.

09 모범 답안 자극이 대뇌로 전달되기 전에 반응이 빠르게 일어나므로 위험으로부터 우리 몸을 보호할 수 있다.

채점 기준	배점
반응이 빠르게 일어난다는 내용과 우리 몸을 보호할 수 있다는 내용을 모두 포함하여 옳게 서술한 경우	100 %
반응이 빠르게 일어난다는 내용과 우리 몸을 보호할 수 있다는 내용 중 한 가지만 옳게 서술한 경우	50 %

10 꼼꼼 문제 분석

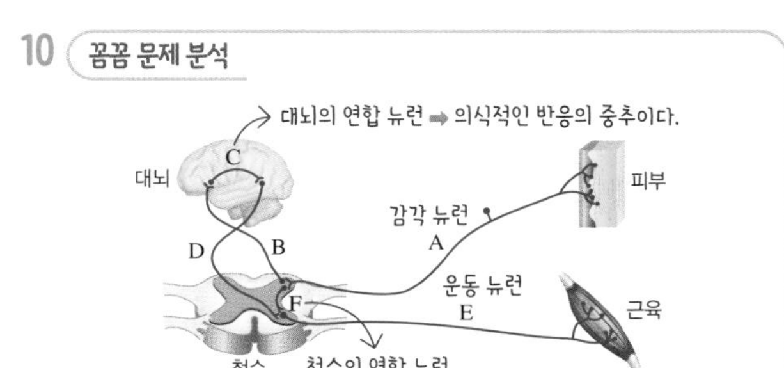

ㄴ. E는 골격근에 연결된 운동 뉴런으로 체성 신경계에 속하므로, E의 축삭 돌기 말단에서는 아세틸콜린이 분비된다.
바로알기 ㄱ. A는 감각 기관인 피부의 자극을 중추 신경계로 전달하므로 구심성 뉴런이다.
ㄷ. 어두운 방에서 손으로 더듬어 스위치를 찾아 불을 켜는 반응은 대뇌가 중추인 의식적인 반응이다. 따라서 이 반응의 경로는 피부 → 감각 뉴런(A) → B → 대뇌(C) → D → 운동 뉴런(E) → 손의 근육이다.

11 ㄱ. A는 자율 신경계이며, 자율 신경계의 말단은 내장 기관, 혈관, 분비샘에 분포하여 주로 소화, 순환, 호흡 운동과 호르몬 분비 등 생명 유지에 필수적인 기능을 조절한다.
ㄴ. B는 구심성 신경에 해당하므로 감각 신경이고, 감각 신경은 감각기에서 받아들인 자극을 중추 신경계로 전달한다.
바로알기 ㄷ. C는 체성 신경계에 속하는 운동 신경이며, 심장근의 반응을 조절하는 신경은 자율 신경계에 속하는 교감 신경과 부교감 신경이다.

12 꼼꼼 문제 분석

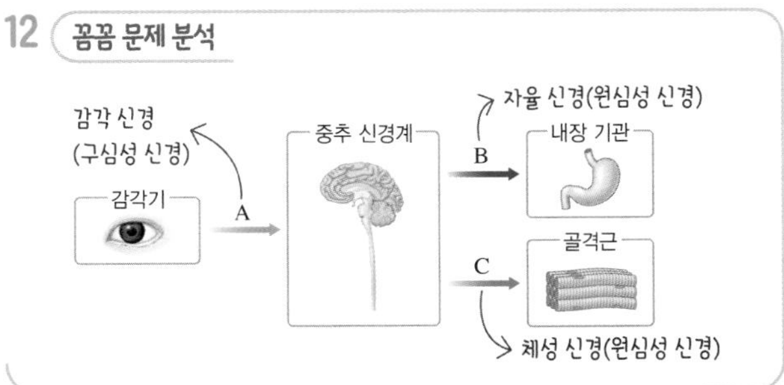

ㄴ. B는 내장 기관에 연결된 자율 신경이다. 자율 신경은 중추 신경계에서 나와 내장 기관에 이르기까지 2개의 뉴런으로 연결되며 신경절에서 시냅스를 형성한다.

ㄷ. C는 체성 신경계에 속한 운동 신경이다. 체성 신경계는 대뇌의 지배를 받아 골격근의 반응을 조절하므로, 운동 신경인 C는 대뇌로부터 받은 명령을 골격근에 전달하는 역할을 한다.

바로알기 ㄱ. A는 감각기에서 받아들인 자극 정보를 중추 신경계로 전달하는 역할을 하므로 감각 신경이다. 감각 신경은 구심성 신경에 해당하며, 자율 신경계에 속하지 않는다.

13 ② 자율 신경계는 대뇌의 조절을 직접 받지 않는다.

③, ⑤ 자율 신경계는 교감 신경과 부교감 신경으로 구성되며, 중추에서 나와 반응기에 이르기까지 2개의 뉴런이 신경절에서 시냅스를 형성한다.

④ 자율 신경계는 소화, 순환, 호흡, 호르몬 분비 등 생명 유지에 필수적인 기능을 조절한다.

바로알기 ① 자율 신경계는 원심성 뉴런으로 구성된다.

14 ①, ③ 교감 신경과 부교감 신경은 길항 작용으로 내장 기관의 기능을 조절한다.

② 교감 신경과 부교감 신경은 모두 대뇌의 영향을 직접 받지 않는 자율 신경계에 속한다.

④ 교감 신경은 신경절 이전 뉴런이 신경절 이후 뉴런보다 짧고, 부교감 신경은 신경절 이전 뉴런이 신경절 이후 뉴런보다 길다.

바로알기 ⑤ 교감 신경은 몸을 긴장 상태로 만드는 작용을 하고, 부교감 신경은 긴장 상태에 있던 몸을 원래의 안정 상태로 회복시켜 주는 작용을 한다.

15 빠르게 낙하하는 놀이기구를 탔을 때에는 매우 긴장된 상태이므로, 교감 신경이 작용하여 심장 박동이 빨라지고 혈관이 수축하며, 소화관 운동과 소화액 분비가 억제된다.

모범 답안 심장 박동은 빨라지고, 소화관 운동은 억제된다. 몸을 위기 상황에 대처하기에 알맞은 긴장 상태로 만들기 위해 교감 신경이 작용하기 때문이다.

채점 기준	배점
심장 박동 변화, 소화관 운동 변화, 이 현상이 일어나는 까닭을 교감 신경과 연관 지어 모두 옳게 서술한 경우	100 %
심장 박동과 소화관 운동 변화만 옳게 서술한 경우	30 %

16 꼼꼼 문제 분석

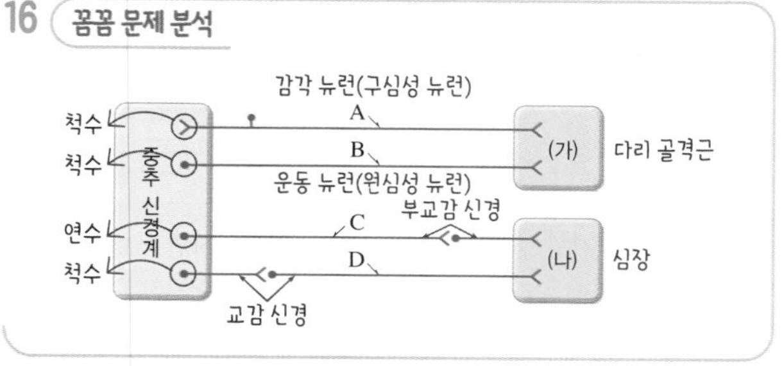

① 체성 신경에 해당하는 운동 뉴런은 중추에서 나와 반응기(골격근)에 이르기까지 1개의 뉴런으로 이루어져 있고, 자율 신경은 중추에서 나와 반응기에 이르기까지 2개의 뉴런이 시냅스를 이룬다. 따라서 (가)는 다리 골격근, (나)는 심장이다.

③ 감각 뉴런(A)과 운동 뉴런(B)은 모두 척수에서 나와 다리 골격근에 연결된 뉴런이므로 척수 신경에 속한다.

④ 심장에 연결된 부교감 신경의 신경절 이전 뉴런(C)의 신경 세포체는 연수에 있다.

⑤ 부교감 신경의 신경절 이전 뉴런(C)의 말단에서는 아세틸콜린이 분비되고, 교감 신경의 신경절 이후 뉴런(D)의 말단에서는 노르에피네프린이 분비된다.

바로알기 ② 다리 골격근(가)에 연결된 감각 뉴런(A)은 척수의 후근을 구성한다.

17 꼼꼼 문제 분석

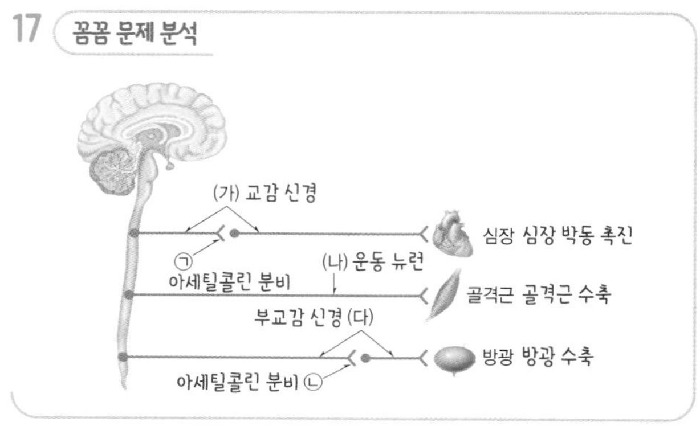

④ 교감 신경(가)의 신경절 이전 뉴런의 말단(㉠)에서는 아세틸콜린이 분비된다.

바로알기 ① (가)는 신경절 이전 뉴런이 신경절 이후 뉴런보다 짧으므로 교감 신경이다.

② (나)는 반응기인 팔의 골격근과 척수를 연결하며, 신경 세포체가 척수에 있으므로 운동 뉴런이다.

③ (다)는 신경절 이전 뉴런보다 신경절 이후 뉴런이 짧으므로 부교감 신경이다. 부교감 신경이 흥분하면 방광이 수축된다.

⑤ 부교감 신경(다)의 신경절 이전 뉴런의 말단(㉡)에서는 아세틸콜린이 분비된다.

18 꼼꼼 문제 분석

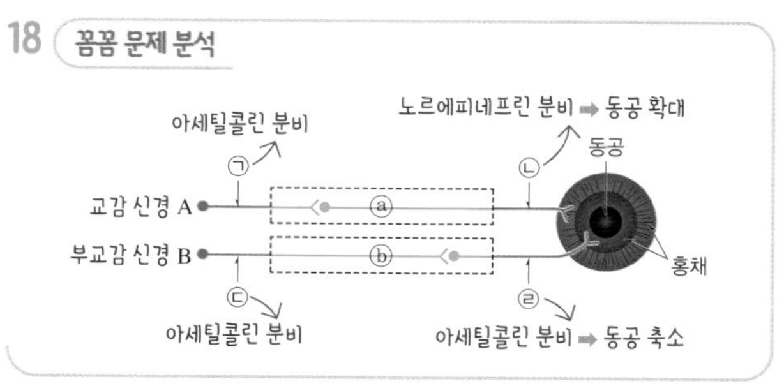

교감 신경의 신경절 이전 뉴런과 부교감 신경의 신경절 이후 뉴런의 말단에서 분비되는 신경 전달 물질은 아세틸콜린으로 같다.

㉠과 ㉣의 말단에서 분비되는 신경 전달 물질은 서로 같다고 했으므로, A는 교감 신경, B는 부교감 신경이다.
④ 부교감 신경(B)에서 신경절 이전 뉴런(㉢)의 길이는 신경절 이후 뉴런(㉣)의 길이보다 길다.
바로알기 ① A는 교감 신경이다.
② 홍채에 연결된 교감 신경(A)의 신경절 이전 뉴런(㉠)의 신경 세포체는 척수에 있다.
③ 홍채에 연결된 교감 신경(A)의 신경절 이후 뉴런(㉡)이 흥분하면 동공이 확대된다.
⑤ 홍채에 연결된 부교감 신경(B)의 신경절 이후 뉴런(㉣)의 말단에서 분비되는 신경 전달 물질은 아세틸콜린이다.

19 A는 신경절 이전 뉴런이 신경절 이후 뉴런보다 길고, B는 신경절 이전 뉴런이 신경절 이후 뉴런보다 짧다. 따라서 A는 부교감 신경, B는 교감 신경이다.

모범 답안 A는 부교감 신경, B는 교감 신경이다. 부교감 신경인 A가 흥분하면 심장 박동이 억제되고, 교감 신경인 B가 흥분하면 심장 박동이 촉진된다.

채점 기준	배점
A와 B의 이름을 옳게 쓰고, 심장 박동 변화를 모두 옳게 서술한 경우	100 %
A와 B의 이름만 옳게 쓴 경우	40 %

20 ㄱ. 방광을 확장시키는 말초 신경 A는 교감 신경이며, 교감 신경의 신경절 이후 뉴런의 말단에서는 노르에피네프린이 분비된다.
ㄴ. 소장에서 소화 작용을 촉진하는 말초 신경 B는 부교감 신경이며, 소장에 연결된 부교감 신경의 신경절 이전 뉴런의 신경 세포체는 연수에 있다.
바로알기 ㄷ. 피부에서 받은 자극을 척수로 전달하는 말초 신경 C는 감각 신경이다. 교감 신경(A)과 부교감 신경(B)은 원심성 신경에 속하고, 감각 신경(C)은 구심성 신경에 속한다.

실력 UP 문제
109쪽
01 ②
02 ②
03 ④
04 ④

01 사람의 신경계는 중추 신경계와 말초 신경계로 구분하며, 중추 신경계에는 뇌와 척수(A)가 있다. 말초 신경계는 구심성 신경(B)과 원심성 신경으로 구분하며, 원심성 신경에는 자율 신경과 체성 신경(C)이 있다.
ㄱ. 교감 신경은 척수(A)에 연결되어 있다.
ㄴ. 구심성 신경(B)은 감각기에서 받아들인 자극을 중추 신경계로 전달한다.
바로알기 ㄷ. 알츠하이머병은 대뇌 기능의 저하로 나타나는 질환이다. 골격근에 연결된 체성 신경(C)이 손상되면 근위축성 측삭 경화증이 나타날 수 있다.

02 ㄴ. 경로 A → P는 감각기 → 감각 신경 → 뇌 → 척수 → 운동 신경 → 반응기이며, 운동 신경은 체성 신경이다. 따라서 경로 A → P에는 체성 신경이 관여한다.
바로알기 ㄱ. ㉠은 중추 신경계인 뇌를 이루는 뉴런이다. 뇌 신경은 뇌와 연결된 말초 신경이므로 ㉠은 뇌 신경에 속하지 않는다.
ㄷ. 어두운 곳으로 들어갈 때 동공의 크기가 커지는 반응은 동공 반사이다. 동공 반사의 중추는 중간뇌이며, 자율 신경이 관여한다. 제시된 자료에서 P와 Q에 연결된 원심성 신경은 체성 신경이므로 동공 반사의 경로는 B → Q가 아니다. 또한, 동공 반사의 감각기는 눈이므로 A이다.

03 꼼꼼 문제 분석

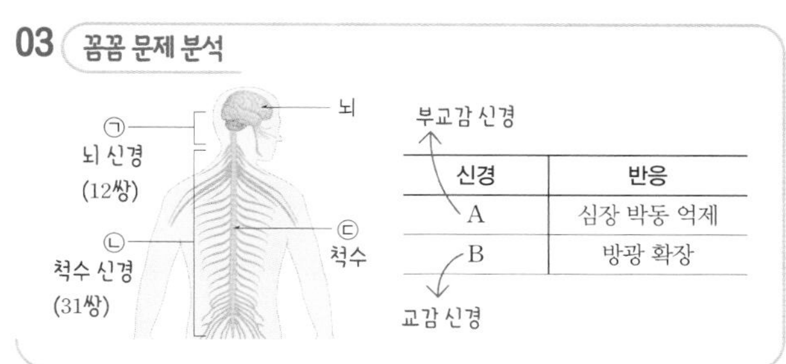

④ B는 방광을 확장시키므로 교감 신경이며, 방광에 연결된 교감 신경(B)의 신경절 이전 뉴런의 신경 세포체는 척수(㉢)에 있다.
바로알기 ① ㉠은 뇌에서 뻗어 나온 뇌 신경이며, 운동 뉴런과 감각 뉴런으로 구성되어 있다. 연합 뉴런은 뇌와 척수를 이룬다.
② A는 심장 박동을 억제하므로 부교감 신경이며, 신경절 이전 뉴런이 신경절 이후 뉴런보다 길다.
③ ㉡은 척수에서 뻗어 나온 척수 신경이며, 31쌍이다.
⑤ 부교감 신경(A)과 교감 신경(B)은 모두 중추 신경계의 명령을 반응기로 전달하므로 원심성 신경에 해당한다.

04 꼼꼼 문제 분석

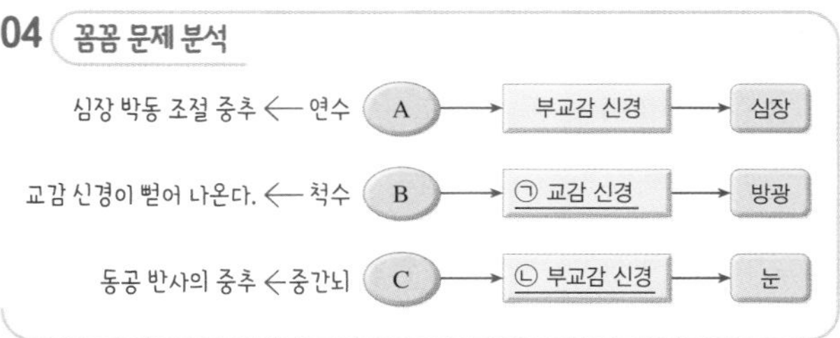

④ 방광에 연결된 교감 신경(㉠)이 흥분하면 방광이 확장된다.
바로알기 ① 심장에 연결된 부교감 신경의 신경절 이전 뉴런의 신경 세포체는 연수(A)에 있다. 체온 조절의 중추는 간뇌의 시상하부이다.
② 방광에 연결된 교감 신경의 신경절 이전 뉴런의 신경 세포체는 척수(B)에 있다. 척수(B)의 겉질은 백색질로, 주로 축삭 돌기가 모여 있다.
③ 눈에 연결된 부교감 신경의 신경절 이전 뉴런의 신경 세포체는 중간뇌(C)에 있다.
⑤ 부교감 신경(㉡)의 신경절 이후 뉴런의 말단에서 분비되는 신경 전달 물질은 아세틸콜린이다.

중단원 핵심 정리 110~111쪽

❶ 가지 ❷ 축삭 ❸ 분극 ❹ 탈분극 ❺ 재분극 ❻ 도약전도 ❼ 빠르다 ❽ 축삭 돌기 ❾ 신경 전달 물질 ❿ 마이오신 ⓫ 액틴 ⓬ H ⓭ A ⓮ 중추 신경계 ⓯ 말초 신경계 ⓰ 후근 ⓱ 전근 ⓲ 체성 신경계 ⓳ 자율 신경계 ⓴ 억제 ㉑ 촉진

중단원 마무리 문제 112~115쪽

01 ④ 02 ④ 03 ⑤ 04 ④ 05 ② 06 ③ 07 ④ 08 ④ 09 ⑤ 10 A, C 11 ② 12 ② 13 ④ 14 ① 15 ⑤ 16 ③ 17 해설 참조 18 해설 참조 19 해설 참조

01 ① 뉴런은 신경 세포이며, 신경계를 구성하는 기본 단위이다.
②, ⑤ 신경 세포체는 핵과 세포 소기관이 있으며, 가지 돌기는 다른 뉴런이나 세포에서 오는 신호를 받아들인다.
③ 뉴런의 크기와 모양은 기능에 따라 다양하지만, 기본적으로는 신경 세포체, 축삭 돌기, 가지 돌기로 구성되어 있다.
바로알기 ④ 말이집 신경에서 절연체 역할을 하는 부분은 말이집이다. 랑비에 결절은 말이집이 없어 축삭이 노출되어 있는 부분이다.

02 ① A는 핵과 세포 소기관이 있는 신경 세포체이다.
② B는 다른 뉴런으로부터 자극을 받아들이는 가지 돌기이다.
③ 축삭 돌기(C)의 말단에는 신경 전달 물질이 들어 있는 시냅스 소포가 존재한다.
⑤ 이 뉴런은 말이집 신경이므로, 이 뉴런에 역치 이상의 자극을 주면 랑비에 결절에서만 활동 전위가 발생하는 도약전도가 일어난다.
바로알기 ④ 말이집(D)은 절연체 역할을 하므로, 말이집으로 둘러싸인 부분에서는 활동 전위가 발생하지 않는다.

03 ㄱ. (가)는 신경 세포체가 축삭 돌기의 한쪽에 치우쳐 있으므로 구심성 뉴런이고, (다)는 축삭 돌기가 길게 발달되어 있으므로 원심성 뉴런이다. 구심성 뉴런과 원심성 뉴런은 모두 말초 신경계에 속한다.
ㄴ. (나)는 구심성 뉴런(가)과 원심성 뉴런(다)을 연결하는 연합 뉴런이며, 연합 뉴런은 뇌와 척수 같은 중추 신경을 이룬다.
ㄷ. A 지점은 랑비에 결절이며, 랑비에 결절에서는 활동 전위가 발생한다. 흥분 전달은 '구심성 뉴런(가) → 연합 뉴런(나) → 원심성 뉴런(다)' 순으로 일어난다.

04 꼼꼼 문제 분석

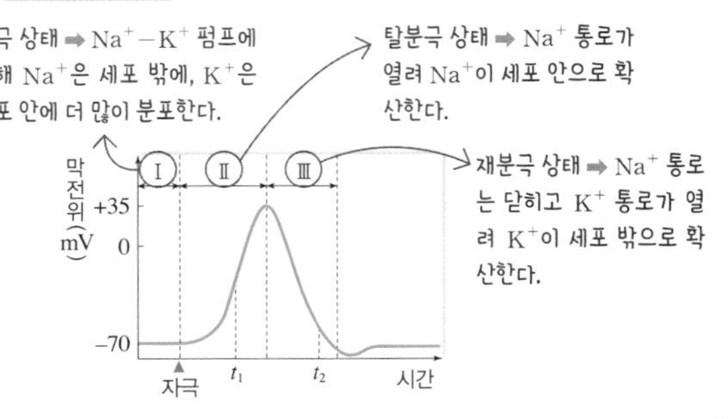

④ t_1일 때 막전위가 상승하는 것은 Na^+이 세포 안으로 확산하기 때문이다. Na^+ 통로를 통한 Na^+의 이동은 세포 안팎의 Na^+ 농도 차이에 따른 확산에 의해 일어나므로 ATP가 소모되지 않는다.
바로알기 ① 구간 Ⅰ은 분극 상태이며, 분극 상태일 때에는 Na^+-K^+ 펌프에 의해 Na^+은 세포 밖으로, K^+은 세포 안으로 이동한다. 따라서 구간 Ⅰ에서는 Na^+이 세포 안보다 밖에, K^+이 세포 밖보다 안에 더 많이 분포한다.
② Na^+ 농도는 막전위 변화와 관계없이 항상 세포 밖이 세포 안보다 높다.
③ 구간 Ⅲ은 재분극 상태로 막전위가 하강하는데, 그 까닭은 K^+이 K^+ 통로를 통해 세포 밖으로 확산하기 때문이다.
⑤ t_2일 때는 대부분의 Na^+ 통로가 닫혀 Na^+이 세포 안으로 들어오지 못한다.

05 꼼꼼 문제 분석

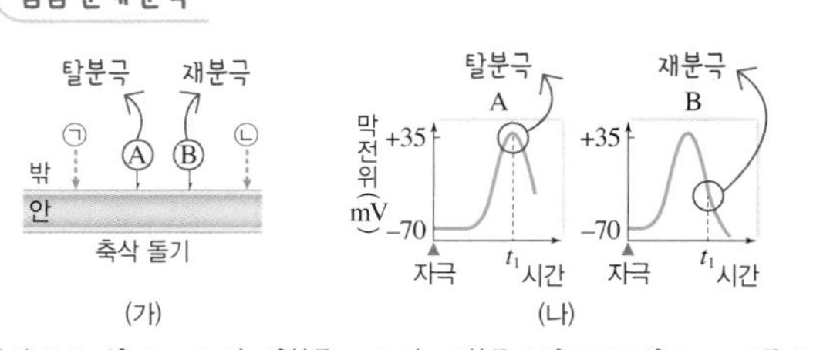

(나)에서 t_1일 때 A에서는 탈분극, B에서는 재분극이 일어나고 있다. ➡ 자극이 B에 먼저 도달하였다. ➡ 역치 이상의 자극을 준 지점은 ㉡이다. ➡ 흥분 전도는 ㉡ → ㉠ 방향으로 진행된다.

ㄴ. K^+의 농도는 막전위 변화와 상관없이 항상 세포 안이 세포 밖보다 높다.
바로알기 ㄱ, ㄷ. (나)에서 t_1일 때 A 지점에서는 막전위가 상승한 상태이지만, B 지점에서는 막전위가 하강하는 상태이다. 이를 통해 t_1일 때 A 지점에서는 탈분극이, B 지점에서는 재분극이 일어나고 있음을 알 수 있다. 활동 전위 발생은 '탈분극 → 재분극' 순으로 일어나므로 ㉡ 지점에 역치 이상의 자극이 주어졌음을 알 수 있다. 따라서 흥분 전도는 ㉡ → ㉠ 방향으로 진행된다.

06 ㄱ. (가)에서 시냅스 이전 뉴런과 시냅스 이후 뉴런 모두 축삭 돌기가 말이집으로 싸여 있으므로 말이집 신경이다.

ㄴ. (나)에서 B의 시냅스 소포에 들어 있는 신경 전달 물질(㉠)이 시냅스 틈으로 방출되면 A의 세포막에 있는 이온 통로가 열리게 되어 A가 탈분극된다.

ㄷ. 시냅스 소포는 축삭 돌기 말단에 존재하므로 (나)에서 A는 시냅스 이후 뉴런의 신경 세포체나 가지 돌기 부위이고, B는 시냅스 이전 뉴런의 축삭 돌기 말단 부위이다.

바로알기 ㄹ. 흥분 전달은 시냅스 이전 뉴런의 축삭 돌기 말단(B)에서 시냅스 이후 뉴런의 가지 돌기(A) 쪽으로 일어난다.

07 꼼꼼 문제 분석

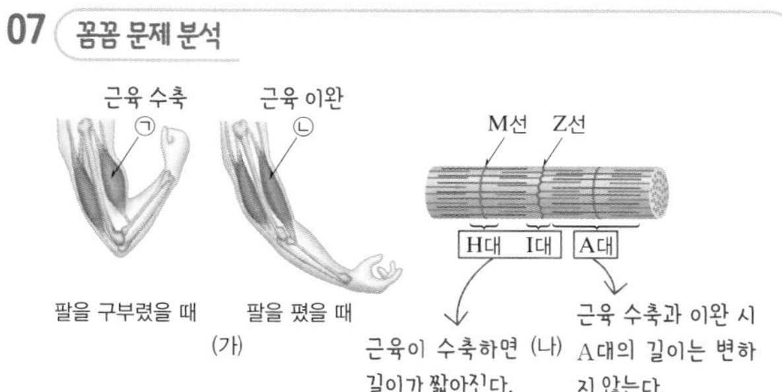

근수축은 액틴 필라멘트가 마이오신 필라멘트 사이로 미끄러져 들어가 근육 원섬유 마디의 길이가 짧아짐으로써 일어난다. 그 결과 H대와 I대의 길이는 모두 짧아지지만, A대의 길이는 변하지 않는다.

ㄱ. A대는 마이오신 필라멘트가 있는 부분으로 근육 수축과 이완 시 길이 변화가 없다. 따라서 A대의 길이는 근육 수축 상태인 ㉠과 근육 이완 상태인 ㉡에서 동일하다.

ㄷ. 근육 원섬유에서 A대(암대)와 I대(명대)가 반복되므로 골격근인 ㉠에는 가로무늬가 나타난다.

바로알기 ㄴ. 팔을 구부리면 근육 ㉠은 수축하며, 근육 수축 시 마이오신 필라멘트만 있는 H대의 길이는 짧아진다.

08 꼼꼼 문제 분석

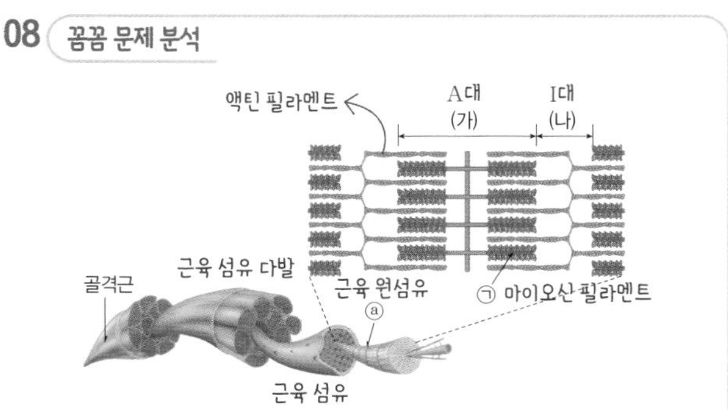

골격근 ⊃ 근육 섬유 다발 ⊃ 근육 섬유(다핵성 근육 세포) ⊃ 근육 원섬유(마이오신 필라멘트와 액틴 필라멘트로 구성)

ㄴ. ㉠은 마이오신 필라멘트이다. 근수축 시 액틴 필라멘트와 마이오신 필라멘트(㉠) 자체는 수축하지 않으므로 그 길이는 변하지 않는다.

ㄷ. (가)는 마이오신 필라멘트가 있는 부분인 A대, (나)는 액틴 필라멘트만 있는 부분인 I대이다. 골격근 수축 시 근육 원섬유 마디의 길이가 짧아지는데, 이때 A대의 길이는 변하지 않고 I대의 길이는 짧아진다. 따라서 골격근이 수축하면 $\frac{\text{(가)의 길이}}{\text{(나)의 길이}}$는 증가한다.

바로알기 ㄱ. ⓐ는 근육 원섬유이다. 근육 원섬유는 굵은 마이오신 필라멘트와 가는 액틴 필라멘트로 구성된다.

09 꼼꼼 문제 분석

시점	X의 길이	H대의 길이
이완 ↓ t_1	? 2.4	0.2 ↘ 증가
t_2	2.8	0.6

(단위: μm)

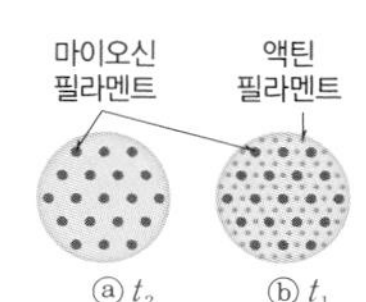

ㄴ. t_1에서 t_2로 될 때 H대의 길이가 0.4 μm 증가하였으므로, X의 길이도 0.4 μm 증가하였다. 따라서 t_1일 때 X의 길이는 2.8 μm−0.4 μm=2.4 μm이다.

ㄷ. 마이오신 필라멘트와 액틴 필라멘트가 겹치는 부분은 A대에서 관찰되므로, 그림은 A대에서 관찰되는 단면이다.

바로알기 ㄱ. t_1일 때가 t_2일 때보다 H대의 길이가 짧은 것으로 보아 t_1일 때가 t_2일 때보다 근수축 상태임을 알 수 있다. 근수축이 일어나면 액틴 필라멘트가 마이오신 필라멘트 사이로 미끄러져 들어가 마이오신 필라멘트와 액틴 필라멘트가 겹치는 부분이 증가하므로, ⓐ는 t_2, ⓑ는 t_1이다.

10 학생 A: 중간뇌, 뇌교, 연수는 뇌줄기에 속한다.
학생 C: 대뇌 겉질은 주로 신경 세포체가 모인 회색질이다.

바로알기 학생 B: 사람에서 뇌 신경은 좌우 12쌍, 척수 신경은 좌우 31쌍으로 구성된다.

11 ② B는 간뇌이며, 시상과 시상 하부로 구분된다.

바로알기 ① A는 대뇌이며, 대뇌는 추리, 기억, 상상, 언어 등 정신 활동을 담당하는데, 이러한 활동은 대부분 대뇌 겉질에서 일어난다.

③ C는 안구 운동과 홍채 운동을 조절하는 중간뇌이다. 항상성 유지는 간뇌(B)의 시상 하부가 관여한다.

④ D는 몸의 평형을 유지하는 소뇌이다. 기능에 따라 감각령, 연합령, 운동령으로 구분되는 뇌는 대뇌(A)이다.

⑤ E는 신경의 좌우 교차가 일어나고, 심장 박동, 호흡 운동 등의 중추인 연수이다. 무릎 반사의 중추는 척수이다.

12 ② B는 전근을 이루는 운동 뉴런이며, 운동 뉴런의 신경 세포체는 척수의 속질(회색질)에 존재한다.

바로알기 ① A는 고무망치의 자극으로 발생한 흥분을 척수로 전달하는 감각 뉴런이다.

③ 감각 뉴런(A)은 구심성 신경에 속하고, 운동 뉴런(B)은 원심성 신경 중 체성 신경계에 속한다.
④ 근육의 수축과 이완이 일어날 때 마이오신 필라멘트의 길이는 변화 없다. 따라서 무릎 반사(ⓐ)가 일어나는 동안 ㉠의 근육 원섬유 마디에서 마이오신 필라멘트의 길이는 변하지 않는다.
⑤ 무릎 반사의 중추는 척수이며, 척수는 뇌줄기를 구성하지 않는다.

13 ㄱ. A는 신경 세포체가 축삭 돌기의 한쪽에 치우쳐 있으므로 감각 뉴런이다.
ㄴ. B는 척수의 속질이므로 회색질이다.
바로알기 ㄷ. C와 D는 척수와 소장 사이에 시냅스를 형성하므로 자율 신경이다. 체성 신경이 의식적인 골격근의 반응을 조절한다.

14 ㄱ. A와 B는 중추에서 나와 심장에 이르기까지 2개의 뉴런으로 구성되므로 자율 신경이며, A는 신경절 이전 뉴런이 신경절 이후 뉴런보다 짧으므로 교감 신경, B는 신경절 이전 뉴런이 신경절 이후 뉴런보다 길므로 부교감 신경이다. 심장에 연결된 교감 신경(A)의 신경절 이전 뉴런의 신경 세포체는 척수에 있다.
바로알기 ㄴ. 심장에 연결된 부교감 신경(B)이 흥분하면 심장 박동이 억제된다.
ㄷ. C는 신경 세포체가 축삭 돌기의 한쪽에 치우쳐 있으므로 감각 신경이고, D는 중추 신경계에 신경 세포체가 있고 축삭 돌기 말단이 팔 골격근에 있으므로 운동 신경이다. 감각 신경(C)에서 발생한 흥분은 중추 신경계로 이동하고, 운동 신경(D)에서 발생한 흥분은 반응기(팔 골격근)로 이동한다. 따라서 C와 D에서 흥분의 이동 방향은 서로 반대이다.

15 **꼼꼼 문제 분석**

막전위(mV) 0, −50 / --- 자극 전 — 자극 후 / 시간

(가)
A를 자극했을 때 활동 전위 발생 빈도 증가 ➡ 심장 박동 촉진 ➡ A는 교감 신경

(나)
B를 자극했을 때 활동 전위 발생 빈도 감소 ➡ 심장 박동 억제 ➡ B는 부교감 신경

ㄱ. (가)에서 A를 자극했을 때 심장 세포에서의 활동 전위 발생 빈도가 증가하므로 심장 박동이 촉진된다. (나)에서 B를 자극했을 때 심장 세포에서의 활동 전위 발생 빈도가 감소하므로 심장 박동이 억제된다. 따라서 A는 교감 신경, B는 부교감 신경이다.
ㄴ. 부교감 신경(B)의 신경절 이후 뉴런의 축삭 돌기 말단에서 분비되는 신경 전달 물질은 아세틸콜린이다.
ㄷ. 교감 신경(A)과 부교감 신경(B)은 심장 박동 속도를 반대로 조절함으로써 서로의 효과를 줄이는 길항 작용을 한다.

16 ㄷ. (다)는 대뇌의 뉴런이 파괴되어 뇌 조직이 오므라들면서 지적 기능이 쇠퇴되는 질환인 알츠하이머병으로, 중추 신경계 이상에 의한 질환이다.
바로알기 ㄱ. (가)는 운동 신경이 선택적으로 파괴되면서 근육 약화가 나타나는 질환인 근위축성 측삭 경화증으로, 말초 신경계의 이상에 의한 질환이다.
ㄴ. (나)는 뇌에서 도파민을 분비하는 뉴런이 파괴되어 운동 장애가 나타나는 질환인 파킨슨병으로, 중추 신경계의 이상에 의한 질환이다.

17 활동 전위 발생 시 닫혀 있던 Na^+ 통로가 열리면서 Na^+의 막 투과도가 증가하고, Na^+이 세포 안으로 급격하게 확산하면서 막전위가 상승하는 탈분극이 일어난다. 열린 Na^+ 통로가 닫히고, 닫혀 있던 K^+ 통로가 열리면서 K^+의 막 투과도가 증가하고, K^+이 세포 밖으로 확산하면서 막전위가 하강하는 재분극이 일어난다. t_1일 때는 탈분극, t_2일 때는 재분극 상태이다.
모범 답안 Na^+의 막 투과도는 t_1일 때가 t_2일 때보다 크고, K^+의 막 투과도는 t_2일 때가 t_1일 때보다 크다.

채점 기준	배점
Na^+의 막 투과도와 K^+의 막 투과도를 모두 옳게 비교하여 서술한 경우	100 %
Na^+의 막 투과도와 K^+의 막 투과도 중 한 가지만 옳게 서술한 경우	50 %

18 ㉡+㉢은 I대이며 근수축이 일어날 때 I대의 길이는 짧아진다. 따라서 t_1일 때가 t_2일 때보다 근수축 상태이다. I대(㉡+㉢)의 길이가 t_1일 때에는 0.2 μm, t_2일 때에는 0.6 μm이므로 t_2일 때 H대의 길이는 t_1일 때보다 0.4 μm 증가한다. 따라서 t_2일 때 H대의 길이는 0.6 μm이다. t_2일 때 X의 길이는 2.2 μm이고 I대(㉡+㉢)의 길이는 0.6 μm이므로 A대의 길이는 1.6 μm(=2.2 μm−0.6 μm)이다. A대의 길이는 근육 수축과 이완 과정에서 변하지 않으므로 t_1일 때 A대의 길이도 1.6 μm이다. 따라서 t_1일 때 X의 길이는 1.8 μm(=1.6 μm+0.2 μm)이다.
모범 답안 t_1일 때 X의 길이는 1.8 μm, t_2일 때 H대의 길이는 0.6 μm이다.

채점 기준	배점
t_1일 때 X의 길이와 t_2일 때 H대의 길이를 모두 옳게 쓴 경우	100 %
t_1일 때 X의 길이와 t_2일 때 H대의 길이 중 한 가지만 옳게 쓴 경우	50 %

19 **모범 답안** 자극(가시에 찔림) → 피부 → A → F → E → 근육 → 반응(급히 손을 뗌)

채점 기준	배점
반응 경로를 자극, 감각기, 반응기를 모두 포함하여 옳게 쓴 경우	100 %
A → F → E만 쓴 경우	70 %

수능 실전 문제 117~119쪽

01 ⑤	02 ①	03 ④	04 ③	05 ③	06 ③
07 ⑤	08 ④	09 ④	10 ③	11 ⑤	

01 꼼꼼 문제 분석

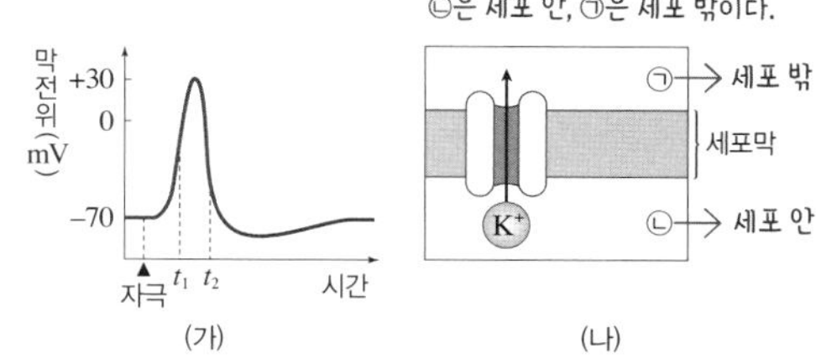

- t_1: 막전위가 상승하므로 탈분극이 일어나는 시기이고, Na^+ 통로를 통해 Na^+이 세포 밖에서 안으로 확산된다. ➡ Na^+의 막 투과도가 높다.
- t_2: 막전위가 하강하므로 재분극이 일어나는 시기이고, K^+ 통로를 통해 K^+이 세포 안에서 밖으로 확산된다. ➡ K^+의 막 투과도가 높다.

선택지 분석

ㄱ. t_1일 때 Na^+은 Na^+ 통로를 통해 ㉠에서 ㉡으로 확산된다.

ㄴ. t_1일 때 이온의 $\frac{\text{㉠에서의 농도}}{\text{㉡에서의 농도}}$는 Na^+이 K^+보다 크다.

ㄷ. K^+의 막 투과도는 t_2일 때가 t_1일 때보다 크다.

전략적 풀이 ❶ K^+ 통로를 통한 K^+의 이동 방향을 파악하여 ㉠과 ㉡이 각각 세포 안과 세포 밖 중 어느 곳인지 알아낸다.

K^+ 통로를 통해 K^+은 세포 안에서 세포 밖으로 확산되므로 ㉠은 세포 밖, ㉡은 세포 안이다.

❷ 역치 이상의 자극을 받은 뉴런의 한 지점에서 일어나는 막전위 변화와 이온의 이동을 파악하여 t_1과 t_2에서의 이온 분포와 막 투과도를 알아낸다.

ㄱ. t_1은 탈분극이 일어나는 시점이며, 이때 Na^+이 Na^+ 통로를 통해 세포 밖(㉠)에서 안(㉡)으로 확산되어 들어와 막전위가 상승한다.

ㄴ. 막전위 변화와 관계없이 Na^+의 농도는 세포 밖이 세포 안보다 높고, K^+의 농도는 세포 안이 세포 밖보다 높다. 따라서 t_1일 때 Na^+의 $\frac{\text{㉠에서의 농도}}{\text{㉡에서의 농도}}$는 1보다 크고, K^+의 $\frac{\text{㉠에서의 농도}}{\text{㉡에서의 농도}}$는 1보다 작으므로 $\frac{\text{㉠에서의 농도}}{\text{㉡에서의 농도}}$는 Na^+이 K^+보다 크다.

ㄷ. K^+ 통로가 열리면 K^+의 막 투과도가 높아지는데, t_1일 때는 탈분극 시기이므로 대부분의 K^+ 통로는 닫혀 있고 Na^+ 통로가 열려 있다. t_2일 때는 재분극 시기이므로 Na^+ 통로는 닫혀 있고 K^+ 통로가 열려 있다. 따라서 K^+의 막 투과도는 t_2일 때가 t_1일 때보다 크다.

02 꼼꼼 문제 분석

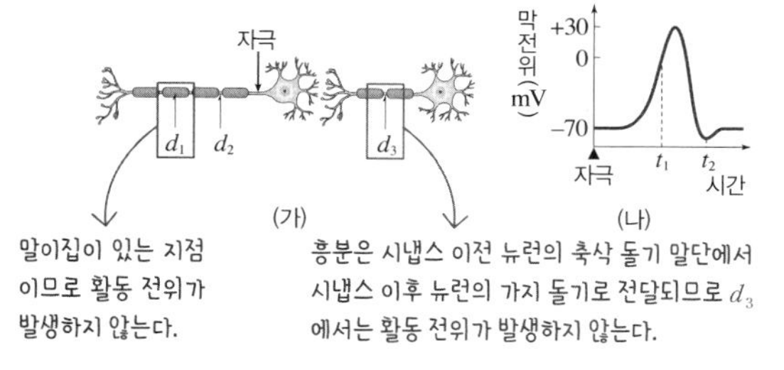

말이집이 있는 지점이므로 활동 전위가 발생하지 않는다.

흥분은 시냅스 이전 뉴런의 축삭 돌기 말단에서 시냅스 이후 뉴런의 가지 돌기로 전달되므로 d_3에서는 활동 전위가 발생하지 않는다.

선택지 분석

ㄱ. d_1에는 슈반 세포가 존재한다.

~~ㄴ.~~ t_1일 때 d_3에서 Na^+ 통로를 통해 Na^+이 세포 안으로 확산된다. 대부분의 Na^+ 통로가 닫혀 있다.

~~ㄷ.~~ t_2일 때 d_2에서 휴지 전위가 나타난다. 과분극이 나타난다.

전략적 풀이 ❶ (가)에서 d_1~d_3 지점의 특징을 이해하여 (나)의 막전위 변화가 d_1~d_3 중 어느 지점에서 일어나는지를 파악한다.

d_1은 말이집이 있는 지점이므로 활동 전위가 발생하지 않으며, d_2는 랑비에 결절의 한 지점이므로 활동 전위가 발생한다. 흥분 전달 방향은 '시냅스 이전 뉴런의 축삭 돌기 → 시냅스 이후 뉴런의 가지 돌기'이므로 그림의 위치에 역치 이상의 자극을 주어도 d_3에서는 활동 전위가 발생하지 않는다. 따라서 (나)의 막전위 변화는 d_2에서 일어난 것이다.

ㄱ. d_1은 슈반 세포의 세포막이 축삭을 여러 겹으로 싸고 있는 말이집이 있는 지점으로, d_1에는 슈반 세포가 존재한다.

❷ (나)에서 t_1과 t_2일 때 d_2와 d_3에서 나타나는 현상을 파악한다.

ㄴ. t_1일 때 d_3에서는 분극 상태를 유지하므로 대부분의 Na^+ 통로가 닫혀 있다.

ㄷ. t_2일 때 d_2에서는 막전위가 휴지 전위(−70 mV)보다 더 낮은 상태이므로 과분극이 나타난다.

03 꼼꼼 문제 분석

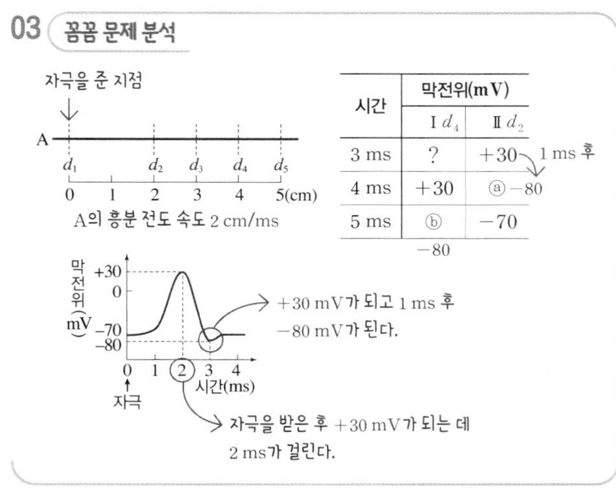

시간	막전위(mV)	
	Ⅰ d_4	Ⅱ d_2
3 ms	?	+30
4 ms	+30	ⓐ −80
5 ms	ⓑ	−70

선택지 분석

~~ㄱ~~. A의 흥분 전도 속도는 1 cm/ms이다. 2 cm/ms

ⓛ. ⓐ와 ⓑ는 같다.

ⓒ. 4 ms일 때 d_3에서 재분극이 일어나고 있다.

전략적 풀이 ❶ Ⅰ과 Ⅱ에서의 막전위를 비교하여 A의 흥분 전도 속도를 구한 다음, Ⅰ과 Ⅱ가 각각 A의 어느 지점인지를 파악한다.

ㄱ. Ⅰ과 Ⅱ에서 막전위가 +30 mV인 시점이 1 ms 차이가 나며, Ⅰ과 Ⅱ는 각각 d_2와 d_4 중 하나이므로 Ⅰ과 Ⅱ의 거리 차이는 2 cm이다. 따라서 A의 흥분 전도 속도는 $\frac{2\text{ cm}}{1\text{ ms}}=2\text{ cm/ms}$이다. 4 ms일 때는 Ⅰ의 막전위가 +30 mV이므로 막전위 변화는 2 ms 동안 진행된 시점이며, 자극을 준 지점으로부터 흥분이 전도되는 데 걸린 시간은 4 ms−2 ms=2 ms이다. 그러므로 Ⅰ은 자극을 준 지점으로부터 4 cm 떨어져 있다. 따라서 자극을 준 지점은 d_1이고, Ⅰ은 d_4, Ⅱ는 d_2이다.

❷ A에서 활동 전위가 발생하였을 때 각 지점에서의 막전위 변화 그래프를 분석하여 ⓐ와 ⓑ를 구한 다음, 4 ms일 때 d_3에서의 흥분 전도 단계를 파악한다.

ㄴ. A에서 활동 전위가 발생하였을 때 각 지점에서의 막전위 변화 그래프를 보면 막전위가 +30 mV가 되고 나서 1 ms가 경과하면 −80 mV가 된다. 따라서 Ⅰ(d_4)과 Ⅱ(d_2)에서 ⓐ와 ⓑ는 모두 −80이다.

ㄷ. 4 ms일 때 Ⅰ(d_4)의 막전위는 +30 mV이고, Ⅱ(d_2)의 막전위는 −80 mV이다. 따라서 d_3의 막전위는 +30 mV와 −80 mV 사이에 있으므로, 막전위가 하강하는 재분극이 일어나고 있다.

04 꼼꼼 문제 분석

흥분 전도 속도는 흥분 전달 속도보다 빠르므로 C보다 B에 흥분이 먼저 도달한다. ⇒ Ⅰ은 B, Ⅱ는 C의 막전위 변화이다.

활동 전위 발생 × A / 신경 세포체
활동 전위 발생 ○ B
㉠ ← 자극
활동 전위 발생 ○ C

막전위(mV): +35, 0, −70 — Ⅰ B / Ⅱ C / Ⅲ A
자극, t_1, t_2, 시간

(가) (나)

선택지 분석

~~ㄱ~~. A에서의 막전위 변화는 Ⅱ이다. Ⅲ

~~ㄴ~~. t_1일 때 B에서 휴지 전위가 나타난다. A, C

ⓒ. t_2일 때 C에서 대부분의 Na^+ 통로는 열려 있다.

전략적 풀이 ❶ (가)의 A, B, C 지점에서 일어난 막전위 변화가 (나)의 Ⅰ~Ⅲ 중 어느 것인지 파악한다.

뉴런에 역치 이상의 자극을 주면 양 방향으로 흥분 전도가 일어나고, 축삭 돌기 말단에서 다른 뉴런의 신경 세포체 방향으로만 흥분 전달이 일어난다. 따라서 ㉠에 역치 이상의 자극을 주면 B와 C에서는 활동 전위가 발생하지만 A에서는 활동 전위가 발생하지 않는다. 전기적 현상에 의한 흥분 전도는 신경 전달 물질의 확산에 의한 흥분 전달보다 흥분의 이동 속도가 빠르므로 C보다 B에서 활동 전위가 먼저 발생한다.

ㄱ. A에서의 막전위 변화는 Ⅲ, B에서의 막전위 변화는 Ⅰ, C에서의 막전위 변화는 Ⅱ이다.

❷ t_1과 t_2일 때 각 지점에서의 막전위를 파악하고, 이 시점에서의 이온 이동과 막전위 상태를 알아낸다.

ㄴ. t_1일 때 B(Ⅰ)에서는 막전위가 하강하므로 재분극이 일어나고 있으며, 막전위는 휴지 전위(−70 mV)보다 높다.

ㄷ. t_2일 때 C(Ⅱ)에서는 막전위가 상승하는 탈분극이 일어나고 있으며, 대부분의 Na^+ 통로가 열려 Na^+이 세포 안으로 확산한다.

05 꼼꼼 문제 분석

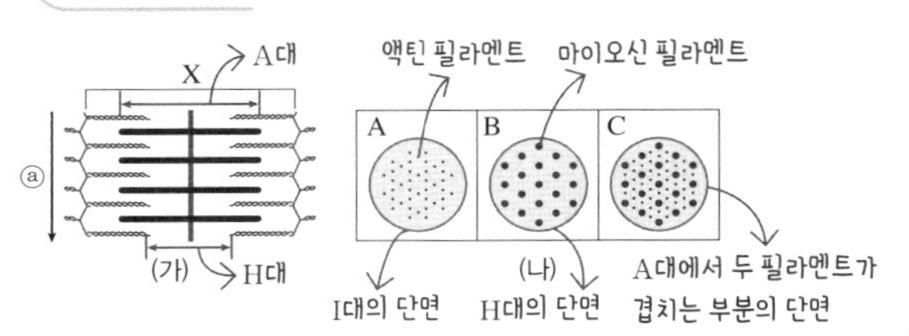

선택지 분석

ⓖ. X가 수축하면 $\frac{\text{A대의 길이}}{\text{H대의 길이}}$는 증가한다.

~~ㄴ~~. C와 같은 단면을 갖는 부분은 I대에 존재한다. A대

ⓒ. X의 길이가 10 μm 증가하면, B와 같은 단면을 갖는 부분의 길이도 10 μm 증가한다.

전략적 풀이 ❶ 근육 원섬유 마디 X가 수축할 때 A대, H대의 길이는 어떻게 변하는지 파악한다.

ㄱ. 근육 원섬유 마디 X가 수축하면 A대의 길이는 변하지 않지만, H대의 길이는 짧아진다. 따라서 X가 수축하면 $\frac{\text{A대의 길이}}{\text{H대의 길이}}$는 증가한다.

❷ 마이오신 필라멘트와 액틴 필라멘트의 차이점을 파악하여 (나)의 A~C가 각각 근육 원섬유 마디 X의 단면 중 어느 부분인지 알아낸다.

ㄴ. 근육 원섬유는 굵은 마이오신 필라멘트와 가는 액틴 필라멘트로 구성된다. (나)에서 A는 가는 액틴 필라멘트만 있는 부분의 단면이므로 I대에 존재하고, B는 굵은 마이오신 필라멘트(ⓛ)만 있는 부분의 단면이므로 H대에 존재한다. C는 마이오신 필라멘트와 액틴 필라멘트가 겹치는 부분의 단면이므로 A대에 존재한다.

ㄷ. X의 길이가 10 μm 증가하면 액틴 필라멘트와 마이오신 필라멘트가 겹치는 부분의 길이는 10 μm 감소하고, B와 같은 단면을 갖는 부분(H대)의 길이는 10 μm 증가한다.

06 꼼꼼 문제 분석

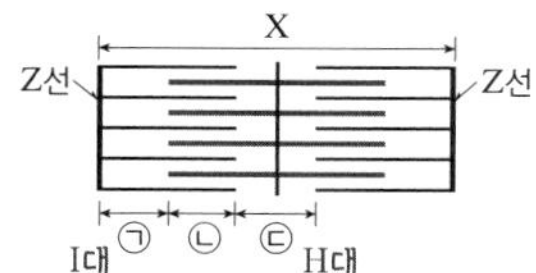

- 골격근 수축 과정의 시점 t_1일 때 ㉠~㉢의 길이는 순서 없이 ⓐ, $5d$, $9d$이고, 시점 t_2일 때 ㉠~㉢의 길이는 순서 없이 ⓐ, $3d$, $5d$이다. ㉠+㉡+㉢의 길이는 t_1일 때가 t_2일 때보다 $6d$만큼 길다.
  ➡ t_2일 때가 t_1일 때보다 골격근이 수축한 상태이다.

선택지 분석

㉠ t_1일 때 X의 길이는 $23d$이다.

~~ㄴ~~. ㉡의 길이는 t_1일 때가 t_2일 때보다 $4d$ 짧다. $3d$

㉢ t_2일 때 $\frac{\text{A대의 길이}+\text{㉡의 길이}}{\text{H대의 길이}}$는 6이다.

전략적 풀이 ❶ 제시된 자료를 분석하여 t_1과 t_2일 때의 ㉠~㉢의 길이와 X의 길이를 파악한다.

t_1일 때 ㉠+㉡+㉢의 길이는 ⓐ$+5d+9d$이고, t_2일 때 ㉠+㉡+㉢의 길이는 ⓐ$+3d+5d$이다. 따라서 t_1일 때가 t_2일 때보다 $6d$만큼 길므로 t_2일 때가 t_1일 때보다 수축한 상태이다. 근수축이 일어날 때 액틴 필라멘트(㉠+㉡)의 길이는 변하지 않으므로 t_1일 때와 t_2일 때의 ㉠+㉡+㉢의 길이 차이 $6d$는 ㉢의 길이 변화량이다. 근수축 시 X의 길이 변화량은 ㉢의 길이 변화량과 같고, ㉠의 길이 변화량은 ㉢의 길이 변화량의 $\frac{1}{2}$만큼 감소, ㉡의 길이 변화량은 ㉢의 길이 변화량의 $\frac{1}{2}$만큼 증가하며, A대의 길이는 $15d$보다 작으므로, t_1일 때와 t_2일 때의 ㉠~㉢의 길이는 다음과 같다.

시점	㉠의 길이	㉡의 길이	㉢의 길이
t_1	$5d$	ⓐ($2d$)	$9d$
t_2	ⓐ($2d$)	$5d$	$3d$

ㄱ. t_1일 때 X의 길이는 2(㉠+㉡)+㉢의 길이$=2(5d+2d)+9d=23d$이다.

ㄴ. ㉡의 길이는 t_1일 때가 t_2일 때보다 $3d$ 짧다.

❷ A대와 H대가 ㉠~㉢ 중 어디에 해당하는지를 파악하고, t_2일 때의 A대의 길이와 H대의 길이를 구한다.

ㄷ. t_2일 때 A대의 길이는 2㉡+㉢의 길이$=10d+3d=13d$이고, H대는 ㉢이므로 t_2일 때 H대의 길이는 $3d$이다. 따라서 t_2일 때 $\frac{\text{A대의 길이}+\text{㉡의 길이}}{\text{H대의 길이}}=\frac{13d+5d}{3d}=6$이다.

07 꼼꼼 문제 분석

구조 \ 특징	㉠	㉡	㉢
대뇌 A	×	? ×	○
중간뇌 B	○	○	×
척수 C	? ×	○	×

(○: 있음, ×: 없음)

(가)

특징(㉠~㉢)
• 뇌줄기를 구성한다. 중간뇌 - ㉠ • 수의 운동의 중추이다. 대뇌 - ㉢ • 부교감 신경이 나온다. 중간뇌, 척수 - ㉡

(나)

선택지 분석

㉠ ㉠은 '뇌줄기를 구성한다.'이다.

㉡ A는 청각 기관으로부터 오는 정보를 받아들이는 영역이 있다.

㉢ C는 뜨거운 냄비를 만졌을 때 무의식적으로 팔을 들어 올리는 반응의 중추이다.

전략적 풀이 ❶ 대뇌, 중간뇌, 척수가 각각 어떤 특징을 가지는지 생각하여 특징 ㉠~㉢과 A~C가 각각 무엇인지 파악한다.

ㄱ. 대뇌, 중간뇌, 척수 중 뇌줄기를 구성하는 것은 중간뇌이고, 수의 운동의 중추는 대뇌이며, 부교감 신경이 나오는 것은 중간뇌와 척수이다. 따라서 특징 ㉡은 '부교감 신경이 나온다.'이고, 특징 ㉢은 '수의 운동의 중추이다.'이며, 나머지 특징 ㉠은 '뇌줄기를 구성한다.'이고, A는 대뇌, B는 중간뇌, C는 척수이다.

❷ 각 중추 신경계의 특징을 이해한다.

ㄴ. 대뇌(A)는 감각의 중추로, 감각 기관인 청각 기관으로부터 오는 정보를 받아들이는 영역인 감각령이 있다.

ㄷ. 뜨거운 냄비를 만졌을 때 무의식적으로 팔을 들어 올리는 반응은 회피 반사이며, 회피 반사의 중추는 척수(C)이다.

08 꼼꼼 문제 분석

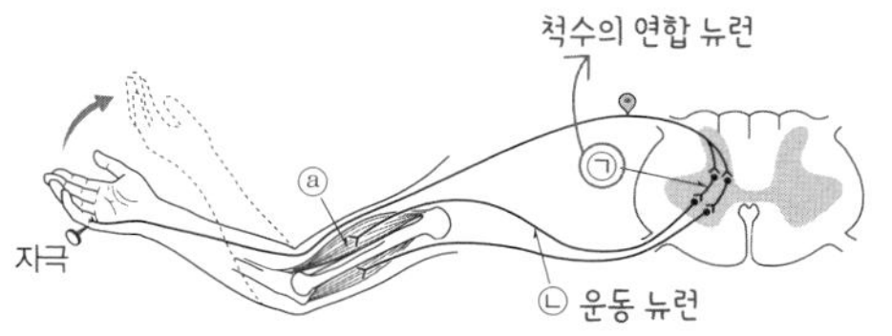

- 회피(움츠림) 반사의 경로: 자극(핀에 찔림) → 감각기(피부) → 감각 뉴런 → 척수 → 운동 뉴런 → 반응기(근육) → 반응(팔을 들어올림)
- 근육 ⓐ가 수축할 때 근육 원섬유 마디의 길이는 짧아진다. ➡ A대의 길이는 변하지 않으며, I대, H대의 길이는 모두 짧아진다.

선택지 분석

~~ㄱ~~. ㉠은 척수의 백색질에 존재한다. 회색질

㉡ ㉡은 체성 신경계에 속한다.

㉢ 자극이 주어지면 ⓐ의 근육 원섬유 마디에서 H대와 I대의 길이는 모두 짧아진다.

전략적 풀이 ❶ 흥분 전달 경로에서 ㉠과 ㉡이 각각 무엇인지 파악한다.
날카로운 핀에 손이 찔렸을 때 자신도 모르게 손을 들어올리는 반응은 회피 반사(움츠림 반사)로, '감각 뉴런 → 척수 → 운동 뉴런' 순으로 일어난다. 따라서 ㉠은 척수의 연합 뉴런이고, ㉡은 운동 뉴런이다.
ㄱ. ㉠은 척수의 속질인 회색질에 존재한다.
ㄴ. ㉡은 골격근에 연결된 운동 뉴런이므로 체성 신경계에 속한다.
❷ 근수축이 일어날 때 H대와 I대의 길이 변화를 파악한다.
ㄷ. 근육 ⓐ가 수축할 때 ⓐ를 구성하는 근육 원섬유 마디의 길이는 짧아지며, 이때 마이오신 필라멘트만 있는 H대와 액틴 필라멘트만 있는 I대의 길이는 모두 짧아진다.

09 꼼꼼 문제 분석

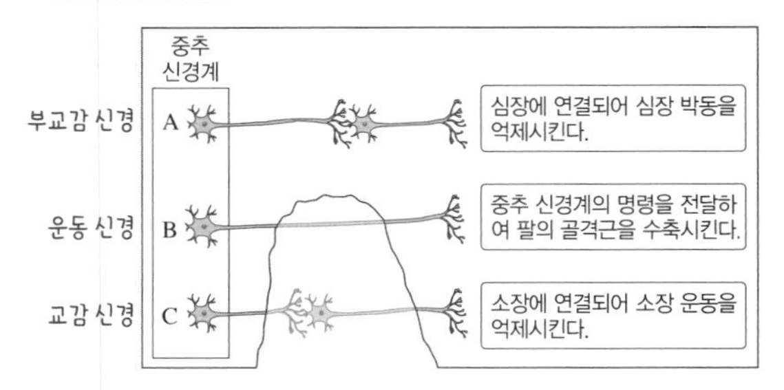

선택지 분석
㉠ A는 자율 신경계에 속한다.
㉡ B는 대뇌의 지배를 받는다.
~~ㄷ~~. C는 2개의 뉴런으로 연결되며, 신경절 이후 뉴런의 말단에서는 아세틸콜린이 분비된다. 노르에피네프린

전략적 풀이 ❶ 말초 신경계에 속하는 A~C가 각각 어떤 신경인지를 파악하고, 그 특징을 이해한다.
A는 부교감 신경, B는 운동 신경, C는 교감 신경이다.
ㄱ. A(부교감 신경)와 C(교감 신경)는 자율 신경계에 속한다.
ㄴ. B는 의식적인 골격근의 반응을 조절하는 운동 신경이므로, 대뇌의 지배를 받는다.
❷ 교감 신경의 구조와 신경절에서 분비되는 신경 전달 물질을 이해한다.
ㄷ. 교감 신경(C)은 2개의 뉴런으로 연결되며, 신경절 이전 뉴런의 말단에서는 아세틸콜린이, 신경절 이후 뉴런의 말단에서는 노르에피네프린이 분비된다.

10 꼼꼼 문제 분석

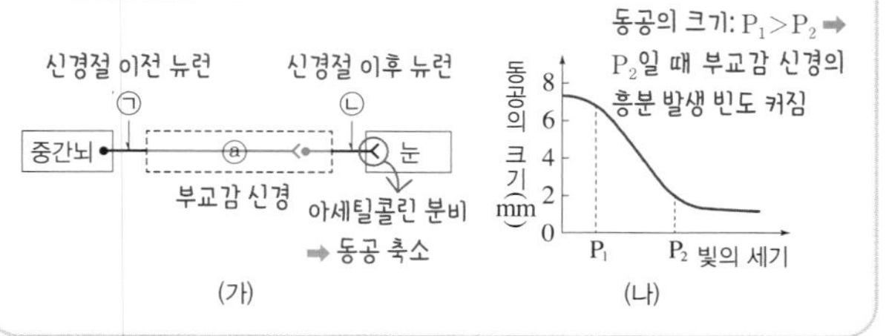

선택지 분석
~~ㄱ~~. ㉠은 교감 신경을 구성한다. 부교감
~~ㄴ~~. ㉠과 ㉡의 말단에서 분비되는 신경 전달 물질은 서로 다르다. 같다
㉢ ㉡에서의 흥분 발생 빈도는 P_2일 때가 P_1일 때보다 크다.

전략적 풀이 ❶ ㉠과 ㉡이 어느 자율 신경을 이루는 뉴런인지 파악한다.
ㄱ. 중간뇌와 눈을 연결하는 자율 신경은 부교감 신경이므로, ㉠은 부교감 신경의 신경절 이전 뉴런, ㉡은 부교감 신경의 신경절 이후 뉴런이다.
ㄴ. 부교감 신경의 신경절 이전 뉴런(㉠)과 신경절 이후 뉴런(㉡)의 말단에서 분비되는 신경 전달 물질은 모두 아세틸콜린이다.
❷ 자율 신경이 동공의 크기를 어떻게 조절하는지 이해하고, P_1과 P_2일 때의 동공의 크기를 비교하여 ㉡에서의 흥분 발생 빈도를 파악한다.
ㄷ. 홍채에 연결된 부교감 신경이 흥분하면 동공의 크기가 감소한다. (나)에서 동공의 크기는 $P_1 > P_2$이므로, 부교감 신경의 신경절 이후 뉴런(㉡)에서의 흥분 발생 빈도는 $P_1 < P_2$이다.

11 꼼꼼 문제 분석

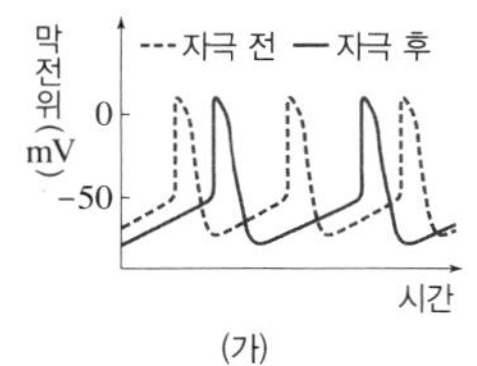

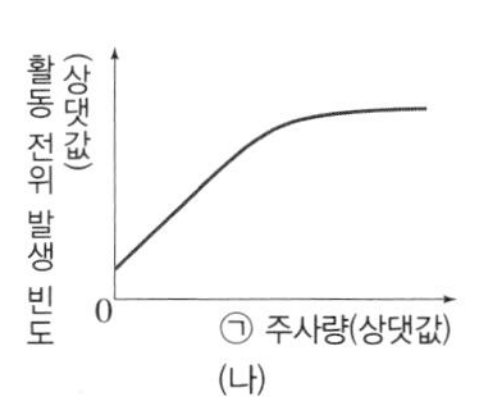

(가)
A를 자극했을 때 활동 전위 발생 빈도가 감소하였다. ➡ 심장 박동이 억제된다. ➡ A는 부교감 신경이다.

(나)
㉠의 주사량이 증가하면 활동 전위 발생 빈도가 증가한다. ➡ 심장 박동 수가 증가한다.

선택지 분석
㉠ A의 신경절 이전 뉴런의 신경 세포체는 연수에 있다.
㉡ B는 말초 신경계에 속한다.
㉢ ㉠이 작용하면 심장 박동 수가 증가한다.

전략적 풀이 ❶ 자극 전과 후 활동 전위 발생 빈도를 비교하여 자율 신경 A와 B가 각각 무엇인지 파악한다.
(가)에서 A를 자극했을 때 심장 세포에서의 활동 전위 발생 빈도가 감소하므로 심장 박동이 억제된다. 따라서 A는 부교감 신경이고, B는 교감 신경이다.
ㄱ. 심장에 연결된 부교감 신경(A)의 신경절 이전 뉴런의 신경 세포체는 연수에 있다.
ㄴ. 교감 신경(B)은 자율 신경으로, 말초 신경계에 속한다.
❷ 물질 ㉠의 주사량에 따른 활동 전위 발생 빈도 변화를 분석하여 ㉠이 어떤 영향을 주는지 파악한다.
ㄷ. (나)에서 ㉠을 주사하면 심장 세포에서의 활동 전위 발생 빈도가 증가하므로, ㉠이 작용하면 심장 박동 수가 증가한다.

2 호르몬과 항상성

1 항상성 유지

개념 확인 문제

124쪽

❶ 표적 세포(표적 기관) ❷ 느리다 ❸ 빠르다 ❹ 갑상샘 ❺ 전엽 ❻ 후엽 ❼ 당뇨병

1 (1) ○ (2) × (3) ○ **2** ㉠ 빠르, ㉡ 느리 **3** (1) ○ (2) × (3) ○ **4** (1) ㉠ (2) ㉡ (3) ㉣ (4) ㉢ (5) ㉤ **5** ㉠ 글루카곤, ㉡ 인슐린 **6** 생장 호르몬

1 (1) 호르몬은 특정 호르몬의 수용체가 있는 표적 세포, 표적 기관에만 작용한다.
(2) 호르몬은 내분비샘에서 생성되며, 혈액을 따라 이동한다.
(3) 호르몬은 매우 적은 양으로 생리 작용을 조절하며, 결핍증과 과다증이 있다.

2 신경은 직접 연결된 세포에 작용하므로 신호 전달 속도가 빠르지만, 호르몬은 혈액을 따라 이동하면서 표적 세포에 작용하므로 신호 전달 속도가 느리다.

3 (1) 간뇌의 시상 하부는 호르몬의 분비를 조절하는 중추로서 항상성 유지에 관여한다.
(2) 옥시토신은 자궁 수축을 촉진한다. 사람의 2차 성징 발현에 관여하는 호르몬에는 테스토스테론과 에스트로젠이 있다.
(3) 이자에서 분비되는 글루카곤과 부신 속질에서 분비되는 에피네프린은 모두 혈당량을 증가시키는 호르몬이다.

4 (1) 이자에서는 인슐린과 글루카곤이 분비된다.
(2) 갑상샘에서는 티록신과 칼시토닌이 분비된다.
(3) 부신 속질에서는 에피네프린이 분비된다.
(4), (5) 뇌하수체 전엽에서는 생장 호르몬, 갑상샘 자극 호르몬, 생식샘 자극 호르몬, 부신 겉질 자극 호르몬 등이 분비되며, 뇌하수체 후엽에서는 항이뇨 호르몬과 옥시토신이 분비된다.

5 이자에서는 인슐린과 글루카곤이 분비된다. 인슐린은 혈당량을 감소시키고, 글루카곤은 혈당량을 증가시킨다.

6 거인증은 생장 호르몬이 과다하게 분비되어 나타나는 질환으로 키가 비정상적으로 많이 자라며, 소인증은 생장 호르몬이 결핍되어 나타나는 질환으로 뼈와 근육의 발달이 미흡하여 키가 잘 자라지 않는다.

개념 확인 문제

128쪽

❶ 음성 피드백(음성 되먹임) ❷ 시상 하부 ❸ 티록신 ❹ 높아 ❺ 낮아

1 음성 피드백(음성 되먹임) **2** (1) 음성 피드백(음성 되먹임) (2) ㉠ 시상 하부, ㉡ 뇌하수체 전엽 (3) 높아 (4) ㉠ 높아, ㉡ 억제 (5) 갑상샘종 **3** ㄱ, ㄴ **4** A: 인슐린, B: 글루카곤, C: 에피네프린 **5** (1) × (2) ○ (3) ○ (4) ○

2 (1) (가)는 티록신의 분비량 증가가 원인이 되어 티록신의 분비를 억제하는 작용이므로, (가)에 해당하는 조절 작용은 음성 피드백(음성 되먹임)이다.
(2) 갑상샘 자극 호르몬 방출 호르몬(TRH)은 시상 하부에서 분비되어 뇌하수체 전엽을 자극하여 갑상샘 자극 호르몬(TSH)의 분비를 촉진한다.
(3) 갑상샘 자극 호르몬 방출 호르몬(TRH)은 갑상샘 자극 호르몬(TSH)의 분비를 촉진하고, 갑상샘 자극 호르몬(TSH)은 갑상샘을 자극하여 티록신의 분비를 촉진한다. 따라서 갑상샘 자극 호르몬 방출 호르몬(TRH)의 분비가 촉진되면 티록신의 혈중 농도가 높아진다.
(4) 티록신의 혈중 농도가 과다하게 높아지면 음성 피드백으로 시상 하부에서 갑상샘 자극 호르몬 방출 호르몬(TRH)의 분비가 억제되고, 그 결과 뇌하수체 전엽에서 갑상샘 자극 호르몬(TSH)의 분비가 억제된다.
(5) 갑상샘종은 갑상샘이 비대해지는 질병으로, 티록신의 주성분인 아이오딘의 섭취가 오랫동안 부족했을 때 나타난다.

3 길항 작용이란 같은 기관에 작용하여 서로 반대 효과를 나타내는 것이다. 인슐린과 글루카곤은 모두 간에 작용하여 인슐린은 혈당량을 감소시키고, 글루카곤은 혈당량을 증가시킨다. 교감 신경과 부교감 신경은 심장, 방광 등에 분포하여 교감 신경은 긴장 상태로, 부교감 신경은 안정 상태로 기관의 작용을 조절한다. 한편, 갑상샘 자극 호르몬(TSH)은 갑상샘을 자극하고 티록신은 물질대사를 촉진하므로 서로 반대 효과를 나타내지 않는다.

4 이자의 β세포에서 분비되는 인슐린은 혈당량을 감소시키고, 이자의 α세포에서 분비되는 글루카곤과 부신 속질에서 분비되는 에피네프린은 혈당량을 증가시킨다.

5 (1) 식사 후 혈당량이 정상 수준보다 높아지면 혈당량을 낮추기 위해 이자의 β세포에서 인슐린의 분비가 촉진된다.
(2) 운동을 하면 혈당량이 정상 수준보다 낮아져 글루카곤의 분비가 촉진되므로 간에서 글리코젠을 포도당으로 분해하는 과정이 촉진된다.
(4) 글루카곤의 분비가 촉진되면 간에서 글리코젠이 포도당으로 분해되어 혈액으로 방출됨으로써 혈당량이 증가한다.

개념 확인 문제

131쪽

❶ 촉진 ❷ 감소 ❸ 증가 ❹ 증가 ❺ 증가 ❻ 감소 ❼ 감소

1 (1) ○ (2) ○ (3) × (4) × **2** A: 교감, B: 에피네프린, C: 티록신 **3** (1) ㉠ 감소, ㉡ 높아, ㉢ 높아 (2) ㉠ 증가, ㉡ 낮아, ㉢ 낮아 **4** 감소한다. **5** ㄷ, ㄹ

1 (1), (3) 날씨가 추워져 체온이 정상보다 낮아지면 열 발생량을 증가시키기 위해 몸 떨림과 같은 근육 운동이 활발해진다. 또한 피부 근처 혈관이 수축하여 몸 표면을 통한 열 발산량이 감소한다.
(4) 티록신은 물질대사를 촉진하므로 체온이 정상보다 높아지면 티록신의 분비량이 감소하여 열 발생량이 감소한다.

2 날씨가 추워져 체온이 낮아지면 교감 신경의 작용 강화로 피부 근처 혈관이 수축하여 열 발산량을 감소시키고, 부신 속질에서의 에피네프린 분비량 증가와 갑상샘에서의 티록신 분비량 증가로 열 발생량을 증가시킨다.

3 체내 수분량이 감소하면 체액의 농도가 높아져 혈장 삼투압이 높아지며, 체내 수분량이 증가하면 체액의 농도가 낮아져 혈장 삼투압이 낮아진다.

4 물을 많이 마시면 혈장 삼투압이 정상보다 낮아져 항이뇨 호르몬(ADH)의 분비량이 감소하여 콩팥에서 수분 재흡수량이 감소한다.

5 혈장 삼투압이 정상 수준보다 높으면 항이뇨 호르몬(ADH)의 분비량이 증가하여 콩팥에서 수분 재흡수량이 증가한다. 그 결과 같은 시간 동안 생성되는 오줌양은 감소하고 체내 수분량이 증가하여 혈장 삼투압이 정상 수준으로 회복된다.

대표 자료 분석

132~133쪽

자료 ❶ 1 ㉠ 뇌하수체 전엽, ㉡ 갑상샘 2 음성 피드백 3 TRH: 감소한다. TSH: 감소한다. 4 (1) ○ (2) × (3) × (4) ○ (5) ○ (6) ○

자료 ❷ 1 ㉠ 인슐린, ㉡ 글루카곤 2 ㉠ β세포, ㉡ α세포 3 B 4 (1) ○ (2) × (3) × (4) ○ (5) ○ (6) ○

자료 ❸ 1 ㉠ 2 A: 땀 분비량, B: 열 발생량 3 간뇌의 시상 하부 4 (1) × (2) ○ (3) ○ (4) × (5) ○

자료 ❹ 1 항이뇨 호르몬(ADH) 2 Ⅱ 3 Ⅰ 4 (1) × (2) ○ (3) × (4) ○

1-1 TRH(갑상샘 자극 호르몬 방출 호르몬)의 표적 기관(㉠)은 뇌하수체 전엽이고, TSH(갑상샘 자극 호르몬)의 표적 기관(㉡)은 갑상샘이다.

1-2 TRH와 TSH의 분비량 증가(원인)로 혈액 속 티록신의 분비량이 증가(결과)하고, 티록신의 분비량 증가로 TRH와 TSH의 분비량이 억제됨으로써 혈액 속 티록신의 농도가 일정하게 유지된다. 이와 같이 어떤 원인으로 나타난 결과가 원인을 다시 억제하는 조절 원리를 음성 피드백이라고 한다.

1-3 혈관에 티록신을 주사하면 혈액 속 티록신의 농도가 높아지므로 음성 피드백에 의해 TRH와 TSH의 분비가 모두 억제되어 분비량이 감소한다.

1-4 (1) TSH는 갑상샘을 자극하는 호르몬이므로 표적 기관은 갑상샘이다.
(2) 갑상샘에서의 티록신 분비량은 음성 피드백으로 조절되어 혈액 속 티록신의 농도가 일정하게 유지된다.
(3) 티록신은 물질대사를 촉진하는 호르몬이다.
(4) TRH는 뇌하수체 전엽을 자극하여 TSH의 분비를 촉진하고, TSH는 갑상샘을 자극하여 티록신의 분비를 촉진한다. 따라서 TRH의 분비량이 증가하면 티록신의 분비량이 증가한다.
(5) 티록신의 분비량이 정상 수준보다 적으면 TRH의 분비량이 증가하여 뇌하수체 전엽을 자극한다.
(6) 갑상샘종은 갑상샘이 비대해지는 질병으로, 티록신의 주성분인 아이오딘의 섭취가 오랫동안 부족했을 때 나타난다.

2-1 (가)에서 정상인이 탄수화물을 섭취하여 혈당량이 증가하면 혈중 인슐린의 농도는 증가하고, 혈중 글루카곤의 농도는 감소한다. 따라서 ㉠은 인슐린, ㉡은 글루카곤이다.

2-2 인슐린(㉠)은 이자의 β세포에서, 글루카곤(㉡)은 이자의 α세포에서 분비된다.

2-3 혈당량이 낮을 때는 글루카곤(㉡)의 분비량이 증가하여 간에서 글리코젠을 포도당으로 분해하는 과정(B)이 촉진된다.

2-4 (1) 인슐린(㉠)과 글루카곤(㉡)은 모두 간에 작용하여, 인슐린(㉠)은 혈당량을 감소시키고 글루카곤(㉡)은 혈당량을 증가시킨다. 따라서 인슐린(㉠)과 글루카곤(㉡)은 혈중 포도당 농도 조절에 길항적으로 작용한다.
(2) 혈중 포도당 농도가 높을수록 인슐린(㉠)의 혈중 농도가 높다. 따라서 혈중 포도당 농도는 t_1일 때가 t_2일 때보다 높다.
(3) 인슐린(㉠)은 간에서 포도당을 글리코젠으로 합성하는 과정(A)과 세포로의 포도당 흡수를 촉진하여 혈당량을 감소시킨다.

(4) 정상인에서 혈중 포도당 농도가 증가하면 이를 정상 수준으로 회복시키기 위해 인슐린의 분비가 촉진된다.
(5) 글리코젠의 합성은 인슐린에 의해 촉진되므로, 간에서 단위 시간당 합성되는 글리코젠의 양은 혈중 인슐린(㉠)의 농도가 높은 t_1일 때가 혈중 인슐린(㉠)의 농도가 낮은 t_2일 때보다 많다.
(6) 인슐린(㉠)이 생성되지 못하면 혈중 포도당의 농도가 높게 나타나 오줌으로 포도당이 빠져나가는 당뇨병에 걸릴 수 있다.

3-1 ㉠일 때 체온이 높아지므로 ㉠은 '체온보다 높은 온도의 물에 들어갔을 때'이다.

3-2 체온이 정상 수준보다 높아지면(㉠) 땀 분비량이 증가하여 열 발산량이 증가하고, 열 발생량은 감소한다. 반면, 체온이 정상 수준보다 낮아지면(㉡) 땀 분비량이 감소하여 열 발산량이 감소하고, 열 발생량은 증가한다. 따라서 A는 땀 분비량, B는 열 발생량이다.

3-3 체온 변화 감지와 체온 조절의 중추는 간뇌의 시상 하부이다.

3-4 (1), (2) 체온 조절의 중추인 간뇌의 시상 하부가 체온보다 높은 온도를 감지하면 땀 분비량을 증가시키고 피부 근처 혈관을 확장시켜 열 발산량을 증가시킨다. 반대로, 시상 하부가 체온보다 낮은 온도를 감지하면 골격근의 떨림과 같은 근육 운동을 통해 열 발생량을 증가시킨다.
(3) 구간 Ⅰ에서는 땀 분비량(A)이 많고, 구간 Ⅱ에서는 땀 분비량(A)이 적다. 따라서 열 발산량은 구간 Ⅰ에서가 구간 Ⅱ에서보다 많다.
(4) 피부 근처 혈관을 흐르는 단위 시간당 혈액량이 증가하면 열 발산량이 증가한다. 열 발산량 증가는 체온이 높아졌을 때 일어나므로, 피부 근처 혈관을 흐르는 단위 시간당 혈액량은 ㉠일 때가 ㉡일 때보다 많다.
(5) ㉡일 때(체온이 낮아졌을 때) 교감 신경의 작용 강화로 피부 근처 혈관이 수축하여 열 발산량이 감소된다.

4-1 꼼꼼 문제 분석

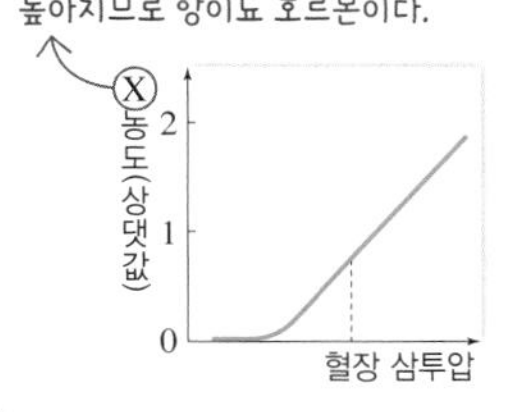
혈장 삼투압이 높아질수록 혈중 농도가 높아지므로 항이뇨 호르몬이다.
X 농도(상댓값)
2
1
0
혈장 삼투압

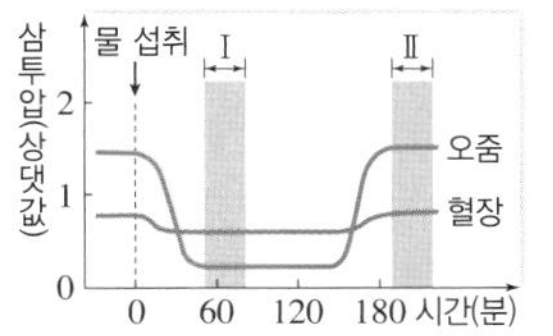
물 섭취 → 체내 수분량 증가 → 혈장 삼투압 낮아짐 → ADH 분비량 감소 → 콩팥에서 수분 재흡수량 감소 → 오줌양 증가, 오줌 삼투압 낮아짐, 혈장 삼투압 높아짐
삼투압(상댓값)
물 섭취
Ⅰ
Ⅱ
오줌
혈장
2
1
0
0 60 120 180 시간(분)

혈장 삼투압이 높아질수록 X의 혈중 농도가 높아지므로 X는 콩팥에서 수분 재흡수를 촉진하는 항이뇨 호르몬(ADH)이다.

4-2 항이뇨 호르몬(ADH)의 분비량이 증가하면 콩팥에서 수분 재흡수량이 증가하므로 오줌 생성량은 감소하고, 오줌 삼투압은 높아진다. 따라서 호르몬 X의 분비량이 더 많은 구간은 오줌 삼투압이 높은 Ⅱ이다.

4-3 다량의 물을 섭취하면 항이뇨 호르몬(ADH)의 분비량이 감소하여 오줌 생성량이 증가하고, 오줌 삼투압은 낮아진다. 따라서 구간 Ⅰ에서가 구간 Ⅱ에서보다 오줌 생성량이 많다.

4-4 (1) 항이뇨 호르몬(ADH)은 콩팥에서 수분 재흡수를 촉진하므로, 항이뇨 호르몬(ADH)의 분비량이 증가하면 콩팥에서 수분 재흡수량이 증가한다.
(2) 혈장 삼투압이 정상 수준보다 낮아지면 항이뇨 호르몬(ADH)의 분비량이 감소하고, 콩팥에서의 수분 재흡수량도 줄어든다. 그 결과 오줌 생성량은 증가한다.
(3) 물을 많이 마시면 혈장 삼투압이 낮아지므로 항이뇨 호르몬(ADH)의 분비량은 감소하고, 오줌 생성량은 증가한다.
(4) 짠 음식을 많이 섭취하면 혈장 삼투압이 높아지므로 뇌하수체 후엽에서 항이뇨 호르몬(ADH)의 분비가 촉진된다. 그 결과 콩팥에서 수분 재흡수량이 많아지므로 체내 수분량이 증가한다.

내신 만점 문제 134~137쪽

01 ②	02 ②	03 ⑤	04 ②	05 ①	06 해설 참조
07 ①	08 ⑤	09 ③	10 ⑤	11 ②	12 ④	13 ③
14 (가), (나), (라)	15 ②	16 ④	17 ③	18 ③	

01 ①, ③ 호르몬은 혈액을 따라 온몸으로 운반되며, 신경에 비해 작용 범위가 넓고 오래 지속된다.
④ 호르몬의 작용을 받는 세포(기관)를 표적 세포(표적 기관)라고 하며, 호르몬은 표적 세포(표적 기관)에만 작용한다.
⑤ 매우 적은 양의 호르몬에도 표적 세포는 반응을 나타내며, 분비량에 따라 결핍증과 과다증이 나타날 수 있다.
바로알기 ② 호르몬은 내분비샘에서 생성·분비되어 특정 조직이나 기관의 기능을 조절하는 화학 물질이다.

02 꼼꼼 문제 분석

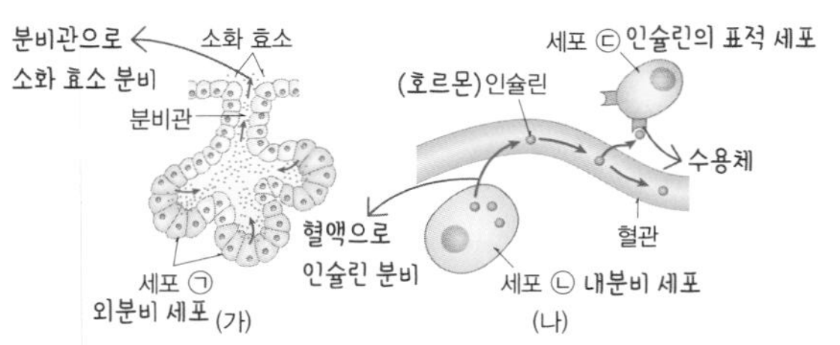

그림 (가)는 외분비샘을 이루는 외분비 세포(㉠)에서 분비관을 통해 소화 효소가 분비되는 과정이고, (나)는 내분비샘을 이루는 내분비 세포(㉡)에서 인슐린이 혈액으로 분비되어 표적 세포(㉢)에 작용하는 과정이다.

ㄴ. ㉢에는 인슐린의 수용체가 있으므로, ㉢은 인슐린의 표적 세포이다.

바로알기 ㄱ. (가)에서 소화 효소가 분비관을 통해 분비되므로, ㉠은 외분비샘을 이루는 세포이다. 내분비샘을 이루는 세포(㉡)에서는 분비관 없이 혈액으로 호르몬을 분비한다.

ㄷ. 소화 효소는 소화관으로 분비되며, 인슐린은 혈액으로 분비된다.

03 ㄱ. (가)는 뉴런에서의 흥분 전도와 시냅스를 통한 흥분 전달에 의해 신호가 전달되므로, 신경에 의한 신호 전달이다. (나)는 내분비 세포에서 분비된 호르몬이 혈액을 따라 이동하여 표적 세포에 작용하므로, 호르몬에 의한 신호 전달이다.

ㄴ. 신경에 의한 신호 전달 과정은 빠르게 일어나고, 호르몬에 의한 신호 전달 과정은 느리게 일어난다.

ㄷ. (가)에서는 뉴런의 축삭 돌기 말단에서 분비되는 신경 전달 물질에 의해 신호 전달이 일어나며, (나)에서는 화학 물질인 호르몬에 의해 신호 전달이 일어난다.

04 ② B는 뇌하수체 전엽이며, 부신(D)의 겉질을 자극하는 부신 겉질 자극 호르몬이 분비된다.

바로알기 ① A는 시상 하부이며, 뇌하수체 전엽(B)에서 갑상샘 자극 호르몬(TSH)이 분비된다.

③ C는 갑상샘이며, 티록신이 분비된다. 옥시토신은 뇌하수체 후엽에서 분비된다.

④ D는 부신이며, E가 이자이다.

⑤ 이자(E)에서는 혈당량 조절에 관여하는 호르몬을 분비하며, 부신 속질에서 분비되는 에피네프린이 심장 박동을 촉진한다.

05 ② A는 뇌하수체 후엽이며, 콩팥에서 수분 재흡수를 촉진하는 항이뇨 호르몬(ADH)이 분비된다.

③ 생장 호르몬은 뇌하수체 전엽(B)에서 분비된다.

④ 물질대사를 촉진하는 호르몬은 티록신이며, 갑상샘 자극 호르몬(TSH)은 뇌하수체 전엽에서 분비된다. 따라서 뇌하수체 전엽(B)을 제거하면 갑상샘 자극 호르몬(TSH)이 분비되지 않아 티록신의 분비가 억제되어 물질대사가 억제된다.

⑤ 간뇌에 있는 시상 하부는 호르몬의 분비를 조절하는 중추이다.

바로알기 ① 시상 하부의 아래쪽에 있는 내분비샘은 뇌하수체이며, B는 다른 내분비샘을 자극하는 호르몬을 분비한다고 했으므로 뇌하수체 전엽이고, A는 뇌하수체 후엽이다.

06 생장 호르몬은 뇌하수체 전엽에서 분비되는 호르몬으로 몸의 생장을 촉진한다.

모범 답안 생장 호르몬, 얼굴, 손, 발 등의 몸의 말단부가 커지는 말단 비대증이 나타난다.

채점 기준	배점
호르몬의 이름, 과다증의 이름과 특징을 모두 옳게 서술한 경우	100 %
호르몬의 이름과 과다증의 이름만 옳게 쓴 경우	50 %
호르몬의 이름과 과다증의 이름 중 한 가지만 옳게 쓴 경우	20 %

07 ㄱ. ㉠은 에피네프린, ㉡은 항이뇨 호르몬(ADH), ㉢은 갑상샘 자극 호르몬(TSH)이다.

바로알기 ㄴ. 요붕증은 콩팥에서의 수분 재흡수가 저하되어 많은 양의 오줌을 자주 배출하는 내분비계 질환이며, 항이뇨 호르몬(㉡)의 결핍으로 나타날 수 있다.

ㄷ. 항이뇨 호르몬(㉡)은 뇌하수체 후엽에서, 갑상샘 자극 호르몬(㉢)은 뇌하수체 전엽에서 분비된다.

08 ㄴ, ㄷ. 실내 온도가 설정 온도보다 높아지거나 낮아지면 변화된 온도가 냉방기의 온도 조절기에 영향을 주고, 온도 조절기는 냉방기의 작동을 조절하여 실내 온도를 설정 온도로 맞춘다. 이와 같이 온도 조절기에 의해 실내 온도가 일정하게 유지되는 원리는 음성 피드백이며, 음성 피드백에 의해 체온과 혈액 속 티록신의 농도가 일정하게 유지된다.

바로알기 ㄱ. 음식을 입에 넣었을 때 침이 나오는 것은 자극에 대한 반응이다.

09 꼼꼼 문제 분석

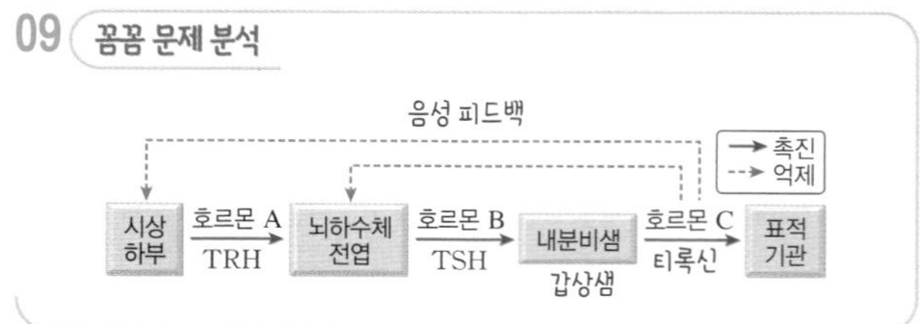

ㄱ. TRH는 시상 하부에서 분비되며, 뇌하수체 전엽을 자극하여 TSH의 분비를 촉진한다. TSH는 갑상샘을 자극하여 티록신의 분비를 촉진한다. 따라서 호르몬 A가 TRH라면 B는 TSH, C는 티록신이다.

ㄷ. 혈액 속 호르몬 C의 농도가 높아지면 시상 하부와 뇌하수체 전엽에서 호르몬의 분비가 억제됨으로써 C의 농도는 일정하게 유지된다. 이와 같이 혈액 속 호르몬 C의 농도는 음성 피드백에 의해 일정하게 유지된다.

바로알기 ㄴ. 호르몬 B의 주사로 혈액 속 B의 농도가 높아지면 호르몬 C의 농도가 높아지게 되며, 음성 피드백에 의해 시상 하부에서 A의 분비가 억제된다.

10 꼼꼼 문제 분석

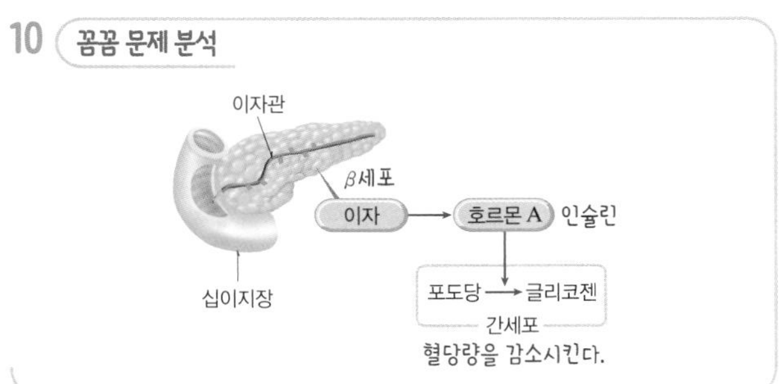

⑤ 한 기관에 2개의 요인이 함께 작용할 때 한 요인이 기관의 기능을 촉진하면, 나머지 한 요인은 기관의 기능을 억제하는 원리를 길항 작용이라고 한다. 호르몬 A는 인슐린으로, 이자에서 분비되는 글루카곤과 길항 작용을 한다.

바로알기 ① 인슐린은 간에서 포도당을 글리코젠으로 합성하는 과정을 촉진하고, 세포로의 포도당 흡수를 촉진하여 혈당량을 감소시킨다.

② 이자의 α세포에서는 글루카곤이, β세포에서는 인슐린이 분비된다.

③ 운동을 하면 세포 호흡으로 포도당이 분해되어 혈당량이 감소하므로 인슐린의 혈중 농도는 낮아지고, 글루카곤의 혈중 농도가 높아진다.

④ 에피네프린은 혈당량을 증가시키고, 인슐린은 혈당량을 감소시킨다. 따라서 인슐린과 에피네프린은 같은 역할을 하는 호르몬이 아니다.

11 꼼꼼 문제 분석

이자
호르몬 X
글루카곤
간

농도 (mg/100 mL): 120, 100, 80 — 포도당
농도 (상댓값): 120, 110, 100, 90 — 글루카곤 호르몬 X
−60 0 60 120 180 240 시간(분)
식사

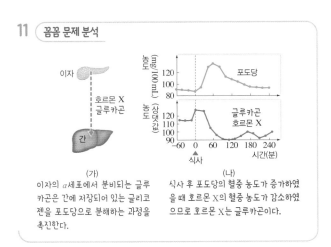

(가)
이자의 α세포에서 분비되는 글루카곤은 간에 저장되어 있는 글리코젠을 포도당으로 분해하는 과정을 촉진한다.

(나)
식사 후 포도당의 혈중 농도가 증가하였을 때 호르몬 X의 혈중 농도가 감소하였으므로 호르몬 X는 글루카곤이다.

ㄴ. 글루카곤은 이자의 α세포에서 분비된다.

바로알기 ㄱ. 호르몬 X는 이자에서 분비되며 식사 후 포도당의 혈중 농도가 증가하였을 때 혈중 농도가 감소하므로 글루카곤이다.

ㄷ. 세포로의 포도당 흡수가 촉진되면 혈당량이 감소한다. X는 글루카곤으로 혈당량을 높이는 호르몬이므로 세포로의 포도당 흡수를 촉진하지 않는다.

12 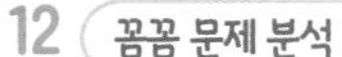
꼼꼼 문제 분석

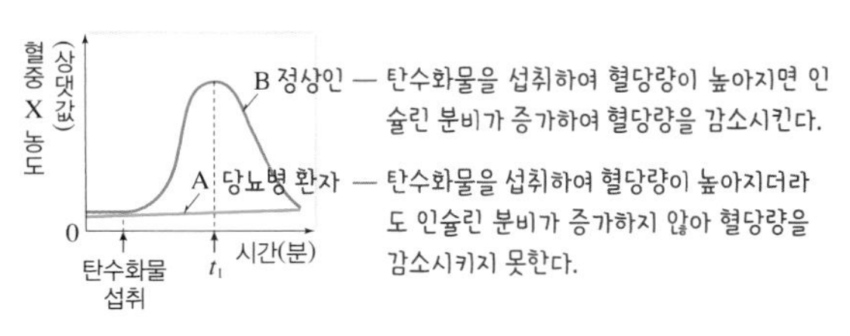

혈중 X 농도 (상댓값)
B 정상인 — 탄수화물을 섭취하여 혈당량이 높아지면 인슐린 분비가 증가하여 혈당량을 감소시킨다.
A 당뇨병 환자 — 탄수화물을 섭취하여 혈당량이 높아지더라도 인슐린 분비가 증가하지 않아 혈당량을 감소시키지 못한다.
0
탄수화물 섭취
t_1
시간(분)

X는 이자의 β세포에서 분비된다고 했으므로 인슐린이다. 정상인의 경우 탄수화물을 섭취하여 혈중 포도당 농도가 높아지면 인슐린(X)의 분비량이 증가하고, 혈중 포도당 농도가 낮아지면 인슐린(X)의 분비량이 감소한다. 따라서 B가 정상인, A가 당뇨병 환자이다.

ㄴ. 인슐린(X)은 간에서 포도당을 글리코젠으로 합성하는 과정을 촉진한다.

ㄷ. 당뇨병 환자(A)는 탄수화물 섭취 후 혈중 인슐린(X) 농도가 거의 증가하지 않았으므로, 혈중 포도당 농도가 높게 유지된다. 반면, 정상인(B)은 인슐린(X)의 분비량이 증가하여 혈중 포도당 농도가 낮아진다. 따라서 t_1일 때 혈중 포도당 농도는 당뇨병 환자(A)가 정상인(B)보다 높다.

바로알기 ㄱ. A는 당뇨병 환자, B는 정상인이다.

13 꼼꼼 문제 분석

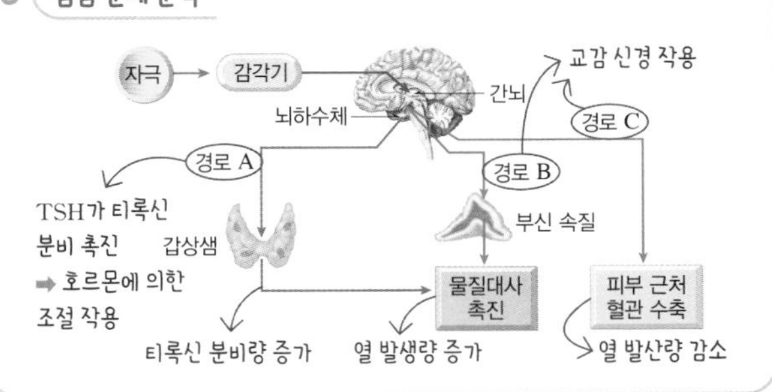

ㄱ. A는 TSH가 갑상샘을 자극하여 갑상샘에서 분비된 티록신에 의해 물질대사가 촉진되는 경로이므로 호르몬에 의한 조절 과정이다.

ㄴ. B는 교감 신경의 자극으로 부신 속질에서 분비된 에피네프린에 의해 물질대사가 촉진되는 경로로 체내 열 발생량이 증가한다.

바로알기 ㄷ. 피부 근처 혈관 수축은 교감 신경의 작용 강화에 의해 일어나므로, C는 교감 신경의 작용에 의한 조절 과정이다.

14 날씨가 추워져 체온이 정상보다 낮아지면 물질대사가 촉진되고 몸 떨림과 같은 근육 운동이 활발해져 열 발생량이 증가한다. 또한 피부 근처 혈관이 수축하여 피부 근처로 흐르는 혈액의 양이 줄어들어 몸 표면을 통한 열 발산량이 감소한다.

바로알기 (다) 날씨가 더워져 체온이 정상보다 높아지면 물질대사가 억제되어 열 발생량이 감소한다. 또한 피부 근처 혈관이 확장하여 피부 근처로 흐르는 혈액의 양이 늘어나며, 땀 분비가 증가되어 열 발산량이 증가한다.

15 꼼꼼 문제 분석

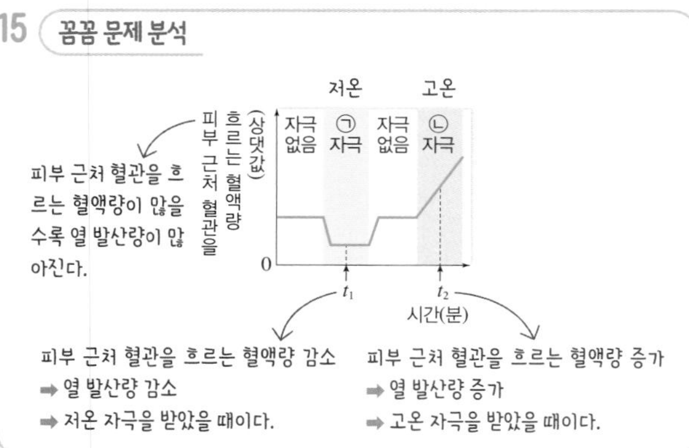

ㄱ. 정상인에게 저온 자극이 주어지면 피부 근처 혈관의 수축으로 피부 근처 혈관을 흐르는 혈액량이 감소하여 열 발산량이 감소한다. 반대로 고온 자극이 주어지면 피부 근처 혈관의 확장으로 피부 근처 혈관을 흐르는 혈액량이 증가하여 열 발산량이 증가한다. 따라서 ㉠은 저온, ㉡은 고온이다.

ㄴ. 피부 근처 혈관을 흐르는 단위 시간당 혈액량은 저온(㉠) 자극을 준 시점인 t_1일 때가 고온(㉡) 자극을 준 시점인 t_2일 때보다 적다.

바로알기 ㄷ. 시상 하부는 체온 변화 감지와 체온 조절의 중추이므로, 시상 하부에 고온(㉡) 자극을 주면 교감 신경의 작용 완화로 피부 근처 혈관이 확장되어 열 발산량이 증가한다.

16 ① 혈장 삼투압이 증가하면 뇌하수체 후엽에서 항이뇨 호르몬(ADH)의 분비량이 증가하여 콩팥에서 수분 재흡수량이 증가하므로 오줌 생성량이 감소한다.

② 물을 많이 마시면 체내 수분량이 증가하여 혈장 삼투압이 감소하게 되므로 항이뇨 호르몬(ADH)의 분비가 억제된다.

③ 땀을 많이 흘리면 체내 수분량이 감소하여 혈장 삼투압이 증가하게 되므로 항이뇨 호르몬(ADH)의 분비량이 증가하여 콩팥에서 수분 재흡수량이 증가한다.

⑤ 항이뇨 호르몬(ADH)의 혈중 농도가 높아지면 콩팥에서 수분 재흡수량이 증가하므로 체내 수분량이 증가한다.

바로알기 ④ 혈장 삼투압이 감소하면 항이뇨 호르몬(ADH)의 분비량이 감소하여 콩팥에서 수분 재흡수량이 감소한다.

17 꼼꼼 문제 분석

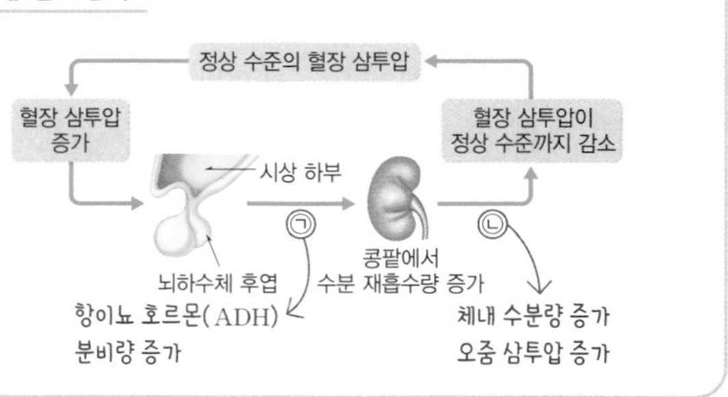

ㄱ. 콩팥에서 수분 재흡수를 촉진하는 호르몬은 뇌하수체 후엽에서 분비되는 항이뇨 호르몬(ADH)이다. 따라서 혈장 삼투압이 정상 수준보다 증가하면 과정 ㉠에서 항이뇨 호르몬(ADH)의 분비량이 증가한다.

ㄷ. 혈장 삼투압의 증가는 짠 음식을 많이 섭취하였거나 땀을 많이 흘렸을 때 일어난다.

바로알기 ㄴ. 콩팥에서 수분 재흡수량이 증가하면 오줌 생성량이 감소하게 되므로 과정 ㉡에서 오줌 삼투압이 증가한다.

18 꼼꼼 문제 분석

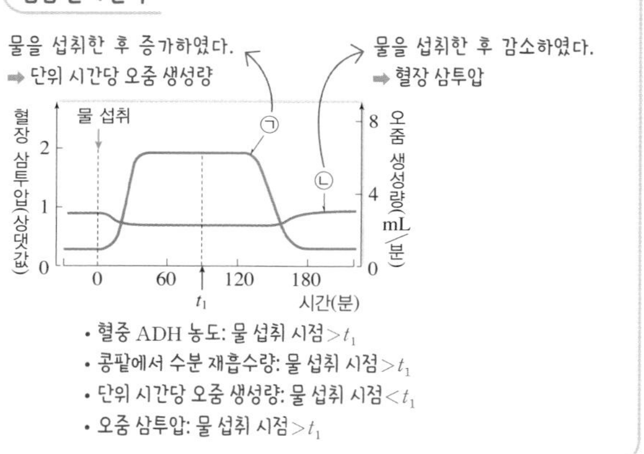

ㄱ. 물을 많이 섭취하면 혈장 삼투압이 정상 범위보다 낮아지므로 항이뇨 호르몬(ADH)의 분비량이 감소하며, 이에 따라 콩팥에서 수분 재흡수량이 감소하여 단위 시간당 오줌 생성량이 많아진다. 따라서 ㉠은 단위 시간당 오줌 생성량, ㉡은 혈장 삼투압이다.

ㄷ. 혈장 삼투압이 낮아지면 항이뇨 호르몬의 분비량이 감소한다. 물 섭취 시점보다 t_1일 때 혈장 삼투압(㉡)이 낮으므로, 혈중 항이뇨 호르몬(ADH)의 농도는 물 섭취 시점보다 t_1일 때가 낮다.

바로알기 ㄴ. 단위 시간당 오줌 생성량이 많아지면 오줌 삼투압은 낮아진다. 물 섭취 시점보다 t_1일 때 단위 시간당 오줌 생성량(㉠)이 많으므로, 오줌 삼투압은 물 섭취 시점보다 t_1일 때가 낮다.

실력 UP 문제 138쪽

01 ① 02 ④ 03 ⑤ 04 ③

01 꼼꼼 문제 분석

특징 \ 호르몬	글루카곤 A	에피네프린 B	인슐린 C
이자에서 분비된다.	? ○	×	? ○
혈당량을 감소시킨다.	×	? ×	? ○
㉠	×	×	○

(○: 있음, ×: 없음)

ㄱ. 인슐린, 글루카곤, 에피네프린 중 이자에서 분비되는 호르몬은 인슐린과 글루카곤이고, 혈당량을 감소시키는 호르몬은 인슐린이다. 따라서 A는 글루카곤, B는 에피네프린, C는 인슐린이다.

바로알기 ㄴ. 인슐린(C)은 이자에 연결된 부교감 신경에 의해 분비가 촉진된다.

ㄷ. 글루카곤(A)과 에피네프린(B)은 모두 간에서 글리코젠 분해를 촉진하고, 인슐린(C)은 간에서 글리코젠 합성을 촉진한다. 따라서 '간에서 글리코젠 분해를 촉진한다.'는 ㉠에 해당하지 않는다.

02 꼼꼼 문제 분석

시상 하부에서 TRH(갑상샘 자극 호르몬 방출 호르몬)가 분비되어 뇌하수체 전엽을 자극하면 뇌하수체 전엽에서 TSH(갑상샘 자극 호르몬)가 분비되어 갑상샘을 자극하고, 갑상샘에서 티록신 분비량이 증가하여 물질대사가 촉진된다.

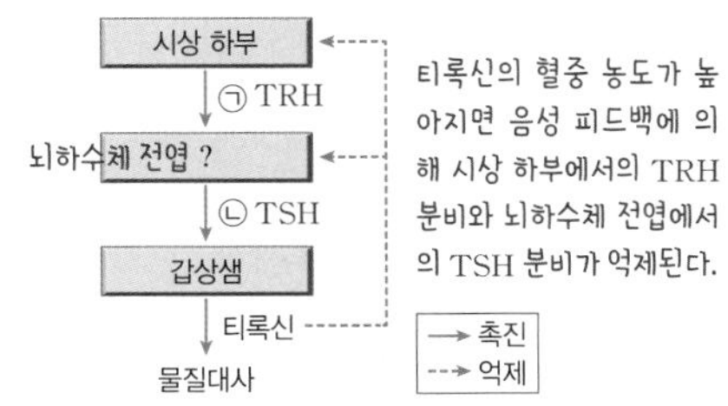

ㄴ. 시상 하부에서 분비되는 TRH(갑상샘 자극 호르몬 방출 호르몬)는 뇌하수체 전엽을 자극하여 TSH(갑상샘 자극 호르몬) 분비를 촉진하고, TSH(갑상샘 자극 호르몬)는 갑상샘을 자극하여 티록신의 분비를 촉진한다. 따라서 갑상샘은 TSH(㉡)의 표적 기관으로, 갑상샘에는 TSH의 수용체가 있다.

ㄷ. 아이오딘은 티록신의 주성분이므로 아이오딘이 결핍되면 티록신이 부족해져 시상 하부와 뇌하수체 전엽이 자극을 받으므로 TRH(㉠)와 TSH(㉡)의 분비량이 모두 증가한다.

바로알기 ㄱ. 시상 하부에서 분비되는 ㉠은 TRH(갑상샘 자극 호르몬 방출 호르몬)이다.

03 꼼꼼 문제 분석

시상 하부에 설정된 온도가 높아지면 체온을 높이는 반응이 일어난다. ➡ 열 발생량 증가, 열 발산량 감소

시상 하부에 설정된 온도가 낮아지면 체온을 낮추는 반응이 일어난다. ➡ 열 발생량 감소, 열 발산량 증가

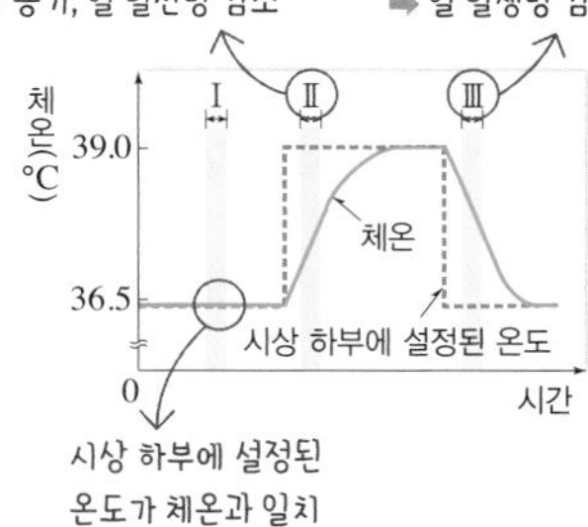

시상 하부에 설정된 온도가 체온과 일치

ㄱ. 시상 하부는 체온 변화를 감지하고 체내의 열 발생량과 열 발산량 조절을 통해 체온을 조절하는 중추이다.

ㄴ. 구간 Ⅱ에서 체온이 상승한 것은 시상 하부에 설정된 온도가 높아져 체내 열 발생량이 증가했기 때문이다. 따라서 열 발생량은 구간 Ⅱ에서가 구간 Ⅰ에서보다 많다.

ㄷ. 피부 근처 혈관이 확장되어 피부 근처 혈관을 흐르는 단위 시간당 혈액량이 많아지면 열 발산량이 증가한다. 구간 Ⅱ에서는 열 발산량이 감소하고, 구간 Ⅲ에서는 열 발산량이 증가하므로, 피부 근처 혈관을 흐르는 단위 시간당 혈액량은 구간 Ⅲ에서가 구간 Ⅱ에서보다 많다.

04 꼼꼼 문제 분석

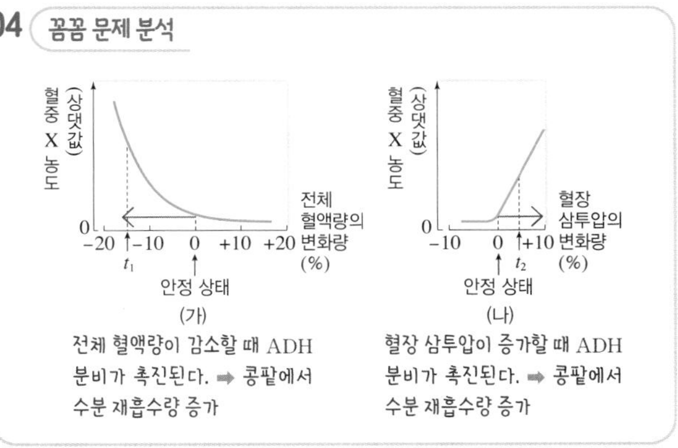

전체 혈액량이 감소할 때 ADH 분비가 촉진된다. ➡ 콩팥에서 수분 재흡수량 증가

혈장 삼투압이 증가할 때 ADH 분비가 촉진된다. ➡ 콩팥에서 수분 재흡수량 증가

ㄱ. 뇌하수체 후엽에서 분비되는 X는 항이뇨 호르몬(ADH)이다. 간뇌의 시상 하부는 삼투압 조절 중추로 혈장 삼투압을 감지하여 항이뇨 호르몬(ADH, X)의 분비를 조절한다.

ㄴ. 항이뇨 호르몬(ADH, X)은 콩팥에서 수분 재흡수를 촉진하는데, 혈중 항이뇨 호르몬(ADH, X)의 농도는 t_1일 때가 안정 상태일 때보다 높다. 따라서 콩팥에서 단위 시간당 수분 재흡수량은 t_1일 때가 안정 상태일 때보다 많다.

바로알기 ㄷ. 혈중 항이뇨 호르몬(ADH, X)의 농도가 높을수록 콩팥의 단위 시간당 수분 재흡수량이 증가하므로 오줌양은 감소하고 오줌 삼투압은 증가한다. 따라서 오줌 삼투압은 t_2일 때가 안정 상태일 때보다 높다.

중단원 핵심 정리 139쪽

❶ 호르몬 ❷ 혈액 ❸ 좁 ❹ 넓 ❺ 항이뇨 호르몬(ADH) ❻ 갑상샘 ❼ 에피네프린 ❽ 이자 ❾ 생장 호르몬 ❿ 당뇨병 ⓫ 음성 피드백(음성 되먹임) ⓬ 인슐린 ⓭ 글루카곤 ⓮ 에피네프린 ⓯ 증가 ⓰ 감소 ⓱ 감소 ⓲ 증가 ⓳ 촉진 ⓴ 감소 ㉑ 감소 ㉒ 증가

중단원 마무리 문제 140~142쪽

01 ④ 02 ② 03 ③ 04 ⑤ 05 ⑤ 06 ③
07 ④ 08 ③ 09 ⑤ 10 ④ 11 ② 12 해설 참조
13 해설 참조 14 해설 참조

01 ① 내분비샘에는 분비관이 따로 없어 호르몬 ㉠은 혈관으로 분비되어 혈액을 따라 이동한다.
② 호르몬은 내분비샘에서 생성되고 분비된다. 따라서 세포 A는 내분비샘을 구성하는 세포이다.
③ 세포 B에는 호르몬 ㉠의 수용체가 있으므로 세포 B는 호르몬 ㉠의 표적 세포이다.
⑤ 호르몬은 매우 적은 양으로 생리 작용을 조절하며, 혈중 농도가 매우 높으면 과다증, 매우 낮으면 결핍증이 나타난다.
바로알기 ④ 호르몬 ㉠은 혈액을 따라 이동하면서 호르몬 ㉠의 모든 표적 세포에 영향을 주므로 지속적이고 광범위하게 작용한다.

02 ①, ③, ④ 신경의 신호 전달은 뉴런과 연결된 세포에서만 일어나므로 속도는 빠르지만 효과는 곧 사라진다. 반면, 호르몬의 신호 전달은 혈액을 통해 이동하여 표적 세포에 작용하므로 속도는 느리지만 효과는 오래 지속된다.
⑤ 동공 반사는 중간뇌와 자율 신경에 의한 것이므로 신경에 의한 신호 전달로 일어나며, 생장은 생장 호르몬이 관여하므로 호르몬에 의한 신호 전달로 일어난다.
바로알기 ② 신경은 뉴런이 연결되는 좁은 범위에만 신호를 전달하지만, 호르몬은 특정 호르몬 수용체가 있는 모든 표적 세포에 작용하므로 넓은 범위에 신호를 전달한다.

03 ③ 부신 속질에서 분비되는 에피네프린은 혈당량 증가, 심장 박동 증가 등의 작용을 한다.
바로알기 ① 이자에서 분비되는 인슐린은 혈당량을 감소시킨다.
② 갑상샘에서 분비되는 티록신은 물질대사를 촉진시킨다.
④ 옥시토신은 뇌하수체 후엽에서 분비되며, 출산 시 자궁 수축을 촉진하는 작용을 한다.
⑤ 생장을 촉진하는 생장 호르몬은 뇌하수체 전엽에서 분비된다.

04 ① (가)는 호르몬 분비 과정의 산물인 호르몬 ㉡이 이 과정을 억제하는 조절을 하므로 음성 피드백이다. 티록신의 분비는 음성 피드백(가)에 의해 조절된다.
② (나)는 호르몬 ㉢과 ㉣이 같은 기관에 서로 반대로 작용하여 서로의 효과를 줄이는 길항 작용이다.
③ ㉡이 과다 분비되면 ㉡에 의해 내분비샘 A에서의 ㉠ 분비가 억제되므로, ㉠의 분비량은 감소한다.
④ ㉢은 내분비샘 D에서 혈액으로 분비되어 혈액을 통해 ㉢의 수용체가 있는 표적 기관 E로 이동한다.
바로알기 ⑤ 인슐린은 이자에서, 에피네프린은 부신 속질에서 분비된다. 호르몬 ㉢과 ㉣은 같은 내분비샘에서 분비되므로, ㉢이 인슐린이면 ㉣은 글루카곤이다.

05 꼼꼼 문제 분석

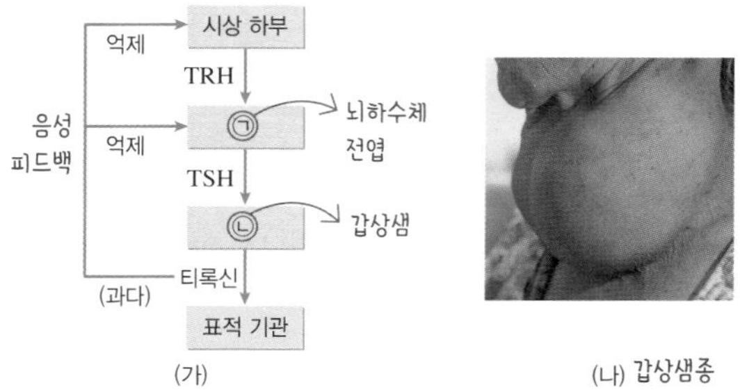

(가)
(나) 갑상샘종

아이오딘 섭취 부족 → 티록신이 적게 생성됨 → 티록신의 혈중 농도 낮아짐 → TRH, TSH의 분비량 증가로 혈중 농도가 높아짐 → TSH가 갑상샘을 계속 자극하므로 갑상샘이 비대해짐 → 갑상샘종에 걸림

⑤ 아이오딘은 티록신의 구성 성분이므로 아이오딘의 섭취가 부족하면 티록신의 분비량이 적어 음성 피드백에 의해 TSH의 분비량이 증가하여 갑상샘을 자극하게 되므로 갑상샘이 비대해진다. 따라서 (나)는 티록신 부족으로 갑상샘종에 걸린 환자의 모습이다.
바로알기 ① TSH가 분비되는 ㉠은 뇌하수체 전엽이다.
② ㉡은 티록신을 분비하는 내분비샘이므로, 갑상샘이다.
③ 티록신의 분비는 음성 피드백을 통해 조절된다.
④ 티록신은 호르몬이며, 호르몬은 내분비샘에서 분비되어 혈액을 통해 표적 기관으로 운반된다.

06 꼼꼼 문제 분석

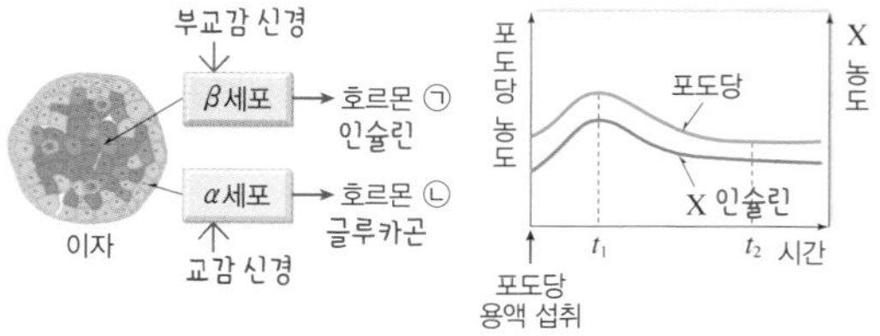

(가)
(나)

혈중 포도당 농도가 증가하면 인슐린의 분비량이 증가하여 혈당량을 감소시킨다.

ㄱ. 호르몬 ㉠은 이자의 β세포에서 분비되는 인슐린, 호르몬 ㉡은 이자의 α세포에서 분비되는 글루카곤이다. (나)에서 혈중 포도당 농도가 증가하면 인슐린의 분비량은 증가하고, 글루카곤의 분비량은 감소하여 혈중 포도당 농도가 정상 범위로 낮아진다. 따라서 X는 인슐린(㉠)이다.

ㄴ. 혈중 포도당 농도가 높으면 혈중 글루카곤(㉡) 농도가 낮고, 혈중 포도당 농도가 낮으면 혈중 글루카곤(㉡) 농도가 높다. 따라서 글루카곤(㉡)의 혈중 농도는 t_1일 때가 t_2일 때보다 낮다.

바로알기 ㄷ. 이자에 연결된 교감 신경이 흥분하면 글루카곤(㉡)의 분비가 촉진되고, 이자에 연결된 부교감 신경이 흥분하면 X(인슐린, ㉠)의 분비가 촉진된다.

07 꼼꼼 문제 분석

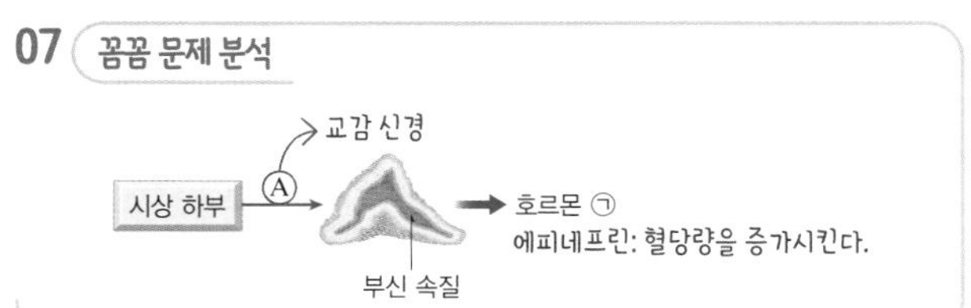

ㄴ. 교감 신경의 작용에 의해 부신 속질에서 에피네프린이 분비되므로, A는 교감 신경에 의한 자극 전달 경로이다.

ㄷ. 호르몬 ㉠은 에피네프린이며, 에피네프린은 간에서 글리코젠을 포도당으로 분해하는 과정을 촉진하여 혈당량을 증가시킨다.

바로알기 ㄱ. 글루카곤은 이자에서, 에피네프린은 부신 속질에서 분비된다. 글루카곤과 에피네프린은 모두 혈당량을 증가시키는 호르몬이므로 ㉠(에피네프린)은 글루카곤과 길항 작용을 하지 않는다.

08 ㄱ. 과정 A는 시상 하부가 저온을 감지하였을 때 교감 신경의 작용 강화에 의해 피부 근처 혈관이 수축되는 과정으로, 피부 근처로 흐르는 혈액의 양이 감소하여 열 발산량이 감소한다. 따라서 과정 A는 교감 신경에 의한 조절 경로이다.

ㄴ. 과정 B는 시상 하부가 저온을 감지하였을 때 티록신의 분비가 촉진되는 과정으로, 티록신에 의해 간과 근육에서 물질대사가 촉진되어 열 발생량이 증가한다.

바로알기 ㄷ. 피부 근처 혈관이 수축(㉠)하면 피부 근처 혈관을 흐르는 단위 시간당 혈액량이 감소한다.

09 꼼꼼 문제 분석

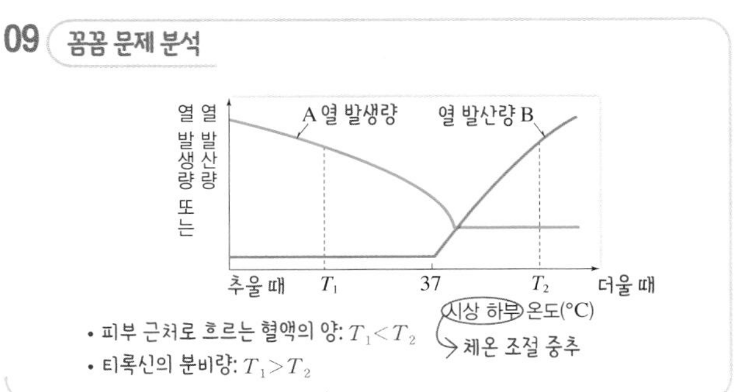

ㄱ. 간뇌의 시상 하부는 체온 조절의 중추로서 체온 변화를 감지하여 체온을 조절한다. 시상 하부의 온도가 높아지면 체내 열 발생량은 감소하고 열 발산량은 증가한다. 따라서 A는 열 발생량, B는 열 발산량이다.

ㄷ. 티록신의 분비량이 많으면 물질대사가 촉진되어 체내 열 발생량이 증가한다. T_1일 때가 T_2일 때보다 열 발생량이 많으므로 티록신의 분비량도 많다.

바로알기 ㄴ. 피부 근처로 흐르는 혈액의 양이 많아지면 피부 표면을 통한 열 발산량이 많아진다. T_1일 때가 T_2일 때보다 열 발산량이 적으므로 피부 근처로 흐르는 혈액의 양도 적다.

10 꼼꼼 문제 분석

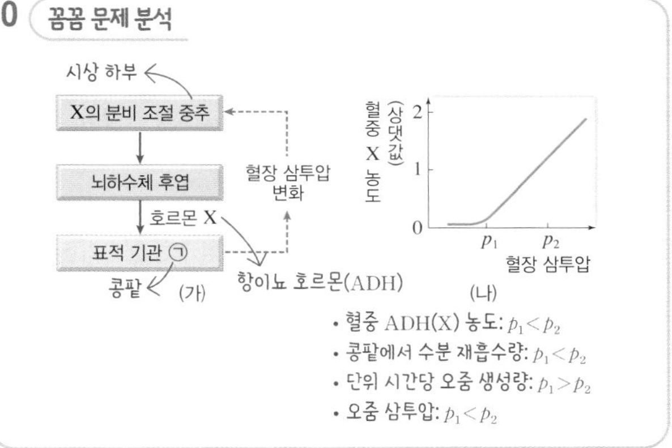

① 뇌하수체 후엽에서 분비되며, 혈장 삼투압 조절에 관여하는 호르몬 X는 항이뇨 호르몬(ADH)이다.

② 항이뇨 호르몬(ADH)은 콩팥에서 수분 재흡수를 촉진하므로, 콩팥은 항이뇨 호르몬(ADH)의 표적 기관(㉠)에 해당한다.

③ 항이뇨 호르몬(ADH, X)의 분비 조절 중추는 시상 하부이다.

⑤ 혈중 항이뇨 호르몬(ADH, X)의 농도가 높아지면 콩팥에서 수분 재흡수량이 증가하므로 단위 시간당 오줌 생성량은 감소한다. 따라서 단위 시간당 오줌 생성량은 혈중 항이뇨 호르몬(ADH, X)의 농도가 낮은 p_1일 때가 혈중 항이뇨 호르몬(ADH, X)의 농도가 높은 p_2일 때보다 많다.

바로알기 ④ 체내 수분량이 증가하면 혈장 삼투압이 낮아지므로, 혈중 항이뇨 호르몬(ADH, X)의 농도는 낮아진다.

11 꼼꼼 문제 분석

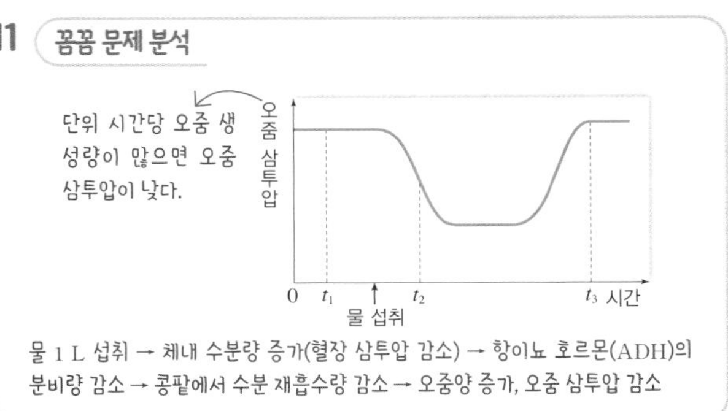

단위 시간당 오줌 생성량이 많으면 오줌 삼투압이 낮다.
오줌 삼투압
0
t_1
물 섭취
t_2
t_3
시간
물 1 L 섭취 → 체내 수분량 증가(혈장 삼투압 감소) → 항이뇨 호르몬(ADH)의 분비량 감소 → 콩팥에서 수분 재흡수량 감소 → 오줌양 증가, 오줌 삼투압 감소

ㄷ. t_1일 때가 t_2일 때보다 오줌 삼투압이 높은 것을 통해 t_1일 때가 t_2일 때보다 항이뇨 호르몬(ADH)의 혈중 농도가 높다는 것을 알 수 있다.

바로알기 ㄱ, ㄴ. t_2일 때가 t_3일 때보다 오줌 삼투압이 낮은 것은 t_2일 때가 t_3일 때보다 단위 시간당 오줌 생성량이 많기 때문이다. 따라서 t_2일 때가 t_3일 때보다 콩팥에서 재흡수되는 물의 양이 적다.

12 TSH의 분비량이 증가하면 티록신의 분비량이 증가하고, 티록신의 분비량이 증가하면 음성 피드백에 의해 TSH의 분비량이 감소한다. 따라서 갑상샘 기능이 저하되어 티록신의 혈중 농도가 정상 수준보다 낮아지면 TSH의 혈중 농도는 높아진다. 그림에서 t_1일 때 갑상샘 기능이 저하되면서 호르몬 A의 혈중 농도는 감소하고, 호르몬 B의 혈중 농도는 증가했으며, t_2일 때 호르몬 A 주사를 맞아 호르몬 A의 혈중 농도가 증가했을 때 호르몬 B의 혈중 농도는 감소하였다. 이를 통해 A는 티록신이고, B는 TSH임을 알 수 있다.

모범 답안 A는 티록신, B는 TSH이다. 티록신의 혈중 농도가 낮아지면 TSH의 분비가 촉진되고, 티록신의 혈중 농도가 높아지면 음성 피드백에 의해 TSH의 분비가 억제되기 때문이다.

채점 기준	배점
호르몬 A와 B를 옳게 쓰고, 그렇게 판단한 까닭을 음성 피드백과 연관 지어 옳게 서술한 경우	100 %
호르몬 A와 B만 옳게 쓴 경우	50 %

13 포도당 투여로 혈당량이 정상 수준보다 높아졌으므로 혈당량을 정상 수준으로 감소시키기 위해 이자에서 인슐린 분비가 촉진된다. 따라서 호르몬 A는 인슐린이다. 혈중 인슐린의 농도 변화 곡선과 혈당량의 농도 변화 곡선의 양상은 비슷하므로 혈중 인슐린의 농도가 높으면 혈당량도 높다.

모범 답안 인슐린, 인슐린은 혈당량이 높을 때 분비가 촉진되어 간에서 포도당을 글리코젠으로 합성하는 과정과 세포로의 포도당 흡수를 촉진하여 혈당량을 낮추는 작용을 하므로 혈당량은 t_1일 때가 t_2일 때보다 높다.

채점 기준	배점
호르몬 A의 이름을 옳게 쓰고, 혈당량이 높은 시점을 A의 기능과 연관 지어 옳게 서술한 경우	100 %
호르몬 A의 이름을 옳게 쓰고, 혈당량이 높은 시점만 옳게 서술한 경우	50 %
호르몬 A의 이름만 옳게 쓴 경우	30 %

14 **모범 답안** ㉠은 단위 시간당 오줌 생성량이다. 혈중 ADH 농도가 높아지면 콩팥에서 수분 재흡수량이 증가하므로 생성되는 오줌의 양은 감소하고, 오줌 삼투압은 증가하기 때문이다.

채점 기준	배점
㉠을 옳게 쓰고, 그 까닭을 ADH의 기능과 연관 지어 옳게 서술한 경우	100 %
㉠만 옳게 쓴 경우	40 %

수능 실전 문제

144~145쪽

01 ④ 02 ② 03 ④ 04 ③ 05 ⑤ 06 ① 07 ③

01 꼼꼼 문제 분석

호르몬	기능
ADH ㉠	콩팥에서 물의 재흡수를 촉진한다.
TSH ㉡	갑상샘에서 티록신의 분비를 촉진한다.

선택지 분석

ㄱ. 뇌하수체 전엽에서 ㉠이 분비된다. 후엽

ㄴ. ㉠과 ㉡은 모두 혈액을 통해 표적 세포로 이동한다.

ㄷ. 혈중 티록신의 농도가 증가하면 ㉡의 분비가 억제된다.

전략적 풀이 ❶ 호르몬 ㉠과 ㉡의 기능을 보고 호르몬 ㉠과 ㉡이 각각 어떤 호르몬인지 판단한다.

콩팥에서 물의 재흡수를 촉진하는 호르몬 ㉠은 항이뇨 호르몬(ADH)이고, 갑상샘에서 티록신의 분비를 촉진하는 호르몬 ㉡은 갑상샘 자극 호르몬(TSH)이다.

ㄱ, ㄴ. 항이뇨 호르몬(ADH, ㉠)은 뇌하수체 후엽에서, 갑상샘 자극 호르몬(TSH, ㉡)은 뇌하수체 전엽에서 분비되며, ㉠과 ㉡ 모두 혈액을 통해 표적 세포로 이동한다.

❷ 음성 피드백에 의한 티록신의 분비 조절 과정을 이해한다.

ㄷ. 혈중 티록신의 농도가 증가하면 음성 피드백에 의해 뇌하수체 전엽에서 갑상샘 자극 호르몬(TSH, ㉡)의 분비가 억제되어 혈중 티록신의 농도가 감소한다.

02 꼼꼼 문제 분석

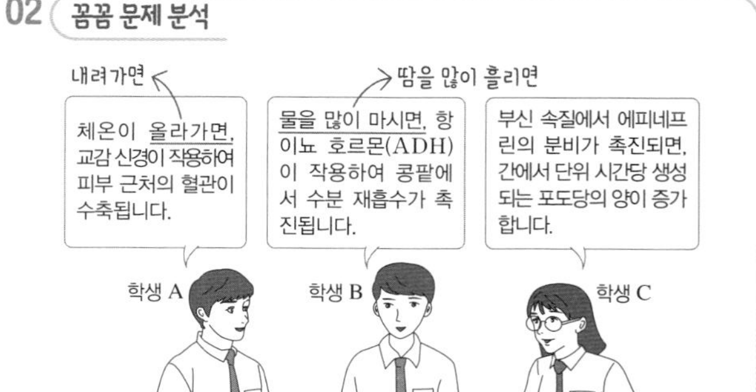

선택지 분석

① A ② C ③ A, C ④ B, C ⑤ A, B, C

전략적 풀이 ❶ 체온 조절 과정에서 피부 근처 혈관의 수축이 어느 경우에 일어나는지 파악한다.

학생 A: 교감 신경의 작용 강화로 피부 근처 혈관이 수축하면 피부 근처 혈관을 흐르는 혈액량이 감소하므로 열 발산량이 감소한다.

체온 조절 과정에서 열 발산량 감소는 체온이 정상 범위보다 낮아졌을 때 일어나는 현상이다.

❷ 삼투압 조절 과정과 항이뇨 호르몬(ADH)의 기능을 연관 지어 생각해 본다.

학생 B: 항이뇨 호르몬(ADH)은 콩팥에서 수분 재흡수를 촉진한다. 따라서 물을 많이 마셔 혈장 삼투압이 정상 범위보다 낮아지면 항이뇨 호르몬(ADH)의 분비량이 감소하여 콩팥에서 수분 재흡수량이 감소한다. 따라서 물을 많이 마시면 콩팥에서 수분 재흡수는 촉진되지 않는다.

❸ 에피네프린의 기능을 혈당량 조절 과정과 연관 지어 생각해 본다.

학생 C: 부신 속질에 연결된 교감 신경에 의해 에피네프린의 분비가 촉진되며, 에피네프린은 간에 저장되어 있는 글리코젠을 포도당으로 분해하는 과정을 촉진하여 혈당량을 증가시킨다. 따라서 에피네프린의 분비가 촉진되면 간에서 단위 시간당 생성되는 포도당의 양이 증가한다.

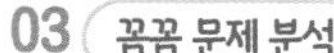

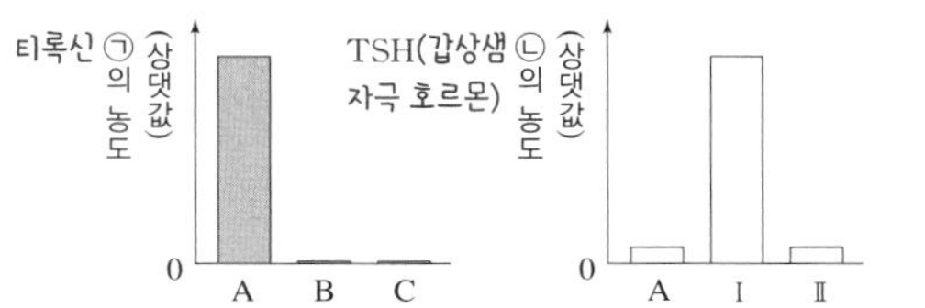

- A: 갑상샘(ⓐ) → 티록신 분비 → 혈중 티록신(㉠) 농도 높음 → 뇌하수체 전엽에서 TSH 분비 억제 → 혈중 TSH(㉡) 농도 낮음
- B: 갑상샘 제거 → 티록신 분비 안 됨 → 혈중 티록신(㉠) 농도 거의 0 → 티록신 주사 → 혈중 티록신 농도 증가 → 뇌하수체 전엽에서 TSH 분비 억제 → 혈중 TSH(㉡) 농도 낮음 ➡ Ⅱ
- C: 갑상샘 제거 → 티록신 분비 안 됨 → 혈중 티록신(㉠) 농도 거의 0 → 뇌하수체 전엽에서 TSH 분비 촉진 → 혈중 TSH(㉡) 농도 높음 ➡ Ⅰ

선택지 분석

ㄱ. 내분비샘 ⓐ는 뇌하수체 전엽이다. 갑상샘

ㄴ. (라)에서 Ⅰ은 C이다.

ㄷ. ㉠은 순환계를 통해 표적 세포로 이동한다.

전략적 풀이 ❶ 티록신의 분비 과정을 생각해 보고, TSH의 표적 기관이 무엇인지 파악한다.

ㄱ. 간뇌의 시상 하부에서 분비되는 TRH(갑상샘 자극 호르몬 방출 호르몬)는 뇌하수체 전엽에서 TSH(갑상샘 자극 호르몬)의 분비를 촉진하고, TSH는 갑상샘에서 티록신의 분비를 촉진한다. 따라서 TSH의 표적 기관인 내분비샘 ⓐ는 갑상샘이다.

ㄷ. 호르몬인 티록신(㉠)은 갑상샘에서 혈관으로 분비되어 혈액을 따라 표적 세포로 이동한다. 즉, 티록신(㉠)은 순환계를 통해 표적 세포로 이동한다.

❷ 혈중 티록신의 농도가 높아지면 혈중 TSH의 농도가 어떻게 변하는지 생각해 보고, Ⅰ과 Ⅱ가 어느 것인지 파악한다.

ㄴ. 갑상샘(ⓐ)을 제거하면 티록신이 분비되지 않으므로, (나)에서 B와 C의 혈중 티록신의 농도는 갑상샘을 제거하지 않은 A보다 매우 낮다. 따라서 ㉠은 티록신, ㉡은 TSH이다. 생쥐에 티록신(㉠)을 주사하면 혈중 티록신의 농도가 높아지므로 음성 피드백에 의해 뇌하수체 전엽에서 TSH의 분비가 억제된다. 따라서 혈중 TSH(㉡)의 농도가 낮은 Ⅱ가 B이고, Ⅰ은 C이다.

04 꼼꼼 문제 분석

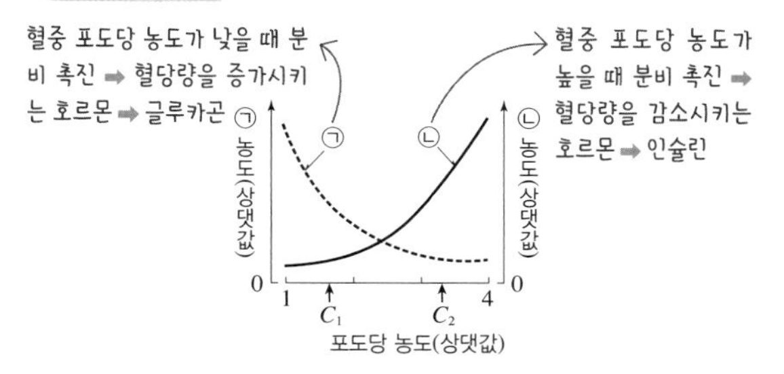

선택지 분석

ㄱ. 간은 ㉠의 표적 기관이다.

ㄴ. ㉡은 이자의 α세포에서 분비된다. β세포

ㄷ. 혈중 글루카곤 농도는 C_1일 때가 C_2일 때보다 높다.

전략적 풀이 ❶ 혈중 포도당 농도에 따른 인슐린과 글루카곤의 혈중 농도가 어떻게 다른지 이해하여 ㉠과 ㉡이 어떤 호르몬인지 파악한다.

ㄷ. 혈중 포도당 농도가 높아지면 혈중 인슐린의 농도가 증가하고, 혈중 글루카곤의 농도는 감소한다. 따라서 ㉠은 글루카곤, ㉡은 인슐린이므로, 혈중 글루카곤(㉠)의 농도는 C_1일 때가 C_2일 때보다 높다.

❷ 인슐린과 글루카곤이 어떤 내분비 세포에서 분비되며, 표적 기관이 무엇인지 생각해 본다.

ㄱ, ㄴ. 인슐린(㉡)은 이자의 β세포에서 분비되며, 간에 작용하여 포도당을 글리코젠으로 합성하는 과정을 촉진한다. 반면, 글루카곤(㉠)은 이자의 α세포에서 분비되며, 간에 작용하여 글리코젠을 포도당으로 분해하는 과정을 촉진한다. 따라서 간은 인슐린(㉡)과 글루카곤(㉠)의 표적 기관이다.

05 꼼꼼 문제 분석

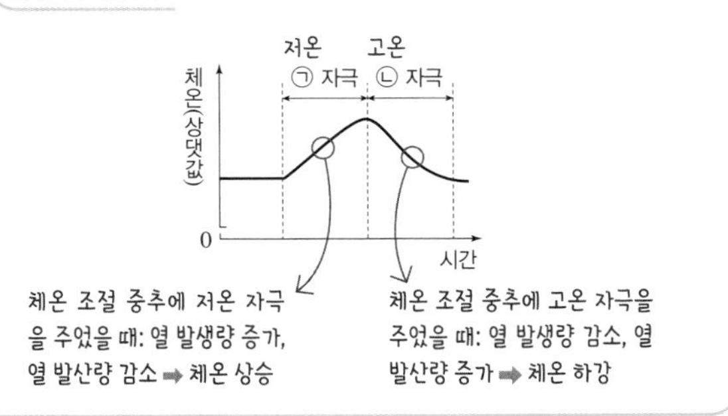

선택지 분석

ㄱ ㉠은 저온이다.
ㄴ 사람의 체온 조절 중추는 시상 하부이다.
ㄷ 사람의 체온 조절 중추에 ㉡ 자극을 주면 피부 근처 혈관을 흐르는 단위 시간당 혈액량이 증가한다.

전략적 풀이 ❶ 체온 조절 중추에 고온 자극과 저온 자극을 주었을 때 체온 변화가 어떻게 나타나는지 생각해 본다.

ㄱ, ㄴ. 사람의 체온 조절 중추는 간뇌의 시상 하부이다. 체온 조절 중추는 고온 자극을 받으면 체온을 낮추고, 저온 자극을 받으면 체온을 높임으로써 체온을 일정하게 유지한다. 따라서 ㉠은 저온, ㉡은 고온이다.

❷ 피부 근처 혈관을 흐르는 단위 시간당 혈액량은 고온 자극과 저온 자극을 각각 주었을 때 어떻게 다른지 체온 조절 과정과 연관 지어 생각해 본다.

ㄷ. 사람의 시상 하부에 저온(㉠) 자극을 주면 교감 신경의 작용 강화로 피부 근처 혈관이 수축하여 피부 근처 혈관을 흐르는 혈액량이 감소함으로써 열 발산량이 감소한다. 반면 고온(㉡) 자극을 주면 피부 근처 혈관이 확장하여 피부 근처 혈관을 흐르는 혈액량이 증가함으로써 열 발산량이 증가한다.

06 꼼꼼 문제 분석

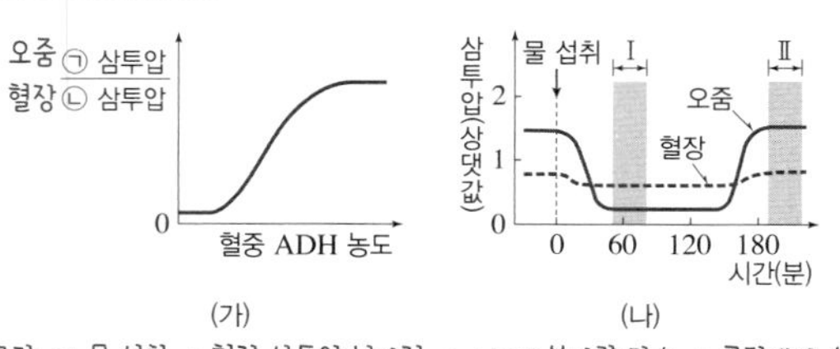

- 구간 Ⅰ: 물 섭취 ➡ 혈장 삼투압 낮아짐 ➡ ADH 분비량 감소 ➡ 콩팥에서 수분 재흡수량 감소 ➡ 오줌 생성량 증가, 오줌 삼투압 낮아짐
- 구간 Ⅱ: 혈장 삼투압 높아짐 ➡ ADH 분비량 증가 ➡ 콩팥에서 수분 재흡수량 증가 ➡ 오줌 생성량 감소, 오줌 삼투압 높아짐

선택지 분석

ㄱ ㉠은 오줌이다.
~~ㄴ~~. ADH의 분비 조절 중추는 시상이다. 시상 하부
~~ㄷ~~. $\frac{\text{오줌 생성량}}{\text{혈중 ADH 농도}}$은 구간 Ⅱ에서가 구간 Ⅰ에서보다 크다. 작다

전략적 풀이 ❶ 혈중 ADH 농도와 혈장 삼투압, 오줌 삼투압의 관계를 이해하여 ㉠과 ㉡이 각각 혈장과 오줌 중 어느 것인지 파악한다.

ㄱ. 혈중 ADH 농도가 높아지면 혈장 삼투압은 낮아지고 오줌 삼투압은 높아진다. (가)에서 혈중 ADH 농도가 높아지면 $\frac{\text{㉠ 삼투압}}{\text{㉡ 삼투압}}$이 커지므로 ㉠은 오줌, ㉡은 혈장이다.

❷ ADH의 분비 조절 중추를 이해하고, ADH의 분비량과 오줌 생성량의 변화를 파악하여 구간 Ⅰ과 Ⅱ에서의 $\frac{\text{오줌 생성량}}{\text{혈중 ADH 농도}}$을 비교한다.

ㄴ. ADH의 분비 조절 중추는 체내 삼투압 조절의 중추인 간뇌의 시상 하부이다.

ㄷ. 다량의 물을 섭취하면 체내 수분량이 증가하여 혈장 삼투압이 낮아지므로 혈중 ADH 농도는 감소하고 오줌 생성량은 증가한다. 따라서 혈중 ADH 농도는 구간 Ⅰ에서가 구간 Ⅱ에서보다 낮고, 오줌 생성량은 구간 Ⅰ에서가 구간 Ⅱ에서보다 많다.

따라서 $\frac{\text{오줌 생성량}}{\text{혈중 ADH 농도}}$은 구간 Ⅰ에서가 구간 Ⅱ에서보다 크다.

07 꼼꼼 문제 분석

혈장 삼투압이 같을 때 혈중 ADH 농도가 정상 상태보다 높다. ➡ 전체 혈액량이 정상보다 감소한 상태일 때 ADH 분비가 촉진되어 콩팥에서 수분 재흡수량이 증가한다.

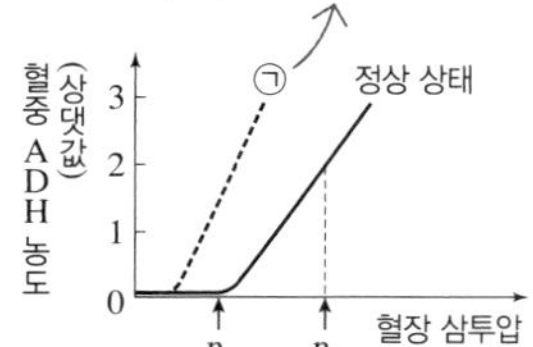

- 혈중 ADH 농도: $p_1 < p_2$
- 콩팥에서 수분 재흡수량: $p_1 < p_2$
- 단위 시간당 오줌 생성량: $p_1 > p_2$
- 오줌 삼투압: $p_1 < p_2$

선택지 분석

ㄱ 시상 하부는 ADH의 분비를 조절한다.
ㄴ ㉠은 전체 혈액량이 정상보다 감소한 상태이다.
~~ㄷ~~. 정상 상태일 때 생성되는 오줌의 삼투압은 p_1일 때가 p_2일 때보다 높다. 낮다

전략적 풀이 ❶ 삼투압 조절 중추가 무엇인지 생각해 본다.

ㄱ. 삼투압 조절 중추는 간뇌의 시상 하부이며, 시상 하부는 혈장 삼투압 변화를 감지하여 항이뇨 호르몬(ADH)의 분비량을 조절한다.

❷ 항이뇨 호르몬(ADH)의 기능과 연관 지어 p_1과 p_2일 때의 오줌 삼투압을 비교한다.

ㄷ. 항이뇨 호르몬(ADH)은 콩팥에서 수분 재흡수를 촉진하므로 혈중 ADH 농도가 높은 p_2일 때가 p_1일 때보다 콩팥에서 수분 재흡수량이 많으므로 생성되는 오줌의 양은 적고, 오줌 삼투압은 높다.

❸ 혈장 삼투압이 일정할 때 혈중 ADH 농도에 따라 전체 혈액량이 어떻게 달라지는지 생각해 보고, ㉠이 어떤 상태인지 파악한다.

ㄴ. 항이뇨 호르몬(ADH)은 콩팥에서 수분 재흡수를 촉진하여 혈액량을 증가시키는 작용을 하므로, 전체 혈액량이 정상보다 감소한 상태일 때 혈중 ADH 농도가 높다. 따라서 혈장 삼투압이 p_1으로 같을 때 혈중 ADH 농도가 정상 상태보다 높은 ㉠은 전체 혈액량이 정상 상태보다 감소한 상태이다.

3 방어 작용

1 질병과 병원체

개념 확인 문제 150쪽

❶ 비감염성 ❷ 감염성

1 ㄱ, ㄴ, ㅁ, ㅂ **2** (1) ㉣ (2) ㉠ (3) ㉤ (4) ㉡ (5) ㉢ **3** (1) 세 (2) 바 (3) 세 **4** (1) ○ (2) ○ (3) ×

1 결핵, 파상풍은 세균, 독감은 바이러스, 말라리아는 원생생물에 감염되어 발생하는 감염성 질병이다.

3 세균은 핵이 없는 단세포 생물로 효소가 있어 스스로 물질대사를 할 수 있다. 세균과 달리 바이러스는 세포 구조를 갖추고 있지 않아 숙주 세포 내에서만 증식할 수 있다.

4 (3) 냉장고 안에서도 세균, 곰팡이가 증식할 수 있으므로 냉장고에 오래 보관한 음식은 먹지 않도록 한다.

대표 자료 분석 151쪽

자료 ❶ 1 (1) ㉢ (2) ㉡ (3) ㉠ 2 A, C 3 (1) ○ (2) ○ (3) × (4) × (5) ○ (6) × (7) × (8) ○

자료 ❷ 1 A: 바이러스, B: 세균 2 ㄷ 3 ㉢ 4 (1) × (2) ○ (3) ○ (4) × (5) × (6) ×

1-1 말라리아의 병원체는 원생생물이고, 독감, 홍역의 병원체는 바이러스이며, 결핵, 탄저병의 병원체는 세균이다.

1-2 A의 병원체인 원생생물과 C의 병원체인 세균은 (나)의 특징을 모두 갖지만, B의 병원체인 바이러스는 세포 구조로 되어 있지 않으며, 독립적으로 물질대사를 하지 못한다.

1-3 (1) A～C의 질병은 모두 병원체에 감염되어 발생하는 감염성 질병이다.
(2), (3) 말라리아의 병원체는 원생생물로, 모기를 매개로 사람 몸에 들어와 말라리아를 일으킨다.
(4) 독감의 병원체인 바이러스는 세포 구조로 되어 있지 않다.
(5) A～C의 병원체인 원생생물, 바이러스, 세균은 모두 핵산을 가지고 있다.
(6) B의 병원체는 바이러스이므로, 항바이러스제로 치료할 수 있다.
(7) 결핵의 병원체는 세균이므로, 항생제로 치료할 수 있다.
(8) 후천성 면역 결핍증(AIDS)의 병원체는 사람 면역 결핍 바이러스(HIV)이므로, B에 포함된다.

2-1 독감을 일으키는 병원체 A는 바이러스이고, 결핵을 일으키는 병원체 B는 세균이다.

2-2 ㄷ. ㉠은 세균(B)에는 없고 바이러스(A)에만 있는 특징이다. 세균(B)은 스스로 물질대사를 하고, 바이러스(A)는 스스로 물질대사를 하지 못하므로 '스스로 물질대사를 하지 못한다.'는 ㉠에 해당한다.
바로알기 ㄱ, ㄴ. 세포로 되어 있는 것은 세균(B)의 특징(㉢)이고, 유전 물질을 가지고 있는 것은 바이러스(A)와 세균(B)의 공통적인 특징(㉡)이다.

2-3 바이러스는 세포 분열을 통해 스스로 증식하지 못하고, 세균은 세포 분열을 통해 스스로 증식한다. 따라서 '분열을 통해 스스로 증식한다.'는 병원체 B만 가지는 특징인 ㉢에 해당한다.

2-4 (1), (3) 독감을 일으키는 병원체 A는 바이러스로, 살아 있는 숙주 세포 내에서만 증식할 수 있으며, 항바이러스제를 사용하여 치료한다.
(2) 독감은 바이러스, 결핵은 세균에 감염되어 발생하는 감염성 질병이다.
(4) B(세균)는 A(바이러스)보다 크기가 크다.
(5) A(바이러스)와 B(세균)는 모두 돌연변이가 일어날 수 있다.
(6) B(세균)는 단세포 원핵생물이므로 세포 구조를 갖추고 있다.

내신 만점 문제 152～154쪽

01 ②	02 ⑤	03 해설 참조	04 ③	05 ③	06 ④
07 ③	08 ⑤	09 해설 참조	10 ①	11 ①	12 ③
13 ②	14 ㄴ	15 ⑤	16 ②		

01 ① 혈우병은 혈액 응고에 관여하는 단백질 유전자의 결함으로 생기는 비감염성 질병이므로 타인에게 전염되지 않는다.
③ 무좀은 곰팡이의 일종인 백선균에 감염되어 발생한다.
④ 결핵을 일으키는 병원체는 세균이며, 세균은 핵막이 없어 뚜렷하게 구분되는 핵이 없는 단세포 생물이다.
⑤ 고혈압은 병원체 없이 발생하는 비감염성 질병으로, 생활 방식, 유전, 환경 등이 복합적으로 작용하여 발생한다.
바로알기 ② 독감을 일으키는 병원체는 인플루엔자 바이러스이다.

02 ㄱ. A의 병원체는 바이러스이며, 바이러스는 단백질 껍질 속에 핵산이 들어 있는 구조이므로 단백질을 가지고 있다.
ㄴ. B의 병원체는 세균이며, 세균은 세포벽이 있다.
ㄷ. 혈우병과 고혈압은 모두 병원체 없이 발생하는 비감염성 질병이다.

03 결핵, 감기, 독감은 감염성 질병이고, 고혈압, 당뇨병, 비만은 비감염성 질병이다.

모범 답안 병원체에 감염되어 발생하는지의 여부이다. 다른 사람에게 전염되는지의 여부이다. 등

채점 기준	배점
감염 또는 전염 용어를 포함하여 분류 기준을 옳게 서술한 경우	100 %
감염 또는 전염 용어를 사용하지 않고 분류 기준을 옳게 서술한 경우	70 %

04 꼼꼼 문제 분석

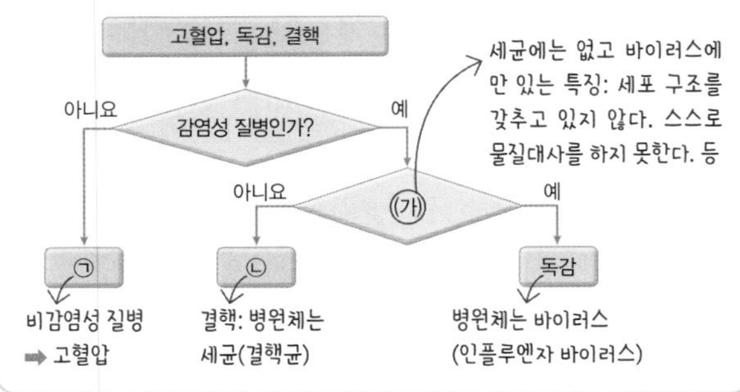

ㄱ. 고혈압, 독감, 결핵 중 감염성 질병은 독감과 결핵이고, 비감염성 질병은 고혈압이다. 따라서 ㉠은 고혈압이고, ㉡은 결핵이다.
ㄴ. 결핵(㉡)을 일으키는 병원체는 세균이며, 세균은 단세포 생물이므로 분열법으로 증식한다.
바로알기 ㄷ. 독감을 일으키는 병원체는 바이러스이므로 세포 구조를 갖추고 있지 않고, 결핵(㉡)을 일으키는 병원체는 세균이므로 세포 구조를 갖추고 있다. 따라서 '병원체가 세포 구조를 갖추었는가?'는 (가)에 해당하지 않는다.

05 ③ 결핵은 결핵균, 파상풍은 파상풍균, 탄저병은 탄저균에 의해 발생하는 질병이다.
바로알기 ① 세균에 의해 발생하는 감염성 질병이다.
②, ⑤ 파상풍과 탄저병은 피부 상처를 통해 병원체에 감염되어 발생하고, 결핵은 결핵 환자의 기침, 재채기로 호흡기를 통해 병원체에 감염되어 발생한다.
④ 세균에 의해 발생하는 질병이므로 항생제로 치료할 수 있다.

06 유전 물질이 단백질 껍질에 싸인 구조를 가지며, 살아 있는 숙주 세포 내에서만 증식할 수 있는 병원체는 바이러스이다. 감기, 독감, 홍역, 소아마비는 모두 바이러스에 의해 발생한다.
바로알기 ④ 콜레라를 일으키는 병원체는 세균이다.

07 ① 결핵의 병원체 (가)는 세균(결핵균)이고, 후천성 면역 결핍증(AIDS)의 병원체 (나)는 바이러스이다.
② 세균(가)은 단세포 원핵생물로, 스스로 물질대사를 한다.
④, ⑤ 세균(가)과 바이러스(나)는 모두 단백질과 유전 물질인 핵산을 갖는다.
바로알기 ③ 바이러스(나)는 세포 구조로 되어 있지 않다.

08 ① 병원체 ㉠은 원생생물인 말라리아 원충으로, 모기를 매개로 사람 몸에 들어간다.
② 병원체 ㉡은 곰팡이인 백선균으로, 피부에서 번식하여 무좀을 일으키므로 피부 접촉을 통해 감염될 수 있다.
③ 원생생물(말라리아 원충)과 곰팡이(백선균)는 모두 세포 구조를 갖추고 있는 생물이다.
④ 말라리아와 무좀은 모두 병원체에 감염되어 발생하는 감염성 질병이다.
바로알기 ⑤ 무좀을 일으키는 병원체 ㉡은 곰팡이(백선균)이므로 무좀의 치료에는 항진균제가 사용된다.

09 (가)는 세균에 의해 발생하는 질병이고, (나)는 원생생물에 의해 발생하는 질병이다.

모범 답안 • 공통점: 세포 구조를 갖추고 있다. 등
• 차이점: (가)를 일으키는 병원체는 핵막(핵)이 없고, (나)를 일으키는 병원체는 핵막(핵)이 있다. (가)를 일으키는 병원체는 세균이고, (나)를 일으키는 병원체는 원생생물이다. 등

채점 기준	배점
공통점과 차이점을 모두 옳게 서술한 경우	100 %
공통점과 차이점 중 한 가지만 옳게 서술한 경우	50 %

10 독감, 콜레라는 모두 감염성 질병이고, 고혈압은 비감염성 질병이다. 독감의 병원체는 바이러스, 콜레라의 병원체는 세균이다. 따라서 A는 독감, B는 콜레라, C는 고혈압이다.
ㄱ. 독감(A)의 병원체는 바이러스이며, 바이러스는 세포 구조를 갖추지 못하였고 스스로 물질대사를 하지 못한다.
바로알기 ㄴ. 대사성 질환은 물질대사에 이상이 생겨 발생하는 질환으로, 비감염성 질병이다. 콜레라(B)는 세균에 감염되어 발생하므로 대사성 질환이 아니다.
ㄷ. C는 고혈압이다.

11 꼼꼼 문제 분석

질병	병원체의 종류
말라리아 A	? 원생생물
홍역 B	바이러스
무좀 C	ⓐ 곰팡이

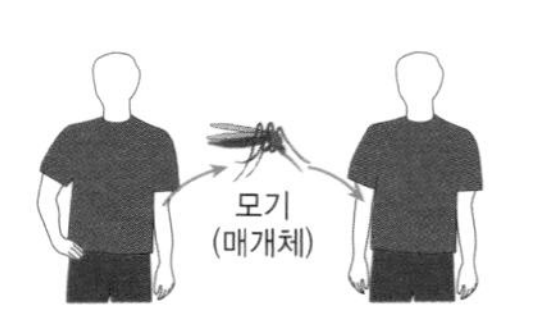

말라리아를 일으키는 말라리아 원충은 모기를 통해 사람에게 감염된다.

A는 모기를 매개로 전염되므로 말라리아이며, 말라리아의 병원체는 원생생물이다. 무좀과 홍역 중 병원체가 바이러스인 것은 홍역이므로, B는 홍역, C는 무좀이다.

ㄱ. 말라리아(A)의 병원체는 원생생물이며, 원생생물은 핵이 있는 진핵생물이다.

바로알기 ㄴ. 홍역(B)의 병원체는 바이러스이며, 바이러스는 세포 구조로 되어 있지 않고 독립적으로 물질대사를 하지 못하므로 스스로 증식하지 못한다.

ㄷ. C는 무좀이므로 병원체 ⓐ는 곰팡이이다. 곰팡이에 의한 질병은 항진균제를 사용하여 치료한다.

12 인슐린 주사로 치료할 수 있는 질병은 당뇨병이다. 무좀의 병원체는 곰팡이이며, 곰팡이는 세포로 이루어져 있다. 독감의 병원체는 바이러스이며, 바이러스는 스스로 물질대사를 하지 못한다. 따라서 A는 당뇨병, B는 무좀, C는 독감이다.

ㄱ. 당뇨병(A)은 인슐린이 분비되지 않거나 표적 세포가 인슐린에 적절하게 반응하지 못하여 나타나는 질병으로, 병원체 없이 나타나는 비감염성 질병이다.

ㄷ. 독감(C)의 병원체는 바이러스이며, 바이러스는 살아 있는 숙주 세포 내에서 증식한 다음 숙주 세포를 파괴하고 나온다.

바로알기 ㄴ. 무좀(B)의 병원체는 곰팡이이다.

13 꼼꼼 문제 분석

낫 모양 적혈구 빈혈증
AIDS ➡ 병원체는 바이러스
탄저병 ➡ 병원체는 세균
A
B
C
㉠
㉡
병원체가 세포로 되어 있다.
병원체는 스스로 물질대사를 하지 못한다. 병원체는 살아 있는 숙주 세포 내에서만 증식한다.
병원체는 핵산을 갖는다.
병원체는 세포 분열로 증식한다.

㉠과 ㉡ 중 하나가 '감염성 질병이 아니다.'라고 했는데 C는 병원체가 있으므로 '감염성 질병이 아니다.'는 ㉠에 해당한다. 따라서 A는 병원체 없이 나타나는 비감염성 질병인 낫 모양 적혈구 빈혈증이다. C는 병원체가 세포로 되어 있으므로 세균성 질병인 탄저병이고, B는 병원체가 바이러스인 후천성 면역 결핍증(AIDS)이다.

ㄴ. 후천성 면역 결핍증(B)의 병원체는 바이러스이며, 바이러스는 스스로 물질대사를 하지 못한다.

바로알기 ㄱ. 낫 모양 적혈구 빈혈증(A)은 유전자 돌연변이에 의한 유전병으로, 비감염성 질병이므로 타인에게 전염되지 않는다.

ㄷ. 탄저병(C)의 병원체인 세균은 세포 분열을 통해 증식하지만, 후천성 면역 결핍증(B)의 병원체인 바이러스는 세포 구조가 아니며 분열을 통해 증식하는 것이 아니다. 따라서 '병원체는 세포 분열로 증식한다.'는 B와 C의 공통점인 ㉡에 해당하지 않는다.

14 ㄴ. 결핵(B)의 병원체는 세균이므로, 결핵(B)의 치료에는 세균의 증식을 억제하는 항생제가 사용된다.

바로알기 ㄱ. 말라리아(A)의 병원체는 원생생물이다.

ㄷ. (가)는 감염성 질병을 예방하는 홍보 포스터인데, C(당뇨병, 혈우병)는 비감염성 질병이다. 따라서 (가)를 통해 A~C를 모두 예방할 수는 없다.

15 말라리아를 일으키는 병원체는 모기를 통해 감염되며, 결핵은 결핵 환자의 기침이나 재채기로 호흡기를 통해 병원체가 감염된다. 콜레라는 병원체에 오염된 물을 섭취함으로써 감염된다. 따라서 (가)는 말라리아, (나)는 결핵, (다)는 콜레라이다.

16 ① 기침이나 재채기를 할 때 입을 가리거나 마스크를 착용하면 환자의 병원체가 다른 사람에게 전염되는 것을 막을 수 있다.

③ 감염성 질병은 손으로도 감염되므로, 비누를 이용해 손을 흐르는 물에 자주 씻으면 병원체의 감염을 막을 수 있다.

④ 냉장고 안이라도 세균, 곰팡이가 증식할 수 있으므로 냉장고에 오래 보관한 음식은 먹지 않도록 한다.

⑤ 대부분의 병원체는 가열하면 죽으므로 물을 끓여 먹고, 음식을 익혀 먹으면 병원체의 감염을 예방할 수 있다.

바로알기 ② 주삿바늘을 공동으로 사용하면 감염성 질병에 전염될 수 있으므로, 반드시 일회용 주삿바늘을 사용해야 한다.

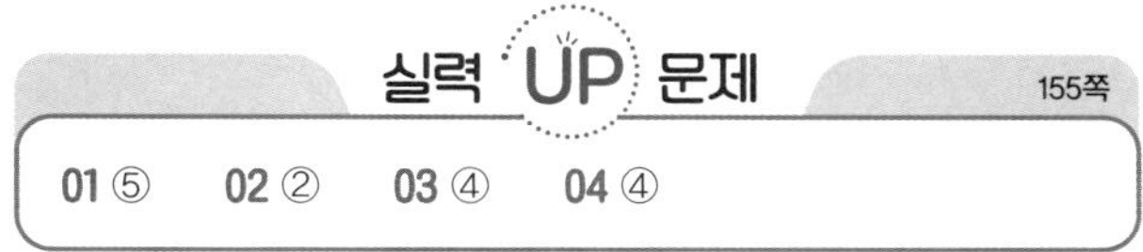

01 파상풍, 탄저병은 모두 병원체가 세균이므로 A는 세균성 질병이고, 혈우병, 뇌졸중은 모두 병원체 없이 발생하므로 B는 비감염성 질병이다. 그리고 광견병, 홍역은 모두 병원체가 바이러스이므로 C는 바이러스성 질병이다.

ㄱ. A의 병원체인 세균은 핵이 없는 단세포 원핵생물에 속하므로, 세포 구조로 되어 있다.

ㄴ. 고혈압은 병원체의 감염 없이 발생하는 비감염성 질병이므로 B에 해당한다.

ㄷ. 광견병, 홍역의 병원체인 바이러스는 스스로 물질대사를 하지 못하며, 살아 있는 숙주 세포 내에서만 물질대사를 하고 증식할 수 있다.

02 (다)에서 ㉠을 주사한 소만 결핵에 걸렸고, (라)에서 결핵에 걸린 소로부터 분리한 병원체가 ㉠과 동일한 것으로 확인되었으므로, ㉠은 결핵의 병원체임을 알 수 있다. 또 (라)에서 결핵의 병원체는 스스로 물질대사를 하였으므로 ㉠은 세균이고, ㉡은 바이러스이다.

① 세균(㉠)은 세포 구조로 되어 있는 단세포 생물이다.
③ 항생제는 세균의 증식을 억제하는 물질이므로, 세균(㉠)의 감염으로 발생한 질병의 치료에 사용된다.
④, ⑤ 세균(㉠)과 바이러스(㉡)는 모두 핵산과 단백질을 갖는다.
바로알기 ② 바이러스(㉡)는 살아 있는 숙주 세포 내에서 자신의 유전 물질을 복제하고 단백질을 합성한 후 조립하여 새로운 바이러스를 만드는 방법으로 증식한다.

03 결핵, 당뇨병, 후천성 면역 결핍증(AIDS) 중에서 병원체에 의한 감염성 질병은 결핵과 후천성 면역 결핍증(AIDS)이다. 결핵의 병원체인 세균은 세포막 바깥에 세포벽이 있고, 후천성 면역 결핍증(AIDS)의 병원체인 바이러스는 세포 구조로 되어 있지 않으므로 세포벽이 없다. 따라서 A는 결핵, B는 후천성 면역 결핍증(AIDS), C는 당뇨병이다.
ㄴ. 후천성 면역 결핍증(B)의 병원체는 사람 면역 결핍 바이러스(HIV)이다.
ㄷ. 당뇨병(C)은 물질대사에 이상이 생겨 발생하는 대사성 질환에 해당한다.
바로알기 ㄱ. 결핵(A)의 병원체는 핵이 없는 원핵생물이다.

04 꼼꼼 문제 분석

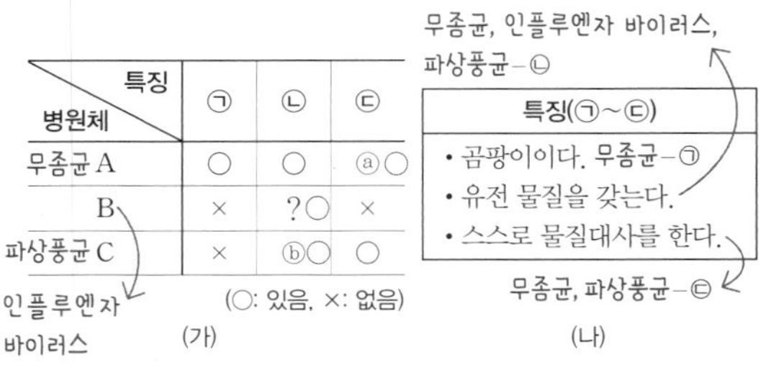

무좀균, 인플루엔자 바이러스, 파상풍균 - ㉡
특징
병원체
㉠ ㉡ ㉢
무좀균 A ○ ○ ⓐ○
B × ?○ ×
파상풍균 C × ⓑ○ ○
인플루엔자 바이러스
(○: 있음, ×: 없음)
(가)
특징(㉠~㉢)
• 곰팡이이다. 무좀균 - ㉠
• 유전 물질을 갖는다.
• 스스로 물질대사를 한다.
무좀균, 파상풍균 - ㉢
(나)

파상풍균은 세균이고, 무좀균은 곰팡이이며, 인플루엔자 바이러스는 바이러스이다. 따라서 A에만 있는 특징 ㉠은 '곰팡이이다.'이며 A는 무좀균이다. 파상풍균과 인플루엔자 바이러스는 모두 유전 물질인 핵산을 가지고 있고, 파상풍균은 스스로 물질대사를 하지만 인플루엔자 바이러스는 스스로 물질대사를 하지 못한다. 따라서 ㉡은 '유전 물질을 갖는다.'이고, ㉢은 '스스로 물질대사를 한다.'이며, B는 인플루엔자 바이러스, C는 파상풍균이다.
④ A~C는 모두 단백질과 유전 물질인 핵산을 갖는다.
바로알기 ① A는 무좀균, B는 인플루엔자 바이러스, C는 파상풍균이다.
② 인플루엔자 바이러스(B)는 세포 구조로 되어 있지 않다.
③ 파상풍균(C)을 치료할 때는 항생제를 사용한다. 항바이러스제는 바이러스성 질병 치료에 사용한다.
⑤ 무좀균(A)은 핵이 있는 진핵생물이므로 스스로 물질대사를 하며, 파상풍균(C)은 유전 물질인 핵산을 갖는다. 따라서 ⓐ와 ⓑ는 모두 '○'이다.

2 우리 몸의 방어 작용

개념 확인 문제 160쪽

❶ 비특이적 ❷ 특이적 ❸ 세포독성 T ❹ 형질 세포 ❺ 기억 세포

1 (1) ○ (2) ○ (3) × **2** ㄱ, ㄴ, ㄷ **3** T 림프구 **4** 항원 항체 반응의 특이성 **5** (1) 대식 세포 (2) 보조 T 림프구 (3) ㉠ 형질 세포, ㉡ 기억 세포 **6** (1) × (2) × (3) ○ **7** (1) 알레르기 (2) 자가 면역 질환 (3) 면역 결핍

1 (2) 특이적 방어 작용은 병원체의 종류를 인식하고 그에 따라 특정 림프구가 작용하여 병원체를 제거한다.
(3) 특이적 방어 작용은 병원체를 인식하고 특정 림프구가 증식·분화하여 작용하기까지 시간이 걸리므로 병원체에 감염된 즉시 일어나지 않는다. 반면 피부, 점막, 염증 등의 비특이적 방어 작용은 병원체에 감염된 즉시 일어난다.

2 항원 항체 반응은 병원체를 인식하여 선별적으로 작용하는 특이적 방어 작용에 해당한다.

3 골수에서 만들어진 림프구 중 가슴샘으로 이동하여 가슴샘에서 성숙하는 것은 T 림프구이다. T 림프구 중 세포독성 T림프구는 병원체에 감염된 세포를 직접 파괴하는 작용을 하고, 보조 T 림프구는 B 림프구를 활성화시켜 항체를 생성하도록 돕는 작용을 한다.

4 항체는 Y자 모양으로, 종류에 따라 항원 결합 부위의 입체 구조가 다르다.

5 (1) 체내로 침입한 병원체를 세포 안으로 끌어들인 후 분해하여 항원을 세포 표면에 제시하는 세포는 대식 세포이다.
(2), (3) 보조 T 림프구는 대식 세포의 표면에 제시된 항원 조각을 인식하고 활성화되며, 활성화된 보조 T 림프구는 B 림프구를 활성화시킨다. 활성화된 B 림프구는 형질 세포와 기억 세포로 분화하는데, 형질 세포는 항체를 생성·분비하고, 기억 세포는 항원의 특성을 기억한다.

6 (1) 백신은 질병 치료가 아니라 예방을 위해 체내에 주입하는 항원을 포함하는 물질이다.
(2), (3) 백신은 인위적으로 1차 면역 반응을 일으켜 특정 병원체에 대한 기억 세포를 생성하도록 하여 이후에 이 병원체가 체내에 침입하였을 때 다량의 항체를 신속하게 만들어 효과적으로 병원체를 제거하도록 한다. 따라서 백신으로 감염성 질병을 예방할 수 있다.

161쪽

완자쌤 비법 특강 **Q1** 처음 침입하였을 때보다 두 번째 침입하였을 때 항체 농도가 더 빠르고 높게 증가하였다.

Q1 항원 A가 처음 침입하면 보조 T 림프구의 도움을 받은 B 림프구가 기억 세포와 형질 세포로 분화되고, 형질 세포에서 항체를 생성하는 1차 면역 반응이 일어난다. 항원 A가 두 번째 침입하면 기억 세포가 빠르게 증식하고 형질 세포로 분화하여 많은 양의 항체를 빠르게 생성하는 2차 면역 반응이 일어난다. 따라서 항원 A가 처음 침입하였을 때보다 두 번째 침입하였을 때 항체 농도가 빠르고 높게 증가한다.

개념 확인 문제

164쪽

❶ A ❷ B ❸ AB ❹ O ❺ A ❻ B ❼ Rh^+ ❽ Rh^-

1 (1) ○ (2) × (3) ○ **2** ㉠ A, B, ㉡ 없음, ㉢ β, ㉣ α, ㉤ 없음, ㉥ α, β **3** 응집원 A, 응집소 β **4** (가) AB형 (나) A형 (다) B형 (라) O형 **5** (1) ○ (2) × (3) ○ **6** (1) AB형 (2) 응집원 (3) ㉠ 응집원, ㉡ 응집소

1 혈액의 응집 반응은 적혈구 세포막에 있는 응집원과 혈장에 있는 응집소가 특이적으로 결합하여 일어나는 항원 항체 반응이다.

3 항 A 혈청에는 응집소 α가, 항 B 혈청에는 응집소 β가 들어 있으며, 응집원 A는 응집소 α와, 응집원 B는 응집소 β와 만나면 응집 반응이 일어난다. 이 사람의 혈액은 항 A 혈청에서만 응집 반응이 일어났으므로 A형이다. 따라서 이 사람의 적혈구 세포막에는 응집원 A가 있고, 혈장에는 응집소 β가 있다.

4 항 A 혈청(응집소 α)에 응집하면 응집원 A를, 항 B 혈청(응집소 β)에 응집하면 응집원 B를 가지고 있는 것이다. 항 A 혈청과 항 B 혈청 모두에 응집하면(가) AB형, 항 A 혈청에만 응집하면(나) A형, 항 B 혈청에만 응집하면(다) B형, 항 A 혈청과 항 B 혈청에 모두 응집하지 않으면(라) O형이다.

5 (1) Rh식 혈액형에서 Rh 응집원이 있으면 Rh^+형, Rh 응집원이 없으면 Rh^-형이다.
(2) Rh^+형인 사람의 혈액에는 Rh 응집원이 있고, Rh 응집소는 없으며 생성되지도 않는다.
(3) Rh^-형인 사람의 혈액에는 Rh 응집원과 Rh 응집소가 모두 없지만, Rh 응집원이 들어오면 Rh 응집소가 생성될 수 있다.

6 (1) AB형인 사람의 혈액에는 응집소 α와 β가 없으므로 A형, B형, O형의 혈액을 모두 소량 수혈받을 수 있다.
(2) O형의 혈액은 응집원 A와 B가 없으므로 ABO식 혈액형이 다른 모든 사람에게 소량 수혈할 수 있지만, 응집소 α와 β가 있으므로 다량 수혈은 할 수 없다.
(3) 주는 혈액의 응집원과 받는 혈액의 응집소 사이에 응집 반응이 일어나지 않으면 소량 수혈이 가능하다.

대표 자료 분석

165쪽

자료 ❶ **1** ㉠ 기억 세포, ㉡ 형질 세포 **2** (1) 체액성 면역 (2) 형질 세포 (3) 기억 세포 **3** (1) × (2) ○ (3) × (4) ○

자료 ❷ **1** 항 A 혈청: 응집소 α, 항 B 혈청: 응집소 β **2** (다) **3** (가) B형, Rh^+형 (나) B형, Rh^-형 (다) AB형, Rh^+형 **4** (1) ○ (2) ○ (3) × (4) × (5) ○

1-1 보조 T 림프구에 의해 활성화된 B 림프구는 항원의 특성을 기억하는 기억 세포(㉠)와 항체를 생성·분비하는 형질 세포(㉡)로 분화된다.

1-2 (1) 형질 세포에서 생성·분비된 항체가 항원과 결합함으로써 항원을 효율적으로 제거하는 (가)는 특이적 방어 작용 중 체액성 면역 과정이다.
(2) 구간 Ⅰ에서 항체 농도가 감소하는 것은 항체를 생성·분비하는 형질 세포의 수가 줄어들기 때문이다.
(3) 구간 Ⅱ에서 항체 농도가 빠르게 증가하는 것은 기억 세포가 빠르게 증식하고 형질 세포로 분화하여 형질 세포의 수가 빠르게 늘어났기 때문이다.

1-3 (1) B 림프구는 골수에서 만들어져 골수에서 성숙하고, T 림프구는 골수에서 만들어져 가슴샘에서 성숙한다.
(2) 보조 T 림프구는 대식 세포가 세포 표면에 제시한 항원의 종류를 인식하고 활성화된다.
(3) 세균이 1차 침입하면 1차 면역 반응이 일어나 형질 세포와 기억 세포가 만들어진다. 따라서 구간 Ⅰ에서는 형질 세포와 기억 세포가 모두 존재한다.
(4) 세균이 2차 침입하면 2차 면역 반응이 일어나 기억 세포가 빠르게 증식하고 형질 세포로 분화하여 다량의 항체가 빠르게 생성된다. 따라서 구간 Ⅱ에서는 2차 면역 반응이 일어나 항체가 빠르게 생성된다.

2-1 항 A 혈청에는 응집원 A와 결합하는 응집소 α가, 항 B 혈청에는 응집원 B와 결합하는 응집소 β가 있다.

2-2 응집원 A는 응집소 α와 결합하므로 적혈구 세포막에 응집원 A가 있는 사람의 혈액은 항 A 혈청에서 응집한다. 따라서 (다)는 응집원 A가 있다.

2-3 (가)의 혈액은 항 A 혈청(응집소 α)에는 응집하지 않고 항 B 혈청과 항 Rh 혈청에 응집하므로 (가)의 혈액형은 B형, Rh^+형이다. (나)의 혈액은 항 A 혈청과 항 Rh 혈청에는 응집하지 않고 항 B 혈청에만 응집하므로 (나)의 혈액형은 B형, Rh^-형이다. (다)의 혈액은 항 A 혈청, 항 B 혈청, 항 Rh 혈청에 모두 응집하므로 (다)의 혈액형은 AB형, Rh^+형이다.

2-4 (1) (가)는 B형이므로, 응집소 α를 가지고 있다.
(2) (나)는 Rh^-형이므로, Rh 응집원이 없다.
(3) (다)(AB형)가 (가)(B형)에게 소량 수혈해 줄 경우 (다)의 응집원 A가 (가)의 응집소 α와 만나 응집 반응이 일어난다. 따라서 (다)(AB형)는 (가)(B형)에게 소량 수혈해 줄 수 없다.
(4) A형인 사람의 혈액에는 응집소 β가 있고, (가)(B형)의 혈액에는 응집원 B가 있기 때문에 Rh^+, A형인 사람은 (가)로부터 소량 수혈을 받을 수 없다.
(5) O형의 혈액에는 응집원 A와 응집원 B가 모두 없으므로 항 A 혈청과 항 B 혈청에서 모두 응집 반응이 일어나지 않는다.

내신 만점 문제 166~169쪽

01 ④	02 ②	03 ⑤	04 ①	05 해설 참조	06 ④	
07 ①	08 ④	09 ⑤	10 ①	11 ⑤	12 ④	13 ⑤
14 ③	15 ④	16 ④	17 ③	18 ③		

01 ①, ② 피부와 점막, 염증 반응, 식균 작용 같은 비특이적 방어 작용은 병원체에 감염된 즉시 일어난다.
③ 피부의 각질층은 우리 몸의 바깥쪽을 둘러싸고 있으면서 병원체가 몸속으로 들어오는 것을 막는 물리적 장벽 역할을 한다.
⑤ 인체는 일상적으로 병원체에 노출되어 있지만 병원체의 침입에 대항할 수 있는 면역 체계를 갖추고 있어 스스로 보호한다.
바로알기 ④ 병원체의 종류를 구별하지 않고 동일한 방식으로 일어나는 방어 작용은 비특이적 방어 작용이다.

02 ㄴ. 비특이적 방어 작용(가)은 병원체에 감염된 즉시 일어나며 병원체의 종류를 구분하지 않는다. 반면, 특이적 방어 작용(나)은 병원체에 노출되면 병원체의 종류를 인식하고 그에 따라 선별적으로 일어나므로 시간이 걸린다. 따라서 비특이적 방어 작용(가)이 특이적 방어 작용(나)보다 먼저 일어난다.
바로알기 ㄱ, ㄷ. (가)는 비특이적 방어 작용이고, (나)는 특이적 방어 작용이다. 항원 항체 반응은 체액성 면역이므로 특이적 방어 작용(나)에 포함된다.

03 ① 라이소자임(㉠)은 세균의 세포벽을 파괴하여 세균의 침입을 막는 효소이며, 눈물, 땀, 침 등에 있다.
② 기관과 기관지에서 먼지와 병원체는 점막 주변의 섬모 운동으로 점액과 함께 바깥으로 내보내진다. 따라서 (나)의 점액에 의해 호흡기로 들어온 병원체의 침입을 차단할 수 있다.
③ 위액(㉡)에는 강한 산성을 띠는 위산이 포함되어 있어 음식물 속의 병원체를 제거한다.
④ (가)와 (나)는 모두 병원체의 종류나 감염 경험의 유무와 관계없이 일어나는 비특이적 방어 작용이다.
바로알기 ⑤ (다)와 (라)는 모두 비특이적 방어 작용이다.

04 꼼꼼 문제 분석

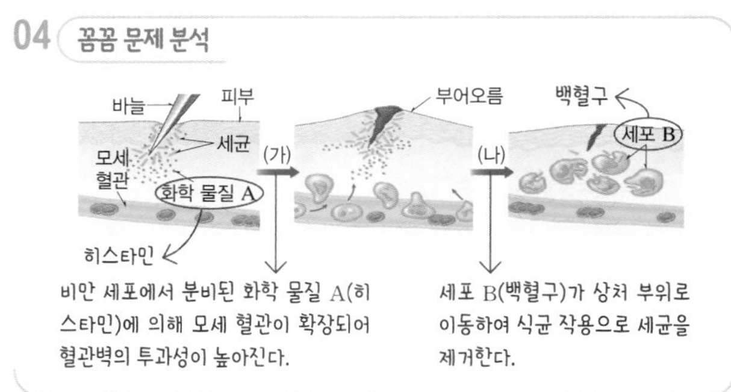
바늘
피부
세균
모세 혈관
화학 물질 A
(가)
부어오름
(나)
백혈구
세포 B
히스타민
비만 세포에서 분비된 화학 물질 A(히스타민)에 의해 모세 혈관이 확장되어 혈관벽의 투과성이 높아진다.
세포 B(백혈구)가 상처 부위로 이동하여 식균 작용으로 세균을 제거한다.

②, ⑤ (나) 과정에서 모세 혈관 밖으로 나간 세포 B(백혈구)가 상처 부위로 이동하여 식균 작용으로 세균을 제거한다.
③, ④ (가) 과정에서 화학 물질 A(히스타민)가 모세 혈관을 확장시키고 혈관벽의 투과성을 높여 세포 B(백혈구)와 혈장이 모세 혈관 밖으로 쉽게 빠져나가도록 한다.
바로알기 ① 화학 물질 A는 히스타민이며, 히스타민은 손상된 부위의 비만 세포에서 분비된다.

05 모범 답안 히스타민, 히스타민의 작용으로 모세 혈관이 확장하여 혈관벽의 투과성이 증가한다.

채점 기준	배점
㉠의 이름을 쓰고, ㉠의 작용으로 나타나는 모세 혈관의 변화를 옳게 서술한 경우	100 %
㉠의 작용으로 나타나는 모세 혈관의 변화만 옳게 서술한 경우	60 %
㉠의 이름만 옳게 쓴 경우	40 %

06 꼼꼼 문제 분석

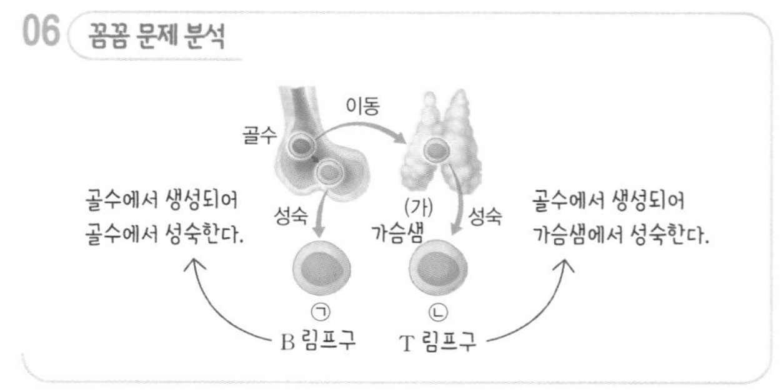
이동
골수
골수에서 생성되어 골수에서 성숙한다.
성숙
(가) 가슴샘
성숙
골수에서 생성되어 가슴샘에서 성숙한다.
㉠ B 림프구
㉡ T 림프구

① 골수에서 생성된 림프구 중 일부는 가슴샘으로 이동하여 성숙하므로 (가)는 가슴샘이다.
② ㉠(B 림프구)은 증식하여 항체를 생성하는 형질 세포로 분화하므로 체액성 면역에 관여한다.
③ 림프구는 백혈구의 일종으로 골수에서 만들어진다.
⑤ ㉠(B 림프구)과 ㉡(T 림프구)은 모두 항원의 종류를 인식하고 그 항원에만 특이적으로 반응한다.
바로알기 ④ 항원을 인식하여 형질 세포로 분화하는 세포는 B 림프구(㉠)이다.

07 ㄱ. ㉠은 특정 항원이 결합하는 부위로, 항체의 종류에 따라 입체 구조가 다르다.
바로알기 ㄴ. 항체는 Y자 모양의 단백질로 이루어져 있다.
ㄷ. 항체는 종류에 따라 항원 결합 부위(㉠)의 구조가 다르므로 항원 결합 부위와 입체 구조가 맞는 특정 항원하고만 결합한다.

08 꼼꼼 문제 분석

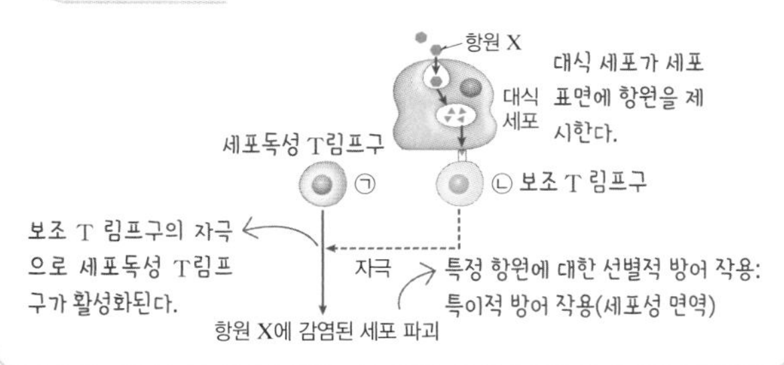

ㄱ. 대식 세포가 세포 표면에 제시한 항원 X를 인식하고 항원 X에 감염된 세포를 선별적으로 파괴하므로, 특이적 방어 작용이다.
ㄷ. ㉡은 보조 T 림프구이다. T 림프구는 골수에서 만들어져 가슴샘에서 성숙한다.
바로알기 ㄴ. ㉠은 보조 T 림프구(㉡)에 의해 활성화된 세포독성 T림프구로, 항원에 감염된 세포를 직접 공격하여 파괴한다. 이와 같은 방어 작용을 세포성 면역이라고 한다.

09 꼼꼼 문제 분석

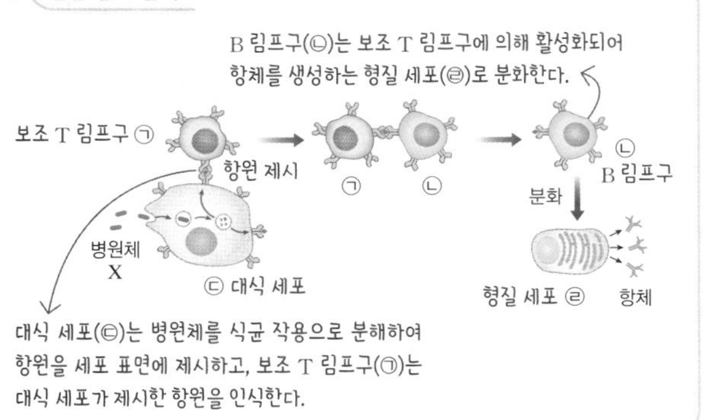

① 보조 T 림프구(㉠)는 골수에서 생성된 후 가슴샘으로 이동하여 성숙한다.
② ㉡은 항체를 생성하는 형질 세포로 분화하므로 B 림프구이다.
③ 대식 세포(㉢)는 X를 분해한 후 항원을 세포 표면에 제시하여 보조 T 림프구(㉠)가 인식하도록 함으로써, X의 정보를 보조 T 림프구(㉠)에 전달하는 역할을 한다.
④ 체액성 면역은 항원 항체 반응으로 항원을 제거하는 면역 반응이며, 항체는 형질 세포(㉣)에서 생성된다.
바로알기 ⑤ 형질 세포(㉣)는 분화가 끝난 세포로, 기억 세포로 분화되지 않는다.

10 꼼꼼 문제 분석

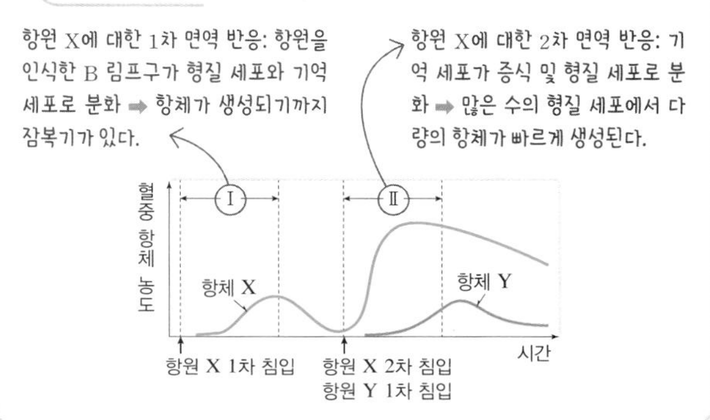

② 특정 항원을 인식한 B 림프구의 분화로 형성된 형질 세포에서 만들어진 항체는 특정 항원하고만 결합한다. 따라서 서로 다른 항원 X, Y와 각각 항원 항체 반응을 하는 항체 X, Y는 서로 다른 형질 세포에서 생성된 것이다.
③ 항원 X가 2차 침입하였을 때 구간 Ⅱ에서 2차 면역 반응이 일어난 것으로 보아 항원 X의 1차 침입 시 기억 세포가 형성되었음을 알 수 있다.
④ 항원 X가 1차 침입하였을 때 항체 X가 생성되는 과정이 1차 면역 반응이고, 항원 X가 2차 침입하였을 때 기억 세포의 빠른 증식과 분화로 많은 양의 항체 X가 생성되는 과정이 2차 면역 반응이다. 따라서 구간 Ⅰ에서는 항원 X에 대한 1차 면역 반응이, 구간 Ⅱ에서는 항원 X에 대한 2차 면역 반응이 일어난다.
⑤ 구간 Ⅰ(1차 면역 반응)에서는 항체 X가 생성되기까지 잠복기가 있지만, 구간 Ⅱ(2차 면역 반응)에서는 기억 세포의 작용으로 신속하게 다량의 항체가 생성된다. 따라서 구간 Ⅱ에서는 구간 Ⅰ에서보다 항체 X가 생성되는 데 걸리는 시간이 짧다.
바로알기 ① 항체 X는 항원 X에 대해 생성된 것이므로 항원 X와 항원 항체 반응을 한다. 항원 Y는 항체 Y와 항원 항체 반응을 한다.

11 ①, ③ 백신은 감염성 질병을 예방하기 위해 체내에 주입하는 항원을 포함하는 물질로, 병원성을 제거하거나 약화시킨 병원체, 병원체가 생산한 독소 등으로 만든다.
② 특정 병원체에 관한 백신을 접종받으면 1차 면역 반응이 일어나 형질 세포와 기억 세포가 생성된다.

④ 백신으로 예방한 병원체에 감염되면 체내에 해당 병원체에 대한 기억 세포가 존재하므로 2차 면역 반응이 일어나 기억 세포가 빠르게 증식한 후 분화하여 형질 세포가 생성된다.

바로알기 ⑤ 백신을 접종하면 1차 면역 반응이 일어나 기억 세포가 생성된다. 그 결과 병원체가 침입하였을 때 2차 면역 반응이 일어나 빠르게 병원체를 제거한다.

12 홍역, 독감, 소아마비, 대상 포진은 모두 병원체의 감염에 의한 질병으로, 백신으로 예방할 수 있다.

바로알기 ④ 알레르기는 특정 항원에 면역계가 과민하게 반응하는 현상으로, 백신으로 예방하기 어렵다.

13 X의 병원성을 약화시켜 만든 백신 ㉠을 생쥐 A에게 1차 주사하였을 때 잠복기를 거쳐 혈중 항체 농도가 증가하였으므로 B 림프구가 형질 세포로 분화하여 항체를 생성하는 1차 면역 반응이 일어났음을 알 수 있다. ㉠을 2차 주사하였을 때 혈중 항체 농도가 급격히 증가하였으므로 기억 세포가 형질 세포로 분화하여 항체를 생성하는 2차 면역 반응이 일어났음을 알 수 있다.

ㄱ. ㉠은 생쥐 A에게 항원으로 작용하였으므로 ㉠을 주사 시 대식 세포의 식균 작용 등과 같은 비특이적 방어 작용이 일어난다. 따라서 구간 Ⅰ에서 ㉠에 대한 비특이적 방어 작용이 일어났다.

ㄴ. ㉠을 1차 주사했을 때보다 구간 Ⅱ에서 혈중 항체 농도가 급격하게 증가한 것은 1차 면역 반응 시 형성된 기억 세포가 빠르게 증식하고 형질 세포로 분화하여 다량의 항체가 생성되는 2차 면역 반응이 일어났기 때문이다.

ㄷ. ㉠은 X에 대한 백신이므로, ㉠을 2차 접종 받은 A의 체내에는 X에 대한 기억 세포가 형성되어 있다. 따라서 (다)에서 A에게 X를 주사하면 X에 대한 기억 세포가 빠르게 증식하고 형질 세포로 분화하여 다량의 항체가 생성된다.

14 A는 자가 면역 질환, B는 면역 결핍, C는 알레르기이다.

ㄱ. 류머티즘 관절염은 면역 세포가 연골을 파괴하여 생기는 질환이므로, 자가 면역 질환(A)에 해당한다.

ㄷ. 알레르기(C)는 꽃가루, 먼지, 집먼지진드기, 음식물 등의 특정 항원에 대해 면역계가 과민하게 반응하는 질환이다.

바로알기 ㄴ. B는 면역 결핍이다.

15 꼼꼼 문제 분석

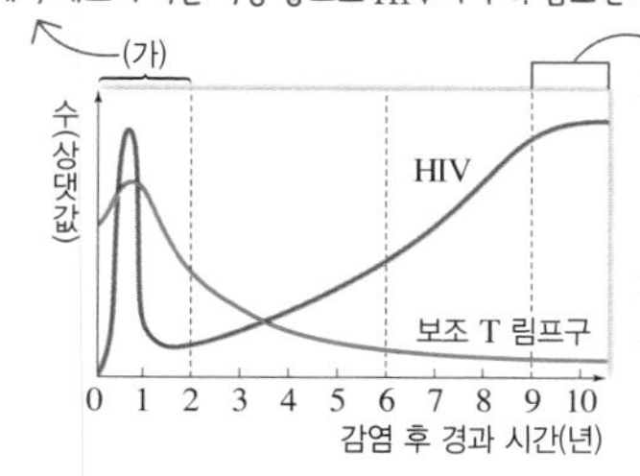

ㄴ. 구간 (가)에서 체내 HIV의 수가 증가하였다가 감소한 것으로 보아 HIV에 대한 식균 작용이 일어났음을 알 수 있다.

ㄷ. HIV의 수가 증가함에 따라 보조 T 림프구의 수가 감소하는 것은 바이러스인 HIV가 보조 T 림프구를 숙주 세포로 하여 증식한 후 숙주 세포인 보조 T 림프구를 파괴하기 때문이다.

바로알기 ㄱ. 감염 초기에는 식균 작용과 B 림프구의 체액성 면역으로 HIV가 제거되어 HIV의 수가 감소하고, 보조 T 림프구의 수는 크게 감소하지 않는다. 시간이 경과하여 HIV의 수가 증가하여 보조 T 림프구의 수가 크게 감소하면 B 림프구가 항체를 만들지 못하기 때문에 면역 결핍 증상이 나타난다. 따라서 HIV에 감염된 즉시 면역 결핍 증상이 나타나지는 않는다.

16 꼼꼼 문제 분석

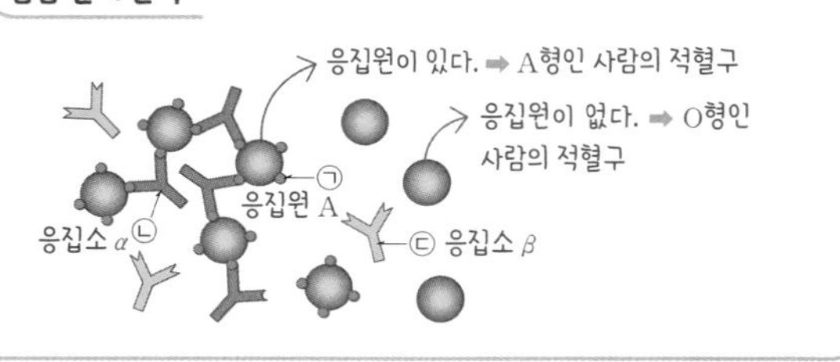

A형인 사람의 적혈구 세포막에는 응집원 A가, 혈장에는 응집소 β가 있고, O형인 사람의 적혈구 세포막에는 응집원이 없고, 혈장에는 응집소 α와 β가 있다. 응집원 A와 응집소 α가 만나 응집 반응을 일으키므로, ㉠은 응집원 A, ㉡은 응집소 α, ㉢은 응집소 β이다.

ㄴ. 항 A 혈청에는 응집소 α(㉡)가 들어 있다.

ㄷ. A형인 사람의 혈액에는 응집소 β가, O형인 사람의 혈액에는 응집소 α와 β가 있다. 따라서 A형인 사람과 O형인 사람의 혈액에는 모두 응집소 β(㉢)가 있다.

바로알기 ㄱ. ㉠은 응집원 A이며, O형인 사람의 적혈구 세포막에는 응집원 A와 B가 모두 없다.

17 꼼꼼 문제 분석

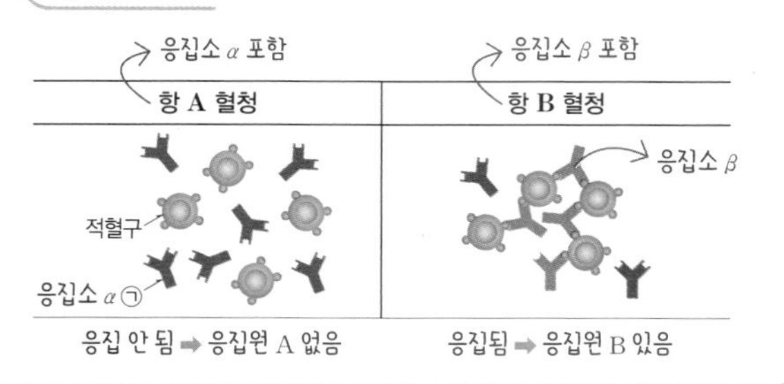

① 항 A 혈청에는 응집소 α(㉠)가 들어 있다.

② 이 사람은 항 A 혈청에서는 응집 반응이 일어나지 않았고, 항 B 혈청에서는 응집 반응이 일어났으므로, 이 사람의 ABO식 혈액형은 B형이다. 따라서 이 사람은 응집원 B를 가지고 있다.

④ 이 사람은 B형이므로, B형인 사람에게 수혈받을 수 있다.

⑤ 주는 사람의 응집원과 받는 사람의 응집소 사이에 응집 반응이 일어나지 않으면 소량 수혈이 가능하다. 이 사람의 혈액에는 응집원 B가 있지만 AB형인 사람의 혈액에는 응집소 β가 없다. 따라서 이 사람은 AB형인 사람에게 소량 수혈해 줄 수 있다.

바로알기 ③ 이 사람은 응집원 A는 없고 응집원 B는 있으므로 B형이다.

18 ㄱ. ABO식 혈액형이 B형인 사람의 혈액에는 응집원 B가 있으며, 응집소 β와 만나면 응집 반응이 일어난다. 따라서 응집 반응이 일어난 혈청 ㉠은 응집소 β가 들어 있는 항 B 혈청이다.

ㄴ. 이 사람의 ABO식 혈액형은 B형이므로 적혈구 세포막에는 응집원 B가, 혈장에는 응집소 α가 있다.

바로알기 ㄷ. 혈청 ㉡은 B형의 혈액을 떨어뜨렸을 때 응집이 안 된 것으로 보아 응집소 α가 들어 있는 항 A 혈청이다. O형의 혈액에는 응집원 A와 응집원 B가 모두 없으므로 항 A 혈청과 항 B 혈청에 모두 응집 반응이 일어나지 않는다.

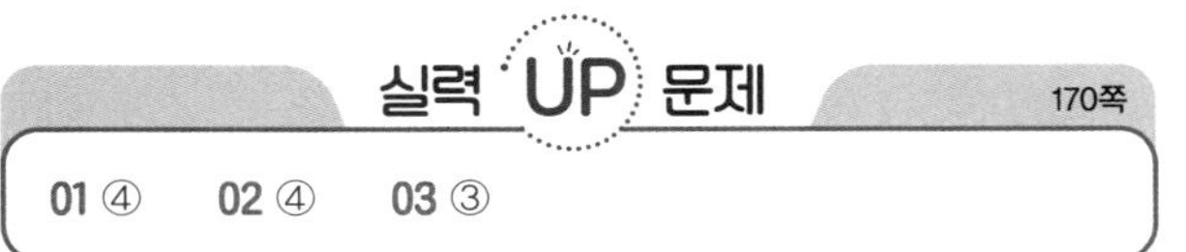

01 (가)는 세포독성 T림프구(㉠)가 병원체 X에 감염된 세포를 직접 제거하는 면역 반응이므로 세포성 면역 반응이다. (나)는 B 림프구(㉡)가 기억 세포와 형질 세포(㉢)로 분화하고 항체를 만드는 면역 반응이므로 체액성 면역 반응이다.

④ (나)의 형질 세포(㉢)는 X에 대한 방어 작용으로 만들어진 것이므로 X에 대한 항체를 분비한다.

바로알기 ① (가)는 세포성 면역, (나)는 체액성 면역에 해당한다.

② 세포독성 T림프구(㉠)는 골수에서 만들어져 가슴샘에서 성숙한다.

③ ㉡은 B 림프구이다.

⑤ ⓐ는 X에 대한 기억 세포가 형질 세포로 분화하고, 형질 세포에서 항체가 생성되는 과정이므로, 2차 면역 반응에서 일어난다.

02 꼼꼼 문제 분석

생쥐	주사액 조성	생존 여부	항체 생성 여부
Ⅰ	물질 ㉠	산다.	생성됨
Ⅱ	물질 ㉡	산다.	? 생성 안 됨
Ⅲ	A	죽는다.	?

A는 병원성이 있다. ⓐ에는 항체가 있다.

생쥐	주사액 조성	생존 여부
Ⅳ	혈청 ⓐ + A	산다.
Ⅴ	혈청 ⓑ + A	죽는다.

ⓑ에는 항체가 없다.

ㄴ. (다)에서 A를 주사한 생쥐 Ⅲ이 죽었으므로 A는 병원성이 있는 병원체이다. ㉠을 주사한 생쥐 Ⅰ과 혈청 ⓐ와 A를 함께 주사한 생쥐 Ⅳ가 생존한 것은 생쥐 Ⅰ에서 ㉠을 인식한 B 림프구가 형질 세포로 분화하여 항체를 생성하는 1차 면역 반응이 일어났기 때문이다.

ㄷ. ⓐ는 (다)의 Ⅰ에서 얻은 혈청이므로 A에 대한 항체가 들어 있다. (마)의 Ⅳ에 ⓐ와 A를 함께 주사하였을 때 Ⅳ가 생존한 것은 (마)의 Ⅳ에서 A에 대한 항원 항체 반응이 일어나 A를 제거할 수 있었기 때문이다.

바로알기 ㄱ. 혈청은 혈액에서 세포 성분과 혈액 응고에 관여하는 성분을 제거한 액체 성분이다. 혈청에는 세포 성분이 들어 있지 않으므로, 혈청 ⓐ에는 A에 대한 기억 세포가 들어 있지 않다.

03 꼼꼼 문제 분석

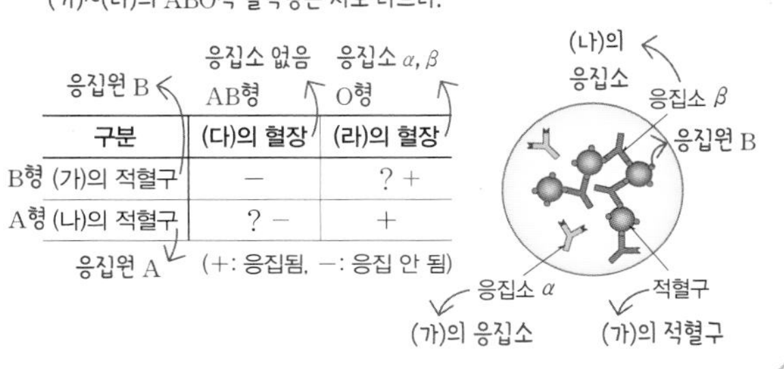
(가)~(라)의 ABO식 혈액형은 서로 다르다.

구분	(다)의 혈장	(라)의 혈장
B형 (가)의 적혈구	−	? +
A형 (나)의 적혈구	? −	+

(+: 응집됨, −: 응집 안 됨)

그림은 (가)의 혈액과 (나)의 혈장을 섞은 결과이므로 응집원이 있는 적혈구는 (가)의 것인데, 응집원이 응집소 β와 응집 반응을 일으켰으므로 (가)의 적혈구에 있는 응집원은 응집원 B이고, 응집소 β는 (나)의 것이다. 따라서 (가)는 응집원 B와 응집소 α를 가지므로, ABO식 혈액형이 B형이다.

(나)는 응집소 β를 가지므로 ABO식 혈액형이 A형 또는 O형이다. 표에서 (나)의 적혈구를 (라)의 혈장과 섞었을 때 응집 반응이 일어나므로 (나)의 적혈구에는 응집원 A가, (라)의 혈장에는 응집소 α가 있다. 따라서 (나)의 ABO식 혈액형은 A형이다.

ABO식 혈액형이 AB형인 사람의 혈장에는 응집소가 없고 O형인 사람의 혈장에는 응집소 α와 β가 있다. (라)는 응집소 α를 가지므로 ABO식 혈액형이 O형이고, (다)는 ABO식 혈액형이 AB형이다.

ㄱ. B형인 (가)의 혈장에는 응집소 α가 있고, AB형인 (다)의 적혈구에는 응집원 A와 B가 있다. 따라서 (가)의 혈장과 (다)의 적혈구를 섞으면 응집 반응이 일어난다.

ㄷ. B형인 학생의 혈액에는 응집소 α가 있고, O형인 (라)의 혈액에는 응집소 α와 β가 있다. 따라서 B형인 학생과 (라)의 혈액에는 응집소 α가 공통으로 있다.

바로알기 ㄴ. A형인 (나)의 적혈구에는 응집원 A는 있지만 응집원 B가 없고, 항 B 혈청에는 응집소 β가 들어 있다. 따라서 (나)의 적혈구와 항 B 혈청을 섞으면 응집 반응이 일어나지 않는다.

중단원 핵심 정리 171쪽

❶ 병원체 ❷ 세균 ❸ 바이러스 ❹ 라이소자임 ❺ 식균 작용 ❻ 항원 항체 ❼ 기억 ❽ 응집원 ❾ 응집소

중단원 마무리 문제 172~175쪽

01 ③ 02 ① 03 ③ 04 ② 05 ⑤ 06 ② 07 ④ 08 ① 09 ⑤ 10 ③ 11 ① 12 ⑤ 13 ④ 14 ③ 15 해설 참조 16 해설 참조 17 해설 참조 18 해설 참조

01 (가)는 독감을 일으키는 인플루엔자 바이러스이고, (나)는 결핵을 일으키는 결핵균이다.

ㄷ. 바이러스(가)와 세균(나)은 모두 유전 물질인 핵산을 갖는다.

바로알기 ㄱ. 바이러스(가)는 독립적으로 물질대사를 하지 못한다.

ㄴ. (나)는 세균으로, 단세포 원핵생물이다.

02 꼼꼼 문제 분석

질병 \ 특징	㉠ (비감염성 질병이다.)	㉡ (병원체가 세포 분열을 한다.)	㉢ (병원체가 세균이다.)
무좀 A	×	○	×
파상풍 B	×	?○	○
당뇨병 C	?○	×	×

(○: 있음, ×: 없음)

무좀과 파상풍은 모두 감염성 질병이고, 당뇨병은 비감염성 질병이다. 무좀의 병원체는 곰팡이, 파상풍의 병원체는 세균이며, 곰팡이와 세균은 모두 세포 분열을 한다. 따라서 ㉠은 '비감염성 질병이다.' ㉡은 '병원체가 세포 분열을 한다.' ㉢은 '병원체가 세균이다.'이고, A는 무좀, B는 파상풍, C는 당뇨병이다.

ㄱ. 무좀(A)의 병원체는 곰팡이이며, 곰팡이는 핵막으로 둘러싸인 핵을 가지고 있는 진핵생물이다.

바로알기 ㄴ. B는 파상풍이다.

ㄷ. 홍역의 병원체는 바이러스이며, 바이러스는 세포 구조를 갖지 않으므로 세포 분열을 하지 않는다.

03 ㄱ. 변형 프라이온이 체내에 들어오면 정상 프라이온을 변형 프라이온으로 바꾸고, 변형 프라이온이 중추 신경계에 축적되면 정상적인 신경 조직이 붕괴되면서 질병을 일으킨다. 따라서 변형 프라이온은 감염성 질병을 일으키는 병원체이다.

ㄴ. 정상 프라이온이 변형 프라이온과 접촉하면 비정상적인 구조를 가진 변형 프라이온으로 바뀐다.

바로알기 ㄷ. 변형 프라이온에 의한 질병은 변형 프라이온이 포함된 동물의 뇌나 신경 조직을 섭취함으로써 감염된다.

04 ㄴ. (나)는 형질 세포에서 생성·분비된 항체에 의해 항원을 제거하는 체액성 면역이다. 체액성 면역 과정에는 1차 면역 반응과 2차 면역 반응이 있다.

바로알기 ㄱ. (가)는 세포독성 T림프구가 특정 병원체에 감염된 세포를 직접 제거하는 세포성 면역이므로 특이적 방어 작용이다.

ㄷ. (다)에서 라이소자임에 의한 병원체 제거는 병원체의 종류를 구분하지 않고 일어나는 비특이적 방어 작용이다.

05 ㄱ. 그림은 염증 반응을 나타낸 것으로, 염증 반응은 병원체의 종류를 구분하지 않고 일어나는 비특이적 방어 작용이다.

ㄴ. ㉠은 비만 세포에서 분비되는 히스타민으로, 히스타민에 의해 모세 혈관이 확장되어 혈관벽의 투과성이 증가한다.

ㄷ. 상처 부위에 모인 백혈구(ⓐ)의 식균 작용으로 X가 제거된다.

06 ㉠은 보조 T 림프구에 의해 활성화되어 X에 감염된 세포를 제거하므로(세포성 면역) 세포독성 T림프구이다. ㉡은 보조 T 림프구에 의해 활성화되어 기억 세포와 형질 세포로 분화하므로 B 림프구이며, ㉢은 항체를 생성하므로 형질 세포이다.

ㄴ. 세포독성 T림프구(㉠)와 B 림프구(㉡)는 모두 골수에서 만들어진다.

바로알기 ㄱ. 활성화된 세포독성 T림프구(㉠)가 X에 감염된 세포를 용해하여 제거하는 면역 반응은 세포성 면역이다.

ㄷ. X에 대한 2차 면역 반응에서 기억 세포가 빠르게 증식하고 형질 세포로 분화한다. 형질 세포(㉢)는 분화가 끝난 세포이다.

07 ①, ② 항원 항체 반응은 특이적 방어 작용 중 체액성 면역 과정에서 일어난다.

③ 혈액의 응집 반응은 응집원과 응집소의 항원 항체 반응이다.

⑤ 항체는 종류에 따라 항원 결합 부위의 구조가 달라 입체 구조가 맞는 특정 항원하고만 결합할 수 있다.

바로알기 ④ 항체 한 개에 2개의 항원 결합 부위가 있으므로 한 개의 항체는 최대 두 개의 항원과 결합할 수 있다.

08 꼼꼼 문제 분석

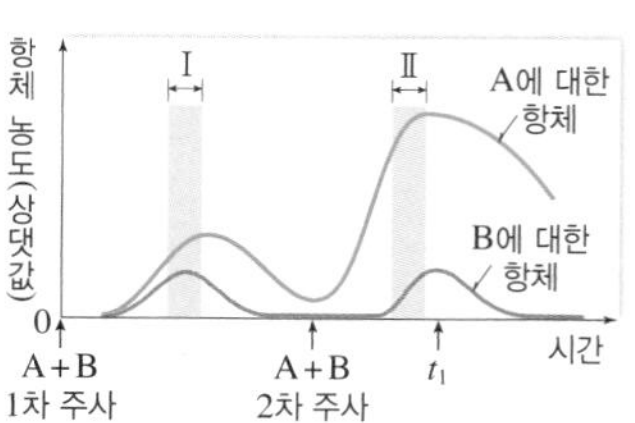

• 항원 A와 B를 1차 주사했을 때: 잠복기를 거쳐 혈중 항체 농도가 서서히 증가하였다. ➡ 1차 면역 반응이 일어났기 때문이다.

• 항원 A를 2차 주사했을 때: A에 대한 항체 농도가 급격히 증가하였다. ➡ 1차 면역 반응에서 만들어진 A에 대한 기억 세포에 의해 2차 면역 반응이 일어났기 때문이다.

• 항원 B를 2차 주사했을 때: B에 대한 항체 농도가 서서히 증가하였다. ➡ 1차 주사 때 B에 대한 기억 세포가 만들어지지 않아 1차 면역 반응이 일어났기 때문이다.

ㄱ. 구간 Ⅰ에서 A에 대한 혈중 항체 농도가 증가하므로 A에 대한 항체가 만들어져 항원 항체 반응으로 항원 A가 제거되는 체액성 면역 반응이 일어났음을 알 수 있다.

바로알기 ㄴ. X에서 B에 대한 기억 세포가 형성되지 않았으며, 구간 Ⅱ에서 B에 대한 혈중 항체 농도 변화는 B를 1차 주사했을 때 나타난 항체 농도 변화와 같다. 따라서 구간 Ⅱ에서는 B에 대한 1차 면역 반응이 일어났다.

ㄷ. t_1일 때 X로부터 분리한 혈청에는 A에 대한 항체와 B에 대한 항체가 모두 들어 있으므로, 이 혈청을 B와 섞으면 B에 대한 항원 항체 반응이 일어난다.

09 꼼꼼 문제 분석

A에 대한 1차 면역 반응 ➡ B 림프구가 형질 세포와 기억 세포로 분화하였다.
A에 대한 2차 면역 반응 ➡ 기억 세포가 형질 세포로 분화하였다.
항체 농도(상댓값)
Ⅰ Ⅱ Ⅲ
A에 대한 항체
B에 대한 항체
0
시간
A 1차 주사
A 2차 주사
B 1차 주사
B에 대한 1차 면역 반응 ➡ B 림프구가 형질 세포와 기억 세포로 분화하였다.

A를 1차 주사하였을 때는 1차 면역 반응이 일어나 A에 대한 혈중 항체 농도가 서서히 증가하였다. A를 2차 주사하였을 때는 2차 면역 반응이 일어나 A에 대한 혈중 항체 농도가 급격하게 증가하였다.

ㄱ. 구간 Ⅰ에서 A에 대한 혈중 항체 농도가 증가한 것은 A에 대한 형질 세포로부터 항체가 생성되기 때문이다. 따라서 구간 Ⅰ에는 A에 대한 형질 세포가 존재한다.

ㄴ. 구간 Ⅱ에서는 A에 대한 2차 면역 반응이 일어나 기억 세포가 형질 세포로 분화되었다.

ㄷ. B를 1차 주사하였을 때 잠복기를 거쳐 구간 Ⅲ에서 B에 대한 혈중 항체 농도가 서서히 증가하였으므로, 구간 Ⅲ에서 B에 대한 1차 면역 반응이 일어났다.

10 ㄱ. 독감의 병원체(㉠)는 바이러스이다.

ㄴ. 독감의 병원체(㉠)인 바이러스는 숙주 세포(㉡) 표면에 부착하여 유전 물질인 핵산을 숙주 세포 안으로 주입한다.

바로알기 ㄷ. 백신은 1차 면역 반응을 일으키기 위해 체내에 주입하는 항원을 포함한 물질이다. 백신 원액(㉢)은 독감의 병원체(㉠)를 죽인 뒤 희석한 것이므로, 독감의 병원체(㉠)에 대한 항체가 들어 있지 않다.

11 ㄱ. 병원체 X가 체내에 침입하면 이를 인식한 B 림프구의 증식·분화로 형질 세포와 기억 세포가 만들어지며, 형질 세포에서 X에 대한 항체가 생성·분비된다.

바로알기 ㄴ. X는 바이러스이다. 항생제는 세균의 생장과 증식을 억제하는 물질이므로 바이러스에 의해 발생하는 질병은 항생제로 치료할 수 없다.

ㄷ. (나)에서는 병원체 X를 인식하여 기억 세포를 만들므로 이 과정에서 생성된 기억 세포는 병원체 X를 기억하고 있다. X에 대한 백신은 (나)의 기억 세포를 형성하게 하는 항원을 포함한 물질이므로, 기억 세포는 포함되어 있지 않다.

12 ①, ③ 토끼의 항 Rh 혈청에는 Rh 응집소가 들어 있다. (가)와 (나)의 혈액을 각각 토끼의 항 Rh 혈청과 섞었을 때 응집 반응이 일어나지 않은 (가)는 Rh^-형이고, 응집 반응이 일어난 (나)는 Rh^+형이다.

② (나)의 혈액은 항 Rh 혈청과 응집 반응을 하였으므로 Rh 응집원이 있다.

④ 토끼의 항 Rh 혈청에 Rh 응집소가 들어 있는 것은 붉은털원숭이의 Rh 응집원이 토끼에게 항원으로 작용하여 토끼의 체내에서 Rh 응집원에 대한 항체인 Rh 응집소가 생성되었기 때문이다.

바로알기 ⑤ (가)의 혈액에는 Rh 응집원이 없으므로, (나)에게 수혈하여도 (나)의 체내에서 Rh 응집소가 생성되지 않는다.

13 꼼꼼 문제 분석

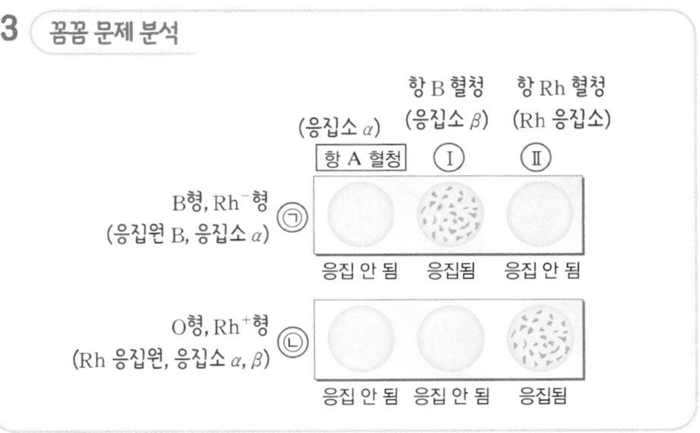

㉠의 혈구와 ㉡의 혈장을 섞으면 응집 반응이 일어난다고 했으므로, ㉠의 혈구에는 응집원이 있고 ㉡의 혈장에는 응집소가 있다. 만약 Ⅰ이 항 Rh 혈청, Ⅱ가 항 B 혈청이라면 ㉠의 ABO식 혈액형은 O형이어야 하는데, O형의 혈구에는 응집원이 없다. 따라서 Ⅰ은 항 B 혈청, Ⅱ는 항 Rh 혈청이고, ㉠의 혈액형은 B형, Rh^-형이고, ㉡의 혈액형은 O형, Rh^+형이다.

④ ABO식 혈액형이 AB형인 사람의 혈액에는 응집원 A와 B가 있으므로, 항 B 혈청(Ⅰ)과 섞으면 응집 반응이 일어난다.

바로알기 ① ㉠의 Rh식 혈액형은 Rh^-형이므로, ㉠은 Rh 응집원을 갖지 않는다.

② ㉡의 ABO식 혈액형은 O형이므로, ㉡의 혈장에는 응집소 α와 β가 모두 있다.

③ Ⅱ는 항 Rh 혈청이므로 Rh 응집소가 있다.

⑤ ㉠의 혈장에는 응집소 α만 있고, ㉡의 혈구에는 Rh 응집원만 있으므로, ㉠의 혈장과 ㉡의 혈구를 섞으면 응집 반응이 일어나지 않는다.

14 꼼꼼 문제 분석

A형이므로 응집원 A와 응집소 β가 있다.

ABO식 혈액형	소희의 혈액		인원(명)
	적혈구	혈장	
(가) B형	+	+	18
(나) A형	−	−	22
(다) AB형	−	+	14
(라) O형	+	−	6

응집소 α가 있다. 응집원 B가 있다. (+: 응집됨, −: 응집 안 됨)

③ (나)의 혈액은 소희의 적혈구와 혈장 모두에 응집 반응이 일어나지 않았으므로 (나)는 A형이다. (라)의 혈액은 응집소 α가 있지만 응집원 B가 없으므로 (라)는 O형이다. (나)의 적혈구 세포막에는 응집원 A가 있고 (라)의 혈장에는 응집소 α가 있으므로, (나)의 적혈구와 (라)의 혈장을 섞으면 응집 반응이 일어난다.

바로알기 ① 응집소 α가 있는 혈액형은 B형(가)과 O형(라)이므로 응집소 α를 가진 학생 수는 24명(=18명+6명)이다.

② 응집원 A가 있는 혈액형은 A형(나)과 AB형(다)이므로 응집원 A를 가지고 있는 학생 수는 36명(=22명+14명)이다.

④ (다)는 AB형이므로 (다)의 혈액에는 응집원 A와 B가 있고, (가)는 B형이므로 (가)의 혈액에는 응집원 B와 응집소 α가 있다. 따라서 혈액형이 (다)인 사람의 혈액을 혈액형이 (가)인 사람에게 수혈하면 응집원 A와 응집소 α가 만나 응집 반응이 일어나므로, 혈액형이 (다)인 사람은 (가)인 사람에게 소량 수혈도 할 수 없다.

⑤ (라)는 O형이므로 혈액형이 (라)인 사람은 응집소 α와 β가 있다. 따라서 (가), (나), (다)의 혈액을 모두 소량 수혈도 받을 수 없다.

15 모범 답안 • 공통점: 유전 물질(핵산)을 가지고 있다. 단백질을 가지고 있다. 유전 현상을 나타낸다. 돌연변이가 일어난다. 병원체이다. 등

• 차이점: 세균은 세포 구조를 갖추고 있지만, 바이러스는 세포 구조를 갖추고 있지 않다. 세균은 스스로 물질대사를 할 수 있지만, 바이러스는 스스로 물질대사를 하지 못한다. 세균은 숙주 세포 밖에서 증식할 수 있지만, 바이러스는 숙주 세포 내에서만 증식할 수 있다. 등

채점 기준	배점
공통점과 차이점을 옳게 서술한 경우	100 %
공통점과 차이점 중 한 가지만 옳게 서술한 경우	50 %

16 모범 답안 ㉠은 기억 세포, ㉡은 형질 세포이다. 기억 세포는 B 림프구가 분화하여 만들어지며, 2차 면역 반응에서 기억 세포가 형질 세포로 분화하고 형질 세포에서 항체를 생성하기 때문이다.

채점 기준	배점
㉠과 ㉡을 옳게 쓰고, 그 까닭도 옳게 서술한 경우	100 %
㉠과 ㉡만 옳게 쓴 경우	50 %

17 모범 답안 질병에 걸리기 전에 백신을 주사하면 1차 면역 반응이 일어나 기억 세포가 생성된다. 이후에 실제로 병원체가 침입하면 2차 면역 반응이 일어나 기억 세포가 빠르게 증식하고 형질 세포로 분화하여 다량의 항체를 생성하기 때문에 질병을 예방할 수 있다.

채점 기준	배점
1차 면역 반응, 2차 면역 반응과 연관 지어 옳게 서술한 경우	100 %
병원체 침입 시 많은 양의 항체가 만들어지기 때문 또는 2차 면역 반응이 일어나기 때문이라고만 서술한 경우	50 %

18 ABO식 혈액형 판정 실험 결과 항 B 혈청에서만 응집 반응이 일어났으므로 철수의 혈액형은 B형이다. B형의 적혈구 세포막에는 응집원 B가, 혈장에는 응집소 α가 있다.

모범 답안 O형, 철수는 항 B 혈청에서만 응집 반응이 일어났으므로 B형이며, B형은 응집원 B와 응집소 α를 가진다. 표에서 영희의 적혈구와 철수의 혈장을 혼합하였을 때 응집 반응이 일어나지 않으므로 영희는 응집원 A를 갖고 있지 않다. 또, 영희의 혈장과 철수의 적혈구를 혼합하였을 때 응집 반응이 일어났으므로 영희는 응집소 β를 갖고 있다. 따라서 영희의 ABO식 혈액형은 O형이다.

채점 기준	배점
영희의 ABO식 혈액형을 옳게 쓰고, 그렇게 판단한 과정을 철수의 혈액형 판정 실험 결과 및 응집 반응과 연관 지어 옳게 서술한 경우	100 %
영희의 ABO식 혈액형을 옳게 쓰고, 그렇게 판단한 까닭을 설명하였지만 설명이 다소 부족한 경우	70 %
영희의 ABO식 혈액형만 옳게 쓴 경우	30 %

수능 실전 문제 177~179쪽

01 ② 02 ⑤ 03 ③ 04 ③ 05 ③ 06 ⑤
07 ③ 08 ④ 09 ④ 10 ④ 11 ④

01 꼼꼼 문제 분석

질병	특징	병원체
결핵	치료에 항생제가 사용된다.	세균
말라리아	(가)	원생생물
헌팅턴 무도병	신경계의 손상(퇴화)이 일어난다.	−

감염성 질병(결핵, 말라리아), 비감염성 질병(헌팅턴 무도병), (가): 모기를 매개로 전염된다.

선택지 분석

ㄱ. 결핵의 병원체는 바이러스이다. 세균

ㄴ. 헌팅턴 무도병은 감염성 질병이다. 비감염성 질병

ⓒ '모기를 매개로 전염된다.'는 (가)에 해당한다.

전략적 풀이 ❶ 결핵의 병원체와 말라리아의 병원체가 무엇인지 파악하고, 말라리아의 특징을 생각해 본다.

ㄱ. 결핵의 병원체는 결핵균으로, 단세포 원핵생물인 세균이다.
ㄷ. 말라리아의 병원체는 말라리아 원충으로, 진핵생물에 속하는 원생생물이다. 말라리아 원충은 모기를 매개로 사람 몸에 들어가 질병을 일으킨다.

❷ 감염성 질병과 비감염성 질병의 차이점을 생각해 본다.

ㄴ. 감염성 질병은 병원체에 의해 나타나는 질병이고, 비감염성 질병은 병원체의 감염 없이 나타나는 질병이다. 헌팅턴 무도병은 신경계가 손상되면서 몸의 움직임이 통제되지 않고 지적 장애가 나타나는 유전병으로, 비감염성 질병이다.

02 꼼꼼 문제 분석

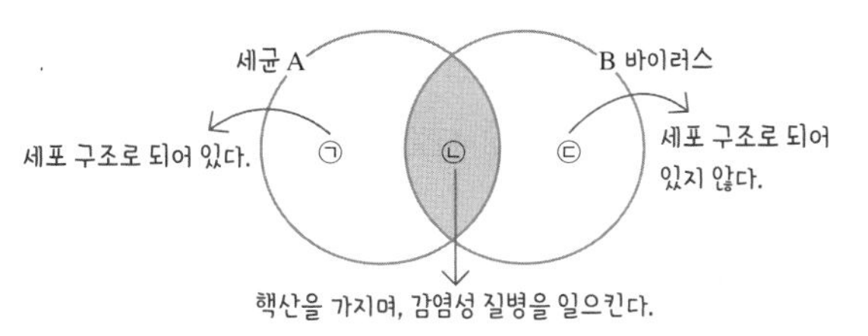

선택지 분석

ㄱ. '핵산을 갖는다.'는 ㉠에 해당한다. ㉡
ㄴ. '감염성 질병을 일으킨다.'는 ㉡에 해당한다.
ㄷ. '세포 구조로 되어 있지 않다.'는 ㉢에 해당한다.

전략적 풀이 **❶ 결핵을 일으키는 병원체 A와 후천성 면역 결핍증(AIDS)을 일으키는 병원체 B가 각각 어떤 종류의 병원체인지 파악한다.**

병원체 A는 세균이고, 병원체 B는 바이러스이다.

❷ 세균과 바이러스의 공통점과 차이점을 이해하여 ㉠~㉢에 해당하는 특징을 판단한다.

ㄱ. 세균과 바이러스는 모두 유전 물질로 핵산을 가지고 있다. 따라서 '핵산을 갖는다.'는 A와 B의 공통점인 ㉡에 해당한다.
ㄴ. 감염성 질병은 병원체에 감염되어 발생하는 질병이므로 '감염성 질병을 일으킨다.'는 A와 B의 공통점인 ㉡에 해당한다.
ㄷ. 병원체 A는 세균이므로 세포 구조로 되어 있고, 병원체 B는 바이러스이므로 세포 구조로 되어 있지 않다. 따라서 '세포 구조로 되어 있지 않다.'는 B만 가지고 있는 특징인 ㉢에 해당한다.

03 꼼꼼 문제 분석

(가) 사람 면역 결핍 바이러스(HIV)로 인해 면역력이 저하되어 결핵에 걸린 환자로부터 병원체 ㉠과 ㉡을 순수 분리하였다. ㉠과 ㉡은 결핵의 병원체와 ⓐ후천성 면역 결핍증(AIDS)의 병원체를 순서 없이 나타낸 것이다.
(결핵의 병원체 → 결핵균(세균), 후천성 면역 결핍증(AIDS)의 병원체 → HIV(바이러스))

(나) ㉠은 숙주 세포와 함께 배양하였을 때만 증식하였고, ㉡은 세포 분열을 통해 스스로 증식하였다. ➡ ㉠은 HIV(바이러스), ㉡은 결핵균(세균)

선택지 분석

ㄱ. ⓐ는 자가 면역 질환에 속한다. 속하지 않는다
ㄴ. ㉡은 AIDS의 병원체이다. 결핵
ㄷ. ㉠과 ㉡은 모두 핵산을 갖는다.

전략적 풀이 **❶ ㉠과 ㉡이 각각 어떤 병원체인지 파악하고, ㉠과 ㉡이 가진 특징을 생각해 본다.**

ㄴ. ㉠은 숙주 세포와 함께 배양하였을 때만 증식하였고, ㉡은 세포 분열을 통해 스스로 증식하였으므로, ㉠은 바이러스, ㉡은 세균이라는 것을 알 수 있다. 후천성 면역 결핍증(AIDS)의 병원체는 바이러스이므로 ㉠이고, 결핵의 병원체는 세균이므로 ㉡이다.
ㄷ. AIDS의 병원체인 바이러스(㉠)와 결핵의 병원체인 세균(㉡)은 모두 유전 물질인 핵산을 갖는다.

❷ 후천성 면역 결핍증(AIDS)에 걸리면 면역력이 저하되는 까닭을 생각해 본다.

ㄱ. 후천성 면역 결핍증(AIDS)의 병원체인 사람 면역 결핍 바이러스(HIV)는 보조 T 림프구를 파괴한다. 보조 T 림프구가 없으면 세포성 면역과 체액성 면역이 일어나지 못해 면역 결핍에 이른다. 자가 면역 질환은 면역계가 자기 몸의 세포나 조직을 공격하여 발생하는 질환이므로, 후천성 면역 결핍증(AIDS)은 자가 면역 질환에 속하지 않는다.

04 꼼꼼 문제 분석

특징
• 곰팡이에 속한다. ➡ 무좀
• 유전 물질을 갖는다. ➡ 홍역, 무좀, 말라리아
• ㉠독립적으로 물질대사를 한다. ➡ 무좀, 말라리아

(가)

질병	병원체가 갖는 특징의 개수
말라리아 A	2
무좀 B	? 3
홍역 C	1

(나)

선택지 분석

ㄱ. A는 말라리아이다.
ㄴ. B의 병원체는 특징 ㉠을 갖는다.
ㄷ. C의 치료 시에는 항생제가 사용된다. 항바이러스제

전략적 풀이 **❶ 홍역, 무좀, 말라리아의 병원체가 갖는 특징의 개수를 파악하여, A~C가 각각 어떤 질병인지를 알아낸다.**

ㄱ. 홍역의 병원체는 바이러스이고, 바이러스는 유전 물질을 가지고 있지만, 독립적으로 물질대사를 하지 못한다(특징의 개수는 1). 무좀의 병원체는 곰팡이이고, 곰팡이는 유전 물질을 가지고 있으며, 독립적으로 물질대사를 할 수 있다(특징의 개수는 3). 말라리아의 병원체는 원생생물이고, 원생생물은 유전 물질을 가지고 있으며, 독립적으로 물질대사를 할 수 있다(특징의 개수는 2). 그러므로 A는 말라리아, B는 무좀, C는 홍역이다.

❷ B의 병원체와 C의 병원체가 갖는 특징이 무엇인지 생각해 본다.

ㄴ. 무좀(B)의 병원체인 곰팡이는 핵이 있는 진핵생물이므로, 자신의 효소를 이용해 독립적으로 물질대사를 한다.

ㄷ. 홍역(C)의 병원체는 바이러스이므로, 홍역(C)의 치료에는 항바이러스제가 사용된다. 항생제는 세균성 질병의 치료에 사용된다.

05 꼼꼼 문제 분석

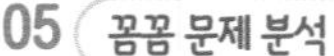

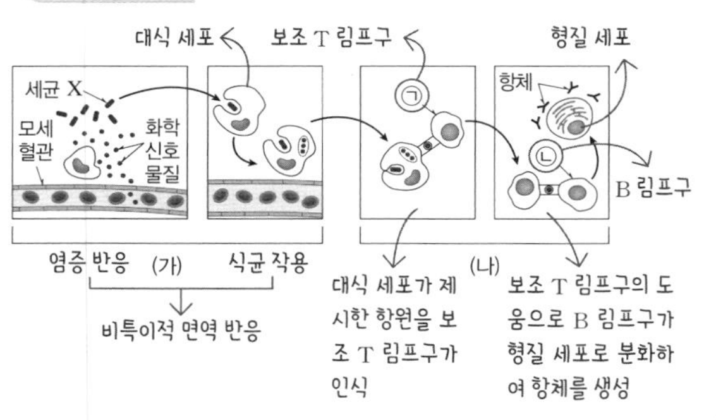

선택지 분석

㉠ ㉠은 가슴샘에서 성숙되었다.
㉡ (가)에서 X에 대한 식균 작용이 일어났다.
~~ㄷ~~. (나)에서 X에 대한 세포성 면역 반응이 일어났다. 체액성

전략적 풀이 ❶ (가)와 (나)가 각각 어떤 면역 반응인지 파악한 후, ㉠과 ㉡이 무엇인지 알아낸다.

ㄱ. (가)는 염증 반응과 대식 세포의 식균 작용으로 X를 분해하는 과정이고, (나)는 대식 세포가 제시한 X에 대한 정보를 보조 T 림프구가 인식하여 활성화되고, 이 보조 T 림프구의 도움을 받은 B 림프구가 형질 세포로 분화하여 항체를 생성하는 과정이다. 따라서 ㉠은 보조 T 림프구, ㉡은 B 림프구이다. 보조 T 림프구(㉠)는 골수에서 생성되고 가슴샘에서 성숙한다.

ㄴ. (가)에서 대식 세포는 세균 X를 자신의 세포 안으로 끌어들여 분해하는 식균 작용을 한다.

❷ (나)에서 일어난 면역 반응의 특성을 파악한다.

ㄷ. (나)에서 형질 세포에서 분비된 항체는 X와 항원 항체 반응을 하며, 그 결과 X가 효율적으로 제거된다. 이와 같은 면역 반응은 체액성 면역 반응이다.

06 꼼꼼 문제 분석

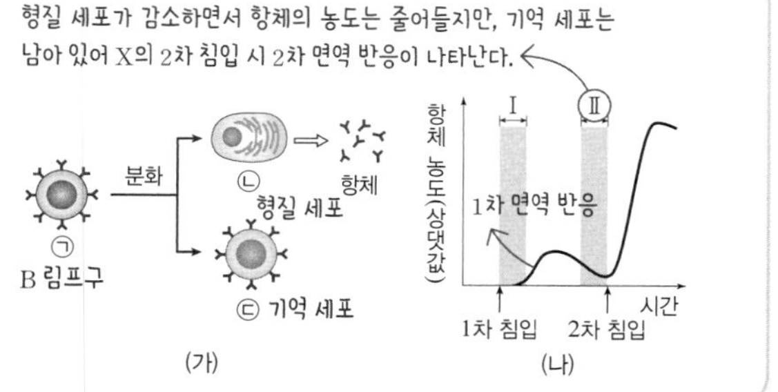

선택지 분석

㉠ 보조 T 림프구는 ㉠에서 ㉡으로의 분화에 관여한다.
㉡ 구간 Ⅰ에서 X에 대한 비특이적 방어 작용이 일어났다.
㉢ 구간 Ⅱ에는 X에 대한 ㉢이 있다.

전략적 풀이 ❶ (가)의 방어 작용이 무엇인지 이해하고, ㉠~㉢이 각각 무엇인지 파악한다.

(가)는 체액성 면역 반응의 일부로 B 림프구가 형질 세포와 기억 세포로 분화하는 과정이다. 항체는 형질 세포에서 생성되므로, ㉠은 B 림프구, ㉡은 형질 세포, ㉢은 기억 세포이다.

ㄱ. (가)에서 B 림프구(㉠)는 X를 인식하여 활성화된 보조 T 림프구의 도움을 받아 증식하여 형질 세포(㉡)와 기억 세포(㉢)로 분화한다.

❷ (나)에서 X의 1차 침입과 2차 침입 시 일어나는 면역 반응을 파악한다.

X가 1차 침입하면 X를 인식하는 과정과 B 림프구의 분화 과정을 거쳐 형질 세포가 항체를 생성하는 1차 면역 반응이 일어나며, 이 과정에서 기억 세포도 생성된다. X가 2차 침입하면 1차 면역 반응에서 생성된 기억 세포가 빠르게 증식하여 형질 세포로 분화하며, 형질 세포로부터 다량의 항체가 생성되는 2차 면역 반응이 일어난다.

ㄴ. X가 1차 침입한 구간 Ⅰ에서는 대식 세포의 식균 작용과 같은 비특이적 방어 작용이 일어나며, 혈중 항체 농도가 증가하므로 1차 면역 반응이 일어난다.

ㄷ. 구간 Ⅱ에서 혈중 항체 농도가 감소하는 것은 형질 세포의 수가 줄어들기 때문이며, 1차 면역 반응 결과 생성된 기억 세포(㉢)는 남아 있어 X가 2차 침입했을 때 2차 면역 반응이 일어나도록 한다.

07 꼼꼼 문제 분석

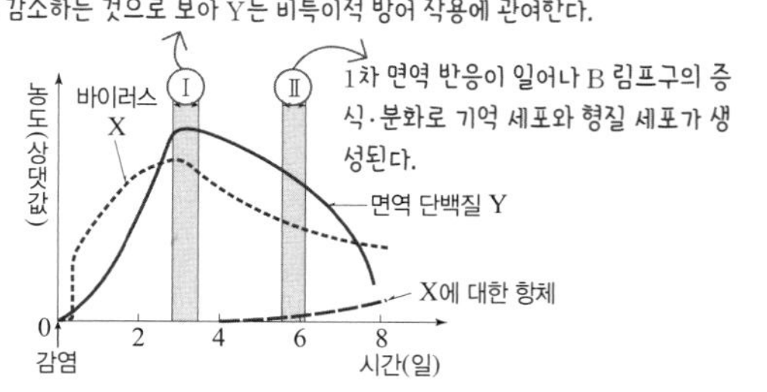

선택지 분석

㉠ 구간 Ⅰ에서는 Y에 의해 X의 수가 감소한다.
㉡ 구간 Ⅱ에서는 X에 대한 기억 세포가 있다.
~~ㄷ~~. Y는 X에만 특이적으로 작용한다. 비특이적으로

전략적 풀이 ❶ 자료를 분석하여 바이러스 X에 대한 방어 작용에서 면역 단백질 Y의 역할을 파악한다.

ㄱ. 구간 Ⅰ에서 Y의 농도가 증가하자 X의 농도가 감소하므로 Y에 의해 X의 수가 감소함을 알 수 있다.

ㄷ. Y의 농도는 X에 감염된 직후 증가하였으므로 Y는 X에 대한 인식 단계 없이 비특이적으로 작용함을 알 수 있다.

❷ X에 감염된 생쥐의 체내에서 항체가 생성되기까지의 과정을 이해하여 구간 Ⅱ에서 X에 대한 기억 세포의 존재 여부를 판단한다.

ㄴ. 구간 Ⅱ에서는 바이러스 X에 대한 항체가 만들어지고 있다. X에 대한 항체는 바이러스 X를 인식한 B 림프구의 증식·분화로 생성된 형질 세포에서 생성·분비되며, 형질 세포가 만들어질 때 기억 세포도 함께 만들어진다.

08 꼼꼼 문제 분석

(가)

세포 \ 특징	㉠	㉡	㉢
기억 세포 Ⅰ	○	○	×
Ⅱ (세포독성 T림프구)	×	○	? ×
형질 세포 Ⅲ	○	?○	ⓐ○

(○: 있음, ×: 없음)

(나)

특징(㉠~㉢)
• 특이적 방어 작용에 관여한다. ㉡ • B 림프구의 분화로 생성된다. ㉠ • 항체를 분비한다. ㉢

선택지 분석

~~ㄱ~~. Ⅰ이 없으면 1차 면역 반응이 일어나지 않는다. 2차

㉡. Ⅱ는 병원체에 감염된 세포를 직접 파괴한다.

㉢. ⓐ는 'O'이다.

전략적 풀이 ❶ 형질 세포, 기억 세포, 세포독성 T림프구가 어떤 특징이 있는지를 파악하여 ㉠~㉢과 Ⅰ~Ⅲ이 각각 무엇인지 알아낸다.

형질 세포, 기억 세포, 세포독성 T림프구는 모두 특이적 방어 작용에 관여한다. 체액성 면역 반응에서 B 림프구는 형질 세포와 기억 세포로 분화하며, 형질 세포에서 항체를 분비한다. 따라서 형질 세포는 3가지 특징을, 기억 세포는 2가지 특징을, 세포독성 T림프구는 1가지 특징을 가지므로, Ⅰ은 기억 세포, Ⅱ는 세포독성 T림프구, Ⅲ은 형질 세포이고, ㉠은 'B 림프구의 분화로 생성된다.' ㉡은 '특이적 방어 작용에 관여한다.' ㉢은 '항체를 분비한다.'이다.

ㄷ. 형질 세포(Ⅲ)는 항체를 생성하여 분비하므로 ⓐ는 'O'이다.

❷ 특이적 방어 작용에서 기억 세포와 세포독성 T림프구가 각각 어떤 역할을 하는지 생각해 본다.

ㄱ. 1차 면역 반응에서는 B 림프구가 분화하여 기억 세포와 형질 세포가 만들어지며, 2차 면역 반응이 기억 세포의 작용으로 일어난다. 따라서 기억 세포(Ⅰ)가 없어도 항원을 인식하여 B 림프구가 활성화되면 1차 면역 반응이 일어난다.

ㄴ. 세포독성 T림프구(Ⅱ)가 활성화되면 세포성 면역이 일어나 병원체에 감염된 세포를 직접 공격하여 파괴한다.

09 꼼꼼 문제 분석

생쥐	2차 면역 반응
A	ⓐ ○
B	○

(○: 일어남, ×: 일어나지 않음)

→ A에 기억 세포(㉠)가 생성되었으므로 2차 면역 반응이 일어났다.

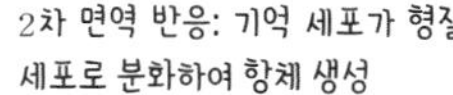

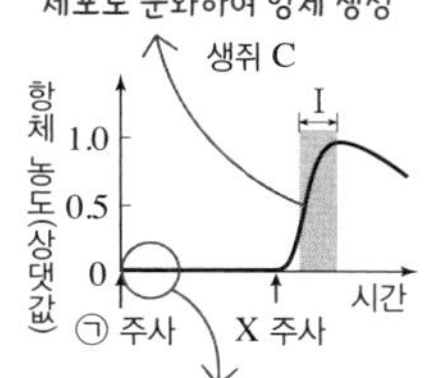

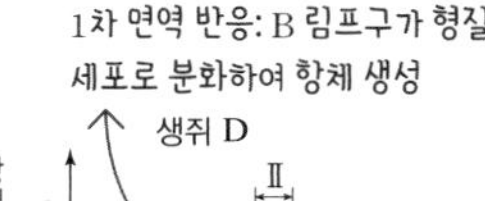

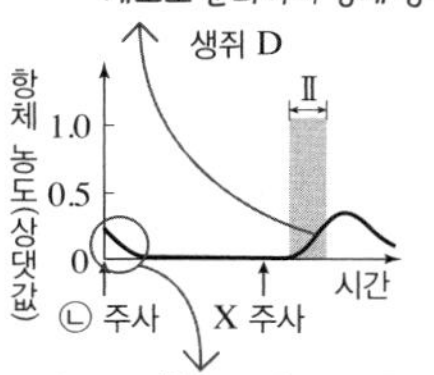

㉠ 주사 시 항체가 없고, X 주사 시 2차 면역 반응이 일어난다. ➡ ㉠은 기억 세포이다.

㉡ 주사 시 항체가 있고, X 주사 시 1차 면역 반응이 일어난다. ➡ ㉡은 혈장(항체 포함)이다.

선택지 분석

~~ㄱ~~. ⓐ는 '×'이다. ○

㉡. 구간 Ⅰ에서 X에 대한 2차 면역 반응이 일어났다.

㉢. 구간 Ⅱ에서 X에 대한 체액성 면역 반응이 일어났다.

전략적 풀이 ❶ (라)의 실험 결과를 분석하여 ㉠과 ㉡이 각각 무엇인지 파악한다.

생쥐 A와 B에 X를 2회에 걸쳐 주사한 후 얻은 ㉠과 ㉡을 각각 C와 D에 주사하였다. (라)의 그림에서 생쥐 C에 ㉠을 주사한 시점에 혈중 항체 농도는 0이었지만 X를 주사한 직후 혈중 항체 농도가 급격히 증가하였다. 이는 ㉠이 기억 세포이어서 X 침입 시 기억 세포의 작용에 의해 다량의 항체가 신속하게 생성되는 2차 면역 반응이 일어났기 때문이다. 그리고 생쥐 D에 ㉡을 주사한 시점에 혈중 항체 농도가 0보다 크고, X를 주사하면 잠복기를 거쳐 혈중 항체 농도가 서서히 증가하였다. 이는 ㉡이 항체가 포함된 혈장이어서 X 침입 시 B 림프구로부터 형질 세포와 기억 세포가 만들어지는 1차 면역 반응이 일어났기 때문이다.

ㄱ. A에서 분리한 ㉠은 기억 세포이다. 이를 통해 A는 X가 1차 침입했을 때 1차 면역 반응이 일어나 형질 세포와 기억 세포가 만들어졌고, X가 2차 침입했을 때 기억 세포의 작용으로 2차 면역 반응이 일어났음을 알 수 있다. 따라서 ⓐ는 'O'이다.

❷ 생쥐 C와 D에서 혈중 항체 농도가 증가하는 구간에서 어떤 방어 작용이 일어났는지 생각해 본다.

ㄴ. ㉠은 기억 세포이므로, 생쥐 C에게 X를 주사하기 전에 C는 기억 세포를 가지고 있다. 따라서 X를 주사하면 구간 Ⅰ에서 기억 세포가 빠르게 증식하여 형질 세포로 분화하고 형질 세포에서 다량의 항체가 생성되는 2차 면역 반응이 일어났다.

ㄷ. 생쥐 D에게 X를 주사하면 구간 Ⅱ에서 혈중 항체 농도가 증가하므로 항원 항체 반응에 의해 항원이 제거되는 체액성 면역 반응이 일어났다.

10 꼼꼼 문제 분석

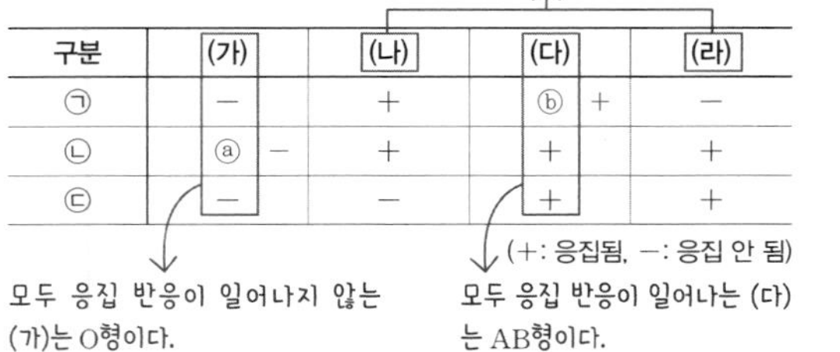

(나)와 (라)는 응집한 경우와 응집 안 한 경우가 모두 있으므로 A형 또는 B형이다.
구분 (가) (나) (다) (라)
㉠ − + ⓑ + −
㉡ ⓐ − + + +
㉢ − − + +
(+: 응집됨, −: 응집 안 됨)
모두 응집 반응이 일어나지 않는 (가)는 O형이다.
모두 응집 반응이 일어나는 (다)는 AB형이다.

선택지 분석

ㄱ. ⓐ와 ⓑ는 모두 '−'이다. ⓐ는 '−', ⓑ는 '+'

ㄴ. 두 자녀는 (가)와 (다)이다.

ㄷ. (나)의 적혈구와 (라)의 혈장을 섞으면 응집 반응이 일어난다.

전략적 풀이 ❶ 제시된 응집 반응 결과를 분석하여 이 가족 구성원 (가)~(라)의 ABO식 혈액형을 파악한다.

ㄱ. O형의 혈액은 응집원이 없으므로 혈장 ㉠~㉢과 섞었을 때 모두 응집 반응이 일어나지 않는다. AB형의 혈액은 응집원 A와 응집원 B가 모두 있으므로 혈장 ㉠~㉢과 섞었을 때 모두 응집 반응이 일어난다. 따라서 (가)의 혈액형은 O형, (다)의 혈액형은 AB형이고, ⓐ는 '−', ⓑ는 '+'이다.

❷ (가)~(라) 중 두 자녀가 누구인지 파악한다.

ㄴ. ㉠~㉢ 중 응집 반응이 일어나지 않는 경우가 없으므로 ㉠~㉢에는 모두 응집소가 있다. 따라서 부모는 AB형이 될 수 없으므로 부모의 ABO식 혈액형은 A형과 B형이고, 자녀는 AB형과 O형이어야 한다. 따라서 두 자녀는 (가)와 (다)이다.

ㄷ. (나)와 (라)의 혈액형 중 하나는 A형, 다른 하나는 B형이다. A형의 적혈구 세포막에는 응집원 A, B형의 적혈구 세포막에는 응집원 B가 있고, A형의 혈장에는 응집소 β, B형의 혈장에는 응집소 α가 있다. 따라서 (나)의 적혈구와 (라)의 혈장을 섞으면 응집 반응이 일어난다.

11 꼼꼼 문제 분석

구분	학생 수
응집원 B를 가진 학생 B형과 AB형	37
응집소 α를 가진 학생 B형과 O형	55
응집원 A와 응집소 β를 모두 가진 학생 A형	35
Rh 응집원을 가진 학생 Rh$^+$형	98

➡ • A형이 35명이므로 AB형+B형+O형은 100명−35명=65명이다.
• B형+AB형=37명이므로 O형은 65명−37명=28명이다.
• B형+O형=55명이고, O형은 28명이므로 B형은 55명−28명=27명이다. 따라서 AB형은 10명이다.
• Rh$^+$형은 98명, Rh$^-$형은 2명이다.

선택지 분석

ㄱ. A형과 O형인 학생 수의 합은 55명이다. 63명

ㄴ. Rh$^+$형인 학생 중 B형인 학생 수는 26명이다.

ㄷ. 항 A 혈청에 응집하는 혈액을 가진 학생 수가 항 B 혈청에 응집하지 않는 혈액을 가진 학생 수보다 적다.

ㄹ. 학생 수가 가장 적은 혈액형의 혈액을 학생 수가 가장 많은 혈액형인 사람에게 소량 수혈할 수 있다. 없다

전략적 풀이 ❶ 제시된 자료를 분석하여 A형, B형, AB형, O형인 학생 수를 파악한다.

ㄱ. 응집원 B가 있는 혈액형은 AB형, B형이므로 AB형과 B형을 합한 학생은 37명이고, 응집소 α가 있는 혈액형은 B형과 O형이므로 B형과 O형을 합한 학생은 55명이다. 응집원 A와 응집소 β를 모두 가진 혈액의 혈액형은 A형이므로 A형인 학생은 35명이다. 이 집단의 학생은 모두 100명이므로 100명 중 A형인 학생 35명을 제외하면 65명이 남는다. 남은 65명 중 AB형과 B형을 합한 학생은 37명이므로 O형인 학생은 28명이 된다. B형과 O형을 합한 학생은 55명이고, 이중 O형인 학생 28명을 제외하면 B형인 학생은 27명이다. 따라서 AB형인 학생은 10명이다. 그러므로 A형인 학생 35명과 O형인 학생 28명의 합은 63명이다.

ㄴ. Rh$^-$형이면서 B형인 학생은 1명이다. 따라서 B형인 학생 27명 중 Rh$^-$형이면서 B형인 학생 1명을 제외하면 Rh$^+$형이면서 B형인 학생 수는 26명이다.

ㄷ. 항 A 혈청에 응집 반응이 일어나는 혈액형은 A형과 AB형이고, 항 B 혈청에 응집 반응이 일어나지 않는 혈액형은 A형과 O형이다. 따라서 항 A 혈청에 응집하는 혈액을 가진 학생은 45명(=35명+10명)이고, 항 B 혈청에 응집하지 않는 혈액을 가진 학생 수는 63명(=35명+28명)이다. 그러므로 항 A 혈청에 응집하는 혈액을 가진 학생이 항 B 혈청에 응집하지 않는 혈액을 가진 학생보다 적다.

❷ ABO식 혈액형, Rh식 혈액형의 응집 반응을 통해 학생들 간의 수혈 관계를 파악한다.

ㄹ. 학생 수가 가장 적은 혈액형은 Rh$^-$형이면서 B형(1명) 또는 Rh$^-$형이면서 AB형(1명)이다. 학생 수가 가장 많은 혈액형은 Rh$^+$형이면서 A형(35명)이다. Rh$^-$형이면서 B형인 사람의 혈액에는 Rh 응집원은 없지만 응집원 B가 있고, Rh$^-$형이면서 AB형인 사람의 혈액에는 Rh 응집원은 없지만 응집원 A, B가 있다. Rh$^+$형이면서 A형인 사람의 혈액에는 Rh 응집원, 응집원 A와 응집소 β가 있다.

Rh 응집원이 없는 Rh$^-$형은 Rh$^+$형에게 수혈을 할 수 있지만, B형과 AB형에 공통으로 있는 응집원 B와 A형에 있는 응집소 β가 만나면 응집 반응이 일어나므로 학생 수가 가장 적은 혈액형의 혈액을 학생 수가 가장 많은 혈액형의 혈액을 가진 사람에게 소량 수혈해 줄 수 없다.

Ⅳ 유전

1 유전의 원리

1 염색체

개념 확인 문제 185쪽

❶ 유전자 ❷ 염색체 ❸ 상동 ❹ 염색 분체 ❺ 상동 염색체

1 A: DNA, B: 히스톤 단백질, C: 뉴클레오솜, D: 염색체, E: 동원체, F: 염색 분체 **2** (1) ㄹ (2) ㄴ (3) ㄱ (4) ㄷ **3** (1) ○ (2) ○ (3) × **4** (1) ○ (2) × (3) ○ (4) ○ **5** (1) ○ (2) × (3) ○ **6** (가) $n=4$ (나) $2n=4$

1 A는 유전 물질인 DNA이고, B는 DNA를 응축시키는 데 관여하는 히스톤 단백질이다. C는 DNA와 히스톤 단백질로 이루어진 뉴클레오솜이며, D는 DNA가 응축되어 나타난 막대 모양의 염색체이다. E는 방추사가 붙는 자리인 동원체이며, F는 DNA가 복제되어 형성된 염색 분체이다.

2 (1) DNA와 히스톤 단백질로 구성된 염색체는 세포 분열 시 응축되어 막대 모양으로 나타난다.
(2) 한 개체가 가지고 있는 모든 유전 정보를 유전체라고 한다.
(3) 생물의 형질을 결정하는 유전 정보의 단위를 유전자라고 한다. 유전자는 DNA의 특정 부위에 있다.
(4) DNA는 폴리뉴클레오타이드 두 가닥이 나선 모양으로 꼬인 이중 나선 구조이다.

3 (1) 여자의 체세포에는 22쌍의 상염색체와 X 염색체 2개가 있으므로 총 23쌍의 상동 염색체가 있다.
(2) 남자와 여자의 체세포는 상동 염색체가 쌍으로 있으므로 핵상은 $2n$이고, 염색체 수는 46이다.
(3) 여자의 X 염색체 2개 중 하나는 어머니에게서, 다른 하나는 아버지에게서 물려받은 것이다.

4 (1) 동원체에서 붙어 있는 (가)와 (나)는 염색 분체로, DNA가 복제되어 만들어진 것이므로 유전자 구성이 같다.
(2) 대립유전자는 상동 염색체의 동일한 위치에 있다. (가)와 (나)는 염색 분체이므로 ㉠과 ㉡은 대립 관계(대립유전자)가 아니다.
(3) A는 세포 분열 시 방추사가 붙는 자리인 동원체이다. 두 염색 분체는 동원체 부분에서 서로 붙어 있다.
(4) 세포 분열 시 염색 분체는 분리되어 서로 다른 딸세포로 들어간다.

5 (1) 대립유전자는 한 가지 형질에 대해 대립 형질이 나타나게 한다.
(2), (3) 대립유전자는 상동 염색체를 통해 부모에게서 하나씩 물려받은 것이므로 같을 수도 있고 다를 수도 있다.

6 (가)는 상동 염색체 중 하나씩만 있으므로 핵상은 n이고, 염색체 수는 4이다. 따라서 $n=4$이다.
(나)는 상동 염색체가 쌍으로 있으므로 핵상은 $2n$이고, 염색체 수는 4이다. 따라서 $2n=4$이다.

대표 자료 분석 186쪽

자료 ❶ **1** 뉴클레오타이드 **2** ㉠ DNA, ㉡ 히스톤 단백질, ㉢ 뉴클레오솜 **3** (1) × (2) ○ (3) ○ (4) × (5) ○ (6) × (7) ×

자료 ❷ **1** (나) $n=3$ (다) $2n=6$ (라) $n=3$ **2** (나), (라) **3** (1) × (2) ○ (3) ○ (4) ○ (5) × (6) ×

1-1 A는 DNA이며, DNA를 구성하는 단위체는 뉴클레오타이드이다.

1-2 B는 유전 물질인 DNA가 히스톤 단백질을 감고 있는 뉴클레오솜이다.

1-3 (1) 하나의 DNA에는 수많은 유전자가 있다.
(2) DNA가 히스톤 단백질과 결합한 뉴클레오솜은 염색체가 핵속에 풀어져 있을 때에도 존재한다.
(3) 핵 속에 풀어져 있던 염색체는 세포 분열 시 응축되어 C와 같은 형태로 나타난다.
(4) 한 개체의 유전 정보는 체세포에 들어 있는 모든 염색체에 나뉘어 저장되어 있다. 따라서 염색체 하나에는 한 개체의 유전 정보 중 일부만 들어 있다.
(5) D는 세포 분열 시 방추사가 붙는 동원체이다.
(6) E와 F는 염색 분체로, 세포가 분열하기 전에 DNA가 복제되어 형성된다.
(7) E와 F는 DNA가 복제되어 만들어진 염색 분체로, 동일한 위치에는 동일한 유전자가 있다.

2-1 꼼꼼 문제 분석

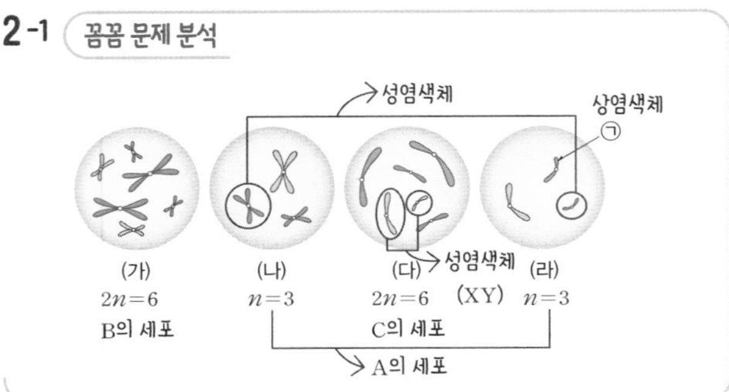

(가)와 (다)는 상동 염색체가 쌍으로 있고 염색체가 6개이므로 $2n=6$이다. (나)와 (라)는 상동 염색체 중 하나씩만 있고, 염색체가 3개이므로 $n=3$이다.

2-2 염색체의 모양과 크기를 비교해 보면 (가), (나), (다)는 서로 다른 종의 세포이고, (나)와 (라)는 같은 종의 세포이다. (가)~(라) 중 2개가 A의 세포이므로 A의 세포는 (나)와 (라)이다.

2-3 (1) A의 세포 (나)와 (라)에서 모양과 크기가 다른 염색체는 X 염색체와 Y 염색체이다. 따라서 A는 수컷이다.

(2) A와 B는 성이 서로 다르다고 했으므로 B는 암컷이고, 성염색체 구성이 XX인 (가)는 B의 세포이다. (다)는 C의 세포인데 성염색체 구성이 XY이므로 C는 A와 마찬가지로 수컷이다.

(3) A~C 모두 체세포의 핵상과 염색체 수는 $2n=6$으로 같다.

(4) B는 암컷으로, 체세포의 염색체 구성은 4+XX이다.

(5) ㉠은 A의 세포인 (나)와 (라)에서 공통적으로 존재하므로 상염색체이다.

(6) (다)의 핵상은 $2n$이므로 성염색체 수는 2이고, (나)의 염색체 수는 3인데 각 염색체가 2개의 염색 분체로 되어 있으므로 (나)의 염색 분체 수는 6이다. 따라서 $\frac{\text{(다)의 성염색체 수}}{\text{(나)의 염색 분체 수}}=\frac{2}{6}=\frac{1}{3}$이다.

내신 만점 문제

187~190쪽

01 ④	02 A: 뉴클레오솜, B: DNA, C: 뉴클레오타이드				
03 ④	04 ③	05 ④	06 ②	07 해설 참조	08 ㉠
44, ㉡ 2, ㉢ 없고, ㉣ n		09 ④	10 ①	11 ②	12 ②
13 ④	14 ④	15 ⑤	16 해설 참조	17 ⑤	18 ⑤

01 ① DNA는 두 가닥의 폴리뉴클레오타이드가 나선 모양으로 꼬여 있는 이중 나선 구조이다.

② 핵 속에 실처럼 풀어져 있던 염색체는 세포가 분열할 때 응축되어 막대 모양으로 나타난다.

③ 염색체를 구성하는 주요 물질은 DNA와 히스톤 단백질이다.

⑤ 유전체는 한 생물이 가지고 있는 모든 유전 정보를 의미한다.

바로알기 ④ 유전자는 유전 정보가 저장된 DNA의 특정 부위이며, DNA 하나에는 수많은 유전자가 있다.

02 A는 DNA가 히스톤 단백질을 감싸고 있는 뉴클레오솜이고, B는 폴리뉴클레오타이드 두 가닥이 나선 모양으로 꼬인 DNA이며, C는 DNA의 단위체인 뉴클레오타이드이다.

03 꼼꼼 문제 분석

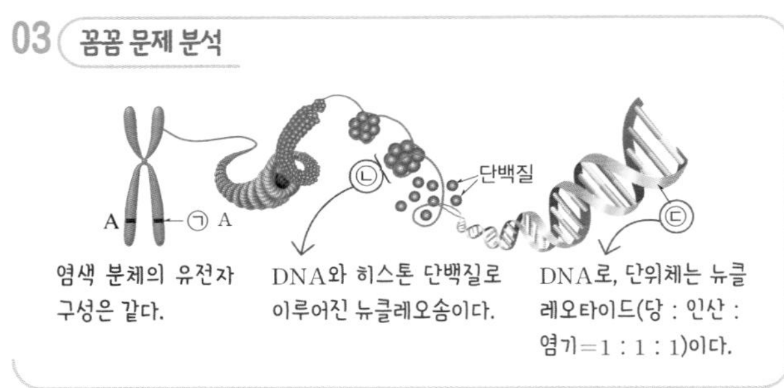

ㄴ. 뉴클레오솜(㉡)은 DNA와 히스톤 단백질로 이루어져 있다.

ㄷ. DNA(㉢)를 구성하는 단위체는 뉴클레오타이드이며, 뉴클레오타이드는 당, 인산, 염기가 1 : 1 : 1로 구성되어 있다.

바로알기 ㄱ. 하나의 염색체를 구성하는 두 가닥의 염색 분체는 DNA가 복제되어 형성된 것이므로 유전자 구성이 동일하다. 따라서 ㉠은 A이다.

04 꼼꼼 문제 분석

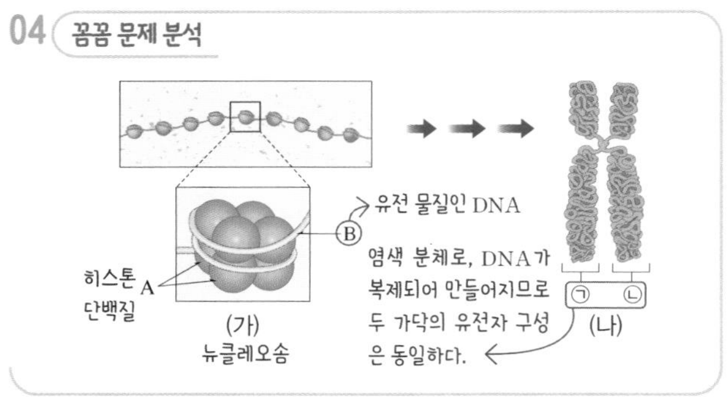

ㄱ. (가)는 DNA가 히스톤 단백질을 감고 있는 뉴클레오솜이다.

ㄴ. A는 히스톤 단백질이고, 단백질은 아미노산으로 구성된다.

바로알기 ㄷ. ㉠과 ㉡은 염색 분체로, 하나의 DNA를 구성하는 폴리뉴클레오타이드 두 가닥이 각각 응축되어 형성되는 것이 아니라, 세포 분열 전에 DNA가 복제된 후 각각의 DNA 이중 나선이 히스톤 단백질과 결합하고 응축되어 형성된다.

05 ① 성염색체가 XY이므로 이 사람은 남자이다.

② 숫자가 쓰여 있는 것이 상염색체로, 22쌍의 상염색체가 있다.

③ a와 b는 1번 염색체로, 모양과 크기가 같은 상동 염색체이다.

⑤ 이 사람의 몸을 구성하는 모든 체세포의 핵형은 동일하다.

바로알기 ④ 피부 세포는 체세포이므로 상동 염색체가 쌍으로 있다. 따라서 피부 세포의 염색체 구성은 44+XY이다.

06 꼼꼼 문제 분석

1번 염색체, 상염색체이며, ⓐ와 ⓑ는 상동 관계이다.

(가) 1 2 3 4 5 6 7 8 9 10 11 12 13 14 15 16 17 18 19 20 21 22 XX 44+XX ➡ 여자이다.

(나) 1 2 3 4 5 6 7 8 9 10 11 12 13 14 15 16 17 18 19 20 21 22 ⓒⓓ 44+XY ➡ 남자이다.

ⓒ는 남녀에 공통으로 있는 성염색체인 X 염색체이고, ⓓ는 남자에만 있는 성염색체인 Y 염색체이다.

① ⓐ와 ⓑ는 상염색체이며, 각 염색체는 DNA와 히스톤 단백질로 구성되어 있다.
③ 남자의 성염색체 중 X 염색체는 어머니에게서, Y 염색체는 아버지에게서 물려받는다.
④ (가)의 X 염색체 수는 2이고, (나)의 X 염색체 수는 1이므로 $\frac{\text{(가)의 X 염색체 수}}{\text{(나)의 X 염색체 수}}=2$이다.
⑤ (가)의 상염색체 수는 44이고, 각 염색체는 2개의 염색 분체로 이루어져 있으므로 (가)의 상염색체의 염색 분체 수는 $44\times2=88$이다.
바로알기 ② ⓒ는 남녀에 공통으로 있는 X 염색체이고, ⓓ는 남자에만 있는 Y 염색체로, 두 염색체 모두 성염색체이다.

07 핵형 분석은 염색체의 수, 모양, 크기 등과 같은 염색체의 특성을 분석하는 것으로, 이를 통해 성별, 염색체 수의 이상 여부, 염색체 구조의 이상 여부 등을 파악할 수 있다.

모범 답안 남녀 성별을 알 수 있다. 다운 증후군과 같은 염색체 수 이상을 알 수 있다. 고양이 울음 증후군과 같은 염색체 구조 이상을 알 수 있다. 등

채점 기준	배점
두 가지를 모두 옳게 서술한 경우	100 %
한 가지만 옳게 서술한 경우	50 %

08 정상인 사람의 체세포는 핵상과 염색체 수가 $2n=46$이고, 상염색체 44(㉠)개, 성염색체 2(㉡)개가 있다. 생식세포는 상동 염색체 쌍이 없어(㉢) 핵상은 n(㉣)이고, 염색체 수는 23이다.

09 ④ 침팬지의 체세포 1개의 염색체 수는 48인데, 성염색체가 2개이고, 상염색체가 46개이다. 따라서 침팬지의 생식세포 1개에는 성염색체 1개와 상염색체 23개가 있다.
바로알기 ① 침팬지와 감자는 체세포의 염색체 수는 48로 같지만 염색체의 크기와 모양이 다르므로 핵형이 다르다.
② 체세포 1개의 염색체 수는 감자가 48이고 벼는 24이므로 감자가 벼의 2배이다. 그러나 염색체 1개당 유전자 수는 염색체마다 다르므로 제시된 자료만으로는 감자와 벼의 유전자 수를 알 수 없다.
③ 하나의 염색체에는 많은 수의 유전자가 있으므로 벼의 체세포 1개에는 12쌍보다 훨씬 많은 수의 대립유전자가 있다.
⑤ 체세포 1개에 있는 염색체 수는 침팬지가 초파리의 6배이지만, DNA 길이는 제시된 자료만으로는 알 수 없다.

10 꼼꼼 문제 분석

1 2 3 4 5 6 7 8 9 10 11 12 13 14 15 16 17 18 19 20 21 22 ㉠

염색체 구성이 44+XY로, 염색체 수는 46이다. ➡ B의 핵형

개체	염색체 수(개)
A	24 22+XX
B	46 44+XY
C	78 76+XX

ㄴ. 성염색체 중 크기가 큰 ㉠은 X 염색체이고, 크기가 작은 것은 Y 염색체이다. X 염색체(㉠)는 모계로부터, Y 염색체는 부계로부터 물려받은 것이다.
바로알기 ㄱ. (가)의 체세포의 염색체 수는 $2n=46$이므로 (가)는 B이다.
ㄷ. $\frac{\text{상염색체 수}}{\text{X 염색체 수}}$는 A에서 $\frac{22}{2}=11$, B에서 $\frac{44}{1}=44$, C에서 $\frac{76}{2}=38$로, B가 가장 크다.

11 꼼꼼 문제 분석

성염색체 구성이 XY이므로 수컷이다.
성염색체 구성이 XX이므로 암컷이다.

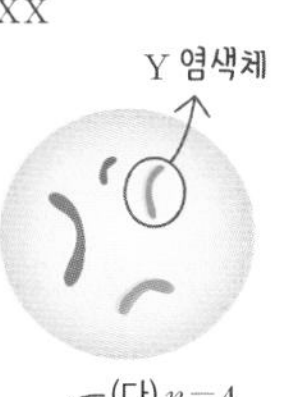

(가) $2n=8$, A (나) $2n=8$, B (다) $n=4$

염색체 수가 (가), (나)의 반이고 상동 염색체 중 하나씩만 있으므로 생식세포이며, 성염색체로 Y 염색체가 있으므로 수컷(A)에서 만들어진 생식세포이다.

ㄱ. A는 체세포의 염색체 구성이 (가)이므로 수컷이고, B는 체세포의 염색체 구성이 (나)로 암컷이다.
ㄴ. (가)와 (나)는 상동 염색체가 쌍으로 존재하므로 체세포이며, 핵상은 $2n$으로 같다.
바로알기 ㄷ. (다)는 Y 염색체가 있으므로, 수컷인 A의 생식세포이다.

12 꼼꼼 문제 분석

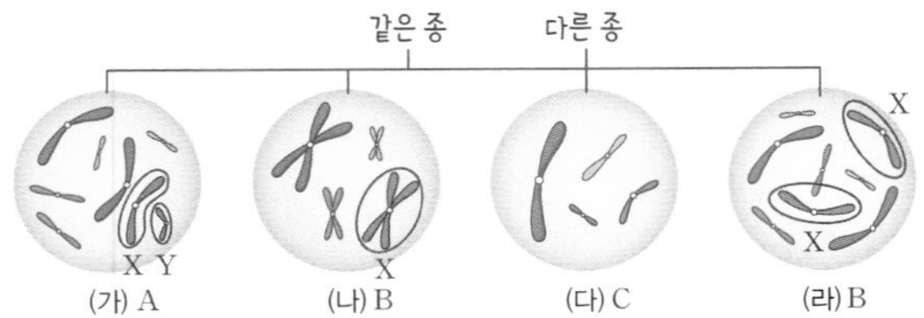

- (가)는 $2n=8$이며, 성염색체 구성은 XY이다. ➡ A는 수컷이다.
- (나)는 $n=4$이며, 감수 1분열이 끝난 상태의 세포이다. 성염색체로는 X 염색체가 있으며, B의 세포이다.
- (다)는 $n=4$이며, 생식세포이다. 염색체의 크기와 모양이 (가), (나), (라)와 다르므로 A, B와는 다른 종인 C의 세포이다.
- (라)는 $2n=8$이며, 상염색체의 크기와 모양이 (가)와 같고, 성염색체 구성은 XX이다. ➡ B의 세포이며, B는 A와 같은 종인 암컷이다.

② (가)는 A, (라)는 B의 세포이다. A는 수컷이고 B는 암컷이며, A와 B는 같은 종에 속한다.

바로알기 ① (가)는 A, (다)는 C의 세포이며, A와 C는 핵형이 다르므로 서로 다른 종이다.

③ (나)의 염색체 수는 $n=4$이며, X 염색체가 1개 있다. (라)의 염색체 수는 $2n=8$이며, X 염색체가 2개 있다.

④ (다)의 염색체 수는 $n=4$이며, 상염색체가 3개이고 성염색체가 1개이다.

⑤ B와 C는 서로 다른 종이므로 핵형이 다르다.

13 ㄱ. (가)와 (나)의 1번 염색체 수는 2로 같다.

ㄷ. ㉢과 ㉣은 DNA가 복제되어 만들어진 염색 분체이므로 유전자 구성이 같다.

ㄹ. 염색 분체는 세포 분열이 진행됨에 따라 분리되어 각각 다른 딸세포로 들어간다.

바로알기 ㄴ. ㉠과 ㉡은 상동 염색체이므로 부모에게서 1개씩 물려받은 것이다.

14 ㄱ. (가)는 $2n=6$인 A의 세포이다.

ㄷ. B의 체세포에는 12개의 염색체가 있으며, 체세포 분열 중기에는 각 염색체가 2개의 염색 분체로 이루어져 있으므로 염색 분체의 수는 $12\times2=24$이다.

바로알기 ㄴ. 체세포의 염색체 수는 A가 $2n=6$이고, B가 $2n=12$이므로 A와 B는 서로 다른 종이다.

15 ㄱ. 어떤 형질에 대한 대립유전자는 상동 염색체의 동일한 위치에 있다. 따라서 ㉠에는 A와 대립 관계인 a가 있다.

ㄴ. 하나의 염색체를 구성하는 두 개의 염색 분체는 DNA가 복제되어 만들어지므로 유전자 구성이 동일하다. 따라서 ㉡과 ㉢에는 같은 유전자가 있다.

ㄷ. (가)와 (나)는 염색 분체로, 체세포 분열 후기에 분리되어 서로 다른 세포로 들어간다.

16 모범 답안 (1) ⓐ는 성염색체 구성이 XY이므로 남자이다.
(2) (가)는 상동 염색체가 쌍을 이루고 있으므로 핵상이 $2n$인 체세포이다.
(3) d와 E, ㉠과 ㉡은 하나의 염색체를 구성하는 염색 분체로, DNA가 복제되어 만들어지므로 유전자 구성이 동일하다. 따라서 ㉡에는 ㉠과 마찬가지로 대립유전자 d와 E가 있다.

채점 기준		배점
(1)	성별과 근거를 모두 옳게 서술한 경우	30 %
	성별만 옳게 쓴 경우	10 %
(2)	체세포라는 것과 근거를 모두 옳게 서술한 경우	30 %
	체세포라고만 쓴 경우	10 %
(3)	대립유전자 두 가지를 옳게 쓰고, 근거를 옳게 서술한 경우	40 %
	대립유전자 두 가지만 옳게 쓴 경우	20 %

17 (가)는 모양과 크기가 다른 성염색체 쌍을 가지므로 성염색체 구성이 XY인 수컷이다. (나)는 모양과 크기가 같은 성염색체 쌍을 가지므로 성염색체 구성이 XX인 암컷이다.

① A는 암수 공통으로 있는 상염색체에 있다.

② B는 암수 공통으로 있는 성염색체인 X 염색체에 있다.

③ 수컷은 X 염색체를 1개만 가지므로 B에 대한 대립유전자가 없다. X 염색체에 있는 B와 Y 염색체에 있는 D는 각각 다른 형질을 결정하는 유전자이다.

④ D는 Y 염색체에 있으므로 수컷에게만 있는 유전자이다.

바로알기 ⑤ 체세포 분열에서 딸세포의 염색체 수와 유전자 구성은 모세포와 같다. 따라서 (나)가 체세포 분열을 하면 각각의 딸세포에 A와 a가 모두 있다.

18 꼼꼼 문제 분석

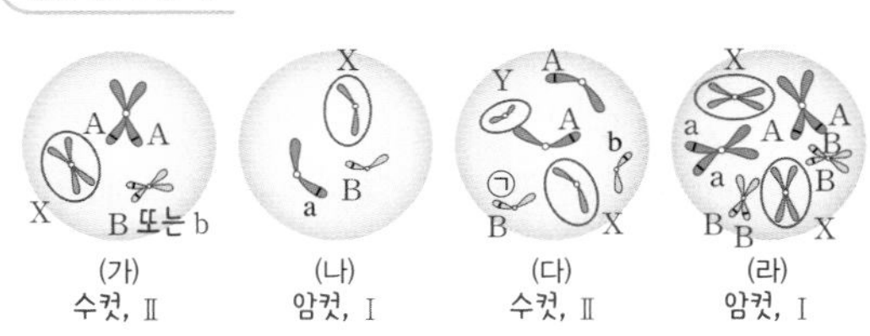

- (다)에는 모양과 크기가 다른 1쌍의 성염색체(XY)가 있고, (라)에는 모양과 크기가 같은 1쌍의 성염색체(XX)가 있다. ➡ (다)는 수컷, (라)는 암컷의 세포이다.
- (다)에는 대립유전자 b가 있으므로 (다)는 Ⅱ의 세포이다. ➡ Ⅱ는 수컷이고, Ⅰ은 암컷이며, (라)는 Ⅰ(암컷)의 세포이다.
- (나)에는 대립유전자 a가 있다. ➡ (나)는 Ⅰ의 세포이다.
- (가)~(라) 중 2개는 Ⅰ의 세포이고, 나머지 2개는 Ⅱ의 세포이므로 (가)는 Ⅱ의 세포이다.

① Ⅱ의 유전자형은 AABb이다. 상동 염색체의 하나에는 대립유전자 b가 있으므로 다른 하나에 있는 ㉠은 B이다.

② Ⅱ는 성염색체 구성이 XY이므로 수컷이다.

③ (다)와 (라)는 성별이 다른 개체의 세포이고, (다)는 대립유전자 b가 있는 Ⅱ의 세포이므로, (라)는 Ⅰ의 세포이다. (나)에는 대립유전자 a가 있으므로 유전자형이 AaBB인 Ⅰ의 세포이다. 따라서 (나)와 (라)는 Ⅰ의 세포이다.

④ (가)의 핵상은 n이고, (다)의 핵상은 $2n$이다.

바로알기 ⑤ 염색체 구성은 (나)가 2+X, (라)가 4+XX이다. 따라서 $\frac{\text{X 염색체 수}}{\text{상염색체 수}}$는 (나)가 $\frac{1}{2}$, (라)가 $\frac{2}{4}=\frac{1}{2}$로 같다.

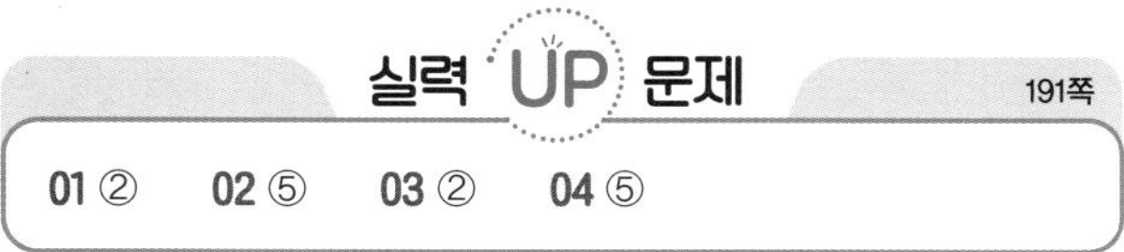

실력 UP 문제
191쪽
01 ② 02 ⑤ 03 ② 04 ⑤

01 꼼꼼 문제 분석

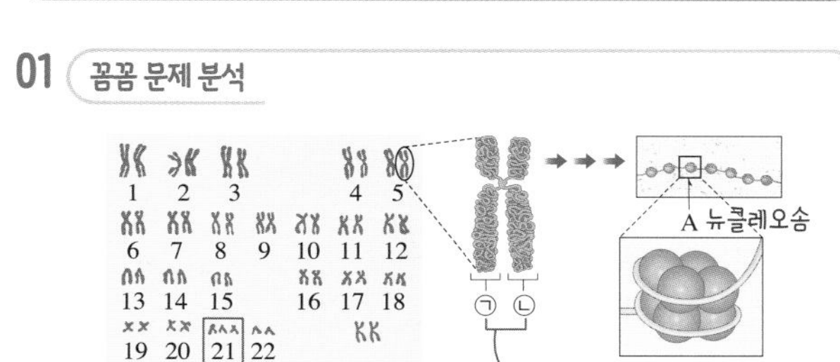

ㄴ. A는 DNA와 히스톤 단백질로 이루어진 뉴클레오솜이다. DNA는 당 : 인산 : 염기=1 : 1 : 1로 구성되며, 당으로 디옥시리보스를 갖는다.

바로알기 ㄱ. 이 사람은 21번 염색체가 3개로 정상인보다 염색체가 1개 더 많으므로 핵상과 염색체 수는 $2n+1=47$이다.

ㄷ. ㉠과 ㉡은 하나의 염색체를 이루고 있는 2개의 염색 분체이며, 염색 분체는 DNA가 복제되어 만들어진 것으로 유전자 구성이 같다.

02 꼼꼼 문제 분석

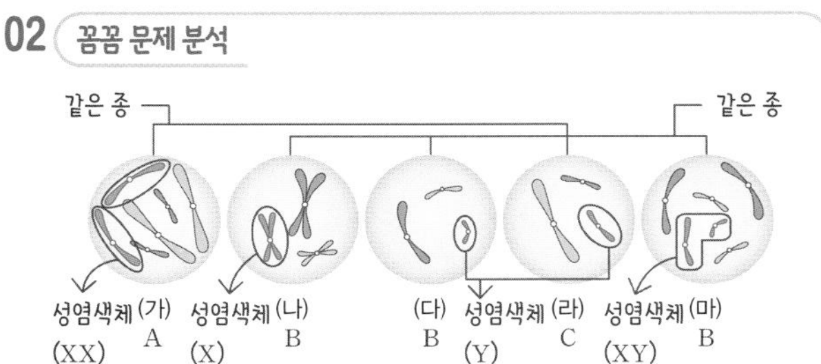

- (가)~(라) 중 (가)와 (라)에 존재하는 염색체가 (나), (다), (마)에 존재하지 않으므로 (가)와 (라)를 가지는 개체는 같은 종이고 (나), (다), (마)를 가지는 개체는 (가)를 가지는 개체와는 다른 종이다. (나)는 B의 세포이므로 (다)와 (마)도 B의 세포이다. (가)는 A의 세포이고, (라)는 C의 세포이며, A와 C는 같은 종이다.
- A의 세포인 (가)의 핵상은 $2n$이고, 모양과 크기가 같은 상동 염색체가 3쌍이므로 성염색체가 XX인 암컷이다. 같은 종에 속하는 C의 세포 (라)의 염색체 중 2개는 (가)에 있는 것과 같지만 나머지 1개는 (가)에 없는 것이다. 따라서 (가)와 (라)에서 차이 나는 염색체가 성염색체이고, 그중 (라)에 있는 염색체가 Y 염색체이다.
- (마)는 B의 세포인데 모양과 크기가 다른 염색체 쌍이 X 염색체와 Y 염색체이다.

ㄱ. (가)와 (라)는 각각 같은 종인 A와 C의 세포이다.

ㄴ. A는 암컷이고, B와 C는 수컷이다.

ㄷ. (가)의 염색체 구성은 4+XX이고, (마)의 염색체 구성은 4+XY이다. 세포 1개당 $\frac{\text{상염색체 수}}{\text{X 염색체 수}}$는 (가)가 $\frac{4}{2}=2$이고, (마)가 $\frac{4}{1}=4$이므로 (마)가 (가)의 2배이다.

03 꼼꼼 문제 분석

a, b, D

유전자	DNA 상대량
A	2
b	㉠ 4
d	㉡ 2

(가)는 핵상은 $2n$이고, 각 염색체는 2개의 염색 분체로 이루어진 상태이다.
➡ 체세포 분열 전기~중기의 세포
➡ (가)의 유전자 구성은 AAaabbbbDDdd이다.

abD ➡ 이 사람의 유전자형이 AabbDd이므로 쌍을 이루는 상동 염색체에 Abd가 함께 있다.

ㄱ. 이 사람의 유전자형이 AabbDd이므로 (가)의 유전자 구성은 AAaabbbbDDdd이다. 따라서 ㉠은 4이고, ㉡은 2이므로 ㉠+㉡=6이다.

ㄴ. 유전자형이 AabbDd이고 상동 염색체 중 하나에 abD가 함께 있으므로 다른 하나에는 Abd가 함께 있다. 즉, A와 b는 같은 염색체에 있다.

바로알기 ㄷ. 체세포 분열 시 하나의 염색체를 이루고 있던 염색 분체가 분리되어 서로 다른 딸세포로 들어가므로 D와 D, d와 d는 각각 서로 다른 딸세포로 들어간다. 따라서 상동 염색체에 있던 대립유전자 D와 d는 같은 세포로 들어간다.

04 꼼꼼 문제 분석

(가), (나), (라)는 모양과 크기가 같은 염색체들로 이루어져 있으므로 같은 종의 세포이고, (다)는 다른 종의 세포이다.

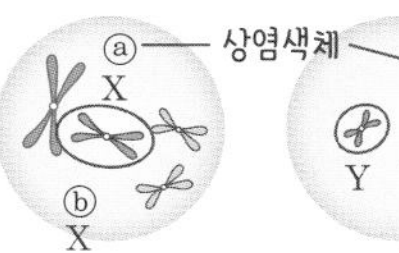

(가) 성염색체 구성이 XX이므로 암컷의 세포

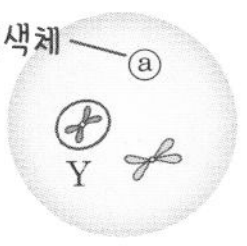

(나) Y 염색체를 가지므로 수컷의 세포

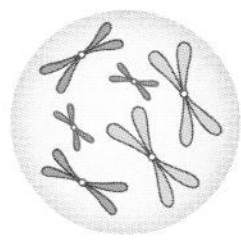
(다) 성염색체 구성이 XX이므로 암컷의 세포

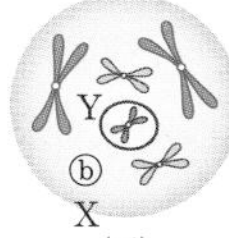

(라) 성염색체 구성이 XY이므로 수컷의 세포

ㄱ. (가)와 (라)는 같은 종의 세포이고 핵상이 $2n$이므로, 크기가 다른 염색체는 성염색체이며, (다)가 암컷의 세포이므로 (가)와 (라)는 성별이 다른 개체의 세포이다. (라)의 ⓑ는 성염색체와 쌍을 이루는 성염색체이며, ⓑ는 암수인 (가)와 (라)에 공통인 성염색체이므로 X 염색체이다.

ㄴ. (가)는 X 염색체를 2개 가지므로 암컷의 세포이다.

ㄷ. (라)에서 ⓑ(X 염색체)와 쌍을 이루는 성염색체는 Y 염색체이고, (나)에 Y 염색체가 있으므로 (나)와 (라)는 모두 수컷의 세포이다. (가)~(라)는 세 개체의 세포인데, (다)는 종이 다른 개체의 세포이고, (가)는 암컷의 세포이므로 (나)와 (라)는 수컷인 같은 개체의 세포이다.

생식세포의 형성과 유전적 다양성

개념 확인 문제

195쪽

❶ 간기 ❷ 같다 ❸ 상동 염색체 ❹ 염색 분체 ❺ 반감 $(1 \rightarrow 0.5)$

1 (1) ㉠ G_1기, ㉡ S기, ㉢ G_2기 (2) ㉡ (3) ㉠, ㉡, ㉢ (4) ㉣
2 (1) (가) → (다) → (나) → (라) → (마) (2) (나) **3** (1) × (2) ○ (3) ○ (4) ×
4 ㉠ 2, ㉡ 2, ㉢ 4, ㉣ n, ㉤ 모세포의 반
5 (1) (나) (2) (다) **6** 감수 1분열 중기 **7** 16가지

1 (1) M기 이후에 진행되는 ㉠은 세포의 생장이 활발한 G_1기이고, ㉡은 DNA가 복제되는 S기, ㉢은 세포 분열을 준비하는 G_2기이다.
(2) DNA 복제는 ㉡ S기에 일어난다.
(3) 세포는 간기(G_1기, S기, G_2기)에 생장하며, G_1기에 가장 빠르게 생장한다.
(4) 막대 모양의 염색체는 ㉣ 분열기(M기)에 관찰된다.

2 (1) (가)는 핵이 관찰되는 간기, (나)는 염색체가 세포 중앙에 배열된 중기, (다)는 핵막이 사라지고 응축된 염색체가 나타나는 전기, (라)는 염색 분체가 분리되어 양극으로 이동하는 후기, (마)는 딸핵이 형성되는 말기이다. 따라서 세포 분열 과정은 간기(가) → 전기(다) → 중기(나) → 후기(라) → 말기(마)이다.
(2) 중기는 최대로 응축된 염색체가 세포 중앙에 배열되어 염색체를 관찰하기에 가장 좋은 시기이다.

3 (1) 생물의 생장과 조직 재생 과정에서는 체세포 분열이 일어난다. 생식세포 분열은 생식 기관에서 생식세포를 형성할 때 일어난다.
(2) 생식세포 분열에서는 연속된 2회의 분열이 일어나 모세포 1개로부터 4개의 딸세포가 형성된다.
(3) 감수 1분열 전기에 상동 염색체가 접합하여 2가 염색체를 형성한다.
(4) 감수 1분열이 끝난 후 DNA 복제 없이 감수 2분열이 바로 진행된다.

4 체세포 분열에서는 1회의 분열로 2(㉡)개의 딸세포가 형성되며, 딸세포의 염색체 수와 DNA양은 모세포와 같다($2n \rightarrow 2n$). 생식세포 분열에서는 연속된 2(㉠)회의 분열로 4(㉢)개의 딸세포가 형성되며, 딸세포의 염색체 수와 DNA양은 모세포의 반(㉤)이다. 따라서 딸세포의 핵상은 n(㉣)이 된다.

5 DNA가 복제되는 (가)는 간기이고, (나)는 감수 1분열, (다)는 감수 2분열이다.
(1) 상동 염색체가 분리되는 시기는 감수 1분열(나)이다.
(2) 염색체 수는 변하지 않고 DNA양만 반으로 줄어드는 시기는 염색 분체가 분리되는 감수 2분열(다)이다.

6 감수 1분열 중기에 상동 염색체가 어떻게 배열되느냐에 따라 상동 염색체의 분리가 달라져 생식세포의 유전적 다양성이 증가한다.

7 상동 염색체의 무작위 배열과 분리에 의해 다양한 염색체 조합이 형성되므로 생식세포의 염색체 조합은 이론적으로 2^n가지이다. $2n=8$인 동물의 경우 $n=4$이므로 생식세포의 염색체 조합은 $2^4=16$가지이다.

196쪽

완자쌤 비법 특강

Q1 • 체세포 분열: $2 \xrightarrow{\text{S기}} 4 \xrightarrow{\text{말기}} 2$
• 생식세포 분열:
$2 \xrightarrow{\text{S기}} 4 \xrightarrow[\text{말기}]{\text{1분열}} 2 \xrightarrow[\text{말기}]{\text{2분열}} 1$

Q1 체세포 분열에서는 간기(S기)에 DNA가 복제된 후 말기에 반으로 감소하므로 딸세포의 DNA양은 모세포와 같다. 생식세포 분열에서는 간기(S기)에 DNA가 복제된 후 감수 1분열 말기에 반으로 감소하고, 감수 2분열 말기에 다시 반으로 감소하여 딸세포의 DNA양은 모세포의 반이다.

대표 자료 분석

197쪽

자료 ❶ **1** ㉢ **2** G_1기: 1, ㉡: 2 **3** (1) × (2) ○ (3) ○ (4) ○ (5) × (6) ○ (7) ×

자료 ❷ **1** (가) 감수 1분열 중기 (나) 감수 2분열 중기 **2** (1) B (2) C **3** (1) ○ (2) ○ (3) ○ (4) × (5) × (6) ○ (7) ○

1-1 (가)의 ㉠은 S기, ㉡은 G_2기, ㉢은 M기이다. (나)는 염색 분체가 분리되어 이동하는 체세포 분열 후기의 세포이며, 이것은 ㉢ M기에 관찰된다.

1-2 (나)는 DNA 복제 후에 염색 분체가 분리되고 있는 상태이므로 (나)의 DNA 상대량은 DNA 복제 전인 G_1기의 2배이고, G_2기와 같다. 따라서 G_1기의 DNA 상대량은 1이고, ㉡ G_2기의 DNA 상대량은 2이다.

1-3 (1) 세포의 생장은 간기 전체에 걸쳐 일어난다. 즉, 세포는 G_1기에 가장 빠르게 생장하지만, S기, G_2기에도 생장한다.
(2) ㉠ S기에 DNA 복제가 일어난다.
(3) 체세포 분열에서는 핵상이 $2n$ 상태로 변하지 않고 유지되므로 G_1기 세포와 (나) 시기 세포의 핵상은 $2n$으로 같다.
(4), (5) ⓐ와 ⓑ는 DNA가 복제되어 형성된 염색 분체이므로 유전자 구성이 같다.
(6) (나)에서 세포 분열이 진행될수록 염색체가 방추사에 의해 중심체 쪽으로 이동하므로 중심체와 염색체 사이의 거리는 짧아진다.
(7) 체세포 분열로 형성된 딸세포의 염색체 수와 DNA양은 모세포와 같다.

2-1 꼼꼼 문제 분석

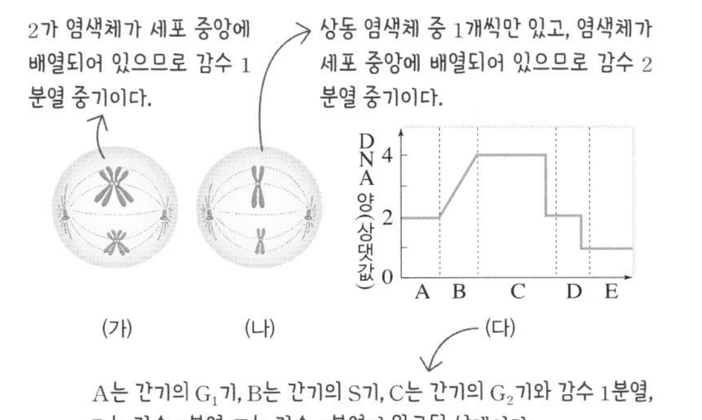

2가 염색체가 세포 중앙에 배열되어 있으므로 감수 1분열 중기이다.
상동 염색체 중 1개씩만 있고, 염색체가 세포 중앙에 배열되어 있으므로 감수 2분열 중기이다.
DNA양(상댓값)
4
2
0
A B C D E
(가)
(나)
(다)
A는 간기의 G_1기, B는 간기의 S기, C는 간기의 G_2기와 감수 1분열, D는 감수 2분열, E는 감수 2분열이 완료된 상태이다.

(가)는 감수 1분열 중기, (나)는 감수 2분열 중기의 세포이다.

2-2 (1) DNA 복제는 간기의 S기(B 시기)에 일어난다.
(2) 상동 염색체는 감수 1분열 전기에 접합하여 2가 염색체를 형성한다.

2-3 (1) (가)는 상동 염색체가 접합한 2가 염색체가 관찰되므로 핵상은 $2n$이다.
(2) 감수 1분열 중기인 (가)의 DNA 상대량은 4이고, 감수 1분열이 끝난 (나)의 DNA 상대량은 2이다.
(3) (가)는 감수 1분열 중기 세포이므로 C 시기에 관찰된다.
(4) (가)는 감수 1분열 중기 세포이므로 분열이 진행되면 상동 염색체가 분리되어 양극으로 이동한다.
(5) (나)는 감수 2분열 중기의 세포이므로 분열이 진행되면 염색 분체가 분리되어 양극으로 이동한다. 염색 분체는 유전자 구성이 같으므로 감수 2분열 과정에서 염색 분체가 분리되어 형성되는 딸세포 2개는 유전적으로 같다. 염색체의 배열과 분리에 따라 생식세포의 유전적 다양성이 증가하는 시기는 감수 1분열이다.
(6) 이 동물의 체세포의 염색체 수는 $2n=4$이고, 생식세포의 염색체 수는 $n=2$이다.
(7) 이 동물은 암컷이므로 난소에서 생식세포 분열이 일어난다.

내신 만점 문제

198~200쪽

01 ① 02 ③ 03 ④ 04 ③ 05 해설 참조 06 ⑤
07 ② 08 ① 09 ② 10 해설 참조 11 ③ 12 ④
13 해설 참조 14 ③ 15 ④

01 ㉠은 DNA가 복제되는 S기, ㉡은 세포 분열을 준비하는 G_2기, ㉢은 세포가 분열하는 M기이다.
ㄴ. ㉡은 DNA 복제가 완료된 후의 G_2기이므로 DNA양이 G_1기의 2배이다. 따라서 세포 1개당 $\frac{\text{㉡ 시기의 DNA양}}{G_1\text{기의 DNA양}}$은 2이다.
바로알기 ㄱ. ㉠은 S기이며, 이 시기에는 핵 속에서 DNA가 복제된다. G_1기, S기, G_2기는 간기로, 이 시기에는 핵막으로 둘러싸인 핵이 관찰된다. 분열기(㉢)가 시작되면서 핵막이 사라진다.
ㄷ. ㉢은 분열기(M기)로 염색체가 응축되어 나타나고 염색 분체가 분리된다. 체세포 분열에서는 상동 염색체의 접합과 분리가 일어나지 않는다.

02 꼼꼼 문제 분석

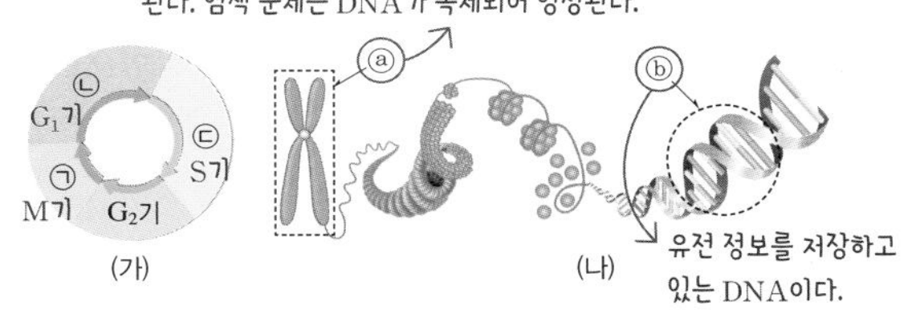

ㄱ. ㉠은 세포 분열이 진행되는 M기(분열기)이며, 이때 염색체가 응축되어 나타나므로 ⓐ가 관찰된다.
ㄷ. ⓑ는 DNA이며, DNA의 단위체는 뉴클레오타이드이다. 뉴클레오타이드는 인산, 당, 염기가 1 : 1 : 1로 결합하고 있다.
바로알기 ㄴ. ㉡은 G_1기, ㉢은 S기이다. DNA 복제는 S기에 일어난다.

03 ④ 체세포 분열 후기에는 하나의 염색체를 이루고 있던 2개의 염색 분체가 분리되어 양극으로 이동한다.
바로알기 ① 세포 주기에서 분열기는 일반적으로 간기에 비해 짧다.
② 체세포 분열에서는 상동 염색체의 접합과 분리가 일어나지 않는다.
③ 중기는 다른 시기에 비해 소요되는 시간이 짧지만 염색체가 가장 많이 응축되고 세포 중앙에 배열되어 있어 염색체를 관찰하기에 좋다.
⑤ 핵막이 사라지고 방추사가 나타나는 시기는 전기이며, 말기에는 핵막이 다시 나타나 2개의 딸핵이 만들어진다.

04 ㄱ. A와 B는 DNA가 복제되어 형성된 염색 분체이므로 유전자 구성이 같다.

ㄴ. 분열이 진행될수록 방추사(C)의 길이가 짧아지면서 염색체가 양극으로 이동한다.

바로알기 ㄷ. 이 동물의 체세포의 염색체 수가 4이므로 생식세포의 염색체 수는 체세포의 반인 2이다.

05 모범 답안 식물 세포, 식물 세포는 동물 세포와 달리 세포막 바깥에 세포벽이 있어서 세포 중앙에 세포판이 형성된 후 바깥쪽으로 성장하면서 세포질이 나누어진다.

채점 기준	배점
식물 세포라고 쓰고, 근거를 옳게 서술한 경우	100 %
식물 세포라고만 쓴 경우	30 %

06 꼼꼼 문제 분석

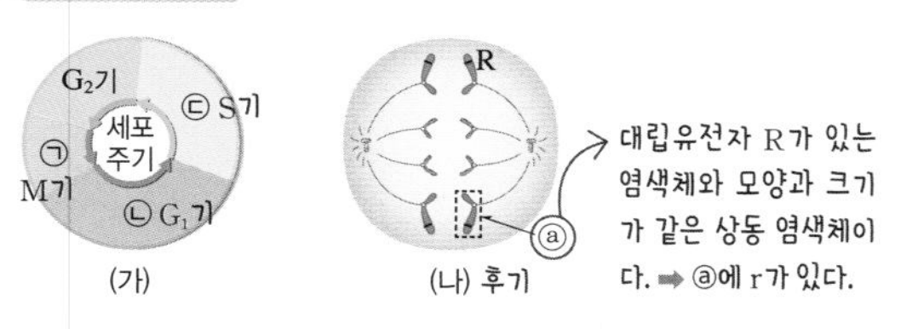

ㄱ. (나)는 염색 분체가 분리되어 양극으로 이동하고 있으므로 분열기(㉠)의 후기에 해당한다.

ㄴ. DNA 복제가 일어나는 시기는 S기(㉢)이다.

ㄷ. ⓐ와 상동 관계인 염색체에 대립유전자 R가 있으므로 ⓐ에는 r가 있다.

07 꼼꼼 문제 분석

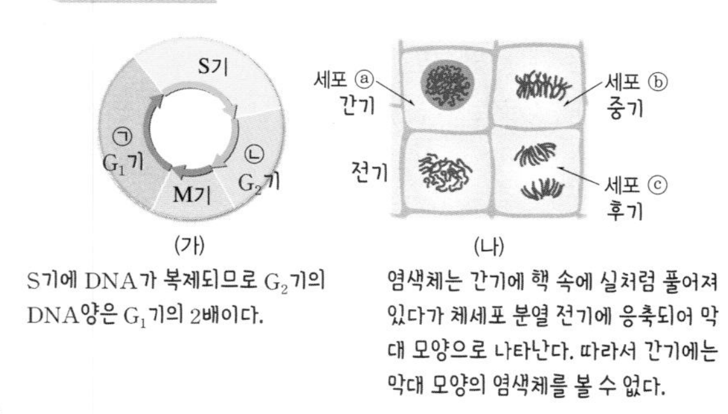

S기
㉠ G_1기
M기
㉡ G_2기
(가)
S기에 DNA가 복제되므로 G_2기의 DNA양은 G_1기의 2배이다.
세포 ⓐ 간기
세포 ⓑ 중기
전기
세포 ⓒ 후기
(나)
염색체는 간기에 핵 속에 실처럼 풀어져 있다가 체세포 분열 전기에 응축되어 막대 모양으로 나타난다. 따라서 간기에는 막대 모양의 염색체를 볼 수 없다.

① ㉠ 시기는 간기 중 G_1기이므로 세포 ⓐ처럼 핵막으로 둘러싸인 핵이 관찰된다.

③ 체세포 분열 과정이므로 세포 ⓒ(후기)에서는 염색 분체가 분리되고 있다.

④ 세포 ⓑ와 ⓒ처럼 응축된 염색체가 관찰되는 시기는 M기(분열기)이다.

⑤ T와 t는 대립유전자이므로 상동 염색체의 같은 위치에 존재하며, DNA가 복제될 때 T와 t도 복제된다. 따라서 세포 1개당 T의 수는 ㉡ 시기(G_2기)에도 2이고, 각 염색체가 2개의 염색 분체로 이루어져 있는 세포 ⓑ에서도 2이다.

바로알기 ② ㉡ 시기(G_2기)는 간기이므로 핵이 관찰되고 막대 모양의 염색체나 염색 분체는 관찰되지 않는다.

08 ㄱ. 감수 1분열의 전기에 상동 염색체가 접합하여 2가 염색체가 형성된다.

ㄴ. 감수 1분열의 후기에 상동 염색체가 분리되어 서로 다른 세포로 들어가므로 감수 1분열이 일어나면 세포 1개당 염색체 수는 반으로 줄어든다($2n \rightarrow n$).

바로알기 ㄷ. 감수 2분열에서는 염색 분체의 분리가 일어난다.

ㄹ. 감수 1분열에서는 상동 염색체가 분리되므로 두 딸세포의 유전자 구성은 다르고, 감수 2분열에서는 염색 분체가 분리되므로 같은 세포로부터 형성된 두 딸세포는 유전자 구성이 같다. 따라서 감수 분열로 형성된 4개의 딸세포 중 2개씩은 유전자 구성이 같다.

09 꼼꼼 문제 분석

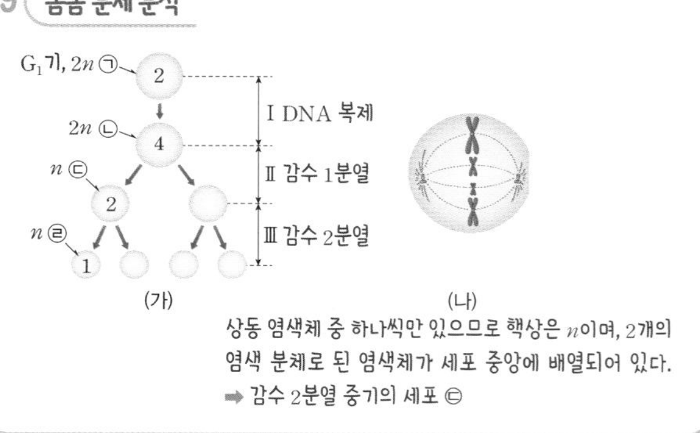

ㄷ. ㉡은 DNA가 복제된 상태이므로 감수 분열이 완료되어 형성된 ㉣의 DNA 상대량은 ㉡의 $\frac{1}{4}$이다.

바로알기 ㄱ. (나)는 감수 2분열 중기 세포인 ㉢이다.

ㄴ. 감수 2분열(Ⅲ)에서는 염색 분체가 분리되므로 세포 1개당 염색체 수는 변화 없다($n \rightarrow n$).

10 (가)는 체세포 분열($2n \rightarrow 2n$), (나)는 감수 1분열($2n \rightarrow n$), (다)는 감수 2분열($n \rightarrow n$)이다.

모범 답안 (1) (가) 체세포 분열 (나) 감수 1분열 (다) 감수 2분열

(2) (가) 딸세포의 핵상은 모세포와 $2n$으로 같지만, DNA 상대량은 모세포의 반으로 줄어든다.

(나) 모세포의 핵상은 $2n$이지만 딸세포의 핵상은 n으로 되고, DNA 상대량도 모세포의 반으로 줄어든다.

(다) 딸세포의 핵상은 모세포와 n으로 같지만, DNA 상대량은 모세포의 반으로 줄어든다.

채점 기준		배점
(1)	(가)~(다)를 모두 옳게 쓴 경우	40 %
(2)	(가)~(다)의 핵상과 DNA 상대량 변화를 모두 옳게 서술한 경우	60 %
	(가)~(다)의 핵상 변화를 옳게 서술한 것 1개당	10 %
	(가)~(다)의 DNA 상대량 변화를 옳게 서술한 것 1개당	10 %

11 꼼꼼 문제 분석

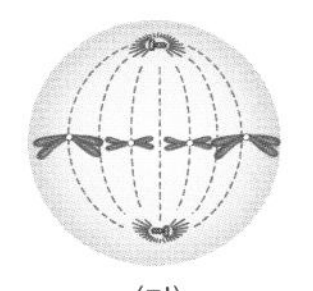

(가)

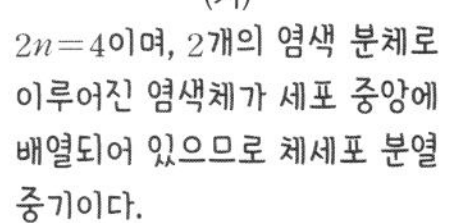

$2n=4$이며, 2개의 염색 분체로 이루어진 염색체가 세포 중앙에 배열되어 있으므로 체세포 분열 중기이다.

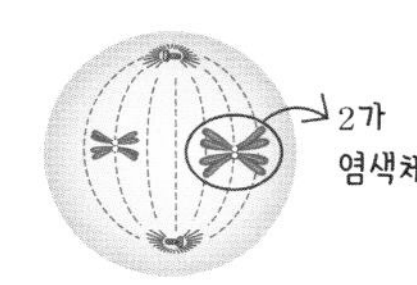

(나)

$2n=4$이며, 상동 염색체가 접합하여 형성된 2가 염색체가 세포 중앙에 배열되어 있으므로 감수 1분열 중기이다.

ㄱ. (가)와 (나) 모두 상동 염색체가 쌍으로 존재하므로 핵상은 $2n$으로 같다.

ㄴ. 상처 부위가 재생될 때에는 체세포 분열(가)이 활발하게 일어난다.

바로알기 ㄷ. (나)는 2가 염색체가 관찰되므로 감수 1분열 중기의 모습이다.

12 꼼꼼 문제 분석

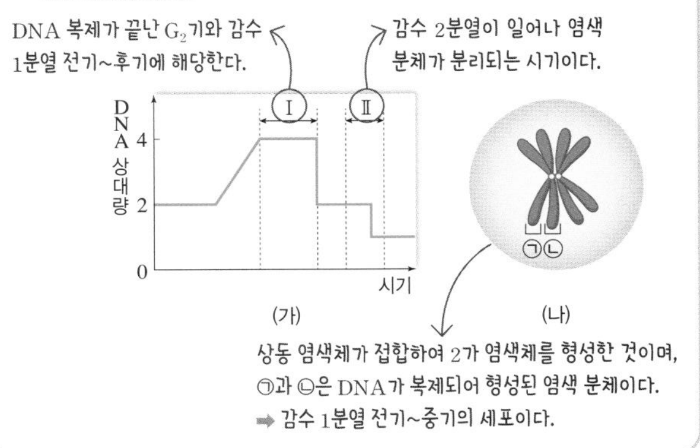

DNA 복제가 끝난 G₂기와 감수 1분열 전기~후기에 해당한다.
감수 2분열이 일어나 염색 분체가 분리되는 시기이다.
DNA 상대량
4
2
0
Ⅰ
Ⅱ
시기
㉠㉡
(가)
(나)
상동 염색체가 접합하여 2가 염색체를 형성한 것이며, ㉠과 ㉡은 DNA가 복제되어 형성된 염색 분체이다.
➡ 감수 1분열 전기~중기의 세포이다.

ㄱ. Ⅰ 시기는 DNA가 복제된 후부터 감수 1분열이 일어나 2개의 딸핵이 형성되기 전까지의 시기이다. 따라서 Ⅰ 시기의 세포는 핵상이 $2n$이다.

ㄷ. 감수 1분열에서는 상동 염색체가 분리되고, 감수 2분열에서는 염색 분체가 분리된다. ㉠과 ㉡은 하나의 염색체를 구성하는 염색 분체이므로 Ⅱ 시기에 분리된다.

바로알기 ㄴ. (나)는 상동 염색체가 접합하여 2가 염색체를 형성한 세포이다. 2가 염색체는 감수 1분열 전기와 중기에만 나타나므로 (나)는 Ⅰ 시기에 관찰된다.

13 모범 답안 유성 생식을 하는 생물은 생식세포 분열에서 상동 염색체의 무작위 배열과 분리 및 암수 생식세포의 무작위 수정으로 자손의 유전적 다양성이 증가한다.

채점 기준	배점
두 가지 요인을 모두 옳게 서술한 경우	100 %
한 가지 요인만 옳게 서술한 경우	50 %

14 ㄱ, ㄴ. 유전자형이 AaBb인 개체에서 A와 a, B와 b는 각각 대립유전자이고, A와 B는 서로 다른 염색체에 있다. 따라서 감수 분열로 형성되는 생식세포의 유전자형은 AB, Ab, aB, ab의 4가지이고, 생식세포가 A와 b를 모두 가질 확률은 $\frac{1}{4}$이다.

바로알기 ㄷ. A가 있는 염색체와 B가 있는 염색체는 상동 염색체가 아니므로 A가 부계에서 물려받은 것이라도 B가 모계에서 물려받은 것인지는 알 수가 없다.

15 이론적으로 형성될 수 있는 생식세포의 염색체 조합은 2^n가지이다. 고양이 체세포의 염색체 수는 $2n=38$로, $n=19$이므로 생식세포의 염색체 조합은 2^{19}가지이다.

실력 UP 문제 201~202쪽

01 ② 02 ③ 03 ④ 04 ③ 05 ⑤ 06 ③ 07 ⑤

01 꼼꼼 문제 분석

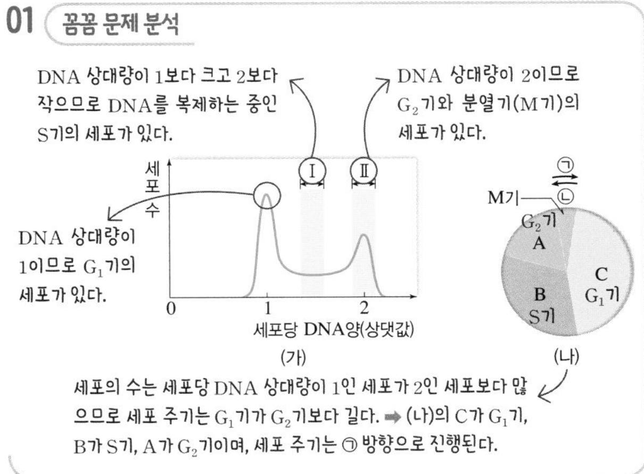

DNA 상대량이 1보다 크고 2보다 작으므로 DNA를 복제하는 중인 S기의 세포가 있다.
DNA 상대량이 2이므로 G₂기와 분열기(M기)의 세포가 있다.
세포 수
DNA 상대량이 1이므로 G₁기의 세포가 있다.
Ⅰ
Ⅱ
0
1
2
세포당 DNA양(상댓값)
(가)
㉠
㉡
M기
G₂기
A
B
S기
C
G₁기
(나)
세포의 수는 세포당 DNA 상대량이 1인 세포가 2인 세포보다 많으므로 세포 주기는 G₁기가 G₂기보다 길다. ➡ (나)의 C가 G₁기, B가 S기, A가 G₂기이며, 세포 주기는 ㉠ 방향으로 진행된다.

ㄱ. 구간 Ⅰ에는 B 시기(S기)의 세포가 있다.

ㄴ. 구간 Ⅱ에는 염색 분체의 분리가 일어나는 M기(후기)의 세포가 있다.

바로알기 ㄷ. (가)에서 세포의 수를 보면 세포당 DNA 상대량이 1인 세포가 2인 세포보다 많다. 이것은 세포 주기에서 G_1기가 G_2기보다 길다는 것을 의미하므로, C가 G_1기, B가 S기, A가 G_2기이다. 따라서 세포 주기는 ㉠ 방향으로 진행된다.

02 꼼꼼 문제 분석

시기	세포 1개당 염색체 수	핵 1개당 DNA 상대량
A	2 $n=2$	1 감수 분열 완료
B	4 $2n=4$	4 감수 1분열 중기
C	2 $n=2$	2 감수 2분열 중기

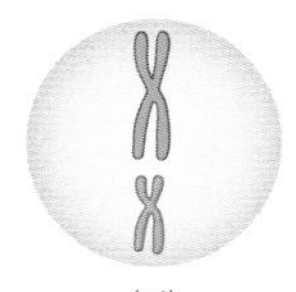
(가)
감수 2분열 중기(C)

감수 1분열에서는 염색체 수와 DNA양이 반감하고, 감수 2분열에서는 염색체 수는 변화 없고 DNA양만 반으로 줄어든다. ➡ B → C → A로 진행된다.

ㄱ. (가)는 상동 염색체 중 하나씩만 있으므로 핵상과 염색체 수가 $n=2$이다. 따라서 (가)는 A와 C 중 하나인데, 염색체가 2개의 염색 분체로 이루어져 있고 세포 중앙에 배열되어 있으므로 감수 2분열 중기(C)의 세포이다.

ㄷ. B와 C는 각각 감수 1분열과 감수 2분열 중기의 세포로, 각 염색체가 2개의 염색 분체로 이루어져 있으므로 세포 1개당 $\frac{\text{염색 분체 수}}{\text{염색체 수}}$는 2로 같다. (B는 $\frac{8}{4}=2$, C는 $\frac{4}{2}=2$)

바로알기 ㄴ. A는 감수 분열이 완료되어 형성된 딸세포이다. 감수 분열로 형성된 생식세포는 더이상 분열하지 못하므로 S기를 거치지 않는다. 생식세포 분열은 B → C → A 순으로 일어난다.

03 꼼꼼 문제 분석

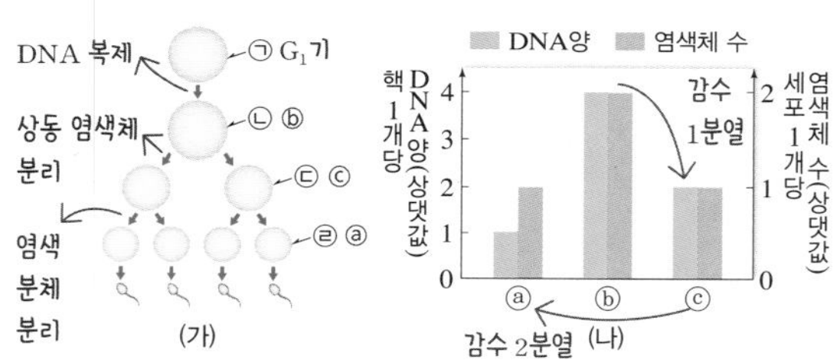

㉡이 ㉢으로 되는 감수 1분열에는 상동 염색체가 분리되므로 염색체 수와 DNA양이 반으로 줄어들고, ㉢이 ㉣로 되는 감수 2분열에서는 염색 분체가 분리되므로 염색체 수는 변하지 않고 DNA양이 반으로 줄어든다. 따라서 ㉡은 ⓑ, ㉢은 ⓒ, ㉣은 ⓐ이다.

세포	㉠	㉡	㉢	㉣
염색체 수(상댓값)	$2n=2$	$2n=2$	$n=1$	$n=1$
DNA 상대량	2	4	2	1
(나)의 세포	–	ⓑ	ⓒ	ⓐ

④ ㉡이 ㉢으로 되는 감수 1분열 과정에서는 염색체 수와 DNA양이 모두 반감되므로 ⓑ가 ⓒ로 되는 변화가 나타난다.

바로알기 ① ㉠의 핵상은 $2n$으로, ㉡(ⓑ)과 같으므로 염색체 수 상댓값은 2이다.

② ㉡의 핵상은 $2n$으로 상동 염색체가 쌍으로 존재하므로 대립유전자 T와 t가 모두 있다.

③ 세포 1개에 있는 T의 수는 G_1기 세포인 ㉠은 1이지만, 감수 1분열로 만들어진 딸세포 ⓒ(㉢)에서는 2이거나 0이다. ⓒ는 상동 염색체 중 하나씩만 있는데, 각 염색체는 2개의 염색 분체로 이루어져 있으므로 T가 있는 염색체가 들어간 세포는 T가 2이고, t가 있는 염색체가 들어간 세포는 T가 없기 때문이다.

⑤ ㉢이 ㉣로 되는 감수 2분열에서는 염색 분체가 분리된다.

04 꼼꼼 문제 분석

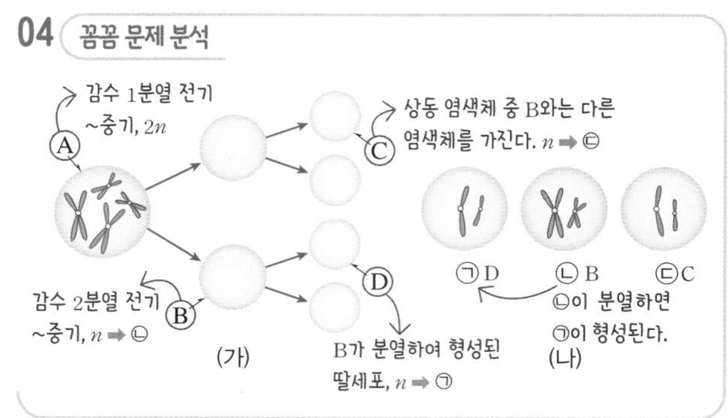

ㄱ. B는 감수 2분열이 진행 중인 ㉡이고, 핵상은 n이다. ㉠은 감수 2분열이 모두 완료되어 형성된 딸세포이고, 핵상은 n이다.

ㄷ. 상동 염색체는 감수 1분열에 서로 다른 세포로 분리되어 들어간다. B가 ㉡이고 염색 분체가 분리되어 형성된 딸세포 D가 ㉠이므로, C는 쌍을 이루던 상동 염색체 중에서 B와는 다른 염색체를 가진 세포로부터 만들어진 ㉢이다.

바로알기 ㄴ. 상동 염색체는 부모로부터 한 개씩 물려받은 것으로 유전자 구성이 다르다. C와 D는 각 쌍의 상동 염색체를 하나씩 나누어 가진 세포이므로 C와 D의 유전자 구성은 다르다.

05 꼼꼼 문제 분석

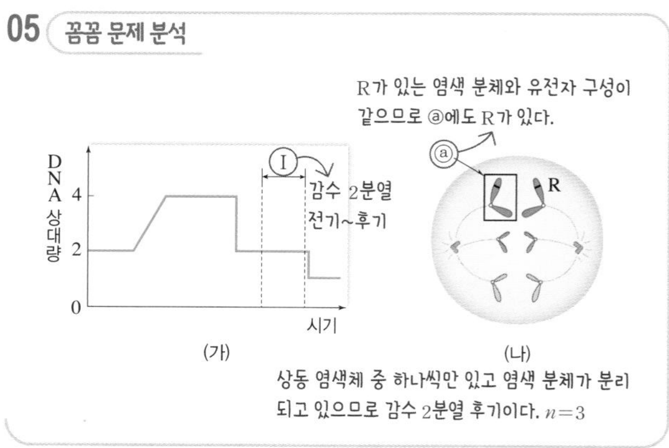

상동 염색체 중 하나씩만 있고 염색 분체가 분리되고 있으므로 감수 2분열 후기이다. $n=3$

ㄱ. (나)에서 하나의 염색체를 이루고 있던 두 염색 분체의 유전자 구성은 동일하므로 ⓐ에는 R가 있다.

ㄴ. (나)는 감수 2분열 후기가 진행되고 있는 세포이므로 구간 Ⅰ에서 관찰된다.

ㄷ. 이 동물의 감수 2분열 중인 세포의 핵상과 염색체 수는 $n=3$이다. 따라서 체세포의 염색체 수는 $2n=6$이고, 체세포 분열 중기에는 각 염색체가 2개의 염색 분체로 이루어져 있으므로 세포 1개당 염색 분체 수는 $6\times2=12$이다.

06 꼼꼼 문제 분석

세포	대립유전자		
	h	R	t
HhRrTT Ⅰ	? ○	○	×
hrT Ⅱ	○	×	? ×
HrT Ⅲ	×	×	? ×

(○: 있음, ×: 없음)

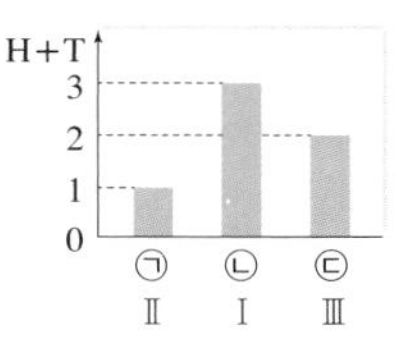

- 핵상이 $2n$인 세포에는 대립유전자 쌍이 존재하고, 핵상이 n인 세포에는 대립유전자 중 하나만 존재한다.
- Ⅰ에는 R가 있지만, Ⅱ와 Ⅲ에는 R가 없으므로 r가 있다. Ⅱ에는 h가 있고 Ⅲ에는 h가 없으므로 H가 있다. ➡ (가)의 체세포에는 R와 r, H와 h가 모두 있으며, Ⅱ와 Ⅲ의 핵상은 n이다.
- ㉡은 세포 1개당 H와 T의 DNA 상대량이 3이므로 핵상이 n인 Ⅱ와 Ⅲ이 아닌 Ⅰ이다. Ⅰ에는 R가 있고, t가 없으므로 TT가 있다. 즉, Ⅰ은 유전자형이 HhRrTT이고, 체세포이며 ㉡이다.
- Ⅱ의 유전자형은 hrT로 ㉠이며, Ⅲ의 유전자형은 HrT로 ㉢이다.

ㄱ. (가)의 체세포의 유전자형은 HhRrTT로, H, R, T가 모두 있다.

ㄷ. Ⅱ의 유전자형은 hrT이므로

$$\frac{\text{r의 DNA 상대량}}{\text{H의 DNA 상대량}+\text{T의 DNA 상대량}}=\frac{1}{0+1}=1\text{이다.}$$

바로알기 ㄴ. Ⅲ은 유전자형이 HrT로, 세포 1개당 H와 T의 DNA 상대량이 2이므로 ㉢이다.

07 꼼꼼 문제 분석

유전자	Ⅰ의 세포		Ⅱ의 세포	
	(가) n	(나) $2n$	(다) n	(라) n
㉠	×	○	×	×
㉡	×	×	×	○
㉢	○	○	×	○
㉣	○	○	○	×

(○: 있음, ×: 없음)

A 수컷 Ⅱ의 세포

B 암컷 Ⅰ의 세포

- 핵상이 $2n$인 세포에는 대립유전자 쌍이 존재하고, 핵상이 n인 세포에는 대립유전자 중 하나만 존재한다.
- ㉠~㉣ 중 2개만 있는 (가)와 (라)는 핵상이 n이다. 핵상이 n인 세포에 있는 ㉢과 ㉣은 대립유전자가 아니며, ㉡과 ㉢도 대립유전자가 아니다. ➡ ㉠과 ㉢이 대립유전자이고, ㉡과 ㉣이 대립유전자이다.
- (다)는 ㉠~㉣ 중 1개만 있으므로 핵상은 n이고, 한 쌍의 대립유전자는 성염색체인 X 염색체에 있는데 (다)는 X 염색체는 없고 Y 염색체가 있다. ➡ Ⅱ는 수컷이다.
- (라)는 핵상이 n이고 ㉡과 ㉢이 있으므로 (라)에는 X 염색체가 있다. 핵상이 n인 (다)에 ㉡의 대립유전자인 ㉣은 있고, ㉢의 대립유전자인 ㉠은 없다. ➡ ㉠과 ㉢은 X 염색체에 있다.
- (나)에는 X 염색체에 있는 대립유전자 ㉠과 ㉢이 모두 있으므로 성염색체 구성이 XX이고, 핵상은 $2n$이다. ➡ Ⅰ은 암컷이다.
- B는 모양과 크기가 같은 3쌍의 염색체가 있으므로 성염색체 구성이 XX인 암컷 Ⅰ의 체세포이다.
- A는 핵상은 n이고, B에는 없는 작은 염색체는 Y 염색체이므로 수컷 Ⅱ의 세포이다.

ㄱ. ㉡과 ㉣은 대립유전자이고, 상염색체에 있다.

ㄴ. Ⅰ은 암컷이고, Ⅱ는 수컷이다. B는 핵상이 $2n$인데 모양과 크기가 같은 성염색체가 쌍을 이루고 있으므로 Ⅰ의 체세포이다.

ㄷ. (가)는 암컷 Ⅰ의 세포이고 핵상이 n이므로 X 염색체가 1개이다. (라)는 수컷 Ⅱ의 세포이고 핵상이 n인데, X 염색체에 있는 유전자 ㉢이 있으므로 X 염색체를 1개 갖는다. 따라서 (가)와 (라)의 X 염색체 수는 같다.

중단원 핵심 정리 203쪽

❶ 뉴클레오타이드 ❷ 유전체 ❸ 상 ❹ 성 ❺ 동일하다 ❻ 대립유전자 ❼ S ❽ 염색 분체 ❾ 2가 염색체 ❿ 상동 염색체 ⓫ 염색 분체 ⓬ 1 ⓭ 2 ⓮ 2 ⓯ 4 ⓰ 상동 염색체

중단원 마무리 문제 204~207쪽

01 ① **02** ⑤ **03** ③ **04** ③ **05** ⑤ **06** ① **07** ①, ④ **08** ④, ⑤ **09** ⑤ **10** ② **11** ① **12** 해설 참조 **13** 해설 참조 **14** 해설 참조 **15** 해설 참조 **16** 해설 참조

01 ㄱ. (가)와 같이 최대로 응축된 형태의 염색체는 세포 주기의 M기에 관찰된다.

바로알기 ㄴ. S기에는 염색체가 풀어진 상태에서 DNA 복제가 일어난다. (나)가 (가)로 응축되는 시기는 M기의 전기이다.

ㄷ. (다)의 ㉠은 DNA이고, ㉡은 히스톤 단백질이다. DNA가 히스톤 단백질을 감아 뉴클레오솜을 형성한다.

02 꼼꼼 문제 분석

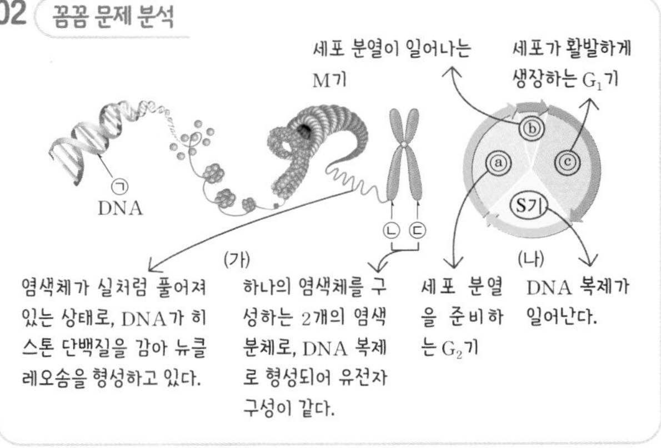

ㄱ. ㉠(DNA)의 단위체는 인산, 당, 염기가 1 : 1 : 1로 결합한 뉴클레오타이드이다.

ㄴ. ㉡과 ㉢은 DNA가 복제되어 만들어진 염색 분체이며, M기(ⓑ)의 후기에 분리되어 양극으로 이동한다.

ㄷ. DNA는 S기에 복제되므로 세포 1개당 DNA양은 G_2기(ⓐ) 세포가 G_1기(ⓒ) 세포의 2배이다.

03 꼼꼼 문제 분석

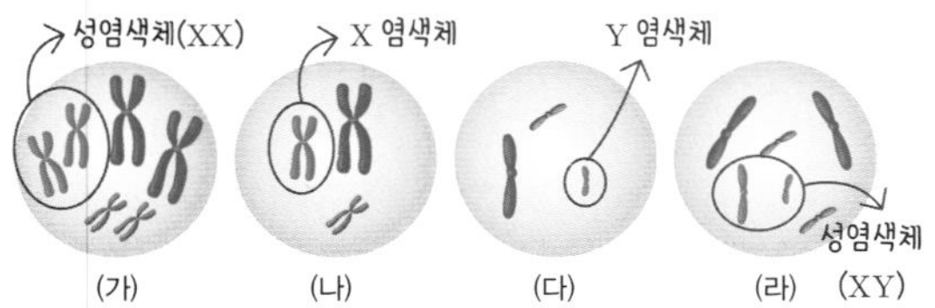

(가) 상동 염색체가 쌍으로 존재하므로 체세포이고, 성염색체 구성이 XX인 암컷이다. ➡ A는 암컷 ($2n=4+XX$)
(나) B의 세포이며, 성염색체로 X가 있는 세포이다. ($n=2+X$)
(다) Y 염색체가 있는 B의 생식세포이다. ($n=2+Y$)
(라) 상동 염색체가 쌍으로 존재하므로 체세포이고, 성염색체 구성이 XY인 수컷이다. ➡ B는 수컷 ($2n=4+XY$)
➡ (나), (다), (라)는 B의 세포이며, B는 수컷이다.

① A는 암컷이고, B는 수컷이다.
② (가)에는 상염색체 4개와 X 염색체 2개가 있다.
④ (나)와 (다)의 핵상은 n으로 같다.
⑤ (라)는 성염색체 구성이 XY이므로 수컷인 B의 체세포이다.
바로알기 ③ (나)는 수컷인 B의 세포이므로 정자 형성 과정에 있는 세포이다.

04

ㄱ. ㉡은 A의 대립유전자인 a이다.
ㄴ. ㉠과 ㉢은 하나의 염색체에 함께 있으므로 부모 중 한 사람에게서 물려받은 것이다.
바로알기 ㄷ. 생식세포 형성 시 감수 1분열에서 상동 염색체가 분리되므로 ㉢과 ㉣이 같은 생식세포로 들어갈 확률은 0이다.

05 꼼꼼 문제 분석

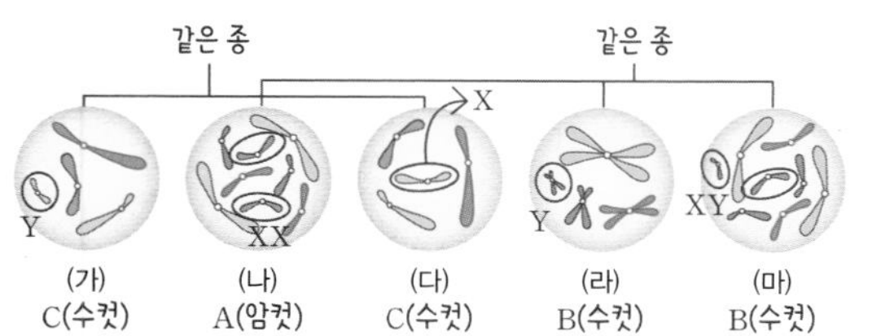

- (나), (라), (마)는 붉은색 염색체를 제외한 나머지 염색체의 모양과 크기가 같으므로 같은 종의 세포이다. (나)는 핵상이 $2n$, 성염색체 구성이 XX이므로 암컷의 세포이다. (마)는 핵상이 $2n$, 성염색체 구성이 XY이므로 수컷의 세포이다. 따라서 (나)는 A의 세포이고, (마)는 B의 세포이며, (라)는 Y 염색체가 있으므로 B의 세포이다.
- (가)와 (다)는 A, B와 다른 종인 C의 세포이다. (가)는 핵상이 n이고 Y 염색체가 있으며, (다)는 핵상이 n이고 X 염색체가 있다.

ㄱ. (가)와 (다)는 모두 C의 세포이다.
ㄴ. (다)와 (라)는 상동 염색체 중 하나씩만 있으므로 핵상이 n으로 같다.
ㄷ. 세포 1개당 $\frac{\text{X 염색체 수}}{\text{상염색체 수}}$는 (나)에서 $\frac{2}{6}$, (마)에서 $\frac{1}{6}$로, (나)가 (마)의 2배이다.

06

ㄱ. Ⅲ은 DNA가 복제되는 S기이며, 그림에서 G_2기 전의 시기인 ㉢이다.
바로알기 ㄴ. Ⅱ는 방추사가 관찰되는 분열기(M기)이고, Ⅲ은 S기이므로 Ⅰ은 G_1기이다. 핵막이 소실되는 것은 분열기(M기)인 Ⅱ의 특징이다. G_1기에는 세포가 빠르게 생장한다.
ㄷ. Ⅱ는 DNA가 복제된 후의 분열기(M기)이므로 체세포 1개당 DNA양이 G_1기(㉡)의 2배이다. 따라서 체세포 1개당 $\frac{\text{Ⅱ 시기 DNA양}}{\text{㉡ 시기 DNA양}}=2$이다.

07

① 염색체는 DNA와 히스톤 단백질로 구성되므로 ⓐ에는 히스톤 단백질이 있다.
④ DNA 상대량이 2인 구간 Ⅱ에는 G_2기 세포와 M기 세포가 있다. 간기인 G_2기 세포에서는 핵이 관찰된다.
바로알기 ② ⓐ는 2개의 염색 분체로 이루어진 하나의 염색체이다. 체세포 분열 과정에서는 상동 염색체가 접합하지 않으므로 2가 염색체가 나타나지 않는다.
③ DNA 상대량이 2인 구간 Ⅱ에는 G_2기와 M기(분열기) 세포가 있다. (나)에서 염색체가 세포 중앙에 배열되어 있으므로 ㉠은 체세포 분열의 중기이다. 따라서 ㉠ 시기 세포는 구간 Ⅱ에 있다.
⑤ G_1기는 DNA 복제가 일어나기 전이므로 G_1기의 세포 수는 DNA 상대량이 1인 구간 Ⅰ에서가 구간 Ⅱ에서보다 많다.

08 꼼꼼 문제 분석

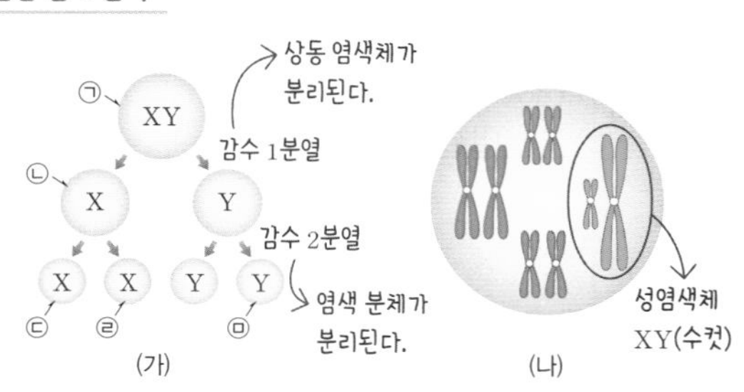

㉢, ㉣에 X 염색체가 있으므로 ㉤에는 Y 염색체가 있다.

세포	㉠	㉡	㉢	㉣	㉤
염색체 수	$2n=8$	$n=4$	$n=4$	$n=4$	$n=4$
성염색체 구성	XY	X	X	X	Y
DNA 상대량	4	2	1	1	1

㉢에 X 염색체가 있다고 하였으므로 ㉣과 ㉡에도 X 염색체가 있다.

④ ㉢과 ㉣은 ㉡에서 염색 분체가 분리되어 형성된 2개의 딸세포이므로 유전자 구성이 동일하다.
⑤ ㉤의 염색체 수는 $n=4$이며, 그중 상염색체는 3개이고, 성염색체로 Y 염색체가 있다.
바로알기 ① 이 동물은 성염색체 구성이 XY이므로 수컷이다.
② ㉠은 DNA가 복제된 상태이고, 감수 1분열과 2분열에서 DNA양이 반감하므로 DNA양은 ㉠이 ㉢의 4배이다.
③ 염색체 수는 ㉡과 ㉢이 $n=4$로 같다.

09 꼼꼼 문제 분석

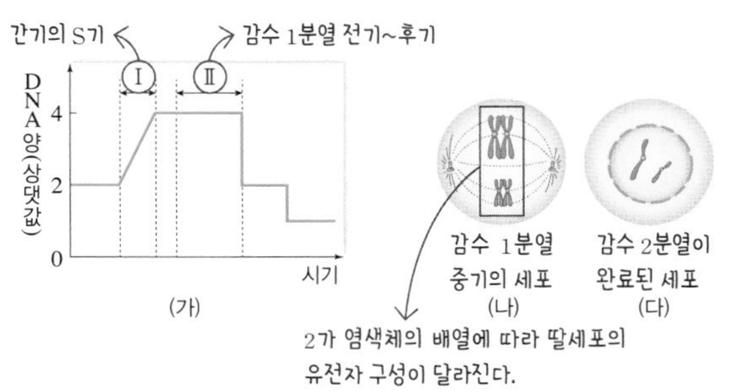

ㄱ. (나)에서 각 염색체는 2개의 염색 분체로 이루어져 있는데, 염색 분체는 Ⅰ 시기(S기)에 DNA가 복제된 후 히스톤 단백질과 결합하여 형성된 것이다.

ㄴ. 구간 Ⅱ는 감수 1분열 전기~후기이다. 이때 2가 염색체가 형성되어 세포 중앙에 배열되었다가 상동 염색체가 분리되어 양극으로 이동한다. 이 과정에서 상동 염색체의 무작위 배열과 분리에 의해 생식세포의 유전자 구성이 다양해진다.

ㄷ. 그림 (가)를 보면 감수 1분열 중기인 (나)의 DNA 상대량은 4이고, 감수 2분열이 완료된 (다)의 DNA 상대량은 1이다. 따라서 (나)의 DNA양은 (다)의 4배이다.

10 꼼꼼 문제 분석

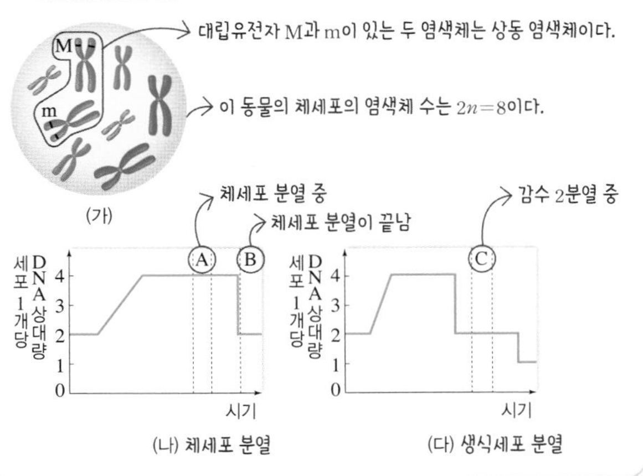

ㄱ. (가)의 염색체 수는 $2n=8$이고, 이 상태의 세포는 (나)의 A 시기에 관찰할 수 있다.

ㄴ. (가)는 DNA가 복제된 상태이며, (나)의 B 시기는 염색 분체가 분리되어 양극으로 이동하여 딸세포가 형성된 상태이다. 따라서 B 시기 세포가 갖는 M의 DNA양은 (가)의 반이다.

바로알기 ㄷ. (다)의 C 시기는 감수 2분열이 진행되는 시기이다. 감수 1분열 과정에서 상동 염색체가 분리되어 서로 다른 딸세포로 들어가므로 대립유전자도 분리된다. 따라서 C 시기 세포의 핵상은 n이고, 세포에는 대립유전자 M과 m 중 한 가지만 들어 있다.

11 꼼꼼 문제 분석

유전자	세포		
	(가)	(나)	(다)
T ㉠	○	○	×
t ㉡	○	×	○
h ㉢	×	? ×	×

(○: 있음, ×: 없음)

세포 1개당 DNA 상대량 (H, t): (가) 감수 1분열 중기, (나) (다) 감수 2분열 중기

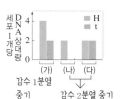

• H, h, T, t 각각의 1개당 DNA 상대량은 1이므로 DNA 복제가 일어나면 각 대립유전자의 DNA 상대량은 2가 된다.

• 핵상이 $2n$인 세포는 대립유전자 쌍을 가지며 DNA가 복제되면 2배가 된다. (가)는 H의 DNA 상대량이 4이고 t의 DNA 상대량이 2이므로 t의 대립유전자인 T의 DNA 상대량도 2이다. 따라서 (가)는 유전자형이 HHTt인 세포가 DNA 복제를 하여 HHHHTTtt인 상태인 감수 1분열 중기이다. ➡ 이 사람의 유전자형은 HHTt이다.

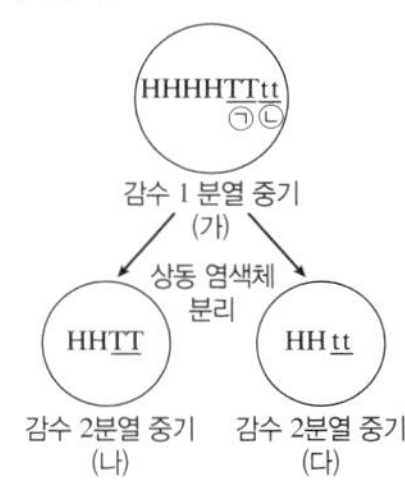

• (가)와 (다)에 공통적으로 있는 ㉡은 t, (가)에 없는 ㉢은 h이고, ㉠은 T이다.

• (나)와 (다)는 감수 2분열 중기의 세포이고, 유전자 구성은 (나)는 HHTT, (다)는 HHtt이다.

ㄱ. ㉠은 T, ㉡은 t, ㉢은 h이다.

바로알기 ㄴ. (가)는 감수 1분열 중기의 세포로 핵상이 $2n$이므로 대립유전자 쌍이 있고 이들이 복제되어 2배가 된 상태이다. (가)의 유전자 구성이 HHHHTTtt이므로 이 사람의 ⓐ에 대한 유전자형은 HHTt이다.

ㄷ. 세포 1개당 $\frac{\text{H의 DNA 상대량}}{\text{T의 DNA 상대량}}$은 (가)에서 $\frac{4}{2}=2$이고, (나)에서 $\frac{2}{2}=1$이다.

12 꼼꼼 문제 분석

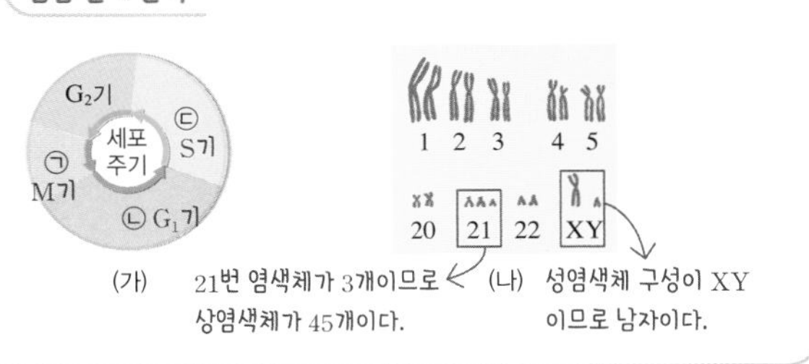

간기는 G_1기, S기, G_2기로 구분되며, 간기에는 핵이 관찰된다. 분열기(M기)에는 핵막의 소실과 형성이 일어나며, 염색 분체의 분리가 관찰된다. 핵형 분석을 할 때는 분열기(중기) 세포를 이용한다.

모범 답안 (1) ㉠

(2) A는 성염색체 구성이 XY이므로 남자이며, 21번 염색체가 3개이므로 체세포 1개당 상염색체 수는 45이다.

채점 기준		배점
(1)	분열기의 기호를 옳게 쓴 경우	30 %
(2)	A의 성별, 체세포의 상염색체 수와 근거를 모두 옳게 서술한 경우	70 %
	A의 성별과 근거를 옳게 서술한 경우	30 %
	A의 체세포의 상염색체 수와 근거를 옳게 서술한 경우	40 %

13 꼼꼼 문제 분석

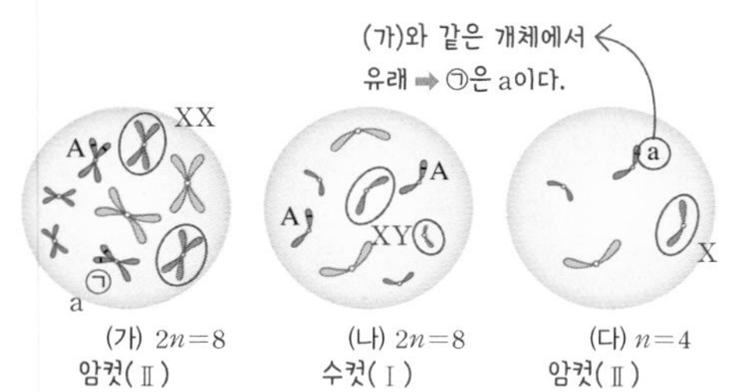

- (가)와 (나)는 4쌍의 염색체가 있으므로 $2n=8$이고, (다)는 상동 염색체 쌍 중 하나씩만 있으므로 $n=4$이다.
- (가)는 모양과 크기가 같은 성염색체 쌍이 있으므로 성염색체 구성이 XX로 암컷의 세포이고, (나)는 모양과 크기가 다른 성염색체 쌍이 있으므로 성염색체 구성이 XY로 수컷의 세포이다.
- (나)의 유전자형은 AA인데, (다)는 a를 가지므로 (가)의 유전자형은 Aa이고, (가)와 (다)는 같은 개체의 세포이다. (가)에서 A의 대립유전자 ㉠은 a이다.
- Ⅰ의 세포는 1개이고, Ⅱ의 세포는 2개이므로 (나)는 Ⅰ의 세포이고, (가)와 (다)는 Ⅱ의 세포이다. 또한 Ⅰ은 수컷이고, Ⅱ는 암컷이다.

모범 답안 (1) a

(2) (나)의 유전자형은 AA인데 (다)는 a를 가지므로 (가)의 유전자형은 Aa이고, (가)와 (다)는 같은 개체의 세포이다. Ⅰ의 세포는 1개이고, Ⅱ의 세포는 2개라고 하였으므로 (나)는 Ⅰ의 세포이고, (가)와 (다)는 Ⅱ의 세포이다.

(3) Ⅰ의 세포 (나)는 $2n=8$이다. 감수 2분열 중기 세포의 핵상은 n이고 각 염색체는 2개의 염색 분체로 이루어져 있으므로 감수 2분열 중기 세포의 염색 분체 수는 $4\times2=8$이다.

채점 기준		배점
(1)	a라고 옳게 쓴 경우	20 %
(2)	Ⅰ과 Ⅱ의 세포를 근거와 함께 옳게 서술한 경우	40 %
	Ⅰ과 Ⅱ의 세포만 옳게 쓴 경우	20 %
(3)	근거를 들어 염색 분체 수를 옳게 서술한 경우	40 %
	염색 분체 수만 옳게 쓴 경우	20 %

14 (가)는 체세포 분열 중기의 세포이고, (나)는 2가 염색체를 형성하였으므로 감수 1분열 중기의 세포이다.

모범 답안 (가)가 분열하여 형성되는 딸세포는 염색체 수와 DNA양이 모세포와 같고, (나)가 분열하여 형성되는 딸세포는 염색체 수와 DNA양이 모세포의 반이다.

채점 기준	배점
딸세포의 염색체 수와 DNA양을 모두 옳게 서술한 경우	100 %
딸세포의 염색체 수와 DNA양 중 한 가지만 옳게 서술한 경우	50 %

15 꼼꼼 문제 분석

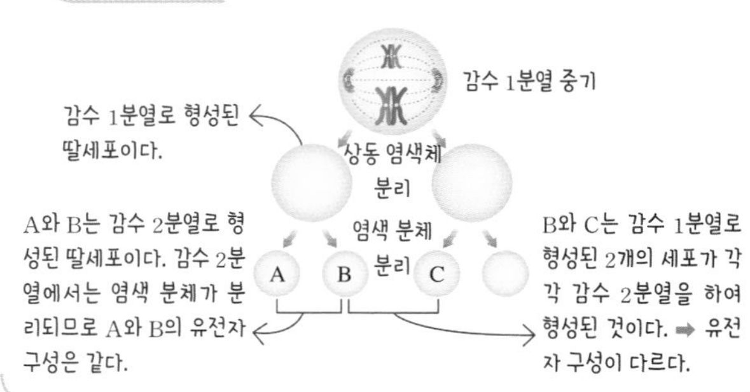

감수 1분열 중기
감수 1분열로 형성된 딸세포이다.
상동 염색체 분리
A와 B는 감수 2분열로 형성된 딸세포이다. 감수 2분열에서는 염색 분체가 분리되므로 A와 B의 유전자 구성은 같다.
염색 분체 분리
A
B
C
B와 C는 감수 1분열로 형성된 2개의 세포가 각각 감수 2분열을 하여 형성된 것이다. ➡ 유전자 구성이 다르다.

모범 답안 A와 B의 유전자 구성은 서로 같다. A와 B는 염색 분체가 분리되어 형성되었기 때문이다. B와 C의 유전자 구성은 서로 다르다. 감수 1분열 과정에서 상동 염색체가 분리되어 서로 다른 유전자 구성을 갖는 세포 2개가 형성되고, 이 세포들이 각각 감수 2분열을 하여 B와 C가 형성되었기 때문이다.

채점 기준	배점
A와 B, B와 C의 유전자 구성을 근거를 들어 옳게 서술한 경우	100 %
A와 B, B와 C의 유전자 구성 중 한 가지만 옳게 서술한 경우	50 %

16 꼼꼼 문제 분석

Ⅰ EeFFHh ㉡
Ⅱ ㉣ EEeeFFFFHHhh
㉢ Ⅲ eeFFHH
EEFFhh
Ⅳ ㉠
eFH
EFh

세포	DNA 상대량		
	e	F	h
㉠ Ⅳ	ⓐ 0	1	1
㉡ Ⅰ	1	2	ⓑ 1
㉢ Ⅲ	2	ⓒ 2	0
㉣ Ⅱ	ⓓ 2	? 4	2

- DNA 복제를 하여 각 염색체가 2개의 염색 분체로 이루어져 있으면 각 대립유전자의 DNA 상대량은 2배가 되므로 Ⅱ와 Ⅲ의 e, F, h의 DNA 상대량은 1이 될 수 없다. 따라서 Ⅱ와 Ⅲ은 ㉢과 ㉣ 중 하나인데 ㉢에서 h의 DNA 상대량이 0이므로 Ⅱ는 ㉣이고, Ⅲ은 ㉢이다.
- Ⅳ는 감수 2분열이 완료되어 형성된 세포이므로 e, F, h의 DNA 상대량은 2가 될 수 없으므로 Ⅰ은 ㉡이고, Ⅳ는 ㉠이다.
- Ⅱ(㉣)의 h DNA 상대량이 2이므로 Ⅰ(㉡)의 h DNA 상대량(ⓑ)은 1이고, Ⅰ(㉡)의 e, F DNA 상대량으로 보아 Ⅱ(㉣)의 e DNA 상대량(ⓓ)은 2이고 F DNA 상대량은 4이다.
- Ⅲ(㉢)의 F DNA 상대량(ⓒ)은 2이고, Ⅲ(㉢)에 e가 있으므로 Ⅳ(㉠)에는 e가 없고 ⓐ는 0이다.

(2) Ⅲ(㉢)의 유전자형은 eeFFHH이다.

모범 답안 (1) ㉠ Ⅳ, ㉡ Ⅰ, ㉢ Ⅲ, ㉣ Ⅱ, ⓐ 0, ⓑ 1, ⓒ 2, ⓓ 2

(2) $\frac{2}{0+2}=1$

채점 기준		배점
(1)	㉠~㉣, ⓐ~ⓓ를 모두 옳게 쓴 경우	60 %
	㉠~㉣이나 ⓐ~ⓓ 중 한 가지를 옳게 쓴 경우	30 %
(2)	식과 값을 옳게 쓴 경우	40 %
	값만 옳게 쓴 경우	20 %

수능 실전 문제 209~211쪽

01 ④ 02 ⑤ 03 ③ 04 ③ 05 ⑤ 06 ③
07 ⑤ 08 ② 09 ② 10 ③ 11 ④

01 꼼꼼 문제 분석

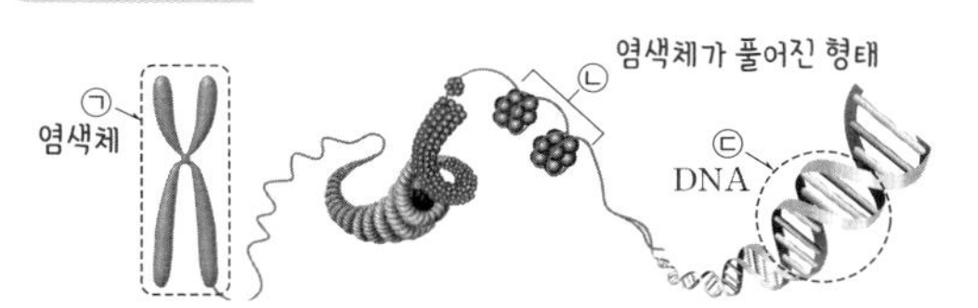

선택지 분석

ㄱ. ㉠은 2가 염색체이다. 염색체

㉡. 세포 주기의 M기에 ㉡이 ㉠으로 응축된다.

㉢. ㉢은 인산, 당, 염기로 구성된다.

전략적 풀이 ❶ 염색체, 염색 분체, 2가 염색체를 구분한다.

ㄱ. ㉠은 2개의 염색 분체로 이루어진 하나의 염색체이다. 염색 분체는 세포 주기의 간기 중 S기에 DNA가 복제되어 형성된다. 2가 염색체는 상동 염색체가 접합한 것으로, 감수 1분열에서 관찰된다.

❷ 세포 주기의 각 시기의 특징을 생각해 본다.

ㄴ. 염색체는 간기에는 핵 속에 ㉡과 같이 풀어져 있고, M기(분열기)의 전기에 핵막이 사라지고 ㉡이 ㉠으로 응축되어 막대 모양으로 나타난다.

❸ DNA의 단위체와 구성 물질을 생각해 본다.

ㄷ. ㉢은 이중 나선 구조의 DNA이고, DNA를 구성하는 단위체인 뉴클레오타이드는 인산, 당, 염기로 구성된다.

02 꼼꼼 문제 분석

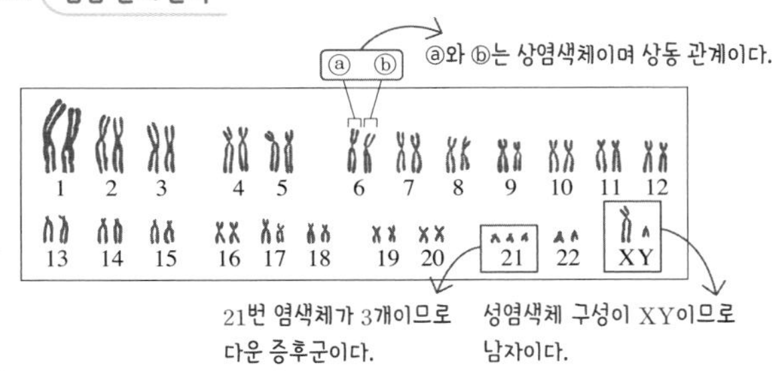

선택지 분석

㉠. ⓐ와 ⓑ는 상동 염색체이다.

㉡. 이 사람은 다운 증후군의 염색체 이상을 보인다.

㉢. 이 핵형 분석 결과에서 $\frac{\text{상염색체의 염색 분체 수}}{\text{성염색체 수}}=45$ 이다.

전략적 풀이 ❶ ⓐ와 ⓑ의 관계를 생각해 본다.

ㄱ. ⓐ와 ⓑ는 6번 상염색체이며, 모양과 크기가 같은 상동 염색체이다. 상동 염색체 중 하나는 부계로부터, 다른 하나는 모계로부터 물려받는다.

❷ 염색체 수가 정상인지 분석한다.

ㄴ. 이 사람은 21번 염색체를 3개 가지므로 다운 증후군의 염색체 이상을 보인다.

❸ 성염색체 수와 염색 분체 수를 구분한다.

ㄷ. 핵형 분석 결과에서 성염색체 수는 2이고, 상염색체 수는 45인데 각 염색체는 2개의 염색 분체로 이루어져 있다. 따라서 $\frac{\text{상염색체의 염색 분체 수}}{\text{성염색체 수}}=\frac{45\times2}{2}=45$이다.

03 꼼꼼 문제 분석

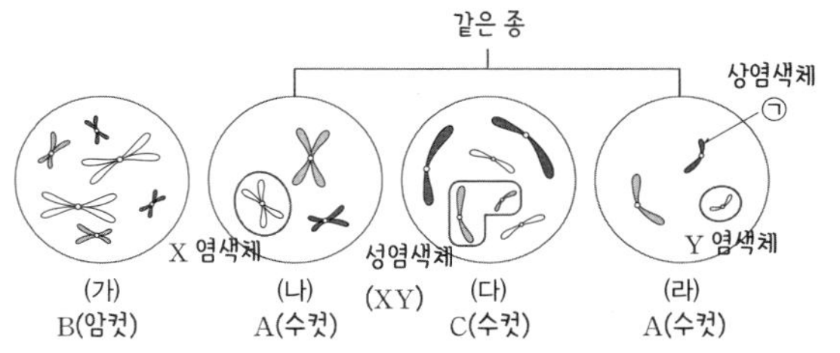

- (가), (나), (다)는 염색체의 모양이 모두 달라 핵형이 다르므로 서로 다른 종의 세포이다.
- (나)와 (라)의 염색체 2개는 모양이 같으므로 같은 종의 세포이고, 나머지 한(흰색) 염색체는 크기가 다르므로 성염색체이다. ➡ (나)와 (라)는 A의 세포이고, A는 수컷이다.
- (가)는 $2n=6$이고 모양과 크기가 같은 성염색체 쌍을 가지므로 암컷이다. ➡ (가)는 B의 세포
- (다)는 $2n=6$이고 모양과 크기가 다른 성염색체 쌍을 가지므로 수컷이다. ➡ (다)는 C의 세포

선택지 분석

㉠. (나)는 A의 세포이다.

㉡. ㉠은 상염색체이다.

ㄷ. $\frac{\text{(다)의 성염색체 수}}{\text{(가)의 염색 분체 수}}=\frac{1}{3}$이다. $\frac{1}{6}$

전략적 풀이 ❶ (가)~(라)의 핵형을 분석하여 A~C 중 어떤 개체의 세포인지 파악한다.

ㄱ. (가)~(라) 중 2개가 A의 세포라고 하였으므로 모양과 크기가 같은 염색체가 있는 세포 (나)와 (라)가 A의 세포이다. (가)는 B의 세포이고, (다)는 C의 세포이다.

❷ 세포에서 상동 염색체 쌍을 찾고 이를 바탕으로 상염색체와 성염색체를 구별한다.

ㄴ. (나)와 (라)의 염색체를 비교하면 염색체 2개는 크기와 모양이 같지만, 한 염색체는 크기가 다르다. (라)에서 크기가 가장 작은 염색체가 성염색체이므로 ㉠은 상염색체이다.

❸ (가)와 (다)에서 염색 분체와 성염색체의 수를 계산한다.

ㄷ. (다)는 핵상이 $2n$이므로 성염색체 수가 2이고, (가)는 6개의 염색체가 모두 2개의 염색 분체로 이루어져 있으므로 염색 분체 수는 12이다. 따라서 $\frac{(다)의\ 성염색체\ 수}{(가)의\ 염색\ 분체\ 수}=\frac{2}{12}=\frac{1}{6}$이다.

04 꼼꼼 문제 분석

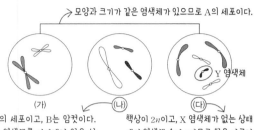

모양과 크기가 같은 염색체가 있으므로 A의 세포이다.

Y 염색체

(가) (나) (다)

B의 세포이고, B는 암컷이다. X 염색체를 나타내지 않은 상태에서 염색체 수가 3이므로 $n=4$이다. ➡ B는 $2n=8$

핵상이 $2n$이고, X 염색체가 없는 상태에서 염색체 수가 5이므로 쌍을 이루지 못한 작은 검은색의 염색체가 Y 염색체이다. ➡ A는 수컷이고, $2n=6$

선택지 분석

① A는 수컷이다.

② (가)와 (나)의 핵상은 같다.

~~③~~ X 염색체 수는 (다)가 (가)의 2배이다. (다)와 (가)가 같다

④ B의 체세포에서 $\frac{상염색체\ 수}{성염색체\ 수}=3$이다.

⑤ B의 감수 1분열 중기의 세포 1개당 염색 분체 수는 16이다.

전략적 풀이 ❶ (가)~(다)는 A와 B 중 어떤 개체의 세포인지, A와 B의 성별은 무엇인지 구분한다.

① (가)와 (다)는 A의 세포이며, (다)에서 상동 염색체 2쌍은 상염색체이고, 나머지 1개의 염색체는 Y 염색체이므로 A는 성염색체 구성이 XY인 수컷이다.

❷ (가)~(다)의 핵상과 염색체 구성을 파악한다.

② (가)와 (나)는 상동 염색체 중 하나씩만 있으므로 핵상이 n이고, (다)는 상동 염색체 쌍이 있으므로 핵상이 $2n$이다.

③ (가)의 염색체 구성은 $n=2+X$이고, (다)의 염색체 구성은 $2n=4+XY$이다. (가)와 (다)에서 X 염색체 수는 1로 같다.

❸ B의 핵상과 염색체 구성을 파악한다.

④ (나)는 B의 세포이고, B는 A와 성이 다르므로 암컷이며, 체세포의 성염색체 구성이 XX이다. 따라서 핵상이 n인 (나)의 염색체 구성은 $n=3+X$이고, B의 체세포의 염색체 구성은 $2n=6+XX$이므로, $\frac{상염색체\ 수}{성염색체\ 수}=\frac{6}{2}=3$이다.

⑤ B의 감수 1분열 중기 세포의 염색체 수는 $2n=8$이고, 각 염색체는 2개의 염색 분체로 이루어져 있으므로 염색 분체 수는 $8\times2=16$이다.

05 꼼꼼 문제 분석

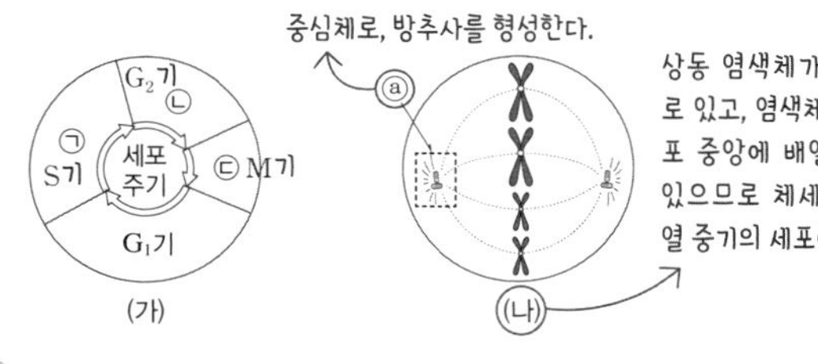

중심체로, 방추사를 형성한다.
G_2기
㉡
㉠
S기
세포 주기
㉢ M기
G_1기
(가)
ⓐ
상동 염색체가 쌍으로 있고, 염색체가 세포 중앙에 배열되어 있으므로 체세포 분열 중기의 세포이다.
(나)

선택지 분석

~~ㄱ~~. ⓐ는 동원체이다. 중심체

ㄴ. 핵상은 G_1기의 세포와 ㉡ 시기의 세포가 같다.

ㄷ. (나)는 ㉢ 시기에 관찰되는 세포이다.

전략적 풀이 ❶ 자료에 제시된 ⓐ의 명칭을 파악한다.

ㄱ. ⓐ는 중심체이고, 동원체는 세포 분열 시 방추사가 결합하는 염색체 부위이다.

❷ ㉠~㉢ 각 시기의 특징을 생각해 본다.

ㄴ. ㉠은 S기, ㉡은 G_2기, ㉢은 M기이다. S기(㉠)에 DNA가 복제되므로 G_2기(㉡)의 세포는 G_1기 세포에 비해 DNA양은 2배가 되지만 핵상은 변화가 없으므로 $2n$으로 같다.

❸ (나)는 어떤 시기의 세포인지 생각해 본다.

ㄷ. (나)는 핵막이 없고, 막대 모양의 염색체가 세포의 가운데 배열되어 있으므로 M기(㉢, 분열기)에 관찰되는 세포이다.

06 꼼꼼 문제 분석

핵막은 세포 분열 전기에 사라졌다가 말기에 다시 나타나므로 (나)는 M기의 중기이다.

세포	핵막 소실 여부	DNA 상대량
(가) G_1기	㉠ 소실 안 됨	1
(나) M기의 중기	소실됨	㉡ 2
(다) G_2기	소실 안 됨	2

DNA는 S기에 복제되므로 DNA 상대량이 2인 (다)는 G_2기이고, 1인 (가)는 G_1기이다.

선택지 분석

~~①~~ ㉠은 '소실됨'이다. 소실 안 됨

~~②~~ ㉡은 1이다. 2

③ (가)에는 히스톤 단백질이 있다.

~~④~~ (나)는 간기의 세포이다. M기

~~⑤~~ (다)에서는 방추사가 동원체에 부착되어 있다. (나)

전략적 풀이 ❶ (가)~(다)에 해당하는 시기와 특징을 생각해 본다.

③ (가)는 DNA 상대량이 1로 (다)의 절반이므로 G_1기 세포이다. (가)~(다) 어떤 시기이든 DNA는 히스톤 단백질과 결합한 상태로 존재하므로 (가)에는 히스톤 단백질이 있다.

④ (나)는 핵막이 소실되어 있으므로 M기의 중기 세포이다. 간기의 세포는 핵막으로 둘러싸인 핵이 있다.

⑤ (다)는 G_2기로 간기의 세포이다. 간기에는 방추사가 형성되지 않고 응축된 염색체가 관찰되지도 않는다. 방추사가 동원체에 부착되어 있는 것은 (나) M기의 중기 세포의 특징이다.

❷ ㉠과 ㉡에 적합한 용어와 수를 파악한다.

① (가)는 G_1기 세포이므로 ㉠은 '소실 안 됨'이다.

② (나)는 M기의 중기 세포이므로 DNA 상대량(㉡)은 2이다.

07 꼼꼼 문제 분석

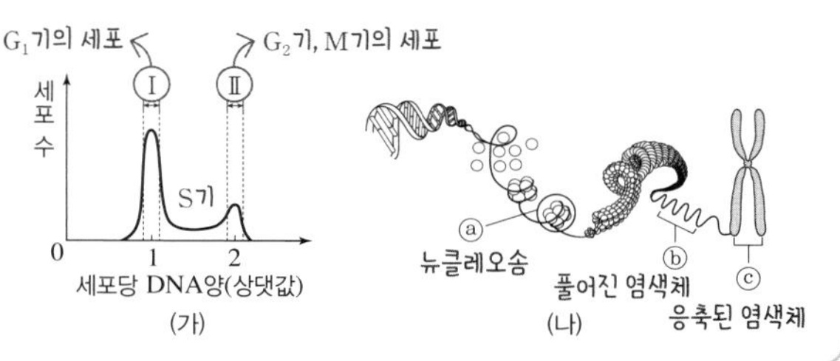

선택지 분석

ㄱ. 구간 Ⅰ과 Ⅱ의 세포에는 모두 ⓐ가 있다.

ㄴ. 구간 Ⅱ에 ⓑ가 ⓒ로 응축되는 시기의 세포가 있다.

ㄷ. $\frac{G_1\text{기 세포 수}}{G_2\text{기 세포 수}}$는 1보다 크다.

전략적 풀이 ❶ 구간 Ⅰ과 Ⅱ에는 어떤 세포가 있는지 추론한다.

ㄱ. DNA 상대량이 1인 구간 Ⅰ에는 DNA 복제 전의 G_1기 세포가 있고, DNA 상대량이 2인 구간 Ⅱ에는 DNA 복제가 완료된 G_2기의 세포와 M기의 세포가 있다. G_1기, G_2기, M기의 세포에서 모두 DNA는 히스톤 단백질과 결합한 뉴클레오솜(ⓐ) 상태로 존재한다.

❷ 염색체가 응축되는 시기는 언제인지 구별한다.

ㄴ. 염색체는 간기에는 ⓑ처럼 풀어져 있지만, M기(분열기)의 전기에 ⓒ처럼 막대 모양으로 응축된다. 구간 Ⅱ에 ⓑ가 ⓒ로 응축되는 M기의 세포가 있다.

❸ 그래프를 통해 각 시기의 상대적인 세포 수를 비교한다.

ㄷ. 세포 수는 구간 Ⅰ(G_1기)이 구간 Ⅱ(G_2기, M기)보다 많으므로 $\frac{G_1\text{기 세포 수}}{G_2\text{기 세포 수}}$는 1보다 크다.

08 꼼꼼 문제 분석

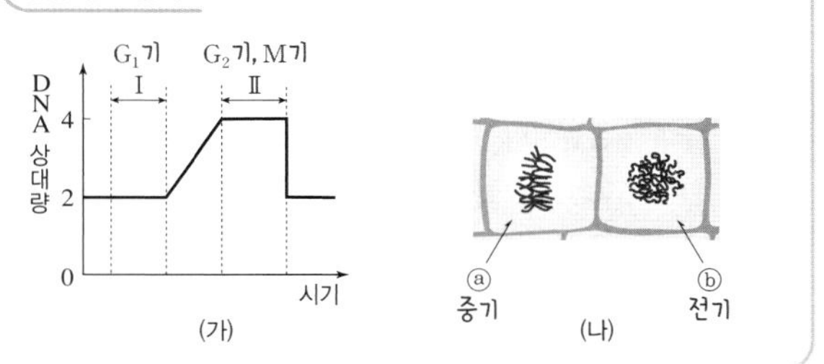

선택지 분석

ㄱ. Ⅰ 시기의 세포에서 방추사가 형성된다. Ⅱ

ㄴ. ⓐ에서 2가 염색체가 세포 가운데 배열되어 있다. 염색체

ㄷ. ⓐ와 ⓑ는 모두 Ⅱ 시기에 관찰된다.

전략적 풀이 ❶ Ⅰ 시기가 세포 주기의 어떤 시기인지를 파악한다.

ㄱ. Ⅰ 시기는 DNA 복제가 일어나기 전의 간기인 G_1기이다. 방추사는 세포 분열 전기에 형성되므로 Ⅱ 시기에서 볼 수 있다.

❷ 체세포 분열과 생식세포 분열의 차이점을 생각해 본다.

ㄴ. (나)에서 ⓐ는 체세포 분열 중기이다. 체세포 분열 과정에서는 상동 염색체가 접합하지 않으므로 ⓐ에서 세포 가운데에 배열된 염색체는 2가 염색체가 아니다.

❸ Ⅱ 시기의 특징을 생각해 본다.

ㄷ. ⓐ와 ⓑ는 각각 분열기(M기)의 중기와 전기의 세포이므로 모두 Ⅱ 시기에 관찰된다.

09 꼼꼼 문제 분석

감수 2분열 중기 세포(n)

대립유전자		세포		
		(가) Ⅰ	(나) Ⅱ	(다) Ⅰ
대립유전자 (상염색체)	㉠	×	×	○
	㉡	○	○	×
대립유전자 (성염색체)	㉢	×	×	×
	㉣	×	○	○

(○: 있음, ×: 없음)

(가)와 (나), (나)와 (다)는 같은 G_1기 세포로부터 형성될 수 없다.

선택지 분석

① (가)와 (다)의 핵상은 같다.

② Ⅰ로부터 (나)가 형성되었다. Ⅱ

③ X 염색체의 수는 (나)와 (다)에서 같다.

④ ㉠과 ㉡은 상동 염색체의 동일한 위치에 있다.

⑤ P에게서 ㉠과 ㉢을 모두 갖는 생식세포가 형성될 수 없다.

전략적 풀이 ❶ (가)~(다)의 핵상과 감수 분열 시기를 추론한다.

① 핵상이 $2n$인 세포에는 대립유전자가 쌍으로 있고, 핵상이 n인 세포에는 쌍을 이루는 대립유전자 중 1개만 있다. (가)에는 ㉠~㉣ 중 대립유전자 ㉡만 있으므로 (가)는 핵상이 n인 감수 2분열 중기 세포이다. 또한, ㉡은 상염색체에 있으며, 다른 한 쌍은 성염색체(X 염색체)에 있다는 것도 알 수 있다. 만일 (나)와 (다)가 핵상이 $2n$인 감수 1분열 중기 세포라면 상염색체에 있는 대립유전자 쌍과 성염색체에 있는 대립유전자를 가져야 하는데, (나)와 (다)는 각각 2개의 대립유전자만 있고 유전자 구성도 다르다. 따라서 (나)와 (다)도 핵상이 n인 감수 2분열 중기 세포이다.

❷ ㉠~㉣의 염색체상의 위치와 대립유전자를 구별한다.

(나)에서 ㉡이 상염색체에 있으므로 ㉣은 성염색체에 있다는 것을 알 수 있고, (다)에서 ㉠이 상염색체에 있다는 것을 알 수 있다. 따라서 ㉠과 ㉡이 상염색체에 있는 대립유전자이고, ㉢과 ㉣이 성염색체에 있는 대립유전자이다.

④ 대립 관계인 ㉠과 ㉡은 상동 염색체의 동일한 위치에 있다.

⑤ (가)~(다) 모두 ㉢이 없으므로 P는 ㉢을 갖지 않는다. 따라서 P에게서 ㉠과 ㉢을 모두 갖는 생식세포가 형성될 수 없다.

❸ 하나의 G_1기 세포로부터 형성되는 감수 2분열 중기 세포의 유전자 구성을 고려하여 세포 Ⅰ과 Ⅱ로부터 유래된 세포를 추론한다.

② 하나의 G_1기 세포로부터 형성된 감수 2분열 중기 세포는 쌍을 이루던 대립유전자를 하나씩 나누어 갖는다. (가)와 (나)는 ㉡을 공통으로 가지므로 하나의 G_1기 세포로부터 형성된 것이 아니고, (나)와 (다)는 ㉣을 공통으로 가지므로 하나의 G_1기 세포로부터 형성된 것이 아니다. 따라서 (가)와 (다)는 세포 Ⅰ로부터 형성된 것이고, (나)는 세포 Ⅱ로부터 형성된 것이다.

③ (나)와 (다)의 핵상은 n으로 같고, 성염색체에 있는 대립유전자 ㉣이 공통으로 있으므로 (나)와 (다)에서 X 염색체 수가 같다.

10 꼼꼼 문제 분석

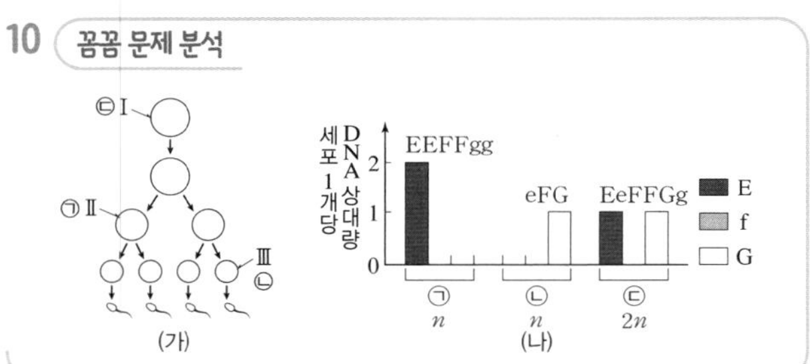

선택지 분석

㉠. Ⅰ에서 세포 1개당 $\dfrac{\text{F의 DNA 상대량}}{\text{E의 DNA 상대량+G의 DNA 상대량}}=1$이다.

㉡. Ⅱ의 염색 분체 수는 46이다.

~~ㄷ~~. Ⅲ의 ⓐ에 대한 유전자형은 EFG이다. eFG

전략적 풀이 ❶ Ⅰ~Ⅲ의 핵상과 세포 1개당 DNA 상대량을 고려하여 ㉠~㉢의 유전자형을 결정한다.

Ⅱ는 감수 2분열 중기의 세포로 핵상은 n이지만 각 염색체가 2개의 염색 분체로 되어 있어 각 대립유전자의 DNA 상대량은 2의 배수가 되어야 하므로 ㉠이며, 유전자 구성은 EEFFgg이다. Ⅰ은 DNA 복제 전의 세포로 핵상은 $2n$이고, Ⅲ은 감수 분열이 완료된 세포로 핵상은 n이므로 ㉢이 Ⅰ이고 유전자 구성은 EeFFGg이며, ㉡은 Ⅲ이고 유전자 구성은 eFG이다.

ㄱ. Ⅰ의 유전자 구성은 EeFFGg이므로 세포 1개당

$$\frac{\text{F의 DNA 상대량}}{\text{E의 DNA 상대량+G의 DNA 상대량}}=\frac{2}{1+1}=1\text{이다.}$$

ㄷ. Ⅲ은 ㉡이고, ㉡에는 쌍을 이루던 대립유전자 중 1개만 있으므로 Ⅲ의 ⓐ에 대한 유전자형은 eFG이다.

❷ Ⅱ의 염색체 수와 염색 분체 수를 추론한다.

ㄴ. 사람의 체세포의 염색체 수는 $2n=46$이므로 감수 2분열 중기의 세포 Ⅱ의 염색체 수는 $n=23$이다. Ⅱ에서 각 염색체는 2개의 염색 분체로 이루어져 있으므로 염색 분체 수는 46이다.

11 꼼꼼 문제 분석

사람(유전자형)	세포	DNA 상대량			
		H	h	T	t
P(HY)	Ⅰ n	㉢ 1	0	㉠ 0	? 0
Q(HHX^tX^t)	Ⅱ n	㉡ 2	㉠ 0	0	㉡ 2
Q(HhX^tX^t)	Ⅲ $2n$	? 1	㉢ 1	㉠ 0	㉡ 2
P($HHHHX^TX^TYY$)	Ⅳ $2n$	4	0	2	㉠ 0

선택지 분석

㉠. ㉡은 2이다.

~~ㄴ~~. Ⅳ는 Q의 세포이다. P

㉢. Ⅰ이 갖는 t의 DNA 상대량과 Ⅲ이 갖는 H의 DNA 상대량의 합은 1이다.

전략적 풀이 ❶ DNA 상대량을 이용하여 세포의 핵상과 ㉠~㉢의 값을 알아내고, Ⅳ는 P와 Q 중 누구의 세포인지 추론한다.

ㄱ, ㄴ. Ⅳ에서 H의 DNA 상대량이 4이므로 Ⅳ는 핵상이 $2n$이고 DNA 복제가 일어난 상태이다. Ⅳ에서 X 염색체에 있는 T의 DNA 상대량이 2이므로 남자 P의 세포라면 t의 DNA 상대량 ㉠은 0이고, 여자 Q의 세포라면 ㉠은 2이다. 만일 ㉠이 2라면 Ⅰ에서 상염색체에 있는 대립유전자 H와 h의 DNA 상대량의 합이 0이 될 수는 없으므로 ㉢이 1, ㉡이 0이 되는데, X 염색체에 있는 T의 DNA 상대량 ㉠이 2이므로 모순이다. 따라서 ㉠은 0이고, Ⅳ는 남자의 세포이며, 핵상은 $2n$이다.

㉡이 1, ㉢이 2라면 Ⅲ에서 t의 DNA 상대량이 1인데, 남자 P(Ⅳ)에는 t가 없으므로 Ⅲ은 여자 Q의 세포이다. 이때 X 염색체에 있는 대립유전자의 합이 1이므로 핵상이 n이고 감수 분열이 완료된 세포이고, h의 DNA 상대량 ㉢은 2가 될 수 없으므로 모순이다. 따라서 ㉡이 2, ㉢이 1이다.

❷ 세포 Ⅰ~Ⅳ의 유전자 구성을 파악한다.

ㄷ. Ⅳ에서 t의 DNA 상대량이 0이므로 t의 DNA 상대량이 2(㉡)인 Ⅱ와 Ⅲ은 P가 아니라 Q의 세포이다. Ⅰ과 Ⅳ는 P의 세포이며, $2n$인 Ⅳ에서 t의 DNA 상대량이 0이므로 Ⅰ의 t의 DNA 상대량도 0이다. Ⅲ에서 X 염색체에 있는 대립유전자 T와 t의 DNA 상대량 합이 2이므로 상염색체에 있는 대립유전자 H와 h의 DNA 상대량 합도 2이다. 따라서 Ⅲ이 갖는 H의 DNA 상대량은 1이다. 그러므로 Ⅰ이 갖는 t의 DNA 상대량과 Ⅲ이 갖는 H의 DNA 상대량의 합은 $0+1=1$이다.

2 사람의 유전

1 사람의 유전

개념 확인 문제

216쪽

❶ 가계도 ❷ 쌍둥이 ❸ 염색체 ❹ 대립유전자

1 ③ **2** 가계도 조사 **3** (1) ㄱ (2) ㄷ (3) ㄴ **4** (1) ○ (2) ○ (3) ○ (4) × **5** (1) A, a (2) a (3) Aa : aa=1 : 1

1 사람의 유전 연구가 어려운 까닭은 한 세대가 길고, 자손의 수가 적으며, 자유로운 교배 실험이 불가능하고, 형질이 복잡하기 때문이다.

2 가계 구성원의 특정 형질에 대한 발현 여부를 도표로 나타낸 것을 가계도라고 한다.

3 (1) 특정 형질의 발현에 유전자와 환경이 미치는 영향을 알아보기 위해서는 쌍둥이를 연구하는 것이 적합하다.
(2) 핵형 분석과 같은 염색체 연구를 통해 염색체의 구조나 수의 이상을 판별할 수 있다.
(3) 특정 집단의 유전자 빈도나 질병의 관련성 등을 알아내는 데에는 집단 조사가 유용하다.

4 (1) 분리형과 부착형은 귓불 모양이라는 형질에서 서로 대립 관계에 있는 형질이다.
(2) 귓불 모양은 한 쌍의 대립유전자에 의해 형질이 결정되는 단일 인자 유전 형질이다.
(3) EE, Ee와 같이 대립유전자 구성을 기호로 나타낸 것은 유전자형이고, 겉으로 나타나는 형질(분리형, 부착형)은 표현형이다.
(4) 유전자형이 Ee이면 귓불 모양이 분리형이므로, 분리형이 우성이고, 부착형이 열성이다.

5 (1) 아버지의 유전자형은 Aa이고, 생식세포를 형성할 때 대립유전자가 각기 다른 생식세포로 나뉘어 들어가므로 생식세포의 유전자 구성은 A와 a의 두 가지이다.
(2) 어머니의 유전자형은 aa이므로, 생식세포의 유전자 구성은 a의 한 가지이다.
(3) 아버지와 어머니 사이에서 태어날 수 있는 자손의 유전자형은 표와 같다.

어머니 \ 아버지	A	a
a	Aa	aa

따라서 자손의 유전자형 분리비는 Aa : aa=1 : 1이다.

개념 확인 문제

219쪽

❶ 상염색체 ❷ 한 ❸ 우성 ❹ 열성 ❺ O형 ❻ I^BI^B, I^Bi

1 (1) × (2) ○ (3) ○ **2** (1) 열성 (2) A: Tt, B: Tt **3** (1) ○ (2) ○ (3) × **4** (1) ○ (2) × (3) ○ **5** A형, B형, AB형, O형

1 (1) A를 나타내지 않는 부모에게서 A를 나타내는 자녀가 태어나므로 A는 열성 형질이다.
(2) A는 남녀에서 비슷한 비율로 나타나므로 A의 유전자는 상염색체에 있다.
(3) 부모가 열성 형질인 A를 나타내면 자녀는 모두 열성 형질인 A를 나타낸다.

2 (1) 정상인 부모에게서 유전병인 자녀가 태어났으므로 정상이 우성이고, 유전병이 열성이다.
(2) 정상이 우성이므로 정상 대립유전자는 T이고, 유전병 대립유전자는 t이다. A는 정상이지만 유전병인 아들이 태어난 것으로 보아 유전병 대립유전자가 있으며, B는 정상이지만 어머니에게서 물려받은 유전병 대립유전자가 있다. 따라서 A와 B의 유전자형은 모두 Tt이다.

3 (1) 철수 부모님은 혀 말기가 가능하지만 철수는 혀 말기가 불가능하므로 혀 말기 가능이 우성 형질이다.
(2) 혀 말기 가능 대립유전자를 R, 혀 말기 불가능 대립유전자를 r라고 할 때, 철수의 유전자형은 rr로 열성 동형 접합성이다. 따라서 철수 부모님의 유전자형은 Rr로 혀 말기 불가능 대립유전자를 가지고 있다.
(3) 혀 말기 유전자는 상염색체에 있으므로 형질의 발현 빈도는 남녀에 따라 차이가 없다.

4 (1) ABO식 혈액형의 대립유전자는 세 가지이지만, 한 사람은 ABO식 혈액형을 결정하는 대립유전자를 한 쌍 가지므로 ABO식 혈액형은 단일 인자 유전 형질이다.
(2) ABO식 혈액형의 대립유전자는 I^A, I^B, i의 세 가지이다.
(3) ABO식 혈액형의 표현형은 A형, B형, AB형, O형의 4가지이고, 유전자형은 I^AI^A, I^Ai, I^BI^B, I^Bi, I^AI^B, ii의 6가지이다.

5 (가)는 A형인데 B형인 아버지에게서 열성 대립유전자(i)를 물려받으므로 유전자형이 I^Ai이다. (나)는 B형인데 O형인 어머니에게서 물려받은 열성 대립유전자(i)가 있어 유전자형이 I^Bi이다. 따라서 (가)와 (나) 사이에서 나올 수 있는 자녀의 혈액형은 $I^Ai \times I^Bi \rightarrow I^AI^B$(AB형), I^Ai(A형), I^Bi(B형), ii(O형)이다.

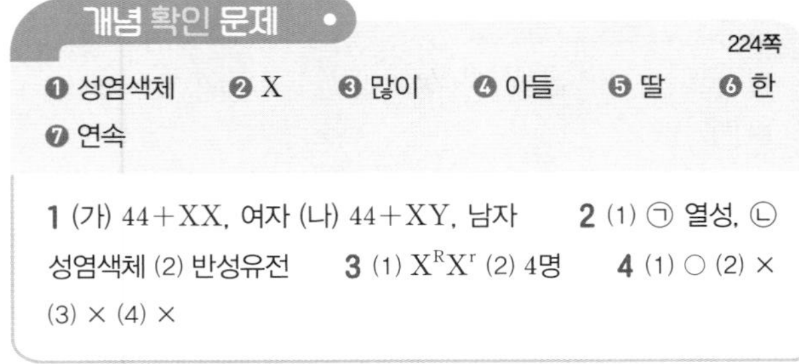

개념 확인 문제 224쪽

❶ 성염색체 ❷ X ❸ 많이 ❹ 아들 ❺ 딸 ❻ 한 ❼ 연속

1 (가) 44+XX, 여자 (나) 44+XY, 남자 **2** (1) ㉠ 열성, ㉡ 성염색체 (2) 반성유전 **3** (1) X^RX^r (2) 4명 **4** (1) ○ (2) × (3) × (4) ×

1 사람의 성은 난자와 수정하는 정자에 들어 있는 성염색체에 의해 결정된다.

(가)는 X 염색체를 갖는 정자와 난자가 수정하므로 염색체 구성은 44+XX이고, 여자이다.

(나)는 Y 염색체를 갖는 정자와 X 염색체를 갖는 난자가 수정하므로 염색체 구성은 44+XY이고, 남자이다.

2 (1) 어머니가 A를 나타내면 아들이 반드시 A를 나타내므로 A는 성염색체인 X 염색체에 있는 유전자에 의해 형질이 결정되며, 열성으로 유전된다. 만일 A가 우성 형질이라면 어머니가 A를 나타내더라도 아들은 어머니에게서 열성인 정상 대립유전자를 물려받을 경우 A를 나타내지 않을 수 있기 때문이다.

3 꼼꼼 문제 분석

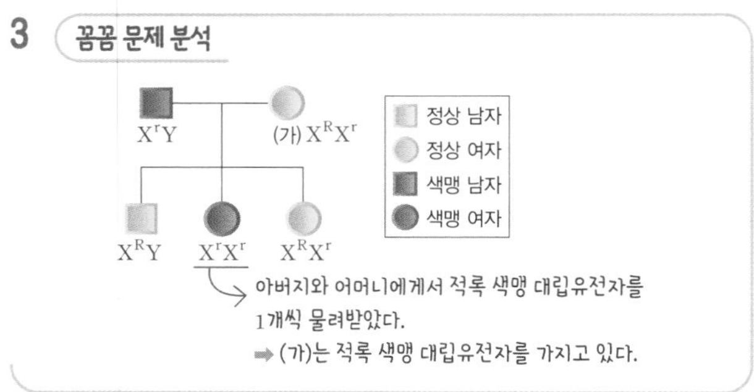

(1) (가)는 정상이지만 딸이 적록 색맹이므로 적록 색맹 대립유전자가 있는 보인자이다.

(2) 가족 중 정상인 아들 한 명을 제외한 나머지 4명에게 적록 색맹 대립유전자가 있다.

4 (1) 다인자 유전의 경우 형질이 여러 쌍의 대립유전자에 의해 결정된다.

(2) 다인자 유전 형질은 표현형이 다양하게 나타나고, 중간값이 큰 정규 분포 곡선 형태의 연속적 변이를 나타내므로 우성과 열성이 쉽게 구분되지 않는다. 대립 형질이 뚜렷하며, 우성과 열성이 쉽게 구분되는 것은 단일 인자 유전의 특징이다.

(3) 다인자 유전 형질은 형질이 발현되는 과정에서 환경의 영향을 받는 경우가 많다.

(4) 키, 몸무게, 피부색 등은 다인자 유전 형질이고, 귓불 모양, 보조개, ABO식 혈액형 등은 단일 인자 유전 형질이다.

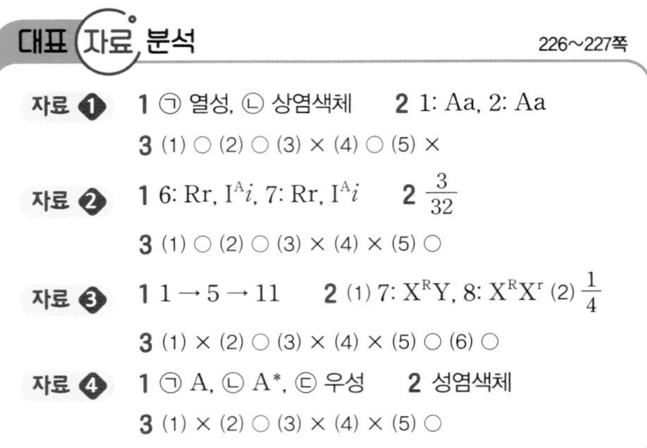

대표 자료 분석 226~227쪽

자료 ❶ 1 ㉠ 열성, ㉡ 상염색체 2 1: Aa, 2: Aa
3 (1) ○ (2) ○ (3) × (4) ○ (5) ×

자료 ❷ 1 6: Rr, I^Ai, 7: Rr, I^Ai 2 $\frac{3}{32}$
3 (1) ○ (2) ○ (3) × (4) × (5) ○

자료 ❸ 1 1 → 5 → 11 2 (1) 7: X^RY, 8: X^RX^r (2) $\frac{1}{4}$
3 (1) × (2) ○ (3) × (4) × (5) ○ (6) ○

자료 ❹ 1 ㉠ A, ㉡ A*, ㉢ 우성 2 성염색체
3 (1) × (2) ○ (3) × (4) × (5) ○

1-1 꼼꼼 문제 분석

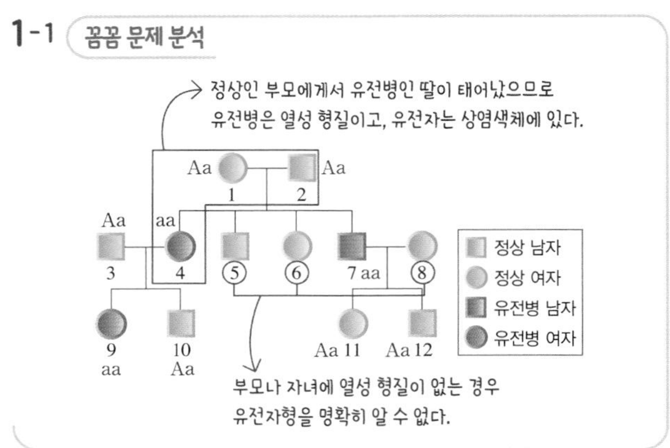

정상인 부모에게서 유전병인 딸(4)이 태어났으므로 유전병은 열성 형질이고, 유전자는 상염색체에 있다. 유전자가 X 염색체에 있다면 딸이 열성 형질일 경우 아버지도 열성 형질이어야 한다.

1-2 정상인 1과 2 사이에서 유전병인 4와 7이 태어났으므로 1과 2는 모두 유전병 대립유전자 a를 가지고 있다. 따라서 1과 2의 유전자형은 Aa이다.

1-3 (1) 3과 4 사이에서 유전병인 9가 태어났으므로 3은 유전병 대립유전자를 가지고 있는 보인자이다.

(2) 만일 이 유전병이 반성유전 형질이라면 딸인 4가 열성 형질인 유전병일 때 아버지인 2는 반드시 유전병이어야 한다. 그런데 아버지인 2는 정상이므로 유전병 유전자는 상염색체에 있다는 것을 알 수 있다.

(3) 5와 8의 유전자형은 AA 또는 Aa로 유전자형이 명확하지 않다.

(4) 1과 2 사이에서 태어나는 자녀의 유전자형은 Aa × Aa → AA, Aa, Aa, aa이다. 따라서 정상인 딸 6의 유전자형이 동형 접합성(AA)일 확률은 $\frac{1}{3}$이고, 이형 접합성(Aa)일 확률은 $\frac{2}{3}$이다.

(5) 3과 4 사이에서 태어나는 자녀의 유전자형은 Aa×aa → Aa, aa로 10의 동생이 유전병일 확률은 $\frac{1}{2}$, 남자일 확률은 $\frac{1}{2}$이므로 유전병 남자일 확률은 $\frac{1}{2}\times\frac{1}{2}=\frac{1}{4}$이다.

2-1 꼼꼼 문제 분석

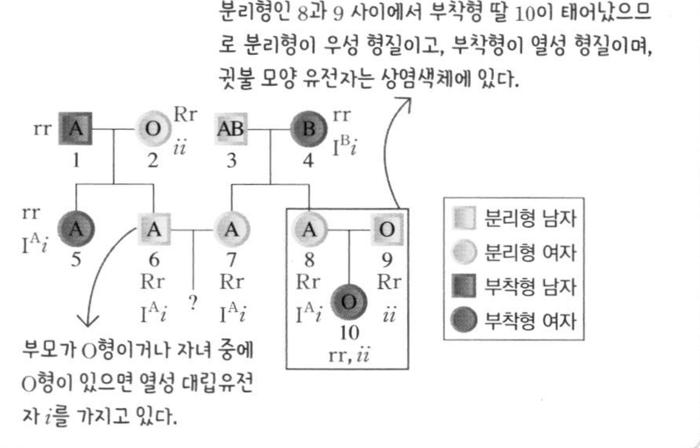

분리형인 8과 9 사이에서 부착형 딸 10이 태어났으므로 분리형이 우성 형질이고, 부착형이 열성 형질이며, 귓불 모양 유전자는 상염색체에 있다.
부모가 O형이거나 자녀 중에 O형이 있으면 열성 대립유전자 i를 가지고 있다.
분리형 남자
분리형 여자
부착형 남자
부착형 여자

• 귓불 모양: 분리형인 8과 9 사이에서 부착형 딸 10이 태어났으므로 분리형이 우성 형질이고, 부착형이 열성 형질이며, 귓불 모양 유전자는 상염색체에 있다. 1이 부착형(rr)이므로 6의 귓불 모양 유전자형은 Rr이고, 4가 부착형(rr)이므로 7의 귓불 모양 유전자형은 Rr이다.

• ABO식 혈액형: 2가 O형(ii)이므로 6의 ABO식 혈액형 유전자형은 I^Ai이고, 4가 B형이므로 7의 ABO식 혈액형 유전자형은 I^Ai이다.

2-2 6과 7 사이에서 아이가 태어날 때

• 귓불 모양이 부착형일 확률: Rr×Rr → RR, Rr, Rr, rr로 부착형일 확률은 $\frac{1}{4}$이다.

• ABO식 혈액형이 A형일 확률: $I^Ai\times I^Ai \rightarrow \underline{I^AI^A, I^Ai, I^Ai}, ii$로 A형일 확률은 $\frac{3}{4}$이다.

따라서 이 아이가 귓불 모양이 부착형이면서 ABO식 혈액형이 A형인 딸일 확률은 $\frac{1}{4}\times\frac{3}{4}\times\frac{1}{2}=\frac{3}{32}$이다.

2-3 (1) 2에게서 부착형인 딸 5가 태어났으므로 2는 부착형 대립유전자를 가지고 있다.

(2) B형인 4에게서 A형인 딸 7과 8이 태어났으므로 4의 ABO식 혈액형 유전자형은 I^Bi로 이형 접합성이다.

(3) 5의 귓불 모양 유전자형은 rr이므로 부착형 대립유전자를 1과 2에게서 1개씩 물려받았다.

(4) 8과 9 사이에서 부착형인 10이 태어났으므로 8과 9의 귓불 모양 유전자형은 Rr로 이형 접합성이다.

(5) 8과 9 사이에서 아이가 태어날 때

• 귓불 모양이 부착형일 확률: Rr×Rr → RR, Rr, Rr, rr로 부착형일 확률은 $\frac{1}{4}$이다.

• ABO식 혈액형이 O형일 확률: $I^Ai\times ii \rightarrow I^Ai, \underline{ii}$로 O형일 확률은 $\frac{1}{2}$이다.

따라서 귓불 모양이 부착형이면서 ABO식 혈액형이 O형일 확률은 $\frac{1}{4}\times\frac{1}{2}=\frac{1}{8}$이다.

3-1 꼼꼼 문제 분석

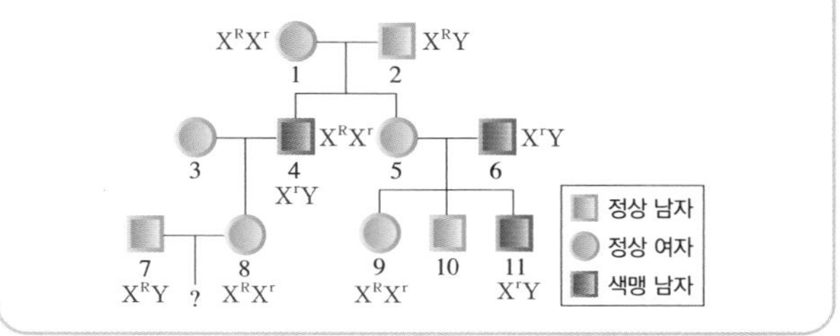

아들의 X 염색체는 어머니에게서 물려받고, 딸의 X 염색체는 아버지와 어머니에게서 1개씩 물려받는다. ➡ 아들의 적록 색맹 대립유전자는 어머니에게서 X 염색체와 함께 물려받은 것이다.
정상 남자
정상 여자
색맹 남자

11은 적록 색맹 대립유전자를 X 염색체와 함께 어머니인 5에게서 물려받았고, 5는 1에게서 물려받았다.

3-2 (1) 7은 정상 남자이므로 유전자형은 X^RY이다. 8은 아버지인 4에게서 적록 색맹 대립유전자를 물려받아 유전자형이 X^RX^r이다.

(2) 7과 8 사이에서 태어나는 아이의 적록 색맹 유전자형은 $X^RY\times X^RX^r \rightarrow X^RX^R, X^RX^r, X^RY, \underline{X^rY}$로, 아이가 적록 색맹인 아들일 확률은 $\frac{1}{4}$이다.

3-3 (1) 3의 유전자형은 X^RX^R 또는 X^RX^r로 적록 색맹 보인자인지 확실히 알 수 없다.

(2) 4의 X 염색체는 어머니인 1에게서 물려받은 것이므로 적록 색맹 대립유전자도 1에게서 물려받았다.

(3) 5에게서 적록 색맹인 아들 11이 태어났으므로 5의 적록 색맹 유전자형은 X^RX^r이다.

(4) Y 염색체는 아버지에게서 물려받는다. 6은 11에게 Y 염색체를 물려주므로 적록 색맹 대립유전자가 11에게 전달되지 않는다.

(5) 9는 6에게서 적록 색맹 대립유전자를 물려받아 유전자형이 X^RX^r로 이형 접합성이다.

(6) 5와 6 사이에서 태어나는 아이의 적록 색맹 유전자형은 $X^RX^r\times X^rY \rightarrow X^RX^r, \underline{X^rX^r}, X^RY, X^rY$로, 아이가 적록 색맹인 딸일 확률은 $\frac{1}{4}$이다.

4-1 꼼꼼 문제 분석

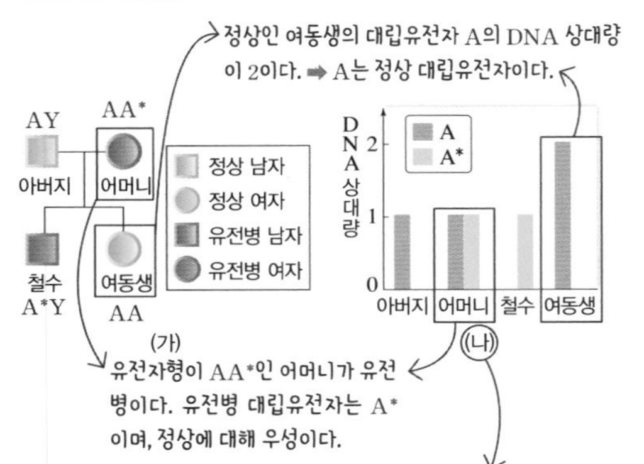

유전병 유전자가 상염색체에 있을 경우에는 여자와 남자의 대립유전자 DNA 상대량이 같지만, X 염색체에 있을 경우에는 여자의 대립유전자 DNA 상대량이 남자의 2배이다. ➡ 유전병 유전자는 X 염색체에 있다.

여동생은 대립유전자 A의 DNA 상대량이 2인데 정상이다. 따라서 A는 정상 대립유전자이고, A*는 유전병 대립유전자이다. 또 어머니의 유전자형은 AA*인데 유전병이 나타났으므로 유전병이 우성이다. 따라서 A*가 A에 대해 우성이다.

4-2 남자인 아버지와 철수는 유전병 발현에 관여하는 대립유전자 DNA 상대량이 1이고, 여자인 어머니와 여동생은 대립유전자 DNA 상대량이 2이다. 이를 통해 유전병 유전자가 성염색체인 X 염색체에 있다는 것을 알 수 있다.

4-3 (1) 유전병이 우성 형질이므로 유전병인 여자의 유전자형은 우성 동형 접합성(A*A*)이거나 이형 접합성(AA*)이다. 따라서 어머니가 유전병이라 하더라도 정상 대립유전자를 가지고 있을 경우 정상인 아들이 태어날 수 있으므로 아들이 반드시 유전병인 것은 아니다.

(2) 유전병이 우성 형질이고, 유전병 유전자가 X 염색체에 있으므로 아버지가 유전병이면 딸은 아버지의 유전병 대립유전자를 물려받으므로 반드시 유전병이다.

(3) 유전병이 우성 형질이므로 유전병인 사람의 유전자형은 A*A*, AA*, A*Y이다. 따라서 유전병을 나타내는 여자 중에는 유전자형이 AA*로 이형 접합성이 있다.

(4) 보인자란 형질이 겉으로 드러나지는 않지만, 형질을 나타내는 유전자를 가지고 있는 사람을 말한다. 유전병이 우성 형질이므로 정상 여자의 유전자형은 모두 열성 동형 접합성(AA)이다. 따라서 보인자가 없다.

(5) 아버지와 어머니 사이에서 태어나는 아이의 유전자형은 AY × AA* → AA, AA*, AY, A*Y로, 아이가 유전병 남자일 확률은 $\frac{1}{4}$이다.

내신 만점 문제

228~231쪽

01 ③	02 ③	03 해설 참조	04 ③	05 해설 참조
06 ③	07 ④	08 ⑤	09 해설 참조	10 ④	11 ⑤
12 ④	13 ⑤	14 ⑤	15 ⑤	16 ④	17 ③

01 ㄱ, ㄴ. 사람의 유전을 연구할 때 가계도를 통해 특정 형질의 우열 관계와 유전되는 양상을 유추할 수 있으며, 쌍둥이 연구를 통해 특정 형질에서 유전자와 환경의 영향을 유추할 수 있다.

바로알기 ㄷ. 핵형 분석을 통해 염색체의 수, 모양, 크기에 관한 정보는 알 수 있지만, 혈액형이나 색맹 등과 같은 특정 형질의 유전자를 파악할 수는 없다.

02 꼼꼼 문제 분석

구분	아버지	어머니	누나	철수
㉠	발현됨	발현됨	발현 안 됨	발현됨

㉠ 발현인 부모에게서 ㉠ 미발현인 자녀가 태어났으므로 ㉠ 발현이 미발현에 대해 우성이다.

A*A, A*A, AA, A*A* 또는 A*A

㉠ 발현 남자, ㉠ 발현 여자, ㉠ 미발현 여자

ㄱ. ㉠ 발현 부모로부터 ㉠ 미발현 딸이 태어났으므로 '㉠ 발현됨'이 '㉠ 발현 안 됨'에 대해 우성이고, ㉠을 결정하는 유전자는 상염색체에 있다.

ㄷ. ㉠ 발현 대립유전자를 A*, ㉠ 미발현 대립유전자를 A라고 할 때, 부모의 유전자형은 모두 A*A이다. 철수의 동생이 태어날 때, 이 아이가 ㉠ 발현일 확률은 A*A × A*A → A*A*, A*A, A*A, AA로 $\frac{3}{4}$이다.

바로알기 ㄴ. ㉠을 결정하는 유전자는 상염색체에 있다. ㉠을 결정하는 유전자가 성염색체에 있다면 우성 형질인 아버지에게서 열성 형질을 가진 딸이 태어날 수 없다.

03 PTC 미맹은 PTC 용액의 쓴맛을 느끼지 못하는 형질이다.

모범 답안 1: Tt, 2: Tt, 4: tt, 5: tt, 정상인 부모 1과 2 사이에서 미맹인 딸 5가 태어났으므로 미맹은 정상에 대해 열성 형질이고, 미맹 유전자는 상염색체에 있다. 따라서 정상 대립유전자는 T, 미맹 대립유전자는 t이다. 1과 2의 유전자형은 Tt이고, 미맹인 4와 5의 유전자형은 tt이지만, 3과 6의 유전자형은 TT 또는 Tt로 확실하지 않다.

채점 기준	배점
유전자형을 확실히 알 수 있는 사람의 번호와 유전자형을 쓰고, 판단 과정을 옳게 서술한 경우	100 %
유전자형을 확실히 알 수 있는 사람의 번호와 유전자형은 옳게 썼으나, 판단 과정의 서술이 부족한 경우	70 %
유전자형을 확실히 알 수 있는 사람의 번호와 유전자형만 옳게 쓴 경우	30 %

04 꼼꼼 문제 분석

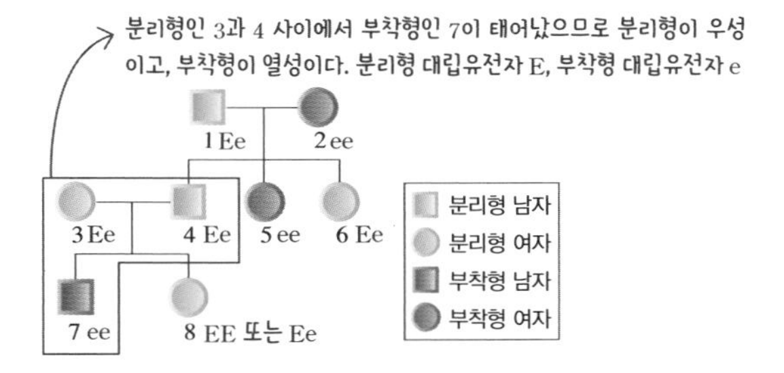

ㄱ. 분리형이 우성 형질이고, 부착형이 열성 형질이다.

ㄷ. 분리형 대립유전자를 E, 부착형 대립유전자를 e라고 하면 3과 4 사이에서 태어나는 아이의 유전자형은 Ee×Ee → EE, Ee, Ee, ee로, 귓불 모양이 부착형일 확률은 $\frac{1}{4}$이다. 따라서 8의 동생이 귓불 모양이 부착형인 남자일 확률은 $\frac{1}{8}$이다.

바로알기 ㄴ. 분리형인 1에게서 부착형인 딸 5가 태어난 것으로 보아 귓불 모양 유전자는 상염색체에 있고, 1은 부착형 대립유전자를 가지고 있다(Ee).

05 꼼꼼 문제 분석

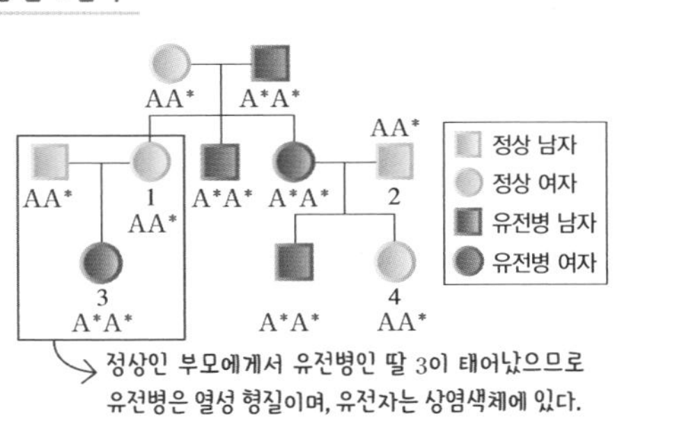

(1) 정상인 부모에게서 유전병인 딸 3이 태어났으므로 정상 대립유전자(A)가 우성이고, 유전병 대립유전자(A*)가 열성이며, 유전병 유전자는 상염색체에 있다. 1과 2의 유전자형은 AA*로 같다.

모범 답안 (1) 1: AA*, 2: AA*

(2) 3의 동생이 유전병일 확률은 AA*×AA* → AA, AA*, AA*, A*A*로 $\frac{1}{4}$이고, 4의 동생이 유전병일 확률은 A*A*×AA* → AA*, A*A*로 $\frac{1}{2}$이다. 따라서 두 아이가 모두 유전병일 확률은 $\frac{1}{4}\times\frac{1}{2}=\frac{1}{8}$이다.

채점 기준		배점
(1)	1, 2의 유전자형을 모두 옳게 쓴 경우	40 %
(2)	3과 4의 동생이 유전병일 확률을 모두 옳게 구하고, 두 아이가 모두 유전병일 확률을 옳게 구한 경우	60 %
	3과 4의 동생이 유전병일 확률을 모두 옳게 구했으나, 두 아이가 모두 유전병일 확률을 틀리게 쓴 경우	40 %

06 꼼꼼 문제 분석

부모는 귓불 모양이 분리형인데 자녀 A는 부착형이므로 분리형이 우성 형질이고 부착형이 열성 형질이다. ➡ 분리형 대립유전자 R, 부착형 대립유전자 r

형질	가족 Ⅰ			가족 Ⅱ		
	부	모	자녀 A	부	모	자녀 B
귓불 모양	분리형 Rr	분리형 Rr	부착형 rr	분리형 RR/Rr	부착형 rr	분리형 Rr
보조개	있음 Dd	없음 dd	없음 dd	있음 Dd	있음 Dd	없음 dd

부모는 모두 보조개가 있는데 자녀 B는 보조개가 없으므로 보조개가 있음이 우성 형질이고 보조개가 없음이 열성 형질이다.
➡ 보조개 있음 대립유전자 D, 보조개 없음 대립유전자 d

ㄱ. Ⅰ의 자녀 A가 열성 형질인 부착형 귓불을 가지므로 부모 모두 우성 형질인 분리형이지만 부착형 대립유전자를 가진다(Rr).

ㄷ. A와 B 사이에서 태어나는 아이가

• 귓불 모양이 분리형일 확률: rr×Rr → Rr, rr로 $\frac{1}{2}$이다.

• 보조개가 없을 확률: dd×dd → dd로 1이다.

따라서 아이가 귓불 모양이 분리형이며 보조개가 없을 확률은 $\frac{1}{2}\times1=\frac{1}{2}$이다.

바로알기 ㄴ. Ⅱ의 자녀 B가 열성 형질인 보조개 없음이므로 부모 모두 우성 형질이지만 열성 대립유전자를 가지므로 보조개 유전자형이 이형 접합성이다(Dd).

07 꼼꼼 문제 분석

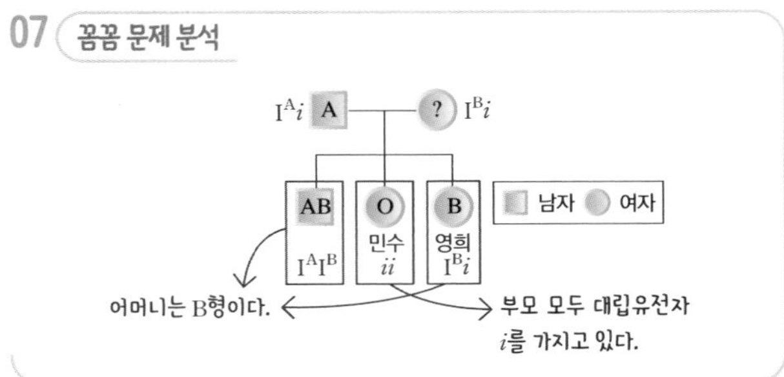

ㄱ. 영희는 B형인데 아버지가 A형이므로 대립유전자 I^B는 어머니에게서 물려받은 것이며, 민수는 O형이므로 아버지와 어머니에게서 모두 대립유전자 i를 물려받았다. 따라서 영희 어머니는 혈액형 유전자형이 $I^B i$로 B형이다.

ㄷ. 영희의 동생이 태어날 때, 이 아이의 혈액형이 민수와 같은 O형일 확률은 $I^A i \times I^B i \rightarrow I^A I^B, I^A i, I^B i, ii$로 $\frac{1}{4}$이다.

바로알기 ㄴ. 영희 아버지는 민수에게 열성 대립유전자 i를 물려주었으므로 혈액형 유전자형은 $I^A i$로 이형 접합성이다.

08 ① (가)는 한 쌍의 대립유전자에 의해 형질이 결정되므로 단일 인자 유전 형질이다.

② (가)는 대립유전자가 3가지이므로 복대립 유전 형질이다.

③ (가)에 대한 유전자형은 AA, AB, AC, BB, BC, CC의 6가지이다.
④ A는 C에 대해 완전 우성이므로 유전자형이 AA인 사람과 AC인 사람에서 (가)의 표현형은 같다.
바로알기 ⑤ 유전자형이 AB인 남자와 BC인 여자 사이에서 태어날 수 있는 자손은 AB×BC → AB, AC, BB, BC인데, A는 B와 C 각각에 대해 완전 우성이고, B는 C에 대해 완전 우성이므로 표현형은 A_(AB, AC), B_(BB, BC)의 2가지이다.

09 꼼꼼 문제 분석

- 3, 4, 7, 8의 혈액형은 모두 다르다. ➡ 부모(3, 4)가 A형과 B형이고 자녀(7, 8)가 AB형과 O형이거나 부모(3, 4)가 AB형과 O형이고 자녀(7, 8)가 A형과 B형이다.
- 4와 9의 혈액형 유전자형은 동형 접합성이다. ➡ 4와 9의 혈액형 유전자형이 동형 접합성이므로 3은 AB형이고 4와 9는 O형이다.
- 5와 6의 혈액형은 다르고, 5와 7의 혈액형은 같다. ➡ 5와 6의 혈액형이 다르므로 5와 7은 B형이고 8은 A형이다. ➡ A형인 6과 B형인 7 사이에서 태어난 9는 O형이므로 6과 7의 유전자형은 I^Ai, I^Bi이다.

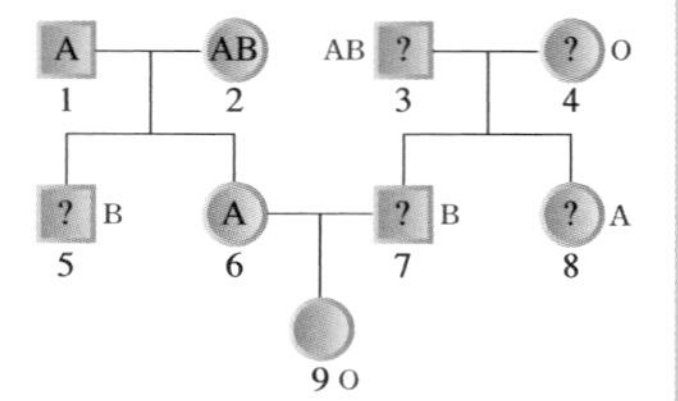

모범 답안 6과 7 사이에서 O형인 자녀 9가 태어났으므로 6과 7은 모두 열성 대립유전자를 갖는다. 이들에게서 9의 동생이 태어날 때 $I^Ai \times I^Bi \rightarrow I^AI^B, I^Ai, I^Bi, ii$이므로 이 아이가 O형일 확률은 $\frac{1}{4}$이고, 남자일 확률은 $\frac{1}{2}$이므로 O형이고 남자일 확률은 $\frac{1}{4} \times \frac{1}{2} = \frac{1}{8}$이다.

채점 기준	배점
O형일 확률을 옳게 구하고, 근거를 들어 옳게 서술한 경우	100 %
O형일 확률만 옳게 구한 경우	50 %

10 꼼꼼 문제 분석

(가)와 A형인 부인 사이에서 AB형인 딸이 태어났으므로 (가)의 ABO식 혈액형은 B형이나 AB형이다. 그런데 (가)의 어머니가 O형이므로 (가)는 B형이고, 유전자형은 I^Bi이다. (가)의 부인은 A형인데 어머니가 B형이므로 유전자형이 I^Ai이다.

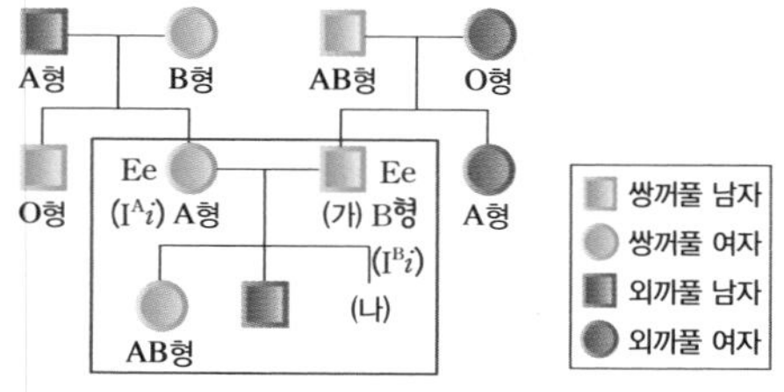

쌍꺼풀인 부모에게서 외까풀인 자녀가 태어났으므로 쌍꺼풀이 우성이고, 외까풀이 열성이다. (가)와 (가)의 부인은 쌍꺼풀이지만 외까풀 아들이 있으므로 외까풀 대립유전자를 가지고 있다. 쌍꺼풀 대립유전자를 E, 외까풀 대립유전자를 e라고 할 때, (가)와 (가)의 부인의 눈꺼풀 유전자형은 Ee이다.

ㄱ. (가)는 ABO식 혈액형이 B형이므로 적혈구 막에 응집원 B가 있다.
ㄷ. • (나)가 B형일 확률: $I^Ai \times I^Bi \rightarrow I^AI^B, I^Ai, \underline{I^Bi}, ii$로 $\frac{1}{4}$이다.
• (나)가 쌍꺼풀일 확률: Ee×Ee → $\underline{\text{EE, Ee, Ee}}$, ee로 $\frac{3}{4}$이다.
따라서 (나)가 B형이면서 쌍꺼풀일 확률은 $\frac{1}{4} \times \frac{3}{4} = \frac{3}{16}$이다.
바로알기 ㄴ. (가)는 쌍꺼풀이지만, 외까풀인 아들이 있으므로 외까풀 대립유전자를 가지고 있다. 따라서 눈꺼풀 모양 유전자형은 이형 접합성(Ee)이다.

11 꼼꼼 문제 분석

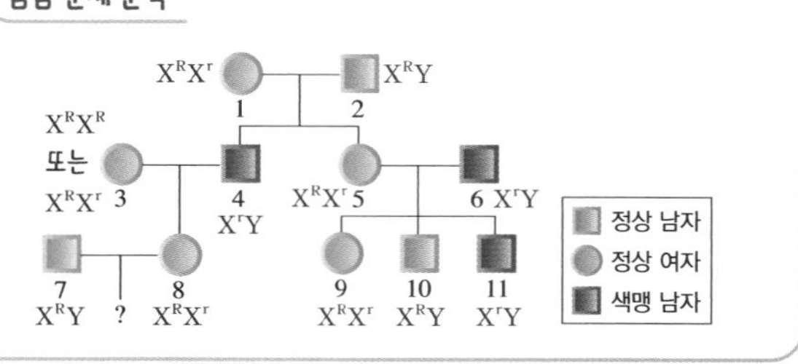

① 1과 5는 모두 정상이지만 색맹인 아들이 있으므로 적록 색맹 대립유전자를 갖는다. 따라서 적록 색맹 유전자형은 X^RX^r로 같다.
② 3의 적록 색맹 유전자형은 X^RX^R 또는 X^RX^r로 확실하지 않다.
③ 7과 8 사이에서 태어난 아이가 적록 색맹인 아들일 확률은 $X^RY \times X^RX^r \rightarrow X^RX^R, X^RX^r, X^RY, \underline{X^rY}$로 $\frac{1}{4}$이다.
④ 9는 아버지(6)에게서 적록 색맹 대립유전자를 물려받았다.
바로알기 ⑤ 남자의 X 염색체는 어머니에게서 물려받는다. 따라서 11의 적록 색맹 대립유전자는 5에게서 받은 것이다.

12 꼼꼼 문제 분석

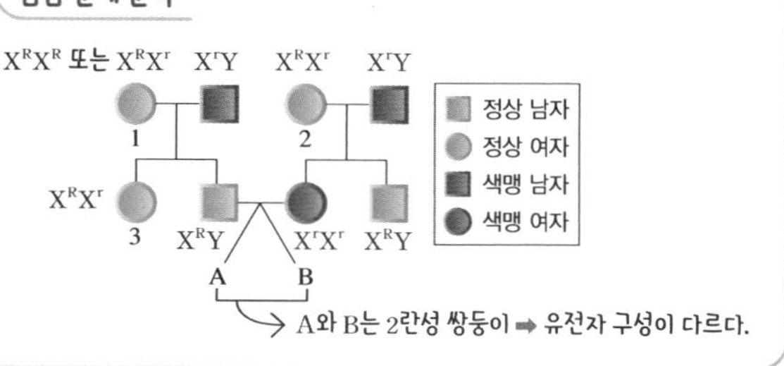

ㄴ. 2는 정상이지만 적록 색맹인 딸이 태어난 것으로 보아 보인자이다. 3은 정상이지만 아버지가 적록 색맹이므로 보인자이다. 따라서 2와 3의 적록 색맹 유전자형은 X^RX^r로 같다.
ㄷ. A와 B는 2란성 쌍둥이므로 A와 B가 모두 적록 색맹일 확률은 A와 B 각각이 적록 색맹일 확률을 곱하여 구한다. A가 적록 색맹일 확률은 $X^RY \times X^rX^r \rightarrow X^RX^r, X^RX^r, \underline{X^rY, X^rY}$로 $\frac{1}{2}$이며, B가 적록 색맹일 확률도 이와 같다.

따라서 A와 B가 모두 적록 색맹일 확률은 $\frac{1}{2} \times \frac{1}{2} = \frac{1}{4}$이다.

바로알기 ㄱ. 1과 적록 색맹인 남자 사이에서 태어난 아이들이 모두 정상이다. 따라서 1이 보인자임을 확신할 수 없다.

13 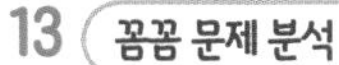

꼼꼼 문제 분석

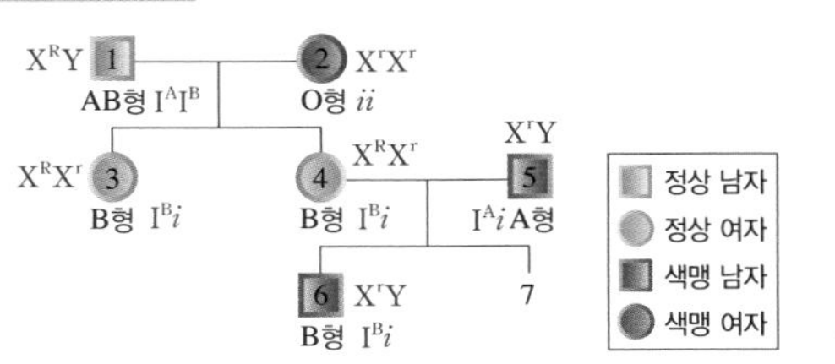

- 3, 4의 ABO식 혈액형 유전자형: O형인 어머니에게서 열성 대립유전자를 물려받으므로 유전자형은 I^Bi이다.
- 3과 4의 적록 색맹 유전자형: 어머니에게서 적록 색맹 대립유전자를 물려받아 보인자(X^RX^r)이다.
- 5는 A형인데 아들 6은 B형이다. 따라서 5와 6은 열성 대립유전자를 가지고 있으며, ABO식 혈액형 유전자형은 5는 I^Ai, 6은 I^Bi이다.

① 3의 ABO식 혈액형 유전자형은 I^Bi로 이형 접합성이다.
② 3과 4는 어머니인 2에게서 적록 색맹 대립유전자를 물려받으므로 보인자(X^RX^r)이다.
③ 6은 A형인 아버지 5에게서 열성 대립유전자를 물려받으므로 ABO식 혈액형 유전자형이 I^Bi로 4와 같다.
④ 남자인 6이 가진 적록 색맹 대립유전자는 어머니인 4에게서 물려받은 것이고, 4는 어머니인 2에게서 물려받은 것이다.

바로알기 ⑤ 4와 5 사이에서 태어나는 아이가

- A형일 확률: $I^Bi \times I^Ai \rightarrow I^AI^B$, I^Bi, $\underline{I^Ai}$, ii로 $\frac{1}{4}$이다.
- 적록 색맹 여자일 확률: $X^RX^r \times X^rY \rightarrow X^RX^r$, $\underline{X^rX^r}$, X^RY, X^rY로 $\frac{1}{4}$이다.

따라서 7이 A형이고 적록 색맹인 여자일 확률은 $\frac{1}{16}$이다.

14

꼼꼼 문제 분석

- 부모가 정상이면 자녀는 모두 정상이다.
- ㉠A인 남자와 정상인 여자 사이에서 태어난 ㉡딸은 모두 A를 나타내고, 아들은 모두 정상이다. ➡ 아버지가 A이면 딸이 A이고, 어머니가 정상이면 아들이 정상이므로 A 유전자는 X 염색체에 있고 A는 정상에 대해 우성 형질이다.

ㄴ. 유전자가 성염색체에 있어 반성유전하는 형질은 아버지가 우성이면 딸이 우성이고, 어머니가 열성이면 아들은 열성이다. A는 반성유전의 특징을 나타내므로 A 유전자는 성염색체에 있다.
ㄷ. 딸 ㉡은 A를 나타내지만 어머니에게서 물려받은 정상 대립유전자를 갖는다.

바로알기 ㄱ. A는 우성 형질이다.

15

꼼꼼 문제 분석

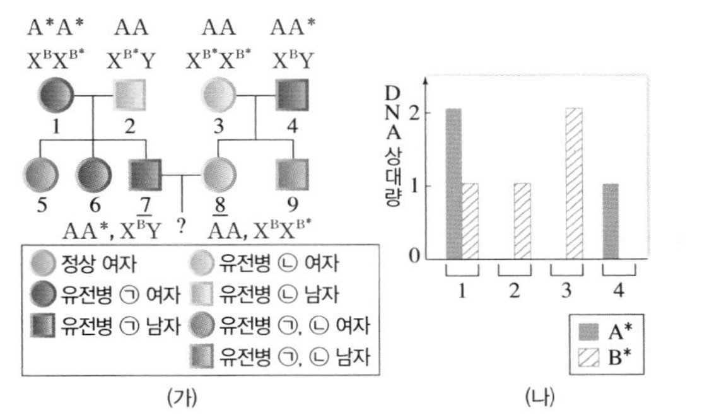

- 1은 A*가 2개이며 ㉠을 나타낸다. ➡ A*는 ㉠이 나타나게 하는 대립유전자이다.
- 4는 A*가 1개인데 ㉠이 표현되었으며, 3이 A*가 없는데도 아들인 9는 ㉠이다. ➡ A*는 A에 대해 우성이며, 아버지의 A*가 아들에게 전달되는 것으로 보아 ㉠의 유전자는 상염색체에 있다.
- B*가 1개 있을 때 여자인 1은 ㉡을 나타내지 않지만, 남자인 2는 ㉡을 나타낸다. ➡ B*는 ㉡이 나타나게 하는 대립유전자이며, X 염색체에 있고 정상 대립유전자 B에 대해 열성이다.

ㄱ. 남녀 모두 A*가 1개만 있어도 ㉠을 나타내므로 A*는 ㉠이 나타나게 하는 대립유전자이며, A에 대해 우성이다.
ㄴ. ㉡이 나타나게 하는 대립유전자 B*는 X 염색체에 있으며, 정상 대립유전자 B에 대해 열성이다. 따라서 ㉡은 여자보다 남자에서 발현 빈도가 높다.
ㄷ. 7과 8 사이에서 남자 아이가 태어날 때, ㉠과 ㉡이 모두 나타날 확률은 다음과 같다.

- 7과 8의 ㉠의 유전자형: 7은 2에게서 정상 대립유전자 A를 물려받으므로 유전자형이 AA*이고, 8은 열성 형질인 정상이므로 AA이다.
- 7과 8 사이에서 태어난 남자 아이가 ㉠일 확률: AA*×AA → AA, $\underline{AA^*}$로 $\frac{1}{2}$이다.
- 7과 8의 ㉡의 유전자형: 7은 정상이므로 X^BY이고, 8은 정상이지만 3에게서 X^{B*}를 물려받으므로 X^BX^{B*}이다.
- 7과 8 사이에서 태어난 남자 아이가 ㉡일 확률: $X^BY \times X^BX^{B*} \rightarrow X^BX^B$, X^BX^{B*}, X^BY, $\underline{X^{B*}Y}$로, 아들이 ㉡일 확률은 $\frac{1}{2}$이다.

따라서 아들이 ㉠과 ㉡을 모두 나타낼 확률은 $\frac{1}{2} \times \frac{1}{2} = \frac{1}{4}$이다.

16 ㄱ. 귓불 모양은 대립 형질이 뚜렷하게 구분되는 단일 인자 유전 형질이다.
ㄷ. 키는 표현형이 다양하며 연속적 변이를 나타내므로 다인자 유전 형질이다. 다인자 유전 형질은 여러 쌍의 대립유전자에 의해 형질이 결정되므로, 한 쌍의 대립유전자에 의해 형질이 결정되는 귓불 모양보다 형질을 결정하는 대립유전자의 수가 많다.

바로알기 ㄴ. 귓불 모양은 표현형이 두 가지로 구분되어 불연속적 변이를 나타내므로 환경의 영향을 거의 받지 않고 유전자에 의해 결정되는 형질이다.

17 꼼꼼 문제 분석

- 피부색은 서로 다른 상염색체에 있는 세 쌍의 대립유전자 A와 a, B와 b, D와 d에 의해 결정된다. ➡ 피부색은 다인자 유전 형질이다.
- 피부색은 유전자형에서 대문자로 표시되는 대립유전자의 수에 의해서만 결정된다.

유전자형이 AaBbDd인 ㉠에서 만들어질 수 있는 생식세포의 종류는 ABD, ABd, AbD, Abd, aBD, aBd, abD, abd이다.

- 유전자형이 AaBbDd인 ㉠여자가 유전자형이 같은 남자와 결혼하여 ㉡자녀를 낳을 경우, 자녀에서 피부색의 표현형이 다양하게 나타날 수 있다.

㉡의 피부색이 부모와 같을 확률은 부모와 마찬가지로 대문자로 표시되는 대립유전자 3개를 가질 확률이다.

ㄱ. 피부색을 결정하는 대립유전자가 세 쌍이라고 하였으므로 피부색은 다인자 유전 형질이다.

ㄷ. ㉡의 피부색이 부모와 같을 확률은 부모와 마찬가지로 대문자로 표시되는 대립유전자 3개를 가질 확률이다.

(1) Aa × Aa → AA, 2Aa, aa이고, Bb × Bb, Dd × Dd에서도 같은 비율이다.

(2) ㉡에서 대문자로 표시되는 대립유전자가 3개인 경우는 다음과 같다.

대립유전자	A	B	C
(가)	2	1	0
(나)	2	0	1
(다)	1	2	0
(라)	1	1	1
(마)	1	0	2
(바)	0	2	1
(사)	0	1	2

- 2, 1, 0인 경우의 확률: $\frac{1}{4} \times \frac{1}{2} \times \frac{1}{4} = \frac{1}{32}$이고, (가), (나), (다), (마), (바), (사)의 6가지가 있으므로 $\frac{6}{32}$이다.
- 1, 1, 1인 경우의 확률: (라)에서 $\frac{1}{2} \times \frac{1}{2} \times \frac{1}{2} = \frac{1}{8}$이다.

따라서 ㉡의 피부색이 부모와 같을 확률은 $\frac{6}{32} + \frac{1}{8} = \frac{10}{32} = \frac{5}{16}$이다.

바로알기 ㄴ. 유전자형이 AaBbDd인 ㉠에서 만들어질 수 있는 생식세포의 종류는 ABD, ABd, AbD, Abd, aBD, aBd, abD, abd의 8가지이다.

01 꼼꼼 문제 분석

1과 2는 각각 T와 T* 중 한 가지만 가지는데, 딸(TT*)인 3은 정상이므로 정상이 우성, ㉠이 열성 형질이다.

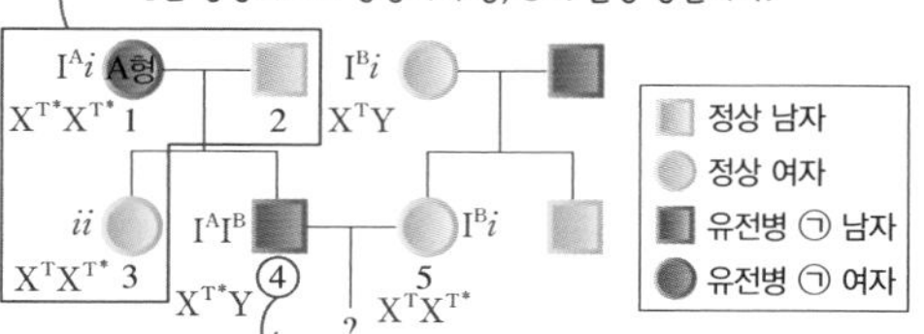

2가 정상 대립유전자 T만을 가지는데 남자 4는 ㉠을 나타내므로 ㉠을 결정하는 유전자는 X 염색체에 있다. 유전자형은 4는 $X^{T*}Y$, 5는 아버지에게서 유전병 대립유전자를 물려받아 X^TX^{T*}이다.

- 1, 2, 3, 4의 ABO식 혈액형은 각기 다르다. ➡ 1이 A형이므로 2는 B형이며, 1의 ABO식 혈액형 유전자형은 I^Ai이고, 2의 유전자형은 I^Bi이다.
- 2와 5의 ABO식 혈액형의 유전자형은 같다. ➡ 5의 ABO식 혈액형의 유전자형은 I^Bi이다.
- 3의 ABO식 혈액형의 유전자형은 동형 접합성이다. ➡ 3은 AB형 또는 O형인데, 유전자형이 동형 접합성이므로 O형이고, 4는 AB형이다.

ㄴ. 3은 1에게서 X^{T*}를 물려받고, 5는 아버지에게서 X^{T*}를 물려받아 둘 다 유전자형이 X^TX^{T*}이다.

ㄷ. 4와 5 사이에서 태어난 아이가

- A형일 확률: $I^AI^B \times I^Bi \rightarrow I^AI^B, \underline{I^Ai}, I^BI^B, I^Bi$로 $\frac{1}{4}$이다.
- ㉠일 확률: $X^{T*}Y \times X^TX^{T*} \rightarrow X^TX^{T*}, \underline{X^{T*}X^{T*}}, X^TY, \underline{X^{T*}Y}$로 $\frac{1}{2}$이다.

따라서 A형이며 ㉠일 확률은 $\frac{1}{4} \times \frac{1}{2} = \frac{1}{8}$이다.

바로알기 ㄱ. T와 T* 중 한 가지만 갖고 있는 1과 2 사이에서 정상인 딸 3이 태어났으므로 정상이 우성, ㉠이 열성 형질이다.

02 꼼꼼 문제 분석

남녀 모두 대립유전자 A와 A*의 DNA 상대량 합이 2이다. ➡ 유전병 유전자는 상염색체에 있다.

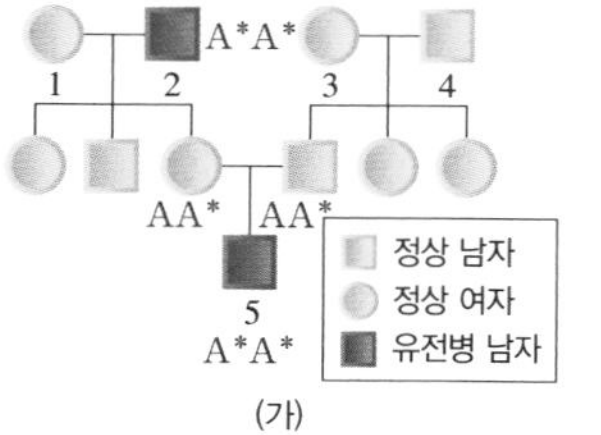

(가)

A A*
DNA 상대량
2
1
0
1 2 3 4
구성원

(나)

1의 유전자형은 AA이고 정상이며, 2의 유전자형은 A*A*이고 유전병이다. ➡ A는 정상 대립유전자이고, A*는 유전병 대립유전자이다.

4는 유전자형이 AA*인데 정상이다. ➡ 정상이 우성 형질이고, 유전병이 열성 형질이다.

ㄱ. A는 정상 대립유전자이고, A*는 유전병 대립유전자이다. 유전자형이 AA*인 4가 정상이므로 A는 A*에 대해 우성이다.

바로알기 ㄴ. 남녀 모두 한 쌍의 대립유전자를 가지므로 이 유전병 유전자는 상염색체에 있어 남녀에서 유전병 발현 빈도가 같다.

ㄷ. 5의 부모의 유전자형은 모두 AA*이다. 따라서 5의 동생이 유전병을 나타낼 확률은 AA*×AA* → AA, AA*, AA*, A*A*로 $\frac{1}{4}$이고, 여자이면서 유전병을 나타낼 확률은 $\frac{1}{4}\times\frac{1}{2}=\frac{1}{8}$이다.

03 꼼꼼 문제 분석

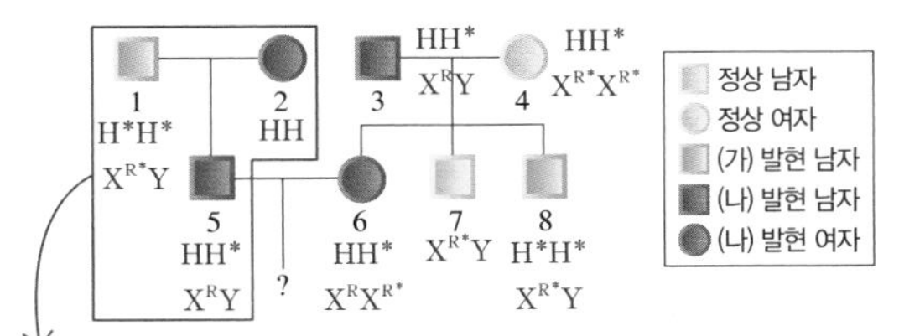

• 1과 2는 각각 H와 H* 중 한 가지만 갖고 있으므로 5의 유전자형은 HH*인데 (가)가 발현되지 않으므로, 열성 대립유전자 H*가 (가) 발현 대립유전자이다. ➡ (가) 유전자형은 1은 H*H*, 2는 HH이다.

• (가)가 발현되는 8은 유전자형이 H*H*이므로 3과 4의 유전자형은 HH*이다. ➡ 6의 (가) 유전자형은 4와 같으므로 HH*이다.

• (나)를 결정하는 유전자는 X 염색체에 있어서 반성유전하는데, 아버지가 (나)가 발현되면 반드시 딸은 (나)가 발현된다. 따라서 우성 대립유전자 R가 (나) 발현 대립유전자이며, R*는 정상 대립유전자로 열성이다.

ㄱ. 1과 2는 H와 H* 중 한 가지만 가지므로 5의 유전자형은 HH*이다. 5는 (가)가 발현되지 않으므로 H는 정상 대립유전자, H*는 (가) 발현 대립유전자이며 정상이 우성 형질이다. 정상인 3과 4 사이에서 (가) 발현인 8(H*H*)이 태어난 것으로 보아 3과 4의 유전자형은 HH*이다.

바로알기 ㄴ. (나) 유전자는 X 염색체에 있고, 아버지가 (나) 발현이면 딸은 반드시 (나)가 발현되므로 3의 (나) 발현이 우성 형질이고, 4의 정상이 열성 형질이다. 따라서 3의 (나) 유전자형은 X^RY이고, 4의 (나) 유전자형은 $X^{R*}X^{R*}$이므로 4는 R*를 갖는다.

ㄷ. 5와 6 사이에서 태어난 아이에게서

• (가)가 발현될 확률: 6의 (가) 유전자형은 4와 같으므로 5와 6의 유전자형이 모두 HH*이다. 따라서 (가)가 발현될 확률은 HH*×HH* → HH, HH*, HH*, H*H*로 $\frac{1}{4}$이다.

• (나)가 발현될 확률: 5의 유전자형은 X^RY이고, 6은 4에게서 X^{R*}를 물려받아 X^RX^{R*}이므로 $X^RY\times X^RX^{R*}\rightarrow X^RX^R$, X^RX^{R*}, X^RY, $X^{R*}Y$로 $\frac{3}{4}$이다.

따라서 (가)와 (나)가 모두 발현될 확률은 $\frac{1}{4}\times\frac{3}{4}=\frac{3}{16}$이다.

04 꼼꼼 문제 분석

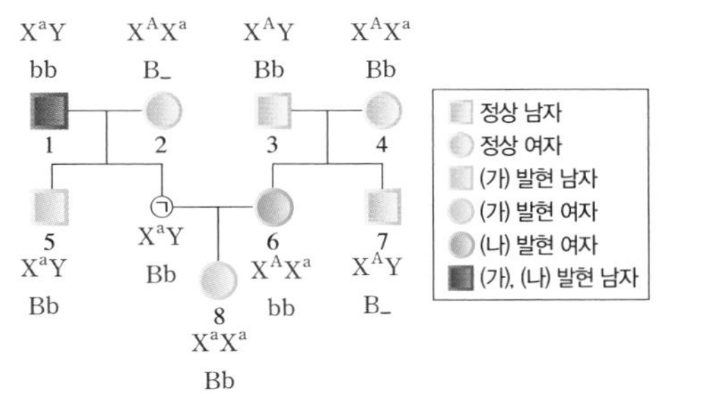

• 정상인 3, 4에게서 (나) 발현 딸 6이 태어났으므로 (나) 발현은 열성 형질이며 유전자는 상염색체에 있다. B가 정상 대립유전자이고, b가 (나) 발현 대립유전자이다.

• (나)의 유전자가 상염색체에 있으므로 (가)의 유전자는 X 염색체에 있다. 아들의 X 염색체는 어머니에게서 물려받는데 정상인 어머니 2에게서 (가) 발현 아들 5가 태어났으므로 (가) 발현은 정상에 대해 열성 형질이다. A가 정상 대립유전자이고 a가 (가) 발현 대립유전자이다.

ㄱ. (가)의 유전자는 성염색체에, (나)의 유전자는 상염색체에 있다.

ㄴ. (가)는 유전자가 X 염색체에 있으며 열성인 형질이다. ㉠의 딸(8)은 열성 형질인 (가) 발현(X^aX^a)이므로 ㉠은 (가) 발현 대립유전자를 가지고 있다(X^aY). 또, 어머니(6)는 (나) 발현(bb)인데 딸(8)은 정상(Bb)이므로 ㉠은 정상 대립유전자 B를 가지며, 1이 (나) 발현이므로 ㉠은 (나) 발현 대립유전자 b를 갖는다. 따라서 ㉠은 유전자형이 X^aY, Bb로 (가)는 발현되지만 (나)는 발현되지 않는다.

ㄷ. (가)와 (나)의 유전자는 서로 다른 염색체에 있으므로 독립적으로 유전된다. ㉠과 6 사이에서 태어나는 자녀에서

• (가)가 발현될 확률: $X^aY\times X^AX^a\rightarrow X^AX^a$, X^aX^a, X^AY, X^aY로 $\frac{1}{2}$이다.

• (나)가 발현될 확률: Bb×bb → Bb, bb로 $\frac{1}{2}$이다.

따라서 8의 동생이 태어날 때, 이 아이에게서 (가)와 (나) 중 하나만 발현될 확률은 [(가) 발현 확률×(나) 미발현 확률]+[(가) 미발현 확률×(나) 발현 확률]$=\left(\frac{1}{2}\times\frac{1}{2}\right)+\left(\frac{1}{2}\times\frac{1}{2}\right)=\frac{1}{2}$이다.

05 ㉠~㉢을 결정하는 유전자는 서로 다른 3개의 상염색체에 있으므로 ㉠~㉢은 독립적으로 유전된다.

유전자형이 AaBbDd인 부모 사이에서 태어난 아이가 적어도 두 가지 형질에 대한 유전자형을 열성 동형 접합성으로 가지는 경우는 유전자형이 AAbbdd, Aabbdd, aaBBdd, aaBbdd, aabbDD, aabbDd, aabbdd인 경우이다.

Aa×Aa → AA, 2Aa, aa이고, Bb×Bb, Dd×Dd에서도 같은 비율이다.

• 한 가지 형질은 우성 동형 접합성이고, 두 가지 형질은 열성 동형 접합성(AAbbdd, aaBBdd, aabbDD)일 확률:

$\frac{1}{4}\times\frac{1}{4}\times\frac{1}{4}\times3=\frac{3}{64}$

• 한 가지 형질은 이형 접합성이고, 두 가지 형질은 열성 동형 접합성(Aabbdd, aaBbdd, aabbDd)일 확률:

$\frac{1}{2}\times\frac{1}{4}\times\frac{1}{4}\times3=\frac{3}{32}$

• 세 가지 형질이 열성 동형 접합성(aabbdd)일 확률:

$\frac{1}{4}\times\frac{1}{4}\times\frac{1}{4}=\frac{1}{64}$

따라서 ㉠~㉢ 중 적어도 두 가지 형질에 대한 유전자형을 열성 동형 접합성으로 가질 확률은 $\frac{3}{64}+\frac{3}{32}+\frac{1}{64}=\frac{10}{64}=\frac{5}{32}$이다.

06 꼼꼼 문제 분석

• (가)를 결정하는 데 관여하는 세 쌍의 대립유전자 A와 a, B와 b, D와 d는 서로 다른 염색체에 있다.
➡ 세 쌍의 대립유전자가 형질을 결정하므로 다인자 유전 형질이다.

• 구성원 1~6의 (가)의 표현형은 나타내지 않았으나 모두 같고, 5의 유전자형은 AABbdd, 6의 유전자형은 AaBbDd이다.
대문자로 표시되는 대립유전자의 수가 각각 3개이다.

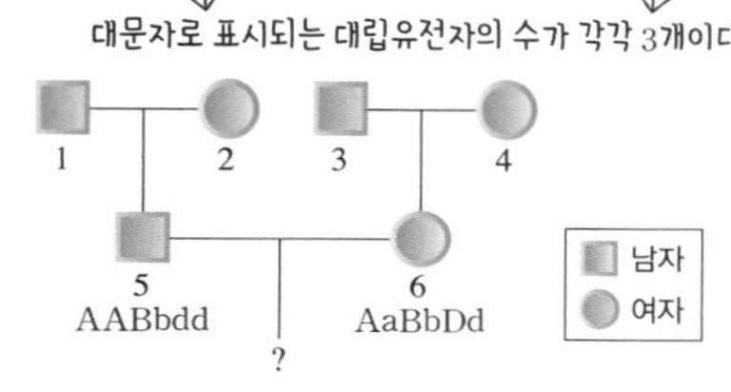

ㄴ. AABbdd×AaBbDd에서 나올 수 있는 A의 수는 (1, 2) B의 수는 (0, 1, 2), D의 수는 (0, 1)이므로 이들의 조합으로 생길 수 있는 대문자로 표시되는 대립유전자의 수는 1, 2, 3, 4, 5이다. 따라서 (가)의 표현형은 최대 5가지이다.

바로알기 ㄱ. (가)는 세 쌍의 대립유전자가 형질을 결정하므로 다인자 유전 형질이다. 복대립 유전은 한 쌍의 대립유전자가 형질을 결정하는 단일 인자 유전 형질이다.

ㄷ. 5와 6은 대문자로 표시되는 대립유전자가 3개이다. 따라서 5와 6 사이에서 태어나는 아이가 대문자로 표시되는 대립유전자가 3개일 확률을 계산한다.

AABbdd×AaBbDd → $\left(\frac{1}{2}\text{AA}+\frac{1}{2}\text{Aa}\right)\left(\frac{1}{4}\text{BB}+\frac{1}{2}\text{Bb}+\frac{1}{4}\text{bb}\right)\left(\frac{1}{2}\text{Dd}+\frac{1}{2}\text{dd}\right)$이다. 따라서 대문자로 표시되는 대립유전자가 3개일 확률은 $\left(\frac{1}{2}\text{AA}\times\frac{1}{2}\text{Bb}\times\frac{1}{2}\text{dd}\right)+\left(\frac{1}{2}\text{AA}\times\frac{1}{4}\text{bb}\times\frac{1}{2}\text{Dd}\right)+\left(\frac{1}{2}\text{Aa}\times\frac{1}{4}\text{BB}\times\frac{1}{2}\text{dd}\right)+\left(\frac{1}{2}\text{Aa}\times\frac{1}{2}\text{Bb}\times\frac{1}{2}\text{Dd}\right)=\frac{1}{8}+\frac{1}{16}+\frac{1}{16}+\frac{1}{8}=\frac{6}{16}=\frac{3}{8}$이다.

유전병의 종류와 특징

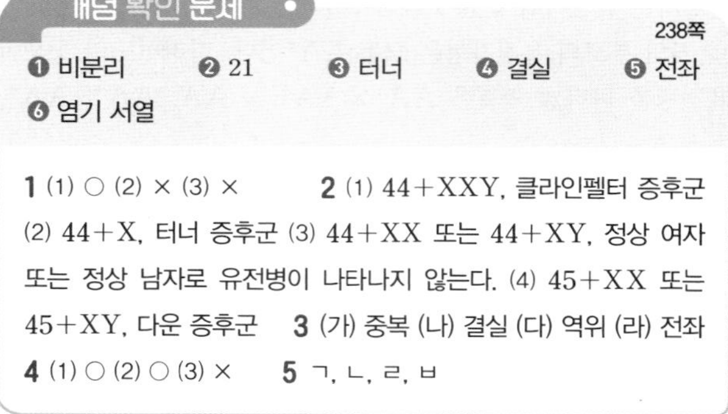

개념 확인 문제

238쪽

❶ 비분리 ❷ 21 ❸ 터너 ❹ 결실 ❺ 전좌 ❻ 염기 서열

1 (1) ○ (2) × (3) × **2** (1) 44+XXY, 클라인펠터 증후군 (2) 44+X, 터너 증후군 (3) 44+XX 또는 44+XY, 정상 여자 또는 정상 남자로 유전병이 나타나지 않는다. (4) 45+XX 또는 45+XY, 다운 증후군 **3** (가) 중복 (나) 결실 (다) 역위 (라) 전좌 **4** (1) ○ (2) ○ (3) × **5** ㄱ, ㄴ, ㄹ, ㅂ

1 (2) 체세포에서 일어난 돌연변이는 자손에게 유전되지 않으며, 생식세포에서 일어난 돌연변이만 자손에게 유전된다.
(3) 핵형은 염색체의 수, 모양, 크기와 같은 특징으로, 유전자 이상에 의한 유전병은 핵형 분석으로 알아낼 수 없다.

2 (가)는 감수 1분열에서 성염색체가, (나)는 감수 2분열에서 21번 염색체가 비분리되었다.
(1) 정자 A의 염색체 구성은 22+XY이고, 정상 난자의 염색체 구성은 22+X이다. 따라서 A가 정상 난자와 수정하면 44+XXY로, 클라인펠터 증후군인 아이가 태어난다.
(2) 정자 B의 염색체 구성은 22, 정상 난자는 22+X이므로 이들이 수정하면 44+X로, 터너 증후군인 아이가 태어난다.
(3) 정자 C는 21번 염색체가 1개로 정상이므로 염색체 구성은 22+X 또는 22+Y이다. 따라서 C가 정상 난자와 수정하면 44+XX 또는 44+XY로, 정상 여자 또는 정상 남자가 태어난다.
(4) 정자 D는 21번 염색체가 2개이므로 염색체 구성은 23+X 또는 23+Y이다. 따라서 D가 정상 난자와 수정하면 45+XX 또는 45+XY로, 다운 증후군인 여자 또는 남자가 태어난다.

3 (가)는 de가 반복되므로 중복, (나)는 a가 없으므로 결실, (다)는 ef가 거꾸로 되었으므로 역위, (라)는 염색체 일부가 상동 염색체가 아닌 다른 염색체와 교환되었으므로 전좌이다.

4 (1) 방사선, 자외선, 화학 물질 등에 의해 유전자 돌연변이가 발생할 수 있다.
(3) 헌팅턴 무도병과 같이 우성으로 유전되는 유전병도 있다.

5 염색체 구조 이상에 의한 유전병인 고양이 울음 증후군, 유전자 이상에 의한 유전병인 알비노증, 페닐케톤뇨증, 낫 모양 적혈구 빈혈증은 체세포의 염색체 수가 46으로 정상인과 같다. 에드워드 증후군(18번 염색체 3개)과 클라인펠터 증후군(성염색체 XXY)은 체세포의 염색체 수가 47이다.

대표 자료 분석 239쪽

자료 ❶ 1 A: 22+XY, B: 22, C: 22+X, D: 22+YY
2 ㉠ 44+XXY, ㉡ 클라인펠터 증후군, ㉢ 44+X, ㉣ 터너 증후군 3 (1) ○ (2) × (3) × (4) × (5) ×

자료 ❷ 1 터너 증후군 2 G 3 (1) ○ (2) × (3) ○ (4) ○ (5) × (6) ×

1-1 꼼꼼 문제 분석

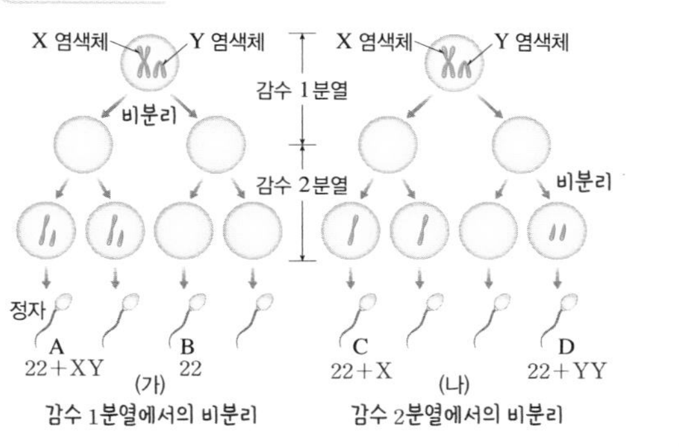

A∼D는 상염색체 수는 22로 정상이지만, A는 성염색체로 XY를 가지고, B는 성염색체가 없으며, C는 X 염색체를 1개 가지고, D는 Y 염색체를 2개 가진다.

1-2 A의 염색체 구성은 22+XY이고, 정상 난자의 염색체 구성은 22+X이다. 따라서 이들이 수정하면 클라인펠터 증후군(44+XXY)인 아이가 태어난다. B의 염색체 구성은 22이고, 정상 난자의 염색체 구성은 22+X이다. 따라서 이들이 수정하면 터너 증후군(44+X)인 아이가 태어난다.

1-3 (1), (2) A와 B는 감수 1분열 시 상동 염색체가 비분리되어 형성된 것이다.
(3) C는 정상적인 정자이므로 염색체 수는 n이다.
(4) C와 D는 상염색체 수는 같고, 성염색체 구성만 X 염색체 1개와 Y 염색체 2개로 다르다. 따라서 DNA양은 성염색체 구성만큼만 차이가 난다.
(5) (나)에서는 염색체 수가 정상인 생식세포가 2개 형성된다.

2-1 꼼꼼 문제 분석

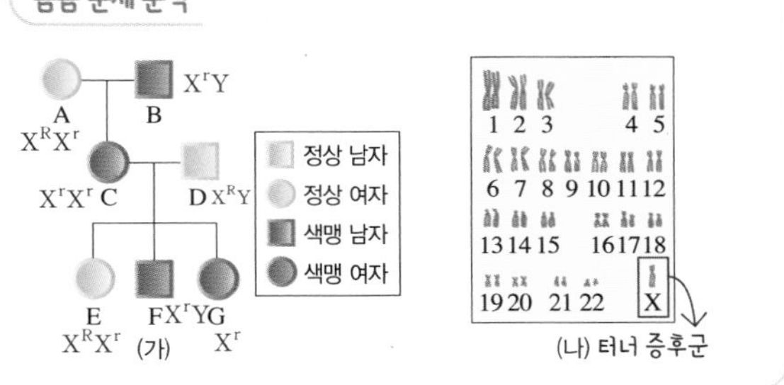

(나)는 상염색체 수는 정상이지만 성염색체가 X 염색체 한 개만 있는 터너 증후군의 핵형이다.

2-2 터너 증후군은 염색체 비분리에 의해 나타나며, 외관상 여자이므로 (나)는 A, C, E, G 중 한 사람의 핵형이다. 적록 색맹은 유전자가 X 염색체에 있어 반성유전하며, 정상에 대해 열성이다. 따라서 아버지가 우성 형질인 정상이면 딸은 모두 정상이어야 하는데, 정상인 아버지(D)에게서 적록 색맹인 딸(G)이 나온 것은 염색체 비분리에 의해 아버지에게서 정상 대립유전자가 있는 X 염색체를 물려받지 못한 경우이므로 (나)는 G의 핵형이다.

2-3 (1) (나)와 같은 핵형을 가진 사람은 상염색체 22쌍(44개)과 성염색체 1개를 가지므로 체세포 1개당 염색체 수는 45이다.
(2) (나)와 같은 핵형을 가진 사람은 성염색체로 X 염색체만 가지므로 성별은 여성이다.
(3) E는 정상이지만 어머니 C에게서 물려받은 적록 색맹 대립유전자를 가지므로 유전자형은 이형 접합성이다.
(4) F는 어머니 C에게서 적록 색맹 대립유전자를 물려받아 적록 색맹이다.
(5) G는 적록 색맹으로 어머니 C에게서 X 염색체를 물려받았고, 아버지 D에게서는 성염색체를 물려받지 못하였다.
(6) D에서 감수 분열 과정 중 성염색체가 비분리되어 성염색체가 없는 정자가 형성된 후 정상 난자와 수정하여 터너 증후군을 나타내는 G가 태어났다.

내신 만점 문제 240~243쪽

01 ③	02 ⑤	03 해설 참조	04 ①	05 ②	06 ④
07 ③	08 ②	09 해설 참조	10 ③	11 ②	12 ⑤
13 (1) 전좌 (2) 만성 골수성 백혈병			14 ④	15 ⑤	16 ④
17 ④					

01 ①, ② 염색체나 유전자에 변화가 일어나 부모에게 없던 형질이 갑자기 나타나는 것을 돌연변이라고 한다.
④ 염색체 수 이상이나 구조 이상에 의한 유전병은 핵형 분석을 통해 진단할 수 있다.
바로알기 ③ 돌연변이는 유전병의 원인이 될 수 있으나 모든 돌연변이가 유전병의 원인이 되는 것은 아니다. 돌연변이는 새로운 대립유전자를 만들어 유전적 다양성을 증가시키기도 한다.

02 ①, ② 이 태아는 성염색체 구성이 XY이므로 남자이고, 21번 염색체가 3개이므로 다운 증후군이다.
③ 22쌍의 상염색체와 21번 염색체가 1개 더 있으므로 이 태아의 체세포의 상염색체 수는 45이다.

④ 다운 증후군과 같은 상염색체 수 이상에 의한 유전병은 남녀 모두에게 나타날 수 있다.

바로알기 ⑤ 이 태아에게서 나타나는 염색체 수 이상에 의한 유전병은 부모의 생식세포 형성 과정에서의 염색체 비분리가 원인이다. 중복은 염색체 구조 이상 중 하나이다.

03 정자 형성 과정 중 감수 1분열에서 염색체 비분리가 1회 일어나면 핵상이 $n-1$, $n+1$인 정자가 형성되고, 감수 2분열에서 염색체 비분리가 1회 일어나면 핵상이 n, $n-1$, $n+1$인 정자가 형성된다.

모범 답안 (1) 감수 2분열, 정자 형성 과정 중 감수 2분열에 염색체 비분리가 1회 일어나면 핵상이 n, $n-1$, $n+1$로 염색체 수가 서로 다른 3가지 정자가 형성되지만, 감수 1분열에 염색체 비분리가 일어나면 핵상이 $n-1$, $n+1$로 염색체 수가 서로 다른 2가지 정자가 형성되기 때문이다.
(2) ㉠ $n+1$, ㉡ $n-1$, ㉢ n

채점 기준		배점
(1)	감수 2분열이라는 것과 그 근거를 모두 옳게 서술한 경우	60 %
	감수 2분열이라고만 쓴 경우	30 %
(2)	㉠~㉢의 핵상을 모두 옳게 쓴 경우	40 %
	㉠ 24, ㉡ 22, ㉢ 23이라고 쓴 경우	20 %

04 생식세포 분열 중 감수 1분열에 성염색체가 비분리되어 형성될 수 있는 정자의 염색체 구성은 22, 22+XY이고, 정상 난자의 염색체 구성은 22+X이다. 따라서 이들의 수정으로 태어난 자녀의 염색체 구성은 44+X, 44+XXY이다.

05 ㄴ. 상동 염색체가 분리되어 이동하고 있으므로 감수 1분열 과정에서 염색체 비분리가 일어났다. 이런 경우 딸세포의 염색체 수는 $n+1$과 $n-1$이 된다.

바로알기 ㄱ. 그림은 생식세포 분열 과정 중 감수 1분열 후기의 세포이다.
ㄷ. 고양이 울음 증후군은 5번 염색체 일부가 결실되어 나타나며, 염색체 비분리에 의해 나타나는 유전병이 아니다.

06 꼼꼼 문제 분석

X 염색체 / Y 염색체
감수 1분열은 정상적으로 일어났다.
감수 2분열에서 Y 염색체의 염색 분체가 비분리되었다.
㉠ $n+1=22+YY$ ㉡
$n=22+X$ / $n-1=22$로, 성염색체가 없다.

ㄴ. ㉠의 염색체 구성은 22+X로 정상이고, 정상 난자의 염색체 구성은 22+X이다. 따라서 ㉠과 정상 난자가 수정하면 염색체 구성이 44+XX로, 염색체 수가 정상인 여자가 태어난다.
ㄷ. ㉡의 염색체 구성은 22이므로 ㉡이 정상 난자와 수정하여 태어나는 아이는 염색체 구성이 44+X이다. 따라서 터너 증후군을 나타낸다.

바로알기 ㄱ. 감수 2분열에 성염색체인 Y 염색체의 염색 분체가 비분리되었다.

07 꼼꼼 문제 분석

21번 염색체 비분리 / 감수 1분열 / 감수 2분열 / 성염색체 비분리
(가) $n+1$ $n+1$ $n-1$ $n-1$
(나) $n-1$ $n+1$ n n
(가) 딸세포의 염색체 수가 $n+1$과 $n-1$이므로 감수 1분열 과정에서 21번 염색체가 비분리되었다. ➡ A는 21번 염색체가 없고, B는 21번 염색체가 2개이다.
(나) 딸세포의 염색체 수가 $n-1$, $n+1$, n이므로 감수 2분열에서 성염색체가 비분리되었다. ➡ C는 상염색체 22개만 있고 성염색체가 없다.

① (가)는 감수 1분열에서 21번 상동 염색체의 비분리가 일어난 경우로, 형성된 딸세포 모두 염색체 수에 이상이 있다.
② (나)는 감수 2분열에 성염색체의 염색 분체가 비분리되었다.
④ B는 21번 염색체를 2개 가지므로 정상 정자와 수정하면 21번 염색체가 3개인 다운 증후군 아이가 태어난다.
⑤ C는 성염색체가 없고 상염색체만 22개이므로 정상 난자(22+X)와 수정하면 염색체 구성이 44+X로 터너 증후군인 아이가 태어난다.

바로알기 ③ A의 형성 과정에서 21번 염색체는 비분리되었지만 성염색체는 정상적으로 분리되었으므로 A에는 X 염색체가 있다.

08 꼼꼼 문제 분석

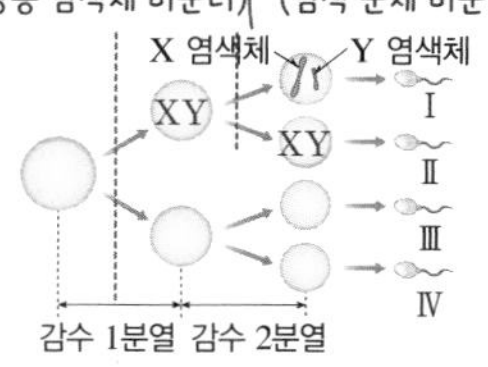

Ⅲ과 Ⅳ 중 하나 (㉠, ㉡) / Ⅰ과 Ⅱ 중 하나 (㉢, ㉣)

세포	총 염색체 수
㉠	22 ? $n-1=22$
㉡	22 $n-1=22$
㉢	23 $n=21+XY$
㉣	25 $n+2=23+XY$

• 정자 Ⅰ에 X 염색체와 Y 염색체가 함께 있으므로 감수 1분열에서 성염색체 비분리가 일어났다. ➡ Ⅰ과 Ⅱ는 염색체 수가 24, Ⅲ과 Ⅳ는 22가 되어야 하는데, ㉢과 ㉣은 각각 23, 25이므로 감수 2분열에서 상염색체가 비분리되어 Ⅰ과 Ⅱ가 형성되었다.
• 정자 Ⅲ과 Ⅳ의 염색체 수는 22로 같고, 각각 ㉠과 ㉡ 중 하나에 해당한다.

ㄴ. ㉠은 Ⅲ과 Ⅳ 중 하나이며, 총 염색체 수는 22이다.

바로알기 ㄱ. Ⅰ에 X 염색체와 Y 염색체가 함께 있으므로 감수 1분열에서 성염색체 비분리가 일어났으며, 감수 2분열에서는 상염색체 비분리가 일어났다.

ㄷ. Ⅳ는 감수 1분열에 성염색체가 비분리되어 성염색체는 없고 상염색체만 22개인 정자이므로 정상 난자(22+X)와 수정하여 태어난 아이는 염색체 구성이 44+X로 체세포 1개당 상염색체 수는 44, 성염색체 수는 1이다.

09 철수는 상염색체는 정상이지만 성염색체 구성이 XXY이므로 클라인펠터 증후군이다. 철수 아버지는 적록 색맹이 아니므로 철수가 아버지의 X 염색체를 물려받았다면 적록 색맹이 아닐 것이다. 따라서 철수의 X 염색체 2개는 모두 어머니에게서 물려받은 것이고, X 염색체 2개에 모두 적록 색맹 대립유전자가 있다. 따라서 어머니는 적록 색맹 보인자(X^RX^r)이고, 난자 형성 과정 중 감수 2분열 과정에서 적록 색맹 대립유전자가 있는 X 염색체가 비분리되어 2개의 X 염색체가 들어간 난자가 Y 염색체를 가진 정상 정자와 수정되어 철수(X^rX^rY)가 태어났다.

모범 답안 어머니의 난자 형성 과정에서 감수 2분열에 성염색체가 비분리되어 적록 색맹 대립유전자가 있는 X 염색체가 2개 들어간 난자가 형성된 후 Y 염색체를 가진 정상 정자와 수정하여 철수가 태어났다.

채점 기준	배점
5개 용어를 모두 옳게 선택하여 서술한 경우	100 %
5개 용어 중 일부가 누락된 상태로 서술한 경우	50 %

10 꼼꼼 문제 분석

- 정상 대립유전자 A와 유전병 대립유전자 A*는 7번 염색체에 있다.
  ➡ 유전병 유전자가 상염색체에 있다.
- 유전병에 대한 철수 아버지의 유전자형은 AA이고, 어머니의 유전자형은 AA*이다. ➡ 부모가 모두 정상이므로 A가 A*에 대해 우성이다.
- 철수는 7번 염색체 쌍을 모두 어머니에게서, 나머지 염색체는 아버지와 어머니에게서 하나씩 물려받았다.
  ➡ 유전병인 철수는 어머니에게서 A*를 2개 물려받았다.
- 어머니의 난자 ㉠이 아버지의 정자 ㉡과 수정하여 철수가 태어났으며, ㉠과 ㉡이 형성될 때 염색체 비분리가 1회씩 일어났다.
  ➡ 철수는 7번 염색체를 모두 어머니에게서 물려받았으므로 ㉠은 7번 염색체가 2개로 염색체 구성이 23+X이고, ㉡은 7번 염색체가 없으므로 염색체 구성이 21+Y이다.

ㄱ. 어머니의 유전자형이 AA*인데 정상이므로 정상 대립유전자 A는 유전병 대립유전자 A*에 대해 우성이다.

ㄴ. ㉠은 A*가 있는 7번 염색체를 2개 가지므로, 감수 2분열 시 7번 염색체의 염색 분체가 비분리되어 형성되었다. 만일 감수 1분열에서 염색체 비분리가 일어났다면 ㉠은 대립유전자 A가 있는 7번 염색체와 A*가 있는 7번 염색체를 갖게 되어 철수는 유전병을 나타내지 않을 것이다.

바로알기 ㄷ. ㉡은 7번 염색체가 없으므로 상염색체가 21개이다.

11 꼼꼼 문제 분석

유전병	(가)	(나)	(다)	(라)
특징	21	X	XXY	5
	다운 증후군, 45+XY 또는 45+XX	터너 증후군, 44+X	클라인펠터 증후군, 44+XXY	고양이 울음 증후군, 44+XY 또는 44+XX

① (가)는 정상인보다 21번 상염색체가 1개 더 많으므로 체세포 1개당 염색체 수는 47이다.

③ (다)는 성염색체 수는 하나 더 많지만, 상염색체 수는 정상이므로 염색체 구성은 44+XXY이다.

④ (라)는 5번 염색체 일부가 결실되었지만 체세포 1개당 염색체 수는 정상인과 같아서 46이다.

⑤ 감수 1분열에 성염색체가 비분리되어 형성되는 정자의 염색체 구성은 22, 22+XY이므로 정상 난자(22+X)와 수정될 경우 44+X(나), 44+XXY(다)가 나타날 수 있다.

바로알기 ② (나)는 상염색체 수가 정상인과 같으므로 체세포 1개당 상염색체 수는 44이다.

12 꼼꼼 문제 분석

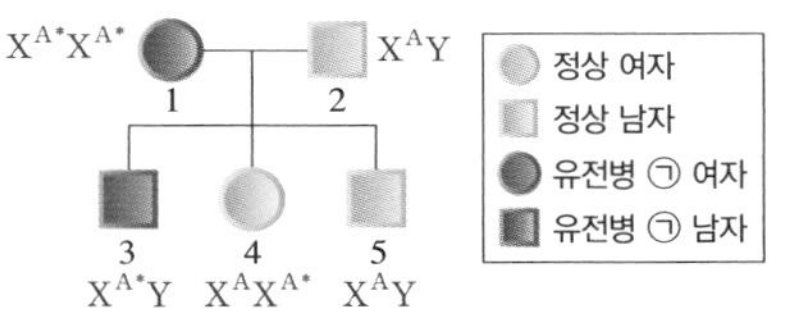

- 1과 2가 각각 A와 A* 한 종류만 가지고 있는데 성별이 다른 자손인 3과 4의 표현형이 다르므로 ㉠ 유전자는 상염색체에 있지 않고 X 염색체에 있다.
- 딸 4는 1과 2에게서 X 염색체를 1개씩 물려받았는데 정상이므로 ㉠은 열성 형질이며, A는 정상 대립유전자이고, A*는 ㉠ 대립유전자이다.

ㄱ. 체세포 1개당 A*의 수가 3($X^{A*}Y$)과 4(X^AX^{A*})에서 같으므로 A*의 DNA 상대량도 같다.

ㄴ. 5의 핵형은 정상이고 ㉠이 발현되지 않았으므로 유전자형은 X^AY이다. 1의 유전자형이 $X^{A*}X^{A*}$이므로 5의 성염색체는 모두 아버지인 2에게서 물려받은 것이다. 따라서 난자 ⓐ는 성염색체가 없어 $n-1$이고, 정자 ⓑ는 X 염색체와 Y 염색체가 모두 있어 $n+1$이다.

ㄷ. ⓑ는 X 염색체와 Y 염색체가 모두 있으므로 감수 1분열에 성염색체 비분리가 일어나 형성되었다.

13 (1) 염색체 일부가 떨어져 상동 염색체가 아닌 다른 염색체에 연결되는 염색체 구조 이상을 전좌라고 한다.

(2) 만성 골수성 백혈병은 9번 염색체와 22번 염색체 사이에 전좌가 일어나서 나타나는 유전병이다.

14 꼼꼼 문제 분석

상동 염색체
유전자 RS가 SR로 뒤바뀌어 있다. ➡ 역위
㉠ P Q R S T
㉡ P Q R S T
W X Y Z
W X Y Z
(가)
P Q R S T
P Q S R T
W X Y Z
W X Y Z
(나)
P Q R S T
P Q Y Z
W X R S T
W X Y Z
(다)
비상동 염색체 사이에 염색체 일부가 바뀌었다. ➡ 전좌

① ㉠과 ㉡은 같은 위치에 하나의 형질을 결정하는 대립유전자가 있는 상동 염색체이다.
② (나)와 (다)는 염색체 구조에 이상이 일어났지만, 핵상은 (가)와 같은 $2n$이다.
③ (나)에는 염색체 일부가 떨어진 후 거꾸로 붙는 역위가 일어난 염색체가 있다.
⑤ (가)는 정상이고, (나)와 (다)에서만 각각 다른 염색체 구조 이상이 일어났다. 이것은 (나)와 (다)의 염색체 구조 이상은 체세포 분열 과정에서 일어났다는 것을 의미한다.
바로알기 ④ 전좌는 염색체 일부가 떨어진 후 상동 염색체가 아닌 다른 염색체에 연결되는 것이다.

15 꼼꼼 문제 분석

상염색체
X 염색체에 있다.
A
X 염색체
Y 염색체
(가) XY
㉠
㉡
a
A
X 염색체 일부가 상염색체로 옮겨가 연결되는 전좌가 일어났다.
상염색체
X 염색체
(나) XX

ㄴ. (가)와 (나)에서 A는 X 염색체에 있다.
ㄷ. (나)에서 A의 대립유전자 a가 있는 부분이 상염색체로 옮겨가 있으므로 성염색체의 일부가 상염색체로 전좌되었다는 것을 알 수 있다.
바로알기 ㄱ. (가)는 상염색체 한 쌍과 성염색체 XY가 있으므로 수컷의 세포이다. (나)는 상염색체 한 쌍과 성염색체 XX가 있으므로 암컷의 세포이다. ㉠은 상염색체이고, ㉡은 X 염색체이므로 ㉠과 ㉡은 상동 염색체가 아니다.

16 ㄴ. 낫 모양 적혈구가 형성되었을 때 빈혈 증세가 나타나는 것은 낫 모양 적혈구가 정상 적혈구에 비해 산소 운반 기능이 떨어지기 때문이다.
ㄷ. 낫 모양 적혈구 빈혈증 환자는 정상인과 핵형이 같으므로 체세포 1개당 염색체 수는 정상인과 같다.
바로알기 ㄱ. 낫 모양 적혈구 빈혈증은 유전자의 DNA 염기 서열 하나가 바뀐 유전자 돌연변이에 의한 것으로, 염색체의 형태적 특징을 분석하는 핵형 분석으로는 알아낼 수 없다.

17 ① 알비노증(가)은 유전자 이상, 즉 DNA 염기 서열의 이상으로 나타나는 유전병이다.
② 알비노증(가)과 고양이 울음 증후군(나)인 사람에서 체세포 1개당 염색체 수는 46으로 같다.
③ 고양이 울음 증후군(나)은 5번 염색체가 짧고, 터너 증후군(다)은 성염색체가 X 염색체 1개이므로 핵형 분석으로 알아낼 수 있다.
⑤ 터너 증후군(다)인 사람은 성염색체가 1개밖에 없는데, 이것은 생식세포 형성 시 성염색체 비분리로 형성된 생식세포가 수정했을 때 나타날 수 있다.
바로알기 ④ 체세포 1개당 상염색체 수는 (가)인 사람과 (다)인 사람 모두 44로 같다.

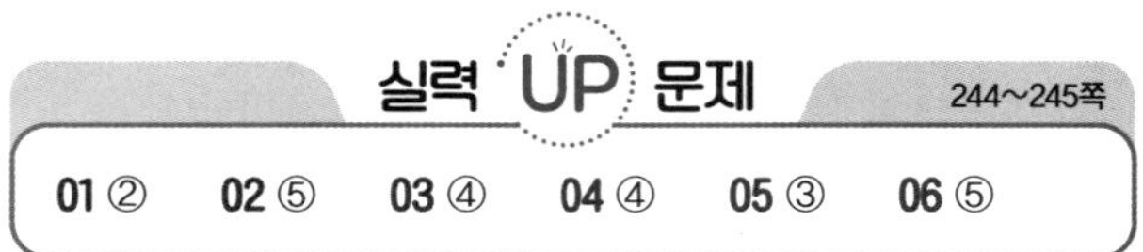

실력 UP 문제
244~245쪽
01 ②
02 ⑤
03 ④
04 ④
05 ③
06 ⑤

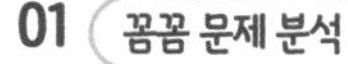

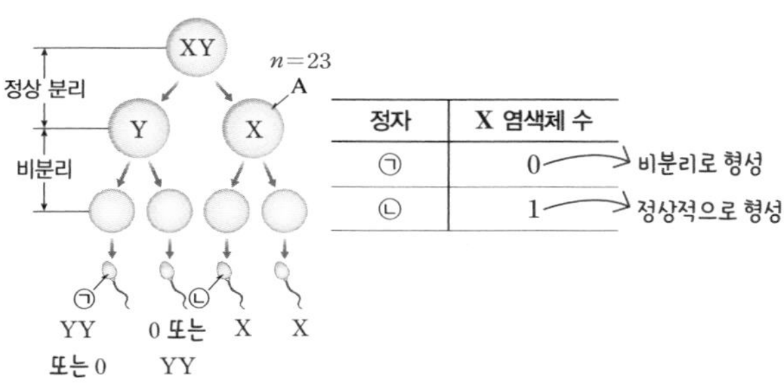

• 감수 1분열에서는 성염색체가 정상적으로 분리되었으므로 X 염색체와 Y 염색체가 서로 다른 세포로 들어갔다. ➡ ㉡에 X 염색체가 1개 있으므로 A에 X 염색체가 있다.
• 감수 2분열에서 성염색체의 염색 분체가 비분리되면 생식세포는 성염색체가 2개인 것과 성염색체가 없는 것이 만들어진다. 그런데 ㉡은 X 염색체를 1개 가지고 있으므로 비분리는 ㉠이 형성되는 과정에서 일어났다. ➡ ㉠은 Y 염색체를 2개 가지거나 성염색체가 없다.

ㄱ. ㉡은 정상적인 분열로 형성되었고, 감수 2분열이 일어나면 염색체 수는 변하지 않고 DNA양만 반으로 줄어든다. 따라서 DNA양은 A가 ㉡의 2배이다.
ㄴ. A는 감수 2분열 중기 세포이므로 염색체 수는 n=23이다. 이때 각 염색체는 2개의 염색 분체로 이루어져 있으므로 염색 분체 수는 23×2=46이다.
바로알기 ㄷ. ㉠의 염색체 구성은 22+YY 또는 22이므로 ㉠이 정상 난자와 수정하면 염색체 구성이 44+XYY 또는 44+X가 된다. 따라서 태어난 아이가 클라인펠터 증후군(44+XXY)일 확률은 0이다.

02 꼼꼼 문제 분석

세포	총 염색체 수	X 염색체 수
ⓐ	22	1
ⓑ	24	0
ⓒ	24	1
ⓓ	25	0
ⓔ	㉠23	2

- X 염색체가 없으면서 총 염색체 수가 정상 생식세포의 23보다 많은 ⓑ와 ⓓ는 정자 형성 과정에서 Y 염색체가 들어간 세포이다. ➡ ⓑ는 7번 염색체가 2개 들어간 Ⅰ이고, ⓓ는 7번 염색체와 Y 염색체가 2개씩 들어간 Ⅲ이다.
- Ⅳ는 7번 염색체가 없어 총 염색체 수는 22이고, X 염색체가 1개 있는 ⓐ이다.
- ⓒ는 총 염색체 수가 24이고, X 염색체가 1개 있으므로 21번 염색체가 2개 들어간 Ⅱ이다.
- Ⅴ는 21번 염색체가 없고, X 염색체가 비분리되어 2개이므로 ⓔ이고, 총 염색체 수는 23(㉠)이다.
- 각 세포의 염색체 구성을 정리하면 다음과 같다.

세포	염색체	구성 특징
Ⅰ(ⓑ)	23+Y	7번 염색체 2개
Ⅱ(ⓒ)	23+X	21번 염색체 2개
Ⅲ(ⓓ)	23+YY	7번 염색체 2개, Y 염색체 2개
Ⅳ(ⓐ)	21+X	7번 염색체 0개
Ⅴ(ⓔ)	21+XX	21번 염색체 0개, X 염색체 2개

⑤ Ⅴ에는 21번 염색체가 없고, X 염색체가 2개 있다.

바로알기 ① ㉠은 23이다.

② Ⅰ과 Ⅱ에서 성염색체는 1개로 같다.

③ Ⅲ에는 성염색체로 Y 염색체가 2개 있다.

④ Ⅳ에는 7번 염색체가 없다.

03 꼼꼼 문제 분석

어머니가 정상인데 형은 ㉠이 발현되었다. 우성인 A는 정상 대립유전자이고, A*는 ㉠ 대립유전자이며, 어머니는 보인자이다.

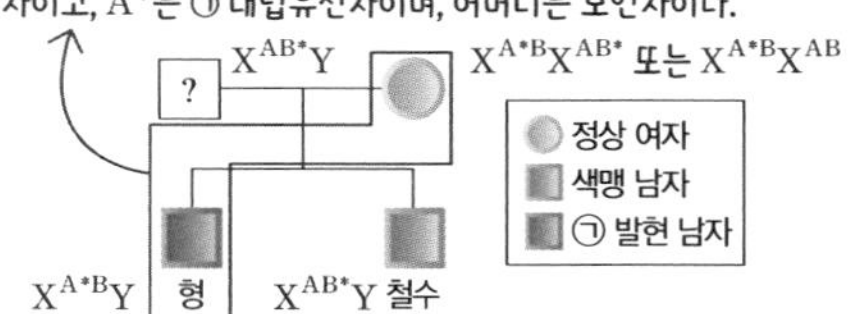

- 철수네 가족 구성원의 핵형은 모두 정상이다.
- 염색체 수가 비정상적인 정자 ⓐ와 난자 ⓑ가 수정되어 철수가 태어났고, ⓐ와 ⓑ의 형성 과정 중 성염색체 비분리가 1회씩 일어났다.

➡ 남자인 철수의 핵형이 정상이므로 성염색체 구성이 XY이다. 따라서 정자 ⓐ에는 X 염색체와 Y 염색체가 모두 있고, 난자 ⓑ에는 성염색체가 없다. 철수가 적록 색맹이므로 아버지에게서 물려받은 X 염색체에 적록 색맹 대립유전자가 있다.

➡ 아버지는 적록 색맹이며, 철수가 ㉠을 나타내지 않으므로 아버지도 ㉠을 나타내지 않는다.

ㄱ. 철수의 X 염색체는 아버지에게서 물려받은 것인데, 철수가 적록 색맹이므로 아버지도 적록 색맹이다. 또 철수가 ㉠을 나타내지 않으므로 아버지도 ㉠을 나타내지 않는다.

ㄷ. 철수의 핵형이 정상이므로 성염색체 구성이 XY이다. 성염색체 비분리로 만들어진 정자 ⓐ와 난자 ⓑ의 수정으로 철수가 태어났으므로 철수의 X 염색체와 Y 염색체는 모두 정자 ⓐ에서 비롯된 것이다. X 염색체와 Y 염색체를 모두 가진 정자가 형성되려면 감수 1분열에서 성염색체가 비분리되어야 한다.

ㄹ. 정자 ⓐ(22+XY)와 난자 ⓑ(22)의 상염색체 수는 22로 같다.

바로알기 ㄴ. ㉠을 결정하는 유전자는 성염색체인 X 염색체에 있으므로 형의 ㉠ 대립유전자는 어머니에게서 물려받은 것이다. 어머니는 정상이므로 정상 대립유전자 A가 우성이고, ㉠ 대립유전자 A*가 열성이며, 어머니의 ㉠에 대한 유전자형은 AA*이다. 또 어머니는 적록 색맹이 아니므로 정상 대립유전자 B를 가진다. 형은 ㉠이 발현되고 적록 색맹이 아니므로 어머니에게서 A*와 B를 물려받았다.

04 꼼꼼 문제 분석

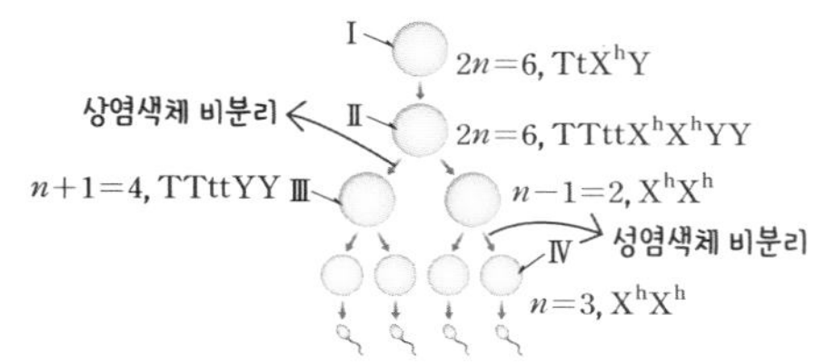

세포	염색체 수	DNA 상대량			
		H	h	T	t
㉠ Ⅱ	6	ⓐ0	ⓑ2	2	2
㉡ Ⅰ	?6	0	ⓒ1	1	1
㉢ Ⅳ	3	0	2	0	0
㉣ Ⅲ	ⓓ4	0	?0	2	2

- Ⅰ과 Ⅱ는 $2n=6$이고, Ⅱ는 DNA가 복제된 상태이므로 각 대립유전자의 DNA 상대량이 Ⅰ의 2배이다. 따라서 ㉠이 Ⅱ, ㉡이 Ⅰ이다. ➡ ⓐ=0, ㉡의 염색체 수 6
- 감수 1분열에서 비분리가 일어난 상염색체에 있는 대립유전자가 복제된 상태로 하나의 세포로 들어간다. ➡ ㉣이 Ⅲ이며, T와 t는 상염색체에 있는 대립유전자이고, ㉣의 염색체 수 ⓓ는 4이다.
- ㉢은 Ⅳ이며, 염색체 수가 3이므로 감수 2분열에 성염색체의 염색 분체가 비분리되어 들어갔다. h의 DNA 상대량이 2이므로 h는 성염색체에 있는 대립유전자이다. ➡ ⓒ는 1이고, ⓑ는 2이다.

ㄴ. ㉡은 Ⅰ이고, X 염색체와 Y 염색체가 모두 있으므로 성염색체 수는 2이다. ㉢은 Ⅳ이고, 감수 2분열 과정에서 성염색체 비분리가 일어나 성염색체 수는 2이다.

ㄷ. ㉣은 Ⅲ이며, 비분리된 상염색체가 들어가 염색체 수 ⓓ는 4이다.

바로알기 ㄱ. ⓐ+ⓑ+ⓒ=0+2+1=3이고, ⓓ=4이다.

05 꼼꼼 문제 분석

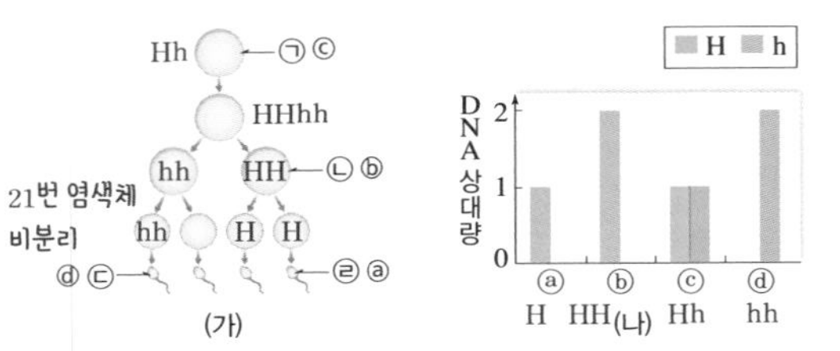

- ㉠은 G_1기 세포로, 핵상이 $2n$이므로 상동 염색체에 있는 대립유전자가 모두 있다. ➡ ㉠은 ⓒ이다.
- ㉡이 감수 2분열하여 ㉣이 형성되었으므로 ㉣의 대립유전자의 DNA 상대량은 ㉡의 반이다. 따라서 동일한 대립유전자 H가 있으면서 DNA 상대량이 2인 ⓑ가 ㉡이고, H의 DNA 상대량이 1인 ⓐ가 ㉣이다.
- ㉢은 ⓓ인데, 감수 2분열이 완료된 상태에서 h의 DNA 상대량이 2이므로 감수 2분열에서 비분리된 21번 염색체가 2개 들어 있다.

ㄱ. (가)에서 감수 2분열에 염색 분체가 비분리되어 ㉢이 형성되었다.

ㄴ. 사람의 염색체 수는 $2n=46$이고, (가)에서 감수 1분열은 정상적으로 일어났으므로 ㉡(ⓑ)의 염색체 수는 $n=23$이다. ㉢은 감수 2분열에 비분리된 21번 염색체가 2개이므로 염색체 수는 $n+1=24$이며, 상염색체 수는 23이다.

따라서 $\dfrac{\text{㉢의 상염색체 수}}{\text{ⓑ의 염색체 수}}=\dfrac{23}{23}=1$이다.

바로알기 ㄷ. ㉣은 정상적으로 감수 분열이 완료되어 형성된 정자이므로 염색체 수는 $n=23$이다. 따라서 ㉣이 정상 난자와 수정하여 태어난 아이는 염색체 수가 정상이다.

06 꼼꼼 문제 분석

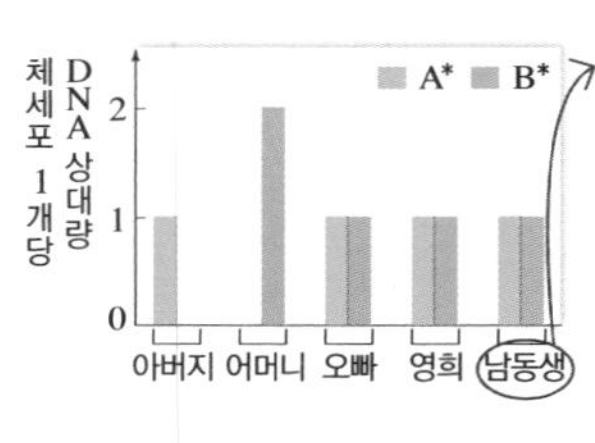

영희의 남동생은 어머니에게서 물려받은 B*가 1개 있지만 ⓑ가 발현되지 않았으므로 B가 있는 X 염색체를 아버지에게서 물려받았다. ➡ 아버지에서 생식세포 형성 과정 중 감수 1분열에 성염색체가 비분리되어 형성된 정자가 정상 난자와 수정되어 남동생이 태어났으며, 남동생은 염색체 구성이 44+XXY인 클라인펠터 증후군이다.

A*가 1개 있으면 남녀에 관계없이 ⓐ가 발현된다. 따라서 A*는 ⓐ 대립유전자이고, 정상 대립유전자 A에 대해 우성이며, 상염색체에 있다.

구성원	ⓐ	ⓑ
아버지	○AA^*	× X^BY
어머니	×AA	○ $X^{B^*}X^{B^*}$
오빠	○AA^*	○ $X^{B^*}Y$
영희	○AA^*	× $X^BX^{B^*}$
남동생	○AA^*	× $X^BX^{B^*}Y$

(○: 발현됨, ×: 발현되지 않음)

여자는 B*가 2개 있어야 ⓑ가 발현되고, 남자는 1개만 있어도 ⓑ가 발현된다. ➡ B*는 ⓑ 대립유전자이고, 정상 대립유전자 B에 대해 열성이며, X 염색체에 있다.

ㄱ. A*는 ⓐ의 대립유전자이며, 정상 대립유전자 A에 대해 우성이다.

ㄴ. 여자인 어머니는 B*가 2개 있어야 ⓑ가 발현되고, 남자인 오빠는 B*가 1개만 있어도 ⓑ가 발현되므로 B*는 ⓑ 대립유전자이고, 정상 대립유전자 B에 대해 열성이며, X 염색체에 있다. 따라서 ⓑ의 유전자형은 아버지 X^BY, 어머니 $X^{B^*}X^{B^*}$, 오빠 $X^{B^*}Y$, 영희 $X^BX^{B^*}$이다. 남동생은 어머니에게서 B*를 물려받았지만 ⓑ가 발현되지 않았으므로 아버지에게서 B가 있는 X 염색체를 물려받았다. 남동생은 클라인펠터 증후군이고, ⓑ의 유전자형은 $X^BX^{B^*}Y$이다. 따라서 아버지와 남동생의 체세포 1개당 B의 DNA 상대량은 1로 같다.

ㄷ. ⓑ만 발현된 남자의 유전자형은 AA, $X^{B^*}Y$이다. 따라서 이 남자와 영희(AA^*, $X^BX^{B^*}$) 사이에서 태어난 아이가

- ⓐ가 발현될 확률: $AA \times AA^* \rightarrow AA, \underline{AA}^*$로 $\dfrac{1}{2}$이다.
- ⓑ가 발현될 확률: $X^{B^*}Y \times X^BX^{B^*} \rightarrow X^BX^{B^*}, \underline{X^{B^*}X^{B^*}}, X^BY, \underline{X^{B^*}Y}$로 $\dfrac{1}{2}$이다.

따라서 ⓐ, ⓑ가 모두 발현될 확률은 $\dfrac{1}{2}\times\dfrac{1}{2}=\dfrac{1}{4}$이다.

중단원 핵심 정리 246~247쪽

❶ 환경 ❷ 가계도 ❸ 쌍둥이 ❹ 생식세포 ❺ 없다 ❻ 열성 ❼ 상 ❽ 이형 ❾ 복대립 ❿ 정자 ⓫ 성염색체 ⓬ 아들 ⓭ $\frac{1}{4}$ ⓮ 환경 요인 ⓯ 돌연변이 ⓰ 비분리 ⓱ 다운 증후군 ⓲ 중복 ⓳ 전좌 ⓴ 헤모글로빈

중단원 마무리 문제 248~251쪽

01 ⑤	02 ②	03 ①	04 ②	05 ⑤	06 ⑤
07 ④	08 ②	09 ⑤	10 ③	11 ①	12 ⑤
13 해설 참조	14 해설 참조	15 해설 참조	16 해설 참조		

01 ㄱ. A에서 부모는 모두 축축한 귀지인데 마른 귀지인 자녀가 있으므로 축축한 귀지가 우성 형질이고, 마른 귀지가 열성 형질이다.

ㄴ. B에서 축축한 귀지와 마른 귀지인 부모 사이에서 태어난 축축한 귀지인 자녀는 마른 귀지 대립유전자를 물려받아 유전자형이 이형 접합성이다.

ㄷ. C에서 마른 귀지인 부모에게서 마른 귀지인 자녀만 태어나는 것은 마른 귀지인 사람의 유전자형이 열성 동형 접합성이기 때문이다.

02 꼼꼼 문제 분석

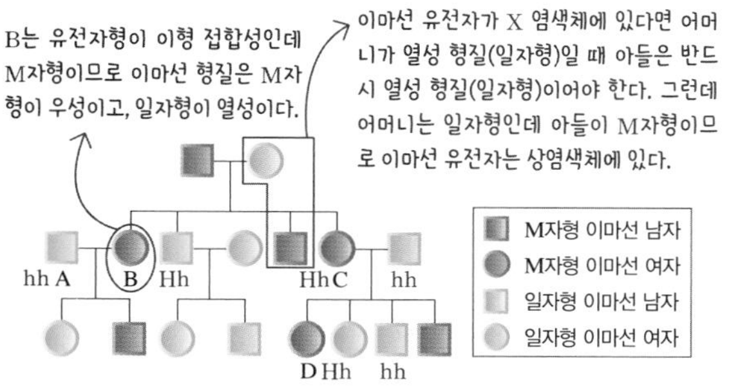
B는 유전자형이 이형 접합성인데 M자형이므로 이마선 형질은 M자형이 우성이고, 일자형이 열성이다.
이마선 유전자가 X 염색체에 있다면 어머니가 열성 형질(일자형)일 때 아들은 반드시 열성 형질(일자형)이어야 한다. 그런데 어머니는 일자형인데 아들이 M자형이므로 이마선 유전자는 상염색체에 있다.
hh A
B
Hh
Hh C
hh
D Hh
hh
M자형 이마선 남자
M자형 이마선 여자
일자형 이마선 남자
일자형 이마선 여자

② 이마선 유전자는 상염색체에 있고, M자형 대립유전자(H)가 일자형 대립유전자(h)에 대해 우성이다. C는 일자형인 자녀(hh)가 태어난 것으로 보아 일자형 대립유전자를 가지고 있으며(Hh), D는 아버지에게서 일자형 대립유전자를 물려받았다(Hh). 따라서 B, C, D의 이마선 유전자형은 모두 이형 접합성(Hh)으로 동일하다.

바로알기 ① 이마선 유전자는 상염색체에 있다.

③ 이마선은 대립 형질이 M자형과 일자형의 두 가지로 뚜렷하므로 환경의 영향을 많이 받지 않는 단일 인자 유전 형질이다.

④ D는 이마선 유전자형이 이형 접합성(Hh)이다. 따라서 M자형 이마선 남자의 유전자형이 이형 접합성(Hh)이라면 D와의 사이에서 일자형 이마선 아이가 태어날 수 있다.

⑤ A와 B 사이에 셋째 아이가 태어날 때 이 아이가

- M자형 이마선일 확률: hh × Hh → $\underline{\text{Hh}}$, hh로 $\frac{1}{2}$이다.
- 여자일 확률: $\frac{1}{2}$이다.

따라서 M자형 이마선인 여자일 확률은 $\frac{1}{2} \times \frac{1}{2} = \frac{1}{4}$(=25 %)이다.

03 꼼꼼 문제 분석

남녀 모두 한 쌍의 대립유전자를 가진다.
➡ 유전병 (가)를 결정하는 유전자는 상염색체에 있다.

가족	유전병 (가)
아버지	없음 AA*
철수	있음 A*A*
누나	없음 AA*
형	없음 AA

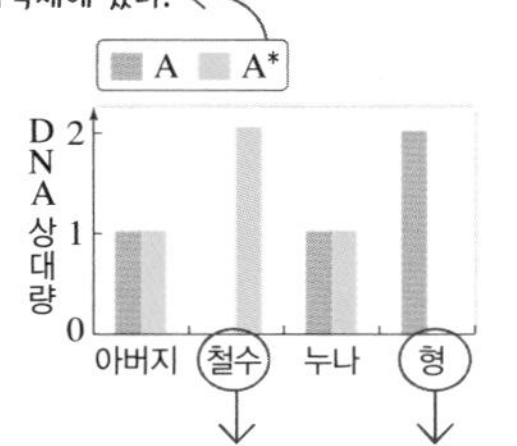
A
A*
DNA 상대량
2
1
0
아버지
철수
누나
형

유전자형이 AA, AA*이면 유전병 (가)를 나타내지 않고, 유전자형이 A*A*이면 (가)를 나타낸다. ➡ A는 정상 대립유전자이고, A*는 (가) 대립유전자이며, A*는 A에 대해 열성이다.

철수는 대립유전자 A*를 아버지와 어머니에게서 하나씩 물려받았고, 형은 대립유전자 A를 아버지와 어머니에게서 하나씩 물려받았다. ➡ 어머니의 유전자형은 AA*이다.

ㄴ. 남자와 여자 모두 대립유전자를 한 쌍으로 가지므로 (가) 유전자는 상염색체에 있다.

바로알기 ㄱ. 철수의 유전자형은 A*A*이므로 철수는 어머니에게서 대립유전자 A*를 물려받았다. 또 형의 유전자형은 AA이므로 형은 어머니에게서 대립유전자 A를 물려받았다. 따라서 어머니의 유전자형은 AA*이고, (가)를 나타내지 않는다.

ㄷ. 누나의 유전자형은 AA*이고 (가)인 남자의 유전자형은 A*A*이다. 따라서 이들 사이에서 태어나는 자녀의 유전자형은 AA* × A*A* → AA*, $\underline{\text{A*A*}}$로, 자녀가 (가)일 확률은 $\frac{1}{2}$이다.

04 꼼꼼 문제 분석

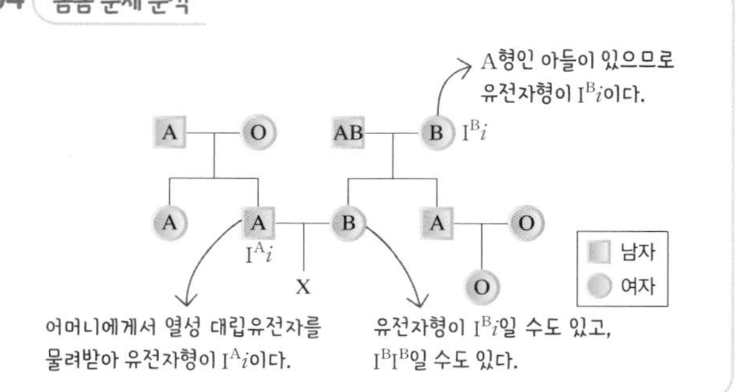
A형인 아들이 있으므로 유전자형이 I^Bi이다.
A
O
AB
B I^Bi
A
A I^Ai
B
A
O
X
O
남자
여자
어머니에게서 열성 대립유전자를 물려받아 유전자형이 I^Ai이다.
유전자형이 I^Bi일 수도 있고, I^BI^B일 수도 있다.

X 아버지의 유전자형은 I^Ai이고, 어머니의 유전자형은 I^Bi일 확률이 $\frac{1}{2}$, I^BI^B일 확률이 $\frac{1}{2}$이다.

- 어머니의 유전자형이 I^Bi일 경우: $I^Ai \times I^Bi \rightarrow \underline{I^AI^B}, I^Ai, I^Bi, ii$이므로 AB형이 나올 확률은 $\frac{1}{4}$이고, 어머니의 유전자형이 I^Bi일 확률이 $\frac{1}{2}$이므로 X가 AB형일 확률은 $\frac{1}{8}$이다.
- 어머니의 유전자형이 I^BI^B일 경우: $I^Ai \times I^BI^B \rightarrow \underline{I^AI^B}, I^Bi$이므로 AB형이 나올 확률은 $\frac{1}{2}$이고, 어머니의 유전자형이 I^BI^B일 확률이 $\frac{1}{2}$이므로 X가 AB형일 확률은 $\frac{1}{4}$이다.

따라서 X의 ABO식 혈액형이 AB형일 확률은 $\frac{1}{8} + \frac{1}{4} = \frac{3}{8}$이다.

05 ㄱ. B와 D는 정상이지만 적록 색맹인 아들이 있으므로 적록 색맹 보인자이다. 즉, B와 D는 적록 색맹 유전자형이 X^RX^r로 같다.

ㄴ. 철수의 적록 색맹 대립유전자는 어머니에게서 물려받은 것이고, 어머니는 외할아버지인 C에게서 물려받은 것이다.

ㄷ. 철수의 동생이 태어날 때, $X^rY \times X^RX^r \rightarrow X^RX^r, \underline{X^rX^r}, X^RY, X^rY$로 적록 색맹 여자일 확률은 $\frac{1}{4}$(=25 %)이다.

06 꼼꼼 문제 분석

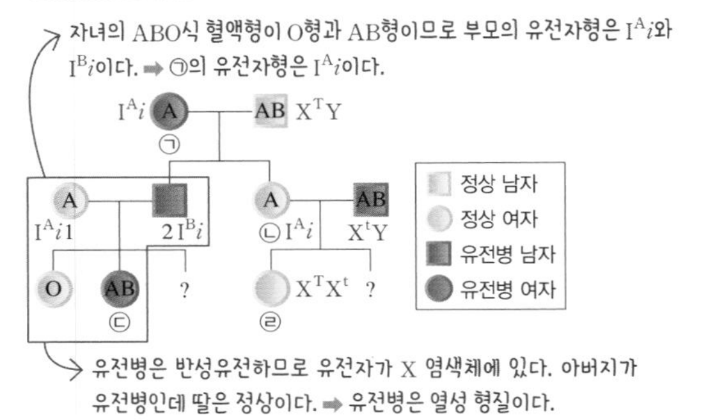

ㄱ. 1과 2의 자녀가 O형과 AB형이므로 1의 ABO식 혈액형 유전자형은 I^Ai, 2는 I^Bi이며, 2의 열성 대립유전자는 ㉠에게서 물려받았다. 그러므로 ㉠의 유전자형은 I^Ai로 이형 접합성이다.

ㄴ. ㉢의 동생이 태어날 때 이 아이가

• O형일 확률: $I^Ai \times I^Bi \rightarrow I^AI^B$, I^Ai, I^Bi, $\underline{ii}$로 $\frac{1}{4}$이다.

• 정상일 확률: ㉢이 유전병이므로 1은 보인자이다. 정상 대립유전자를 X^T, 유전병 대립유전자를 X^t라고 할 때 $X^TX^t \times X^tY \rightarrow \underline{X^TX^t}$, X^tX^t, $\underline{X^TY}$, X^tY로 $\frac{1}{2}$이다.

따라서 ㉢의 동생이 O형이고 정상일 확률은 $\frac{1}{4} \times \frac{1}{2} = \frac{1}{8}$이다.

ㄷ. ㉡은 ABO식 혈액형 유전자형이 ㉠과 같으므로 I^Ai이고, ㉠으로부터 유전병 대립유전자를 물려받아 유전병 유전자형은 X^TX^t이다. ㉣의 동생이 태어날 때 이 아이가

• ABO식 혈액형 유전자형이 I^Ai일 확률: $I^Ai \times I^AI^B \rightarrow I^AI^A$, I^AI^B, $\underline{I^Ai}$, I^Bi로 $\frac{1}{4}$이다.

• 유전병 유전자형이 X^TX^t일 확률: $X^TX^t \times X^tY \rightarrow \underline{X^TX^t}$, X^tX^t, X^TY, X^tY로 $\frac{1}{4}$이다.

따라서 유전자형이 ㉡과 모두 같을 확률은 $\frac{1}{4} \times \frac{1}{4} = \frac{1}{16}$이다.

07 꼼꼼 문제 분석

여자와 남자 모두 대립유전자 T와 T*의 수가 2이므로 이 유전자는 상염색체에 있다.

구성원	DNA 상대량			
	P	P*	T	T*
아버지	㉠ 0	㉡ 1	㉢ 1	㉣ 1
어머니	2	0	0	2
누나	1	1	0	2
철수	1	0	1	1

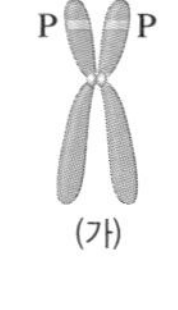

여자인 어머니와 누나는 P와 P*의 수가 2인 데 비해 남자인 철수는 1이다. P와 P*는 X 염색체에 있다. ➡ P가 있는 (가)는 X 염색체이다.

ㄴ. P와 P*는 X 염색체에 있다. 어머니의 유전자형은 PP인데, 누나의 유전자형은 PP*이다. 따라서 누나의 P*는 아버지에게서 물려받은 것이므로 ㉠은 0이고, ㉡은 1이다. 또한 T와 T*는 상염색체에 있다. 어머니와 누나의 유전자형은 T*T*이고, 철수의 유전자형은 TT*이다. 따라서 아버지의 유전자형은 TT*이므로, ㉢과 ㉣은 각각 1이다.

ㄷ. 철수의 동생이 태어날 때 이 아이가

• P, P*를 모두 가질 확률: P*Y × PP → $\underline{\text{PP*}}$, PY로 $\frac{1}{2}$

• T, T*를 모두 가질 확률: TT* × T*T* → $\underline{\text{TT*}}$, T*T*로 $\frac{1}{2}$

따라서 P, P*, T, T*를 모두 가질 확률은 $\frac{1}{2} \times \frac{1}{2} = \frac{1}{4}$이다.

바로알기 ㄱ. P가 있는 (가)는 X 염색체이다.

08 꼼꼼 문제 분석

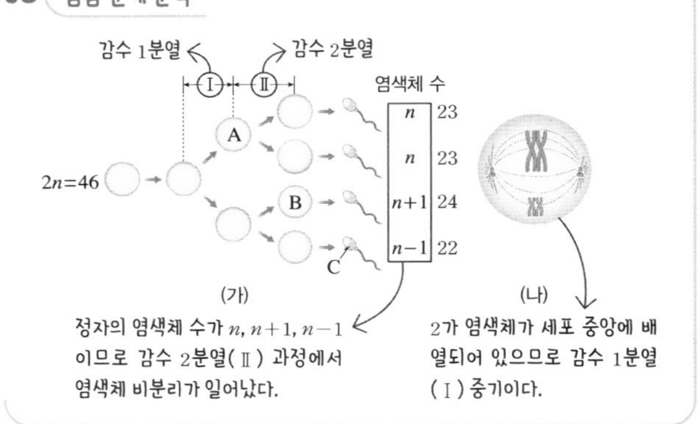

ㄴ. 성염색체가 비분리되었으므로 C는 22개의 상염색체만을 가지고 성염색체는 없다. 따라서 C가 정상 난자(22+X)와 수정하면 터너 증후군(44+X)인 아이가 태어난다.

바로알기 ㄱ. 세포의 염색체 수는 A는 $n=23$이고, B는 $n+1=24$이다.

ㄷ. (가)에서 염색체 비분리는 감수 2분열에 일어났고, (나)는 감수 1분열에 관찰된다.

09 꼼꼼 문제 분석

부모는 정상인데 유전병인 자녀가 태어났다.
➡ 정상이 우성, 유전병이 열성 형질이다.

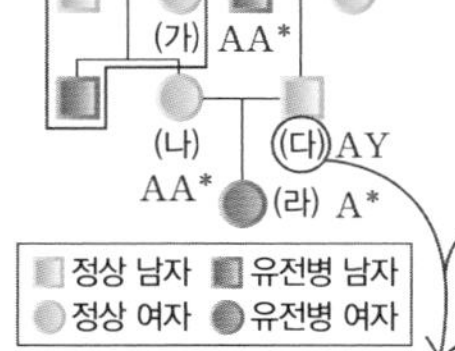

구성원	A*의 수	염색체 수
(가)	㉠ 1	46
(나)	1	46
(다)	0	46
(라)	1	45

(다)는 아버지가 유전병인데 유전병 대립유전자 A*가 없다. 아버지의 A*는 아들에게 전달되지 않으므로 A*는 X 염색체에 있다.

염색체 수가 45, A*가 1개인데 유전병을 나타내므로 X 염색체가 1개인 터너 증후군이다. ➡ (다)의 정자 형성 과정에서 성염색체 비분리

ㄱ. 유전병 유전자는 X 염색체에 있으므로 아들의 유전병 대립유전자는 어머니에게서 온 것이다. 따라서 (가)는 정상이지만 유전병 대립유전자 A*를 가지고 있는 보인자이므로 ㉠은 1이다.
ㄴ. 남자는 X 염색체를 하나만 가지므로 X 염색체에 A*가 있으면 유전병이 나타난다. 따라서 이 가계도에서 A*를 가진 정상 남자는 없다.
ㄷ. (라)는 염색체 수가 45이고, A*는 1개인데 유전병을 나타내므로 X 염색체를 1개 가지는 터너 증후군이다. (다)는 정상이므로 (라)는 A*를 어머니 (나)에게서 물려받았으며, (다)에게서는 성염색체를 물려받지 않았다. 그러므로 (다)의 정자 형성 과정에서 성염색체가 비분리되어 형성된 성염색체가 없는 정자가 정상 난자와 수정하여 (라)가 태어난 것이다.

10 ㄱ. 알비노증 환자는 핵형이 정상인과 같으므로 알비노증은 유전자 이상에 의한 유전병이다.
ㄴ. 다운 증후군 환자는 상염색체인 21번 염색체가 3개이고, 클라인펠터 증후군 환자는 X 염색체가 1개 더 많은 남자(44+XXY)이다. 따라서 ㉠은 상염색체이고, ㉡은 성염색체이다.
바로알기 ㄷ. 고양이 울음 증후군은 5번 염색체의 결실로 나타나는 유전병이며, 결실은 염색체의 일부가 떨어져 없어진 경우이다. 따라서 고양이 울음 증후군 환자의 체세포의 염색체 수는 정상인과 같은 $2n$이다.

11 ㄱ. 난자가 될 난원 세포와 체세포인 상피 세포의 8번 염색체와 14번 염색체는 정상이고, 버킷림프종 세포에서는 8번 염색체와 14번 염색체 일부가 바뀌는 전좌가 일어났다. 따라서 버킷림프종 세포는 체세포 분열 과정에서 후천적으로 형성되었다.
바로알기 ㄴ. 유전병은 생식세포를 통해 자손에게 유전될 수 있는데, 생식세포가 될 난원 세포의 염색체 구성이 정상이므로 이 환자의 버킷림프종은 자손에게 유전되지 않는다.
ㄷ. 버킷림프종 세포에서는 8번 염색체와 14번 염색체 사이에 전좌가 일어났다.

12 꼼꼼 문제 분석

A X^RX^r, B X^rY, C X^rX^r, D X^RY, E X^RX^r, F X^rY, G X^r

정상 남자 / 정상 여자 / 색맹 남자 / 색맹 여자

(가) (나)

D가 적록 색맹이 아니므로 정상적으로는 적록 색맹인 딸이 태어날 수 없다. 하지만 G가 적록 색맹이므로 G는 (나)처럼 X 염색체가 1개인 터너 증후군이다.

X 염색체가 1개인 터너 증후군이다.

ㄴ. 적록 색맹 유전자는 X 염색체에 있으며, 열성으로 유전한다. D가 적록 색맹이 아니므로 딸은 모두 정상이어야 하는데, G가 적록 색맹이다. 따라서 G는 염색체 비분리에 의해 형성된 생식세포의 수정으로 태어났으며, (나)는 터너 증후군인 G의 핵형 분석 결과임을 알 수 있다.
ㄷ. 터너 증후군인 G가 적록 색맹이 되려면 D의 정자 형성 과정에서 염색체 비분리에 의해 성염색체가 없는 정자가 형성되고, 이 정자와 C에서 정상적으로 형성된 적록 색맹 대립유전자를 가진 난자가 수정하여야 가능하다.
바로알기 ㄱ. 터너 증후군인 (나)는 G의 핵형 분석 결과이다.

13 모범 답안 (1) 우성－유전병인 7과 8 사이에서 정상인 영희가 태어났으므로 유전병은 정상에 대해 우성 형질이다. 상염색체－아버지 7이 우성 형질인 유전병이지만 영희는 열성 형질인 정상이므로 유전병 유전자는 상염색체에 있다. 만일 유전병 유전자가 X 염색체에 있다면 아버지가 우성 형질이면 딸은 반드시 우성 형질이어야 한다.
(2) 7과 8 사이에서 열성인 영희가 태어났으므로 7과 8의 유전자형은 모두 이형 접합성이다. 따라서 자녀가 유전병일 확률은 $\frac{3}{4}$이므로 동생이 유전병 남자일 확률은 $\frac{3}{4}\times\frac{1}{2}=\frac{3}{8}$이다.

채점 기준		배점
(1)	우성과 상염색체라고 쓰고, 판단 근거를 옳게 서술한 경우	70 %
	우성과 상염색체라고 쓰고, 판단 근거를 하나만 옳게 서술한 경우	40 %
	우성과 상염색체라고만 쓴 경우	10 %
(2)	확률을 구하는 과정을 서술하여 옳게 구한 경우	30 %
	확률만 옳게 쓴 경우	10 %

14 꼼꼼 문제 분석

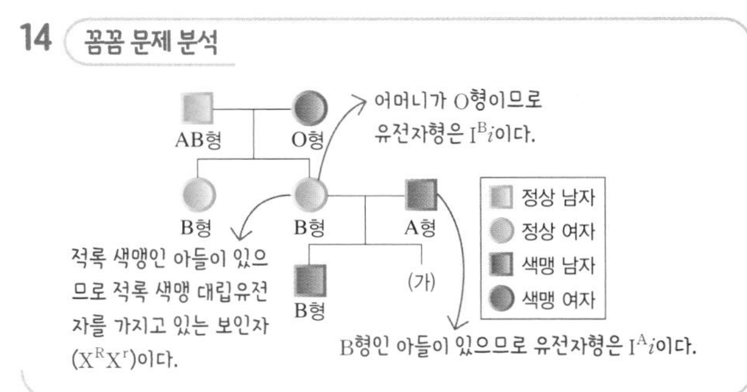

모범 답안 (가)의 ABO식 혈액형이 A형일 확률은 $I^Bi\times I^Ai \rightarrow I^AI^B$, I^Bi, $\underline{I^Ai}$, ii로 $\frac{1}{4}$이고, (가)가 정상 여자일 확률은 $X^RX^r\times X^rY \rightarrow \underline{X^RX^r}$, X^rX^r, X^RY, X^rY로 $\frac{1}{4}$이다. 따라서 (가)가 A형이며 정상 여자일 확률은 $\frac{1}{4}\times\frac{1}{4}=\frac{1}{16}$이다.

채점 기준	배점
유전자형을 써서 확률을 옳게 구한 경우	100 %
혈액형과 적록 색맹 중 하나의 확률만 옳게 구한 경우	40 %

15 (가)는 3쌍의 대립유전자에 의해 결정되는 다인자 유전 형질이며, 3쌍의 대립유전자는 서로 다른 상염색체에 존재하므로 독립적으로 유전된다. AabbDd(㉠)인 개체에서 만들어질 수 있는 생식세포의 유전자형은 AbD, Abd, abD, abd의 4가지이고, 대문자로 표시되는 대립유전자의 수가 0, 2일 확률은 각각 $\frac{1}{4}$이며, 1일 확률은 $\frac{1}{2}$이다. AaBbDd(㉡)인 개체에서 만들어질 수 있는 생식세포의 유전자형은 ABD, ABd, AbD, Abd, aBD, aBd, abD, abd의 8가지이고, 대문자로 표시되는 대립유전자의 수가 0, 3일 확률은 각각 $\frac{1}{8}$이며, 1, 2일 확률은 각각 $\frac{3}{8}$이다.

모범 답안 (1) 8가지

(2) ㉠과 ㉡ 사이에서 태어나는 자손 중 대문자로 표시되는 대립유전자의 수가 2로 ㉠과 표현형이 같을 확률은 (2, 0), (1, 1), (0, 2)의 조합이 가능하므로 $\left(\frac{1}{4}\times\frac{1}{8}\right)+\left(\frac{1}{2}\times\frac{3}{8}\right)+\left(\frac{1}{4}\times\frac{3}{8}\right)=\frac{5}{16}$이다.

채점 기준		배점
(1)	8가지라고 옳게 쓴 경우	30 %
(2)	올바른 계산 과정을 통해 확률을 옳게 구한 경우	70 %
	확률만 옳게 쓴 경우	30 %

16 아버지와 어머니는 각각 H와 H* 중 한 종류만 가지므로 누나는 H와 H*를 모두 갖는데 '유전병 있음'이므로 유전병 대립유전자가 우성(H)이고, 정상 대립유전자가 열성(H*)이다. 그런데 형은 '유전병 없음'이므로 유전병 유전자는 상염색체가 아닌 성염색체인 X 염색체에 있다. 아들은 어머니로부터 X 염색체를 물려받으므로 어머니가 열성 형질인 '유전병 없음'이면 X^{H*}를 물려받아 '유전병 없음'이어야 하는데 철수는 '유전병 있음'이다. 철수의 핵형은 정상이므로 철수는 어머니로부터는 성염색체를 물려받지 않았고, 아버지로부터 X^H 염색체와 Y 염색체를 모두 물려받았다. 따라서 염색체 구성은 ⓐ가 22, ⓑ가 22+XY이다.

모범 답안 (1) 아버지와 어머니가 각각 H와 H* 중 한 종류만 갖는데, 누나와 형의 표현형이 다르게 나타났으므로 유전병은 성에 따라 발현 빈도가 달라지는 반성유전 형질이다. 유전병은 남녀 모두에게 나타나므로 유전병 대립유전자는 성염색체인 X 염색체에 있다.

(2) ⓐ에는 22개의 상염색체만 있고, 성염색체는 없다. ⓑ의 염색체 구성은 22+XY이다. ⓑ는 X 염색체와 Y 염색체가 모두 있으므로 감수 1분열에 성염색체가 비분리되어 생겼다.

채점 기준		배점
(1)	근거를 들어 유전자가 성(X)염색체에 있다고 옳게 서술한 경우	30 %
	유전자가 성(X)염색체에 있다고만 서술한 경우	10 %
(2)	ⓐ와 ⓑ의 염색체 구성과 염색체 비분리가 일어난 시기를 근거와 함께 모두 옳게 서술한 경우	70 %
	ⓐ와 ⓑ의 염색체 구성이나 염색체 비분리가 일어난 시기 중 한 가지만 옳게 서술한 경우	30 %

수능 실전 문제 254~257쪽

01 ⑤ 02 ④ 03 ④ 04 ④ 05 ④ 06 ④
07 ⑤ 08 ③

01 꼼꼼 문제 분석

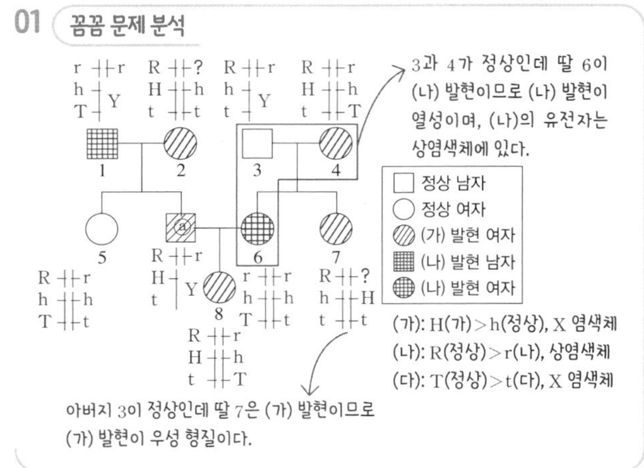

3과 4가 정상인데 딸 6이 (나) 발현이므로 (나) 발현이 열성이며, (나)의 유전자는 상염색체에 있다.
정상 남자
정상 여자
(가) 발현 여자
(나) 발현 남자
(나) 발현 여자
(가): H(가)>h(정상), X 염색체
(나): R(정상)>r(나), 상염색체
(다): T(정상)>t(다), X 염색체
아버지 3이 정상인데 딸 7은 (가) 발현이므로 (가) 발현이 우성 형질이다.

선택지 분석

㉠. (나)의 유전자는 상염색체에 있으며 열성 형질이다.

㉡. 4의 (가)~(다)의 유전자형은 모두 이형 접합성이다.

㉢. 8의 동생이 태어날 때, 이 아이에게서 (가), (나), (다)가 모두 발현될 확률은 $\frac{1}{8}$이다.

전략적 풀이 ❶ (나)의 유전자가 어떤 염색체에 있는지 알아내고, 대립유전자의 우열 관계를 파악한다.

ㄱ. 부모 3과 4가 정상인데 딸 6이 (나) 발현이므로 (나) 발현이 열성이며, (나)의 유전자는 상염색체에 있다. R는 정상 대립유전자이고, r는 (나) 발현 대립유전자이다.

❷ (가)와 (다)의 우열 관계를 파악하고 4의 유전자형을 알아낸다.

ㄴ. (나)의 유전자가 상염색체에 있으므로 (가)와 (다)의 유전자는 모두 X 염색체에 있다. 아버지 3이 정상인데 딸 7은 (가) 발현이므로 정상이 열성 형질이고, (가) 발현이 우성 형질이다. H는 (가) 발현 대립유전자이고, h는 정상 대립유전자이다.

만일 (다) 발현이 우성 형질이라면 T는 (다) 발현 대립유전자, t는 정상 대립유전자가 된다. 이 경우 (가)와 (다)가 모두 발현된 어머니 2는 (가)와 (다)가 모두 발현되지 않는 딸 5에게 h와 t가 있는 X 염색체를 물려주게 되므로 나머지 X 염색체에는 H와 T가 있다. ⓐ는 어머니 2로부터 물려받은 X 염색체를 딸 8에게 물려주게 되는데, 6이 (가) 발현이 아니므로 8의 (가) 발현 대립유전자 H는 ⓐ에게서 물려받은 것이다. 그런데 H와 T가 함께 있다면 8이 (다) 발현이어야 하는데 정상이다. 따라서 (다) 발현은 열성 형질이고 T는 정상 대립유전자, t는 (다) 발현 대립유전자이다.

4는 (가) 발현(우성)이지만 딸 6이 (가) 발현이 아니므로(hh) 4의 유전자형은 Hh이다. 4는 (나) 발현이 아니지만(우성) 딸 6이

(나) 발현(rr)이므로 유전자형이 Rr이다. 또한 4는 (다) 발현이 아니지만(우성) 딸 7이 (다) 발현(tt)이므로 유전자형이 Tt이다. 따라서 4의 (가)~(다)의 유전자형은 모두 이형 접합성이다.

❸ ⓐ와 6의 유전자형을 고려하여 자손의 표현형의 확률을 계산한다.

ㄷ. 6이 (나) 발현(rr)인데 8이 (나) 발현이 아니므로 ⓐ는 정상 대립유전자 R가 있다. 그런데 아버지 1이 (나) 발현(rr)이므로 ⓐ의 유전자형은 Rr이다. ⓐ와 6 사이에서 자녀가 태어날 때 이 아이가 (나) 발현일 확률은 Rr×rr → Rr, rr로 $\frac{1}{2}$이다.

6은 (가) 발현이 아닌데 8이 (가) 발현이므로 (가) 발현 대립유전자 H는 ⓐ에게서 물려받은 것이다. 2는 열성 형질인 (다) 발현이므로 2개의 X 염색체에 모두 t가 있다. 따라서 ⓐ의 X 염색체에는 H와 t가 있다($X^{Ht}Y$). 6은 3의 X 염색체를 물려받는데, 3은 (가)가 발현되지 않았고, (다) 발현인 7에게 t를 물려주었으므로 $X^{ht}Y$이다. 4는 (가)와 (다)의 유전자형이 모두 이형 접합성(HhTt)인데, 7에게서 (가)와 (다)가 모두 발현되었으므로 H와 t가 같은 염색체에 있고 4의 유전자형은 $X^{Ht}X^{hT}$이다. 6은 (가)가 발현되지 않았으므로 4에서 h가 있는 X 염색체를 물려받아 유전자형이 $X^{hT}X^{ht}$이다. ⓐ와 6 사이에서 자녀가 태어날 때, 이 아이에게서 (가)와 (다)가 모두 발현될 확률은 $X^{Ht}Y \times X^{hT}X^{ht}$ → $X^{Ht}X^{hT}$, $\underline{X^{Ht}X^{ht}}$, $X^{hT}Y$, $X^{ht}Y$로 $\frac{1}{4}$이다.

따라서 8의 동생에게서 (가), (나), (다)가 모두 발현될 확률은 $\frac{1}{4} \times \frac{1}{2} = \frac{1}{8}$이다.

02 꼼꼼 문제 분석

(가)

㉠의 유전자형 사람 1	㉠의 유전자형 사람 2	표현형 일치 여부
AA	Aa	×
AA	aa	×
Aa	aa	×

(○: 일치함, ×: 일치하지 않음)

AA, Aa인 사람의 표현형이 일치하지 않으므로 ㉠의 표현형은 3가지이다.

(나)

㉡의 유전자형 사람 1	㉡의 유전자형 사람 2	표현형 일치 여부
BB	Bb	×
BB	bb	×
Bb	bb	×

(○: 일치함, ×: 일치하지 않음)

BB, Bb인 사람의 표현형이 일치하지 않으므로 ㉡의 표현형은 3가지이다.

- ㉢의 표현형은 4가지이며, ㉢의 유전자형이 DE인 사람과 EE인 사람의 표현형은 같고, 유전자형이 DF인 사람과 FF인 사람의 표현형은 같다.
  ➡ ㉢은 복대립 유전 형질이고, 대립유전자의 우열 관계는 E=F>D이다.
- 여자 P는 남자 Q와 ㉠~㉢의 표현형이 모두 같고, P의 체세포에 들어 있는 일부 상염색체와 유전자는 그림과 같다. ➡ P에서 형성되는 생식세포의 유전자형은 ADB, ADb, aFB, aFb의 4가지이다.

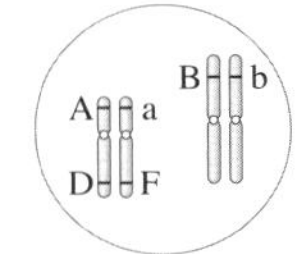

- P와 Q 사이에서 ⓐ가 태어날 때, ⓐ의 ㉠~㉢의 표현형 중 한 가지만 부모와 같을 확률은 $\frac{3}{8}$이다.

선택지 분석

① E는 D에 대해 우성이다.
② Q의 ㉢의 유전자형은 DF이다.
③ ㉡의 표현형은 3가지이다.
~~④~~ Q에서 A, B, D를 모두 갖는 정자가 형성될 수 있다. 없다
⑤ ⓐ에게서 나타날 수 있는 표현형은 최대 12가지이다.

전략적 풀이 ❶ ㉢의 대립유전자 사이의 우열 관계를 판단하고 Q의 ㉢ 유전자형을 추론한다.

① ㉢은 대립유전자가 D, E, F 3가지이므로 복대립 유전 형질이다. 유전자형 DE와 EE의 표현형이 같으므로 E가 D에 대해 우성이고(E>D), 유전자형 DF와 FF의 표현형이 같으므로 F가 D에 대해 우성이다(F>D). E와 F 사이에 우열이 있다면 표현형이 3가지만 있게 되는데 ㉢의 표현형이 4가지이므로 E와 F 사이에는 우열이 없다(E=F>D).

② P의 ㉢ 유전자형은 DF인데 Q와 표현형이 같으므로 Q의 유전자형은 DF와 FF 중 하나이다. P와 Q 사이에 태어나는 자손이 ㉠~㉢ 중 한 가지만 부모와 같을 확률은 $\frac{3}{8}$이다. Q의 ㉢ 유전자형이 FF이면 ㉢이 부모와 같을 확률이 1이 되므로 조건에 적합하지 않아 Q의 ㉢ 유전자형은 DF이다.

❷ ㉠과 ㉡에서 표현형의 종류를 판별한다.

③ ㉡의 유전자형 BB와 Bb의 표현형이 일치하지 않으므로 ㉡의 표현형은 BB/Bb/bb의 3가지이다.

❸ Q에서 각 유전자의 염색체상의 위치를 파악한다.

④ ㉠과 ㉡의 표현형이 모두 3가지이므로 Q의 ㉠과 ㉡에 대한 유전자형은 P와 같다. 따라서 Q의 유전자형은 AaBbDF이다. P와 Q 사이에서 자손이 태어날 때 Bb×Bb → BB, Bb, Bb, bb로 부모와 ㉡ 표현형이 같을(Bb) 확률은 $\frac{1}{2}$, 부모와 다를(BB, bb) 확률은 $\frac{1}{2}$이다.

P에서 형성되는 생식세포의 유전자형은 AD, aF이다.

(1) Q에서 A와 D/a와 F가 같은 염색체에 있다면 P와 Q 사이에서 태어나는 자손은 표와 같다.

Q \ P	AD	aF
AD	AADD	AaDF
aF	AaDF	aaFF

㉠과 ㉢의 표현형 중 두 가지 모두 부모와 같을(AaDF) 확률은 $\frac{1}{2}$, 한 가지만 부모와 같을(aaFF) 확률은 $\frac{1}{4}$, 두 가지 모두 부모와 다를(AADD) 확률은 $\frac{1}{4}$이다. 이 경우 자손 ⓐ가 ㉠~㉢의 표현형 중 한 가지만 부모와 같을 확률은 (㉡이 같을 확률×㉠과 ㉢이 모두 다를 확률)+(㉡이 다를 확률×㉠과 ㉢ 중 한 가지만 같을 확률)$=\left(\frac{1}{2}\times\frac{1}{4}\right)+\left(\frac{1}{2}\times\frac{1}{4}\right)=\frac{1}{4}$로 조건에 맞지 않다.

(2) Q에서 A와 F/a와 D가 같은 염색체에 있다면 P와 Q 사이에서 태어나는 자손은 표와 같다.

Q \ P	AD	aF
AF	AADF	AaFF
aD	AaDD	aaDF

㉠과 ㉢의 표현형 중 두 가지 모두 부모와 같을(AaFF) 확률은 $\frac{1}{4}$, 한 가지만 부모와 같을(AADF, AaDD, aaDF) 확률은 $\frac{3}{4}$, 두 가지 모두 부모와 다를 확률은 0이다. 이 경우 자손 ⓐ가 ㉠~㉢의 표현형 중 한 가지만 부모와 같을 확률은 $\left(\frac{1}{2}\times 0\right)+\left(\frac{1}{2}\times\frac{3}{4}\right)=\frac{3}{8}$으로 조건에 맞다.

결국 Q의 염색체상의 유전자 위치는 그림과 같고, 이로부터 형성될 수 있는 정자의 유전자형은 ABF, AbF, aBD, abD로 A, B, D를 모두 갖는 정자는 형성될 수 없다.

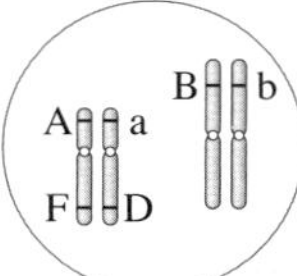

⑤ P와 Q의 자손 ⓐ에게서 나타날 수 있는 ㉠과 ㉢의 표현형은 4가지(AADF, AaDD, AaFF, aaDF)이고, ㉡의 표현형은 3가지(BB, Bb, bb)이므로 ⓐ에게서 나타날 수 있는 표현형은 최대 $4\times3=12$가지이다.

03 꼼꼼 문제 분석

- (가)는 서로 다른 3개의 상염색체에 있는 3쌍의 대립유전자 A와 a, B와 b, D와 d에 의해 결정된다. 다인자 유전
- (가)의 표현형은 유전자형에서 대문자로 표시되는 대립유전자의 수에 의해서만 결정되며, 이 대립유전자의 수가 다르면 표현형이 다르다.
- (나)는 대립유전자 E와 e에 의해 결정되며, 유전자형이 다르면 표현형이 다르다(3가지(EE/Ee/ee)). (나)의 유전자는 (가)의 유전자와 서로 다른 상염색체에 있다. ➡ (가)와 (나)는 독립 유전을 한다.
- P와 Q는 (가)의 표현형이 서로 같고(대문자로 표시되는 대립유전자의 수는 4), (나)의 표현형이 서로 다르다(한 사람은 EE, 다른 사람은 Ee).
- P와 Q 사이에서 ⓐ가 태어날 때, ⓐ의 표현형이 P와 같을 확률은 $\frac{3}{16}$이다. → (가)의 표현형이 P와 같을 확률($\frac{3}{8}$)× (나)의 표현형이 P와 같을 확률($\frac{1}{2}$)
- ⓐ는 유전자형이 AABBDDEE인 사람과 같은 표현형을 가질 수 있다. ➡ P와 Q는 모두 ABDE인 생식세포를 만들 수 있다.

선택지 분석

㉠ (가)는 다인자 유전 형질이다.

~~ㄴ~~. P에서 A, B, D를 모두 갖는 생식세포가 형성될 수 없다. 있다

㉢ ⓐ에게서 나타날 수 있는 표현형의 최대 가짓수는 10가지이다.

전략적 풀이 ❶ 다인자 유전의 정의를 생각한다.

ㄱ. (가)는 3쌍의 대립유전자에 의해 형질이 결정되므로 다인자 유전 형질이다.

❷ P와 Q에서 형성될 수 있는 생식세포의 유전자형을 추론한다.

ㄴ. 자손 ⓐ가 AABBDDEE인 사람과 같은 표현형을 가질 수 있으므로 P와 Q는 모두 ABDE인 생식세포를 만들 수 있다.

❸ (가)와 (나) 유전의 특징을 분석하고 자손 ⓐ의 표현형의 확률을 이용하여 P와 Q의 유전자 구성을 추론한다.

ㄷ. (나)는 유전자형이 다르면 표현형이 다르므로 표현형이 EE/Ee/ee의 3가지이다. P와 Q는 (나)의 표현형이 다르므로 한 사람은 EE, 다른 한 사람은 Ee이다. EE×Ee → EE, Ee로 ⓐ의 유전자형이 EE일 확률은 $\frac{1}{2}$, Ee일 확률은 $\frac{1}{2}$이다. ⓐ의 (가) 표현형이 P와 같을 확률×ⓐ의 (나) 표현형이 P와 같을 확률$\left(\frac{1}{2}\right)=\frac{3}{16}$이므로 ⓐ의 (가) 표현형이 P와 같을 확률은 $\frac{3}{8}$이다.

P와 Q는 (가) 표현형이 서로 같고 모두 유전자형이 ABD인 생식세포를 만들 수 있다. 따라서 P의 (가) 유전자형은 대문자로 표시되는 대립유전자의 수가 3, 4, 5, 6 중의 하나인데, 3이라면 ⓐ의 (가) 표현형이 P와 같을 확률은 $\frac{20}{64}$이고, 5라면 $\frac{1}{2}$, 6이라면 1이므로 조건에 맞지 않다. 따라서 P와 Q의 (가)에 대한 유전자형이 대문자로 표시되는 대립유전자의 수는 4이다.

P와 Q의 생식세포에서 (가)에 대한 유전자형이 대문자로 표시되는 대립유전자 수 (3, 2, 1)이 형성되는 확률은 $\left(\frac{1}{4}, \frac{1}{2}, \frac{1}{4}\right)$이므로 ⓐ에서 (가) 유전자형이 대문자로 표시되는 대립유전자 수가 4일 확률은 P, Q의 생식세포의 조합이 (3, 1)+(2, 2)+(1, 3)일 확률이므로 $\left(\frac{1}{4}\times\frac{1}{4}\right)+\left(\frac{1}{2}\times\frac{1}{2}\right)+\left(\frac{1}{4}\times\frac{1}{4}\right)=\frac{3}{8}$이다.

P와 Q의 생식세포에서 (가) 유전자형이 대문자로 표시되는 대립유전자 수는 (3, 2, 1) (3, 2, 1)이므로 ⓐ에게서 나타날 수 있는 표현형은, (가)는 대문자로 표시되는 대립유전자 수가 6, 5, 4, 3, 2의 5가지이고, (나)는 최대 2가지(EE, Ee)이다. 따라서 ⓐ에게서 나타날 수 있는 표현형의 최대 가짓수는 $5\times2=10$이다.

04 꼼꼼 문제 분석

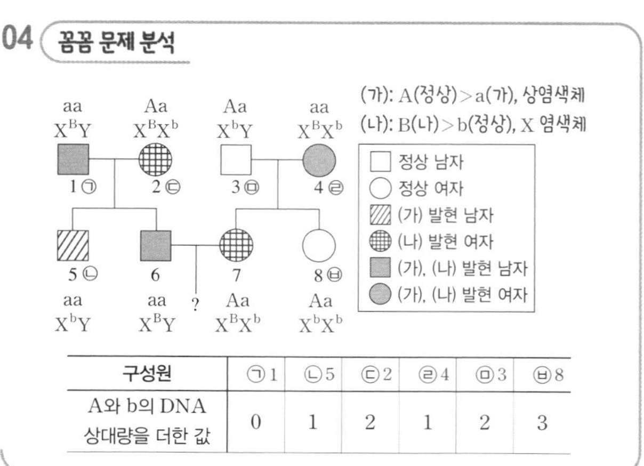

구성원	㉠1	㉡5	㉢2	㉣4	㉤3	㉥8
A와 b의 DNA 상대량을 더한 값	0	1	2	1	2	3

선택지 분석

~~①~~ (가)는 우성 형질이다. 열성
~~②~~ (나)의 유전자는 상염색체에 있다. X 염색체
~~③~~ 5는 ㉢이다. ㉡
④ 체세포 1개당 B의 DNA 상대량은 2와 6이 같다.
~~⑤~~ 6과 7 사이에서 아이가 태어날 때, 이 아이의 (가)와 (나)의 표현형이 ㉡과 같을 확률은 $\frac{1}{4}$이다. $\frac{1}{8}$

전략적 풀이 ❶ (가)와 (나)의 유전자가 있는 염색체와 대립유전자의 우열 관계를 판별한다.

①, ② 1과 2는 (나) 발현인데 아들 5는 정상이므로 (나)는 우성 형질이다. B는 (나) 발현 대립유전자이고, b는 정상 대립유전자이다. (나)의 유전자가 상염색체에 있다면 1과 2의 유전자형은 Bb, 5의 유전자형은 bb이므로 1, 2, 5에 모두 b가 있다. 이 경우 1, 2, 5에서 체세포 1개당 A와 b의 DNA 상대량을 더한 값 ㉠~㉢은 0이 될 수 없으므로 표의 조건과 맞지 않다. 따라서 (나)의 유전자는 X 염색체에 있으며, 유전자형은 1은 X^BY, 2는 X^BX^b, 5는 X^bY이다.

㉠에서 A와 b의 DNA 상대량을 더한 값이 0이므로 ㉠은 b를 갖지 않는 1이며, 1(㉠)은 (가)의 유전자로 a만 갖는데 (가) 발현이므로 a는 (가) 발현 대립유전자이고 A는 정상 대립유전자이다. (가)의 유전자가 X 염색체에 있다면 (가)와 (나)는 함께 유전될 것인데, 이 경우 유전자형은 1에서 $X^{aB}Y$, 5에서 $X^{ab}Y$, 6에서 $X^{aB}Y$이므로 5와 6의 어머니 2의 (가)와 (나)의 유전자형은 $X^{aB}X^{ab}$가 되어 (가) 발현이어야 하는데 정상이다. 따라서 (가)의 유전자는 X 염색체가 아닌 상염색체에 있다.

❷ (가)와 (나) 유전의 특성을 이용하여 구성원의 유전자형과 ㉠~㉥에 해당하는 구성원을 파악한다.

③ 1, 5, 6은 (가) 발현이므로 유전자형은 모두 aa이다. 2는 (가)에 대해 정상이지만 아들 5와 6에게 a를 물려주었으므로 유전자형이 Aa이다. 따라서 체세포 1개당 A와 b의 DNA 상대량을 더한 값은 1에서 0, 2에서 2, 5에서 1이므로 ㉠은 1, ㉡은 5, ㉢은 2이다.

4는 (가) 발현이므로 유전자형이 aa이고, 7과 8은 4로부터 a를 물려받아 모두 유전자형이 Aa이다. 3은 (나)가 발현되지 않았으므로 유전자형이 X^bY이고, 7과 8은 아버지 3으로부터 X^b를 물려받으므로 7의 유전자형은 X^BX^b, 8은 X^bX^b이다. 8의 X^b 하나는 어머니 4로부터 물려받은 것이므로 4의 유전자형은 X^BX^b이다. 따라서 체세포 1개당 A와 b의 DNA 상대량을 더한 값은 4에서 1, 8에서 3이므로 ㉣은 4, ㉥은 8이다. 나머지 하나인 ㉤이 3인데 3은 (나) 유전자형이 X^bY이고, A와 b의 DNA 상대량을 더한 값이 2이므로 (가) 유전자형은 Aa이다.

④ 2와 6의 (나)의 유전자형은 X^BX^b와 X^BY로, 체세포 1개당 B의 DNA 상대량은 1로 같다.

❸ 6과 7의 유전자형으로부터 자손에서 특정 형질이 표현될 확률을 계산한다.

⑤ (가)의 유전자는 상염색체, (나)의 유전자는 X 염색체에 있으므로 (가)와 (나)는 독립적으로 유전된다. 6과 7 사이에서 태어나는 자녀가 ㉡(5)과 같이 (가) 발현일 확률은 aa×Aa → Aa, aa로 $\frac{1}{2}$이고, (나)가 발현되지 않을 확률은 $X^BY \times X^BX^b \rightarrow X^BX^B$, X^BX^b, X^BY, X^bY로 $\frac{1}{4}$이다. 따라서 6과 7 사이에서 아이가 태어날 때, 이 아이의 (가)와 (나)의 표현형이 모두 ㉡(5)과 같을 확률은 $\frac{1}{2} \times \frac{1}{4} = \frac{1}{8}$이다.

05 꼼꼼 문제 분석

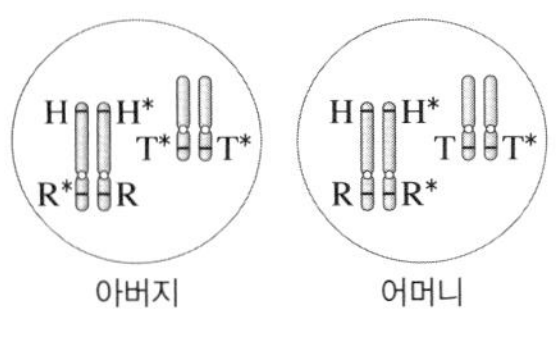

H와 H*, R와 R*는 하나의 염색체에 있으므로 함께 유전되고, T와 T*는 이들과는 다른 염색체에 있으므로 독립적으로 유전된다.

• 아버지의 생식세포 형성 과정에서 ㉠(결실)이 1회 일어나 형성된 정자 P(R, T*)와 어머니의 생식세포 형성 과정에서 ㉡(감수 1분열에서 염색체 비분리)이 1회 일어나 형성된 난자 Q(HR, TT*)가 수정되어 자녀 ⓐ가 태어났다. ㉠과 ㉡은 염색체 비분리와 염색체 결실을 순서 없이 나타낸 것이다.

• 그림은 ⓐ의 체세포 1개당 H*, R, T, T*의 DNA 상대량을 나타낸 것이다. HRR, TT*T*

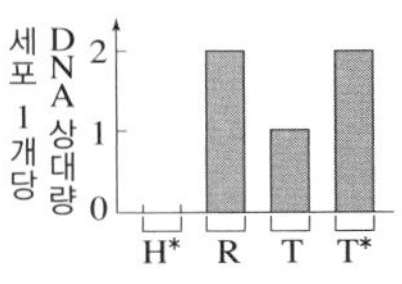

➡ 난자 형성 과정에서 염색체 비분리(㉡)가 일어나 어머니로부터 T와 T*를 물려받았다.

선택지 분석

~~ㄱ~~. P에는 H*가 있다. 없다
㉡ Q가 형성될 때 ㉡은 감수 1분열에서 일어났다.
㉢ ⓐ의 체세포 1개당 상염색체 수는 45이다.

전략적 풀이 ❶ ⓐ의 대립유전자 상대량을 통해 정자 P가 형성되는 과정에서 일어난 염색체 이상은 무엇인지 추론한다.

ㄱ. 아버지와 어머니의 염색체상의 유전자가 그림과 같을 때 이들 사이에서 태어날 수 있는 정상적인 자녀의 유전자형은 표와 같다.

난자 \ 정자	HR*	H*R
HR	HHRR*	HH*RR
H*R*	HH*R*R*	H*H*RR*

난자 \ 정자	T*
T	TT*
T*	T*T*

ⓐ는 체세포 1개당 H*의 DNA 상대량은 0이고, R의 DNA 상대량은 2이므로 아버지로부터 정자 형성 과정에서 H*가 있는 부위는 결실(㉠)되고 R만 있는 염색체를, 어머니로부터 H와 R가 있는 염색체를 물려받았다. 따라서 정자 P에는 H*가 없다.

❷ ⓐ의 대립유전자 상대량을 통해 난자 Q가 형성되는 과정에서 일어난 염색체 이상은 무엇인지 추론한다.

ㄴ. ⓐ가 T의 DNA 상대량은 1이고 T*의 DNA 상대량이 2인 것으로부터 난자 형성 과정에서 염색체 비분리(㉡)가 일어나 어머니에게서 T와 T*를 모두 물려받았다는 것과 염색체 비분리는 감수 1분열에 일어났다는 것을 알 수 있다.

❸ ⓐ의 염색체 구성을 추론한다.

ㄷ. 정자 P는 결실은 일어났지만 염색체 수는 $n=23$이고, 상염색체 수는 22이다. 난자 Q는 감수 1분열에 염색체 비분리가 일어나 상염색체가 1개 더 많아졌으므로 $n+1=24$이고, 상염색체 수는 23이다. 따라서 P와 Q가 수정하여 태어난 ⓐ의 상염색체 수는 45이다.

06 꼼꼼 문제 분석

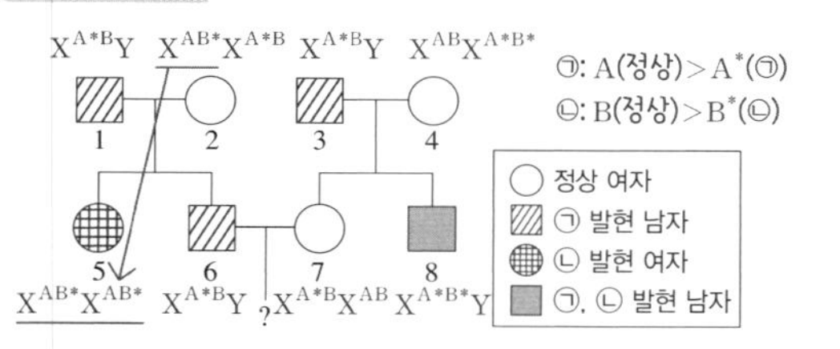

선택지 분석

ㄱ. ㉡의 유전자는 X 염색체에 있다.

ㄴ. ⓐ의 형성 과정에서 염색체 비분리는 감수 2분열에서 일어났다.

~~ㄷ~~. 6과 7 사이에서 아이가 태어날 때, 이 아이에게서 ㉠과 ㉡이 모두 발현될 확률은 $\frac{1}{4}$이다. 0

전략적 풀이 ❶ ㉠의 유전자가 위치하는 염색체와 우열 관계를 파악한다.

ㄱ. (1) ㉠의 유전자가 상염색체에 있고 ㉠이 우성 형질(A가 ㉠ 발현 대립유전자, A*가 정상 대립유전자)인 경우 유전자형이 1은 AA 또는 AA*, 2는 A*A*, 6은 AA*로 1, 2, 6 각각의 체세포 1개당 A*의 DNA 상대량을 더한 값은 3 또는 4이다. 또한, 3은 AA*, 4는 A*A*, 7은 A*A*로 3, 4, 7 각각의 체세포 1개당 A*의 DNA 상대량을 더한 값은 5이므로 조건에 맞지 않는다.

(2) ㉠의 유전자가 상염색체에 있고 ㉠이 열성 형질(A가 정상 대립유전자, A*가 ㉠ 발현 대립유전자)인 경우 유전자형이 1은 A*A*, 2는 AA*, 6은 A*A*로 1, 2, 6 각각의 체세포 1개당 A*의 DNA 상대량을 더한 값은 5이다. 또한, 3은 A*A*, 4는 AA*, 7은 AA*로 3, 4, 7 각각의 체세포 1개당 A*의 DNA 상대량을 더한 값은 4이므로 조건에 맞지 않는다.

(3) ㉠의 유전자가 X 염색체에 있고 ㉠이 우성 형질(A가 ㉠ 발현 대립유전자, A*가 정상 대립유전자)인 경우 어머니 2가 열성인 정상인데 아들 6이 우성인 ㉠ 발현이므로 조건에 맞지 않는다.

(4) ㉠의 유전자가 X 염색체에 존재하고 ㉠이 열성 형질(A가 정상 대립유전자, A*가 ㉠ 발현 대립유전자)인 경우 1은 A*Y, 2는 AA*, 6은 A*Y로 1, 2, 6 각각의 체세포 1개당 A*의 DNA 상대량을 더한 값은 3이다. 또한, 3은 A*Y, 4는 AA*, 7은 AA*로 3, 4, 7 각각의 체세포 1개당 A*의 DNA 상대량을 더한 값은 3이므로

$$\frac{\text{1, 2, 6 각각의 체세포 1개당 A*의 DNA 상대량을 더한 값}}{\text{3, 4, 7 각각의 체세포 1개당 A*의 DNA 상대량을 더한 값}} = \frac{3}{3} = 1$$

로 조건에 맞다.

㉠의 유전자와 ㉡의 유전자는 같은 염색체에 있으므로 ㉡의 유전자도 X 염색체에 있다. ㉡에 대해 정상인 1과 2로부터 ㉡인 딸 5가 태어났으므로 ㉡은 정상에 대해 열성 형질이다. 따라서 B는 정상 대립유전자, B*는 ㉡ 발현 대립유전자이다.

❷ 염색체 비분리에 의해 형성된 생식세포의 수정으로 태어난 구성원을 밝히고 염색체 비분리가 일어난 시기를 추론한다.

ㄴ. 1의 유전자형은 $X^{A^*B}Y$이므로 정상적으로는 딸 5가 아버지로부터 B를 물려받아 ㉡이 발현되지 않아야 하는데 ㉡ 발현이므로 5는 비정상 정자와 난자의 수정으로 태어났다. 5는 ㉡ 발현(B*B*)이므로 2는 정상이지만 B*를 가지고, 6이 $X^{A^*B}Y$이므로 2의 유전자형은 $X^{AB^*}X^{A^*B}$이다.

5의 B*는 모두 2로부터 물려받은 것이다. 따라서 2의 난자 형성 과정에서 감수 2분열에 염색체 비분리가 일어나 형성된 A와 B*가 있는 X 염색체가 2개 있는 비정상 난자($22+X^{AB^*}X^{AB^*}$)와 1의 정자 형성 과정에서 성염색체가 비분리되어 형성된 성염색체가 없는 정자(22)가 수정($44+X^{AB^*}X^{AB^*}$)되어 태어났다.

❸ 6과 7의 유전자형으로부터 자손에서 특정 형질이 표현될 확률을 계산한다.

ㄷ. 8의 유전자형이 $X^{A^*B^*}Y$이므로 정상인 4의 유전자형은 $X^{AB}X^{A^*B^*}$이다. 3의 유전자형이 $X^{A^*B}Y$이므로 7의 유전자형은 $X^{A^*B}X^{AB}$이다. 7의 ㉡ 유전자형이 X^BX^B이므로 자손에서 ㉡이 발현될 확률은 0이다. 6과 7 사이에서 태어날 수 있는 아이는 $X^{A^*B}Y \times X^{A^*B}X^{AB} \rightarrow X^{A^*B}X^{A^*B}$, $X^{A^*B}X^{AB}$, $X^{A^*B}Y$, $X^{AB}Y$이다.

07 꼼꼼 문제 분석

사람	세포	DNA 상대량					
		A	a	B	b	D	d
P AaBbDd	Ⅰ ⓐ	0	1	?0	㉢1	0	㉡0
	Ⅱ	㉠2	㉡0	㉠2	?0	㉠2	?0
	Ⅲ	?1	㉡0	0	㉢1	㉢1	㉡0
Q AabbDd	Ⅳ	㉢1	?1	?0	2	㉢1	㉢1
	Ⅴ ⓑ	㉡0	㉢1	0	㉠2	㉢1	?0
	Ⅵ	㉠2	?0	?0	㉠2	㉡0	㉠2

선택지 분석

ㄱ. ㉠은 1이다. 2

ㄴ. ⓑ는 Ⅴ이다.

ㄷ. $\dfrac{\text{ⓐ에서 a의 DNA 상대량}}{\text{ⓑ에서 D의 DNA 상대량}}=1$이다.

전략적 풀이 ❶ Q의 세포는 항상 b를 갖는다는 것을 참고하여 ㉠~㉢의 값을 추론한다.

ㄱ. Q의 유전자형이 AabbDd이므로 분열이 일어나는 세포를 포함하여 Q의 정상 세포에서 b의 DNA 상대량은 1, 2, 4가 가능하다. Ⅴ와 Ⅵ에서 b의 DNA 상대량이 ㉠이므로 ㉠은 0은 아니다. Ⅳ에서 b의 DNA 상대량이 2이므로 Ⅳ가 정상 세포라면 대립유전자 D와 d가 모두 없거나 b보다 DNA 상대량이 많지는 않으므로 ㉢은 1이고, ㉠은 2이며, ㉡이 0이다.

❷ ㉠~㉢의 값을 이용하여 P와 Q에서 같은 염색체에 있는 유전자를 찾고, 돌연변이가 일어난 세포 ⓐ와 ⓑ를 구분한다.

ㄴ. ㉠은 2, ㉡은 0이므로 Ⅰ에서 대립유전자 D와 d가 모두 없고 유전자 구성이 ab이므로 염색체 일부가 결실된 ⓐ는 Ⅰ이다. Ⅱ와 Ⅲ은 정상 세포인데 유전자 구성은 Ⅱ는 AABBDD이고, Ⅲ은 AbD이다. 따라서 P에서는 A와 D(a와 d)가 같은 염색체에 있고 B(b)는 다른 염색체에 있다. Ⅰ에서는 a와 b만 있으므로 (다)의 d가 있는 염색체의 일부가 결실된 세포이다.

Ⅴ는 유전자 구성이 abbD이므로 Q에서는 a와 D(A와 d)가 같은 염색체에 있고, b가 있는 염색체가 비분리되어 2개가 있는 비정상적인 세포 ⓑ이다. 유전자 구성은 Ⅳ는 AabbDd이고, Ⅵ은 AAbbdd이다.

❸ ⓐ와 ⓑ의 유전자형을 통해 대립유전자의 DNA 상대량을 구한다.

ㄷ. 유전자 구성은 ⓐ(Ⅰ)는 ab이고, ⓑ(Ⅴ)는 abbD이므로

$\dfrac{\text{ⓐ에서 a의 DNA 상대량}}{\text{ⓑ에서 D의 DNA 상대량}}=\dfrac{1}{1}=1$이다.

08 꼼꼼 문제 분석

H(미발현) > h(발현) ← (가)　　R(발현) > r(미발현) ← (나)　　T(발현) > t(미발현) ← (다)

구성원	성별	(가)	(나)	(다)	유전자형
아버지	남	○	○	?○	$X^{hRT}Y$
자녀 1	여	×	○	○	$X^{hRT}X^{Hrt}$
자녀 2	남	×	×	×	$X^{Hrt}Y$
자녀 3	?남	○	×	○	$X^{hrT}Y$
자녀 4 ⓐ	?여	×	×	○	$X^{Hrt}X^{hrT}$

(○: 발현됨, ×: 발현 안 됨)

- 아버지는 (가) 발현이지만 딸 1이 (가) 발현이 아니므로 (가)는 열성 형질이다.
- 아들인 자녀 2는 (가), (나), (다) 모두 미발현인데 3이 (가) 발현이므로 어머니의 (가) 유전자형은 Hh이다. 딸인 자녀 1은 (가) 미발현이므로 어머니로부터 자녀 2가 물려받은, H와 (나) 미발현 대립유전자, (다) 미발현 대립유전자가 있는 X 염색체를 물려받았는데 (나) 발현, (다) 발현이므로 (나)와 (다)는 모두 우성 형질이다.

선택지 분석

① h는 (가) 발현 대립유전자이다.

② (나)와 (다)는 모두 우성 형질이다.

③ ⓐ는 자녀 3이다. 4

④ 자녀 2의 X 염색체에는 H, r, t가 있다.

⑤ ㉡은 감수 1분열에서 염색체 비분리가 일어나 형성된 난자이다.

전략적 풀이 ❶ 제시된 조건을 활용하여 (가), (나), (다)의 우열 관계를 파악한다.

① (가)의 유전자가 X 염색체에 있는데 아버지는 (가) 발현이지만 아버지의 X 염색체를 물려받는 딸 1이 (가) 발현이 아니다. 따라서 (가)는 열성 형질이고, H는 (가) 미발현 대립유전자, h는 (가) 발현 대립유전자이다.

② 아들인 자녀 2는 (가), (나), (다) 모두 미발현이므로 어머니는 H와 (나) 미발현 대립유전자, (다) 미발현 대립유전자가 있는 X 염색체를 갖는다.

만일 어머니의 (가) 유전자형이 HH라면 자녀는 모두 (가) 미발현이어야 하는데 3이 (가) 발현이므로 어머니의 (가) 유전자형은 Hh이다. 딸인 자녀 1은 (가) 미발현이므로 어머니로부터 자녀 2가 물려받은, H와 (나) 미발현 대립유전자, (다) 미발현 대립유전자가 있는 X 염색체를 물려받았는데 (나) 발현, (다) 발현이므로 (나)와 (다)는 모두 우성 형질이다.

따라서 R는 (나) 발현 대립유전자이고 r는 (나) 미발현 대립유전자이며, T는 (다) 발현 대립유전자, t는 (다) 미발현 대립유전자이다.

④ (가)는 열성, (나)와 (다)는 우성 형질이므로 (가), (나), (다) 모두 미발현인 자녀 2의 X 염색체에는 H, r, t가 있다.

❷ 부모의 유전자형을 고려하여 돌연변이에 의해 태어난 ⓐ가 누구인지를 판별한다.

③ 아버지가 (가) 발현이므로 자녀 1은 어머니로부터 X^{Hrt}를 물려받았다. 따라서 (나) 발현 대립유전자와 (다) 발현 대립유전자는 아버지로부터 물려받았고 아버지의 유전자형은 $X^{hRT}Y$이다. 자녀 3은 (가) 발현, (나) 미발현, (다) 발현이므로 아버지의 X 염색체를 물려받지 않았다. 따라서 어머니에게 h, r, T가 있는 X 염색체가 있으므로 어머니의 유전자형은 $X^{Hrt}X^{hrT}$이다.

자녀 4는 (가) 미발현, (나) 미발현, (다) 발현이므로 아버지의 X 염색체를 물려받지 않았고, 어머니로부터 X^{Hrt}와 X^{hrT}를 모두 물려받았다. 따라서 염색체 수가 22, 24인 생식세포 ㉠, ㉡이 수정되어 태어난 ⓐ는 4이다.

⑤ ⓐ는 성염색체가 없는 정자(㉠)와 X 염색체가 2개인 난자(㉡)가 수정하여 태어났으며, ㉡은 유전자 구성이 다른 두 X 염색체를 가지므로 감수 1분열에 성염색체가 비분리되어 형성된 것이다.

V

생태계와 상호 작용

1 생태계의 구성과 기능

1 생태계와 개체군

개념 확인 문제 261쪽

❶ 개체군 ❷ 군집 ❸ 소비자 ❹ 비생물적

1 (1) ㄱ, ㅇ (2) ㅅ, ㅈ (3) ㅁ, ㅂ (4) ㄴ, ㄷ, ㄹ **2** (1) ㉠ (2) ㉡ (3) ㉢ **3** (1) × (2) ○ (3) × (4) × (5) ×

1 생태계는 비생물적 요인과 생물적 요인으로 구성되어 있다. 비생물적 요인에는 빛, 온도, 물, 토양, 공기 등이 있으며, 생물적 요인에는 광합성을 통해 무기물로부터 유기물을 합성하는 생산자, 다른 생물을 먹이로 하여 유기물을 섭취하는 소비자, 다른 생물의 사체나 배설물 속 유기물을 무기물로 분해하여 에너지를 얻는 분해자가 있다.
(1) 벼(ㄱ), 소나무(ㅇ)는 광합성을 하여 양분을 스스로 합성하므로 모두 생산자이다.
(2) 개구리(ㅅ)는 육식 동물, 메뚜기(ㅈ)는 초식 동물이므로 모두 소비자이다.
(3) 버섯(ㅁ), 곰팡이(ㅂ)는 모두 분해자이다.
(4) 빛(ㄴ), 토양(ㄷ), 공기(ㄹ)는 모두 비생물적 요인이다.

2 비생물적 요인이 생물에 영향을 주는 ㉠은 작용이고, 생물이 비생물적 요인에 영향을 주는 ㉡은 반작용이며, 생물적 요인이 서로 영향을 주고받는 ㉢은 상호 작용이다.
(1) 날씨가 추워지면 낙엽이 지는 것은 비생물적 요인인 온도가 생물인 낙엽수에 영향을 주는 것이므로 작용(㉠)에 해당한다.
(2) 낙엽이 분해되어 토양이 비옥해지는 것은 생물이 비생물적 요인인 토양에 영향을 주는 것이므로 반작용(㉡)에 해당한다.
(3) 사슴의 개체 수가 증가하면 풀의 개체 수가 감소하는 것은 소비자(사슴)가 생산자(풀)에 영향을 주는 것이므로 생물적 요인이 서로 영향을 주고받는 상호 작용(㉢)에 해당한다.

3 (1) 일정한 지역에 같은 종의 개체가 모여 개체군을 형성하고, 여러 종류의 개체군이 모여 군집을 이룬다.
(2) 생산자는 빛을 흡수하여 무기물인 물, 이산화 탄소로부터 유기물인 포도당을 합성하는 광합성을 한다.
(3) 다른 생물을 먹이로 하여 유기물을 섭취하는 것은 소비자이다. 분해자는 다른 생물의 사체나 배설물 속의 유기물을 분해하여 에너지를 얻는다.
(4) 생물적 요인(생산자, 소비자, 분해자)은 다른 생물 및 비생물적 요인과 영향을 주고받으며 살아간다.
(5) 다른 생물의 사체나 배설물 속의 유기물을 무기물로 분해하여 비생물 환경으로 돌려보내는 것은 분해자이다.

완자쌤 비법 특강 262~263쪽

Q1 울타리 Q2 ㉠ 작고, ㉡ 크다 Q3 수분

Q1 강한 빛을 받는 잎은 울타리 조직이 발달하여 두껍고, 약한 빛을 받는 잎은 빛을 효율적으로 흡수하기 위해 넓고 얇다.

Q2 추운 지방에 사는 포유류는 몸의 말단부가 작고, 몸집이 크다. 몸의 말단부가 작고 몸집이 크면 몸의 부피에 대한 체표면적의 비가 작아져 열 방출량이 감소하므로 체온을 유지하는 데 유리하다.

Q3 곤충은 몸 표면이 키틴질로 되어 있으며, 사막의 파충류는 몸 표면이 비늘로 덮여 있고, 조류와 파충류의 알은 단단한 껍데기로 싸여 있다. 이는 모두 생물이 수분 증발을 막아 체내의 수분을 보존하기 위한 방법이다.

개념 확인 문제 268쪽

❶ 출생 ❷ 사망 ❸ 생장 ❹ 생존 ❺ 계절 ❻ 피식 ❼ 포식 ❽ 텃세 ❾ 경쟁

1 (1) × (2) ○ (3) × (4) ○ (5) × (6) × **2** (1) ㉡ (2) ㉢ (3) ㉠ **3** (가) 쇠퇴형 (나) 안정형 (다) 발전형 **4** (1) ㄴ, e (2) ㄷ, a (3) ㅁ, d (4) ㄹ, c (5) ㄱ, b

1 (1) 개체군의 밀도는 이입과 이출보다 출생과 사망의 영향을 더 많이 받는다.
(3) 환경 저항은 개체군의 생장을 억제하는 환경 요인이다. 개체군의 밀도가 높아지면 환경 저항이 증가하여 개체군의 생장이 둔화되며, 나중에는 더 이상 증가하지 않고 일정하게 유지된다. 이때가 주어진 환경에서 서식할 수 있는 개체군의 최대 크기이고, 이를 환경 수용력이라고 한다.
(5) 연령 피라미드에서 개체군의 크기 변화는 생식 전 연령층의 비율을 통해 예측할 수 있다.
(6) 눈신토끼와 스라소니 개체군의 크기는 피식과 포식의 관계에 의해 오랜 기간에 걸쳐 주기적으로 변동한다.

2 (1) Ⅰ형은 적은 수의 개체를 낳지만 초기 사망률이 낮고 대부분의 개체가 생리적 수명을 다하고 죽는 생물의 생존 곡선이다. 사람, 돌산양, 코끼리 등의 대형 포유류가 이에 해당한다. ➡ ㉡
(2) Ⅱ형은 출생 이후 개체 수가 일정한 비율로 줄어드는 생물의 생존 곡선이다. 히드라, 기러기 등이 이에 해당한다. ➡ ㉢
(3) Ⅲ형은 많은 수의 자손을 낳지만 초기 사망률이 높아 성체로 생장하는 개체 수가 적은 생물의 생존 곡선이다. 고등어, 굴 등의 어패류가 이에 해당한다. ➡ ㉠

3 쇠퇴형은 생식 전 연령층의 개체 수가 적고, 발전형은 생식 전 연령층의 개체 수가 많다.

4 (1) 한 개체가 리더가 되어 무리 전체를 통솔하고 행동을 지휘하는 것은 리더제(ㄴ)이며, 기러기(e)가 이에 해당한다.
(2) 개체들 사이에서 힘의 순위에 따라 먹이나 배우자를 차지하기 위한 서열을 정하는 것은 순위제(ㄷ)이며, 닭(a)이 이에 해당한다.
(3) 개체들이 역할에 따라 계급과 업무를 분담하여 생활하는 것은 사회생활(ㅁ)이며, 꿀벌(d)이 이에 해당한다.
(4) 혈연적으로 가까운 개체들이 모여 무리 지어 생활하는 것은 가족생활(ㄹ)이며, 사자(c)가 이에 해당한다.
(5) 일정한 서식 공간을 차지하고 다른 개체의 접근을 막는 것은 텃세(ㄱ)이며, 은어(b)가 이에 해당한다.

대표 자료 분석

269쪽

자료 ❶ 1 (가) 작용 (나) 반작용 2 (1) ㄴ (2) ㅁ, ㅂ (3) ㄹ (4) ㄱ, ㄷ 3 (1) ○ (2) × (3) ○ (4) ○ (5) ×
자료 ❷ 1 (1) (나) (2) 환경 수용력 2 ㄱ, ㄴ, ㅁ 3 (1) × (2) ○ (3) × (4) ×

1-1 꼼꼼 문제 분석

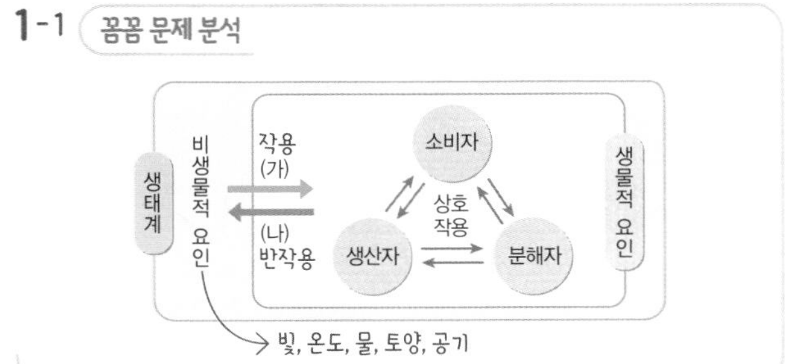

(가)는 비생물적 요인인 환경이 생물에 영향을 주는 작용이고, (나)는 생물이 비생물적 요인에 영향을 주는 반작용이다.

1-2 (1) 풀은 광합성을 하는 생물이므로 생산자이다.
(2) 동물은 다른 생물을 먹이로 섭취하므로 소비자이다.
(3) 곰팡이는 다른 생물의 사체나 배설물에 들어 있는 유기물을 무기물로 분해하여 생명 활동에 필요한 에너지를 얻는 분해자이다.
(4) 물, 빛은 생물을 둘러싸고 있는 환경으로 비생물적 요인이다.

1-3 (1) 생산자는 빛에너지를 이용하여 무기물인 물과 이산화 탄소로부터 유기물인 포도당을 합성하는 독립 영양 생물이다.
(2) 분해자는 다른 생물의 사체나 배설물에 들어 있는 유기물을 무기물로 분해하여 비생물 환경으로 돌려보내는 생물이다.
(3) 일조량이 벼의 광합성에 영향을 주는 것은 비생물적 요인(일조 시간)이 생물(벼)에 영향을 주는 것이므로 작용(가)이다.
(4) 낙엽이 떨어져 토양이 비옥해지는 것은 생물(낙엽)이 비생물적 요인(토양)에 영향을 준 것이므로 반작용(나)이다.
(5) 벼멸구의 개체 수가 증가하면 쌀의 수확량이 감소하는 것은 생산자(벼)와 소비자(벼멸구) 사이에서 일어나는 상호 작용이다.

2-1 꼼꼼 문제 분석

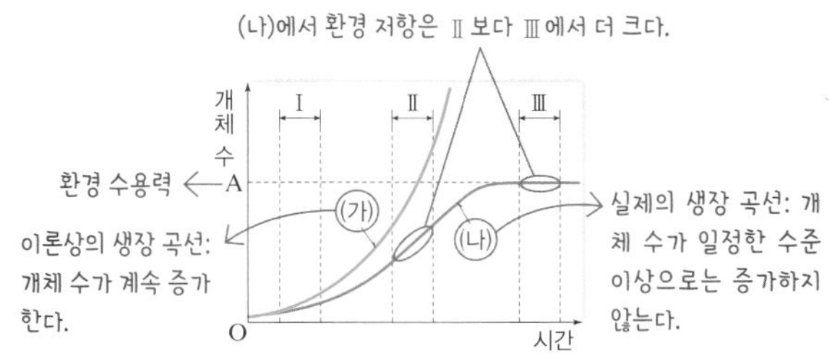

- (가) 이론상의 생장 곡선: 생식 활동에 아무런 제약을 받지 않으면 개체군은 계속 생장한다. ➡ 생장 곡선이 J자 모양을 나타낸다.
- (나) 실제의 생장 곡선: 자연 상태에서는 개체군의 밀도가 커지면 서식 공간과 먹이 부족, 노폐물 축적 등 환경 저항이 증가하여 개체군의 생장이 둔화되고, 나중에는 개체군의 크기가 더 이상 증가하지 않고 일정해진다. ➡ 생장 곡선이 S자 모양을 나타낸다.

(1) 이론상의 생장 곡선은 J자 모양을, 실제의 생장 곡선은 S자 모양을 나타낸다.
(2) 환경 수용력은 주어진 환경 조건에서 증가할 수 있는 개체 수의 최대 크기이므로 A는 환경 수용력이다.

2-2 ㄱ, ㄴ, ㅁ. 환경 저항은 개체군의 생장을 억제하는 환경 요인으로, 먹이 부족, 질병 발생, 노폐물 증가, 서식 공간 부족, 개체 간의 경쟁 등이 이에 해당한다.
바로알기 ㄷ, ㄹ. 노폐물 증가나 서식지 부족이 환경 저항으로 작용할 수 있는 요인이다.

2-3 (1) (가)는 이론상의 생장 곡선으로 환경 저항이 작용하지 않았을 때의 생장 곡선이다. 환경 저항이 작용하면 생장 곡선은 (나)와 같은 S자 모양을 나타낸다.
(2) (나)에서 구간 Ⅲ의 개체 수가 구간 Ⅰ보다 많으므로 개체군의 밀도는 구간 Ⅲ에서가 구간 Ⅰ에서보다 크다.
(3) 개체군의 밀도가 커지면 환경 저항을 더 많이 받게 된다. 따라서 (나)에서 환경 저항은 구간 Ⅲ에서가 구간 Ⅱ에서보다 크다.
(4) (나)의 구간 Ⅲ에서 개체 수가 일정하게 유지되는 것은 사망률과 출생률이 같기 때문이다. 사망률이 출생률보다 크면 개체 수는 감소할 것이다.

내신 만점 문제 270~272쪽

01 ①	02 ④	03 ②	04 ②	05 ③	06 ④
07 ④	08 ④	09 ⑤	10 해설 참조	11 ④	12 ②
13 ①	14 ③	15 ④			

01 ③ 생태계는 무기 환경인 비생물적 요인과 생태계 내의 모든 생물을 포함하는 생물적 요인으로 구성된다.
④ 생산자는 빛에너지를 이용하여 광합성을 통해 무기물로부터 유기물을 합성한다.
⑤ 소비자는 다른 생물을 먹이로 하여 유기물을 얻고, 분해자는 다른 생물의 사체나 배설물로부터 유기물을 얻어 이용하므로 소비자와 분해자는 모두 종속 영양 생물에 해당한다.
바로알기 ① 개체군이란 일정한 지역에 같은 종의 개체가 무리를 이루어 생활하는 집단이므로 모두 같은 종이다.

02 ㄱ. 식물은 광합성을 하여 유기물을 스스로 합성하므로 생산자(A)에 해당한다.
ㄴ. B는 생산자, 소비자, 분해자로 구성된 생물적 요인이다.
바로알기 ㄷ. 생물적 요인에 속하는 생산자(A)와 비생물적 요인의 무기 환경(빛, 물, 온도 등)은 서로 영향을 주고받는다.

03 (가)는 빛, 온도, 물, 공기 등의 비생물적 요인이 생물에 영향을 주는 작용이다.
ㄱ. 가을에 기온이 낮아져 은행나무 잎이 노랗게 변하는 것은 비생물적 요인(온도)이 생물(은행나무)에게 영향을 준 것이다. ➡ (가) 작용
ㄹ. 일조 시간이 식물의 개화 시기에 영향을 주는 것은 비생물적 요인(일조 시간)이 생물(식물)에게 영향을 준 것이다. ➡ (가) 작용
바로알기 ㄴ. 지의류에 의해 바위의 토양화가 촉진되는 것은 생물(지의류)이 비생물 요인(바위)에 영향을 준 것이다. ➡ 반작용
ㄷ. 지렁이가 토양 속에서 이동하여 토양의 통기성이 높아지는 것은 생물(지렁이)이 비생물적 요인(토양)에 영향을 준 것이다. ➡ 반작용

04 ㄷ. 버섯과 곰팡이는 토양 세균과 함께 분해자에 속한다. 분해자는 다른 생물의 사체나 배설물에 포함된 유기물을 무기물로 분해하며 살아간다.
바로알기 ㄱ. 생태계의 구성에서 비생물적 요인의 예로는 빛, 온도, 물, 공기, 토양 등이 있다.
ㄴ. 광합성을 통해 스스로 무기물로부터 유기물을 합성하여 이용하는 생물을 독립 영양 생물이라 하며, 생태계 구성에서 생산자인 식물과 조류가 이에 해당한다. 반면 다른 생물을 먹이로 섭취하여 유기물을 얻는 소비자인 동물과 다른 생물의 사체나 배설물에 포함된 유기물을 이용하는 분해자인 버섯, 곰팡이, 세균은 모두 종속 영양 생물이다.

05 꼼꼼 문제 분석

양지 식물은 강한 빛에 적응한 식물이고, 음지 식물은 약한 빛에 적응한 식물이다. 따라서 광포화점은 양지 식물이 음지 식물보다 크다.

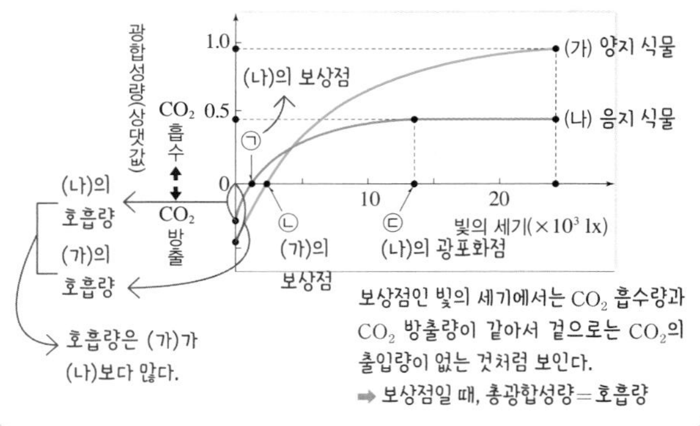

CO_2 흡수
CO_2 방출

보상점인 빛의 세기에서는 CO_2 흡수량과 CO_2 방출량이 같아서 겉으로는 CO_2의 출입량이 없는 것처럼 보인다.
➡ 보상점일 때, 총광합성량=호흡량

ㄷ. 보상점은 식물이 광합성을 하기 위해 흡수하는 CO_2의 양과 호흡으로 방출하는 CO_2의 양이 같을 때의 빛의 세기이므로 CO_2 출입량이 0일 때의 빛의 세기이다. 따라서 ㉠은 (나)의 보상점, ㉡은 (가)의 보상점이며, ㉡일 때 (가)는 총광합성량과 호흡량이 같다.
ㄹ. ㉠은 (나)의 보상점이고, (가)의 보상점보다 약한 빛의 세기로, 이때 (가)의 호흡량은 총광합성량보다 많다. 따라서 빛의 세기가 ㉠일 때 (가)는 (나)보다 생존에 더 불리하다.
바로알기 ㄱ. 광포화점이 높은 식물 (가)는 양지 식물이고, (나)는 음지 식물이다.
ㄴ. 광포화점은 광합성량이 증가하지 않는 최소한의 빛의 세기이다. 따라서 ㉢은 (나)의 광포화점이다.

06 꼼꼼 문제 분석

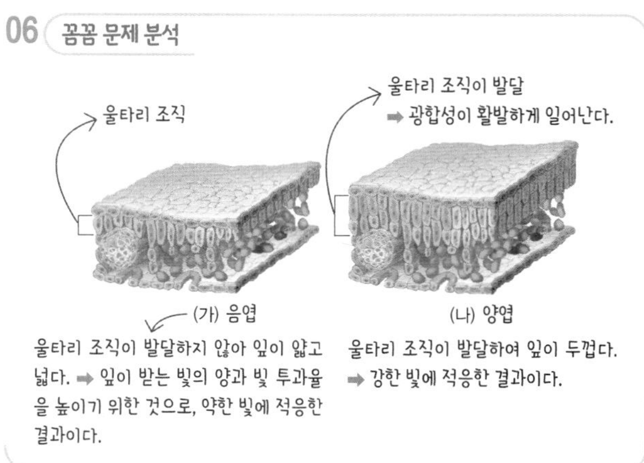

울타리 조직
울타리 조직이 발달
➡ 광합성이 활발하게 일어난다.
(가) 음엽
(나) 양엽
울타리 조직이 발달하지 않아 잎이 얇고 넓다. ➡ 잎이 받는 빛의 양과 빛 투과율을 높이기 위한 것으로, 약한 빛에 적응한 결과이다.
울타리 조직이 발달하여 잎이 두껍다.
➡ 강한 빛에 적응한 결과이다.

ㄴ. 음엽(가)은 약한 빛을 효율적으로 흡수할 수 있도록 잎이 얇고 넓게 발달되어 있어 잎이 받는 빛의 양과 빛 투과율을 높인다.
ㄷ. 양엽(나)은 울타리 조직이 발달하여 잎이 두껍고 광합성이 활발하게 일어난다.
바로알기 ㄱ. 약한 빛에 적응한 잎은 음엽(가)이며, 강한 빛에 적응한 잎은 양엽(나)이다.

07 ④ 바다의 깊이에 따라 투과되는 빛의 파장과 양이 달라 주로 분포하는 해조류의 종류도 다르다. 바다의 얕은 곳에는 적색광을 주로 이용하는 녹조류가 많이 분포하고, 깊은 곳에는 청색광을 주로 이용하는 홍조류가 많이 분포한다.

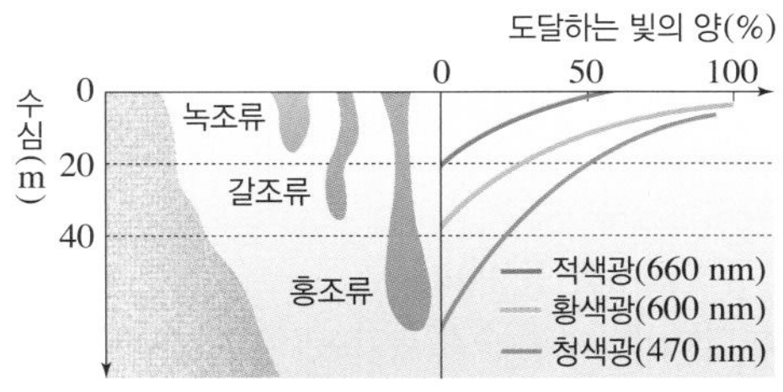

빛의 파장과 해조류의 분포

08 꼼꼼 문제 분석

위도에 따라 여우의 몸의 말단부와 몸집의 크기가 다른 것은 온도에 적응한 결과이다.

(가) 북극여우

추운 지역에 사는 여우는 몸의 말단부가 작고 몸집이 크다. ➡ 몸의 부피에 대한 체표면적의 비율이 작아 열 손실을 줄인다.

(나) 사막여우

더운 지역에 사는 여우는 몸의 말단부가 크고 몸집이 작다. ➡ 몸의 부피에 대한 체표면적의 비율이 커 열을 잘 방출한다.

ㄴ. 사막여우(나)는 북극여우(가)보다 몸의 말단부가 크고 몸집이 작아서 단위 부피당 외부로의 열 방출량이 많다. 이는 더운 지방에서 체온을 유지하는 데 유리하다.

ㄷ. 추운 지방에 사는 동물일수록 몸의 말단부가 작고 몸집이 큰 것은 열 방출량을 줄여 체온을 유지하기 위한 것이다. 따라서 두 여우의 몸의 말단부와 몸집의 크기가 다른 것은 생물이 온도에 적응한 결과이다.

바로알기 ㄱ. 북극여우(가)는 몸의 말단부가 작고 몸집이 커서 열 방출량이 적다. 이는 추운 지방에서 체온을 유지하는 데 유리하다.

[09~10] 꼼꼼 문제 분석

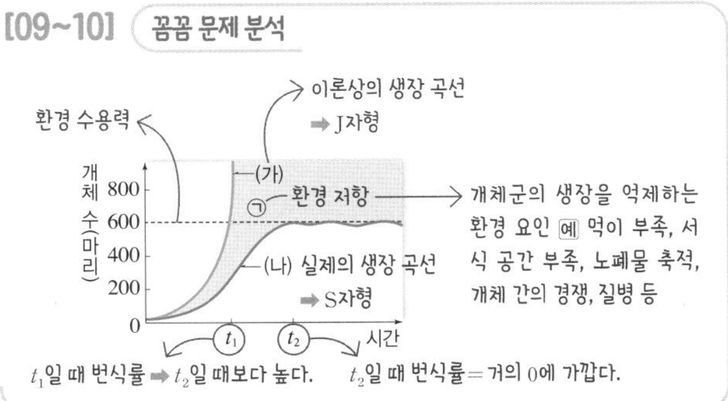

09 ① (가)는 개체 수가 생식 활동에 아무런 제약 없이 계속 증가하여 J자 모양의 생장 곡선을 나타내는 이론상의 생장 곡선이다. 그러나 자연 상태에서는 먹이 부족, 서식 공간 부족, 노폐물 증가 등의 환경 저항을 받기 때문에 어느 시점에 이르면 개체 수가 더 이상 증가하지 않고 일정한 수를 유지하는 S자 모양의 (나)와 같은 실제의 생장 곡선을 나타내게 된다.

② 환경 수용력은 주어진 환경에서 서식할 수 있는 개체군의 최대 크기이며, 실제의 생장 곡선에서 최대로 증가할 수 있는 개체 수를 의미한다. 따라서 이 개체군의 환경 수용력은 600마리이다.

③ 한 시점에서 번식률은 그래프의 기울기로 판단할 수 있다. 따라서 (나)에서 t_1일 때의 번식률은 높지만 t_2일 때의 번식률은 거의 0에 가깝다는 것을 알 수 있다.

④ (나)에서 t_2일 때가 t_1일 때보다 개체 수가 더 많으므로, t_2일 때가 t_1일 때보다 경쟁이 더 심하다는 것을 알 수 있다.

바로알기 ⑤ (나)에서 t_2 이후에 개체 수가 더 이상 증가하지 않고 일정 수준을 유지하는 것은 환경 저항이 있기 때문이다.

10 이론상의 생장 곡선(J자 모양)과 실제의 생장 곡선(S자 모양) 간에 차이가 나타나는 까닭은 환경 저항(㉠) 때문이다. 환경 저항은 개체군의 생장을 억제하는 요인이다.

모범 답안 환경 저항, 환경 저항에는 먹이 부족, 서식 공간 부족 등이 있다.(노폐물 증가, 개체 간의 경쟁, 질병 등)

채점 기준	배점
환경 저항이라고 쓰고, 그 예를 두 가지 모두 옳게 서술한 경우	100 %
환경 저항이라 쓰고, 그 예를 한 가지만 옳게 서술한 경우	50 %
환경 저항이라고만 쓴 경우	30 %

11 꼼꼼 문제 분석

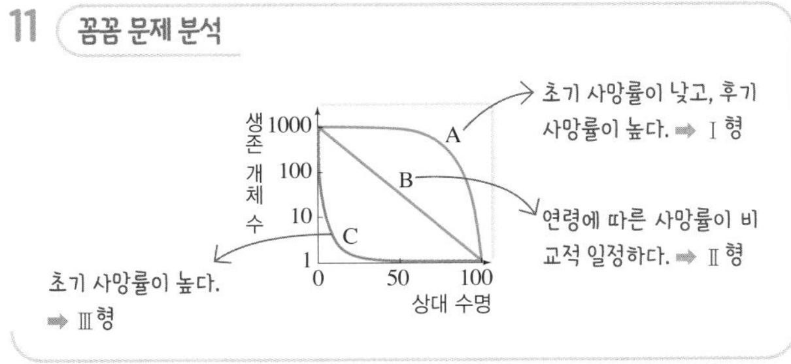

ㄱ. A가 초기 사망률이 낮은 것은 새끼일 때 부모의 보호를 받기 때문이다.

ㄴ. B는 생존 곡선 그래프의 기울기가 일정하므로 각 연령대에서 일정한 사망률을 보인다는 것을 알 수 있다.

ㄹ. 사람과 코끼리는 A와 같은 생존 곡선을 나타낸다.

바로알기 ㄷ. C는 A보다 많은 수의 자손을 낳지만 부모의 보호를 받지 못하여 어린 개체일 때의 사망률이 높다.

12 **꼼꼼 문제 분석**

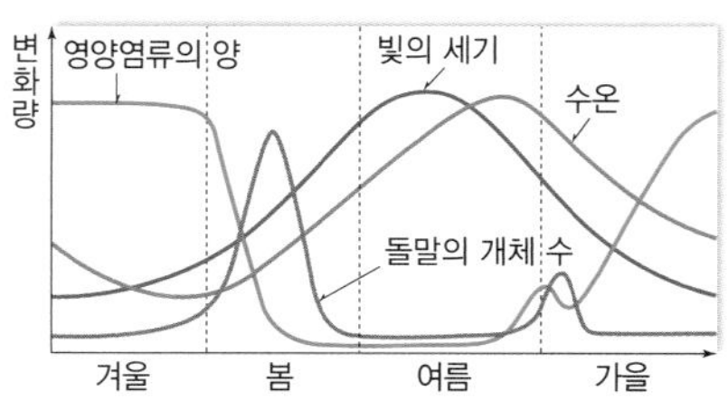

- 봄: 빛의 세기가 강해지고 수온이 상승하여 돌말의 개체 수가 증가한다.
- 여름: 빛의 세기와 수온의 조건은 좋으나 영양염류의 양이 부족하여 돌말의 개체 수가 감소한다.
- 가을: 영양염류의 양이 약간 증가하고 빛의 세기와 수온 조건이 나쁘지 않아 돌말의 개체 수가 약간 증가하였다가 빛의 세기와 수온이 감소하면서 다시 감소한다.

돌말 개체군은 빛의 세기, 수온, 영양염류의 양 등의 계절적 변화에 따라 개체군의 크기가 1년을 주기로 변한다.

① 이른 봄에 돌말의 개체 수가 급격히 증가하는 것은 영양염류의 양이 충분한 상태에서 빛의 세기가 강해지고 수온이 높아지기 때문이다.

③ 여름에 돌말의 개체 수가 적은 것은 영양염류의 양이 부족하기 때문이다. 따라서 여름에 영양염류의 양이 증가한다면 돌말의 개체 수가 급격히 증가하는데, 이러한 현상의 예가 적조 현상이다.

④ 초가을에 돌말의 개체 수가 약간 증가하는 것은 영양염류의 양이 다소 증가하였기 때문이다.

⑤ 겨울에 돌말의 개체 수가 적은 것은 영양염류의 양은 풍부하지만 빛의 세기가 약하고 수온이 낮기 때문이다. 따라서 겨울에 돌말의 개체 수는 빛의 세기와 수온에 의해 제한된다.

바로알기 ② 늦은 봄에 돌말의 개체 수가 급격히 감소하는 것은 영양염류의 양이 부족하기 때문이다.

13 **꼼꼼 문제 분석**

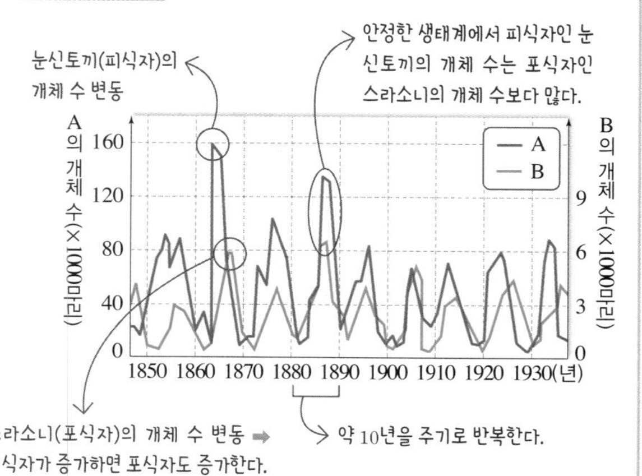

ㄱ. 스라소니(육식 동물)는 눈신토끼(초식 동물)의 천적이므로 눈신토끼는 피식자, 스라소니는 포식자이다. A의 개체 수가 증가하고 감소함에 따라 B의 개체 수도 증가하고 감소하므로 A는 피식자인 눈신토끼의 개체 수 변동이고, B는 포식자인 스라소니의 개체 수 변동이다.

바로알기 ㄴ. 개체군은 일정한 지역에 서식하는 같은 종의 집단을 말한다. 눈신토끼와 스라소니는 종이 다르므로 서로 다른 개체군이다. 따라서 이 지역에 서식하는 눈신토끼 개체군과 스라소니 개체군은 함께 군집을 형성한다.

ㄷ. 눈신토끼(A)의 개체 수가 증가하면 스라소니(B)의 개체 수가 증가하고, 스라소니(B)의 개체 수가 증가하면 눈신토끼(A)의 개체 수는 감소한다. 포식자와 피식자의 관계인 스라소니와 눈신토끼의 개체 수는 약 10년 주기로 변동한다는 것을 알 수 있다.

14 ㄱ. 얼룩말이 일정한 서식 공간을 차지하고 다른 개체의 침입을 경계하는 것(가)은 개체군 내 상호 작용 중 텃세에 해당하며, 하천의 은어에서도 텃세가 나타난다. 은어는 각각의 서식 범위를 확보하여 세력권을 형성하며, 서식 범위가 정해져 있으면 공간과 먹이를 두고 불필요한 경쟁을 피할 수 있고, 특정 지역에서 은어의 개체 수가 지나치게 많아지는 것을 막을 수 있다.

ㄷ. 암탉들 사이에서 모이를 먹는 순서가 정해지는 것(나)은 개체군 내 상호 작용 중 순위제에 해당한다. 텃세(가)와 순위제(나)는 모두 개체 간의 불필요한 경쟁을 피하기 위한 상호 작용이다.

바로알기 ㄴ. (나)는 개체군 내 모든 개체들의 서열이 정해져 있는 순위제에 해당하는 예이다. 리더제는 리더를 제외한 나머지 개체들 간에 서열이 없다.

15 ④ 큰뿔양 수컷들이 뿔의 크기 비교나 뿔 치기로 서열을 정해 먹이 획득과 번식 과정에서의 불필요한 경쟁을 줄이는 것은 개체군 내 상호 작용 중 순위제에 해당한다. 일본원숭이가 힘의 세기로 정한 순위에 따라 암컷을 차지하는 것이나 닭이 싸움으로 정한 순위에 따라 모이를 먹는 것도 순위제의 예에 해당한다.

바로알기 ① 개미 개체군에서 여왕개미, 병정개미, 일개미의 역할이 분담되고 이들의 협력으로 전체 개체군이 유지되는 것은 사회생활의 예이다.

② 사자가 혈연관계의 개체들과 무리 지어 생활하는 것은 가족생활의 예이다.

③ 양떼가 목초지를 이동할 때 경험이 많은 한 개체가 리더가 되어 전체 무리를 이끄는 것은 리더제의 예이다.

⑤ 수컷 버들붕어가 암컷을 차지하기 위해 자신의 세력권에 접근한 다른 수컷을 공격하는 것은 텃세의 예이다.

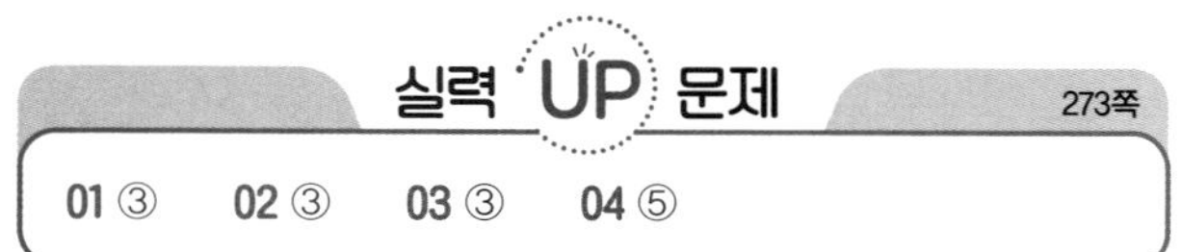

01 꼼꼼 문제 분석

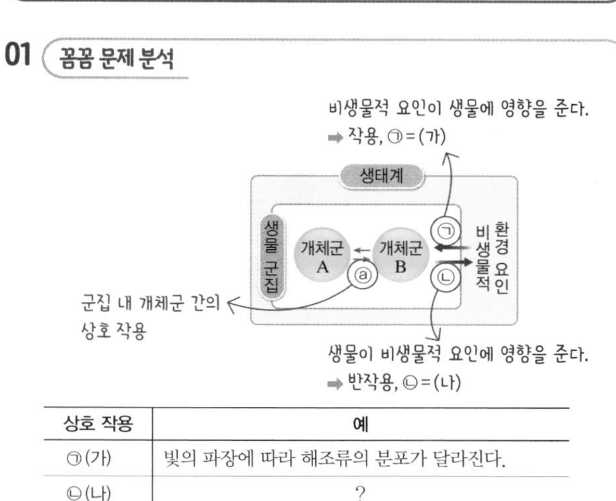

상호 작용	예
㉠(가)	빛의 파장에 따라 해조류의 분포가 달라진다.
㉡(나)	?

ㄱ. 수심별 도달하는 빛의 파장(비생물적 요인)에 따라 바닷속에 서식하는 해조류(생물)의 분포가 달라지는 것은 비생물적 요인이 생물에 영향을 미치는 경우이므로 작용(㉠)에 해당한다. 따라서 (가)는 ㉠이고, (나)는 ㉡이다.

ㄷ. 숲(생물)이 우거질수록 지표면에 도달하는 빛의 양(비생물적 요인)이 적어지는 것은 생물이 비생물적 요인에 영향을 미치는 경우이므로 (나)의 예에 해당한다.

바로알기 ㄴ. ⓐ는 군집 내 서로 다른 개체군 사이의 상호 작용에 해당한다. 리더제는 개체군 내의 상호 작용의 예이다.

02 ③ 식물의 낙엽(생물)이 토양(비생물적 요인)을 비옥하게 하는 것, 질소 고정 세균(생물)에 의해 토양의 암모늄 이온(비생물적 요인)이 증가하는 것, 식물(생물)의 광합성과 호흡이 대기 중 산소와 이산화 탄소 조성(비생물적 요인)에 영향을 주는 것은 모두 생물이 비생물적 요인에 영향을 주는 반작용의 예이다. 숲(생물)이 우거질수록 토양 수분(비생물적 요인)의 증발량이 감소하는 것도 반작용의 예이다.

바로알기 ① 빛의 세기(비생물적 요인)에 따라 잎(생물적 요인)의 두께가 달라지는 것은 작용의 예이다.

② 위도(비생물적 요인)에 따라 식물 군집(생물적 요인)의 분포가 달라지는 것은 작용의 예이다.

④ 외래 생물(생물적 요인)이 토종 생물(생물적 요인)의 수에 영향을 주는 것은 생물 사이의 상호 작용의 예이다.

⑤ 고산 지대(비생물적 요인)에 사는 사람(생물적 요인)은 평지에 사는 사람보다 적혈구 수가 많은 것은 작용의 예이다.

03 꼼꼼 문제 분석

임계 시간: 식물의 개화 여부를 결정하는 최소한의 '연속적인 빛 없음' 기간(밤의 길이)

'연속적인 빛 없음' 기간이 임계 시간 ⓐ보다 짧을 때 개화하고, 길 때는 개화하지 않는다. ➡ A는 장일 식물

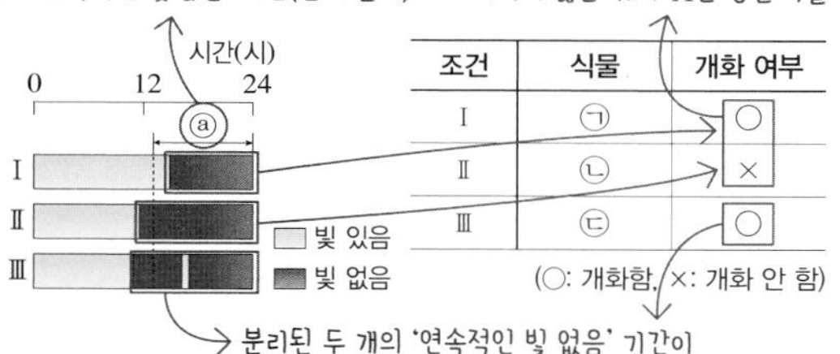

조건	식물	개화 여부
Ⅰ	㉠	○
Ⅱ	㉡	×
Ⅲ	㉢	○

(○: 개화함, ×: 개화 안 함)

분리된 두 개의 '연속적인 빛 없음' 기간이 각각 ⓐ보다 짧을 때 종 A는 개화한다.

- 장일 식물: 낮의 길이가 길어지고 밤의 길이가 임계 시간보다 짧아지는 봄과 초여름에 개화하는 식물 예 보리, 붓꽃 등
- 단일 식물: 낮의 길이가 짧아지고 밤의 길이가 임계 시간보다 길어지는 가을에 개화하는 식물 예 국화, 코스모스 등

ㄱ, ㄴ. '연속적인 빛 없음' 기간이 ⓐ보다 짧은 조건(Ⅰ)에서 ㉠이 개화했으나 '연속적인 빛 없음' 기간이 ⓐ보다 긴 조건(Ⅱ)에서 ㉡은 개화하지 않았다. 따라서 식물 종 A는 '연속적인 빛 없음' 기간이 ⓐ보다 짧을 때 개화하는 장일 식물이다.

바로알기 ㄷ. '빛 없음' 기간 중에 일시적으로 빛이 공급되어 '연속적인 빛 없음' 기간이 두 개로 분리된 조건(Ⅲ)에서 ㉢이 개화한 것으로 보아 두 개의 '연속적인 빛 없음' 기간은 각각 ⓐ보다 짧다. 또한 두 개의 '연속적인 빛 없음' 기간이 합쳐져서 개화에 영향을 미치는 것이 아님을 알 수 있다.

04 꼼꼼 문제 분석

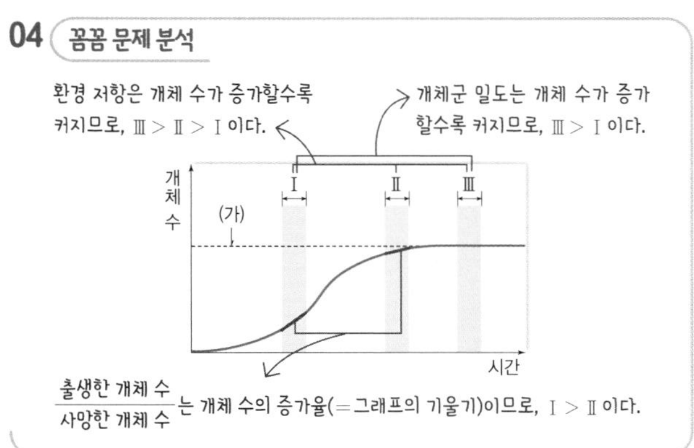

환경 저항은 개체 수가 증가할수록 커지므로, Ⅲ > Ⅱ > Ⅰ 이다.
개체군 밀도는 개체 수가 증가할수록 커지므로, Ⅲ > Ⅰ 이다.
개체 수
(가)
Ⅰ
Ⅱ
Ⅲ
시간
출생한 개체 수 / 사망한 개체 수 는 개체 수의 증가율(=그래프의 기울기)이므로, Ⅰ > Ⅱ 이다.

ㄱ. $\frac{\text{출생한 개체 수}}{\text{사망한 개체 수}}$는 구간별 개체 수의 증가율에 해당하므로 그래프의 기울기와 같다. 따라서 기울기가 큰 구간 Ⅰ에서가 구간 Ⅱ에서보다 크다.

ㄴ. 개체군 밀도는 $\frac{\text{개체 수}}{\text{서식 공간의 면적}}$인데 서식지의 크기가 일정하므로 개체 수가 많은 구간 Ⅲ에서가 구간 Ⅰ에서보다 크다.

ㄷ. 환경 수용력(가)은 주어진 환경 조건에서 서식할 수 있는 개체군의 최대 크기이다. 서식 공간이 증가하면 더 많은 개체가 서식할 수 있으므로 환경 수용력(가)도 증가한다.

2 군집

개념 확인 문제 277쪽

❶ 먹이 그물 ❷ 생태적 지위 ❸ 우점종 ❹ 지표종 ❺ 초원 ❻ 층상 ❼ 생태 분포

1 (1) ○ (2) ○ (3) × (4) × **2** (1) ㉢ (2) ㉠ (3) ㉣ (4) ㉡
3 (1) × (2) × (3) ○ (4) × **4** ③ **5** 교목층

1 (1) 먹이 사슬은 생산자 → 1차 소비자 → 2차 소비자 → … → 최종 소비자까지 먹고 먹히는 관계를 나타낸 것이고, 먹이 사슬이 복잡하게 얽혀 먹이 그물을 이룬다.
(2) 생태계에서 개체군이 담당하는 구조적·기능적 역할을 생태적 지위라고 하고, 생태적 지위에는 먹이 지위와 공간 지위가 있다.
(3) 삼림 군집의 층상 구조는 여러 식물들이 햇빛을 최대한 활용할 수 있는 구조로 발달되어 있으며, 아래로 내려갈수록 빛의 세기가 약해진다.
(4) 수평 분포는 위도에 따라 기온과 강수량의 차이로 나타나는 것이고, 수직 분포는 특정 지역에서 고도에 따른 기온 차이로 나타나는 것이다.

2 (1) 우점종은 개체 수가 많거나 넓은 면적을 차지하는 종으로, 군집에서 가장 큰 비중을 차지하여 그 군집을 대표하는 종이다.
(2) 희소종은 군집에서 개체 수가 매우 적어 보호가 필요한 종이다.
(3) 지표종은 특정 지역이나 환경에만 출현하는 종으로, 그 군집을 다른 군집과 구별해 주는 지표가 되는 종이다.
(4) 핵심종은 우점종은 아니지만 그 군집의 구조에 결정적인 영향을 미치는 종이다.

3 (1) 방형구 안에 있는 각 식물 종의 개체 수를 이용하여 밀도를 구한다.
(2) 종이 출현한 방형구 수를 이용하여 빈도를 구하고, 피도는 각 종이 차지하고 있는 면적을 이용하여 구한다.
(3), (4) 중요치는 상대 밀도, 상대 빈도, 상대 피도를 합한 값으로, 중요치가 가장 높은 종이 그 군집의 우점종이다.

4 ③ 사막은 강수량이 매우 적거나 기온이 매우 낮아 식물이 서식하기 어려운 지역에 발달한다.
바로알기 ① 삼림은 강수량이 많고 식물이 자라기에 기온이 적당한 지역에 발달하는 군집으로, 많은 종류의 목본과 초본 개체군이 함께 자란다. 삼림에는 열대 우림, 온대림, 북부 침엽수림 등이 있다.
② 초원은 삼림보다 강수량이 적은 지역에 형성되는 초본 개체군 중심의 군집으로, 열대 초원, 온대 초원 등이 있다.
④ 담수 군집은 하천, 호수, 강에 형성되는 수생 군집이다.
⑤ 해수 군집은 바다에 형성되는 수생 군집이다.

5 교목층은 층상 구조 중 가장 상층부로, 가장 강한 빛을 받아 광합성이 활발하게 일어난다.

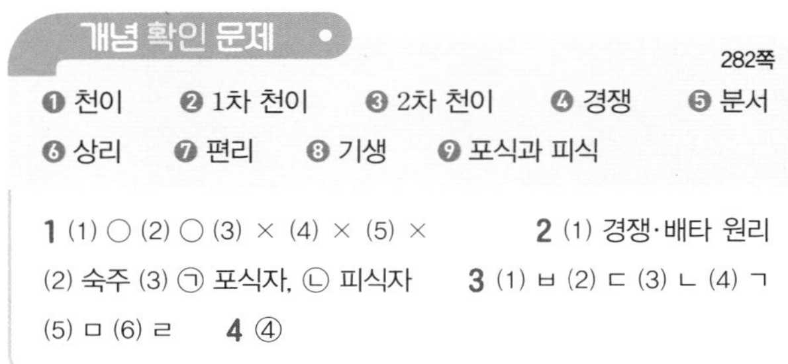

개념 확인 문제 282쪽

❶ 천이 ❷ 1차 천이 ❸ 2차 천이 ❹ 경쟁 ❺ 분서 ❻ 상리 ❼ 편리 ❽ 기생 ❾ 포식과 피식

1 (1) ○ (2) ○ (3) × (4) × (5) × **2** (1) 경쟁·배타 원리 (2) 숙주 (3) ㉠ 포식자, ㉡ 피식자 **3** (1) ㅂ (2) ㄷ (3) ㄴ (4) ㄱ (5) ㅁ (6) ㄹ **4** ④

1 (1), (2) 건성 천이는 바위, 용암 대지와 같은 건조하고 척박한 땅에 개척자인 지의류가 들어오면서 시작되는 천이이고, 습성 천이는 빈영양호에 유기물 등의 퇴적물이 쌓여 형성된 습지에 이끼류가 들어오면서 시작되는 천이이다.
(3) 극상은 천이의 마지막 단계로 가장 안정된 군집 상태이다. 천이를 시작하는 생물은 개척자라고 한다.
(4) 천이 과정에서 식물 군집은 강한 빛에서 잘 자라는 양수에 의해 먼저 양수림이 형성되고, 그 아래에 비교적 약한 빛에서도 잘 자라는 음수가 자라 혼합림을 거쳐 점차 음수림으로 바뀐다.
(5) 2차 천이는 버려진 경작지나 기존의 식물 군집이 산불이나 산사태 등으로 불모지가 된 곳에서 토양 내 살아남은 종자나 식물 뿌리 등에 의해 다시 시작되는 천이이다. 초원부터 시작되며, 1차 천이에 비해 천이의 진행 속도가 빠르다.

2 (1) 생태적 지위가 비슷한 두 개체군 사이에서 심한 경쟁이 일어나 경쟁에서 진 개체군이 도태되어 완전히 사라지는 것을 경쟁·배타 원리라고 한다.
(2) 기생 관계에서 이익을 얻는 생물은 기생 생물이고, 손해를 입는 생물은 숙주이다.
(3) 서로 다른 개체군(종) 사이에서 다른 생물을 잡아먹는 생물은 포식자이고, 잡아먹히는 생물은 피식자이다.

3 (1) 영양을 잡아먹는 사자는 포식자이고, 잡아먹히는 영양은 피식자이다. ➡ 포식과 피식(ㅂ)
(2) 따개비는 혹등고래의 몸에 붙어 이동을 쉽게 하므로 이익을 얻지만, 혹등고래는 이익도 손해도 없다. ➡ 편리공생(ㄷ)
(3) 피라미와 은어는 생태적 지위가 비슷하여 이들이 함께 서식하면 경쟁이 일어나므로 서식지와 먹이를 달리하여 경쟁을 피한다. ➡ 분서(ㄴ)

(4) 기생충은 동물의 몸속에 살면서 양분을 흡수하여 이익을 얻지만, 동물은 손해를 입는다. ➡ 기생(ㄱ)
(5) 생태적 지위가 비슷한 두 종의 짚신벌레가 한 공간에서 경쟁한 결과 한 종만 살아남는 경쟁 · 배타가 일어난 것이다. ➡ 종간 경쟁(ㅁ)
(6) 말미잘은 흰동가리가 유인한 먹이를 먹고, 흰동가리는 말미잘의 보호를 받으므로 서로 이익을 얻는다. ➡ 상리 공생(ㄹ)

4 꼼꼼 문제 분석

개체 수, A, A, B, B, O, 시간

B와 혼합 배양 시 개체 수 증가

A와 혼합 배양 시 개체 수 증가 ➡ 개체군 A와 B는 서로 이익을 얻는 상리 공생 관계이다.

— 단독 배양 --- 혼합 배양

④ 개체군 A와 B는 모두 혼합 배양할 때가 단독 배양할 때보다 개체 수가 증가하였다. 이를 통해 개체군 A와 B는 서로 이익을 얻는 상리 공생 관계임을 알 수 있다.

대표 자료 분석

283~284쪽

자료 ❶ **1** (1) 개체 수 (2) 빈도 (3) 상대 피도 (4) 우점종
2 (1) ㉠ 0.5, ㉡ 5, ㉢ 0.08, ㉣ 6, ㉤ 1 (2) ㉠ 12, ㉡ 20, ㉢ 40, ㉣ 32, ㉤ 112, ㉥ 48, ㉦ 48, ㉧ 136 (3) 종 C

자료 ❷ **1** A: 양수림, B: 음수림 **2** (1) 지의류 (2) B(음수림)
3 (1) ○ (2) × (3) ○ (4) × (5) × (6) ○ (7) ○

자료 ❸ **1** ㉠ 종간 경쟁, ㉡ 상리 공생 **2** (나) ㅁ (다) ㄹ
3 (1) × (2) × (3) × (4) ○ (5) ×

자료 ❹ **1** ㉠ 포식과 피식, ㉡ 편리공생, ㉢ 상리 공생, ㉣ 종간 경쟁 **2** 경쟁·배타 **3** (1) ○ (2) ○ (3) ○ (4) ○ (5) ○

1-2 (1) 밀도는 $\frac{\text{특정 종의 개체 수}}{\text{전체 방형구의 면적}(m^2)}$이고,

빈도는 $\frac{\text{특정 종이 출현한 방형구 수}}{\text{전체 방형구의 수}}$이며,

피도는 $\frac{\text{특정 종이 차지한 점유 면적}(m^2)}{\text{전체 방형구의 면적}(m^2)}$이다.

따라서 B의 밀도는 $\frac{10}{2\ m^2}=5/m^2$이고, C의 밀도는 $\frac{12}{2\ m^2}=6/m^2$이다. A의 빈도는 $\frac{1}{2}=0.5$이고, C의 빈도는 $\frac{2}{2}=1$이다. B의 피도는 $\frac{0.16\ m^2}{2\ m^2}=0.08$이다.

(2) 상대 밀도(%)는 $\frac{\text{특정 종의 밀도}}{\text{조사한 모든 종의 밀도 합}}\times100$이고,

상대 빈도(%)는 $\frac{\text{특정 종의 빈도}}{\text{조사한 모든 종의 빈도 합}}\times100$이며,

상대 피도(%)$=\frac{\text{특정 종의 피도}}{\text{조사한 모든 종의 피도 합}}\times100$이다.

상대 밀도는 A가 $\frac{1.5}{12.5}\times100=12$ %이고, C가 $\frac{6}{12.5}\times100=48$ %이다. 상대 빈도는 A가 $\frac{0.5}{2.5}\times100=20$ %이고, B가 $\frac{1}{2.5}\times100=40$ %이다. 상대 피도는 B가 $\frac{0.08}{0.25}\times100=32$ %이고, C가 $\frac{0.12}{0.25}\times100=48$ %이다.

(3) 중요치는 상대 밀도, 상대 빈도, 상대 피도를 합한 값이므로 각 중요치를 구하면 A는 52, B는 112, C는 136이다. 중요치가 높은 종이 우점종이므로 이 식물 군집에서 우점종은 종 C이다.

2-1 꼼꼼 문제 분석

화산 활동으로 형성된 용암 대지, 바위 등과 같은 건조하고 척박한 땅에 개척자인 지의류가 들어오면서 천이가 시작된다. ➡ 건성 천이

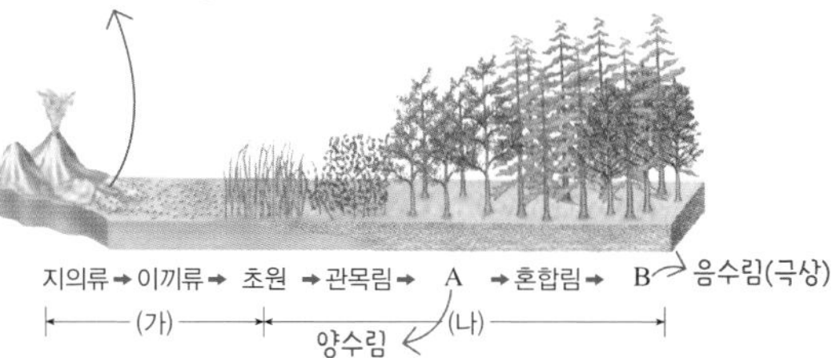

• (가): 지의류가 들어와 약간의 토양이 형성되고 토양에 수분 함량이 높아지면서 이끼류가 들어온다. 점차 토양층이 발달하면서 풀이 자라는 초원이 된다.
• (나): 토양에 양분이 축적되면서 관목이 자란다. 숲 형성 초기에는 소나무와 같은 양수로 구성된 양수림이 형성되고, 그 아래에 약한 빛에서도 잘 자라는 음수가 자란다. 이후 혼합림을 거쳐 음수림으로 바뀌고 안정된 군집을 형성하여 극상을 이룬다.

천이 과정의 초기에는 지표면에 도달하는 빛의 세기가 강하므로 강한 빛에서 잘 자라는 양수가 들어와 양수림(A)을 이룬다.
이후 지표면에 도달하는 빛의 세기가 약해짐에 따라 양수림 아래에서 비교적 약한 빛에서도 잘 자라는 음수가 자라 혼합림이 되었다가 양수가 쇠퇴하고 음수림(B)을 이룬다.

2-2 (1) 개척자는 불모지에 가장 먼저 정착하는 생물이다. 1차 건성 천이 과정에서 개척자는 지의류이며, 지의류에 의해 토양층이 형성된다. 이 천이 과정은 지의류, 이끼류가 포함된 1차 건성 천이 과정이다.
(2) 천이 과정에서 마지막 단계인 안정된 군집 상태를 극상이라고 하며, 음수림(B)이 이에 해당한다.

2-3 (1), (2) 이 천이는 화산에서 흘러나온 용암이 굳어 형성된 용암 대지에서 시작되므로 1차 천이이며, 건조한 환경에서 시작되므로 건성 천이이다.

(3) 건성 천이의 초기에는 불모지에 토양이 형성되고 수분량이 점차 증가함에 따라 지의류 → 이끼류 → 초본류의 순으로 천이가 진행된다. 따라서 천이의 초기 과정 (가)에서 천이에 가장 큰 영향을 미치는 환경 요인은 토양의 형성 속도와 수분량이다.

(4) (나)에서 천이가 진행될수록 숲이 무성해지므로 지표면에 도달하는 빛의 세기는 감소한다.

(5) 양수림(A)이 형성되면 빛이 가려져 숲의 하층으로 도달하는 빛이 크게 줄어 숲의 하층에는 비교적 약한 빛에서도 잘 자라는 음수 묘목이 늘어난다.

(6) 음수림(B) 상태에서 산불이 나면 생물은 거의 없어지지만 토양과 일부 생물의 종자 및 뿌리는 남아 있으므로 초원부터 시작되는 2차 천이가 빠르게 진행된다.

(7) 양수는 음수보다 강한 빛에 적응하여 울타리 조직이 발달된 잎을 가진다. 따라서 양수림(A)의 우점종이 음수림(B)의 우점종보다 잎의 평균 두께가 두껍다.

3-1 꼼꼼 문제 분석

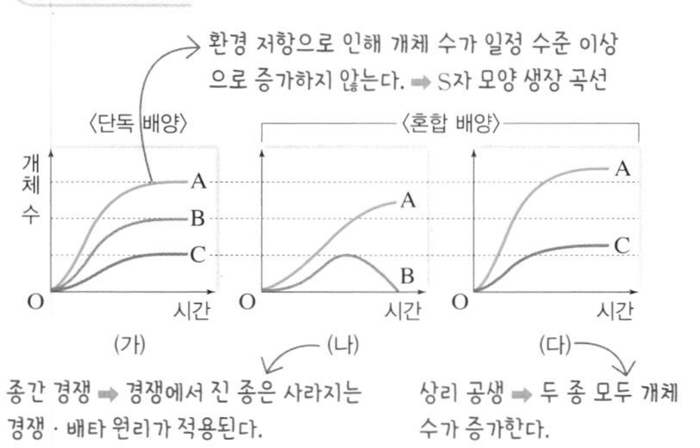
환경 저항으로 인해 개체 수가 일정 수준 이상으로 증가하지 않는다. ➡ S자 모양 생장 곡선
〈단독 배양〉
〈혼합 배양〉
개체 수
A
B
C
O
시간
(가)
(나)
(다)
종간 경쟁 ➡ 경쟁에서 진 종은 사라지는 경쟁 · 배타 원리가 적용된다.
상리 공생 ➡ 두 종 모두 개체 수가 증가한다.

• (나)에서 종 A와 종 B를 혼합 배양하였을 때에는 종 A만 살아남고 종 B는 사라졌다. 이는 종 A와 종 B가 먹이와 서식지를 차지하기 위해 경쟁하였기 때문이므로 종 A와 종 B는 종간 경쟁(㉠) 관계이다.

• (다)에서 종 A와 종 C를 혼합 배양하였을 때에는 종 A와 종 C를 단독 배양하였을 때보다 모두 개체 수가 증가하였다. 이는 종 A와 종 C가 서로 이익을 얻었기 때문이므로 종 A와 종 C는 상리 공생(㉡) 관계이다.

3-2 ㄹ. 흰동가리는 말미잘의 촉수로 인해 포식자로부터 보호받고, 말미잘은 촉수 사이의 찌꺼기와 병든 촉수를 제거하는 데 흰동가리의 도움을 받으며 흰동가리가 유인한 먹이를 함께 먹음으로써 서로 이익을 주므로 흰동가리와 말미잘은 상리 공생 관계이다. ➡ (다)

ㅁ. 먹이가 같은 애기짚신벌레 종과 짚신벌레 종은 먹이를 차지하기 위해 경쟁하는 종간 경쟁 관계이다. ➡ (나)

바로알기 ㄱ. 피라미가 수서 곤충, 유기물, 식물 플랑크톤을 먹으며 사는 곳에 갈겨니가 이주해 오면 피라미는 수서 곤충을 적게 먹고 유기물과 식물 플랑크톤을 주로 먹어 갈겨니와의 경쟁을 피한다. 즉, 피라미와 갈겨니는 먹이를 분리하는 분서 관계이다.

ㄴ. 빨판상어는 거북의 몸에 붙어살면서 쉽게 이동하고 먹이를 얻으며 보호받지만 거북은 이익도 손해도 없다. 따라서 빨판상어와 거북은 편리공생 관계이다.

ㄷ. 스라소니와 눈신토끼는 포식과 피식의 관계이다.

3-3 (1) 종 A와 종 B를 혼합 배양하였을 때 종 A만 살아남고 종 B는 사라졌으므로 종 A와 종 B는 종간 경쟁 관계이다. 만약 종 A가 종 B의 포식자라면 종 B의 개체 수가 증가하고 감소함에 따라 종 A의 개체 수도 증가하고 감소해야 한다.

(2) 종 A와 종 C는 서로 이익을 얻는 상리 공생 관계로 생태적 지위가 다르다. 생태적 지위가 비슷하다면 종 A와 종 C를 혼합 배양하였을 때 경쟁이 일어날 것이다.

(3) 종 C의 주기적 증감에 따른 종 A의 주기적 증감이 나타나지 않으므로 종 A와 종 C는 포식자와 피식자의 관계로 볼 수 없다.

(4) (가)에서 종 A~C를 각각 단독 배양하였을 때 개체 수가 일정 수 이상으로 증가하지 않고 S자 모양의 생장 곡선을 나타내는 것은 환경 저항을 받았기 때문이다.

(5) 경쟁·배타 원리는 생태적 지위가 비슷한 두 개체군의 경쟁 결과 한쪽 개체군만 살아남고, 다른 개체군은 도태되어 서식지에서 사라지는 것이므로 (나)에서만 경쟁·배타 원리가 적용된다.

4-1 한쪽은 손해를 입고, 다른 한쪽은 이익을 얻는 ㉠은 먹고 먹히는 관계인 피식과 포식, 한쪽은 이익을 얻고 다른 한쪽은 이익도 손해도 없는 ㉡은 편리공생, 두 개체군 모두 이익을 얻는 ㉢은 상리 공생, 두 개체군 모두 손해를 입는 ㉣은 종간 경쟁이다.

4-2 생태적 지위가 비슷한 두 개체군이 함께 살면 개체군 사이에서 한정된 자원이나 서식지를 차지하기 위한 종간 경쟁(㉣)이 일어난다. 경쟁에서 이긴 개체군은 살아남고, 경쟁에서 진 개체군은 도태되어 사라지는 경쟁·배타 원리가 적용된다.

4-3 (1) 기생 관계에서 손해를 입는 X는 숙주에 해당한다.

(2) 스라소니는 눈신토끼를 잡아 먹고 산다. 따라서 두 종의 상호 작용은 포식과 피식(㉠)에 해당한다.

(3) 생태적 지위가 비슷할수록 경쟁이 심해지므로 은어와 피라미는 먹이와 서식지를 분리하는 분서를 하여 경쟁을 피한다.

(4) 빨판상어는 거북의 몸에 붙어 쉽게 이동하고 먹이를 얻으며 보호받지만 거북은 이익도 손해도 없으므로, 두 종의 상호 작용은 편리공생(㉡)에 해당한다.

(5) 콩과식물은 뿌리혹박테리아가 고정해 준 질소를 이용하고, 뿌리혹박테리아는 콩과식물로부터 양분을 공급받으므로, 두 종의 상호 작용은 상리 공생(㉢)에 해당한다.

내신 만점 문제 285~288쪽

01 ④ 02 ④ 03 ㉠ 0.5, ㉡ $3/m^2$, ㉢ 0.12 04 ㉠ 12.5, ㉡ 40, ㉢ 48, ㉣ 138 05 해설 참조 06 ④ 07 ② 08 ② 09 ① 10 해설 참조 11 ④ 12 ③ 13 ④ 14 ⑤ 15 ④ 16 ④ 17 ③ 18 ④

01 ㄱ. 먹이 사슬의 각 단계를 이루는 생물종이 다양할수록 먹이 그물이 복잡해져 군집이 안정화된다.

ㄷ, ㄹ. 생태계에서 개체군이 담당하는 구조적·기능적 역할을 생태적 지위라고 하는데, 개체군이 먹이 사슬에서 차지하는 위치를 먹이 지위라 하고, 개체군이 차지하는 서식 공간을 공간 지위라고 한다. 군집은 군집 내 개체군이 자신의 생태적 지위를 지킴으로써 유지된다.

바로알기 ㄴ. 군집 내에서는 먹이 사슬 여러 개가 복잡하게 얽혀 마치 그물처럼 복잡하게 나타나는 먹이 그물을 형성한다.

02 ④ 우점종은 군집에서 개체 수가 많거나 넓은 면적을 차지하여 그 군집을 대표할 수 있는 종을 말한다. 우점종은 그 군집의 구조나 환경에 큰 영향을 미친다.

바로알기 ①, ③ 지의류는 이산화 황의 오염 정도에 대한 지표종으로, 지표종은 특정 환경 조건을 충족하는 군집에서만 출현하여 그 군집의 특징을 나타내는 종이다.

② 군집에서 개체 수가 매우 적어 보호가 필요한 종을 희소종이라고 한다.

⑤ 우점종은 아니지만 군집의 구조에 결정적인 영향을 미치는 개체군은 핵심종이다.

[03~05] 꼼꼼 문제 분석

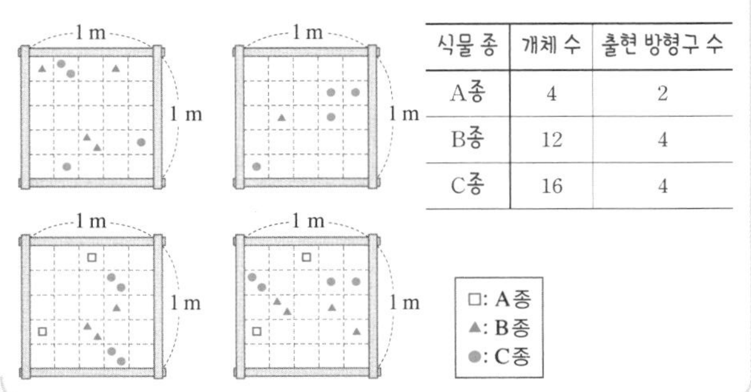

식물 종	개체 수	출현 방형구 수
A종	4	2
B종	12	4
C종	16	4

03 ㉠ 전체 방형구의 수는 4개이고, A종은 이 중 2개의 방형구에서만 나타났다. 따라서 A종의 빈도는 $\frac{2}{4}=0.5$이다.

㉡ 방형구 4개의 전체 면적은 $1\ m^2 \times 4$개$=4\ m^2$이고, B종의 개체 수는 12이다. 따라서 B종의 밀도는 $\frac{12}{4\ m^2}=3/m^2$이다.

㉢ 방형구가 25개의 칸으로 이루어져 있으므로 방형구 한 칸의 면적은 $\frac{1\ m^2}{25}=0.04\ m^2$이며, C종은 전체 방형구에서 12개의 칸에 출현했으므로 C종이 차지하는 면적은 $0.04\ m^2 \times 12$이다. 따라서 C종의 피도는 $\frac{0.04\ m^2 \times 12}{4\ m^2}=0.12$이다.

식물 종	밀도	빈도	피도
A종	$\frac{4}{4\ m^2}=1/m^2$	$\frac{2}{4}=0.5$	$\frac{0.04\ m^2 \times 4}{4\ m^2}=0.04$
B종	$\frac{12}{4\ m^2}=3/m^2$	$\frac{4}{4}=1$	$\frac{0.04\ m^2 \times 9}{4\ m^2}=0.09$
C종	$\frac{16}{4\ m^2}=4/m^2$	$\frac{4}{4}=1$	$\frac{0.04\ m^2 \times 12}{4\ m^2}=0.12$
합계	8	2.5	0.25

04 중요치는 상대 밀도+상대 빈도+상대 피도이다.

식물 종	상대 밀도 (%)	상대 빈도 (%)	상대 피도 (%)	중요치
A종	$\frac{1}{8}\times 100$ $=12.5$(㉠)	$\frac{0.5}{2.5}\times 100$ $=20$	$\frac{0.04}{0.25}\times 100$ $=16$	$12.5+20+16$ $=48.5$
B종	$\frac{3}{8}\times 100$ $=37.5$	$\frac{1}{2.5}\times 100$ $=40$(㉡)	$\frac{0.09}{0.25}\times 100$ $=36$	$37.5+40+36$ $=113.5$
C종	$\frac{4}{8}\times 100$ $=50$	$\frac{1}{2.5}\times 100$ $=40$	$\frac{0.12}{0.25}\times 100$ $=48$(㉢)	$50+40+48$ $=138$(㉣)

05 모범 답안 C종, 중요치가 가장 높기 때문이다.

채점 기준	배점
우점종을 쓰고, 그렇게 판단한 까닭을 옳게 서술한 경우	100 %
우점종만 옳게 쓴 경우	30 %

06 꼼꼼 문제 분석

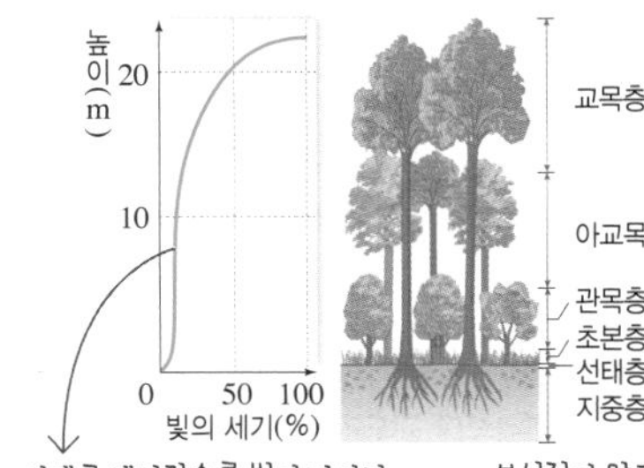

아래로 내려갈수록 빛이 가려져 빛의 세기가 감소한다.

물질 생산에 관여하는 식물이 주로 서식하여 광합성층이라고 하며, 조류와 곤충류가 서식한다.

생산자인 이끼류, 분해자인 균류, 소비자인 일부 곤충류 등이 서식한다.

부식질이 많고 두더지, 지렁이 등의 동물과 분해자인 균류, 세균류 등이 서식한다.

① 식물 군집의 층상 구조에서 교목층은 높이가 가장 높아 빛을 직접 받으므로 다른 층에 비해 강한 빛을 받는 층이며, 광합성이 활발하게 일어난다.
② 선태층은 낙엽이나 썩은 나무가 있는 층이다. 선태층에는 생산자인 이끼류, 소비자인 거미와 지네, 분해자인 곰팡이(균류) 등이 서식한다. 따라서 선태층에는 생산자, 소비자, 분해자가 모두 서식한다.
③ 지중층은 낙엽이나 사체가 썩으면서 만들어지는 부식질이 많고, 지렁이, 두더지, 균류, 세균류 등이 주로 서식한다.
⑤ 삼림의 층상 구조는 빛의 세기와 양 등에 따라 수직적으로 몇 개의 층으로 구성된 것으로, 여러 식물들이 햇빛을 최대로 활용할 수 있는 구조로 되어 있다.
바로알기 ④ 층상 구조에서 아래로 내려갈수록 나무들에 의해 빛이 가려져 빛의 세기는 감소한다.

07 ㄷ. 군집의 생태 분포는 수평 분포와 수직 분포로 구분한다. 수평 분포는 위도에 따른 기온과 강수량의 차이로 나타나는 군집 분포이고, 수직 분포는 특정 지역에서 고도에 따른 기온 차이로 나타나는 군집 분포이다. 따라서 이 분포는 수평 분포에 해당한다.
바로알기 ㄱ. (가)는 연평균 기온이 높고 강수량이 많은 저위도의 열대 지방에서 형성되는 삼림인 열대 우림이고, (나)는 중위도의 온대 지방에서 형성되는 삼림인 낙엽수림이다.
ㄴ. (다)는 고위도의 아한대 지방에서 형성되는 삼림인 침엽수림이고, (라)는 한대 지방과 극지방 부근에 일시적으로 형성되는 한대 사막인 툰드라이다. 툰드라는 짧은 기간 동안 이끼류와 같은 일부 식물만 자란다. 따라서 (라)가 (다)보다 고위도 지역에 분포한다.

08 꼼꼼 문제 분석

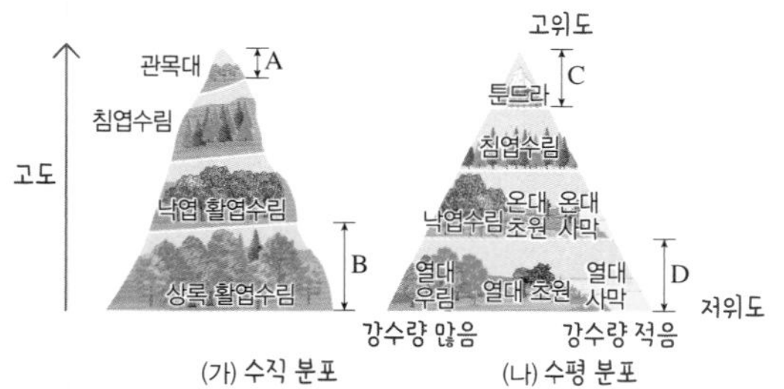

(가) 수직 분포 (나) 수평 분포

• (가): A 지역에는 관목림이 존재하고, B 지역에는 상록 활엽수림이 존재한다. ➡ A 지역의 고도가 B 지역보다 높으며, A 지역의 기온이 B 지역보다 낮다.
• (나): C 지역에는 툰드라, D 지역에는 열대 우림, 열대 초원, 열대 사막이 존재한다. ➡ C 지역이 D 지역보다 위도가 높으며, C 지역의 기온이 D 지역보다 낮다. 그리고 D 지역에서 열대 우림, 열대 초원, 열대 사막으로 갈수록 강수량이 적다.

ㄴ. (가)는 고도에 따른 기온 차이로 나타나는 수직 분포로, A 지역은 B 지역보다 고도가 높으므로 기온이 낮다.
바로알기 ㄱ. (가)는 수직 분포, (나)는 수평 분포에 해당한다.
ㄷ. (나)는 위도에 따른 기온과 강수량의 차이로 나타나는 수평 분포로, C 지역은 극지방의 툰드라, D 지역은 적도 지방의 열대 우림, 열대 초원, 열대 사막이 해당된다. 따라서 C 지역이 D 지역보다 위도가 높다.

[09~10] 꼼꼼 문제 분석

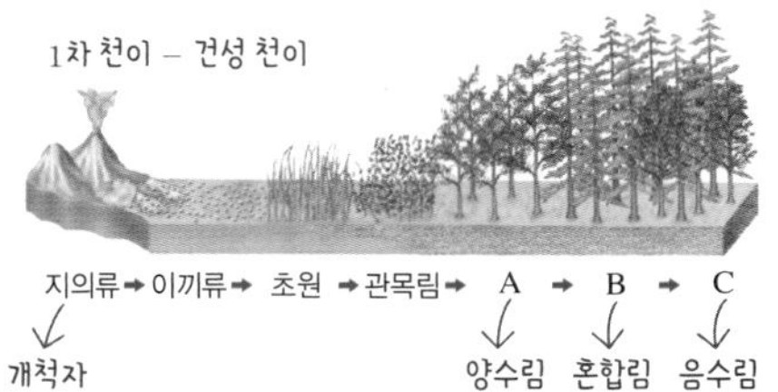

• 양수림: 강한 빛에 적응한 식물 군집
• 음수림: 약한 빛에 적응한 식물 군집
➡ 지표면에 도달하는 빛의 세기가 감소하여 양수림에서 음수림으로 천이가 진행된다.

09 ② 점토, 바위, 모래, 자갈 등과 같은 건조하고 척박한 땅에 개척자인 지의류가 들어오면 토양층이 형성되기 시작하고, 이끼류가 자란다.
③ B는 양수림과 음수림 사이의 중간 단계인 혼합림으로, 먼저 강한 빛에 적응한 양수림이 형성되고, 양수림 아래에 비교적 약한 빛에서도 잘 자라는 음수가 함께 군집을 이룬다.
④ 극상은 천이 마지막의 안정된 군집 상태로, 음수림(C)에서 극상을 이룬다.
⑤ 천이 과정에서 식물 군집이 발달함에 따라 지표면에 도달하는 빛의 양이 감소하기 때문에 양수림(A)에서 음수림(C)으로 천이가 일어난다. 따라서 양수림(A) → 혼합림(B) → 음수림(C)으로 천이되는 과정에서 빛의 세기가 천이에 영향을 미치는 중요한 요인으로 작용한다는 것을 알 수 있다.
바로알기 ① 화산 활동으로 형성된 용암 대지와 같은 척박한 땅에 개척자인 지의류가 들어오면서 천이가 시작되는 1차 천이 과정이다.

10 산불 발생 후 다시 시작되는 천이는 2차 천이이다. 2차 천이는 주로 초본이 개척자로 들어와 초원부터 시작하며, 1차 천이에 비해 천이의 진행 속도가 빠르다.

모범 답안 초원, 산불로 불모지가 되었지만 유기물 등이 충분한 토양이 있고, 토양에 기존 식물의 종자나 식물 뿌리가 남아 있기 때문이다.

채점 기준	배점
초원이라고 쓰고, 그 까닭을 옳게 서술한 경우	100 %
초원이라고만 쓴 경우	30 %

11 꼼꼼 문제 분석

1차 천이 – 습성 천이

호수 → 습원 → A(초원) → 관목림 → B(양수림) → 혼합림 → C(음수림)

습성 천이는 호수, 연못과 같은 수분이 많은 곳에서 시작되는 천이로, 초원부터 관목림, 양수림, 혼합림, 음수림까지는 건성 천이와 같은 과정을 거친다.

ㄴ, ㄷ. 호수부터 시작하므로 습성 천이이다. 습성 천이는 호수(빈영양호 → 부영양호) → 습원 → 초원 → 관목림 → 양수림 → 혼합림 → 음수림의 단계로 진행되므로, A는 초원, B는 양수림이고 C는 음수림이다. 양수의 종자는 음수의 종자에 비해 작거나 날개가 있어 이동성이 크기 때문에 양수가 음수보다 먼저 들어와 식물 군집을 형성한다.

바로알기 ㄱ. A의 천이 단계는 초원이므로 A의 우점종은 초본류의 식물 중 하나이다. 지의류는 1차 천이 중 건성 천이 과정에서의 개척자이다.

12 꼼꼼 문제 분석

균류와 조류의 공생체로, 용암 대지와 같은 척박한 환경에서도 수분이 있으면 생존할 수 있어 토양을 형성하는 개척자의 역할을 한다.

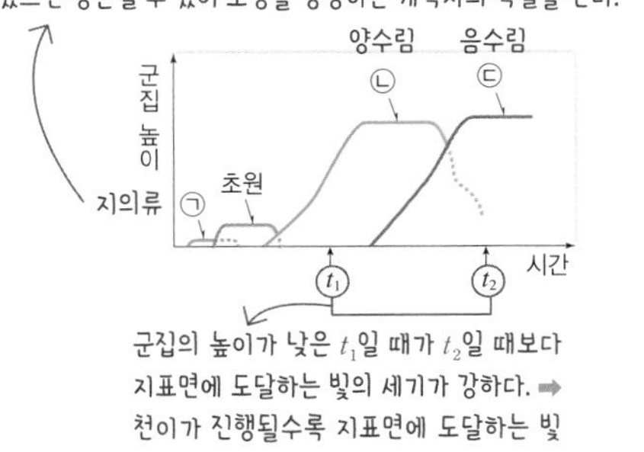

군집의 높이가 낮은 t_1일 때가 t_2일 때보다 지표면에 도달하는 빛의 세기가 강하다. ➡ 천이가 진행될수록 지표면에 도달하는 빛의 세기는 약해진다.

ㄱ. 지의류(㉠)부터 천이가 시작되므로 지역 A에서 일어나는 천이는 1차 천이 중 건성 천이에 해당한다.

ㄴ. 지의류(㉠)는 용암 대지와 같은 곳에서 처음으로 정착하여 토양을 형성하는 개척자의 역할을 한다.

바로알기 ㄷ. 군집의 높이가 높을수록 층상 구조가 발달하여 숲이 무성하므로 지표면에 도달하는 빛의 세기는 감소한다. 따라서 지표면에 도달하는 빛의 세기는 t_2일 때가 t_1일 때보다 약하다. 군집이 양수림에서 음수림으로 천이가 진행되는 까닭은 양수 묘목은 생장에 많은 빛을 필요로 하지만 음수 묘목은 적은 양의 빛으로도 충분하기 때문이다. 양수림이 형성되어 빛을 가리게 되면 숲의 아래쪽에 자리잡은 양수 묘목보다 음수 묘목이 빛의 경쟁에서 유리하게 되므로 점차 양수림에서 혼합림(양수림+음수림)을 거쳐 음수림으로 바뀌게 된다.

13 꼼꼼 문제 분석

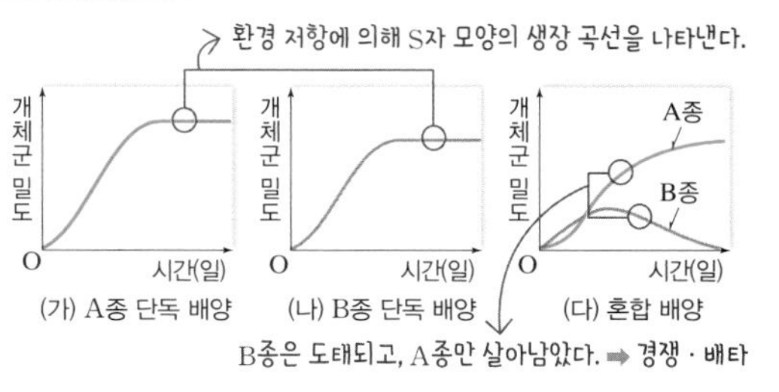

ㄴ, ㄷ. (다)에서 A종과 B종을 혼합 배양하였을 때 B종은 개체 수가 점점 감소하여 사라지고 A종만 살아남았다. 이는 A종과 B종이 생태적 지위가 비슷하여 먹이와 서식지를 차지하기 위해 서로 경쟁하였기 때문이며, 이때 경쟁·배타 원리가 적용되었다.

바로알기 ㄱ. A종이 B종의 포식자라면 두 종을 혼합 배양하였을 때 B종의 개체 수가 감소하면 A종의 개체 수도 감소해야 한다.

14 ㄱ, ㄴ. 피라미와 은어는 먹이와 서식지가 비슷하여 같은 장소에서 생활할 때 발생하는 경쟁을 피하기 위해 서식지와 먹이를 달리하는데, 이를 생태 지위 분화(분서)라고 한다.

ㄷ. 북아메리카의 솔새는 한 나무에서 여러 종이 위치를 달리하여 서식지를 분리한다. 따라서 이는 분서의 예에 해당한다.

15 꼼꼼 문제 분석

A를 제거해도 B는 평균 수위 위쪽에 서식하지 않는다. ➡ B는 건조에 대한 내성이 A보다 약하기 때문이다.

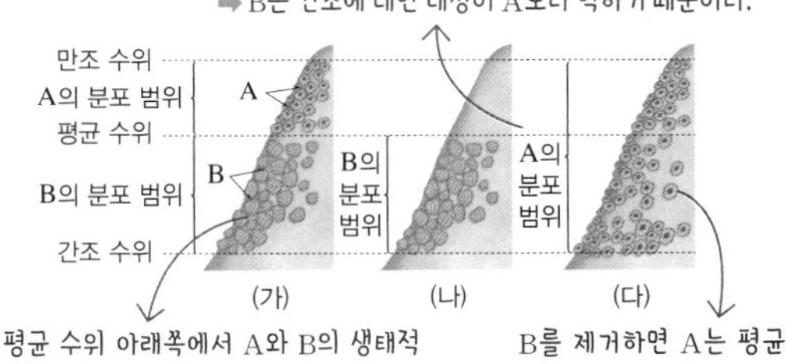

평균 수위 아래쪽에서 A와 B의 생태적 지위가 중복된다. ➡ 평균 수위 아래쪽에는 A와 B 간의 경쟁에서 진 A는 사라지고 B만 남았다(경쟁·배타 원리 적용).

B를 제거하면 A는 평균 수위 아래쪽에도 서식한다. ➡ (가)에서 A의 분포 하한선은 경쟁에서 진 결과이기 때문이다.

ㄱ. (다)에서 A만 서식할 때에는 A는 평균 수위 아래쪽까지 서식하지만, (가)에서 A와 B가 함께 서식할 때에는 A는 평균 수위 위쪽에만 서식한다. 이는 평균 수위 아래쪽에서는 A와 B의 생태적 지위가 중복되어 A가 경쟁에서 졌기 때문이다.

ㄷ. (나)에서 B만 서식할 때에도 B는 (가)에서 A와 함께 서식할 때와 마찬가지로 평균 수위 위쪽에는 서식하지 않는다. 따라서 B가 평균 수위 위쪽에 서식하지 못하는 것은 건조에 약하기 때문이라고 볼 수 있다. 즉, (나)에서 B의 분포 상한선을 결정하는 요인은 건조에 대한 내성이다.

바로알기 ㄴ. (가)에서 A와 B가 서식지를 두고 경쟁한 결과 A가 경쟁에 져서 평균 수위 아래쪽에 분포하지 못하는 것이므로, (가)에서 A의 분포 하한선을 결정하는 상호 작용은 종간 경쟁이다.

16 ㄴ. (나)에서 뿌리혹박테리아가 얻은 질소 화합물(암모늄 이온)을 콩과식물에게 제공하고 대신 콩과식물이 합성한 양분(유기물)을 제공받는 것은 상리 공생으로서 서로에게 이익이 된다. (다)에서 빨판상어는 거북을 통해 이동과 먹이 공급 및 보호를 받게 되지만 거북은 이익도 손해도 없다. 따라서 두 종 사이의 상호 작용은 편리공생이며, 이 경우 빨판상어는 이익을 얻는다.
ㄷ. 벌이 꽃으로부터 꿀을 얻고, 꽃의 수분을 돕는 것은 서로 이익이 되는 상호 작용인 상리 공생의 예에 해당한다.
바로알기 ㄱ. (가)에서 벼룩이 개의 몸 표면에 붙어살면서 양분을 빼앗는 것은 종 사이의 상호 작용 중 기생에 해당한다. 이때 이익을 얻는 벼룩을 기생 생물, 손해를 보는 개를 숙주라 한다. 포식과 피식은 강한 종이 약한 종을 먹이로 하여 강한 종이 이익을 얻고 약한 종이 손해를 보는 상호 작용이다. 이때 천적에 해당하는 강한 종을 포식자, 먹이에 해당하는 약한 종을 피식자라 한다.

17 ㄱ. ㉡은 종 A와 종 B가 모두 이익을 얻으므로 상리 공생이고, ㉢은 종 A는 이익을 얻지만 종 B는 손해를 입으므로 기생이다. 따라서 ㉠은 종간 경쟁이다. 생태적 지위가 비슷한 두 종이 함께 살면 경쟁이 일어나며, 그 결과 두 종이 모두 불리해질 수 있으므로 종 A와 B는 모두 손해를 입는다.
ㄴ. 흰동가리는 천적으로부터 말미잘의 보호를 받고, 말미잘은 흰동가리가 유인한 먹이를 먹는다. 즉, 흰동가리와 말미잘 사이의 상호 작용은 서로 이익을 주는 상리 공생(㉡)에 해당한다.
바로알기 ㄷ. 톰슨가젤은 치타의 먹이가 되므로 두 종은 포식과 피식의 관계이다. 따라서 기생(㉢)에 해당하지 않는다.

18 꼼꼼 문제 분석

(+)개체군 2
상리 공생
편리공생
(−)(+) 기생
개체군 1
(−) (+)
종간 경쟁
(−)
(+) : 이익
(−) : 손해
포식과 피식
(가)

A의 개체 수가 증가하면 B의 개체 수가 증가한다. ➡ 포식과 피식의 관계
A의 개체 수
B의 개체 수
O 시간 →
(나)

구분	개체군 1	개체군 2	상호 작용
㉠	이익	이익	상리 공생
㉡	이익	0	편리공생
㉢	이익	손해	포식과 피식
㉣	손해	손해	종간 경쟁

④ 따개비는 혹등고래에 붙어살면서 이동을 쉽게 하지만, 혹등고래는 이익도 손해도 없다. 즉, 혹등고래와 따개비의 관계는 편리공생(㉡)에 해당한다.
바로알기 ① A의 개체 수 증감에 따라 B의 개체 수도 증감하므로 A는 피식자, B는 포식자이며, A와 B는 서로 먹고 먹히는 관계이다.
② 피식자인 A는 포식자인 B의 먹이가 되므로 A와 B는 같은 먹이를 두고 서로 경쟁하는 관계가 아니다.
③ A와 B의 관계는 포식과 피식(㉢)에 해당한다.
⑤ 겨우살이는 나무에 기생하며 나무의 수액을 빨아먹으므로 이익을 얻고, 나무는 손해를 본다. 따라서 나무와 겨우살이의 상호 작용은 기생이다. ㉣은 개체군 1과 2가 모두 손해를 보는 관계이므로 종간 경쟁이며, 애기짚신벌레 종과 짚신벌레 종의 상호 작용이 이에 해당한다.

실력 UP 문제
289쪽
01 ⑤ 02 ③ 03 ③ 04 ④

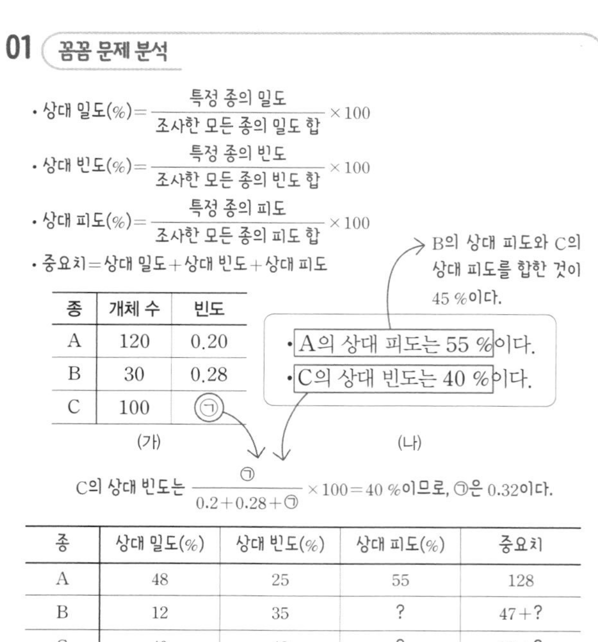
01 꼼꼼 문제 분석

• 상대 밀도(%) = $\frac{\text{특정 종의 밀도}}{\text{조사한 모든 종의 밀도 합}} \times 100$
• 상대 빈도(%) = $\frac{\text{특정 종의 빈도}}{\text{조사한 모든 종의 빈도 합}} \times 100$
• 상대 피도(%) = $\frac{\text{특정 종의 피도}}{\text{조사한 모든 종의 피도 합}} \times 100$
• 중요치 = 상대 밀도 + 상대 빈도 + 상대 피도

종	개체 수	빈도
A	120	0.20
B	30	0.28
C	100	㉠

(가)

• A의 상대 피도는 55 %이다.
• C의 상대 빈도는 40 %이다.

(나)

B의 상대 피도와 C의 상대 피도를 합한 것이 45 %이다.

C의 상대 빈도는 $\frac{㉠}{0.2+0.28+㉠} \times 100 = 40$ %이므로, ㉠은 0.32이다.

종	상대 밀도(%)	상대 빈도(%)	상대 피도(%)	중요치
A	48	25	55	128
B	12	35	?	47+?
C	40	40	?	80+?

ㄱ. 상대 빈도(%) = $\frac{\text{특정 종의 빈도}}{\text{조사한 모든 종의 빈도 합}} \times 100$이고, C의 상대 빈도가 40 %이므로 $\frac{㉠}{0.2+0.28+㉠} \times 100 = 40$ %이다. 따라서 ㉠은 0.32이다.

종 A의 상대 빈도는 $\frac{0.2}{0.2+0.28+0.32} \times 100 = 25\ \%$이고,

종 B의 상대 빈도는 $\frac{0.28}{0.2+0.28+0.32} \times 100 = 35\ \%$이다.

ㄴ. 밀도$=\frac{\text{특정 종의 개체 수}}{\text{전체 방형구의 면적}(m^2)}$이고,

상대 밀도(%)$=\frac{\text{특정 종의 개체 수}}{\text{모든 종의 개체 수 합}} \times 100$으로 구할 수 있다.

따라서 A의 상대 밀도는 $\frac{120}{120+30+100} \times 100 = 48\ \%$이고,

B의 상대 밀도는 $\frac{30}{120+30+100} \times 100 = 12\ \%$이며,

C의 상대 밀도는 $\frac{100}{120+30+100} \times 100 = 40\ \%$이다.

ㄷ. A의 상대 피도가 55 %이므로 B의 상대 피도와 C의 상대 피도를 합한 값이 45 %이다. 중요치는 상대 밀도+상대 빈도+상대 피도이므로, A의 중요치는 48+25+55=128이다. B의 상대 피도와 C의 상대 피도를 알 수가 없으므로 B의 중요치와 C의 중요치를 구할 수는 없으나 C의 상대 피도를 최대값인 45 %로 적용하여도 중요치는 A가 C보다 높다.

02 꼼꼼 문제 분석

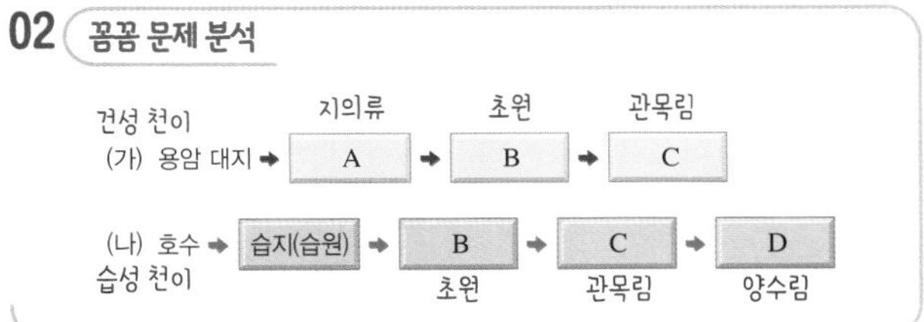

(가)는 1차 천이 중 건성 천이의 일부를 나타낸 것으로, A는 개척자인 지의류, B는 초원, C는 관목림이다. (나)는 1차 천이 중 습성 천이의 일부를 나타낸 것으로, B는 초원, C는 관목림, D는 양수림이다.

ㄷ. (가)와 (나) 모두 토양이 없는 불모지에서 시작하므로 1차 천이 과정에 해당한다.

바로알기 ㄱ. B는 초원이다.

ㄴ. 양수림(D)에서 혼합림을 거쳐 음수림에 도달하면 극상을 이룬다.

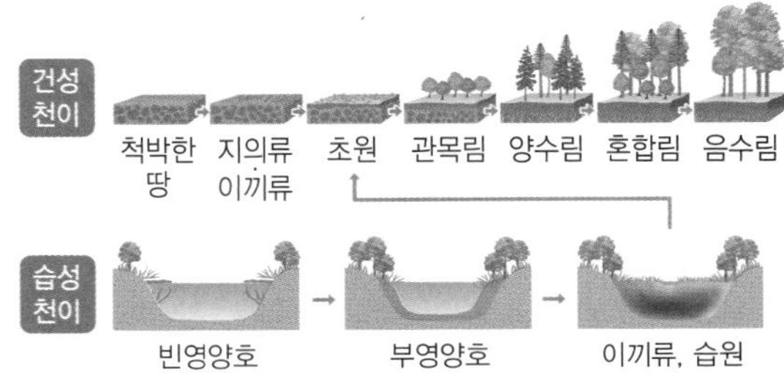

03 꼼꼼 문제 분석

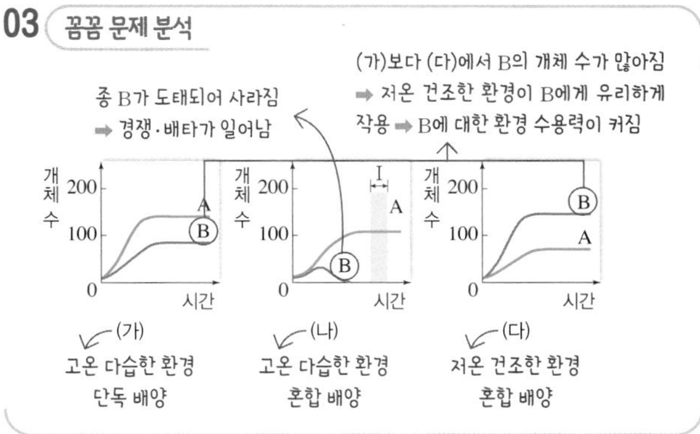

ㄴ. 같은 고온 다습한 환경에서 종 A와 종 B를 단독 배양한 (가)와 혼합 배양한 (나)를 비교할 때 (나)에서 종 A는 생존하였으나 종 B는 사라진 것으로 보아 종 A와 종 B 사이에 경쟁·배타 원리가 적용되었다.

ㄹ. 고온 다습한 환경에서 종 A와 종 B를 각각 단독 배양한 (가)와 저온 건조한 환경에서 종 A와 종 B를 혼합 배양한 (다)를 비교할 때 (가)보다 (다)에서 B의 개체 수가 더 크게 증가하였다. 따라서 B는 저온 건조한 환경에서 환경 저항을 적게 받아 환경 수용력이 커짐을 알 수 있다.

바로알기 ㄱ. (가)에서 A와 B의 시간에 따른 개체 수 변화 그래프는 모두 S자 모양이므로 실제의 생장 곡선을 나타낸 것이다. 이론상의 생장 곡선은 J자 모양을 나타낸다.

ㄷ. 구간 Ⅰ은 A의 개체군 생장이 제한되고 환경 수용력에 도달한 상태이므로 A는 최대의 환경 저항을 받는 상태이다.

04 꼼꼼 문제 분석

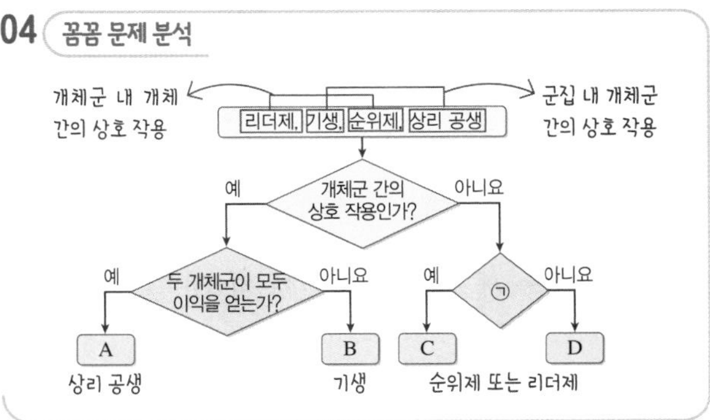

ㄱ. A는 개체군 간의 상호 작용 중 두 개체군이 모두 이익을 얻는 경우이므로 상리 공생이다.

ㄷ. 순위제는 힘의 서열에 따라 먹이나 배우자를 얻을 때 순위가 정해지는 관계이고, 리더제는 한 개체가 리더가 되어 개체군의 행동을 지휘하는 경우로 리더를 제외한 나머지 개체들은 순위가 없다. 따라서 '힘의 강약에 따라 서열이 정해지는가?'는 ㉠에 적합한 분류 기준이며, 이 경우 C는 순위제, D는 리더제가 된다.

바로알기 ㄴ. 여러 개체군은 일정한 지역에서 군집을 이루며 상호 작용을 한다. 따라서 기생(B)의 관계를 갖는 두 개체군은 한 군집을 이루는 생물들이다.

에너지 흐름과 물질 순환

개념 확인 문제

295쪽

❶ 빛 ❷ 열 ❸ 피라미드 ❹ 효율 ❺ 호흡량
❻ 생장량 ❼ 이산화 탄소 ❽ 질소 고정 ❾ 분해자
❿ 생태계 평형

1 (1) × (2) × (3) ○ (4) × **2** 12.5 % **3** (1) ㄴ (2) ㄷ (3) ㄱ **4** (1) 광합성 (2) 호흡 (3) 연소 **5** (1) (다) (2) (라) (3) (나) **6** (나) → (라) → (다) → (가)

1 (1) 생태계에서 에너지는 순환하지 않고 한쪽 방향으로 흐르다가 생태계 밖으로 빠져나가고, 물질은 생태계 내에서 생물과 비생물 환경 사이를 순환한다.
(2) 생태계의 에너지 근원은 태양의 빛에너지이다.
(3) 생태계에서 물질과 에너지는 먹이 사슬을 통해 생산자에서 소비자로 이동한다.
(4) 일반적으로 먹이 사슬의 하위 영양 단계에서 상위 영양 단계로 이동할수록 개체 수, 생체량, 에너지양은 모두 줄어든다.

2 에너지 효율은 한 영양 단계에서 다음 영양 단계로 이동한 에너지의 비율이다.
➡ 에너지 효율(%) = $\frac{\text{현 영양 단계가 보유한 에너지 총량}}{\text{전 영양 단계가 보유한 에너지 총량}} \times 100$
생산자가 보유한 에너지가 280 kcal/m²·일이고 1차 소비자가 보유한 에너지가 35 kcal/m²·일이므로 1차 소비자의 에너지 효율은 $\frac{35}{280} \times 100 = 12.5\,\%$이다.

3 (1) 총생산량에서 생산자의 호흡량을 제외한 양은 식물이 호흡 후 저장하는 유기물의 양으로, 순생산량이다. ➡ ㄴ
(2) 식물체에 남아 있는 유기물의 양은 순생산량에서 피식량, 고사량, 낙엽량을 제외한 양으로, 생장량이다. ➡ ㄷ
(3) 생산자가 일정 기간 동안 광합성으로 생산한 유기물의 총량은 총생산량이다. ➡ ㄱ

4 (1) 대기 중의 이산화 탄소는 생산자인 식물의 광합성에 의해 포도당과 같은 유기물로 합성된다.
(2) 생산자와 소비자의 유기물에 포함된 탄소는 호흡에 의해 산화되어 이산화 탄소 형태로 대기 중으로 방출된다.
(3) 석유, 석탄 등의 화석 연료가 연소되는 과정에서 화석 연료의 탄소가 이산화 탄소의 형태로 대기 중으로 방출된다.

5 꼼꼼 문제 분석

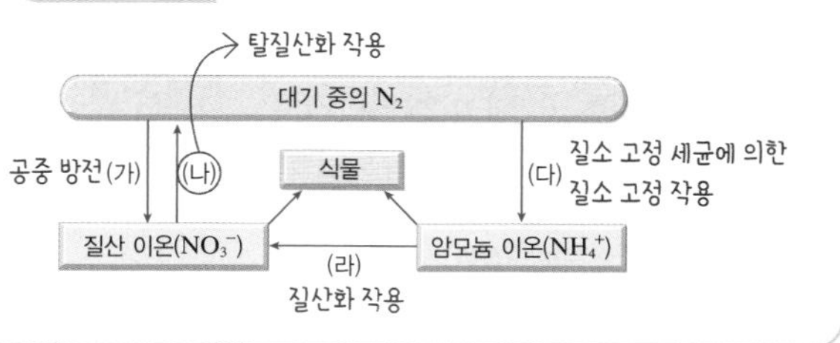

(1) 대기 중의 질소(N_2)는 식물이 이용할 수 있는 질소 화합물로 전환되어야 한다. 대기 중의 질소가 질소 고정 세균에 의해 암모늄 이온(NH_4^+)으로 전환되는 질소 고정 작용은 (다)이다. (가)는 대기 중의 질소(N_2)가 번개와 같은 공중 방전에 의해 질산 이온(NO_3^-)으로 전환되는 과정이다.
(2) 질산화 세균에 의해 암모늄 이온(NH_4^+)이 질산 이온(NO_3^-)으로 전환되는 질산화 작용은 (라)이다.
(3) 탈질산화 세균에 의해 질산 이온(NO_3^-)이 질소 기체(N_2)로 전환되는 탈질산화 작용은 (나)이다.

6 꼼꼼 문제 분석

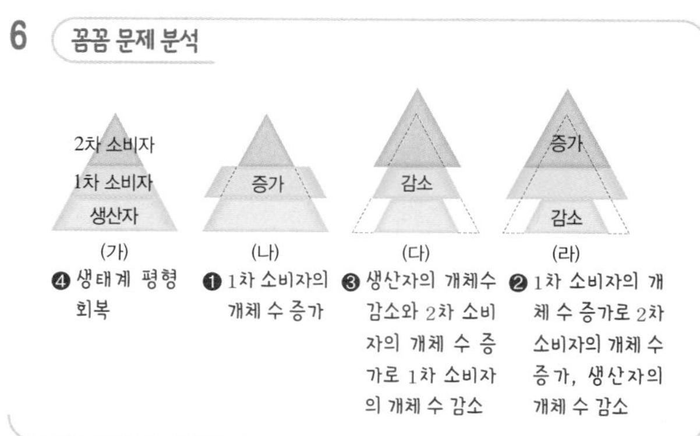

1차 소비자의 개체 수가 일시적으로 증가하면(나) 생산자의 개체수는 감소하고 2차 소비자의 개체 수는 증가한다(라). 이로 인해 1차 소비자의 개체 수가 감소(다)하면 2차 소비자의 개체 수는 감소하고 생산자의 개체 수는 증가(가)하여 생태계 평형이 회복된다.

대표 자료 분석

296쪽

자료 ❶ **1** (1) ㉠ 빛, ㉡ 화학, ㉢ 열 **2** 1차 소비자: 10 %, 2차 소비자: 20 % **3** (1) × (2) ○ (3) ○ (4) ○ (5) × (6) ×

자료 ❷ **1** A: 생산자, B: 분해자, C: 생산자, D: 분해자 **2** (가) 연소 (나) 광합성 (다) 호흡 **3** ㉠ 질소 고정 작용, ㉡ 질산화 작용, ㉢ 탈질산화 작용 **4** (1) ○ (2) ○ (3) × (4) × (5) × (6) ○ (7) ×

1-1 꼼꼼 문제 분석

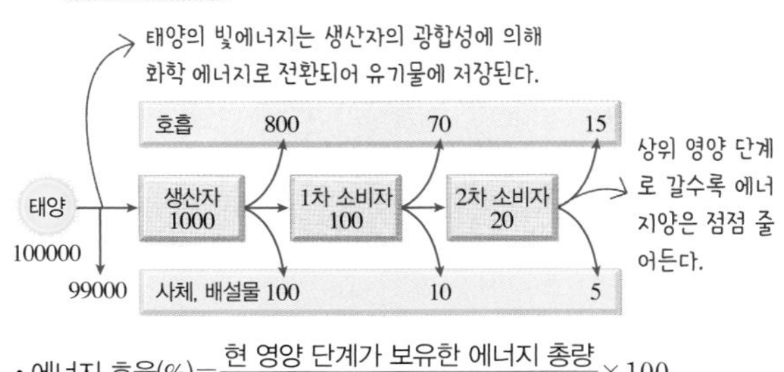

생태계에서 생산자의 광합성에 의해 태양의 빛(㉠)에너지가 화학(㉡) 에너지로 전환되어 유기물에 저장되며, 유기물이 먹이 사슬을 따라 이동하면서 생산자, 소비자, 분해자의 호흡을 통해 유기물의 화학 에너지는 열(㉢)에너지로 전환되어 생태계 밖으로 방출된다.

1-2 • 1차 소비자의 에너지 효율

$$=\frac{\text{1차 소비자가 보유한 에너지 총량}}{\text{생산자가 보유한 에너지 총량}}\times 100$$

$$=\frac{100}{1000}\times 100=10\ \%$$

• 2차 소비자의 에너지 효율

$$=\frac{\text{2차 소비자가 보유한 에너지 총량}}{\text{1차 소비자가 보유한 에너지 총량}}\times 100$$

$$=\frac{20}{100}\times 100=20\ \%$$

1-3 (1), (2) 생태계에서 에너지는 순환하지 않고 먹이 사슬을 따라 한쪽 방향으로 흐르다가 열에너지 형태로 생태계 밖으로 빠져나간다. 따라서 생태계가 유지되려면 외부에서 에너지가 끊임없이 유입되어야 한다. 생태계에 공급되는 에너지의 근원은 태양의 빛에너지이다.

(3) 사체 및 배설물 속의 유기물은 분해자의 호흡에 의해 분해되며, 분해자는 이를 통해 에너지를 얻는다.

(4) 유기물의 화학 에너지는 먹이 사슬에 따라 이동하며, 각 영양 단계에서 생물이 살아가는 데 사용되거나 사체, 배설물의 형태로 방출되고 남은 것만 상위 영양 단계로 이동하므로, 영양 단계가 높아질수록 이동하는 에너지양은 감소한다.

(5) 사체 및 배설물 속의 유기물도 결국 분해자의 호흡에 의해 열에너지 형태로 전환되어 생태계 밖으로 빠져나가므로 생태계로 유입되는 에너지양(100000)과 생태계 밖으로 방출되는 에너지양(99000+800+70+15+100+10+5)이 같다.

(6) 유기물에 저장된 에너지는 각 영양 단계에서 호흡에 의해 열에너지 형태로 전환되어 방출된다.

2-1 꼼꼼 문제 분석

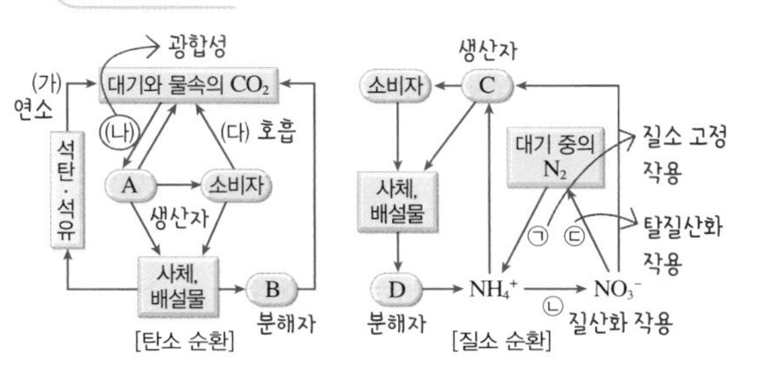

A와 C는 생산자로, 빛에너지와 이산화 탄소를 이용하여 유기물을 합성(광합성)하고, 토양 속 NH_4^+과 NO_3^-을 흡수하여 식물을 구성하는 질소 화합물을 합성한다. B와 D는 분해자로, 사체와 배설물 속의 유기물을 무기물로 분해한다.

2-2 • (가): 석유, 석탄 등의 화석 연료가 연소되는 과정이다.

• (나): 대기와 물속의 이산화 탄소가 생산자인 식물의 광합성에 의해 유기물로 합성되는 과정이다.

• (다): 소비자의 호흡에 의해 유기물이 분해되어 탄소가 이산화 탄소 형태로 대기와 물속으로 방출되는 과정이다.

2-3 • ㉠: 대기 중의 질소가 질소 고정 세균에 의해 암모늄 이온(NH_4^+)으로 전환되는 질소 고정 작용이다.

• ㉡: 암모늄 이온(NH_4^+)이 질산화 세균에 의해 질산 이온(NO_3^-)으로 전환되는 질산화 작용이다.

• ㉢: 질산 이온(NO_3^-)이 탈질산화 세균에 의해 질소 기체(N_2)로 전환되는 탈질산화 작용이다.

2-4 (1) (가)는 연소로, 연소가 지나치게 일어나면 대기 중 이산화 탄소 농도가 높아져 온실 효과로 인해 지구 온난화가 일어날 수 있다.

(2) (나)는 광합성으로, 광합성은 식물이 빛에너지를 이용해 이산화 탄소와 물로부터 포도당과 같은 유기물을 합성하는 과정이다. 따라서 광합성이 일어나려면 빛에너지가 필요하다.

(3) (다)는 호흡으로, 유기물을 분해하여 에너지를 얻는 과정이다. 탄소는 식물의 광합성(나)을 통해 유기물로 합성된다.

(4) ㉠은 뿌리혹박테리아와 같은 질소 고정 세균에 의해 일어난다. 번개와 같은 공중 방전에 의해서는 공기 중의 질소(N_2)가 질산 이온(NO_3^-)으로 전환된다.

(5) ㉡은 질산화 작용으로, 질산화 세균에 의해 암모늄 이온(NH_4^+)이 질산 이온(NO_3^-)으로 전환된다.

(7) 식물은 대기 중의 탄소를 이산화 탄소 형태로 직접 흡수하여 이용할 수 있다. 그러나 질소는 질소 고정 작용을 통해 이온 형태로 전환되어야 식물이 이용할 수 있다. 즉, 식물은 이온 형태로 된 질소를 뿌리를 통해 흡수하여 이용한다.

내신 만점 문제 297~300쪽

01 ③ 02 ④ 03 (가) 8 % (나) 10 % 04 해설 참조
05 ① 06 ① 07 ⑤ 08 ② 09 ⑤ 10 ①
11 ③ 12 ③ 13 ③ 14 (마) 15 ③ 16 ①
17 ① 18 해설 참조 19 ③

01 ㄱ, ㄴ. 생태계에서 에너지는 순환하지 않고 한쪽 방향으로 흐르다가 생태계 밖으로 빠져나간다. 따라서 생태계가 유지되려면 끊임없이 외부에서 에너지가 공급되어야 하는데, 이 에너지는 태양으로부터 공급된다.

바로알기 ㄷ. 생태계에서 태양의 빛에너지는 생산자의 광합성에 의해 유기물에 화학 에너지 형태로 저장된 후 먹이 사슬을 따라 이동하며, 각 영양 단계에서 생물의 호흡을 통해 열에너지 형태로 전환되어 생태계 밖으로 빠져나간다. 따라서 생태계에서 에너지는 빛에너지 → 화학 에너지 → 열에너지 순으로 전환된다.

[02~03] 꼼꼼 문제 분석

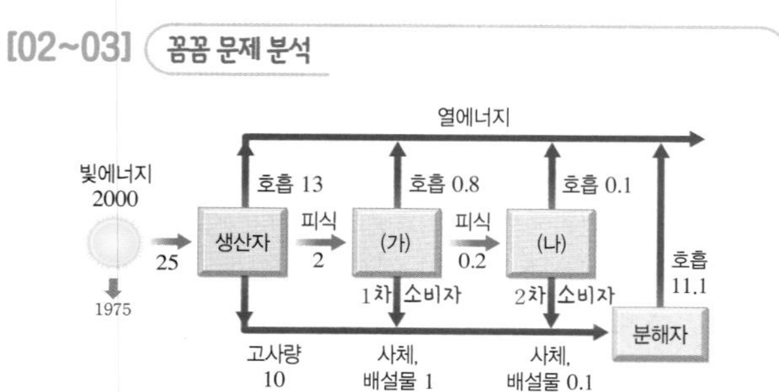

각 영양 단계에서 유기물의 에너지는 호흡을 통해 생명 활동에 사용되거나 열에너지로 전환되어 방출된다. ➡ 상위 영양 단계로 전달되는 에너지양은 점차 감소한다.

02 ㄱ. 각 영양 단계에서 에너지는 호흡을 통해 생명 활동에 사용되고 열에너지로 방출되거나 사체, 배설물의 형태로 방출되고 남은 에너지가 상위 영양 단계로 전달된다. 따라서 상위 영양 단계로 갈수록 이동하는 에너지양이 감소한다.

ㄴ. 낙엽이나 사체, 배설물 속의 화학 에너지는 분해자의 호흡에 의해 열에너지 형태로 전환되어 생태계 밖으로 빠져나간다.

바로알기 ㄷ. 1차 소비자 (가)가 생산자로부터 전달받은 에너지양은 2, 2차 소비자 (나)가 (가)로부터 전달받은 에너지양은 0.2이므로, (가)와 (나)가 전달받은 에너지의 총량은 2.2이다. 그리고 분해자가 이용할 수 있는 에너지의 총량은 생산자의 고사량(10), (가)의 사체와 배설물 속의 에너지양(1.0), (나)의 사체와 배설물 속의 에너지양(0.1)을 모두 더한 것이므로 11.1이다. 따라서 (가)와 (나)가 전달받은 에너지의 총량은 분해자가 이용할 수 있는 에너지의 총량보다 적다.

03 에너지 효율(%)$=\dfrac{\text{현 영양 단계가 보유한 에너지 총량}}{\text{전 영양 단계가 보유한 에너지 총량}}\times 100$

- (가)의 에너지 효율$=\dfrac{2}{25}\times 100=8\ \%$
- (나)의 에너지 효율$=\dfrac{0.2}{2}\times 100=10\ \%$

04 모범 답안 각 영양 단계가 가진 에너지 중 생명 활동에 사용되거나 사체, 배설물의 형태로 방출되고 남은 에너지만 상위 영양 단계로 전달되기 때문이다.

채점 기준	배점
생명 활동에 사용되거나 사체, 배설물의 형태로 방출되고 남은 에너지만 상위 영양 단계로 전달되기 때문이라고 옳게 서술한 경우	100 %
현 영양 단계가 가진 에너지 중 일부만 다음 영양 단계로 전달되기 때문이라고만 서술한 경우	50 %

05 생태계에서 영양 단계별 에너지양은 상위 영양 단계로 갈수록 감소한다. 따라서 A는 2차 소비자, B는 3차 소비자, C는 1차 소비자, D는 생산자임을 알 수 있다.

ㄱ. 2차 소비자인 A의 에너지 효율 ㉠은 $\dfrac{\text{2차 소비자의 에너지양}}{\text{1차 소비자의 에너지양}}\times 100=\dfrac{30}{200}\times 100=15\ \%$이다.

바로알기 ㄴ. B는 3차 소비자이다.

ㄷ. 이 생태계에서 상위 영양 단계로 갈수록 에너지양과 함께 생물량도 감소한다.

06 꼼꼼 문제 분석

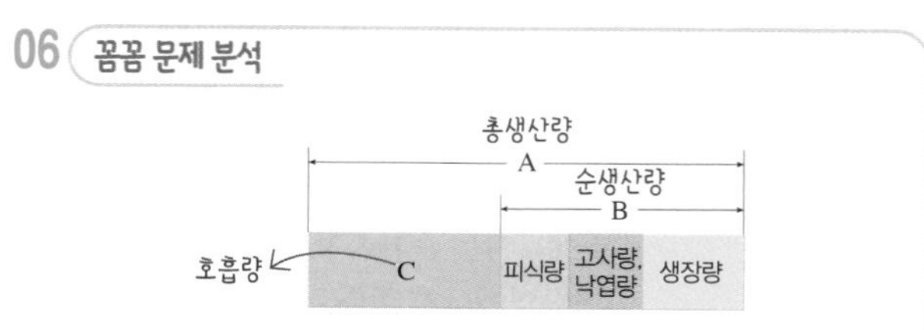

- 총생산량(A)=호흡량(C)+순생산량(B)
- 순생산량(B)=총생산량(A)−호흡량(C)
- 생장량=순생산량(B)−(피식량+고사량+낙엽량)

① A는 총생산량으로, 광합성을 통해 생산된 유기물의 총량이다.

바로알기 ② B는 순생산량으로, 식물의 생장에 쓰이거나 저장되는 양이다. 이때 순생산량 중 일부는 잎, 줄기 등이 말라 죽어 소실되거나(고사량, 낙엽량) 소비자에게 먹히기도 한다(피식량).

③ C는 호흡량으로, 식물이 생명 활동에 필요한 에너지를 얻기 위해 호흡의 재료로 소비하는 유기물의 양이다.

④ 천이 초기 단계에 있는 식물 군집의 경우 생체량(생물량)은 적지만, 대부분 초본이고 빠르게 성장하기 때문에 순생산량(B)은 많지만 피식량과 고사량, 낙엽량은 적다.

⑤ 원시림과 같이 극상에 이른 군집은 생체량(생물량)은 많지만 생산량과 소비량이 균형을 이루기 때문에 순생산량(B)이 적다.

07 꼼꼼 문제 분석

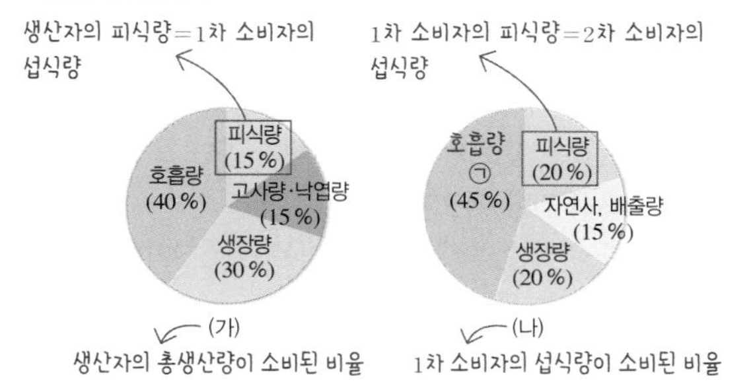

ㄱ. (나)에서 ㉠은 1차 소비자가 생명 활동에 필요한 에너지를 얻기 위해 소비한 유기물의 양인 호흡량이다.

ㄴ. 생산자의 순생산량은 총생산량에서 호흡량을 뺀 값이므로, (가)에서 100 %−40 %=60 %이다. 따라서 생산자의 $\frac{\text{순생산량}}{\text{피식량}}=\frac{60}{15}=4$이다.

ㄷ. 생산자의 총생산량 중 15 %가 피식을 통해 1차 소비자에게 전달되었고, 1차 소비자의 섭식량 중 20 %가 피식을 통해 2차 소비자에게 전달되었다. 따라서 생산자의 총생산량 중 2차 소비자에게 전달된 비율은 $\frac{15}{100}\times\frac{20}{100}\times100=3$ %이다.

08 꼼꼼 문제 분석

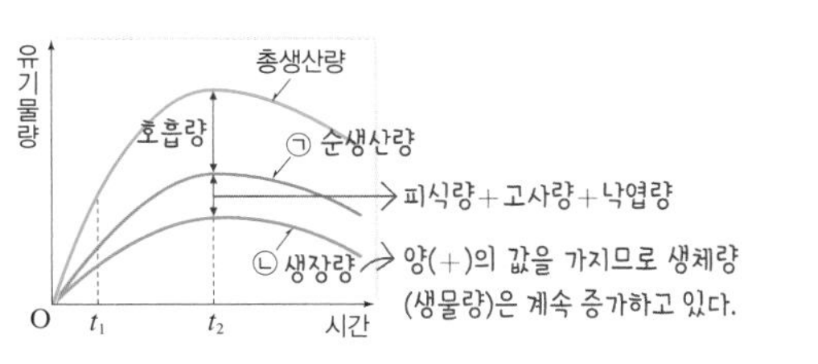

ㄴ. 생체량(생물량)은 현재 식물 군집이 갖고 있는 유기물의 총량으로 생장량이 누적된 것이다. 시간에 따라 생장량은 양(+)의 값을 가지므로 생체량도 계속 증가한다. 따라서 생체량은 t_2일 때가 t_1일 때보다 많다.

바로알기 ㄱ. 순생산량=생장량+피식량+고사량+낙엽량이므로 생장량은 순생산량에 포함된다. 따라서 ㉠이 순생산량이고, ㉡이 생장량이다.

ㄷ. 1차 소비자에 의한 피식량은 순생산량(㉠)에 포함된다.

09 꼼꼼 문제 분석

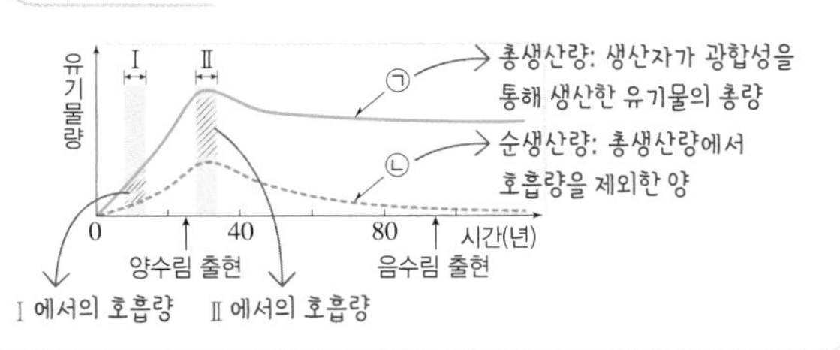

ㄱ. 총생산량이 순생산량보다 유기물량이 많으므로, ㉠은 총생산량, ㉡은 순생산량이다. 순생산량(㉡)은 총생산량(㉠) 중 호흡량을 제외한 유기물의 양으로, 순생산량 중 일부(피식량, 고사량, 낙엽량)는 다음 영양 단계로 이동하여 소비자나 분해자가 사용할 수 있다.

ㄴ. 호흡량은 총생산량(㉠)에서 순생산량(㉡)을 뺀 값이므로 A의 호흡량은 구간 Ⅰ에서가 구간 Ⅱ에서보다 적다.

ㄷ. 순생산량=생장량+피식량+고사량+낙엽량이다. 따라서 구간 Ⅱ에서 A의 생장량은 순생산량에 포함된다.

10 꼼꼼 문제 분석

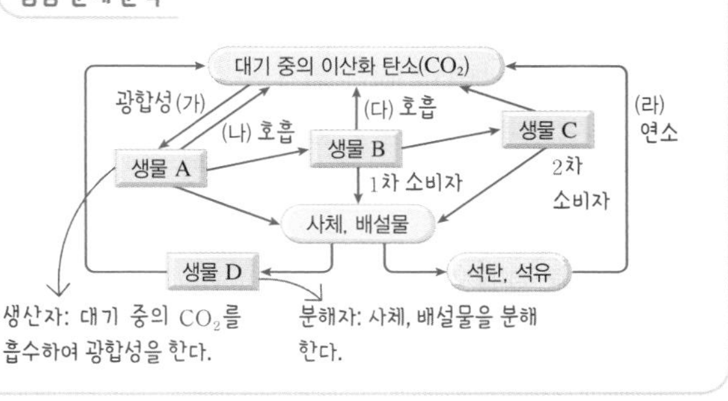

② 생물 D는 다른 생물의 사체, 배설물 속 유기물을 무기물로 분해하는 분해자이다. 분해자에는 세균과 곰팡이가 있다.

③ (가) 과정은 대기 중의 이산화 탄소(CO_2)에 포함된 탄소가 생물 A(생산자)로 유입되어 광합성에 의해 유기물로 합성되는 과정이다.

④ 생물 A(생산자)와 생물 B(1차 소비자)의 호흡 (나)와 (다)로 유기물이 분해되어 유기물 속의 탄소가 이산화 탄소 형태로 대기 중에 방출된다.

⑤ 유기물이 퇴적되어 만들어진 화석 연료(석탄과 석유)는 연소 과정(라)을 통해 이산화 탄소로 분해되어 대기 중으로 방출된다. 화석 연료의 과다 사용으로 대기 중에 이산화 탄소의 농도가 증가하여 온실 효과가 일어날 수 있다.

바로알기 ① 생물 A에 의해 대기 중의 탄소가 생물 내로 유입되므로 생물 A는 생산자이며, 생물 A → 생물 B → 생물 C로 탄소가 이동하므로 생물 B는 1차 소비자, 생물 C는 2차 소비자이다. 그리고 생물 D에 의해 사체, 배설물 속의 탄소가 대기 중으로 방출되므로 생물 D는 분해자이다.

11 ㄱ, ㄴ. 대기 중의 탄소가 생물 내로 유입되는 과정은 광합성(A)이다. 그리고 유기물 속 탄소는 먹이 사슬을 따라 상위 영양 단계로 이동하므로 (다)는 생산자, (나)는 1차 소비자, (가)는 2차 소비자이다. 생산자, 소비자, 분해자의 호흡에 의해 탄소가 대기 중으로 이동하는 과정은 B이다.

바로알기 ㄷ. 대기 중의 이산화 탄소는 생산자(다)의 광합성에 의해 포도당과 같은 유기물로 합성되므로, 탄소는 유기물의 형태로 생산자(다)에서 1차 소비자(나)로 이동한다.

12 • 학생 A: 암모늄 이온(NH_4^+)이 질산 이온(NO_3^-)으로 전환되는 질산화 작용은 질산화 세균에 의해 일어나고, 질산 이온(NO_3^-)이 질소 기체(N_2)로 전환되는 탈질산화 작용은 탈질산화 세균에 의해 일어난다. 따라서 질산화 작용과 탈질산화 작용에는 모두 세균이 관여한다.

• 학생 C: 대기 중의 질소 기체(N_2)는 번개와 같은 공중 방전에 의해 질산 이온(NO_3^-)으로 전환되어 식물이 이를 흡수하여 이용한다.

바로알기 • 학생 B: 질소(N)는 단백질의 구성 원소이므로 식물에게 반드시 필요하다. 그러나 대기 중 78 %를 차지하는 기체 상태의 질소(N_2)는 매우 안정된 물질이어서 식물이 흡수하더라도 직접 이용하지는 못한다. 따라서 식물은 단백질 합성에 필요한 질소를 암모늄 이온(NH_4^+)이나 질산 이온(NO_3^-)의 형태로 물과 함께 뿌리를 통해 흡수하여 이용한다.

질소 순환 과정
공중 방전(번개): 질소(N_2) → 질산 이온(NO_3^-)
질소 고정 세균: 질소(N_2) → 암모늄 이온(NH_4^+)
질산화 세균: 암모늄 이온(NH_4^+) → 질산 이온(NO_3^-)
탈질산화 세균: 질산 이온(NO_3^-) → 질소(N_2)

13 꼼꼼 문제 분석

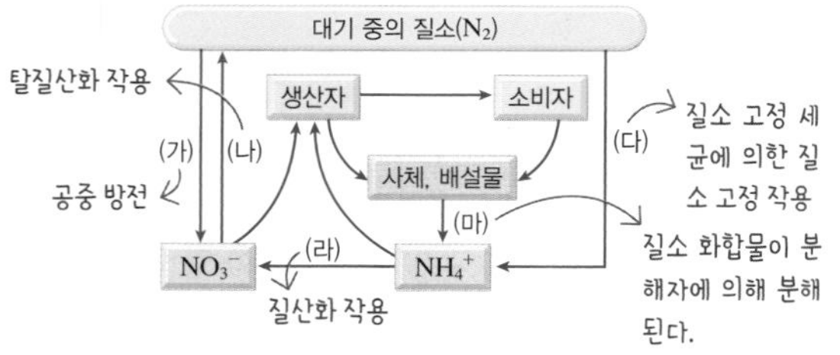

① (나) 과정은 질산 이온(NO_3^-)이 질소 기체(N_2)로 전환되는 탈질산화 작용이다.

② (다) 과정은 대기 중의 질소가 질소 고정 세균에 의해 암모늄 이온(NH_4^+)으로 전환되는 질소 고정 작용이다.

④ (마) 과정은 생물의 사체나 배설물 속의 질소 화합물이 분해자에 의해 암모늄 이온(NH_4^+)으로 분해되어 토양으로 돌아가는 과정이다. 분해자에는 세균, 곰팡이가 있다.

⑤ 식물은 토양에서 뿌리를 통해 암모늄 이온(NH_4^+)이나 질산 이온(NO_3^-)의 형태로 질소를 흡수하여 단백질 합성에 이용한다.

바로알기 ③ 뿌리혹박테리아는 질소 고정 세균으로, 대기 중의 질소를 암모늄 이온(NH_4^+)으로 전환하므로 (다) 과정에 관여한다. (가) 과정은 대기 중의 질소가 번개와 같은 공중 방전에 의해 질산 이온(NO_3^-)으로 전환되는 과정이다.

14 (마)는 대기 중의 질소(N_2)가 질소 고정 세균(C)에 의해 암모늄 이온(NH_4^+)으로 전환되는 질소 고정 작용이다.

바로알기 (가)는 탈질산화 세균(A)에 의해 토양 속 질산 이온(NO_3^-)이 질소 기체(N_2)로 전환되는 탈질산화 작용이다.

(나)는 번개와 같은 공중 방전에 의해 대기 중의 질소(N_2)가 질산 이온(NO_3^-)으로 전환되는 과정이다.

(다)는 식물의 뿌리를 통해 암모늄 이온(NH_4^+)이나 질산 이온(NO_3^-)이 흡수되는 과정이다.

(라)는 먹이 사슬을 통해 초식 동물로부터 육식 동물로 질소 화합물이 이동하는 과정이다.

15 ㄷ. (다)를 통해 식물에 흡수된 암모늄 이온(NH_4^+)은 식물체 내에서 단백질 등의 합성에 이용된다.

바로알기 ㄱ. A는 탈질산화 세균이고, C는 질소 고정 세균이다.

ㄴ. B는 질산화 세균이며, 암모늄 이온(NH_4^+)을 질산 이온(NO_3^-)으로 전환하는 질산화 작용을 한다.

16 ㄱ. 생태계에서 물질은 비생물 환경(대기, 물, 토양) → 생산자(가) → 1차 소비자(나) → 2차 소비자(다) → 분해자 → 비생물 환경 순으로 이동하면서 순환한다. 즉, 물질은 생물과 비생물 환경 사이를 순환한다.

바로알기 ㄴ. 생산자(가)가 가진 에너지양에서 호흡을 통해 열에너지로 방출되거나 사체와 배설물의 형태로 방출되고 남은 에너지가 1차 소비자(나)로 이동한다.

ㄷ. 각 영양 단계가 가진 에너지에서 일부만 열에너지로 방출되므로 (다)가 가진 에너지양은 열에너지 형태로 빠져나가는 에너지양(㉠)보다 크다.

17 ② 안정된 상태를 유지하는 생태계는 어느 영양 단계에서 일시적으로 변화가 나타나더라도 시간이 지나면서 포식과 피식 관계에 의해 개체 수가 조절되어 다시 평형 상태를 회복할 수 있다.

③ 인간의 활동에 의한 환경 오염, 외래 생물의 도입, 가뭄과 홍수 같은 자연재해는 생태계 평형을 파괴할 수 있다.

④ 천이 초기의 군집은 이끼류나 초본류가 자라는 단계이므로 생물종 수가 적지만, 극상인 군집은 층상 구조가 발달하여 생물종 수가 많다. 생물종 수가 많으면 먹이 그물이 복잡하게 얽혀 있으므로 생태계 평형이 잘 유지된다. 따라서 천이 초기의 군집보다 극상인 군집에서 생태계 평형이 잘 유지된다.

⑤ 생태계 평형은 생태계에서 생물 군집의 구성이나 개체 수, 에너지 흐름 등이 안정된 상태를 의미한다. 생태계에서 에너지는 먹이 사슬을 따라 흐르기 때문에 평형이 유지된 생태계에서는 에너지 흐름이 원활하게 이루어진다.

바로알기 ① 먹이 그물이 복잡할수록 생태계 평형이 잘 유지된다.

18 안정된 생태계에서는 일시적으로 어느 한 영양 단계가 감소하거나 증가하더라도 포식과 피식에 의해 다른 영양 단계도 감소하거나 증가하여 평형을 회복한다.

모범 답안 피식자인 생산자의 개체 수는 감소하고, 포식자인 2차 소비자의 개체 수는 증가한다.

채점 기준	배점
생산자와 2차 소비자에서 일어나는 개체 수 변화를 옳게 서술한 경우	100 %
생산자와 2차 소비자에서 일어나는 개체 수 변화 중 한 가지만 옳게 서술한 경우	50 %

19 ㄷ. 사슴의 개체 수가 증가하면 초원의 생산량이 감소하여 사슴의 먹이가 부족해지므로 사슴의 개체 수가 감소한다. 1920년경에 초원의 생산량은 매우 적고, 1920년 이후 사슴의 개체 수가 급격히 감소한 것은 먹이가 부족해졌기 때문이라는 것을 알 수 있다.

바로알기 ㄱ. 사냥에 의해 사슴의 포식자인 퓨마의 개체 수가 급격히 감소하면 1차 소비자인 사슴의 개체 수가 급격히 증가하여 초원의 생산량이 크게 감소하므로 생태계는 불안정해진다.

ㄴ. 퓨마의 개체 수가 감소하면 피식자인 사슴의 개체 수가 증가한다. 사슴은 풀을 먹고 살기 때문에 사슴의 개체 수가 증가하면 초원의 생산량이 감소한다.

실력 UP 문제

301쪽

01 ④ 02 ② 03 ③ 04 ⑤

01 꼼꼼 문제 분석

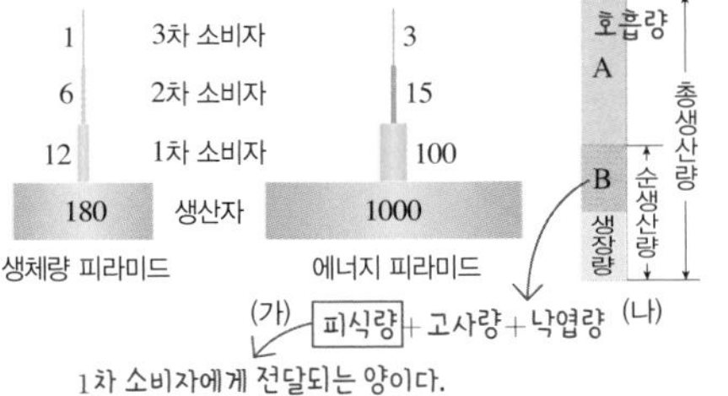

ㄴ. 1차 소비자의 섭식량은 생산자의 피식량과 같다. (나)에서 B는 피식량+고사량+낙엽량이므로, 1차 소비자의 섭식량은 B에 포함된다.

ㄷ. 2차 소비자의 에너지 효율은 $\frac{\text{2차 소비자의 에너지양}}{\text{1차 소비자의 에너지양}}\times 100 = \frac{15}{100}\times 100 = 15\ \%$이다.

바로알기 ㄱ. A는 총생산량에서 순생산량을 뺀 호흡량으로, 생산자 자신의 호흡으로 소비되는 유기물량이다. 따라서 1차 소비자의 생체량은 생산자의 호흡량(A)에 포함되지 않는다.

02 꼼꼼 문제 분석

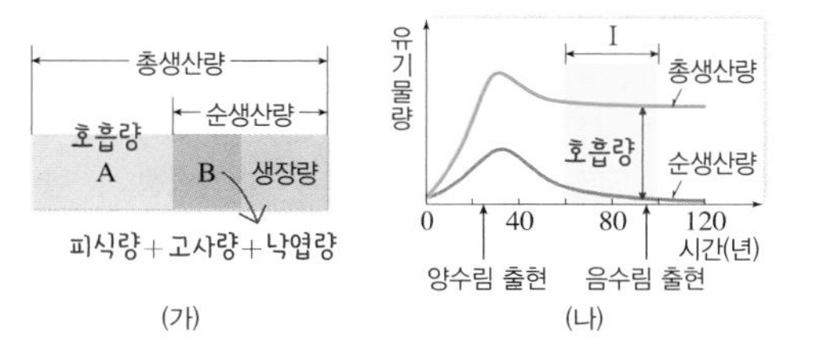

• 식물의 피식량=초식 동물의 섭식량
• 초식 동물의 섭식량=호흡량+(피식량+자연사)+생장량+배출량

ㄴ. 낙엽의 유기물량은 B(피식량+고사량+낙엽량)에 포함된다.

바로알기 ㄱ. (가)에서 A는 생산자의 호흡량이다. 초식 동물은 섭식을 통해 얻은 유기물량의 일부를 호흡으로 소비한다. 따라서 초식 동물의 호흡량은 피식량의 일부이므로 B에 포함된다.

ㄷ. (나)에서 호흡량은 총생산량에서 순생산량을 제외한 양이며, 천이가 진행됨에 따라 구간 Ⅰ에서 호흡량은 증가하고 순생산량은 감소한다. 따라서 구간 Ⅰ에서 $\frac{\text{호흡량(A)}}{\text{순생산량}}$은 증가한다.

03 ㄱ. 사체, 배설물의 유기물을 이용하는 A는 분해자이다.

ㄷ. 생태계를 구성하는 생물 사이의 탄소 이동은 유기물의 형태로 이루어진다. 따라서 ㉠ 과정에서 유기물이 이동한다.

바로알기 ㄴ. B는 생산자이며, 대기 중 CO_2를 흡수하여 광합성을 통해 유기물을 합성한다. 따라서 스스로 양분을 만드는 독립 영양 생물이다.

04 꼼꼼 문제 분석

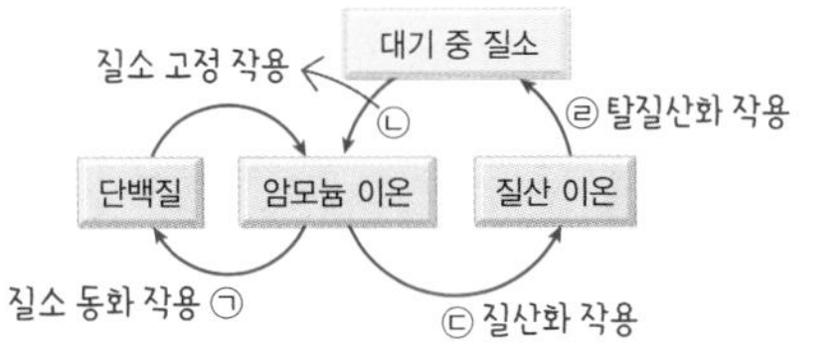

질소 동화 작용은 식물이 뿌리를 통해 흡수한 암모늄 이온(NH_4^+)이나 질산 이온(NO_3^-)을 이용하여 단백질, 핵산 등의 질소 화합물을 합성하는 작용이다.

ㄱ. ㉠은 암모늄 이온(NH_4^+)을 이용하여 단백질 등의 질소 화합물을 합성하는 과정이므로 질소 동화 작용에 포함된다.

ㄴ. 질소 고정 작용(㉡)은 뿌리혹박테리아, 아조토박터와 같은 질소 고정 세균에 의해 일어난다.

ㄷ. ㉢은 질산화 세균에 의해 암모늄 이온(NH_4^+)이 질산 이온(NO_3^-)으로 전환되는 질산화 작용이고, ㉣은 탈질산화 세균에 의해 질산 이온(NO_3^-)이 질소(N_2)로 전환되는 탈질산화 작용이다. 따라서 ㉢과 ㉣에는 모두 세균이 관여한다.

중단원 핵심 정리 302~303쪽

❶ 수 ❷ J ❸ S ❹ 높다 ❺ 전 ❻ 텃세
❼ 순위제 ❽ 생태적 ❾ 우점종 ❿ 희소종 ⓫ 중요치
⓬ 건성 ⓭ 습성 ⓮ 생태적 지위 ⓯ 경쟁 ⓰ 편리
⓱ 상리 ⓲ 감소 ⓳ 순생산량 ⓴ 광합성 ㉑ 호흡
㉒ 연소 ㉓ 질소 고정 세균 ㉔ 질산화 ㉕ 탈질산화
㉖ 복잡

중단원 마무리 문제 304~307쪽

01 ③	02 ③	03 ①	04 ③	05 ⑤	06 ③
07 ③	08 ③	09 ③	10 ②	11 ①	12 ①
13 ③	14 ⑤	15 해설 참조	16 해설 참조	17 해설 참조	

01 • 학생 A: 개체군은 일정한 지역에 서식하는 같은 종의 개체 무리이다.

• 학생 C: 생태계는 비생물적 요인(빛, 온도, 물, 공기 등)과 생물적 요인(생산자, 소비자, 분해자)으로 구성되어 있고, 생태계를 구성하는 요소들은 서로 영향을 주고받는다.

바로알기 • 학생 B: 군집은 일정한 지역에 여러 종류의 개체군이 모여 사는 것으로, 생태계를 구성하는 생물적 요인을 모두 포함하여 생산자, 소비자, 분해자로 이루어져 있다.

02 꼼꼼 문제 분석

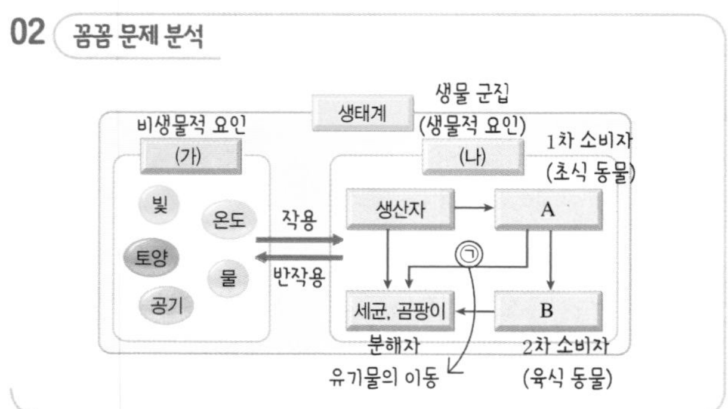

ㄷ. ㉠ 과정에서 동물의 사체, 배설물 등 유기물이 이동한다. 생물 군집 내에서는 물질이 먹이 사슬을 통해 유기물의 형태로 이동한다.

바로알기 ㄱ. (가)는 빛, 온도, 물, 토양, 공기 등 무기 환경을 포함하고 있는 비생물적 요인이고, (나)는 생산자, 소비자, 분해자를 포함하고 있는 생물 군집(생물적 요인)이다.

ㄴ. 생산자로부터 물질을 얻는 A는 1차 소비자(초식 동물)이고, 1차 소비자로부터 물질을 얻는 B는 2차 소비자(육식 동물)이다. 생산자와 소비자의 사체와 배설물로부터 물질을 얻는 세균, 곰팡이가 분해자이다.

03 꼼꼼 문제 분석

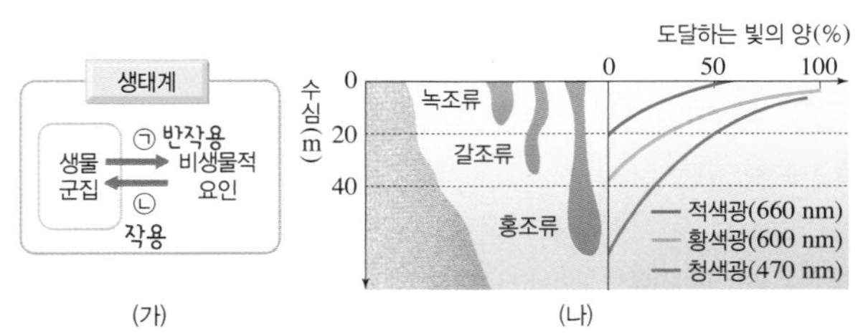

해조류는 바다의 깊이에 따라 서식하는 종류가 다르다. 바다의 깊이에 따라 투과되는 빛의 파장과 양이 다르기 때문이다.
• 파장이 긴 적색광은 바다 얕은 곳까지만 투과한다. ➡ 바다 얕은 곳에는 광합성에 적색광을 주로 이용하는 녹조류가 많이 분포한다.
• 파장이 짧은 청색광은 바다 깊은 곳까지 투과한다. ➡ 바다 깊은 곳에는 광합성에 청색광을 주로 이용하는 홍조류가 많이 분포한다.

ㄱ. 해조류는 식물처럼 광합성을 통해 유기물을 생산하므로 생물 군집에서 생산자에 해당한다.

바로알기 ㄴ. (가)에서 ㉠은 생물이 비생물적 요인에 영향을 미치는 반작용이고, ㉡은 비생물적 요인이 생물에 영향을 미치는 작용이다. (나)는 빛의 파장에 따라 바닷속에 서식하는 해조류의 분포가 차이 나는 것으로, 비생물적 요인(빛의 파장)이 생물(해조류)에 영향을 미치는 작용(㉡)에 해당한다.

ㄷ. 수심이 가장 깊은 곳까지 도달하는 빛은 파장이 짧은 청색광이다. 따라서 바다 깊은 곳에는 광합성에 주로 청색광을 이용하는 홍조류가 많이 분포한다.

04 꼼꼼 문제 분석

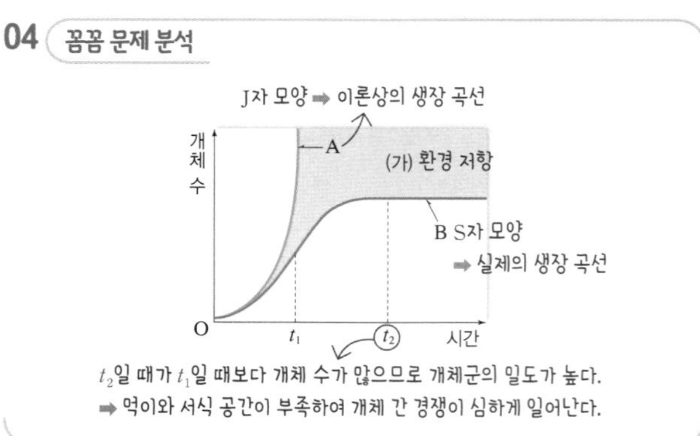

③ 개체군의 밀도는 일정한 공간에서 생활하는 개체군 내의 개체 수이다. B에서 개체 수는 t_1일 때보다 t_2일 때 많으므로, 개체군의 밀도는 t_2일 때가 t_1일 때보다 크다.

바로알기 ①, ② 실제의 생장 곡선(B)은 환경 저항에 의해 S자 모양을 나타낸다.

④ 개체군 내 개체 수가 증가할수록 먹이나 서식 공간이 부족해져 이를 차지하기 위한 경쟁이 심해진다. 이 때문에 개체 수가 어느 수준에 도달하면 더 이상 증가하지 못하고 일정하게 유지된다.

⑤ 환경 저항(가)에는 먹이 부족, 서식 공간 부족, 질병, 노폐물 증가 등이 있다.

05 꼼꼼 문제 분석

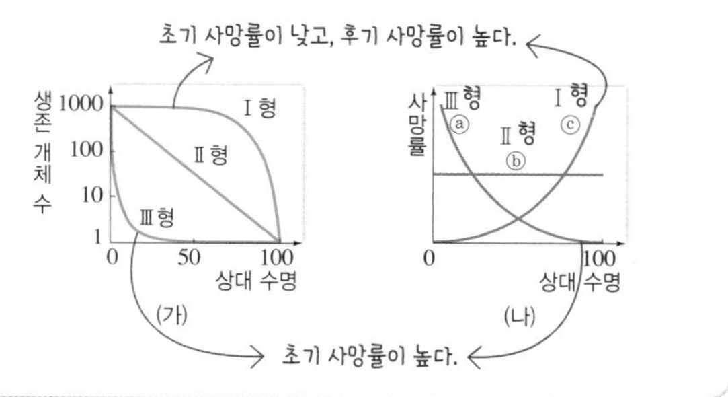

ㄱ. 생존 곡선이 Ⅰ형인 생물은 초기 사망률이 낮고 대부분 생리적 수명을 다하고 죽는 동물(사람, 코끼리 등 대형 포유류)로, 사망률 곡선 ⓒ에 해당한다.

ㄴ. 생존 곡선 Ⅱ형은 각 연령대에서 사망률이 비교적 일정한 경우로, 다람쥐 등의 초식 동물류와 조류가 해당하며, 사망률 곡선은 ⓑ에 해당한다.

ㄷ. 생존 곡선이 Ⅲ형인 생물은 초기 사망률이 높고 일부만 생리적 수명을 다하고 죽는 동물(고등어, 굴 등 어패류)로, 한 번에 출생하는 자손의 수는 Ⅲ형인 생물이 Ⅰ형인 생물보다 많다.

06 ① 돌말의 개체 수는 계절에 따른 영양염류의 양, 수온, 빛의 세기의 변화에 의해 주기적으로 변한다.

② A 시기에는 영양염류가 많고, 빛의 세기가 강해지며 수온이 높아져 돌말의 개체 수가 급격히 증가한다.

④ C 시기에는 빛의 세기가 강하고 수온이 높지만, 영양염류의 양이 적어 돌말의 개체 수가 적다. 따라서 이 구간에서 돌말의 개체 수를 제한하는 환경 요인은 영양염류의 양이다. 만약, 이 시기에 영양염류의 양이 증가하면 돌말의 개체 수는 급격히 증가할 것이다.

⑤ D 시기에는 영양염류의 양은 증가하지만, 빛의 세기가 약하고 수온이 낮기 때문에 돌말의 개체 수가 적은 상태를 유지한다.

바로알기 ③ B 시기에는 빛의 세기가 강해지고 수온이 높아지지만, 영양염류의 양이 부족하므로 돌말의 개체 수가 급격히 감소한다.

07 꼼꼼 문제 분석

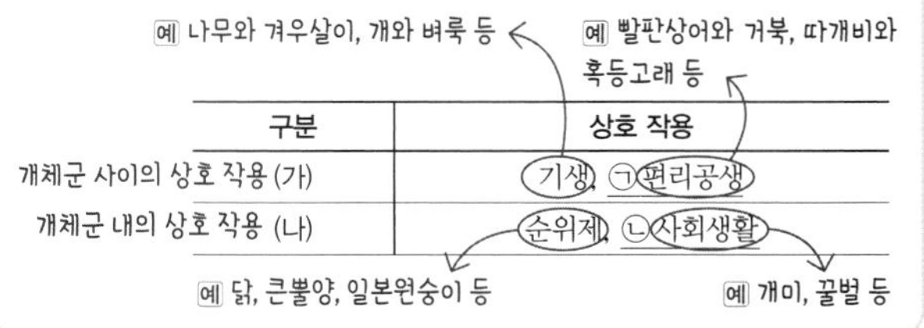

예 나무와 겨우살이, 개와 벼룩 등
예 빨판상어와 거북, 따개비와 혹등고래 등
구분
상호 작용
개체군 사이의 상호 작용 (가)
기생, ㉠편리공생
개체군 내의 상호 작용 (나)
순위제, ㉡사회생활
예 닭, 큰뿔양, 일본원숭이 등
예 개미, 꿀벌 등

ㄱ. 기생, 편리공생은 서로 다른 종 사이의 관계이므로, (가)는 군집 내 개체군(종) 사이의 상호 작용이다.

ㄷ. 꿀벌 개체군에서 여왕벌은 조직 통솔과 산란, 수벌은 생식, 일벌은 꿀의 채취와 벌집 관리 등의 역할을 하는 것은 개체군 내에서 각 개체가 일을 분담하여 협력하는 사회생활(㉡)의 예이다.

바로알기 ㄴ. 편리공생(㉠)은 두 종 사이에서 어느 한 개체군은 이익을 얻지만 다른 개체군은 이익도 손해도 없는 상호 작용이다. 따라서 편리공생 관계에서는 이익을 얻는 종은 있어도 손해를 보는 종은 없다.

08 ㄱ. A의 밀도를 X/m^{2}라고 하면 C의 상대 밀도는 $\frac{1}{X+4+1}\times100=10$이므로 X는 5이다.

A의 밀도는 $\frac{\text{A의 개체 수}}{\text{전체 방형구의 면적}(m)^2}=\frac{\text{A의 개체 수}}{10\ m^2}=5/m^2$이므로, A의 개체 수는 50이다.

ㄷ. 우점종이란 그 군집에서 중요치가 가장 높은 종으로 그 군집을 대표하는 종을 말하며, 중요치는 상대 밀도, 상대 빈도, 상대 피도를 모두 합한 값이다.

A~C의 상대 밀도, 상대 빈도, 상대 피도, 중요치는 표와 같다.

종	상대 밀도(%)	상대 빈도(%)	상대 피도(%)	중요치
A종	$\frac{5}{10}\times100$ $=50$	$\frac{0.8}{2}\times100$ $=40$	40	$50+40+40$ $=130$
B종	$\frac{4}{10}\times100$ $=40$	$\frac{1}{2}\times100$ $=50$	48	$40+50+48$ $=138$
C종	$\frac{1}{10}\times100$ $=10$	$\frac{0.2}{2}\times100$ $=10$	12	$10+10+12$ $=32$

이 식물 군집에서 중요치가 가장 높은 종인 B가 우점종이다.

바로알기 ㄴ. B의 빈도는 $\frac{\text{B가 출현한 방형구 수}}{\text{전체 방형구의 수}}=1$이다. 전체 방형구 수가 10이므로, 설치한 방형구 중에서 B가 출현한 방형구의 수는 10이다.

09 꼼꼼 문제 분석

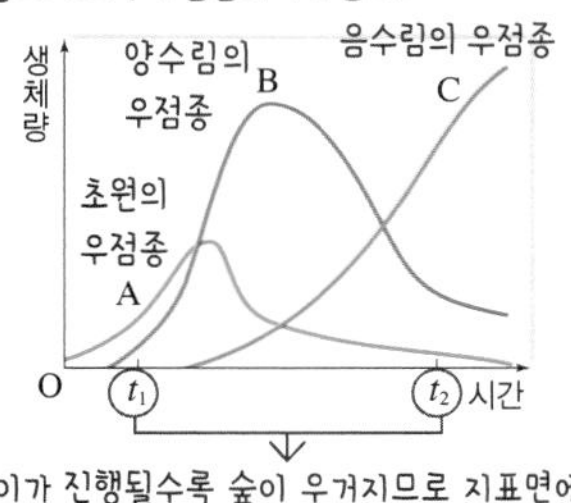

ㄱ. 산불이 난 후에는 초본류(A)가 개척자로 들어와 초원부터 시작되는 2차 천이가 진행된다.

ㄷ. 천이가 진행될수록 숲이 우거져 나무들에 의해 빛이 가려지므로 지표면에 도달하는 빛의 양이 줄어든다. 따라서 지표면에 도달하는 빛의 세기는 t_1일 때가 t_2일 때보다 강하다.

바로알기 ㄴ. 양수림의 우점종 B는 양수에 해당하고, 음수림의 우점종 C는 음수에 해당한다. 양수의 잎은 강한 빛에 적응하여 울타리 조직이 발달되어 있어 음수의 잎보다 두꺼우므로 B의 잎은 C의 잎보다 평균 두께가 두껍다.

10 꼼꼼 문제 분석

A종 단독 배양 / B종 단독 배양 / A종과 B종 혼합 배양 (개체군 밀도, O, 시간, A, B, 증가)

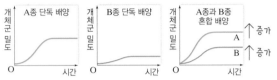

A종과 B종을 각각 단독 배양하였을 때보다 혼합 배양하였을 때 A종과 B종 모두 개체군의 밀도가 증가하였다. ➡ A종과 B종은 서로 이익을 얻는 상리 공생 관계이다.

ㄷ. A종과 B종을 혼합 배양하였을 때 두 종 모두 개체군 밀도가 증가하였으므로 A종과 B종은 서로 이익을 얻는 상리 공생 관계임을 알 수 있다.

바로알기 ㄱ. A종과 B종의 생태적 지위가 비슷한 경우 먹이의 종류와 서식지가 중복되어 서로 경쟁을 하게 된다. 따라서 두 종의 개체 수는 혼합 배양하였을 때가 단독 배양하였을 때보다 감소하고, 경쟁·배타 원리가 적용될 수 있다. 그러나 A종과 B종을 혼합 배양하였을 때 두 종의 개체 수가 모두 증가하였으므로 두 종의 생태적 지위가 비슷하다고 볼 수 없다.

ㄴ. A종과 B종을 단독 배양하였을 때 두 종 모두 환경 저항을 받아 개체 수가 어느 수준 이상으로 증가하지 않고 일정한 수를 유지하는 S자 모양의 생장 곡선을 나타낸다.

11 꼼꼼 문제 분석

(가) 빛에너지 → 식물 1000 → 사람 80

(나) 빛에너지 → 식물 1000 → 소 100 → 사람 15

(다) 빛에너지 → 식물 1000 → 곤충 80 → 닭 10 → 사람 2

구분	(가)	(나)	(다)	
사람의 에너지 효율	8 %	15 %	20 %	➡ (가)<(나)<(다)
사람의 에너지양	80	15	2	➡ (가)>(나)>(다)

ㄱ. 사람의 에너지 효율은 (가)에서 $\frac{80}{1000}\times100=8\,\%$, (나)에서 $\frac{15}{100}\times100=15\,\%$, (다)에서 $\frac{2}{10}\times100=20\,\%$이다. 따라서 사람의 에너지 효율은 (가)에서 가장 낮다.

바로알기 ㄴ. 사람에게 제공되는 에너지양은 (가)에서 80, (나)에서 15, (다)에서 2이다. 따라서 사람에게 가장 많은 양의 에너지를 제공할 수 있는 먹이 사슬은 (가)이다.

ㄷ. 모든 생태계에서 생물이 가진 에너지의 일부는 호흡을 통해 열에너지로 방출된다. 따라서 (가), (나), (다)에서 모두 열에너지 형태로 방출되는 에너지가 있다.

12 꼼꼼 문제 분석

$\frac{5}{20}\times100=25\,\%$이므로 ㉠은 3차 소비자(C)이다.

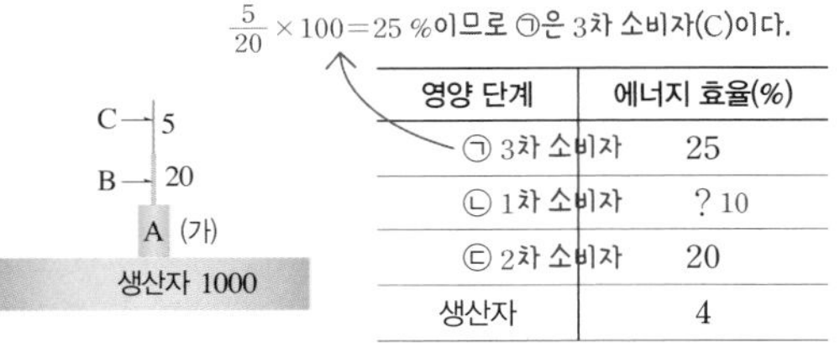

영양 단계	에너지 효율(%)
㉠ 3차 소비자	25
㉡ 1차 소비자	? 10
㉢ 2차 소비자	20
생산자	4

• 상위 영양 단계로 갈수록 에너지 효율은 높아진다.
• ㉡이 2차 소비자(B)이고, ㉢이 1차 소비자(A)일 경우: ㉡의 에너지 효율(10 %)이 ㉢의 에너지 효율(20 %)보다 작으므로 제시된 조건에 해당하지 않는다. ➡ ㉡이 1차 소비자(A)이고, ㉢이 2차 소비자(B)이다.

ㄱ. 3차 소비자(C)의 에너지 효율은 $\frac{5}{20}\times100=25\,\%$이므로 ㉠은 3차 소비자이다. 만약 ㉢이 1차 소비자(A)라면 $\frac{(가)}{1000}\times100=20\,\%$이므로 (가)는 200이고, ㉢이 1차 소비자일 때 ㉡은 2차 소비자이므로 ㉡의 에너지 효율은 $\frac{20}{200}\times100=10\,\%$이다. 이 경우 2차 소비자의 에너지 효율(10 %)이 1차 소비자의 에너지 효율(20 %)보다 작아지므로 제시된 조건에 해당하지 않는다. 따라서 ㉡은 1차 소비자(A)이고, ㉢은 2차 소비자(B)이다.

바로알기 ㄴ. 2차 소비자(B, ㉢)의 에너지 효율은 $\frac{20}{(가)}\times100=20\,\%$이므로 (가)는 100이다. 따라서 1차 소비자(A, ㉡)의 에너지 효율은 $\frac{100}{1000}\times100=10\,\%$이다.

ㄷ. 1차 소비자(A)의 에너지 효율은 10 %이다. 2차 소비자(B)의 에너지 효율(20 %)이 생산자의 에너지 효율(4 %)의 5배이다.

13 ㄱ. ㉠은 총생산량에서 호흡량을 뺀 값이므로 순생산량이다.

ㄷ. 고사량, 낙엽량은 세균, 곰팡이, 버섯과 같은 분해자에게 전달되는 유기물의 양이다.

바로알기 ㄴ. ㉡은 피식량으로 1차 소비자(초식 동물)가 섭식을 통해 얻게 되는 유기물의 총량이다. 1차 소비자는 이 중 일부를 호흡으로 소비하므로 ㉡은 1차 소비자의 호흡량보다 많다.

14 ㄱ. (가)는 탈질산화 작용으로, 탈질산화 세균에 의해 토양 속 질산 이온(NO_3^-)이 질소 기체(N_2)로 전환되어 대기 중으로 돌아가는 과정이다. (나)는 질산화 작용으로, 질산화 세균에 의해 암모늄 이온(NH_4^+)이 질산 이온(NO_3^-)으로 전환되는 과정이다. 따라서 (가)와 (나)에는 모두 세균이 관여한다.

ㄴ. (다)는 사체, 배설물에 포함된 질소 화합물이 세균, 곰팡이와 같은 분해자에 의해 암모늄 이온(NH_4^+)으로 분해되어 토양으로 돌아가는 과정이다.

ㄷ. 식물은 (라)를 통해 얻은 질소를 이용하여 단백질, 핵산 등 질소 화합물을 합성하는 질소 동화 작용을 한다.

15 건성 천이 과정에서 초기 과정인 지의류(개척자) → 이끼류 → 초원에서는 주로 토양의 형성 속도와 수분량에 의해 천이가 진행되고, 후기 과정인 초원 → 관목림 → 양수림 → 혼합림 → 음수림에서는 주로 빛의 세기에 의해 천이가 진행된다.

모범 답안 양수림이 형성되면 지표면에 도달하는 빛의 세기가 약해져 양수 묘목에 비해 음수 묘목이 생장에 유리하므로 양수림에서 음수림으로 천이가 일어난다.

채점 기준	배점
빛의 세기가 약해지고 양수보다 음수가 생장에 유리하여 천이가 일어난다고 서술한 경우	100 %
빛의 세기가 약해진 것만 언급하여 서술한 경우	50 %

16 (가)는 은어 개체군에서 개체 사이에 경쟁을 피하기 위해 일정한 영역을 세력권으로 확보하는 텃세이고, (나)는 3종의 북아메리카솔새가 경쟁을 피하기 위해 나무에서 서로 다른 위치를 서식 영역으로 확보하는 분서(생태 지위 분화)이다.

모범 답안 (1) (가) 텃세 (나) 분서(생태 지위 분화)
(2) • 공통점: 불필요한 경쟁을 피할 수 있다.
• 차이점: (가)는 개체군 내 상호 작용이고, (나)는 군집 내 개체군 간의 상호 작용이다.

채점 기준		배점
(1)	(가)와 (나)의 상호 작용을 옳게 쓴 경우	50 %
	(가)와 (나)의 상호 작용 중 한 가지만 옳게 쓴 경우	25 %
(2)	공통점과 차이점을 모두 옳게 서술한 경우	50 %
	공통점과 차이점 중 한 가지만 옳게 서술한 경우	25 %

17 생태계에서 에너지는 한쪽 방향으로 흐르다가 생태계 밖으로 빠져나가지만, 물질은 생물과 비생물 환경 사이를 순환한다.

모범 답안 (가)는 에너지, (나)는 물질이다. 생태계에서 에너지는 순환하지 않고, 물질은 순환하기 때문이다.

채점 기준	배점
(가), (나)를 각각 옳게 쓰고, 그 까닭을 옳게 서술한 경우	100 %
(가), (나)만 옳게 쓰고, 그 까닭을 서술하지 못한 경우	50 %

수능 실전 문제 309~311쪽

01 ②	02 ④	03 ③	04 ②	05 ⑤	06 ①
07 ①	08 ①	09 ③	10 ⑤	11 ④	12 ③

01 꼼꼼 문제 분석

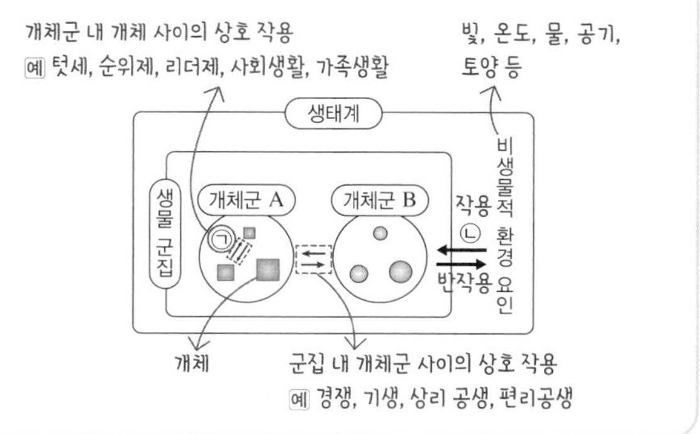

선택지 분석

~~ㄱ~~. 곰팡이는 비생물적 환경 요인에 해당한다. 생물적 요인

ⓛ. ㉠의 예로 리더제가 있다.

~~ㄷ~~. 질소 고정 세균에 의해 토양의 암모늄 이온(NH_4^+)이 증가하는 것은 ㉡에 해당한다. 반작용

전략적 풀이 ❶ 제시된 생태계의 구성 요소가 비생물적 요인과 생물적 요인(생물 군집) 중 어느 쪽에 해당하는지를 파악한다.

ㄱ. 곰팡이는 분해자에 속하는 생물로, 생물 군집에 해당한다. 비생물적 환경 요인으로는 빛, 온도, 물, 공기, 토양 등이 있다.

❷ 비생물적 환경 요인과 생물 군집 사이에서 일어나는 작용을 이해한다.

ㄷ. ㉡은 비생물적 환경 요인이 생물 군집에 영향을 미치는 작용이다. 질소 고정 세균(생물)에 의해 토양(비생물적 요인)의 암모늄 이온(NH_4^+)이 증가하는 것은 반작용에 해당한다.

❸ 생물 군집 내에서 개체군 내의 상호 작용의 예에는 어떤 것이 있는지 파악한다.

ㄴ. 개체군 내의 상호 작용(㉠)의 예로는 텃세, 순위제, 리더제, 사회생활, 가족생활이 있다.

02 꼼꼼 문제 분석

생산자와 소비자의 사체나 배설물에 포함된 탄소는 분해자로 이동한다.

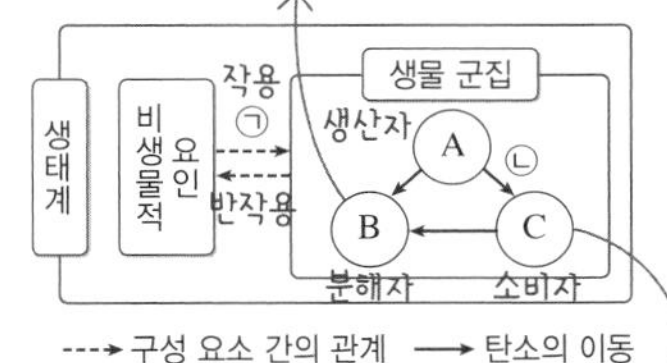

구분	예
생산자 A	(가)
분해자 B	?
소비자 C	토끼

탄소는 생산자에서 소비자로 이동하며, 이때 탄소는 유기물의 형태로 이동한다.

선택지 분석

✗ㄱ. 버섯은 (가)에 해당한다. B의 예

ⓛ 고도에 따라 식물 군집의 분포가 달라지는 현상은 ㉠에 해당한다.

ⓒ ㉡ 과정에서 탄소는 유기물의 형태로 이동한다.

전략적 풀이 ❶ **생물 군집 내에서 탄소의 이동 경로를 분석하여 생산자, 소비자, 분해자의 위치를 파악한다.**

ㄱ. 생산자가 광합성을 통해 생산한 유기물 형태의 탄소는 먹이 사슬을 통해 소비자로 이동하며, 생산자와 소비자의 사체나 배설물에 포함된 유기물 형태의 탄소는 모두 분해자로 이동한다. 따라서 A는 생산자, B는 분해자, C는 소비자임을 알 수 있다. 버섯은 분해자(B)의 예에 해당한다.

ㄷ. ㉡ 과정을 비롯해 생물 군집 내에서 탄소는 유기물의 형태로 이동한다.

❷ **비생물적 환경 요인과 생물 군집 사이에서 일어나는 작용을 이해한다.**

ㄴ. 고도에 따라 식물 군집의 분포가 달라지는 현상은 산이 높아질수록 기온(비생물적 환경 요인)이 낮아져 서식하는 식물(생물적 요인)의 종류에 영향을 미치는 작용이므로 작용(㉠)에 해당한다.

03 꼼꼼 문제 분석

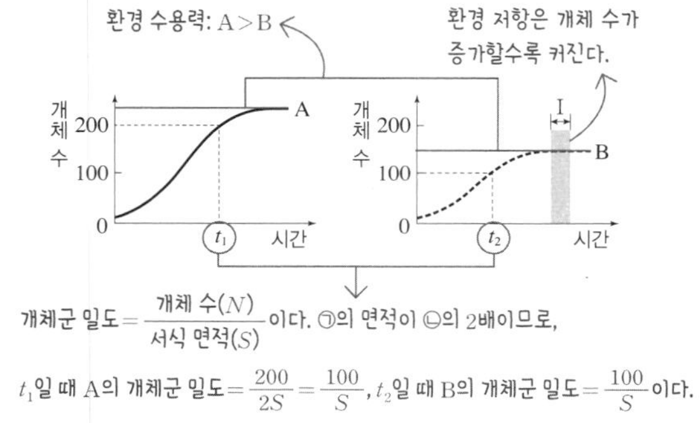

환경 수용력: A>B
환경 저항은 개체 수가 증가할수록 커진다.
개체 수
200
100
0
A
t_1
시간
B
I
t_2
개체군 밀도 = 개체 수(N) / 서식 면적(S) 이다. ㉠의 면적이 ㉡의 2배이므로,
t_1일 때 A의 개체군 밀도 = $\frac{200}{2S}=\frac{100}{S}$, t_2일 때 B의 개체군 밀도 = $\frac{100}{S}$ 이다.

선택지 분석

ⓖ 개체군의 환경 수용력은 A가 B보다 크다.

ⓛ 구간 I에서 B는 환경 저항을 받는다.

✗ㄷ. t_1에서 A의 개체군 밀도는 t_2에서 B의 개체군 밀도보다 높다. 서로 같다

전략적 풀이 ❶ **두 개체군에서 환경 수용력에 해당하는 개체 수를 비교한다.**

ㄱ. 환경 수용력은 주어진 환경 조건에서 서식할 수 있는 개체군의 최대 크기이므로, 개체군의 생장 곡선에서 최고점에 해당하는 개체 수이다. 따라서 개체군 A의 환경 수용력은 200보다 크고, 개체군 B의 환경 수용력은 200보다 작다.

❷ **실제의 생장 곡선에서 개체 수의 증가와 환경 저항의 크기 관계를 이해한다.**

ㄴ. 서식 공간과 먹이 부족, 노폐물 축적, 개체 간의 경쟁 등 환경 저항은 개체 수가 증가할수록 커진다. 따라서 환경 수용력에 도달한 구간 I에서는 매우 큰 환경 저항을 받게 된다.

❸ **서식 면적과 개체 수를 고려하여 두 개체군의 밀도를 구한다.**

ㄷ. 면적은 ㉠이 ㉡의 2배이므로 t_1일 때 A의 개체군 밀도는 $\frac{200}{2S}=\frac{100}{S}$이고, t_2일 때 B의 개체군 밀도는 $\frac{100}{S}$으로 서로 같다.

04 꼼꼼 문제 분석

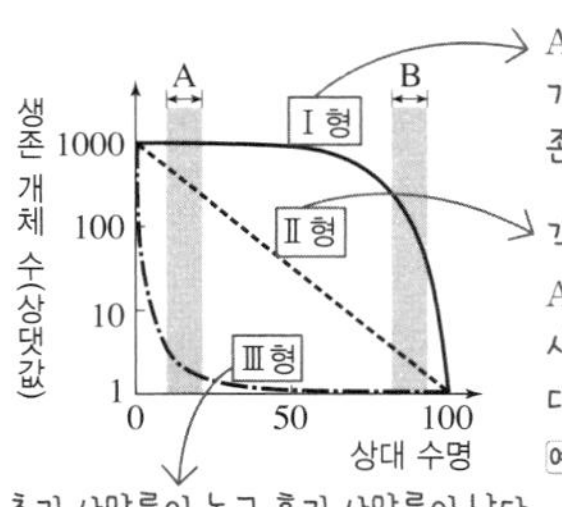

A 시기(초기) 사망률은 낮고 B 시기(후기) 사망률이 높다. ➡ ㉠의 생존 곡선 예 사람, 코끼리, 돌산양 등

각 연령대의 사망률은 일정하지만 A 시기의 시작 시점 개체 수가 B 시기의 시작 시점 개체 수보다 많다. ➡ 사망한 개체 수는 A>B 예 다람쥐, 히드라 등

초기 사망률이 높고 후기 사망률이 낮다. 예 고등어, 굴 등 어패류

선택지 분석

✗ㄱ. I 형의 생존 곡선을 나타내는 종에서 A 시기의 사망률은 B 시기의 사망률보다 높다. 낮다

ⓛ II 형의 생존 곡선을 나타내는 종에서 A 시기 동안 사망한 개체 수는 B 시기 동안 사망한 개체 수보다 많다.

✗ㄷ. ㉠의 생존 곡선은 III 형에 속한다. I 형

전략적 풀이 ❶ **I 형과 II 형 생존 곡선 그래프를 통해 각 사망률을 해석한다.**

ㄱ. I 형의 생존 곡선을 나타내는 종은 초기 사망률이 낮아 대부분 생리적 수명을 다하고 죽는다. 따라서 적은 수의 자손을 낳고 수명이 길며 부모가 보살피는 기간이 길다. I 형의 생존 곡선에서 A 시기의 사망률은 B 시기의 사망률보다 낮다.

ㄴ. II 형의 생존 곡선을 나타내는 종은 출생 이후 개체 수가 일정한 비율로 줄어드는 것으로 보아 각 연령대의 사망률이 비교적 일정하다. 그러나 A 시기가 시작된 시점의 개체 수가 B 시기가 시작된 시점의 개체 수보다 많으므로 A 시기 동안 사망한 개체 수가 B 시기 동안 사망한 개체 수보다 많다.

❷ **III 형 생존 곡선을 갖는 생물의 특징을 생각해 본다.**

ㄷ. III 형의 생존 곡선을 나타내는 종은 초기 사망률이 높아 성체로 생장하는 개체 수가 매우 적다. 따라서 많은 수의 자손을 낳는다. ㉠의 특징으로 보아 ㉠의 생존 곡선은 I 형에 속한다.

05 꼼꼼 문제 분석

■ 종 A
▲ 종 B
○ 종 C

(가) A 1개체
C 2개체

구분	빈도	상대 피도(%)	상대 밀도(%)	상대 빈도(%)
A	? 0.24	㉠	? 36	40
B	0.12	㉡	? 20	? 20
C	? 0.24	㉠	44	? 40

선택지 분석

㉠. (가)에 있는 A의 개체 수는 1이다.
㉡. (가)에 C가 있는 방형구는 1개이다.
㉢. 우점종은 C이다.

전략적 풀이 ❶ (가)를 제외한 식물의 분포가 표시된 방형구에서 종 A~C의 개체 수와 출현 방형구 수를 구한 후 표에 적용하여 미지의 방형구 (가)의 식물 분포를 추정한다.

(가)를 제외한 나머지 방형구를 분석한 결과는 표와 같다.

종	개체 수	출현 방형구 수
A	8	5
B	5	3
C	9	5
합계	22	–

ㄱ. 총 25개체 중 (가)를 제외한 방형구에서 22개체가 출현하였으므로, (가)에는 나머지 3개체가 있다. 표에서 B의 빈도 0.12를 이용해 B가 출현한 방형구 수(x)를 구하면, $\frac{x}{25}=0.12$이므로 $x=3$이고, (가)에는 B가 없음을 알 수 있다. 표에서 C의 상대 밀도 44를 이용해 C의 개체 수(y)를 구하면, $\frac{y}{25}\times100=44$이므로 $y=11$이다. (가)에는 C가 2개체 있고, 나머지 1개체는 A임을 알 수 있으며, 이를 통해 A와 B의 개체 수를 이용하여 상대 밀도를 구하면 A는 36 %, B는 20 %이다.

❷ (가)에서 C의 2개체가 2개의 방형구에 따로 분포하는지 또는 1개의 방형구에 함께 분포하는지를 분석한다.

ㄴ. A는 25개의 방형구 중 (가)에 1개를 포함하여 6개의 방형구에 출현하여 상대 빈도가 40 %이므로 3개의 방형구에 출현한 B의 상대 빈도는 20 %이고, 나머지 C의 상대 빈도는 40 %이다. 따라서 C는 (가)에 1개를 포함하여 6개의 방형구에 출현하므로, (가)에서 C의 2개체는 1개의 방형구에 함께 분포함을 알 수 있다.

❸ A~C의 중요치를 구하고 그 크기를 비교하여 우점종을 결정한다.

ㄷ. 중요치는 상대 밀도, 상대 빈도, 상대 피도를 합한 값이며, 중요치가 가장 높은 종이 우점종이다. A의 중요치는 36+40+㉠이고, B의 중요치는 20+20+㉡이며, C의 중요치는 44+40+㉠이다. ㉠은 ㉡보다 큰 값이므로, 중요치의 크기 순서는 C>A>B가 되어 이 식물 군집의 우점종은 C이다.

06 꼼꼼 문제 분석

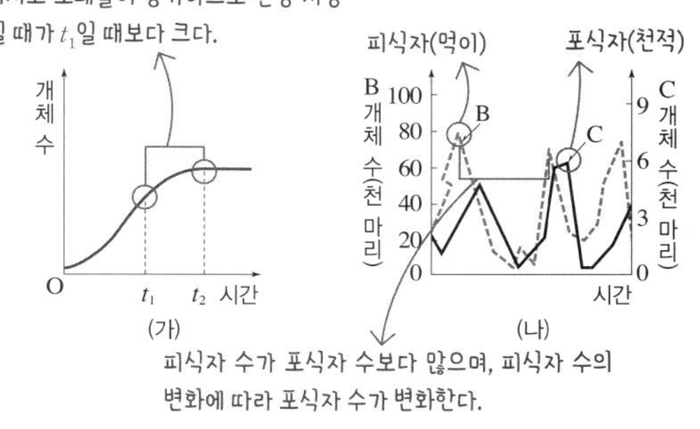

개체 수가 증가할수록 서식 공간과 먹이가 부족해지고 노폐물이 증가하므로 환경 저항은 t_2일 때가 t_1일 때보다 크다.
피식자(먹이)
포식자(천적)
개체 수
B 개체 수(천 마리)
C 개체 수(천 마리)
시간
(가)
(나)
피식자 수가 포식자 수보다 많으며, 피식자 수의 변화에 따라 포식자 수가 변화한다.

선택지 분석

㉠. A가 받는 환경 저항은 t_2일 때가 t_1일 때보다 크다.
ㄴ. B는 C의 포식자이다. 피식자
ㄷ. 흰동가리와 말미잘의 관계는 B와 C의 관계에 해당한다. 상리 공생

전략적 풀이 ❶ 실제의 생장 곡선이 S자 모양으로 나타나는 원인이 환경 저항임을 파악한다.

ㄱ. 개체 수가 증가할수록 서식 공간과 먹이의 부족, 노폐물의 축적 등으로 환경 저항이 커진다. 따라서 환경 저항은 t_2일 때가 t_1일 때보다 크다.

❷ (나)에서 종 B와 종 C의 개체 수 변화 추이를 통해 피식자와 포식자를 파악한다.

ㄴ. 일반적으로 피식자의 수가 포식자의 수보다 많으며, 피식자 수의 증감에 따라 포식자 수가 증감한다. 따라서 B는 피식자이고, C는 포식자이다.

❸ 흰동가리와 말미잘의 관계는 어떤 상호 작용의 예에 해당하는지 생각해 본다.

ㄷ. 흰동가리는 말미잘의 보호를 받으며 말미잘 촉수 사이의 찌꺼기와 병든 촉수를 제거해 주고 말미잘은 흰동가리가 유인한 먹이를 먹으므로 두 종 사이의 상호 작용은 상리 공생에 해당한다. 포식과 피식의 예로는 스라소니와 눈신토끼, 치타와 톰슨가젤 등이 있다.

07 꼼꼼 문제 분석

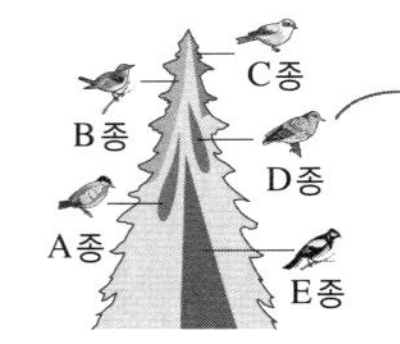

A~E는 하나의 나무에서 함께 서식하며, 활동 영역을 서로 나누어 생활한다. ➡ 경쟁을 피하기 위해서이다.

구분	예
개체군 내의 상호 작용	텃세, 순위제, 리더제, 사회생활, 가족생활
개체군 사이의 상호 작용	종간 경쟁, 분서, 기생, 상리 공생, 편리공생, 피식과 포식

선택지 분석

ㄱ. ㉠에서 A와 B 사이의 상호 작용은 분서에 해당한다.

~~ㄴ~~. C는 D, E와 하나의 개체군을 형성한다. 군집

~~ㄷ~~. 하천에서 은어가 각각 서식하는 범위를 정해 살아가는 것은 ㉠과 같은 상호 작용의 예에 해당한다. 해당하지 않는다.

전략적 풀이 ❶ 자료를 분석하여 A~E 사이의 상호 작용을 파악한다.

ㄱ. A~E의 생태적 지위가 중복되므로 서로 경쟁 관계로 볼 수 있다. 그러나 ㉠에서 A~E가 활동 영역을 나누어 나무의 서로 다른 구역에서 생활한다고 했으므로 A~E 사이의 상호 작용은 분서(생태 지위 분화)에 해당한다.

❷ 개체군의 정의를 이해한다.

ㄴ. 개체군은 하나의 종에 속하는 개체들의 무리이며, 군집은 여러 개체군의 무리이다. A~E는 서로 다른 종이므로 각각 서로 다른 개체군이다. 따라서 개체군 C는 개체군 D, E와 하나의 개체군을 형성하는 것이 아니라 하나의 군집을 형성한다.

❸ 분서와 텃세의 차이점을 이해한다.

ㄷ. 분서(㉠)는 서로 다른 개체군 사이의 상호 작용에 해당한다. 하천의 은어는 하나의 개체군에 속하며, 은어 개체들 사이에 경쟁을 피하기 위해 일정한 서식 범위를 세력권으로 정해 살아가는 것은 텃세의 예로, 텃세는 개체군 내의 상호 작용에 해당한다.

08 꼼꼼 문제 분석

포식과 피식(다)의 예로는 스라소니가 눈신토끼를 잡아먹는 것, 치타가 톰슨가젤을 잡아먹는 것, 사자가 영양을 잡아먹는 것 등이 있다.

구분	(가) 기생		(나) 상리 공생		(다) 포식과 피식	
상호 작용	종 Ⅰ	종 Ⅱ	종 Ⅰ	종 Ⅱ	종 Ⅰ	종 Ⅱ
	이익	? 손해	ⓐ 이익	이익	이익	ⓑ 손해
예	겨우살이는 숙주 식물로부터 영양소와 물을 흡수하여 살아간다.		꽃은 벌에게 꿀을 제공하고, 벌은 꽃의 수분을 돕는다.		?	

선택지 분석

ㄱ. (가)는 기생이다.

~~ㄴ~~. ⓐ는 '손해', ⓑ는 '이익'이다.

~~ㄷ~~. (다)에서 두 종 사이에 경쟁·배타 원리가 적용된다.

전략적 풀이 ❶ 예를 분석하여 두 종 사이의 상호 작용을 파악한다.

ㄱ. (가)의 예에서 겨우살이는 식물로부터 영양분과 물을 흡수하므로 이익을 얻는 기생 생물(종 Ⅰ)에 해당하고, 식물은 영양소를 빼앗기므로 손해를 입는 숙주(종 Ⅱ)에 해당한다. 따라서 (가)에서 종 Ⅰ과 종 Ⅱ 사이의 상호 작용은 기생이다.

ㄴ. (나)의 예에서 꽃은 벌에게 꿀을 제공하고, 벌은 꽃의 수분을 돕는 것은 종 Ⅰ과 종 Ⅱ 모두 이익이므로 상리 공생이다. 그러므로 (다)는 포식과 피식에 해당하며, 이익을 얻는 종 Ⅰ은 포식자이고, 손해를 입는 종 Ⅱ는 피식자이다. 따라서 ⓐ는 '이익', ⓑ는 '손해'이다.

❷ 경쟁·배타 원리가 적용되는 종 사이의 상호 작용은 무엇인지 생각해 본다.

ㄷ. 두 종 사이에 경쟁·배타 원리가 적용되는 것은 두 종의 생태적 지위가 비슷할 때 나타나는 종간 경쟁의 경우이다. 포식과 피식(다)에는 해당되지 않는다.

09 꼼꼼 문제 분석

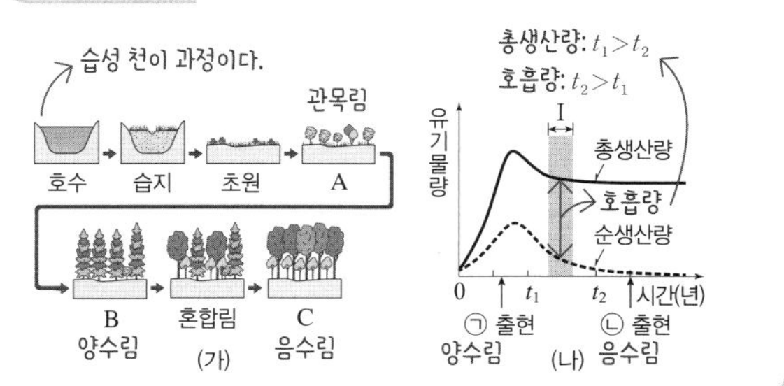

선택지 분석

ㄱ. ㉠은 B이다.

~~ㄴ~~. 구간 Ⅰ에서 P는 극상을 이룬다. 이루지 않는다.

ㄷ. P의 $\frac{\text{호흡량}}{\text{총생산량}}$은 t_2일 때가 t_1일 때보다 크다.

전략적 풀이 ❶ 군집의 천이 과정을 진행 순서에 맞게 나열한다.

ㄱ. (가)는 1차 천이 중 습성 천이 과정으로 A는 관목림, B는 양수림, C는 음수림이다. 양수림이 음수림보다 먼저 형성되므로 (나)에서 ㉠은 양수림, ㉡은 음수림이다. 따라서 ㉠은 B이다.

ㄴ. 구간 Ⅰ은 음수림(㉡)이 출현하기 이전이므로 P는 극상에 도달하지 못한 상태이다. 천이의 마지막 안정된 군집 상태인 극상은 음수림 상태에서 이루어진다.

❷ 군집의 천이 과정에서 총생산량과 순생산량 및 호흡량의 관계를 파악한다.

ㄷ. 호흡량=총생산량−순생산량이다. 총생산량은 t_1일 때가 t_2일 때보다 많고, 호흡량은 t_2일 때가 t_1일 때보다 많다. 따라서 P의 $\frac{\text{호흡량}}{\text{총생산량}}$은 t_2일 때가 t_1일 때보다 크다.

10 꼼꼼 문제 분석

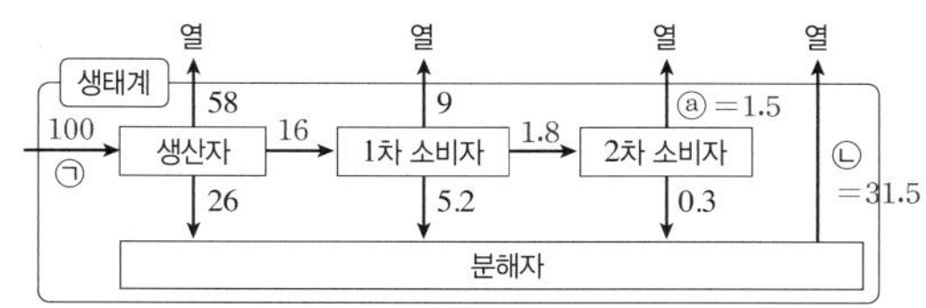

- 유입되는 에너지양과 유출되는 에너지양이 같다. ➡ ㉠=58+9+ⓐ+㉡
- $\frac{㉡}{\text{소비자에서 방출되는 열에너지양의 총합}}$=3이다. ➡ $\frac{㉡}{9+ⓐ}=3$
- ㉠+생산자에서 분해자로 이동하는 에너지양=4㉡이다. ➡ ㉠+26=4㉡
- 생산자와 소비자에서 분해자로 이동하는 에너지양의 총합=㉡

26+5.2+0.3=㉡

위 4개의 식을 서로 대입시켜 풀이하면 ㉠은 100, ㉡은 31.5, ⓐ는 1.5이다.

선택지 분석

㉠. ⓐ는 1.5이다.
㉡. ㉠−㉡=68.5이다.
㉢. X에서 1차 소비자의 에너지 효율은 16 %이다.

전략적 풀이 ❶ 제시된 조건을 이용하여 관계식을 세워 각 단계로 이동하는 에너지양을 구한다.

- 유입되는 에너지양과 유출되는 에너지양이 같으므로, ㉠=58 +9+ⓐ+㉡이다.
- $\frac{㉡}{\text{소비자에서 방출되는 열에너지양의 총합}}$=3이므로, $\frac{㉡}{9+ⓐ}$=3이다.
- ㉠+생산자에서 분해자로 이동하는 에너지양=4㉡이므로, ㉠+26=4㉡이다.
- 생산자와 소비자에서 분해자로 이동하는 에너지양의 총합은 ㉡과 같으므로, 26+5.2+0.3=㉡이다.

위 4개의 식을 서로 대입시켜 풀이하면 ㉠은 100, ㉡은 31.5, ⓐ는 1.5임을 알 수 있다.

ㄱ. ⓐ는 1.5이다.

ㄴ. ㉠−㉡=100−31.5=68.5이다.

❷ 생산자의 에너지양과 1차 소비자의 에너지양을 이용하여 1차 소비자의 에너지 효율을 구한다.

ㄷ. 생태계 X에서 생산자가 갖는 에너지양(㉠)은 100이고, 1차 소비자가 갖는 에너지양은 100−(58+26) =16이다. 따라서 1차 소비자의 에너지 효율은 $\frac{16}{100}$×100= 16 %이다.

11 꼼꼼 문제 분석

- 1차 소비자의 에너지 효율: $\frac{80}{1000}$×100=8%
- 3차 소비자의 에너지 효율은 1차 소비자의 에너지 효율의 3배이므로 24 %이다.

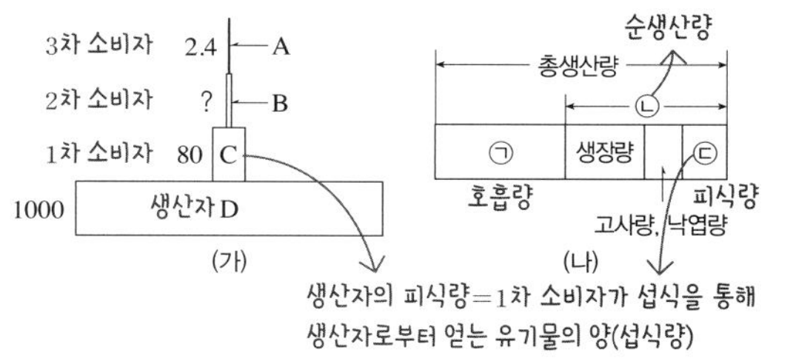

생산자의 피식량=1차 소비자가 섭식을 통해 생산자로부터 얻는 유기물의 양(섭식량)

선택지 분석

~~ㄱ~~. ㉠은 D의 순생산량이다. 호흡량
㉡. A의 호흡량은 ㉢에 포함된다.
㉢. 2차 소비자의 에너지 효율은 12.5 %이다.

전략적 풀이 ❶ 식물 군집에서 물질의 생산량과 소비량의 관계를 분석하고 피식량의 의미를 이해한다.

(가)의 에너지 피라미드에서 A는 3차 소비자, B는 2차 소비자, C는 1차 소비자, D는 생산자이다.

ㄱ. (나)에서 ㉠은 호흡량, ㉡은 순생산량, ㉢은 피식량이므로, ㉠은 생산자인 D의 호흡량이다.

ㄴ. 3차 소비자인 A는 먹이 사슬을 따라 하위 영양 단계로부터 유기물을 공급받아 소비한다. 따라서 A의 호흡량은 1차 소비자의 섭식량에 포함되고, 이 섭식량은 생산자가 1차 소비자에게 먹히는 유기물의 양인 피식량(㉢)과 같다.

❷ 영양 단계별 에너지양을 이용하여 각 영양 단계의 에너지 효율을 구한다.

ㄷ. 에너지 효율(%)=$\frac{\text{현 영양 단계의 에너지양}}{\text{전 영양 단계의 에너지양}}$×100이므로, 1차 소비자의 에너지 효율은 $\frac{80}{1000}$×100=8 %이다. 3차 소비자의 에너지 효율은 1차 소비자의 에너지 효율의 3배이므로 8 %×3=24 %이다. 따라서 $\frac{2.4}{\text{2차 소비자의 에너지양}}$×100=24 %이므로, 2차 소비자(B)의 에너지양은 10이다. 이를 통해 2차 소비자의 에너지 효율을 구하면 $\frac{10}{80}$×100=12.5 %이다.

12 꼼꼼 문제 분석

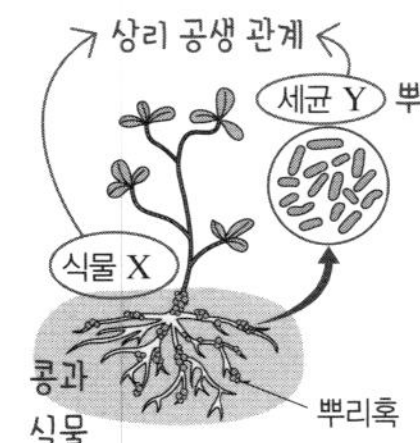

구분	과정
질소 고정 작용 ㉠	$N_2 \longrightarrow NH_4^+$
질산화 작용 ㉡	$NH_4^+ \longrightarrow NO_3^-$
세포 호흡 ㉢	유기물 $\longrightarrow CO_2$

• 질소 고정 작용: 질소 고정 세균에 의해 일어난다.
• 질산화 작용: 질산화 세균에 의해 일어난다.

선택지 분석

ㄱ ㉠은 세포 호흡이다.
ㄴ. Y에 의해 ㉡이 일어난다. ㉠
ㄷ X는 NH_4^+을 이용하여 단백질을 합성한다.

전략적 풀이 ❶ 질소 순환의 각 과정에서 이온이 전환되는 형태를 파악하여 ㉠~㉢을 구분한다.

ㄱ. 대기 중의 질소 기체(N_2)가 암모늄 이온(NH_4^+)으로 전환되는 과정 ㉠은 뿌리혹박테리아나 아조토박터와 같은 질소 고정 세균에 의한 질소 고정 작용이다. 이 암모늄 이온(NH_4^+)이 질산 이온(NO_3^-)으로 전환되는 과정 ㉡은 질산화 세균에 의한 질산화 작용이다. 생물이 포도당과 같은 유기물을 CO_2 형태의 무기물로 분해하는 과정 ㉢은 세포 호흡이다.

ㄴ. 뿌리혹박테리아(세균 Y)에 의해 질소 고정 작용(㉠)이 일어나며, 질산화 세균에 의해 질산화 작용(㉡)이 일어난다.

❷ 질소 동화 작용이 무엇인지 파악한다.

ㄷ. 식물이 토양에서 흡수한 암모늄 이온(NH_4^+)이나 질산 이온(NO_3^-)을 이용하여 단백질, 핵산 등과 같은 질소 화합물을 합성하는 과정을 질소 동화 작용이라 한다. 콩과식물 X의 경우 뿌리혹에 서식하는 뿌리혹박테리아가 질소 고정 작용(㉠)을 통해 암모늄 이온(NH_4^+)을 다량 공급해주어 토양에 질소가 부족한 환경에서도 질소 동화 작용이 원활히 일어날 수 있다.

2 생물 다양성과 보전

1 생물 다양성

개념 확인 문제

316쪽

❶ 유전적 ❷ 종 ❸ 생태계 ❹ 생물 자원

1 유전적 다양성, 종 다양성, 생태계 다양성 **2** (1) × (2) ○ (3) ○ (4) × (5) × **3** ㉠ 높으면, ㉡ 복잡, ㉢ 깨지지 않는다 **4** (1) ㉢ (2) ㉠ (3) ㉡ (4) ㉣

1 생물 다양성은 일정한 지역에 존재하는 생물의 다양한 정도를 의미하는 것으로, 같은 생물종 내에서 각 개체들이 지닌 유전자 변이의 다양성(유전적 다양성), 군집을 구성하는 생물종의 다양성(종 다양성), 생물 서식지의 다양한 정도를 나타내는 생태계 다양성을 모두 포함한다.

2 (1) 유전적 다양성이 높은 생물종은 급격한 환경 변화가 발생하였을 때 살아남을 수 있는 가능성이 높아 멸종될 가능성이 낮다.
(2) 종 다양성은 일정한 지역에 얼마나 많은 생물종이 얼마나 균등하게 분포하여 살고 있는가를 의미한다. 생물종의 수가 많고, 각 생물종의 분포 비율이 고를수록 종 다양성이 높다.
(3) 생태계의 종류에 따라 서식하는 생물종이 다르므로 생태계가 다양할수록 종 다양성이 높아진다.
(4) 농경지는 특정 생물종만 재배하므로 종 다양성이 낮다. 열대우림은 다양한 동식물이 서식하여 종 다양성이 높다.
(5) 갯벌과 습지는 육상 생태계와 수생태계를 잇는 완충 지역으로 각 생태계의 생물종과 육상 생태계와 수생태계의 자원을 모두 이용하는 생물종이 공존하여 종 다양성이 높다.

3 생태계 내 생물종 수가 많으면 종 다양성이 높기 때문에 복잡한 먹이 그물이 형성된다. 따라서 어느 한 생물종이 사라져도 대체할 수 있는 종이 있어 포식자는 다른 생물종을 먹고 살 수 있으므로 생태계 평형이 쉽게 깨지지 않는다.

4 (1) 쌀과 옥수수는 식량으로 이용된다.
(2) 목화의 씨에 붙어 있는 솜털로부터 얻은 면섬유와 누에고치로부터 얻은 비단은 의복의 재료로 사용된다.
(3) 버드나무 껍데기에서 아스피린의 주성분인 살리실산을 얻는다. 주목에서 얻은 물질인 택솔은 항암제로 사용되고 있다.
(4) 숲, 호수, 강, 습지 등과 같은 아름다운 자연경관은 관광 자원으로 활용될 수 있다.

대표 자료 분석

317쪽

자료 ❶ **1** (가) 생태계 다양성 (나) 종 다양성 (다) 유전적 다양성 **2** (가) ㄴ (나) ㄷ (다) ㄱ **3** (1) ○ (2) ○ (3) × (4) × (5) ○ (6) ○

자료 ❷ **1** ㉠ 10, ㉡ 1, ㉢ 15, ㉣ 0, ㉤ 3, ㉥ 3 **2** ㉠ 많을수록, ㉡ 균등할수록 **3** (1) ○ (2) × (3) × (4) ○ (5) ○ (6) ○

1-1 꼼꼼 문제 분석

생물 다양성은 일정한 지역에 존재하는 생물의 다양한 정도를 의미하며, 개체군의 유전적 다양성, 생태계를 구성하는 생물종의 다양성, 생물이 서식하는 생태계의 다양성을 모두 포함한다.

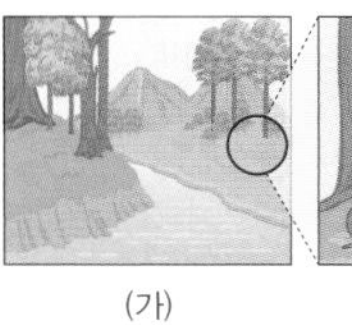

(가) 생태계 다양성

(나) 종 다양성

(다) 유전적 다양성

(가)는 어느 지역에서 생물의 서식지인 생태계의 다양성, (나)는 삼림 생태계의 종 다양성, (다)는 무당벌레 개체군의 유전적 다양성을 나타낸다.

1-2 ㄱ. 기린 개체들의 털 무늬가 다양하게 나타나는 것은 기린 개체군 내에서 유전자 변이로 다양한 형질이 나타났기 때문이므로 유전적 다양성(다)에 해당한다.

ㄴ. 열대 우림, 습지, 갯벌 등과 같이 생태계가 다양한 것은 생태계 다양성(가)에 해당한다.

ㄷ. 극지방과 적도 지방에서의 육상 식물의 종 수는 일정 지역에 서식하는 생물종의 다양한 정도를 나타내는 것으로 종 다양성(나)에 해당한다.

1-3 (1) 생태계에 따라 각 환경에 적응하여 살아가는 생물종이 다르므로 생태계 다양성이 높을수록 종 다양성도 높아진다.

(2) (나)는 달팽이, 개구리, 고슴도치, 무당벌레, 나무, 풀 등 한 생태계 내 군집을 구성하는 생물종의 다양한 정도를 의미하는 종 다양성을 나타낸 것이다.

(3) 종 다양성이 높으면 먹이 그물이 복잡하여 어떤 한 생물종이 사라지더라도 다른 생물종이 대체할 수 있다. 따라서 종 다양성(나)이 높을수록 생태계 평형은 쉽게 깨지지 않는다.

(4) 습지는 육상 생태계와 수생태계를 이어 주는 완충 지역으로 종 다양성이 높고, 농경지는 특정 생물종만 재배하므로 종 다양성이 낮다. 따라서 습지를 메꾸어 옥수수밭으로 만들면 종 다양성(나)이 낮아진다.

(5) (다)에서 무당벌레의 등 무늬와 색이 개체마다 다르게 나타나는 것은 유전적 다양성으로, 같은 생물종 내 개체들 간의 유전자 변이는 개체마다 서로 다른 대립유전자를 가지기 때문에 나타난다.

(6) 유전적 다양성(다)이 높은 종일수록 급격한 환경 변화에 살아남을 수 있는 개체가 포함될 확률이 높아 쉽게 멸종되지 않는다.

2-1 꼼꼼 문제 분석

(가)~(다)에 서식하는 종 A~D의 개체 수를 통해 밀도와 상대 밀도를 구할 수 있다.

구분	A	B	C	D	총 개체 수
(가)	㉠(10)	㉡(1)	1	? 3	㉢(15)
(나)	? 10	2	㉣(0)	3	? 15
(다)	4	㉤(3)	5	㉥(3)	? 15

2-3 (1) (가)와 (다)에는 종 A, B, C, D가 모두 서식하고, (나)에는 A, B, D만 서식하므로 분포하는 종의 수(종 풍부도)는 (가)=(다)>(나)이다.

(2) (가)에서는 종 A가 나머지 종에 비해 상대적으로 많이 분포하고, (다)에서는 종 A~D가 모두 고르게 분포하고 있다.

(3) A와 B는 서로 다른 종이므로 서로 다른 개체군을 이룬다.

(4) 밀도는 한 지역에 서식하는 특정 종의 개체 수를 서식지의 면적으로 나눈 값이다. (가)와 (나)에서 면적이 같고 A의 개체 수도 같으므로 A의 밀도는 같다.

(5) 면적이 서로 같을 때 특정 종의 상대 밀도는 전체 개체 수에 대한 특정 종의 개체 수 비율이다. (나)와 (다)에서 전체 개체 수가 같고 D의 개체 수도 같으므로 D의 상대 밀도는 같다.

(6) 종 다양성은 생물종의 수가 많고, 각 생물종이 분포하는 비율이 균등할수록 높아지므로 종 A~D가 모두 분포하고, 모든 종이 고르게 분포하는 (다)에서가 종 다양성이 가장 높다.

내신 만점 문제

318~320쪽

01 ④ 02 ④ 03 ② 04 유전적 다양성 05 ② 06 ① 07 ⑤ 08 해설 참조 09 ⑤ 10 ① 11 ③ 12 ⑤ 13 ⑤

01 ① 같은 생물종 내 개체 간의 대립유전자가 다양한 정도를 나타내는 유전적 다양성은 종 다양성을 유지하는 기능을 한다. 또한 생태계마다 생물과 환경의 상호 작용 결과 독특한 생물 군집이 나타나므로 생태계가 다양할수록 생물종이 다양해져 종 다양성이 높아진다. 따라서 유전적 다양성, 종 다양성, 생태계 다양성은 서로 영향을 주고받는다.

② 종 다양성이 높은 생태계는 먹이 그물이 복잡하게 형성되어 한 생물종이 사라져도 이를 먹이로 하는 포식자는 다른 생물종으로 먹이를 대체할 수 있다. 따라서 종 다양성이 높은 생태계는 안정적으로 유지되어 생태계 평형이 쉽게 깨지지 않는다.

③ 유전적 다양성이 높으면 생물종이 쉽게 멸종되지 않으므로 유전적 다양성은 종 다양성을 유지하는 데 중요한 역할을 한다.
⑤ 종 다양성은 한 생태계 내 군집을 구성하는 생물종의 다양한 정도를 의미한다. 종 다양성이 높다는 것은 일정한 지역에 분포하는 생물종 수가 많고, 각 생물종의 분포 비율이 고르다는 의미이다.
바로알기 ④ 갯벌, 습지와 같이 서로 다른 두 생태계가 인접한 지역에서는 각 생태계의 생물종과 두 생태계의 자원을 모두 이용하는 생물종이 공존하므로 종 다양성이 높게 나타난다.

02 꼼꼼 문제 분석

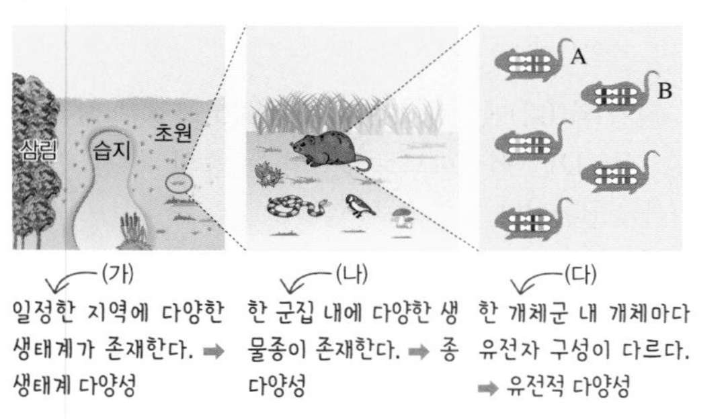

삼림
습지
초원
A
B
(가)
일정한 지역에 다양한 생태계가 존재한다. ➡ 생태계 다양성
(나)
한 군집 내에 다양한 생물종이 존재한다. ➡ 종 다양성
(다)
한 개체군 내 개체마다 유전자 구성이 다르다. ➡ 유전적 다양성

④ (다)는 들쥐 개체군에서 각 개체를 구성하는 유전자의 구성이 다양한 것을 나타내므로 대립유전자의 다양한 정도인 유전적 다양성에 해당한다. 각 개체는 하나의 형질에 대한 대립유전자가 다양하여 형질에 차이가 나타나므로 개체 A와 B의 유전자 구성은 다를 수 있다.
바로알기 ① (가)는 삼림, 습지, 초원의 여러 생태계가 존재하므로 생태계 다양성에 해당한다.
② 종 다양성(나)은 어느 한 군집을 이루는 생물종의 다양한 정도를 의미한다.
③ 종 다양성(나)에서 생물종이 다양할수록 먹이 그물이 복잡하게 형성된다.
⑤ 유전자 구성이 동일하면 유전적 다양성이 낮다. 개체군의 유전적 다양성이 높아야 급격한 환경 변화가 발생하였을 때 살아남는 개체가 포함될 확률이 높다.

03 ㄴ. (가)는 같은 생물종이라도 개체마다 가진 대립유전자가 달라서 무늬, 색, 크기 등이 다르게 나타나는 유전적 다양성의 사례이다. 유전적 다양성은 한 생물종의 개체 사이에 대립유전자가 다양한 정도로, 하나의 형질을 결정하는 대립유전자의 종류가 다양할수록 생물종의 유전적 다양성이 높다.
바로알기 ㄱ. (가)는 유전적 다양성의 예이며, (나)는 갯벌이라는 하나의 생태계에 다양한 생물종이 서식한다는 것을 나타낸 것이므로 종 다양성의 예이다.
ㄷ. 다양한 생물종이 서식하는 갯벌을 간척하여 산업 단지를 건설하면 갯벌의 많은 생물종이 사라져 종 다양성이 낮아진다.

04 초파리 개체군에서 개체마다 날개 무늬와 형태가 다르게 나타나는 현상은 개체마다 가진 대립유전자의 종류가 다양하기 때문이다. 개체 간의 이러한 유전적 차이를 유전적 다양성이라고 한다.

05 꼼꼼 문제 분석

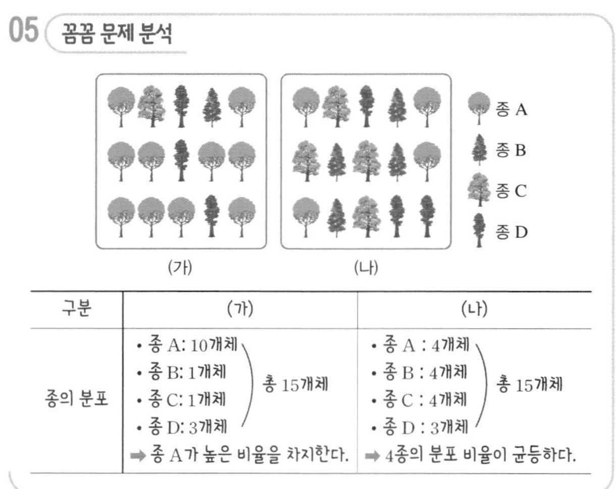

구분	(가)	(나)
종의 분포	• 종 A: 10개체 • 종 B: 1개체 • 종 C: 1개체 • 종 D: 3개체 총 15개체	• 종 A : 4개체 • 종 B : 4개체 • 종 C : 4개체 • 종 D : 3개체 총 15개체
	➡ 종 A가 높은 비율을 차지한다.	➡ 4종의 분포 비율이 균등하다.

ㄷ. 종 다양성은 생물종의 수와 생물종의 분포 비율을 모두 포함한다. (가)에서는 종 A의 분포 비율이 다른 식물 종에 비해 매우 높고, (나)에서는 4가지 식물 종이 고르게 분포한다. 따라서 (나)는 (가)보다 종 다양성이 높다.
바로알기 ㄱ. (가)와 (나)에 서식하는 식물 종 수는 모두 4종이다.
ㄴ. (가)에서는 종 A가 다른 종에 비해 높은 비율로 분포하고, (나)에서는 종 A~D가 비슷한 비율로 분포한다. 따라서 (나)는 (가)보다 각 식물 종이 고르게 분포한다.

06 꼼꼼 문제 분석

생물종	봄	여름	가을
A	846	35	198
B	705	70	83
C	780	497	9
D	580	1105	245
E	235	348	95
F	253	5	0
	6종, 각 생물종이 고르게 분포한다.	6종, 각 생물종의 분포가 봄에 비해 고르지 않다.	5종, 봄과 여름에 비해 생물 종의 수가 적고, 각 생물종의 분포도 고르지 않다.

ㄱ. 종 다양성은 생물종의 수가 많을수록, 각 생물종의 분포 비율이 고를수록 높다. 봄에는 6종이 서식하며, 여름과 가을에 비해 각 생물종이 고르게 분포한다. 여름에는 6종이 서식하지만, 특정 생물종의 개체 수가 상대적으로 많아 생물종의 분포 비율이 봄보다 고르지 않다. 가을에는 5종이 서식하며, 생물종도 고르게 분포하지 않는다. 따라서 종 다양성은 봄에 가장 높다.

바로알기 ㄴ. 봄에 서식하는 생물종 수는 6종이며, 가을에 서식하는 생물종 수는 5종이다.
ㄷ. 제시된 자료는 하나의 생태계 내에서 계절별로 생물종 수와 각 생물종의 분포 비율이 다른 것을 나타내므로 종 다양성에 해당한다. 생태계 다양성은 일정 지역에 생물의 서식지인 생태계가 다양한 정도를 의미한다.

07 열대 우림은 적도와 적도 부근에 발달한 생태계로, 연평균 강수량이 많고 기온이 높아 층상 구조가 잘 발달되어 있어 매우 다양한 종류의 생물들이 서식한다. 따라서 여러 생태계 중 종 다양성이 가장 높은 생태계는 열대 우림이다.

08 갯벌은 육상 생태계와 수생태계 사이에 위치한 생태계이므로 두 생태계의 자원을 모두 이용하는 생물종이 서식하여 종 다양성이 높다. 농경지는 인위적으로 특정 생물이 잘 자랄 수 있도록 경작된 곳이므로 다양한 생물종이 살지 못해 종 다양성이 낮다.

모범 답안 (가), 갯벌은 육상 생태계와 수생태계를 이어 주는 완충 지역이므로 각 생태계에 서식하는 생물종과 더불어 두 생태계의 자원을 모두 이용하는 생물종이 서식하여 종 다양성이 매우 높기 때문이다.

채점 기준	배점
기호를 쓰고, 그렇게 판단한 까닭을 옳게 서술한 경우	100 %
기호만 옳게 쓴 경우	40 %

09 ㄱ. 습지(A)는 육상 생태계와 수생태계를 잇는 완충 지역이다. 이처럼 서로 다른 생태계가 접해 있는 지역에서는 인접한 두 생태계의 자원을 이용하여 살아가는 생물종이 출현하기 때문에 종 다양성이 상대적으로 높다.
ㄴ. ㉠은 A라는 하나의 습지 생태계 내에 다양한 생물종이 서식하고 있다는 의미이므로 종 다양성에 해당한다.
ㄷ. 생태계의 종류와 특성에 따라 그곳에 서식하는 생물종이 다르고, 각각의 생태계에는 다른 생태계에서 볼 수 없는 고유한 생물종이 서식하기 때문에 생태계가 다양할수록 종 다양성이 높다. 따라서 ㉡이 다양할수록 종 다양성은 증가한다.

10 ㄱ. (가)는 생태계 다양성, (나)는 유전적 다양성, (다)는 종 다양성이다.
바로알기 ㄴ. 유전적 다양성(나)은 대립유전자 종류가 다양할수록 높아진다. 종 다양성(다)은 종의 수가 많을수록, 전체 개체 수에서 각 종이 차지하는 비율이 균등할수록 높아진다.
ㄷ. 무당벌레의 각 개체가 서로 다른 무늬를 나타내는 것은 무당벌레 개체군에서 다양한 대립유전자가 존재하기 때문이다. 따라서 유전적 다양성(나)의 예이다.

11 꼼꼼 문제 분석

생물종 수가 적다. ➡ 먹이 사슬이 단순하다.

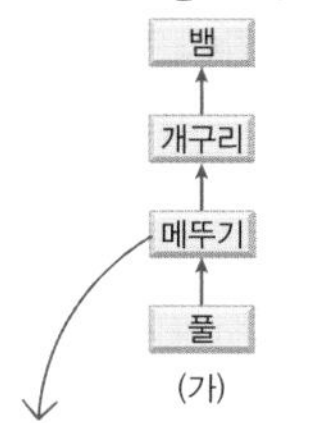

생물종 수가 많다. ➡ 먹이 사슬이 복잡하다. ➡ 생태계가 안정적으로 유지된다.

(가) (나)

메뚜기가 사라지면 이를 대체할 수 있는 생물종이 없으므로 개구리와 뱀도 사라진다.

메뚜기가 사라지면 메뚜기의 포식자인 거미가 사라져, 거미와 메뚜기의 포식자인 메추라기와 개구리도 사라진다. 하지만 여우, 매, 뱀은 메추라기, 개구리 대신 토끼나 쥐를 먹이로 하여 살 수 있다.

ㄱ. (나)는 (가)보다 생물종 수가 더 많아 복잡한 먹이 그물을 형성하므로 종 다양성이 높다.
ㄴ. (가)는 먹이 사슬이 단순하여 어떤 생물종이 사라지면 이를 대체할 수 있는 다른 생물종이 없기 때문에 생태계 평형이 쉽게 깨진다. 반면 (나)는 먹이 사슬이 복잡하게 연결되어 있어 어떤 한 생물종이 사라져도 이를 대체할 수 있는 다른 생물종이 있기 때문에 생태계 평형이 잘 깨지지 않는다. 따라서 환경이 급격하게 변화하면 (가)는 (나)보다 생태계 평형이 쉽게 깨질 수 있다.
바로알기 ㄷ. (가)에서 메뚜기가 사라지면 메뚜기를 먹이로 하는 개구리는 먹이가 없어 사라지고, 개구리를 먹이로 하는 뱀도 먹이가 없어 사라질 것이다. 반면 (나)에서 메뚜기가 사라지면 메뚜기를 먹이로 하는 거미가 사라져 거미와 메뚜기를 먹이로 하는 메추라기와 개구리도 사라진다. 하지만 뱀은 개구리 대신 쥐를 먹고 살 수 있으므로 사라지지 않는다.

12 꼼꼼 문제 분석

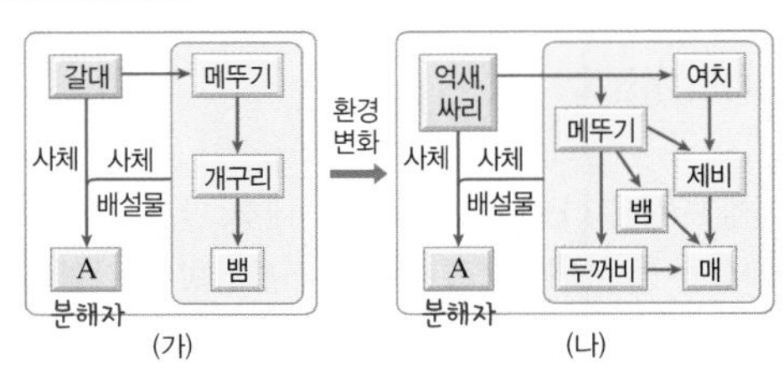

(가) (나)

- 한 생태계 내 생물종 사이의 먹이 사슬을 나타낸다. ➡ 생물 다양성 중 종 다양성을 의미한다.
- 환경 변화로 인해 (나)는 (가)보다 먹이 그물이 복잡해졌다.
- 먹이 그물이 복잡할수록 안정된 생태계이다. ➡ 생태계 평형이 쉽게 깨지지 않는다.

ㄱ. 생태계 내 각 생물들의 사체와 배설물을 처리하는 A는 분해자이다. 분해자에는 세균, 곰팡이, 버섯이 있다.
ㄴ. (나)일 때가 (가)일 때보다 먹이 그물이 복잡해졌다. 생태계의 먹이 그물이 복잡하게 형성될수록 더 안정된 생태계이다.
ㄷ. 환경 변화에 의해 생태계 내의 생물종 수가 증가했으므로 종 다양성이 증가하였다.

13 ① 쌀, 옥수수 등은 식량으로 이용된다.
② 목화의 씨에 붙어 있는 솜털은 면섬유를 만드는 데 사용되고, 면섬유는 의복의 재료로 사용된다.
③ 버드나무 껍데기에서는 살리실산을 추출할 수 있다. 살리실산은 해열·진통제인 아스피린의 주성분이다. 따라서 버드나무 껍데기에서 추출한 물질은 아스피린을 만드는 원료로 사용된다.
④ 생물의 유전자도 생물 자원이 된다. 예를 들어 야생의 벼에서 발견된 바이러스 저항성 유전자는 바이러스에 저항성이 있는 벼 품종을 개발하는 데 활용되고, 병충해에 저항성이 있는 생물의 유전자는 생명 공학 기술을 이용하여 새로운 농작물을 개발하는 데 활용된다.
바로알기 ⑤ 생물 자원은 인간에게 경제적 혜택을 주는 자원적 가치뿐만 아니라, 심미적 가치도 가진다. 숲은 호수, 강 등과 함께 아름다운 경관을 이루어 인간에게 휴식 공간과 문화 공간을 제공하는 장소로, 생물 자원에 포함된다.

실력 UP 문제

321쪽

01 ② **02** ② **03** ⑤ **04** ①

01 • 학생 B: 생태계 다양성은 생물의 서식지인 생태계의 다양한 정도를 의미한다. 따라서 삼림, 초원, 사막, 습지 등이 다양하게 나타나는 것은 생태계 다양성에 해당한다.
바로알기 • 학생 A: 유전적 다양성은 한 개체군(종)에서 개체 간 대립유전자가 다양하여 형질이 다르게 나타나는 것을 의미한다. 따라서 같은 종의 달팽이에서 껍데기의 무늬와 색깔이 다양하게 나타나는 것은 유전적 다양성에 해당한다.
• 학생 C: 유전적 다양성은 일부 동물 종 뿐만 아니라 모든 생물 종에서 나타난다.

02 아일랜드에서 다양한 감자 품종 대신 단일 품종만을 선택적으로 재배한 결과 감자마름병이라는 전염병에 감염되어 대부분의 감자가 죽는 일이 발생한 사례를 제시하는 (가)는 유전적 다양성이다. 일정 지역에서 나타나는 생물종의 다양한 정도를 제시하는 (나)는 종 다양성이며, (다)는 생태계 다양성이다.
ㄴ. 종 다양성(나)이 높을수록 급격한 환경 변화가 일어났을 때 생존하는 종의 수가 많으므로 생태계가 안정적으로 유지된다.
바로알기 ㄱ. 아일랜드의 감자 경작지의 경우처럼 단일 품종만을 재배하는 경우 개체 사이에 유전적 차이가 거의 없어 대립유전자의 종류가 적어진다. 대립유전자의 종류가 적을수록 유전적 다양성은 낮아져 급격한 환경 변화나 전염병 발생 시 개체군이 사라질 수 있다.
ㄷ. 종 풍부도와 종 균등도를 고려하는 것은 종 다양성(나)에 해당한다.

03 꼼꼼 문제 분석

t_1일 때가 t_2일 때보다 종의 수가 많고 각 종의 분포 비율이 고르다. ⇒ t_1일 때가 t_2일 때보다 종 다양성이 높다.

구분	A	B	C	D	E
t_1	30	15	15	16	24
t_2	70	7	15	0	8

(단위: 개/m²)

강수량이 감소하였을 때 A의 밀도만 크게 증가하였다.

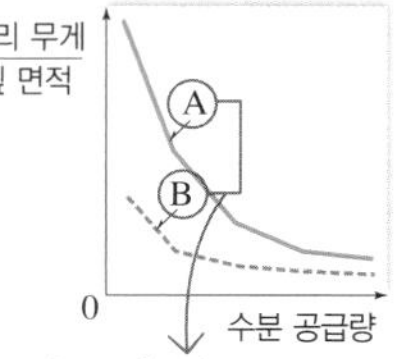

수분 공급량이 감소하면 A는 B보다 뿌리가 더 잘 발달한다. ⇒ A는 B보다 건조한 환경에 더 잘 적응하는 종이다.

ㄱ. 수분 공급량이 감소할 때 A는 B보다 $\frac{\text{뿌리 무게}}{\text{잎 면적}}$가 더 크게 증가하므로 토양이 건조할 때 A는 B보다 뿌리가 더 잘 발달함을 알 수 있다. 표를 보면 t_1일 때보다 강수량이 감소한 t_2일 때 B~E의 밀도는 모두 감소하였으나 A의 밀도는 크게 증가한 것으로 보아 A와 B 중 건조한 환경에 더 잘 적응한 종은 A이다.
ㄴ. t_1일 때 5종, t_2일 때 4종이 서식하고 있으며, t_1일 때가 t_2일 때보다 각 종의 분포 비율이 균등하다. 따라서 식물 종 다양성은 t_1일 때가 t_2일 때보다 높다.
ㄷ. 면적이 같을 때 상대 밀도$=\frac{\text{특정 종의 개체 수}}{\text{모든 종의 개체 수}}$이므로, t_1과 t_2일 때 C의 상대 밀도는 모두 $\frac{15}{100}\times100=15\ \%$이다.

04 꼼꼼 문제 분석

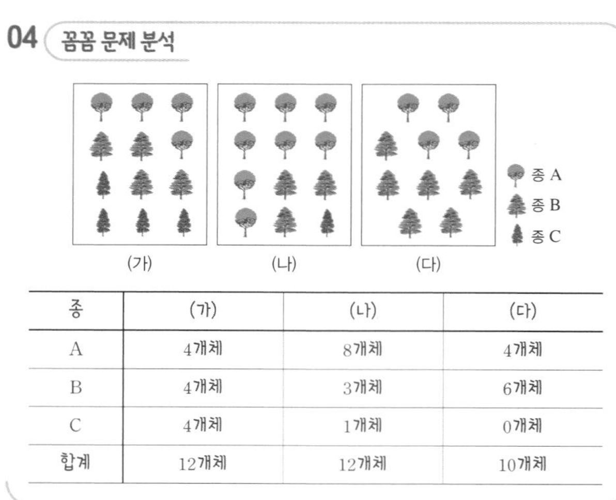

종	(가)	(나)	(다)
A	4개체	8개체	4개체
B	4개체	3개체	6개체
C	4개체	1개체	0개체
합계	12개체	12개체	10개체

ㄱ. 군집은 일정한 지역에 여러 종류의 개체군(종)이 함께 서식하는 집단이므로 (가)에서 종 A와 종 B는 하나의 군집을 이룬다.
바로알기 ㄴ. (가)와 (다)의 면적이 같고, A의 개체 수도 각각 4개체로 같다. 따라서 A의 개체군 밀도는 (가)와 (다)에서 같다.
ㄷ. (가)와 (나)에 서식하는 식물 종은 각각 3종으로 종 수는 같지만 (가)에서가 (나)에서보다 각 종의 분포 비율이 균등하다. 따라서 식물의 종 다양성은 (가)에서가 (나)에서보다 높다.

2 생물 다양성 보전

개념 확인 문제

324쪽

❶ 감소 ❷ 단편화 ❸ 외래 생물(외래종) ❹ 남획 ❺ 생물 농축

1 (1) ○ (2) × (3) × (4) ○ (5) × 2 A 3 ㄴ, ㄷ, ㅁ, ㅂ 4 생태 통로 5 ②

1 (1) 서식지가 파괴되면 생물은 먹이를 구하고 생식을 할 수 있는 서식지를 잃게 되고, 서식지가 단편화되면 서식지 면적이 감소하고 생물이 고립되므로 생물 다양성이 크게 감소한다.
(2) 서식지가 단편화되면 가장자리의 면적은 증가하고 중앙의 면적은 감소한다.
(3) 지리산에 서식하던 반달가슴곰은 무분별한 밀렵으로 현재 멸종 위기에 처해 있어 국가 수준에서 보호하고 있다.
(4) 물, 먹이를 통해 생물의 체내로 유입된 유해한 화학 물질과 중금속은 분해되거나 배출되지 않고 생물 농축을 일으키므로 하위 영양 단계의 생물보다 상위 영양 단계의 생물에게 더 심각한 피해를 준다.
(5) 외래 생물이 천적이 없는 새로운 환경으로 유입되면 대량으로 번식하여 고유종의 서식지를 침범하거나 먹이 사슬을 훼손하여 생물 다양성을 감소시킨다.

2 서식지가 단편화되면 가장자리(B)의 면적은 넓어지고, 중앙(A)의 면적은 좁아지므로 서식지의 가장자리에 사는 생물종보다 중앙에 사는 생물종이 더 큰 영향을 받는다.

3 ㄴ, ㄷ, ㅁ, ㅂ. 돼지풀, 뉴트리아, 큰입배스, 붉은귀거북은 외래 생물로, 우리나라에 유입된 후 천적이 없어 대량으로 번식하여 고유종의 생존을 위협하고 생태계 평형을 깨뜨리고 있다.
바로알기 ㄱ, ㄹ. 참붕어, 은행나무는 우리나라의 고유종이다.

4 산을 절개하여 도로를 건설할 때 야생 동물의 이동 통로인 생태 통로를 설치하면 서식지가 연결되어 야생 동물이 차에 치여 죽거나 서식지가 분리되어 생물이 고립되는 것을 막을 수 있다.

5 **바로알기** ② 서식지 단편화는 서식지의 면적을 감소시키고 생물종의 이동을 제한하여 생물 다양성을 감소시키는 원인이다.

대표 자료 분석

325쪽

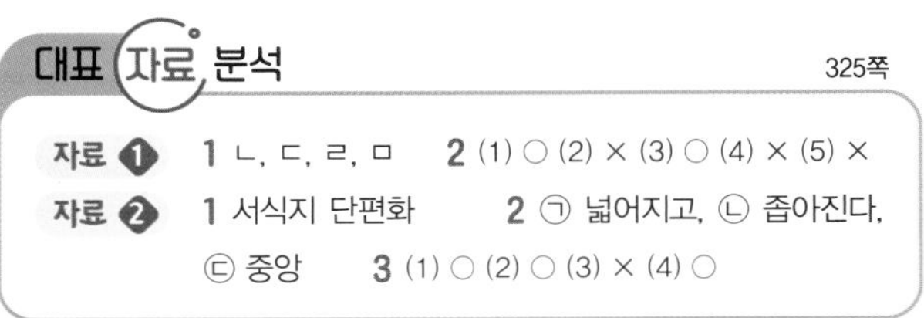

자료 ❶ 1 ㄴ, ㄷ, ㄹ, ㅁ 2 (1) ○ (2) × (3) ○ (4) × (5) ×
자료 ❷ 1 서식지 단편화 2 ㉠ 넓어지고, ㉡ 좁아진다, ㉢ 중앙 3 (1) ○ (2) ○ (3) × (4) ○

1-1 꼼꼼 문제 분석

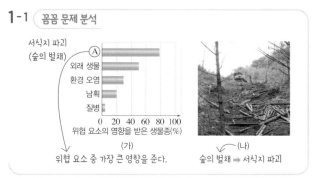

서식지 파괴 (숲의 벌채) Ⓐ
외래 생물
환경 오염
남획
질병
0 20 40 60 80 100
위협 요소의 영향을 받은 생물종(%)
(가)
위협 요소 중 가장 큰 영향을 준다.
(나)
숲의 벌채 ➡ 서식지 파괴

ㄱ, ㅂ. 개체군의 크기가 회복되지 못할 정도로 특정 생물종을 과도하게 많이 포획하는 남획을 금지하여 생물종을 보호하는 것과 특정 지역을 국립 공원으로 지정 · 관리하여 서식지를 보전하는 것은 생물 다양성을 보전하는 방법이다.

1-2 (1), (2) 숲의 벌채는 서식지 파괴에 해당한다. 생물 다양성을 감소시키는 가장 큰 원인은 인간의 활동에 의한 서식지 파괴와 단편화이다.
(3), (4) 숲의 벌채로 인해 서식지 면적이 감소하면 모든 종이 서식지를 잃게 되므로 동물과 식물의 종 수가 모두 감소한다.
(5) 외래 생물을 도입하였을 때 천적이 없는 경우 대량으로 번식하여 고유종의 서식지를 차지하고 고유종이 멸종하는 원인이 된다. 그 결과 생물종 수가 감소하고 먹이 사슬을 변화시켜 생태계 평형이 깨지기도 한다.

2-1 꼼꼼 문제 분석

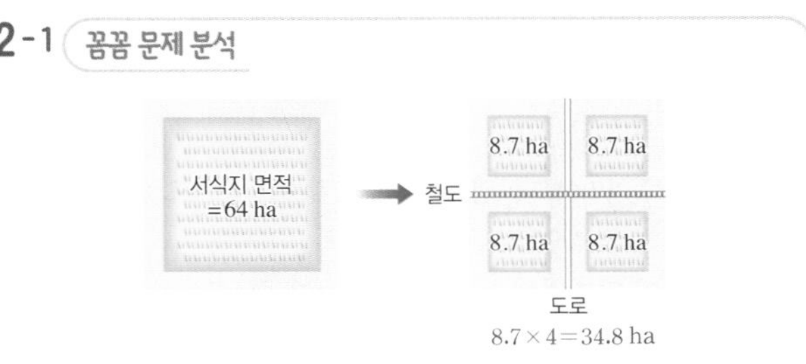

- 대규모의 서식지가 철도, 도로에 의해 4개의 서식지로 분할되었다. ➡ 서식지 단편화
- 서식지의 면적은 절반 가까이 줄어들었다(64 ha ➡ 34.8 ha).

2-2 서식지가 단편화되면 가장자리의 면적은 넓어지고(㉠), 중앙의 면적은 좁아진다(㉡). 따라서 서식지의 가장자리에 사는 생물종보다 중앙(㉢)에 사는 생물종이 더 큰 영향을 받는다.

2-3 (1), (3) 대규모의 서식지가 소규모로 분할되면 생물종의 이동이 제한되어 생물종을 고립시키게 되며, 단편화된 서식지 내에서만 생물종의 교배가 일어나므로 유전적 다양성이 감소한다.
(2) 서식지 면적이 감소하면 생물종 수가 감소하므로 종 다양성이 감소한다.
(4) 산을 절개하여 도로를 건설할 때 생태 통로를 만들면 서식지 분리를 막아 생물종 수가 감소하는 것을 방지할 수 있다.

내신 만점 문제 326~328쪽

01 ④	02 ③	03 ②	04 ②	05 ③	06 ③
07 ④	08 해설 참조	09 ③	10 ③		

01 **바로알기** ④ 핵심종은 서식지마다 생태계를 유지하는 데 상대적으로 중요한 역할을 하는 종으로, 핵심종의 개체 수를 관리하면 생물 다양성을 보전하는 데 도움이 된다.

02 꼼꼼 문제 분석

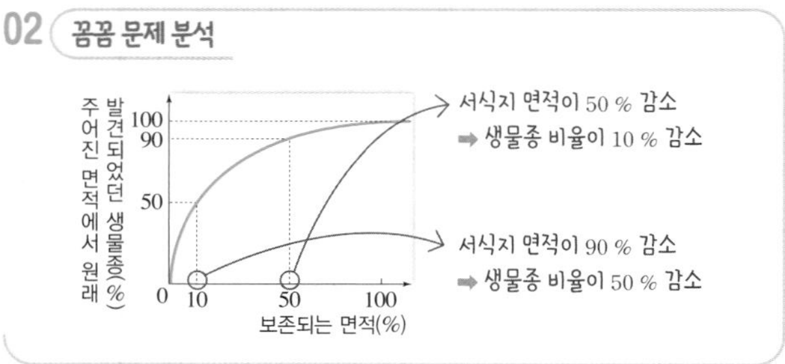

ㄱ. 서식지의 면적이 감소할수록 주어진 면적에서 원래 발견되었던 생물종의 비율이 점차 줄어든다. 이를 통해 서식지 면적이 감소하면 그 지역의 생물 다양성이 감소한다는 것을 알 수 있다.
ㄴ. 보존되는 서식지의 면적이 50 %로 감소하면 주어진 면적에서 원래 발견되었던 생물종 수가 90 %로 감소하므로 그 지역에 살던 생물종 수가 10 % 감소한다는 것을 알 수 있다.
바로알기 ㄷ. 서식지의 면적이 감소하면 그 지역에 살던 개체군의 크기가 감소하여 특정 생물종의 멸종으로 이어질 수 있다.

03 ① (나)는 (가)보다 생물종 수가 감소하였으므로 서식지 단편화로 인해 생물 다양성이 감소하였다.
③ (나)와 같이 단편화된 두 서식지를 생태 통로로 연결시켜 주면 생물이 생존하는 데 필요한 자원을 얻기 쉬워지고, 서로 교배가 가능해지므로 유전적 다양성의 감소를 막을 수 있어 생물 다양성 보전에 도움이 된다.
④ 서식지가 단편화되면 생태계의 모든 생물에게 영향을 미친다.
⑤ 서식지가 단편화되면 서식지 가장자리의 면적은 증가하고, 서식지 중앙의 면적은 감소한다. 따라서 서식지의 가장자리에 사는 생물보다 서식지의 중앙에 사는 생물에게 더 큰 영향을 미친다.
바로알기 ② 생태계 평형은 종 다양성이 높을 때 잘 유지되므로 (가)가 (나)보다 생태계 평형이 잘 유지된다.

04 ㄴ. 철도, 도로 건설에 의해 서식지가 단편화되면 야생 동물이 도로를 건너다가 차에 치여 죽는 로드킬의 발생률이 증가한다.
바로알기 ㄱ. 서식지가 소규모로 분할되면 가장자리(서식지 주변부)의 비율이 증가하여 서식지 면적은 철도와 도로의 면적보다 훨씬 더 많이 감소한다.
ㄷ. 서식지가 단편화되었을 때 실제 감소되는 면적이 적더라도 가장자리의 비율이 늘어나고 서식지의 중심부가 줄어들므로 서식지의 중심부에서 살아가는 생물의 개체 수가 감소한다.

05 꼼꼼 문제 분석

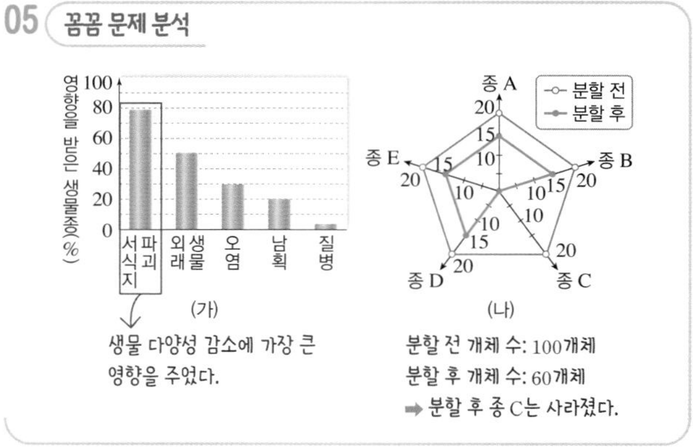

ㄱ. (가)에서 생물 다양성의 감소 원인에 따라 영향을 받은 종의 비율이 가장 큰 것은 서식지 파괴이다.
ㄴ. 면적이 같을 때 상대 밀도(%)$=\dfrac{\text{특정 종의 개체 수}}{\text{조사한 모든 종의 개체 수 합}}\times 100$이다. 따라서 서식지 분할 후 A와 B의 상대 밀도는 모두 $\dfrac{15}{60}\times 100=25$ %이다.
바로알기 ㄷ. 서식지 분할 후 종 C가 사라졌으므로 분할 전 5종에서 분할 후 4종으로 감소하였다. 서식지 분할 전에 전체 개체 수는 100이었으나, 분할 후에는 전체 개체 수가 60으로 감소하였다. 따라서 서식지 분할 후 개체 수와 생물종 수는 모두 감소하였다.

06 ㄱ, ㄴ. 외래종은 새로운 환경에서 천적이 없는 경우 대량으로 번식하여 고유종의 서식지를 차지하고, 고유종의 개체 수를 감소시킬 수 있다. 또한 먹이 사슬을 변화시켜 생태계 평형을 깨뜨리게 된다.
바로알기 ㄷ. 서식지의 면적이 감소되는 것은 서식지 파괴와 서식지 단편화가 원인이다.

07 ㄴ. (나)에서 큰입배스가 먹이 사슬의 최상위 영양 단계에 있으므로 천적이 존재하지 않는다는 것을 알 수 있다.
ㄷ. 먹이 그물이 복잡한 경우 어느 한 생물종이 사라져도 대체할 생물종이 있어 생태계 평형이 쉽게 깨지지 않지만, 먹이 그물이 단순한 경우 어느 한 생물종이 사라지면 대체할 생물종이 없으므로 생태계 평형이 쉽게 깨진다. 먹이 그물은 큰입배스가 도입된 후(나)가 도입되기 전(가)보다 더 단순하므로, (나)일 때는 (가)일 때보다 생태계 평형이 깨지기 쉽다.
바로알기 ㄱ. 외래 생물인 큰입배스가 도입되기 전(가)보다 도입된 후(나) 생물종 수가 줄어들고 먹이 그물이 단순해졌다. 따라서 큰입배스가 도입된 후 종 다양성이 감소하였다.

08 산을 절개하여 도로를 건설할 때 생태 통로를 설치하여 야생 동물의 서식지를 연결해 주면 야생 동물이 생태 통로를 통해 이동할 수 있으므로, 서식지가 분리되는 것을 막을 수 있다.

모범 답안 산을 절개하여 도로를 건설할 때 생태 통로를 설치하면 서식지를 연결해 줌으로써 서식지 단편화로 인한 생물 다양성 감소를 줄일 수 있다.

채점 기준	배점
서식지 단편화를 언급하고, 서식지를 연결하여 생물 다양성 감소를 방지한다는 의미를 함께 서술한 경우	100 %
서식지 단편화만 언급한 경우	50 %

09 **바로알기** ③ 희귀종의 서식지를 소규모로 분할하면 서식지의 면적이 줄어들어 개체 수가 감소하여 생물 다양성이 감소한다.

10 생물 다양성 협약(가)은 생물 다양성의 보전, 생물 자원의 지속가능한 이용, 생물 자원을 이용하여 얻어지는 이익의 공정하고 공평한 분배를 위하여 1992년 유엔(UN) 환경 개발 회의에서 채택되었다. 람사르 협약(나)은 물새 서식지로 중요한 습지를 보전하기 위해 채택되었다.

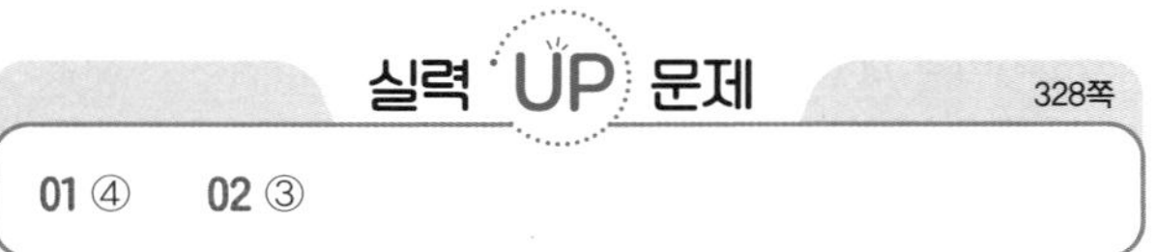

실력 UP 문제
328쪽
01 ④ 02 ③

01 • 학생 B: 야생 동물을 밀렵하거나 희귀 식물을 채취하는 것과 같이 특정 생물종을 불법 포획하거나 남획하면 그 생물종은 개체 수가 급격히 감소하여 멸종될 수 있다. 따라서 불법 포획과 남획은 생물 다양성 감소의 원인이 된다.

• 학생 C: 국립 공원 지정은 생물 다양성 보전을 위한 국가적 차원의 노력에 해당한다.

바로알기 • 학생 A: 외래 생물은 새로운 환경에서 천적이 없는 경우 대량으로 번식하여 고유종의 서식지를 차지하고, 고유종의 개체 수를 감소시킬 수 있다. 또한 먹이 사슬을 변화시켜 생태계 평형을 깨뜨리게 된다. 따라서 무분별한 외래 생물의 도입은 생물 다양성 감소의 원인이 된다.

02 꼼꼼 문제 분석

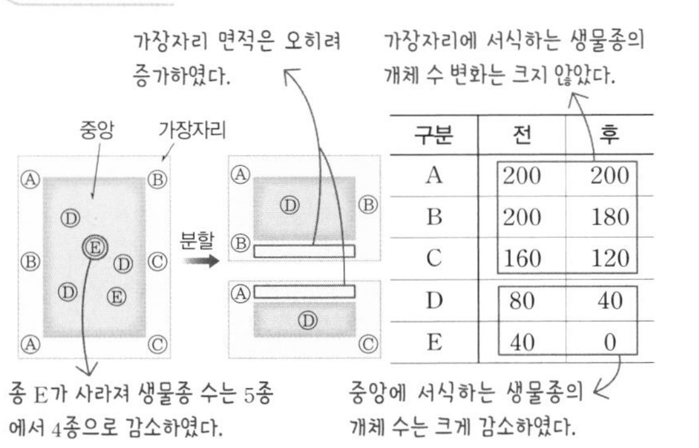

가장자리 면적은 오히려 증가하였다.
가장자리에 서식하는 생물종의 개체 수 변화는 크지 않았다.
중앙
가장자리
분할
종 E가 사라져 생물종 수는 5종에서 4종으로 감소하였다.
중앙에 서식하는 생물종의 개체 수는 크게 감소하였다.

구분	전	후
A	200	200
B	200	180
C	160	120
D	80	40
E	40	0

ㄱ. 서식지 분할 후 종 E가 사라졌으므로 생물종의 수는 5종에서 4종으로 감소하였다.

ㄷ. 가장자리에 서식하는 종 A, B, C의 총 개체 수는 분할 전 560에서 분할 후 500으로 60개체가 감소하였고, 중앙에 서식하는 종 D, E의 총 개체 수는 분할 전 120에서 분할 후 40으로 80개체가 감소하였다. 따라서 가장자리보다 중앙에 서식하는 개체 수가 더 많이 감소하였다.

바로알기 ㄴ. 서식지가 분할되면 서식지 중앙의 면적은 크게 감소하지만 가장자리의 면적은 증가한다. 따라서 $\frac{\text{가장자리 면적}}{\text{중앙 면적}}$의 값은 증가한다.

중단원 핵심 정리 329쪽

❶ 유전적 ❷ 종 ❸ 생태계 ❹ 단순 ❺ 복잡 ❻ 의복 ❼ 의약품 ❽ 단편화 ❾ 외래 생물(외래종) ❿ 생태 통로

중단원 마무리 문제 330~332쪽

01 ② 02 ③ 03 ④ 04 ③ 05 ④ 06 ② 07 ① 08 ③ 09 ③ 10 ② 11 해설 참조 12 해설 참조 13 해설 참조

01 ㄷ. (다)는 생태계 다양성을 나타낸 것으로, 삼림, 습지, 초원 등 생물 서식지의 다양한 정도를 의미한다.

바로알기 ㄱ. (가)는 들쥐 개체군을 구성하는 각 개체 사이의 유전적 차이를 나타낸 것으로, 유전적 다양성을 의미한다.

ㄴ. (나)는 삼림 생태계를 구성하는 군집 내 모든 생물종의 다양한 정도를 나타내는 것으로, 종 다양성을 의미한다.

02 ① 생물 다양성이 높을수록 먹이 그물이 복잡하다. 따라서 어느 한 생물종이 사라져도 포식자는 다른 생물종을 먹이로 하여 살 수 있으므로 생태계 평형이 쉽게 깨지지 않고 안정적으로 유지된다.

② 생태계의 종류에 따라 서식하는 생물종이 다르므로 생태계가 다양할수록 종 다양성이 높아지며, 다양한 환경에 적응하는 각 개체군의 유전적 다양성도 높아진다.

④ 한 생태계에 서식하는 생물종의 다양한 정도를 종 다양성이라 하고, 어떤 지역에 존재하는 생태계의 다양한 정도를 생태계 다양성이라고 한다.

⑤ 생태계를 구성하는 생물종의 수가 많을수록, 각 생물종의 분포 비율이 고를수록 종 다양성이 높아진다.

바로알기 ③ 우수한 품종의 작물을 대규모로 재배하면 특정 형질로 단일화되므로 유전적 다양성이 낮아진다.

03 • 학생 A: 종 다양성이 높을수록 먹이 그물이 복잡하게 형성되므로 생태계가 안정적으로 유지된다.

• 학생 B: 생물종 수는 기온이 높고 강수량이 많은 적도 지방이 많고, 극지방으로 갈수록 감소하는 경향이 있다. 열대 우림은 적도 부근에 형성되어 식물 종이 많고 그 식물을 이용하는 동물이나 균류도 많아 종 다양성이 가장 높은 생태계이다.

바로알기 • 학생 C: 유전적 다양성이 높을수록 환경이 급변하거나 전염병이 발생하였을 때 살아남는 개체가 있을 확률이 높기 때문에 멸종될 확률이 낮아진다.

04 꼼꼼 문제 분석

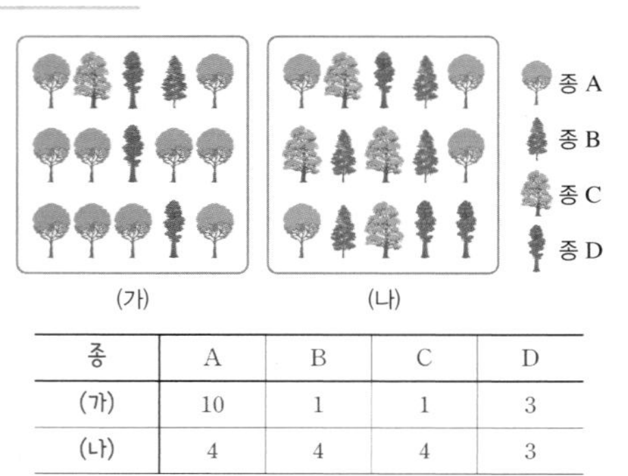

종	A	B	C	D
(가)	10	1	1	3
(나)	4	4	4	3

• (가)와 (나)의 종 수는 같지만 종을 구성하는 개체 수는 (나)가 (가)보다 더 균등하다. ➡ 종 다양성은 (나)에서가 (가)에서보다 높다.
• (가)와 (나)의 면적이 같고 종 D의 개체 수가 같다. ➡ (가)와 (나)에서 종 D의 개체군 밀도는 같다.

ㄱ. 면적이 같은 지역 (가)와 (나)에서 종 D의 개체 수가 각각 3개체로 같으므로, 종 D의 개체군 밀도는 지역 (가)와 (나)에서 같다.
ㄷ. 지역 (가)와 (나)에 서식하는 식물 종의 수는 각각 4종으로 같지만, 각 식물종을 구성하는 개체 수가 (나)에서가 (가)에서보다 균등하므로 (나)에서가 (가)에서보다 종 다양성이 높다.

바로알기 ㄴ. 종 균등도란 군집을 구성하는 생물종의 개체 수가 균일한 정도이다. (가)에는 종 A의 개체 수가 전체 개체 수에서 절반 이상을 차지하고, (나)에는 종 A～D가 상대적으로 고르게 분포하고 있다. 따라서 (나)에서가 (가)에서보다 종 균등도가 높다.

05 꼼꼼 문제 분석

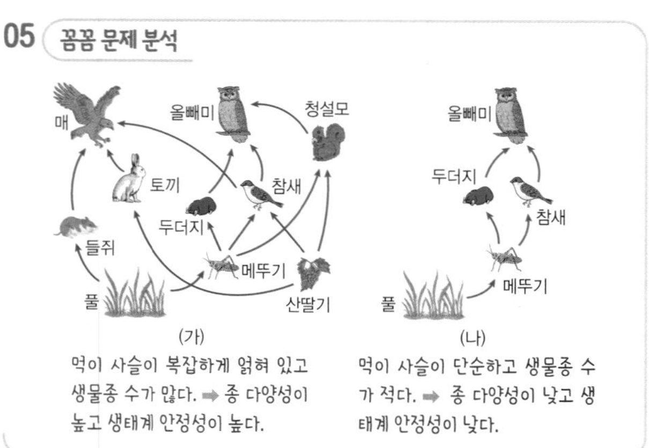

먹이 사슬이 복잡하게 얽혀 있고 생물종 수가 많다. ➡ 종 다양성이 높고 생태계 안정성이 높다.

먹이 사슬이 단순하고 생물종 수가 적다. ➡ 종 다양성이 낮고 생태계 안정성이 낮다.

ㄴ. (가)는 생물종 수가 많아 먹이 사슬이 복잡하게 얽혀 있지만 (나)는 생물종 수가 적어 먹이 사슬이 단순하다. 먹이 사슬이 단순하면 한 생물종이 사라졌을 때 그것을 대체할 생물종이 없어 생태계의 안정성이 위협을 받게 된다. 그러나 먹이 사슬이 복잡하게 얽혀 있으면 한 생물종이 사라져도 그것을 대체할 다른 생물종이 존재할 확률이 높아 생태계의 안정성에 큰 영향을 미치지 않는다. 따라서 생태계의 안정성은 (가)에서가 (나)에서보다 높다.
ㄷ. (가)의 경우 메뚜기가 사라지면 참새는 산딸기를 먹이로 하여 살 수 있다. (나)의 경우 메뚜기가 사라지면 참새는 굶어 죽게 된다. 따라서 메뚜기가 사라지면 참새의 개체 수 감소는 (가)보다 (나)에서 먼저 나타날 것이다.

바로알기 ㄱ. (가)는 생물종 수가 10종이지만, (나)는 5종이다. 따라서 종 다양성은 (가)에서가 (나)에서보다 높다.

06 **바로알기** ② 목화의 씨에 붙어 있는 솜털을 이용하여 면섬유를 만들고, 누에고치를 이용하여 비단을 만든다.

07 ② 상아를 얻기 위해 아프리카코끼리를 남획한 결과 아프리카코끼리의 개체 수가 크게 감소하여 멸종 위기에 처하였다.
③ 도로를 건설하기 위해 대규모의 초원을 소규모로 분할하면 서식지가 단편화된다. 서식지 단편화는 생물의 서식지 면적을 감소시켜 생물종을 감소시키고, 생물을 고립시켜 단편화된 서식지에서만 교배가 일어나게 하므로 유전적 다양성을 감소시킨다.
④ 외래 생물인 큰입배스는 우리나라 하천에 천적이 없어 개체 수가 크게 증가하였고, 고유종을 잡아먹어 생태계를 교란하였다.
⑤ 목장과 농경지를 만들기 위해 열대 우림의 많은 나무를 벌채하면 서식지가 파괴되므로 생물 다양성을 크게 감소시킨다.

바로알기 ① 반달곰을 인공적으로 번식시키고 적응 훈련을 거쳐 원래 살던 자생지에 방사하는 것은 멸종 위기의 종을 보호하기 위한 것이므로 생물 다양성을 보전하기 위한 노력에 해당한다.

08 꼼꼼 문제 분석

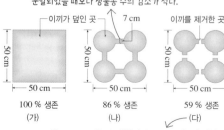

서식지 면적이 감소하였지만 이동 통로가 있다. ➡ 완전히 분할되었을 때보다 생물종 수의 감소가 적다.

이끼가 덮인 곳 / 7 cm / 이끼를 제거한 곳

50 cm, 50 cm

100 % 생존 (가) | 86 % 생존 (나) | 59 % 생존 (다)

서식지가 네 부분으로 분할되었다. ➡ 서식지의 면적이 줄어들고 단편화되어 생물종 수가 많이 감소한다.

ㄱ. 이끼의 면적이 (가) → (나) → (다)로 갈수록 감소하였고, 이끼층이 단편화될수록 소형 동물 종의 이동이 제한되었다.

ㄴ. (가) → (나) → (다)로 갈수록 소형 동물의 생존율이 100 % → 86 % → 59 %로 감소하였다.

바로알기 ㄷ. 서식지가 분할되면 중앙의 면적이 줄어들어 중앙에 서식하는 생물종 수가 감소한다.

09 꼼꼼 문제 분석

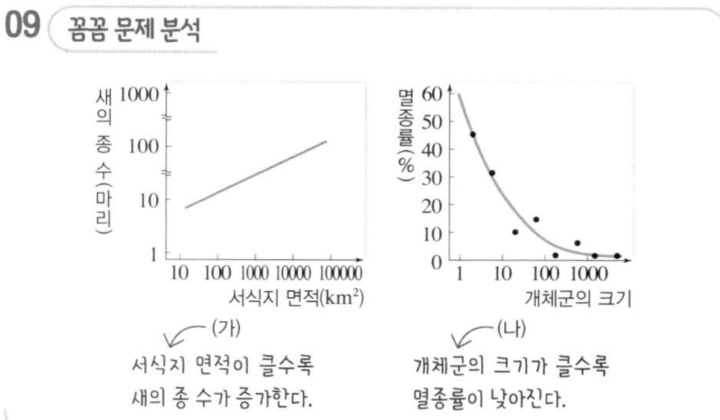

ㄱ. (가)에서 서식지의 면적이 클수록 새의 종 수가 증가하는 것으로 보아 서식지의 면적이 클수록 종 다양성이 증가한다는 것을 알 수 있다.

ㄷ. (가)에서 서식지의 면적이 작아지면 새의 종 수가 감소하고, (나)에서 개체군의 크기가 작아지면 새의 멸종률이 높아진다. 따라서 서식지의 면적이 감소하여 개체군의 크기가 작아지면 멸종될 가능성이 높아진다는 것을 알 수 있다.

바로알기 ㄴ. (나)에서 개체군의 크기가 클수록 새가 멸종될 확률은 낮아진다.

10 ㄴ. 뉴트리아, 큰입배스, 붉은귀거북은 모두 천적이 거의 없어 고유종의 생존을 위협하는 외래 생물이다. 뉴트리아는 경남 일대의 물가에 정착해 수생 식물을 광범위하게 뜯어먹고, 큰입배스는 토종 물고기를 닥치는 대로 잡아먹으며, 붉은귀거북은 고유종인 남생이의 서식지를 차지하고 토종 붕어도 잡아먹는다. 그 결과 이들은 우리나라 고유종의 개체 수를 감소시켜 생물 다양성을 감소시키고 있다.

바로알기 ㄱ, ㄷ. 뉴트리아(가)와 붉은귀거북(다)은 천적이 거의 없어 생태계를 교란하는 외래 생물이다.

11 옥수수밭과 같이 단일 품종을 재배하는 생태계는 유전적 다양성이 낮아 급격한 환경 변화에 의해 해충이 몰려오면 큰 피해를 입을 수 있다. 반면에 유전적 다양성이 높으면 해충에 대한 저항성을 지닌 유전자를 가져 환경 변화에 살아남는 개체가 있을 확률이 높다.

모범 답안 단일 품종은 유전적 다양성이 낮아 급격한 환경 변화에 적응하지 못하고 멸종될 가능성이 크기 때문이다.

채점 기준	배점
유전적 다양성이 낮아 멸종될 가능성이 크기 때문이라고 옳게 서술한 경우	100 %
유전적 다양성이 낮기 때문이라고만 서술한 경우	50 %

12 종 다양성은 생물종의 수가 많을수록 각 생물종의 분포 비율이 균등할수록 높다. (가)와 (나)에 서식하는 생물의 종 수는 5종으로 같지만, 분포 비율을 비교할 때 (가)에서가 (나)에서보다 각 생물종의 개체 수가 고르게 분포하므로 종 다양성이 높은 지역은 (가)이다.

모범 답안 (가), 두 지역에 서식하는 생물의 종 수는 같지만 (가)에서가 (나)에서보다 각 생물종이 더 균등하게 분포한다.

채점 기준	배점
(가)를 선택하고 그 까닭을 옳게 서술한 경우	100 %
(가)를 선택하였으나 그 까닭을 옳게 서술하지 못한 경우	50 %

13 **모범 답안** 서식지 중앙, 서식지가 단편화되면 서식지 중앙의 면적은 감소하고 서식지 가장자리의 면적은 증가하기 때문에 서식지 가장자리보다 서식지 중앙의 생물 다양성이 더 급격하게 감소한다.

채점 기준	배점
서식지 중앙을 선택하고, 그 까닭을 옳게 서술한 경우	100 %
서식지 중앙을 선택하였으나 그 까닭을 옳게 서술하지 못한 경우	40 %

수능 실전 문제

334~335쪽

01 ② 02 ③ 03 ④ 04 ④ 05 ② 06 ④
07 ④ 08 ③

01 꼼꼼 문제 분석

사람마다 눈동자 색깔이 다른 것은 종 다양성에 해당합니다. → 유전적 다양성

유전적 다양성이 낮은 종은 환경이 급격히 변했을 때 멸종될 확률이 낮습니다. 높습니다.

삼림, 초원, 사막, 습지 등이 다양하게 나타나는 것은 생태계 다양성에 해당합니다.

- 같은 종 내에서 개체 간 형질의 차이는 유전적 다양성에 해당한다.
- 유전적 다양성이 높은 종일수록 질병이나 급격한 환경 변화에도 생존할 가능성이 높다.
- 한 생태계 내에 서식하는 생물종의 다양한 정도는 종 다양성에 해당한다.
- 어떤 지역에서 삼림, 초원, 사막, 습지 등 생태계가 다양하게 나타나는 것은 생태계 다양성에 해당한다.

선택지 분석

~~①~~ A ② C ~~③~~ A, C ~~④~~ B, C ~~⑤~~ A, B, C

전략적 풀이 ❶ 생물 다양성의 세 가지 의미를 옳게 제시하고 있는지를 파악한다.

• 학생 A: 사람의 다양한 눈동자 색깔, 기린의 다양한 털 무늬, 무당벌레의 다양한 무늬와 색깔 등 한 종 내에서 개체 간 유전자 변이가 다양하여 형질이 다르게 나타나는 것은 유전적 다양성에 해당한다.

• 학생 C: 어떤 지역에서 삼림, 초원, 사막, 습지 등 여러 생태계가 다양하게 나타나는 것은 생태계 다양성에 해당한다.

❷ 유전적 다양성이 종의 생존에 미치는 영향에 대해 생각해 본다.

• 학생 B: 유전적 다양성이 높을수록 개체군 내의 개체가 갖는 대립유전자가 다양해져 질병 발생이나 급격한 환경 변화에도 적응하여 살아남는 개체가 있을 가능성이 크다. 따라서 유전적 다양성이 낮은 종은 환경이 급격히 변했을 때 멸종될 확률이 높다.

02 꼼꼼 문제 분석

다양한 개체군(종)이 하나의 군집을 형성한다.

구분	예
(가)	어떤 지역에 초원, 삼림, 습지 생태계가 존재한다.
(나)	같은 종의 기린에서 다양한 털 무늬가 나타난다.
(다) 종 다양성	어떤 습지 생태계에서는 ㉠280종의 식물, 36종의 조류, 26종의 어류 등 다양한 생물종이 서식하고 있다.

(가) → 생태계 다양성, (나) → 유전적 다양성

야생종 바나나는 그림과 같이 씨가 있어 ⓐ씨를 통해 번식한다. 현재 우리가 먹는 바나나는 야생종을 개량하여 씨가 없기 때문에 바나나의 ⓑ줄기 일부를 잘라 옮겨 심어 번식시킨다.

ⓐ는 유성 생식(수정)을 통해 번식하므로 자손의 유전적 다양성이 높다.

ⓑ는 무성 생식을 통해 번식하므로 자손의 유전적 차이가 없다.

선택지 분석

ㄱ. (가)는 생물적 요인과 비생물적 요인을 포함한다. (○)

ㄴ. ⓐ 방법보다 ⓑ 방법으로 번식시킬 때 (나)가 높아진다. (×) → ⓑ보다 ⓐ 방법으로

ㄷ. ㉠은 군집을 이룬다. (○)

전략적 풀이 ❶ 생물 다양성의 세 가지 의미를 이해한다.

ㄱ. (가)는 초원, 삼림, 강, 습지 등 여러 생태계의 다양한 정도를 의미하는 생태계 다양성이다. 하나의 생태계는 생물적 요인과 비생물적 요인으로 구성되어 있으므로, (가)는 생물적 요인과 비생물적 요인을 모두 포함한다.

ㄷ. ㉠은 어떤 습지 생태계에 서식하는 다양한 생물종을 의미하며, 이러한 생물종은 하나의 군집을 이룬다.

❷ 유성 생식과 무성 생식 중 유전적 다양성을 높이는 생식 방식은 무엇인지 생각해 본다.

ㄴ. (나)는 동일한 종에서 개체 간에 유전자 변이가 다양한 정도를 의미하는 유전적 다양성이다. 씨를 통해 번식하는 것(ⓐ)은 암수 생식세포의 수정을 통한 유성 생식이므로 유전적으로 다양한 자손이 생긴다. 반면 줄기의 일부를 잘라 옮겨 심어 번식하는 것(ⓑ)은 무성 생식이므로 동일한 유전자를 가진 자손이 생겨 유전적으로 다양성이 거의 없다. 따라서 ⓑ 방법보다 ⓐ 방법으로 번식시킬 때 유전적 다양성이 높아진다.

03 꼼꼼 문제 분석

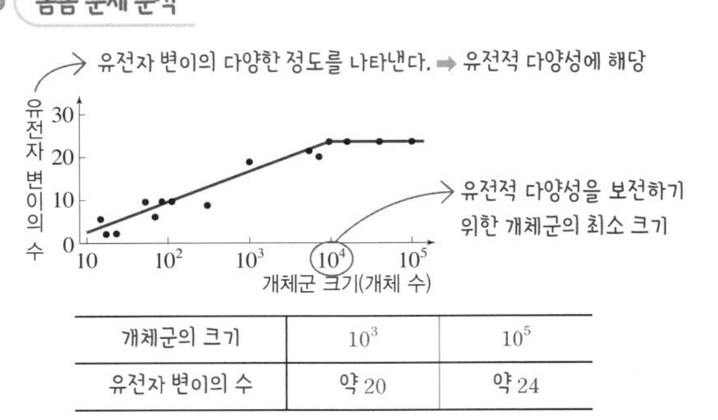

개체군의 크기	10^3	10^5
유전자 변이의 수	약 20	약 24

➡ 개체군의 크기가 10^5일 때가 10^3일 때보다 유전적 다양성이 높으므로 10^5일 때는 10^3일 때보다 환경 변화에 대한 적응력이 높다.

선택지 분석

ㄱ. 생물 다양성 중 종 다양성에 해당한다. (×) → 유전적 다양성

ㄴ. 이 생물종에서 유전적 다양성을 보전하기 위한 개체군의 최소 크기는 약 10^4이다. (○)

ㄷ. 개체군의 크기가 10^5일 때가 10^3일 때보다 환경 변화에 대한 적응력이 높다. (○)

전략적 풀이 ❶ 그림이 생물 다양성의 세 가지 의미 중 무엇에 해당하는지를 파악한다.

ㄱ. 한 개체군 내 유전자 변이의 수가 많다는 것은 생물 다양성 중 유전적 다양성에 해당한다. 종 다양성은 한 생태계 내의 군집에 서식하는 생물종의 다양한 정도를 의미한다.

❷ 유전자 변이의 수와 유전적 다양성의 관계를 파악한다.

ㄴ. 유전적 다양성을 보전하기 위한 개체군의 최소 크기는 유전자 변이의 수가 최대가 되었을 때의 개체군 크기이다. 따라서 유전적 다양성을 보전하려면 유전자 변이의 수가 최대가 되는 때인 개체군 크기 10^4 수준까지는 개체군을 보호해야 한다.

ㄷ. 유전적 다양성이 높은 개체군일수록 환경 변화에 대한 적응력이 높다. 개체군 크기가 10^5일 때가 10^3일 때보다 유전자 변이의 수가 많으므로 유전적 다양성이 높다. 따라서 개체군 크기가 10^5일 때가 10^3일 때보다 환경 변화에 대한 적응력이 높다.

04 꼼꼼 문제 분석

㉠과 ㉡의 면적이 같고 ㉠에서 B와 ㉡에서 E의 개체 수가 같다. ➡ ㉠에서 B와 ㉡에서 E의 개체군 밀도가 서로 같다.

지역 \ 식물 종	A	B	C	D	E	F
㉠	50	(30)	25	25	50	60
㉡	110	25	10	0	(30)	0

- ㉠은 6종, ㉡은 4종이다.
- ㉠이 ㉡보다 각 종의 분포 비율이 균등하다.
  ➡ ㉠이 ㉡보다 종 다양성이 높다.

개체마다 대립유전자 구성이 다르다. ➡ 유전적 다양성에 해당한다.

선택지 분석

㉠. 식물의 종 다양성은 ㉠이 ㉡보다 높다.

㉡. ㉠에서 종 B의 개체군 밀도는 ㉡에서 종 E의 개체군 밀도와 같다.

~~ㄷ~~. 들쥐 개체마다 대립유전자 구성이 다른 것은 종 다양성에 해당한다. 유전적 다양성

전략적 풀이 ❶ 두 지역의 종 풍부도와 종 균등도를 파악하여 종 다양성을 비교한다.

ㄱ. 생물종 수를 비교할 때 ㉠에는 6종, ㉡에는 4종이 서식하고, ㉠이 ㉡보다 각 종을 구성하는 개체 수가 고르다. 따라서 ㉠이 ㉡보다 종 수가 많고 각 종의 분포 비율이 균등하므로 종 다양성은 ㉠이 ㉡보다 높다.

❷ 개체군의 밀도가 서식 면적에 대한 개체 수의 관계식임을 이해한다.

ㄴ. ㉠과 ㉡의 면적이 같으므로 개체군 밀도를 비교하는 것은 개체 수를 비교하는 것과 같다. 따라서 ㉠에서 종 B의 개체 수와 ㉡에서 종 E의 개체 수가 30으로 같으므로 개체군 밀도도 같다.

❸ 유전적 다양성과 종 다양성의 의미를 파악한다.

ㄷ. 그림은 들쥐 개체군(종)에서 각 개체의 상동 염색체쌍에 위치한 두 쌍의 대립유전자 구성을 다양하게 나타낸 것으로 유전자 변이가 다양함을 보여준다. 따라서 생물 다양성의 세 가지 의미 중 유전적 다양성에 해당한다. 종 다양성은 한 생태계의 군집을 구성하는 생물종이 얼마나 다양한지를 의미하므로 유전적 다양성보다 큰 범위에 해당한다.

05 꼼꼼 문제 분석

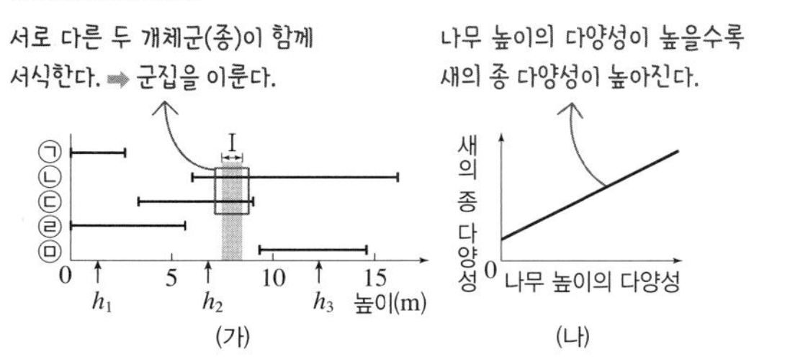

선택지 분석

~~ㄱ~~. 구간 Ⅰ에서 ㉡은 ㉢과 한 개체군을 이룬다. 군집

㉡. 새의 종 다양성은 높이가 h_3인 나무만 있는 숲에서가 높이가 h_1, h_2, h_3인 나무가 고르게 분포하는 숲에서보다 낮다.

~~ㄷ~~. 나무 높이가 다양해질수록 새의 종 다양성이 증가하는 것은 비생물적 요인이 생물적 요인에 영향을 주는 예에 해당한다. 해당하지 않는다

전략적 풀이 ❶ 개체군과 군집의 개념을 정확히 파악한다.

ㄱ. 일정한 지역에 같은 종의 개체가 무리를 이룬 것을 개체군이라고 하고, 일정한 지역에 여러 개체군이 모여 생활하는 것을 군집이라고 한다. 구간 Ⅰ에서 종 ㉡의 개체군과 종 ㉢의 개체군이 함께 서식하므로 ㉡과 ㉢은 하나의 군집을 이루어 서식한다.

❷ 나무 높이의 다양성과 새의 종 다양성 관계 그래프를 분석한다.

ㄴ. 나무 높이의 다양성은 숲을 이루는 나무의 높이가 다양할수록, 각 높이의 나무가 차지하는 비율이 균등할수록 높아지므로 높이가 h_1, h_2, h_3인 나무가 고르게 분포하는 숲이 높이가 h_3인 나무만 있는 숲보다 나무 높이의 다양성이 높다. 또한 (나)에서 나무 높이의 다양성이 높을수록 새의 종 다양성도 높아진다. 따라서 새의 종 다양성은 높이가 h_3인 나무만 있는 숲에서가 높이가 h_1, h_2, h_3인 나무가 고르게 분포하는 숲에서보다 낮다.

❸ 나무와 새는 각각 생태계의 구성 요소 중 어느 것에 해당하는지 생각해 본다.

ㄷ. 나무는 생산자이고 새는 소비자이므로, 모두 생물적 요인에 해당한다. 따라서 나무와 새가 서로 영향을 주고받는 것은 생물 간의 상호 작용이므로 비생물적 요인이 생물적 요인에 영향을 주는 것(작용)의 예에 해당하지 않는다.

06 꼼꼼 문제 분석

- 개체군(종)의 밀도 = $\frac{\text{개체 수}}{\text{서식 면적}}$
- 상대 밀도 = $\frac{\text{특정 종의 밀도}}{\text{모든 종의 밀도 합}} \times 100$

(가)

구분	A	B	C	D	E
Ⅰ	9	10	12	8	11
Ⅱ	18	10	20	0	2

(나)

구분	상대 밀도(%)
㉠ B	20
㉡ D	16

Ⅰ과 Ⅱ의 면적이 같으므로, 개체 수가 같으면 개체군 밀도는 같다.

- A~D의 상대 밀도

구분	A	B	C	D	E
Ⅰ	18	(20)	24	(16)	22
Ⅱ	36	20	40	0	4

선택지 분석

~~ㄱ~~. ㉠은 C이다. B

㉡. B의 개체군 밀도는 Ⅰ과 Ⅱ에서 같다.

㉢. 식물의 종 다양성은 Ⅰ에서가 Ⅱ에서보다 높다.

전략적 풀이 ❶ 개체군의 상대 밀도와 개체군 밀도의 차이를 파악한다.

개체군의 상대 밀도(%)$=\frac{\text{특정 종의 밀도}}{\text{모든 종의 밀도 합}}\times100$이고, 개체군의 밀도$=\frac{\text{특정 종의 개체 수}}{\text{서식 면적}}$이다.

ㄴ. 지역 Ⅰ과 Ⅱ의 면적이 같고 이 지역에 서식하는 종 B의 개체 수가 같으므로 B의 개체군 밀도는 Ⅰ과 Ⅱ에서 같다.

❷ $\frac{\text{특정 종의 밀도}}{\text{모든 종의 밀도 합}}=\frac{\text{특정 종의 개체 수}}{\text{전체 종의 개체 수}}$를 이용하여 각 종의 상대 밀도를 구한다.

지역 Ⅰ과 Ⅱ의 면적이 서로 같으므로, 종 A~E의 상대 밀도(%)를 구하면 표와 같다.

구분	A	B	C	D	E
Ⅰ	18	20	24	16	22
Ⅱ	36	20	40	0	4

ㄱ. 지역 Ⅰ의 B와 D의 상대 밀도는 (나)의 ㉠과 ㉡의 상대 밀도와 일치한다. 따라서 ㉠은 B, ㉡은 D이다.

❸ 종 다양성은 생물종의 수와 각 종이 균등하게 분포하는 정도에 따라 결정된다는 것을 이해한다.

ㄷ. 지역 Ⅰ에서는 식물 5종이 모두 서식하고 지역 Ⅱ에서보다 고르게 분포한다. 따라서 식물의 종 다양성은 Ⅰ에서가 Ⅱ에서보다 높다.

07 꼼꼼 문제 분석

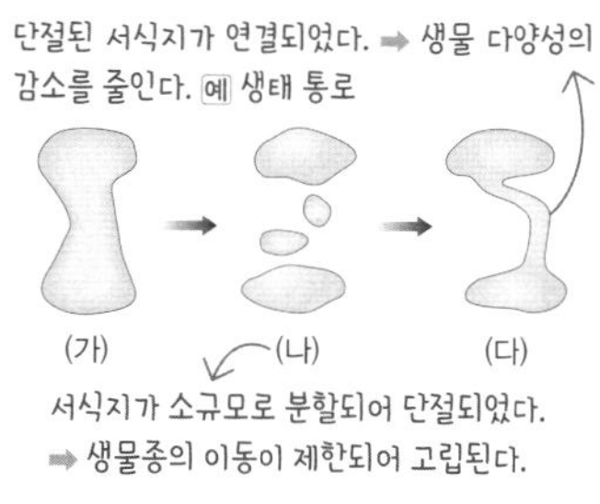
단절된 서식지가 연결되었다. ➡ 생물 다양성의 감소를 줄인다. 예 생태 통로
(가)
(나)
(다)
서식지가 소규모로 분할되어 단절되었다.
➡ 생물종의 이동이 제한되어 고립된다.

선택지 분석

ㄱ. (가)에서 (나)로 변화하면 생물종 수가 증가한다. 감소한다.
ㄴ. (다)는 (나)보다 생물 다양성을 유지하기에 유리하다.
ㄷ. 분할된 서식지에 생태 통로를 설치하는 것은 (나)에서 (다)로 되는 효과와 같다.

전략적 풀이 ❶ 서식지 단편화가 생물의 종 다양성에 미치는 영향을 파악한다.

ㄱ. (가)에서 (나)로 서식지가 변화하면 대규모의 서식지가 소규모로 분할되어 생물종의 이동이 제한되어 고립되고, 서식지의 면적이 감소하여 생물종 수가 감소하므로 생물 다양성이 감소하게 된다.

❷ 단편화된 서식지 사이를 연결하는 생태 통로가 종 다양성에 미치는 영향을 생각해 본다.

ㄴ. (다)는 각 서식지가 연결되어 있어 생물종이 고립되지 않지만, (나)는 서식지가 단편화되어 있어 생물종의 이동이 제한을 받고 고립되기 때문에 생물 다양성이 더 많이 감소한다. 따라서 (다)는 (나)보다 생물 다양성을 유지하기에 유리하다.

ㄷ. 분할된 서식지에 생태 통로를 설치하는 것은 (나)와 같이 단편화된 서식지를 (다)와 같이 연결하는 효과와 같다.

08 꼼꼼 문제 분석

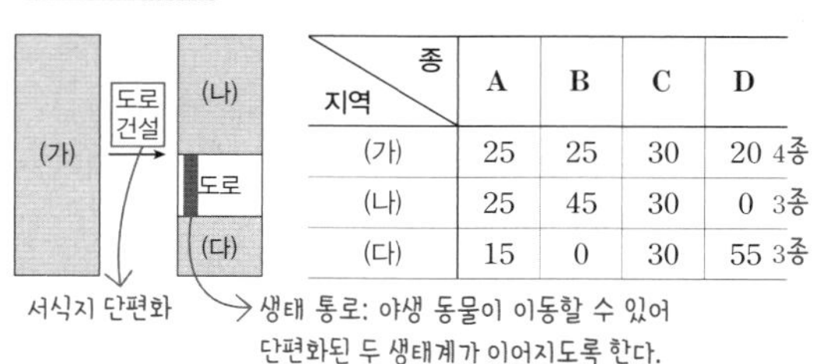
(가)
도로 건설
(나)
도로
(다)
서식지 단편화
생태 통로: 야생 동물이 이동할 수 있어 단편화된 두 생태계가 이어지도록 한다.

지역 \ 종	A	B	C	D	
(가)	25	25	30	20	4종
(나)	25	45	30	0	3종
(다)	15	0	30	55	3종

선택지 분석

ㄱ. 종 다양성은 (가)에서가 (나)에서보다 높다.
ㄴ. 도로 건설로 인한 서식지 단편화는 종 다양성 변화에 영향을 주지 않는다. 준다
ㄷ. (나)와 (다) 사이에 생태 통로를 설치하면 (다)에서의 종 다양성을 증가시킬 수 있다.

전략적 풀이 ❶ 종 다양성은 생물종의 수와 각 종이 균등하게 분포하는 정도에 따라 결정된다는 것을 이해한다.

ㄱ. (가)에 서식하는 식물은 4종, (나)에 서식하는 식물은 3종이고, (가)에서가 (나)에서보다 각 종이 균등하게 분포하므로, 종 다양성은 (가)에서가 (나)에서보다 높다.

❷ (가)에서 (나)와 (다)로 단편화되는 과정에서 종의 수와 종의 분포 비율이 어떻게 달라졌는지 파악한다.

ㄴ. (나)와 (다)는 (가)에 비해 종의 수는 각각 1종씩 감소하였고, 종의 분포 비율은 특정 종이 상대적으로 많아진 것으로 보아 (가)에서 (나)와 (다)로 변화하였을 때 종 다양성이 감소하였음을 알 수 있다. 따라서 도로 건설로 인한 서식지 단편화는 종 다양성 변화에 영향을 준다.

❸ 생태 통로의 역할에 대해 이해한다.

ㄷ. (나)와 (다) 사이에 생태 통로를 설치하면 단편화된 두 지역이 서로 이어지게 된다. 따라서 야생 동물이 이동할 수 있기 때문에 (나)와 (다)에서 종 다양성을 증가시킬 수 있다.